Corel

CorelDRAW

现代服装款式设计 从入门到精通

第2版

丁雯 编著

人 民 邮 电 出 版 社

北 京

图书在版编目（CIP）数据

CorelDRAW现代服装款式设计从入门到精通 / 丁雯编著. -- 2版. -- 北京 : 人民邮电出版社, 2015.5(2024.1重印)
ISBN 978-7-115-38178-1

Ⅰ. ①C… Ⅱ. ①丁… Ⅲ. ①服装设计－计算机辅助设计－图形软件 Ⅳ. ①TS941.26

中国版本图书馆CIP数据核字(2015)第000256号

内容提要

本书由从事服装设计教育工作的一线教师和设计师撰写，采用服装款式设计及绘制的重要软件CorelDRAW X6中文版，从讲解CorelDRAW的核心工具、命令与功能开始，从提升服装款式设计技能的角度出发，层层深入，以完整案例的形式讲解了服装款式设计的构思、整体与局部设计及分类设计。全书包括T恤、裙子、内衣、衬衫、裤子、针织毛衫、卫衣、西服、大衣和夹克等10类共50个款式案例，涵盖常见款式类型及其变化款，可帮助读者迅速掌握软件，并将设计思路和创意运用到款式设计效果中。

随书附赠的光盘收录了所有案例的矢量效果图文件、服饰配件文件和印花图案素材文件，便于读者跟随书中的案例进行训练，边学边做，同步提升操作技能。

本书内容全面，实例丰富，可作为服装院校设计专业及服装职业培训班的教材，也可作为服装设计从业人员和服装设计与制作爱好者的参考书。

◆ 编　　著 丁　雯
　责任编辑 杨　璐
　责任印制 程彦红
◆ 人民邮电出版社出版发行　　北京市丰台区成寿寺路11号
　邮编 100164　　电子邮件 315@ptpress.com.cn
　网址 http://www.ptpress.com.cn
　固安县铭成印刷有限公司印刷
◆ 开本：787×1092 1/16　　彩插：2
　印张：23.5　　2015年5月第2版
　字数：745千字　　2024年1月河北第21次印刷

定价：49.80元（附光盘）

读者服务热线：(010)81055410　印装质量热线：(010)81055316
反盗版热线：(010)81055315
广告经营许可证：京东市监广登字20170147号

男式圆领T恤

男式V领T恤

男式翻领T恤

女式圆领T恤

女式彼得潘领T恤

女式假两件T恤

男童圆领T恤

女童方领T恤

男童翻领T恤

基础A型裙

百褶裙

蕾丝裙

高腰铅笔裙
牛仔喇叭裙
连衣裙
吊带蛋糕裙
女式文胸
女式蕾丝内裤
女式束身内衣
男式平角内裤
男式三角内裤
男式立领衬衫
男式翻领衬衫
女式蝴蝶结领衬衫

女式荷叶边装饰领衬衫　女式罗马领衬衫　女式翻领衬衫

女式和男式牛仔裤　女式运动裤和西装裤　男式运动短裤

休闲裤　靴裤　哈伦裤

男式圆领毛衫　男式V领毛衫　男式针织开衫

女式高领毛衫　女式针织背心　女式连帽卫衣

女式拉链开衫卫衣　男式连帽卫衣　男西服

女西服　男式双排扣大衣　女式大衣

耸肩女装夹克　男式机车夹克　女式羽绒服

前言

PREFACE

服装款式设计是服装设计专业必修的课程，本书采用服装款式设计及绘制的重要软件CorelDRAW X6中文版，从讲解CorelDRAW的核心工具、命令与功能开始，从提升服装款式设计技能的角度出发，层层深入，以完整案例的形式讲解了T恤、裙子、内衣、衬衫、裤子、针织毛衫、卫衣、西服、大衣和夹克等10类服装款式的设计思想及方法。帮助读者在最短的时间内迅速掌握CorelDRAW在服装款式设计中的应用。

本书作者具有多年的丰富教学经验与实际工作经验，将自己在实际授课和作品设计制作过程中积累下来的宝贵经验与技巧展现给读者。希望读者能够在体会软件强大功能的同时，把设计思想和方法通过软件运用到服装款式设计中。

内容特点

- 完善的学习模式

“设计重点+操作练习+专家提示”3大环节保障了可学习性。明确每一阶段的学习目的，做到有的放矢。详细讲解操作步骤，力求让读者即学即会。50个款式设计案例，巩固所学知识点。

- 进阶式讲解模式

“基础款+变化款”的案例设置，让读者夯实基础，并掌握设计与制作的变化技巧。10大类共50个款式案例，全面呈现服装款式设计与制作的方法技巧，提高读者的实际应用能力。

- 注重职业技能培训

设计与绘制重点的总结和专家总结应用方法与技巧保证所学软件功能和设计知识的可操作性，可提升读者的实际工作水平，适合相关的院校专业课和培训班作为职业技能培训教材。

配套资源

附赠所有案例的矢量效果图文件、服饰配件文件和印花图案素材文件，便于读者跟随书中的案例进行训练，边学边做，同步提升操作技能。

本书读者对象

本书内容详尽，涵盖服装款式类型全面，适合学习服装设计与制作的初学者阅读，同时也适合高等院校相关专业的学生和各类培训班的学员阅读。

由于作者编写水平有限，书中难免有错误和疏漏之处，恳请广大读者批评、指正。

编者

目录

CONTENTS

第01章

初识CorelDRAW X6

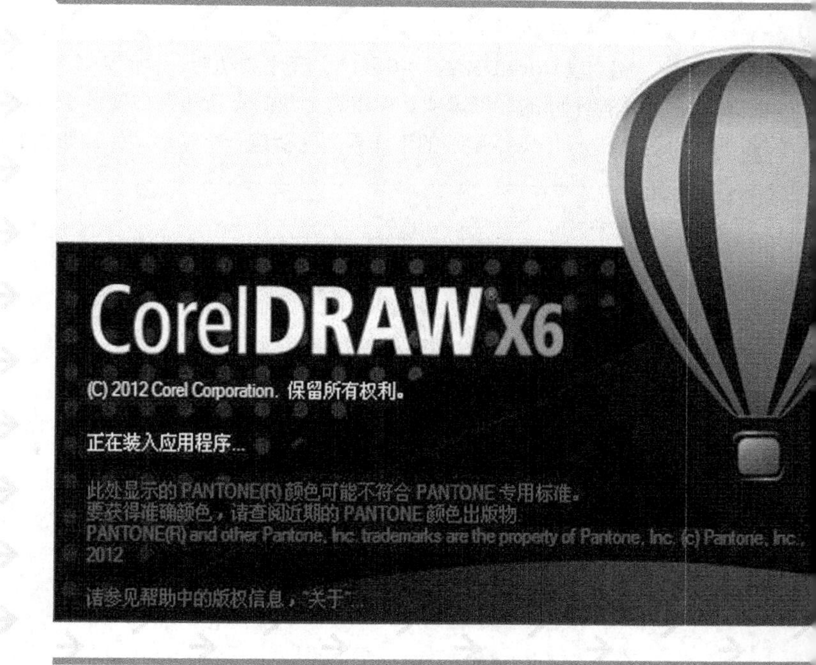

本章重点

- 初识工作界面
- 文件的保存及文件导入、导出命令
- 常用的对话框及泊坞窗
- 常用快捷键

1.1 CorelDRAW X6软件简介

CorelDRAW是加拿大Corel公司研制开发的矢量图形图像编辑处理制作工具软件，是目前最流行的矢量绘图软件之一，在平面设计领域一直占据着主导地位。它的应用范围非常广泛，从简单的几何图形绘制，到标志、卡通、漫画、图案、各种效果图及专业平面作品的设计，都可以利用该软件快速高效地完成。其主要应用于平面广告设计、工业设计、企业形象CIS设计、产品包装设计、产品造型设计、网页设计、商业插画、建筑施工图与各种效果图绘制、服装纺织品设计及印刷制版等领域。CorelDRAW X6是目前最新的CorelDRAW版本，对于服装设计中的款式设计、图案设计、面料设计以及时装效果图的表现等都能发挥重要的作用。

CorelDRAW X6是一款优秀的基于矢量图进行操作的设计软件，具有专业的设计工具，可以导入由Office、Photoshop、Illustrator以及AutoCAD等软件输入的文字和绘制的图形，并能对其进行处理，最大程度地方便了用户的编辑和使用。使用此软件，设计师不但可以快速地制作出设计方案，而且还可以创造出很多手工无法表现，只有电脑才能精彩表现的设计内容，因此可以说它是设计师的得力助手。通过本章的学习，读者能够对CorelDRAW X6软件有一个比较基础的认识。

1.2 CorelDRAW X6初步认识

1. 启动CorelDRAW X6

CorelDRAW X6安装完成后即可运行。首先启动Windows系统，然后执行【开始】/【所有程序】/【CorelDRAW X6】命令，将启动CorelDRAW X6程序，程序启动后，界面中将显示如图1-1所示的欢迎窗口。在此窗口中，读者可以根据需要选择不同的标签选项。单击右上角的【新建空白文档】选项，弹出“创建新文档”对话框，再单击“确定”按钮即可进入CorelDRAW X6的工作界面并新建一个图形文件，如图1-2所示。

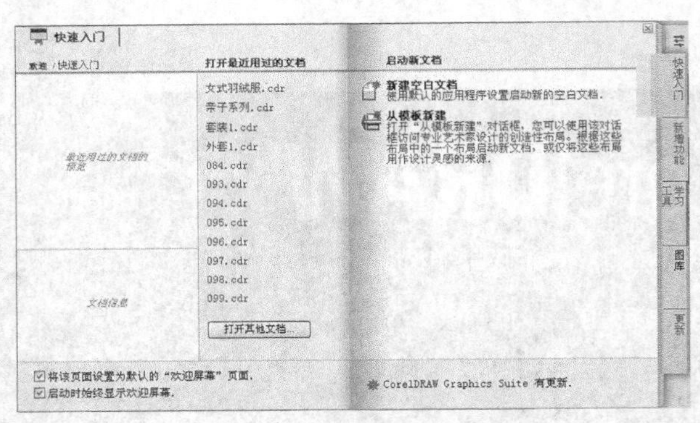

图1-1

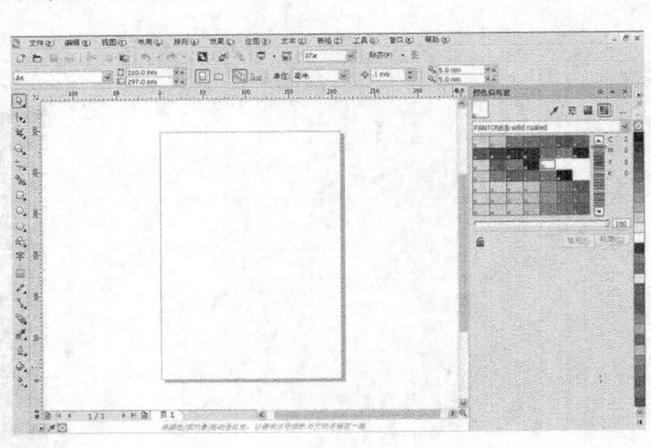

图1-2

专家提示

除了上述启动CorelDRAW X6程序的方法外，还可以在桌面上双击CorelDRAW X6快捷方式图标，或双击电脑中已经存储的任意一个“*.cdr”格式的文件。

2. 关闭CorelDRAW X6

要关闭CorelDRAW X6，可以执行菜单栏中的【文件】/【退出】命令，如图1-3所示。还可以直接单击窗口右上角的☒按钮退出软件。

专家提示

还可以按【Alt+F4】组合键退出。

文件(F) 编辑(E) 视图(V) 布局(L) 排列(A) 效果(C) 位图(B) 文本(X) 表格(T) 工具(O) 窗口(W) 帮助(H)

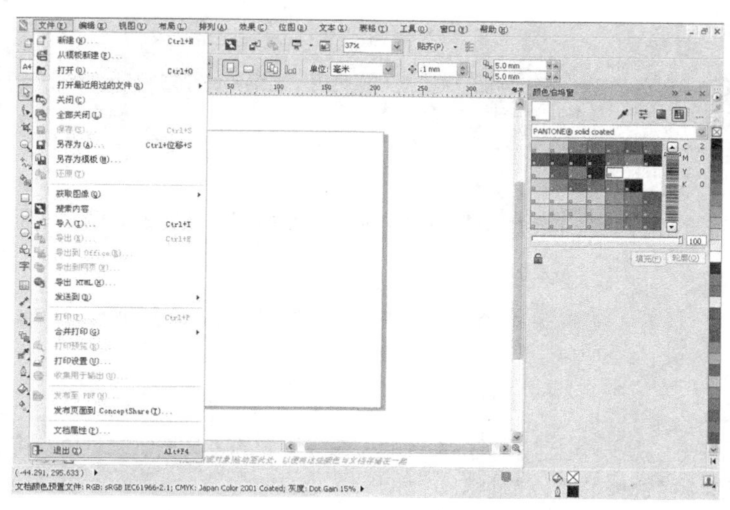

图1-3

1.2.1 CorelDRAW X6工作界面

将CorelDRAW X6软件启动后，单击欢迎界面中的【新建空白文档】选项，可以进入CorelDRAW X6的工作界面，如图1-4所示。

菜单栏
标准工具栏
属性栏
工具栏
页面控制栏
状态栏
标题栏
标尺栏
调色板
工作区
绘图页面

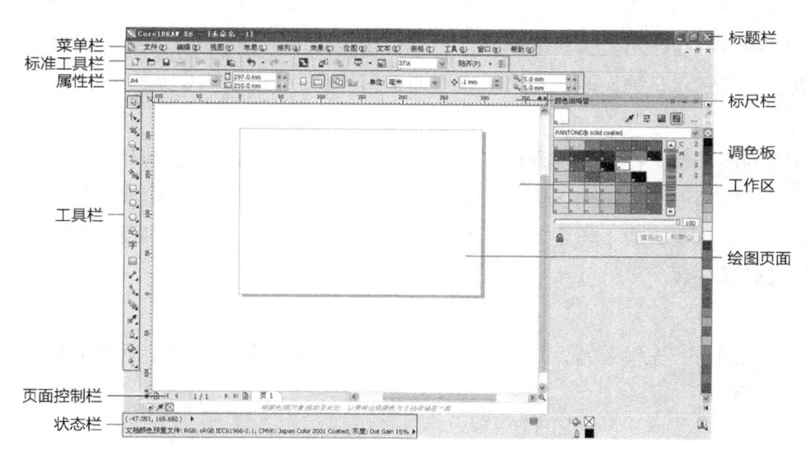

图1-4

1. 标题栏

“标题栏”的默认位置位于界面的最顶端，主要显示当前软件的名称、版本号以及编辑或处理图形文件的名称，其右侧有3个按钮，主要用来控制工作界面的大小切换及关闭操作，如图1-5所示。

CorelDRAW X6 - 未命名 -1

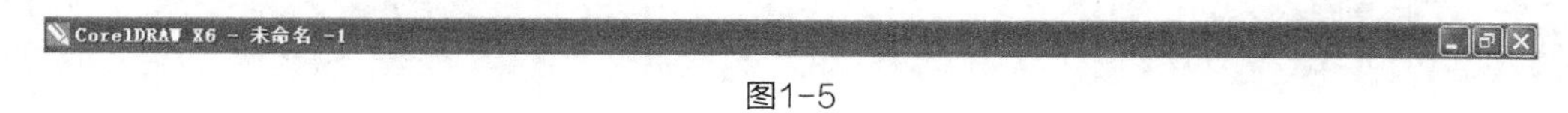

图1-5

2. 菜单栏

菜单栏位于标题栏的下方，主要包括“文件”、“编辑”、“视图”、“布局”、“排列”、“效果”、“位图”、“文本”、“表格”、“工具”、“窗口”和“帮助”12个菜单，如图1-6所示。每个菜单下又有若干个子菜单，用户单击任意一个菜单项都会弹出其包含的命令，CorelDRAW X6中的绝大部分功能都可以利用菜单栏中的命令来实现。

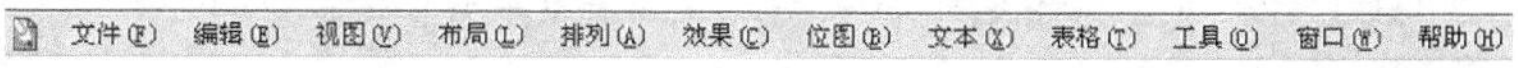

文件(F) 编辑(E) 视图(V) 布局(L) 排列(A) 效果(C) 位图(B) 文本(X) 表格(T) 工具(O) 窗口(W) 帮助(H)

图1-6

专家提示

若菜单中的命令呈现灰色，则表示该命令在当前编辑状态下不可用；若菜单命令右侧有一个三角符号，则表示此菜单包含有子菜单，将鼠标指针移至该菜单上，即可打开其子菜单。

3. 标准工具栏

标准工具栏位于菜单栏的下方，是菜单栏中常用菜单命令的快捷工具按钮，如图1-7所示。单击这些按钮，就可执行相应的菜单命令。

图1-7

4. 属性栏

属性栏位于工具栏的下方，是一个上下相关的命令栏，选择不同的工具按钮或对象，将显示不同的图标按钮和属性设置选项，如图1-8所示为“选择工具”属性栏。

图1-8

5. 工具箱

工具箱位于工作界面的左侧，它是CorelDRAW常用工具的集合，包括各种绘图工具、编辑工具、文字工具和效果工具等，包含有19种工具（组），如图1-9所示。单击任意的工具按钮，可以选择相应的工具进行操作。若在工具按钮的右下角有一个小三角形，表示该工具按钮中还有其他工具，在工具按钮上单击鼠标右键，即可弹出所隐藏的工具选项，如图1-10所示。

图1-9　图1-10

6. 状态栏

状态栏位于工作界面的最底部，提示当前鼠标所在的位置及图形操作的简要帮助和对象的有关信息等，如图1-11所示。在状态栏中单击鼠标右键，然后在弹出的右键菜单中依次选择【自定义】/【状态栏】/【位置】命令，或【自定义】/【状态栏】/【大小】命令，可以设置状态栏的位置以及状态栏的信息显示行数。

7. 页面控制栏

页面控制栏位于状态栏的上方左侧位置，用来控制当前文件的页面添加、删除、切换方向和跳页等操作，如图1-12所示。

图1-11 　图1-12

专家提示

单击“页面控制栏”中的按钮，可以在页面的前后添加新的页面。

8. 调色板

调色板位于工作界面的右侧，如图1-13所示，使用调色板是给图形添加颜色的最快途径。单击调色板中的任意一种颜色，可以将其添加到选择的图形上。

专家提示

鼠标左键单击调色板中的任意颜色，可给选择的图形填充色彩；鼠标右键单击，可给选择的图形填充轮廓色。

9. 标尺栏

默认状态下，在绘图窗口的上边和左边各有一条水平和垂直的标尺，其作用是在绘制图形时帮助用户准确地绘制或对齐对象。

10. 视图导航器

视图导航器位于绘图窗口的右下角，利用它可以显示绘图窗口中的不同区域。在【视图导航器】按钮上按下鼠标左键不放，然后在弹出的小窗口中拖曳鼠标光标，即可显示绘图窗口中的不同区域。

专家提示

只有在页面放大显示或以100%显示时，即页面可打印区域不在绘图窗口的中心位置时才可用。

11. 绘图页面与工作区

绘图页面是用于绘制图形的区域。绘图工作区是指工作界面中的白色区域，在此区域中也可以绘制图形或编辑文本，只是在打印输出时，只有位于页面可打印区中的内容才可以被打印输出。

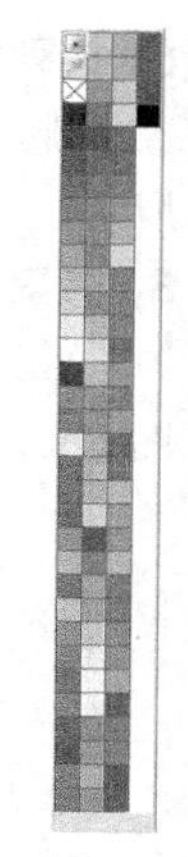

图1-13

1.2.2 CorelDRAW X6的菜单栏

CorelDRAW X6提供了12个菜单选项，下面分别介绍各个菜单的主要功能。

1. 文件菜单

文件菜单包括了CorelDRAW X6中最常用的菜单功能，如文件的打开、保存、导入、导出、打印、退出等，菜单展开各项如图1-14所示。

2. 编辑菜单

编辑菜单提供如复制、剪切、粘贴、删除、撤销删除、重复、再制、克隆等命令，菜单展开各项如图1-15所示。

3. 视图菜单

视图菜单提供多种视图显示模式，如简单线框、线框、草稿、正常、增强、像素、模拟叠印、标尺、网格、辅助线等，菜单展开各项如图1-16所示。

图1-14

图1-15

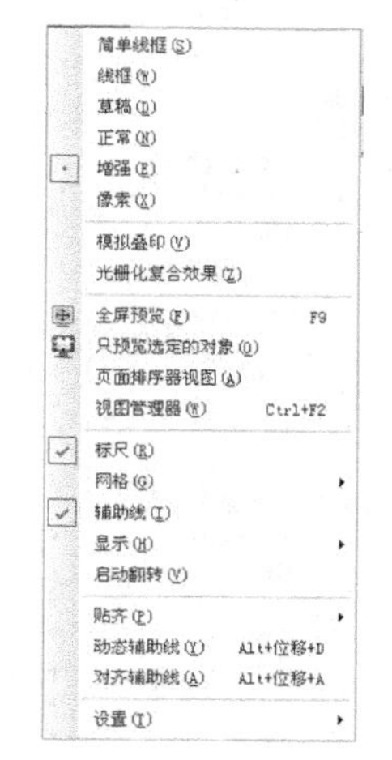

图1-16

4. 布局菜单

布局菜单用来设置页面大小、页面背景，插入页面，删除页面等，菜单展开各项如图1-17所示。

5. 排列菜单

排列菜单提供对象的各种排列功能，如变换、对齐和分布、顺序、群组、合并、造形等，菜单展开各项如图1-18所示。

6. 效果菜单

效果菜单提供调整、变换、艺术笔、调和、封套、图框精确剪裁、复制效果、克隆效果等功能，菜单展开各项如图1-19所示。

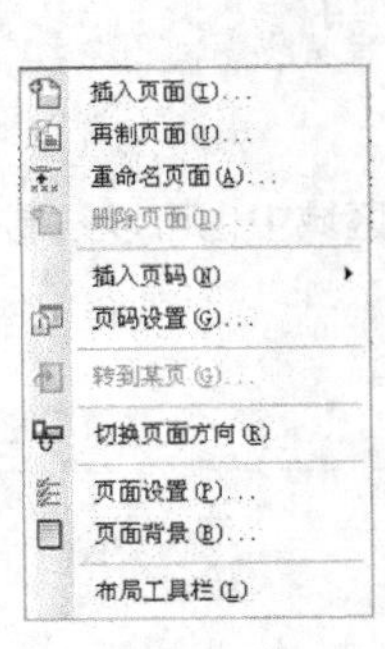

图1-17

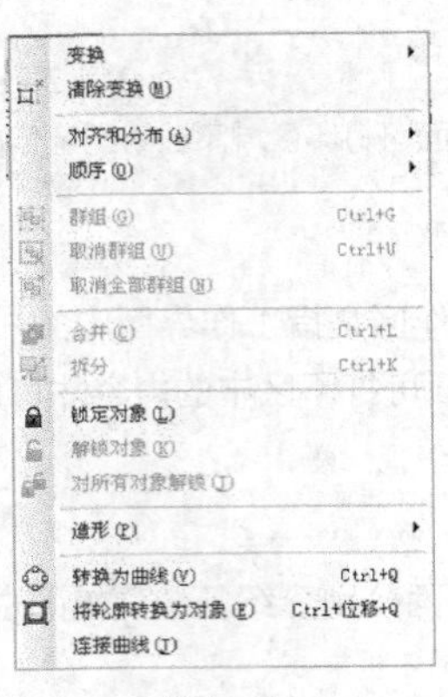

图1-18

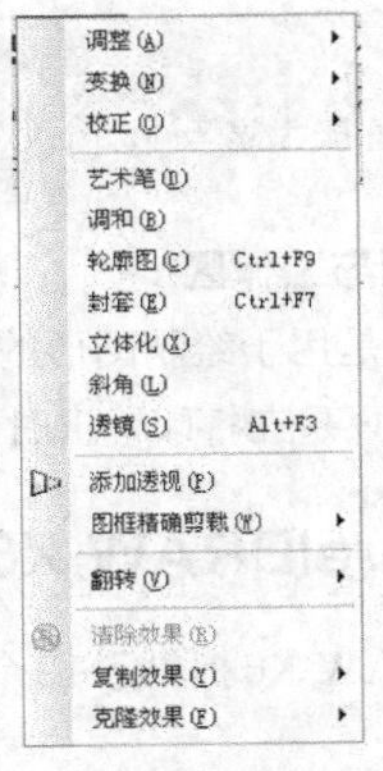

图1-19

7. 位图菜单

利用位图菜单可以进行简单的图片处理，其提供了如三维效果、艺术笔触、模糊、相机、创造性等点阵图处理套件，菜单展开各项如图1-20所示。

8. 文本菜单

利用文本菜单可以创建任何形式的美术字文本或段落文本，菜单展开各项如图1-21所示。

9. 表格菜单

利用表格菜单可以任意修改表格中指定位置处的颜色和轮廓属性，其提供了创建新表格、插入、选择、删除、分布等功能，菜单展开各项如图1-22所示。

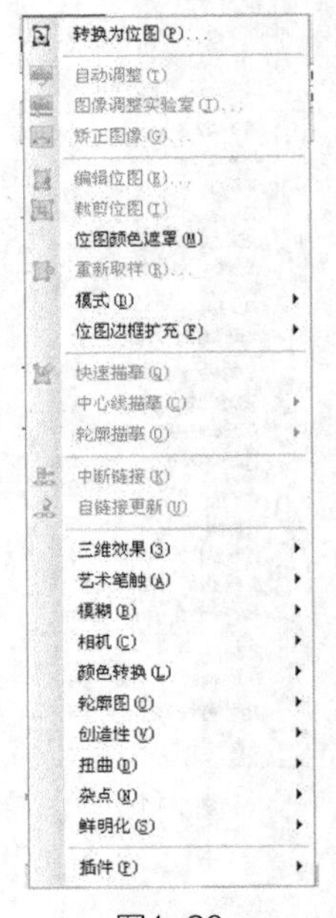

图1-20

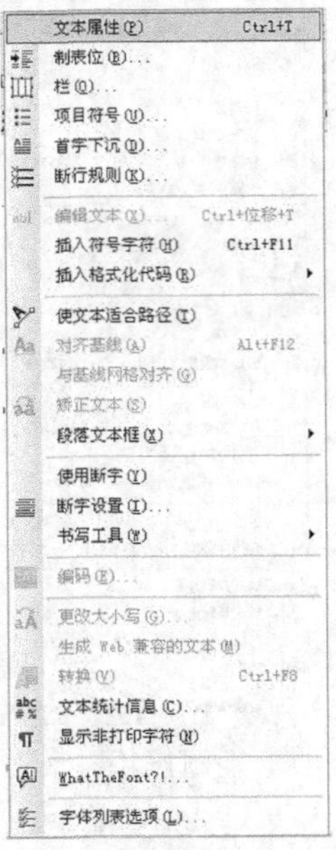

图1-21

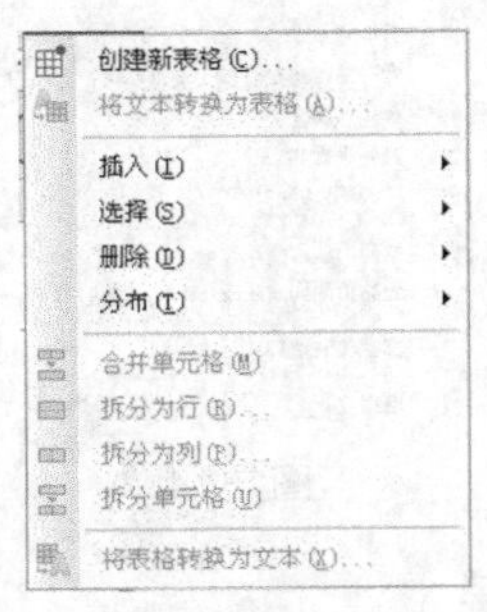

图1-22

10. 工具菜单

工具菜单管理着CorelDRAW中绝大部分泊坞窗的显示或隐藏，其中包括颜色管理、对象管理器、视图管理器、颜色样式、调色板编辑器等，菜单展开各项如图1-23所示。

11. 窗口菜单

窗口菜单提供各种窗口的排列显示方式以及调色板、泊坞窗、工具栏的显示或隐藏等命令，菜单展开各项如图1-24所示。

12. 帮助菜单

帮助菜单提供CorelDRAW的视频教程、帮助主题、新增功能以及链接CorelDRAW网站进行更新等功能，菜单展开各项如图1-25所示。

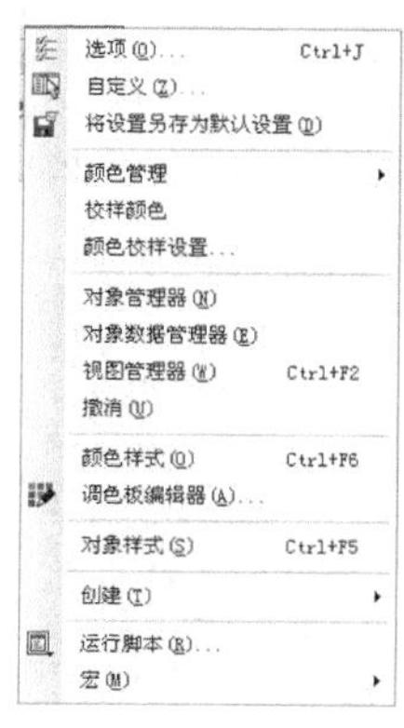

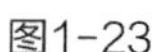
图1-23

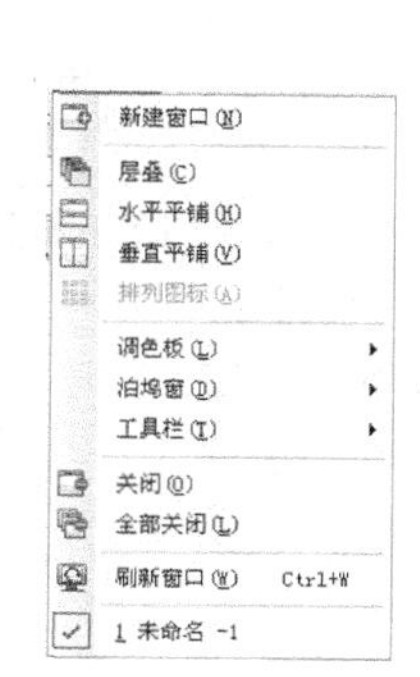

图1-24

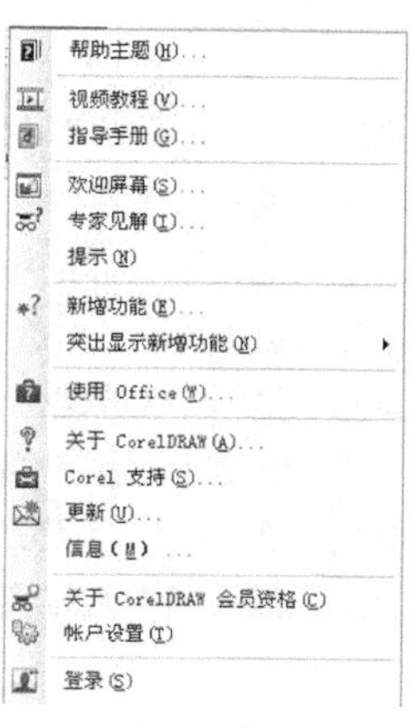

图1-25

1.2.3 CorelDRAW X6的标准工具栏

标准工具栏中收藏了一些常用的命令按钮，为用户节省了从菜单中选择命令的时间，使操作过程一步完成，方便快捷。下面分别介绍标准工具栏中各种按钮的功能。

（1）“新建”按钮：新建一个文件。

（2）“打开”：按钮：打开文件。

（3）“保存”按钮：保存文件。

（4）“打印”按钮：打印文件。

（5）“剪切”按钮：剪切文件，并将文件放到剪贴板上。

（6）“复制”按钮：复制文件，并将文件复制到剪贴板上。

（7）“粘贴”按钮：粘贴文件。

（8）“撤销”按钮：撤销一步操作。

（9）“重做”按钮：恢复撤销的一步操作。

（10）“搜索内容”按钮：使用Corel Connect泊坞窗搜索剪贴画、照片和字体。

（11）“导入”按钮：导入文件。

（12）“导出”按钮：导出文件。

（13）“应用程序启动器”按钮：打开菜单选择其他的Corel应用程序。

（14）“欢迎屏幕”按钮：打开CorelDRAW X6的欢迎窗口。

（15）“贴齐”按钮：用于贴齐网格、辅助线、对象，或打开动态导线功能。

（16）“缩放级别”下拉列表：用于控制页面视图的显示比例。

（17）“选项”按钮：单击该按钮，可以打开“选项”对话框。

1.2.4 CorelDRAW X6的工具箱

CorelDRAW X6中的工具箱包含有19种工具（组），下面分别介绍各种工具的用途。

1. 选择工具组

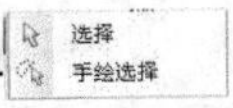

- 选择工具：选择和设置对象大小，以及倾斜和旋转对象。选择时可以点选也可以拖动鼠标框选多个对象。
- 手绘选择工具：框选对象，定位并变换对象。

2. 形状工具组

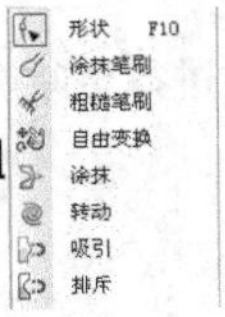

- 形状工具：选择、编辑对象的形状、节点，以及调整文本的字、行间距。
- 涂抹笔刷工具：沿矢量对象的轮廓拖动对象而使其变形，并通过将位图拖出其路径而使位图变形。
- 粗糙笔刷工具：沿轮廓拖动工具扭曲对象边缘。
- 自由变换工具：使用自由旋转、角度旋转、缩放和倾斜来变换对象。
- 涂抹工具：通过沿对象轮廓拖动工具来修改其边缘。
- 转动工具：通过沿对象轮廓拖动工具来添加转动效果。
- 吸引工具：通过将节点吸引到光标处调整对象的形状。
- 排斥工具：通过将节点推离光标处调整对象的形状。

3. 裁剪工具组

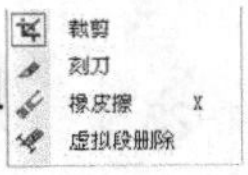

- 裁剪工具：剪切图形对象，移除选定内容外的区域。
- 刻刀工具：可以将对象分割成多个部分，但不会使对象的任何一部分消失。
- 橡皮擦工具：移除绘图中不需要的区域，可以改变、分割选定的对象和路径。
- 虚拟段删除工具：移除对象中重叠的段。

4. 缩放工具组

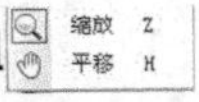

- 缩放工具：缩小和放大图形。
- 平移工具：通过平移来显示和查看绘图的特定区域。

5. 路径工具组

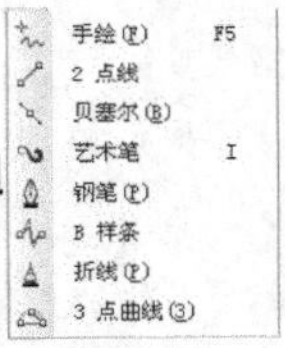

- 手绘工具：绘制单个的直线或曲线线段，配合压感笔效果更好。
- 2点线工具：连接起点和终点绘制一条直线。
- 贝塞尔工具：通过调整曲线、节点的位置和方向以及切线来绘制精确光滑的曲线。
- 艺术笔工具：使用手绘笔触添加艺术笔刷、喷射和书法效果。
- 钢笔工具：将曲线绘制成多条线段，每画一条线段时都可以进行预览。
- B样点工具：通过设置不用分割成段来描绘曲线的控制点来绘制曲线。
- 折线工具：一步绘制连接的曲线和直线。
- 3点曲线工具：通过从起点拖动到终点，然后定位在中点处来绘制一条曲线。

6. 智能填充工具组

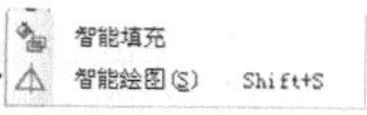

- 智能填充工具：在边缘重叠区域创建对象，并将填充应用到那些对象上。
- 智能绘图工具：将手绘笔触转换为基本形状或平滑的曲线。

7. 矩形工具组

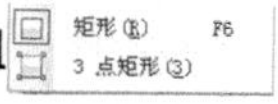

- 矩形工具：在绘图窗口拖动工具绘制矩形和正方形。
- 3点矩形工具：以一定的角度绘制矩形。

8. 椭圆形工具组

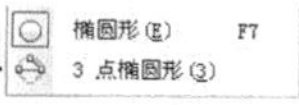

- 椭圆形工具：在绘图窗口拖动工具绘制圆形和椭圆形。
- 3点椭圆形工具：以一定的角度绘制椭圆形。

9. 多边形工具组

- 多边形工具：在绘图窗口拖动工具绘制多边形。
- 星形工具：绘制规则的、带轮廓的星形。
- 复杂星形工具：绘制带有交叉边的星形。
- 图纸工具：绘制网格。
- 螺纹工具：绘制对称式和对数式螺纹。

10. 基本形状工具组

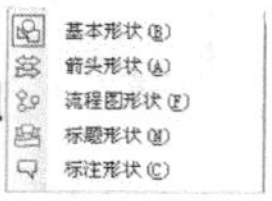

- 基本形状工具：绘制三角形、圆形、圆柱体、心形和其他形状。
- 箭头形状工具：绘制各种形状和方向的箭头。
- 流程图形状工具：绘制流程图符号。
- 标题形状工具：绘制丝带对象和爆发形状。
- 标注形状工具：绘制标签和对话气泡。

11. 文本工具

选择文字工具之后单击工作区，然后进行输入可以生成美术字。选择文字工具之后用鼠标在工作区内画文本框，然后进行输入，可以生成段落文本。

12. 表格工具

绘制、选择和编辑表格。可以创建新表格、将文本转换为表格，还可以直接插入表格。

13. 平行度量工具组

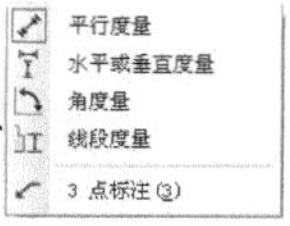

- 平行度量工具：绘制倾斜度量线。
- 水平或垂直度量工具：绘制水平或垂直度量线。
- 角度量工具：绘制角度量线。
- 线段度量工具：显示单条或多条线段上结束节点间的距离。
- 3点标注工具：使用两段导航线绘制标注。

14. 直线连接器工具组

- 直线连接器工具：在两个对象之间画一条直线连接两者。
- 直角连接器工具：画一个直角连接两个对象。
- 直角圆形连接器工具：画一个角为圆形的直角连接两个对象。
- 编辑锚点工具：修改对象的连线描点。

15. 调和工具组

- 调和工具：通过创建中间对象和颜色序列来调和对象。
- 轮廓图工具：应用一组向对象或从对象向外延伸的同心形状。
- 扭曲工具：应用推拉、拉链或扭曲效果变换对象。
- 阴影工具：在对象后面或下面应用阴影。
- 封套工具：通过应用和拖动封套节点更改对象的形状。
- 立体化工具：将3D效果应用到对象上来创造立体感。
- 透明度工具：部分显示对象下层的图像区域。

16. 滴管工具组

- 颜色滴管工具：对颜色进行取样，并将其应用到对象。
- 属性滴管工具：复制对象属性，如填充、轮廓、大小和效果，并将其应用到其他对象。

17. 轮廓工具组

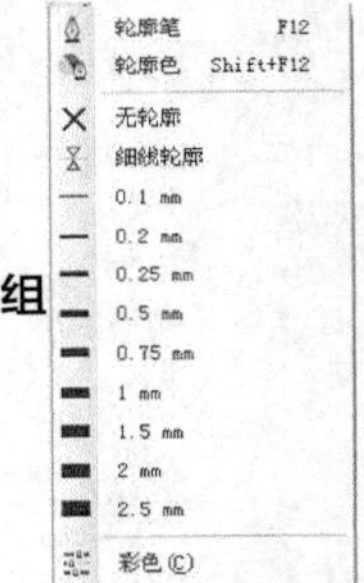

- 轮廓笔工具：设置轮廓属性，如线条宽度、角形状和箭头类型。
- 轮廓色工具：使用颜色查看器和调色板选择轮廓色。
- 无轮廓工具：移除所选对象中的轮廓。
- 细线轮廓：将最细的轮廓应用到所选的对象。
- ：轮廓线设置的不同宽度值，范围从0.1mm~2.5mm。
- 彩色：设置所选对象的详细颜色选项。

18. 填充工具组

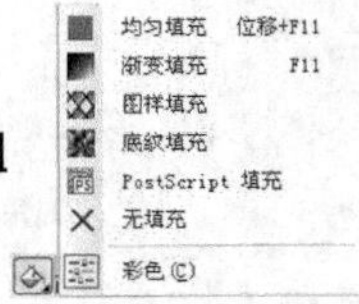

- 均匀填充工具：使用调色板、颜色查看器、颜色和谐或颜色调和为对象选择一种纯填充颜色。

- 渐变填充工具：使用渐变颜色或色调填充对象。
- 图样填充工具：将应用预设图案填充应用到对象或创建自定义图样填充。用软件提供或自己定义的位图图案填充图形对象。
- 底纹填充工具：将预设底纹填充应用到对象来创建各种底纹幻觉，如水、云和石头。给图形对象填充模仿自然界的物体或其他的纹理效果。
- PostScript填充工具：将复杂的PostScript底纹填充应用到对象。是一种特殊的图案填充方式，填充的图案是矢量图而不是位图。
- 无填充：使图形对象无填充颜色。
- 彩色：设置所选对象的详细颜色选项。

19. 交互式填充工具组

- 交互式填充工具：使用绘图窗口和属性栏中的标记更改角度、中点和颜色来动态创建填充。
- 网状填充工具：通过调和网状网格中的多种颜色或阴影来填充对象。

1.3 文件操作基础

1.3.1 新建文件、打开文件

操作步骤

01 启动CorelDRAW X6应用程序，执行【文件】/【新建】命令，如图1-26所示。

02 弹出“创建新文档”对话框，设置名称、文档大小、颜色模式和分辨率，如图1-27所示。

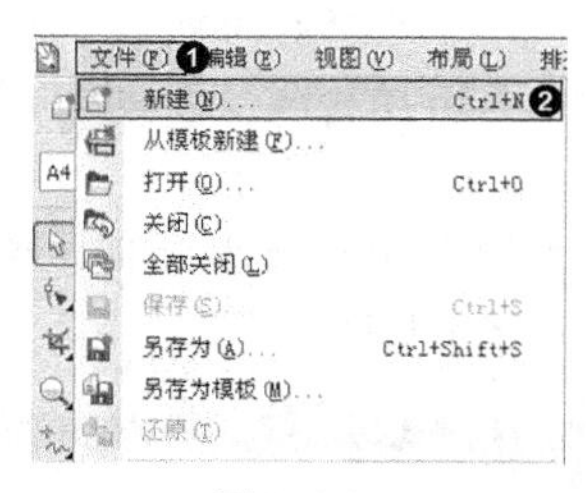

图1-26

图1-27

专家提示

除了直接单击【新建】命令外，也可以按【Ctrl+N】组合键，或者单击标准工具栏中的“新建文档”按钮，弹出“新建”对话框。

03 设置完毕单击【确定】按钮，即可新建一个空白文档，如图1-28所示。

04 执行【文件】/【打开】命令，如图1-29所示。

05 弹出“打开绘图”对话框，通过查找范围打开需要打开的文件路径，并选择绘图文件，如图1-30所示。

06 单击【打开】按钮，即可打开所选择的绘图文件，效果如图1-31所示。

专家提示

除了执行【文件】/【打开】命令外，也可以按【Ctrl+O】组合键打开绘图文档。

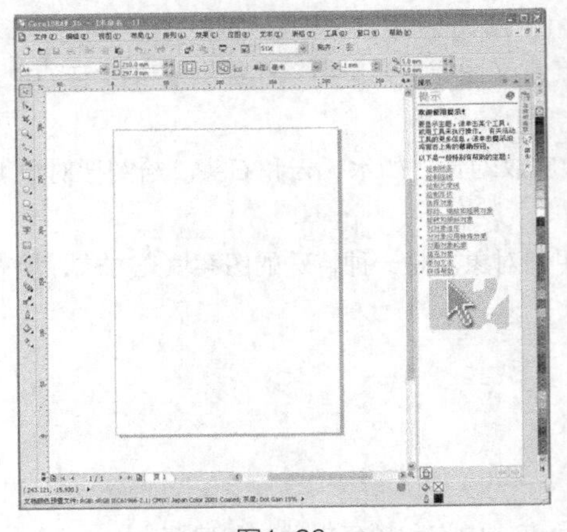

图1-28

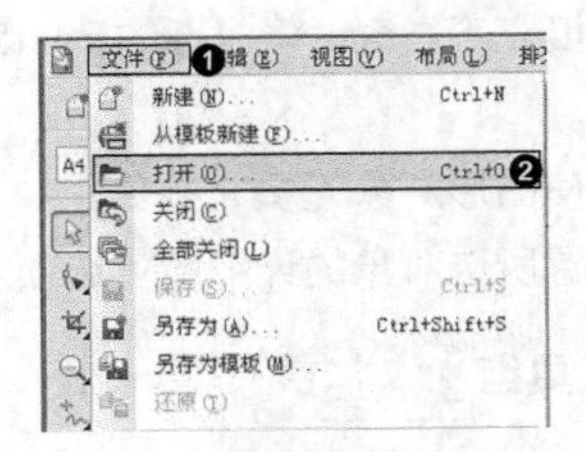

图1-29

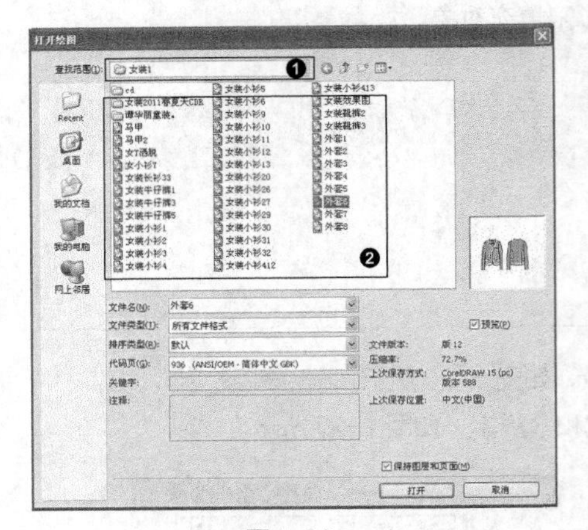

图1-30

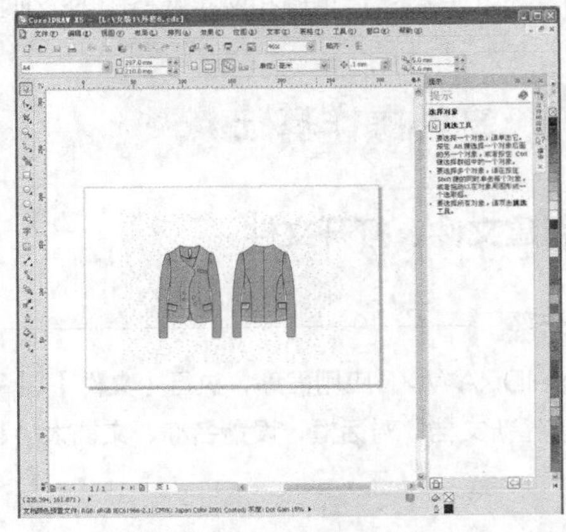

图1-31

1.3.2 导入、导出文件

01 执行【文件】/【导入】命令，打开“导入”对话框，可以导入“打开”命令所不能打开的图像文件，如“PSD”、“TIF”、“JPG”和“BMP”等格式的图像文件，如图1-32所示。

02 执行【文件】/【导出】命令，打开“导出”对话框，可以导出为其他软件所支持的格式，以便在其他软件中顺利地进行编辑，如图1-33所示。包括“AI”、“PSD”、“TIF”、“JPG”和“BMP”等多种格式。

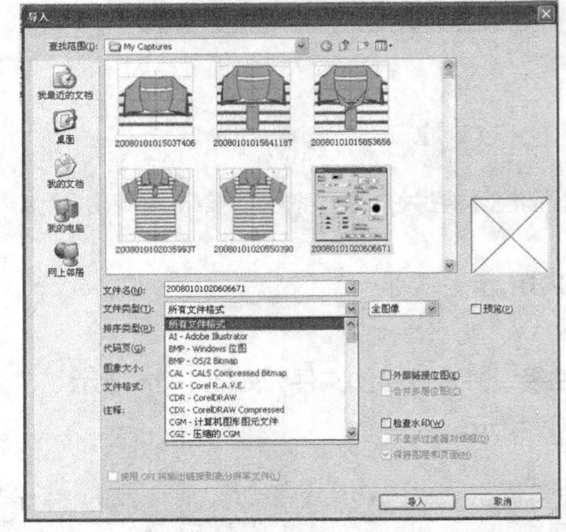

图1-32

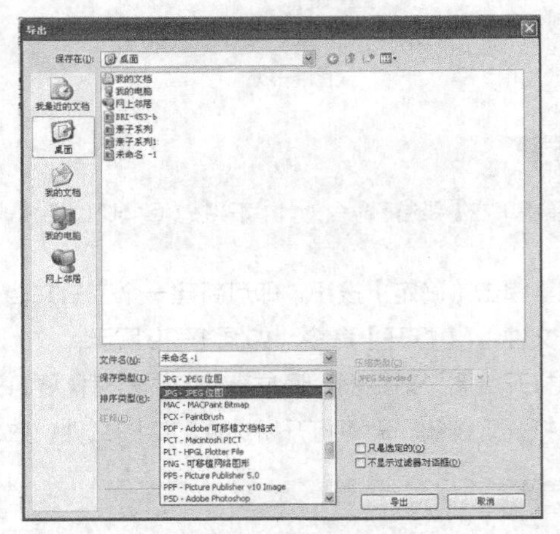

图1-33

专家提示

除了上述的“导入”操作方法外，还可以按【Ctrl+I】组合键，或在标准工具栏中单击导入按钮。“导出”命令还可以按【Ctrl+E】组合键，或在标准工具栏中单击导出按钮。

1.3.3 文件保存与另存为

01 执行【文件】/【保存】命令，或按【Ctrl+S】组合键，绘图文件默认保存为“cdr”格式，也可执行【文件】/【另存为】命令，或按【Ctrl+Shift+S】组合键。

专家提示

对于打开的文件进行编辑修改后，执行【文件】/【保存】命令，可将文件直接保存，且新的文件将覆盖原有的文件；如果保存时不想覆盖原文件，可执行【文件】/【另存为】命令，将修改后的文件另存，同时还保留原文件。

02 对文件进行绘制、编辑和保存后，不想再对此文件进行任何操作时，就可以执行【文件】/【关闭】命令或【窗口】/【关闭】命令，还可以单击图形文件标题栏右侧的“关闭”按钮。

1.4 常用对话框与泊坞窗

1.4.1 常用对话框

1．轮廓笔对话框

选择图形，单击工具箱中的轮廓画笔工具或者按【F12】快捷键，弹出“轮廓笔”对话框，如图1-34所示。

2．轮廓色对话框

选择图形，单击工具箱中的轮廓颜色工具或者按【Shift+F12】快捷键，弹出“轮廓颜色”对话框，如图1-35所示。

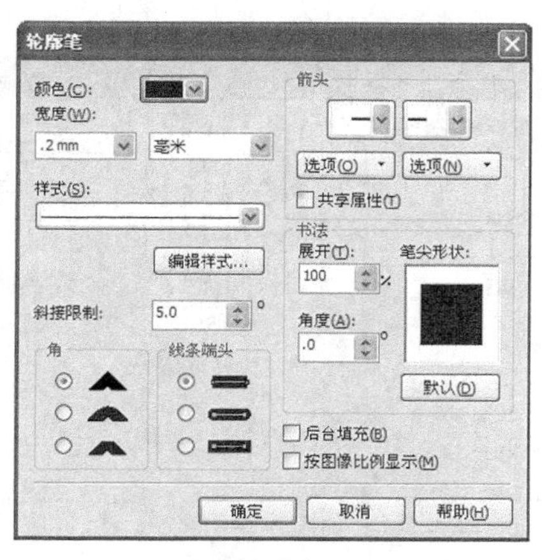

图1-34

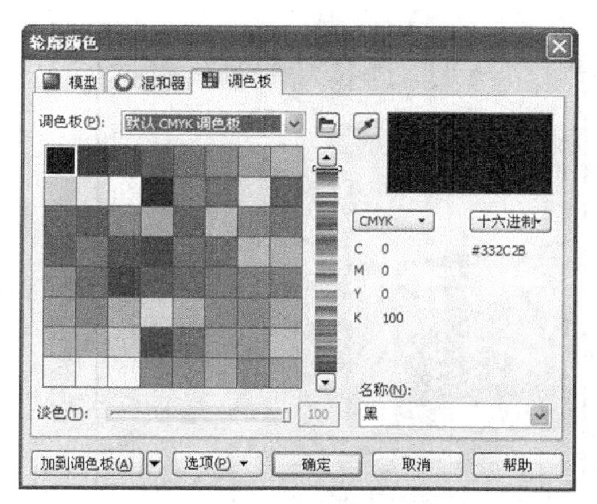

图1-35

3．均匀填充对话框

选择图形，单击工具箱中的均匀填充工具或者按【Shift+F11】快捷键，弹出“均匀填充”对话框，如图1-36所示。

4．渐变填充对话框

选择图形，单击工具箱中的渐变填充工具或者按【F11】快捷键，弹出“渐变填充”对话框，如图1-37所示。

图1-36

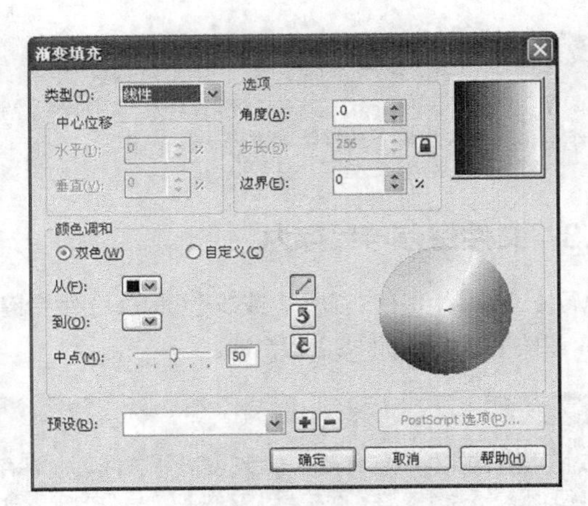

图1-37

5. 图样填充对话框

选择图形，单击工具箱中的图样填充工具，弹出“图样填充”对话框，如图1-38所示。

6. 底纹填充对话框

选择图形，单击工具箱中的底纹填充工具，弹出“底纹填充”对话框，如图1-39所示。

6. PostScript填充对话框

选择图形，单击工具箱中的PostScript填充工具，弹出“PostScript底纹”对话框，如图1-40所示。

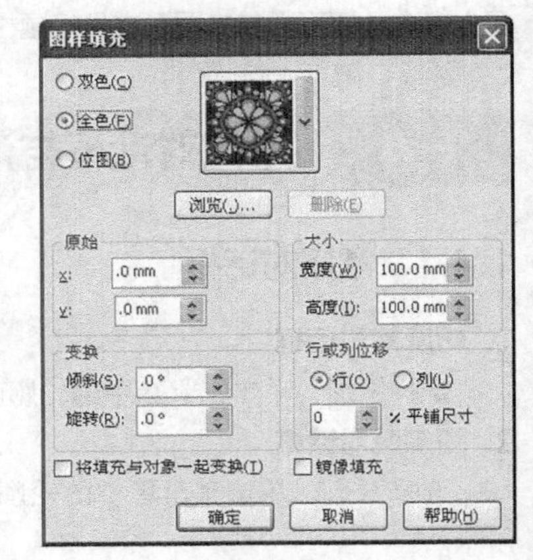

图1-38

图1-39

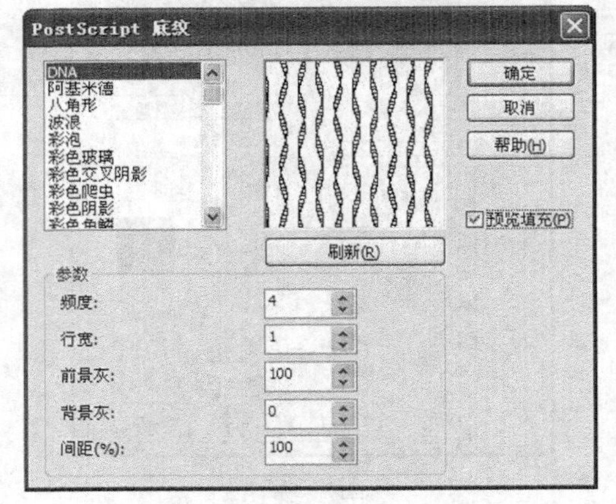

图1-40

1.4.2 常用泊坞窗

1.“变换”泊坞窗

单击菜单栏中的【窗口】/【泊坞窗】/【变换】，弹出“变换”泊坞窗，在“变换”泊坞窗里包含了位置变换、旋转变换、缩放和镜像变换、大小变换、倾斜变换5个功能命令，如图1-41所示。

2. “造型”泊坞窗

单击菜单栏中的【窗口】/【泊坞窗】/【造形】，弹出“造形”泊坞窗，如图1-42所示。在“造形”泊坞窗里可通过焊接、修剪、相交、简化、移除后面对象、移除前面对象、边界各种命令，绘制具有复杂轮廓的图形对象。

3. “颜色”泊坞窗

单击工具箱中的按钮，弹出“颜色”泊坞窗，如图1-43所示。在“颜色”泊坞窗中有包括CMYK、RGB、HSB、灰度等9种色彩模式。

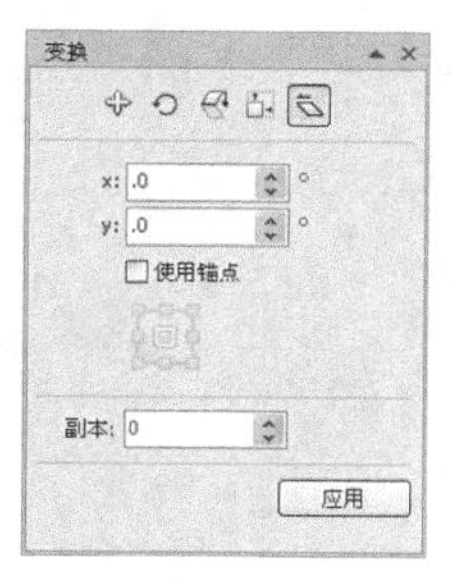

图1-41

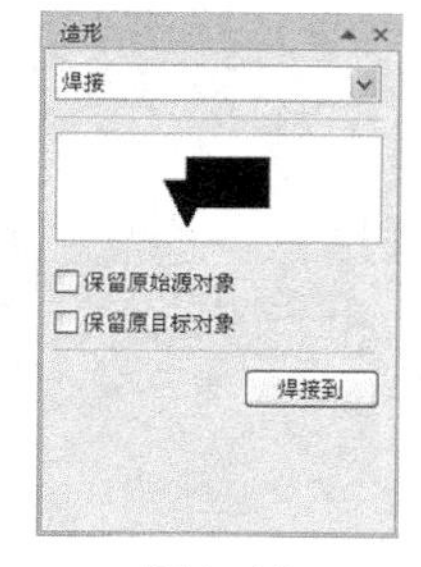

图1-42

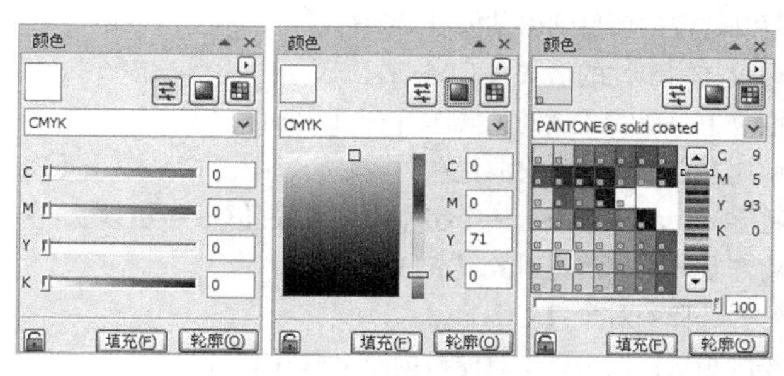

图1-43

1.5 常用快捷键

快速复制移动:【Ctrl+D】

快速复制旋转:【Ctrl+R】

保存当前的图形:【Ctrl+S】

打开编辑文本对话框:【Ctrl+Shift+T】

擦除图形的一部分或将一个对象分为两个封闭路径:【X】

撤销上一次的操作:【Ctrl+Z】、【Alt+BackSpase】

垂直定距对齐选择对象的中心:【Shift+A】

垂直分散对齐选择对象的中心:【Shift+C】

垂直对齐选择对象的中心:【C】

将文本更改为垂直排布（切换式）:【Ctrl+.】

打开一个已有绘图文档:【Ctrl+O】

打印当前的图形:【Ctrl+P】

打开“大小工具卷帘”:【Alt+F10】

运行缩放动作然后返回前一个工具:【F2】、【Z】

导出文本或对象到另一种格式:【Ctrl+E】

导入文本或对象:【Ctrl+I】

发送选择的对象到后面:【Shift+B】

将选择的对象放置到后面【Shift+PageDown】

发送选择的对象到前面:【Shift+T】

将选择的对象放置到前面【Shift+PageUp】

发送选择的对象到右侧:【Shift+R】

发送选择的对象到左侧:【Shift+L】

将文本对齐基线:【Alt+F12】

将对象与网格对齐（切换）:【Ctrl+Y】

对齐选择对象的中心到页中心:【P】

绘制对称多边形:【Y】

拆分选择的对象:【Ctrl+K】

将选择对象分散对齐到舞台水平中心:【Shift+P】

将选择对象分散对齐到页面水平中心:【Shift+E】

打开“封套工具卷帘”:【Ctrl+F7】

打开“符号和特殊字符工具卷帘”:【Ctrl+F11】

复制选定的项目到剪贴板:【Ctrl+C】

设置文本属性的格式:【Ctrl+T】

恢复上一次的“撤销”操作:【Ctrl+Shift+Z】

剪切选定对象并将它放置在“剪贴板”中:【Ctrl+X】、【Shift+Del】

将字体大小减小为上一个字体大小设置:【Ctrl+小键盘2】

将渐变填充应用到对象:【F11】

结合选择的对象:【Ctrl+L】

绘制矩形；双击该工具便可创建页框:【F6】

打开“轮廓笔”对话框:【F12】

打开“轮廓图工具卷帘”:【Ctrl+F9】

绘制螺旋形；双击该工具打开“选项”对话框的“工具框”标签:【A】

启动“拼写检查器”；检查选定文本的拼写:【Ctrl+F12】

取消选择对象或对象群组所组成的群组:【Ctrl+U】

显示绘图的全屏预览:【F9】

将选择的对象组成群组:【Ctrl+G】

删除选定的对象:【Del】

将选择对象上（顶）对齐:【T】

将字体大小减小为字体大小列表中上一个可用设置:【Ctrl+小键盘4】

转到上一页:【PageUp】

将镜头相对于绘画上移:【Alt+↑】

生成“属性栏”并对准可被标记的第一个可视项:【Ctrl+BackSpase】

打开“视图管理器工具卷帘”:【Ctrl+F2】

在最近使用的两种视图质量间进行切换:【Shift+F9】

用“手绘”模式绘制线条和曲线:【F5】

使用该工具通过单击及拖动来平移绘图:【H】

按当前选项或工具显示对象或工具的属性:【Alt+Backspase】

刷新当前的绘图窗口:【Ctrl+W】

水平对齐选择对象的中心:【E】

将文本排列改为水平方向:【Ctrl+,】

打开“缩放工具卷帘”:【Alt+F9】

缩放全部的对象到最大:【F4】

缩放选定的对象到最大:【Shift+F2】

缩小绘图中的图形:【F3】

将填充添加到对象；单击并拖动对象实现喷泉式填充:【G】

打开“透镜工具卷帘”:【Alt+F3】

打开“图形和文本样式工具卷帘”:【Ctrl+F5】

退出CorelDRAW并提示保存活动绘图:【Alt+F4】
绘制椭圆形和圆形:【F7】
绘制矩形组:【D】
将对象转换成网状填充对象:【M】
打开“位置工具卷帘”:【Alt+F7】
添加文本(单击添加“美术字”;拖动添加“段落文本”):【F8】
将选择对象下对齐:【B】
将字体大小增加为字体大小列表中的下一个设置:【Ctrl+小键盘6】
转到下一页:【Page Down】
将镜头相对于绘画下移:【Alt+↓】
包含指定线性标注线属性的功能:【Alt+F2】
添加/移除文本对象的项目符号(切换):【Ctrl+M】
将选定对象按照对象的堆栈顺序放置到向后一个位置:【Ctrl+Page Down】
将选定对象按照对象的堆栈顺序放置到向前一个位置:【Ctrl+Page Up】
使用“超微调”因子向上微调对象:【Shift+↑】
向上微调对象:【↑】
使用“细微调”因子向上微调对象:【Ctrl+↑】
使用“超微调”因子向下微调对象:【Shift+↓】
向下微调对象:【↓】
使用“细微调”因子向下微调对象:【Ctrl+↓】
使用“超微调”因子向右微调对象:【Shift+←】
向右微调对象:【←】
使用“细微调”因子向右微调对象:【Ctrl+←】
使用“超微调”因子向左微调对象:【Shift+→】
向左微调对象:【→】
使用“细微调”因子向左微调对象:【Ctrl+→】
创建新绘图文档:【Ctrl+N】
编辑对象的节点;双击该工具打开“节点编辑卷帘窗”:【F10】
打开“旋转工具卷帘”:【Alt+F8】
打开设置CorelDRAW选项的对话框:【Ctrl+J】
全选:【Ctrl+A】
打开“轮廓颜色”对话框:【Shift+F12】
给对象应用均匀填充:【Shift+F11】
显示整个可打印页面:【Shift+F4】
将选择对象右对齐:【R】
将镜头相对于绘画右移:【Alt+←】
再制选定对象并以指定的距离偏移:【Ctrl+D】
将字体大小增加为下一个字体大小设置:【Ctrl+小键盘8】
将“剪贴板”的内容粘贴到绘图中:【Ctrl+V】
启动“这是什么?”帮助:【Shift+F1】
重复上一次操作:【Ctrl+R】
转换美术字为段落文本或反过来转换:【Ctrl+F8】

将选择的对象转换成曲线:【Ctrl+Q】
将轮廓转换成对象:【Ctrl+Shift+Q】
使用固定宽度、压力感应、书法式或预置的“自然笔”样式来绘制曲线:【I】
左对齐选定的对象:【L】
将镜头相对于绘画左移:【Alt+→】
显示所有可用/活动的HTML字体大小的列表:【Ctrl+Shift+H】
将文本对齐方式更改为不对齐:【Ctrl+N】
在绘画中查找指定的文本:【Alt+F3】
更改文本样式为粗体:【Ctrl+B】
将文本对齐方式更改为行宽的范围内分散文字:【Ctrl+H】
更改选择文本的大小写:【Shift+F3】
将字体大小减小为上一个字体大小设置:【Ctrl+小键盘2】
将文本对齐方式更改为居中对齐:【Ctrl+E】
将文本对齐方式更改为两端对齐:【Ctrl+J】
将所有文本字符更改为小型大写字符:【Ctrl+Shift+K】
删除文本插入记号右边的字:【Ctrl+Delete】
删除文本插入记号右边的字符:【Delete】
将字体大小减小为字体大小列表中上一个可用设置:【Ctrl+小键盘4】
将文本插入记号向上移动一个段落:【Ctrl+↑】
将文本插入记号向上移动一个文本框:【Page Up】
将文本插入记号向上移动一行:【↑】
添加/移除文本对象的首字下沉格式（切换）:【Ctrl+Shift+D】
选定“文本”标签，打开“选项”对话框:【Ctrl+F10】
更改文本样式为带下划线样式:【Ctrl+U】
将字体大小增加为字体大小列表中的下一个设置:【Ctrl+小键盘6】
将文本插入记号向下移动一个段落:【Ctrl+↓】
将文本插入记号向下移动一个文本框:【Page Down】
将文本插入记号向下移动一行:【↓】
显示非打印字符:【Ctrl+Shift+C】
向上选择一段文本:【Ctrl+Shift+↑】
向上选择一个文本框:【Shift+Page Up】
向上选择一行文本:【Shift+↑】
向上选择一段文本:【Ctrl+Shift+↑】
向上选择一个文本框:【Shift+Page Up】
向上选择一行文本:【Shift+↑】
向下选择一段文本:【Ctrl+Shift+↓】
向下选择一个文本框:【Shift+Page Down】
向下选择一行文本:【Shift+↓】
更改文本样式为斜体:【Ctrl+I】
选择文本结尾的文本:【Ctrl+Shift+Page Down】
选择文本开始的文本:【Ctrl+Shift+Page Up】
选择文本框开始的文本:【Ctrl+Shift+Home】

选择文本框结尾的文本:【Ctrl+Shift+End】
选择行首的文本:【Shift+Home】
选择行尾的文本:【Shift+End】
选择文本插入记号右边的字:【Ctrl+Shift+←】
选择文本插入记号右边的字符:【Shift+←】
选择文本插入记号左边的字:【Ctrl+Shift+→】
选择文本插入记号左边的字符:【Shift+→】
显示所有绘画样式的列表:【Ctrl+Shift+S】
将文本插入记号移动到文本开头:【Ctrl+Page Up】
将文本插入记号移动到文本框结尾:【Ctrl+End】
将文本插入记号移动到文本框开头:【Ctrl+Home】
将文本插入记号移动到行首:【Home】
将文本插入记号移动到行尾:【End】
移动文本插入记号到文本结尾:【Ctrl+Page Down】
将文本对齐方式更改为右对齐:【Ctrl+R】
将文本插入记号向右移动一个字:【Ctrl+←】
将文本插入记号向右移动一个字符:【←】
将字体大小增加为下一个字体大小设置:【Ctrl+小键盘8】
显示所有可用/活动字体粗细的列表:【Ctrl+Shift+W】
显示所有可用/活动字体尺寸的列表:【Ctrl+Shift+P】
显示所有可用/活动字体的列表:【Ctrl+Shift+F】
将文本对齐方式更改为左对齐:【Ctrl+L】
将文本插入记号向左移动一个字:【Ctrl+→】
将文本插入记号向左移动一个字符:【→】

专家提示

查看 CorelDRAW X6 快捷键的方法：在【工具】/【选项】/【自定义】命令右边，“快捷键”选项卡下单击【查看全部】。

1.6 CorelDRAW X6服装款式设计简介

服装款式设计或者说是服装样式设计是服装行业的一个重要组成部分，也是服装设计的基础部分。它本身包括款式造型、材质选择、色彩搭配、纹样确定和款式表现等几方面的内容。在服装行业中的服装款式设计、图案设计和面料设计等方面，CorelDRAW是一款常用的绘图设计软件，用CorelDRAW绘制款式图比手绘更容易表达服装结构、比例、图案、色彩等要素。绘制服装款式图的主要目的是为了更直观地表达服装款式，更接近成衣的效果。

随着计算机技术的发展，用CorelDRAW进行服装设计已经成为一个趋势，这款软件可以完全表达款式的结果、线迹、面料和图案等细节，更接近成衣效果，版型师和工人也更容易了解和制作服装的款式。CorelDRAW软件对于从事服装设计工作的专业设计人员来说是很好的帮手，利用CorelDRAW软件可以设计绘制出现代服装企业中专门用于服装生产的工业款式图、服装工艺单和生产流程图。作为矢量绘图软件，CorelDRAW绘制的图形非常小并且具有可以任意缩放和以最高分辨率输出的特性，可以完美地再现服装设计当中的面料、图案、文字、服饰配件等细节部分，如图1-44、图1-45所示。

CorelDRAW简单易学、严谨规范的特性造就了其矢量绘图软件的工业化典范地位。也可以说它是目前市场上的电脑设计软件中极具工业化特点，且与产业结合最紧密的矢量绘图软件。

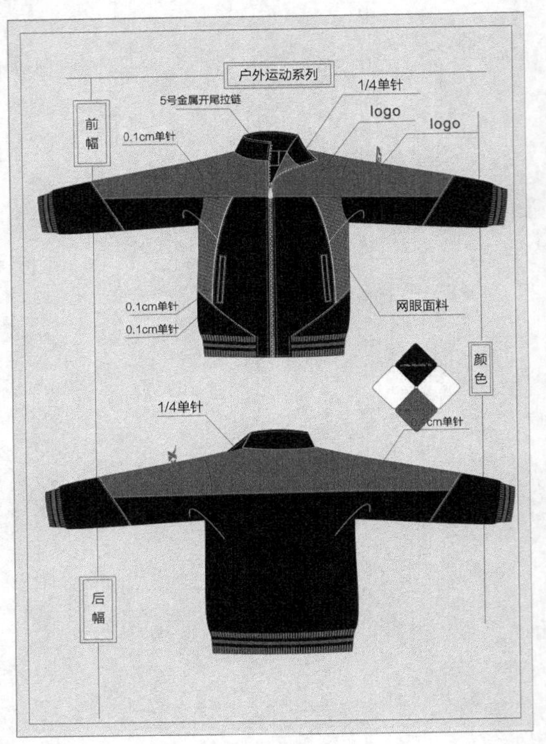
户外运动系列
前幅
5号金属开尾拉链
1/4单针
logo
logo
0.1cm单针
0.1cm单针
0.1cm单针
网眼面料
颜色
1/4单针
0.1cm单针
后幅

图1-44

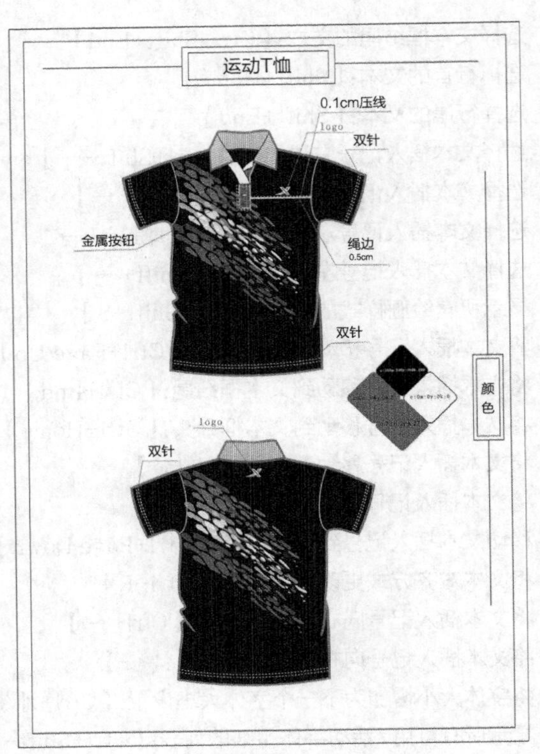
运动T恤
0.1cm压线
logo
双针
金属按钮
绳边
0.5cm
双针
颜色
logo
双针

图1-45

第02章

服装款式设计基础

本章重点

- 了解服装款式设计的美学原理
- 了解服装廓形设计——五种基本廓形
- 掌握服装零部件设计

2.1 服装款式设计概述

服装款式设计也可称为服装造型设计，是服装设计中非常重要的部分，也是服装设计的基础部分，同时，这也是服装设计专业人员必须掌握的基本专业知识。款式、面料和色彩是服装造型的三要素，其中款式又是构成造型设计的主体，包括整体和局部两部分，即服装的廓型、内结构线以及领、袖、口袋等零部件的配置。

2.2 服装款式设计的美学原理

2.2.1 对称

对称是最基本的构成形式，分为以下几类。

- 左右对称：缺少动感。
- 局部对称：指服装上的一部分采用对称的形式，如胸部、袖子、肩部等。
- 回转对称：以一点为基准，进行两个方向相反元素的对称配置。利用面料的图案或装饰点缀来完成。

如图2-1所示为对称的服装款式。

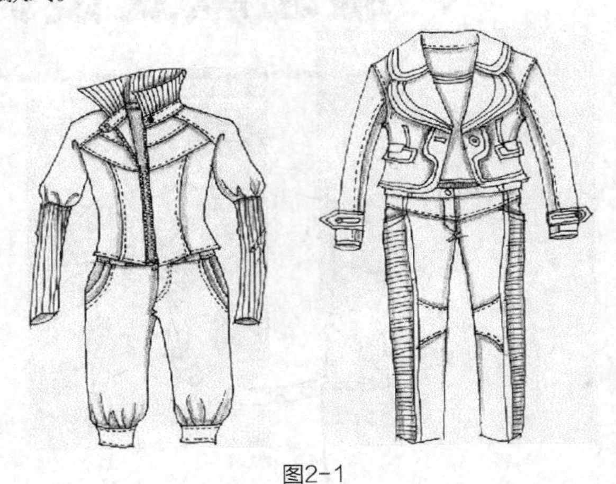

图2-1

2.2.2 均衡

指元素在空间距离数量上没有等量关系，而要依靠元素的大小、长短等要素达到视觉上的平衡。在服装款式中体现在门襟、纽扣、口袋等的装饰手法上，如图2-2所示。

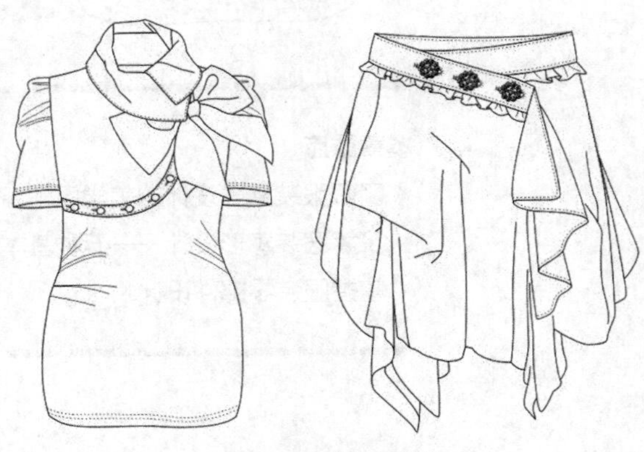

门襟、纽扣的均衡装饰

图2-2

2.2.3 比例（对比）

比例是指设计中不同大小的部位之间的相互配比关系。如上衣与下装的面积比；连衣裙腰线的上下长度比；肩宽与衣摆的宽度比；色彩、材料、装饰的分配面积比；服装各部位所占的体积比等。黄金比例是设计中经常用到的配比。如图2-3所示。

腰线上下长度比

图2-3

2.2.4 旋律（节奏）

在服装设计上的表现为元素反复的出现。造型上：如裙子的荷叶边的设计或荷叶领、褶皱的重复出现；色彩上：色彩强弱的层次和反复；图案上：面料不同图案的组合，如图2-4所示。

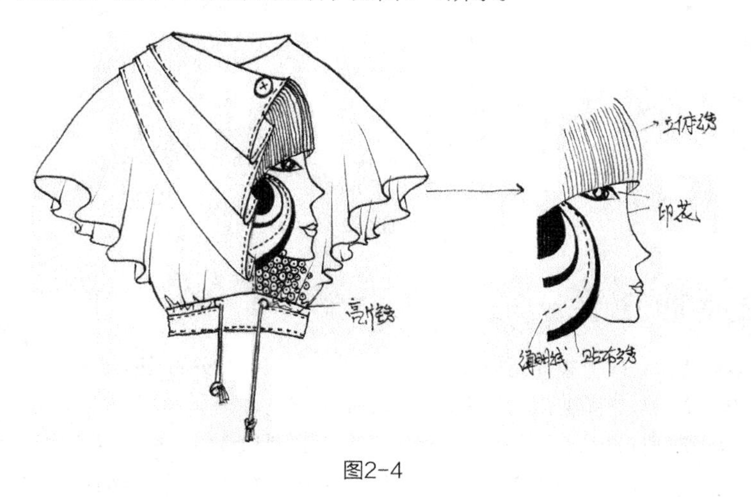

图2-4

2.2.5 强调

是指在服装设计中重点突出某一方面，吸引人的视线，增加艺术感染力，来取得最佳的设计效果。

- 强调功能：实用性，如工作服，特别强调服装的面料、造型、工艺。
- 强调色彩：如节庆服装的色彩；童装鲜亮、明快的色彩。
- 强调工艺：如旗袍的刺绣、盘扣、镶边等。
- 强调造型：重点是胸部、腰部、领部、肩部造型的强调，如图2-5所示。

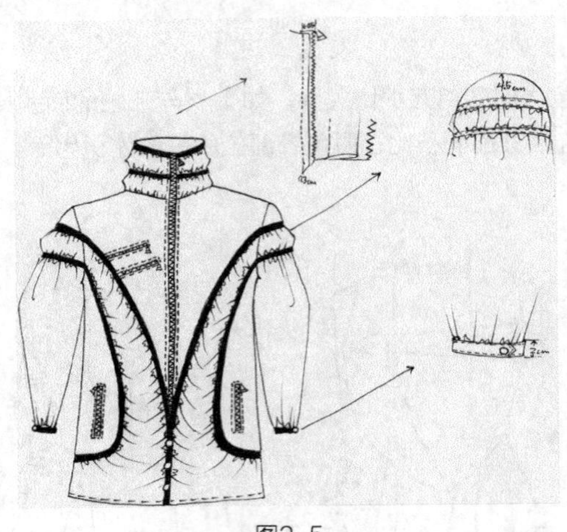

图2-5

2.2.6 夸张

主要体现在造型上的夸张。夸张的部位往往是款式的重点，如肩、领、袖、下摆等处，如图2-6所示。

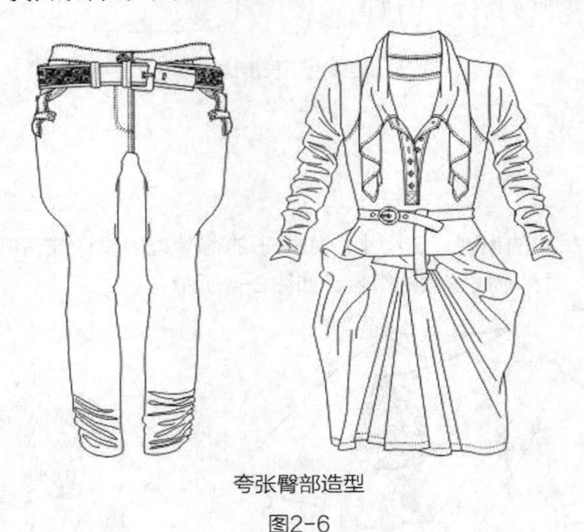

夸张臀部造型

图2-6

2.3 服装的廓形设计

服装的廓形是指服装穿着在人体上表现出的外在形状，也就是服装的外部造型轮廓线，它的变化对服装的款式变化起着决定性的作用。服装流行演变的最明显特征就是外轮廓的变化。

根据人体特点，可以把服装外形概括为H型、A型、T型、X型和O型五种。以此为基础，几乎所有的服装都可以用字母形态来描述。服装的外形设计主要决定因素是各关键部位的尺寸，具体细分为肩部、胸部、腰部、臀部和下摆。

1. H型

也称矩形、箱型或直筒型。其特点是平肩、不收腰、下摆成筒形，形似字母H。肩、腰、臀、下摆的围度无大的区别，衣身呈直筒状。具有简练、随意，中性化的特征。因此，在休闲装、运动装及男装款式设计中经常采用，如图2-7所示。

2. A型

也称正三角形或梯形。指上小、下大，呈三角形造型的服装，不收腰宽下摆，或收腰宽下摆。具有洒脱、流动、活泼的感觉。因而广泛地应用在大衣、连衣裙和礼服等的设计中，如图2-8所示。

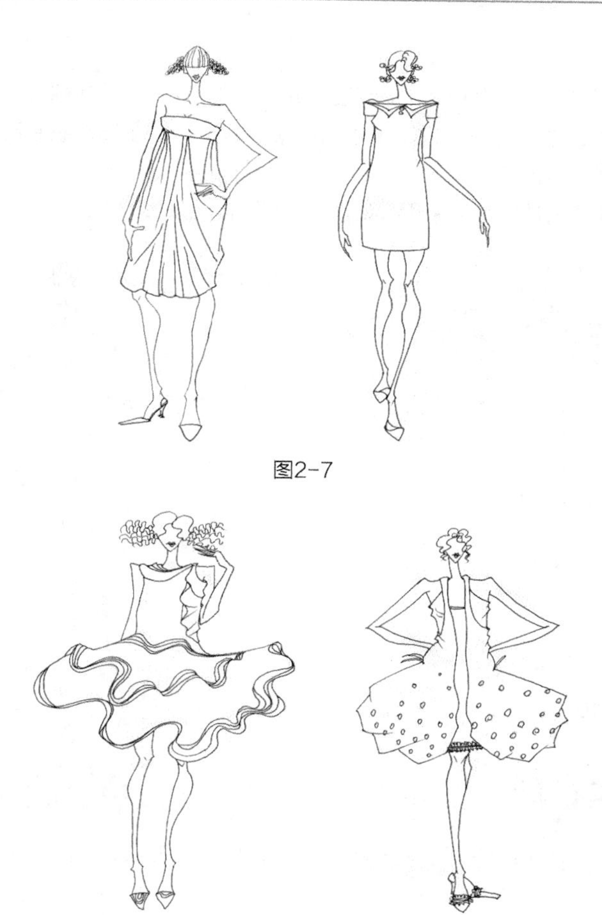

图2-7

图2-8

3. T型

也称倒梯形或倒三角形。其特点是夸张肩部，收紧下摆，形成上宽下窄的效果，类似字母T。T廓形具有精干、洒脱、较男性化的性格特点，因而广泛运用于男装、中性服装的设计中，如图2-9所示。

图2-9

4. X型

是最具有女性体态特征的廓形，其特点是夸大肩部和衣、裙下摆，收紧腰部，形成上下部分宽大、中间收小的效果，类似字母X的形状。X廓形易于突出女性窈窕的身材，优美、典雅，因此在礼服设计中常被采用，如图2-10所示。

5. O型

也称椭圆形。其特点是肩部和下摆向内收紧，无明显棱角，腰部宽松，呈椭圆形，类似字母O的形状。O廓形具有休闲、舒适、宽松、柔和的特点，造型夸张，适用于创意性服装的设计，在日常服装设计中适合作为服装的一个组成部位，如领、袖，或裙、上衣等单品的设计。

在休闲装、运动装及家居服的设计中常被采用，如图2-11所示。

图2-10

图2-11

2.4 服装的结构设计

服装的结构设计，是指除服装廓形以外的结构形状和零部件的边缘形状，如衣片上的分割线、省道、褶裥等结构，以及领子、口袋、门襟等零部件。

1. 基本结构线的设计

服装的结构线指的是服装中的分割线，有应用性结构和装饰性结构两种。应用性结构线是指使服装符合人体曲线而必须裁剪的结构线，如胸省、腰省等；装饰性结构线是指不以塑形为目的，纯粹考虑美观效果的线条，其表现形式多样，如绗缝、波浪线、缉线、镶嵌等。

2. 工艺变化设计

服装的加工工艺多种多样，相同的服装款式，因为采用了不同的工艺手法，服装的整体表现效果也会不同。常见的服装加工工艺手法有刺绣、镶嵌、滚边、缉线、贴布、盘花、包梗、印染、编织、抽褶、手绘、剪切等。

3. 零部件的组合设计

服装的零部件也是服装结构设计的一部分，其种类繁多，兼具功能性与装饰性。零部件的组合设计就是利用零部件自身的形态特点来进行服装内部结构的变化设计，如领子的重叠、口袋的重叠、大小口袋的组合等，如图2-12所示。

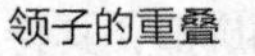

领子的重叠

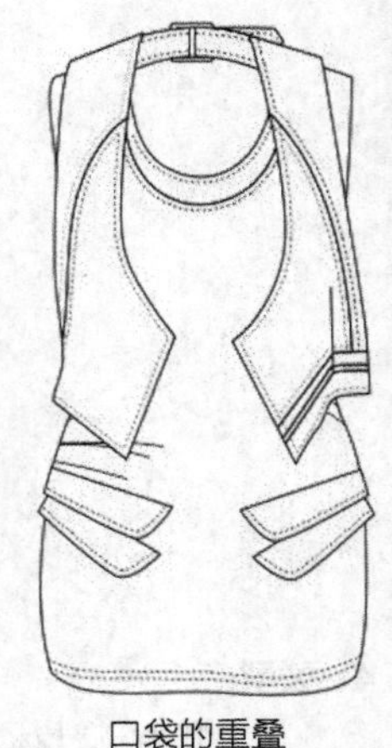

口袋的重叠

图2-12

2.5 服装的部件设计

服装的整体造型是由各个局部的部件造型设计组合而成的。服装的部件包括领、袖、口袋、门襟等，服装的部件设计除了要有特定的功能外，还应具有一定的装饰性。

1. 领子的分类与设计

（1）无领。

• 领线领：最基础、最简单的领型，只有领线没有领面的领型。常见的领线领包括一字领、圆领、V字领、U形领、方领等，主要用于夏季T恤、内衣、针织衫、连衣裙等的设计。领线领在造型设计上变化丰富，还可以用各种的装饰手法进行设计，例如滚边、镶嵌、镂空、捆条等，如图2-13所示。

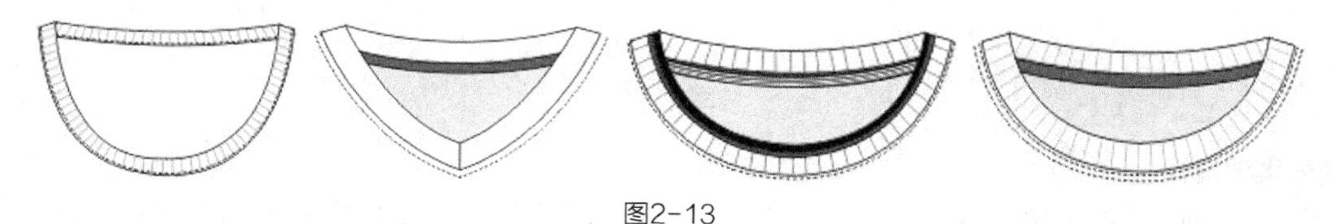

图2-13

• 连衣领：是指从衣身上延伸连裁出领子的造型，衣领与衣身之间没有分割线。连衣领多用于女装大衣、外套、连衣裙的设计。连衣领的变化范围较小，领口不能过高，可以用缉线、滚边、绣花等进行装饰设计，如图2-14所示。

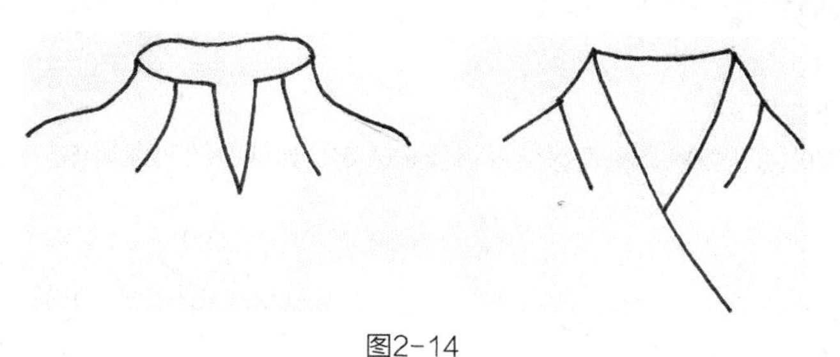

图2-14

（2）装领。

• 立领：是一种领面围绕颈部的领型。立领的结构较为简单，具有端庄、典雅的东方情趣，在传统的中式服装，如旗袍及学生装上应用较多。现代服装中立领的造型已脱离了以往的模式，不断出现新颖、流行的造型，如图2-15所示。

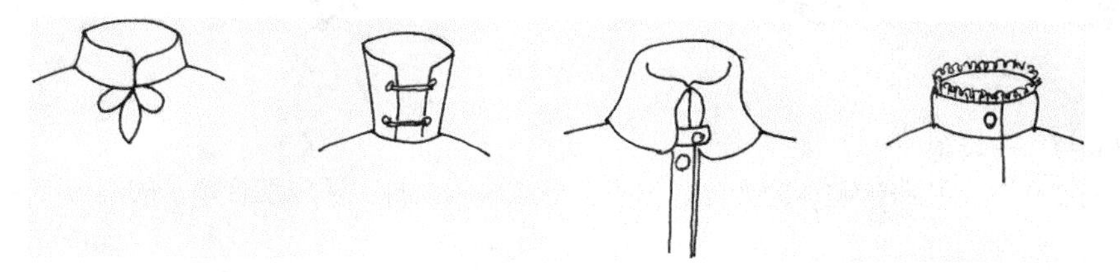

图2-15

• 翻领：是领面向外翻折的领型。根据其结构特征可分为单翻领和连座翻领。根据领面的翻折形态可分为小翻领和大翻领，翻领的变化较为丰富，如衬衣领、中山装、茄克衫、运动衫等。如图2-16所示。

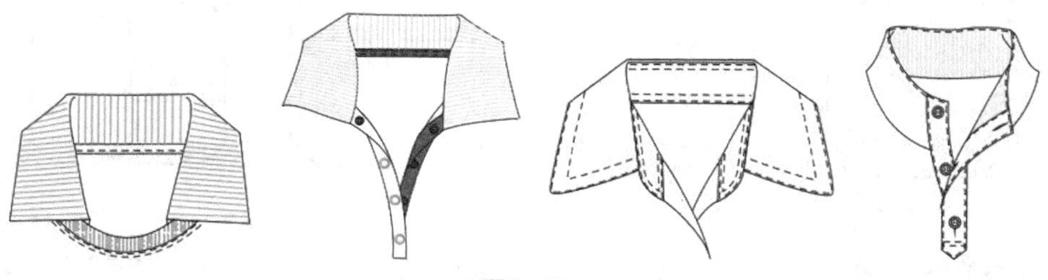

图2-16

- 翻驳领：是领面与驳头一起向外翻折的领型，一般指西式服装外装、上装的翻领，适用于西式男装上装、西式女装上装、男士大衣、女士大衣、男士大小礼服等，如图2-17所示。

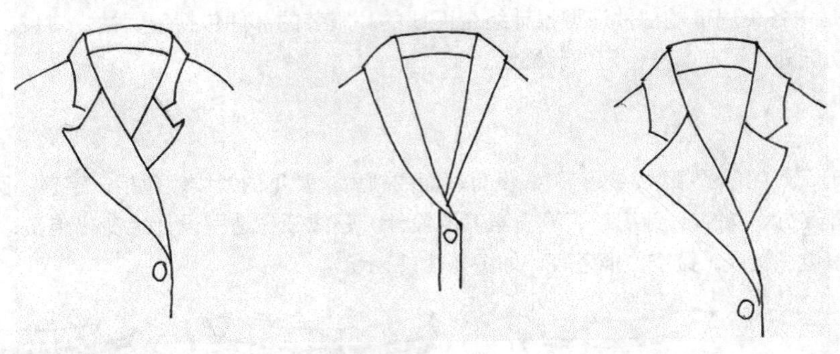

图2-17

2. 袖子的分类与设计

（1）无袖。无袖又称为袖窿，英文为arm-hole，一般是指使手臂通过的衣服洞的形状，不包括袖片和袖克夫(cuff)，所以无袖的设计其实是单纯的袖窿线的设计。多用于背心、马甲、连衣裙等。

（2）连衣袖。指袖子和衣身相连，没有袖窿线的造型，也称中式袖。一般用于中式服装、运动装及家居服装等。

（3）装袖。指袖片和衣身分别裁剪，然后缝合的袖型，从造型上分为平袖、圆袖、插肩袖、泡泡袖。如图2-18所示分别为无袖、连衣袖和装袖。

袖的造型表现应注意以下几点。

（1）袖的造型要适应服装的功能要求，根据服装的机能来决定，如西装袖可以适体一些，而休闲装袖要稍宽松一些。

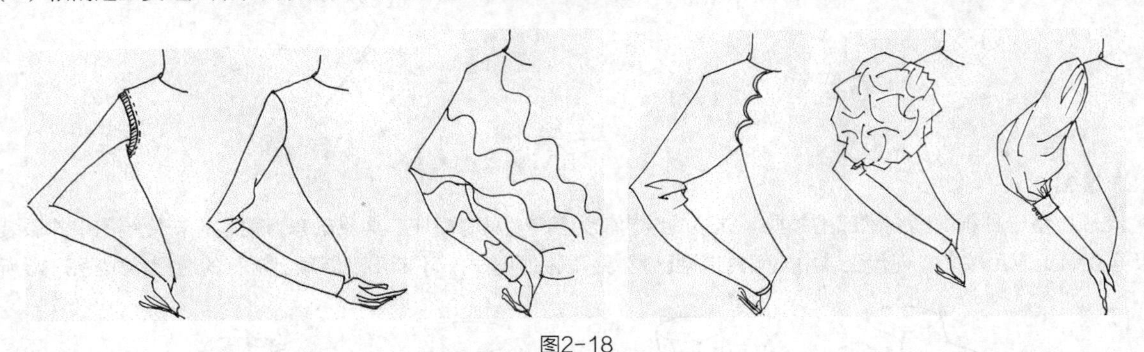

图2-18

（2）袖身造型应与大身协调。

（3）运用袖子的变化来烘托服装整体的变化。袖不但要从属于大身，还应配合领子的造型与衣身共同达到高度协调与统一。

3. 口袋的分类与设计

（1）贴袋。即贴缝在衣片表面的袋型，具有制作简单，变化丰富的特点，多为压明线。如图2-19所示。

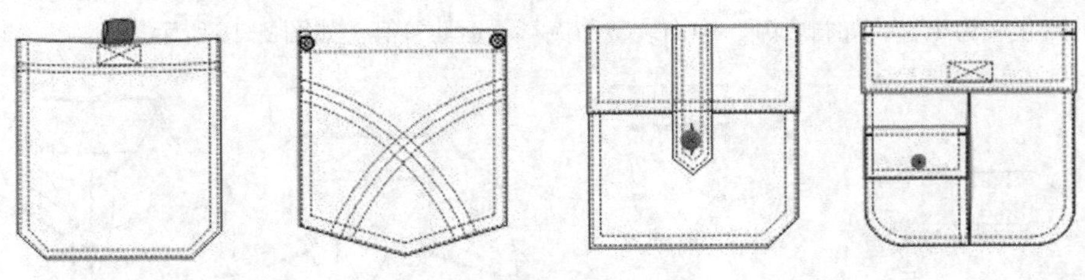

图2-19

（2）挖袋。挖袋的袋口开在衣片上，袋身则在衣身里，挖袋有袋唇（或袋线），也可用袋盖掩饰，如图2-20所示。

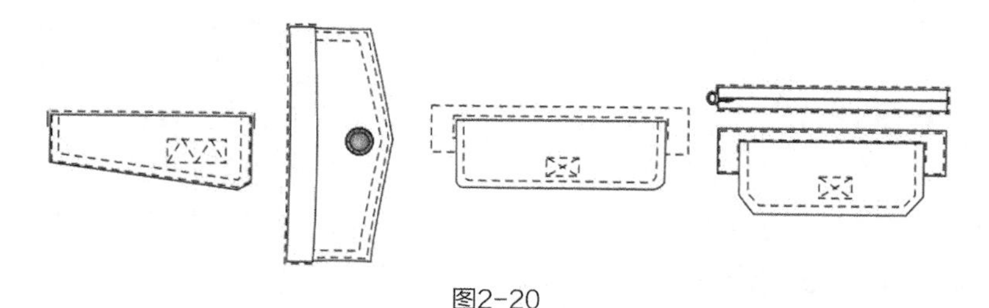

图2-20

（3）插袋。也称缝内袋，在服装拼接缝间留出的口袋，一般比较隐蔽，实用功能较强，如图2-21所示。

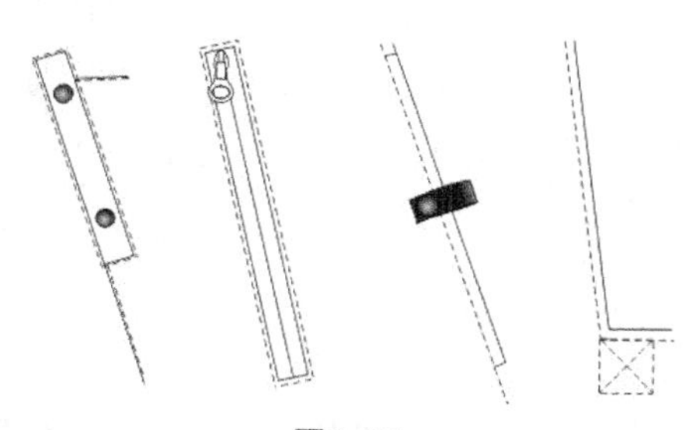

图2-21

在口袋的造型表现上要注意局部与整体之间的大小、比例、形状、位置及风格上的协调统一。

2.6 服装款式的设计表现

在服装企业中，服装款式设计最常见的表现形式是平面款式图，其表现技法分为手绘技法和电脑绘制技法。

2.6.1 服装款式图的手绘技法

1. 比例法

手绘款式图时首先要把握服装外形及服装细节的比例关系，各种不同的服装有其各自不同的比例关系。在绘制服装的比例时，应注意“从整体到局部”，绘制好服装的外形及主要部位之间的比例。如服装的肩宽与衣身长度之比，裤子的腰宽和裤长之间的比例，领口和肩宽之间的比例，腰头宽度与腰头长度之间的比例等。

2. 对称法

因为人体的左右两部分是对称的，所以服装的主体必然呈现出对称的结构。因此在款式图的绘制过程中，一定要注意服装的对称规律。在手绘款式图时可以使用“对称法”来绘制服装款式图，这是一种先画好服装的一半（左或右），然后再沿中线对折，描画另一半的方法，使用这种方法可以轻易地画出左右对称的服装款式图。

2.6.2 服装款式图的电脑绘制技法

1. 黑白线描技法

运用CorelDRAW软件中的路径工具（如手绘工具、贝塞尔工具、钢笔工具）可以快速地勾勒出服装款式的基本外轮廓，如T恤、衬衫、裤子、裙子、外套、大衣等，然后再设计各种不同的细节，如领、袖、门襟、口袋等，如图2-22所示。在用电脑软件来绘制服装款式图的过程中，只需要画出服装款式的一半，然后再对这一半进行复制，把方向旋转一下就可以完成左右对称的服装款式图。

2. 面料图案填充技法

在CorelDRAW软件中可以扫描现有的面料、图片或手绘稿来设计各种不同的面料图案，并将其填充到绘制好的服装款式中。使用电脑软件最大的优势在于可以快速地进行面料花型的复制、剪切、合成及色彩的更换，设计师可以在很短的时间内设计出各种不同的配色方案，如图2-23所示。

图2-22

图2-23

第03章

T恤款式设计

本章重点

- 贝塞尔工具、形状工具的使用——绘制T恤基本廓形
- T恤罗纹领的表现
- 艺术笔工具——针织T恤坎针缉线表现
- T恤款式细节变化设计

T恤是一种平民化、大众化，却又充满时尚元素的服装。T恤的款式变化非常丰富，只要在色彩、图案、领口、袖口下摆造型加上创意性变化，就能紧随最新潮流指标。使用CorelDRAW软件设计T恤，其表现重点主要是外轮廓造型，领、袖等的细节设计，以及图案的表现。服装根据性别和年龄来分类可以分为男装、女装和童装。下面分别介绍男装、女装及童装的T恤款式设计。

3.1 男装T恤

3.1.1 圆领T恤（基础款）

男式圆领T恤的整体效果如图3-1所示。

设计重点

罗纹领表现、后领口及下摆人字纹棉织带表现、色彩填充、图案填充。

图3-1

操作步骤

01 打开CorelDRAW软件，执行菜单栏中的【文件】/【新建】命令，或使用【Ctrl+N】组合键，弹出“创建新文档”对话框，命名文件为“男式圆领T恤”，如图3-2所示。在属性栏中设定纸张大小为A4，横向摆放，如图3-3所示。

02 鼠标单击上方和左方的标尺栏，分别从上往下、从左往右拖动添加5条辅助线，确定衣长、袖窿深、领口、肩宽等位置，如图3-4所示。

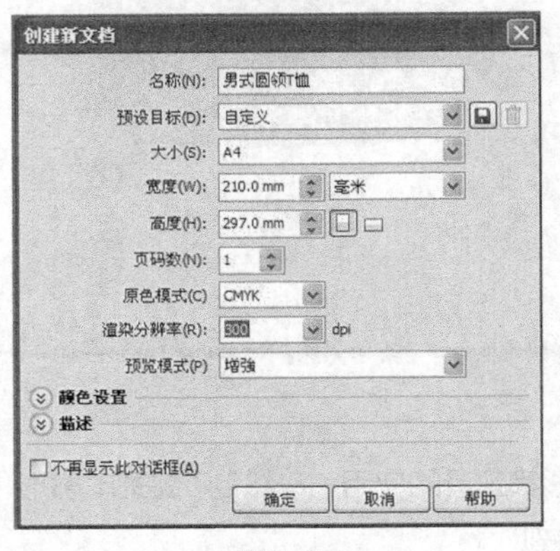

图3-2

图3-3

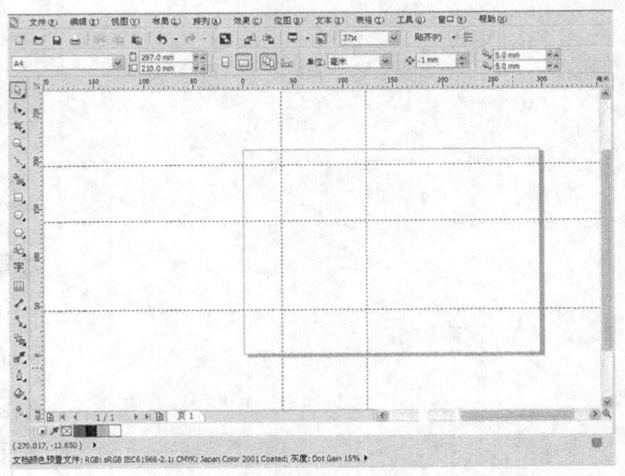

图3-4

03 使用贝塞尔工具和形状工具绘制如图3-5所示的T恤衫前片，在属性栏中设置轮廓宽度为 .35 mm 。

04 单击工具箱中的均匀填充工具，弹出“均匀填充对话框”，设置CMYK值分别为89，42，47，0，蓝绿色，如图3-6

所示。单击【确定】按钮，得到的效果如图3-7所示。

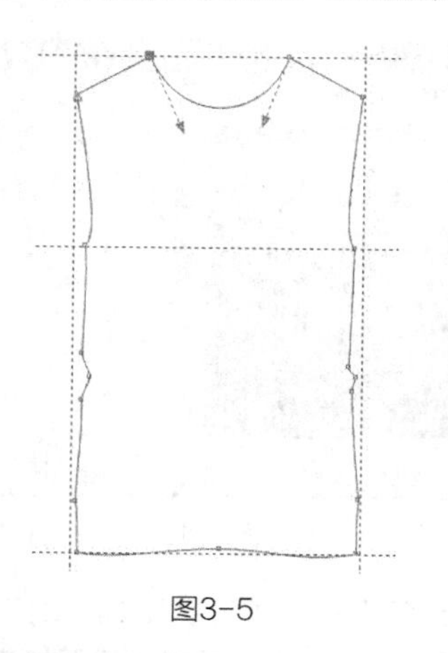
图3-5

图3-6

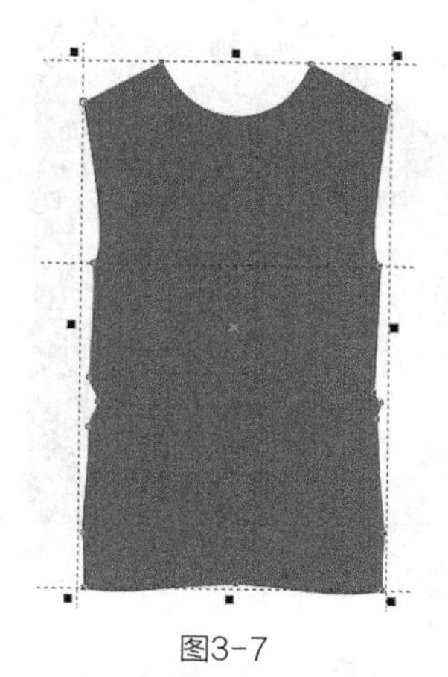
图3-7

专家提示

使用贝塞尔工具和形状工具绘制衣身前片造型时要注意服装长度与肩宽的比例（一般5：3效果最佳）；为避免款式图过于死板，可以适当地在腰部和下摆处添加一些曲线弧度。

05 使用贝塞尔工具和形状工具绘制如图3-8所示的左袖前面部分，在属性栏中设置轮廓宽度为.35 mm，并填充为蓝绿色，CMYK值为89，42，47，0。

06 执行菜单栏中的【排列】/【顺序】/【向后一层】命令，得到的效果如图3-9所示。

07 使用贝塞尔工具和形状工具绘制如图3-10所示的左袖后面部分，在属性栏中设置轮廓宽度为.35 mm，并填充为蓝绿色，CMYK值为89，42，47，0。

专家提示

袖子和衣身都分为前后两个闭合路径来绘制，使服装平面款式图有立体感，更生动。

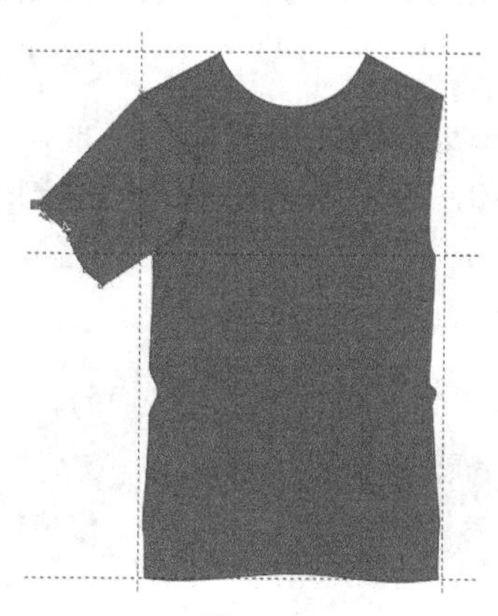
图3-8

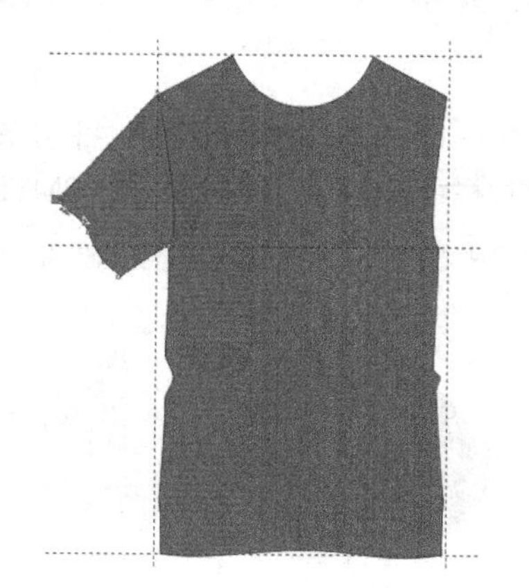
图3-9

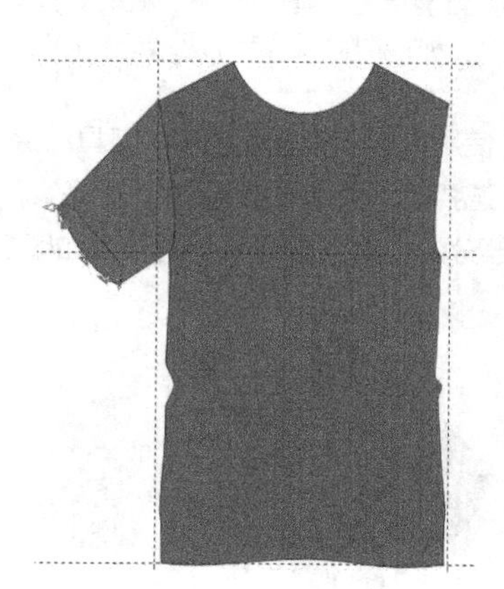
图3-10

08 执行菜单栏中的【排列】/【顺序】/【向后一层】命令，得到的效果如图3-11所示。

09 使用选择工具框选整个左袖，按小键盘上的【+】键复制图形，单击属性栏中的水平镜像按钮，然后把复制的袖子向右平移到一定的位置，得到的效果如图3-12所示。

10 单击工具箱中的均匀填充工具，弹出“均匀填充”对话框，设置CMYK值为0，29，96，0，中黄色，如图3-13所示。单击【确定】按钮，得到的效果如图3-14所示。

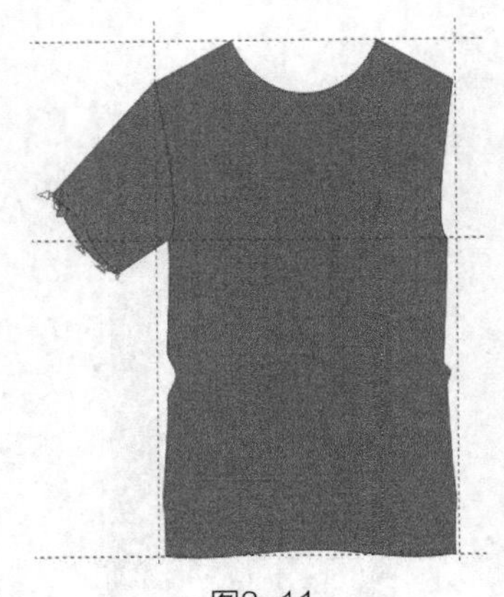

图3-11

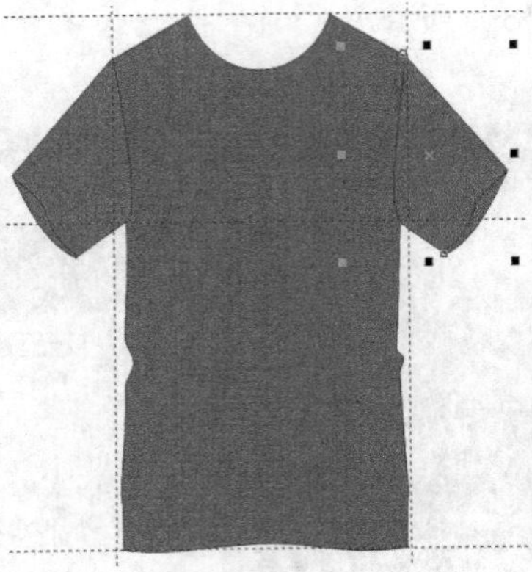

图3-12

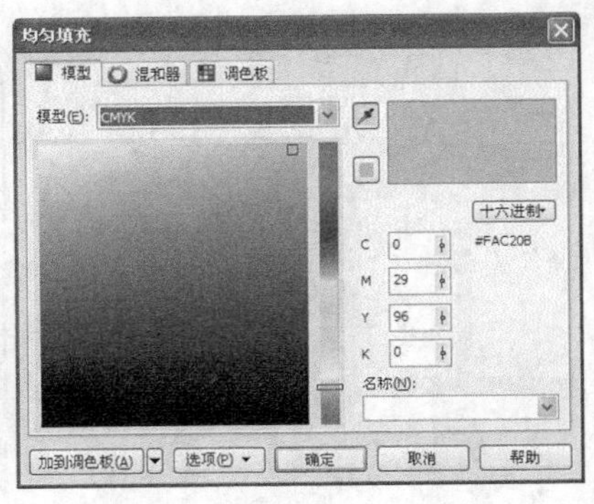

图3-13

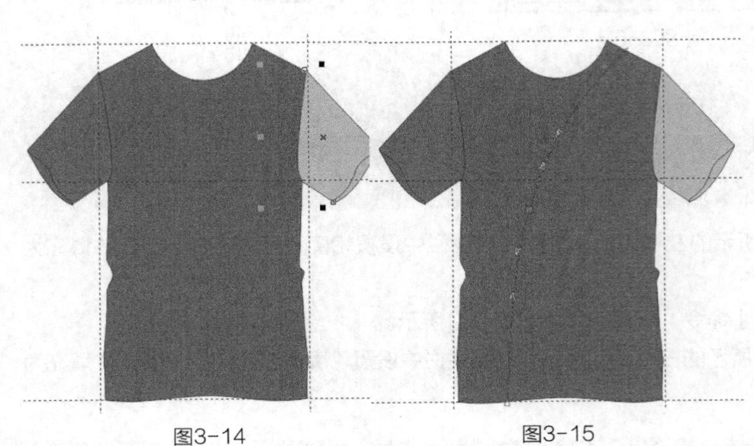

图3-14

图3-15

11 使用贝塞尔工具和形状工具绘制如图3-15所示的分割线，在属性栏中设置轮廓宽度为 .35 mm。

12 选择工具箱中的智能填充工具，在属性栏中设置填充色为白色，如图3-16所示。鼠标单击分割线右边的衣身部分，得到的效果如图3-17所示。

图3-16

专家提示

智能填充工具可以在保留原图形的基础上复制并填色，尤其是在一些交叉的区域可以做到单独填色。但要注意的是在绘制分割线时可以适当地把线条延伸超过衣身一点，这样方便填色。

13 使用贝塞尔工具和形状工具绘制如图3-18所示的分割线，在属性栏中设置轮廓宽度为 .35 mm。

14 选择工具箱中的智能填充工具，在属性栏中设置填充色为中黄色，CMYK值为0，29，96，0，鼠标单击分割线上半部分的衣身部分，得到的效果如图3-19所示。

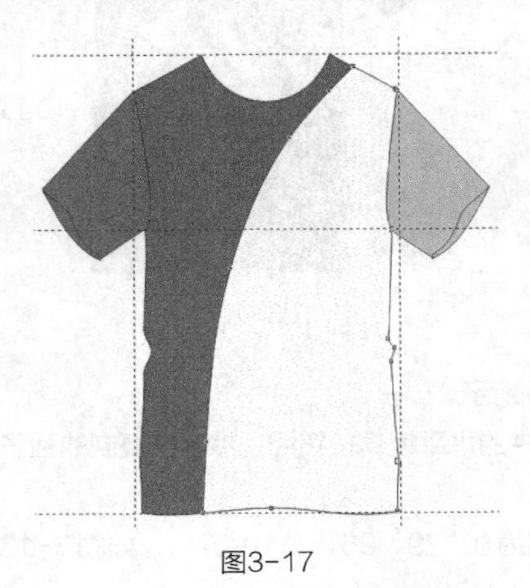

图3-17

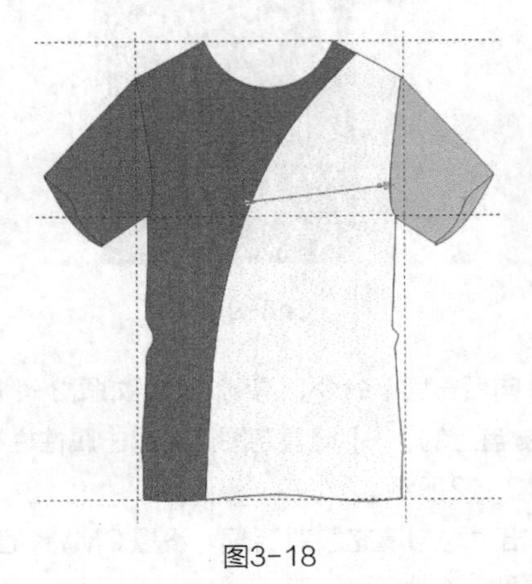

图3-18

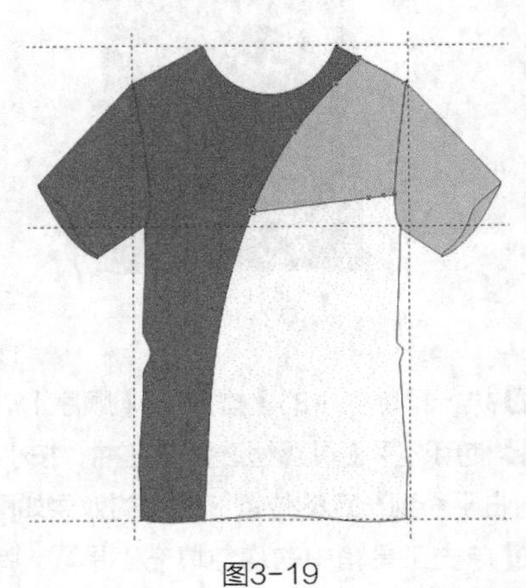

图3-19

15 使用贝塞尔工具和形状工具在领口处绘制一条路径，在属性栏中设置轮廓宽度为 4.0 mm，如图3-20所示。执行菜单栏中的【排列】/【将轮廓转换为对象】命令，把路径转换为图形，并填充为中黄色，CMYK值为0，29，96，0，设置轮廓宽度为.35 mm，得到的效果如图3-21所示。

图3-20

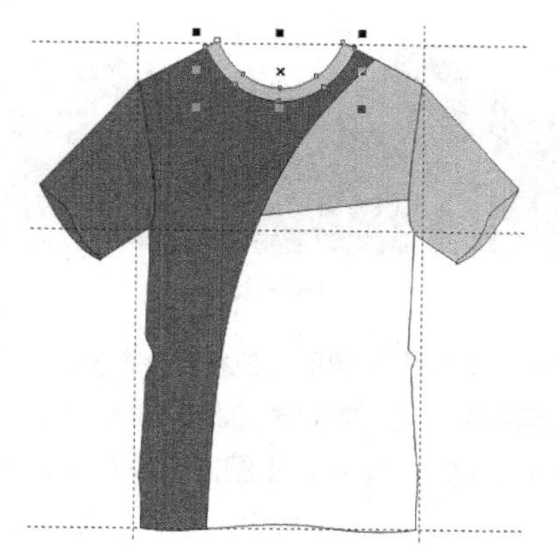

图3-21

16 使用手绘工具在领口上绘制两条直线，设置轮廓宽度为.2 mm，如图3-22所示。

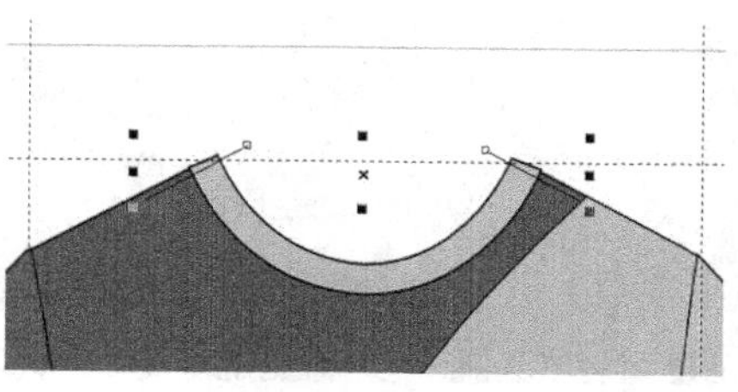

图3-22

17 选择工具箱中的交互式调和工具，单击左边的直线，往右拖动鼠标至右边的直线，执行调和效果，如图3-23所示。

18 使用贝塞尔工具和形状工具在前领口处绘制一条路径，如图3-24所示。

19 使用选择工具挑选绘制好的调和群组，在属性栏中单击【路径属性】/【新路径】按钮，如图3-25所示。鼠标单击前领口上的路径，得到的效果如图3-26所示。

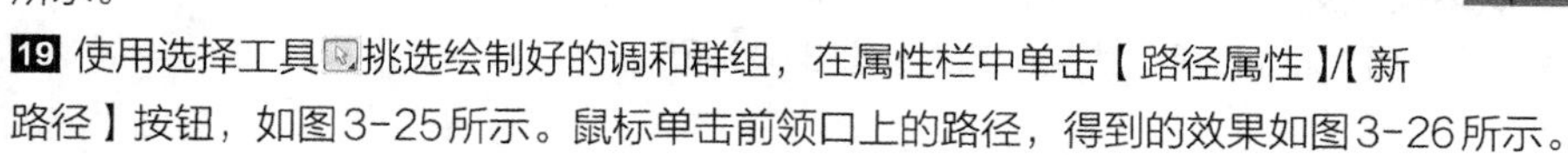

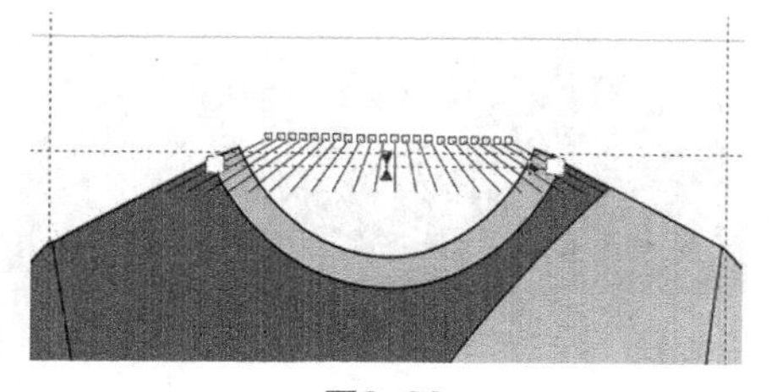

图3-23

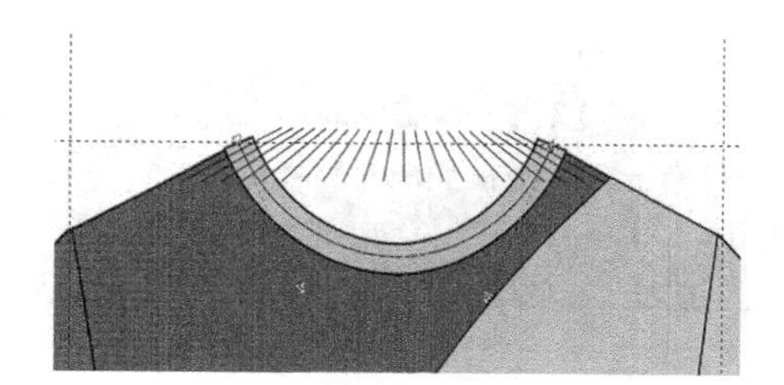

图3-24

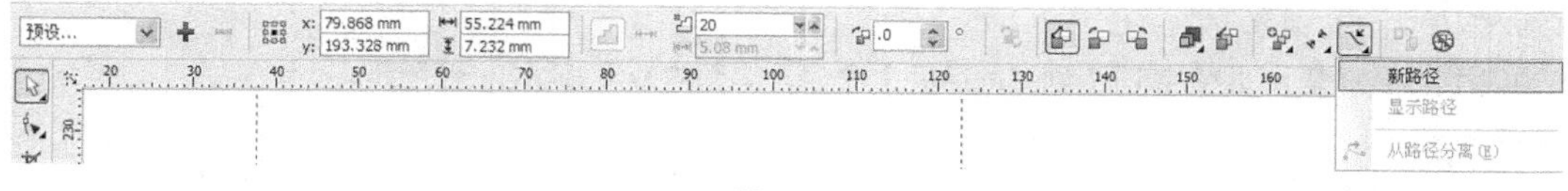

图3-25

20 在属性栏中设置调和步数为45，得到的效果如图3-27所示。

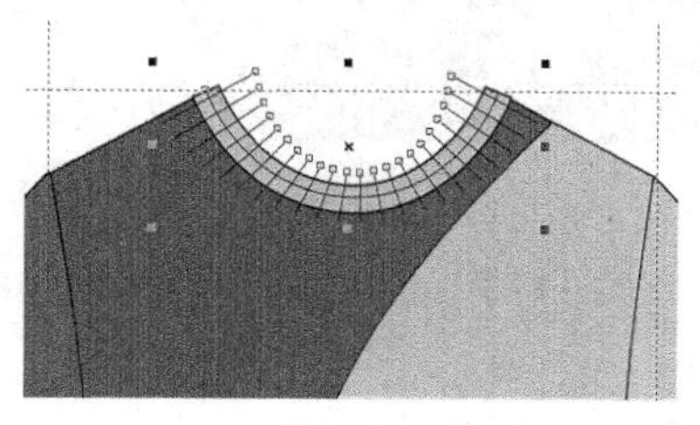

图3-26

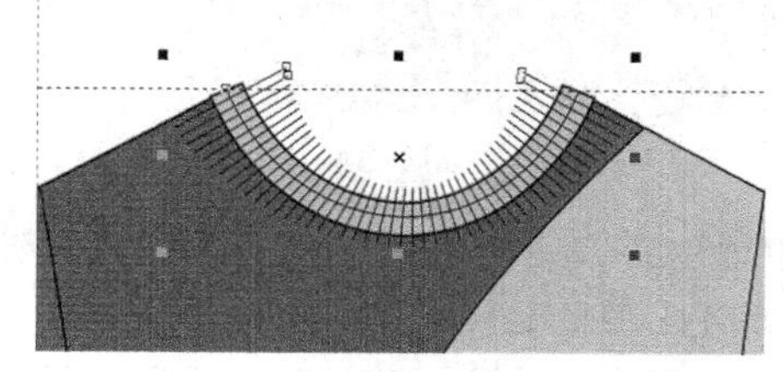

图3-27

21 执行菜单栏中的【效果】/【图框精确剪裁】/【置于图文框内部】命令，鼠标单击前领口，得到的效果如图3-28所示。

22 执行菜单栏中的【效果】/【图框精确剪裁】/【编辑PowerClip】命令，得到的效果如图3-29所示。

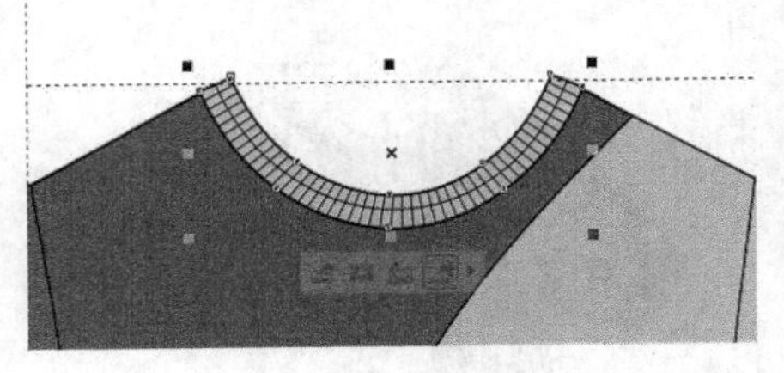
图3-28

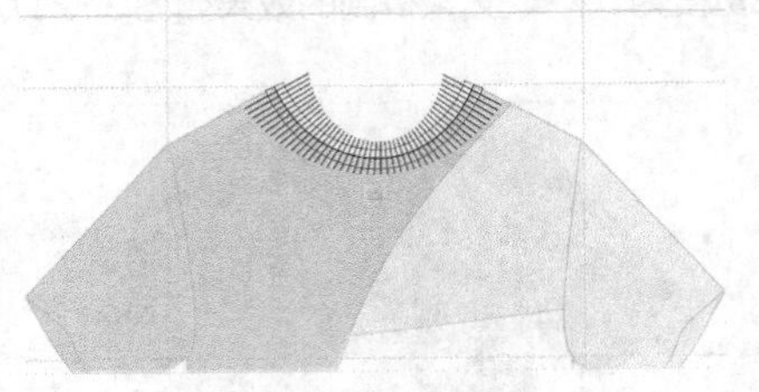
图3-29

23 使用选择工具框选图形，执行菜单栏中的【排列】/【拆分路径群组上的混合】命令，再单击领口上的弧形路径，按【Delete】键删除，得到的效果如图3-30所示。

24 执行菜单栏中的【效果】/【图框精确剪裁】/【结束编辑】命令，得到的效果如图3-31所示。

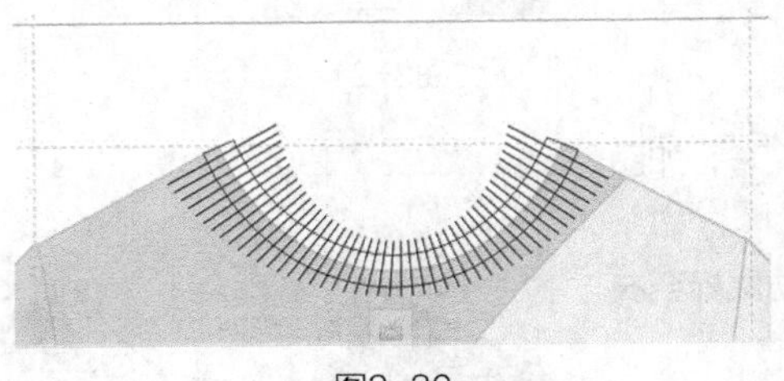
图3-30

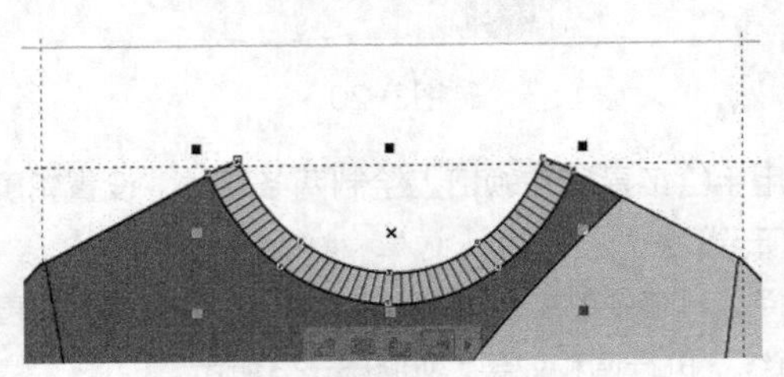
图3-31

25 重复步骤15～步骤24的操作，完成后领口及罗纹的绘制，得到的效果如图3-32所示。

26 执行菜单栏中的【效果】/【顺序】/【向后一层】命令，得到的效果如图3-33所示。

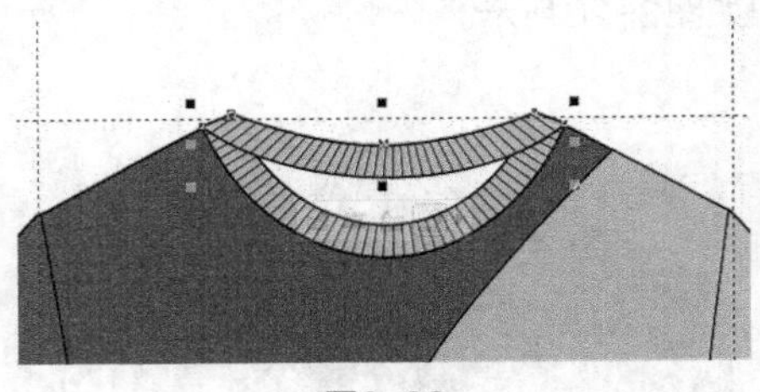
图3-32

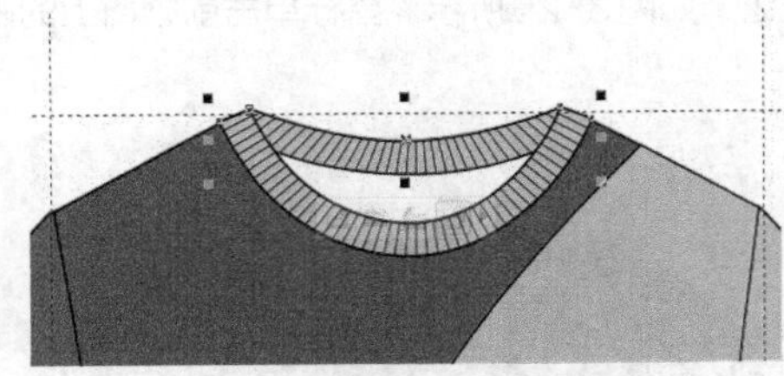
图3-33

27 使用贝塞尔工具和形状工具绘制如图3-34所示的衣身后片部分，在属性栏中设置轮廓宽度为4.0 mm，并填充为蓝绿色，CMYK值为89，42，47，0。

28 执行菜单栏中的【效果】/【顺序】/【到图层后面】命令，得到的效果如图3-35所示。

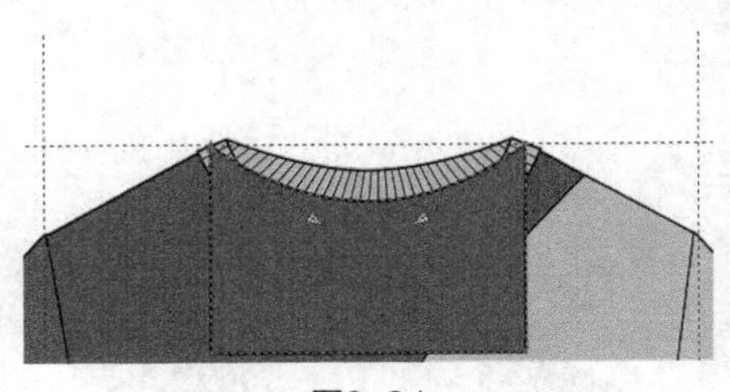
图3-34

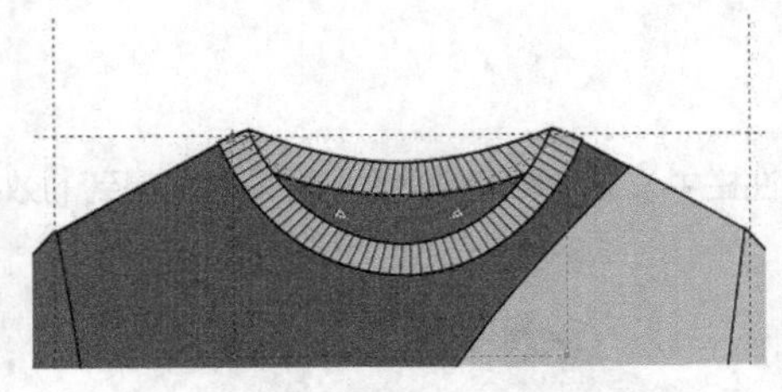
图3-35

29 使用贝塞尔工具和形状工具绘制如图3-36所示的衣身后面部分，在属性栏中设置轮廓宽度为.35 mm，并填充为蓝绿色，CMYK值为89，42，47，0。

30 执行菜单栏中的【效果】/【顺序】/【到页面后面】命令，得到的效果如图3-37所示。

31 使用贝塞尔工具和形状工具在后领口处绘制一条路径，在属性栏中设置轮廓宽度为4.0 mm，如图3-38所示。单击选择工具，执行菜单栏中的【排列】/【将轮廓转换为对象】命令，把路径转换为图形并填充中白色，设置轮廓宽度为.35 mm，得到的效果如图3-39所示。

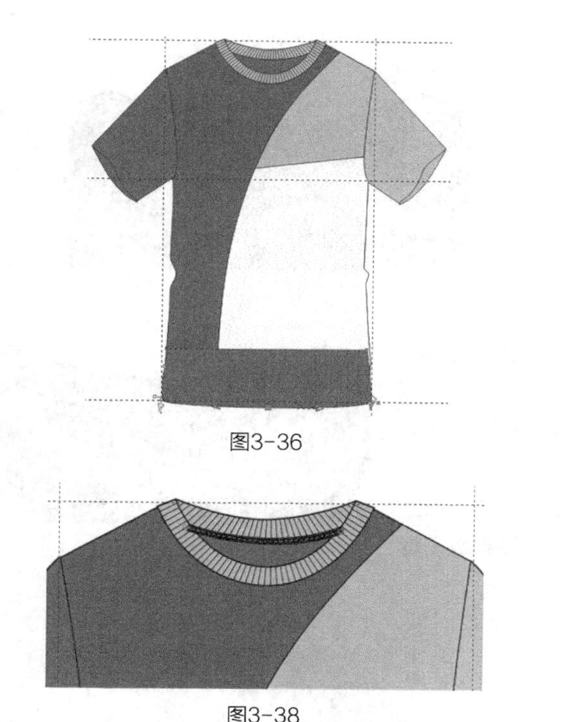

图3-36

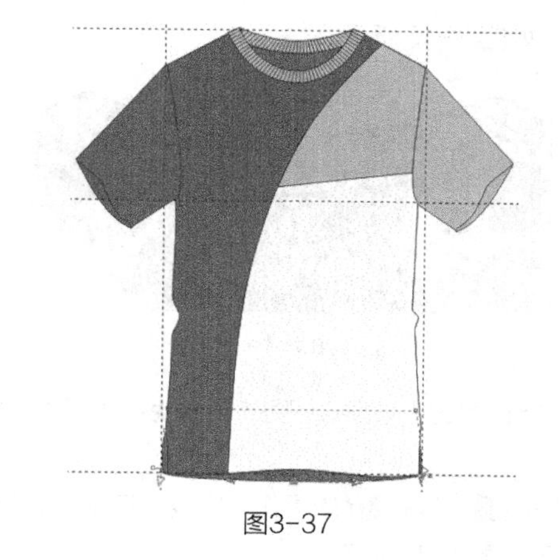

图3-37

图3-38

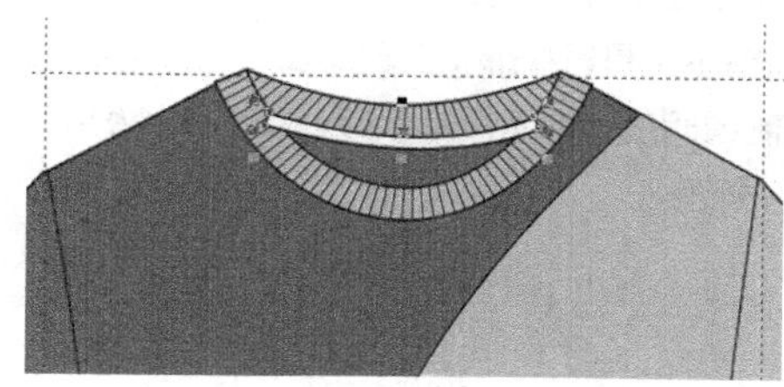

图3-39

32 使用贝塞尔工具绘制如图3-40所示的图形。

33 单击工具箱中的艺术笔工具，选择属性栏中的【自定义】/【新喷涂列表】，单击属性栏中的“添加到喷涂列表”按钮，把绘制好的直线自定义为艺术画笔，在属性栏中设置各项参数如图3-41所示。

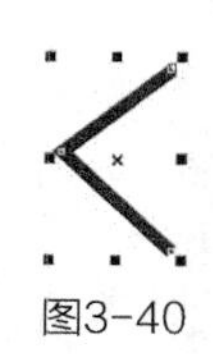

图3-40

图3-41

专家提示

打开艺术笔泊坞窗，保存人字纹艺术笔刷，方便以后绘图。

34 使用贝塞尔工具和形状工具在后领口处绘制一条路径，如图3-42所示。选择艺术笔工具，在属性栏的喷涂图样中单击“人字纹艺术笔”，得到的效果如图3-43所示。

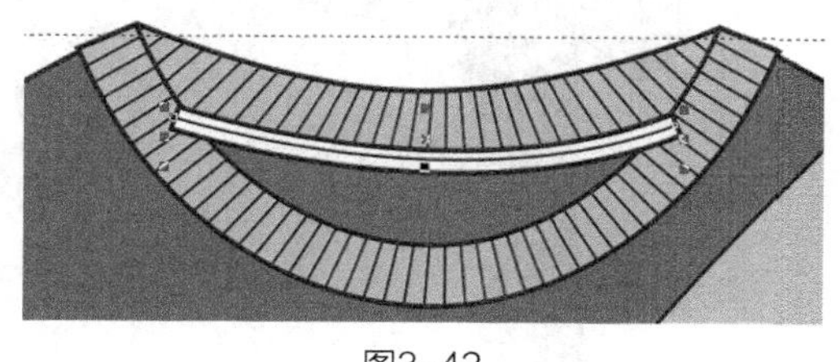

图3-42

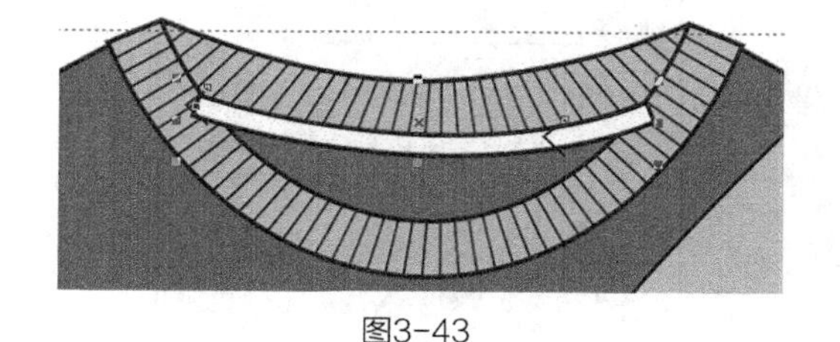

图3-43

35 在属性栏中设置各项参数如图3-44所示，得到的效果如图3-45所示。

图3-44

36 单击选择工具，执行菜单栏中的【效果】/【图框精确剪裁】/【置于图文框内部】命令，把图形放置在后领口织带中，得到的效果如图3-46所示。

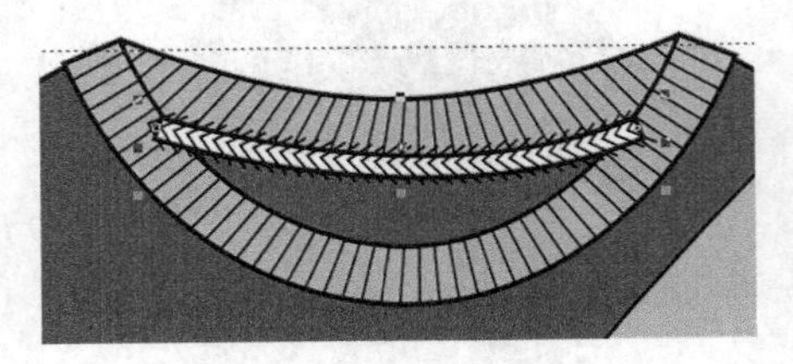

图3-45

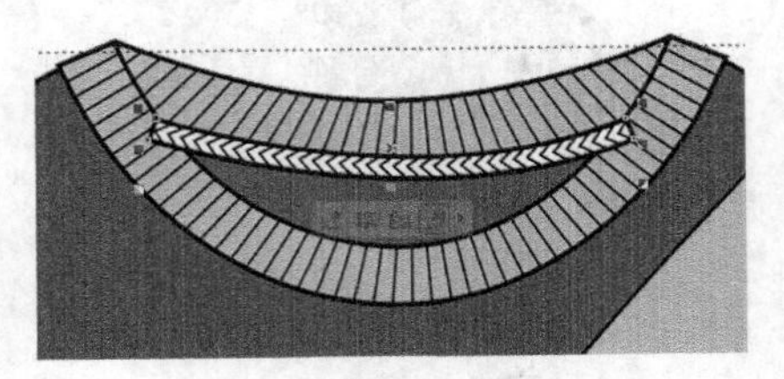

图3-46

37 执行菜单栏中的【效果】/【顺序】/【向后一层】命令，得到的效果如图3-47所示。

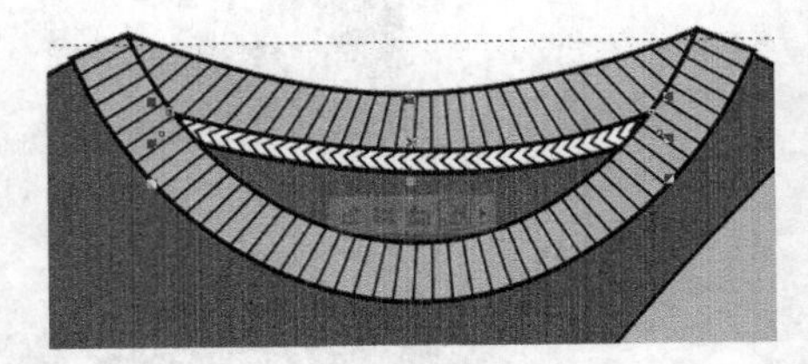

图3-47

38 重复步骤 **31** ~步骤 **37** 的操作，完成衣身下摆开衩处的人字纹棉织带绘制，得到的效果如图3-48所示。

39 使用贝塞尔工具和形状工具在如图3-49所示的前后领口、袖口、衣身下摆处绘制缉明线，按【F12】键，弹出“轮廓笔”对话框，选项及参数设置如图3-50所示。

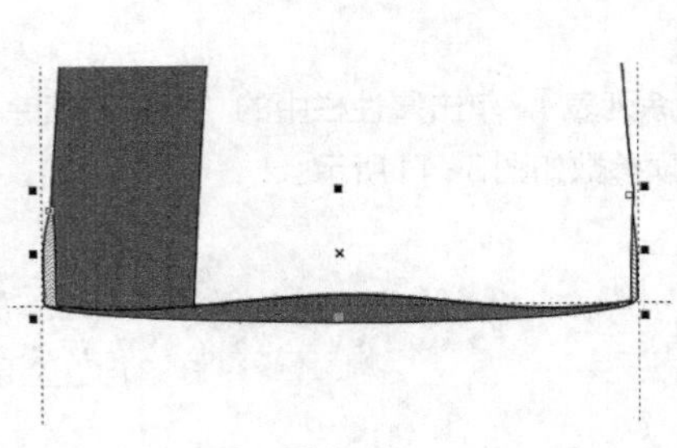

图3-48

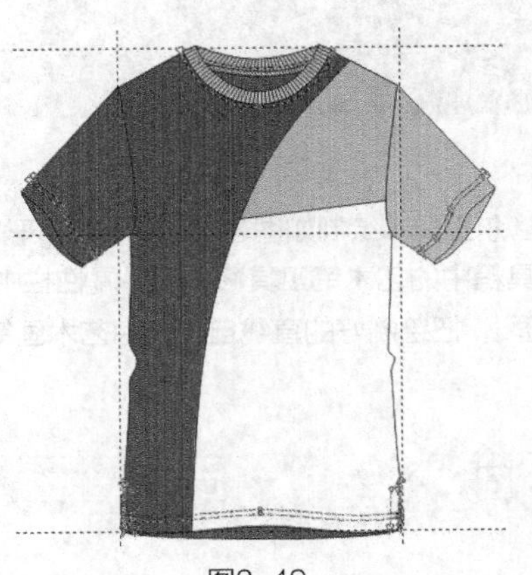

图3-49

40 单击【确定】按钮，得到的效果如图3-51所示。

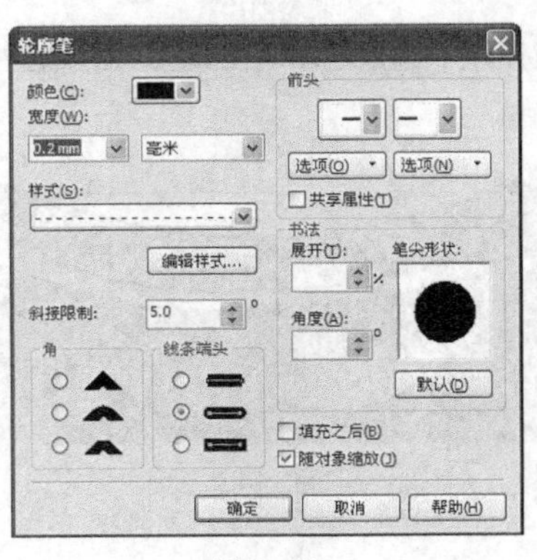

图3-50

图3-51

41 执行菜单栏中的【文件】/【导入】命令，导入如图3-52所示的“图案素材/圆领T恤印花图案”。

42 执行菜单栏中的【效果】/【图框精确剪裁】/【置于文本框内部】命令，鼠标单击白色衣身部分，得到的整体效果如图3-53所示。

43 执行菜单栏中的【效果】/【图框精确剪裁】/【编辑PowerClip】命令，得到的效果如图3-54所示。

图3-52　　图3-53　　图3-54

44 使用选择工具把印花图案移动到如图3-55所示的位置，执行菜单栏中的【效果】/【图框精确剪裁】/【结束编辑】命令，得到的圆领T恤的最终效果如图3-56所示。

图3-55

图3-56

3.1.2　V领T恤（变化款）

男式V领T恤的整体效果如图3-57所示。

设计重点

罗纹V领表现、条纹面料表现、吊染印花表现；属性滴管工具的用法。

图3-57

操作步骤

01 打开CorelDRAW软件，执行菜单栏中的【文件】/【新建】命令，或使用【Ctrl+N】组合键，弹出“创建新文档”对话框，命名文件为“男式V领T恤”，如图3-58所示。在属性栏中设定纸张大小为A4，横向摆放，如图3-59所示。

02 鼠标单击上方和左方的标尺栏，分别从上往下、从左往右拖动添加6条辅助线，确定衣长、袖窿深、领口、肩宽等位置，如图3-60所示。

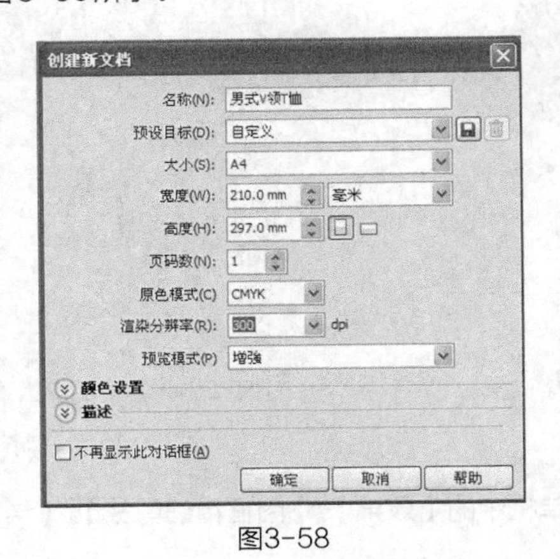

图3-58

图3-59

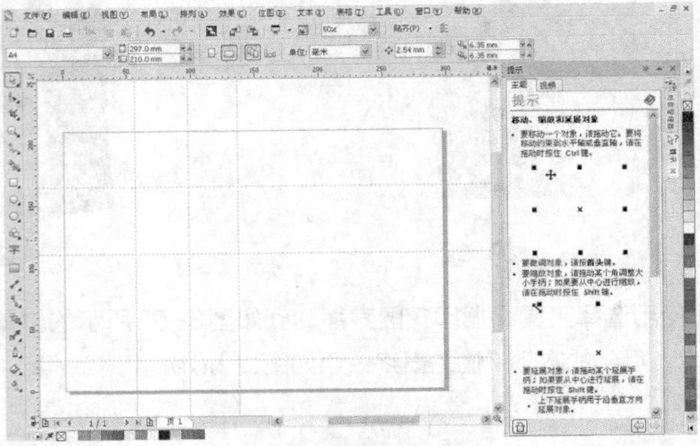

图3-60

03 使用贝塞尔工具和形状工具绘制如图3-61所示的T恤衫前片，在属性栏中设置轮廓宽度为 .35 mm ，并填充为白色。

专家提示

也可以在圆领T恤基础外形上修改领口造型，使用形状工具调整领型时尽量保证左右对称。

04 使用矩形工具在衣身上绘制一个长方形，填充为咖啡色，CMYK值为0，60，60，40，鼠标右键单击调色板中的⊠去除边框，得到的效果如图3-62所示。

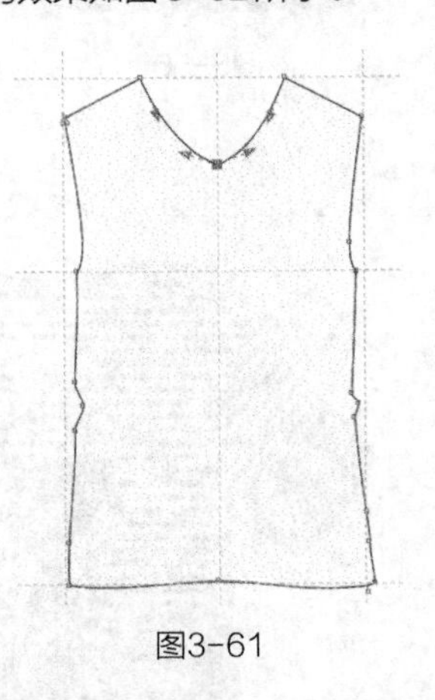

图3-61

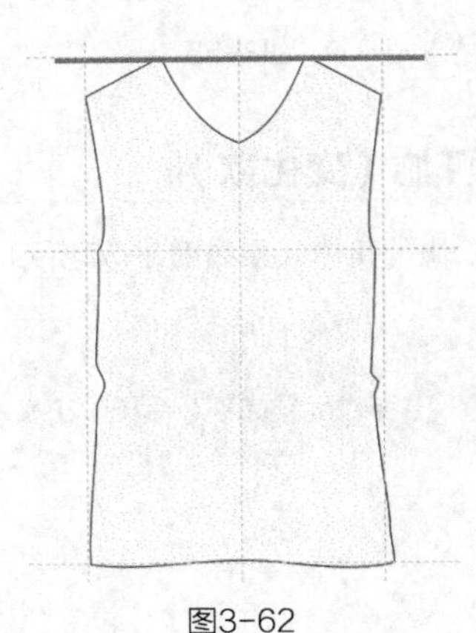

图3-62

05 单击选择工具，按小键盘上的【+】键复制长方形，按住【Ctrl】把复制的长方形向下水平移动到如图3-63所示的位置。

06 选择工具箱中的交互式调和工具，单击上方的长方形往下拖动鼠标至下方的长方形，执行调和效果，如图3-64所示。

07 在属性栏中设置调和步数为 47 ，得到的效果如图3-65所示。

08 单击选择工具，执行菜单栏中的【效果】/【图框精确剪裁】/【置于图文框内部】命令，把图形放置在衣身中，得到的效果如图3-66所示。

09 使用矩形工具在衣身下摆绘制一个长方形，填充为白色，得到的效果如图3-67所示。

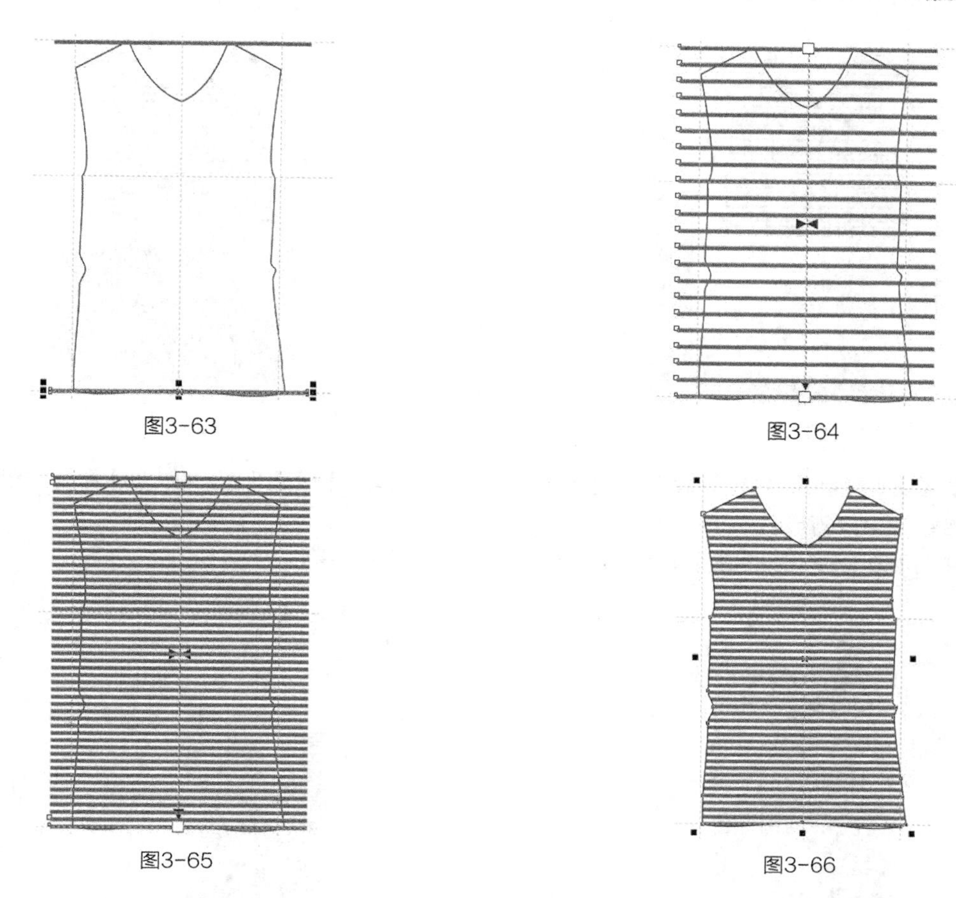
图3-63 图3-64

图3-65 图3-66

10 使用阴影工具，单击长方形，往下拖动鼠标，给矩形添加投影效果，如图3-68所示。

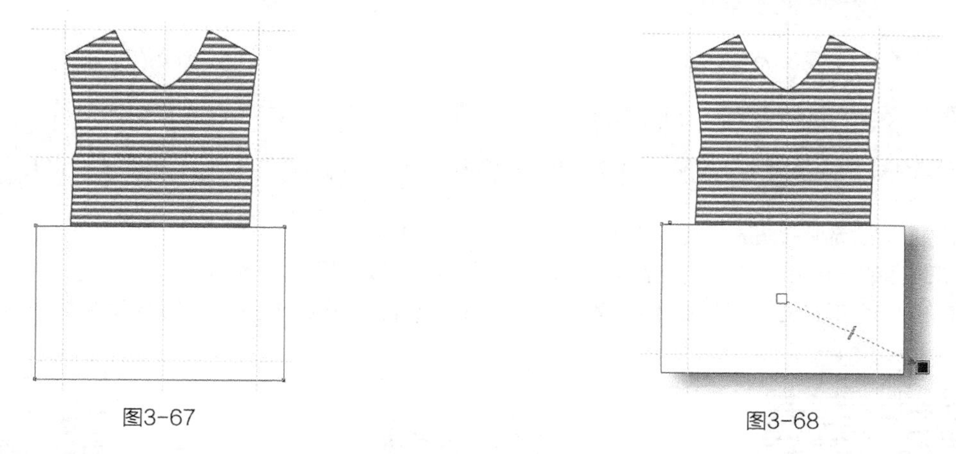
图3-67 图3-68

11 在属性栏中设置阴影效果参数，如图3-69所示，阴影填充为紫红色，CMYK值为0，60，0，40，得到的效果如图3-70所示。

图3-69

12 单击选择工具，执行菜单栏中的【排列】/【拆分阴影群组】命令，挑选白色矩形，按【Delete】删除，得到的效果如图3-71所示。

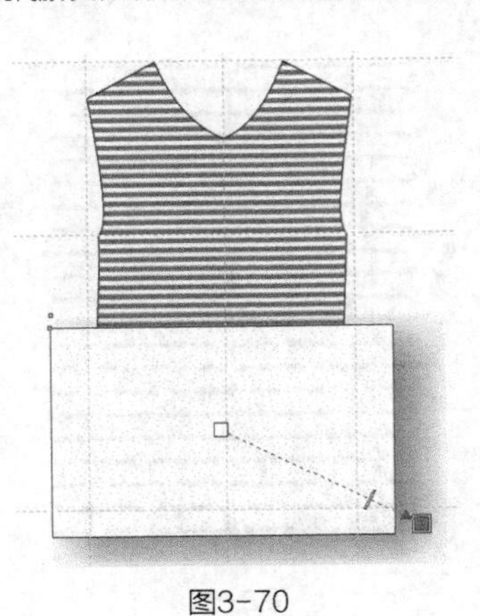

图3-70

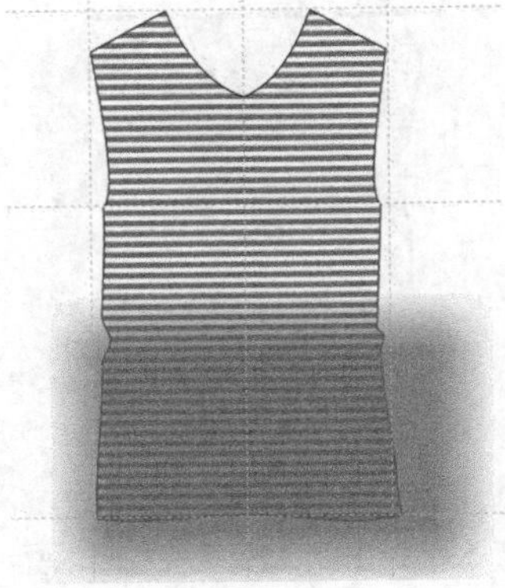

图3-71

13 使用选择工具单击阴影图形，执行菜单栏中的【效果】/【图框精确剪裁】/【置于图文框内部】命令，把图形放置在衣身中，得到的效果如图3-72所示。

14 执行菜单栏中的【效果】/【图框精确剪裁】/【编辑PowerClip】命令，得到的效果如图3-73所示。

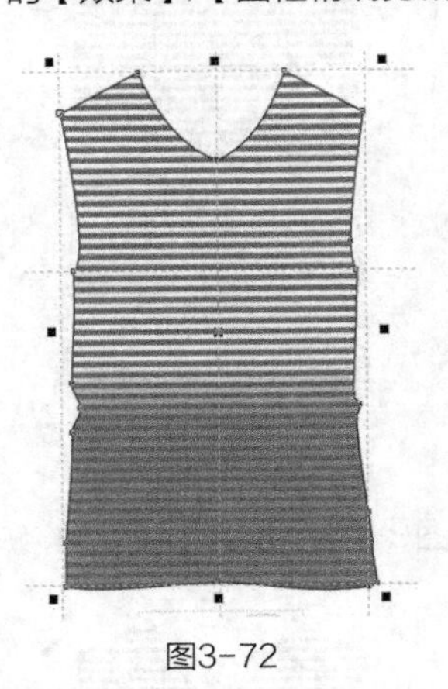

图3-72

图3-73

专家提示

可以直接单击鼠标右键，会弹出对话框，选择【编辑PowerClip】命令。

15 使用选择工具，挑选阴影图形，把它移动到如图3-74所示的位置。

16 单击鼠标右键，弹出对话框，执行【结束编辑】命令，得到的效果如图3-75所示。

17 使用贝塞尔工具和形状工具绘制如图3-76所示的左袖前面部分，在属性栏中设置轮廓宽度为 .35 mm，并填充为白色。

图3-74

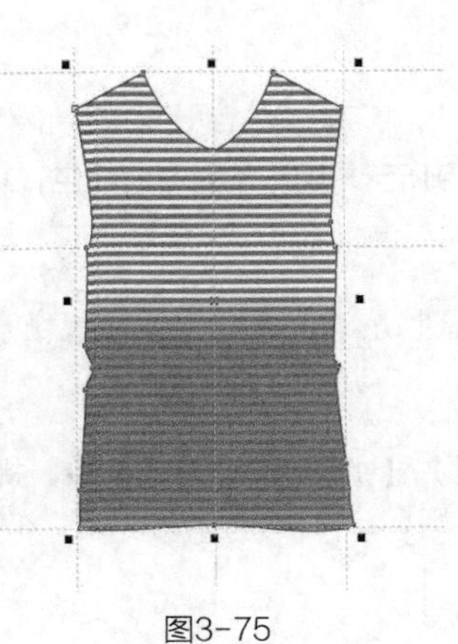

图3-75

图3-76

18 执行菜单栏中的【排列】/【顺序】/【向后一层】命令，得到的效果如图3-77所示。

19 使用贝塞尔工具和形状工具绘制如图3-78所示的左袖后面部分，在属性栏中设置轮廓宽度为 .35 mm，并填充为白色。

图3-77

图3-78

20 执行菜单栏中的【排列】/【顺序】/【向后一层】命令，得到的效果如图3-79所示。

21 选择属性滴管工具，在属性栏的“效果”中勾选“PowerClip”，如图3-80所示。

22 使用属性滴管工具，选择衣身属性，鼠标转换成应用对象属性，然后单击左袖前面部分，把条纹图案复制到衣袖中，得到的效果如图3-81所示。

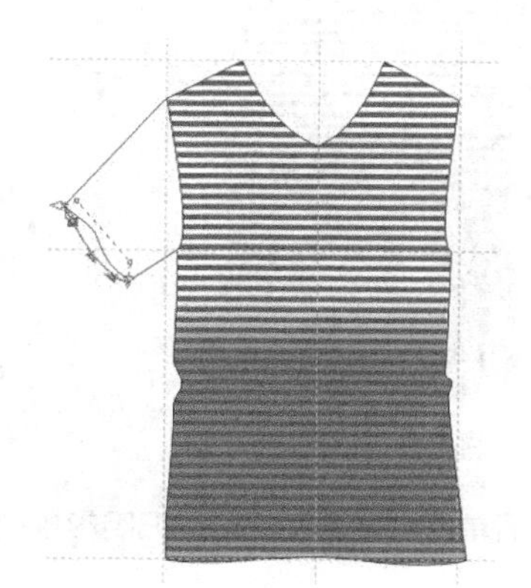

图3-79

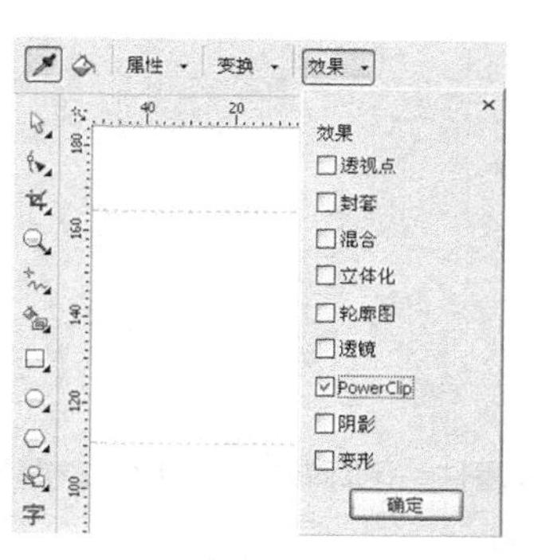

图3-80

图3-81

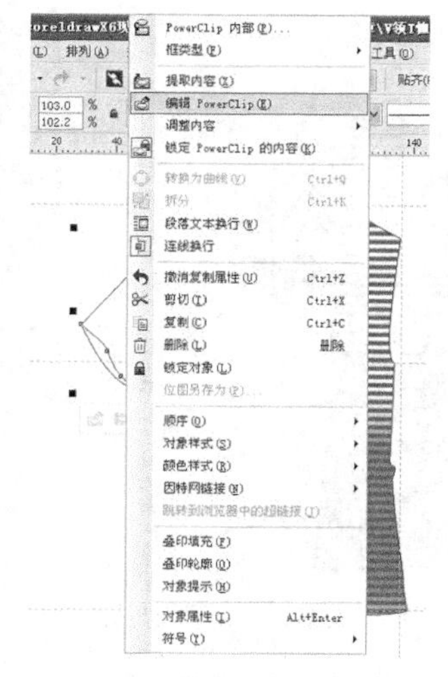

图3-82

23 使用选择工具，选择左袖，单击鼠标右键，弹出对话框，如图3-82所示。单击【编辑PowerClip】，得到的效果如图3-83所示。

24 使用选择工具框选图形，把阴影和条纹图案移动到如图3-84所示的位置。在属性栏中设置旋转角度为 310.0 °，得到的效果如图3-85所示。

图3-83

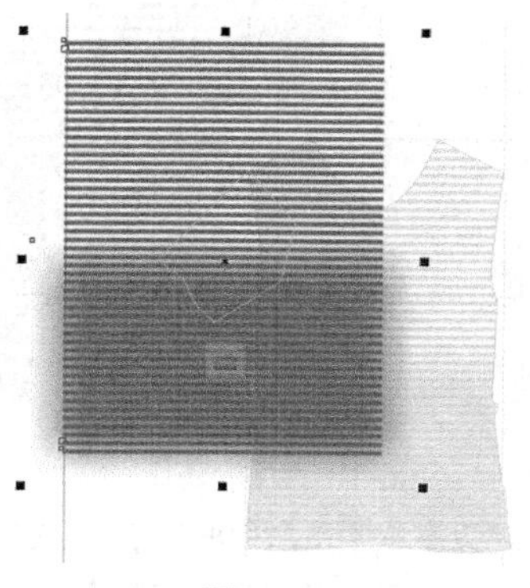

图3-84

25 单击鼠标右键，弹出对话框，执行【结束编辑】命令，得到的效果如图3-86所示。

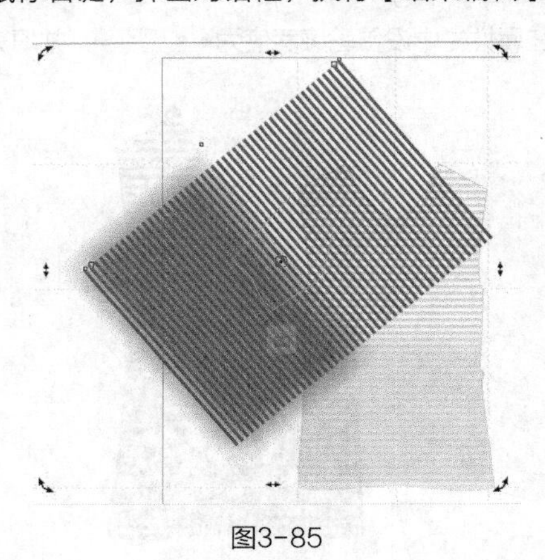

图3-85

图3-86

26 使用贝塞尔工具和形状工具绘制如图3-87所示的左袖后面部分，在属性栏中设置轮廓宽度为.35 mm，并填充为白色。

27 执行菜单栏中的【排列】/【顺序】/【到页面后面】命令，得到的效果如图3-88所示。

图3-87

图3-88

28 使用属性滴管工具，选择左袖前面部分属性，鼠标转换成应用对象属性，然后单击左袖后面部分，把阴影条纹图案复制到衣袖后片中，得到的效果如图3-89所示。

29 使用选择工具框选整个左袖，按小键盘上的【+】键复制图形，单击属性栏中的水平镜像按钮，然后把复制的袖子向右平移到一定的位置，得到的效果如图3-90所示。

图3-89

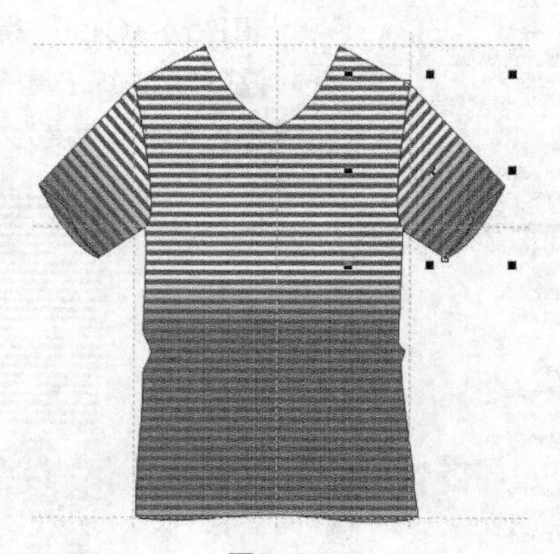

图3-90

30 使用贝塞尔工具和形状工具在前领口处绘制一条路径（造型与衣身相贴合），在属性栏中设置轮廓宽度为.35 mm，如图3-91所示。单击选择工具，执行菜单栏中的【排列】/【将轮廓转换为对象】命令，把路径转换为图形并填充为中白色，设置轮廓宽度为 .35 mm ，得到的效果如图3-92所示。

图3-91

图3-92

31 使用形状工具调整V领造型，使其和肩部造型及辅助线相贴合，如图3-93所示。

32 使用手绘工具在V领上绘制两条直线，单击选择工具，在属性栏中设置轮廓宽度为 .2 mm ，得到的效果如图3-94所示。

33 选择工具箱中的交互式调和工具，单击上方的直线往下拖动鼠标至下边的直线，执行调和效果，如图3-95所示。

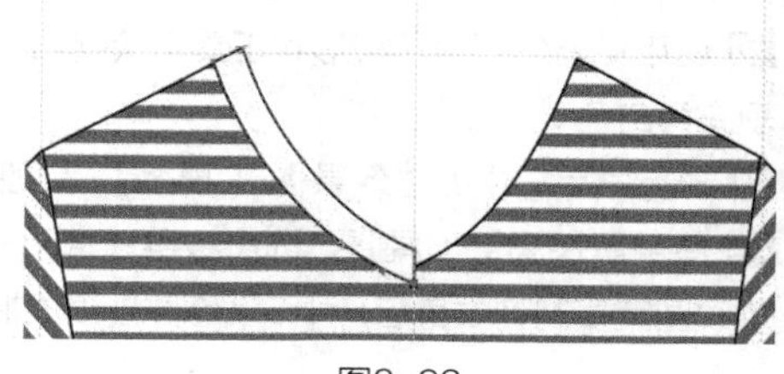

图3-93

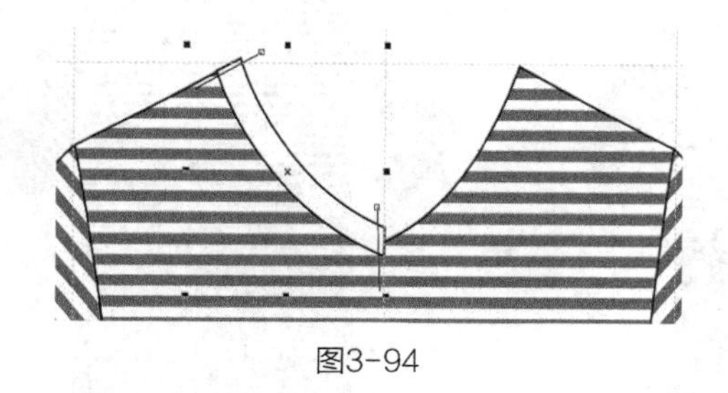

图3-94

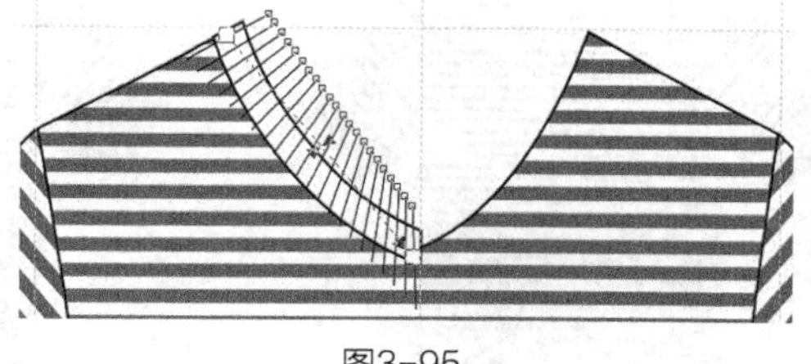

图3-95

34 在属性栏中设置调和的步数为 32 ，得到的效果如图3-96所示。

35 执行菜单栏中的【效果】/【图框精确剪裁】/【置于图文框内部】命令，把图形放置在衣身中，得到的效果如图3-97所示。

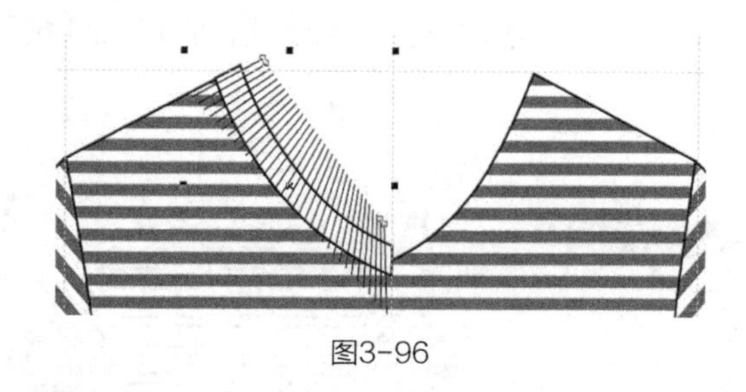

图3-96

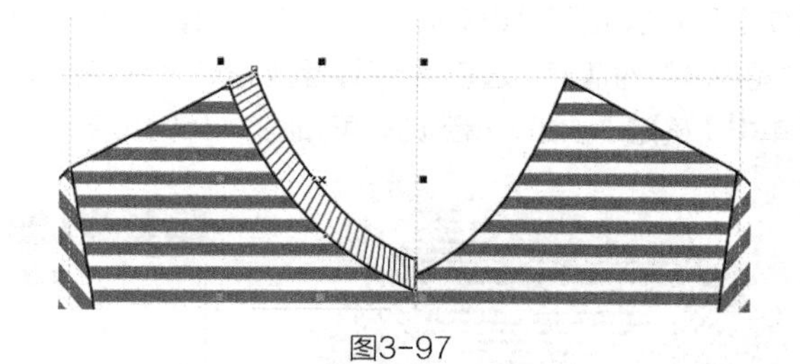

图3-97

36 单击选择工具，按小键盘上的【+】号键复制图形，单击属性栏中的水平镜像按钮，然后把复制的领子向右平移到一定的位置，得到的效果如图3-98所示。

37 重复步骤 **30** ~步骤 **36** 的操作，绘制后领口及罗纹，得到的效果如图3-99所示。

38 使用贝塞尔工具和形状工具绘制如图3-100所示的衣身后面部分，在属性栏中设置轮廓宽度为 .35 mm ，并填充为白色。

39 执行菜单栏中的【排列】/【顺序】/【到图层后面】命令，得到的效果如图3-101所示。

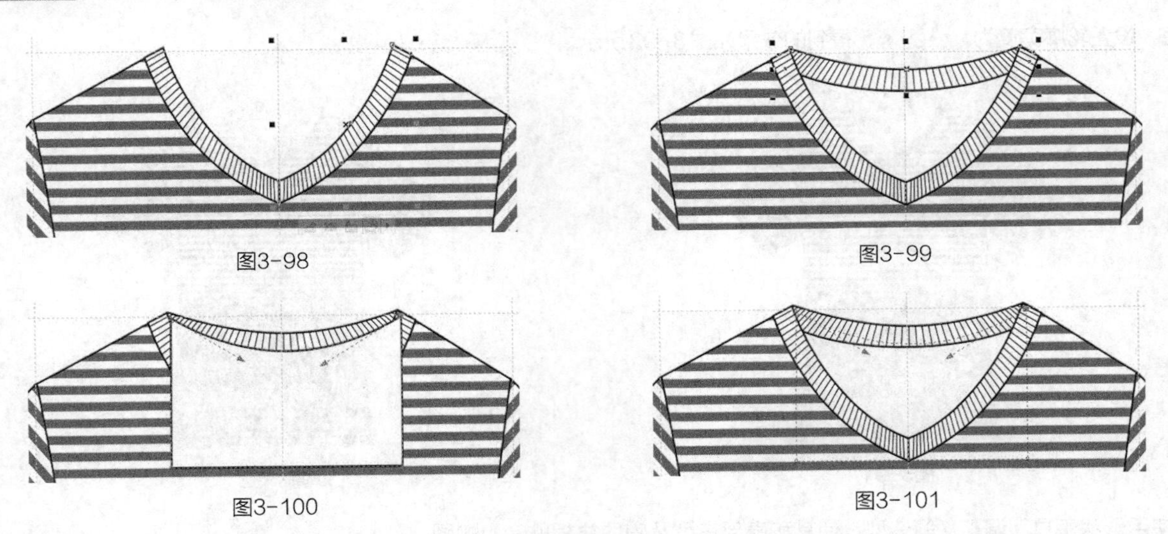

图3-98　　图3-99

图3-100　　图3-101

40 使用贝塞尔工具和形状工具绘制如图3-102所示的衣身下摆后面部分，在属性栏中设置轮廓宽度为.35 mm，并填充为白色。

41 执行菜单栏中的【效果】/【顺序】/【到图层后面】命令，得到的效果如图3-103所示。

42 使用属性滴管工具，选择衣身前片部分属性，鼠标转换成应用对象属性，然后单击衣身后面、下摆部分，把阴影条纹图案复制到衣身后片中，得到的效果如图3-104所示。

图3-102　　图3-103　　图3-104

43 使用贝塞尔工具和形状工具，在如图3-105所示的前后领口、袖口、衣身下摆处绘制缉明线，按【F12】键，弹出“轮廓笔”对话框，选项及参数设置如图3-106所示。

44 单击【确定】按钮，得到的效果如图3-107所示。

图3-105

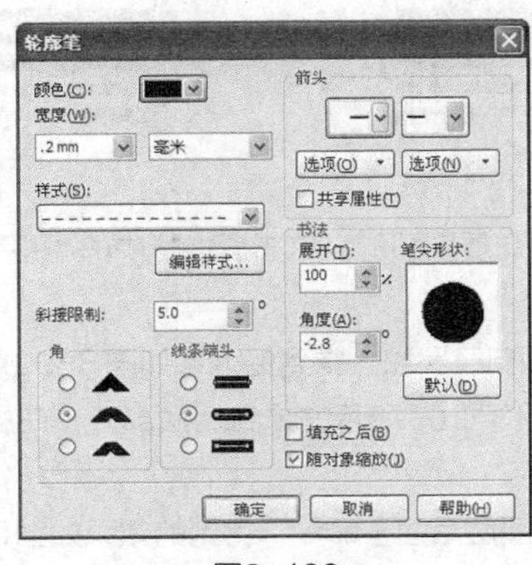

图3-106

图3-107

45 使用贝塞尔工具和形状工具在衣身上绘制三条褶裥线，在属性栏中设置轮廓宽度为.35 mm，如图3-108所示。

46 执行菜单栏中的【文件】/【导入】命令，导入如图3-109所示的“图案素材/V领T恤印花图案”。

47 使用选择工具把印花图案摆放在如图3-110所示的位置，这样就完成了V领T恤的绘制。

图3-108

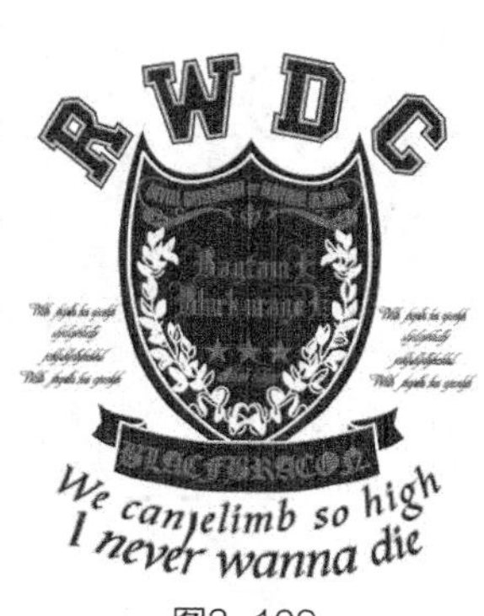

图3-109

图3-110

3.1.3　翻领T恤（变化款）

男式翻领T恤的整体效果如图3-111所示。

设计重点

翻领、领口贴边表现、纽扣设计、条纹面料表现、属性滴管工具的用法。

图3-111

操作步骤

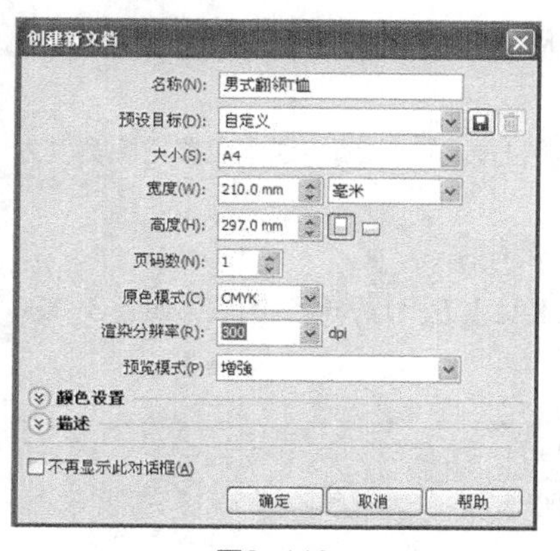

图3-112

01 打开CorelDRAW软件，执行菜单栏中的【文件】/【新建】命令，或使用【Ctrl+N】组合键，弹出“创建新文档”对话框，命名文件为“男式翻领T恤”，如图3-112所示。文件设定纸张大小为A4，横向摆放，如图3-113所示。

图3-113

02 鼠标单击上方和左方的标尺栏，分别从上往下、从左往右拖动添加6条辅助线，确定衣长、袖窿深、领口、肩宽等位置，如图3-114所示。

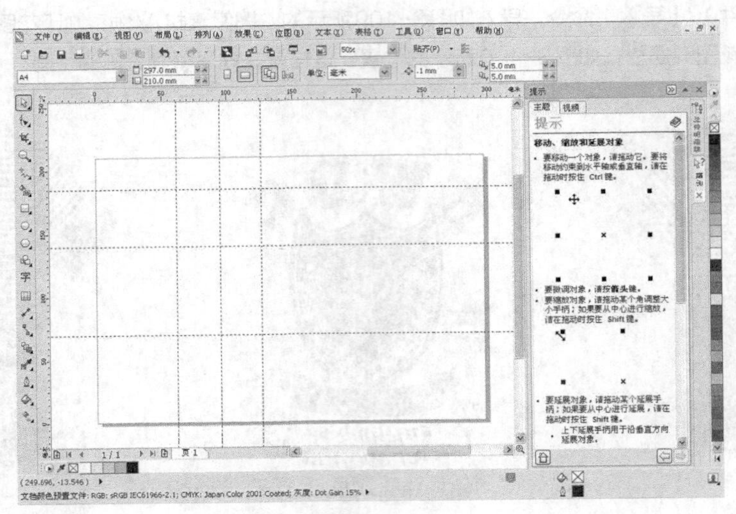

图3-114

03 使用贝塞尔工具和形状工具绘制如图3-115所示的T恤衣身后片，单击选择工具，在属性栏中设置轮廓宽度为 .35 mm，并填充为灰色，CMYK值为0，0，0，20。

04 使用贝塞尔工具和形状工具绘制如图3-116所示的T恤衣身前片，单击选择工具，在属性栏中设置轮廓宽度为 .35 mm，并填充为白色。在绘制衣身时，要注意衣长和肩宽的比例。

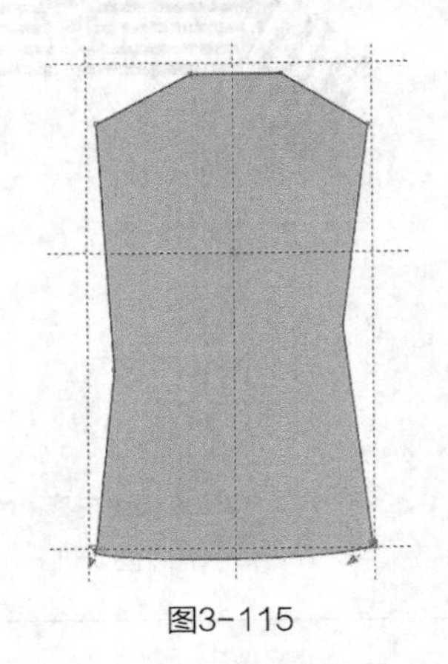

图3-115

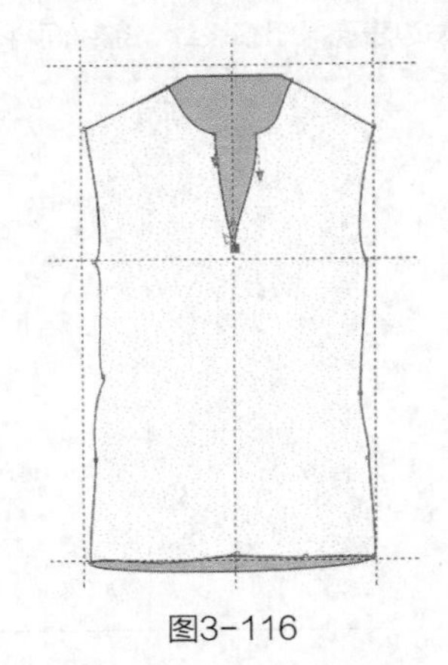

图3-116

05 使用贝塞尔工具和形状工具绘制如图3-117所示的左袖前面部分，单击选择工具，在属性栏中设置轮廓宽度为 .35 mm，并填充为白色。

06 使用贝塞尔工具和形状工具绘制如图3-118所示的左袖后面部分，单击选择工具，在属性栏中设置轮廓宽度为 .35 mm，并填充为灰色，CMYK值为0，0，0，20。

07 执行菜单栏中的【排列】/【顺序】/【到图层后面】命令，得到的效果如图3-119所示。

08 执行菜单栏中的【编辑】/【全选】/【辅助线】命令，选择所有的辅助线，按【Delete】键删除，得到的效果如图3-120所示。

专家提示

CorelDRAW 软件默认为，最后绘制的图形的图层在最上方。因此绘制款式图时刻要遵循一个简单原则，即从后往前绘制，例如可先画衣身后片再画前片。

辅助线在绘图中有助于确定款式图的比例，当款式图的基本型确定后可删除辅助线。

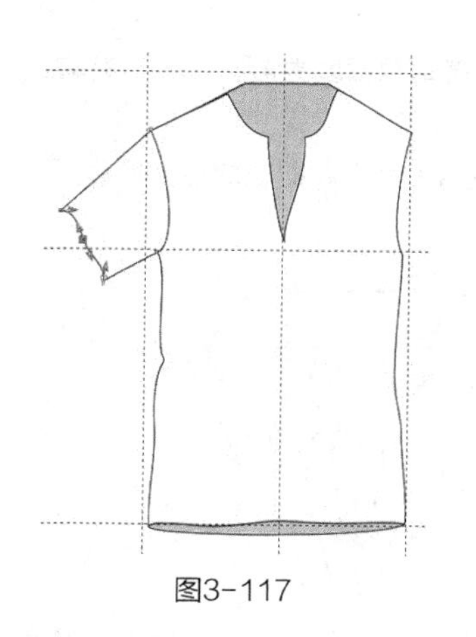

图3-117

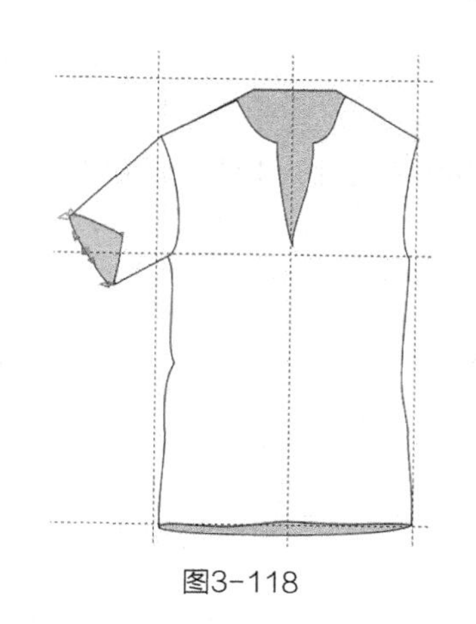

图3-118

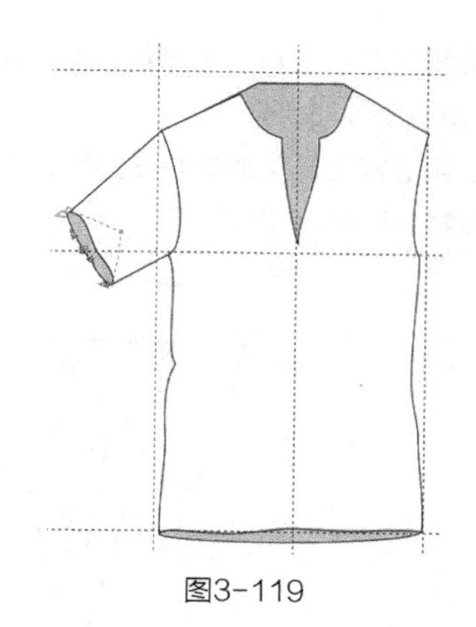

图3-119

09 使用选择工具选择整个左袖，执行菜单栏中的【排列】/【顺序】/【置于此对象后】命令，把它放置到衣身后面，得到的效果如图3-121所示。

10 使用贝塞尔工具和形状工具绘制后领座，单击选择工具，在属性栏中设置轮廓宽度为 .35 mm，并填充为白色，如图3-122所示。

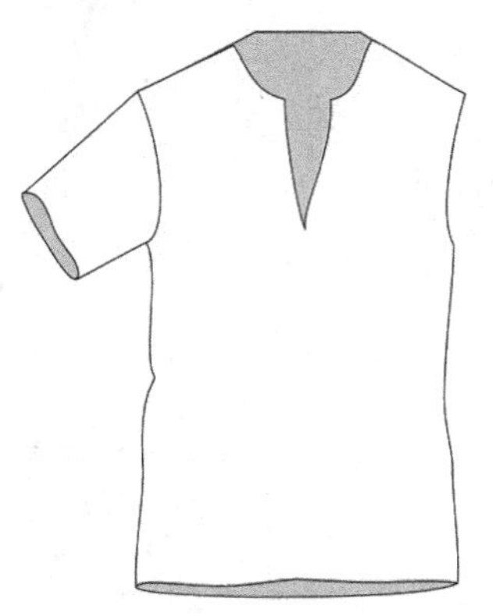

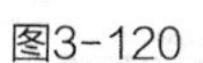

图3-120

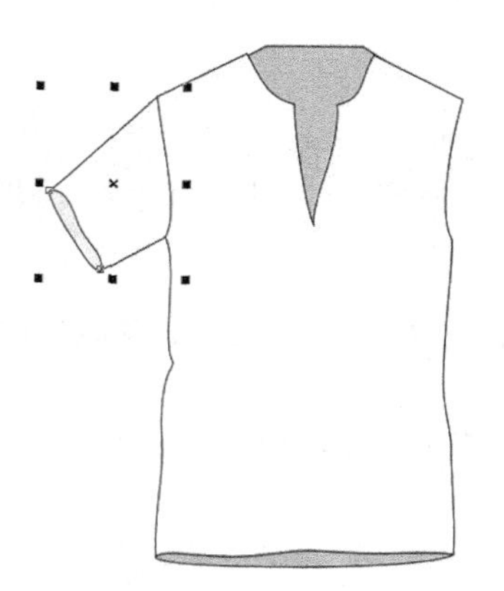

图3-121

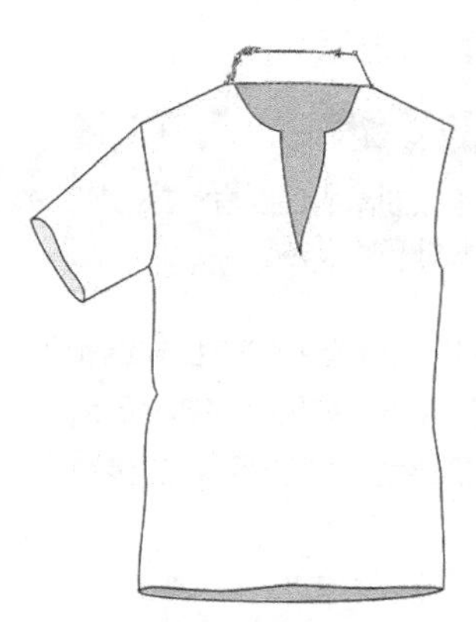

图3-122

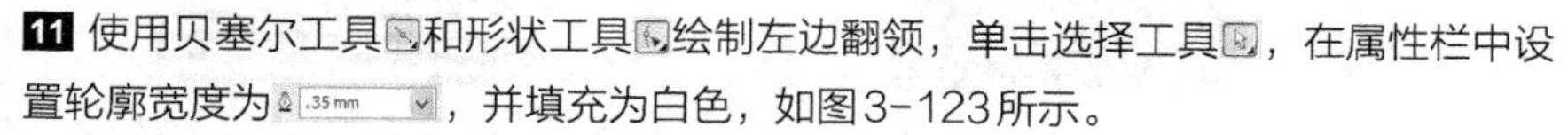

11 使用贝塞尔工具和形状工具绘制左边翻领，单击选择工具，在属性栏中设置轮廓宽度为 .35 mm，并填充为白色，如图3-123所示。

12 按小键盘上的【+】键复制图形，单击属性栏中的水平镜像按钮，并把图形向右平移到一定的位置，如图3-124所示，得到右边翻领。

13 使用贝塞尔工具和形状工具绘制左边门襟，单击选择工具，在属性栏中设置轮廓宽度为 .35 mm，并填充为白色，如图3-125所示。

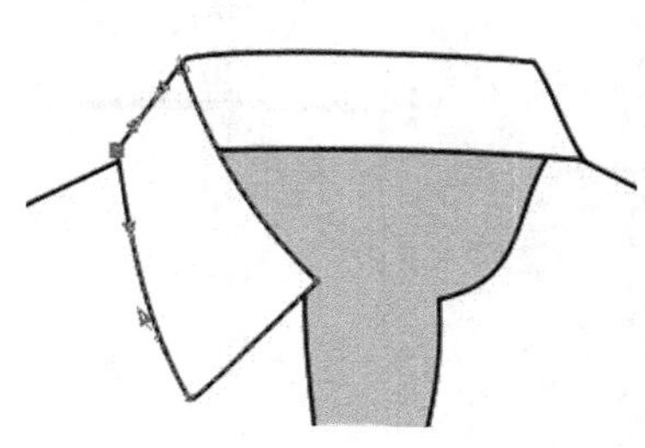

图3-123

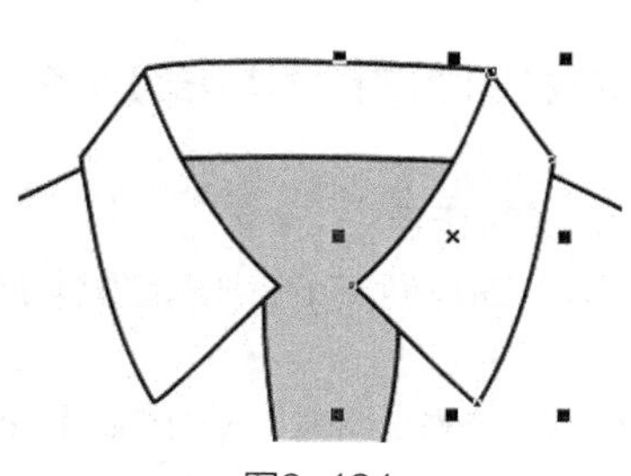

图3-124

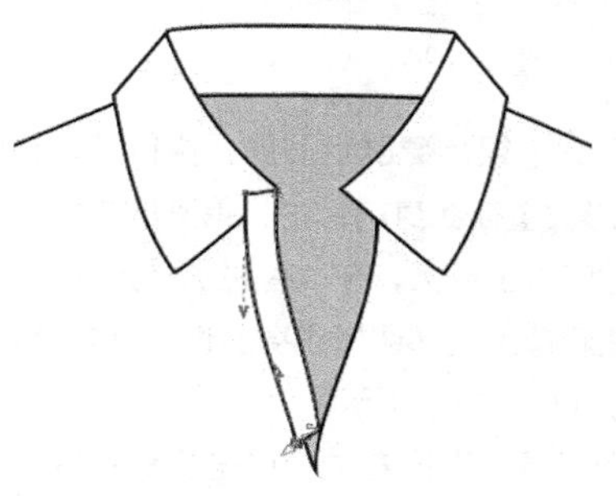

图3-125

14 使用贝塞尔工具和形状工具绘制右边门襟，单击选择工具，在属性栏中设置轮廓宽度为，并填充为白色，如图3-126所示。

15 使用选择工具框选左右门襟，执行菜单栏中的【排列】/【顺序】/【置于此对象后】命令，把它放置到翻领后面，得到的效果如图3-127所示。

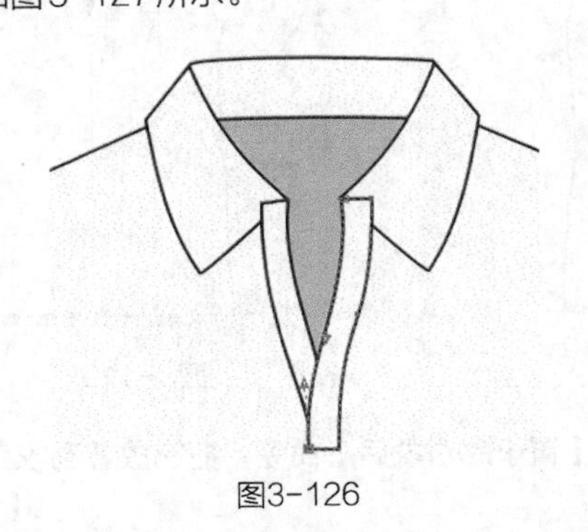
图3-126

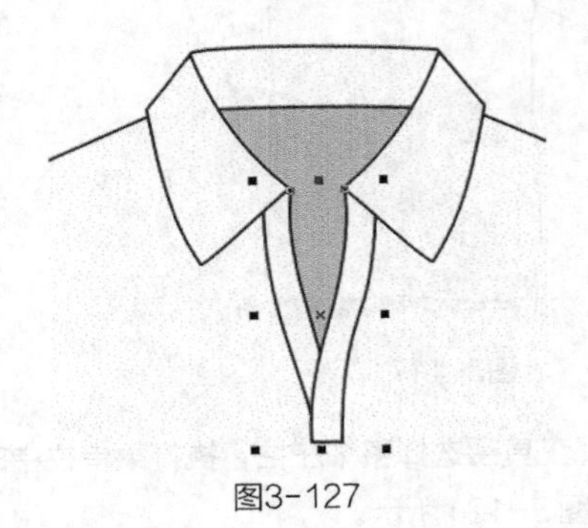
图3-127

16 使用矩形工具在衣身上绘制一个长方形，填充为黑色，如图3-128所示。

17 按小键盘上的【+】键复制图形，按住【Ctrl】键把复制的图形往下平移到一定的位置，如图3-129所示。

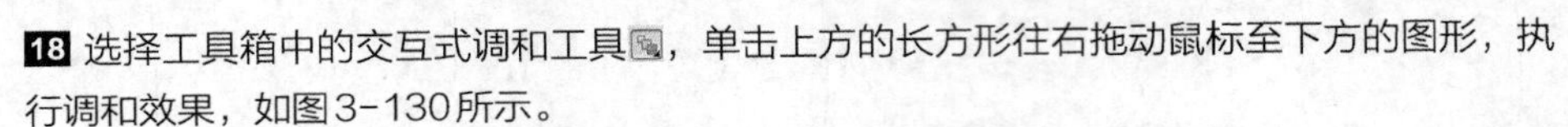
专家提示

条纹图案的长度与肩宽相等，宽度、色彩可以根据流行的变化自行设计。在这里设计的是单色细条纹图案。

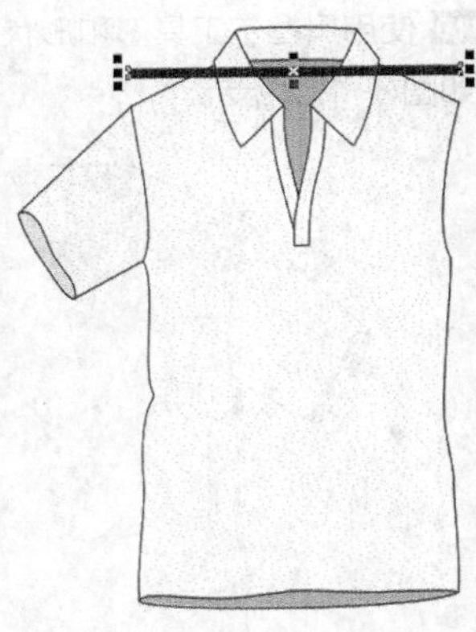
图3-128

18 选择工具箱中的交互式调和工具，单击上方的长方形往右拖动鼠标至下方的图形，执行调和效果，如图3-130所示。

19 在属性栏中设置调和的步数为，得到的效果如图3-131所示。

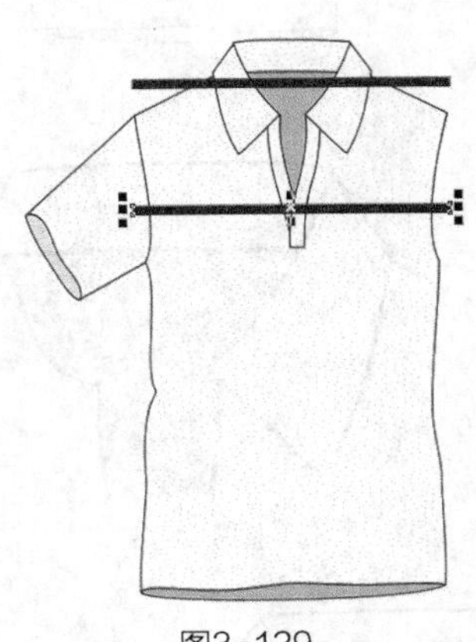
图3-129

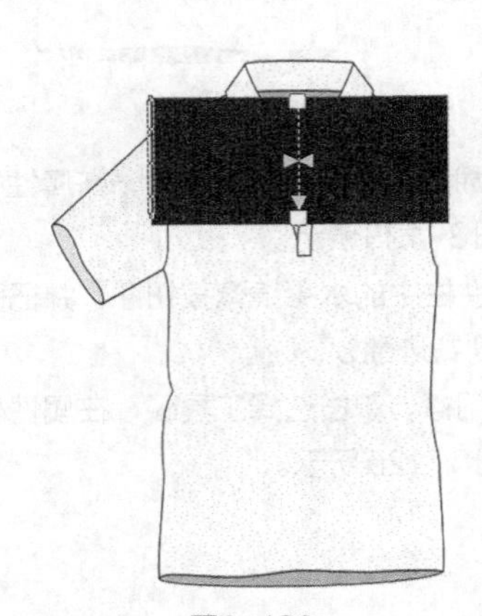
图3-130

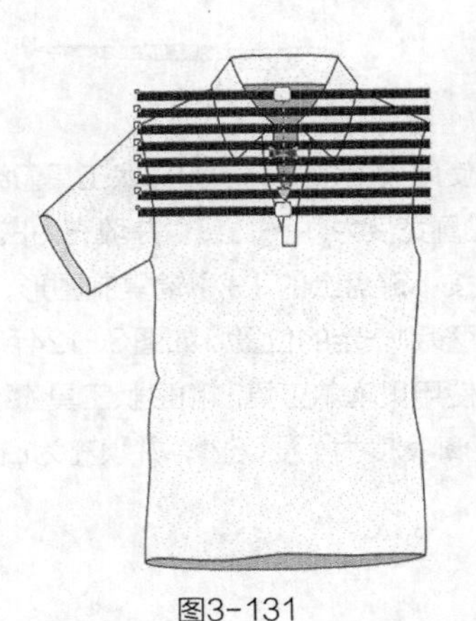
图3-131

20 按【Ctrl+G】组合键群组图形，执行菜单栏中的【效果】/【图框精确剪裁】/【置于图文框内部】命令，如图3-132所示，把图形放置在衣身前片中，得到的效果如图3-133所示。

21 选择属性滴管工具，在属性栏的“效果”中勾选【PowerClip】，如图3-134所示。

22 使用属性滴管工具选择衣身属性，鼠标转换成应用对象属性，然后单击左袖前面部分，把条纹图案复制到衣袖中，得到的效果如图3-135所示。

23 使用选择工具选择左袖，单击鼠标右键，弹出对话框，如图3-136所示。单击【编辑PowerClip】，得到的效果如图3-137所示。

图3-132　图3-133　图3-134

图3-135　图3-136

24 使用选择工具选择图形，把条纹图案移动到如图3-138所示的位置。在属性栏中设置旋转角度为300.0°，得到的效果如图3-139所示。

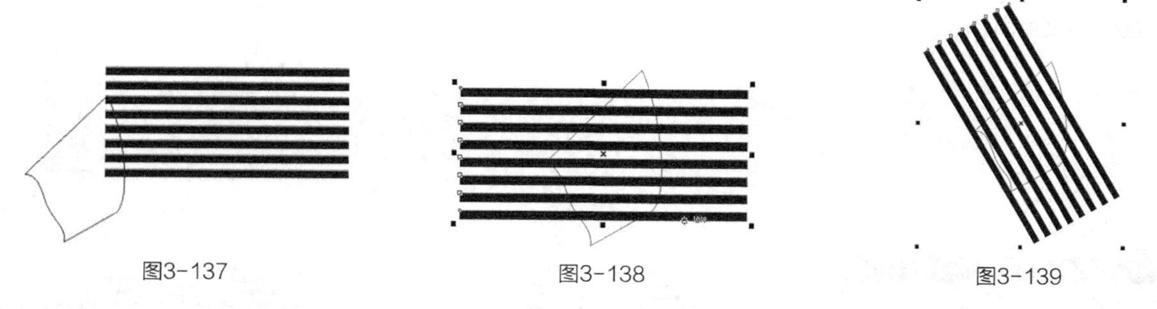

图3-137　图3-138　图3-139

25 单击鼠标右键，选择【结束编辑】，得到的效果如图3-140所示。

26 选择贝塞尔工具和形状工具，在如图3-141所示袖口处绘制两条缉明线，使缉明线处于选择状态，按【F12】键，弹出“轮廓笔”对话框，选项及参数设置如图3-142所示。

27 单击【确定】按钮，得到的效果如图3-143所示。

28 使用选择工具框选整个左袖，按【+】键复制图形，单击属性栏中的水平镜像按钮，把复制的图形向右平移到一定的位置，得到的效果如图3-144所示。

29 执行菜单栏中的【排列】/【顺序】/【置于此对象后】命令，把右袖放置到衣身后面，得到的效果如图3-145所示。

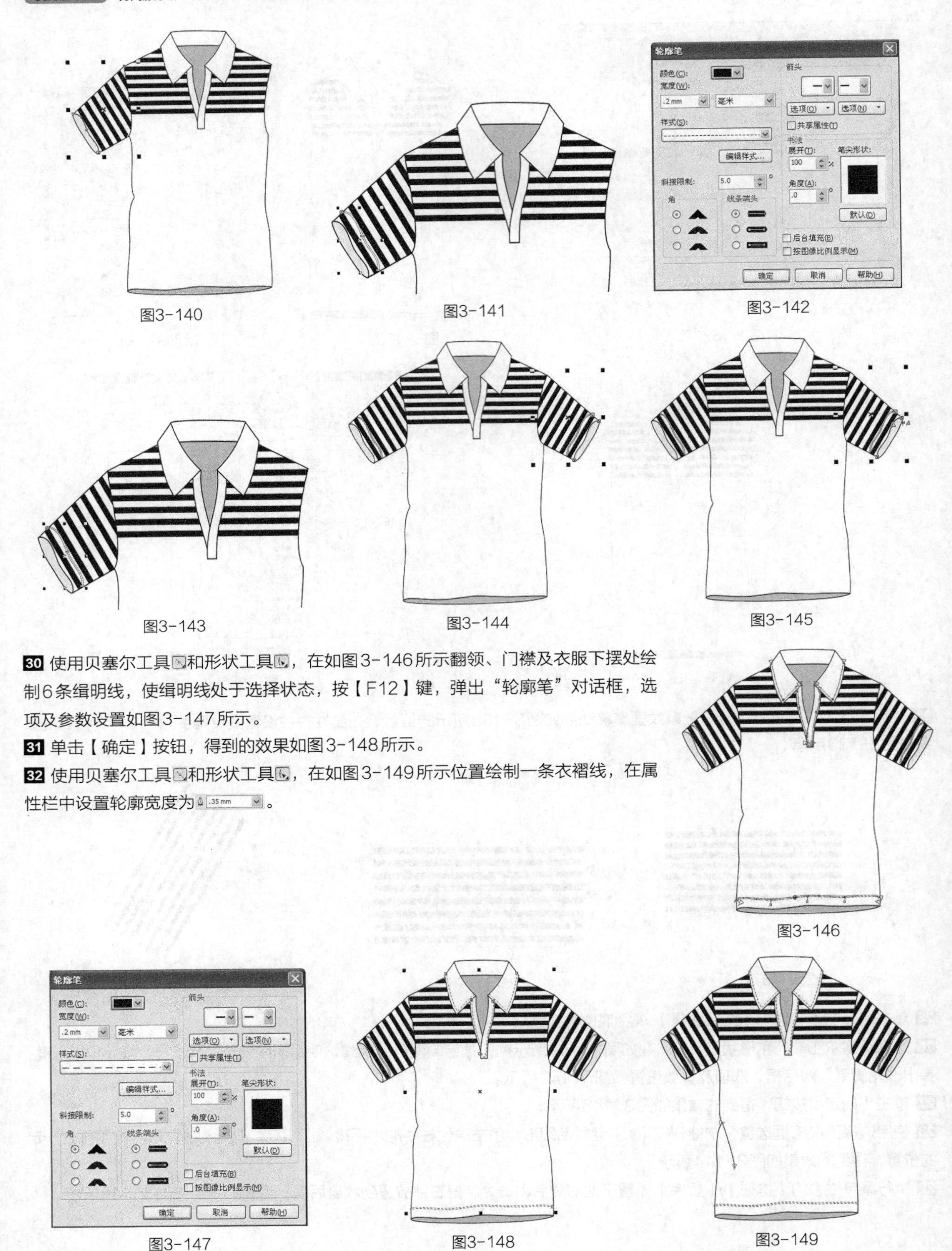

图3-140　图3-141　图3-142

图3-143　图3-144　图3-145

30 使用贝塞尔工具和形状工具，在如图3-146所示翻领、门襟及衣服下摆处绘制6条缉明线，使缉明线处于选择状态，按【F12】键，弹出“轮廓笔”对话框，选项及参数设置如图3-147所示。

31 单击【确定】按钮，得到的效果如图3-148所示。

32 使用贝塞尔工具和形状工具，在如图3-149所示位置绘制一条衣褶线，在属性栏中设置轮廓宽度为 .35 mm 。

图3-146

图3-147　图3-148　图3-149

33 选择椭圆形工具，按住【Ctrl】键在门襟上绘制一个圆形并填充为灰色，CMYK值为0，0，0，20，如图3-150所示。

34 按【+】键复制两个圆形，再按住【Shift】键等比例缩小图形，把复制的小圆形摆放在如图3-151所示的位置。

35 使用选择工具框选图形，单击属性栏中的合并按钮，得到的效果如图3-152所示。

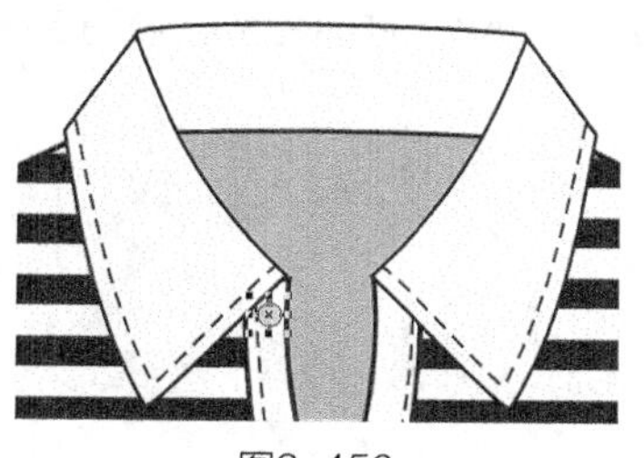

图3-150

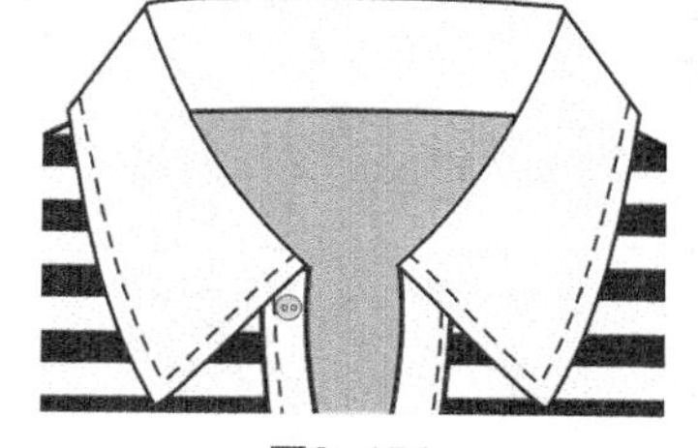

图3-151

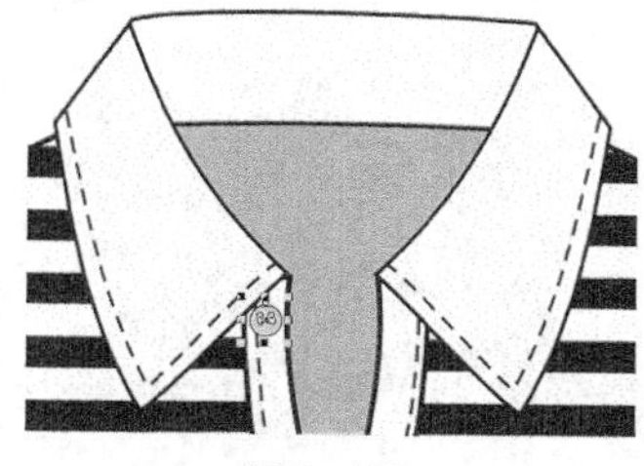

图3-152

36 按【+】键复制两个纽扣，把复制的纽扣摆放在如图3-153所示的位置。

37 执行菜单栏中的【文件】/【导入】命令，导入如图3-154所示的绣章图案。

38 使用选择工具，把绣章图案摆放在胸前，在属性栏中设置旋转角度为341.0°，得到的男式翻领T恤的最终效果如图3-155所示。

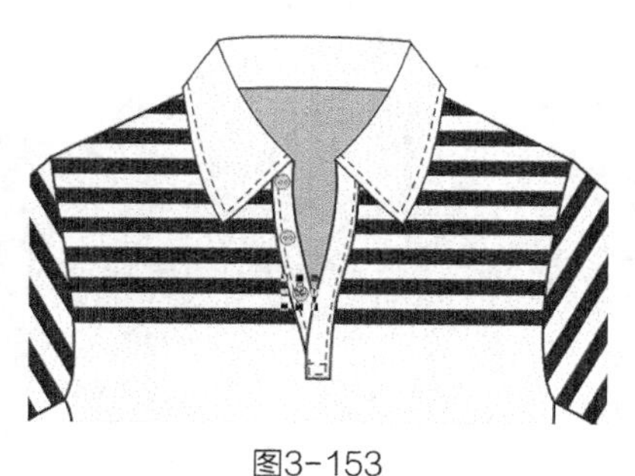

图3-153

图3-154

图3-155

3.2 女装T恤

3.2.1 圆领T恤（基础款）

女式圆领T恤的整体效果如图3-156所示。

设计重点

圆领表现，渐变色表现，雪纺透明荷叶边表现，印花、烫钻图案表现。

图3-156

操作步骤

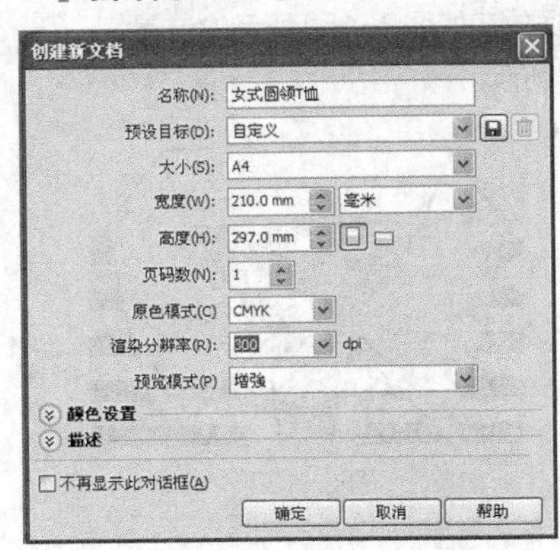

图3-157

01 打开CorelDRAW软件，执行菜单栏中的【文件】/【新建】命令，或使用【Ctrl+N】组合键，弹出“创建新文档”对话框，命名文件为“女式圆领T恤”，如图3-157所示，在属性栏中设定纸张大小为A4，横向摆放，如图3-158所示。

图3-158

02 鼠标单击上方和左方的标尺栏，分别从上往下、从左往右拖动添加7条辅助线，确定衣长、袖窿深、领口、肩宽等位置，如图3-159所示。

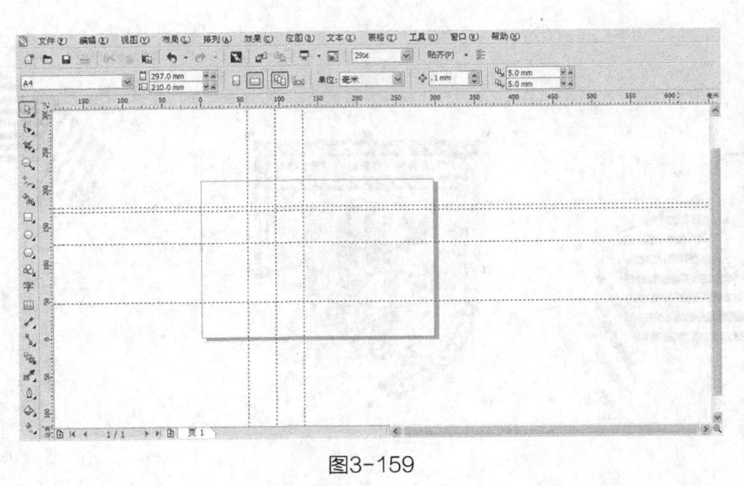

图3-159

03 使用贝塞尔工具和形状工具在辅助线的基础上绘制如图3-160所示的T恤1/2衣身左前片路径，单击选择工具，在属性栏中设置轮廓宽度为 .35 mm 。

04 按小键盘上的【+】键复制图形，单击属性栏中的水平镜像按钮，然后把复制的路径向右平移到一定的位置，如图3-161所示。

05 使用选择工具框选两条路径，单击属性栏中的合并按钮，得到的效果如图3-162所示。

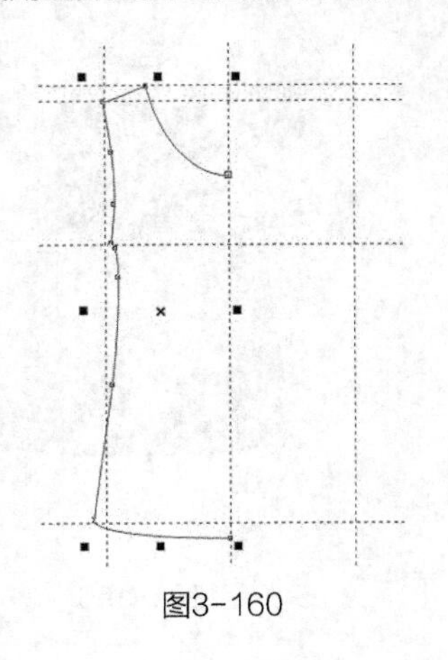

图3-160

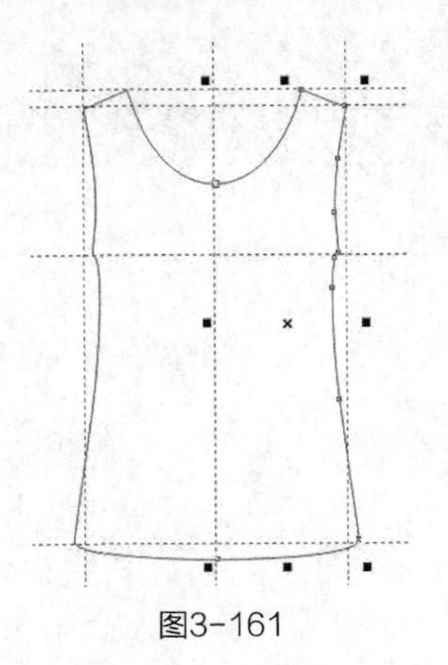

图3-161

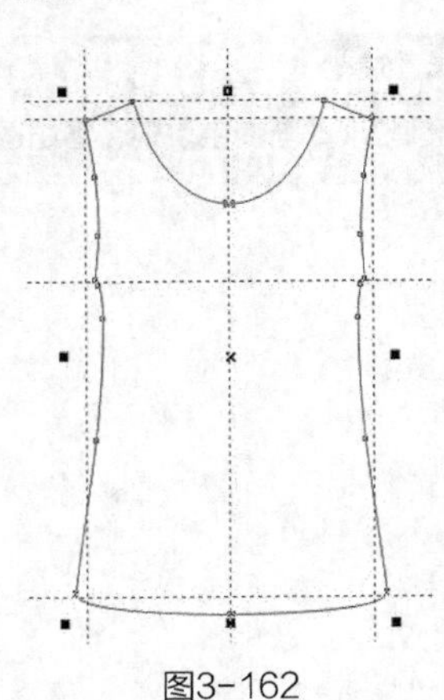

图3-162

专家提示

使用贝塞尔工具和形状工具绘制女装T恤衣身造型时要注意调整腰部曲线，但收腰造型不能过于夸张（针织T恤腰部不收省道），其次要注意服装长度与宽度的比例。

06 使用形状工具，挑选领口位置两个节点。单击属性栏中的“连接两个节点”按钮，得到的效果如图3-163所示。

07 重复上一步的操作，连接下摆处两个节点，得到的效果如图3-164所示。

08 单击渐变填充工具，弹出“渐变填充对话框”，设置为粉色，CMYK值为0，49，42，0，到白色的渐变，各项参数如图3-165所示。单击【确定】按钮，得到的效果如图3-166所示。

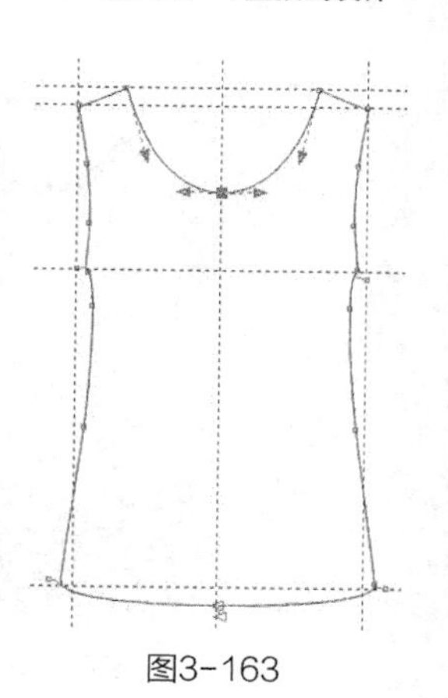

图3-163

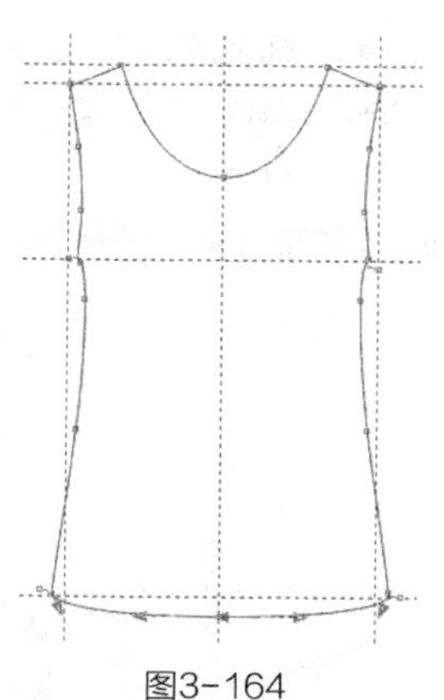

图3-164

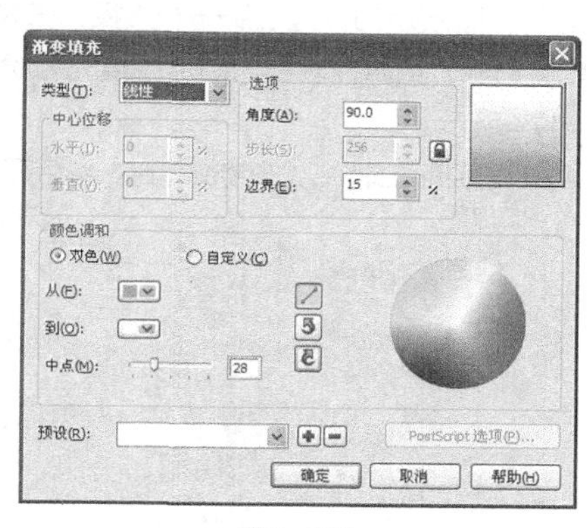

图3-165

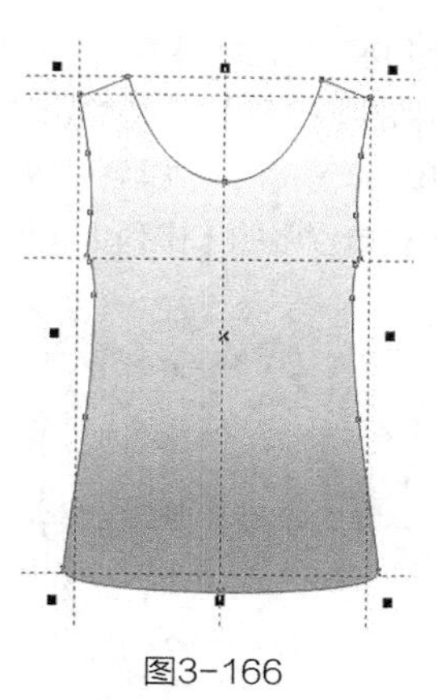

图3-166

09 使用贝塞尔工具和形状工具绘制如图3-167所示的左袖，在属性栏中设置轮廓宽度为.35 mm。执行菜单栏中的【排列】/【顺序】/【到页面后面】命令，把它放置到前片后面，得到的效果如图3-168所示。

10 使用属性滴管工具选择衣身属性，鼠标转换成应用对象属性，然后单击左袖，把渐变色复制到衣袖中，得到的效果如图3-169所示。

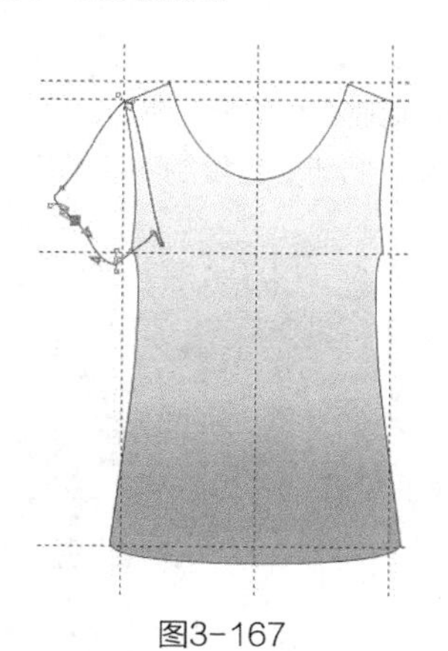

图3-167

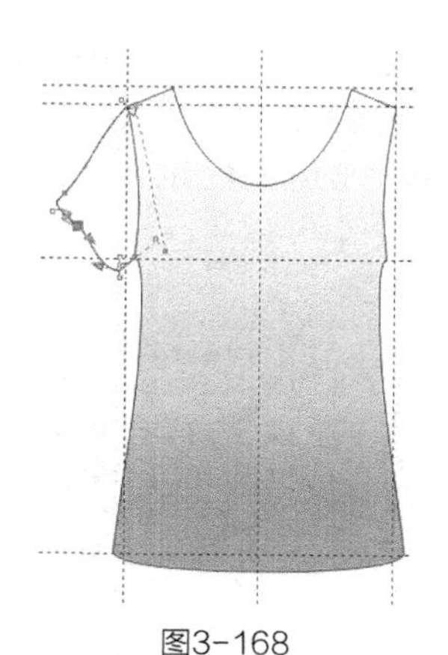

图3-168

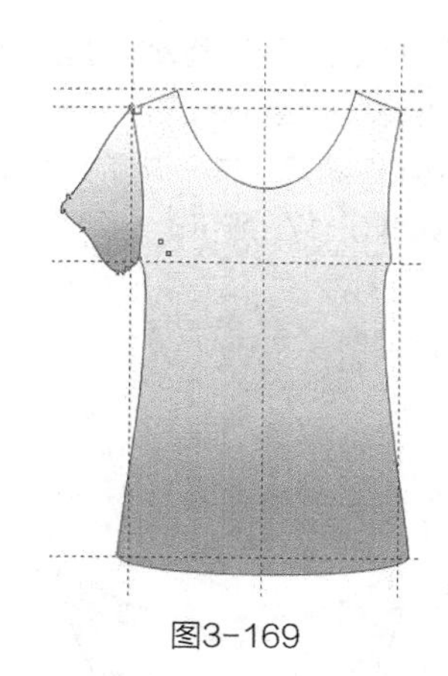

图3-169

11 使用贝塞尔工具和形状工具在前领口处绘制一条路径，在属性栏中设置轮廓宽度为3.0 mm，如图3-170所示。执行菜单栏中的【排列】/【将轮廓转换为对象】命令，把路径转换为图形，并填充为粉色，CMYK值为0，49，42，0，设置轮廓宽度为.35 mm，得到的效果如图3-171所示。

12 使用形状工具调整领口造型，使之与肩部相贴合，如图3-172所示。

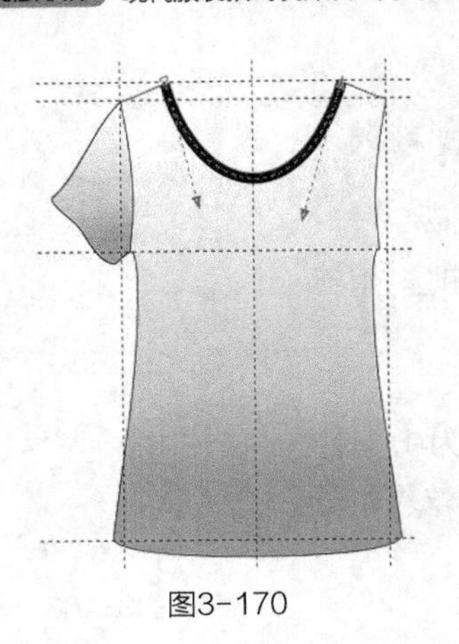
图3-170

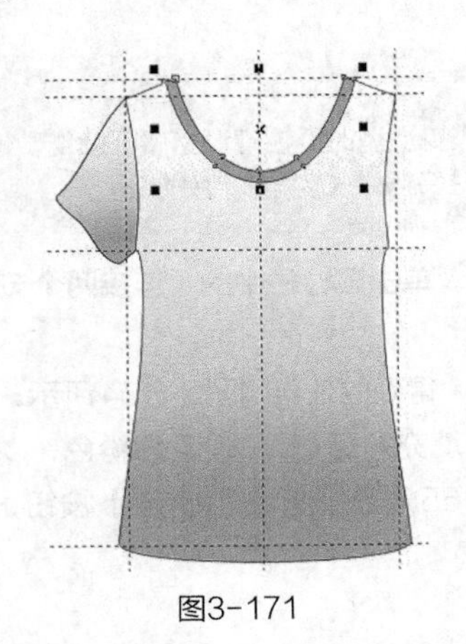
图3-171

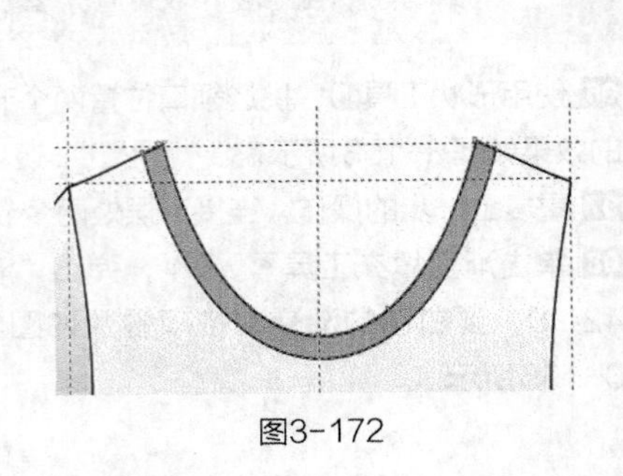
图3-172

13 使用贝塞尔工具和形状工具在如图3-173所示的位置绘制一条路径，在属性栏中设置轮廓宽度为3.0mm。执行菜单栏中的【排列】/【将轮廓转换为对象】命令，把路径转换为图形并填充为粉色，CMYK值为0，49，42，0，设置轮廓宽度为.35mm，得到的效果如图3-174所示。

14 执行菜单栏中的【排列】/【顺序】/【到图层后面】命令，把它放置到衣身后面，得到的效果如图3-175所示。

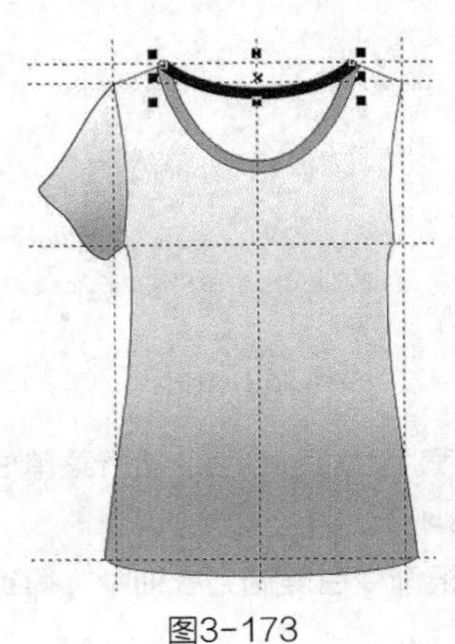
图3-173

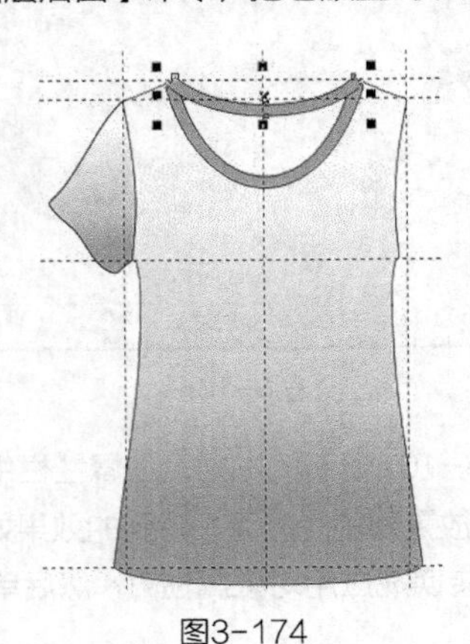
图3-174

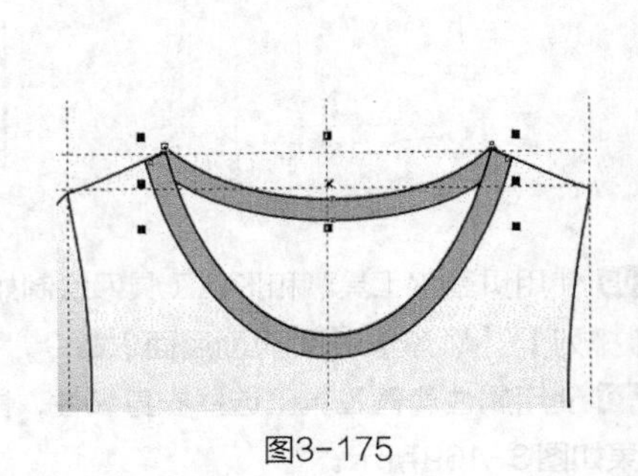
图3-175

15 使用形状工具调整领口造型，使之与前领口相贴合，如图3-176所示。

16 使用贝塞尔工具和形状工具绘制衣身后片，如图3-177所示，在属性栏中设置轮廓宽度为.35mm。

17 使用属性滴管工具选择衣身属性，鼠标转换成应用对象属性，然后单击衣身后片，把渐变色复制到后片中，得到的效果如图3-178所示。

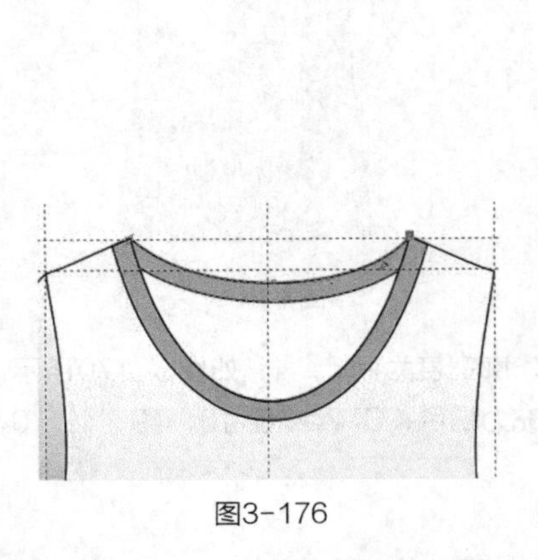
图3-176

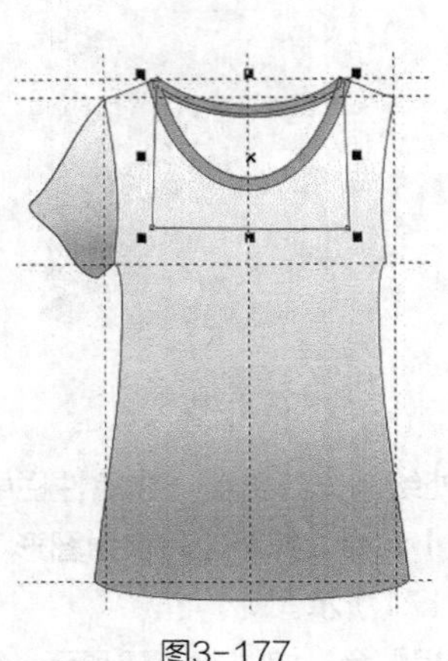
图3-177

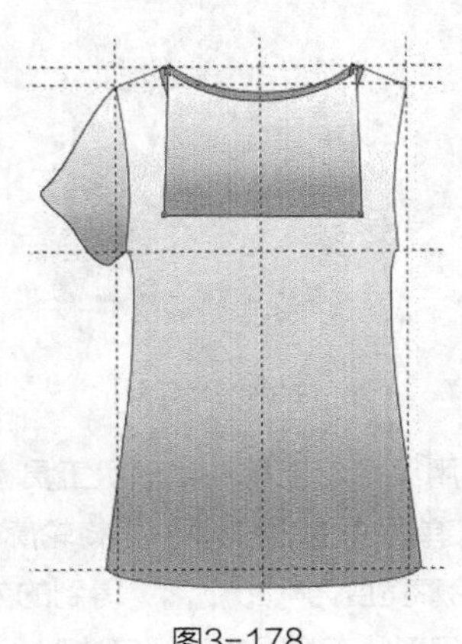
图3-178

18 执行菜单栏中的【排列】/【顺序】/【到图层后面】命令，把它放置到衣身后面，得到的效果如图3-179所示。

19 使用贝塞尔工具和形状工具，在如图3-180所示前后领口、左袖口及衣服下摆处绘制6条缉明线，使缉明线处于选择状态，按【F12】键，弹出“轮廓笔”对话框，选项及参数设置如图3-181所示。

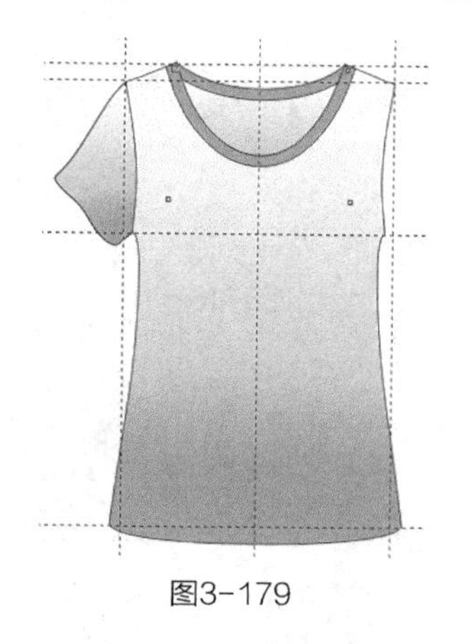

图3-179

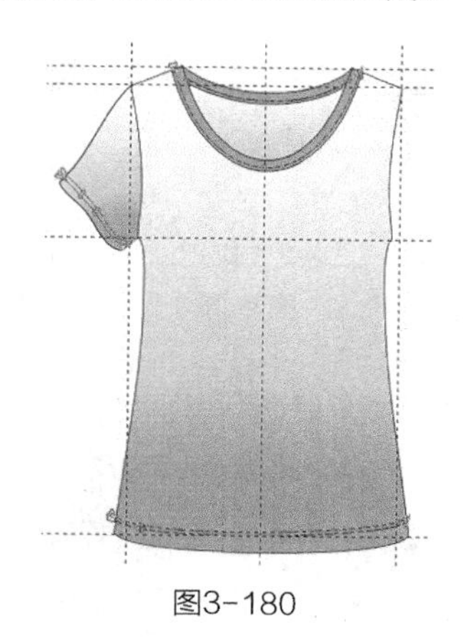

图3-180

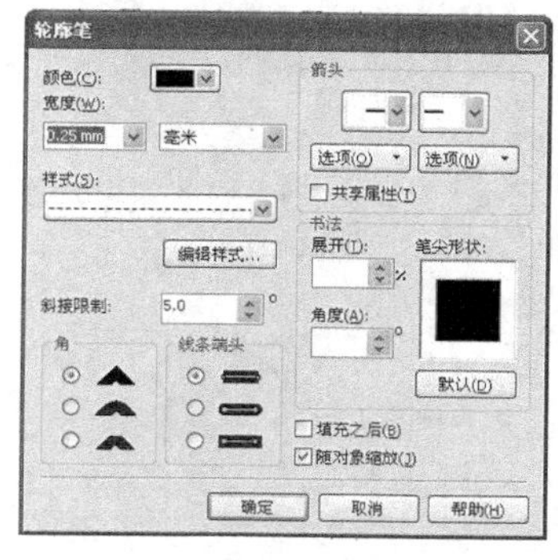

图3-181

20 单击【确定】按钮，得到的效果如图3-182所示。

21 使用选择工具框选整个左袖，按小键盘上的【+】键复制图形，单击属性栏中的水平镜像按钮，然后把复制的图形向右平移到一定的位置，如图3-183所示。

22 执行菜单栏中的【文件】/【导入】命令，导入如图3-184所示的女式圆领T恤印花图案。

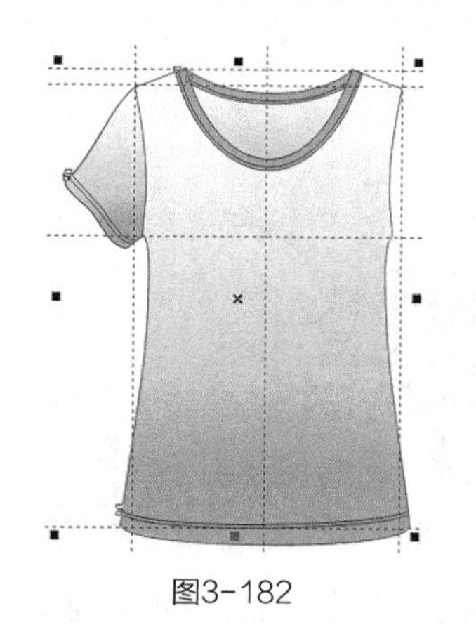

图3-182

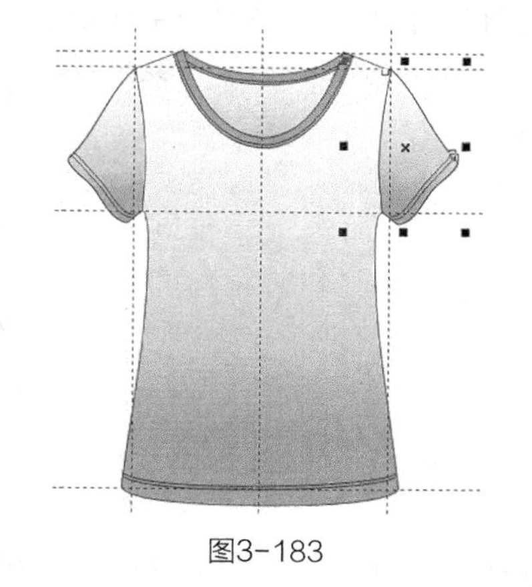

图3-183

图3-184

专家提示

女装印花图案上可以添加一些烫钻图案，闪光效果，增强装饰感。

23 选择椭圆形工具，按住【Ctrl】键绘制一个圆形，无轮廓，填充为浅灰色，CMYK值为0，0，0，10，如图3-185所示。

24 选择多边形工具，在属性栏中设置边数为9，以圆形的圆心为中心点按【Ctrl+Shift】组合键绘制一个九边形，得到的效果如图3-186所示。

25 使用手绘工具绘制九条直线，如图3-187所示。

26 使用选择工具挑选九边形，按【Delete】键删除，得到的效果如图3-188所示。

27 使用选择工具挑选圆形，按小键盘上的【+】键复制图形并填充为深灰色，CMYK值为0，0，0，40，再按住【Shift】键等比例缩小复制的圆形，得到的效果如图3-189所示。

28 选择智能填充工具，在圆形上分别填充白色、浅灰色，CMYK值为0，0，0，10；20%灰色，CMYK值为0，0，0，20；30%灰色，CMYK值为0，0，0，30；50%灰色，CMYK值为0，0，0，50，得到的效果如图3-190所示。

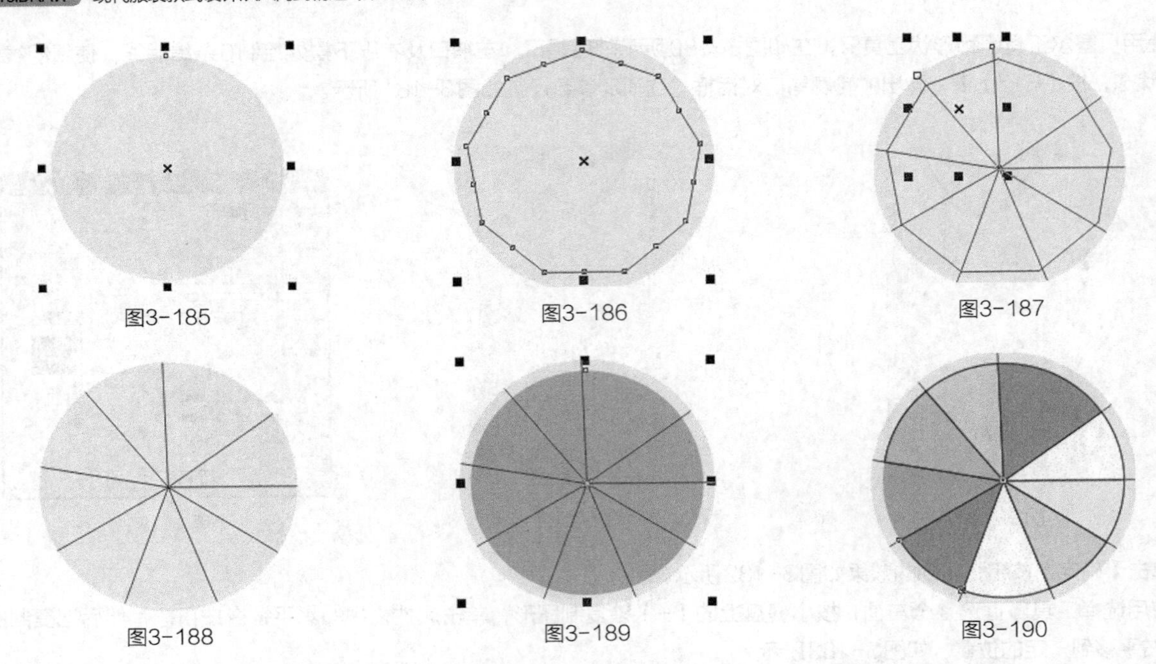

图3-185　图3-186　图3-187

图3-188　图3-189　图3-190

29 使用选择工具框选图形，鼠标右键单击调色板中的去除图形的边框，得到的效果如图3-191所示。

30 使用选择工具挑选圆形，按小键盘上的【+】键复制图形并填充为深灰色，CMYK值为0，0，0，50，执行菜单栏中的【排列】/【顺序】/【到页面前面】命令，得到的效果如图3-192所示。

图3-191　图3-192

31 选择星形工具，在属性栏中设置边数为4，按住【Ctrl】键绘制一个四角形并填充白色，如图3-193所示。

32 使用形状工具调整星形节点，得到的效果如图3-194所示。

33 单击选择工具，按小键盘上的【+】键复制图形，在属性栏中设置旋转角度为315.0，再按【Enter】键，得到的效果如图3-195所示。

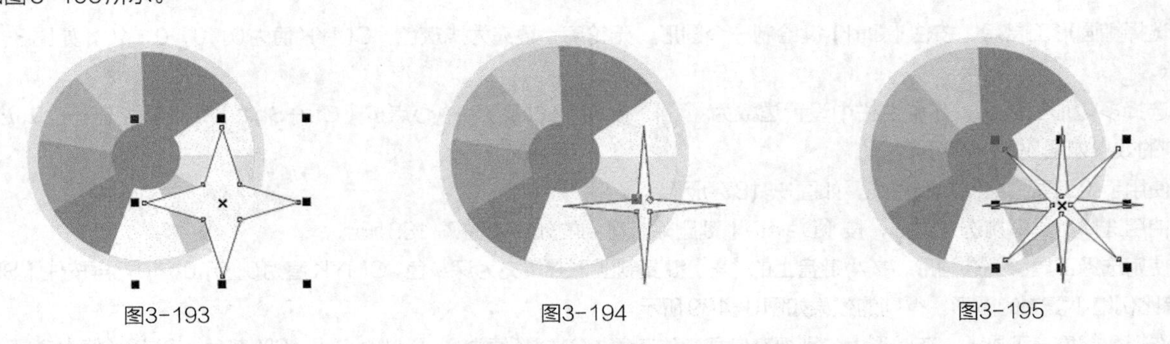

图3-193　图3-194　图3-195

34 单击选择工具，按住【Shift】键等比例缩小图形，得到的效果如图3-196所示。

35 使用选择工具框选图形，鼠标右键单击调色板中的去除图形的边框。按【Ctrl+G】组合键群组图形，得到的效果如图3-197所示。

36 按3次小键盘上的【+】键复制3个闪光效果的图形，摆放在导入的印花图案上如图3-198所示的位置。

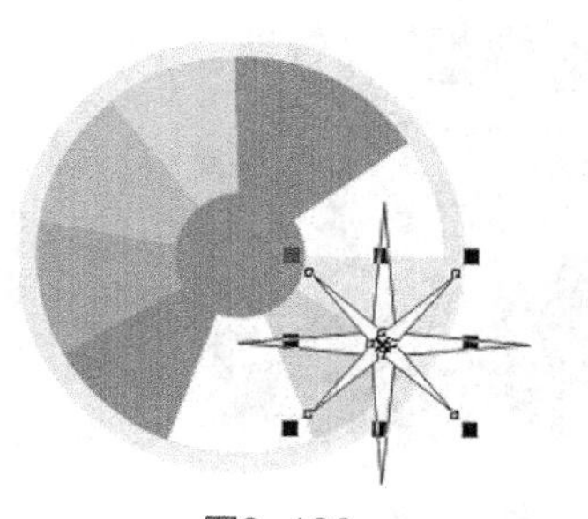
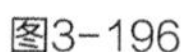
图3-196

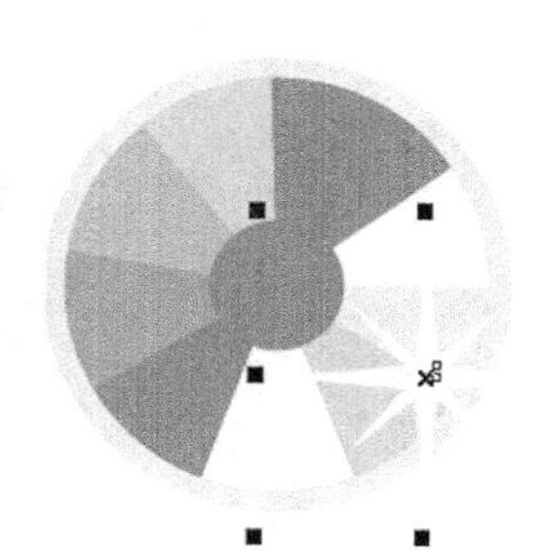
图3-197

图3-198

37 使用选择工具框选烫钻及闪光效果，按【Ctrl+G】组合键群组图形。按住【Shift】键等比例缩小图形，把它摆放在印花图案的皇冠上如图3-199所示的位置。

38 按7次小键盘上的【+】键复制7个图形，分别摆放在如图3-200所示的位置。

39 重复步骤**36**的操作，复制3个闪光效果，分别摆放在如图3-201所示的位置。

图3-199

图3-200

图3-201

40 使用选择工具挑选一个烫钻，单击艺术笔工具，选择属性栏中的【自定义】/【新喷涂列表】，单击属性栏中的“添加到喷涂列表”按钮，把绘制好的烫钻自定义为艺术画笔，属性栏中设置各项参数如图3-202所示。

图3-202

41 使用贝塞尔工具和形状工具在心形图案上绘制一条路径，如图3-203所示。

42 选择艺术笔工具，在属性栏的喷涂列表中单击烫钻艺术画笔，得到的效果如图3-204所示。

图3-203

图3-204

43 在属性栏中设置各项参数，如图3-205所示，得到的效果如图3-206所示。

图3-205

44 重复上两步的操作，完成第二组烫钻图案的添加，效果如图3-207所示。

图3-206

图3-207

45 使用选择工具框选所有图形，按【Ctrl+G】组合键群组图形。把群组后的图案摆放在如图3-208所示的衣身位置。

46 执行菜单栏中的【编辑】/【全选】/【辅助线】命令，选择所有的辅助线，按【Delete】键删除，得到的效果如图3-209所示。

图3-208

图3-209

47 使用贝塞尔工具和形状工具在衣身上绘制荷叶边，单击选择工具，在属性栏中设置轮廓宽度为 .35 mm，如图3-210所示。

48 使用贝塞尔工具和形状工具绘制褶裥线，如图3-211所示。

49 使用属性滴管工具选择衣身属性，鼠标转换成应用对象属性，然后单击左袖，把渐变色复制到荷叶边中，得到的效果如图3-212所示。

图3-210

图3-211

图3-212

50 使用选择工具框选荷叶边和褶裥线，按【Ctrl+G】组合键群组图形。选择透明度工具，在属性栏中设置各项参数，如图3-213所示，得到的效果如图3-214所示。

51 单击选择工具，按【+】键复制图形，单击属性栏中的水平镜像按钮，然后把复制的荷叶边向右平移到一定的位置，完成女式圆领T恤的设计，最终效果如图3-215所示。

图3-213　　图3-214　　图3-215

3.2.2　彼得潘领T恤（变化款）

女式彼得潘领T恤的整体效果如图3-216所示。

设计重点

彼得潘花边领、泡泡袖、松紧袖口、水滴形后领口包边、条纹印花面料。

图3-216

操作步骤

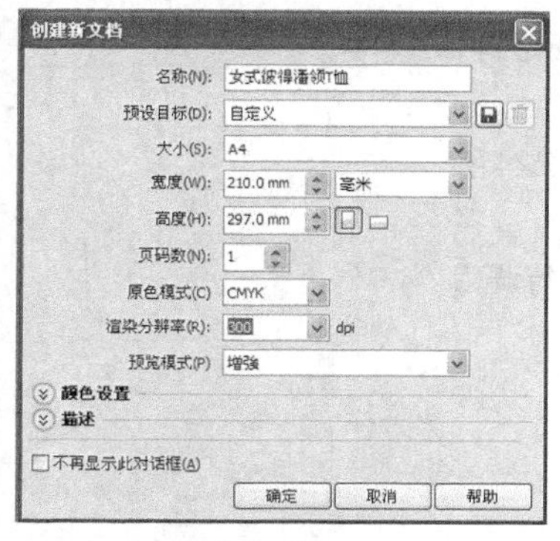

图3-217

01 打开CorelDRAW软件，执行菜单栏中的【文件】/【新建】命令，或使用【Ctrl+N】组合键，弹出“创建新文档”对话框，命名文件为“女式彼得潘领T恤”，如图3-217所示。在属性栏中设定纸张大小为A4，横向摆放，如图3-218所示。

图3-218

02 鼠标单击上方和左方的标尺栏，分别从上往下、从左往右拖动添加7条辅助线，确定衣长、袖窿深、领口、肩宽等位置，如图3-219所示。

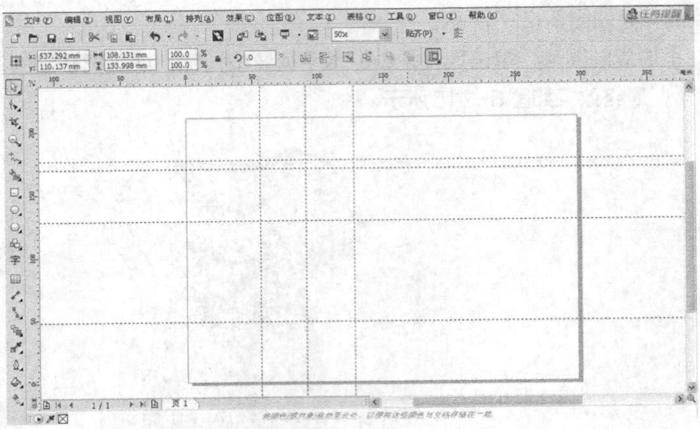

图3-219

03 使用贝塞尔工具和形状工具在辅助线的基础上绘制如图3-220所示的衣身前片路径，单击选择工具，在属性栏中设置轮廓宽度为 .35 mm 。

专家提示

也可以在圆领T恤衣身基础上修改领口造型，使用形状工具调整领型时尽量保证左右对称。

04 单击渐变填充工具 渐变填充，弹出“渐变填充”对话框，设置为绿色，CMYK值为20，0，30，10，到白色的渐变，各项参数如图3-221所示。单击【确定】按钮，得到的效果如图3-222所示。

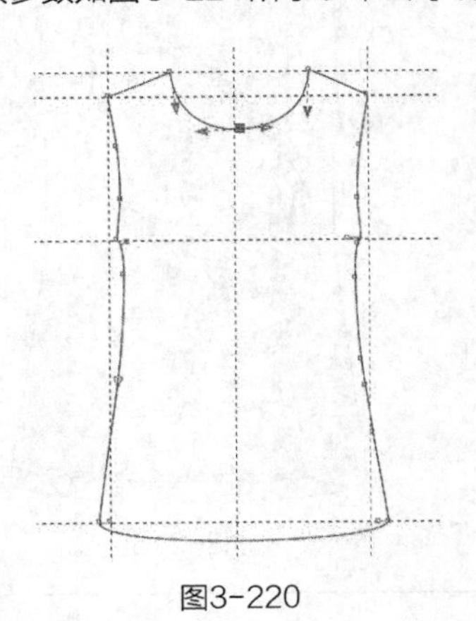

图3-220

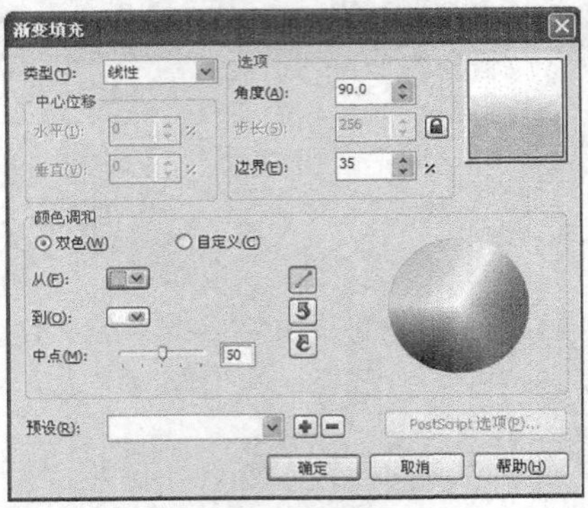

图3-221

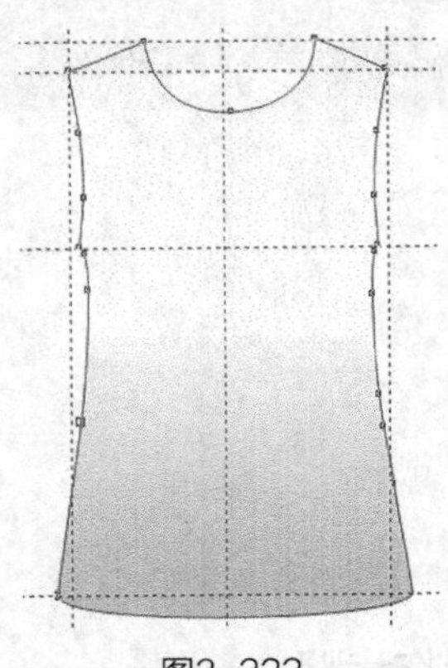

图3-222

05 使用矩形工具绘制一个长方形，填充为浅绿色，CMYK值为11，4，23，6，无边框，如图3-223所示。

06 单击选择工具，按【+】键复制长方形，然后把复制的长方形向右平移到如图3-224所示的位置。

07 选择工具箱中的调和工具，单击左边的长方形往右拖动鼠标至右边的长方形，执行调和效果，如图3-225所示。

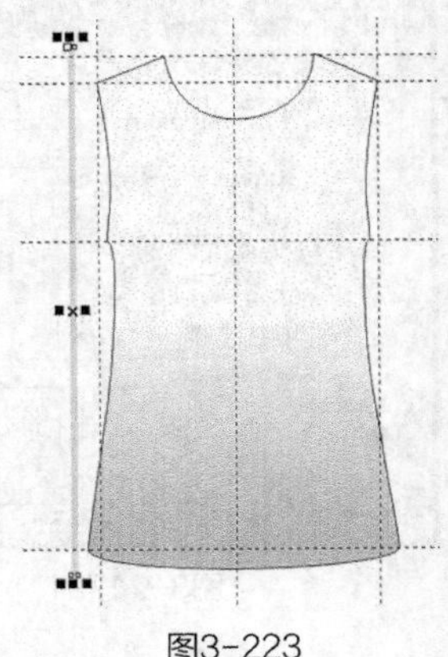

图3-223

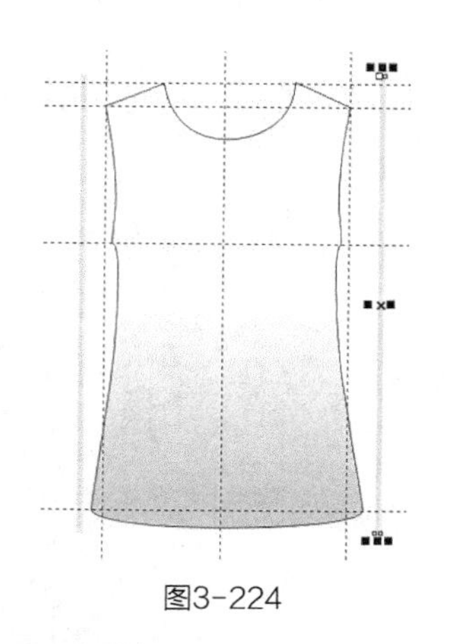
图3-224

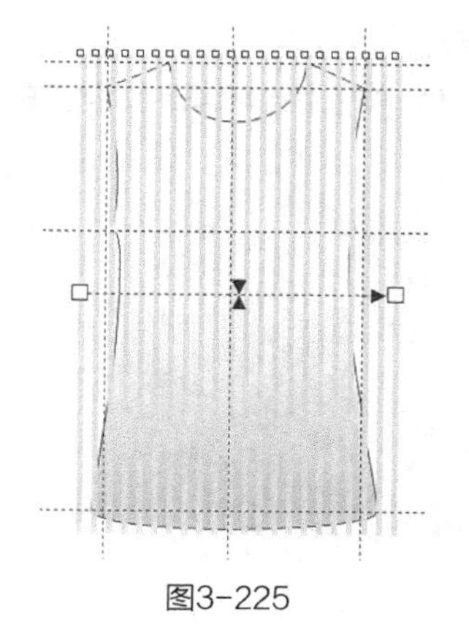
图3-225

08 在属性栏中设置调和的步数为，得到的效果如图3-226所示。

09 执行菜单栏中的【效果】/【图框精确剪裁】/【置于图文框内部】命令，把图形放置在衣身中，得到的效果如图3-227所示。

10 使用贝塞尔工具和形状工具绘制如图3-228所示的左袖，单击选择工具，在属性栏中设置轮廓宽度为。

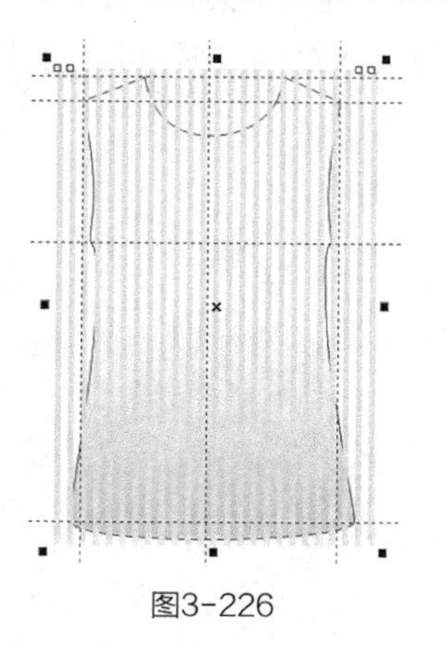
图3-226

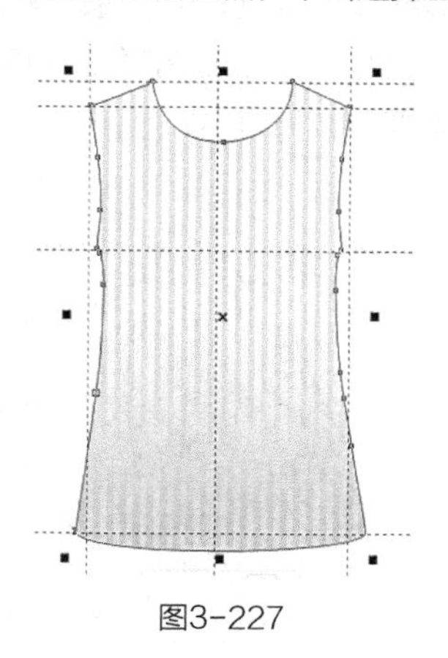
图3-227

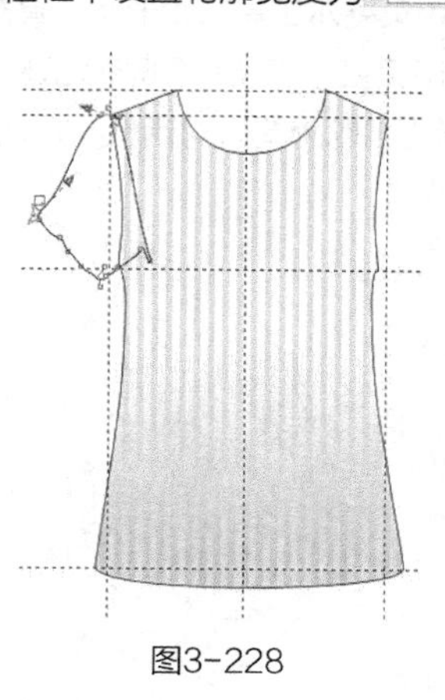
图3-228

11 执行菜单栏中的【排列】/【顺序】/【到图层后面】命令，把它放置到衣身后面，得到的效果如图3-229所示。

12 使用属性滴管工具选择衣身属性，鼠标转换成应用对象属性，然后单击左袖，把渐变色及条纹图案复制到衣袖中，得到的效果如图3-230所示。

13 鼠标右键单击弹出对话框，单击【编辑PowerClip】，得到的效果如图3-231所示。

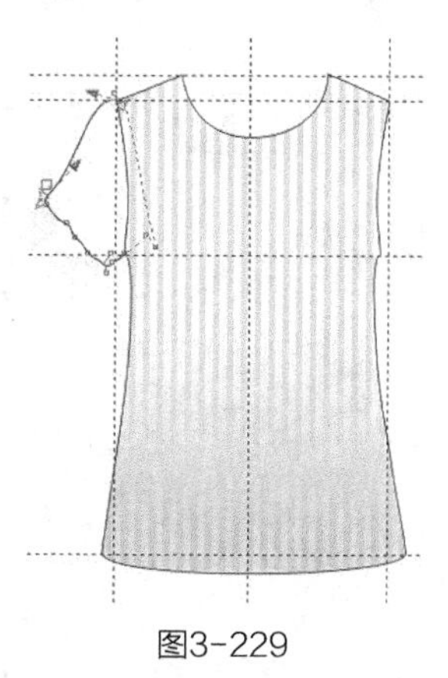
图3-229

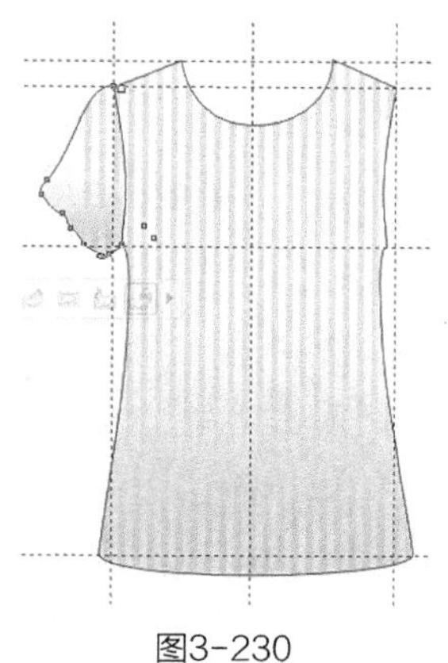
图3-230

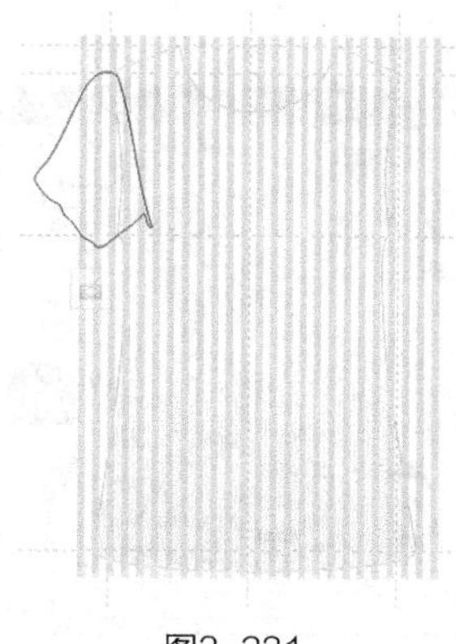
图3-231

14 使用选择工具框选图形，把条纹图案移动到如图3-232所示的位置。在属性栏中设置旋转角度为，得到的效果如图3-233所示。

15 单击鼠标右键，选择【结束编辑】，得到的效果如图3-234所示。

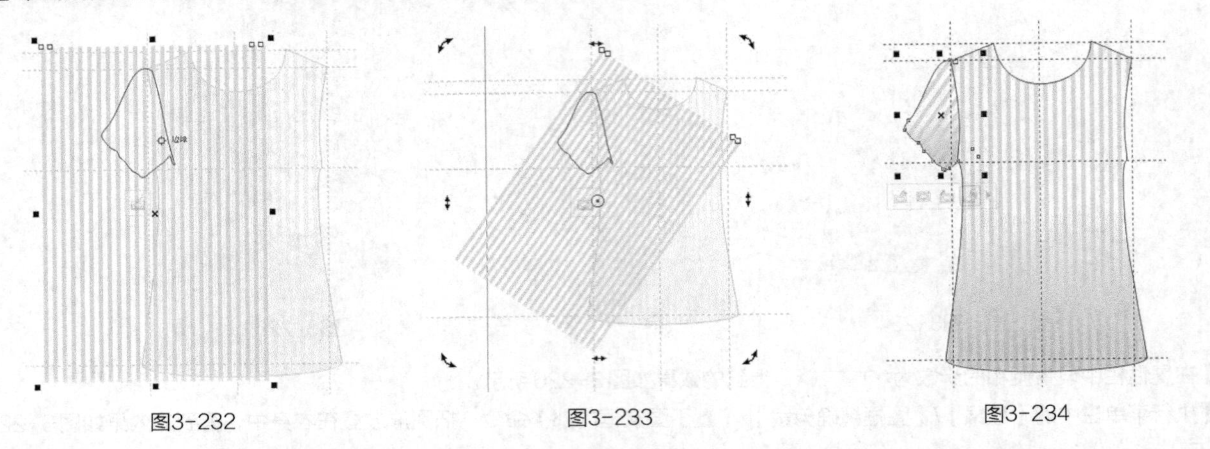

图3-232　　图3-233　　图3-234

16 使用贝塞尔工具和形状工具绘制泡泡袖褶裥线，在属性栏中设置轮廓宽度为.2 mm，如图3-235所示。

17 使用贝塞尔工具和形状工具绘制袖口褶裥线，在属性栏中设置轮廓宽度为.2 mm，如图3-236所示。

18 使用贝塞尔工具和形状工具，在如图3-237所示的左袖口绘制两条缉明线，使缉明线处于选择状态，按【F12】键，弹出“轮廓笔”对话框，选项及参数设置如图3-238所示。

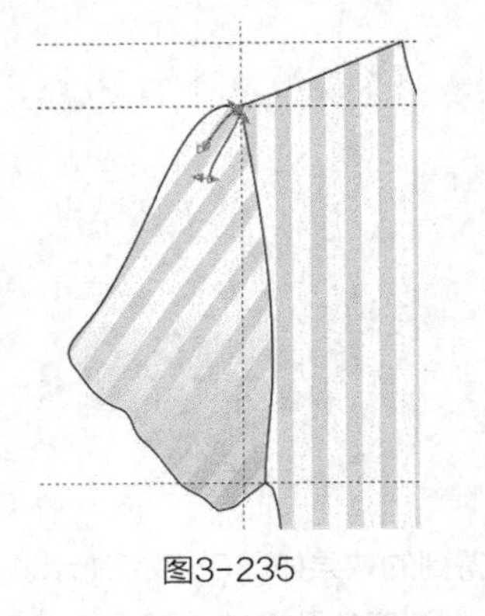

图3-235

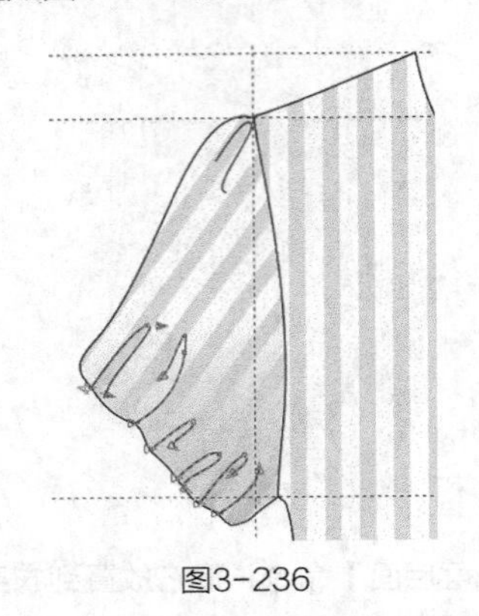

图3-236

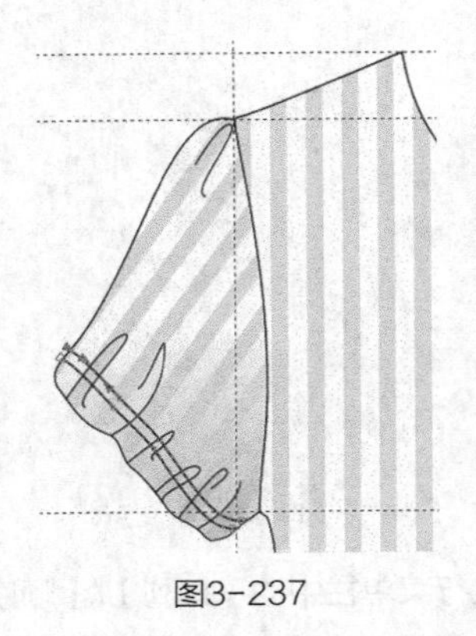

图3-237

19 单击【确定】按钮，得到的效果如图3-239所示。

20 使用选择工具框选整个左袖，按小键盘上的【+】键复制图形，单击属性栏中的水平镜像按钮，然后把复制的图形向右平移到一定的位置，如图3-240所示。

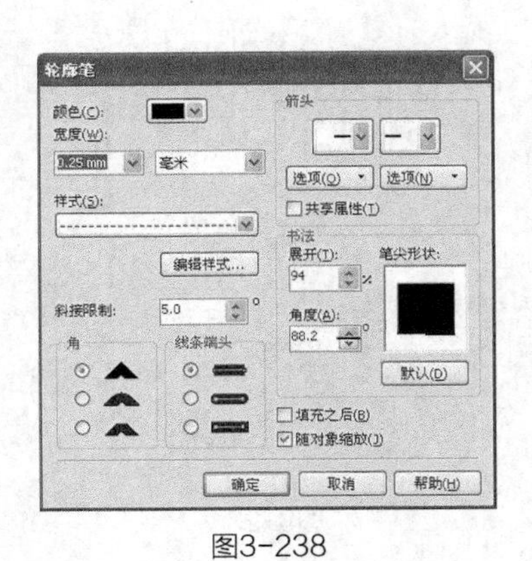

图3-238

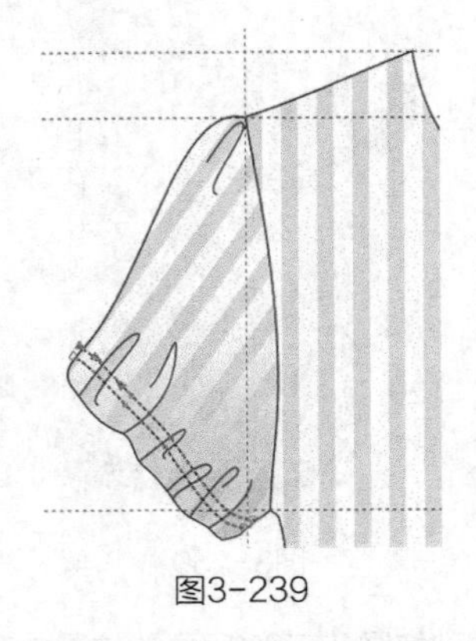

图3-239

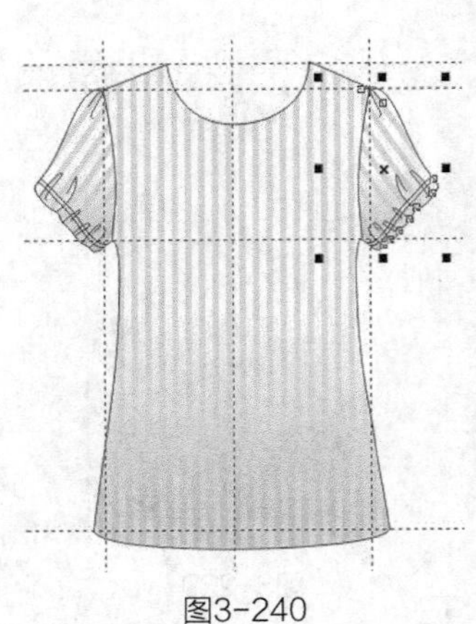

图3-240

21 使用贝塞尔工具和形状工具绘制领子造型，在属性栏中设置轮廓宽度为.35 mm，如图3-241所示。

22 选择椭圆形工具，按住【Ctrl】键在翻领上绘制一个小圆形，如图3-242所示。

23 单击鼠标，并把图案的中心点向下平移到如图3-243所示的位置。

图3-241

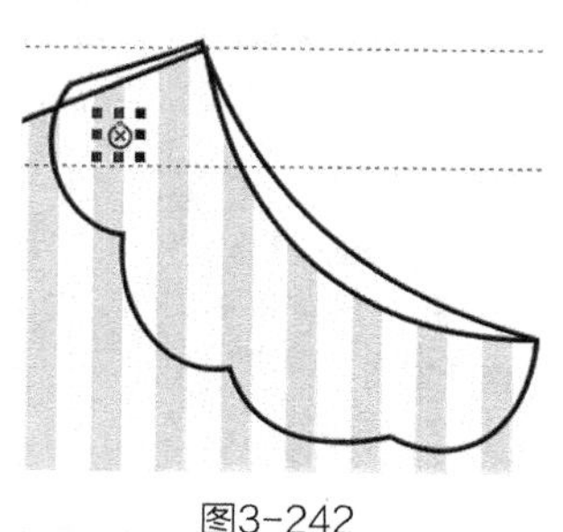

图3-242

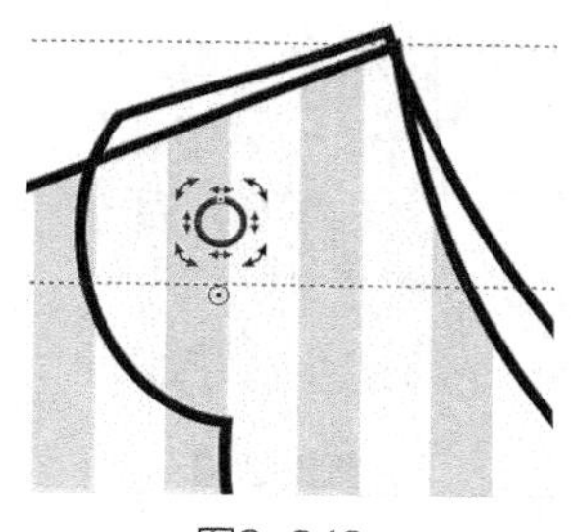

图3-243

24 按【+】键复制圆形，在属性栏中设置旋转角度为60.0°，按【Enter】键得到的效果如图3-244所示。

25 重复按4次【Ctrl+D】组合键，得到的效果如图3-245所示。

26 使用选择工具框选6个小圆形，按住【Shift】键等比例缩小，摆放在如图3-246所示的位置。

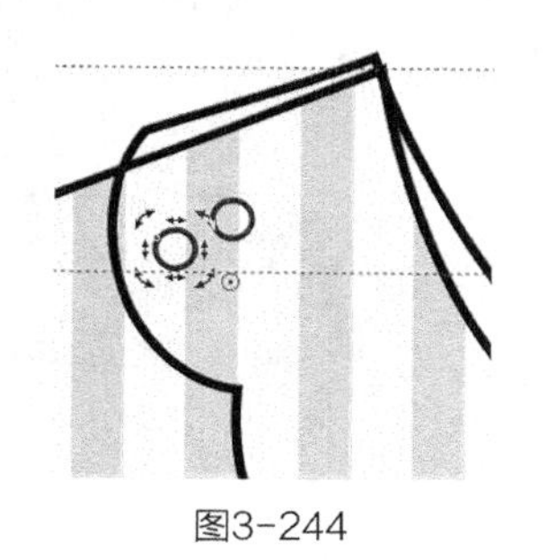

图3-244

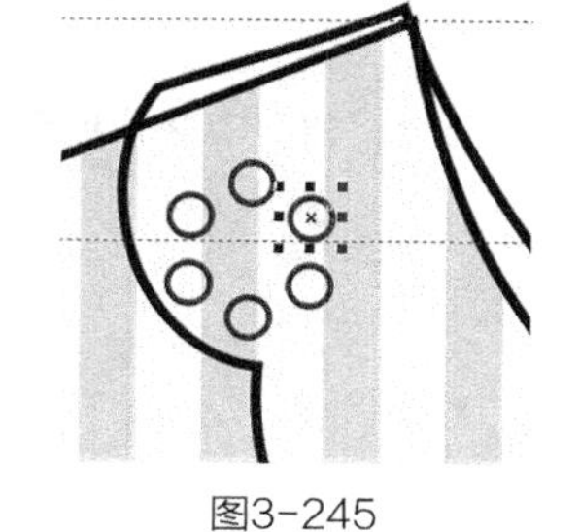

图3-245

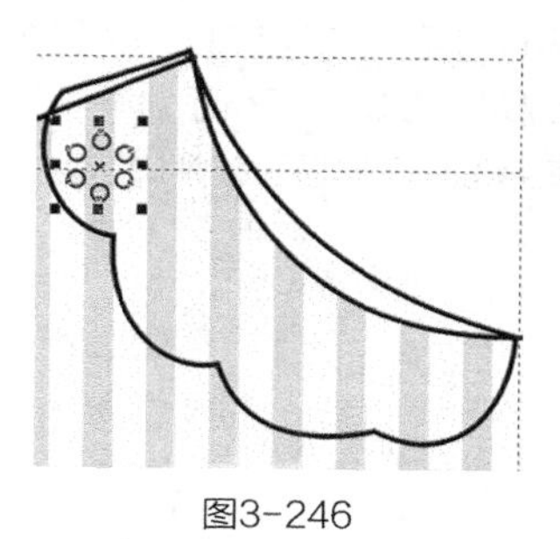

图3-246

27 重复按3次【+】键复制图形，把复制的图形摆放在如图3-247所示的位置。

28 使用选择工具框选整个领子部分，单击属性栏中的合并按钮，得到的效果如图3-248所示。

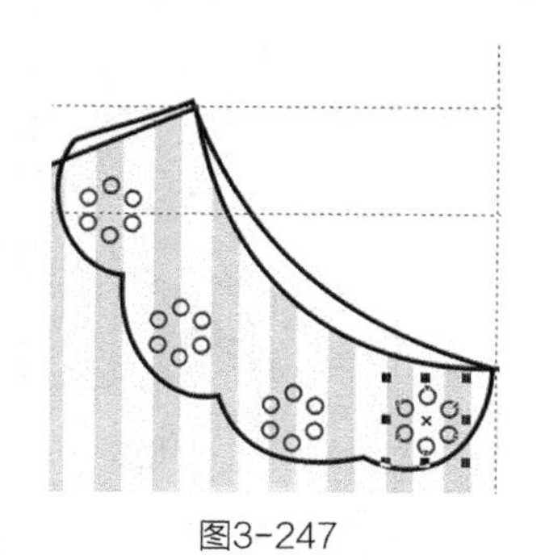

图3-247

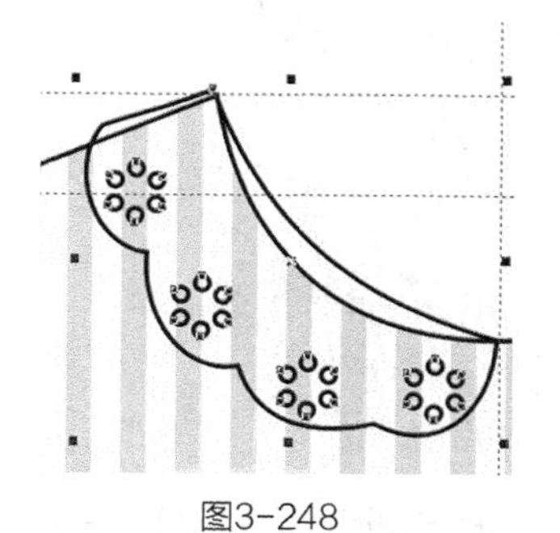

图3-248

专家提示

在执行花边领镂空图案合并命令之前，所有的图形不能群组。

29 花边领填充白色，选择工具箱中的透明度工具，在属性栏中设置各项参数如图3-249所示，得到的效果如图3-250所示。

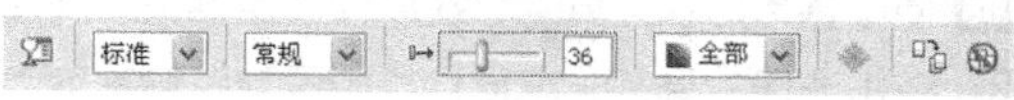

标准　常规　36　全部

图3-249

30 单击选择工具，按小键盘上的【+】键复制图形，单击属性栏中的水平镜像按钮，然后把复制的图形向右平移到一定的位置，如图3-251所示。

31 使用形状工具调整衣身领口造型，使之与花边领相贴合，得到的效果如图3-252所示。

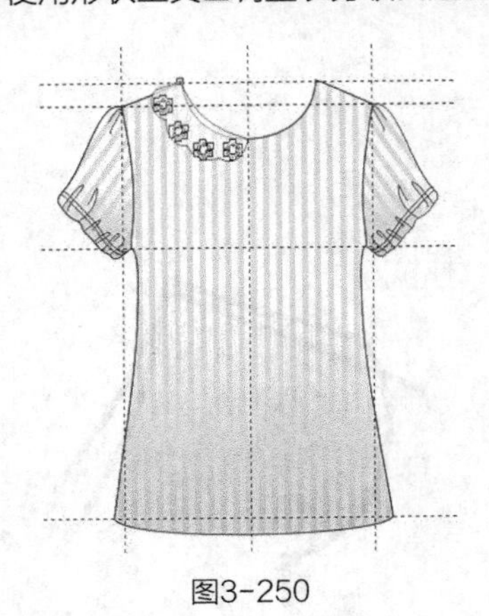

图3-250

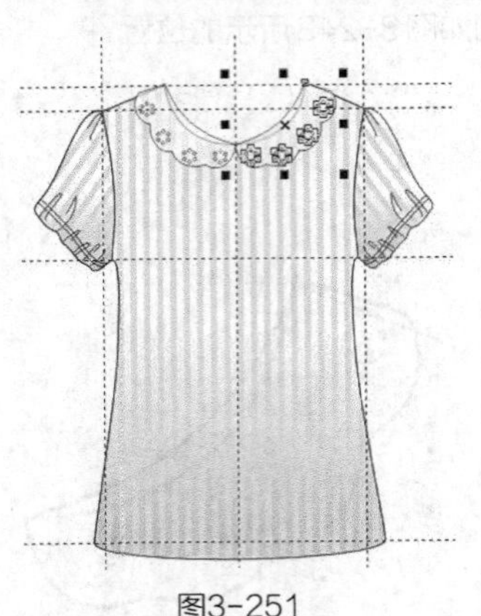

图3-251

图3-252

32 使用贝塞尔工具和形状工具在如图3-253所示的位置绘制一条路径，在属性栏中设置轮廓宽度为3.0 mm。执行菜单栏中的【排列】/【将轮廓转换为对象】命令，把路径转换为图形，并填充为绿色，CMYK值为20，0，30，10，设置轮廓宽度为.35 mm，得到的效果如图3-254所示。

33 执行菜单栏中的【排列】/【顺序】/【到图层后面】命令，把它放置到衣身后面，得到的效果如图3-255所示。

34 使用形状工具调整领口造型，使之与前领口相贴合，如图3-256所示。

图3-253

图3-254

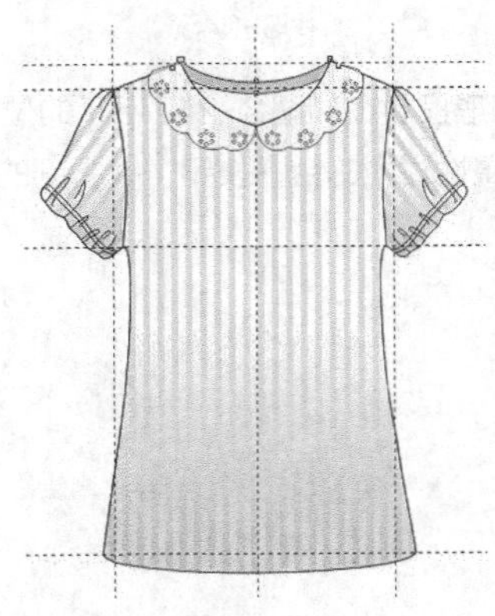

图3-255

图3-256

35 使用贝塞尔工具和形状工具绘制衣身后片，如图3-257所示，在属性栏中设置轮廓宽度为.35 mm。

36 使用属性滴管工具选择衣身属性，鼠标转换成应用对象属性，然后单击衣身后片，把渐变色复制到后片中，得到的效果如图3-258所示。

37 执行菜单栏中的【排列】/【顺序】/【到图层后面】命令，把它放置到衣身后面，得到的效果如图3-259所示。

38 使用基本形状工具，在属性栏中挑选水滴造型，如图3-260所示，在领子上绘制一个水滴形，如图3-261所示。

39 单击选择工具，在属性栏中设置轮廓宽度为1.5 mm，如图3-262所示。执行菜单栏中的【排列】/【将轮廓转换为对象】命令，把路径转换为图形，并填充为绿色，CMYK值为20，0，30，10，设置轮廓宽度为.35 mm，得到的效果如图3-263所示。

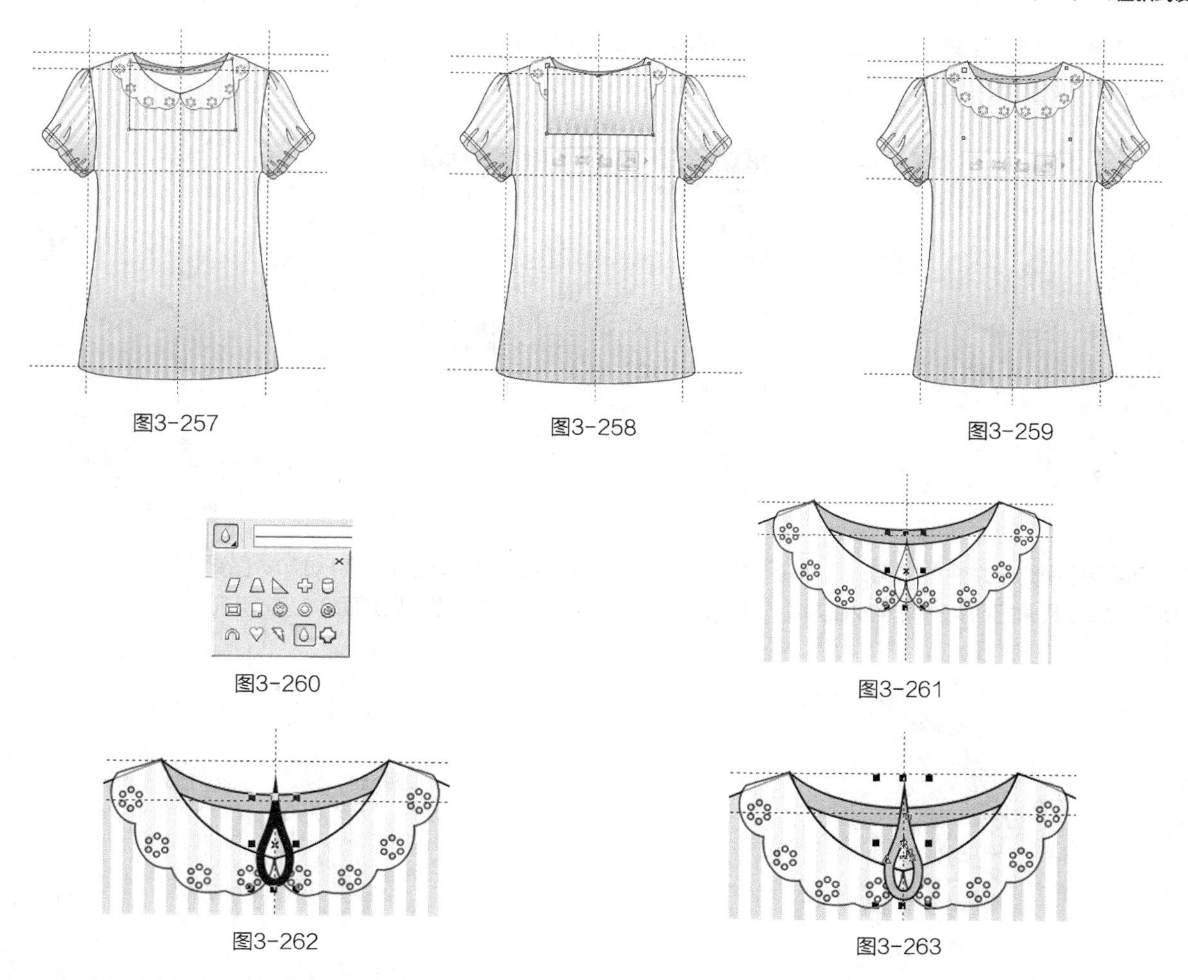

图3-257　图3-258　图3-259

图3-260　图3-261

图3-262　图3-263

40 使用形状工具双击删除上方节点，得到的效果如图3-264所示。

41 执行菜单栏中的【排列】/【顺序】/【置于此对象后】命令，把它放置到后领口后面，得到的效果如图3-265所示。

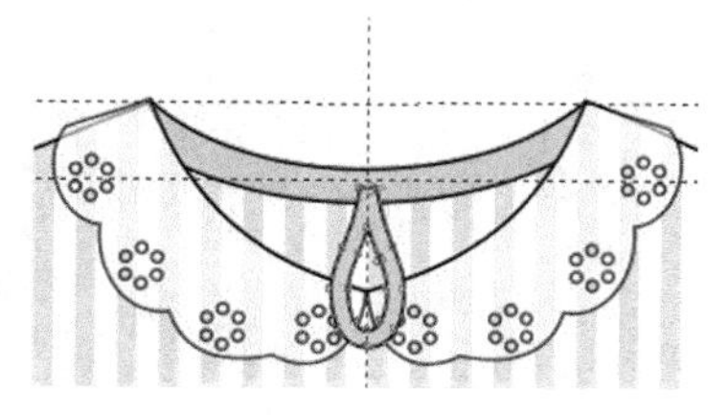

图3-264

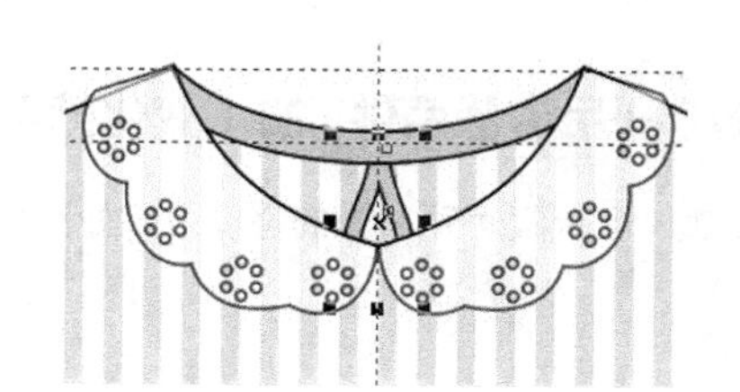

图3-265

42 使用贝塞尔工具和形状工具绘制如图3-266所示的闭合路径，填充为白色。

43 执行菜单栏中的【排列】/【顺序】/【置于此对象前】命令，把它放置到后片上方，得到的效果如图3-267所示。

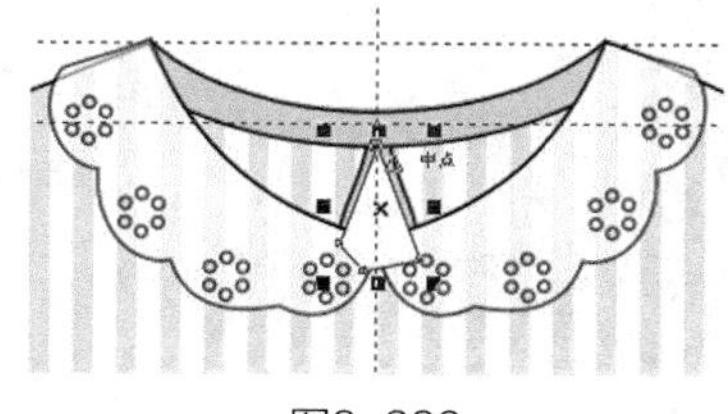

图3-266

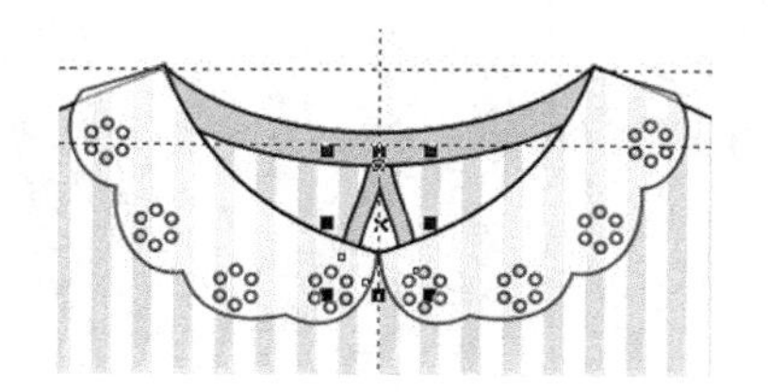

图3-267

44 选择贝塞尔工具和形状工具，在如图3-268所示的后领口、衣服下摆绘制4条缉明线，使缉明线处于选择状态，按【F12】键，弹出“轮廓笔”对话框，选项及参数设置如图3-269所示。

45 单击【确定】按钮，得到的效果如图3-270所示。

图3-268

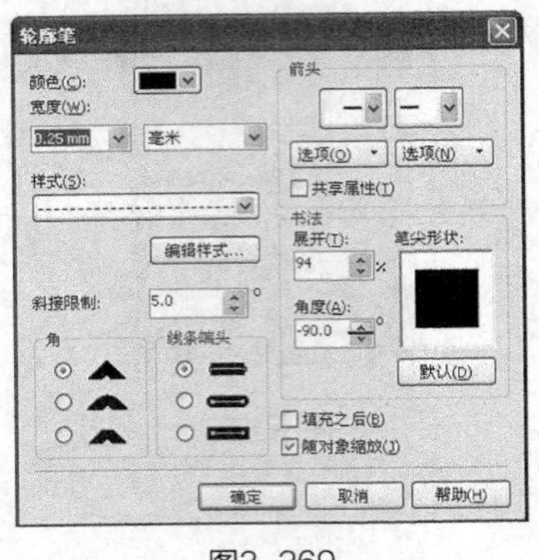

图3-269

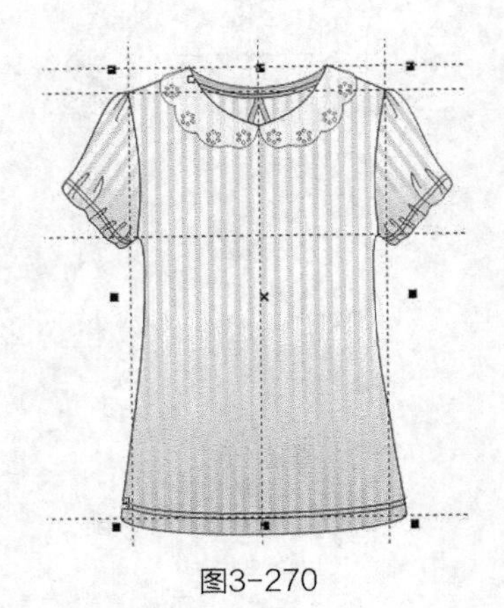

图3-270

46 执行菜单栏中的【文件】/【导入】命令，导入如图3-271所示的“女式彼得潘领T恤印花图案”。

47 使用选择工具把印花图案摆放在胸前，得到的女式彼得潘领T恤的最终效果如图3-272所示。

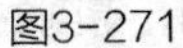

图3-271

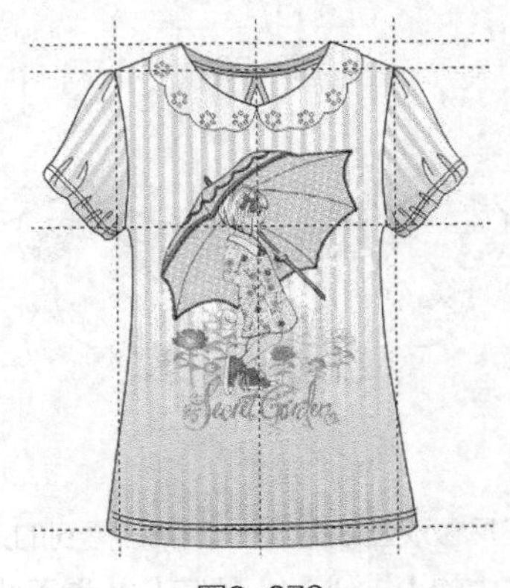

图3-272

3.2.3 V领+吊带假两件T恤（变化款）

女式V领+吊带假两件T恤的整体效果如图3-273所示。

图3-273

设计重点

衣身造型、长袖造型、领口贴边、吊带衫的表现。

操作步骤

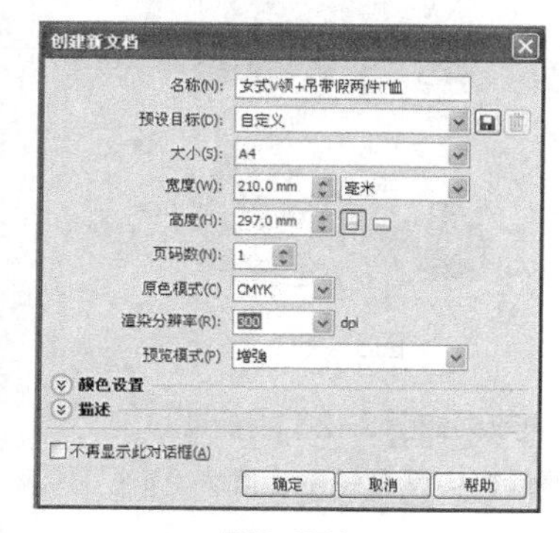

图3-274

01 打开CorelDRAW软件，执行菜单栏中的【文件】/【新建】命令，或使用【Ctrl+N】组合键，弹出“创建新文档”对话框，命名文件为“女式V领+吊带假两件T恤”如图3-274所示，在属性栏中设定纸张大小为A4，横向摆放，如图3-275所示。

图3-275

02 鼠标单击上方和左方的标尺栏，分别从上往下、从左往右拖动添加8条辅助线，确定衣长、袖窿深、领口、肩宽、吊带及袖长等位置，如图3-276所示。

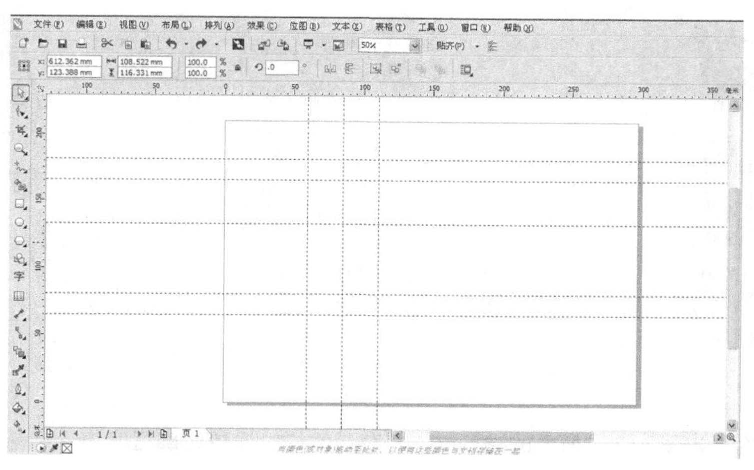

图3-276

03 使用贝塞尔工具和形状工具，在辅助线的基础上绘制如图3-277所示的T恤1/2衣身左前片，在属性栏中设置轮廓宽度为.35 mm，并填充为粉色，CMYK值为5，35，24，0。

04 单击选择工具，按【+】键复制，单击属性栏中的水平镜像按钮，并把图形向右平移到一定的位置，如图3-278所示，得到1/2衣身右前片。

05 使用选择工具框选图形，单击属性栏中的合并按钮，得到的效果如图3-279所示。

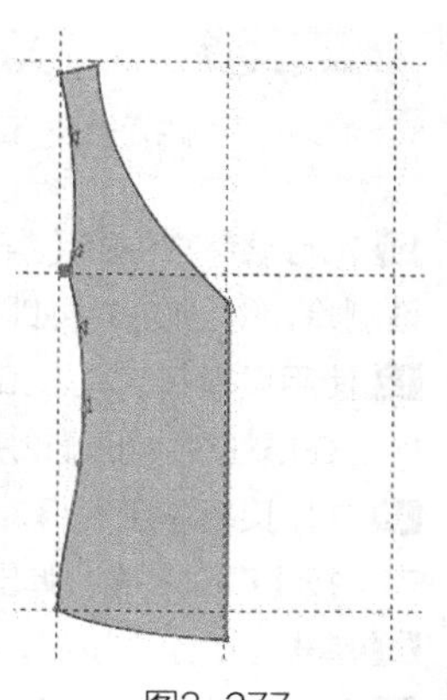

图3-277

专家提示

使用形状工具调整衣身造型时要注意表现领口及腰围的曲线，但收腰造型不能过于夸张。绘图时1/2左前片与1/2右前片最好有一些重叠的部分，这样方便图形的合并。

06 使用贝塞尔工具和形状工具绘制如图3-280所示的衣身后片，单击选择工具，在属性栏中设置轮廓宽度为.35 mm，并填充为粉色，CMYK值为5，35，24，0。

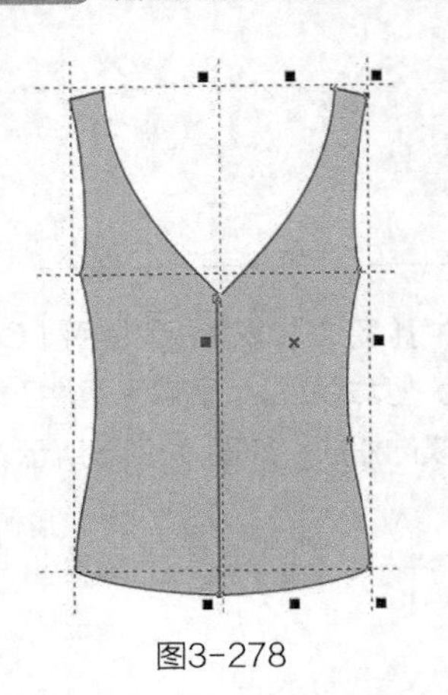
图3-278

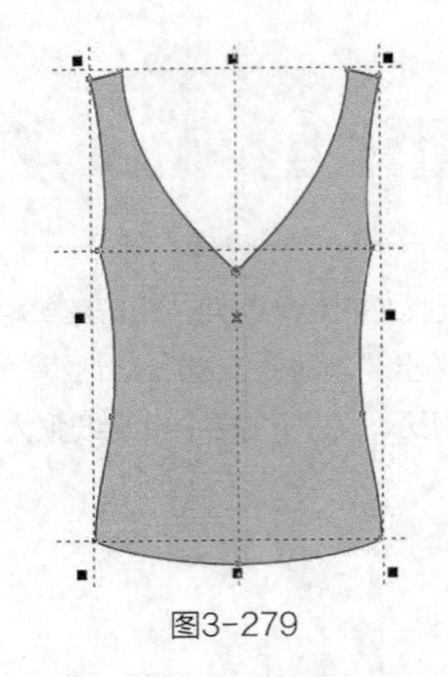
图3-279

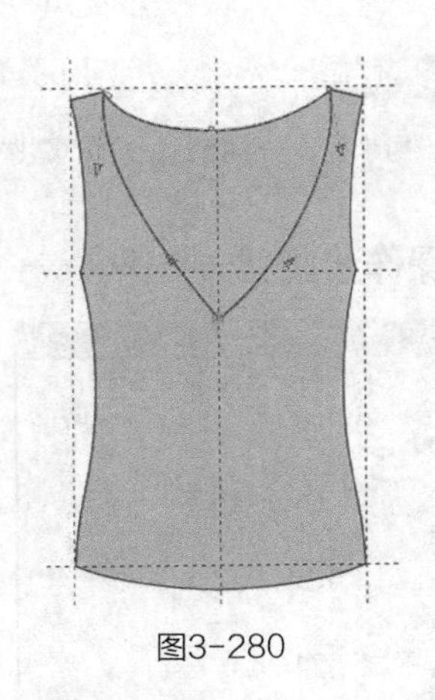
图3-280

07 执行菜单栏中的【排列】/【顺序】/【向后一层】命令，把它放置到前片后面，得到的效果如图3-281所示。

08 使用贝塞尔工具和形状工具绘制如图3-282所示的左袖，单击选择工具，在属性栏中设置轮廓宽度为.35 mm，并填充为粉色，CMYK值为5，35，24，0。

09 使用选择工具选择左袖，执行菜单栏中的【排列】/【顺序】/【向后一层】命令，把它放置到衣身后面，得到的效果如图3-283所示。

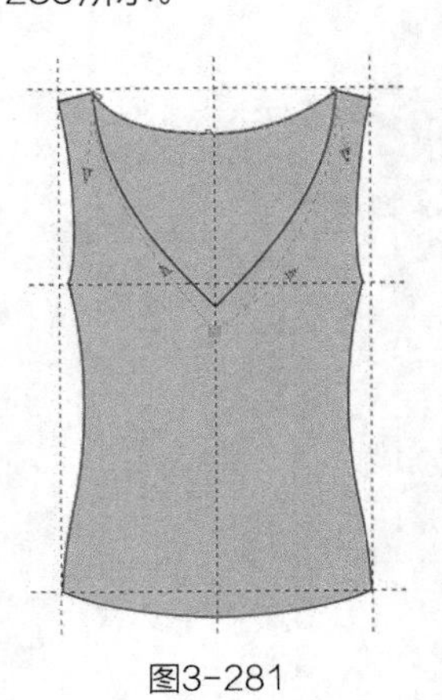
图3-281

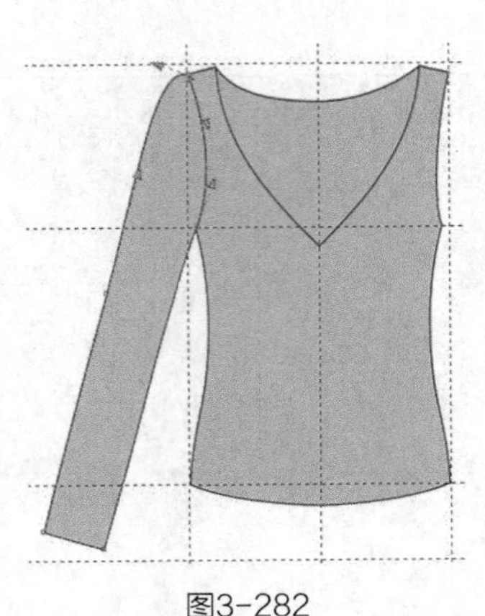
图3-282

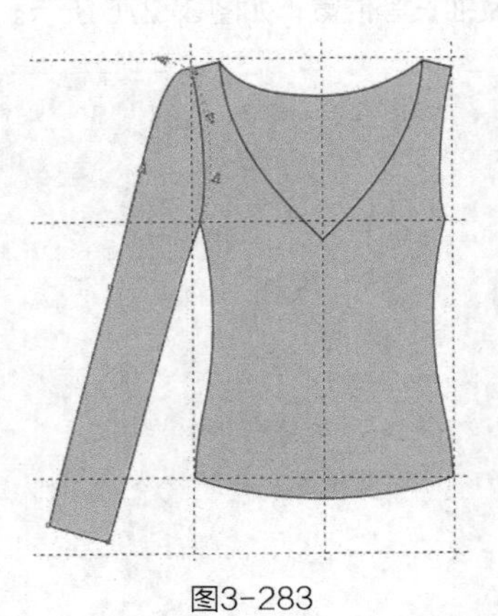
图3-283

10 使用贝塞尔工具绘制如图3-284所示的袖口贴边，在属性栏中设置轮廓宽度为.35 mm，并填充为白色。

专家提示

长袖T恤袖子的长度要超过衣身。

11 执行菜单栏中的【编辑】/【全选】/【辅助线】命令，选择所有的辅助线，按【Delete】键删除，得到的效果如图3-285所示。

12 使用贝塞尔工具和形状工具绘制如图3-286所示的袖山处的衣褶，单击选择工具，在属性栏中设置轮廓宽度为.2 mm。

13 选择贝塞尔工具，在如图3-287所示袖口处绘制2条缉明线，使缉明线处于选择状态，按【F12】键，弹出“轮廓笔”对话框，选项及参数设置如图3-288所示。

14 单击【确定】按钮，得到的效果如图3-289所示。

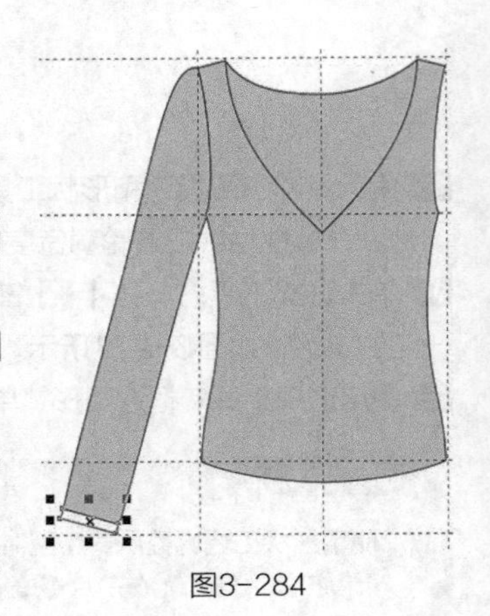
图3-284

15 使用选择工具框选整个左袖，按【+】键复制，并把复制的图形向右平移到一定的位置，单击属性栏中的水平镜像按钮，得到的效果如图3-290所示。

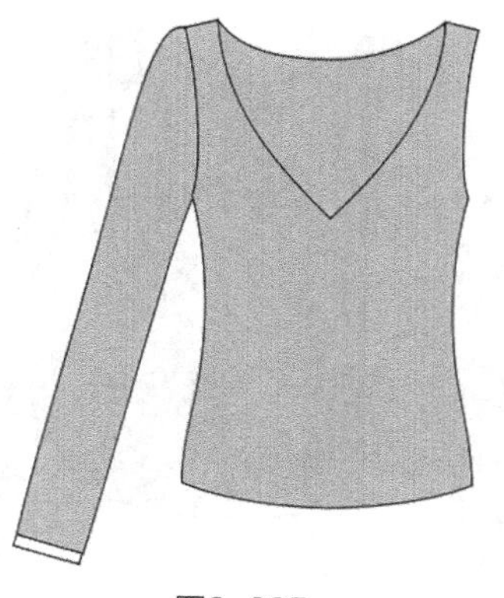
图3-285

图3-286

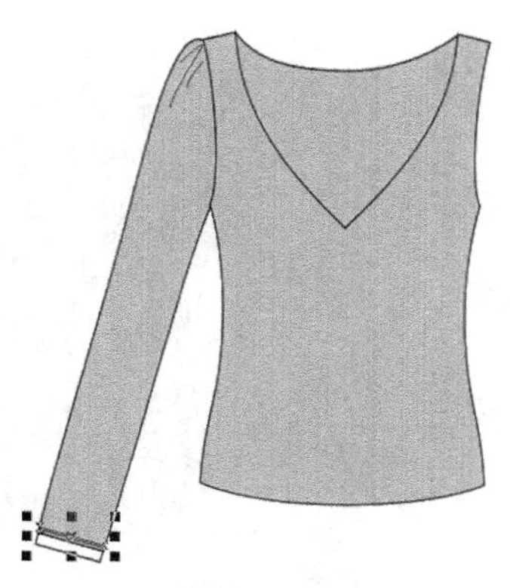
图3-287

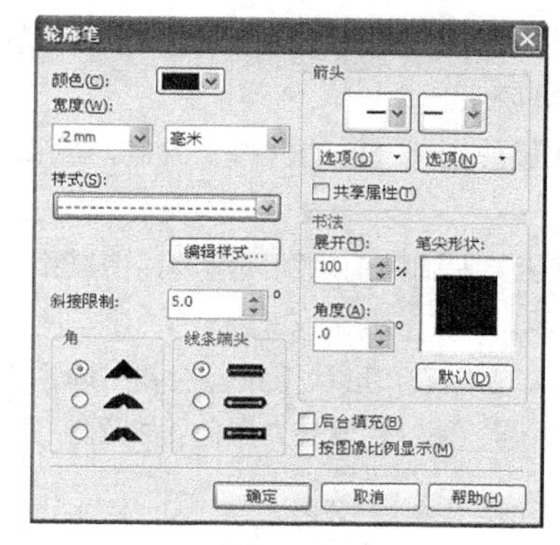

图3-288

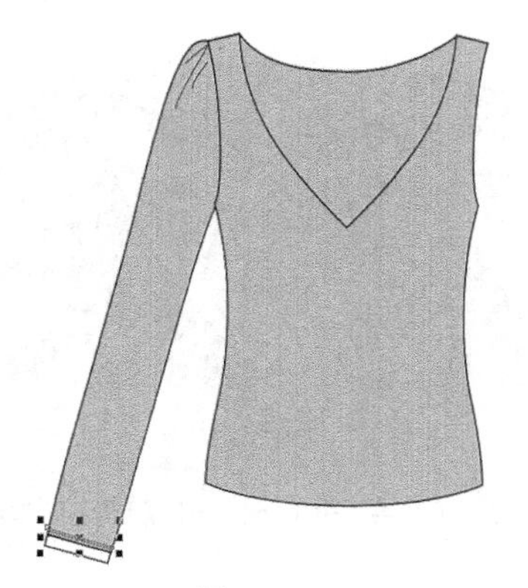
图3-289

图3-290

16 执行菜单栏中的【排列】/【顺序】/【置于此对象后】命令，把右袖放置到衣身后面，得到的效果如图3-291所示。

17 使用贝塞尔工具和形状工具在后领口处绘制一条路径，在属性栏中设置轮廓宽度为 .2 mm，如图3-292所示。

18 执行菜单栏中的【排列】/【将轮廓转换为对象】命令，把路径转换为图形并填充为白色，得到的效果如图3-293所示。

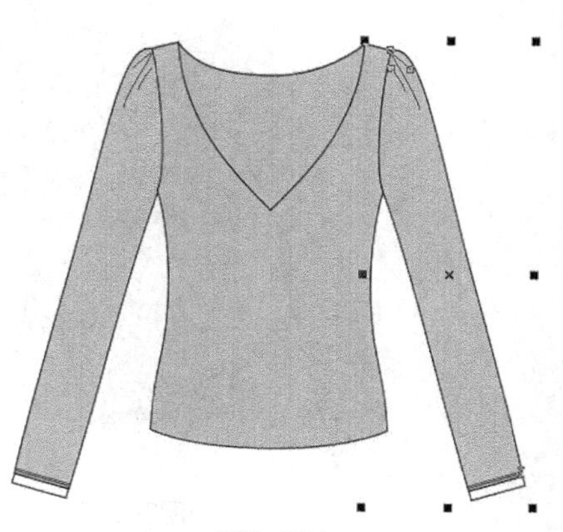
图3-291

图3-292

图3-293

19 使用选择工具选择图形，在属性栏中设置轮廓宽度为 .35 mm，得到的效果如图3-294所示。

20 重复步骤 **16** ~步骤 **19** 的操作，绘制前领口贴边，得到的效果如图3-295所示。

21 使用形状工具调整前后领口贴边，使其和肩部造型相贴合，得到的效果如图3-296所示。

22 使用贝塞尔工具和形状工具绘制右边领口装饰，单击选择工具，设置轮廓宽度为 .35 mm，并填充为白色，如图3-297所示。

图3-294

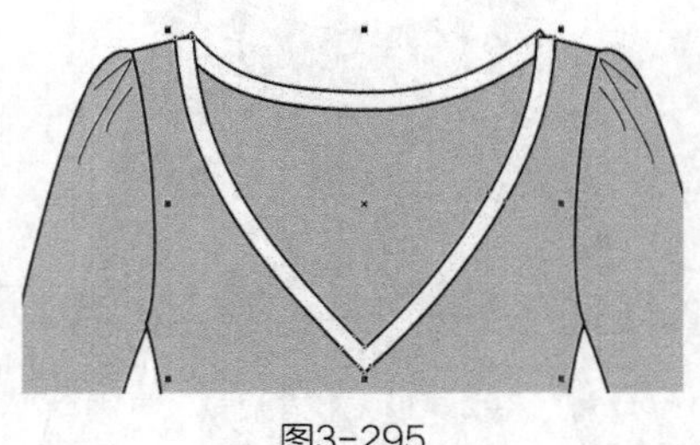

图3-295

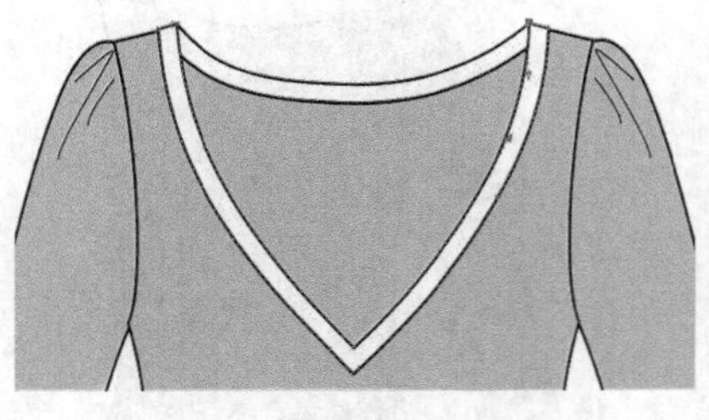

图3-296

23 选择图形，按【+】键复制，单击属性栏中的水平镜像按钮，并把图形向左平移到一定的位置，如图3-298所示，得到左边领口装饰。

图3-297

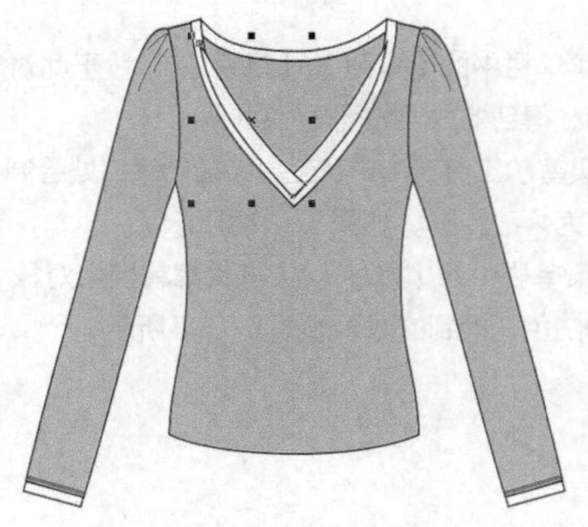

图3-298

24 使用选择工具框选图形，执行菜单栏中的【排列】/【顺序】/【置于此对象后】命令，把领口装饰置于领口贴边后面，得到的效果如图3-299所示。

25 使用贝塞尔工具和形状工具绘制一闭合路径，单击选择工具，在属性栏中设置轮廓宽度为.35 mm，并填充为白色，如图3-300所示。

26 使用贝塞尔工具和形状工具绘制如图3-301所示的衣褶，单击选择工具，在属性栏中设置轮廓宽度为.2 mm。

图3-299

图3-300

图3-301

27 使用贝塞尔工具和形状工具绘制吊带，单击选择工具，在属性栏中设置轮廓宽度为1.5 mm，如图3-302所示。

28 执行菜单栏中的【排列】/【将轮廓转换为对象】命令，把路径转换为图形并填充为白色，得到的效果如图3-303所示。

图3-302

图3-303

29 使用选择工具选择图形，在属性栏中设置轮廓宽度为.35 mm，得到的效果如图3-304所示。

30 执行菜单栏中的【排列】/【顺序】/【置于此对象后】命令，把吊带置于衣领后面，得到的效果如图3-305所示。

31 重复步骤**27**~步骤**30**的操作，绘制吊带衫上的蝴蝶绳结，得到的效果如图3-306所示。

32 选择贝塞尔工具和形状工具，在如图3-307所示领口及衣服下摆处绘制3条缉明线，使缉明线处于选择状态，按【F12】键，弹出“轮廓笔”对话框，选项及参数设置如图3-308所示。

33 单击【确定】按钮，得到的效果如图3-309所示。

图3-304

图3-305

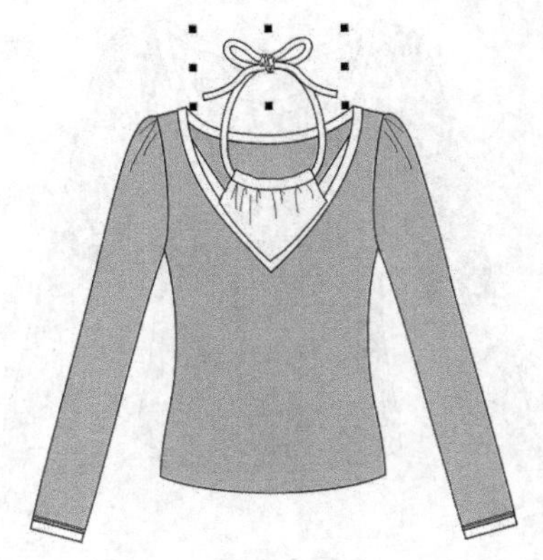
图3-306

图3-307

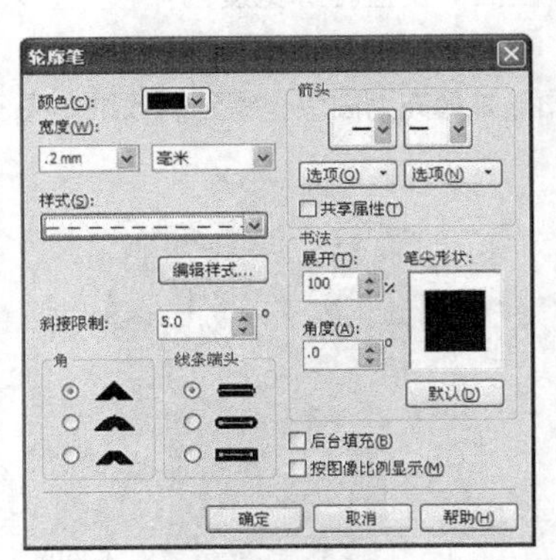

图3-308

图3-309

34 使用选择工具框选图形，执行菜单栏中的【排列】/【顺序】/【置于此对象后】命令，把吊带衫置于衣身后面，得到的效果如图3-310所示。

35 执行菜单栏中的【文件】/【导入】命令，导入如图3-311所示的印花图案。

36 执行菜单栏中的【效果】/【图框精确剪裁】/【置于图文框内部】命令，把印花图案放置在衣身前片中，得到的效果如图3-312所示。

37 使用选择工具框选所有图形，按【Ctrl+G】组合键，群组图形。这样就完成了女装V领+吊带假两件T恤的绘制，整体效果如图3-313所示。

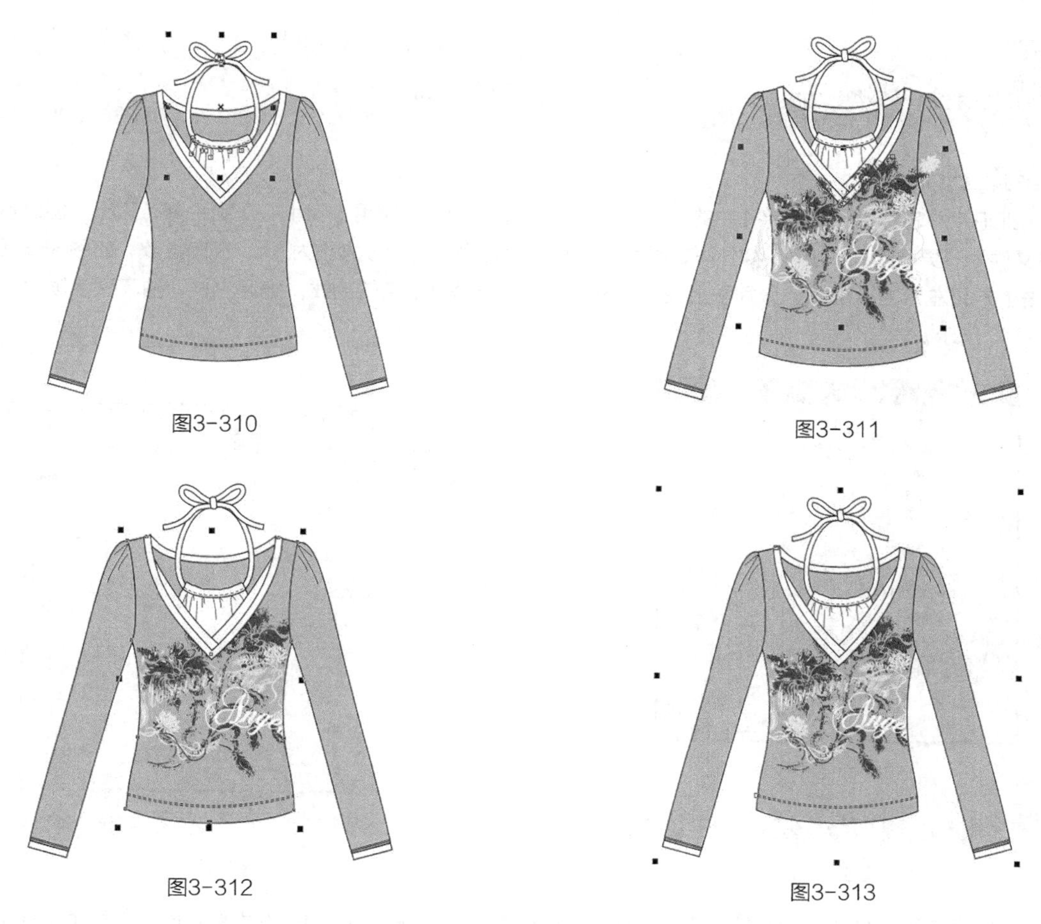

图3-310　图3-311

图3-312　图3-313

3.3 童装T恤

3.3.1 男童圆领T恤（基础款）

男童圆领T恤的整体效果如图3-314所示。

图3-314

设计重点

衣身造型、长袖造型、罗纹领的表现。

操作步骤

01 打开CorelDRAW软件，执行菜单栏中的【文件】/【新建】命令，或使用【Ctrl+N】组合键，弹出“创建新文档”对话框，命名文件为“男童圆领T恤”，如图3-315所示，在属性栏中设定纸张大小为A4，横向摆放，如图3-316所示。

02 鼠标单击上方和左方的标尺栏，分别从上往下、从左往右拖动添加7条辅助线，确定衣长、袖窿深、领口、肩宽等位置，如图3-317所示。

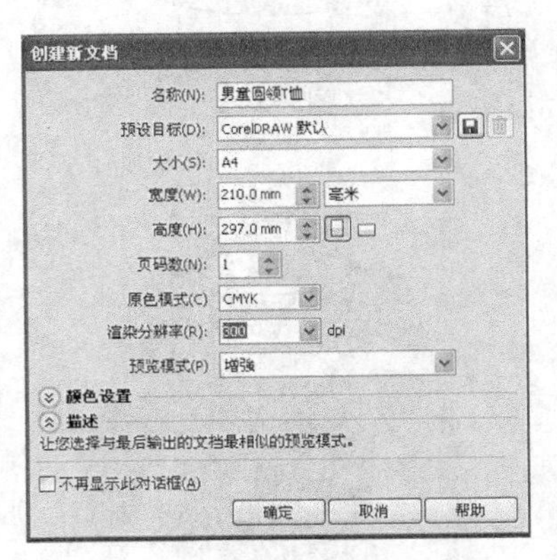

图3-315

图3-316

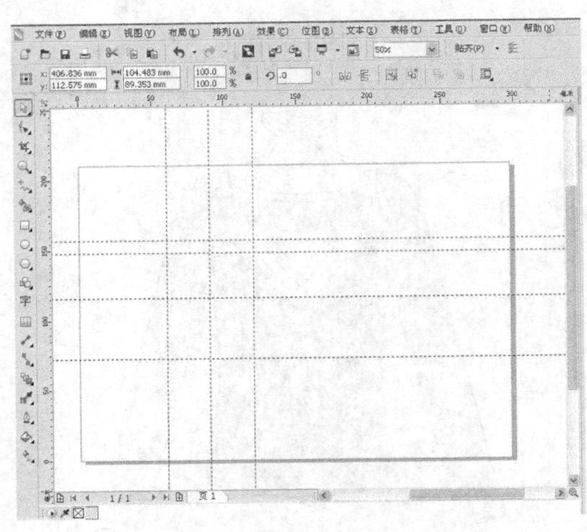

图3-317

03 使用贝塞尔工具和形状工具在辅助线的基础上绘制如图3-318所示的T恤1/2衣身左前片，单击选择工具，在属性栏中设置轮廓宽度为 .35 mm ，并填充为灰色，CMYK值为7，10，13，0。

专家提示

调整衣身造型时要注意符合儿童的生理特点，不收腰，衣摆成A型，注意服装长度与肩宽的比例。

04 使用选择工具选择图形，按【+】键复制，单击属性栏中的水平镜像按钮，并把图形向右平移到一定的位置，如图3-319所示，得到1/2衣身右前片。

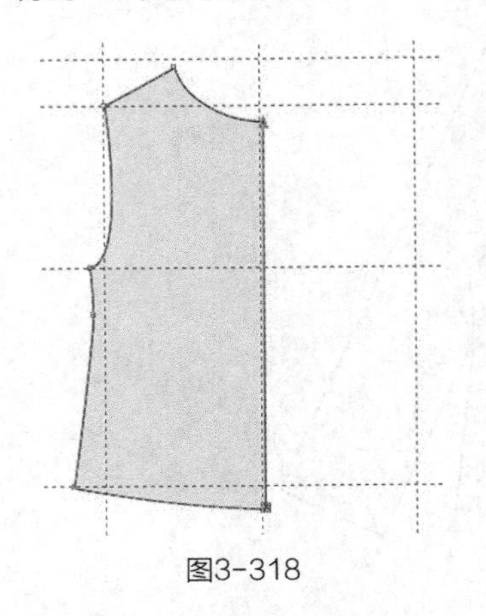

图3-318

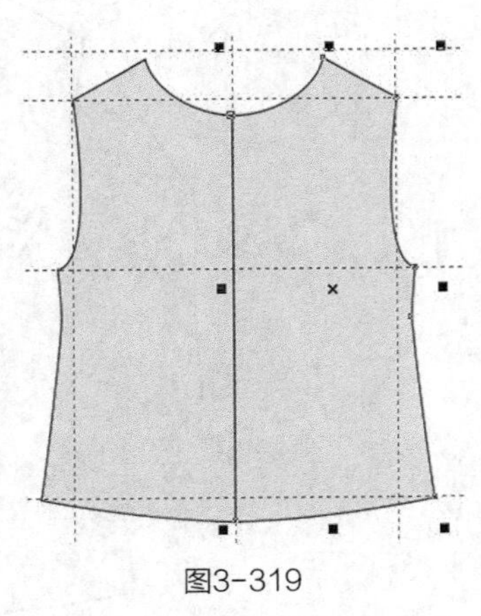

图3-319

05 使用选择工具框选图形，单击属性栏中的合并按钮，得到的效果如图3-320所示。

06 使用贝塞尔工具和形状工具绘制如图3-321所示的衣身后片，单击选择工具，在属性栏中设置轮廓宽度为

.35 mm，并填充为灰色，CMYK值为7，10，13，0。

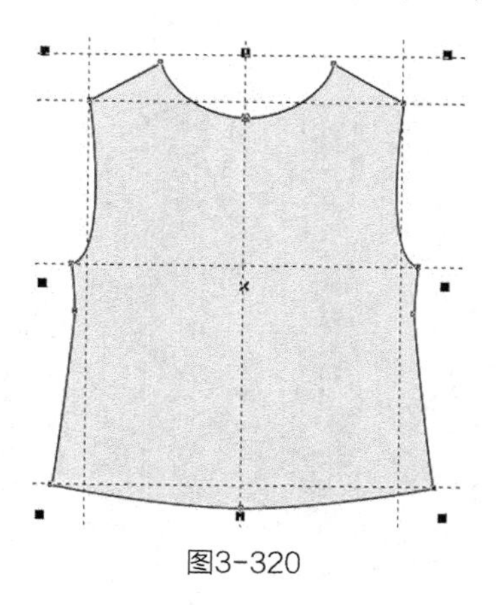

图3-320

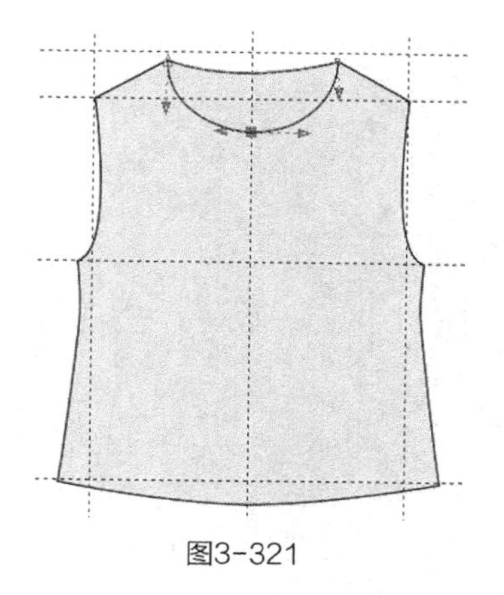

图3-321

07 执行菜单栏中的【排列】/【顺序】/【向后一层】命令，把它放置到前片后面，得到的效果如图3-322所示。

08 使用贝塞尔工具和形状工具绘制如图3-323所示的左袖，单击选择工具，在属性栏中设置轮廓宽度为.35 mm，并填充为灰色，CMYK值为7，10，13，0。

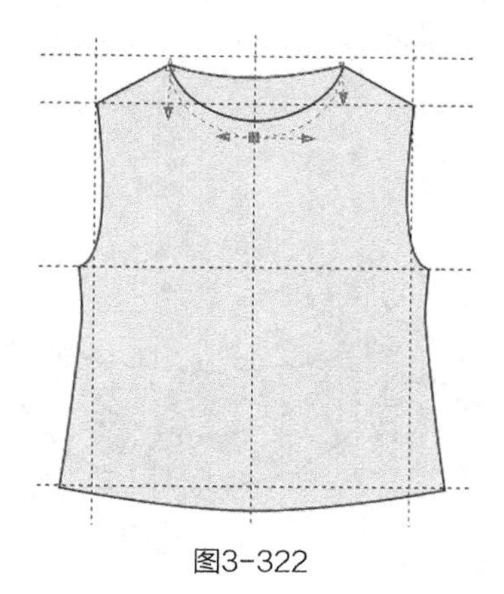

图3-322

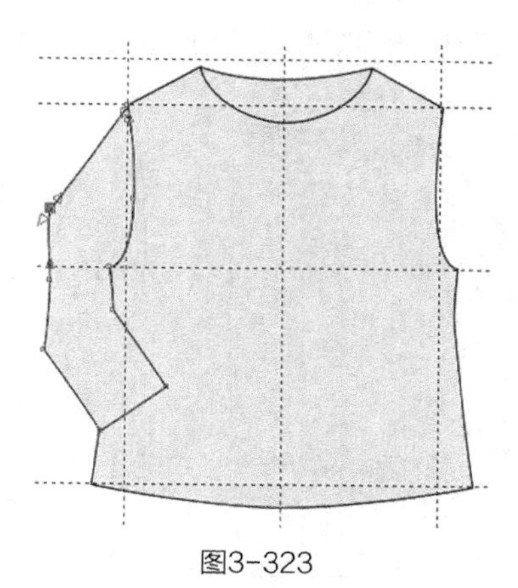

图3-323

09 使用贝塞尔工具绘制如图3-324所示的左袖翻折线，在属性栏中设置轮廓宽度为.35 mm。

10 使用贝塞尔工具和形状工具绘制如图3-325所示的右袖，单击选择工具，在属性栏中设置轮廓宽度为.35 mm，并填充为灰色，CMYK值为7，10，13，0。

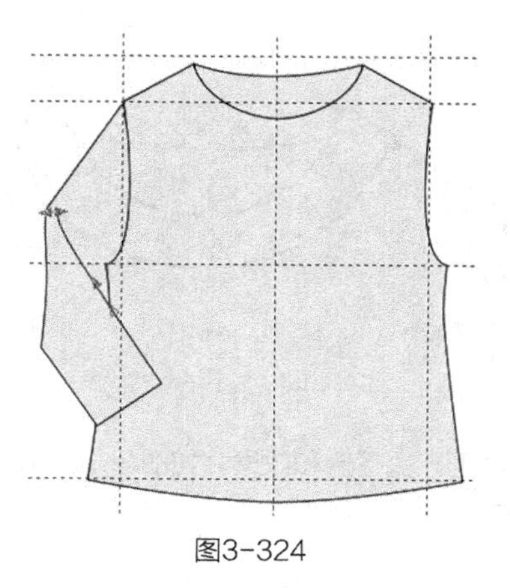

图3-324

图3-235

11 使用选择工具选择右袖，执行菜单栏中的【排列】/【顺序】/【置于此对象后】命令，把它放置到衣身后面，得到的效果如图3-326所示。

12 执行菜单栏中的【编辑】/【全选】/【辅助线】命令，选择所有的辅助线，按【Delete】键删除，得到的效果如图3-327所示。

图3-326

图3-327

13 使用贝塞尔工具和形状工具绘制如图3-328所示的前领口，单击选择工具，在属性栏中设置轮廓宽度为 .35 mm，并填充为灰色，CMYK值为7，10，13，0。

14 使用手绘工具在前领口上绘制两条直线，设置轮廓宽度为 .2 mm，如图3-329所示。

图3-328

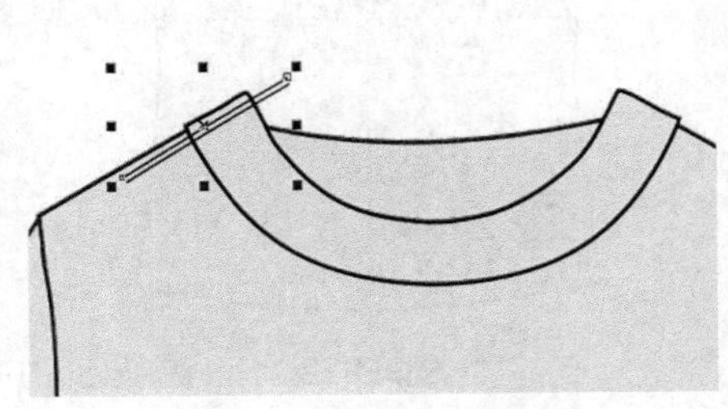
图3-329

15 使用选择工具选择两条直线，单击属性栏中的合并按钮，得到的效果如图3-330所示。

16 按【+】键复制图形，按住【Ctrl】键把复制的图形往右移动到一定的位置，在属性栏中设置旋转角度为 58.7°，得到的效果如图3-331所示。

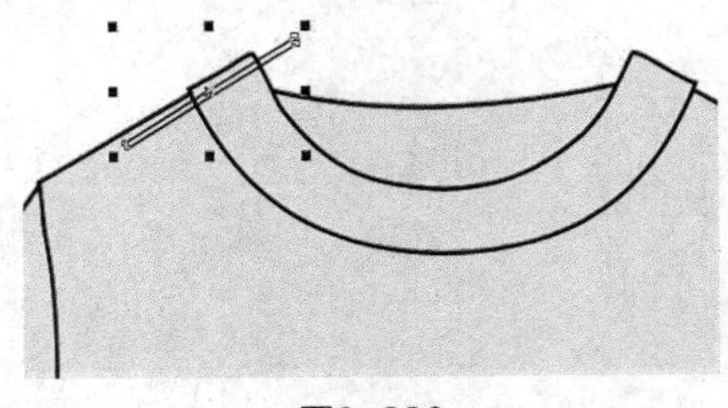
图3-330

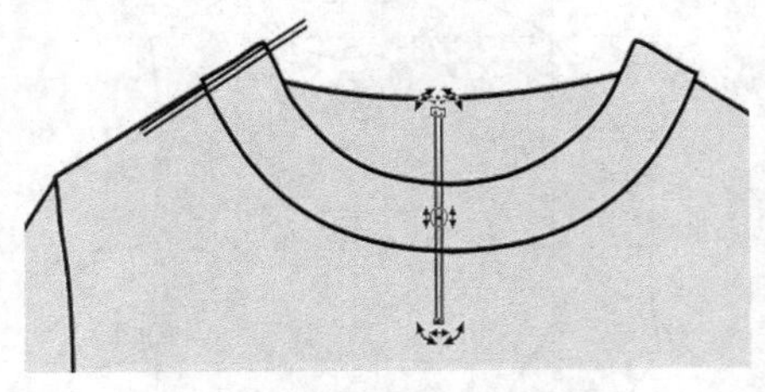
图3-331

17 选择工具箱中的调和工具，单击左边的直线往右拖动鼠标至右边的图形，执行调和效果，如图3-332所示。

18 在属性栏中设置调和的步数为 12，得到的效果如图3-333所示。

19 按【Ctrl+G】组合键，群组图形，得到的效果如图3-334所示。

20 选择图形，按【+】键复制，单击属性栏中的水平镜像按钮，并把图形向右平移到一定的位置，得到的效果如图3-335所示。

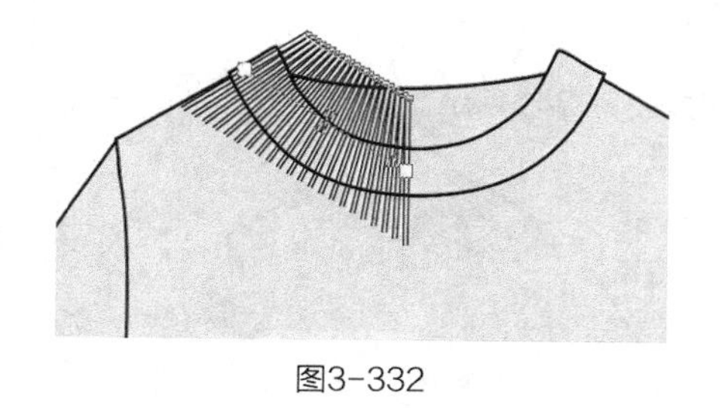

图3-332

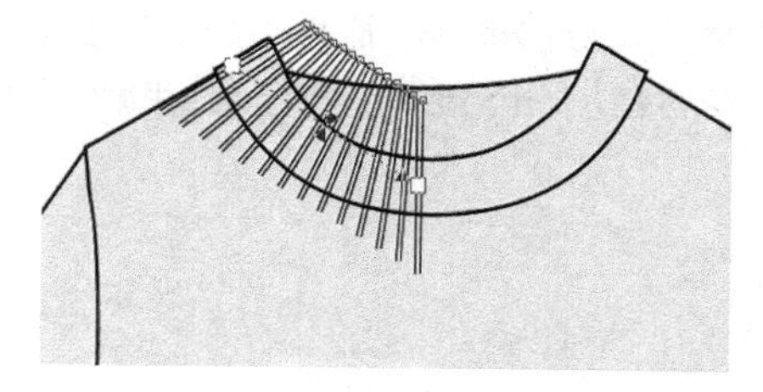

图3-333

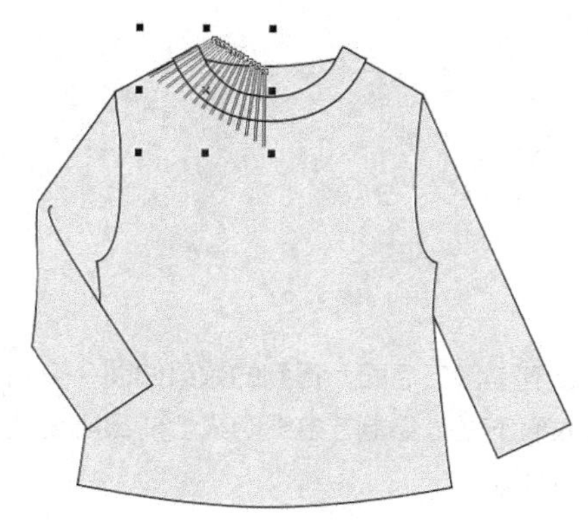

图3-334

图3-335

21 使用选择工具框选所有调和图形，执行菜单栏中的【效果】/【图框精确剪裁】/【置于图文框内部】命令，把图形放置在前领口中，得到的效果如图3-336所示。

22 使用贝塞尔工具和形状工具绘制如图3-337所示的后领口，单击选择工具，在属性栏中设置轮廓宽度为 .35 mm，并填充为灰色，CMYK值为7，10，13，0。

图3-336

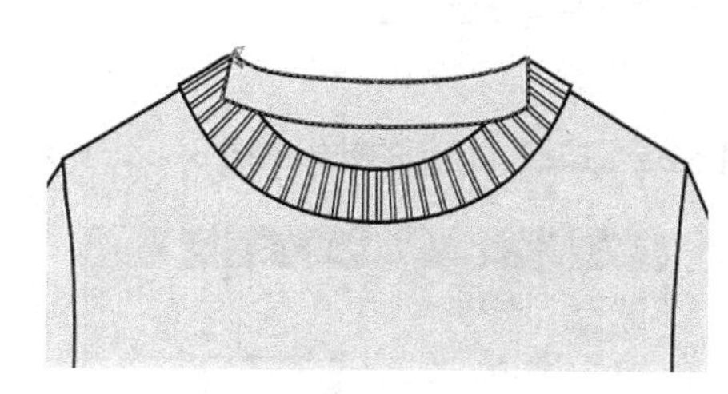

图3-337

23 使用属性滴管工具选择前领口属性，鼠标转换成应用对象属性，然后单击后领口部分，把罗纹图案复制到后领口中，得到的效果如图3-338所示。

24 使用选择工具选择后领口，单击鼠标右键，弹出对话框，执行【编辑PowerClip】，得到的效果如图3-339所示。

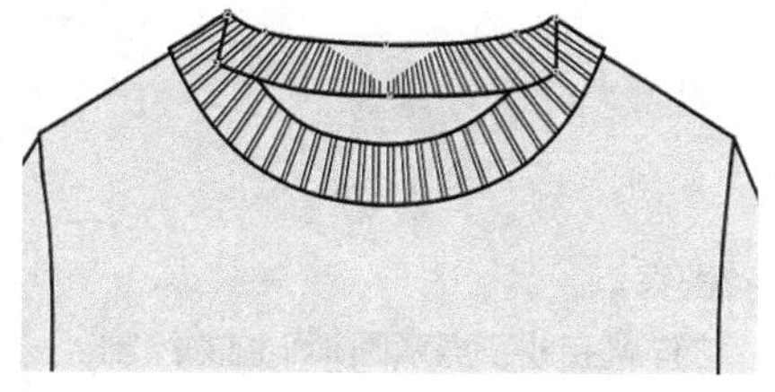

图3-338

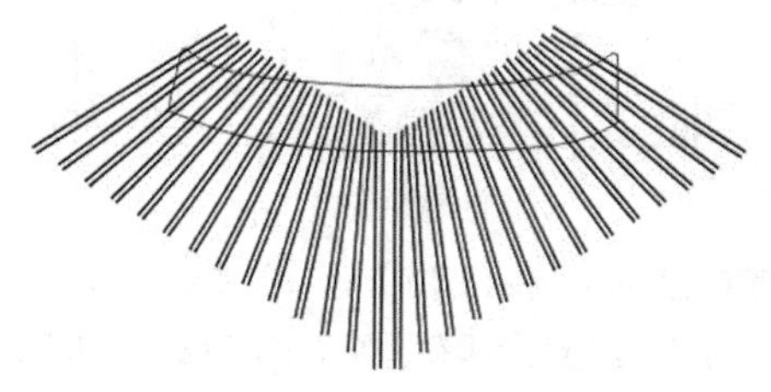

图3-339

25 使用选择工具框选图形，把罗纹图案移动到如图3-340所示的位置。

26 单击鼠标右键，弹出对话框，执行【结束编辑】命令，得到的效果如图3-341所示。

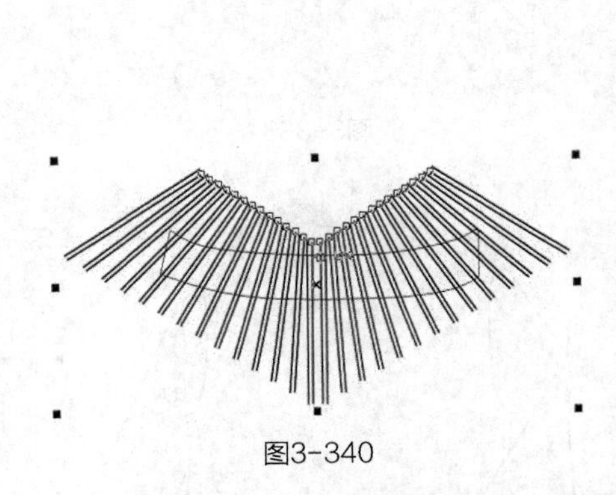
图3-340

图3-341

27 执行菜单栏中的【排列】/【顺序】/【置于此对象后】命令，把它放置到前领口后面，得到的效果如图3-342所示。

28 使用贝塞尔工具和形状工具，在如图3-343所示领口、袖口及衣服下摆处绘制5条缉明线。使缉明线处于选择状态，按【F12】键，弹出“轮廓笔”对话框，选项及参数设置如图3-344所示。

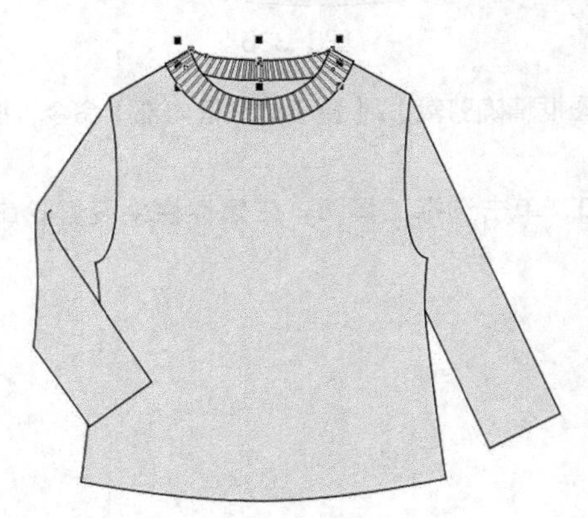
图3-342

图3-343

29 单击【确定】按钮，得到的效果如图3-345所示。

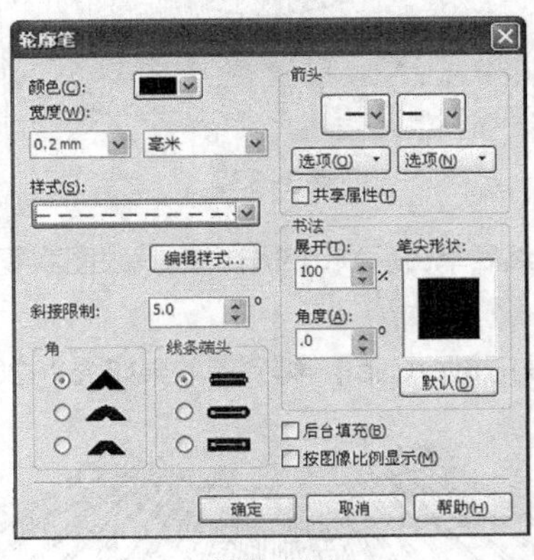

图3-344

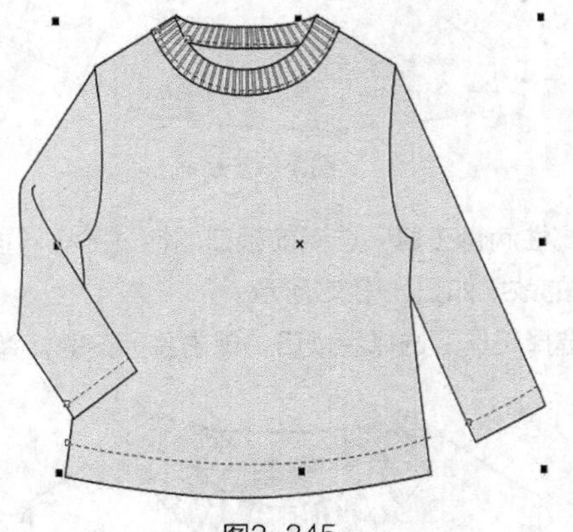
图3-345

30 执行菜单栏中的【文件】/【导入】命令，导入如图3-346所示的印花图案。

31 使用选择工具选择印花图案，把它摆放在如图3-347所示的位置，这样就完成了男童圆领T恤的绘制。

图3-346

图3-347

3.3.2 女童方领T恤（变化款）

女童方领T恤的整体效果如图3-348所示。

图3-348

设计重点

方领造型表现，蕾丝花边表现，纽扣、扣眼表现。

操作步骤

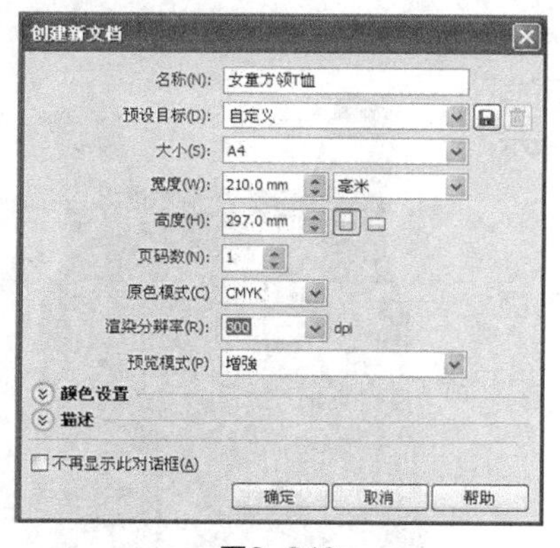

图3-349

01 打开CorelDRAW软件，执行菜单栏中的【文件】/【新建】命令，或使用【Ctrl+N】组合键，弹出“创建新文档”对话框，命名文件为“女童方领T恤”，如图3-349所示，在属性栏中设定纸张大小为A4，横向摆放，如图3-350所示。

图3-350

02 鼠标单击上方和左方的标尺栏，分别从上往下、从左往右拖动添加9条辅助线，确定衣长、袖窿深、领口、肩宽、袖长等位置，如图3-351所示。

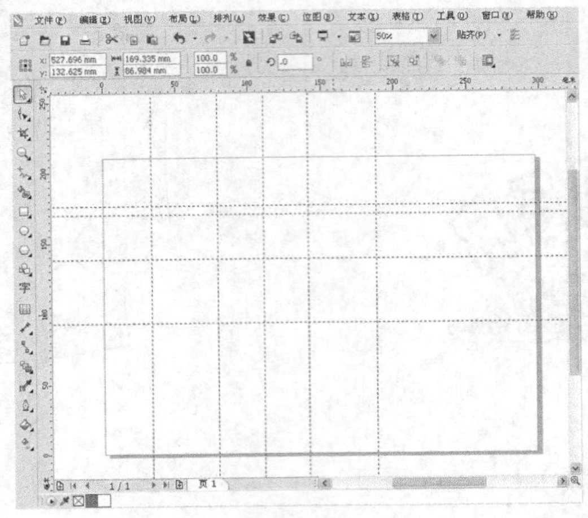

图3-351

03 使用贝塞尔工具和形状工具绘制如图3-352所示的T恤衫前片，在属性栏中设置轮廓宽度为 .35 mm ，并填充为红色，CMYK值为0，80，40，0。

04 使用贝塞尔工具和形状工具贴合领部造型绘制方领贴边，在属性栏中设置轮廓宽度为 4.0 mm ，如图3-353所示。

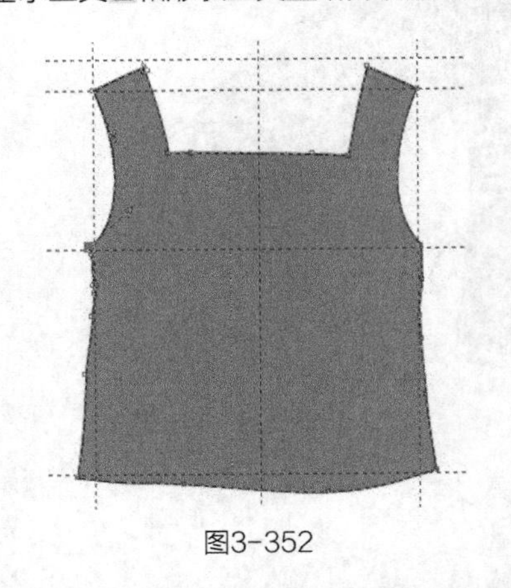

图3-352

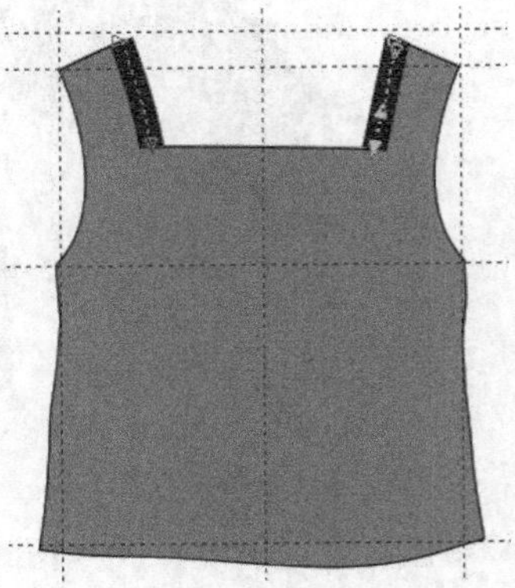

图3-353

专家提示

调整衣身造型时要注意符合儿童的生理特点，不收腰，衣摆成A型，方领造型尽量做到左右对称。

05 执行菜单栏中的【排列】/【将轮廓转换为对象】命令，把路径转换为图形并填充为红色，CMYK值为0，80，40，0，设置轮廓宽度为 .35 mm ，得到的效果如图3-354所示。

06 使用形状工具调整领口造型，使之与衣身肩部相贴合，如图3-355所示。

07 重复步骤**04**～步骤**06**的操作，绘制后领口贴边，得到的效果如图3-356所示。

08 执行菜单栏中的【排列】/【顺序】/【置于此对象后】命令，把它放置到衣身后面，得到的效果如图3-357所示。

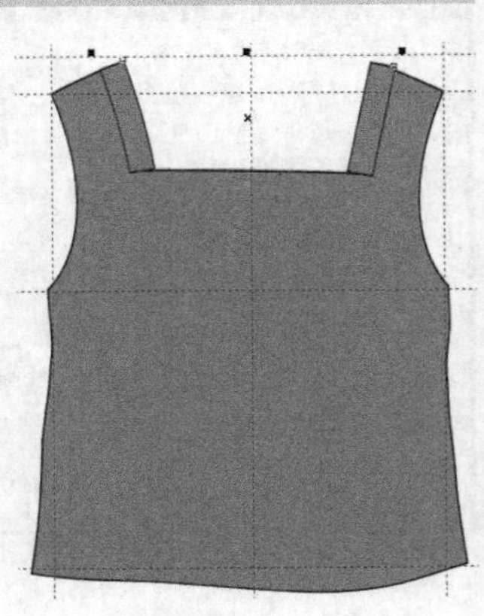

图3-354

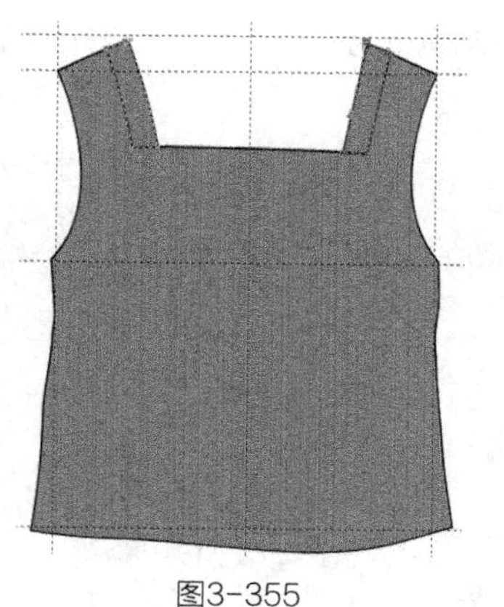

图3-355

图3-356

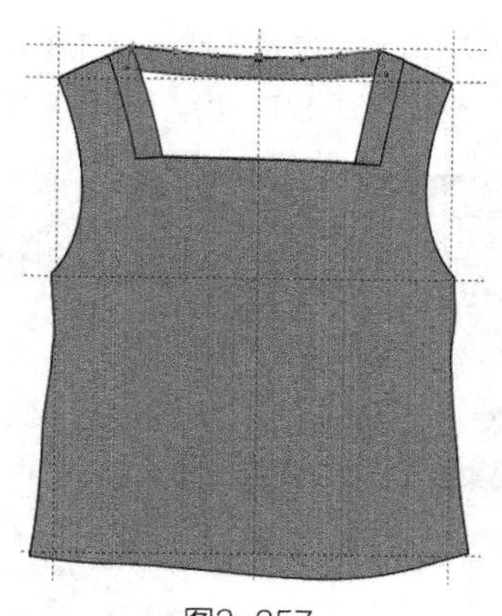

图3-357

09 使用贝塞尔工具和形状工具绘制如图3-358所示的T恤衫后片，在属性栏中设置轮廓宽度为 .35 mm，并填充为红色，CMYK值为0，80，40，0。

10 执行菜单栏中的【排列】/【顺序】/【置于此对象后】命令，把它放置到衣身后面，得到的效果如图3-359所示。

11 重复步骤**04**～步骤**06**的操作，绘制胸前贴边，得到的效果如图3-360所示。

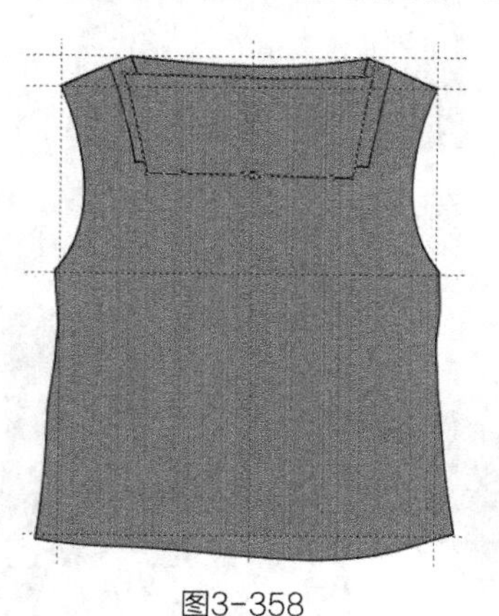

图3-358

图3-359

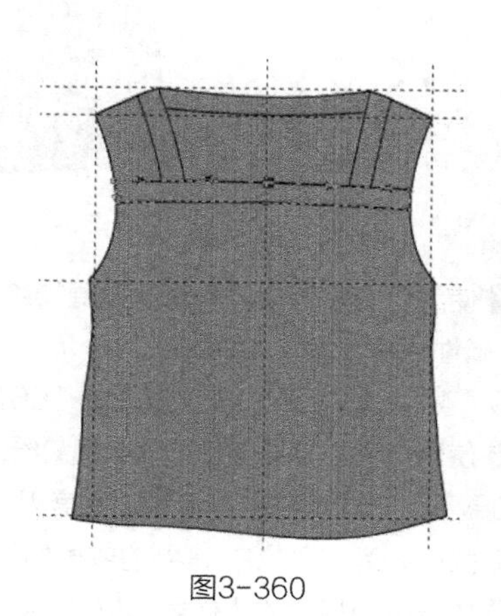

图3-360

12 使用贝塞尔工具和形状工具绘制衣身上的褶裥线，单击选择工具在属性栏中设置轮廓宽度为 .25 mm，得到的效果如图3-361所示。

13 重复步骤**04**～步骤**06**的操作，绘制下摆贴边，得到的效果如图3-362所示。

14 使用贝塞尔工具和形状工具绘制如图3-363所示的门襟贴边，在属性栏中设置轮廓宽度为 .35 mm，并填充为红色，CMYK值为0，80，40，0。

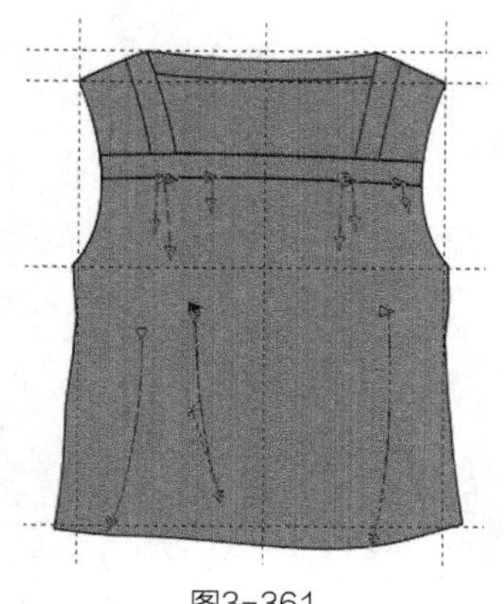

图3-361

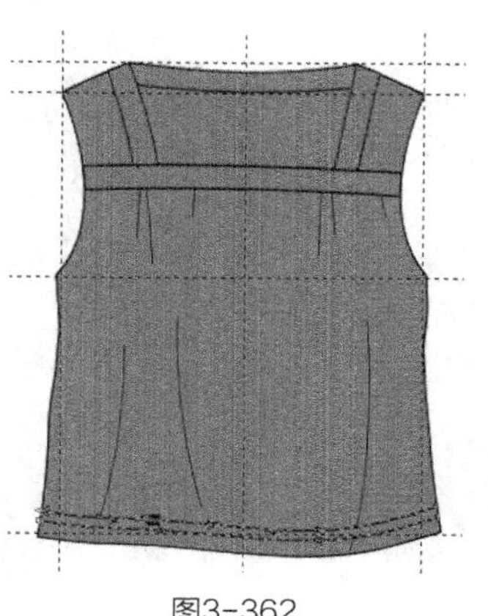

图3-362

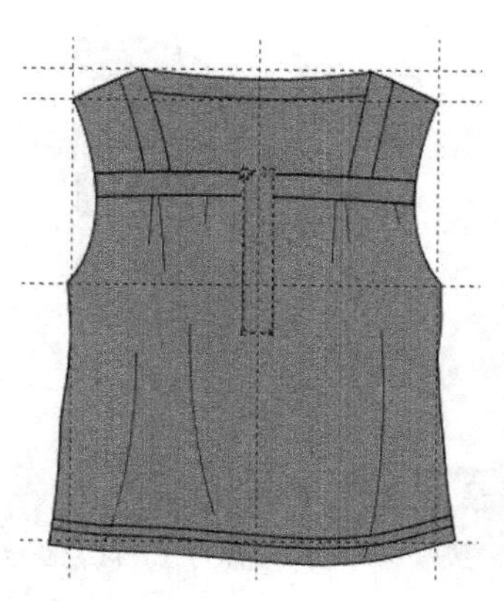

图3-363

15 使用贝塞尔工具和形状工具绘制左袖，单击选择工具在属性栏中设置轮廓宽度为 .35 mm，并填充为红色，CMYK值为0，80，40，0，得到的效果如图3-364所示。

专家提示

可以使用选择工具按住【Shift】挑选所有褶裥线，然后单击属性栏中的合并按钮把所有的褶裥线结合成一个图形，方便对所有褶裥线的图层调整顺序。

16 使用选择工具挑选所有褶裥线，执行菜单栏中的【排列】/【顺序】/【到页面前面】命令，把它放置到最上方，得到的效果如图3-365所示。

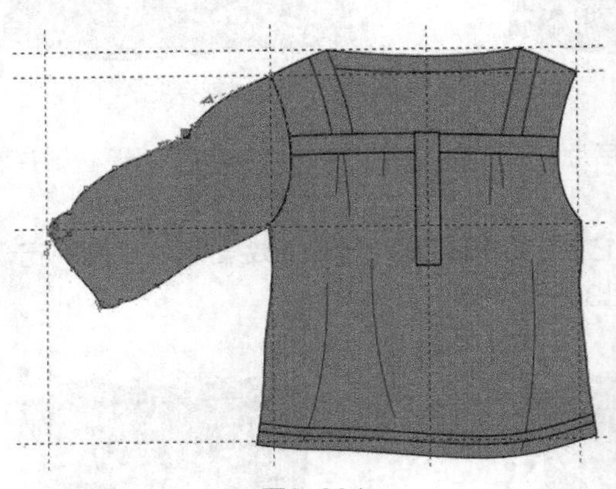

图3-364

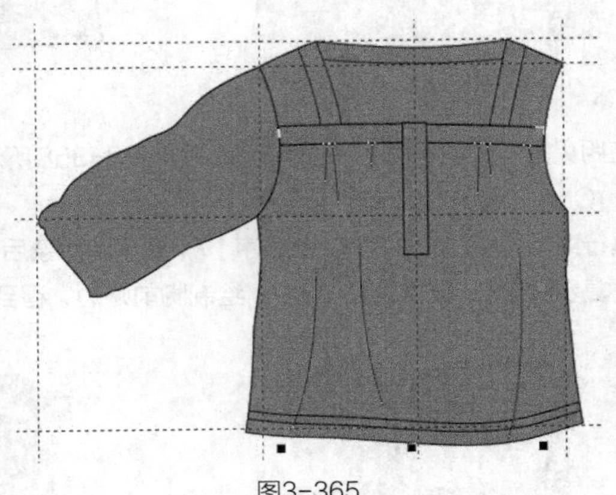

图3-365

17 使用贝塞尔工具和形状工具绘制左袖口贴边，单击选择工具，在属性栏中设置轮廓宽度为 .35 mm，并填充为红色，CMYK值为0，80，40，0，得到的效果如图3-366所示。

18 使用贝塞尔工具和形状工具绘制左袖口贴边后面部分，单击选择工具，在属性栏中设置轮廓宽度为 .35 mm，并填充为红色，CMYK值为0，80，40，0，得到的效果如图3-367所示。

19 执行菜单栏中的【效果】/【顺序】/【向后一层】命令，得到的效果如图3-368所示。

20 使用贝塞尔工具和形状工具绘制左袖口蝴蝶结绑带，单击选择工具，在属性栏中设置轮廓宽度为 .35 mm，并填充为红色，CMYK值为0，80，40，0，得到的效果如图3-369所示。

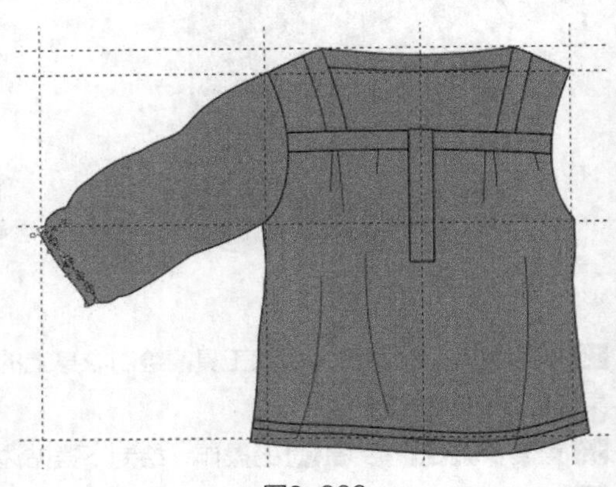

图3-366

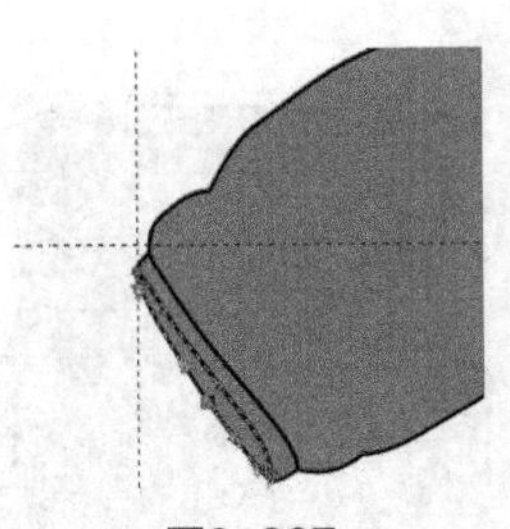

图3-367

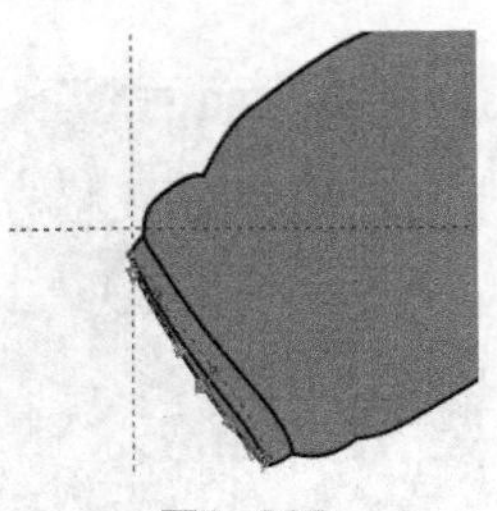

图3-368

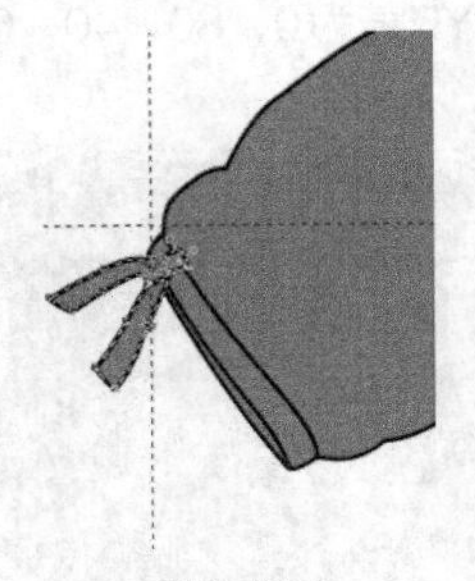

图3-369

专家提示

蝴蝶结绑带可以分为3个闭合路径来绘制，并适当添加自然的褶裥线。

21 使用贝塞尔工具和形状工具绘制2条褶裥线，单击选择工具，在属性栏中设置轮廓宽度为 .25 mm，得到的效果如图3-370所示。

22 使用贝塞尔工具和形状工具绘制袖口和袖身上的褶裥线，单击选择工具，在属性栏中设置轮廓宽度为 .25 mm ，得到的效果如图3-371所示。

23 使用选择工具框选整个左袖，执行菜单栏中的【效果】/【顺序】/【到页面后面】命令。按小键盘上的【+】键复制图形，单击属性栏中的水平镜像按钮，然后把复制的袖子向右平移到一定的位置，得到的效果如图3-372所示。

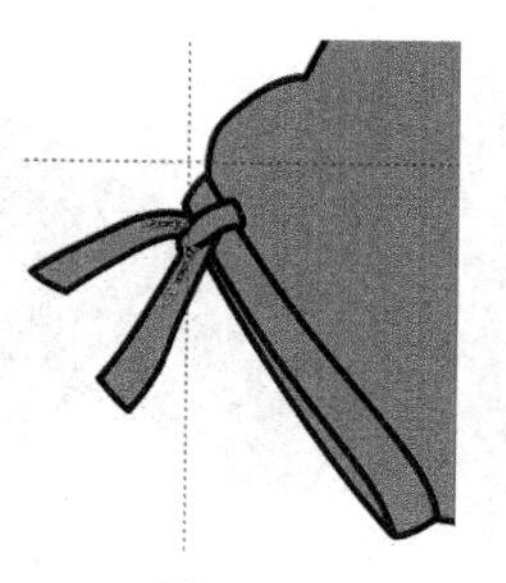

图3-370

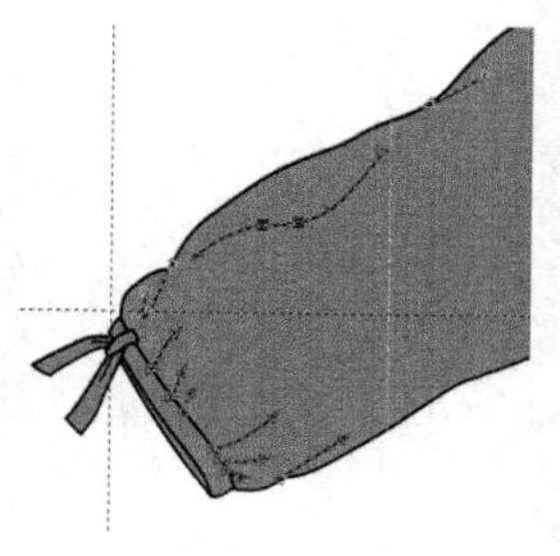

图3-371

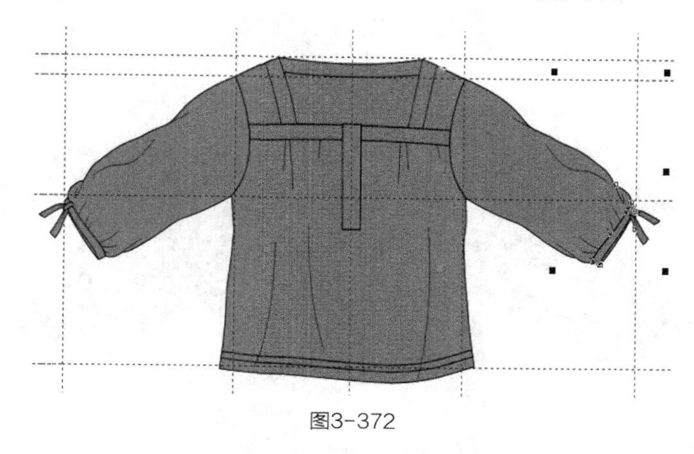

图3-372

24 使用贝塞尔工具和形状工具，在如图3-373所示的前后领口、门襟、衣身下摆处绘制缉明线，按【F12】键，弹出“轮廓笔”对话框，选项及参数设置如图3-374所示。

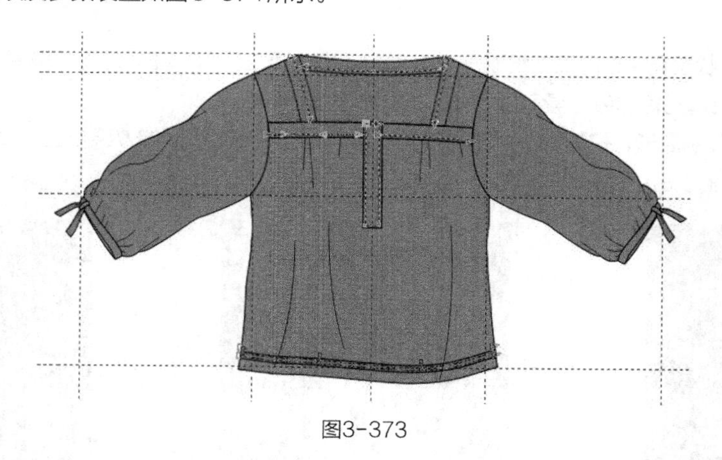

图3-373

25 单击【确定】按钮，得到的效果如图3-375所示。

26 执行菜单栏中的【编辑】/【全选】/【辅助线】命令，选择所有的辅助线，按【Delete】键删除，得到的效果如图3-376所示。

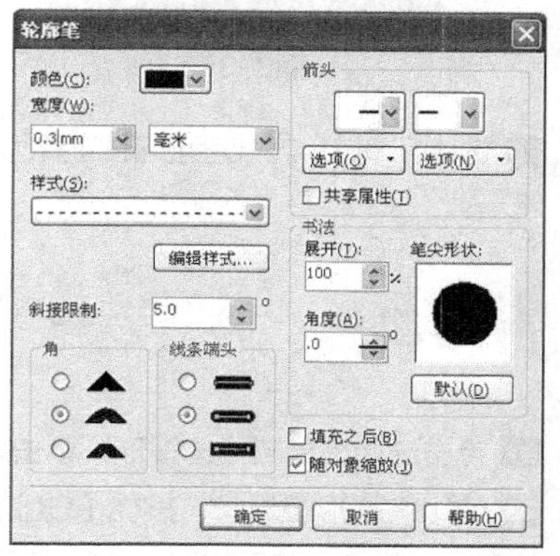

图3-374

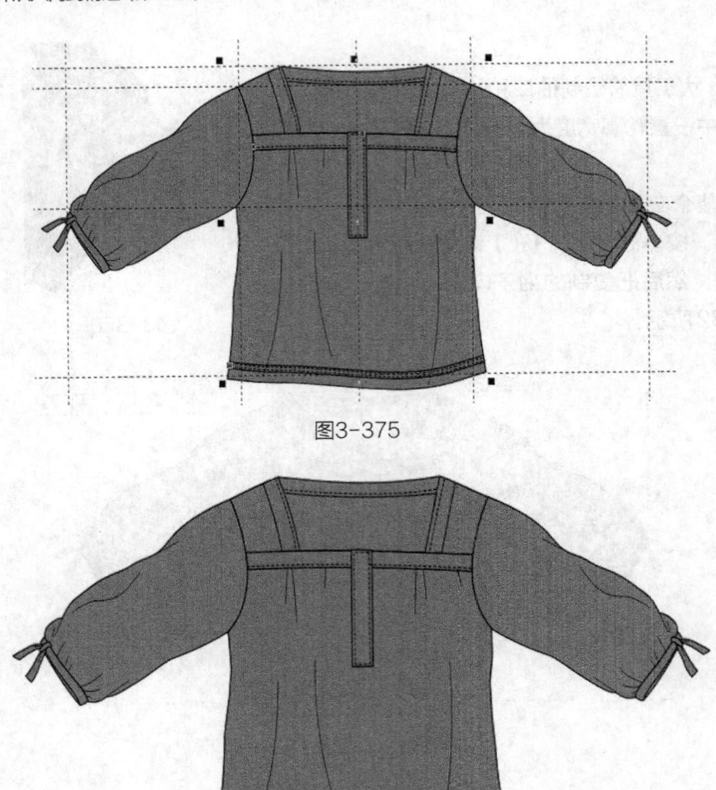

图3-375

图3-376

27 使用贝塞尔工具和形状工具在门襟上绘制一个扣眼，单击选择工具，在属性栏中设置轮廓宽度为.2 mm，鼠标右键单击调色板中的白色填充轮廓色，得到的效果如图3-377所示。

28 按小键盘上的【+】键复制图形，按住【Shift】键等比例放大调整图形，得到的效果如图3-378所示。

29 使用形状工具在路径上双击，添加12个节点，如图3-379所示。

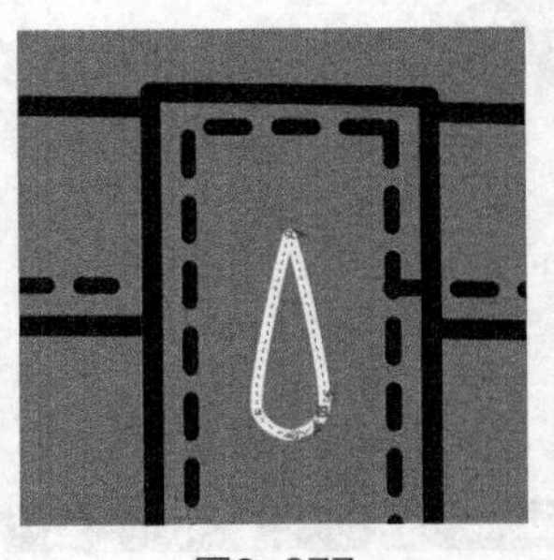

图3-377

图3-378

图3-379

30 选中所有节点，使用变形工具，在属性栏中设置拉链变形的各项数值，如图3-380所示，得到的效果如图3-381所示。

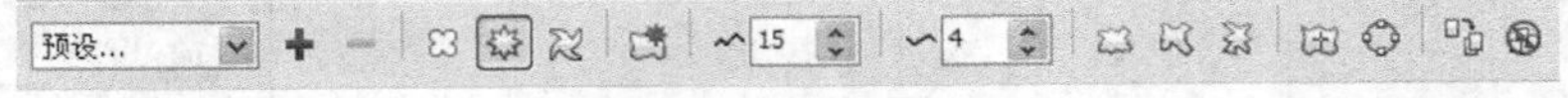

图3-380

31 单击选择工具框选图形，单击属性栏中的合并按钮，得到的效果如图3-382所示。

32 使用椭圆形工具，按住【Ctrl】键在扣眼上绘制纽扣，单击选择工具在属性栏中设置轮廓宽度为.2 mm并填充为白色，得到的效果如图3-383所示。

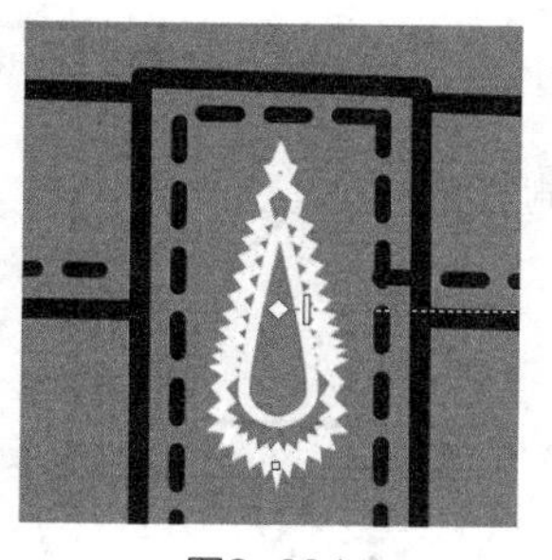
图3-381

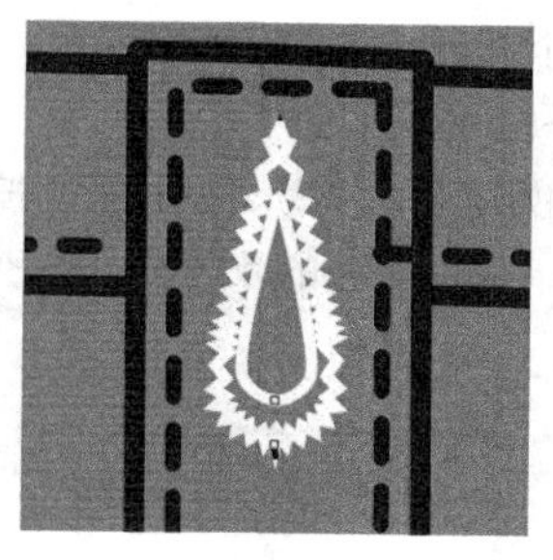
图3-382

图3-383

33 按小键盘上的【+】键复制图形，按住【Shift】键等比例缩小调整图形，得到的效果如图3-384所示。

34 重复上一步的操作，复制两个小的圆形，分别摆放在如图3-385所示的位置。

35 使用贝塞尔工具和形状工具绘制一条路径，得到的效果如图3-386所示。

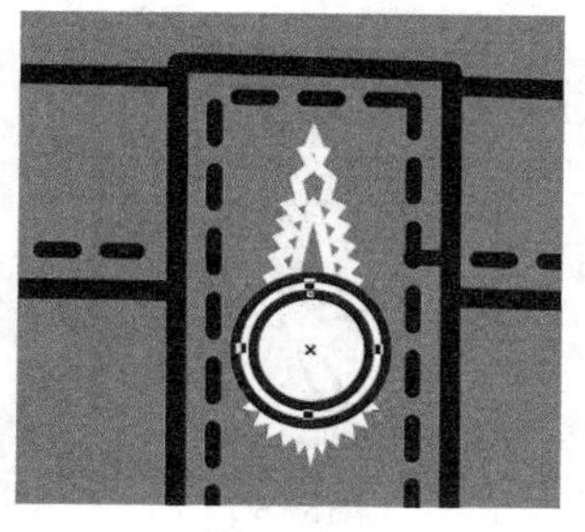
图3-384

图3-385

图3-386

36 按【F12】键弹出“轮廓笔”对话框，设置各项参数如图3-387所示。单击【确定】按钮，得到的效果如图3-388所示。

37 使用选择工具框选纽扣和扣眼部分，按【Ctrl+G】组合键群组图形。按两次小键盘上的【+】键复制图形，把复制的图形分别摆放在如图3-389所示的位置。

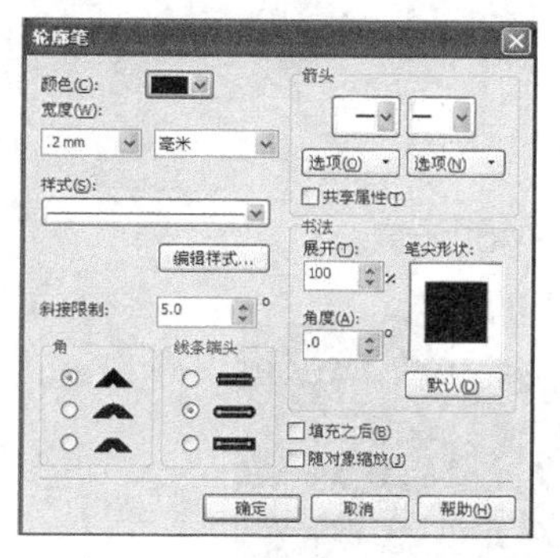

图3-387

图3-388

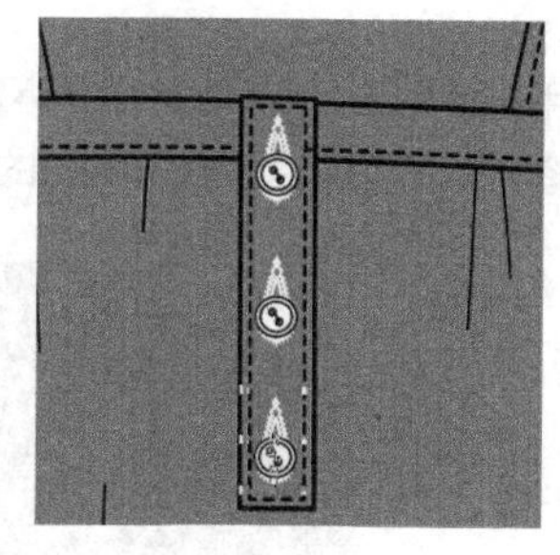
图3-389

38 使用椭圆形工具，按住【Ctrl】键绘制一个圆形，如图3-390所示。

39 选择矩形工具，在圆形上面绘制一个长方形，如图3-391所示。

40 使用选择工具框选两个图形，单击属性栏中的移除前面对象按钮，得到的效果如图3-392所示。

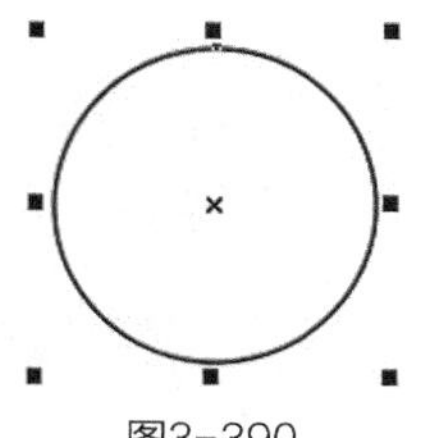
图3-390

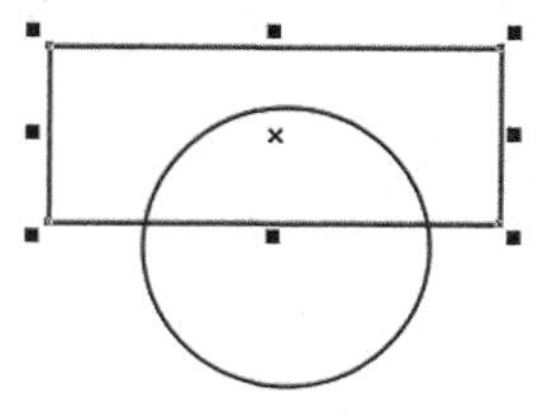
图3-391

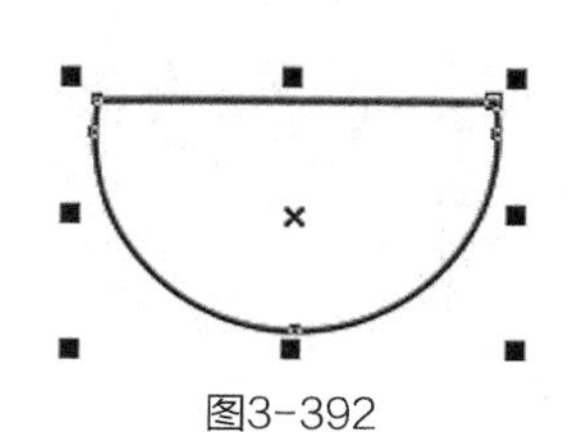
图3-392

41 使用椭圆形工具，按住【Ctrl】键绘制两个圆形，如图3-393所示。

42 使用椭圆形工具绘制一个椭圆形，如图3-394所示。

43 单击选择工具，把椭圆形的中线点移动到如图3-395所示的位置。按【+】键复制图案，在属性栏中设置旋转角度为75.0°，按【Enter】键，得到的效果如图3-396所示。

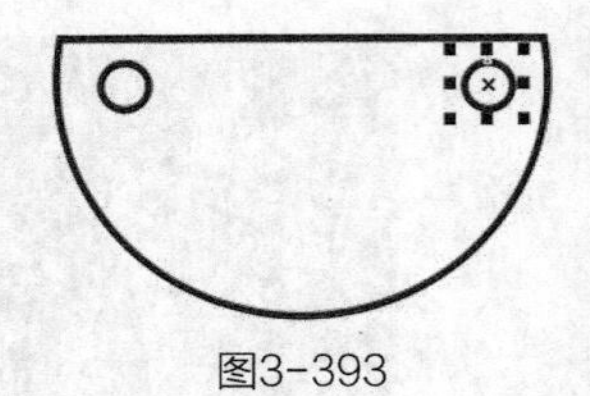
图3-393

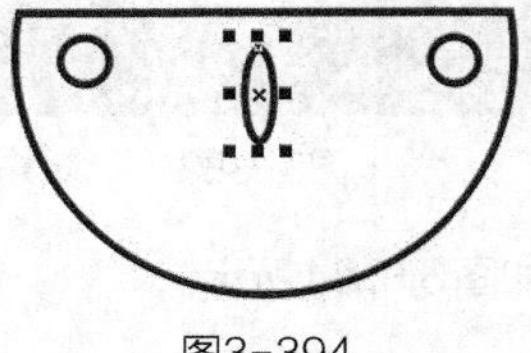
图3-394

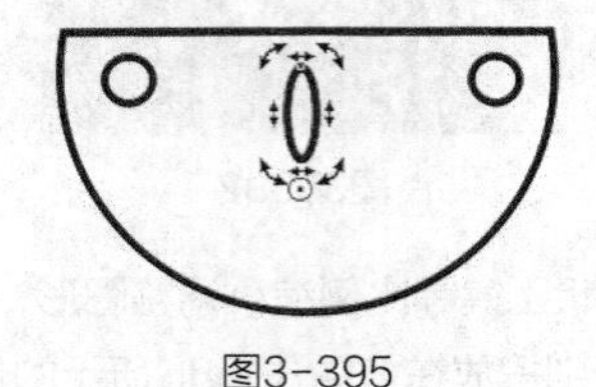
图3-395

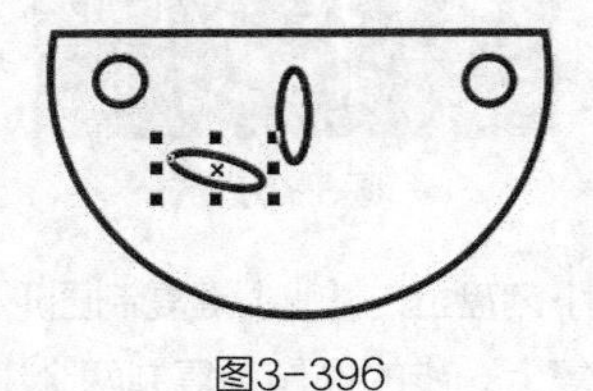
图3-396

44 重复按3次【Ctrl+D】组合键，得到的效果如图3-397所示。

45 使用选择工具框选图形，把图形移动到如图3-398所示的位置。

46 使用选择工具框选所有图形，单击属性栏中的合并按钮，得到的效果如图3-399所示。

图3-397

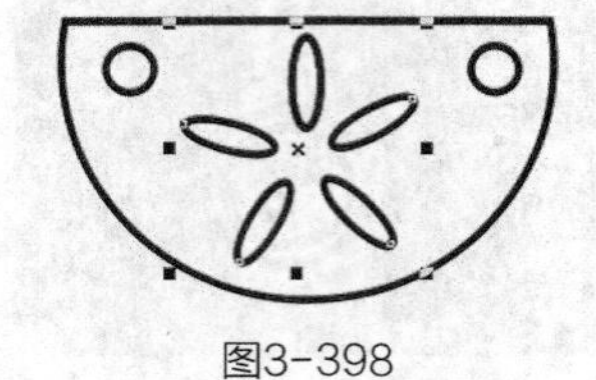
图3-398

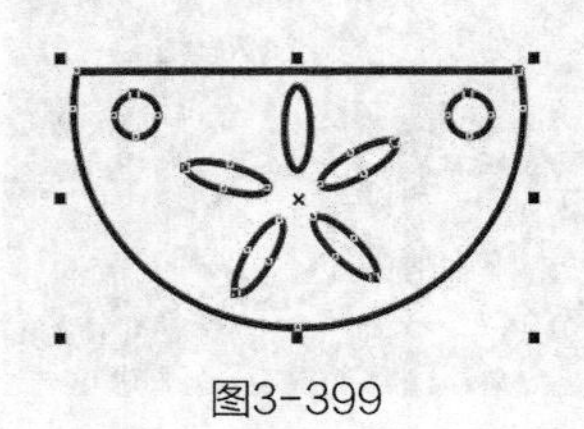
图3-399

47 单击调色板中的白色，给花边图案填充颜色。使用选择工具挑选图形，单击艺术笔工具，选择属性栏中的【自定义】/【新喷涂列表】，单击属性栏中的“添加到喷涂列表”按钮，把绘制好的花边图案自定义为艺术画笔，属性栏中各项参数设置如图3-400所示。

图3-400

48 使用贝塞尔工具和形状工具绘制一条路径，如图3-401所示。

49 选择艺术笔工具，在属性栏的喷涂列表中单击花边艺术画笔，得到的效果如图3-402所示。

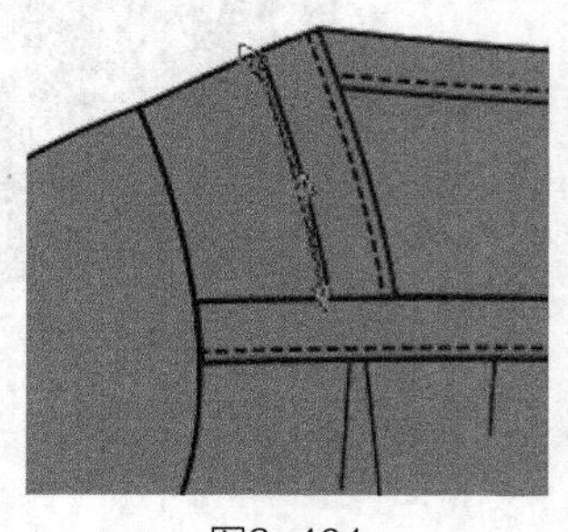
图3-401

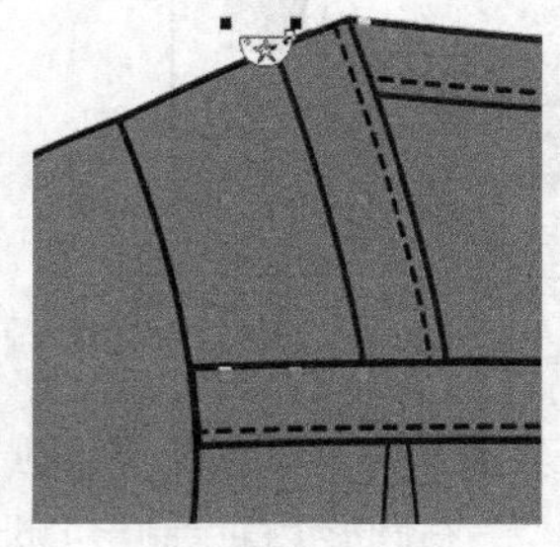
图3-402

50 在属性栏中设置各项参数如图3-403所示，得到的效果如图3-404所示。

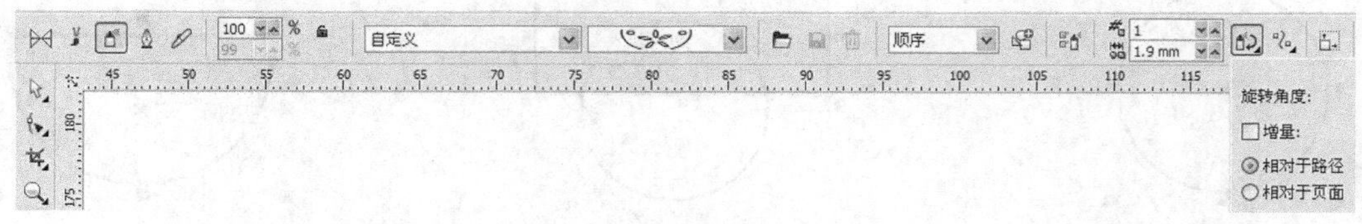

图3-403

51 鼠标右键单击调色板中的⊠去除图形边框，得到的效果如图3-405所示。

52 执行菜单栏中的【排列】/【顺序】/【置于此对象后】命令，把它放置到衣领贴边后面，得到的效果如图3-406所示。

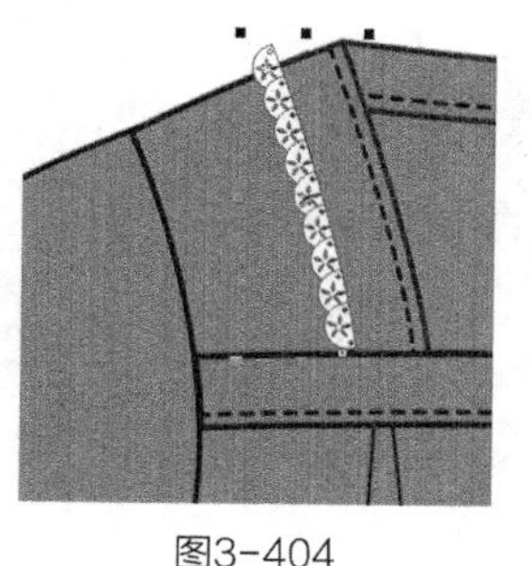

图3-404

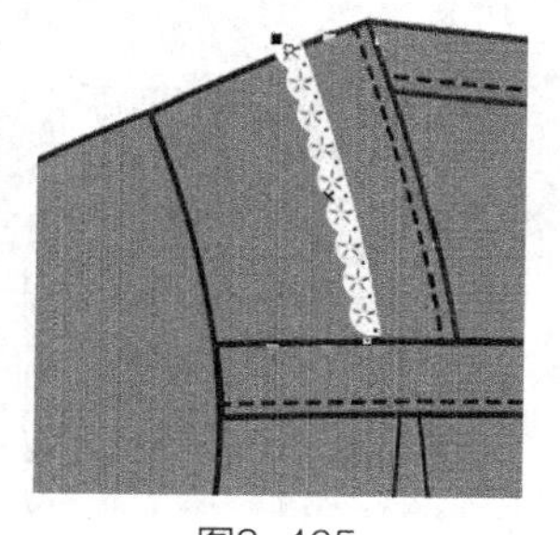

图3-405

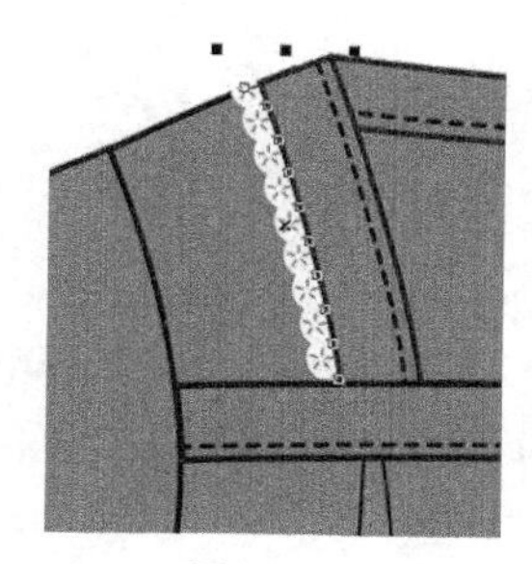

图3-406

53 重复步骤**48**～步骤**52**的操作，绘制领口、门襟和下摆的花边，得到的效果如图3-407所示。

54 执行菜单栏中的【文件】/【导入】命令，导入如图3-408所示的印花图案。

55 使用选择工具选择印花图案，把它摆放在如图3-409所示的位置，这样就完成了女童方领T恤的绘制。

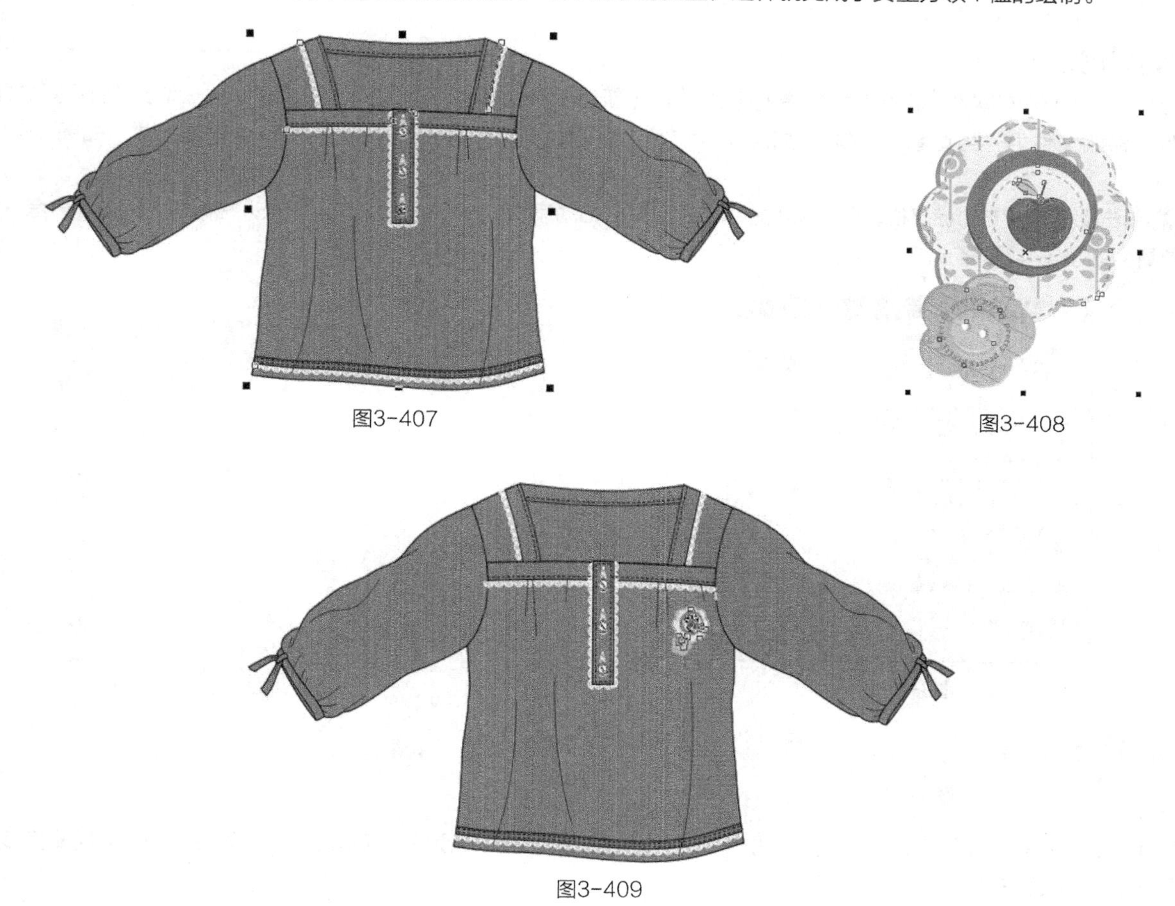

图3-407

图3-408

图3-409

3.3.3 男童翻领T恤（变化款）

男童翻领T恤的整体效果如图3-410所示。

设计重点

双层翻领表现、条纹图案表现、口袋表现、金属扣表现。

图3-410

操作步骤

01 打开CorelDRAW软件，执行菜单栏中的【文件】/【新建】命令，或使用【Ctrl+N】组合键，弹出“创建新文档”对话框，命名文件为“男童翻领T恤”，如图3-411所示，在属性栏中设定纸张大小为A4，横向摆放，如图3-412所示。

02 鼠标单击上方和左方的标尺栏，分别从上往下、从左往右拖动添加10条辅助线，确定衣长、袖窿深、领口、肩宽、袖长等位置，如图3-413所示。

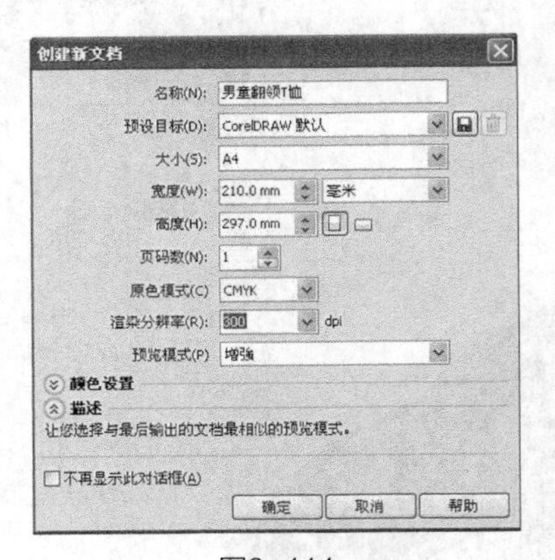

图3-411

图3-412

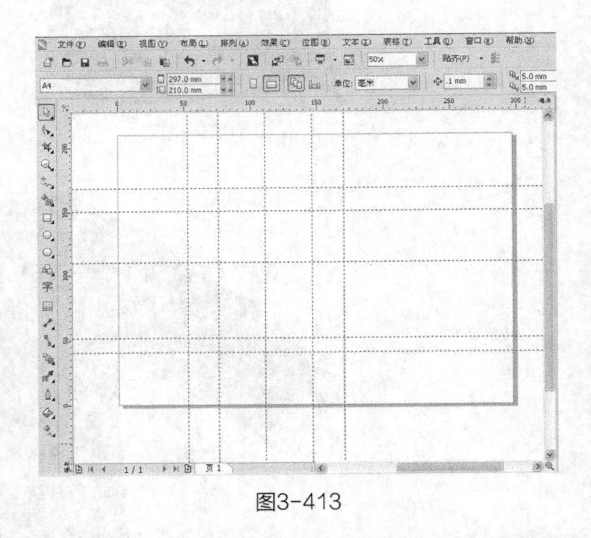

图3-413

03 使用贝塞尔工具和形状工具在辅助线的基础上绘制如图3-414所示的T恤衫前片，在属性栏中设置轮廓宽度为 .35 mm，并填充为白色。

> **专家提示**
>
> 调整衣身造型时要注意符合儿童的生理特点，不收腰，衣摆成直筒型，圆领口造型尽量做到左右对称。

04 使用矩形工具在T恤上方绘制一个长方形，图形填充为深咖啡色，CMYK值为63，60，74，10；轮廓填充为中黄色，CMYK值为10，32，76，0，在属性栏中设置轮廓宽度为 .38 mm，得到的效果如图3-415所示。

05 按小键盘上的【+】键复制图形，然后把复制的袖子向下平移到一定的位置，得到的效果如图3-416所示。

06 重复按【Ctrl+D】组合键重复上一步操作，复制长方形，直至把T恤填满，得到的效果如图3-417所示。

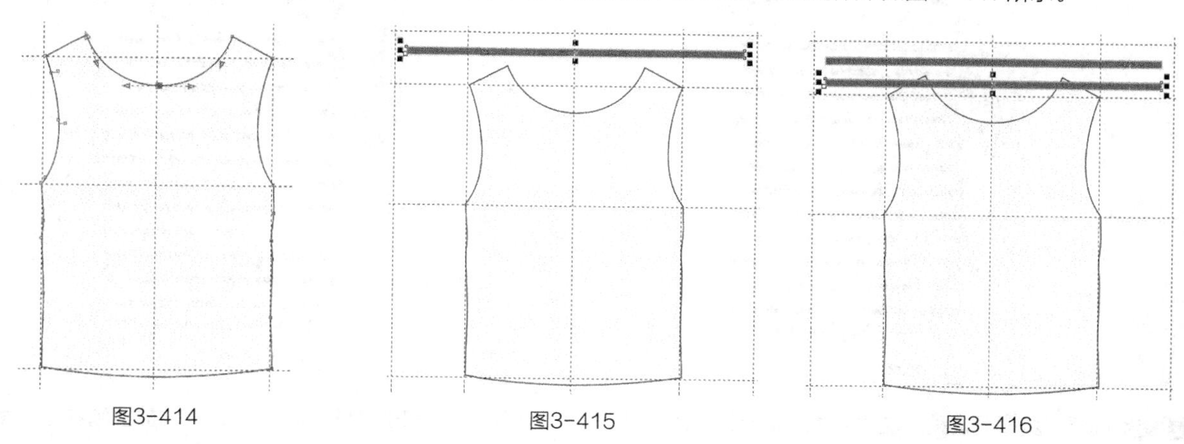

图3-414 图3-415 图3-416

07 使用选择工具挑选所有的长方形，执行菜单栏中的【效果】/【图框精确剪裁】/【置于图文框内部】命令，把图形放置在T恤前片中，得到的效果如图3-418所示。

08 使用贝塞尔工具和形状工具绘制衣身上的褶裥线，单击选择工具，在属性栏中设置轮廓宽度为 .35 mm ，得到的效果如图3-419所示。

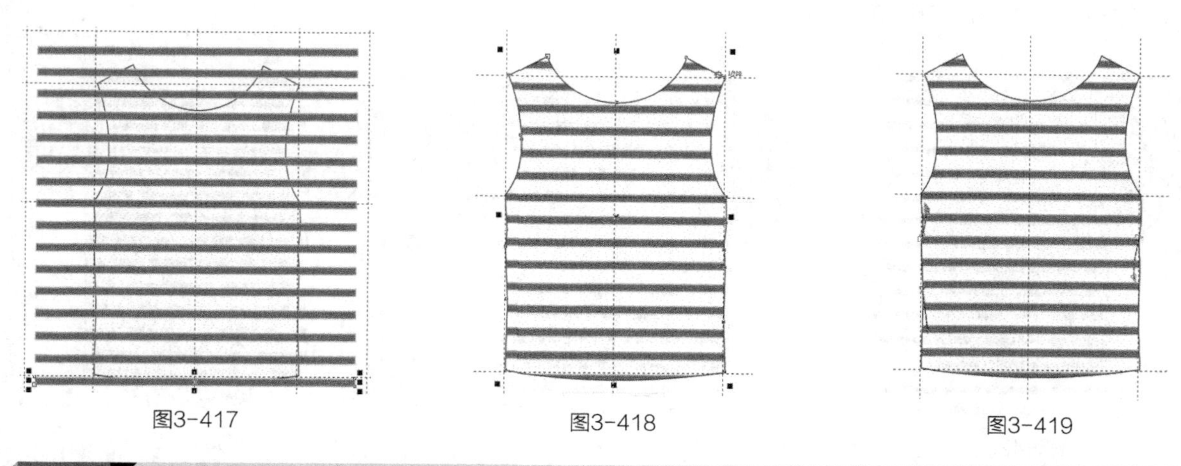

图3-417 图3-418 图3-419

专家提示

使用选择工具时，按住【Shift】键单击可以加选图形。

09 使用贝塞尔工具和形状工具绘制左袖，单击选择工具，在属性栏中设置轮廓宽度为 .35 mm ，并填充为中黄色，CMYK值为10，32，76，0，得到的效果如图3-420所示。

10 使用贝塞尔工具和形状工具绘制左袖口翻折部分，单击选择工具，在属性栏中设置轮廓宽度为 .35 mm ，并填充为中黄色，CMYK值为10，32，76，0，得到的效果如图3-421所示。

11 使用贝塞尔工具和形状工具绘制袖口的褶裥线，单击选择工具，在属性栏中设置轮廓宽度为 .35 mm ，得到的效果如图3-422所示。

图3-420

图3-421

图3-422

12 使用选择工具框选整个左袖，执行菜单栏中的【排列】/【顺序】/【置于此对象后】命令，把它放置到衣身后面，得到的效果如图3-423所示。

13 按小键盘上的【+】键复制图形，单击属性栏中的水平镜像按钮，然后把复制的袖子向右平移到一定的位置，得到的效果如图3-424所示。

14 使用贝塞尔工具和形状工具绘制后片下摆，单击选择工具，在属性栏中设置轮廓宽度为 .35 mm，并填充为中黄色，CMYK值为10，32，76，0，得到的效果如图3-425所示。

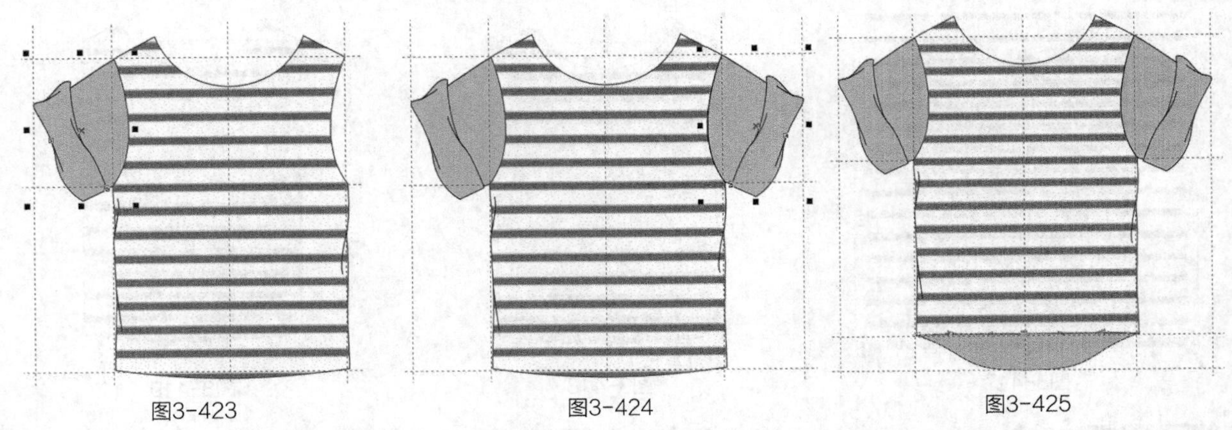

图3-423　　图3-424　　图3-425

15 执行菜单栏中的【排列】/【顺序】/【置于此对象后】命令，把它放置到衣身前片后面，得到的效果如图3-426所示。

16 使用贝塞尔工具和形状工具绘制翻领，单击选择工具，在属性栏中设置轮廓宽度为 .35 mm，并填充为中黄色，CMYK值为10，32，76，0，得到的效果如图3-427所示。

17 使用贝塞尔工具和形状工具绘制翻领上的褶裥线，单击选择工具，在属性栏中设置轮廓宽度为 .35 mm，得到的效果如图3-428所示。

18 使用贝塞尔工具和形状工具绘制左边第二层翻领，单击选择工具，在属性栏中设置轮廓宽度为 .35 mm，并填充为深咖啡色，CMYK值为63，60，74，10，得到的效果如图3-429所示。

图4-426

19 单击选择工具，按小键盘上的【+】键复制图形，单击属性栏中的水平镜像按钮，然后把复制的翻领向右平移到一定的位置，得到的效果如图3-430所示。

20 使用选择工具挑选咖啡色翻领，执行菜单栏中的【排列】/【顺序】/【置于此对象后】命令，把它放置到第一层翻领后面，得到的效果如图3-431所示。

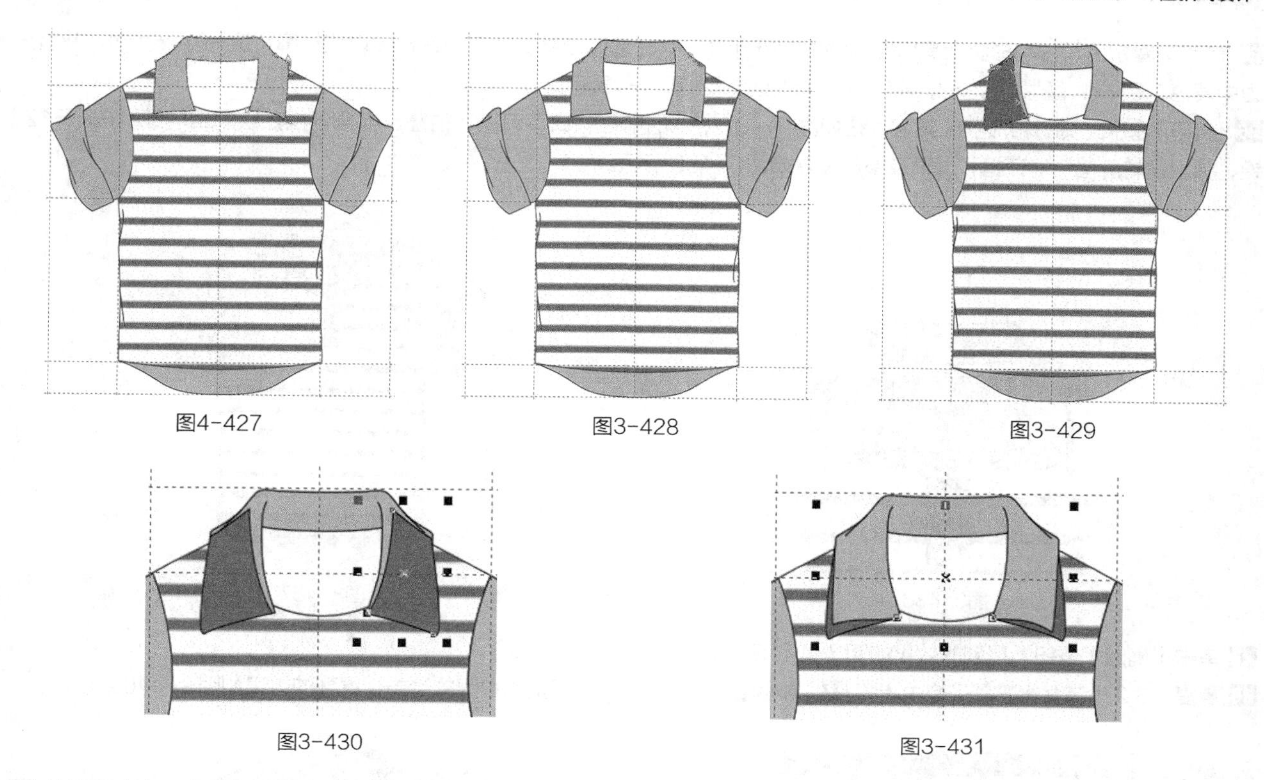

图4-427　图3-428　图3-429

图3-430　图3-431

21 使用贝塞尔工具和形状工具绘制衣身后片，单击选择工具，在属性栏中设置轮廓宽度为.35 mm，并填充为中黄色，CMYK值为10，32，76，0，得到的效果如图3-432所示。

22 执行菜单栏中的【排列】/【顺序】/【到页面后面】命令，得到的效果如图3-433所示。

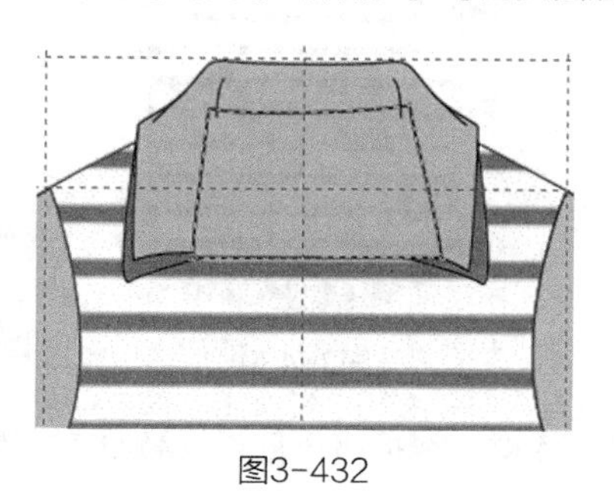

图3-432

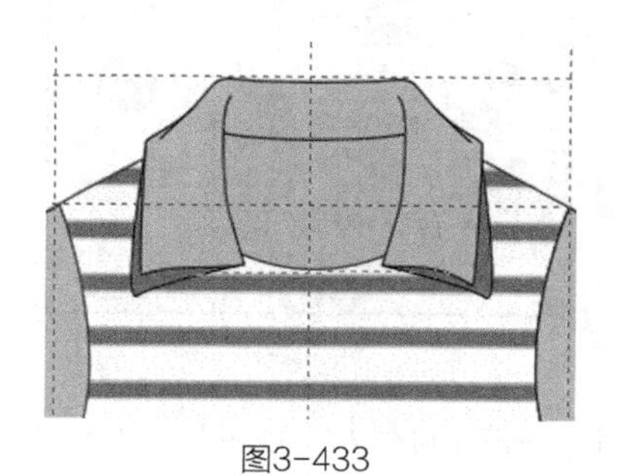

图3-433

23 使用贝塞尔工具和形状工具绘制后领口织带，单击选择工具，在属性栏中设置轮廓宽度为.35 mm，并填充为白色，得到的效果如图3-434所示。

24 使用贝塞尔工具和形状工具绘制门襟贴边，单击选择工具，在属性栏中设置轮廓宽度为.35 mm，并填充为中黄色，CMYK值为10，32，76，0，得到的效果如图3-435所示。

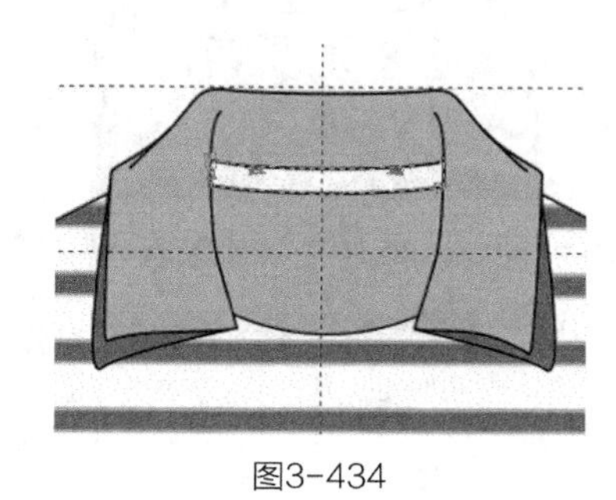

图3-434

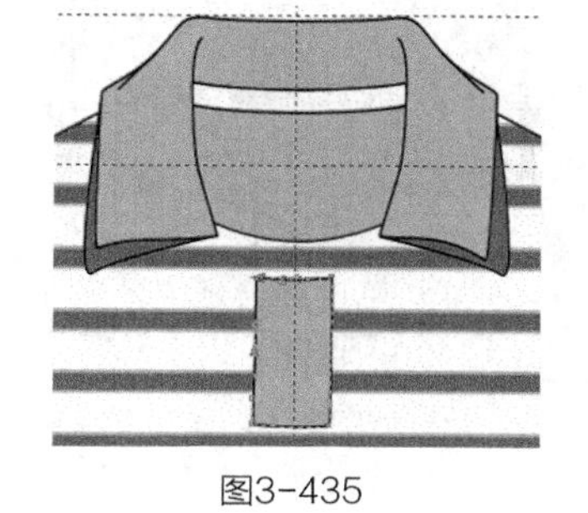

图3-435

25 使用贝塞尔工具和形状工具绘制领口翻折部分，单击选择工具，在属性栏中设置轮廓宽度为 .35 mm，并填充为中黄色，CMYK值为10，32，76，0，得到的效果如图3-436所示。

26 使用贝塞尔工具和形状工具，在如图3-437所示的前后领口、门襟、袖窿、衣身下摆处绘制缉明线，按【F12】键，弹出“轮廓笔”对话框，选项及参数设置如图3-438所示。

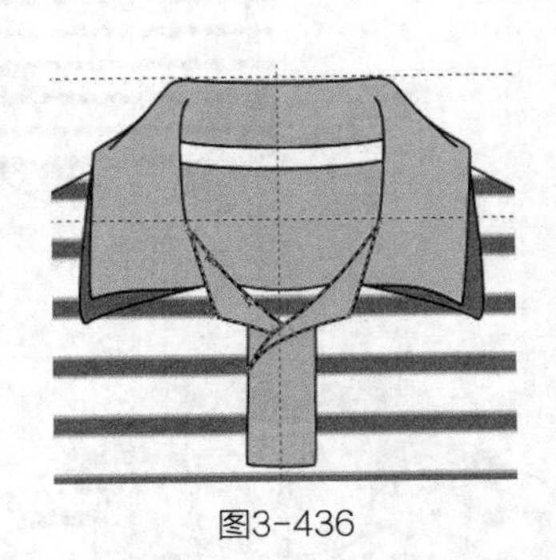

图3-436

图3-437

27 单击【确定】按钮，得到的效果如图3-439所示。

28 重复3.3.2小节女童方领T恤中步骤**27**~步骤**37**的操作，完成纽扣和扣眼的绘制，得到的效果如图3-440所示。

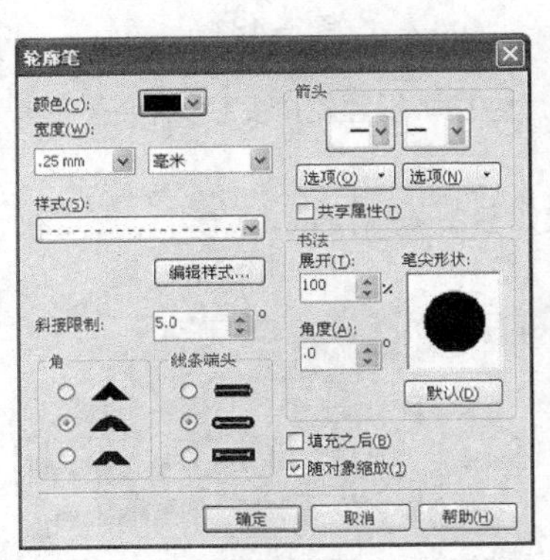

图3-438

图3-439

29 执行菜单栏中的【排列】/【顺序】/【置于此对象后】命令，把纽扣放置到领口翻折部分下方，得到的效果如图3-441所示。

30 执行菜单栏中的【编辑】/【全选】/【辅助线】命令，选择所有的辅助线，按【Delete】键删除，得到的效果如图3-442所示。

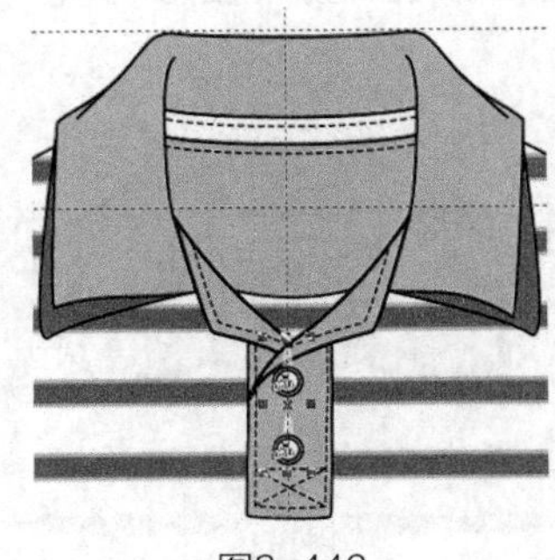

图3-440

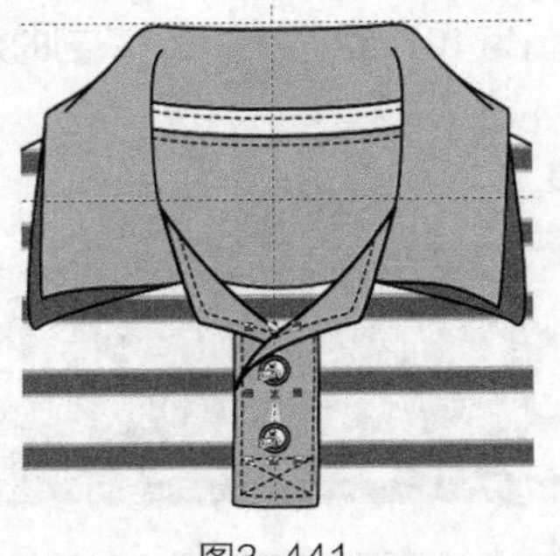

图3-441

31 使用矩形工具在胸前绘制圆角矩形，在属性栏中设置圆角弧度为，并填充为中黄色，CMYK值为10，32，76，0，得到的效果如图3-443所示。

图3-442

图3-443

32 使用矩形工具在胸前绘制贴袋，在属性栏中设置圆角弧度为，并填充为深咖啡色，CMYK值为63，60，74，10，得到的效果如图3-444所示。

33 使用贝塞尔工具和形状工具绘制口袋盖，单击选择工具，在属性栏中设置轮廓宽度为，并填充为深咖啡色，CMYK值为63，60，74，10，得到的效果如图3-445所示。

34 使用贝塞尔工具和形状工具在如图3-446所示的口袋和袋盖上绘制缉明线，按【F12】键，弹出“轮廓笔”对话框，选项及参数设置如图3-447所示。

图3-444

图3-445

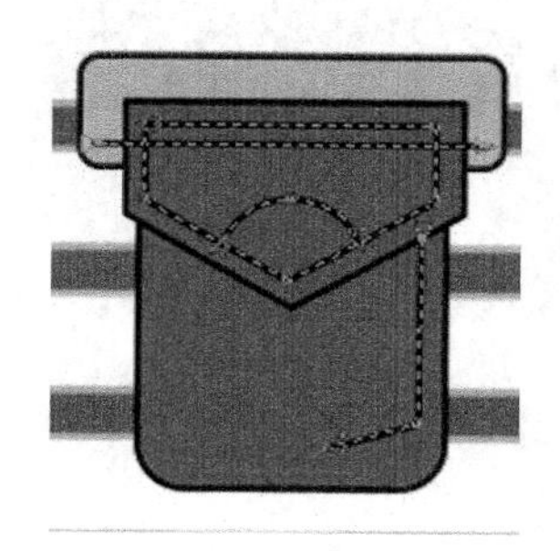

图3-446

35 单击【确定】按钮，得到的效果如图3-448所示。

36 使用椭圆形工具，按住【Ctrl】键在口袋上绘制金属扣，单击选择工具，在属性栏中设置轮廓宽度为，并填充为10%灰色，得到的效果如图3-449所示。

37 使用椭圆形工具，按住【Ctrl】键在金属扣上绘制一个小圆形，使其无边框，并填充为20%灰色，得到的效果如图3-450所示。

38 使用椭圆形工具，按住【Ctrl】键再绘制两个小圆形，使其无边框，并填充为白色，得到的效果如图3-451所示。

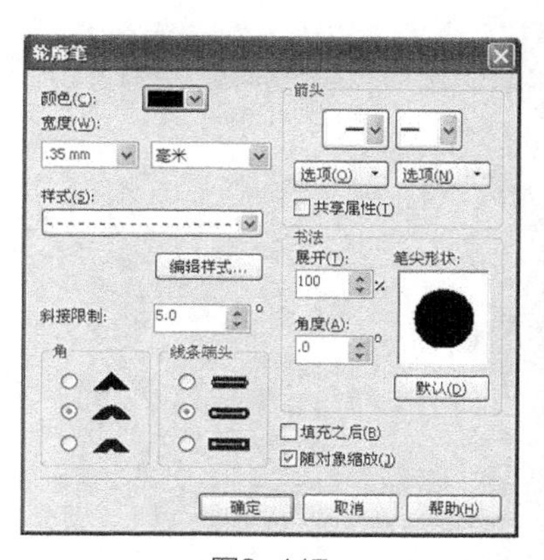

图3-447

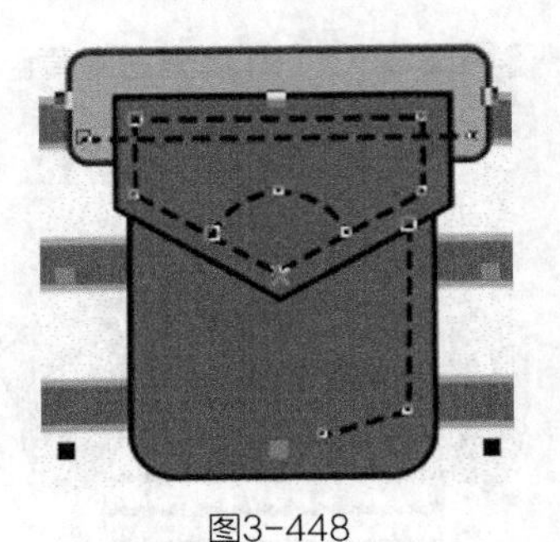
图3-448

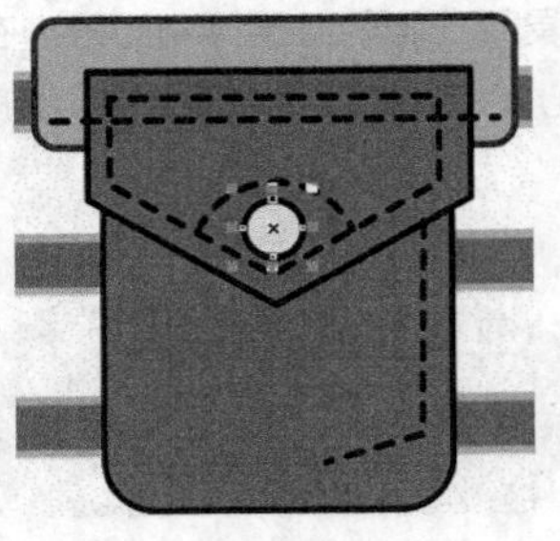
图3-449

专家提示

表现金属扣的光泽感可以通过使用不同程度的灰色、白色表现高光部分的反光效果实现（类似于素描的表现方法）。

39 使用选择工具框选所有图形，按【Ctrl+G】组合键群组图形。这样就完成了男童翻领T恤的绘制，效果如图3-452所示。

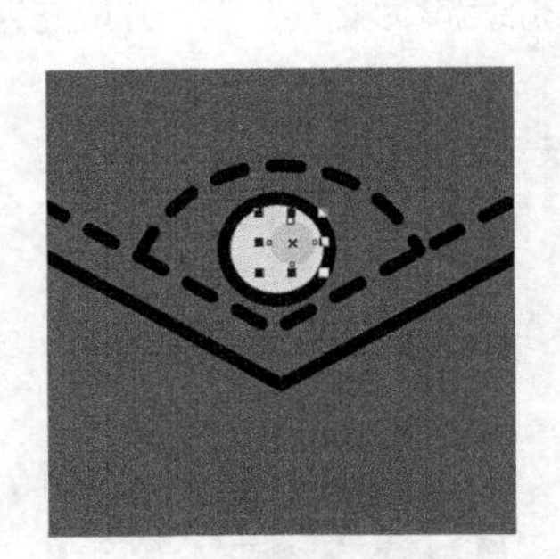
图3-450

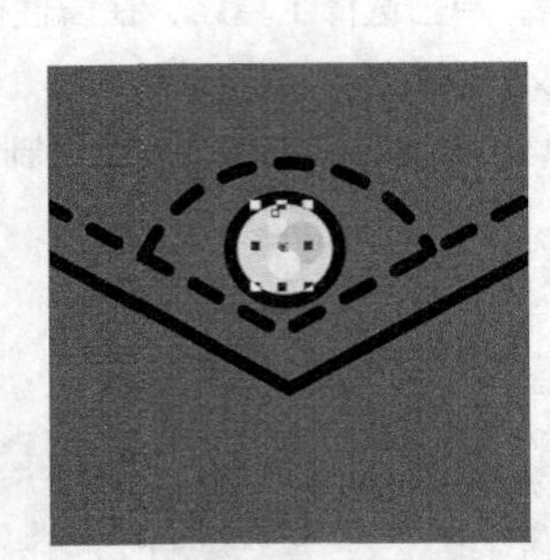
图3-451

图3-452

第04章

裙子款式设计

本章重点

- 贝塞尔工具、形状工具的使用——裙子基本造型
- 图样填充工具——图案填充
- 艺术笔工具——钉珠图案表现、蕾丝花边表现
- 裙子款式细节变化设计、色彩填充

裙子是一种围在腰部以下的服装，它是下装的两种基本形式之一（另一种是裤装）。裙子是人类最早的服装，因其具有通风散热性能好，穿着方便，行动自如，样式变化多端等诸多优点而为人们所广泛接受，其中以妇女和儿童穿着较多。裙子的分类有很多，按裙腰在腰节线的位置区分，有中腰裙、低腰裙、高腰裙；按裙长分类，有长裙（裙摆至胫中以下）、中裙（裙摆至膝以下、胫中以上）、短裙（裙摆至膝以上）和超短裙(裙摆仅及大腿中部）；按裙体外形轮廓区分，大致可分为直筒裙、斜裙（由腰部至下摆斜向展开呈 A 字形的裙）、缠绕裙三大类。常见的品种有 A 字裙、喇叭裙、铅笔裙、褶裙和塔裙等。下面介绍几种经典的裙子款式设计。

4.1 基础A型裙

基础 A 型裙的整体设计效果如图 4-1 所示。

设计重点

造型设计、腰带设计、图案填充、金属日字扣表现。

图4-1

操作步骤

01 打开CorelDRAW软件，执行菜单栏中的【文件】/【新建】命令，或使用【Ctrl+N】组合键，弹出“创建新文档”对话框，文件命名为“基础A型裙”，如图4-2所示，在属性栏中设定纸张大小为A4，横向摆放，如图4-3所示。

02 鼠标单击上方和左方的标尺栏，分别从上往下、从左往右拖动添加10条辅助线，确定腰线、裙长、裙摆宽、腰带等位置，如图4-4所示。

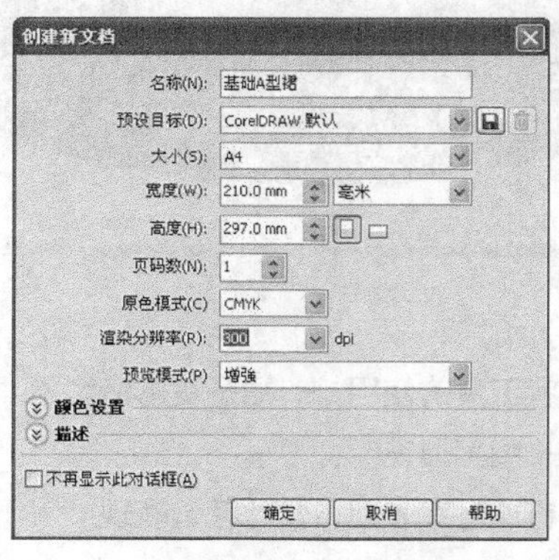

图4-2

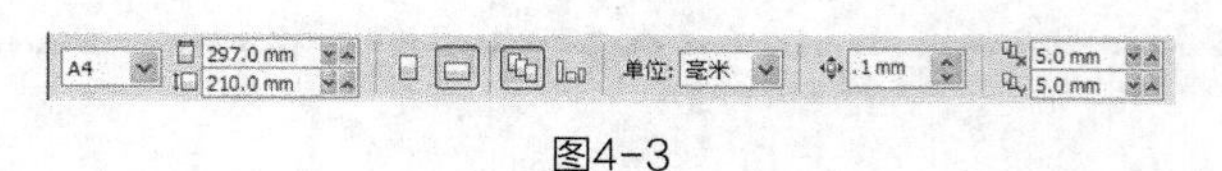

图4-3

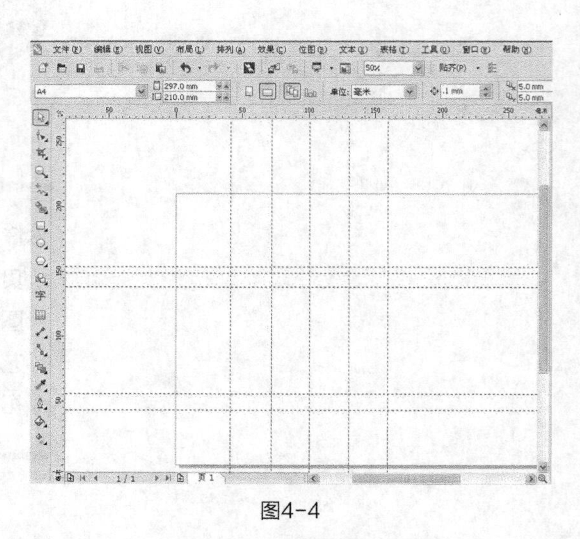

图4-4

03 使用贝塞尔工具和形状工具绘制如图4-5所示的路径，单击选择工具，在属性栏中设置轮廓宽度为.35 mm。

04 单击选择工具，按【+】键复制路径，单击属性栏中的水平镜像按钮，并把图形向右平移到一定的位置，得到的效果如图4-6所示。

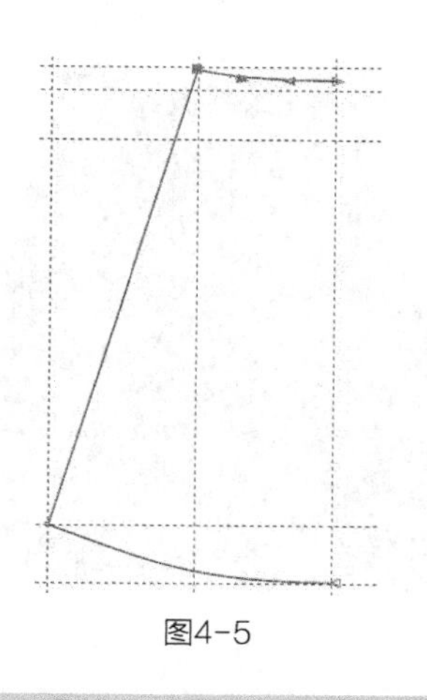
图4-5

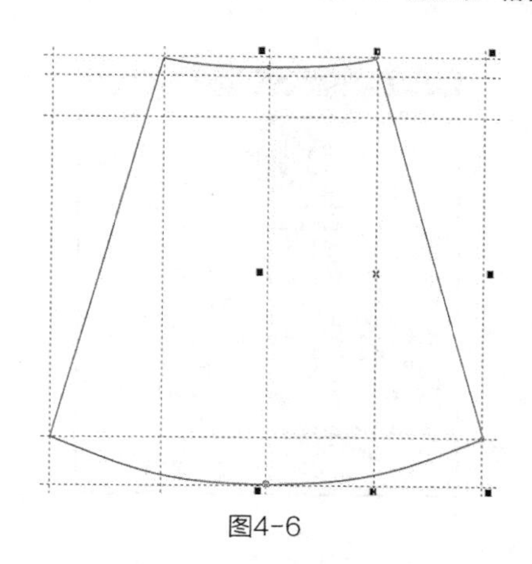
图4-6

专家提示

绘制 A 型裙时要注意裙摆与裙长的比例，裙摆的弧度与侧缝尽量保证为直角造型。

05 使用选择工具框选两条路径，单击属性栏中的合并按钮，得到的效果如图4-7所示。

06 使用形状工具，挑选如图4-8所示的两个节点。

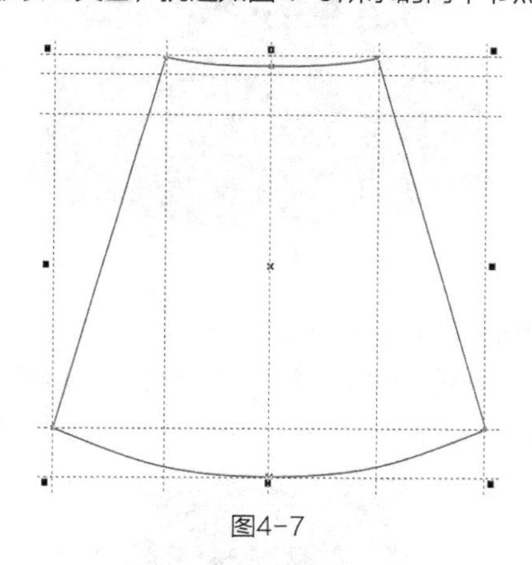
图4-7

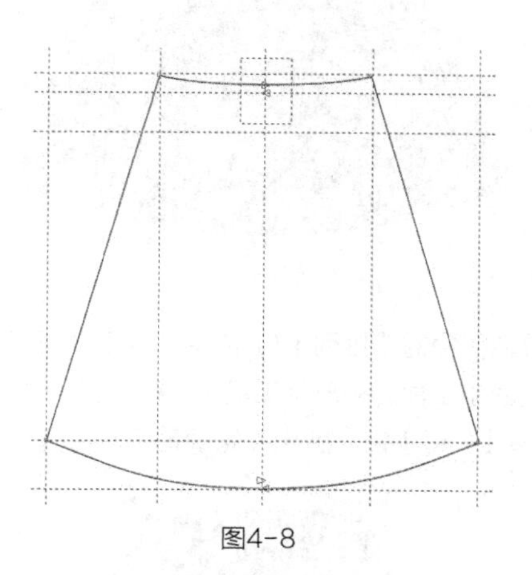
图4-8

07 单击属性栏中的“连接两个节点”按钮，得到的效果如图4-9所示。

08 重复步骤 **06** ~步骤 **07** 的操作，连接下方两个节点，得到的效果如图4-10所示。

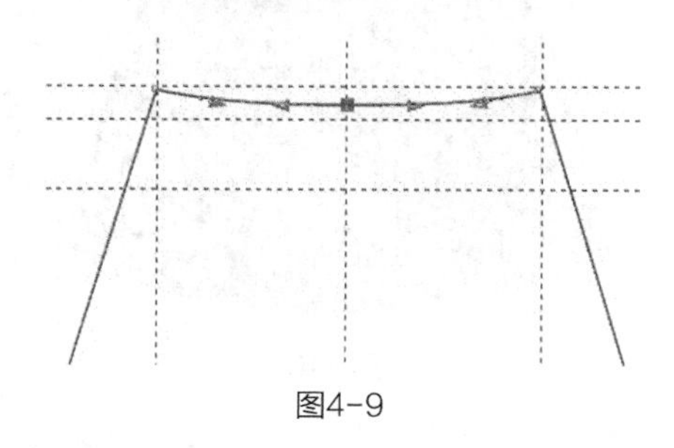
图4-9

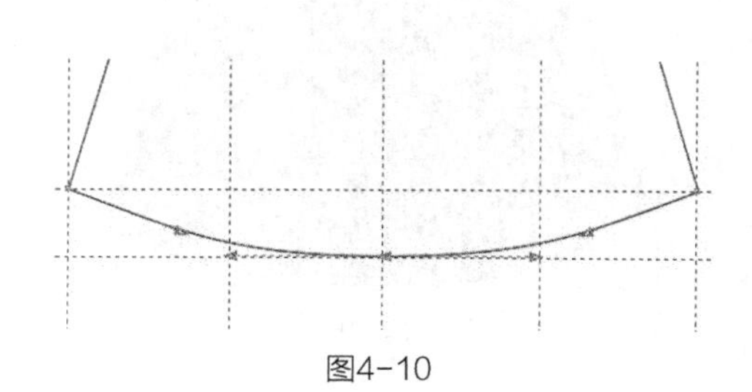
图4-10

09 单击工具箱中的图样填充工具 图样填充，弹出“图样填充”对话框，选项及参数设置如图4-11所示。

10 单击【确定】按钮，得到的效果如图4-12所示。

11 使用贝塞尔工具和形状工具绘制如图4-13所示的图形，单击选择工具，在属性栏中设置轮廓宽度为 .35 mm，并填充为深紫色，CMYK值为55，56，55，1。

12 使用贝塞尔工具和形状工具绘制如图4-14所示的后腰头，单击选择工具，在属性栏中设置轮廓宽度为 .35 mm，并填充为深紫色，CMYK值为55，56，55，1。

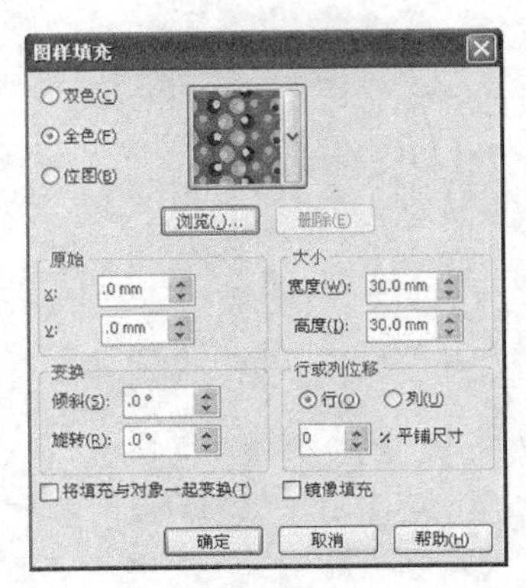

图4-11

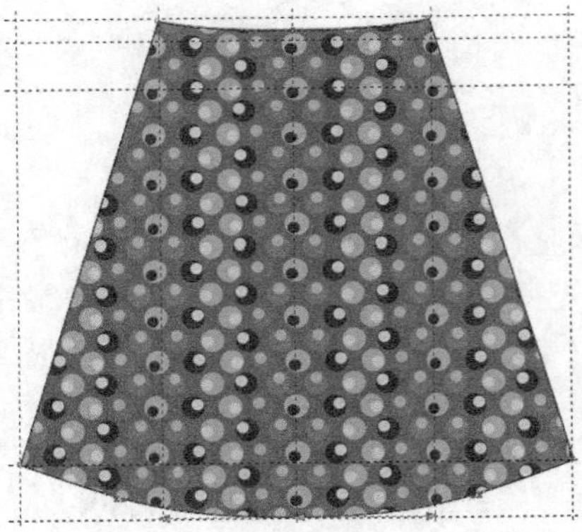

图4-12

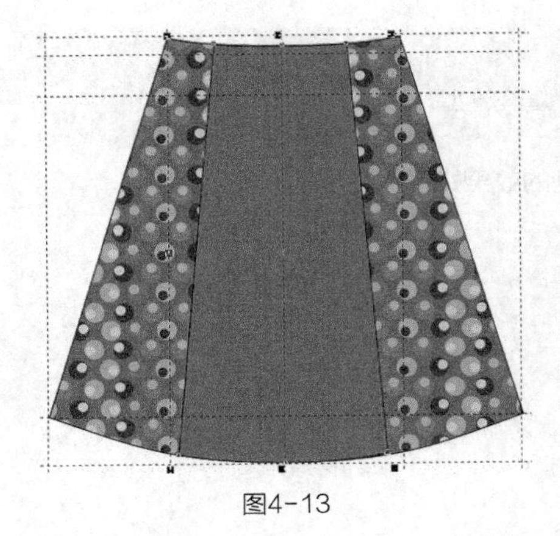

图4-13

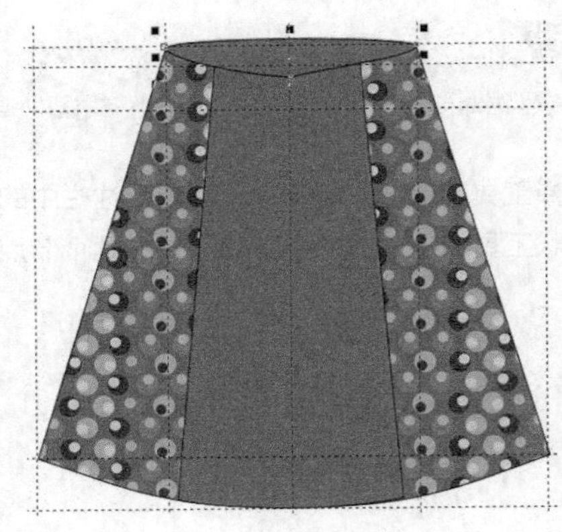

图4-14

13 执行菜单栏中的【排列】/【顺序】/【到页面后面】命令，得到的效果如图4-15所示。

14 选择贝塞尔工具和形状工具，在如图4-16所示的后腰头、前片分割线、裙摆处绘制4条缉明线，使缉明线处于选择状态，按【F12】键，弹出“轮廓笔”对话框，选项及参数设置如图4-17所示。

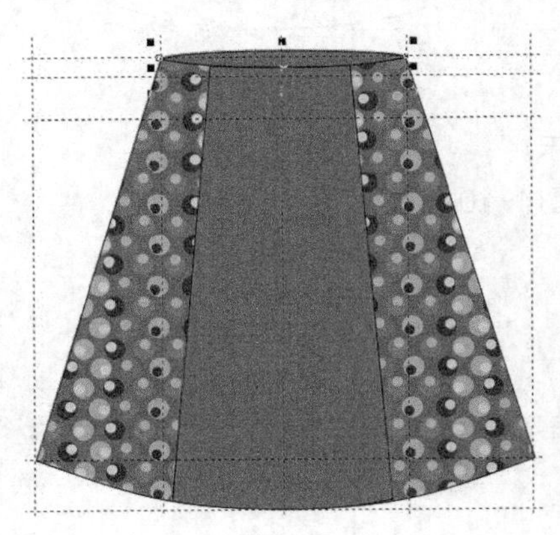

图4-15

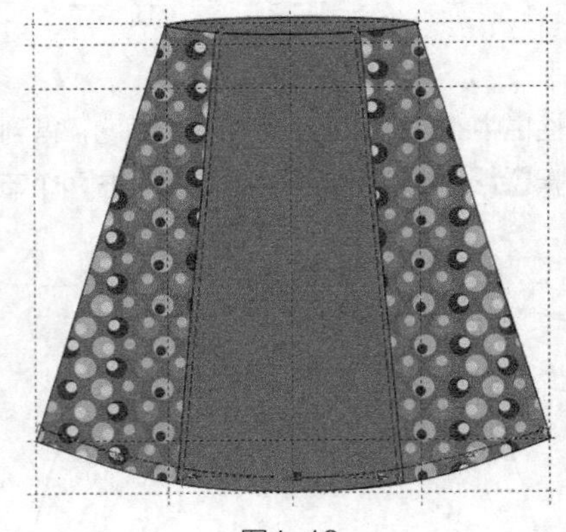

图4-16

15 单击【确定】按钮，得到的效果如图4-18所示。

16 用贝塞尔工具和形状工具绘制如图4-19所示的腰带，单击选择工具，在属性栏中设置轮廓宽度为 .35 mm 。

17 单击工具箱中的图样填充工具 图样填充，弹出“图样填充”对话框，选项及参数设置如图4-20所示。

18 单击【确定】按钮，得到的效果如图4-21所示。

19 执行菜单栏中的【编辑】/【全选】/【辅助线】命令，选择所有的辅助线，按【Delete】键删除，得到的效果如图4-22所示。

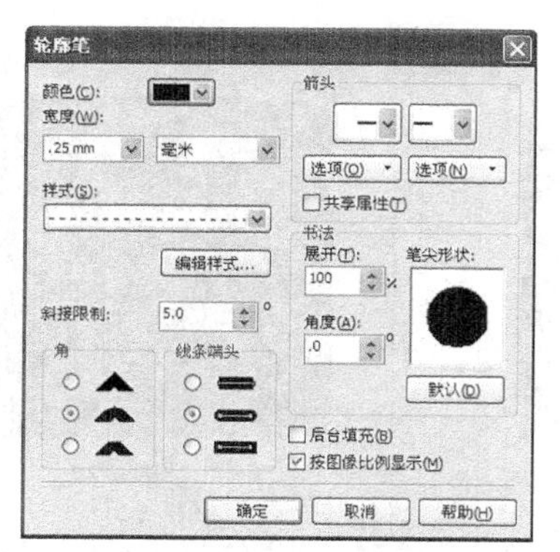

图4-17

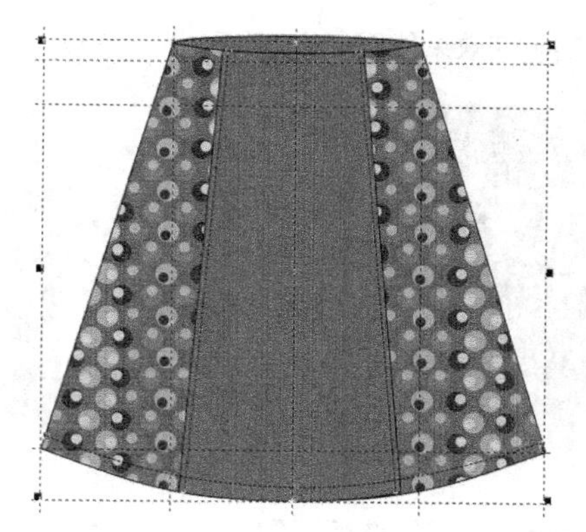

图4-18

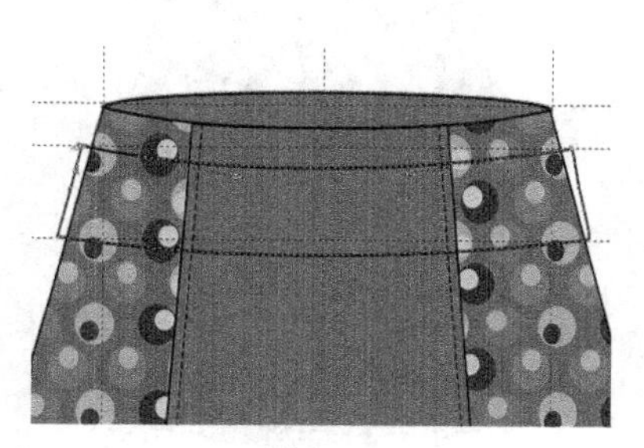

图4-19

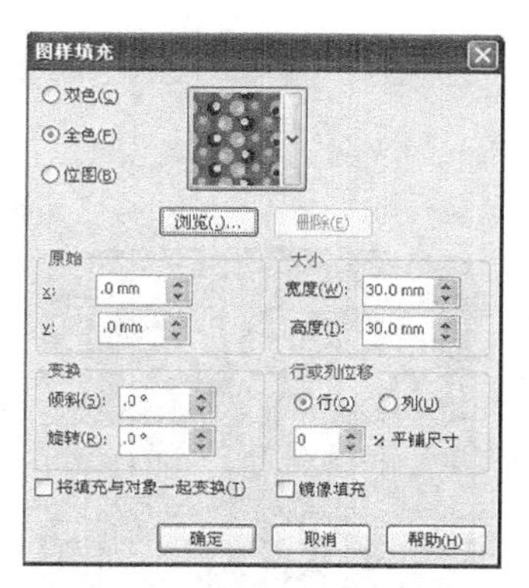

图4-20

图4-21

20 重复步骤**14**～步骤**15**的操作，绘制腰带上的缉明线，得到的效果如图4-23所示。

21 选择矩形工具，在腰带上绘制一个矩形，在属性栏中对矩形进行各项参数设置，如图4-24所示，在属性栏中设置轮廓宽度为 .35 mm，得到的效果如图4-25所示。

图4-22

图4-23

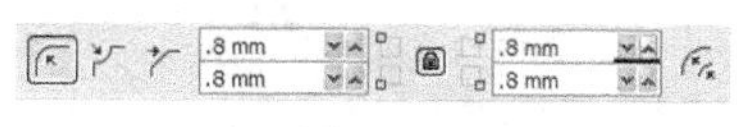

图4-24

22 单击选择工具，按【+】键复制图形，再按住【Shift】键等比例缩小图形，得到的效果如图4-26所示。

23 使用选择工具框选两个矩形，单击属性栏中的合并按钮结合图形，得到的效果如图4-27所示。

24 单击工具箱中的渐变填充工具 渐变填充，在弹出的“渐变填充”对话框中选择“类型”为“线性”渐变，设置各项参数如图4-28所示，其中主要控制点的位置和颜色参数分别如下。

位置：0　　　颜色：40%黑色

位置：50　　　颜色：白色

位置：100　　　颜色：40%黑色

完成的渐变效果如图4-29所示。

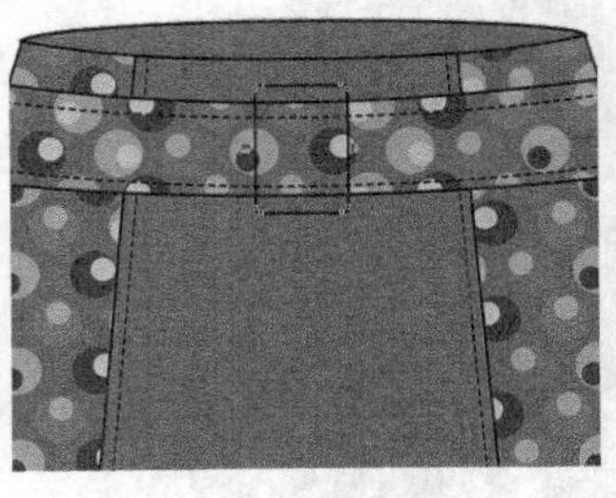
图4-25

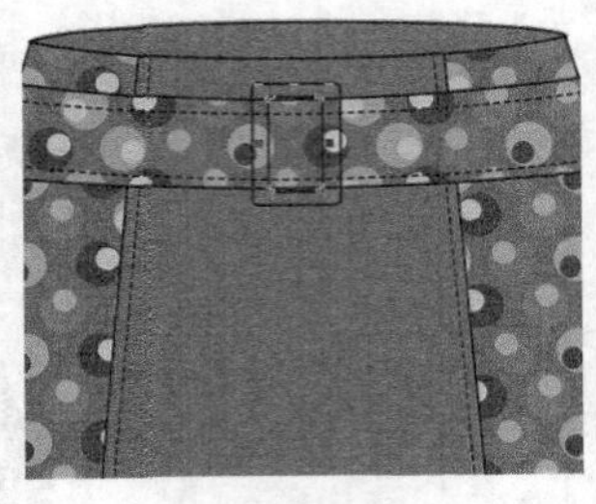
图4-26

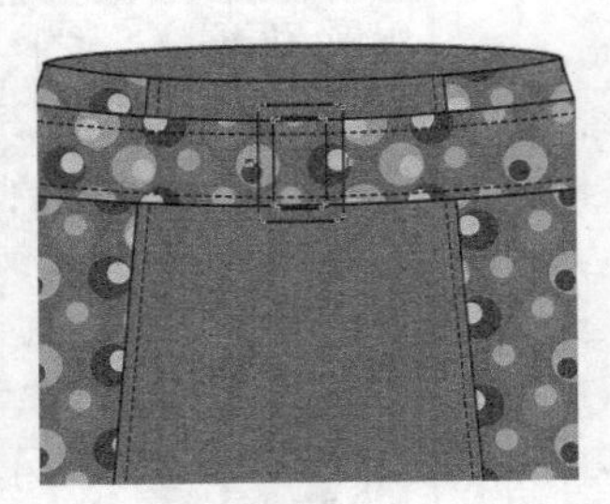
图4-27

25 使用选择工具框选所有图形，按【Ctrl+G】组合键群组图形。这样就完成了A型裙的款式绘制，整体效果如图4-30所示。

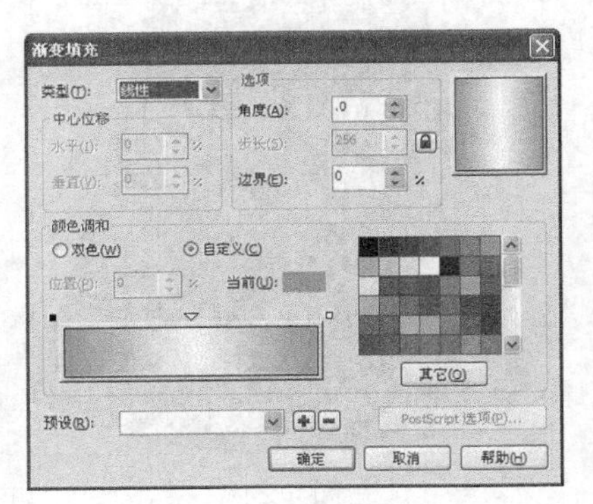

图4-28

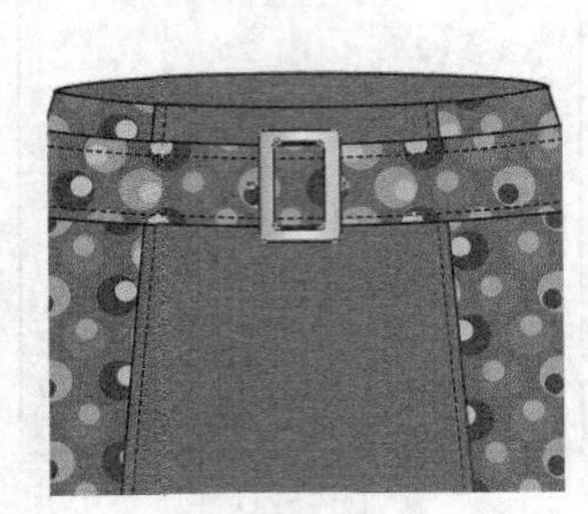
图4-29

图4-30

4.2 百褶裙

百褶裙的整体设计效果如图4-31所示。

设计重点

造型设计，罗纹领口、袖口的表现，色彩填充，雪花针织图案表现。

图4-31

操作步骤

01 打开CorelDRAW软件，执行菜单栏中的【文件】/【新建】命令，或使用【Ctrl+N】组合键，弹出“创建新文档”对话框，命名文件为“百褶裙”，如图4-32所示。在属性栏中设定纸张大小为A4，横向摆放，如图4-33所示。

02 使用贝塞尔工具和形状工具绘制如图4-34所示的路径，单击选择工具，在属性栏中设置轮廓宽度为 .35 mm。

03 按【+】键复制路径，单击属性栏中的水平镜像按钮，并把图形向右平移到一定的位置，得到的效果如图4-35所示。

04 使用选择工具框选两条路径，单击属性栏中的合并按钮，得到的效果如图4-36所示。

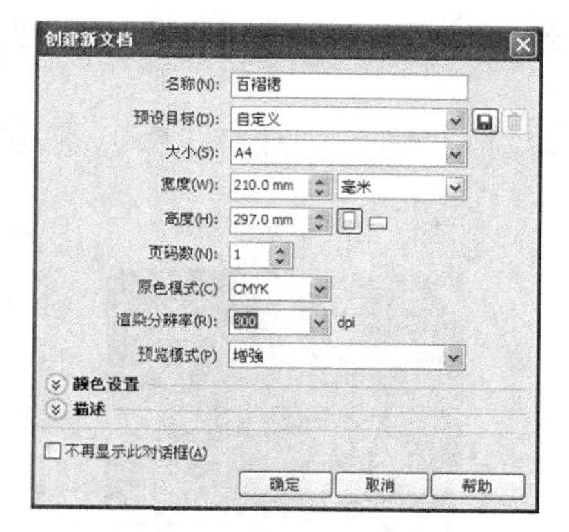

图4-32

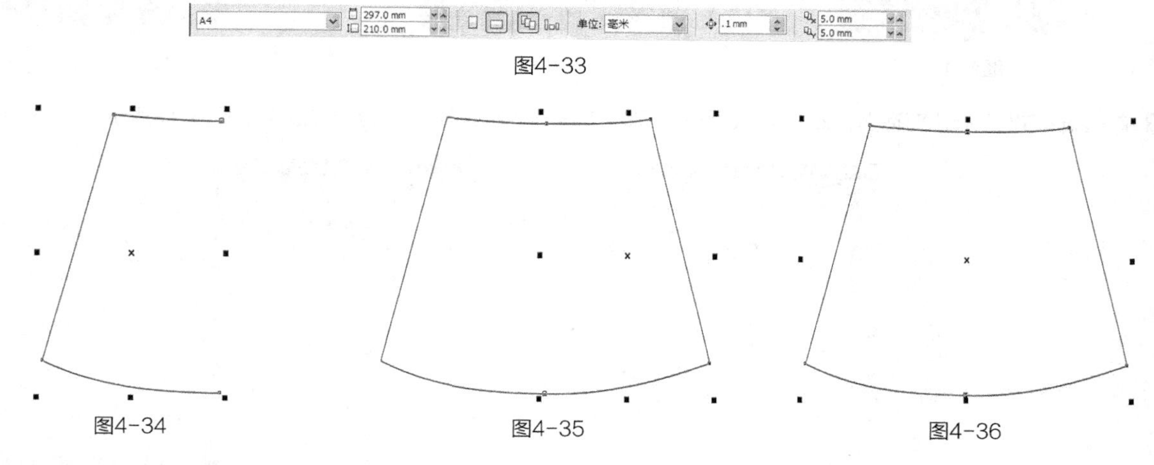

图4-33

图4-34 图4-35 图4-36

05 使用形状工具，挑选如图4-37所示的两个节点。

06 单击属性栏中的“连接两个节点”按钮，得到的效果如图4-38所示。

07 重复步骤**05**~步骤**06**的操作，连接下方两个节点，得到的效果如图4-39所示。

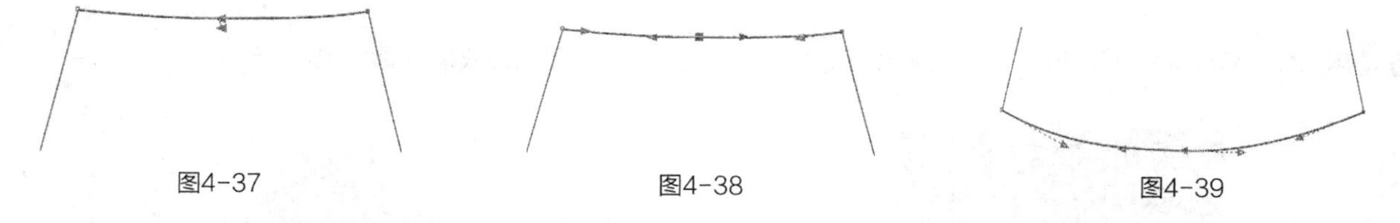

图4-37 图4-38 图4-39

08 使用形状工具在裙下摆处双击鼠标添加节点，得到的效果如图4-40所示。

09 重复上一步操作，在裙下摆处不规则地添加17个节点，得到的效果如图4-41所示。

10 使用形状工具分别调整18个节点的位置，形成不规则的裙摆，得到的效果如图4-42所示。

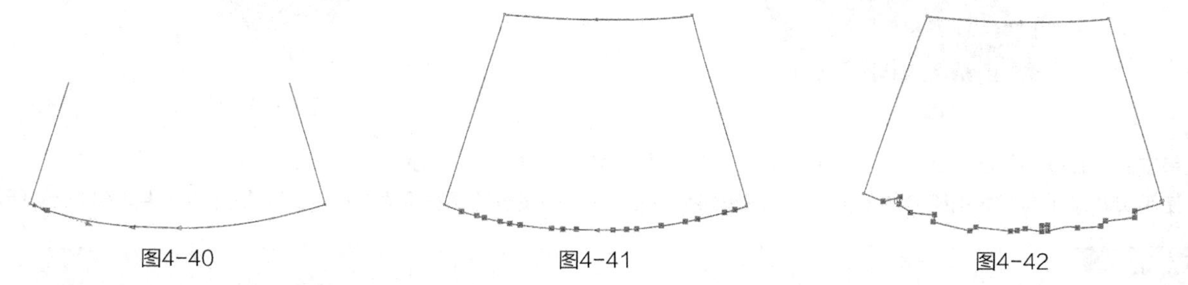

图4-40 图4-41 图4-42

11 执行菜单栏中的【文件】/【导入】命令，导入如图4-43所示的格子布面料。

12 执行菜单栏中的【排列】/【顺序】/【到页面后面】命令，使用选择工具把它放置到裙子造型下方，得到的效果如图4-44所示。

13 执行菜单栏中的【效果】/【图框精确剪裁】/【置于图文框内部】命令，把格子布面料放置在裙子造型中，得到的效果如图4-45所示。

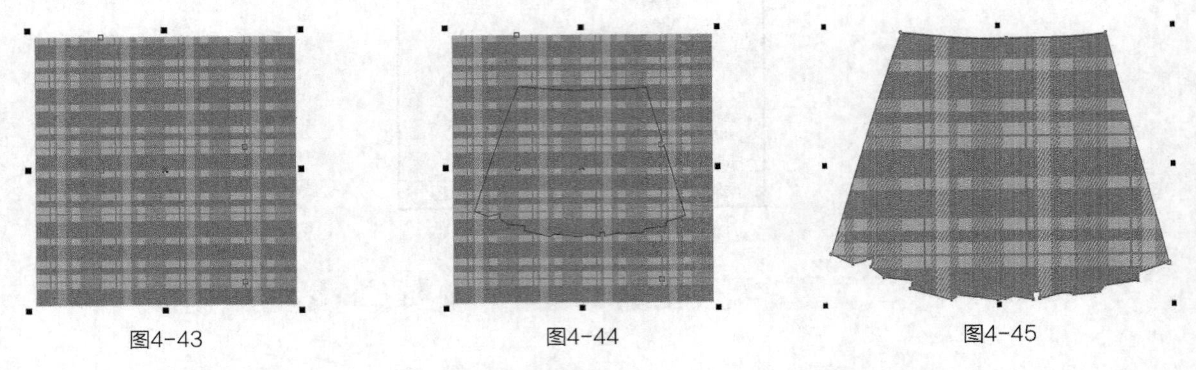

图4-43　　图4-44　　图4-45

14 单击鼠标右键，弹出对话框，如图4-46所示。单击【编辑PowerClip】，得到的效果如图4-47所示。

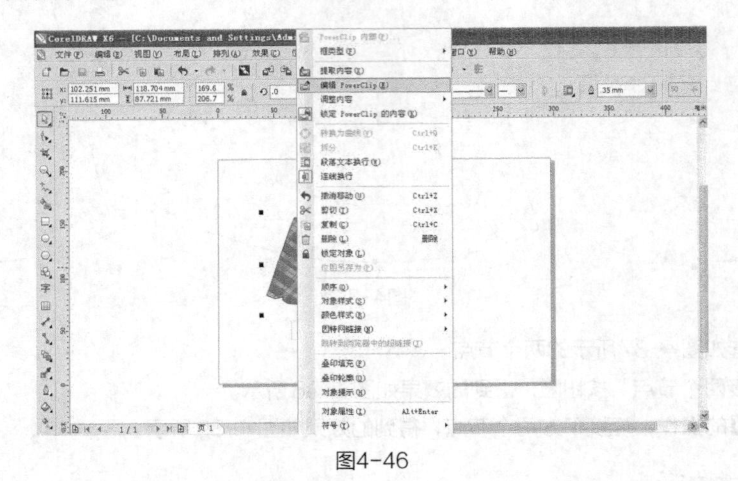

图4-46

15 使用选择工具选择格子面料，在属性栏中设置旋转角度为 315.0 °，得到的效果如图4-48所示。

图4-47

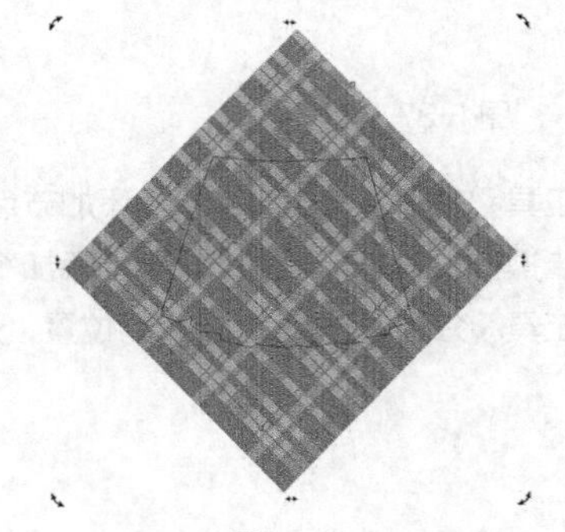

图4-48

16 单击鼠标右键，弹出对话框，选择【结束编辑】，得到的效果如图4-49所示。

17 使用贝塞尔工具分别绘制裙子上的12条褶裥线，在属性栏中设置轮廓宽度为 .35 mm ，得到的效果如图4-50所示。

专家提示

绘制褶裥线时，线条的一端必须和裙下摆的节点相吻合。

图4-49

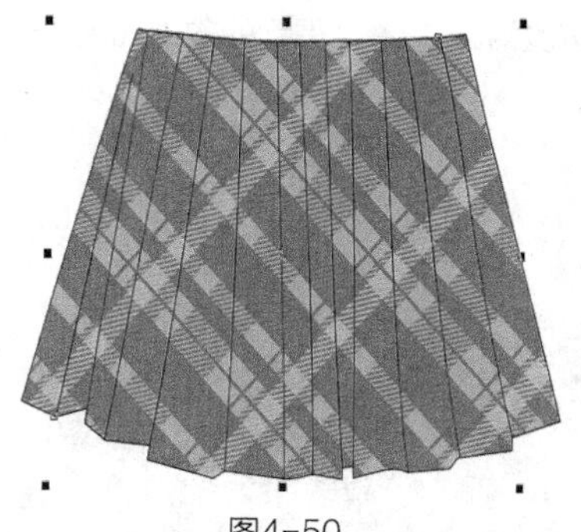
图4-50

18 使用贝塞尔工具和形状工具绘制如图4-51所示的裙子腰头部分，单击选择工具，在属性栏中设置轮廓宽度为 .35 mm 。

19 重复步骤 **11** ~步骤 **13** 的操作，给腰头部分填充格子面料，得到的效果如图4-52所示。

图4-51

图4-52

20 使用贝塞尔工具绘制腰头上的分割线，在属性栏中设置轮廓宽度为 .35 mm ，如图4-53所示。

21 选择贝塞尔工具和形状工具，在如图4-54所示的腰头及裙子下摆处绘制4条缉明线，使缉明线处于选择状态，按【F12】键，弹出“轮廓笔”对话框，选项及参数设置如图4-55所示。

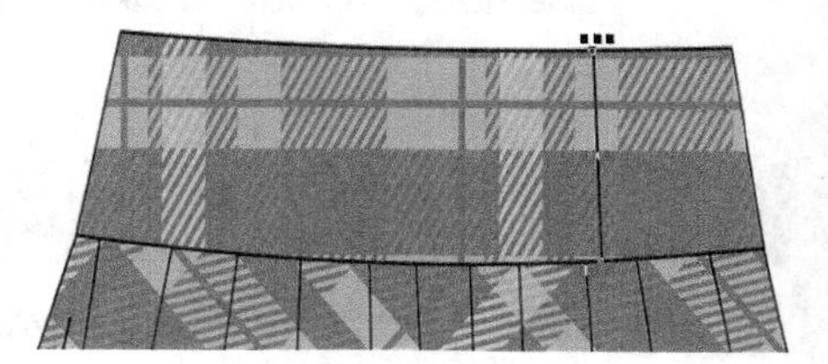
图4-53

图4-54

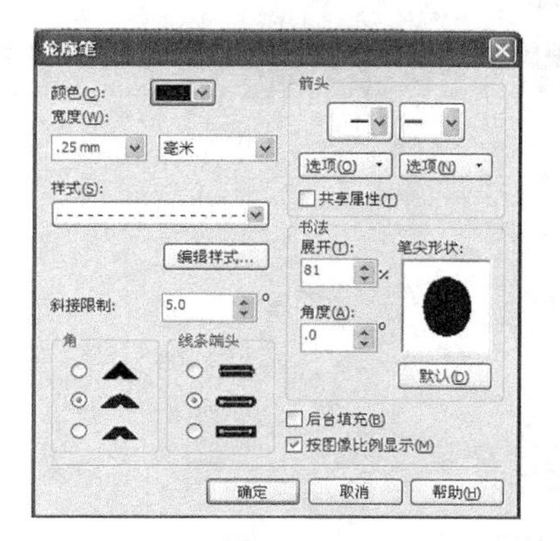

图4-55

22 单击【确定】按钮，得到的效果如图4-56所示。

23 选择椭圆形工具，按住【Ctrl】键在腰头绘制一个圆形，并填充为粉红色，CMYK值为3，40，25，0，在属性栏

中设置轮廓宽度为 .2mm ，得到的效果如图4-57所示。

图4-56

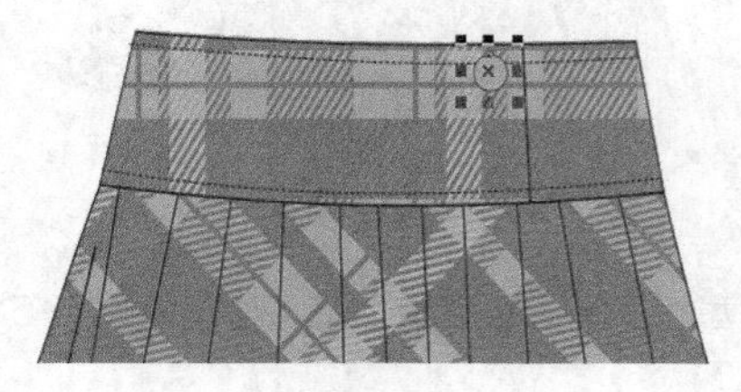

图4-57

24 按【+】键复制一个圆形，把复制的圆形摆放在如图4-58所示的位置。

25 使用选择工具框选所有图形，按【Ctrl+G】组合键群组图形。这样就完成了百褶裙的绘制，整体效果如图4-59所示。

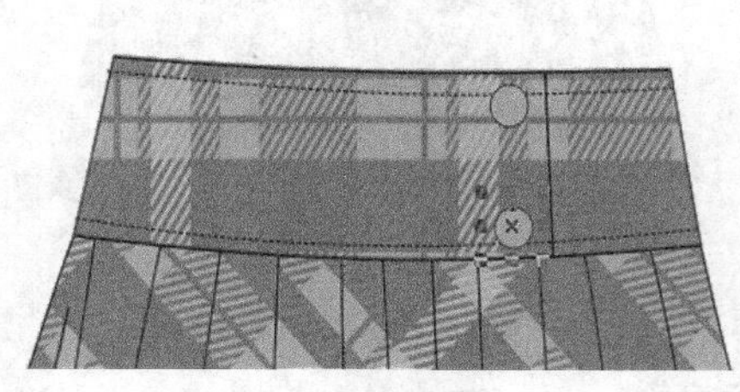

图4-58

图4-59

4.3 蕾丝裙

蕾丝裙的整体设计效果如图4-60所示。

设计重点

造型设计、蕾丝花边表现、织带表现、装饰线的表现。

图4-60

操作步骤

01 打开CorelDRAW软件，执行菜单栏中的【文件】/【新建】命令，或使用【Ctrl+N】组合键，弹出“创建新文档”对话框，命名文件为“蕾丝裙”，如图4-61所示，在属性栏中设定纸张大小为A4，横向摆放，如图4-62所示。

02 鼠标单击上方和左方的标尺栏，分别从上往下、从左往右拖动添加11条辅助线，确定腰线、腰头宽、裙长、裙摆宽等位置，如图4-63所示。

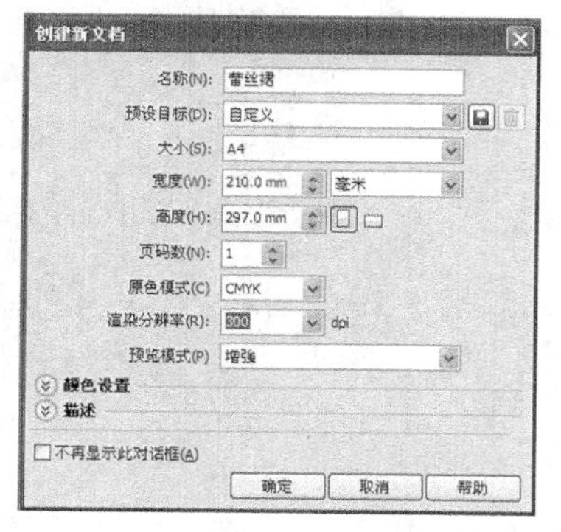

图4-61

图4-62

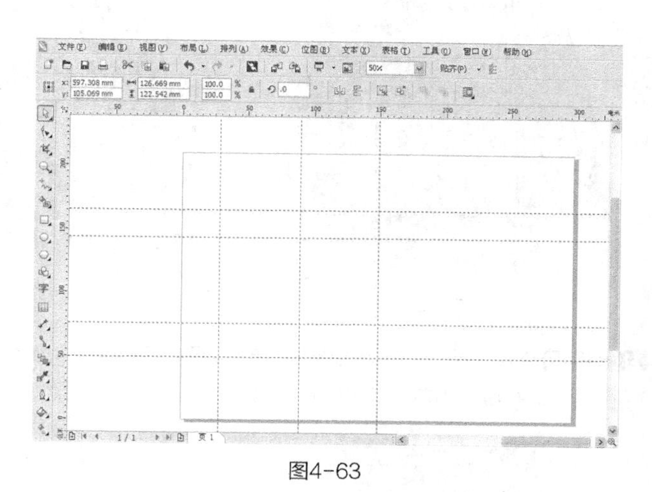

图4-63

03 使用贝塞尔工具和形状工具在辅助线的基础上绘制如图4-64所示的裙子造型。

04 单击选择工具，在属性栏中设置轮廓宽度为 .35 mm，选择工具箱中的均匀填充工具 均匀填充，给图形填充粉红色，在弹出的“均匀填充”对话框中将填色的数值设置CMYK值为3，40，25，0，如图4-65所示。单击【确定】按钮，得到的效果如图4-66所示。

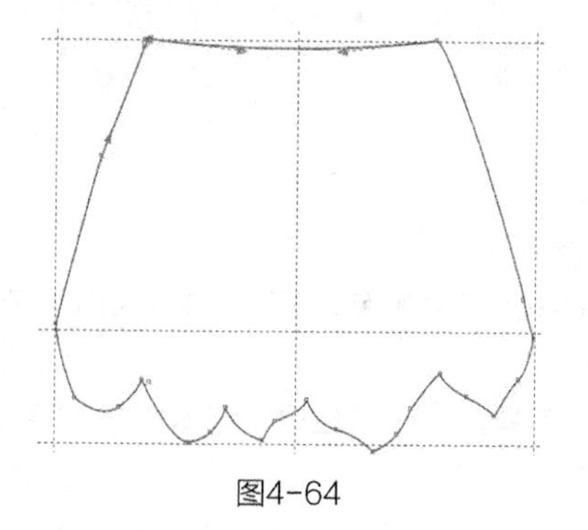

图4-64

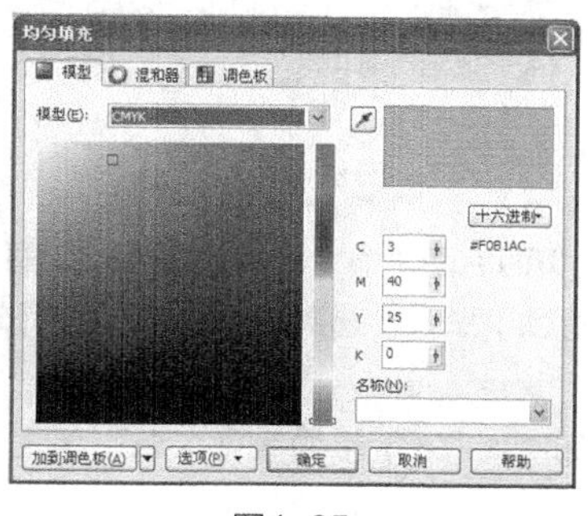

图4-65

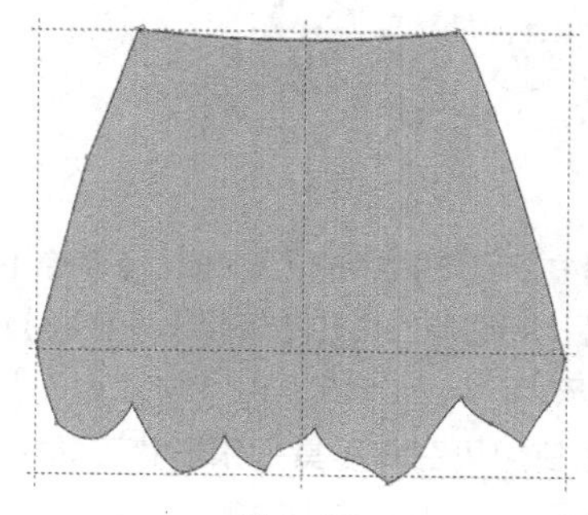

图4-66

专家提示

绘制裙子时要注意表现裙摆的不规则花瓣造型，通过形状工具双击路径添加节点，修改造型。

05 使用贝塞尔工具和形状工具分别绘制裙子上的16条褶裥线，在属性栏中设置轮廓宽度为 .35 mm，得到的效果如图4-67所示。

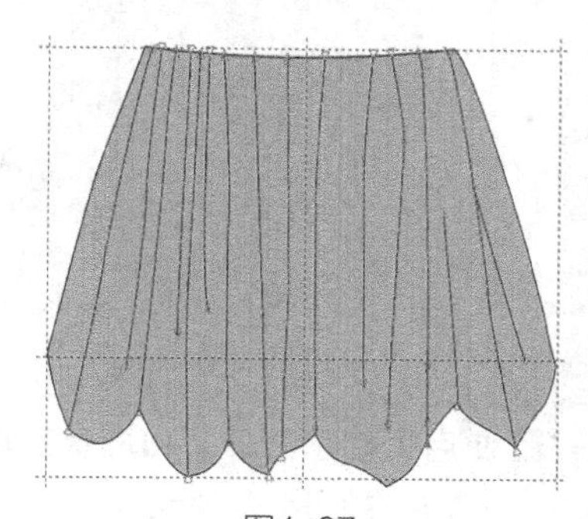

图4-67

06 使用贝塞尔工具和形状工具绘制裙子上的织带，在属性栏中设置轮廓宽度为 3.0 mm，得到的效果如图4-68所示。

07 执行菜单栏中的【排列】/【将轮廓转换为对象】命令，把路径转换为图形，并填充为白色，在属性栏中设置轮廓宽度为 .35 mm，得到的效果如图4-69所示。

08 使用形状工具调整织带两边的造型，使其和裙摆造型相贴合，得到效果如图4-70所示。

09 执行菜单栏中的【排列】/【顺序】/【置于此对象后】命令，把它放置到褶裥线后面，得到的效果如图4-71所示。

10 使用贝塞尔工具和形状工具绘制如图4-72所示的裙子前腰头部分，单击选择工具，在属性栏中设置轮廓宽度为，并填充为粉红色，CMYK值为3，40，25，0。

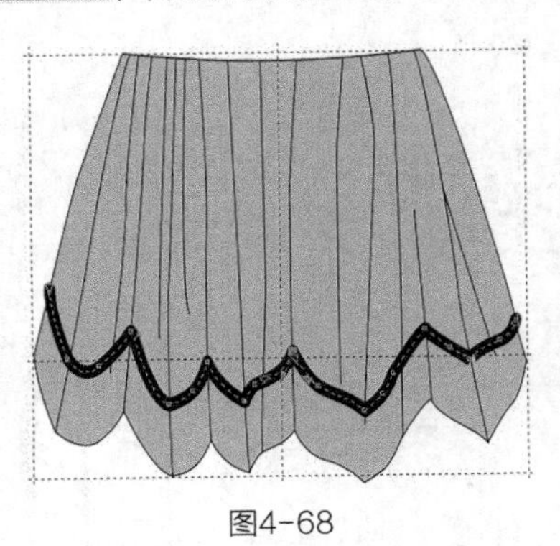
图4-68

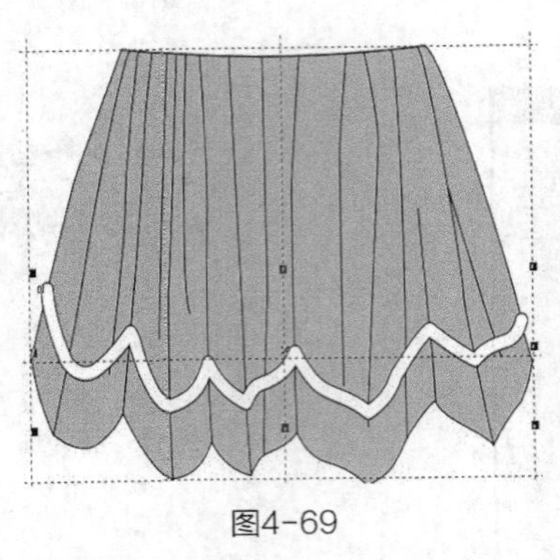
图4-69

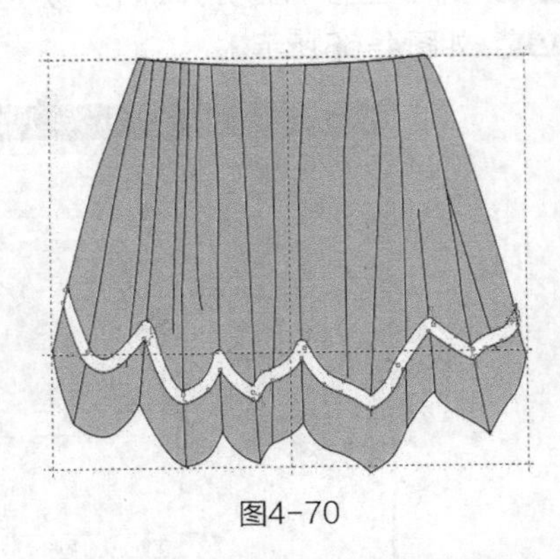
图4-70

11 使用贝塞尔工具和形状工具绘制如图4-73所示的裙子后腰头部分，单击选择工具，在属性栏中设置轮廓宽度为 ，并填充为灰色，CMYK值为33，40，33，0。

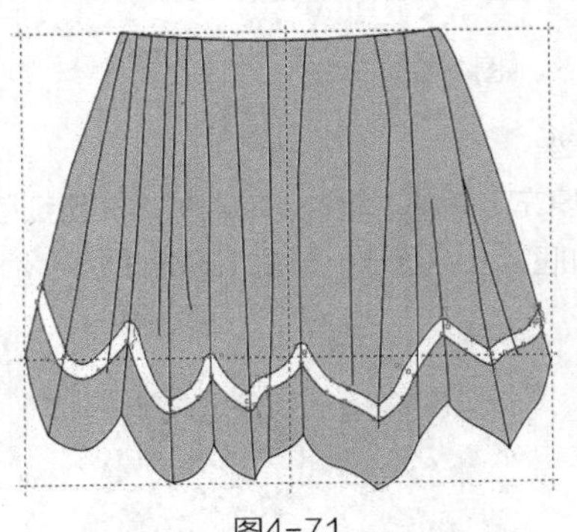
图4-71

图4-72

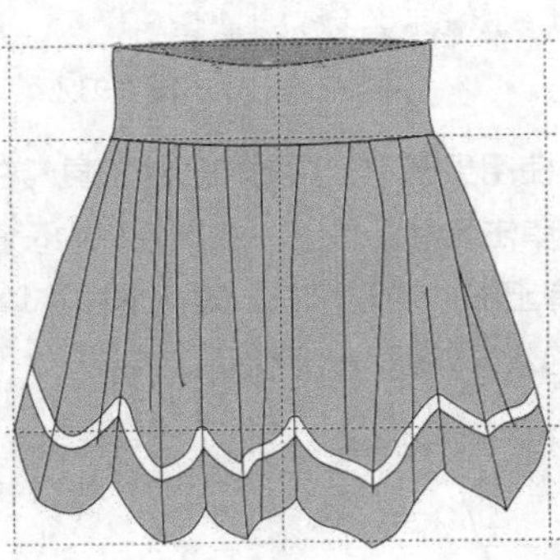
图4-73

12 执行菜单栏中的【排列】/【顺序】/【到页面后面】命令，得到的效果如图4-74所示。

13 执行菜单栏中的【编辑】/【全选】/【辅助线】命令，选择所有的辅助线，按【Delete】键删除，得到的效果如图4-75所示。

14 使用贝塞尔工具和形状工具绘制如图4-76所示的腰部装饰，单击选择工具，在属性栏中设置轮廓宽度为 ，并填充为白色。

图4-74

图4-75

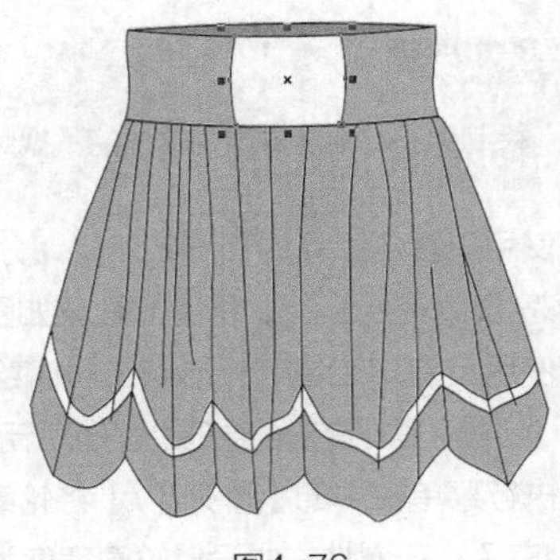
图4-76

15 使用贝塞尔工具和形状工具绘制腰部的褶裥线，设置轮廓宽度为 ，如图4-77所示。

16 选择贝塞尔工具和形状工具，在如图4-78所示的腰头、腰部装饰及裙子下摆处绘制7条缉明线，使缉明线处于选择状态，按【F12】键，弹出“轮廓笔”对话框，选项及参数设置如图4-79所示。

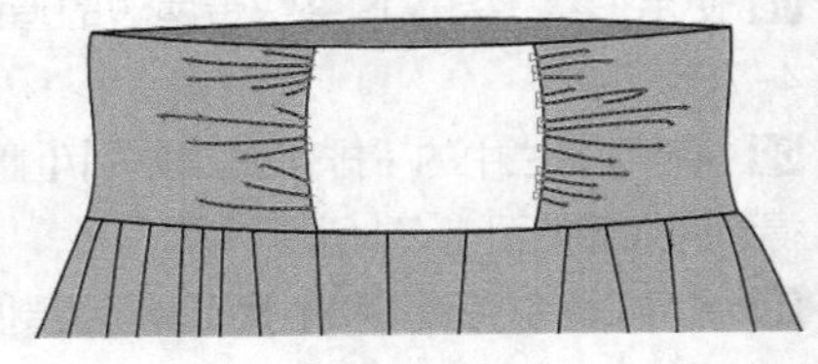
图4-77

17 单击【确定】按钮，得到的效果如图4-80所示。

图4-78

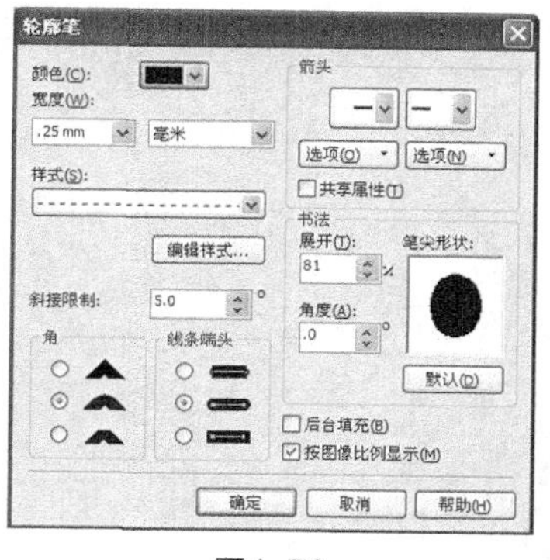

图4-79

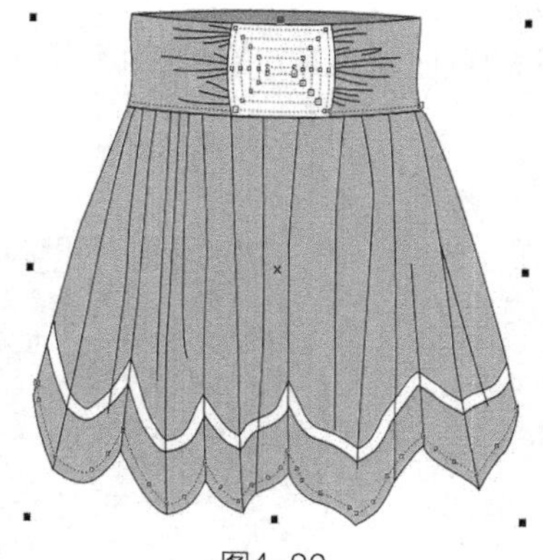

图4-80

18 执行菜单栏中的【文件】/【导入】命令，导入如图4-81所示的蕾丝花边图案。

19 选择工具箱中的均匀填充工具，给图案填充粉红色，在弹出的“均匀填充”对话框中将填色的数值设置CMYK值为3，40，25，0，如图4-82所示。单击【确定】按钮，得到的效果如图4-83所示。

图4-81

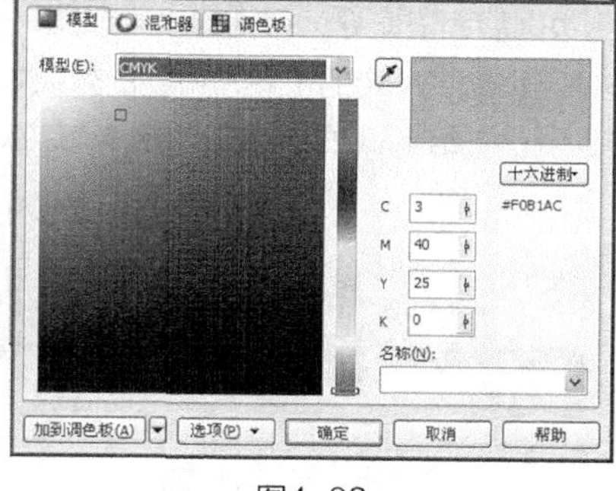

图4-82

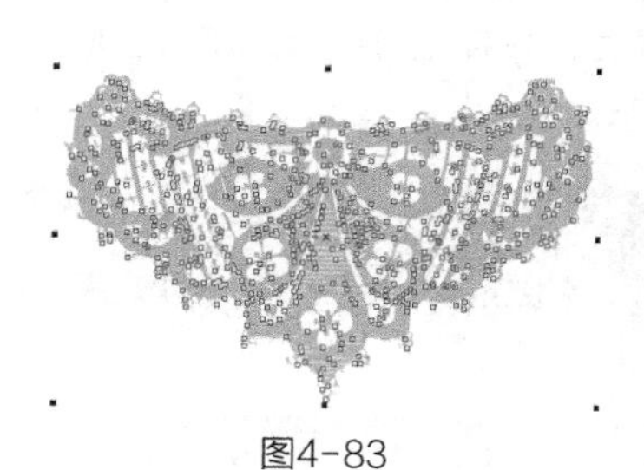

图4-83

20 单击工具箱中的艺术笔工具，选择属性栏中的【新喷涂列表】，单击属性栏中的“添加到喷涂列表”按钮把蕾丝花边图案自定义为艺术画笔，属性栏中设置各项参数如图4-84所示。

图4-84

21 使用贝塞尔工具和形状工具绘制一条和裙摆相重合的路径，如图4-85所示。

22 选择艺术笔工具，在属性栏的喷涂列表中单击蕾丝花边艺术笔，得到的效果如图4-86所示。

图4-85

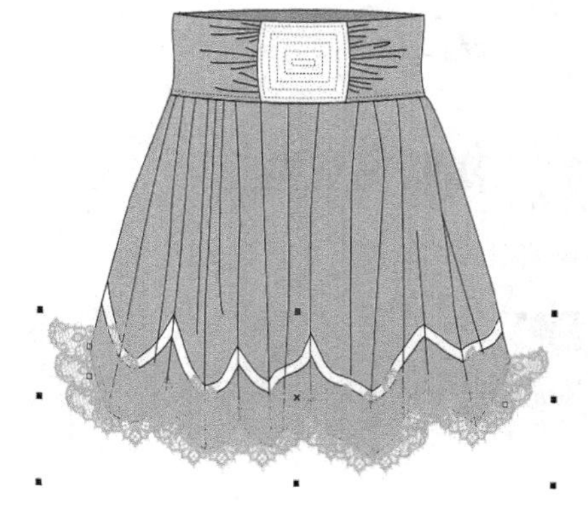

图4-86

23 单击属性栏中的“旋转”按钮，选择【相对于路径】，如图4-87所示，得到的效果如图4-88所示。

24 在属性栏中设置对象大小为 50 %，得到的效果如图4-89所示。

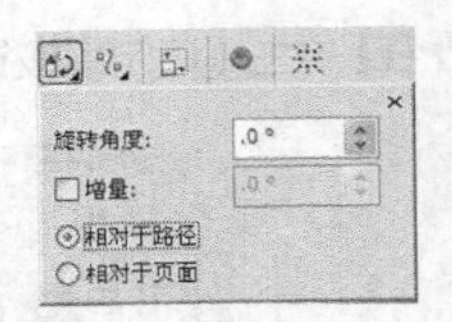

图4-87

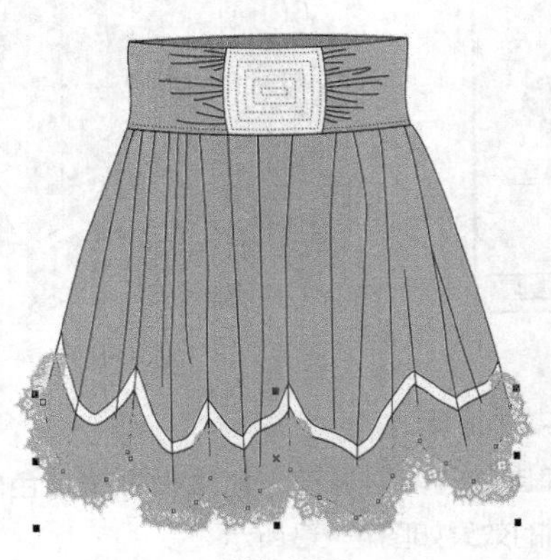
图4-88

图4-89

25 执行菜单栏中的【排列】/【顺序】/【到页面后面】命令，得到的效果如图4-90所示。

26 单击选择工具，把绘制好的蕾丝花边往下移动到一定的位置，得到的效果如图4-91所示。

27 使用选择工具框选所有图形，按【Ctrl+G】组合键群组图形。这样就完成了蕾丝裙的绘制，整体效果如图4-92所示。

专家提示

完成自定义蕾丝图案艺术笔之后，要记得把艺术笔保存，方便在以后的绘图过程中直接使用。

图4-90

图4-91

图4-92

4.4 高腰铅笔裙

高腰铅笔裙的整体效果如图4-93所示。

设计重点

造型设计、腰带设计、两孔扣表现。

操作步骤

01 打开CorelDRAW软件，执行菜单栏中的【文件】/【新建】命令，或使用【Ctrl+N】组合键，弹出“创建新文档”对话框，命名文件为“高腰铅笔裙”，如图4-94所示。在属性栏中设定纸张大小为A4，横向摆放，如图4-95所示。

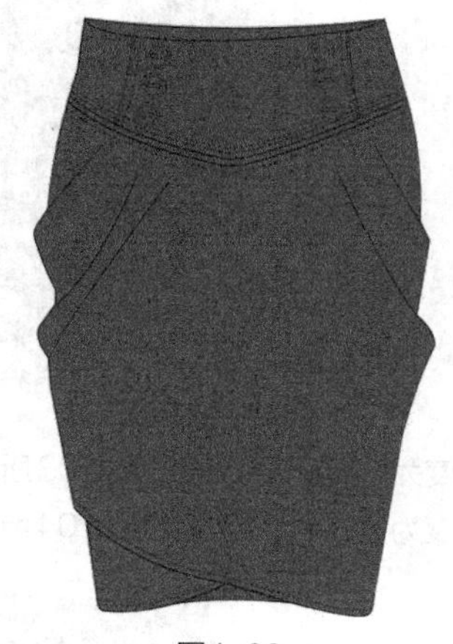

图4-93

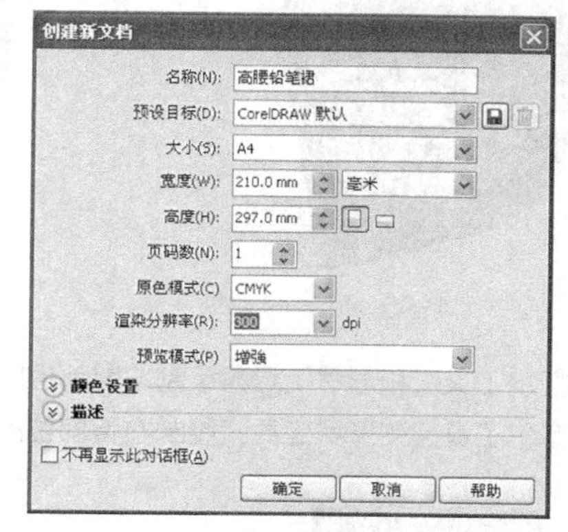

图4-94

02 使用贝塞尔工具和形状工具绘制如图4-96所示的裙子造型。

图4-95

> **专家提示**
>
> 使用形状工具调整裙子造型时，注意臀部的曲线造型处理，此款为合体包臀裙。

03 单击选择工具，在属性栏中设置轮廓宽度为 .35 mm ，选择工具箱中的均匀填充工具 均匀填充 ，给图形填充枣红色，在弹出的“均匀填充”对话框中将填色的数值设置CMYK值为49，93，89，23，如图4-97所示。单击【确定】按钮，得到的效果如图4-98所示。

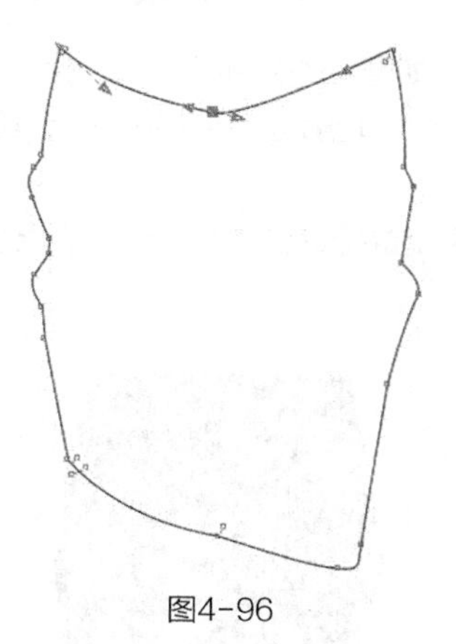

图4-96

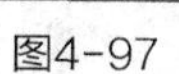

图4-97

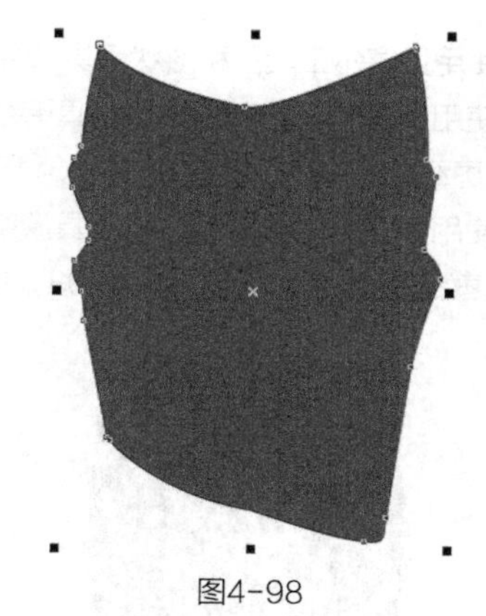

图4-98

04 使用贝塞尔工具和形状工具绘制如图4-99所示的裙子前腰头造型。

05 单击选择工具，在属性栏中设置轮廓宽度为 .35 mm ，给图形填充枣红色，CMYK值为49，93，89，23，得到的效果如图4-100所示。

06 使用贝塞尔工具和形状工具绘制裙子后腰头造型，单击选择工具，在属性栏中设置轮廓宽度为 .35 mm ，给图形填充枣红色，CMYK值为49，93，89，23，得到的效果如图4-101所示。

07 执行菜单栏中的【排列】/【顺序】/【到页面后面】命令，得到的效果如图4-102所示。

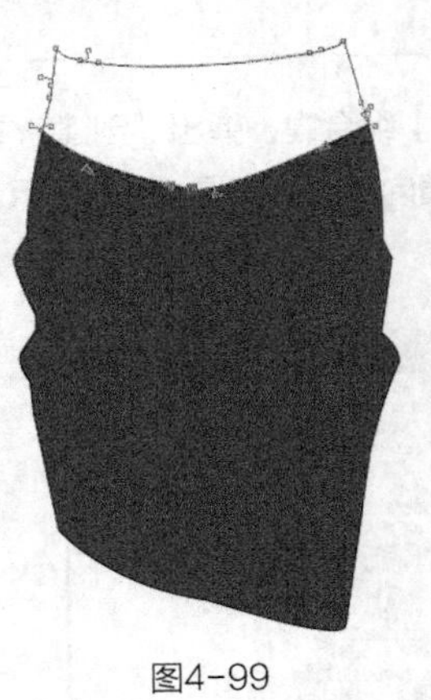
图4-99

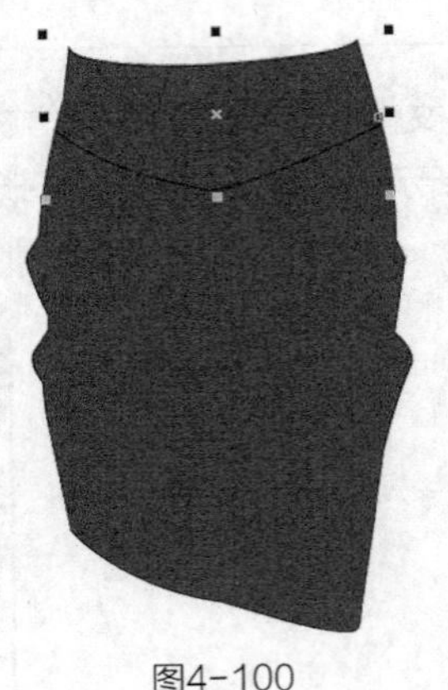
图4-100

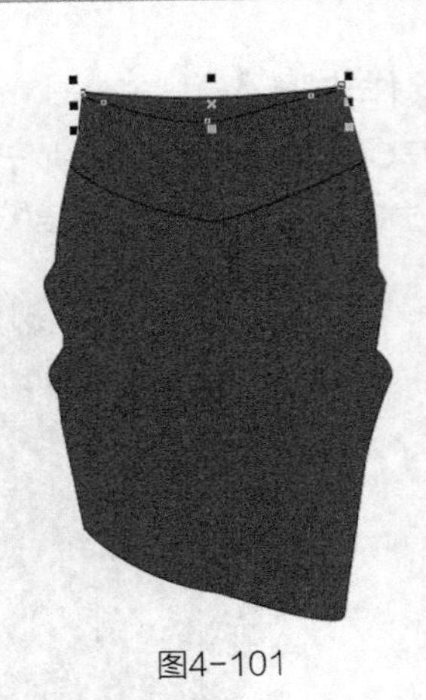
图4-101

08 使用贝塞尔工具和形状工具绘制左臀部位的3条褶裥线，设置轮廓宽度为.35 mm，如图4-103所示。

09 使用贝塞尔工具和形状工具绘制右臀部位的2条褶裥线，设置轮廓宽度为.35 mm，如图4-104所示。

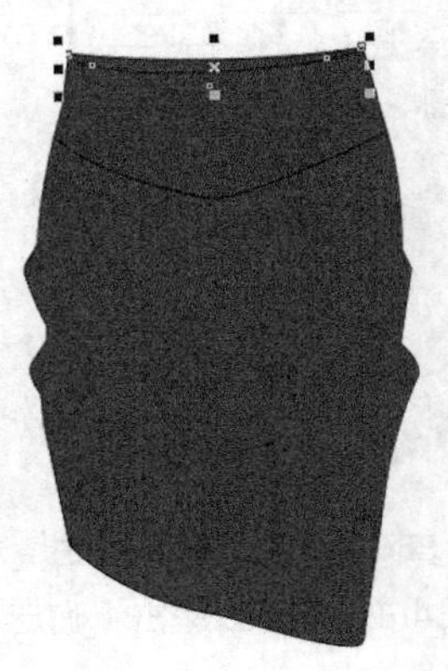
图4-102

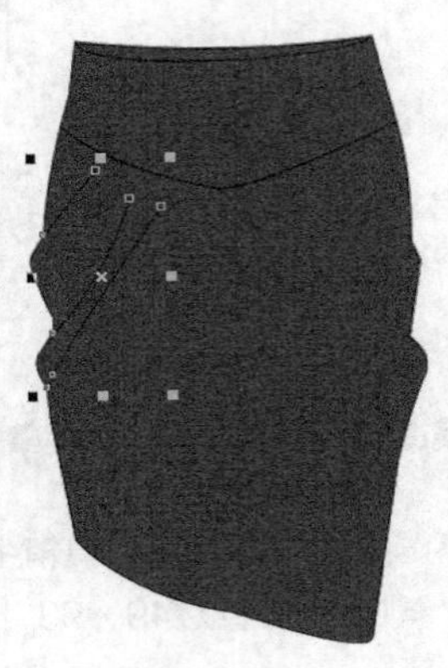
图4-103

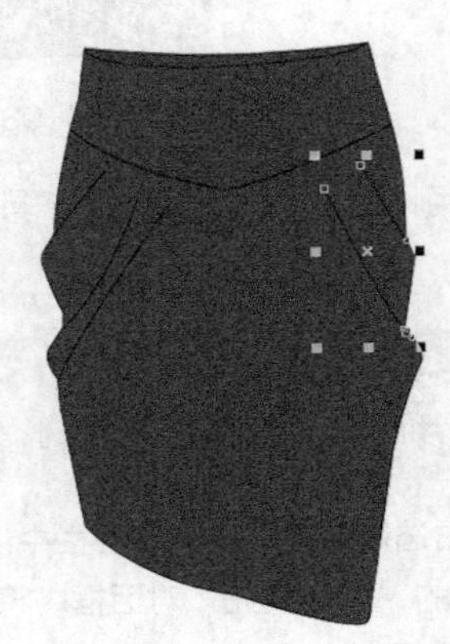
图4-104

10 使用贝塞尔工具和形状工具绘制腰部的3条分割线，设置轮廓宽度为.35 mm，如图4-105所示。

11 使用贝塞尔工具和形状工具绘制裙子下摆造型，单击选择工具，在属性栏中设置轮廓宽度为.35 mm，给图形填充枣红色，CMYK值为49，93，89，23，得到的效果如图4-106所示。

12 使用贝塞尔工具和形状工具绘制裙子下摆里布，单击选择工具，在属性栏中设置轮廓宽度为.35 mm，给图形填充枣红色，CMYK值为49，93，89，23，得到的效果如图4-107所示。

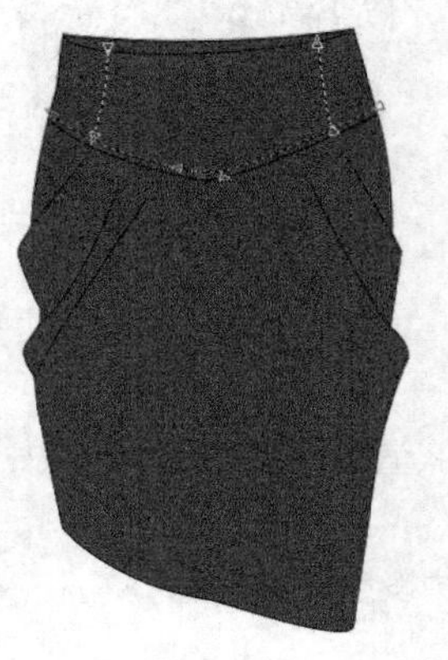
图4-105

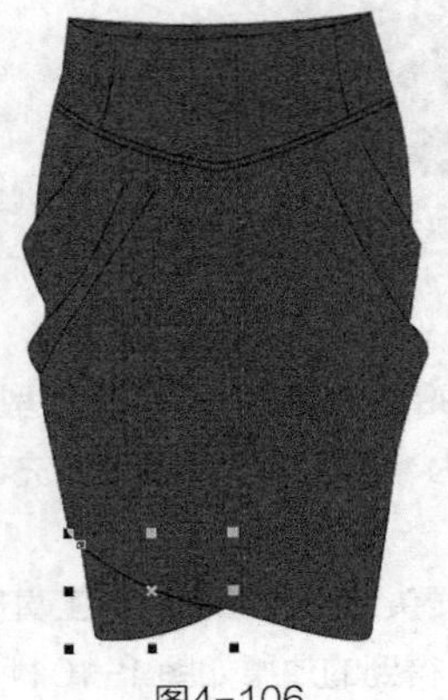
图4-106

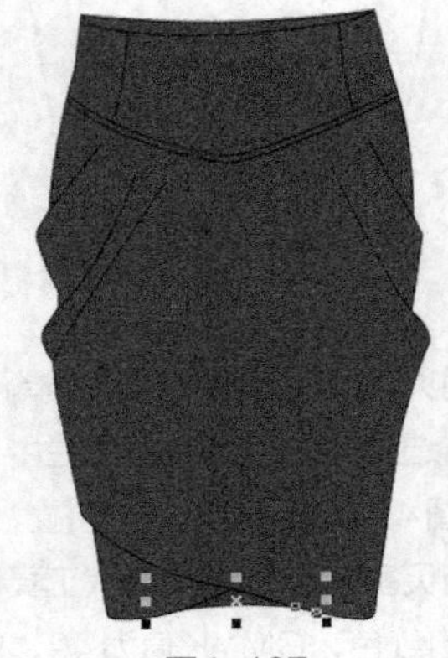
图4-107

13 选择贝塞尔工具和形状工具，在如图4-108所示的腰头分割线及裙子下摆处绘制10条缉明线，使缉明线处于选择状态，按【F12】键，弹出“轮廓笔”对话框，选项及参数设置如图4-109所示。

14 单击【确定】按钮，得到的效果如图4-110所示。

图4-108

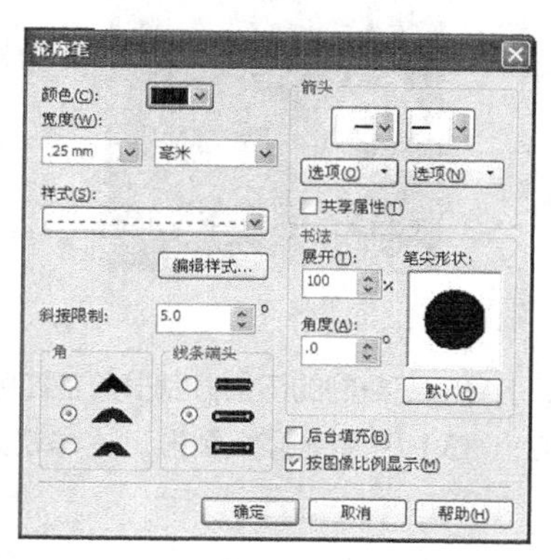

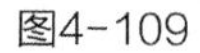

图4-109

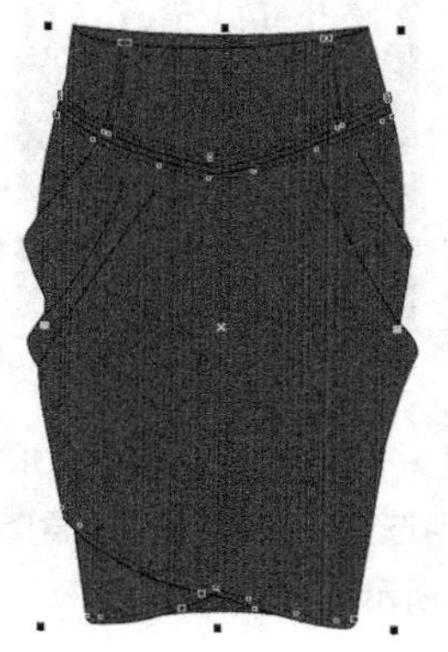

图4-110

15 选择椭圆形工具，按住【Ctrl】键在腰头绘制一个圆形，在属性栏中设置轮廓宽度为 .2 mm，得到的效果如图4-111所示。

16 按【+】键复制圆形，再按住【Shift】键等比例缩小圆形，得到的效果如图4-112所示。

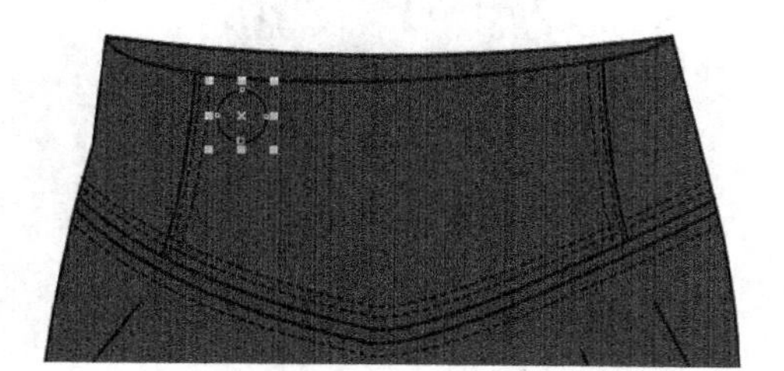

图4-111

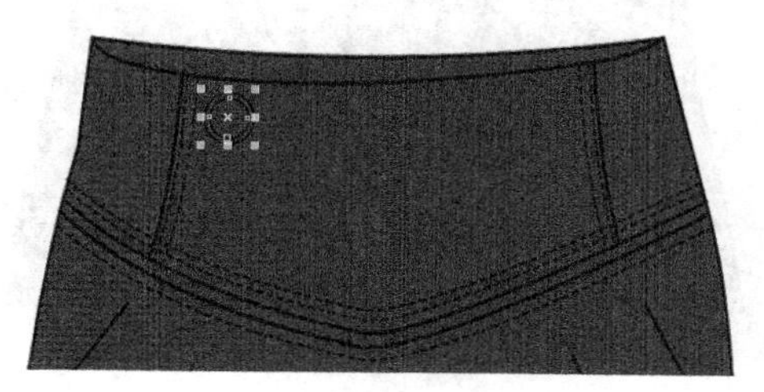

图4-112

17 按【+】键复制两个小圆形，再按住【Shift】键等比例缩小图形，把复制的小圆形摆放在如图4-113所示的位置。

18 使用手绘工具在扣子上绘制一条线段，如图4-114所示。

图4-113

图4-114

19 使用选择工具选择线段，按【F12】键弹出“轮廓笔”对话框，设置各项参数如图4-115所示。

20 单击【确定】按钮，得到的效果如图4-116所示。

21 执行菜单栏中的【排列】/【将轮廓转换为对象】命令，把路径转换为图形，在属性栏中设置轮廓宽度为 .1 mm，得到的效果如图4-117所示。

22 使用选择工具框选纽扣，按【Ctrl+G】组合键群组图形。给纽扣填充枣红色，CMYK值为49，93，89，23，得到的效果如图4-118所示。

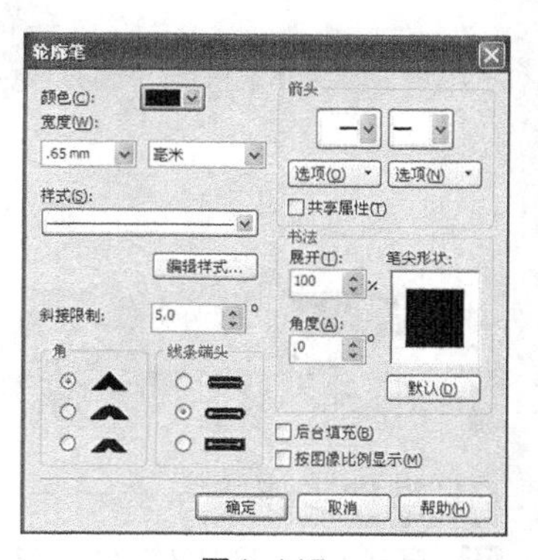

图4-115

图4-116

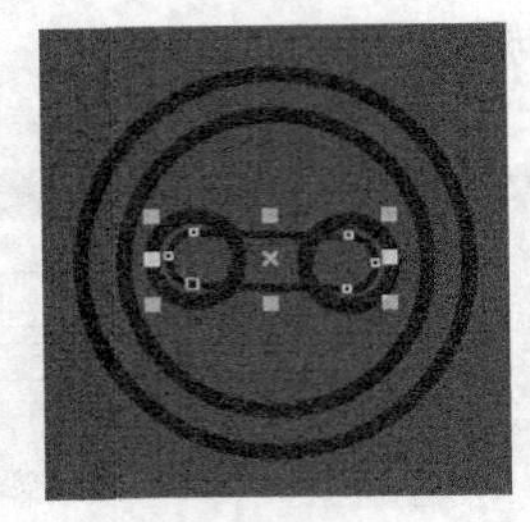
图4-117

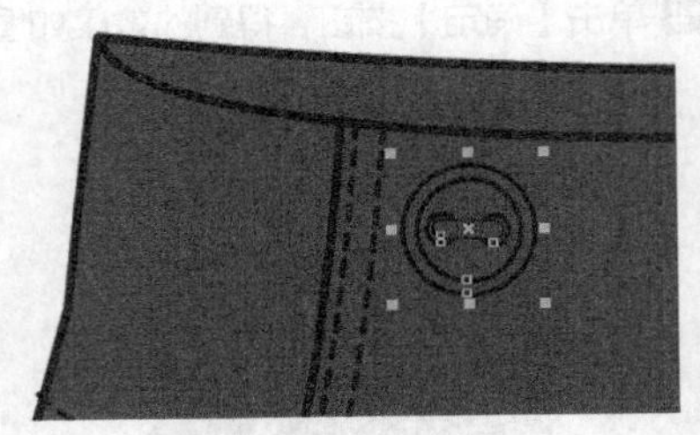
图4-118

23 按【+】键复制另外5个纽扣，使用选择工具把复制的纽扣分别摆放在如图4-119所示的位置。

24 使用选择工具框选所有图形，按【Ctrl+G】组合键群组图形。这样就完成了高腰铅笔裙的绘制，整体效果如图4-120所示。

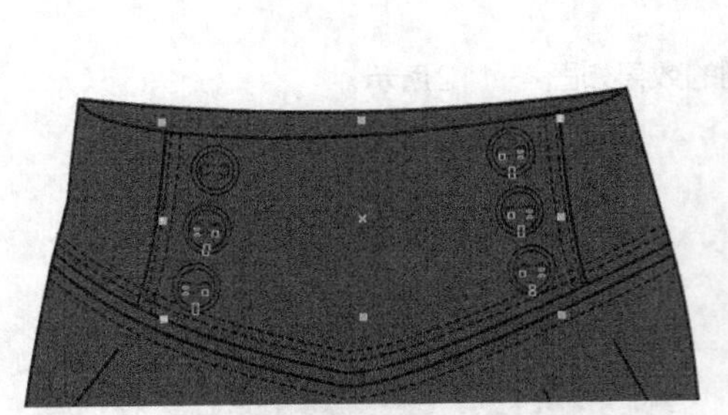
图4-119

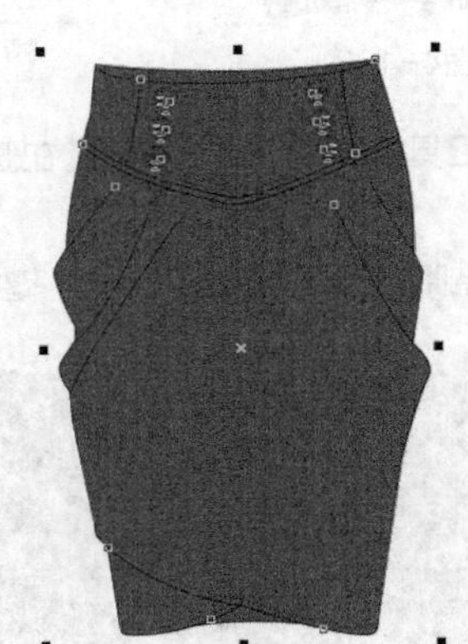
图4-120

4.5 牛仔喇叭裙

牛仔喇叭裙的整体效果如图4-121所示。

图4-121

设计重点

造型设计、雪纺印花面料的表现、松紧带的表现、珠片花边的表现。

操作步骤

01 打开CorelDRAW软件，执行菜单栏中的【文件】/【新建】命令，或使用【Ctrl+N】组合键，弹出“创建新文档”对

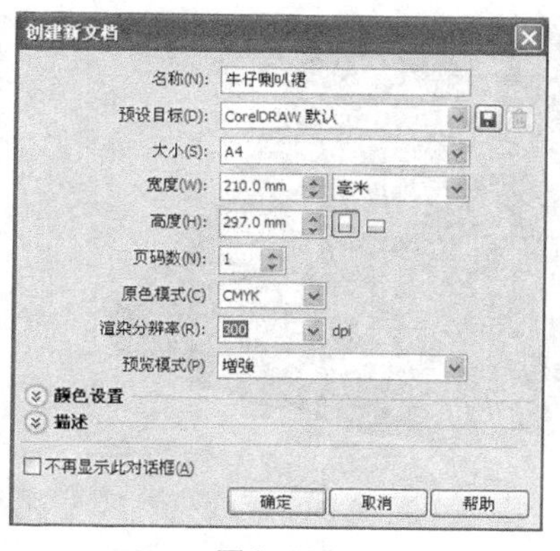

图4-122

话框，命名文件为“牛仔喇叭裙”，如图4-122所示。在属性栏中设定纸张大小为A4，横向摆放，如图4-123所示。

图4-123

02 鼠标单击上方和左方的标尺栏，分别从上往下、从左往右拖动添加7条辅助线，确定腰线、裙长、裙摆宽、围度等位置，如图4-124所示。

03 使用贝塞尔工具和形状工具在辅助线的基础上绘制如图4-125所示的裙子造型，单击选择工具，在属性栏中设置轮廓宽度为 .35 mm ，并填充为深蓝色，CMYK值为60，40，0，40。

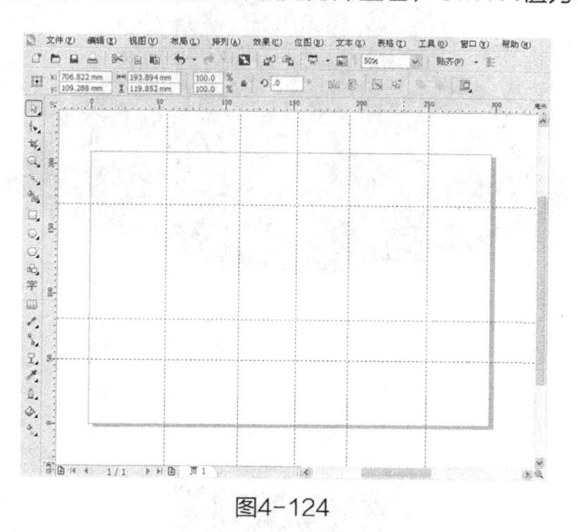

图4-124

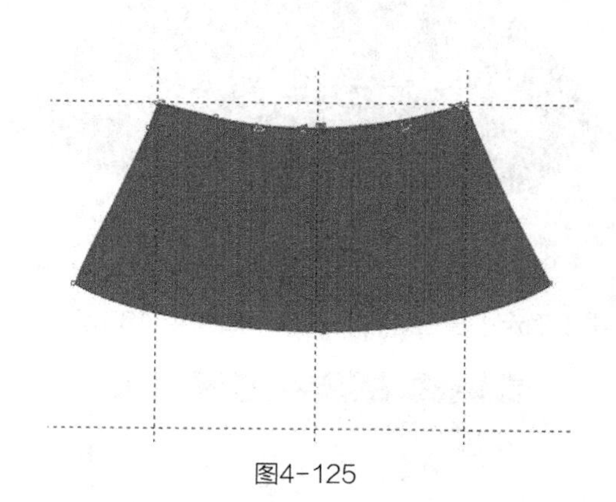

图4-125

04 使用贝塞尔工具和形状工具在辅助线的基础上绘制如图4-126所示的裙子后片造型，单击选择工具，在属性栏中设置轮廓宽度为 .35 mm ，并填充为深蓝色，CMYK值为60，40，0，40。

05 执行菜单栏中的【排列】/【顺序】/【向后一层】命令，得到的效果如图4-127所示。

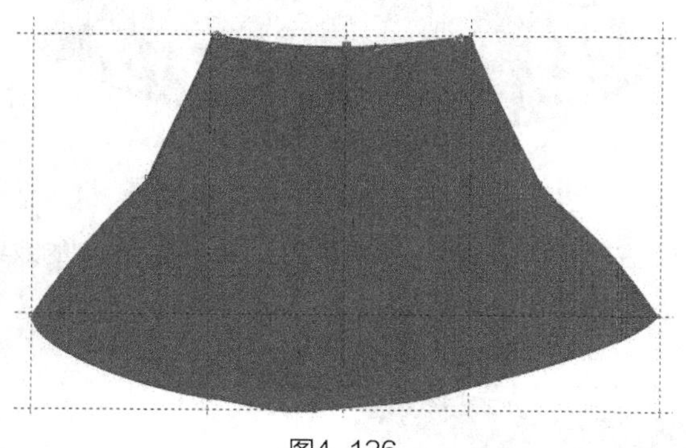

图4-126

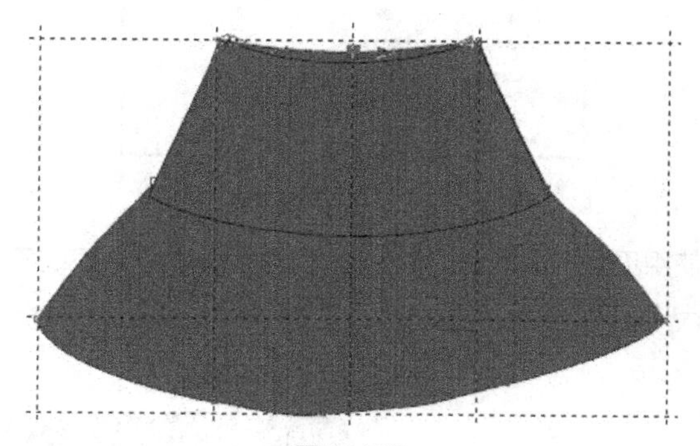

图4-127

06 使用贝塞尔工具和形状工具绘制腰部分割线，在属性栏中设置轮廓宽度为 .35 mm ，如图4-128所示。

07 使用贝塞尔工具绘制门襟分割线，在属性栏中设置轮廓宽度为 .35 mm ，如图4-129所示。

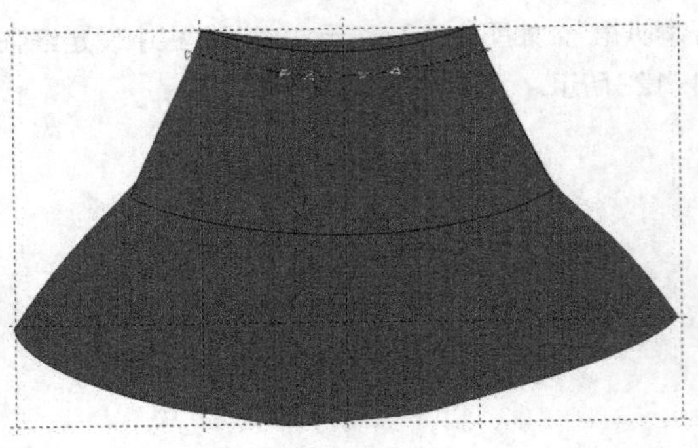
图4-128

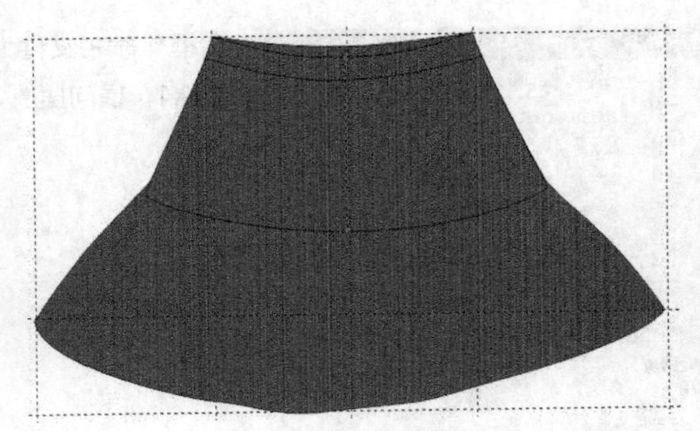
图4-129

08 使用贝塞尔工具和形状工具绘制口袋及分割线，在属性栏中设置轮廓宽度为.35 mm，得到的效果如图4-130所示。

09 使用贝塞尔工具和形状工具在如图4-131所示的腰头、门襟、口袋及分割线上绘制17条缉明线，按【F12】键，弹出“轮廓笔”对话框，选项及参数设置如图4-132所示。

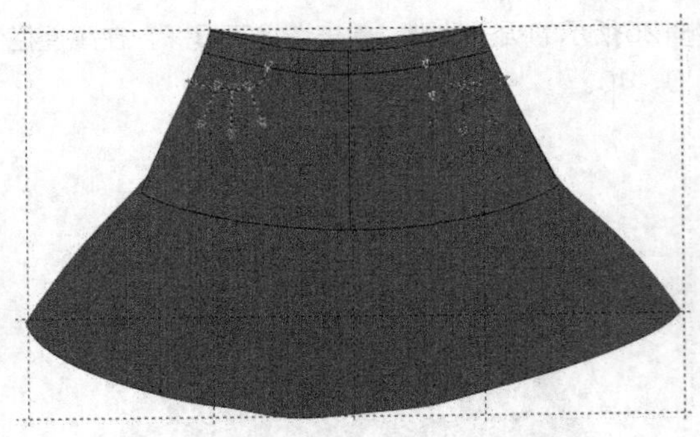
图4-130

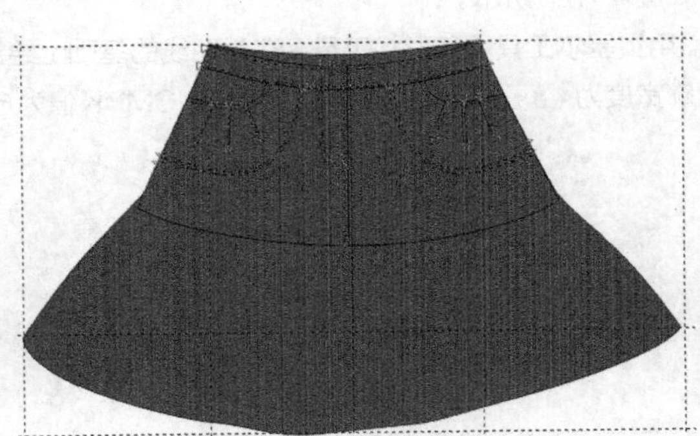
图4-131

10 单击【确定】按钮，得到的效果如图4-133所示。

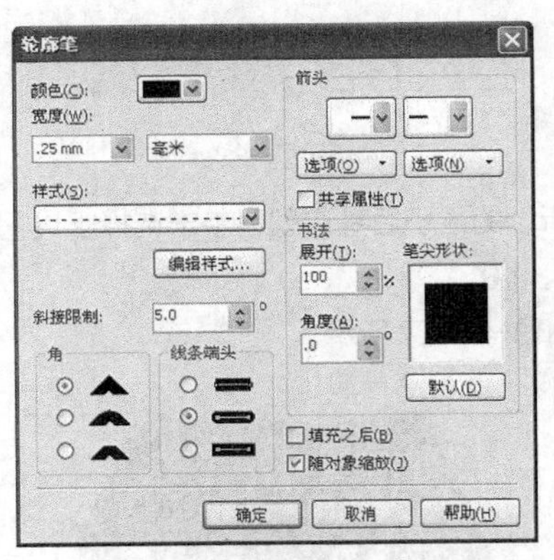

图4-132

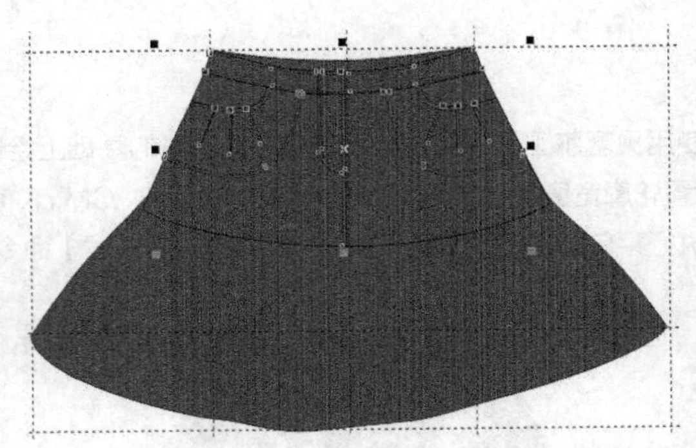
图4-133

11 使用贝塞尔工具和形状工具在腰头绘制波浪线表现松紧带，在属性栏中设置轮廓宽度为.35 mm，得到的效果如图4-134所示。

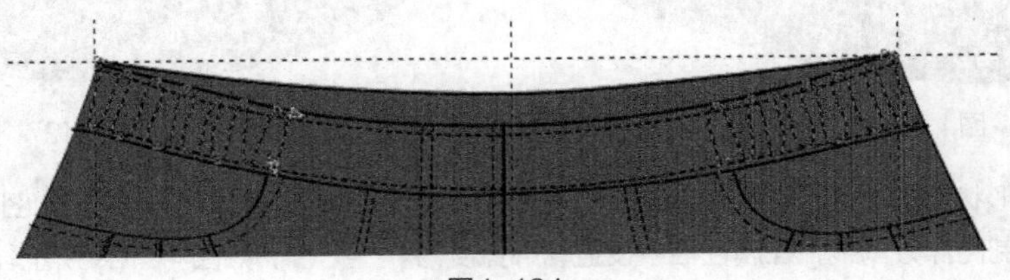
图4-134

12 使用矩形工具在腰部绘制腰带袢，在属性栏中设置轮廓宽度为.35 mm，并填充为深蓝色，CMYK值为60，40，0，40，得到的效果如图4-135所示。

13 重复步骤**09**~步骤**10**的操作，绘制腰带袢上的缉明线，得到的效果如图4-136所示。

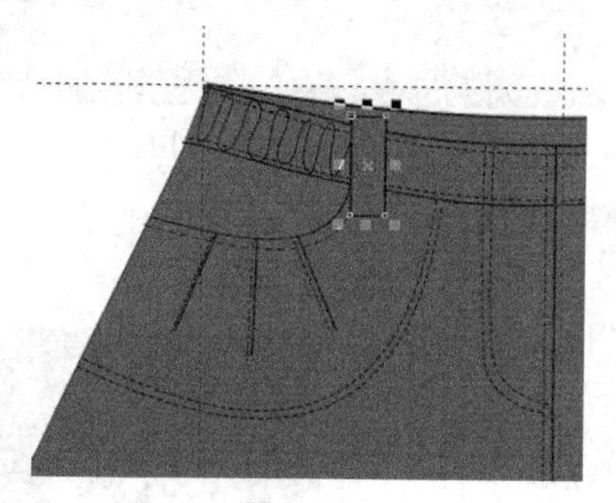
图4-135

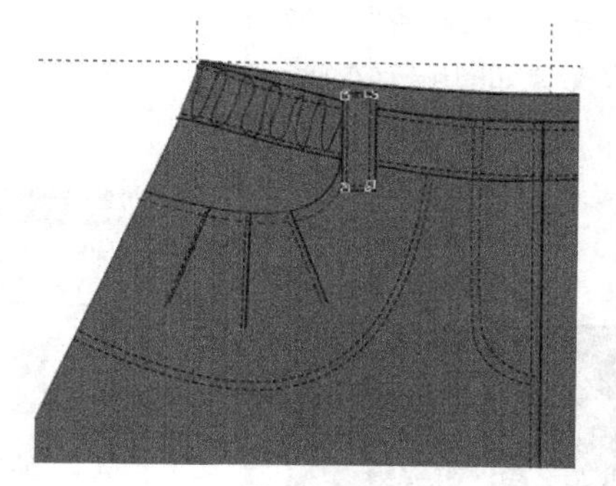
图4-136

14 使用椭圆形工具，按住【Ctrl】在腰带袢上绘制撞钉，在属性栏中设置轮廓宽度为.35 mm，得到的效果如图4-137所示。

15 单击渐变填充工具渐变填充，弹出“渐变填充”对话框，选择“辐射/双色”渐变，设置各项参数如图4-138所示。单击【确定】按钮，得到的效果如图4-139所示。

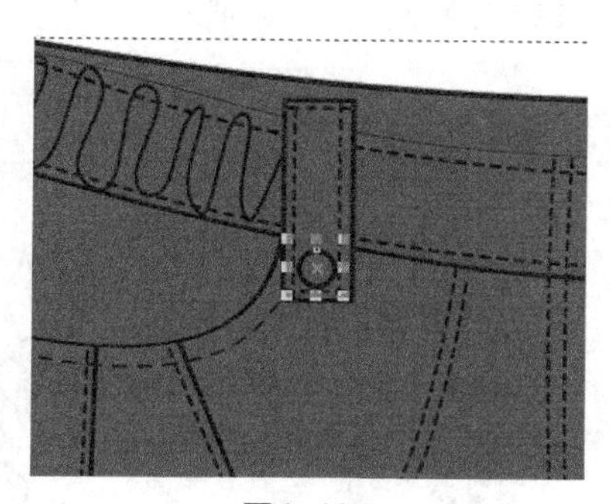
图4-137

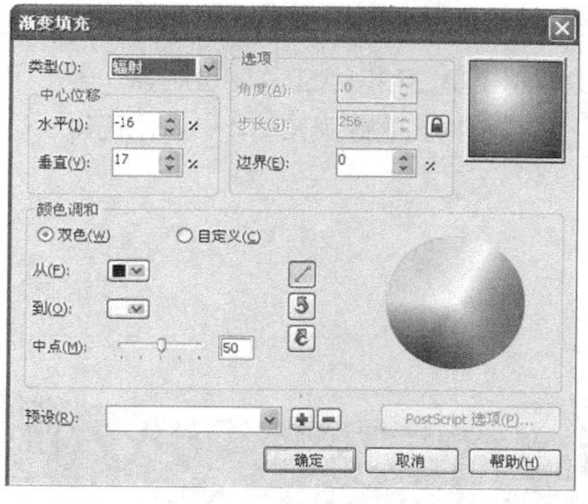

图4-138

专家提示

按【F11】快捷键，也可弹出“渐变填充”对话框。

16 使用选择工具框选图形，在属性栏中设置旋转角度为349.6°，得到的效果如图4-140所示。

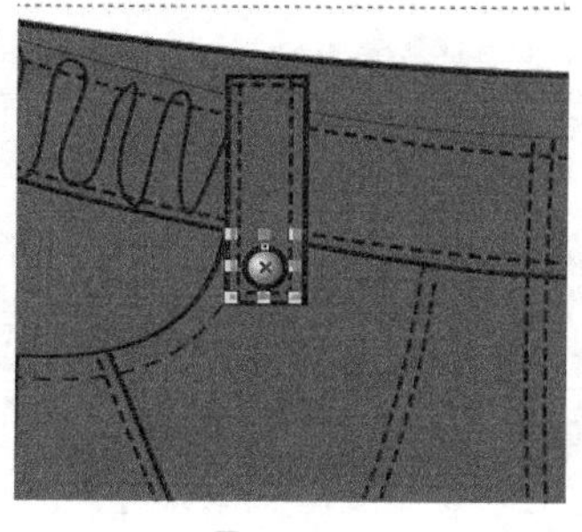
图4-139

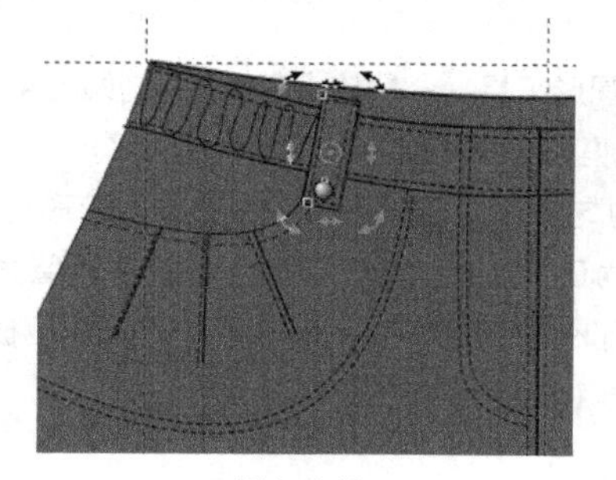
图4-140

17 按小键盘上的【+】键复制图形，单击属性栏中的水平镜像按钮，然后把复制的图形向右平移到一定的位置，得到的效果如图4-141所示。

18 使用椭圆形工具在门襟上绘制纽扣，属性栏中设置轮廓宽度为 .35 mm，得到的效果如图4-142所示。

19 单击渐变填充工具 渐变填充，弹出“渐变填充”对话框，选择“辐射/双色”渐变，设置各项参数如图4-143所示。单击【确定】按钮，得到的效果如图4-144所示。

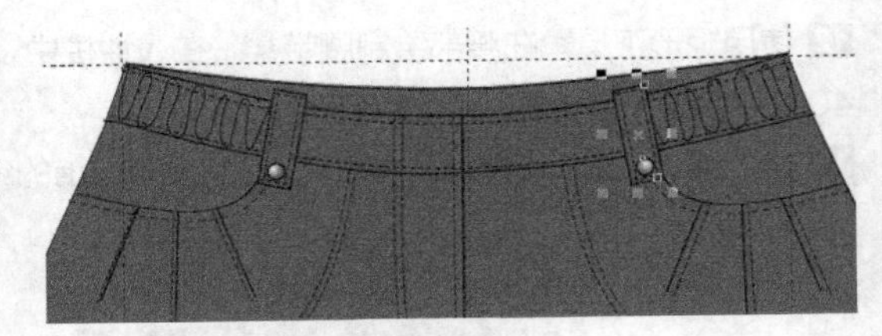

图4-141

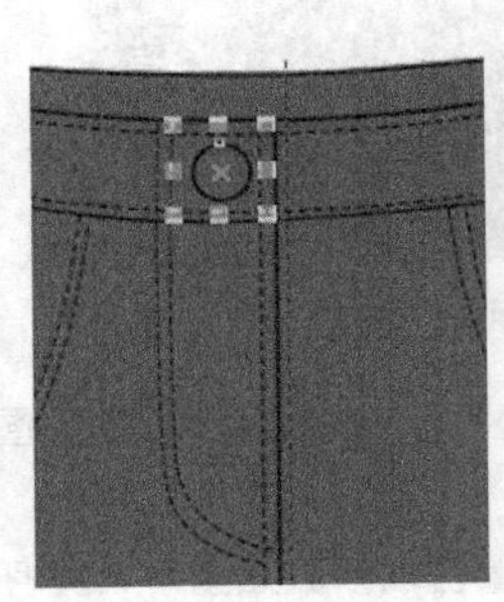

图4-142

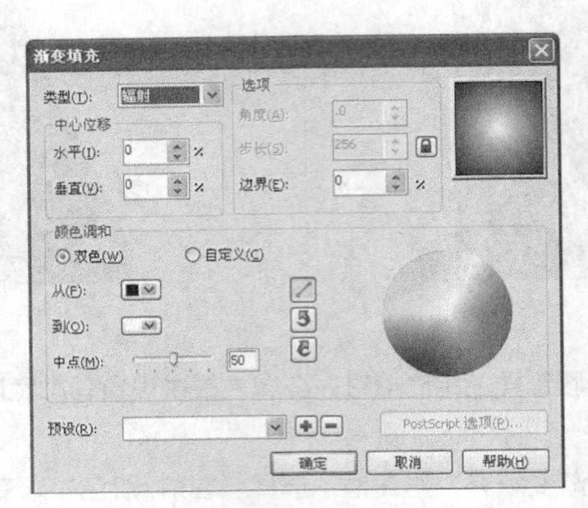

图4-143

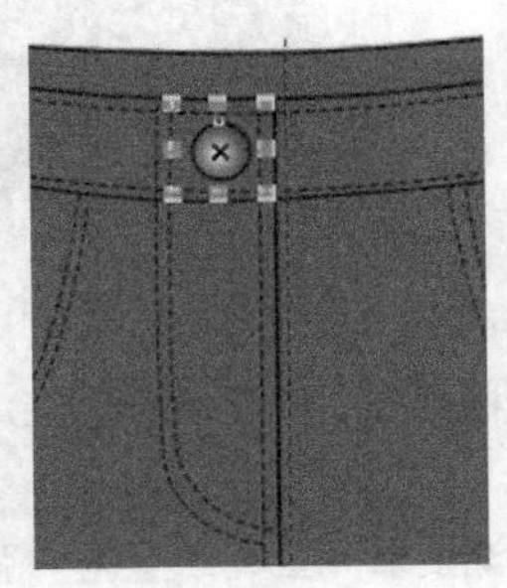

图4-144

20 重复上两步操作，绘制左右口袋上的撞钉，得到的效果如图4-145所示。

21 使用贝塞尔工具和形状工具绘制第一层裙摆，在属性栏中设置轮廓宽度为 .5 mm，并填充为灰色，CMYK值为20，20，0，0，得到的效果如图4-146所示。

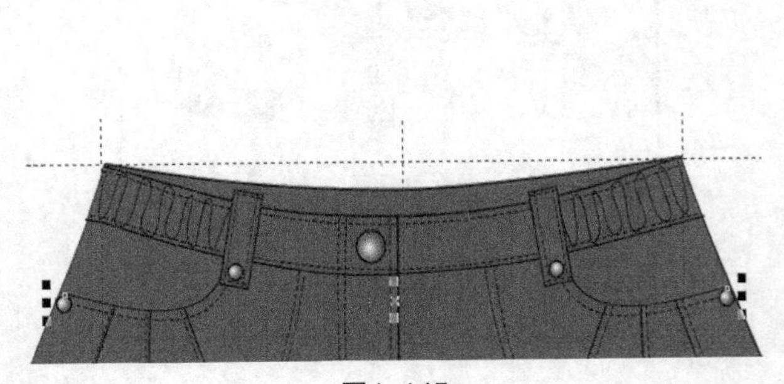

图4-145

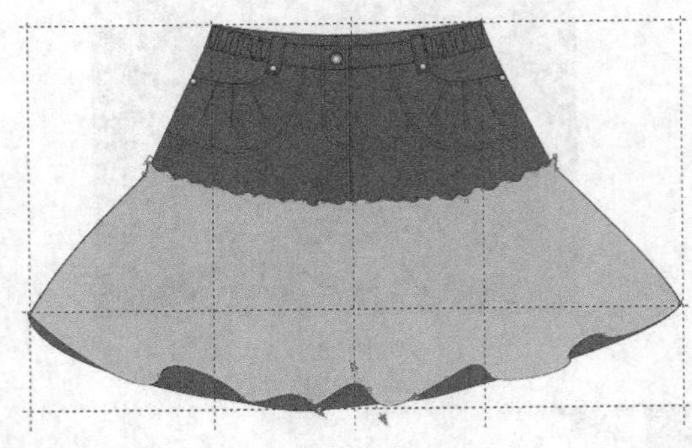

图4-146

专家提示

使用贝塞尔工具和形状工具绘制裙摆造型时要注意下摆的不规则波浪处理，尽量保证曲线变化丰富，有动感。

22 使用椭圆形工具，按住【Ctrl】绘制如图4-147所示的21个大小不一的圆形。

23 使用均匀填充工具 均匀填充 给6个圆形分别填充枚红色，CMYK值为0，0，0，100；绿色，CMYK值为20，0，60，0；蓝色，CMYK值为60，40，0，40，单击调色板中的☒，得到的效果如图4-148所示。

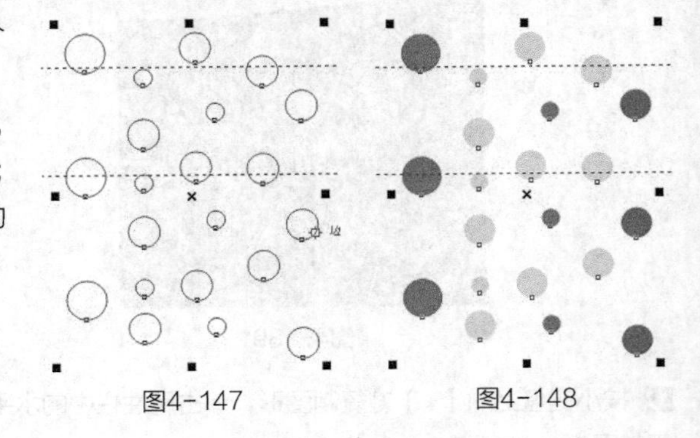

图4-147　　图4-148

24 使用选择工具框选所有圆形，按【Ctrl+G】组合键群组图形。把图形摆放在裙子上，得到的效果如图4-149所示。

25 按【+】键复制两组图案，并把复制的图案分别摆放在如图4-150所示的位置。

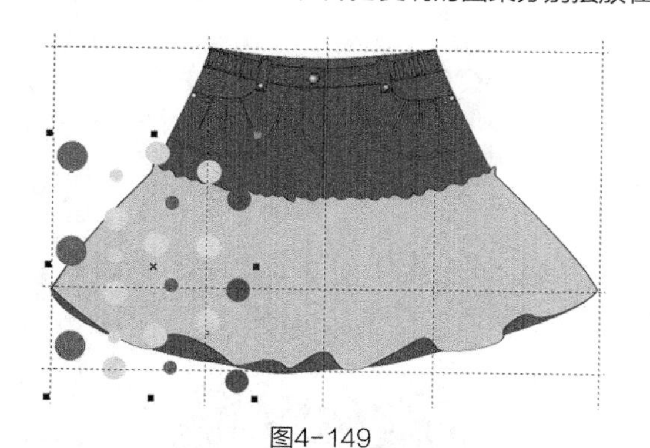

图4-149

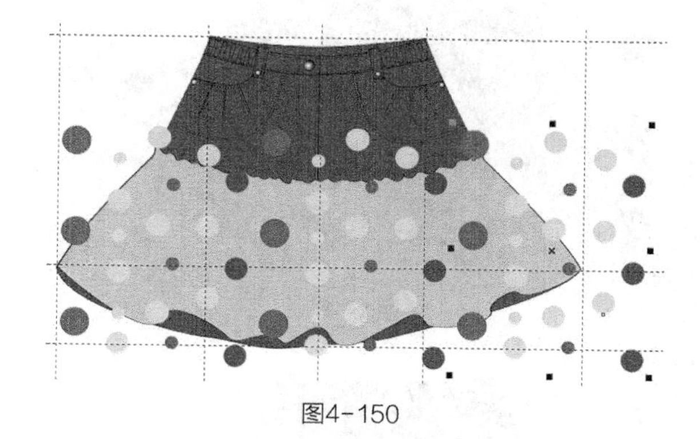

图4-150

26 使用选择工具框选所有圆形图案，按【Ctrl+G】组合键群组图形，得到的效果如图4-151所示。

27 执行菜单栏中的【位图】/【转换为位图】命令，弹出“转换为位图”对话框，设置各项参数如图4-152所示。

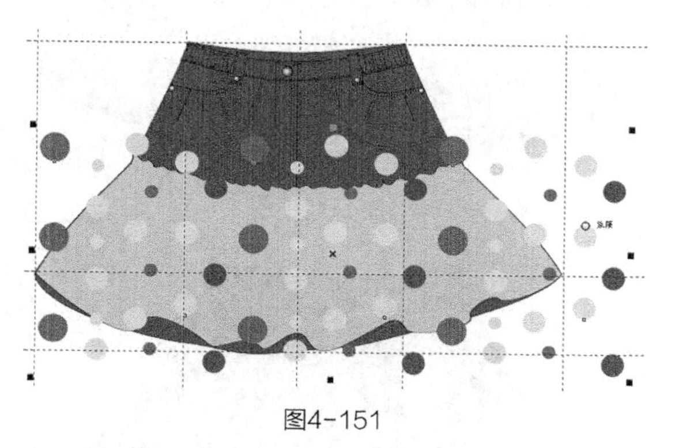

图4-151

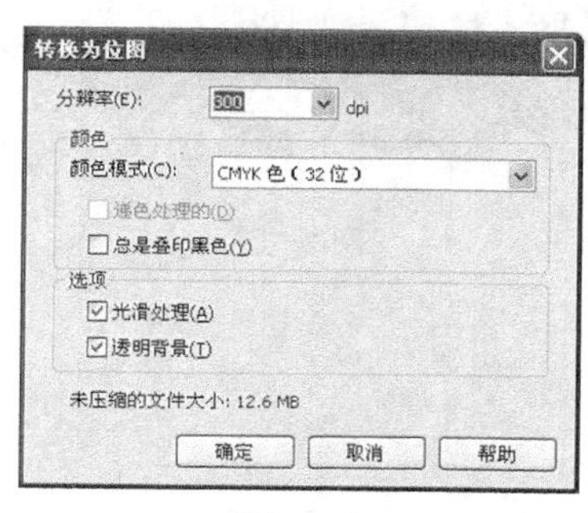

图4-152

28 单击【确定】按钮，得到的效果如图4-153所示。

29 执行菜单栏中的【位图】/【创造性】/【散开】命令，弹出“散开”对话框，设置参数如图4-154所示。单击【确定】按钮，得到的效果如图4-155所示。

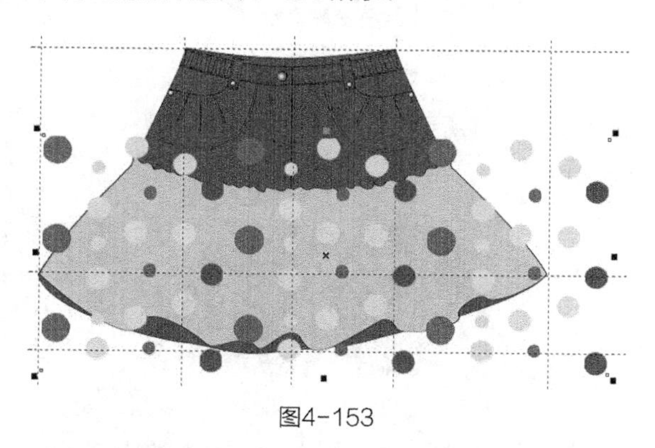

图4-153

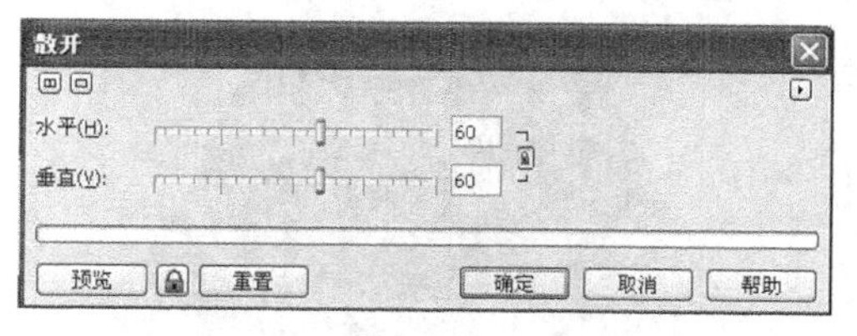

图4-154

30 单击工具箱中的透明度工具，在属性栏中设置各项参数如图4-156所示，得到的效果如图4-157所示。

31 执行菜单栏中的【效果】/【图框精确剪裁】/【置于图文框内部】命令，把图案放置在裙身中，得到的效果如图4-158所示。

32 单击工具箱中的透明度工具，在属性栏中设置各项参数如图4-159所示，得到的效果如图4-160所示。

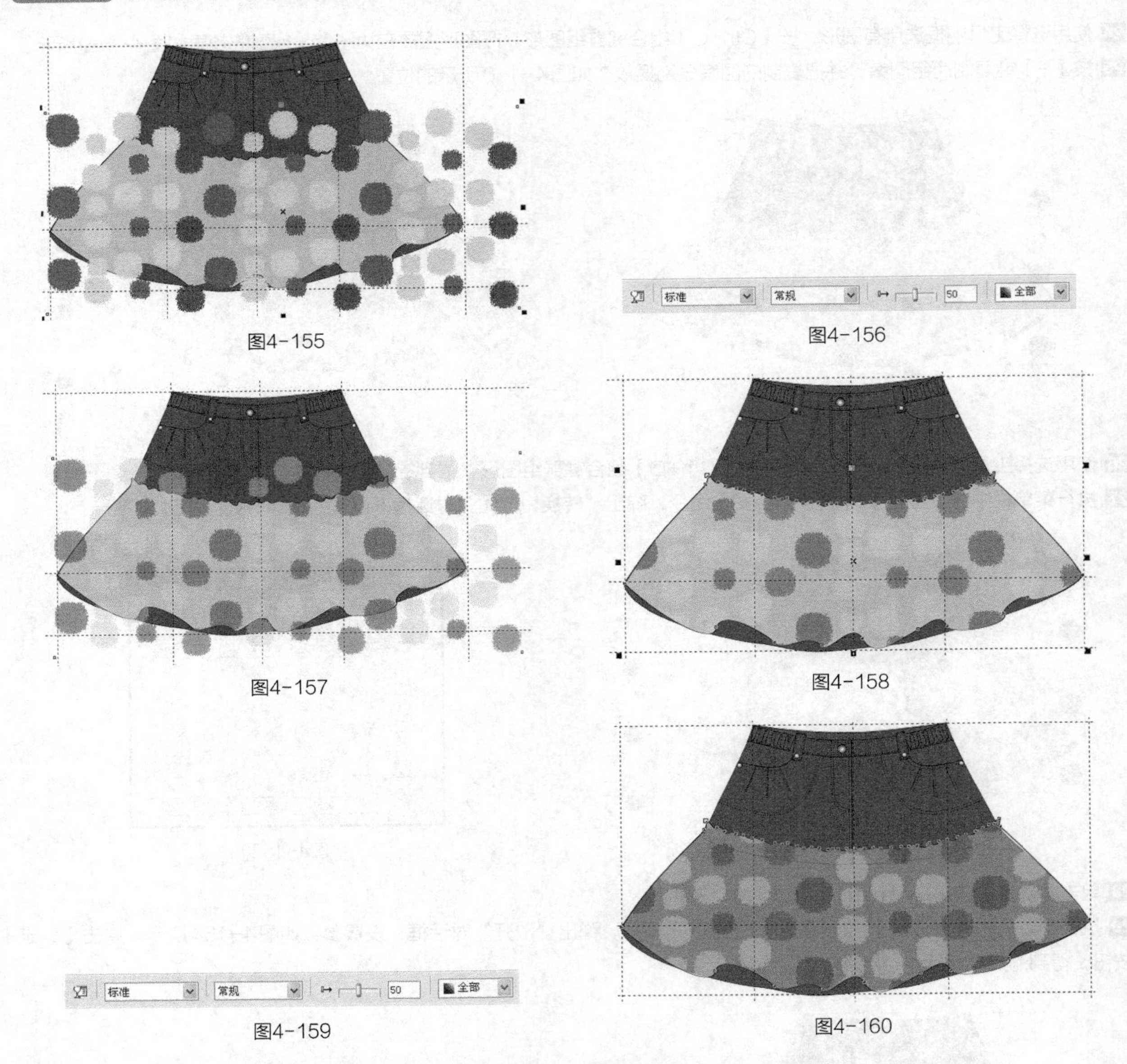

图4-155　图4-156

图4-157　图4-158

图4-159　图4-160

33 单击选择工具，按小键盘上的【+】键复制图形，得到的效果如图4-161所示。

34 使用形状工具调整第二层裙摆的造型，得到的效果如图4-162所示。

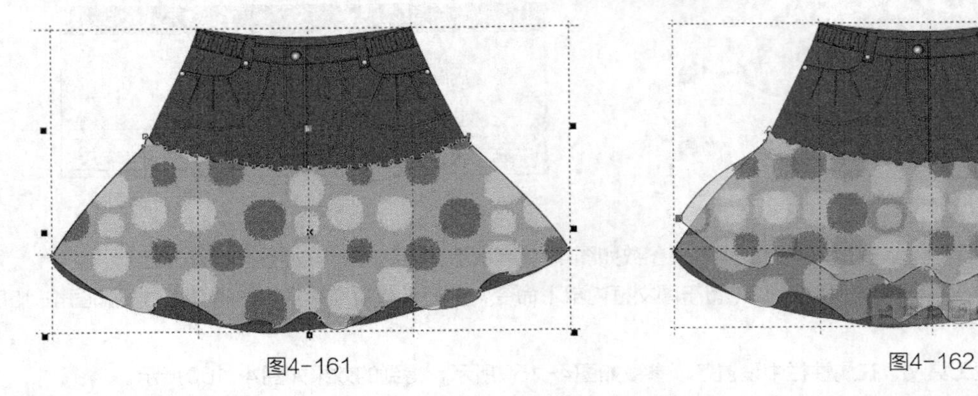

图4-161　图4-162

35 使用贝塞尔工具和形状工具绘制褶裥线，在属性栏中设置轮廓宽度为 .05 mm，得到的效果如图4-163所示。

36 重复步骤 **09** ~步骤 **10** 的操作，绘制裙摆的两条缉明线，得到的效果如图4-164所示。

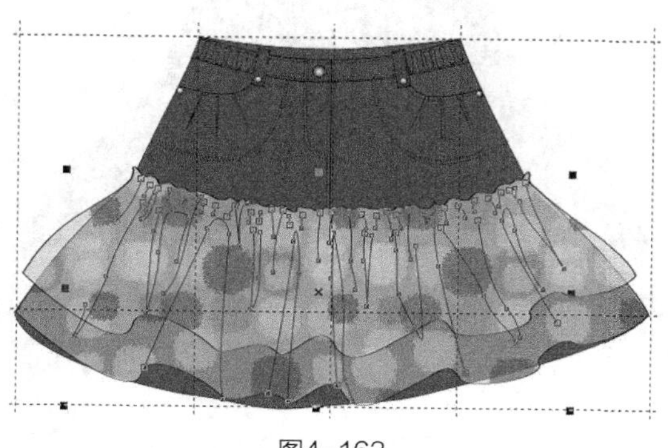

图4-163

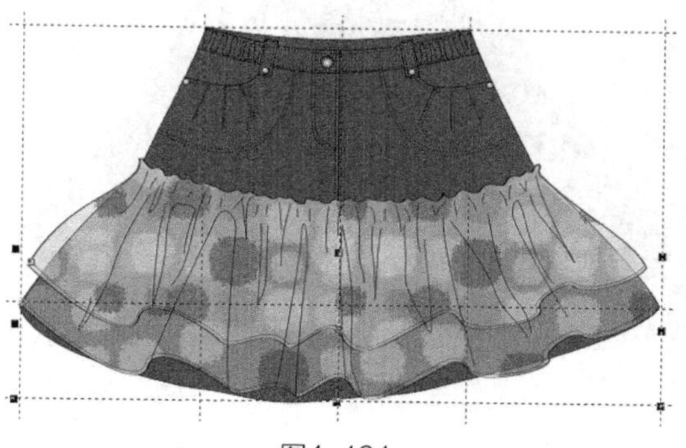

图4-164

37 使用椭圆形工具绘制如图4-165所示的两个圆形。

38 使用选择工具框选图形，单击属性栏中的合并按钮，得到的效果如图4-166所示。

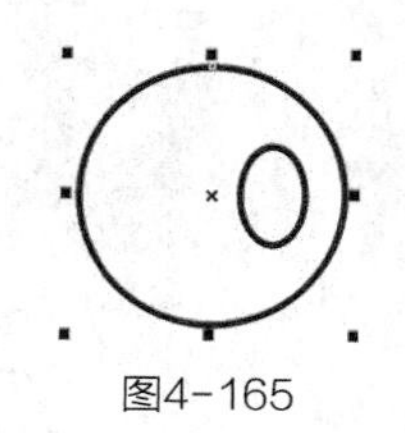

图4-165

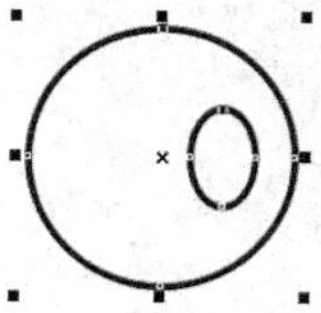

图4-166

39 单击渐变填充工具，弹出“渐变填充”对话框，选择“辐射/双色”渐变，设置各项参数如图4-167所示。单击【确定】按钮，再单击调色板中的☒，得到的效果如图4-168所示。

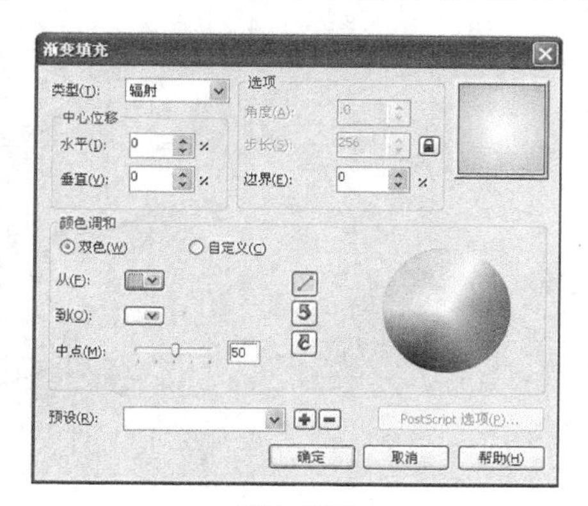

图4-167

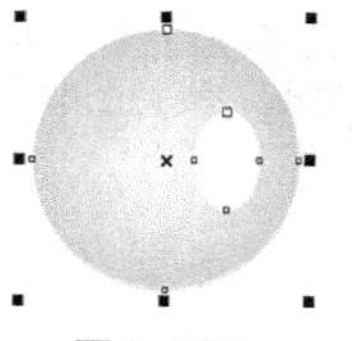

图4-168

40 单击工具箱中的艺术笔工具，选择属性栏中的【新喷涂列表】，单击属性栏中的“添加到喷涂列表”按钮，把绘制好的“珠片”自定义为艺术画笔，属性栏中设置各项参数如图4-169所示。

图4-169

41 使用贝塞尔工具和形状工具在裙身上绘制一条路径，如图4-170所示。选择艺术笔工具，在属性栏的喷涂列表中单击“珠片”艺术笔，得到的效果如图4-171所示。

42 在属性栏中设置各项参数如图4-172所示，得到的效果如图4-173所示。

43 执行菜单栏中的【编辑】/【全选】/【辅助线】命令，选择所有的辅助线，按【Delete】键删除。使用选择工具框选所有图形，按【Ctrl+G】组合键群组图形。这样就完成了牛仔喇叭裙的绘制，整体效果如图4-174所示。

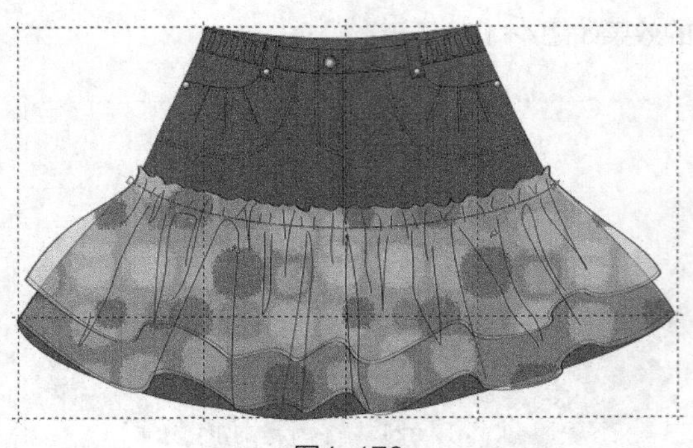
图4-170

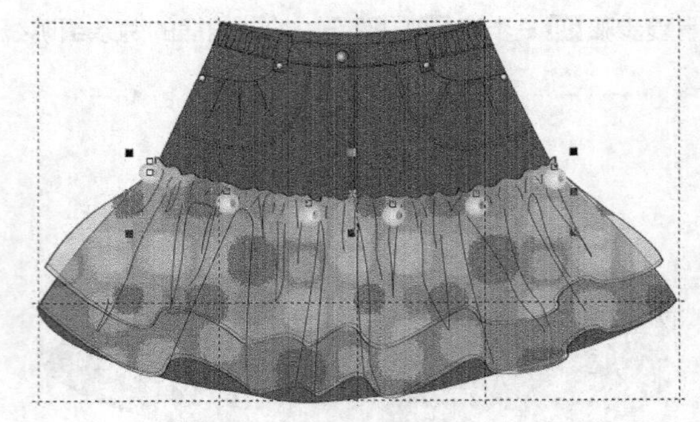
图4-171

图4-172

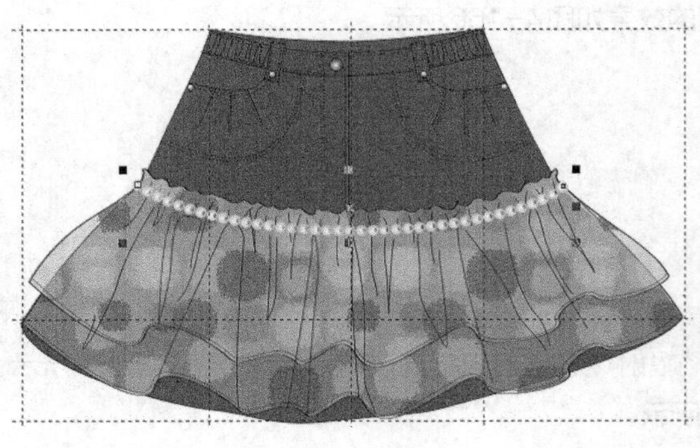
图4-173

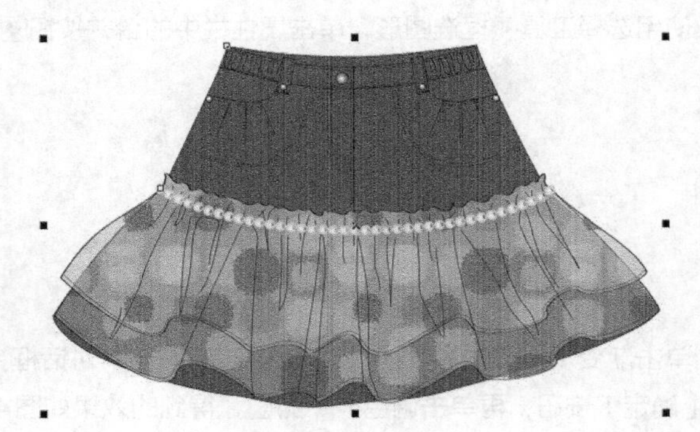
图4-174

4.6 连衣裙

连衣裙的整体效果如图4-175所示。

设计重点

造型设计、褶裥线表现、亮片图案设计。

图4-175

操作步骤

01 打开CorelDRAW软件，执行菜单栏中的【文件】/【新建】命令，或使用【Ctrl+N】组合键，弹出“创建新文档”对话框，命名文件为“连衣裙”，如图4-176所示。在属性栏中设定纸张大小为A4，横向摆放，如图4-177所示。

02 鼠标单击上方和左方的标尺栏，分别从上往下、从左往右拖动添加9条辅助线，确定裙长、袖窿深、领口、肩宽、腰线、裙摆宽等位置，如图4-178所示。

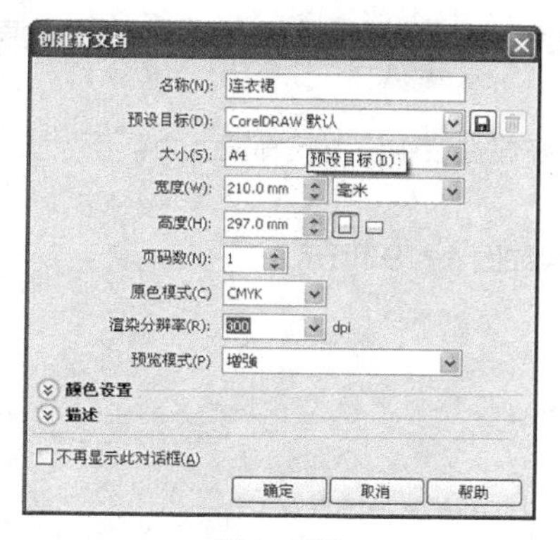

图4-176

图4-177

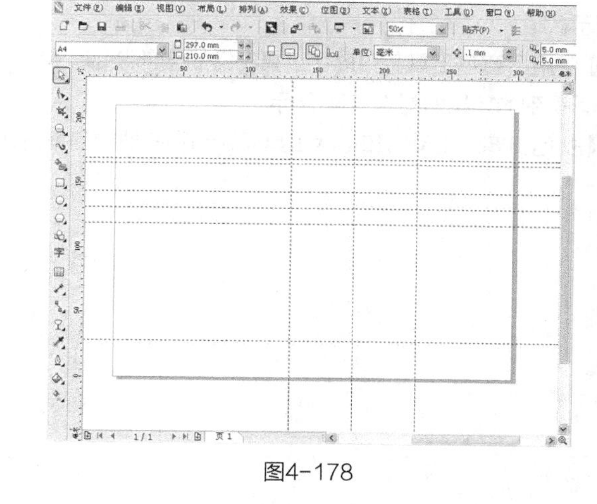

图4-178

03 使用贝塞尔工具和形状工具绘制如图4-179所示的闭合路径，单击选择工具，在属性栏中设置轮廓宽度为 .35 mm，并填充为白色。

04 按【+】键复制图形，单击属性栏中的水平镜像按钮，并把图形向右平移到一定的位置，得到的效果如图4-180所示。

05 使用贝塞尔工具和形状工具绘制后片部分，单击选择工具，在属性栏中设置轮廓宽度为 .35 mm，并填充为白色，得到的效果如图4-181所示。

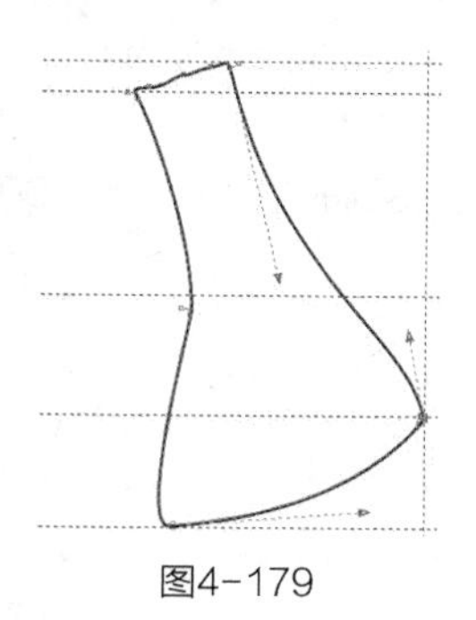

图4-179

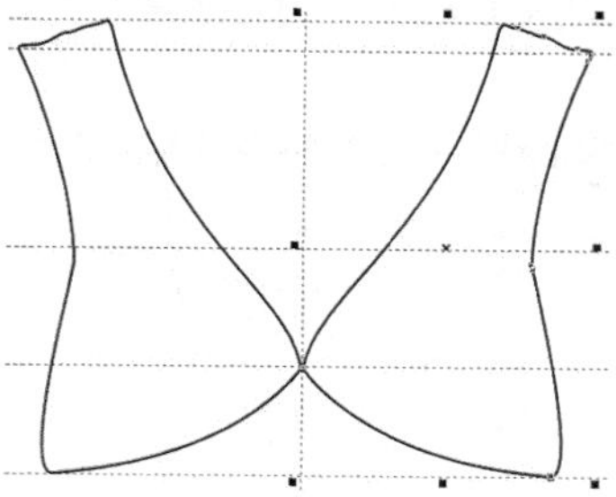

图4-180

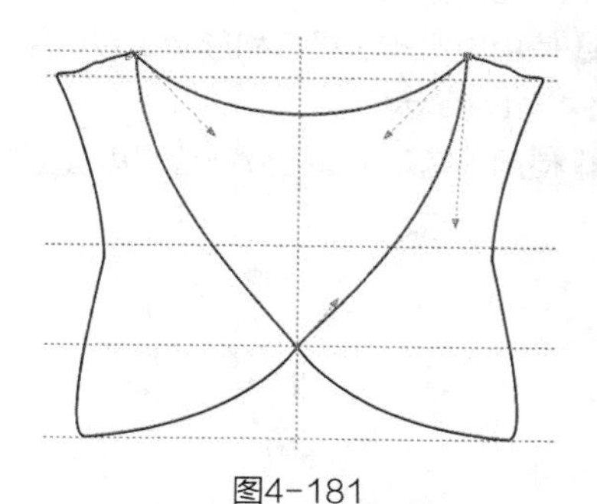

图4-181

06 单击选择工具，执行菜单栏中的【排列】/【顺序】/【到页面后面】命令，得到的效果如图4-182所示。

07 使用贝塞尔工具和形状工具绘制连衣裙的下半部分，单击选择工具，在属性栏中设置轮廓宽度为 .35 mm，并填充为白色，得到的效果如图4-183所示。

08 单击选择工具执行菜单栏中的【排列】/【顺序】/【到页面后面】命令，得到的效果如图4-184所示。

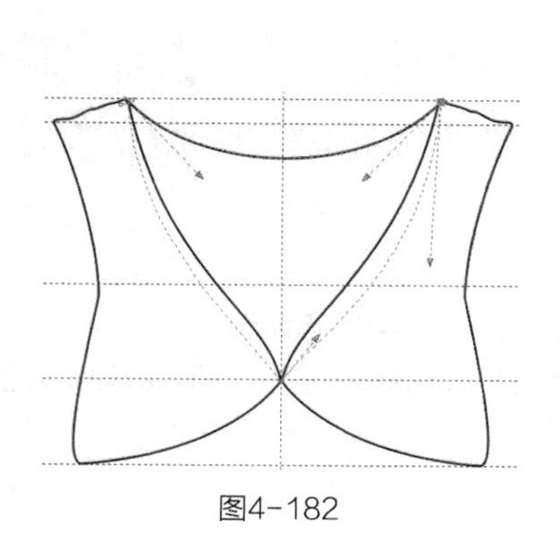

图4-182

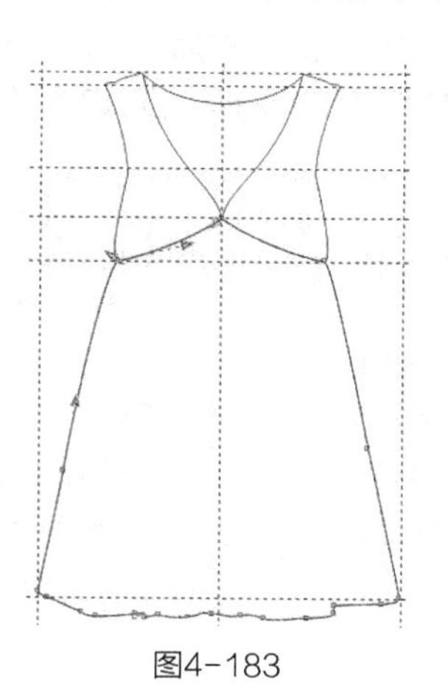

图4-183

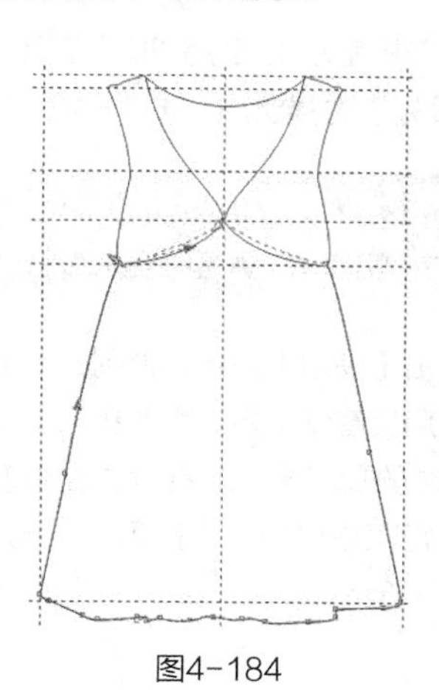

图4-184

09 执行菜单栏中的【编辑】/【全选】/【辅助线】命令，选择所有的辅助线，按【Delete】键删除，得到的效果如图4-185所示。

10 使用贝塞尔工具和形状工具绘制腰部装饰，单击选择工具，在属性栏中设置轮廓宽度为.35 mm，并填充为白色，得到的效果如图4-186所示。

11 使用贝塞尔工具和形状工具绘制胸前抽褶的褶裥线，得到的效果如图4-187所示。

图4-185

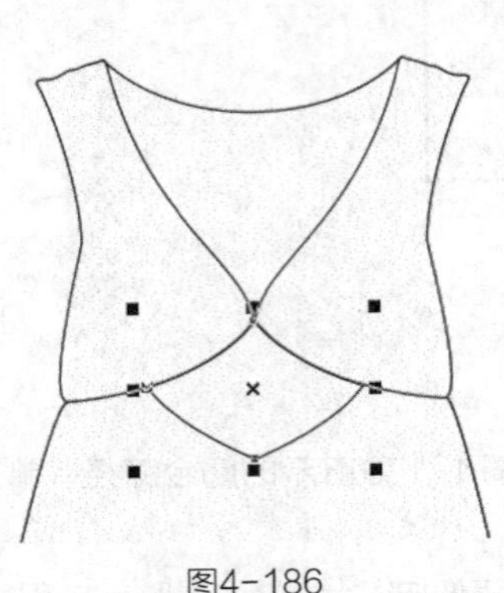

图4-186

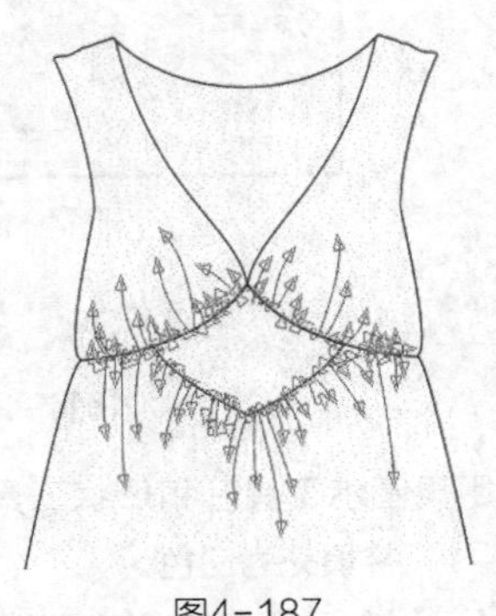

图4-187

12 单击选择工具，按【F12】键，在"轮廓笔"对话框中设置轮廓宽度为.25 mm，单击【确定】按钮，得到的效果如图4-188所示。

13 使用贝塞尔工具和形状工具绘制肩部的4条褶裥线，单击选择工具，在属性栏中设置轮廓宽度为.35 mm，如图4-189所示。

14 使用贝塞尔工具分别绘制裙摆上的5条褶裥线，在属性栏中设置轮廓宽度为.25 mm，得到的效果如图4-190所示。

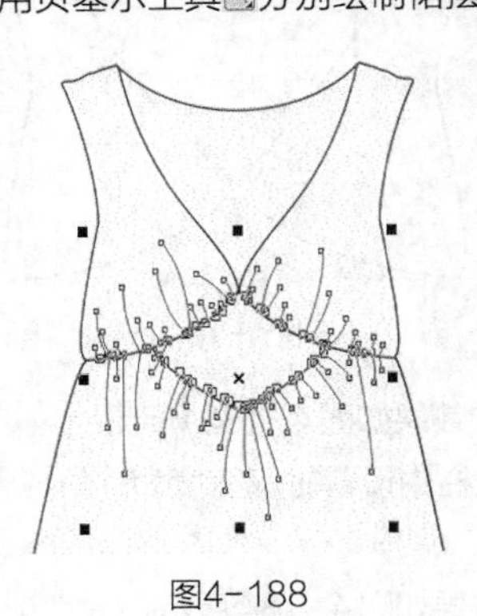

图4-188

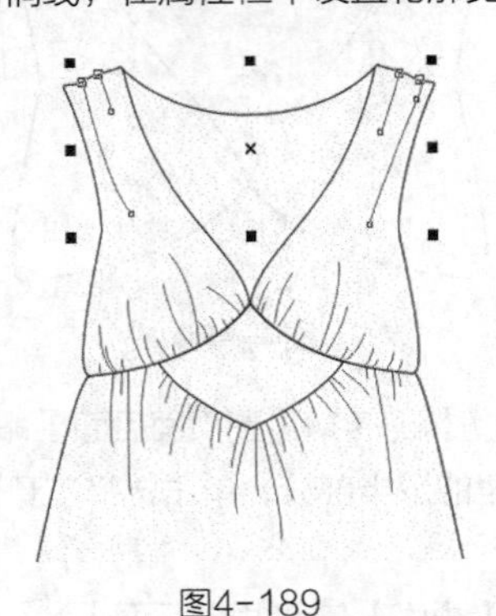

图4-189

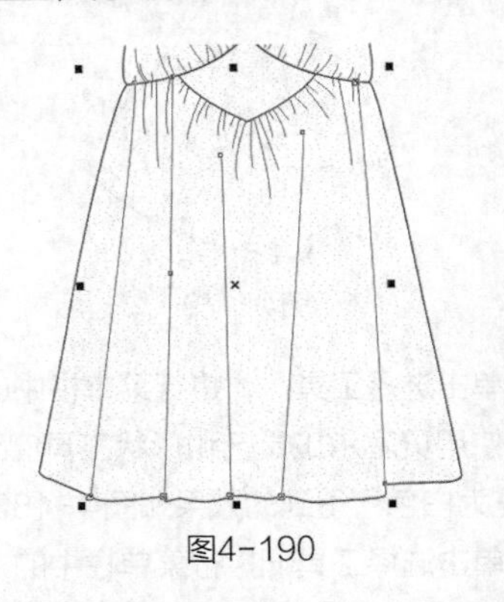

图4-190

15 选择贝塞尔工具和形状工具，在如图4-191所示的前后领口、袖窿、装饰部位及裙子下摆处绘制7条缉明线，使缉明线处于选择状态，按【F12】键，弹出"轮廓笔"对话框，选项及参数设置如图4-192所示。

> **专家提示**
>
> 使用贝塞尔工具绘制褶裥线时，线条端点必须和裙子下摆的节点相吻合。

16 单击【确定】按钮，得到的效果如图4-193所示。

17 使用贝塞尔工具和形状工具在裙摆处绘制织带，如图4-194所示。

18 单击选择工具，在属性栏中设置轮廓宽度为.35 mm，并填充为白色，得到的效果如图4-195所示。

19 执行菜单栏中的【排列】/【顺序】/【置于此对象后】命令，把织带摆放在裙摆的5条褶裥线下方，得到的效果如图4-196所示。

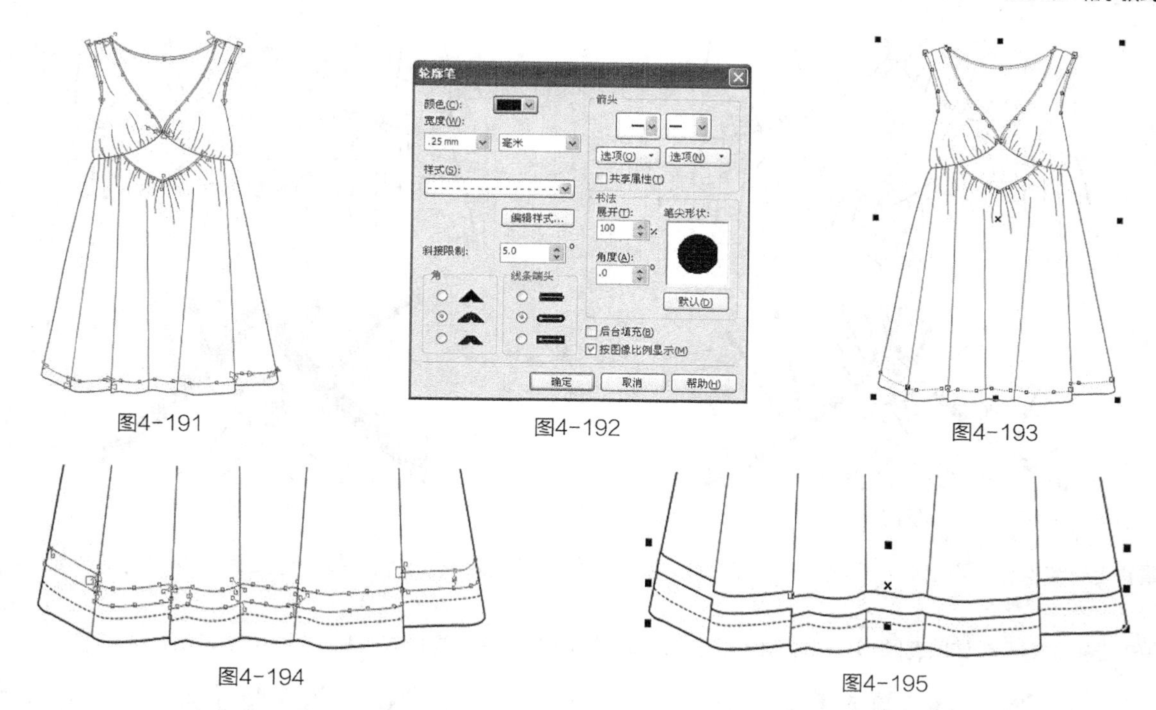

图4-191　图4-192　图4-193

图4-194　图4-195

20 使用贝塞尔工具和形状工具在胸前绘制如图4-197所示的图形。

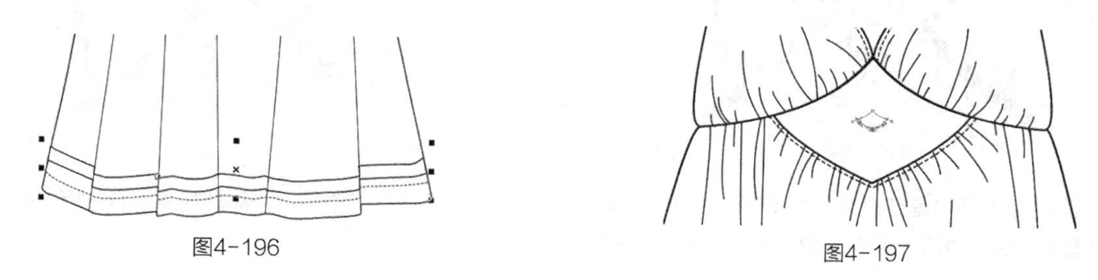

图4-196　图4-197

21 单击选择工具，按【+】键复制图形，再按住【Shift】键等比例放大图形，得到的效果如图4-198所示。

22 选择工具箱中的交互式调和工具，单击里面的图形往外拖动鼠标，执行调和效果，如图4-199所示。

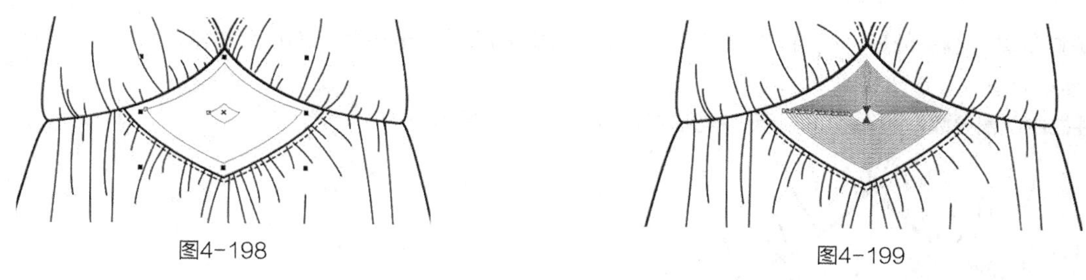

图4-198　图4-199

23 在属性栏中设置调和的步数为 5 ，得到的效果如图4-200所示。

24 执行菜单栏中的【排列】/【拆分调和群组】命令，单击属性栏中的取消全部群组按钮，得到的效果如图4-201所示。

25 选择椭圆形工具，按住【Ctrl】键绘制一个圆形，在属性栏中设置轮廓宽度为 .2 mm ，并填充为浅灰色，CMYK值为0，0，0，20，如图4-202所示。

26 选择椭圆形工具，按住【Ctrl】键绘制一个小圆形，在属性栏中设置轮廓宽度为 无 ，并填充为灰色，CMYK值为0，0，0，40，得到的效果如图4-203所示。

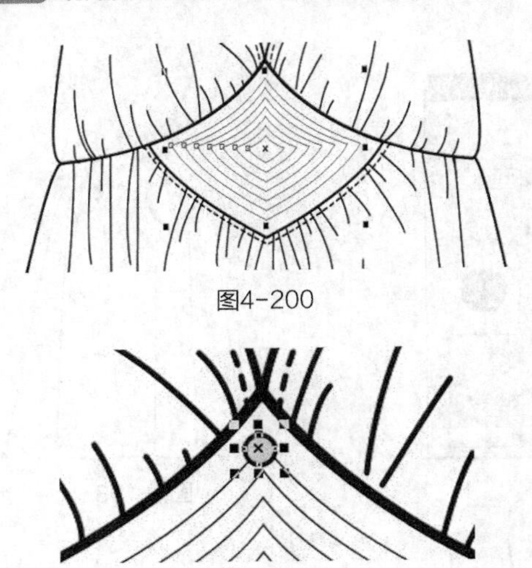
图4-200

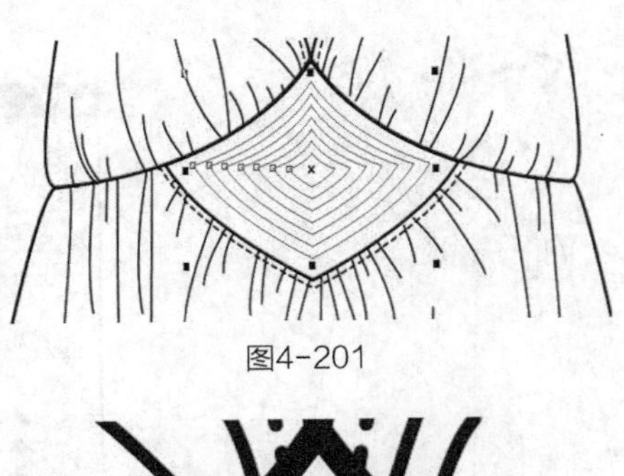
图4-201

图4-202

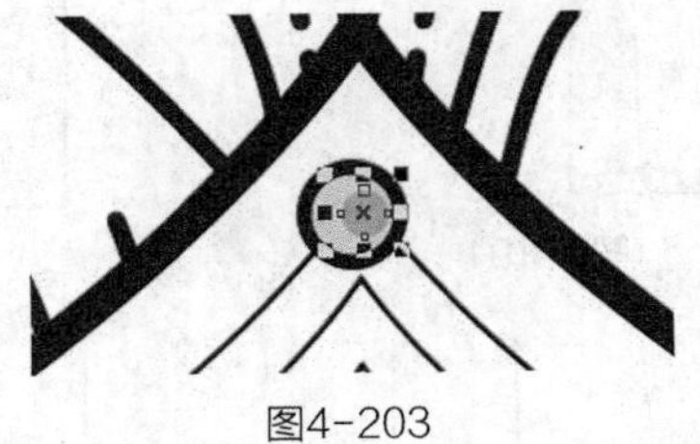
图4-203

27 重复上一步操作，再绘制两个小圆形，在属性栏中设置轮廓宽度为[无]，并填充为白色，得到的效果如图4-204所示。

28 单击选择工具框选所有圆形，按【Ctrl+G】组合键群组图形，完成亮片的绘制，如图4-205所示。

图4-204

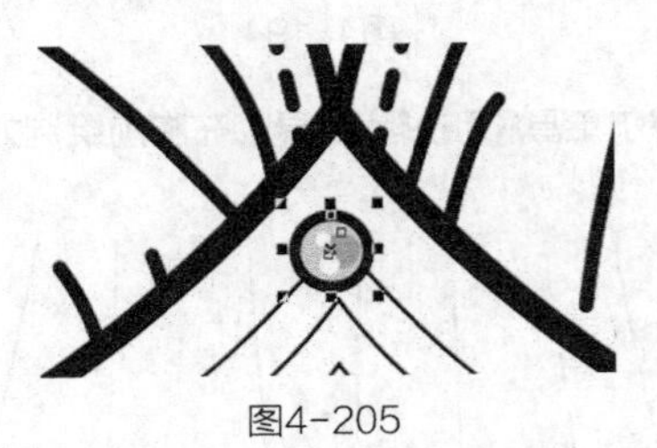
图4-205

29 单击工具箱中的艺术笔工具，选择属性栏中的【新喷涂列表】，单击属性栏中的“添加到喷涂列表”按钮，把绘制好的钉珠图案自定义为艺术画笔，属性栏中设置各项参数如图4-206所示。

图4-206

30 单击选择工具选择图形，使用艺术笔工具，在属性栏的喷涂列表中单击亮片艺术笔，得到的效果如图4-207所示。

31 在属性栏中设置参数如图4-208所示，得到的效果如图4-209所示。

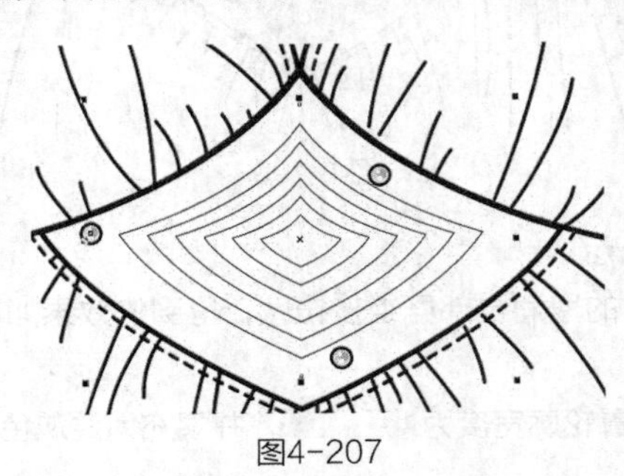
图4-207

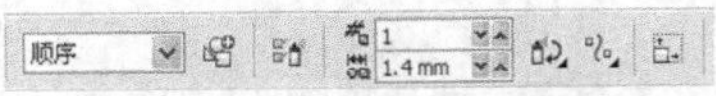

顺序 1 1.4 mm

图4-208

32 重复步骤**30**～步骤**31**的操作，完成整个亮片图案的绘制，得到的效果如图4-210所示。

33 使用选择工具框选所有图形，按【Ctrl+G】组合键群组图形。这样就完成了连衣裙的绘制，整体效果如图4-211所示。

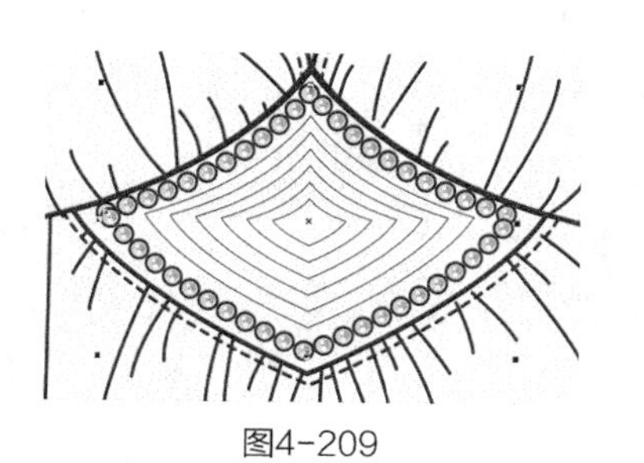

图4-209

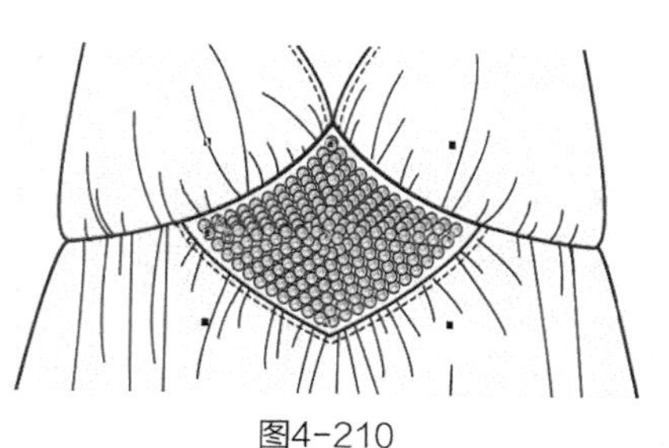

图4-210

图4-211

4.7 吊带蛋糕裙

吊带蛋糕裙的整体效果如图4-212所示。

设计重点

造型设计、图案填充、图案渐变层次表现。

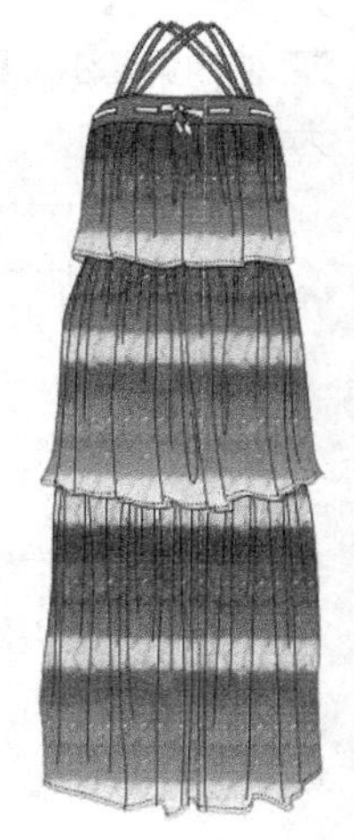

图4-212

操作步骤

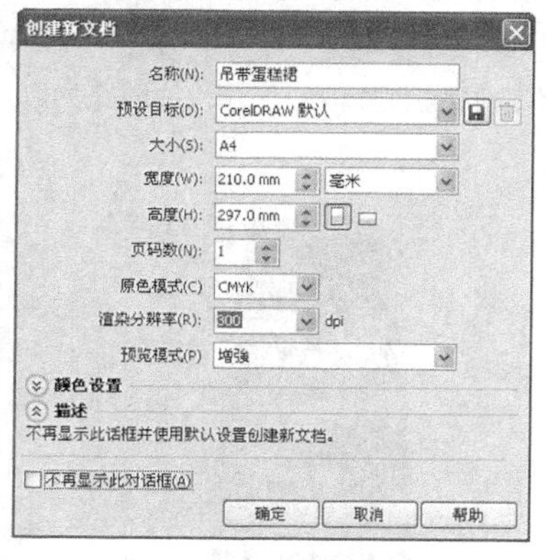

图4-213

01 打开CorelDRAW软件，执行菜单栏中的【文件】/【新建】命令，或使用【Ctrl+N】组合键，弹出“创建新文档”对话框，命名文件为“吊带蛋糕裙”，如图4-213所示。在属性栏中设定纸张大小为A4，横向摆放，如图4-214所示。

图4-214

02 鼠标单击上方和左方的标尺栏，分别从上往下、从左往右拖动添加7条辅助线，确定裙长、吊带高、三层裙的长度、胸围线、腰线等位置，如图4-215所示。

03 使用贝塞尔工具和形状工具在辅助线的基础上绘制如图4-216所示的蛋糕裙的第三层，在属性栏中设置轮廓宽度为 .35 mm 。

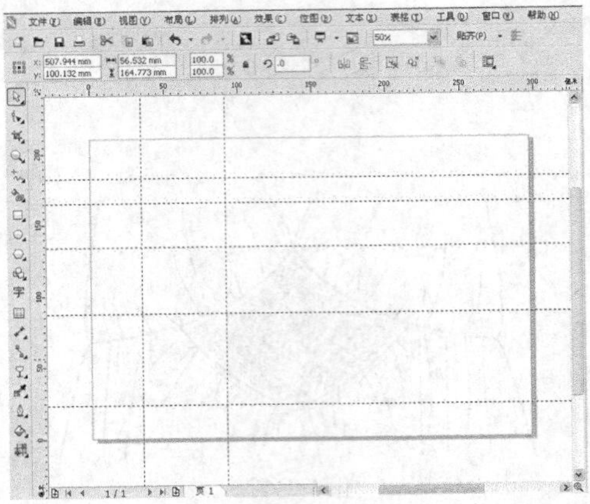

图4-215

04 使用贝塞尔工具和形状工具在辅助线的基础上绘制如图4-217所示的蛋糕裙的第二层，在属性栏中设置轮廓宽度为 .35 mm 。

05 使用贝塞尔工具和形状工具在辅助线的基础上绘制如图4-218所示的蛋糕裙的第一层，在属性栏中设置轮廓宽度为 .35 mm 。

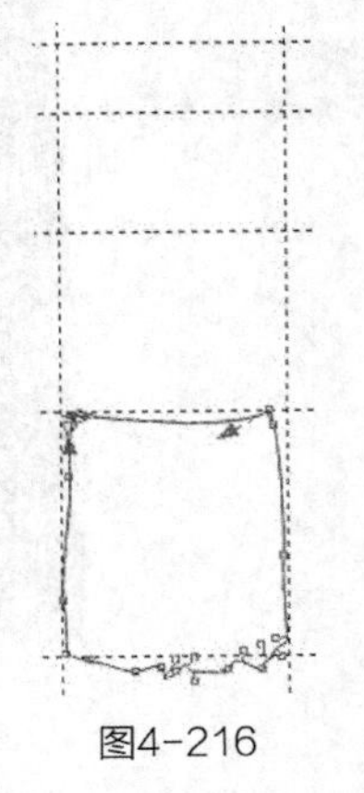

图4-216

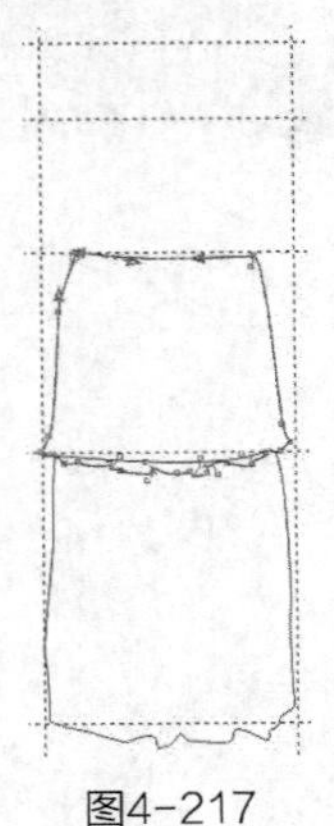

图4-217

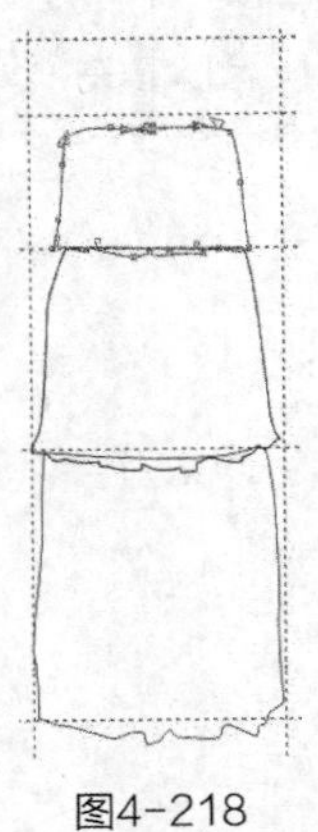

图4-218

06 使用选择工具框选图形，单击工具箱中的图样填充工具 图样填充，弹出“图样填充”对话框，设置各项参数如图4-219所示。单击【确定】按钮，得到的效果如图4-220所示。

07 使用贝塞尔工具和形状工具绘制如图4-221所示的胸前造型，在属性栏中设置轮廓宽度为 .35 mm ，并填充为红色，CMYK值为2，93，77，0。

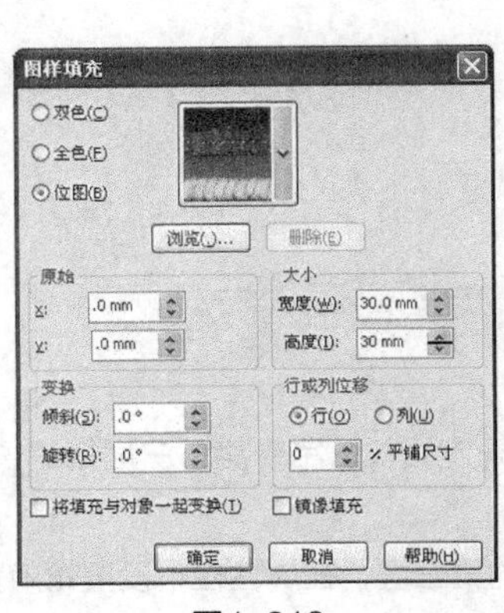

图4-219

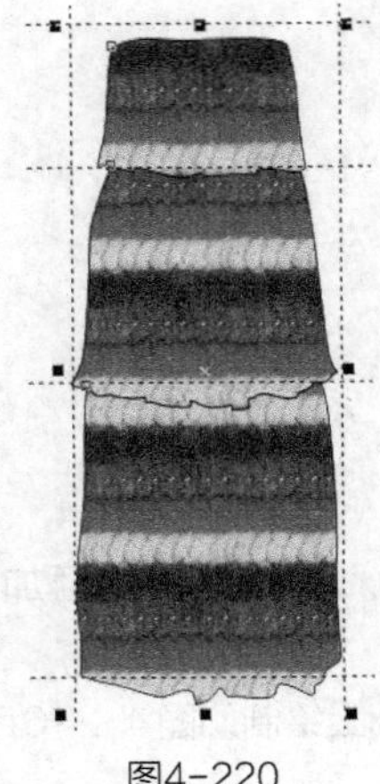

图4-220

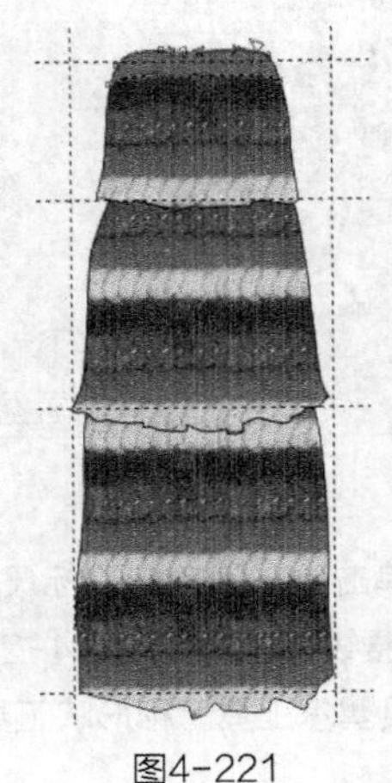

图4-221

08 使用贝塞尔工具和形状工具绘制如图4-222所示的四根肩带，在属性栏中设置轮廓宽度为 .35 mm，并填充为红色，CMYK值为2，93，77，0。

09 使用贝塞尔工具和形状工具绘制如图4-223所示的四根后肩带，在属性栏中设置轮廓宽度为 .35 mm，并填充为红色，CMYK值为2，93，77，0。

图4-222

图4-223

10 执行菜单栏中的【排列】/【顺序】/【到页面后面】命令，得到的效果如图4-224所示。

11 使用贝塞尔工具和形状工具绘制胸前的缎带，在属性栏中设置轮廓宽度为 .35 mm，并填充为白色，得到的效果如图4-225所示。

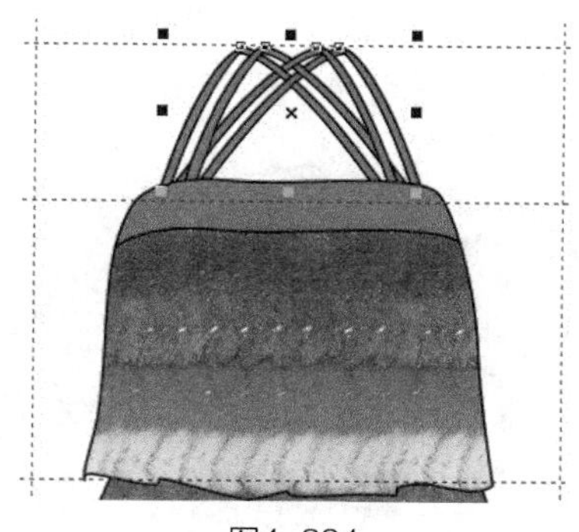

图4-224

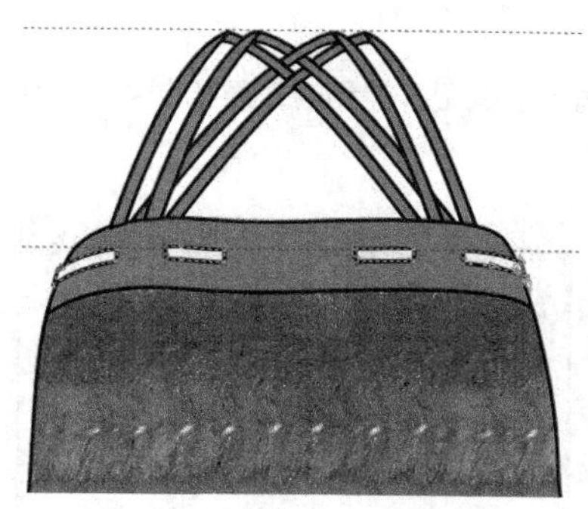

图4-225

专家提示

为了表现缎带穿插的效果，可以把缎带分成4个部分来绘制，使服装平面款式图有立体感，更生动。

12 使用贝塞尔工具在缎带上绘制4条直线，表现缎带的穿插效果，如图4-226所示。

13 使用贝塞尔工具和形状工具绘制胸前的蝴蝶结，在属性栏中设置轮廓宽度为 .35 mm，并填充为白色，得到的效果如图4-227所示。

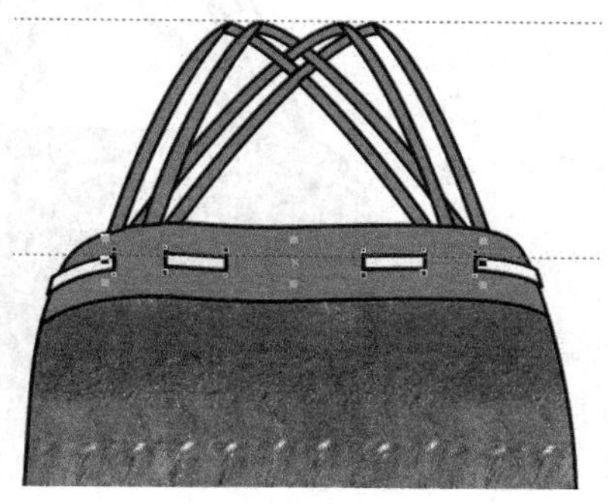

图4-226

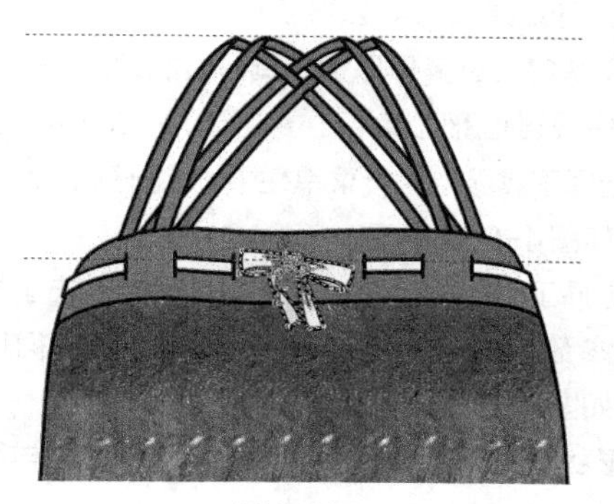

图4-227

14 执行菜单栏中的【编辑】/【全选】/【辅助线】命令，选择所有的辅助线，按【Delete】键删除，得到的效果如图4-228所示。

15 使用贝塞尔工具和形状工具绘制裙身上的褶裥线，在属性栏中设置轮廓宽度为.2 mm，得到的效果如图4-229所示。

16 使用贝塞尔工具和形状工具在如图4-230所示的胸前、裙下摆处绘制缉明线，按【F12】键，弹出“轮廓笔”对话框，选项及参数设置如图4-231所示。

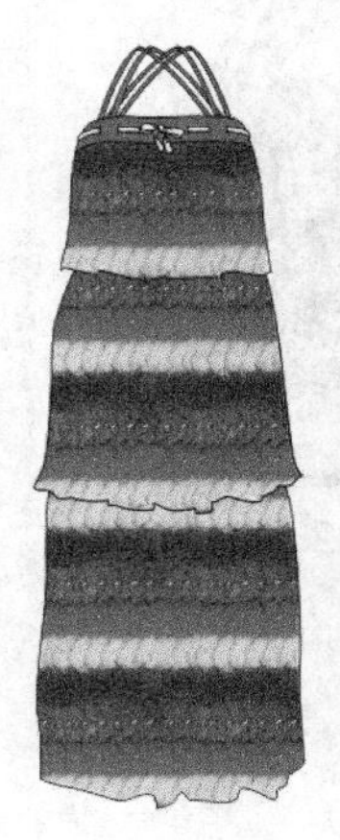

图4-228

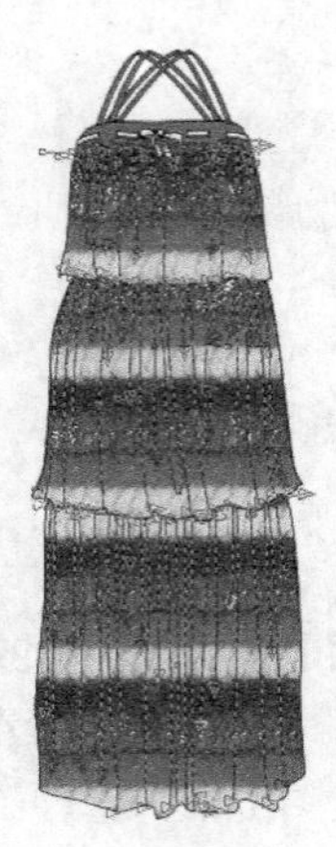

图4-229

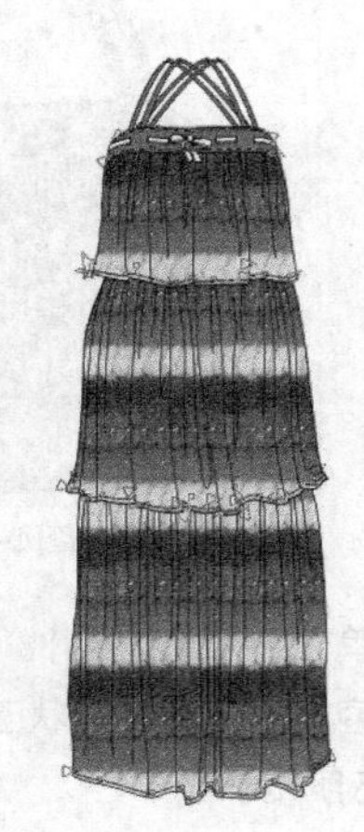

图4-230

17 单击【确定】按钮，得到的效果如图4-232所示。

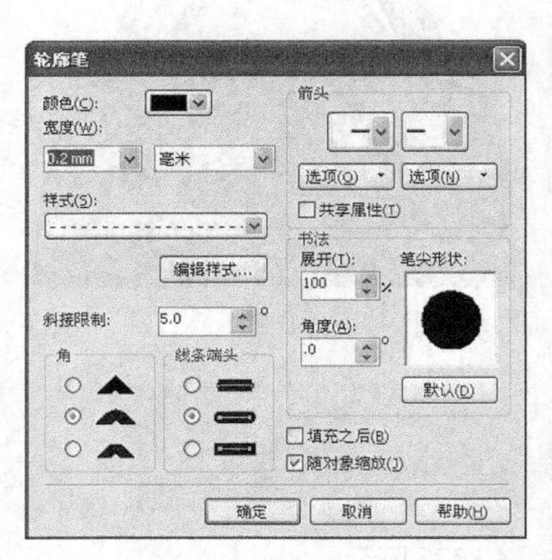

图4-231

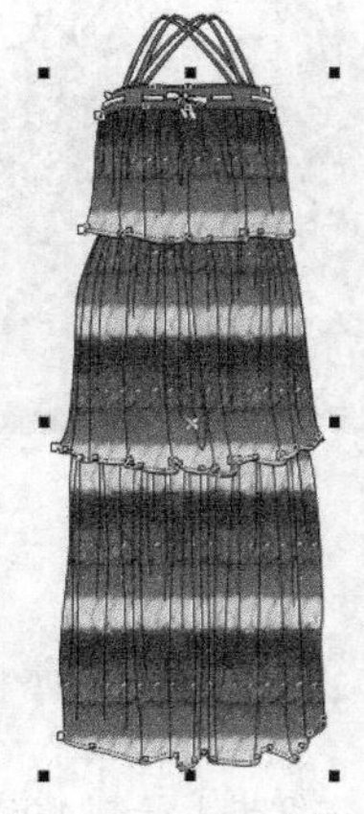

图4-232

18 使用选择工具框选蝴蝶结，执行菜单栏中的【排列】/【顺序】/【到页面前面】命令，得到的效果如图4-233所示。

19 使用贝塞尔工具和形状工具绘制如图4-234所示的第一层裙的后片部分，在属性栏中设置轮廓宽度为.35 mm，并填充为黄色，CMYK值为3，16，92，0。

20 单击选择工具，执行菜单栏中的【排列】/【顺序】/【到页面后面】命令，得到的效果如图4-235所示。

21 使用选择工具挑选蛋糕裙的第一层，单击工具箱中的透明度工具，在属性栏中设置参数如图4-236所示。把鼠标摆放在裙身上单击，并往下拖动鼠标，得到的效果如图4-237所示。

22 使用形状工具修改第二层裙子造型，使之与第一层裙摆边缘相贴合，得到的效果如图4-238所示。

图4-233

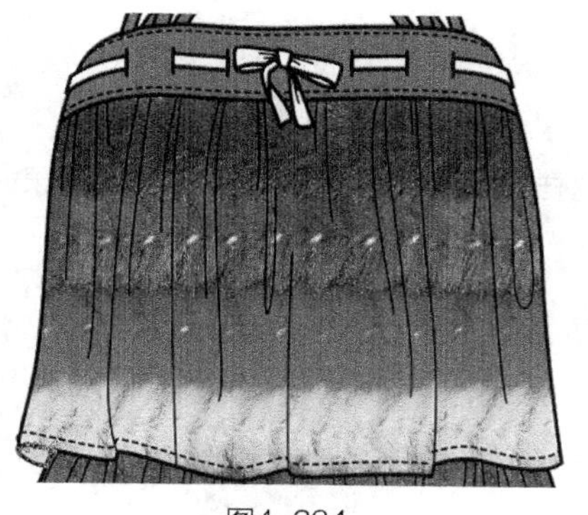
图4-234

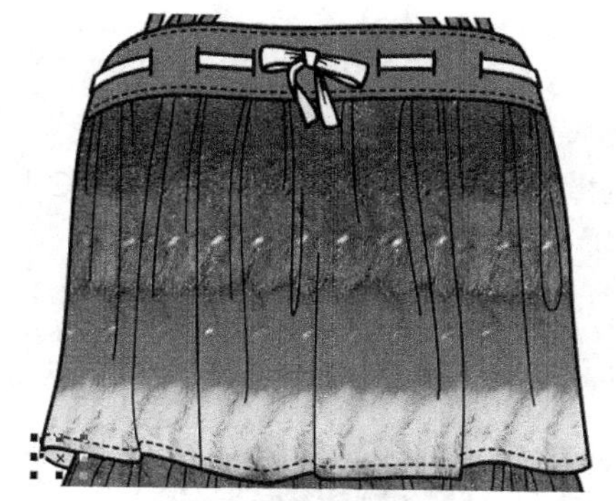
图4-235

图4-236

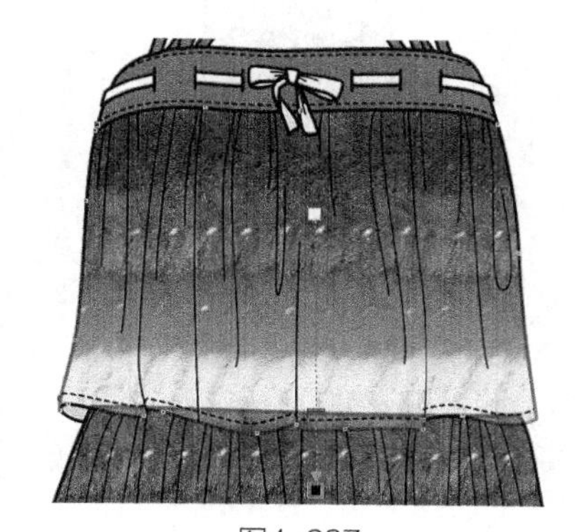
图4-237

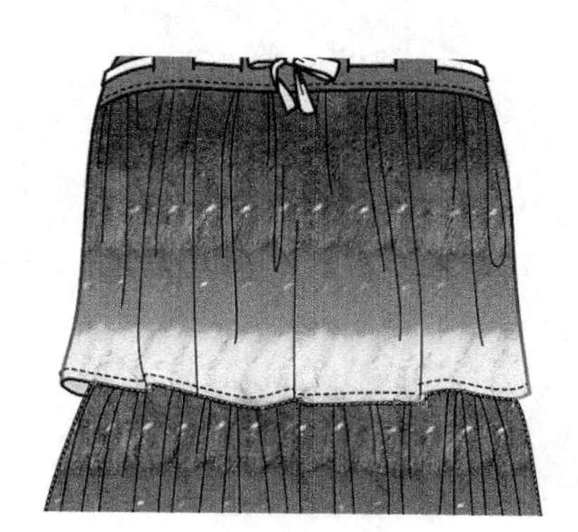
图4-238

23 使用选择工具挑选蛋糕裙的第二层，单击工具箱中的透明度工具，在属性栏中设置参数如图4-239所示。把鼠标摆放在裙身上单击，并往下拖动鼠标，得到的效果如图4-240所示。

图4-239

24 使用形状工具修改第三层裙子造型，使之与第二层裙摆边缘相贴合，得到的效果如图4-241所示。

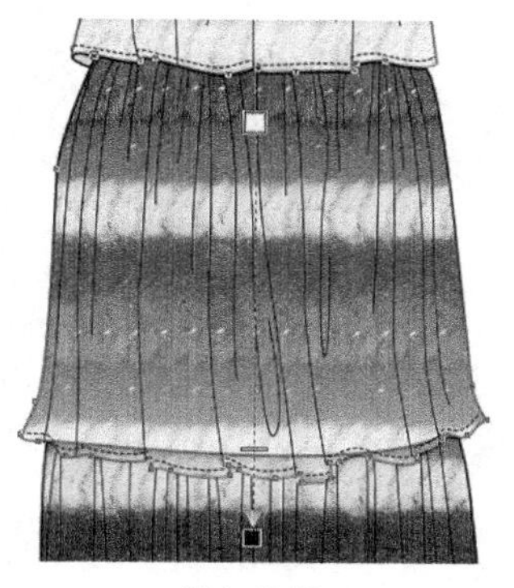
图4-240

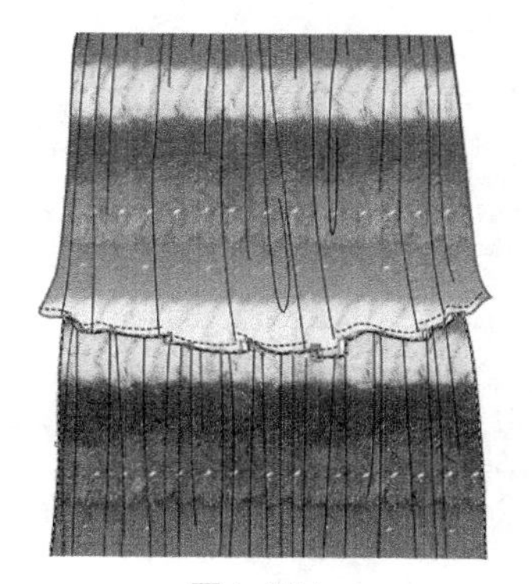
图4-241

25 使用选择工具挑选蛋糕裙的第三层，单击工具箱中的透明度工具，在属性栏中设置参数如图4-242所示。把鼠标摆放在裙身上单击，并往下拖动鼠标，得到的效果如图4-243所示。

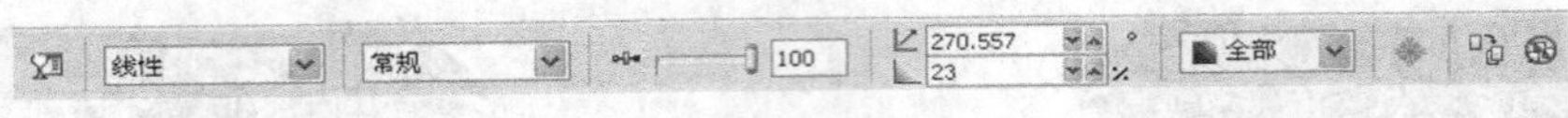

图4-242

26 使用选择工具框选所有图形，按【Ctrl+G】组合键群组图形。这样就完成了连衣裙的绘制，整体效果如图4-244所示。

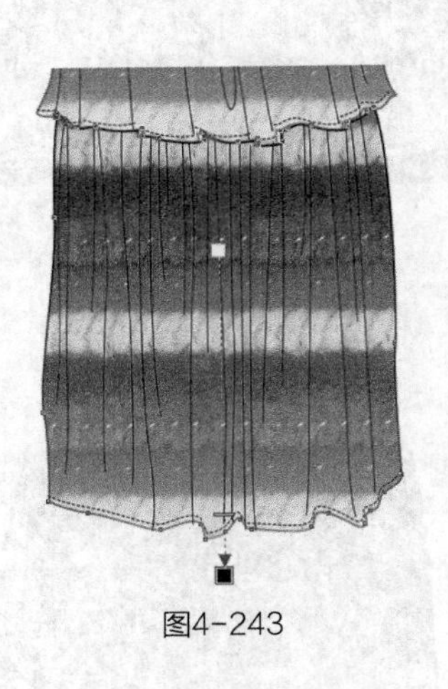

图4-243

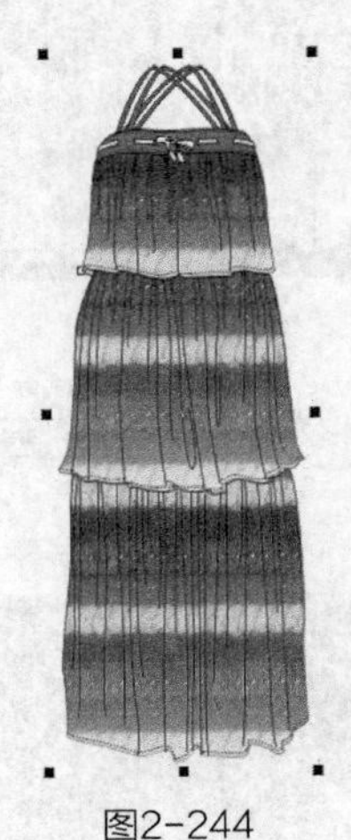

图2-244

第05章

内衣款式设计

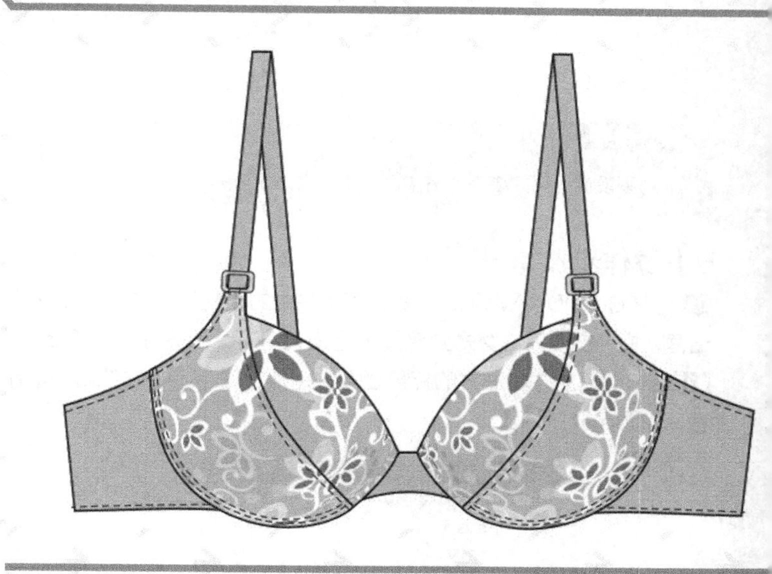

本章重点

- 贝塞尔工具、形状工具的使用——绘制内衣基本造型
- 图样填充工具——花型、图案填充
- 艺术笔工具——蕾丝花边的表现
- 文胸立体罩杯的表现

内衣指穿在其他衣物内的衣服，通常是直接接触皮肤的，是现代人不可少的服饰之一，包括背心、汗衫、短裤、文胸等。内衣有吸汗、矫型、衬托身体、保暖及不受来自身体的污秽的危害的作用。现代的女性内衣包括遮蔽及保护乳房的文胸及保护下体的内裤；男性内衣则指内裤。下面分别介绍男性、女性内衣款式设计。

5.1 女式文胸

女式文胸的整体效果如图5-1所示。

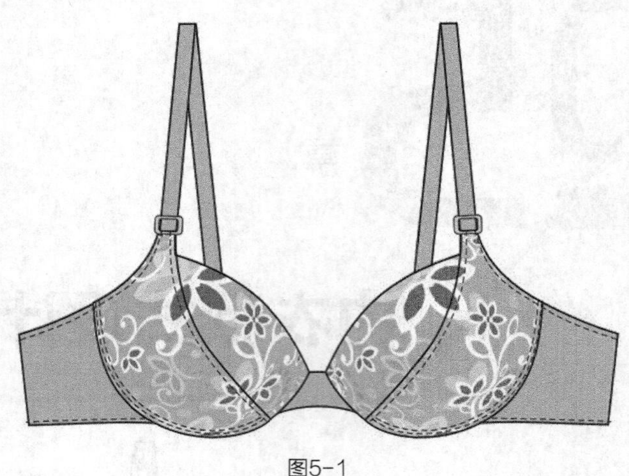

图5-1

设计重点

造型设计、图案填充、日字调节扣、立体罩杯的表现。

操作步骤

01 打开CorelDRAW软件，执行菜单栏中的【文件】/【新建】命令，或使用【Ctrl+N】组合键，弹出“创建新文档”对话框，命名文件为“女式文胸”，如图5-2所示。在属性栏中设定纸张大小为A4，横向摆放，如图5-3所示。

02 鼠标单击上方和左方的标尺栏，分别从上往下、从左往右拖动添加11条辅助线，确定肩带长、罩杯宽度、围度等位置，如图5-4所示。

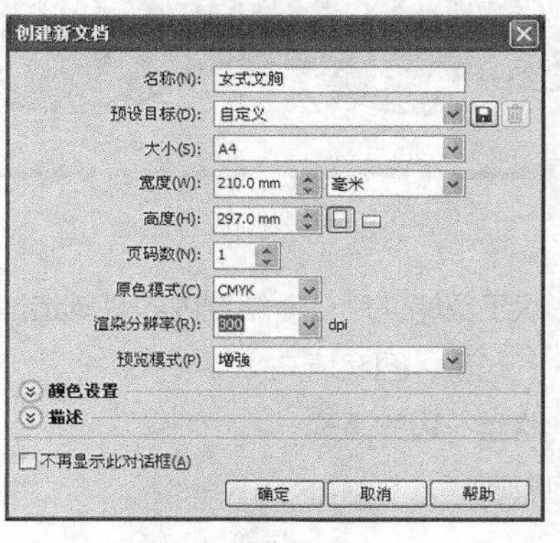

图5-2

图5-3

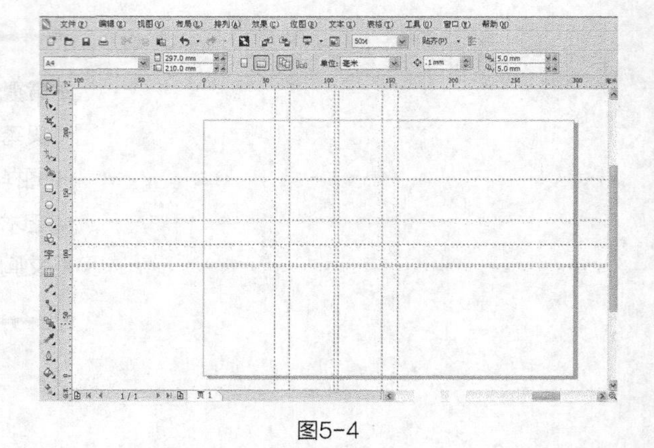

图5-4

03 使用贝塞尔工具和形状工具绘制如图5-5所示的内衣罩杯，单击选择工具，在属性栏中设置轮廓宽度为 .35 mm 。

专家提示

使用形状工具调整内衣造型时，注意罩杯的曲线要圆顺。

04 单击选择工具，按【+】键复制图形，选择工具箱中的图样填充工具，弹出“图样填充”对话框，选项及参数设置如图5-6所示。

05 单击【确定】按钮，得到的效果如图5-7所示。

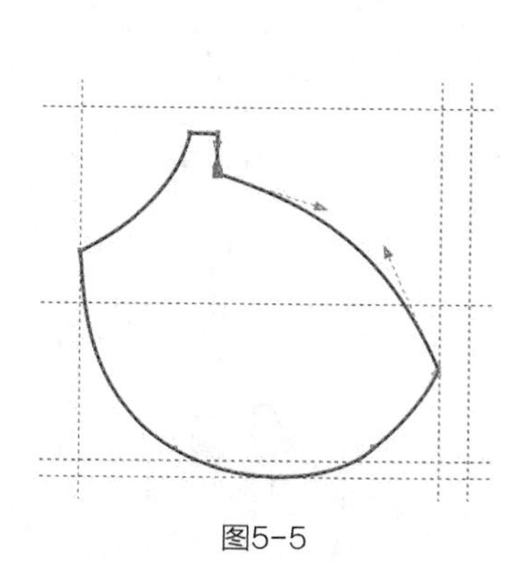
图5-5

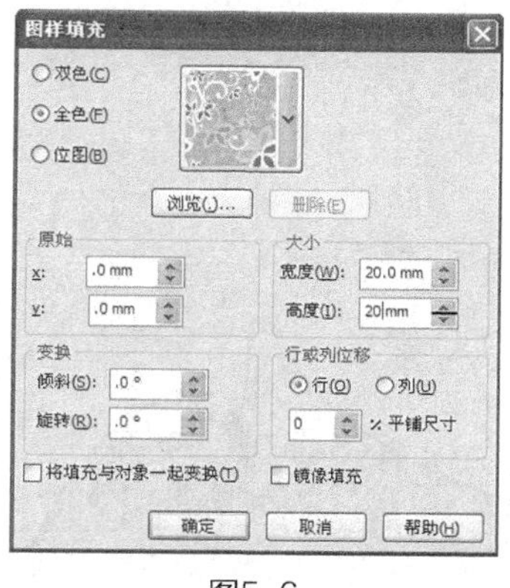

图5-6

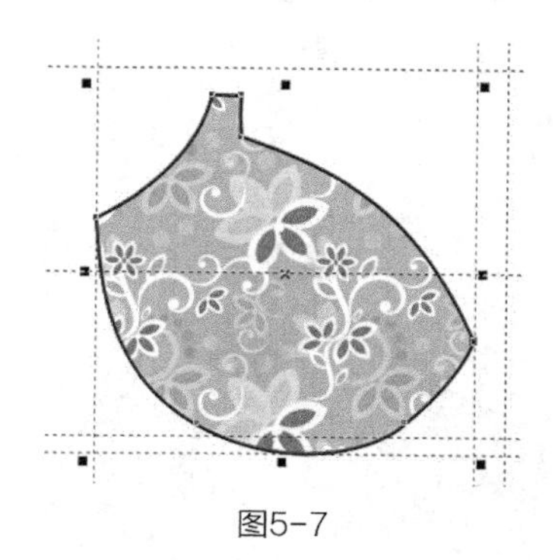
图5-7

06 鼠标右键单击调色板中的☒去除边框，得到的效果如图5-8所示。

07 执行菜单栏中的【位图】/【转换为位图】命令，弹出“转换为位图”对话框，设置各项参数如图5-9所示。

08 单击【确定】按钮，原来的矢量图变成了位图，得到的效果如图5-10所示。

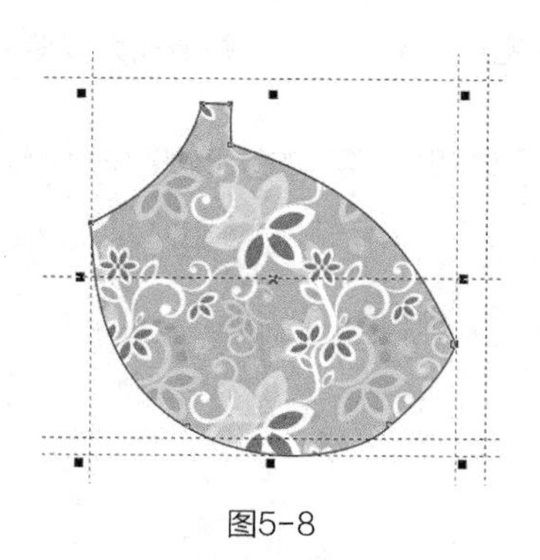
图5-8

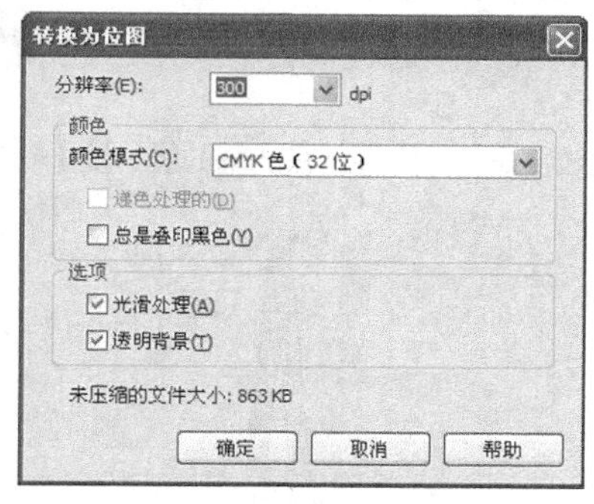

图5-9

图5-10

09 执行菜单栏中的【位图】/【三维效果】/【球面】命令，弹出“球面”对话框，设置各项参数如图5-11所示。

10 单击【确定】按钮，得到的效果如图5-12所示。

11 执行菜单栏中的【排列】/【顺序】/【向后一层】命令，得到的效果如图5-13所示。

12 使用贝塞尔工具和形状工具在内衣罩杯上绘制一条分割线，在属性栏中设置轮廓宽度为.35 mm，如图5-14所示。

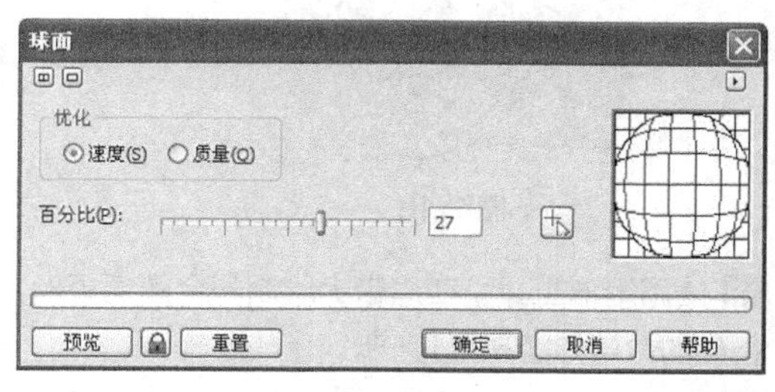

图5-11

13 使用贝塞尔工具和形状工具绘制如图5-15所示的闭合路径，单击选择工具，在属性栏中设置轮廓宽度为.35 mm，并填充为浅紫色，CMYK值为9，33，6，0。

14 执行菜单栏中的【排列】/【顺序】/【到页面后面】命令，把它放置到罩杯后面，得到的效果如图5-16所示。

15 使用贝塞尔工具绘制后肩带，在属性栏中设置轮廓宽度为.35 mm，并填充为浅紫色，CMYK值为9，33，6，0，如图5-17所示。

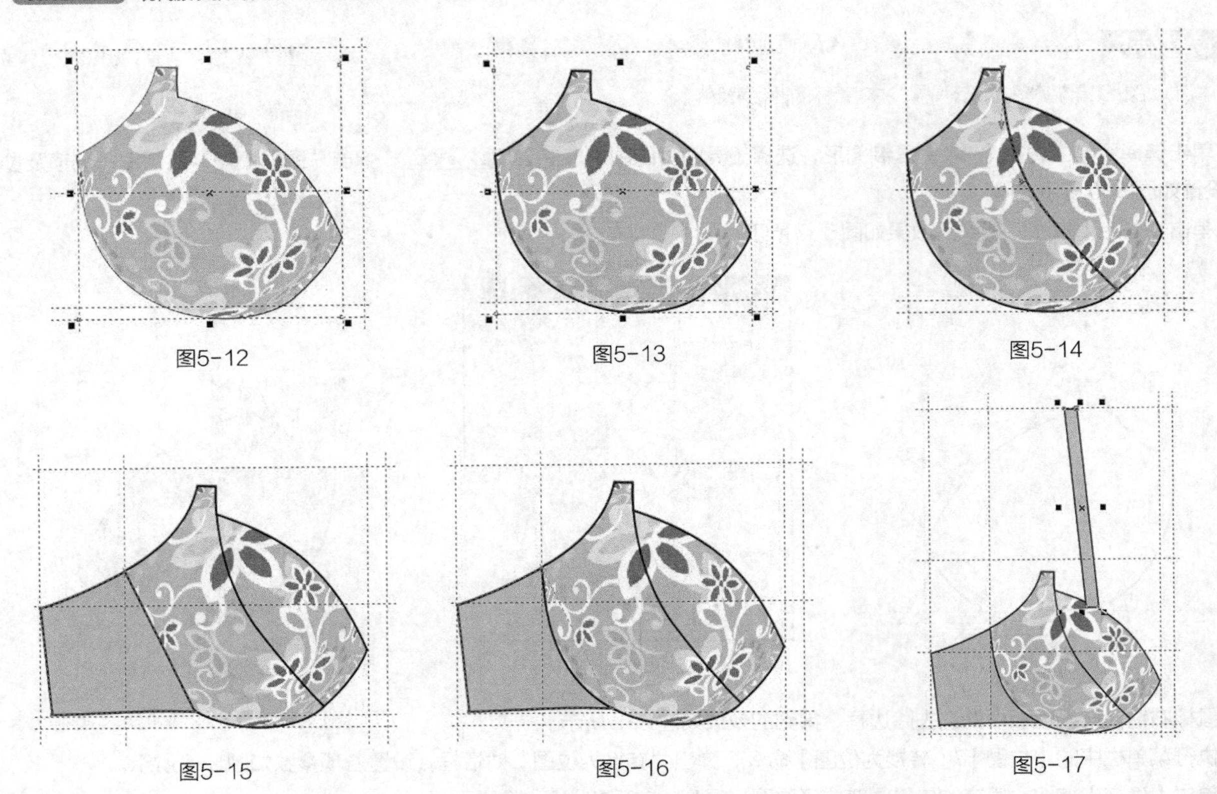

图5-12　　图5-13　　图5-14

图5-15　　图5-16　　图5-17

16 执行菜单栏中的【排列】/【顺序】/【到页面后面】命令，把它放置到罩杯后面，得到的效果如图5-18所示。

17 使用贝塞尔工具绘制前肩带（前后肩带一定要重合），在属性栏中设置轮廓宽度为 .35 mm，并填充为浅紫色，CMYK值为9，33，6，0，如图5-19所示。

18 执行菜单栏中的【编辑】/【全选】/【辅助线】命令，选择所有的辅助线，按【Delete】键删除，得到的效果如图5-20所示。

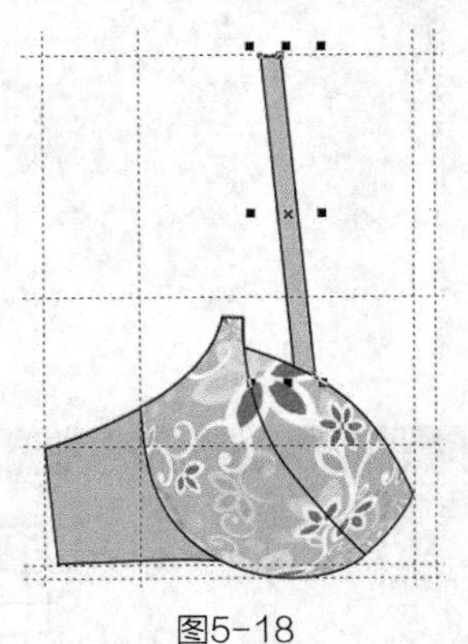

图5-18

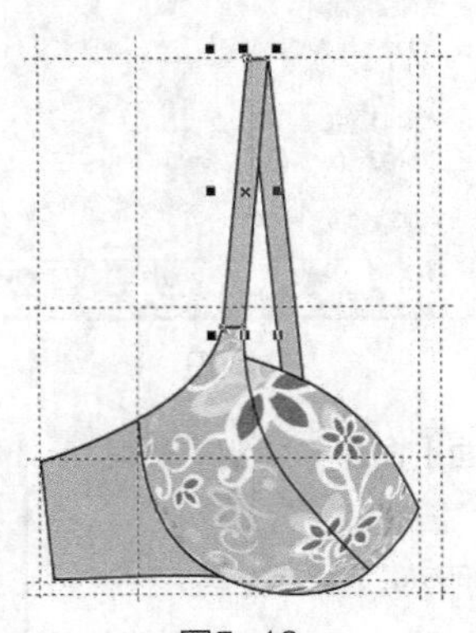

图5-19

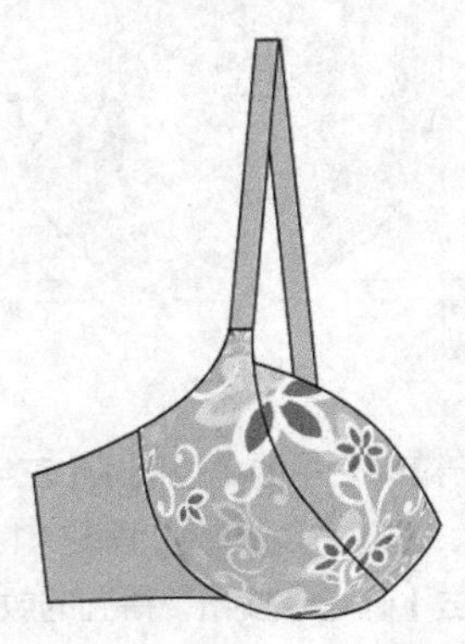

图5-20

19 使用矩形工具在肩带上绘制一个圆角矩形，在属性栏中设置圆角半径为 .6 mm，轮廓宽度为 .2 mm，得到的效果如图5-21所示。

20 单击【+】键复制矩形，按住【Shift】键等比例缩小圆形，得到的效果如图5-22所示。

21 使用选择工具框选两个矩形，单击属性栏中的合并按钮，效果如图5-23所示。

22 单击调色板中的“20%灰色”，在属性栏中设置旋转角度为 357.7°，完成日字调节扣的效果如图5-24所示。

23 选择贝塞尔工具和形状工具，在如图5-25所示罩杯上绘制5条缉明线。使缉明线处于选择状态，按【F1】键，弹出“轮廓笔”对话框，选项及参数设置如图5-26所示。

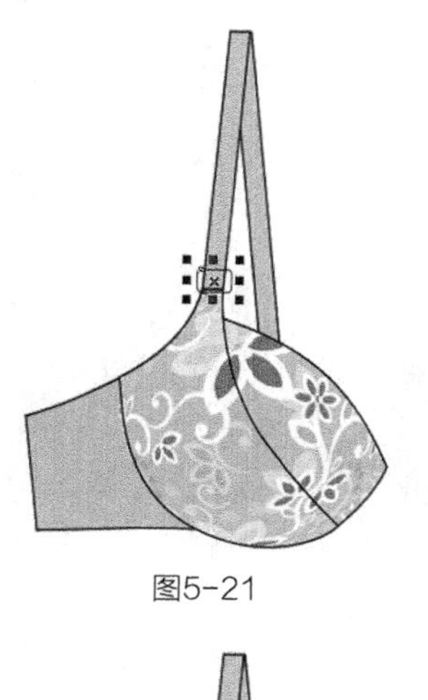
图5-21

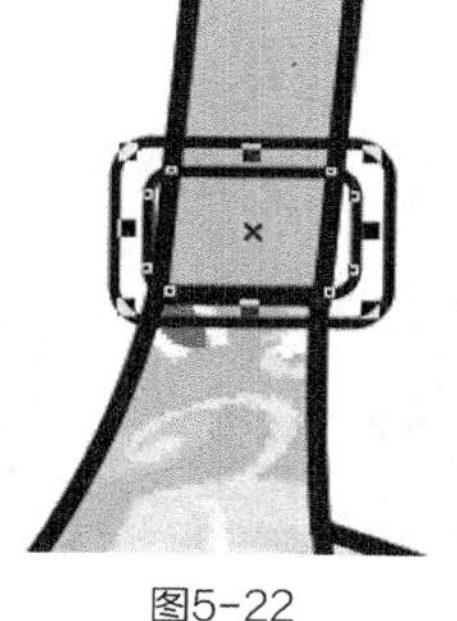
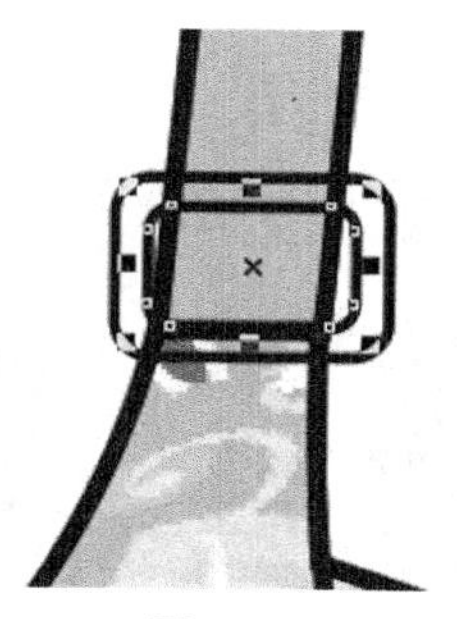
图5-22

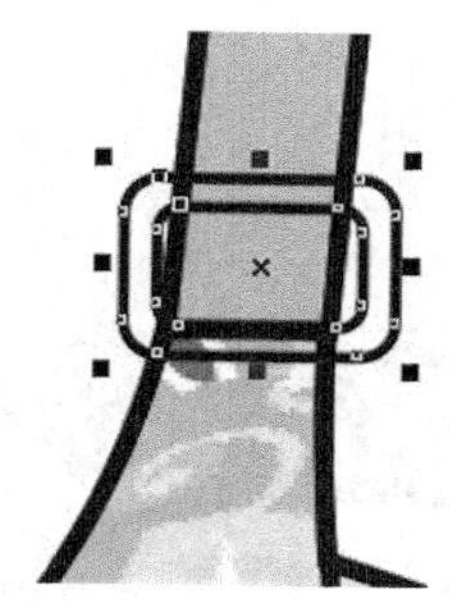
图5-23

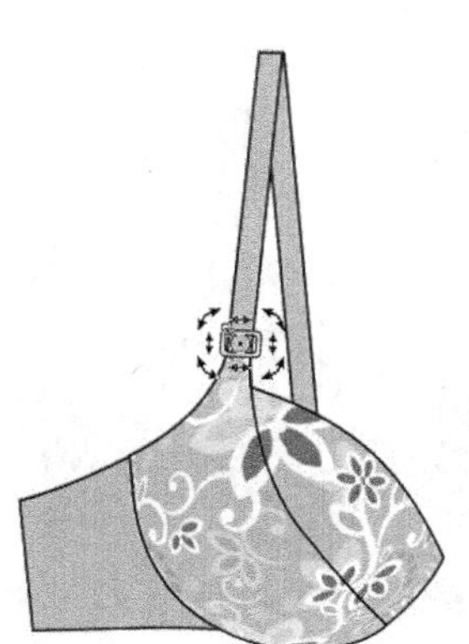
图5-24

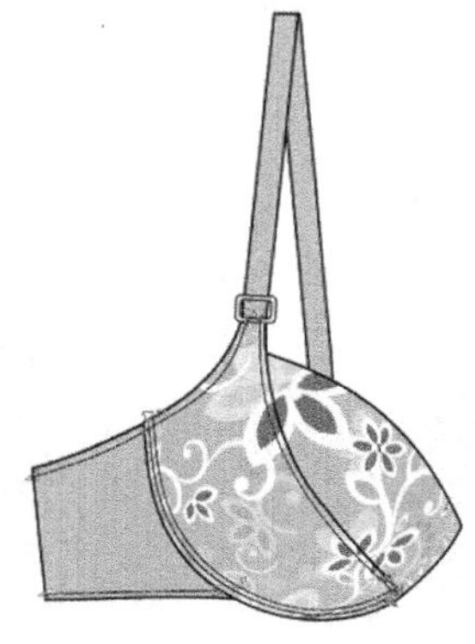
图5-25

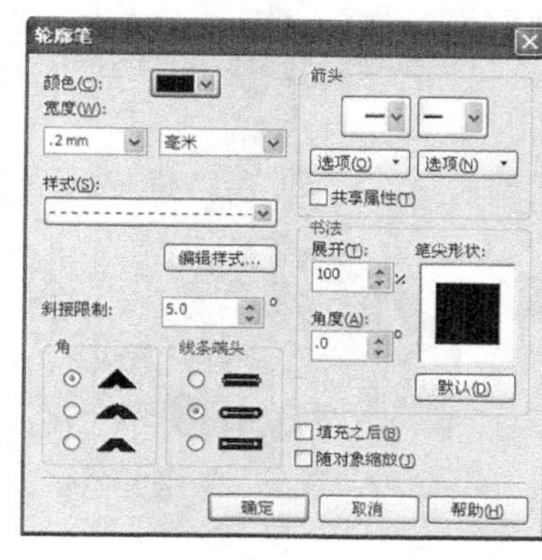

图5-26

24 单击【确定】按钮，得到的效果如图5-27所示。

25 执行菜单栏中的【排列】/【顺序】/【置于此对象后】命令，把缉明线放置到日字扣后面，得到的效果如图5-28所示。

26 使用选择工具框选图形，按【+】键复制，单击属性栏中的水平镜像按钮，并把图形向右平移到一定的位置，得到的效果如图5-29所示。

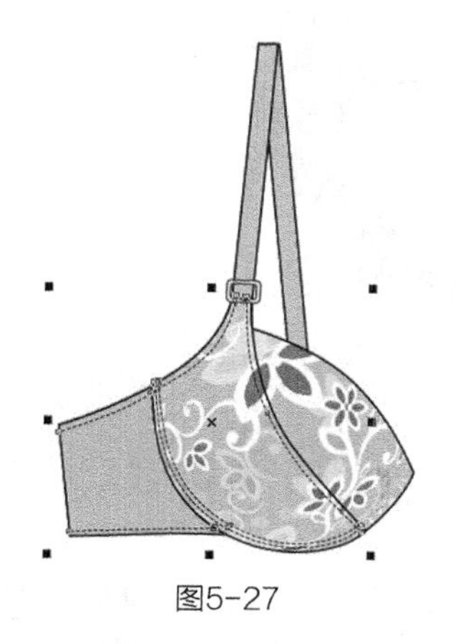
图5-27

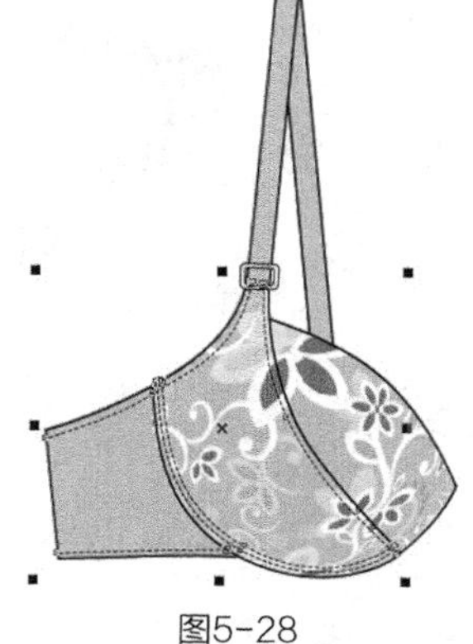
图5-28

27 使用贝塞尔工具和形状工具绘制如图5-30所示的闭合路径连接左右罩杯，单击选择工具，在属性栏中设置轮廓宽度为 .35 mm ，并填充为浅紫色，CMYK值为9，33，6，0。

28 单击选择工具，执行菜单栏中的【排列】/【顺序】/【到页面后面】命令，把它放置到罩杯后面，得到的效果如图5-31所示。

29 使用选择工具框选所有图形，按【Ctrl+G】组合键群组图形。这样就完成了文胸的绘制，整体效果如图5-32所示。

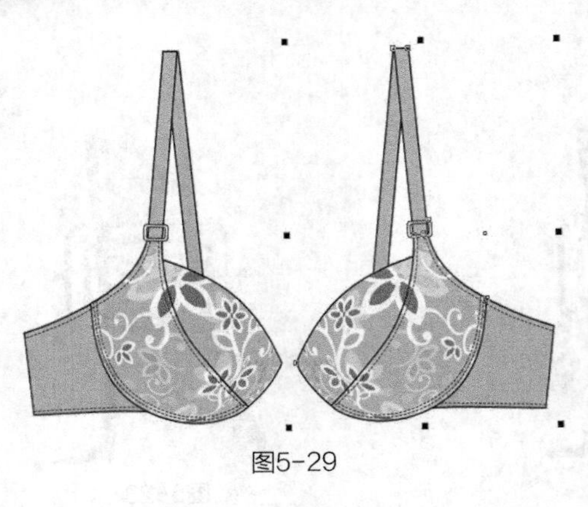
图5-29

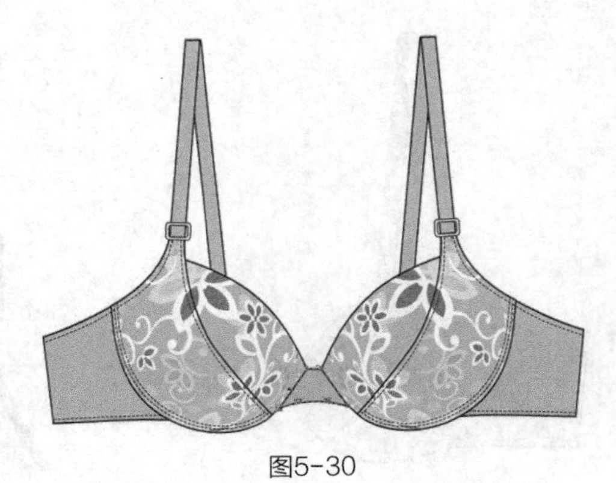
图5-30

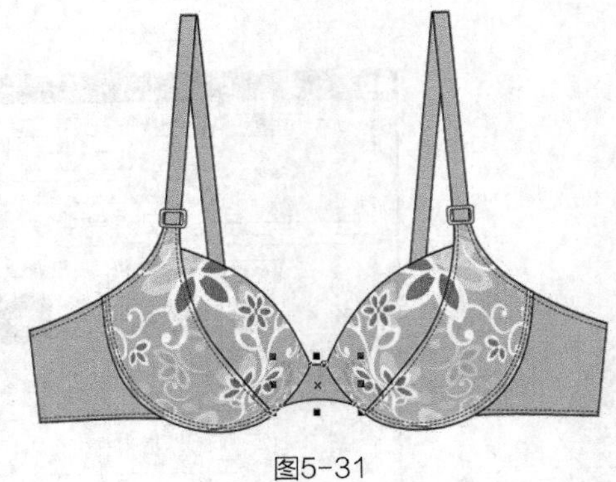
图5-31

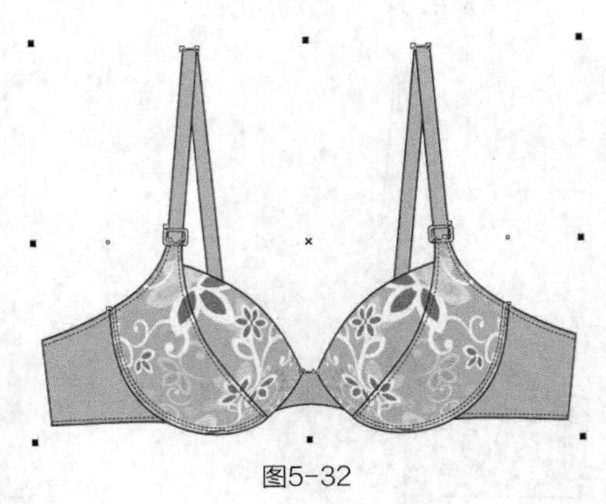
图5-32

5.2 女式内裤

女式内裤的整体效果如图5-33所示。

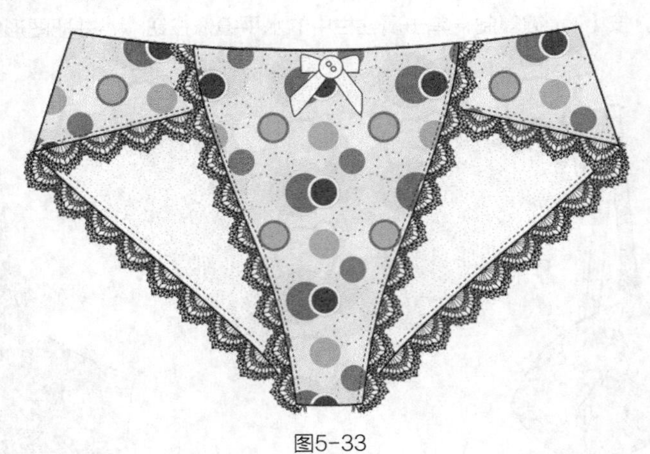
图5-33

设计重点

造型设计、图案填充、蕾丝花边的表现。

操作步骤

01 打开CorelDRAW软件，执行菜单栏中的【文件】/【新建】命令，或使用【Ctrl+N】组合键，弹出“创建新文档”对话框，命名文件为“女式内裤”，如图5-34所示。在属性栏中设定纸张大小为A4，横向摆放，如图5-35所示。

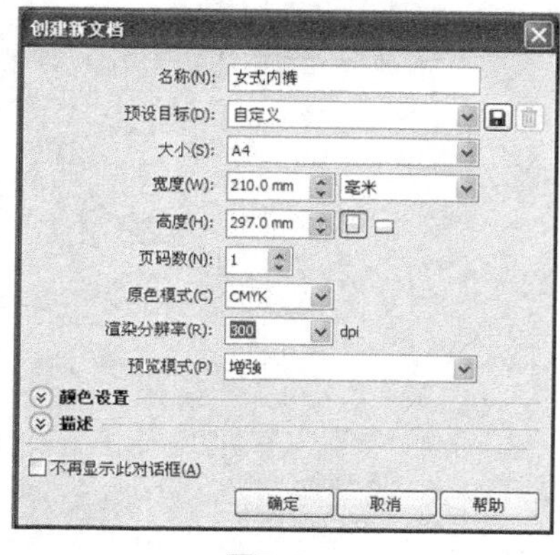

图5-34

图5-35

02 鼠标单击上方和左方的标尺栏，分别从上往下、从左往右拖动添加6条辅助线，确定腰线、裆深、臀围等位置，如图5-36所示。

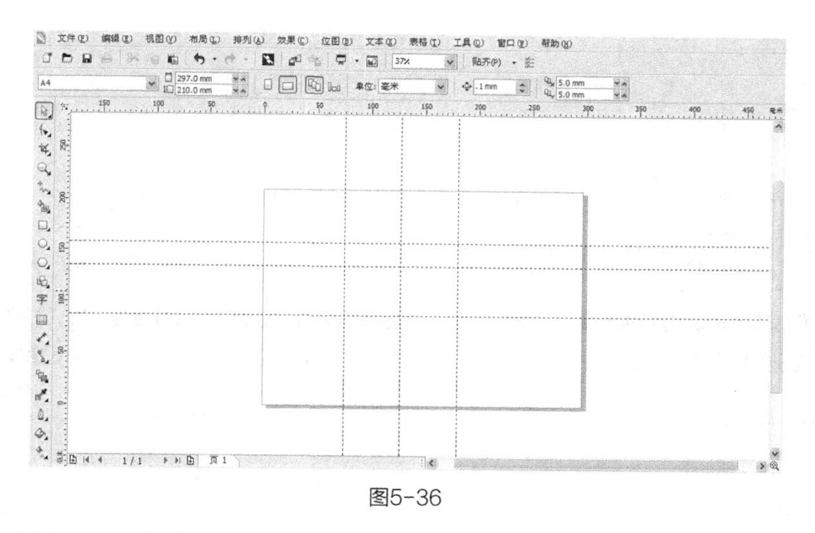

图5-36

03 使用贝塞尔工具和形状工具绘制如图5-37所示的路径，单击选择工具，在属性栏中设置轮廓宽度为.35 mm。

04 单击选择工具，按【+】键复制，单击属性栏中的水平镜像按钮，然后把复制的路径向右平移到一定的位置，如图5-38所示。

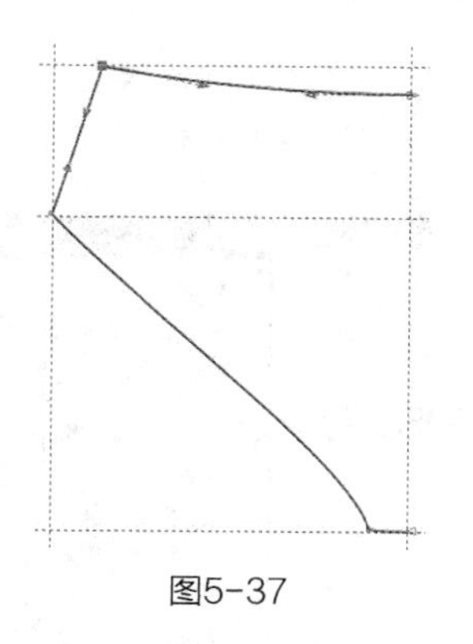

图5-37

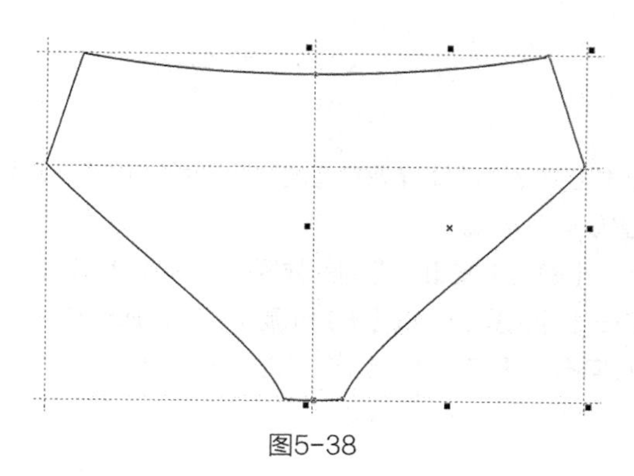

图5-38

05 使用选择工具框选两条路径，单击属性栏中的合并按钮，得到的效果如图5-39所示。

06 使用形状工具，挑选如图5-40所示的两个节点。单击属性栏中的“连接两个节点”按钮，得到的效果如图5-41所示。

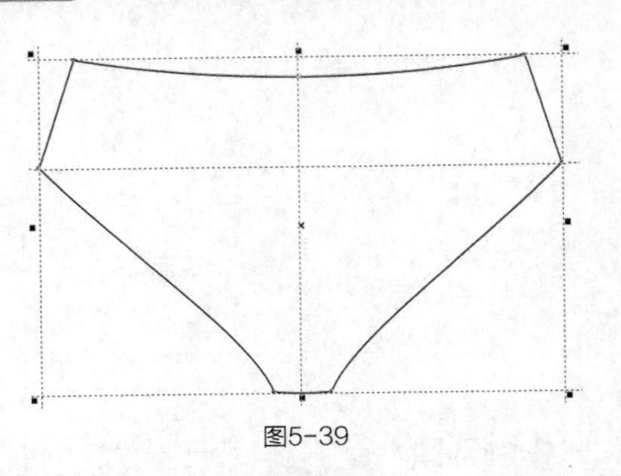
图5-39

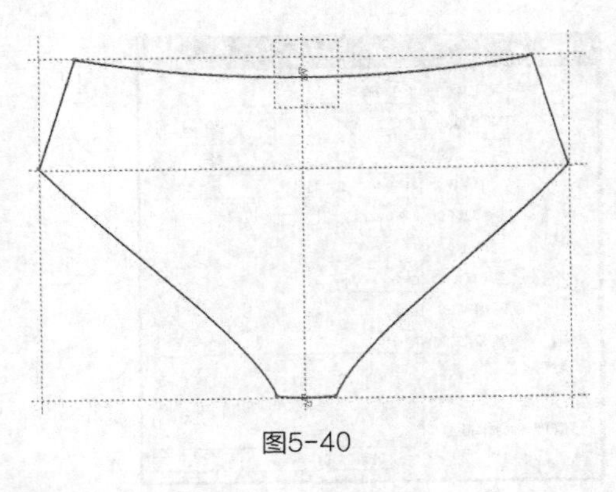
图5-40

07 重复上一步的操作，连接下方两个节点，填充为白色，得到的效果如图5-42所示。

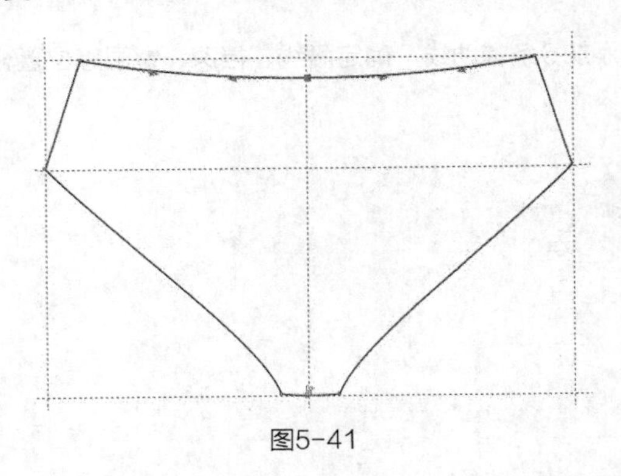
图5-41

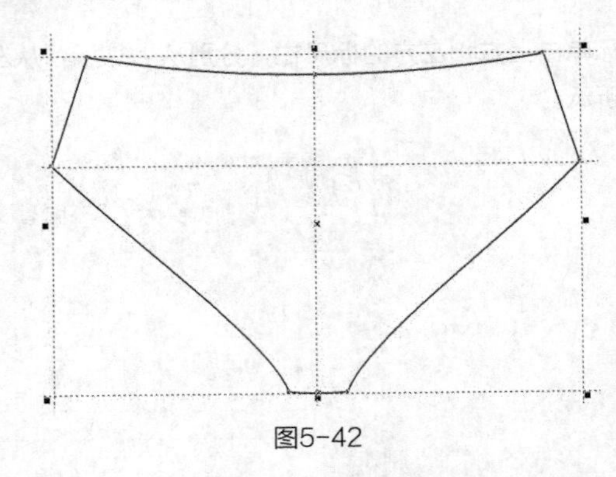
图5-42

08 执行菜单栏中的【编辑】/【全选】/【辅助线】命令，选择所有的辅助线，按【Delete】键删除，得到的效果如图5-43所示。

09 使用贝塞尔工具和形状工具绘制如图5-44所示的图形，单击选择工具，在属性栏中设置轮廓宽度为 .35 mm 。

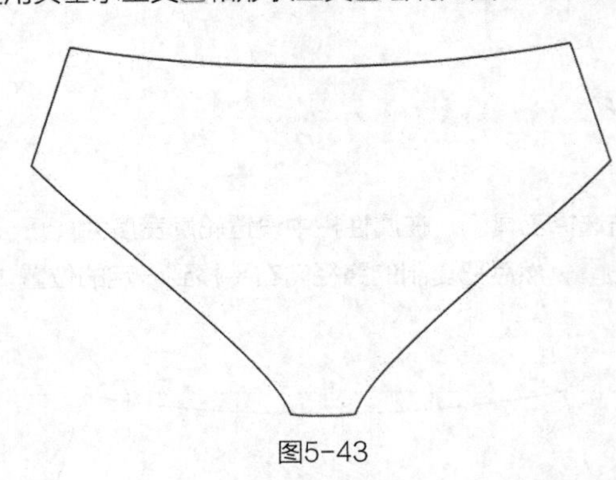
图5-43

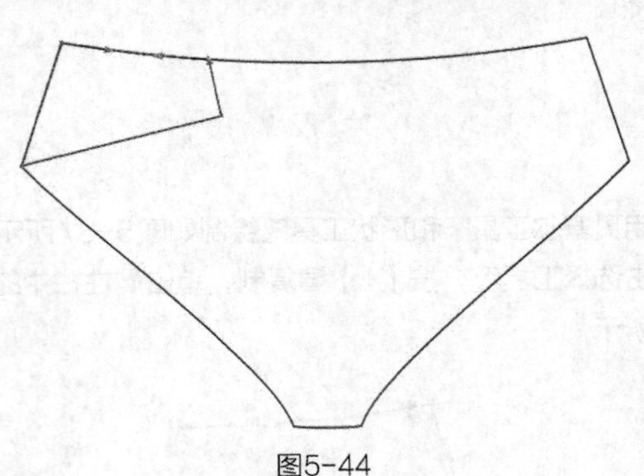
图5-44

10 单击工具箱中的图样填充工具 图样填充 ，弹出“图样填充”对话框，选项及参数设置如图5-45所示。

11 单击【确定】按钮，得到的效果如图5-46所示。

12 单击选择工具，按【+】键复制，单击属性栏中的水平镜像按钮，然后把复制的图形向右平移到一定的位置，如图5-47所示。

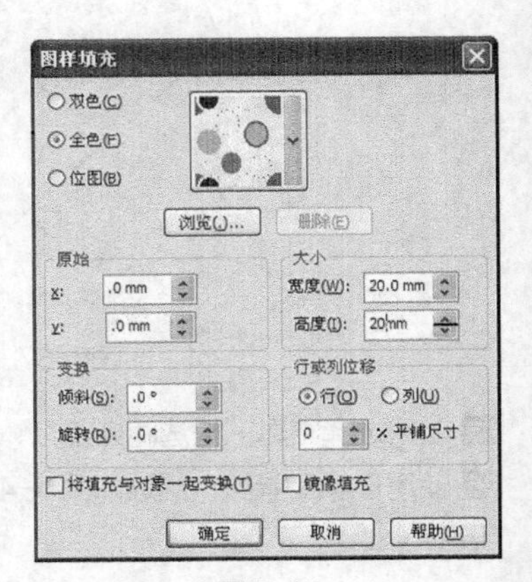

图5-45

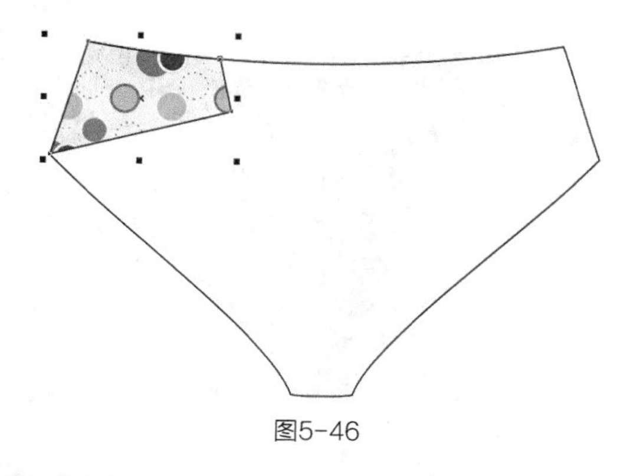

图5-46

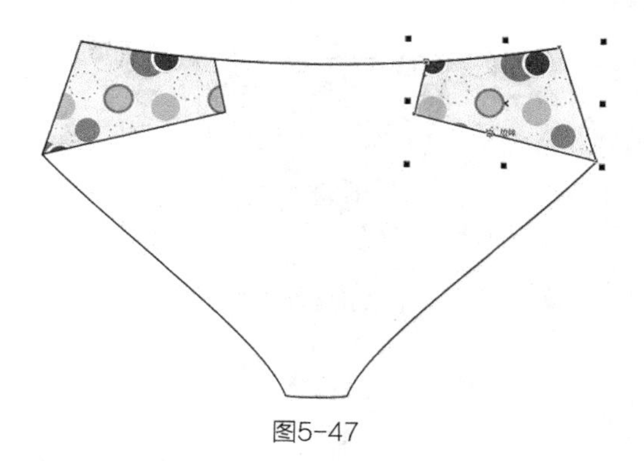

图5-47

13 使用贝塞尔工具和形状工具绘制如图5-48所示的图形，单击选择工具，在属性栏中设置轮廓宽度为.35 mm。

14 重复步骤**10**～步骤**11**的操作，给图形填充图案，这样就完成了内裤的基本造型，如图5-49所示。

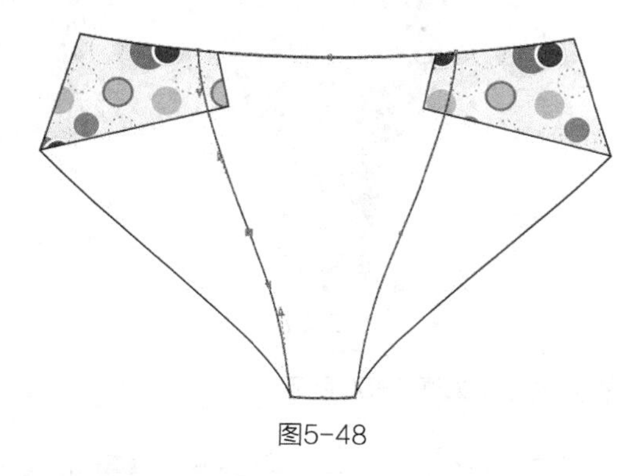

图5-48

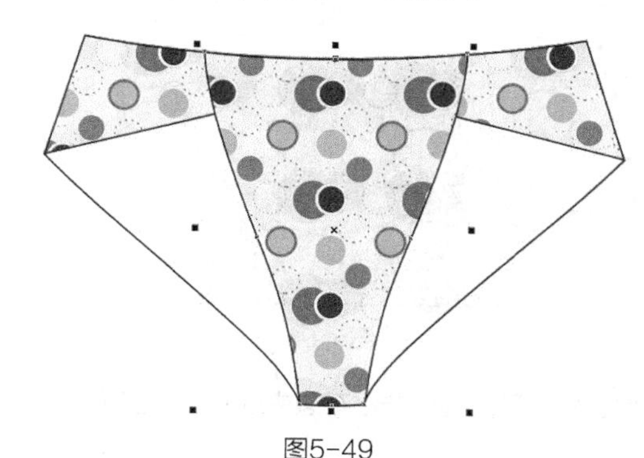

图5-49

15 执行菜单栏中的【文件】/【导入】命令，导入如图5-50所示的花边图案。

16 单击【+】键复制图案，再按住【Shift】键等比例缩小图形，把复制的图案摆放在如图5-51所示的位置。

17 使用选择工具框选两个图案，按【Ctrl+G】组合键群组图形，如图5-52所示。

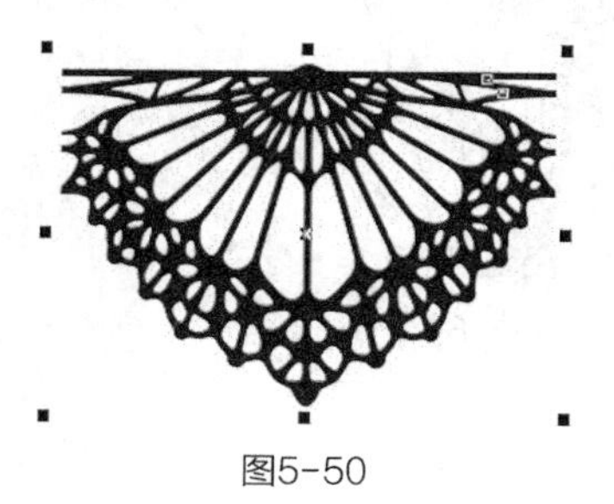

图5-50

图5-51

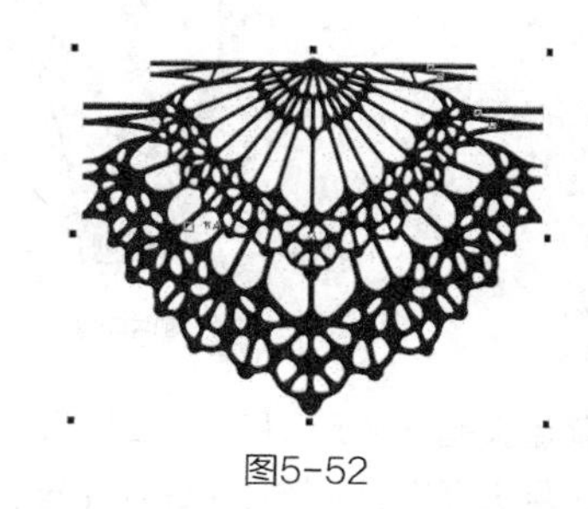

图5-52

18 单击工具箱中的艺术笔工具，选择属性栏中的【新喷涂列表】，单击属性栏中的“添加到喷涂列表”按钮，把绘制好的花边图案自定义为艺术画笔，属性栏中设置各项参数如图5-53所示。

图5-53

19 使用贝塞尔工具和形状工具绘制一条路径，如图5-54所示。

20 选择艺术笔工具，在属性栏的喷涂列表中单击花边艺术笔，得到的效果如图5-55所示。

21 单击属性栏中的“旋转”按钮，选择【相对于路径】，如图5-56所示。得到的效果如图5-57所示。

22 单击选择工具，执行菜单栏中的【排列】/【拆分艺术笔群组】命令，得到的蕾丝花边效果如图5-58所示。

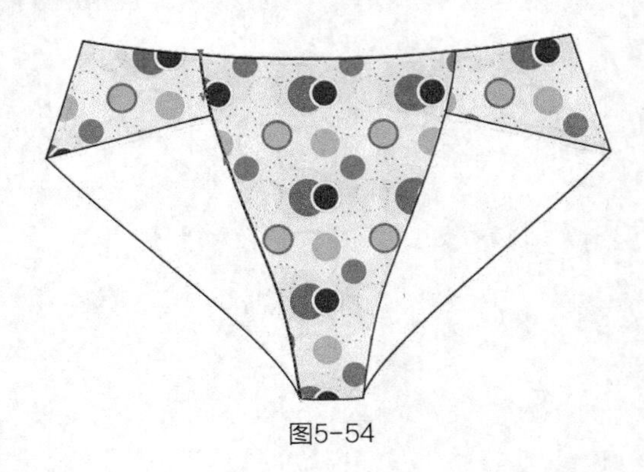
图5-54

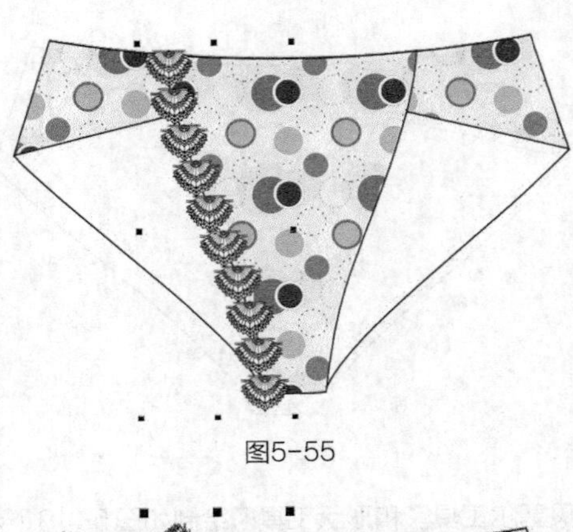
图5-55

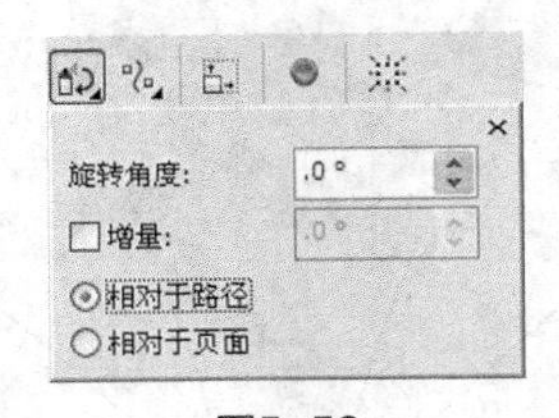

图5-56

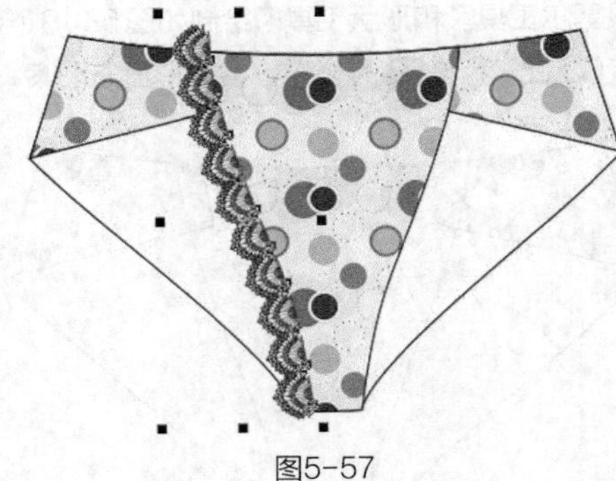
图5-57

23 使用选择工具挑选蕾丝花边中的路径，按【Delete】键删除，得到的效果如图 5-59 所示。

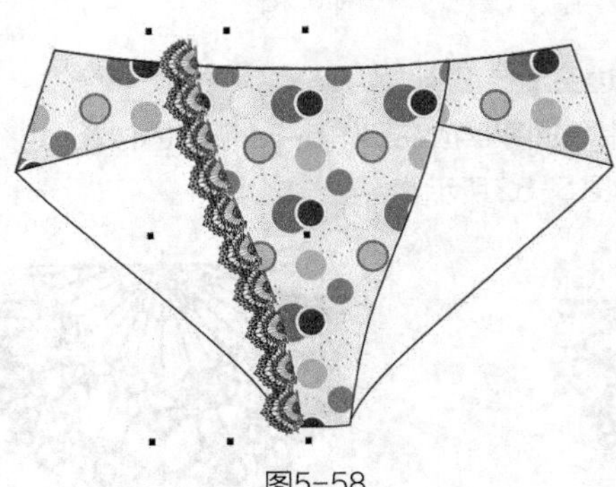
图5-58

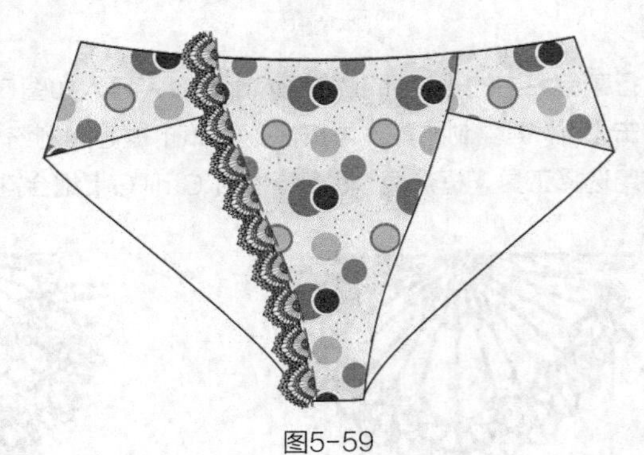
图5-59

24 使用贝塞尔工具和形状工具在花边上绘制如图 5-60 所示的图形。

25 使用选择工具按住【Shift】键加选蕾丝花边，如图 5-61 所示。

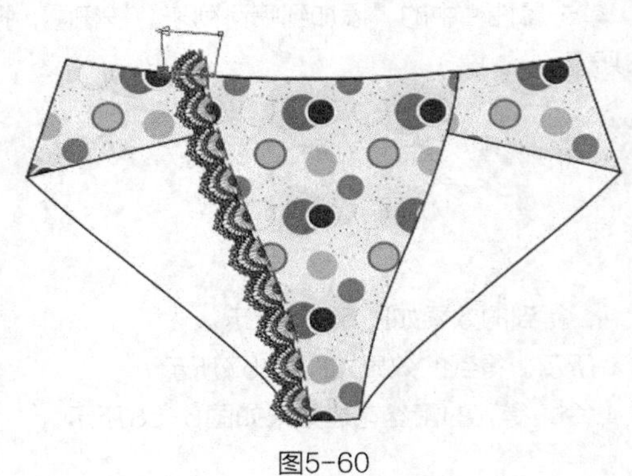
图5-60

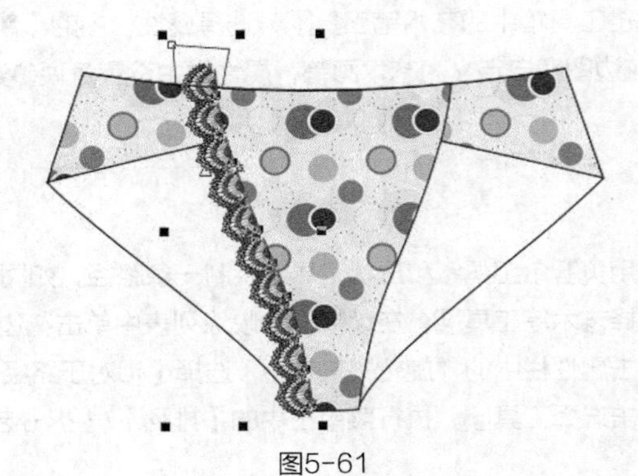
图5-61

26 单击属性栏中的“简化”按钮，得到的效果如图5-62所示。

27 执行菜单栏中的【排列】/【顺序】/【置于此对象后】命令，把蕾丝花边放置到裤片后面，得到的效果如图5-63所示。

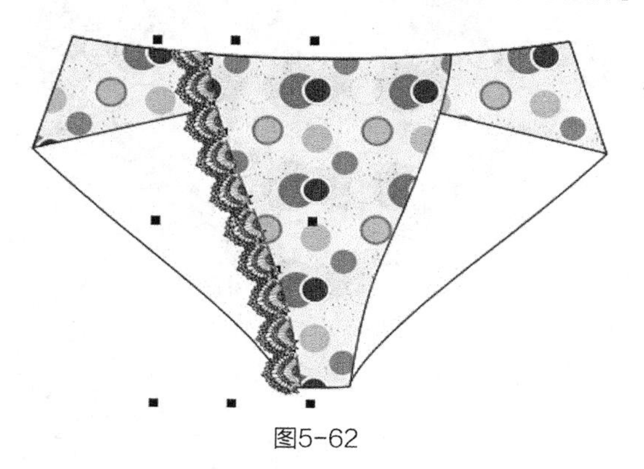

图5-62

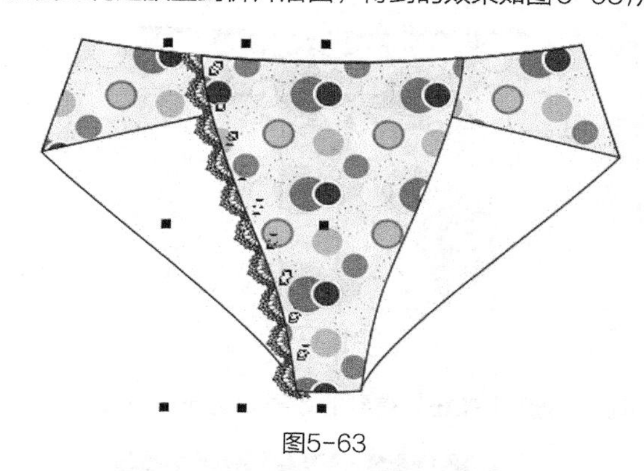

图5-63

28 使用选择工具选择蕾丝花边，按住【Ctrl】键向左平移到如图5-64所示的位置。

29 按【+】键复制蕾丝花边，单击属性栏中的水平镜像按钮，把复制的图形向右平移到一定的位置，得到的效果如图5-65所示。

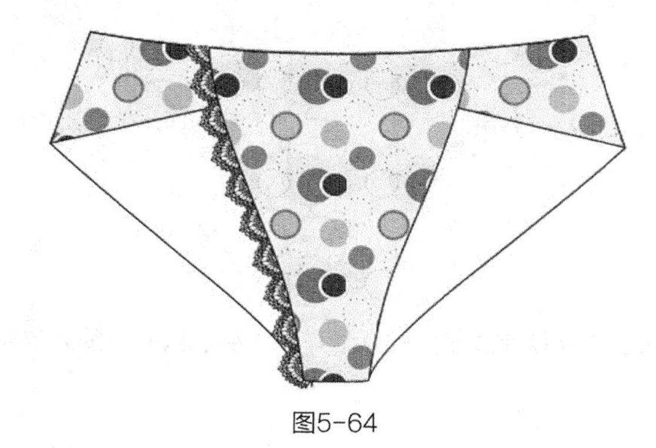

图5-64

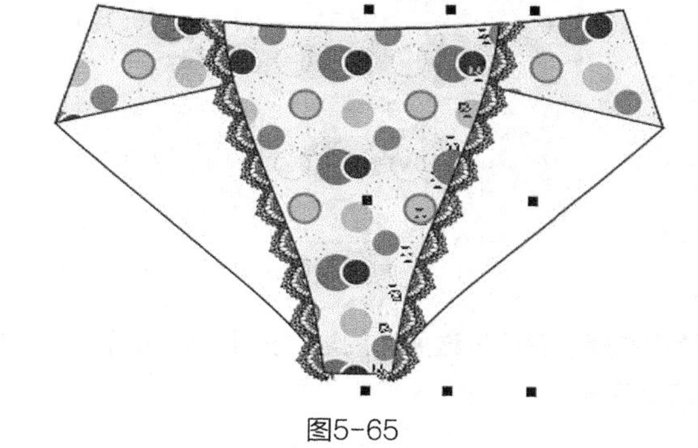

图5-65

30 重复步骤**19**~步骤**29**的操作，绘制其余的4条蕾丝花边，得到的效果如图5-66所示。

31 使用贝塞尔工具和形状工具在内裤上绘制装饰蝴蝶结，单击选择工具，在属性栏中设置轮廓宽度为.2 mm，并填充为白色，如图5-67所示。

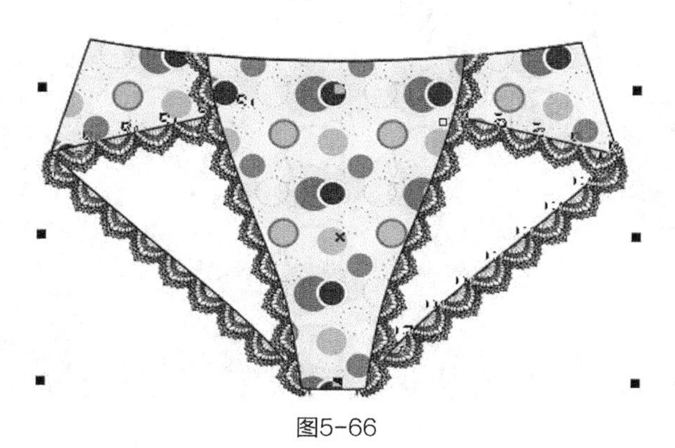

图5-66

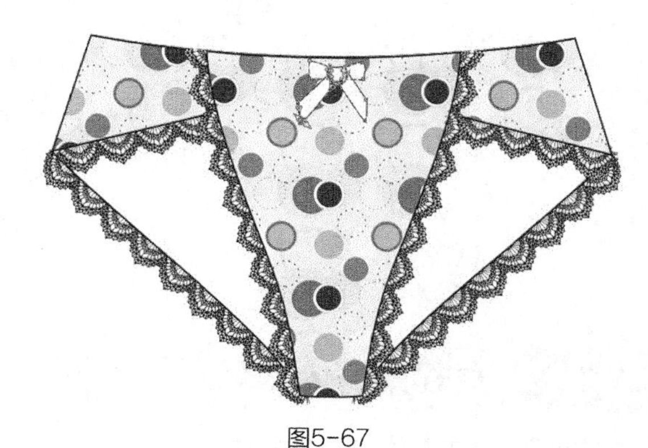

图5-67

32 选择椭圆形工具，在蝴蝶结上绘制装饰扣，在属性栏中设置轮廓宽度为.2 mm，并填充为白色，如图5-68所示。

33 选择贝塞尔工具和形状工具，在如图5-69所示的内裤边缘处绘制6条缉明线，使缉明线处于选择状态，按【F12】键，弹出“轮廓笔”对话框，选项及参数设置如图5-70所示。

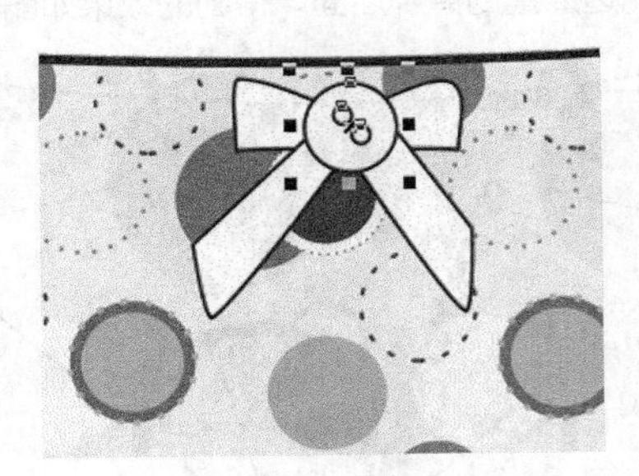

图5-68

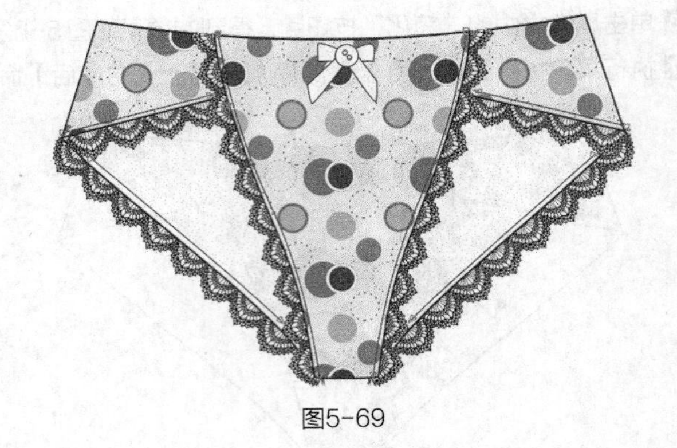

图5-69

34 单击【确定】按钮，得到的效果如图5-71所示。

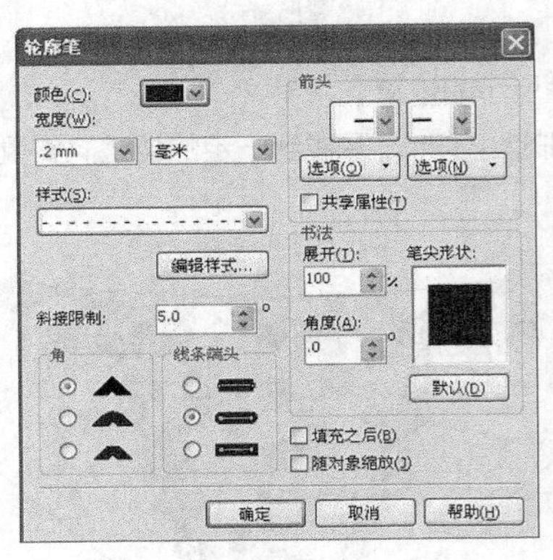

图5-70

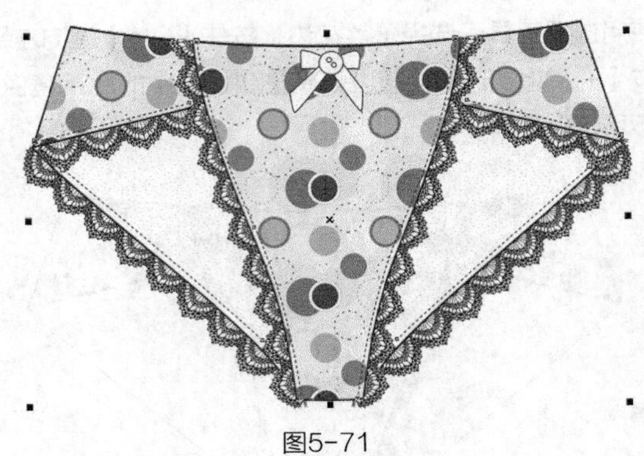

图5-71

35 使用选择工具框选所有图形，按【Ctrl+G】组合键群组图形。这样就完成了女式蕾丝花边内裤的绘制，整体效果如图5-72所示。

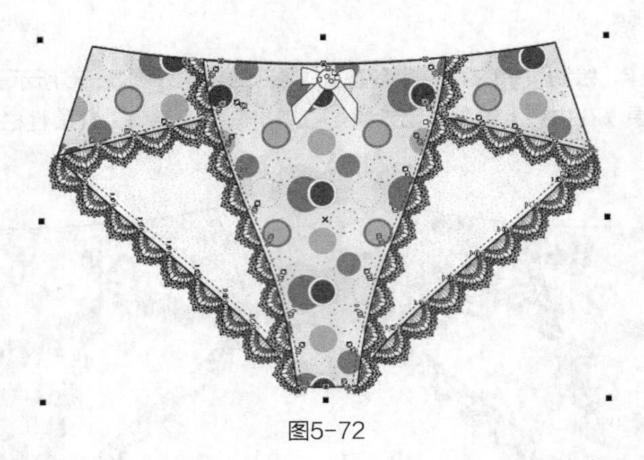

图5-72

5.3 女式束身内衣

女式束身内衣的整体效果如图5-73所示。

设计重点

造型设计，三角针、锁链针线迹表现，调节扣、蕾丝花边表现。

操作步骤

01 打开CorelDRAW软件，执行菜单栏中的【文件】/【新建】命令，或使用【Ctrl+N】组合键，弹出“创建新文档”对话框，命名文件为“女式束身内衣”，如图5-74所示。在属性栏中设定纸张大小为A4，横向摆放，如图5-75所示。

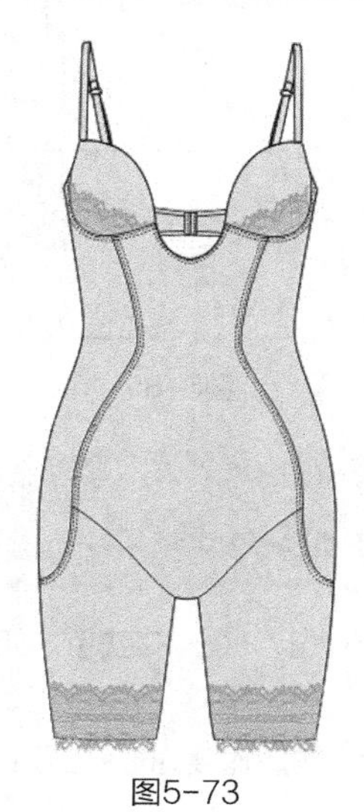

图5-73

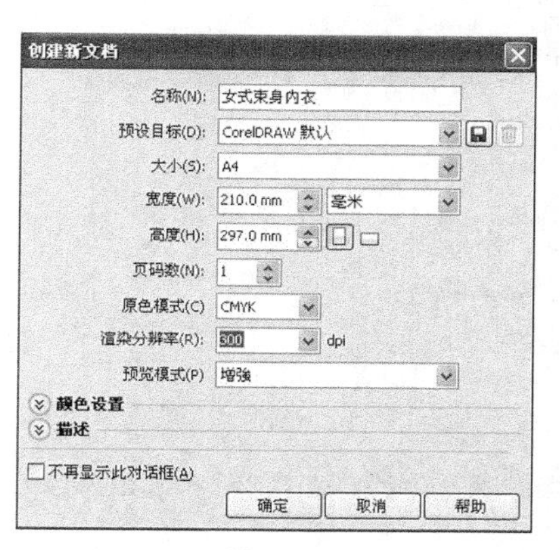

图5-74

图5-75

02 鼠标单击上方和左方的标尺栏，分别从上往下、从左往右拖动添加8条辅助线，确定衣长、肩带长、罩杯宽度、腰线、臀线等位置，如图5-76所示。

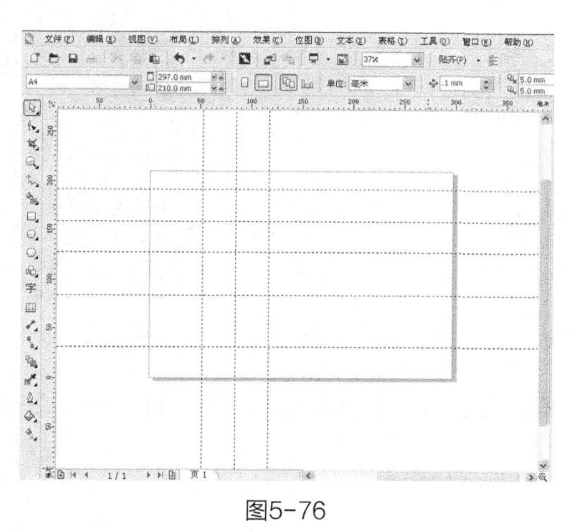

图5-76

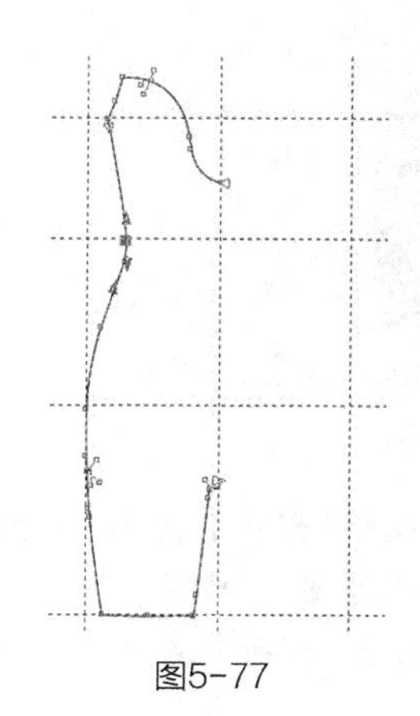

图5-77

03 使用贝塞尔工具和形状工具在辅助线的基础上绘制如图5-77所示的路径，在属性栏中设置轮廓宽度为 .35 mm 。

04 单击选择工具，按小键盘上的【+】键复制图形，单击属性栏中的水平镜像按钮，然后把复制的路径向右平移到一定的位置，得到的效果如图5-78所示。

05 使用选择工具框选两条路径，单击属性栏中的合并按钮，得到的效果如图5-79所示。

06 使用形状工具，挑选领口位置两个节点。单击属性栏中的“连接两个节点”按钮，得到的效果如图5-80所示。

07 重复上一步的操作，连接裆部两个节点，得到的效果如图5-81所示。

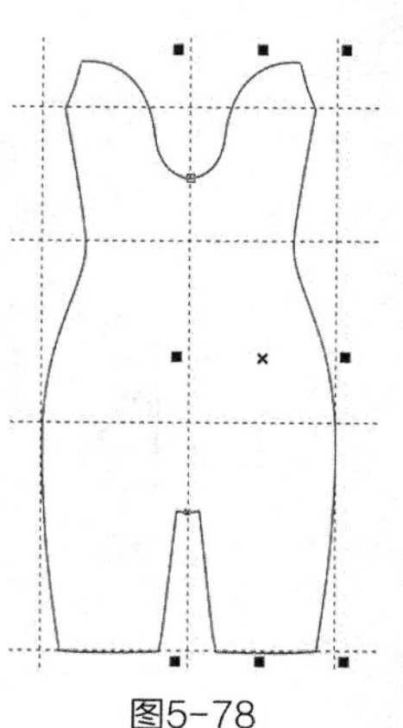

图5-78

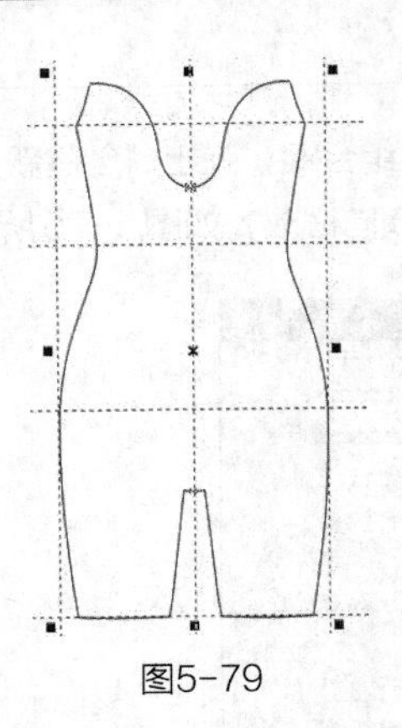
图5-79

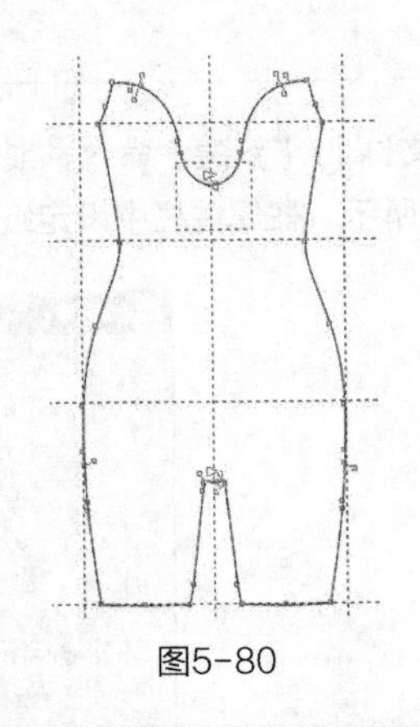
图5-80

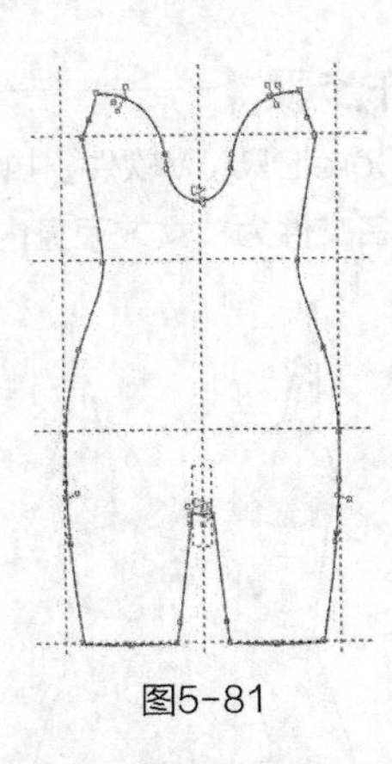
图5-81

专家提示

使用贝塞尔工具和形状工具绘制束身内衣的衣身造型时要注意调整腰、臀部曲线，收腰造型不能过于夸张。

08 单击工具箱中的均匀填充工具，弹出“均匀填充”对话框，设置CMYK值为7，15，27，0，皮肤色，如图5-82所示。单击【确定】按钮，得到的效果如图5-83所示。

09 使用贝塞尔工具和形状工具在衣身上绘制如图5-84所示的分割线，在属性栏中设置轮廓宽度为 .35 mm 。

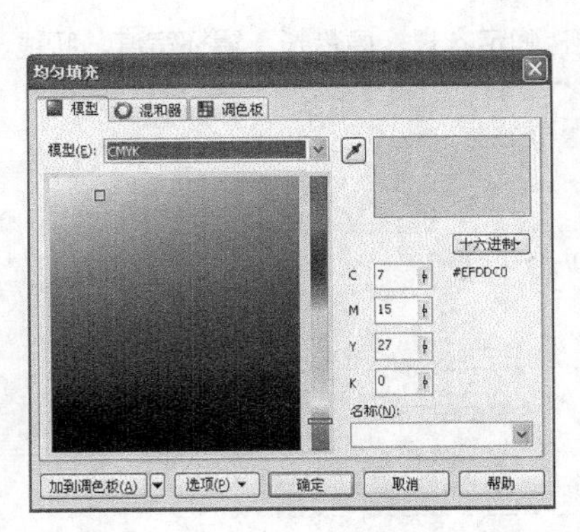

图5-82

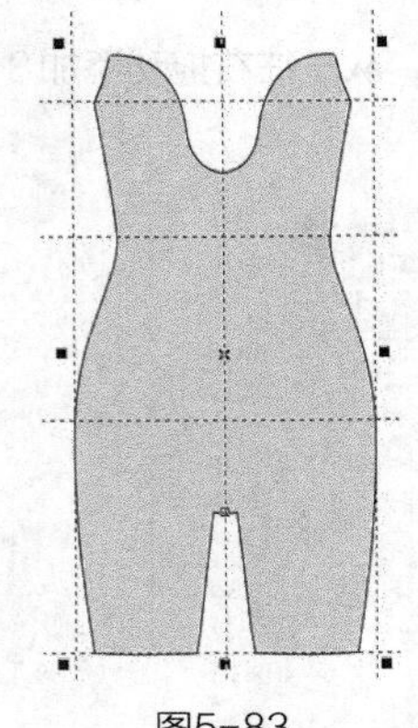
图5-83

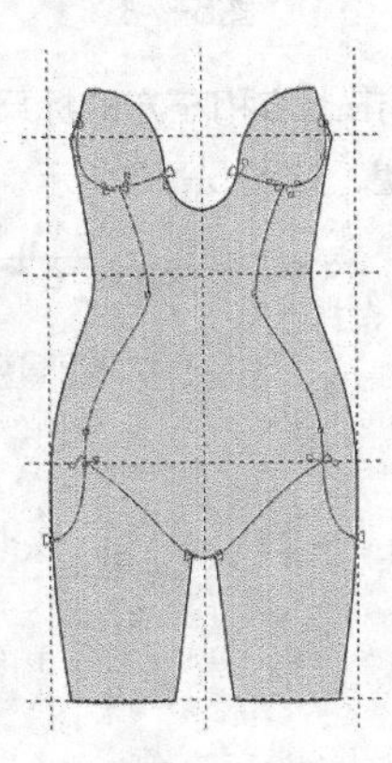
图5-84

10 使用贝塞尔工具和形状工具在如图5-85所示的分割线附近处绘制缉明线，按【F12】键，弹出“轮廓笔”对话框，选项及参数设置如图5-86所示。

11 单击【确定】按钮，得到的效果如图5-87所示。

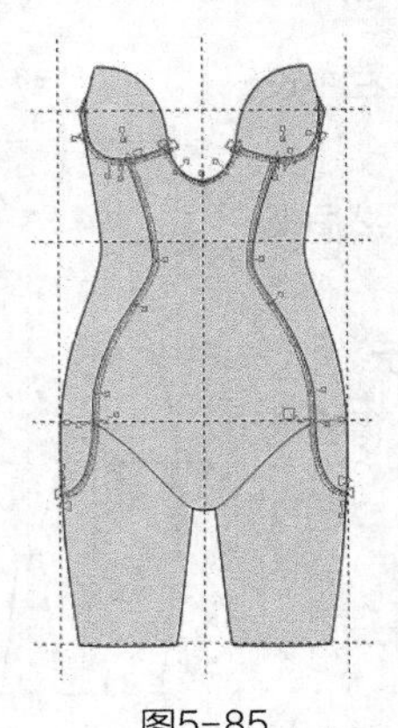
图5-85

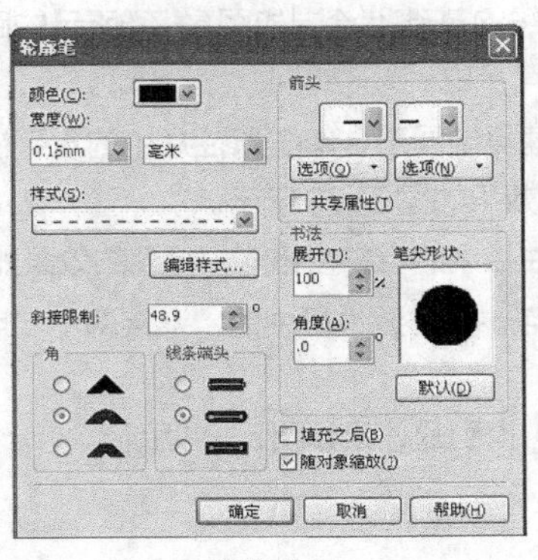

图5-86

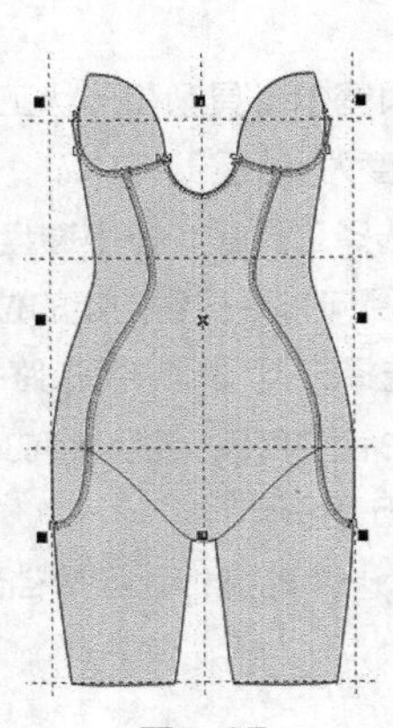
图5-87

12 使用贝塞尔工具和形状工具绘制左侧前肩带，如图5-88所示。单击选择工具，在属性栏中设置轮廓宽度为.35 mm，并填充为皮肤色，CMYK值为7，15，27，0。

13 使用贝塞尔工具和形状工具绘制左侧后肩带，如图5-89所示。单击选择工具，在属性栏中设置轮廓宽度为.35 mm，并填充为皮肤色，CMYK值为7，15，27，0。

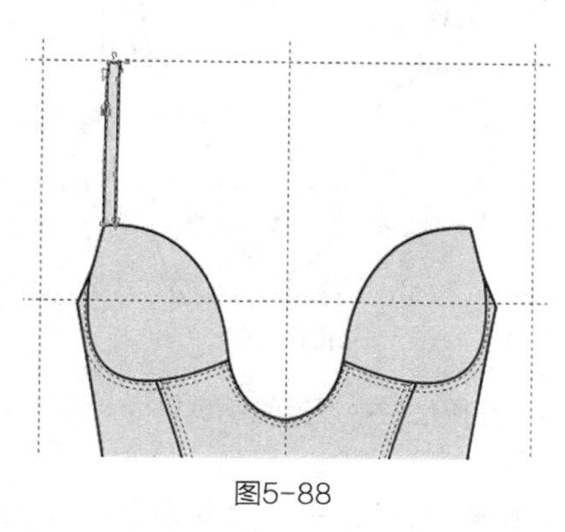
图5-88

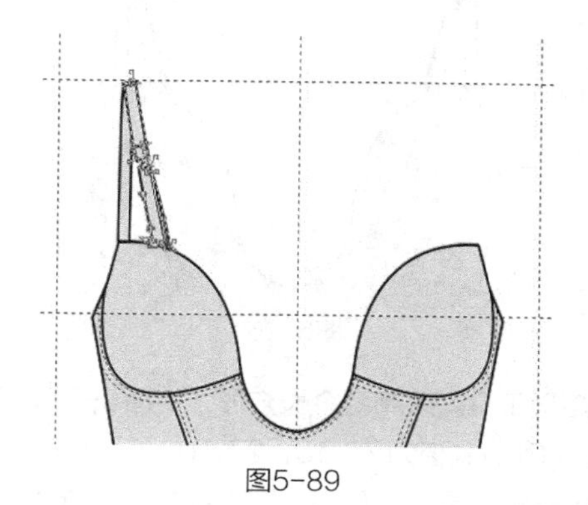
图5-89

14 单击选择工具，执行菜单栏中的【排列】/【顺序】/【置于此对象后】命令，把它放置到前肩带后面，得到的效果如图5-90所示。

15 选择椭圆形工具，按住【Ctrl】键在肩带上绘制一个圆形并填充为皮肤色，CMYK值为7，15，27，0，如图5-91所示。

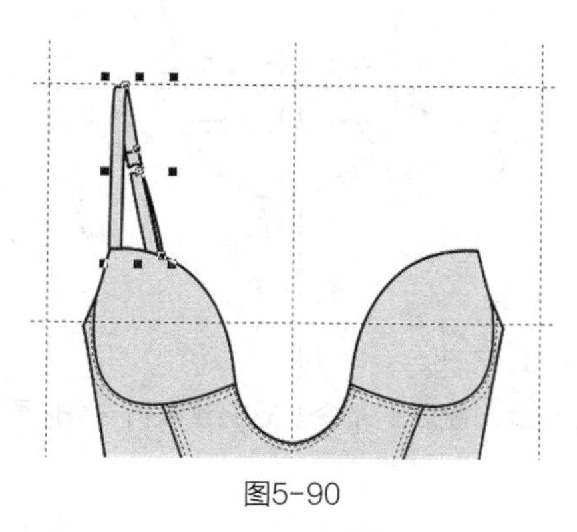
图5-90

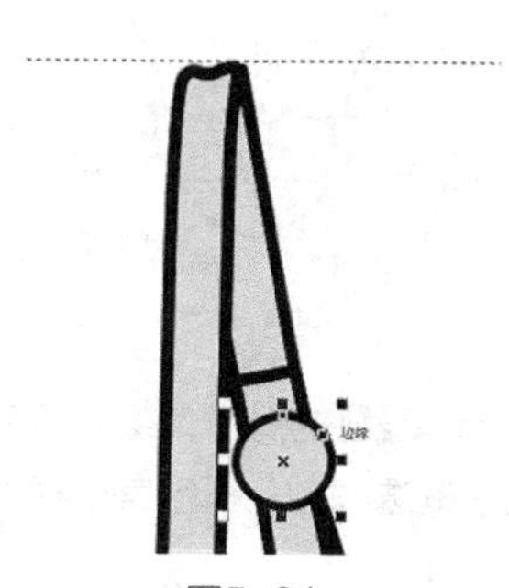
图5-91

16 按【+】键复制一个圆形，再按住【Shift】键等比例缩小图形，得到的效果如图5-92所示。

17 使用选择工具框选两个圆形，单击属性栏中的合并按钮，得到的效果如图5-93所示。

18 执行菜单栏中的【排列】/【顺序】/【置于此对象后】命令，把它放置到后肩带下面，得到的效果如图5-94所示。

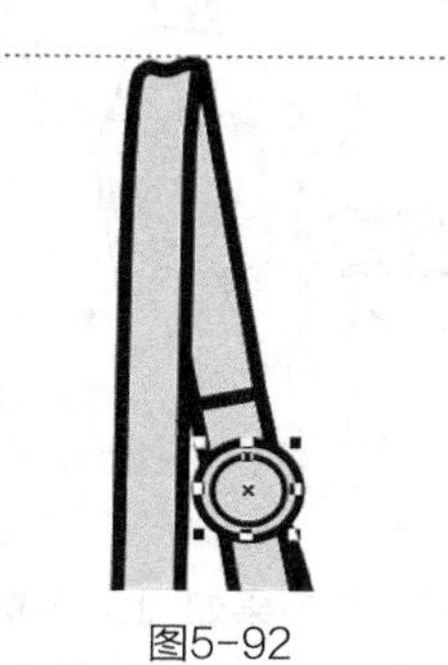
图5-92

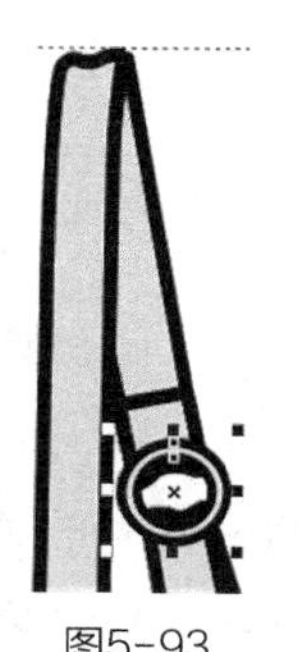
图5-93

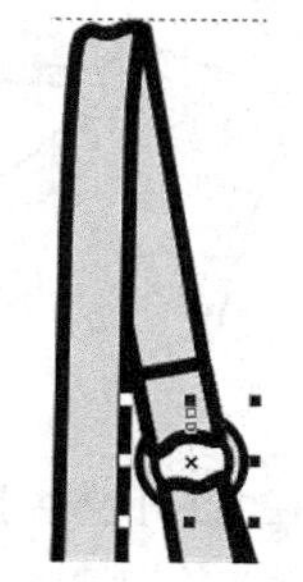
图5-94

19 使用选择工具框选整个肩带造型，按【+】键复制，单击属性栏中的水平镜像按钮，并把图形向右平移到一定的位置，得到的效果如图5-95所示。

20 使用贝塞尔工具和形状工具绘制一闭合路径，如图5-96所示。单击选择工具，在属性栏中设置轮廓宽度为，并填充为皮肤色，CMYK值为7，15，27，0。

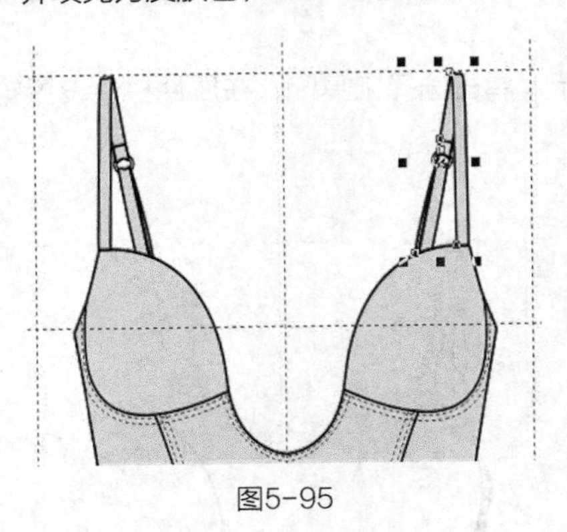
图5-95

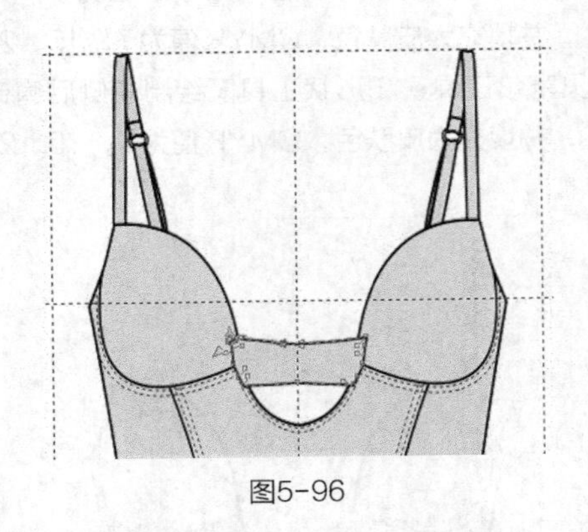
图5-96

21 使用矩形工具绘制两个长方形，如图5-97所示。单击选择工具，在属性栏中设置轮廓宽度为，并填充为皮肤色，CMYK值为7，15，27，0。

22 使用贝塞尔工具和形状工具在衣身上绘制如图5-98所示的4条分割线，在属性栏中设置轮廓宽度为。

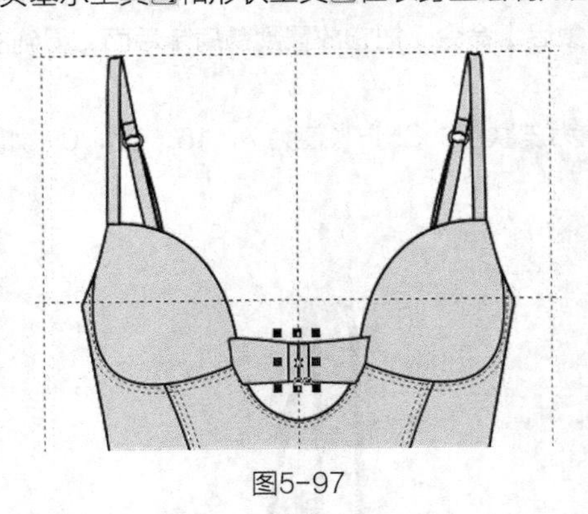
图5-97

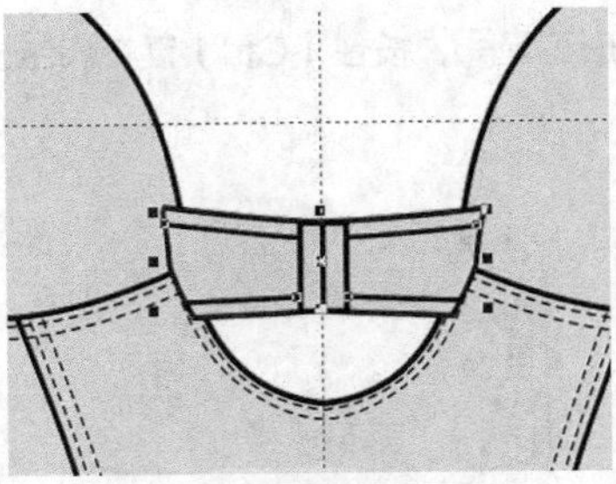

图5-98

23 重复步骤**10**～步骤**11**的操作，绘制两条缉明线，得到的效果如图5-99所示。

24 使用选择工具框选图形，执行菜单栏中的【排列】/【顺序】/【置于此对象后】命令，把它放置到衣身后面，得到的效果如图5-100所示。

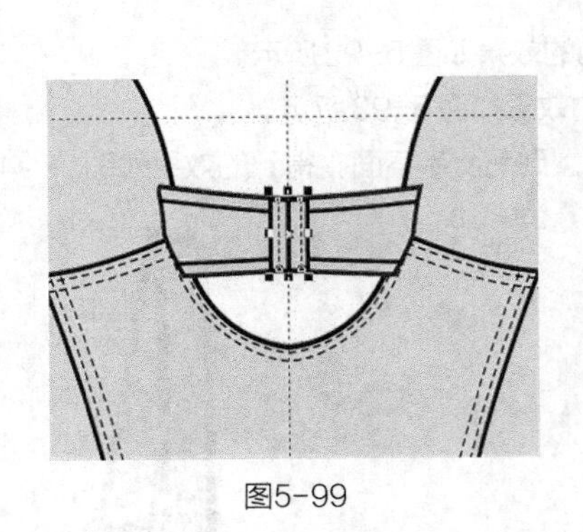
图5-99

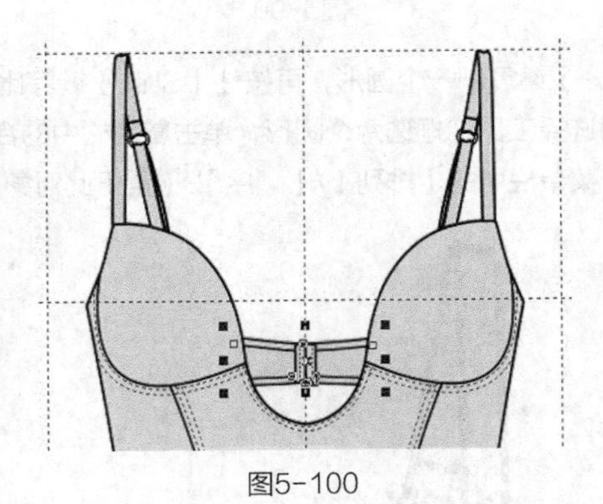
图5-100

25 执行菜单栏中的【文件】/【导入】命令，导入如图5-101所示的花边图案。

26 单击工具箱中的均匀填充工具，给花边填充浅灰色，CMYK值为7，15，27，30，得到的效果如图5-102所示。

27 单击工具箱中的艺术笔工具，选择属性栏中的【新喷涂列表】，单击属性栏中的“添加到喷涂列表”按钮，把绘制好的花边图案自定义为艺术画笔，属性栏中设置各项参数如图5-103所示。

28 使用贝塞尔工具和形状工具在裤腿上绘制一条路径，如图5-104所示。

图5-101

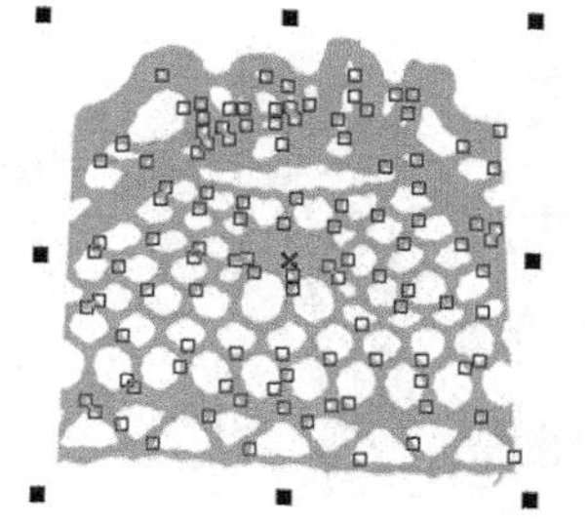
图5-102

图5-103

29 选择艺术笔工具，在属性栏的喷涂列表中单击花边艺术笔，得到的效果如图5-105所示。

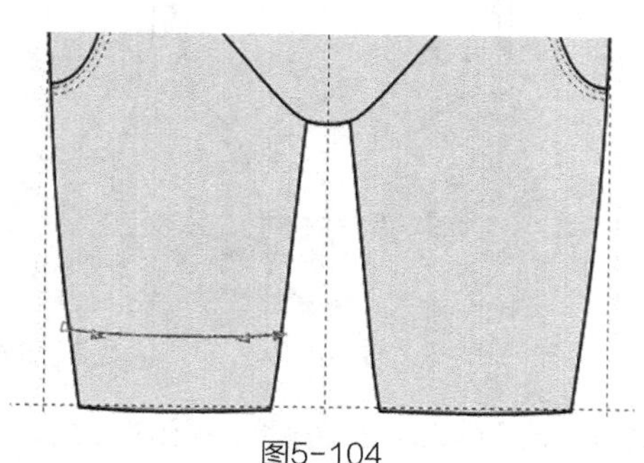
图5-104

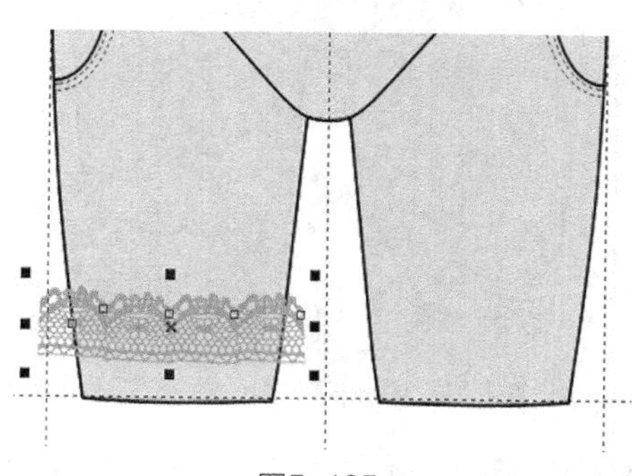
图5-105

30 单击选择工具，执行菜单栏中的【排列】/【拆分艺术笔群组】命令，得到的蕾丝花边效果如图5-106所示。

31 使用选择工具挑选蕾丝花边中的路径，按【Delete】键删除，得到的效果如图5-107所示。

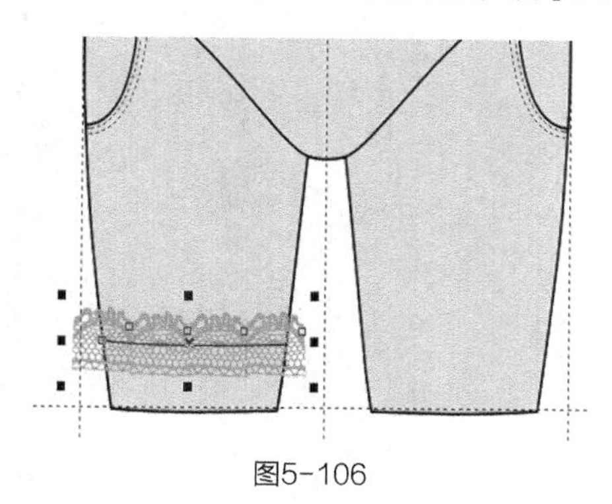
图5-106

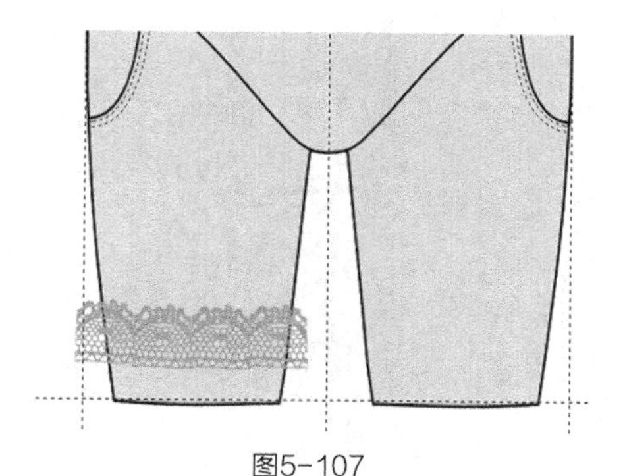
图5-107

32 使用贝塞尔工具和形状工具在花边上绘制如图5-108所示的两个图形。

33 单击属性栏中的“简化”按钮，得到的效果如图5-109所示。

34 重复步骤**28**～步骤**33**的操作，绘制第二层蕾丝花边，得到的效果如图5-110所示。

35 使用选择工具框选蕾丝花边图案，按小键盘上的【+】键复制图形，单击属性栏中的水平镜像按钮，然后把复制的图形向右平移到一定的位置，得到的效果如图5-111所示。

36 重复步骤**28**～步骤**33**的操作，绘制胸部的蕾丝花边，得到的效果如图

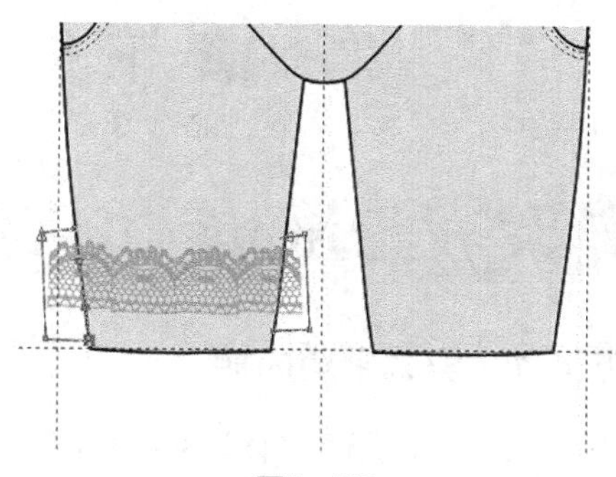
图5-108

5-112所示。

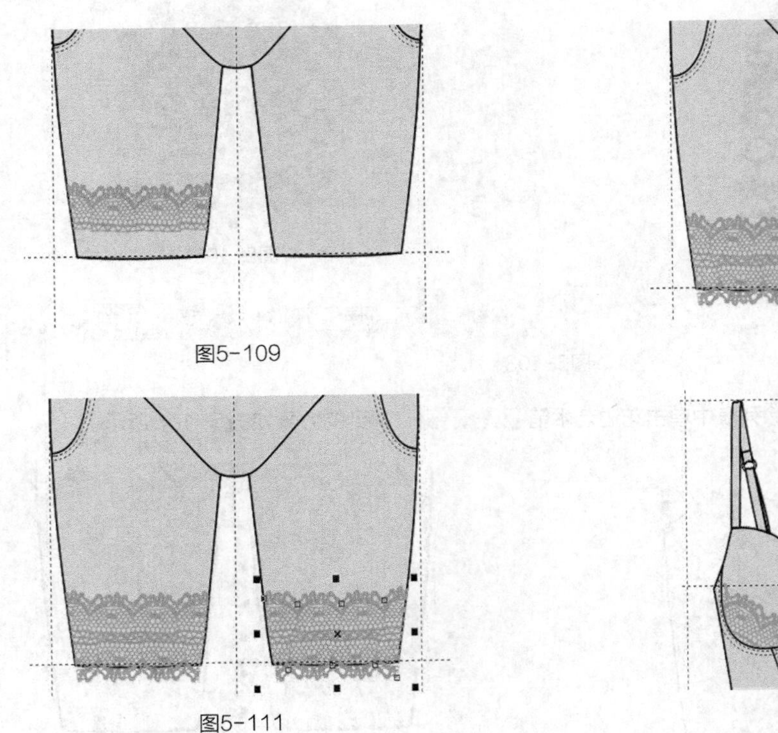

图5-109

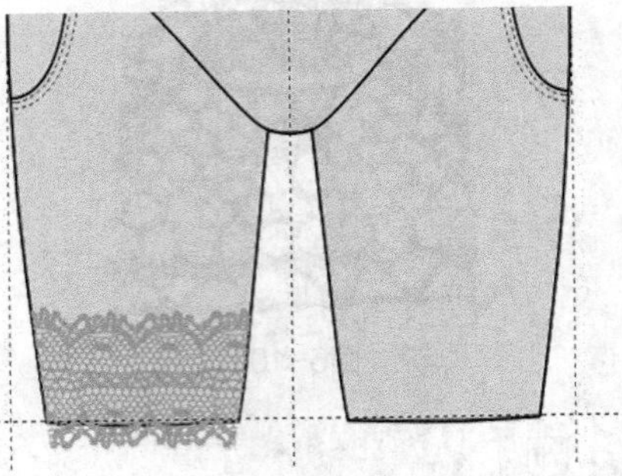

图5-110

图5-111

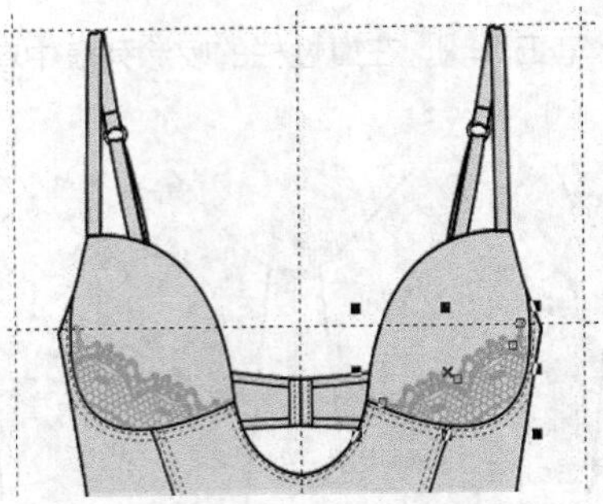

图5-112

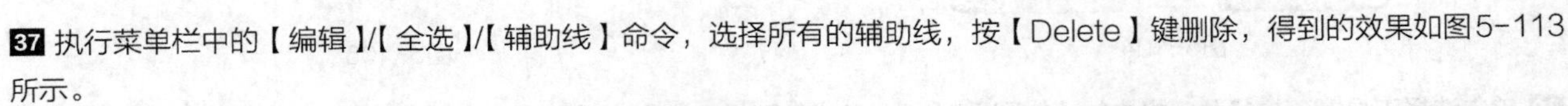

37 执行菜单栏中的【编辑】/【全选】/【辅助线】命令，选择所有的辅助线，按【Delete】键删除，得到的效果如图5-113所示。

38 使用选择工具框选所有图形，按【Ctrl+G】组合键群组图形。这样就完成了女式束身内衣的绘制，效果如图5-114所示。

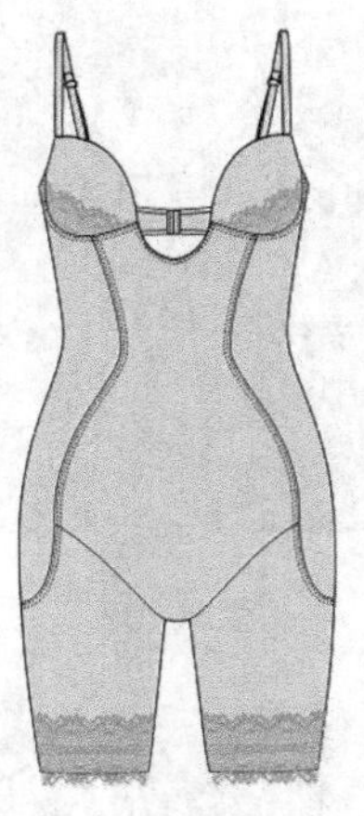

图5-113

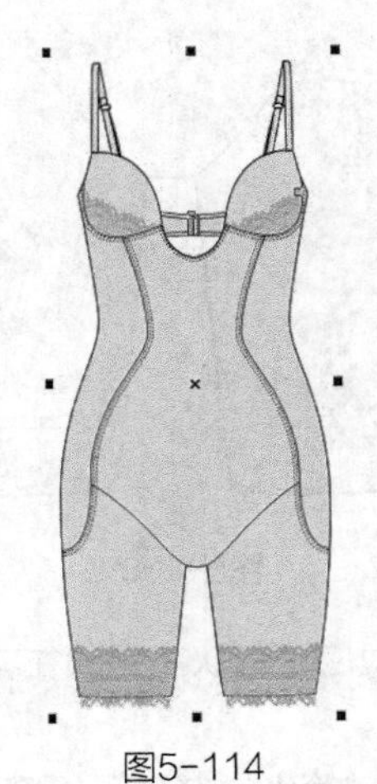

图5-114

5.4 男式内裤

5.4.1 男式平角内裤

男式平角内裤的整体效果如图5-115所示。

图5-115

设计重点

造型设计、图案填充、松紧带腰头的表现。

操作步骤

01 打开CorelDRAW软件，执行菜单栏中的【文件】/【新建】命令，或使用【Ctrl+N】组合键，弹出“创建新文档”对话框，命名文件为“男式平角内裤”，如图5-116所示。在属性栏中设定纸张大小为A4，横向摆放，如图5-117所示。

02 鼠标单击上方和左方的标尺栏，分别从上往下、从左往右拖动添加6条辅助线，确定腰线、裆深、臀围、裤肥等位置，如图5-118所示。

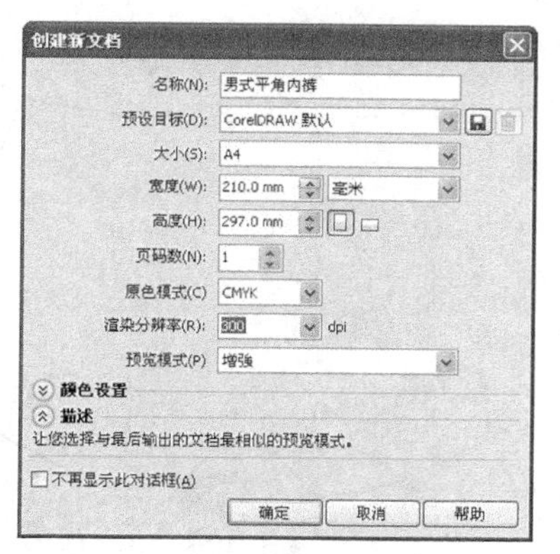

图5-116

图5-117

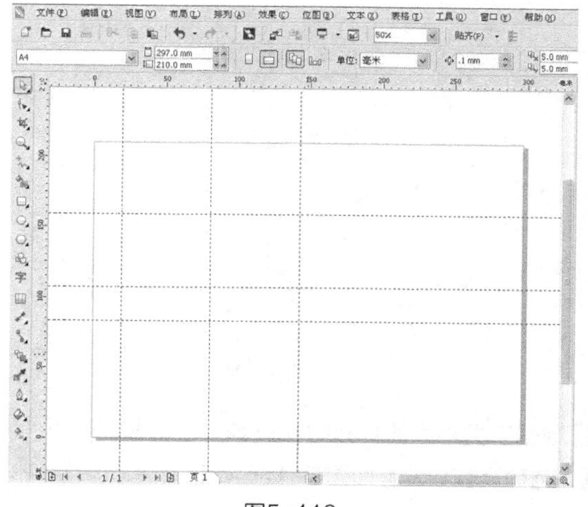

图5-118

03 使用贝塞尔工具和形状工具绘制如图5-119所示的内裤左边轮廓，单击选择工具，在属性栏中设置轮廓宽度为 .35 mm 。

04 选择图形，按【+】键复制，单击属性栏中的水平镜像按钮，然后把复制的轮廓图形向右平移到一定的位置，如图5-120所示。

05 使用选择工具框选两个图形，单击属性栏中的合并按钮，得到的效果如图5-121所示。

06 使用形状工具，挑选如图5-122所示的两个节点。

07 单击属性栏中的“连接两个节点”按钮，得到的效果如图5-123所示。

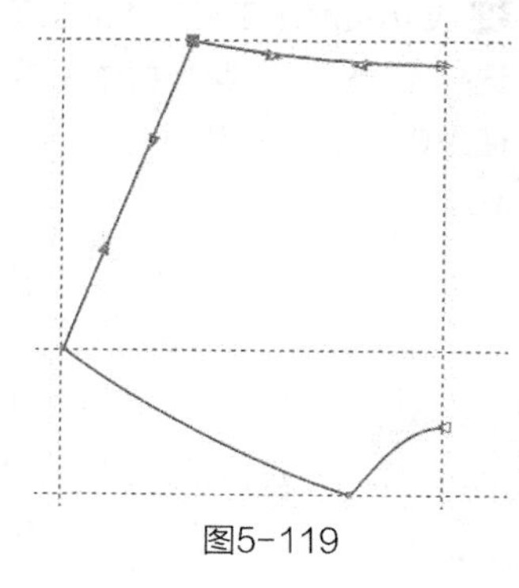

图5-119

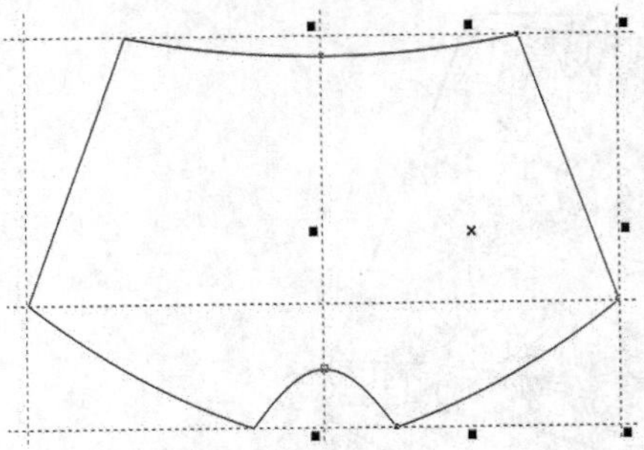

图5-120

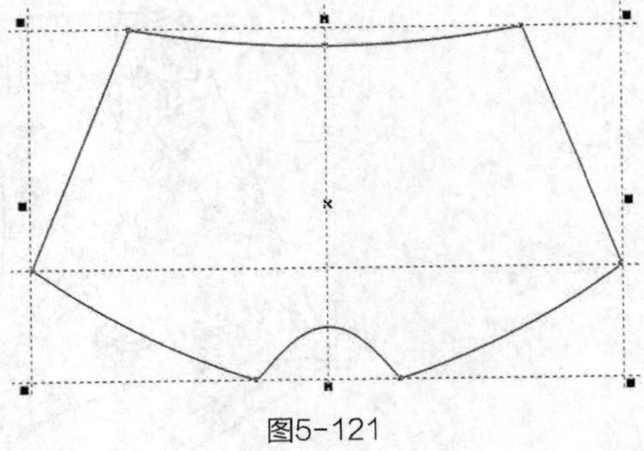

图5-121

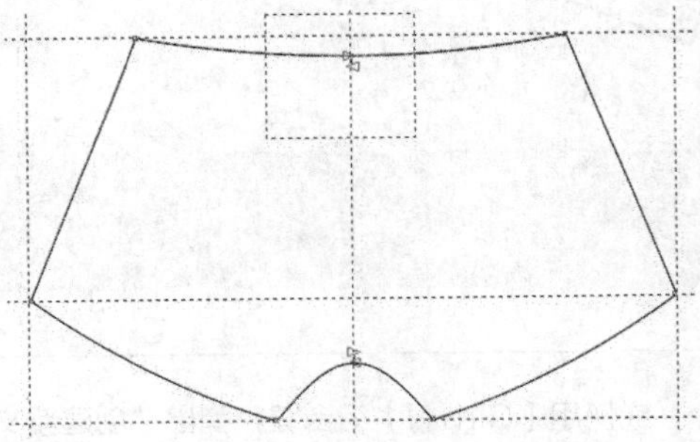

图5-122

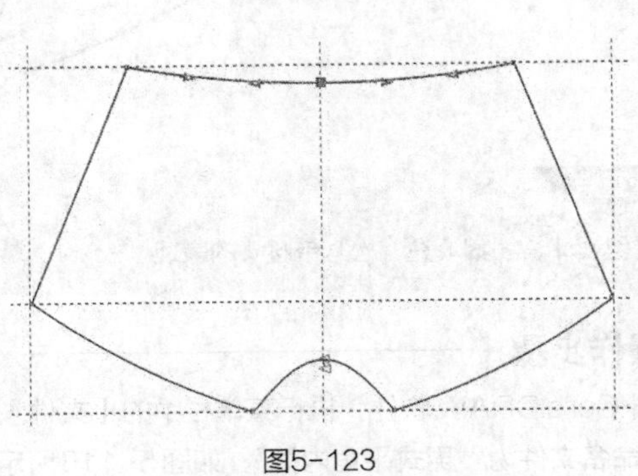

图5-123

08 重复步骤**06**～步骤**07**的操作，连接下方两个节点，得到的效果如图5-124所示。

09 执行菜单栏中的【编辑】/【全选】/【辅助线】命令，选择所有的辅助线，按【Delete】键删除，得到的效果如图5-125所示。

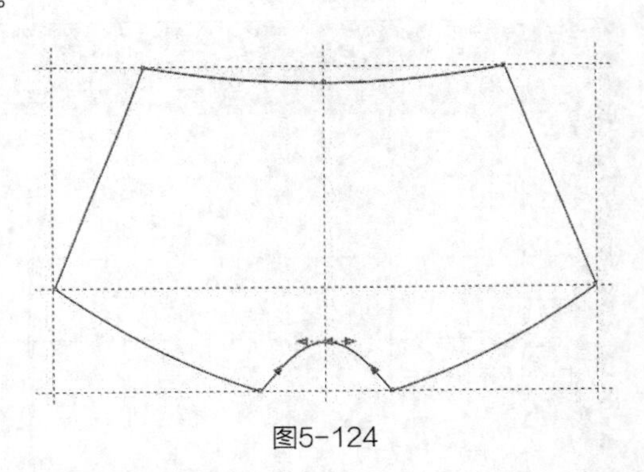

图5-124

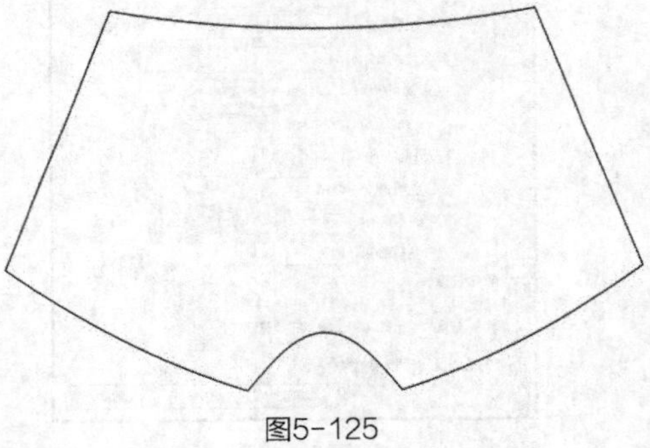

图5-125

10 单击工具箱中的PostScript填充工具，弹出“PostScript底纹”对话框，选项及参数设置如图5-126所示。

11 单击【确定】按钮，得到的效果如图5-127所示。

12 使用贝塞尔工具和形状工具绘制如图5-128所示的腰头部分，单击选择工具，在属性栏中设置轮廓宽度为 .35mm，填充为灰色，CMYK值为0，0，0，10。

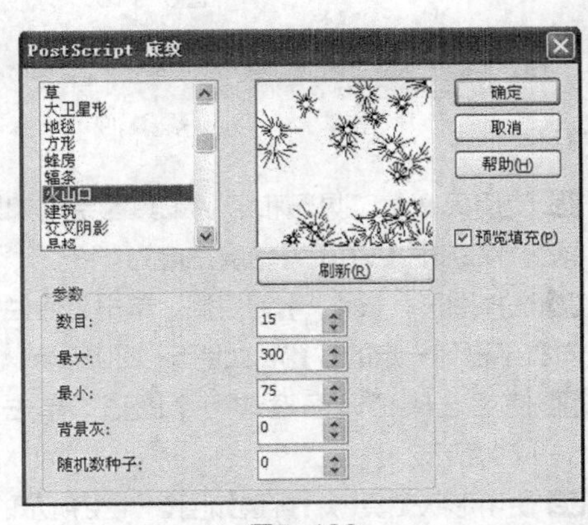

图5-126

图5-127

图5-128

13 执行菜单栏中的【排列】/【顺序】/【到页面后面】命令，把它放置到后面，得到的效果如图5-129所示。

14 使用贝塞尔工具和形状工具绘制如图5-130所示的图形，在属性栏中设置轮廓宽度为 .35 mm，填充为白色。

图5-129

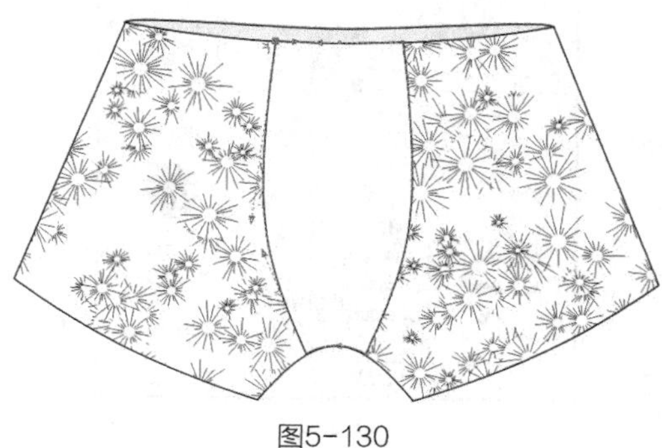

图5-130

15 使用贝塞尔工具和形状工具绘制如图5-131所示的左裤脚口部分，单击选择工具，在属性栏中设置轮廓宽度为 .35 mm，填充为灰色，CMYK值为0，0，0，10。

16 选择左裤脚口部分，按【+】键复制，单击属性栏中的水平镜像按钮，然后把复制的图形向右平移到一定的位置，如图5-132所示。

图5-131

图5-132

17 使用贝塞尔工具绘制裤褶线，在属性栏中设置轮廓宽度为 .35 mm，如图5-133所示。

18 选择贝塞尔工具和形状工具，在如图5-134所示裤腰及裤脚口处绘制6条缉明线，使缉明线处于选择状态，按【F12】键，弹出“轮廓笔”对话框，选项及参数设置如图5-135所示。

19 单击【确定】按钮，得到的效果如图5-136所示。

20 使用贝塞尔工具和形状工具在前腰头绘制如图5-137所示的线段，单击选择工具，在属性栏中设置轮廓宽度为 .2 mm，通过这些线段来表现松紧带的抽褶效果。

21 重复上一步操作，表现后腰头松紧带效果，如图5-138所示。

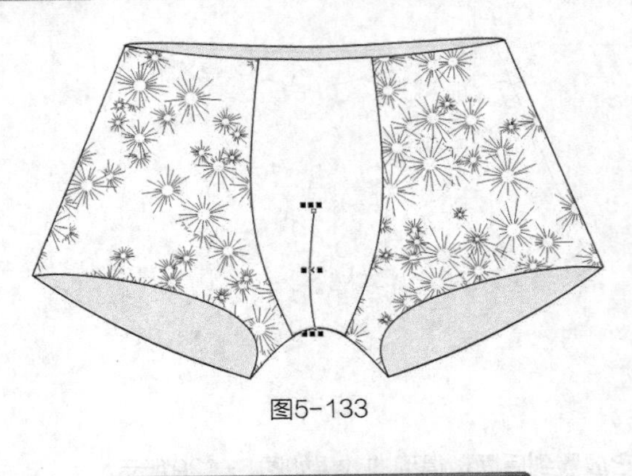

图5-133

图5-134

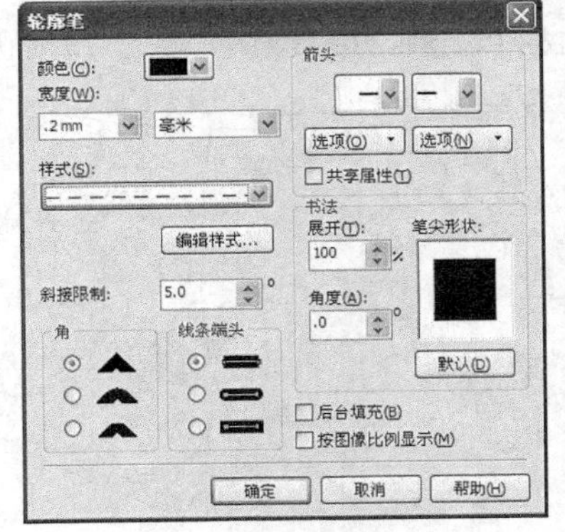

图5-135

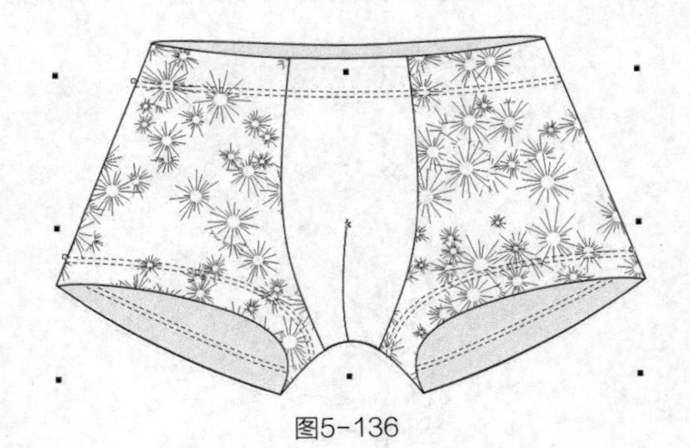

图5-136

图5-137

图5-138

22 执行菜单栏中的【排列】/【顺序】/【置于此对象后】命令，把线段摆放在裤子前片后面，得到的效果如图5-139所示。

23 使用选择工具框选所有图形，按【Ctrl+G】组合键群组图形。这样就完成了男式平角内裤的绘制，整体效果如图5-140所示。

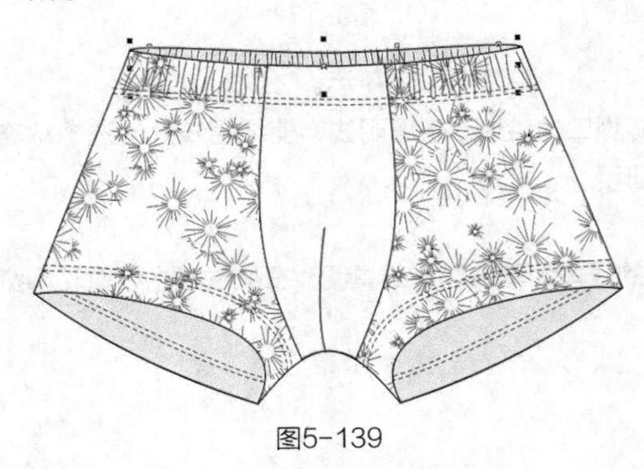

图5-139

图5-140

5.4.2 男式三角内裤

男式三角内裤的整体设计效果如图5-141所示。

设计重点

造型设计、三角针线迹表现、图案填充、松紧腰头表现。

图5-141

操作步骤

01 打开CorelDRAW软件，执行菜单栏中的【文件】/【新建】命令，或使用【Ctrl+N】组合键，弹出“创建新文档”对话框，命名文件为“男式三角内裤”，如图5-142所示。在属性栏中设定纸张大小为A4，横向摆放，如图5-143所示。

02 鼠标单击上方和左方的标尺栏，分别从上往下、从左往右拖动添加9条辅助线，确定腰线、裆深、裆宽、臀围、裤肥等位置，如图5-144所示。

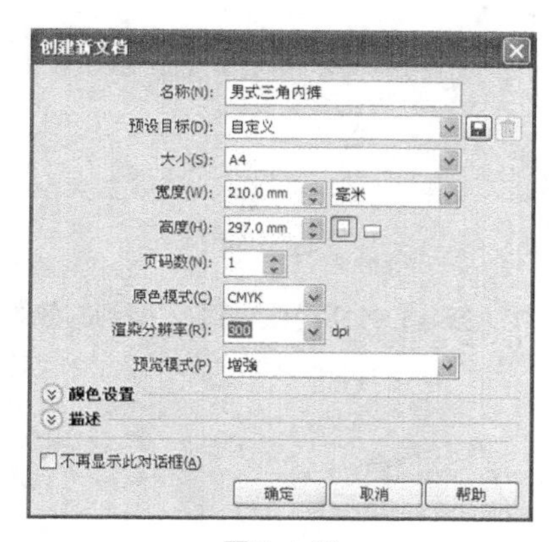

图5-142

图5-143

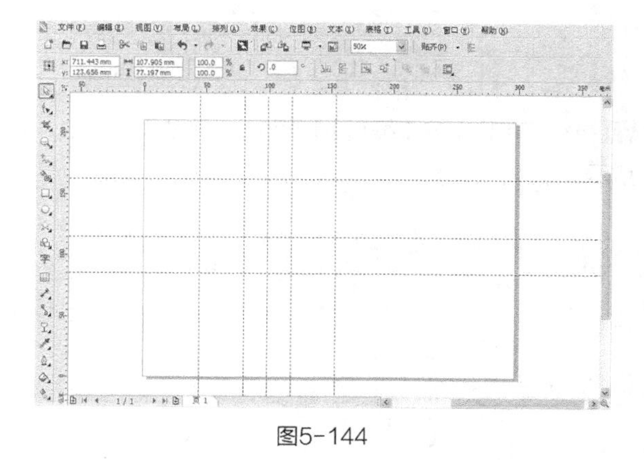

图5-144

03 使用贝塞尔工具和形状工具在辅助线的基础上绘制如图5-145所示的内裤左边轮廓，单击选择工具，在属性栏中设置轮廓宽度为.35 mm。

04 选择图形，按【+】键复制，单击属性栏中的水平镜像按钮，然后把复制的轮廓图形向右平移到一定的位置，如图5-146所示。

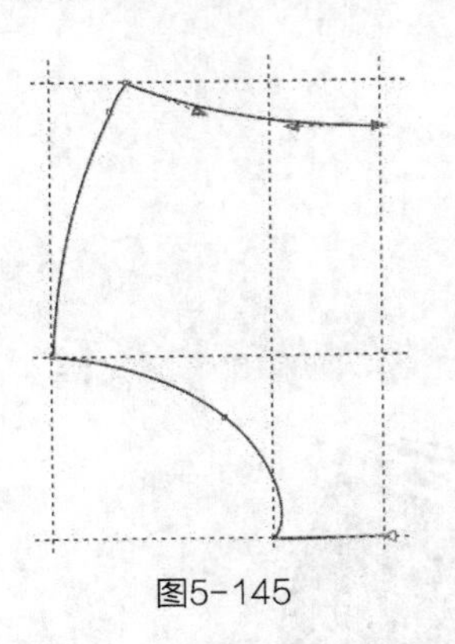
图5-145

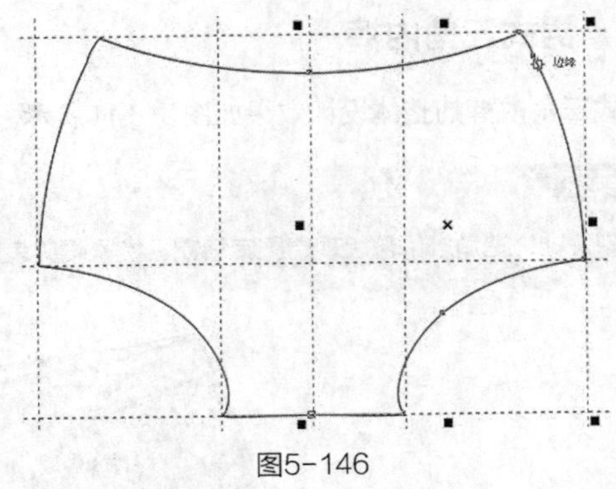
图5-146

05 使用选择工具框选两个图形，单击属性栏中的合并按钮，得到的效果如图5-147所示。

06 使用形状工具，挑选如图5-148所示的两个节点。

07 单击属性栏中的“连接两个节点”按钮，得到的效果如图5-149所示。

08 重复步骤**06**~步骤**07**的操作，连接下方两个节点，得到的效果如图5-150所示。

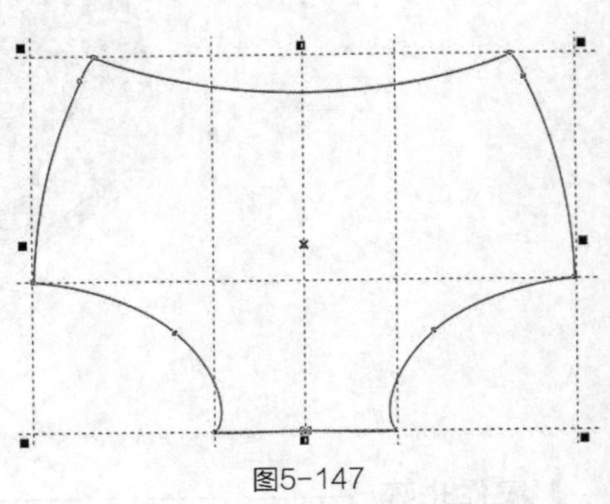
图5-147

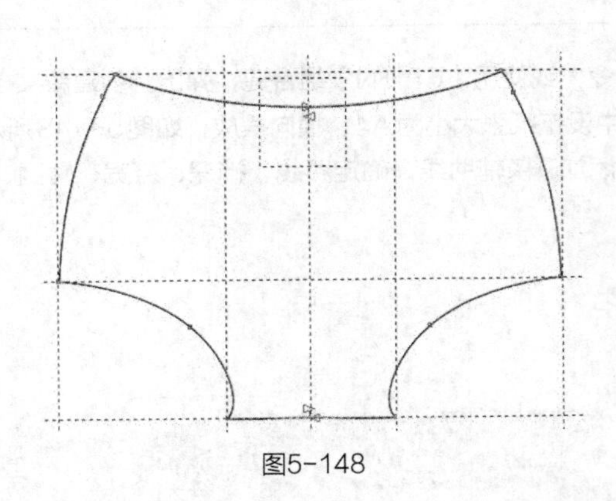
图5-148

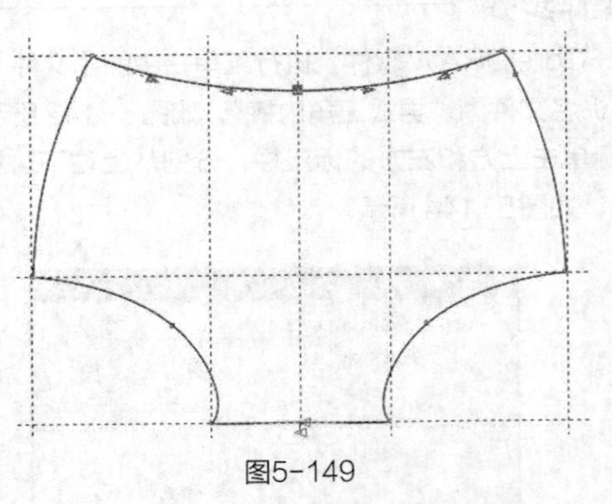
图5-149

09 执行菜单栏中的【编辑】/【全选】/【辅助线】命令，选择所有的辅助线，按【Delete】键删除，得到的效果如图5-151所示。

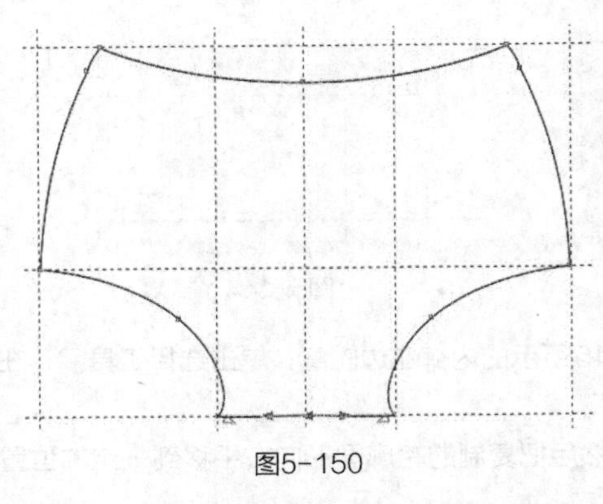
图5-150

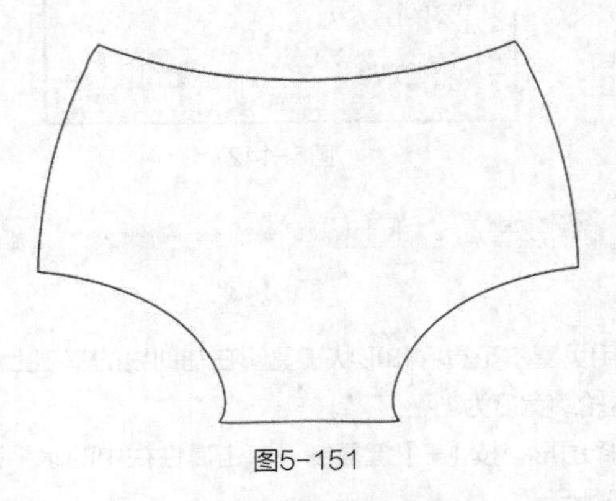
图5-151

10 选择图形，单击工具箱中的图样填充工具，弹出“图样填充”对话框，选项及参数设置如图5-152所示。

11 单击【确定】按钮，得到的效果如图5-153所示。

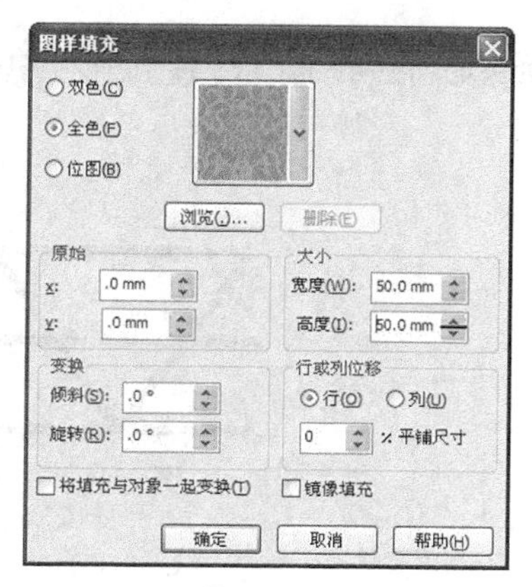

图5-152

图5-153

12 使用贝塞尔工具和形状工具绘制如图5-154所示的左裤脚口部分，单击选择工具，在属性栏中设置轮廓宽度为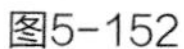。

13 使用属性滴管工具选择前片属性，鼠标转换成应用对象属性，然后单击左裤脚口部分，把图案复制到脚口中，得到的效果如图5-155所示。

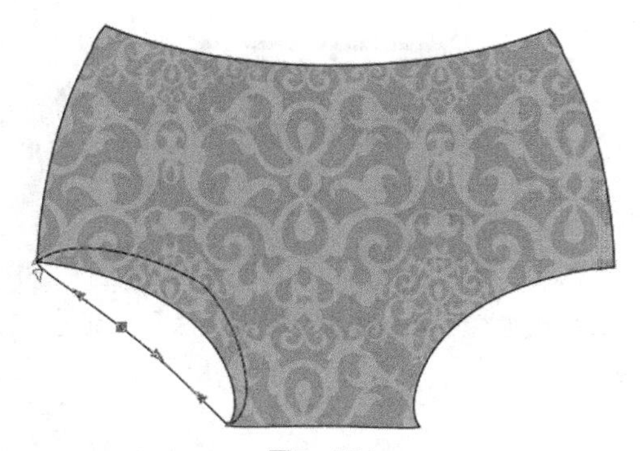

图5-154

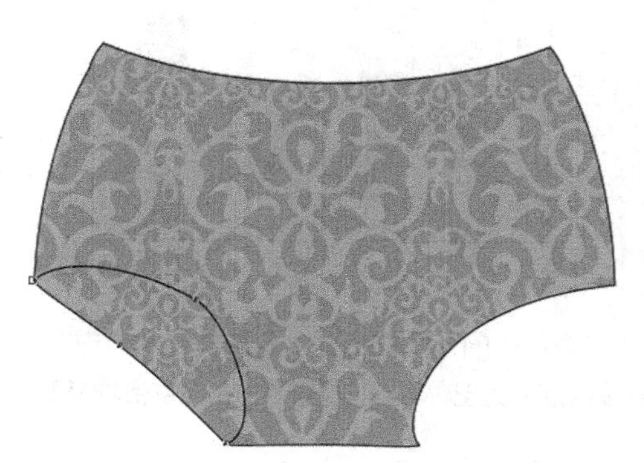

图5-155

14 选择工具箱中的透明度工具，在属性栏中设置各项参数如图5-156所示，得到的效果如图5-157所示。

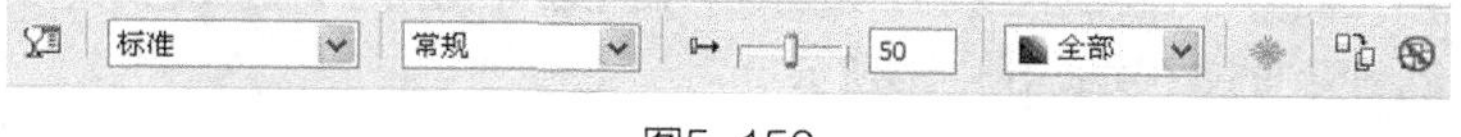

图5-156

15 执行菜单栏中的【排列】/【顺序】/【向后一层】命令，得到的效果如图5-158所示。

图5-157

图5-158

16 使用手绘工具绘制三条直线，设置轮廓宽度为 .2 mm，如图5-159所示。使用贝塞尔工具在直线上绘制一条路径，设置轮廓宽度为 .2 mm，如图5-160所示。

17 使用选择工具框选图形，按【Ctrl+G】组合键群组图形，得到的效果如图5-161所示。按【F12】键弹出“轮廓笔”对话框，选项及参数设置如图5-162所示。

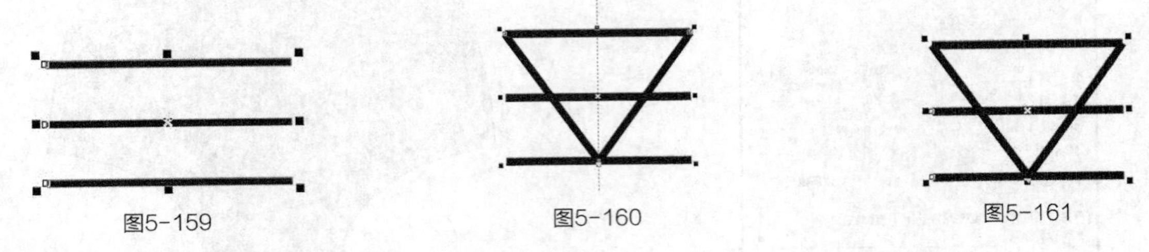

图5-159　　图5-160　　图5-161

18 单击【确定】按钮，得到的效果如图5-163所示。

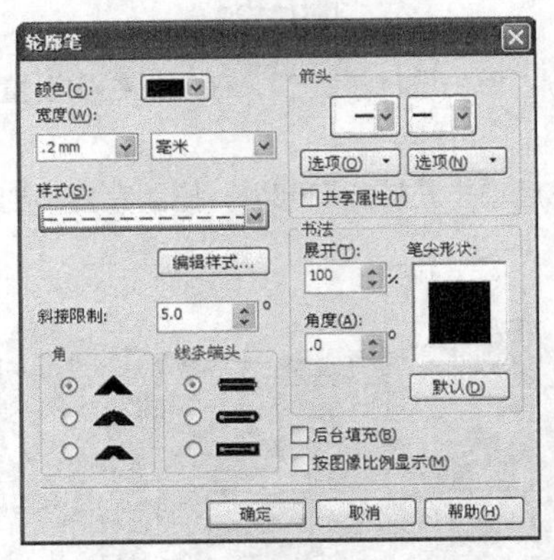

图5-162

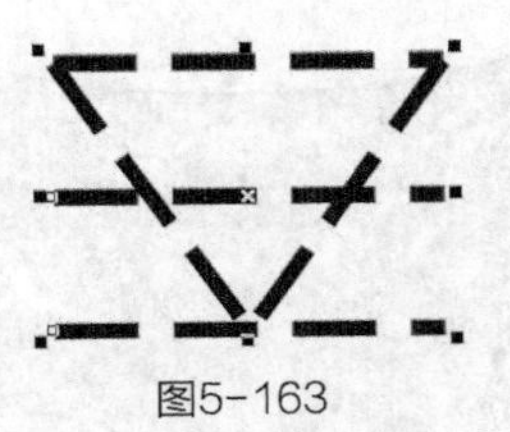

图5-163

19 单击工具箱中的艺术笔工具，选择属性栏中的【新喷涂列表】，单击属性栏中的“添加到喷涂列表”按钮，把绘制好的直线自定义为艺术画笔，属性栏中设置各项参数如图5-164所示。

图5-164

20 使用贝塞尔工具和形状工具在左侧缝处绘制一条路径，如图5-165所示。选择艺术笔工具，在属性栏的喷涂列表中单击直线艺术笔，得到的效果如图5-166所示。

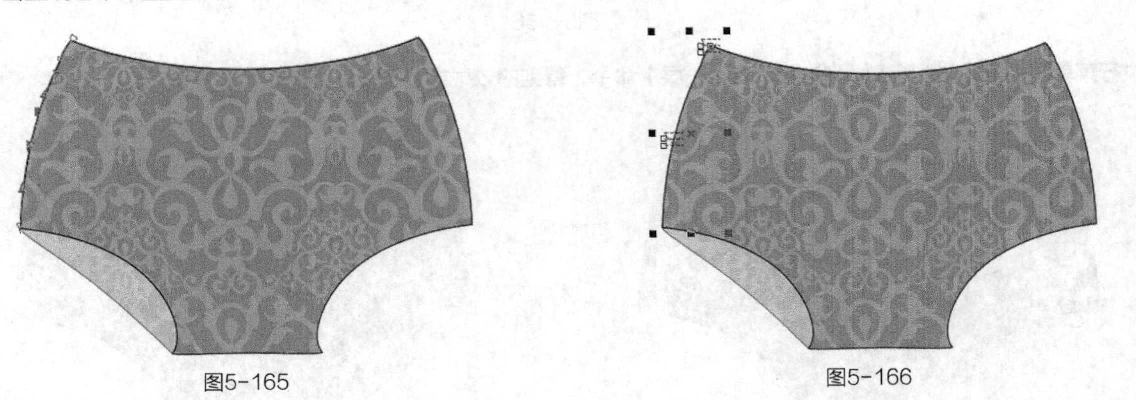

图5-165　　图5-166

21 在属性栏中选择【旋转】/【相对于路径】，如图5-167所示。设置各项参数如图5-168所示，得到的效果如图5-169所示。

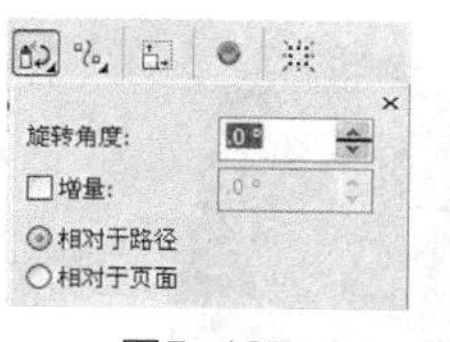

图5-167

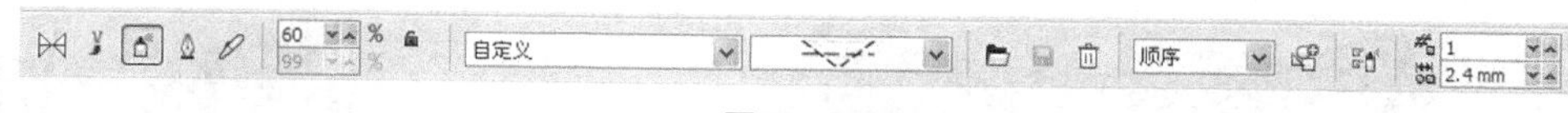

图5-168

22 选择图形，执行菜单栏中的【效果】/【图框精确剪裁】/【置于图文框内部】命令，把图形放置在前片中，得到的效果如图5-170所示。

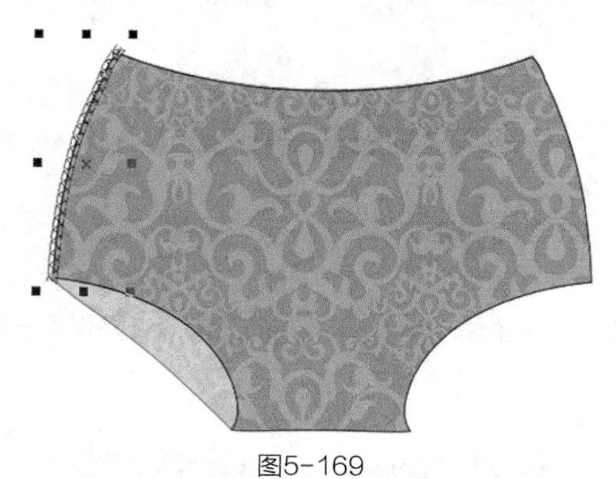

图5-169

图5-170

23 单击鼠标右键，弹出对话框。选择【编辑PowerCliip】，得到的效果如图5-171所示。

24 使用选择工具选择图形，移动到如图5-172所示的位置。

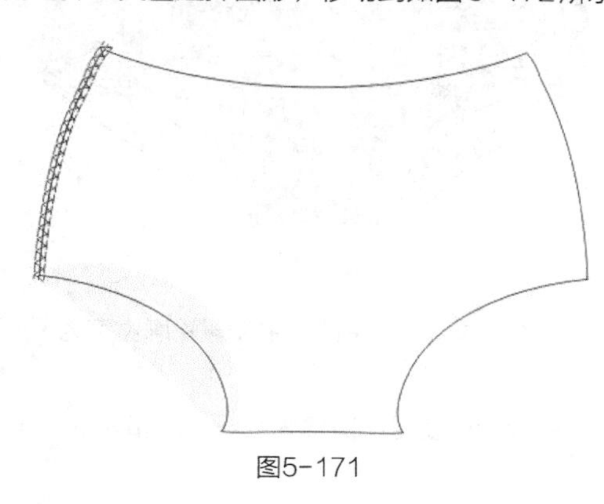

图5-171

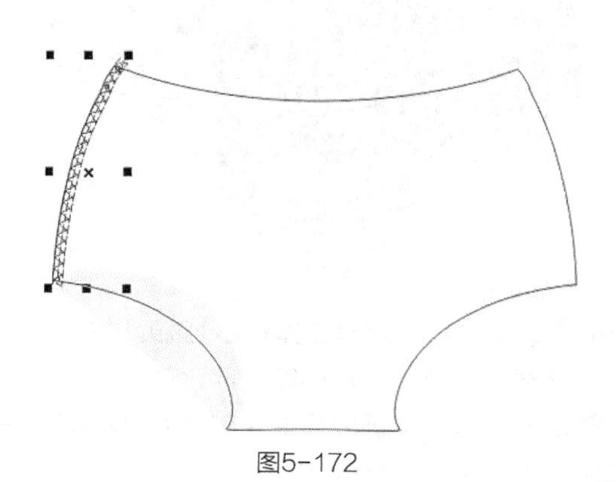

图5-172

25 单击鼠标右键，选择【结束编辑】，得到的效果如图5-173所示。

26 重复步骤**20**～步骤**25**的操作，绘制如图5-174所示的3条三角针线迹。

图5-173

图5-174

27 使用贝塞尔工具和形状工具在左脚口处绘制两条路径，在属性栏中设置轮廓宽度为4.0 mm，如图5-175所示。执行菜单栏中的【排列】/【将轮廓转换为对象】命令，把路径转换为图形，并填充为蓝绿色，CMYK值为46，17，21，0，设置轮廓宽度为.35 mm，得到的效果如图5-176所示。

图5-175

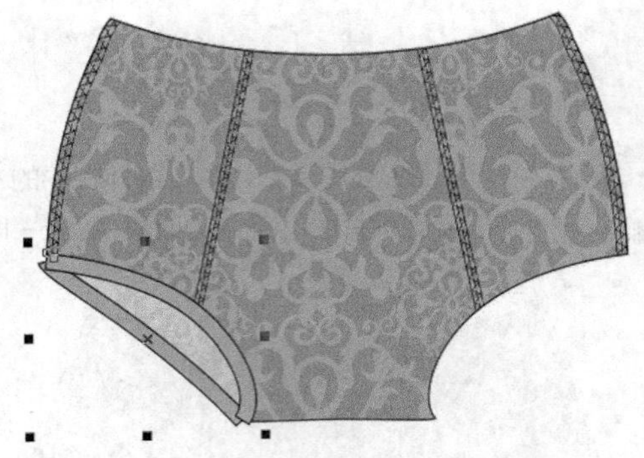
图5-176

28 使用形状工具调整图形边缘，得到的效果如图5-177所示。

29 使用选择工具框选图形，按【+】键复制图形，单击属性栏中的水平镜像按钮，把复制的图形向右平移到一定的位置，得到的效果如图5-178所示。

图5-177

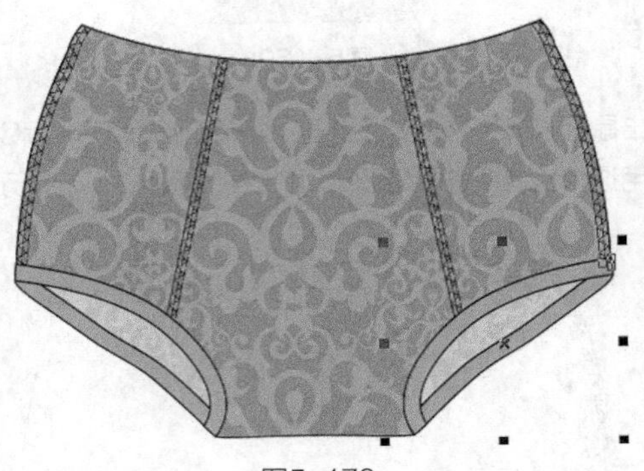
图5-178

30 使用贝塞尔工具和形状工具绘制腰头，如图5-179所示。单击选择工具，在属性栏中设置轮廓宽度为 .35 mm，并填充为蓝绿色，CMYK值为46，17，21，0。

31 使用贝塞尔工具和形状工具在腰头上绘制两条曲线，在属性栏中分别设置轮廓宽度为 .75 mm 和 1.0 mm，并填充为白色，如图5-180所示。

图5-179

图5-180

32 使用选择工具挑选两条曲线，执行菜单栏中的【效果】/【图框精确剪裁】/【置于图文框内部】命令，把图形放置在腰头内，得到的效果如图5-181所示。

33 重复步骤**30**～步骤**32**的操作，绘制后腰头部分，得到的效果如图5-182所示。

34 执行菜单栏中的【排列】/【顺序】/【到页面后面】命令，得到的效果如图5-183所示。

图5-181

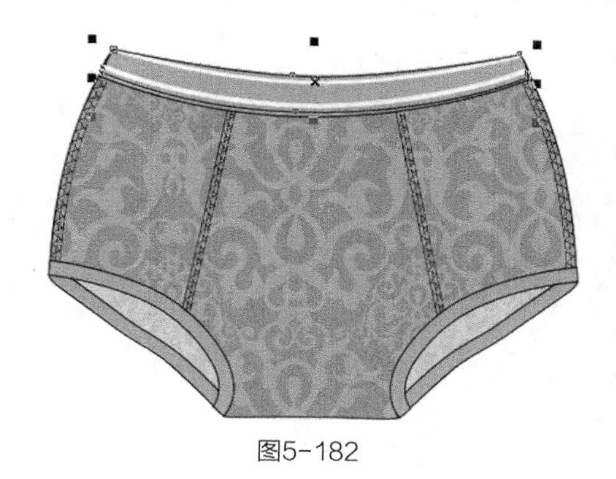

图5-182

35 使用贝塞尔工具和形状工具在腰头上绘制织标，如图5-184所示。单击选择工具，在属性栏中设置轮廓宽度为 .35 mm ，并填充为深蓝绿色，CMYK值为59，22，26，0。

图5-183

图5-184

36 选择贝塞尔工具和形状工具，在如图5-185所示的织标、腰头、脚口处绘制11条缉明线，使缉明线处于选择状态，按【F12】键，弹出“轮廓笔”对话框，选项及参数设置如图5-186所示。

图5-185

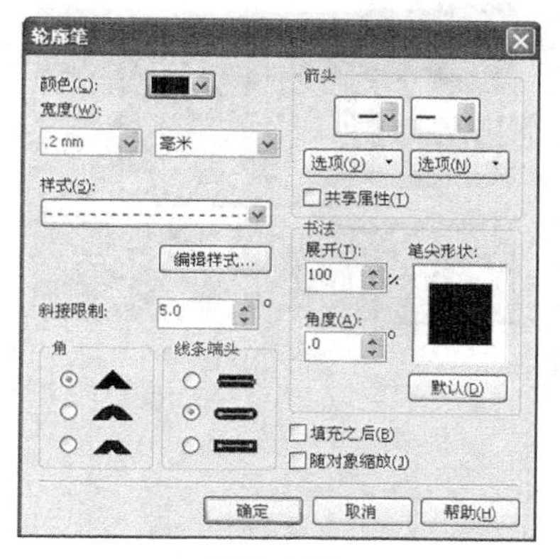

图5-186

37 单击【确定】按钮，得到的效果如图5-187所示。

38 重复步骤**20**~步骤**25**的操作，在裆部绘制如图5-188所示的三角针线迹。

39 使用星形工具，按住【Ctrl】键在织标上绘制一个五角星，使其无轮廓并填充为白色，得到的效果如图5-189所示。

40 按【+】键复制五角星，按住【Shift】键等比例放大图形，轮廓填充为白色，图形无色彩，得到的效果如图5-190所示。

图5-187

图5-188

图5-189

图5-190

41 选择文本工具，在织标上输入“star”，单击选择工具，在属性栏中设置字体和大小为 Arial 6 pt，并填充为白色，得到的效果如图5-191所示。

42 使用选择工具框选图形，按【Ctrl+G】组合键群组图形。这样就完成了男式三角内裤的绘制，整体效果如图5-192所示。

图5-191

图5-192

第06章

衬衫款式设计

本章重点

- 贝塞尔工具、形状工具的使用——衬衫造型表现
- 纽扣设计、领子细节表现
- 格子图案表现
- 属性滴管工具——图案、色彩填充

衬衫是穿在内外上衣之间、也可单独穿用的上衣。按照穿着对象的不同分为男衬衫和女衬衫。按照用途的不同可分为配西装的传统衬衫和外穿的休闲衬衫，前者是穿在内衣与外衣之间的款式，其袖窿较小便于穿着外套；后者因为单独穿用，袖窿可大，便于活动，花色繁多。衬衫的领讲究而多变，按领子分类有立领衬衫、翻领衬衫、装饰领衬衫等，下面介绍几种经典的衬衫款式设计。

6.1 男式立领衬衫

男式立领衬衫的整体效果如图6-1所示。

设计重点

造型设计、立领表现、口袋设计、立领细节变化设计。

图6-1

操作步骤

01 打开CorelDRAW软件，执行菜单栏中的【文件】/【新建】命令，或使用【Ctrl+N】组合键，弹出“创建新文档”对话框，命名文件为“男式立领衬衫”，如图6-2所示。在属性栏中设定纸张大小为A4，横向摆放，如图6-3所示。

02 鼠标单击上方和左方的标尺栏，分别从上往下、从左往右拖动添加10条辅助线，确定衣长、袖长、领高、肩线、袖笼深等位置，如图6-4所示。

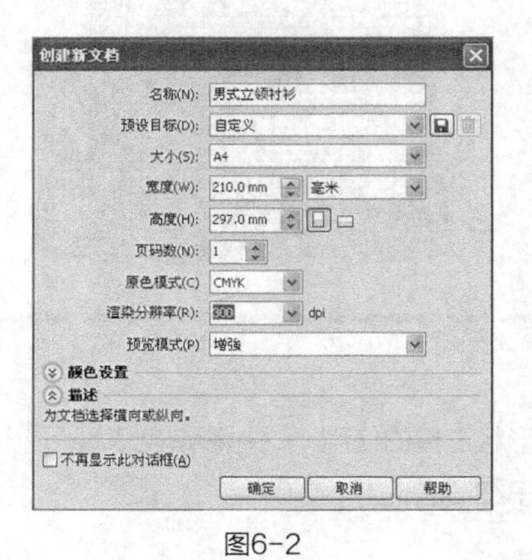

图6-2

图6-3

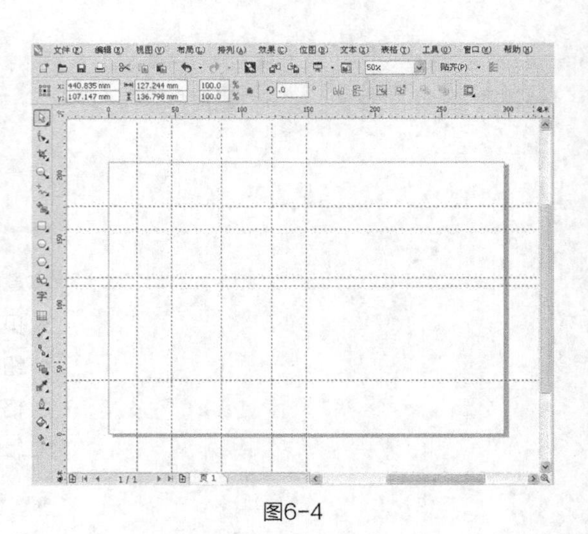

图6-4

03 使用贝塞尔工具和形状工具绘制如图6-5所示的衬衫前片造型（注意腰部曲线的处理）。

专家提示

使用贝塞尔工具和形状工具绘制衣身前片造型时要注意腰部曲线的处理，此款为男式衬衫，以直身为主要造型。

04 单击选择工具，在属性栏中设置轮廓宽度为 .35 mm，选择工具箱中的均匀填充工具 均匀填充，给图形填充卡其色，在弹出的“均匀填充”对话框中将填色的数值设置CMYK值为9，10，22，0，如图6-6所示。单击【确定】按钮，得到的效果如图6-7所示。

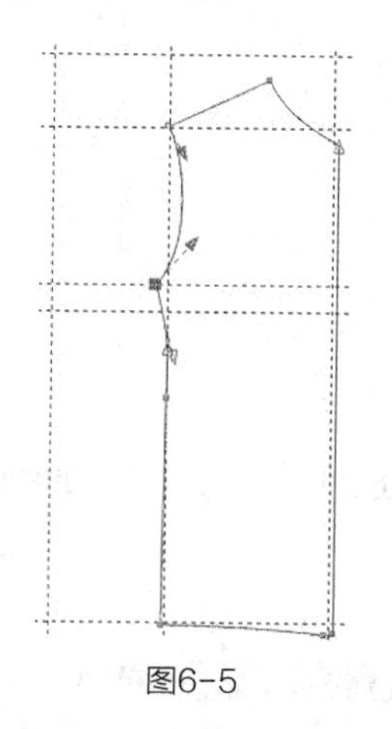

图6-5

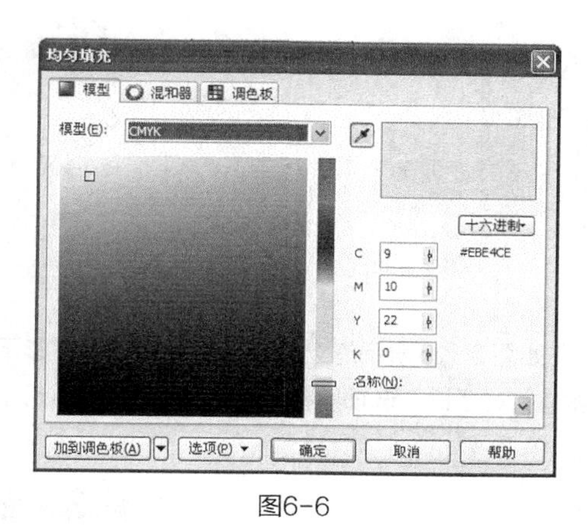

图6-6

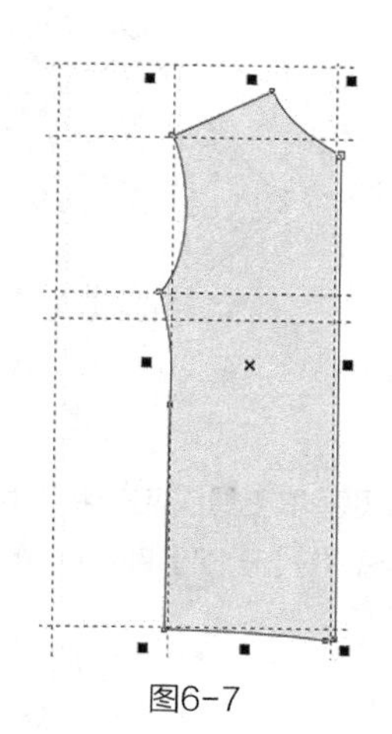

图6-7

05 使用贝塞尔工具和形状工具绘制如图6-8所示的左袖。

06 单击选择工具，在属性栏中设置轮廓宽度为 .35 mm，给袖子填充卡其色，CMYK值为9，10，22，0，得到的效果如图6-9所示。

07 使用贝塞尔工具绘制肩部的分割线，在属性栏中设置轮廓宽度为 .35 mm，如图6-10所示。

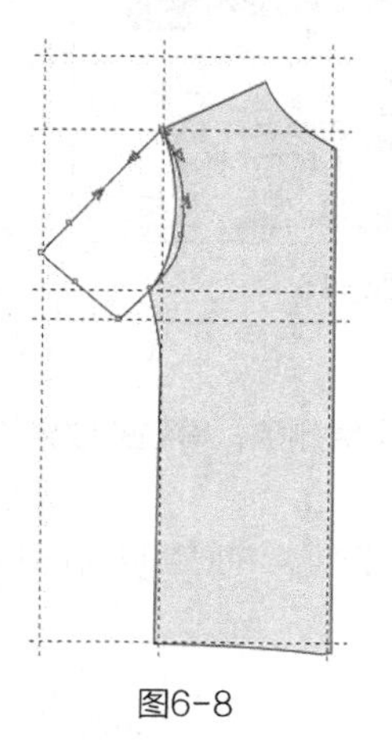

图6-8

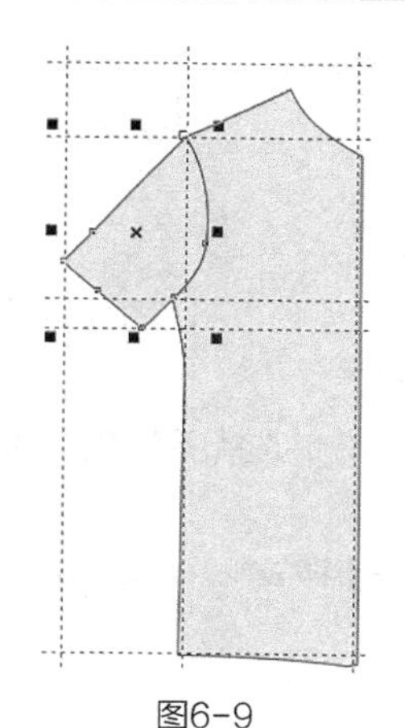

图6-9

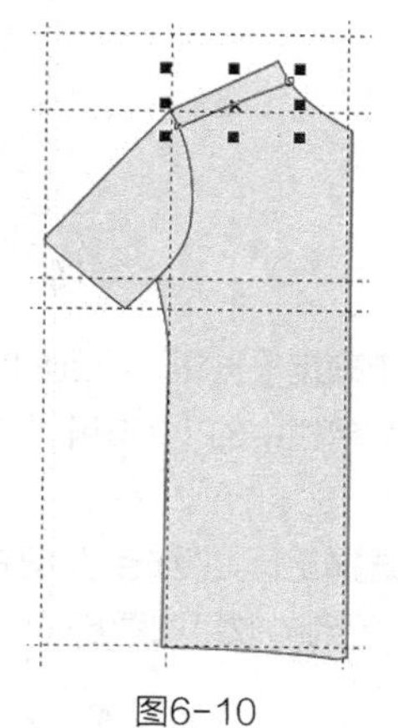

图6-10

08 使用贝塞尔工具和形状工具在袖口绘制线条，单击选择工具，在属性栏中设置轮廓宽度为 .35 mm，得到的效果如图6-11所示。

09 使用贝塞尔工具和形状工具在如图6-12所示的位置绘制一条衣褶，单击选择工具，在属性栏中设置轮廓宽度为 .35 mm。

10 使用贝塞尔工具和形状工具绘制如图6-13所示的左侧立领。

11 单击选择工具，在属性栏中设置轮廓宽度为 .35 mm，给立领填充卡其色，CMYK值为9，10，22，0，得到的效果如图6-14所示。

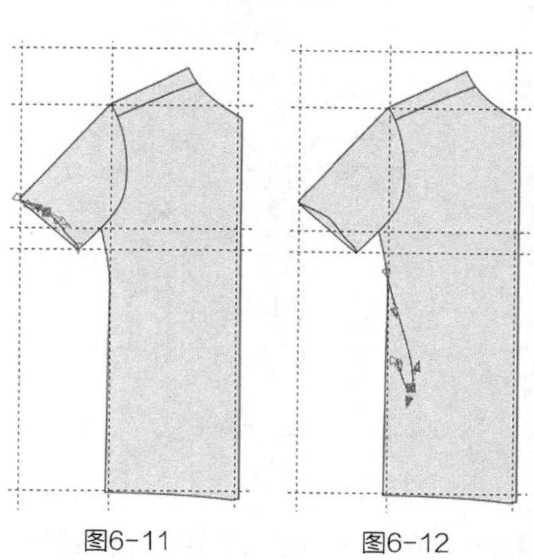

图6-11 图6-12

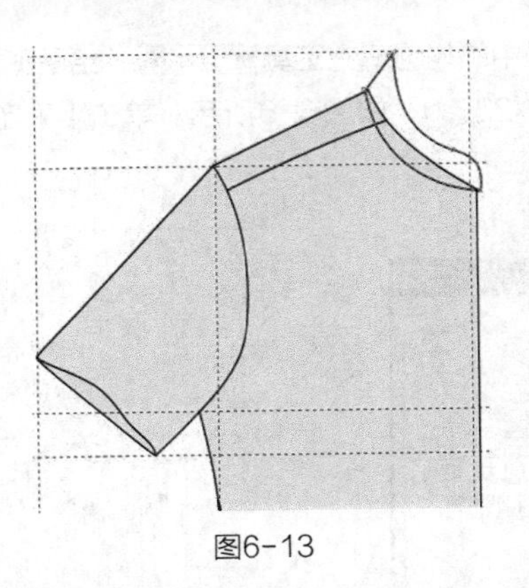

图6-13

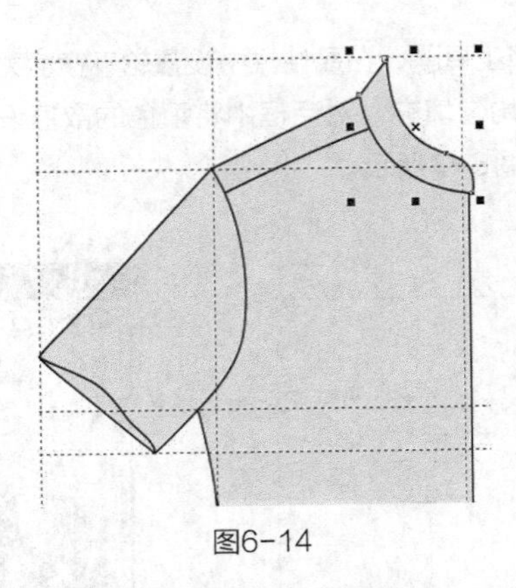

图6-14

12 选择贝塞尔工具和形状工具，在如图6-15所示的立领、肩部、袖口、衬衫下摆处绘制4条缉明线，使缉明线处于选择状态，按【F12】键，弹出“轮廓笔”对话框，选项及参数设置如图6-16所示。

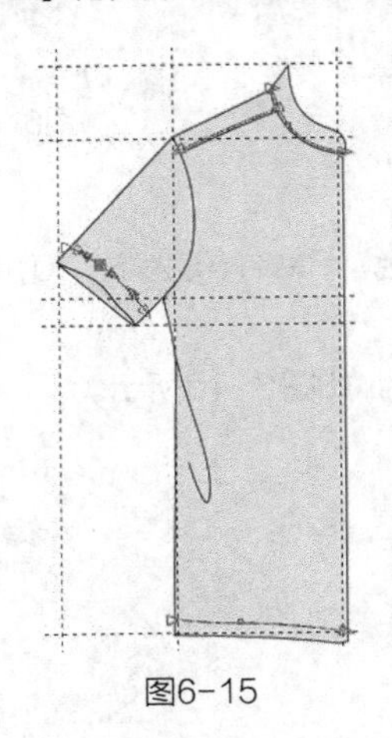

图6-15

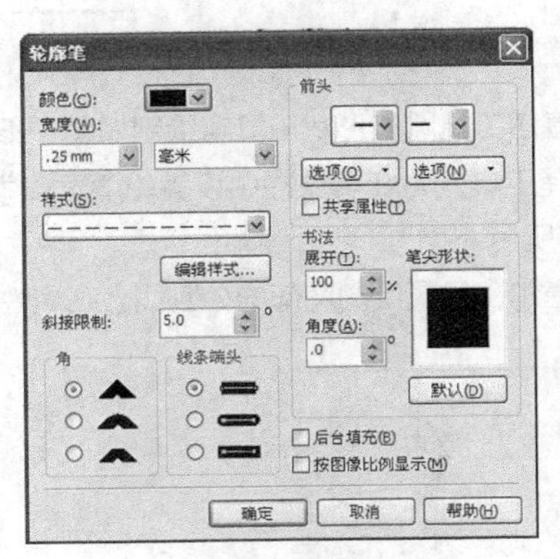

图6-16

13 单击【确定】按钮，得到的效果如图6-17所示。

14 执行菜单栏中的【编辑】/【全选】/【辅助线】命令，选择所有的辅助线，按【Delete】键删除，得到的效果如图6-18所示。

15 使用选择工具框选绘制好的左边衣形，按【+】键复制，单击属性栏中的水平镜像按钮，并把图形向右平移到一定的位置，得到的效果如图6-19所示。

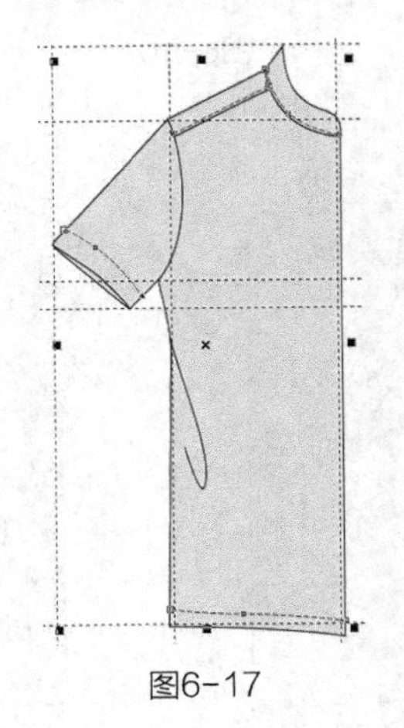

图6-17

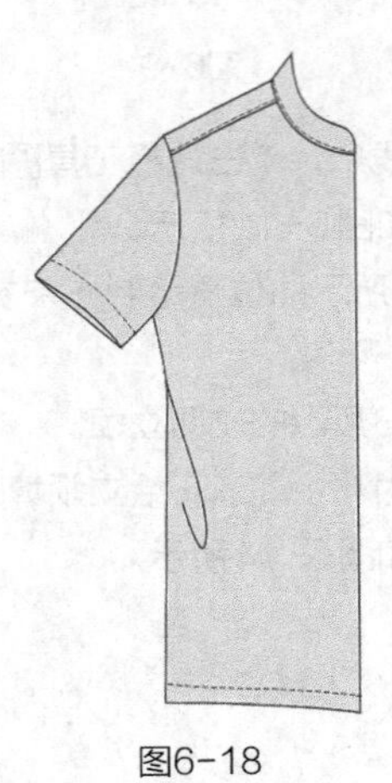

图6-18

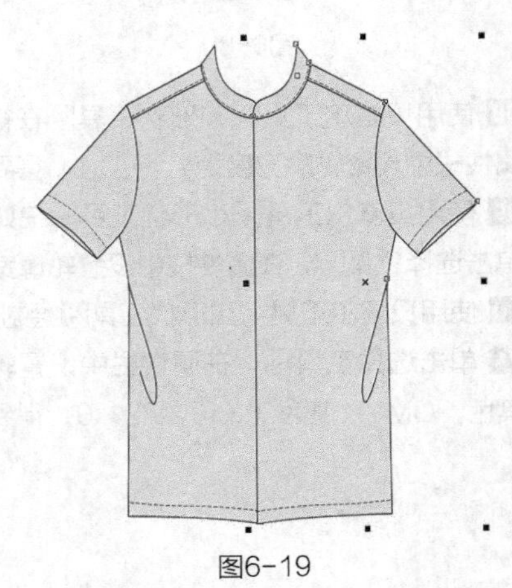

图6-19

16 使用贝塞尔工具和形状工具绘制后领口，单击选择工具，在属性栏中设置轮廓宽度为 .35 mm，并填充为卡其色，CMYK值为9，10，22，0，得到的效果如图6-20所示。

17 执行菜单栏中的【排列】/【顺序】/【到页面后面】命令，得到的效果如图6-21所示。

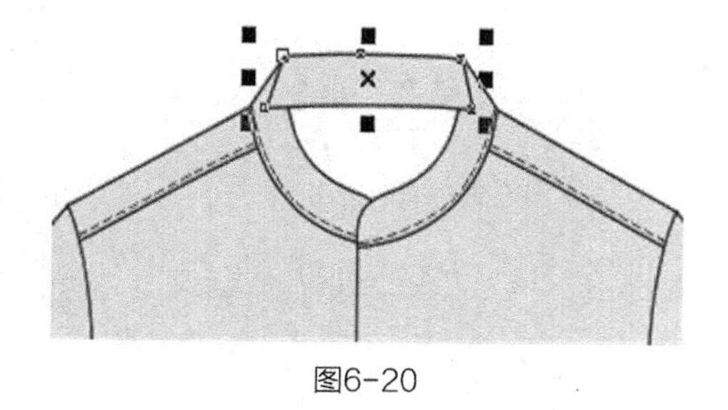
图6-20

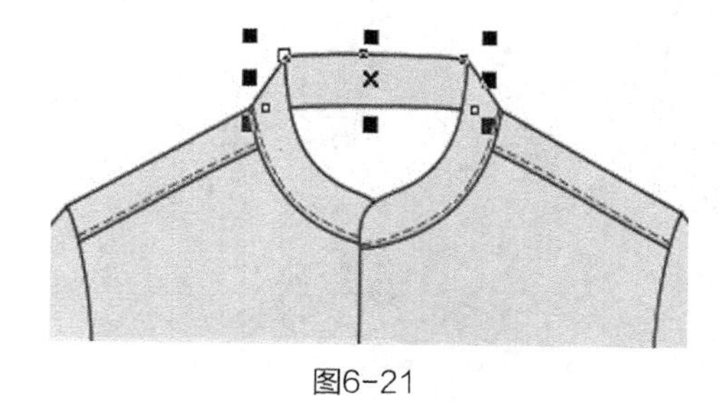
图6-21

18 使用贝塞尔工具和形状工具绘制如图6-22所示的图形，并填充为卡其色，CMYK值为9，10，22，0。

19 执行菜单栏中的【排列】/【顺序】/【到页面后面】命令，得到的效果如图6-23所示。

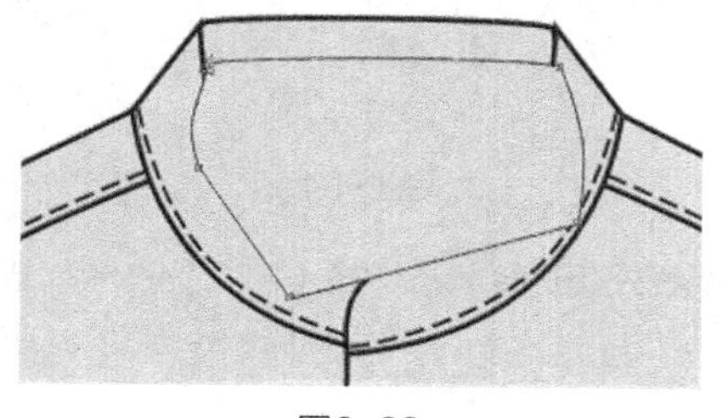
图6-22

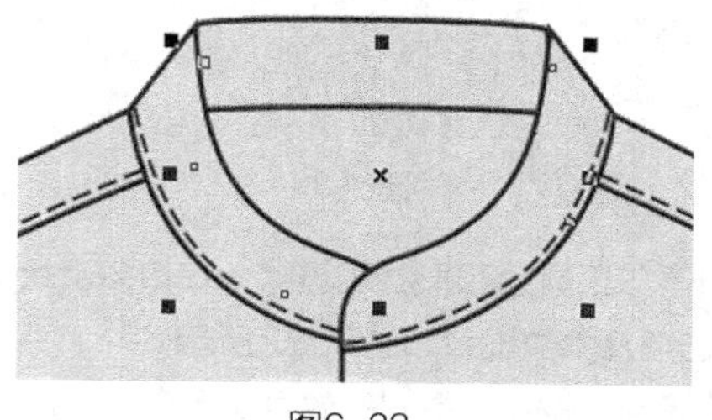
图6-23

20 使用贝塞尔工具在左胸前绘制一条缉明线，在属性栏中设置参数如图6-24所示，得到的效果如图6-25所示。

图6-24

21 使用贝塞尔工具在缉明线上绘制一条线段，在属性栏中设置轮廓宽度为 .35 mm，如图6-26所示。

图6-25

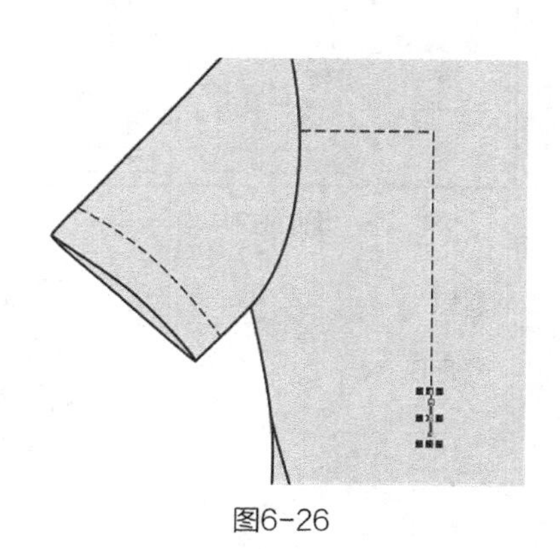
图6-26

22 选择变形工具，在属性栏中设置拉链变形的各项数值如图6-27所示，完成的打枣工艺效果如图6-28所示。

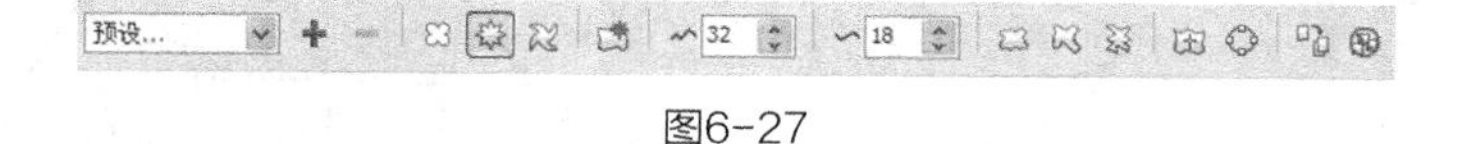

图6-27

23 选择矩形工具，在左胸前绘制一个矩形，单击属性栏中的全部圆角按钮，对矩形进行圆角设置，如图6-29所示，得到的效果如图6-30所示。

24 单击选择工具，在属性栏中设置轮廓宽度为 .35 mm，并给口袋填充卡其色，CMYK值为9，10，22，0，得到的效果如图6-31所示。

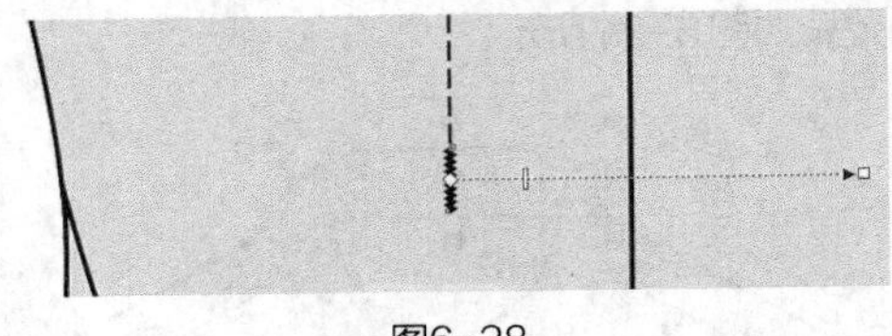
图6-28

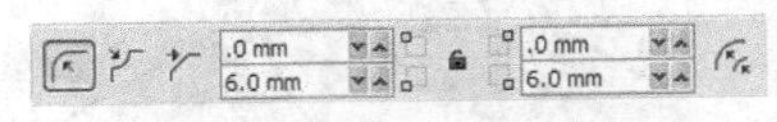

图6-29

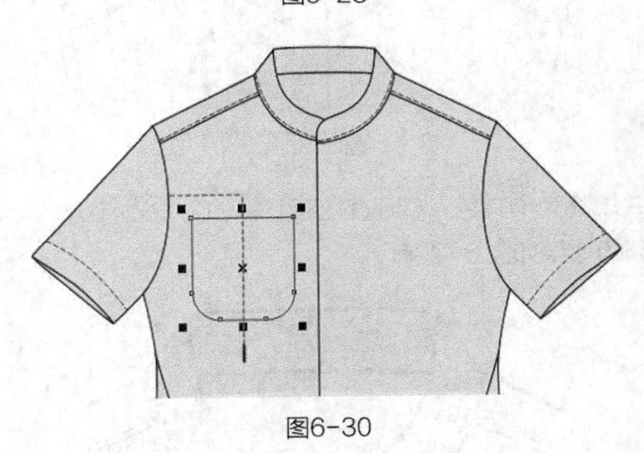
图6-30

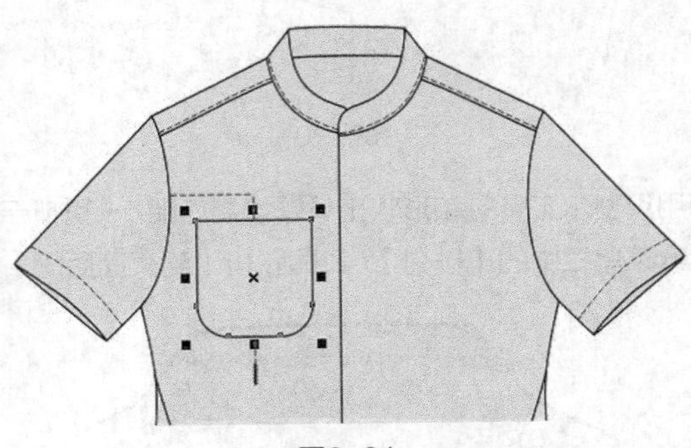
图6-31

25 选择贝塞尔工具和形状工具，在口袋上绘制4条缉明线，使缉明线处于选择状态，按【F12】键，弹出“轮廓笔”对话框，选项及参数设置如图6-32所示。

26 单击【确定】按钮，得到的效果如图6-33所示。

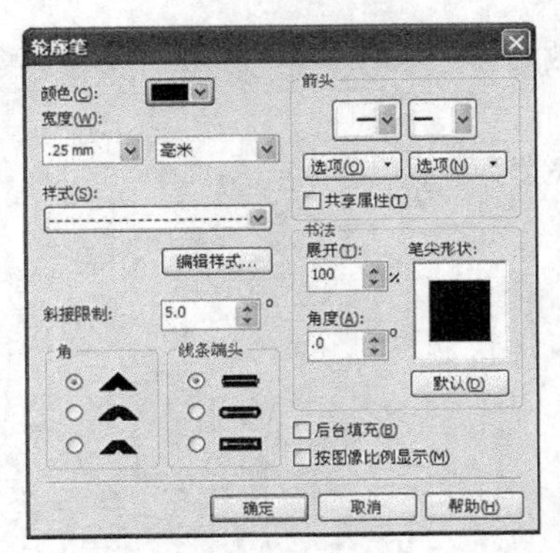

图6-32

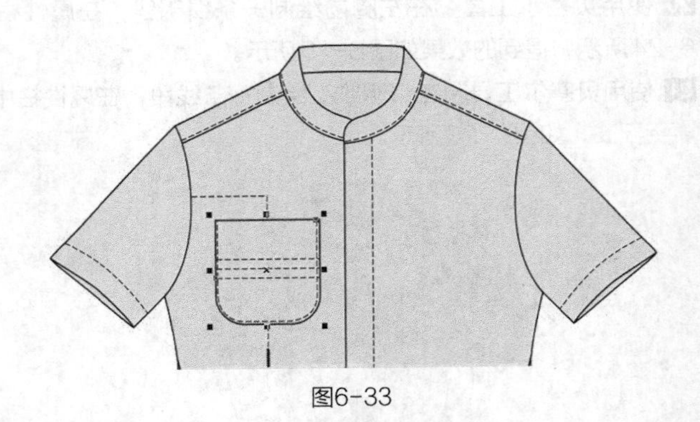
图6-33

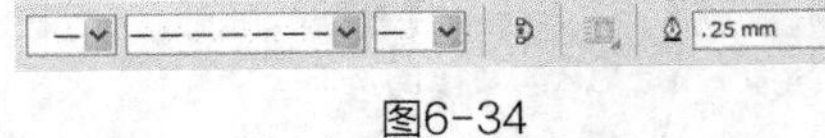

图6-34

27 使用贝塞尔工具和形状工具在门襟上绘制一条缉明线，在属性栏中设置轮廓宽度和线条样式如图6-34所示，得到的效果如图6-35所示。

28 使用椭圆形工具，按住【Ctrl】键在立领上绘制一个圆形，在属性栏中设置轮廓宽度为 .2 mm，如图6-36所示。

图6-35

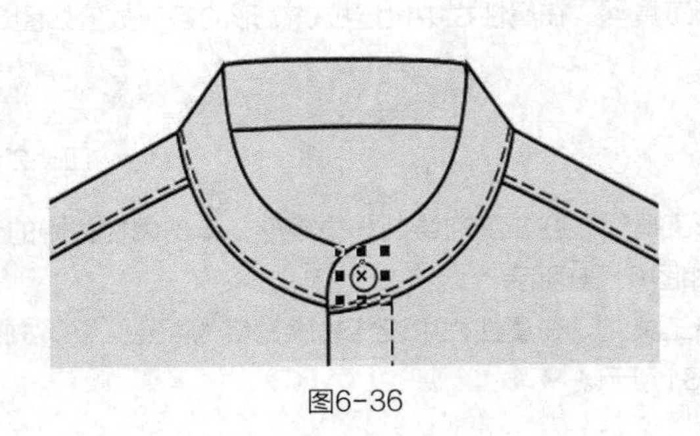
图6-36

29 按【+】键复制纽扣，把复制的纽扣向下平移到如图6-37所示的位置。

30 选择工具箱中的调和工具，单击上方的纽扣往下拖动鼠标至下方的图形，执行调和效果，如图6-38所示。

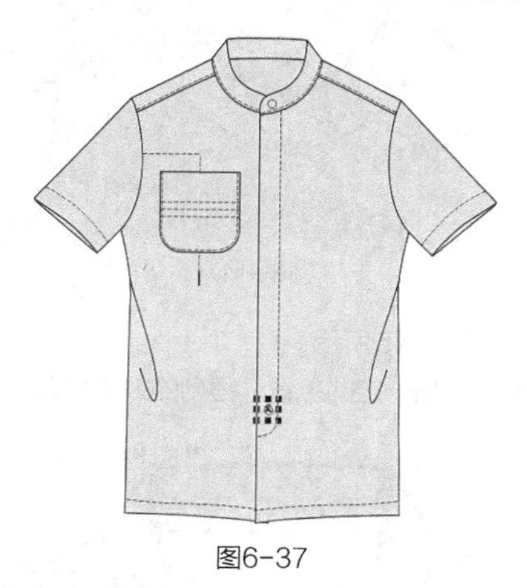
图6-37

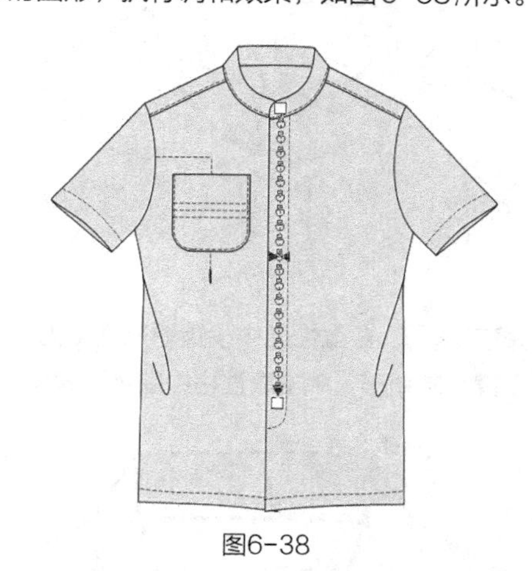
图6-38

31 在属性栏中设置调和的步数为，得到的效果如图6-39所示。

32 使用选择工具框选所有图形，按【Ctrl+G】组合键群组图形。这样就完成了立领衬衫的绘制，整体效果如图6-40所示。

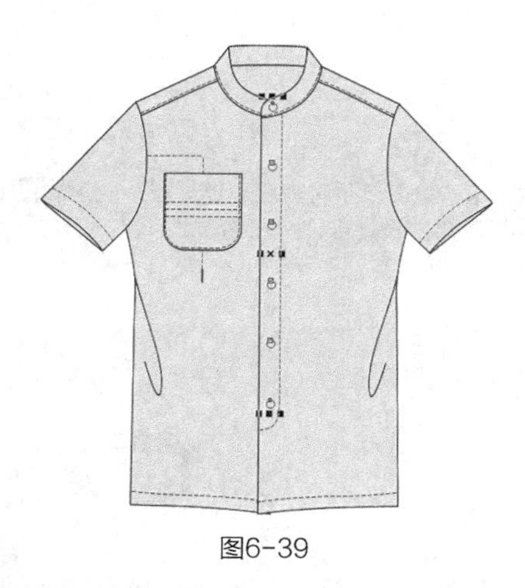
图6-39

图6-40

33 使用贝塞尔工具和形状工具在立领上绘制镶拼部分，如图6-41所示。

34 单击选择工具，在属性栏中设置轮廓宽度为，并填充为灰色，CMYK值为0，0，0，10，得到的效果如图6-42所示。

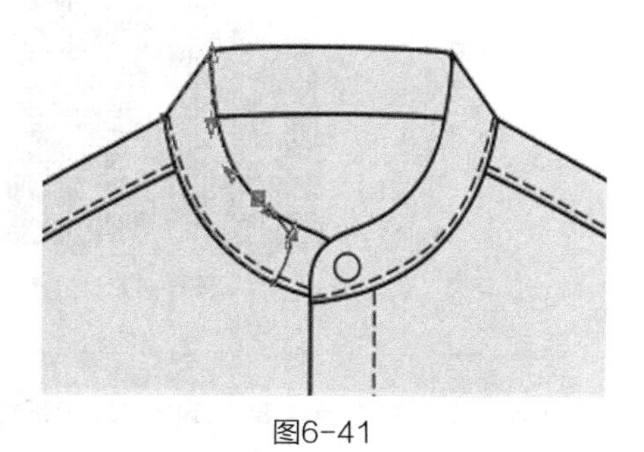
图6-41

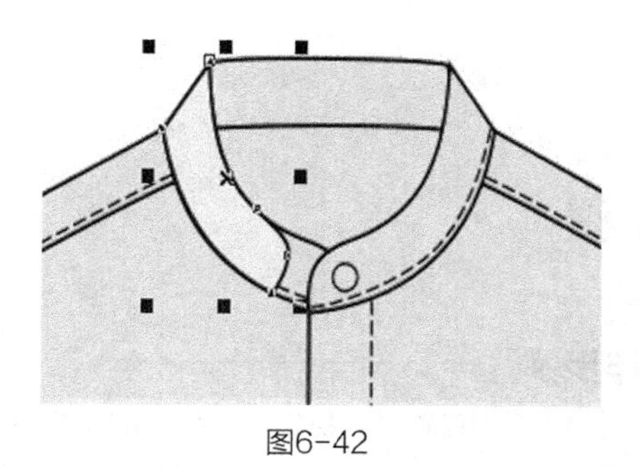
图6-42

35 按【+】键复制图形，单击属性栏中的水平镜像按钮，并把图形向右平移到一定的位置，得到的效果如图6-43所示。

36 使用贝塞尔工具和形状工具在领子上再绘制一条曲线，如图6-44所示。

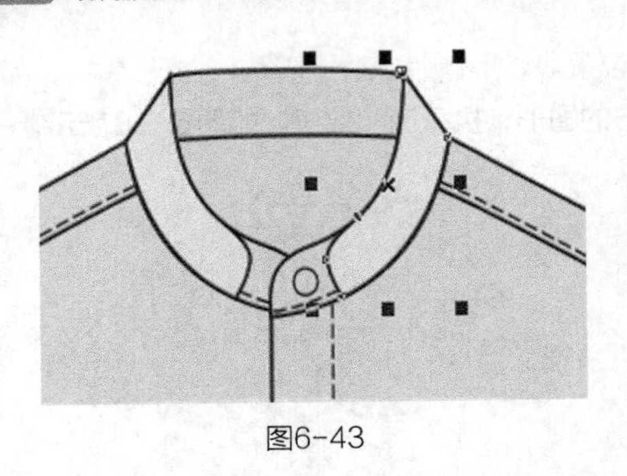
图6-43

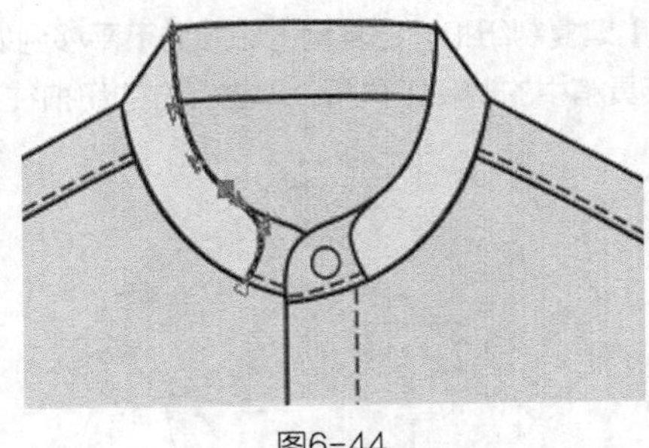
图6-44

37 单击选择工具，在属性栏中设置轮廓宽度为 .75 mm，得到的效果如图6-45所示。

38 按【+】键复制图形，单击属性栏中的水平镜像按钮，并把图形向右平移到一定的位置，得到的效果如图6-46所示。

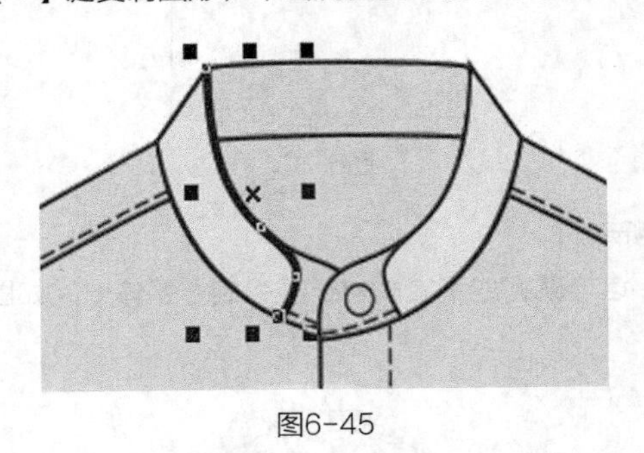
图6-45

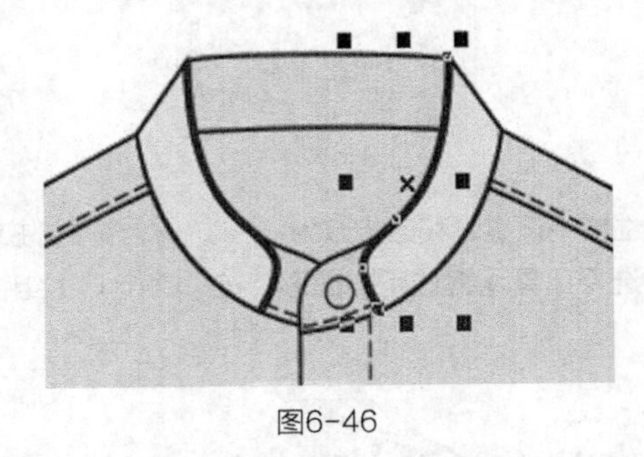
图6-46

专家提示

男式立领衬衫的领子变化很丰富，我们可以通过添加分割线、撞色、镶拼、滚边等工艺手法表现。步骤 **33** ～步骤 **38** 的操作，添加了镶拼和滚条工艺，改变之前立领设计的单调性。读者也可以根据自己的想法设计各种变化的领型。

6.2 男式翻领衬衫

男式翻领衬衫的整体效果如图6-47所示。

设计重点

造型设计、翻领表现、格子面料设计、翻领变化设计。

图6-47

操作步骤

01 打开CorelDRAW软件，执行菜单栏中的【文件】/【新建】命令，或使用【Ctrl+N】组合键，弹出“创建新文档”对话框，命名文件为“男式翻领衬衫”，如图6-48所示。在属性栏中设定纸张大小为A4，横向摆放，如图6-49所示。

02 使用贝塞尔工具和形状工具绘制如图6-50所示的衬衫前片造型，单击选择工具，在属性栏中设置轮廓宽度为 .35 mm。

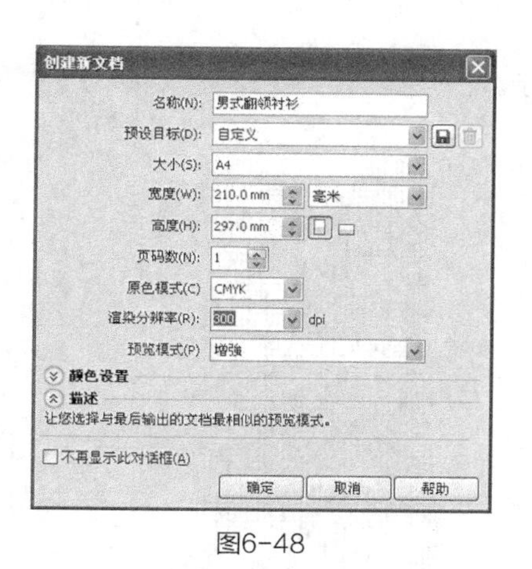

图6-48

图6-49

图6-50

03 使用矩形工具在衣身上绘制一个长方形，填充为深灰色，CMYK值为0，0，0，73，鼠标右键单击调色板中的去除边框，得到的效果如图6-51所示。

04 单击选择工具，按小键盘上的【+】键复制长方形，按住【Ctrl】把复制的长方形向下水平移动到如图6-52所示的位置。

05 选择工具箱中的调和工具，单击上方的长方形往下拖动鼠标至下方的长方形，执行调和效果，如图6-53所示。

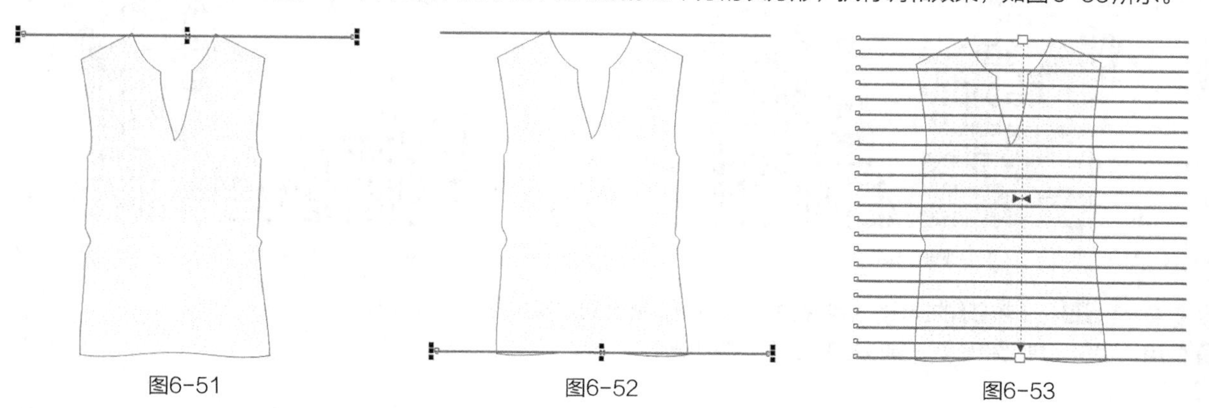

图6-51 图6-52 图6-53

06 在属性栏中设置调和步数为70，得到的效果如图6-54所示。

07 单击选择工具，按【Ctrl+G】组合键群组图形。单击小键盘上的【+】键复制长方形组，在属性栏中设置旋转角度为90.0°，得到的效果如图6-55所示。

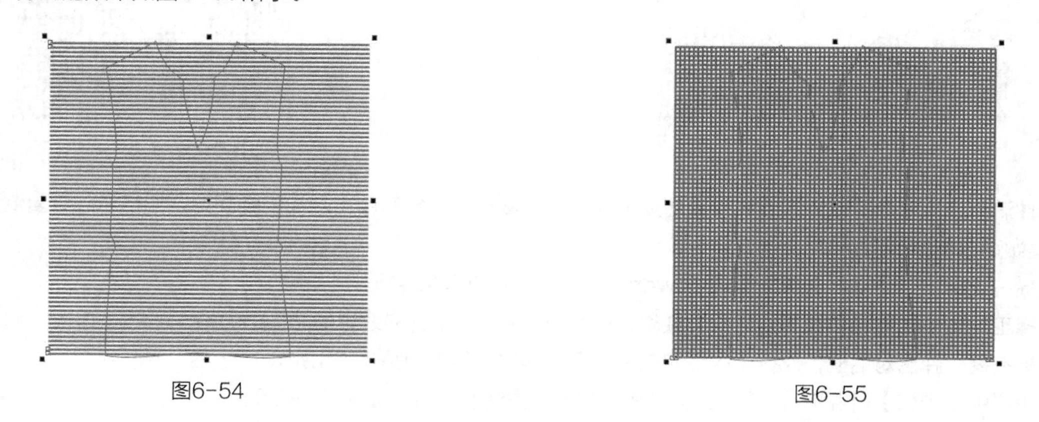

图6-54 图6-55

08 使用选择工具挑选两组长方形，单击工具箱中的透明度工具，在属性栏中设置参数如图6-56所示，得到的效果如

图6-57所示。

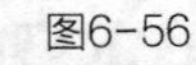

图6-56

09 单击选择工具，执行菜单栏中的【效果】/【图框精确剪裁】/【置于图文框内部】命令，把图案放置在衣身中，得到的效果如图6-58所示。

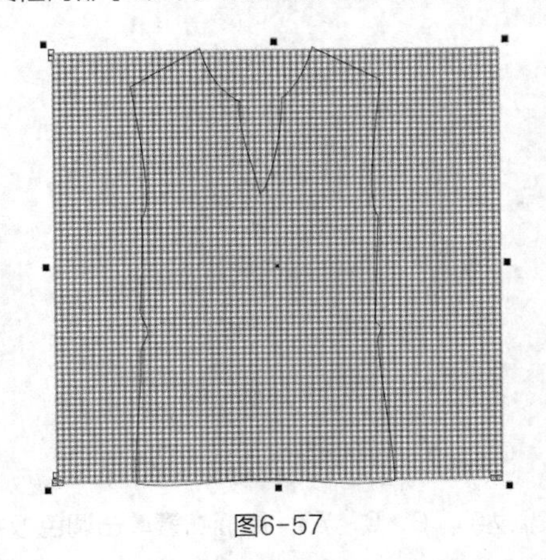

图6-57

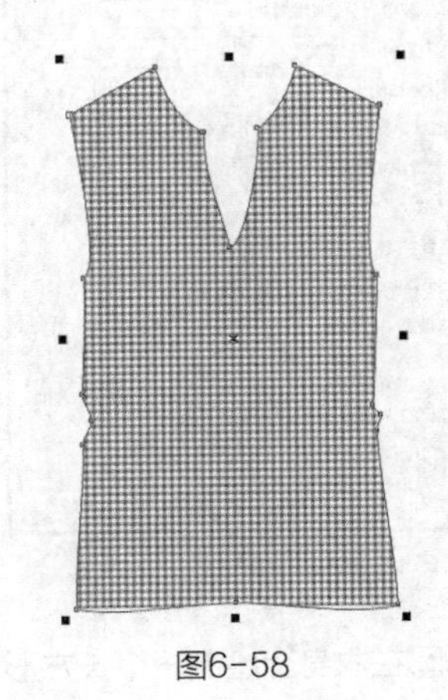

图6-58

10 使用贝塞尔工具和形状工具绘制如图6-59所示的左肩部造型。

11 单击选择工具，在属性栏中设置轮廓宽度为 .35 mm，给图形填充为白色，得到的效果如图6-60所示。

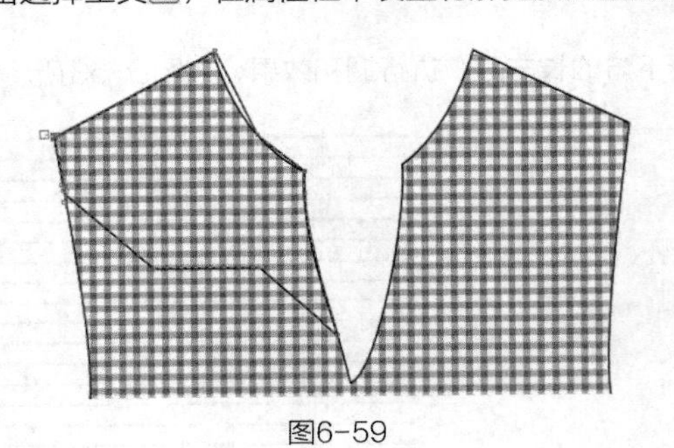

图6-59

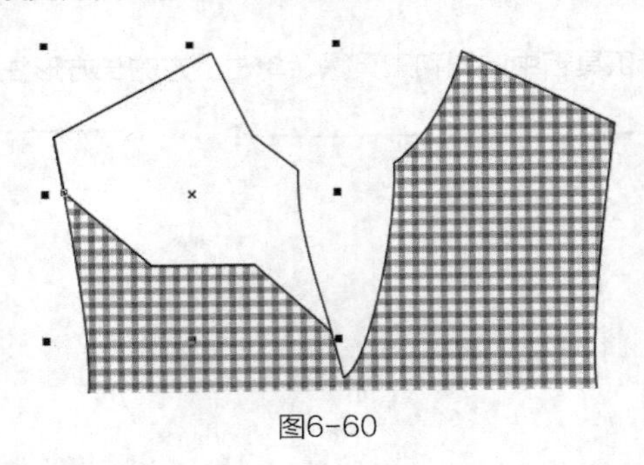

图6-60

12 重复步骤10～步骤11的操作，绘制右边肩部造型，得到的效果如图6-61所示。

13 使用贝塞尔工具和形状工具绘制左袖，如图6-62所示。

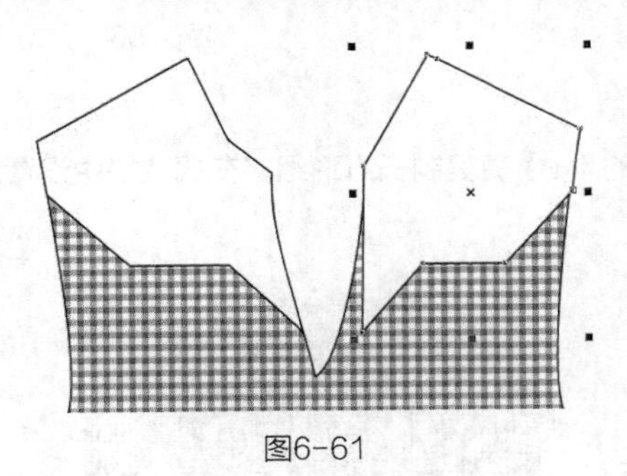

图6-61

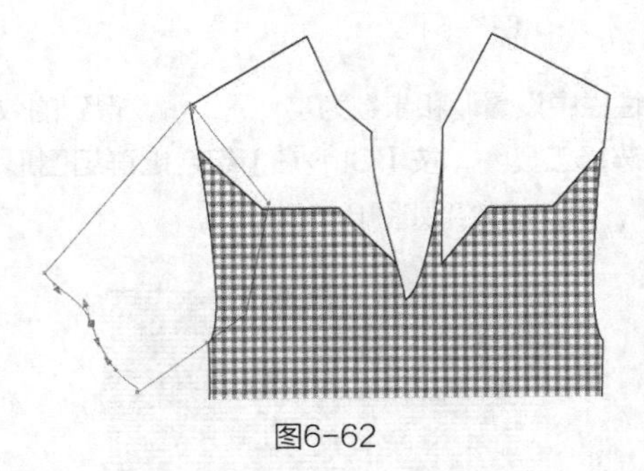

图6-62

14 使用属性滴管工具选择衣身属性，鼠标转换成应用对象属性，然后单击左袖前面部分，把格子图案复制到衣袖中，得到的效果如图6-63所示。

15 单击鼠标右键弹出对话框，选择【编辑PowerClip】，得到的效果如图6-64所示。

16 使用选择工具框选图形，在属性栏中设置旋转角度为 45.0°，得到的效果如图6-65所示。

17 单击鼠标右键，弹出对话框，执行【结束编辑】命令，得到的效果如图6-66所示。

18 执行菜单栏中【排列】/【顺序】/【到页面后面】命令，得到的效果如图6-67所示。

图6-63

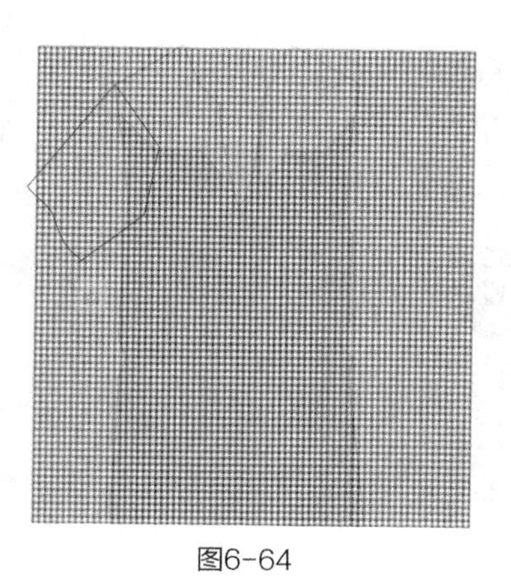
图6-64

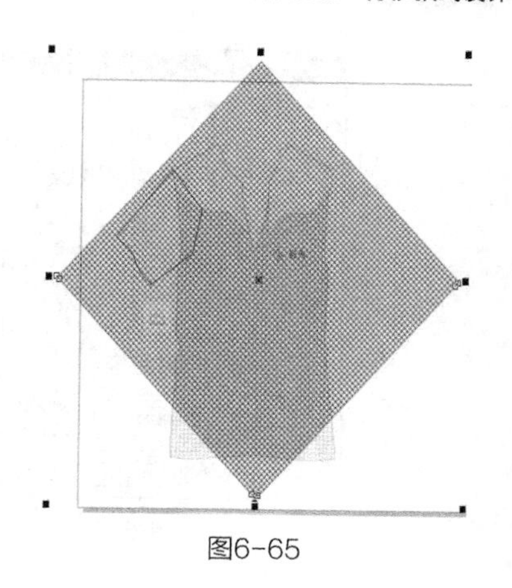
图6-65

19 使用贝塞尔工具和形状工具绘制左袖后片，如图6-68所示。

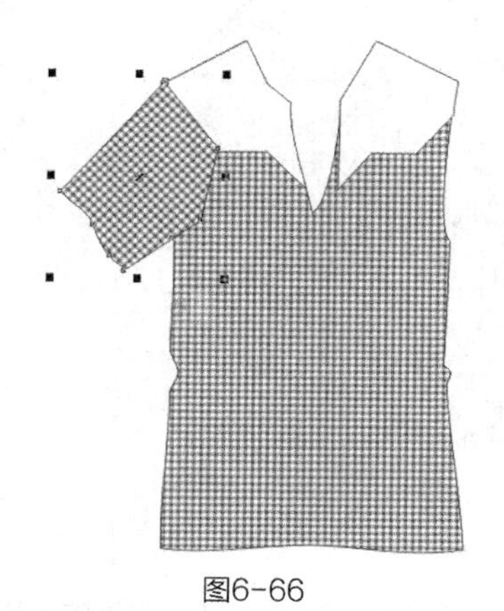
图6-66

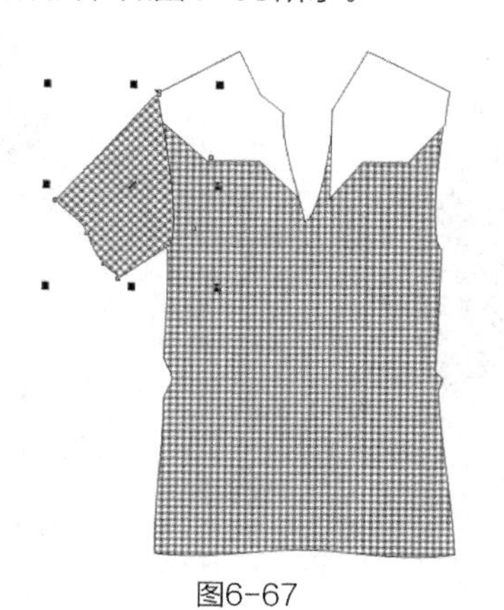
图6-67

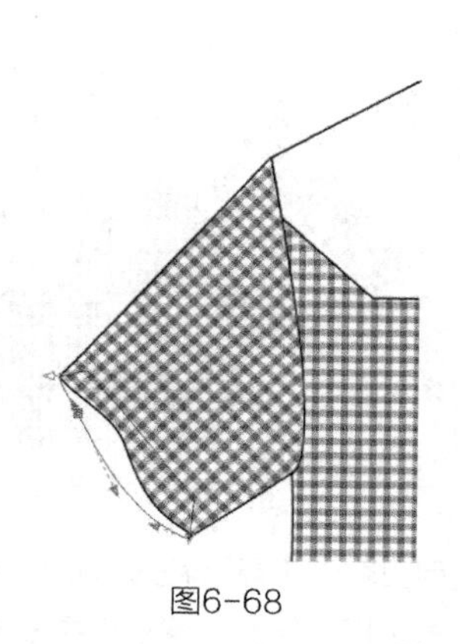
图6-68

20 单击选择工具，在属性栏中设置轮廓宽度为.35 mm，给图形填充为灰色，CMYK值为0，0，0，10，得到的效果如图6-69所示。

21 执行菜单栏中的【排列】/【顺序】/【到页面后面】命令，得到的效果如图6-70所示。

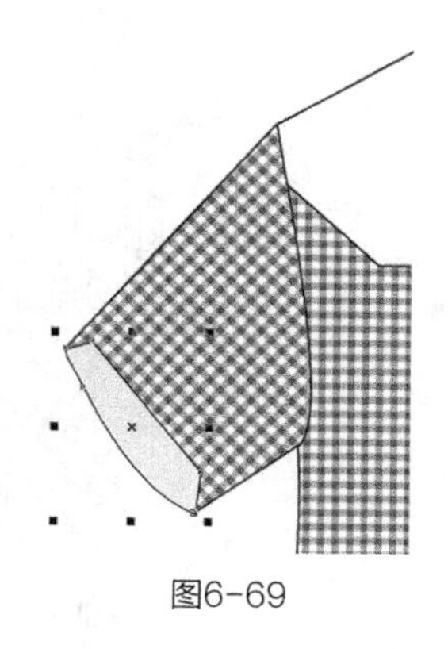
图6-69

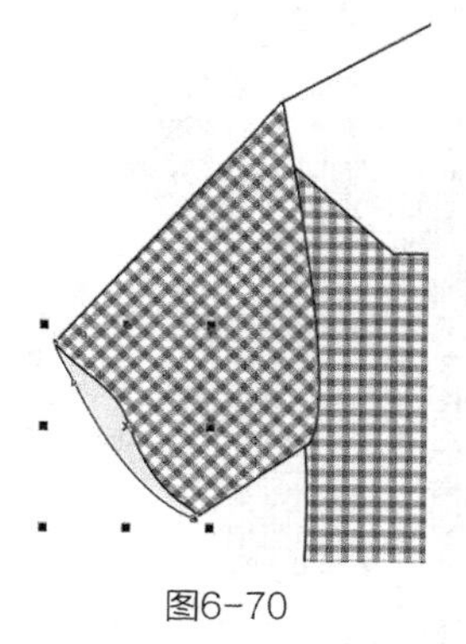
图6-70

22 使用贝塞尔工具和形状工具在袖口绘制两条缉明线，使缉明线处于选择状态，按【F12】键，弹出“轮廓笔”对话框，选项及参数设置如图6-71所示。

23 单击【确定】按钮，得到的效果如图6-72所示。

24 使用选择工具框选整个左袖，按【+】键复制，单击属性栏中的水平镜像按钮，并把图形向右平移到一定的位置，得到的效果如图6-73所示。

25 执行菜单栏中的【排列】/【顺序】/【到页面后面】命令，得到的效果如图6-74所示。

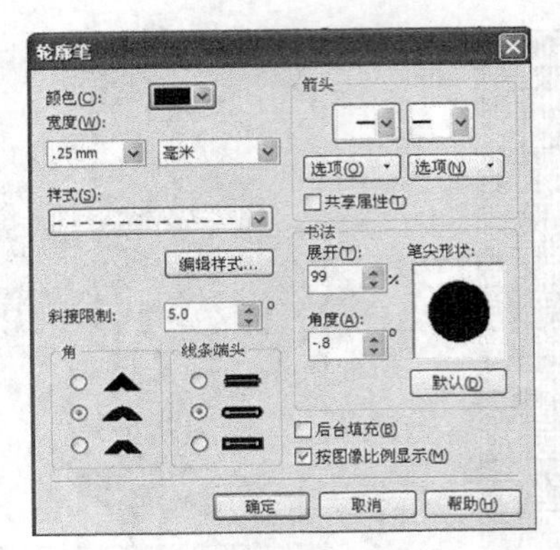

图6-71

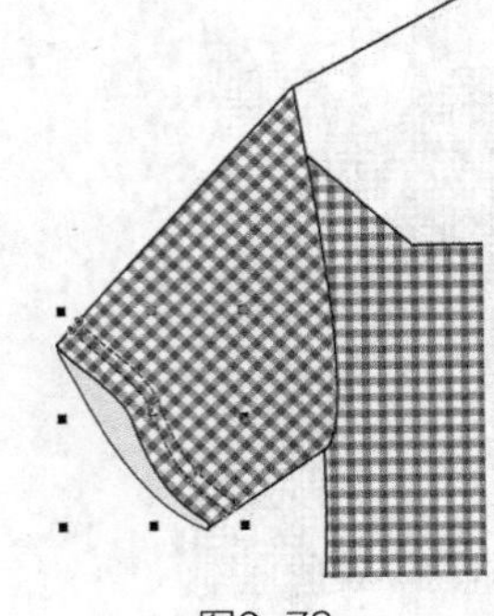
图6-72

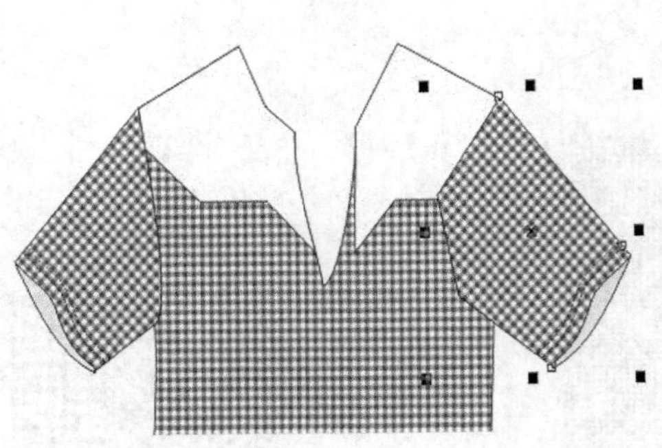
图6-73

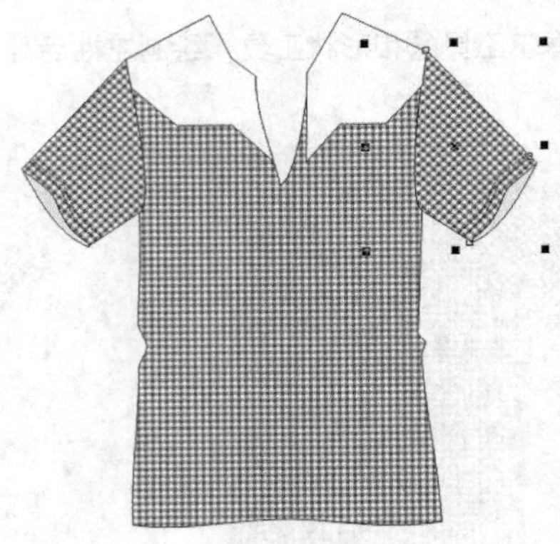
图6-74

26 使用贝塞尔工具和形状工具绘制衣身后片，如图6-75所示。

27 单击选择工具在属性栏中设置轮廓宽度为.35 mm，给图形填充为灰色，CMYK值为0，0，0，10，得到的效果如图6-76所示。

28 执行菜单栏中的【排列】/【顺序】/【到页面后面】命令，得到的效果如图6-77所示。

图6-75

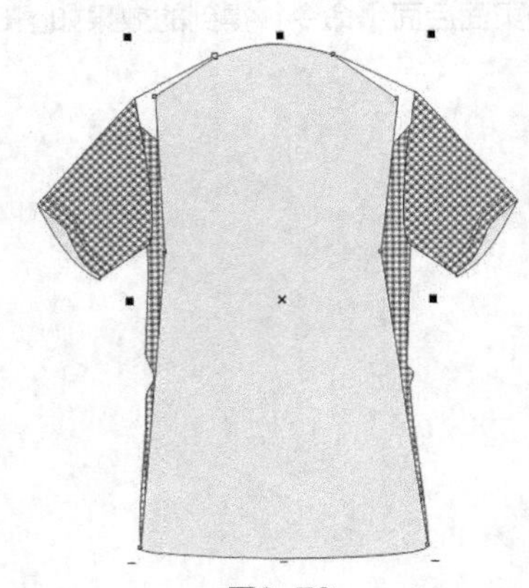
图6-76

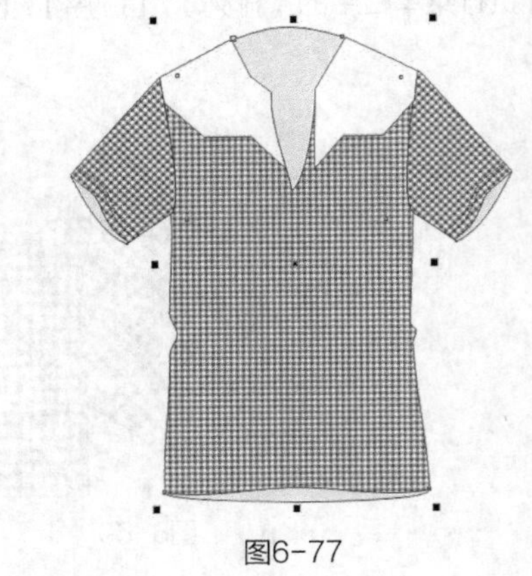
图6-77

29 使用贝塞尔工具和形状工具绘制后领口，如图6-78所示。

30 重复步骤**14**～步骤**17**的操作，给后领口填充斜纹格子面料，得到的效果如图6-79所示。

31 使用贝塞尔工具和形状工具绘制左边翻领，如图6-80所示。

32 重复步骤**14**～步骤**17**的操作，给翻领填充斜纹格子面料，得到的效果如图6-81所示。

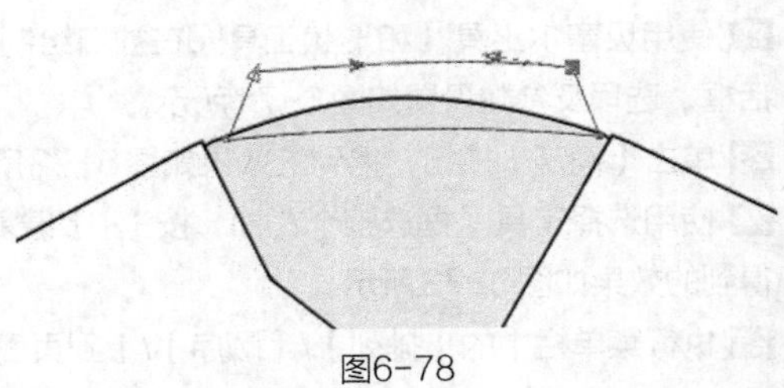
图6-78

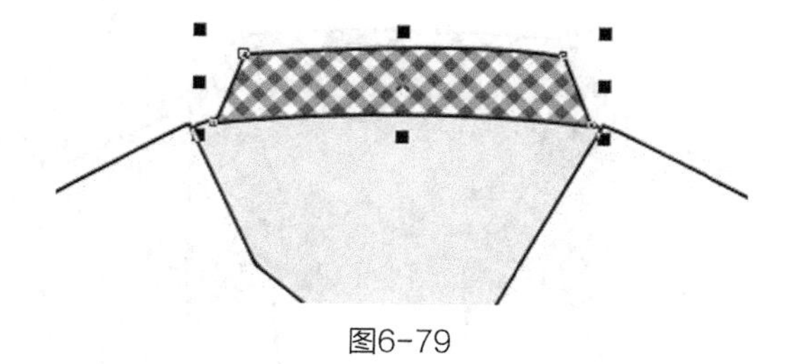
图6-79

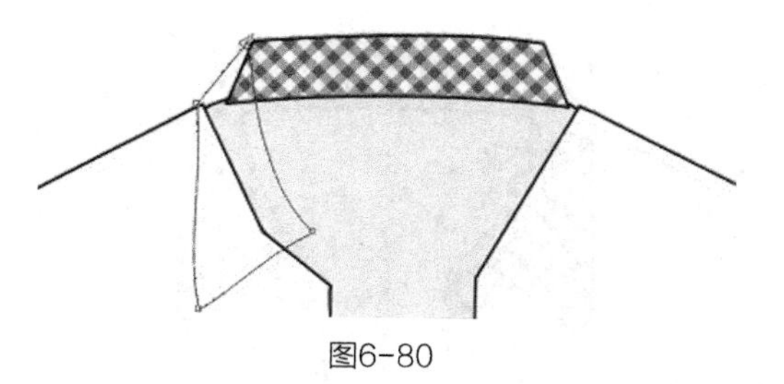
图6-80

33 使用贝塞尔工具和形状工具绘制领座，如图6-82所示。

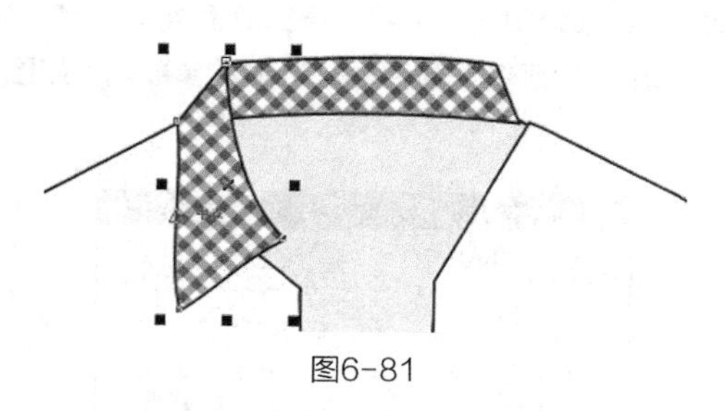
图6-81

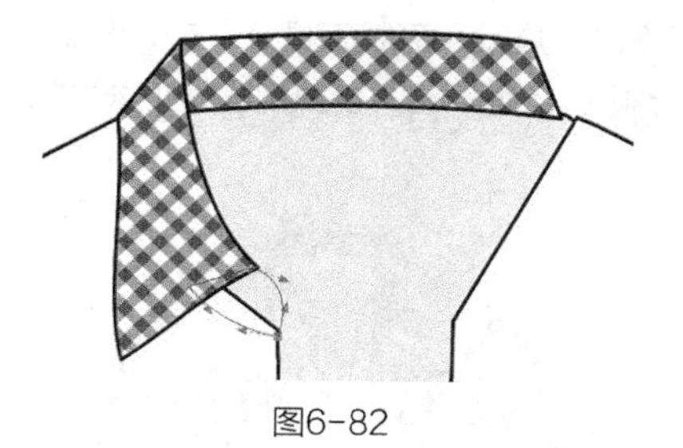
图6-82

34 重复步骤 **14** ~步骤 **17** 的操作，给领座填充斜纹格子面料，得到的效果如图6-83所示。

35 执行菜单栏中的【排列】/【顺序】/【置于此对象后】命令，把领座放置于翻领后面，得到的效果如图6-84所示。

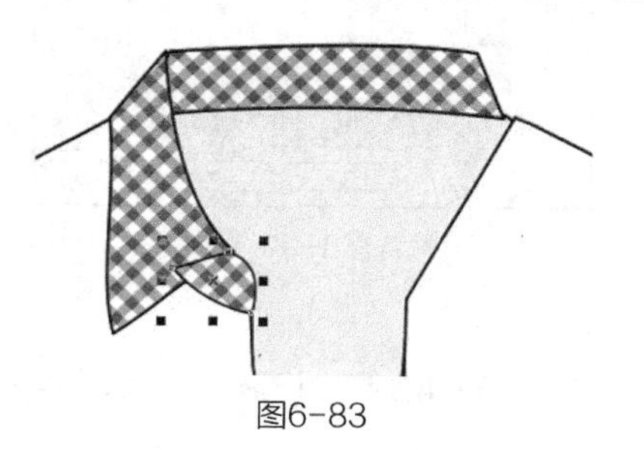
图6-83

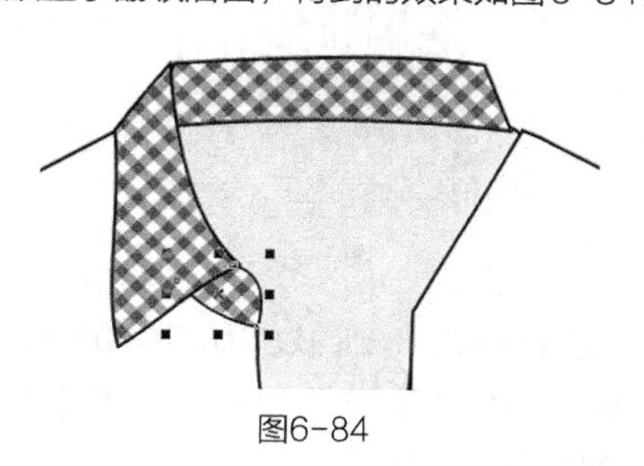
图6-84

36 使用贝塞尔工具和形状工具绘制右门襟，如图6-85所示。

37 单击选择工具，在属性栏中设置轮廓宽度为.35 mm，给门襟填充白色，得到的效果如图6-86所示。

图6-85

图6-86

38 使用选择工具框选左边翻领和领座，按【+】键复制，单击属性栏中的水平镜像按钮，并把图形向右平移到一定的位置，得到的效果如图6-87所示。

39 使用贝塞尔工具和形状工具绘制后领分割线，单击选择工具，在属性栏中设置轮廓宽度为.35 mm，如图6-88所示。

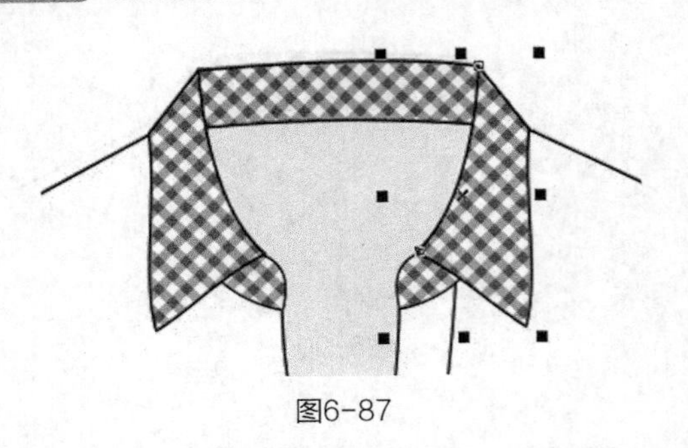

图6-87

图6-88

40 选择贝塞尔工具和形状工具，在如图6-89所示的翻领、领座、后领分割线、袖窿、肩部分割处、门襟、衬衫下摆开衩处绘制14条缉明线，使缉明线处于选择状态，按【F12】键，弹出“轮廓笔”对话框，选项及参数设置如图6-90所示。

图6-89

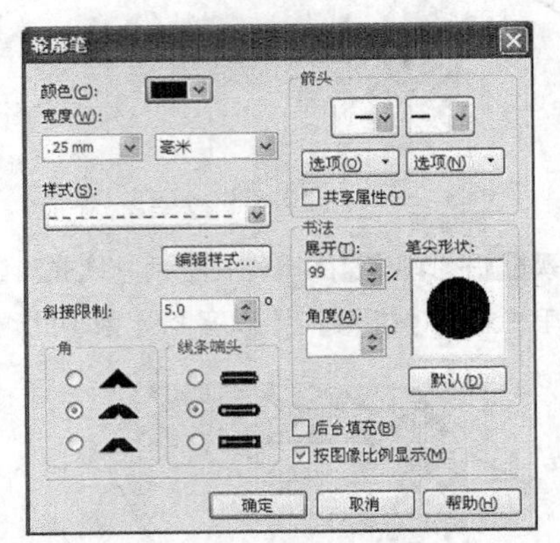

图6-90

41 单击【确定】按钮，得到的效果如图6-91所示。

42 使用贝塞尔工具和形状工具绘制衣身上的4条衣褶，单击选择工具，在属性栏中设置轮廓宽度为.35 mm，得到的效果如图6-92所示。

图6-91

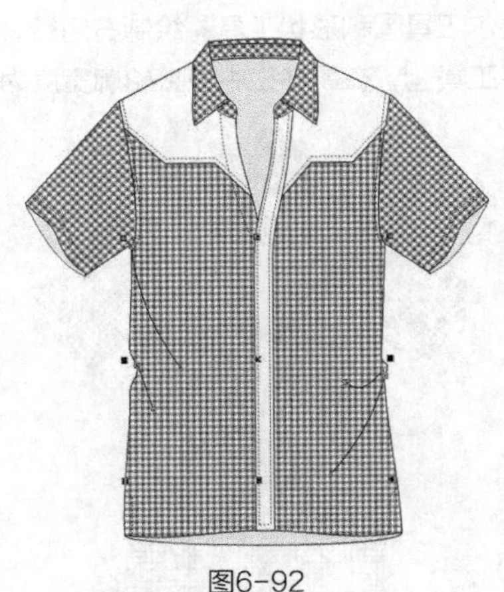

图6-92

43 选择椭圆形工具，按住【Ctrl】键在领座上绘制一个圆形，在属性栏中设置轮廓宽度为.1 mm，并填充为白色，如图6-93所示。

44 按【+】键复制两个圆形，再按住【Shift】键等比例缩小图形，把复制的小圆形摆放在如图6-94所示的位置。

45 使用选择工具框选3个圆形，单击属性栏中的合并按钮，得到的效果如图6-95所示。

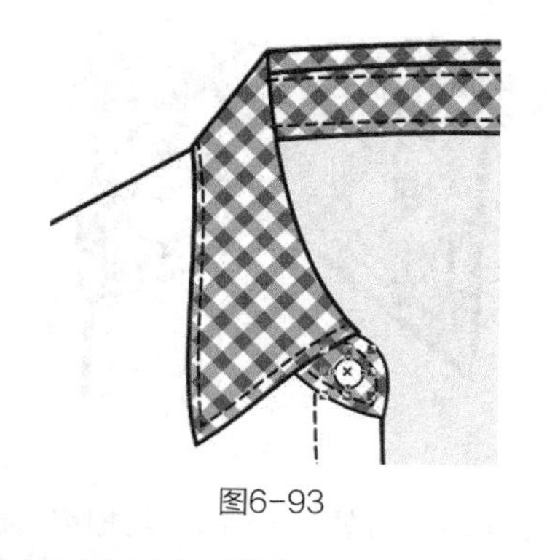
图6-93

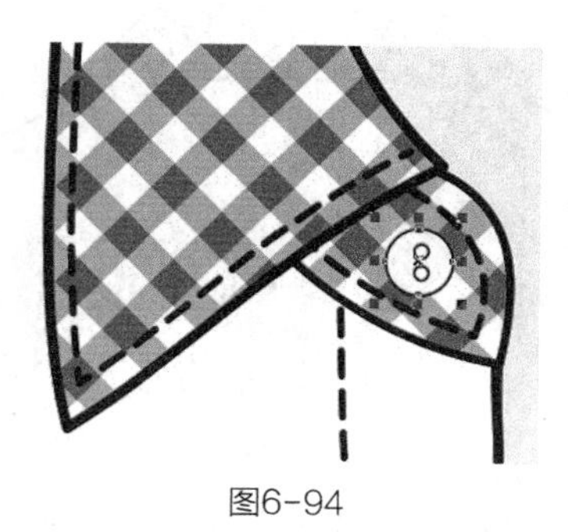
图6-94

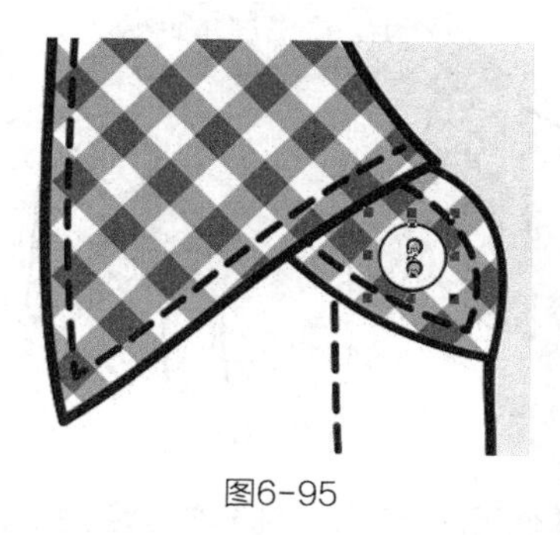
图6-95

46 使用选择工具选择纽扣，按【+】键复制5个纽扣，并把复制的纽扣分别摆放在如图6-96所示的门襟位置。这样就完成了翻领男衬衫的绘制，整体效果如图6-97所示。

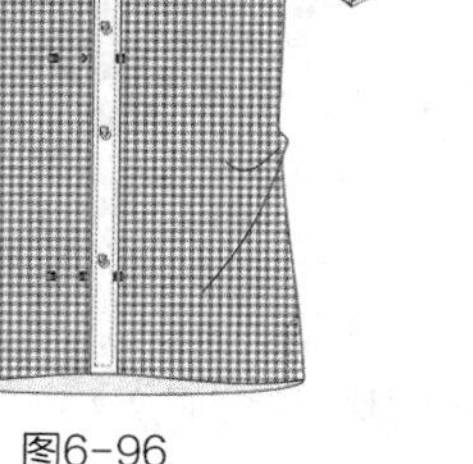
图6-96

图6-97

47 使用形状工具修改左边翻领的造型，得到的效果如图6-98所示。

48 使用形状工具修改左边翻领上的缉明线的造型，得到的效果如图6-99所示。

49 使用选择工具挑选右边翻领和缉明线，按【Delete】键删除。使用选择工具挑选左边翻领和缉明线，按【+】键复制，单击属性栏中的水平镜像按钮，并把图形向右平移到一定的位置，得到的温莎领效果如图6-100所示。

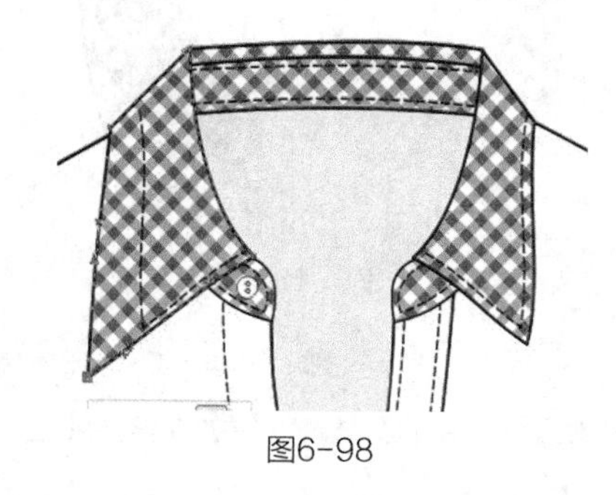
图6-98

图6-99

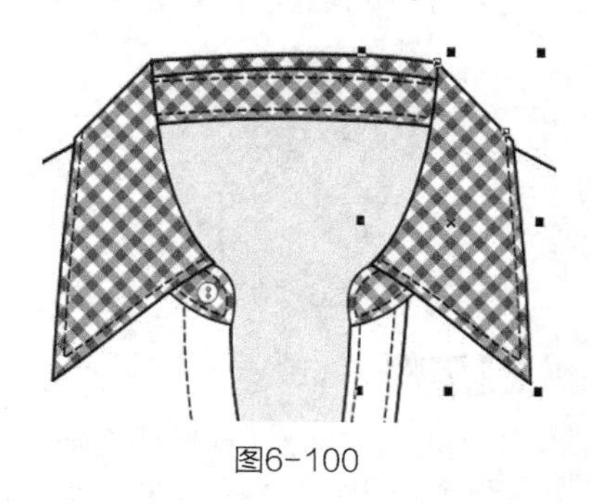
图6-100

50 使用形状工具修改左边翻领的造型，得到的效果如图6-101所示。

51 使用形状工具修改左边翻领上的缉明线的造型，得到的效果如图6-102所示。

52 使用椭圆形工具，在翻领上绘制一个椭圆形，在属性栏中设置轮廓宽度为.2 mm，为并填充为白色，设置旋转角度为334.1°，得到的效果如图6-103所示。

53 使用椭圆形工具，按住【Ctrl】键在翻领上绘制一个圆形，在属性栏中设置轮廓宽度为.2 mm，并填充为白色，得到的效果如图6-104所示。

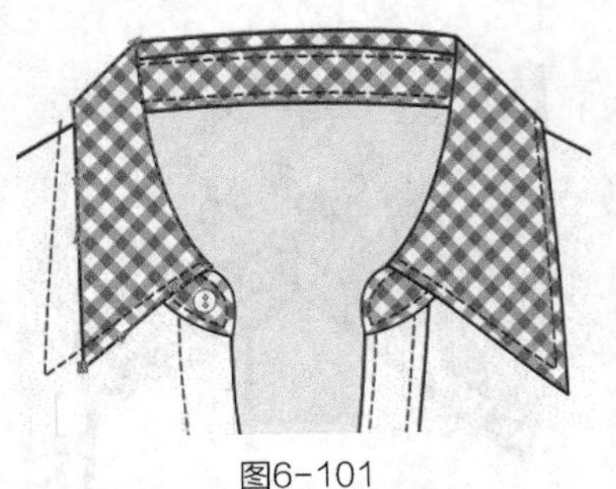

图6-101

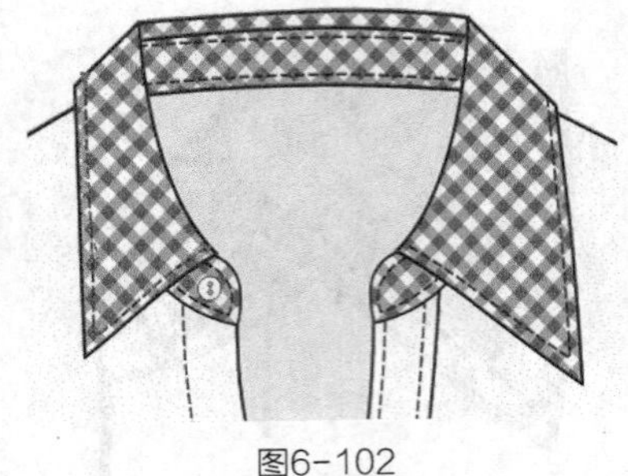

图6-102

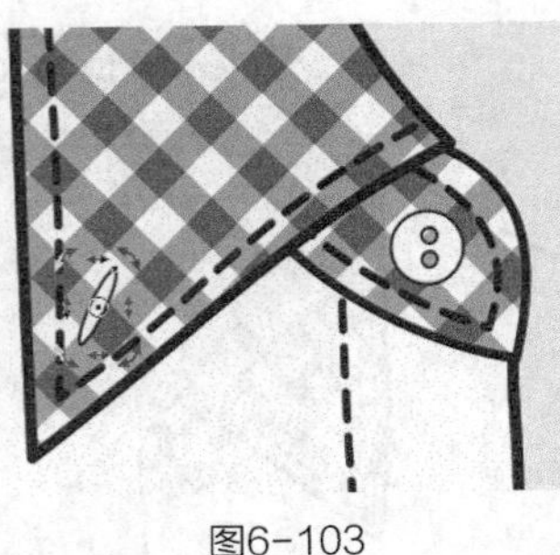

图6-103

54 使用选择工具挑选右边翻领和缉明线，按【Delete】键删除。使用选择工具挑选左边翻领、缉明线、纽扣和扣眼，按【+】键复制，单击属性栏中的水平镜像按钮，并把图形向右平移到一定的位置，得到的暗扣领效果如图6-105所示。

55 使用形状工具修改左边翻领的造型，得到的效果如图6-106所示。

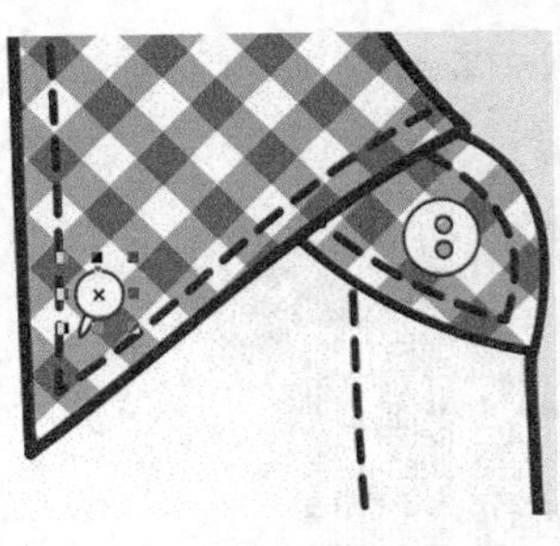

图6-104

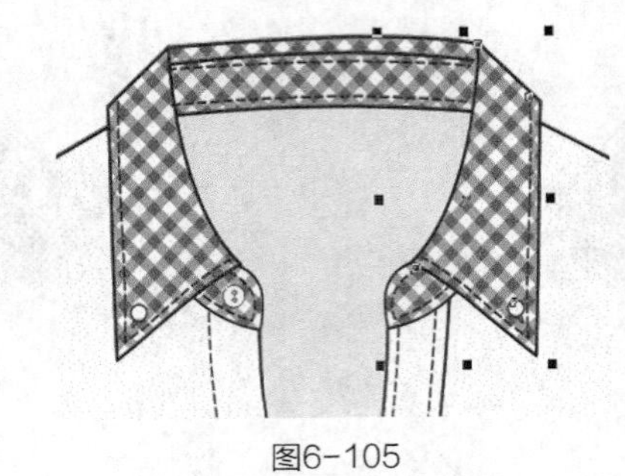

图6-105

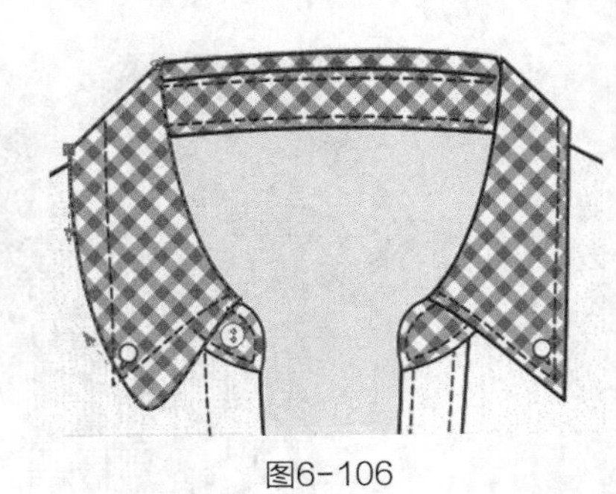

图6-106

56 使用形状工具修改左边翻领上的缉明线的造型，得到的效果如图6-107所示。

57 使用选择工具挑选右边翻领、缉明线、纽扣和扣眼，按【Delete】键删除，得到的效果如图6-108所示。

58 使用选择工具挑选左边翻领和缉明线，按【+】键复制，单击属性栏中的水平镜像按钮，并把图形向右平移到一定的位置，得到的伊顿领效果如图6-109所示。

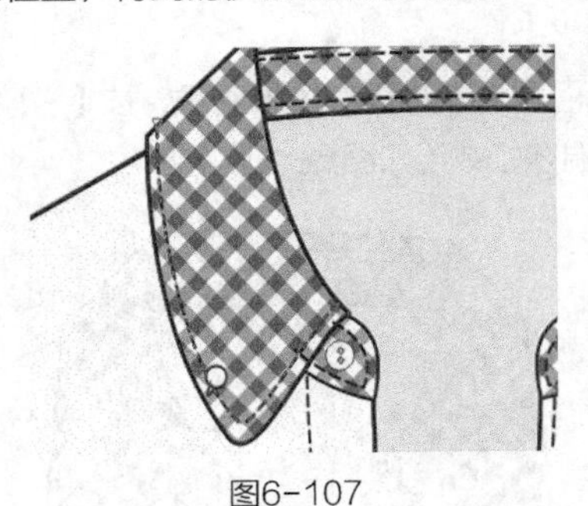

图6-107

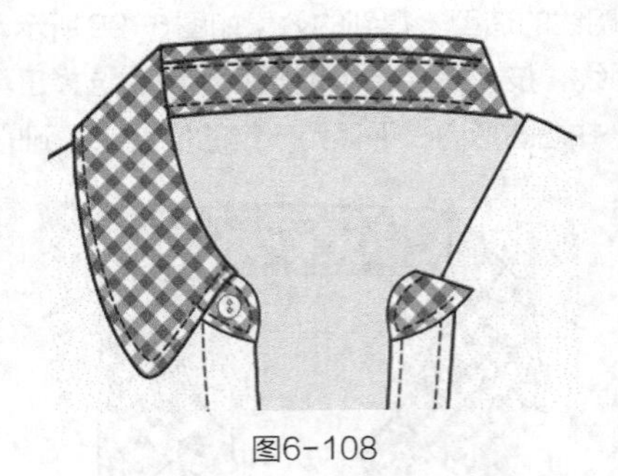

图6-108

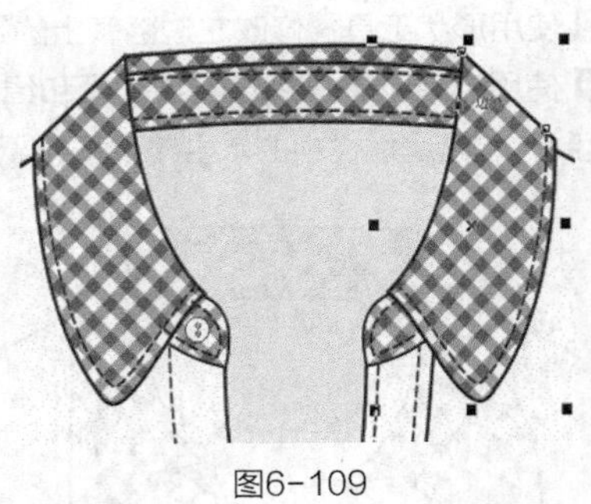

图6-109

专家提示

设计男式翻领衬衫，翻领大小的变化，装饰扣的变化都可以改变翻领的整体效果。步骤 **47** ~步骤 **58** 的操作，表现了温莎领、暗扣领、伊顿领，读者也可以根据自己的想法设计各种变化的翻领造型。

6.3 女式蝴蝶结领衬衫

蝴蝶结领衬衫的整体效果如图6-110所示。

设计重点

造型设计、蝴蝶结领表现、印花面料填充。

图6-110

操作步骤

01 打开CorelDRAW软件，执行菜单栏中的【文件】/【新建】命令，或使用【Ctrl+N】组合键，弹出“创建新文档”对话框，命名文件为“女式蝴蝶结领衬衫”，如图6-111所示。在属性栏中设定纸张大小为A4，横向摆放，如图6-112所示。

02 鼠标单击上方和左方的标尺栏，分别从上往下、从左往右拖动添加9条辅助线，确定衣长、袖长、肩线、袖窿深等位置，如图6-113所示。

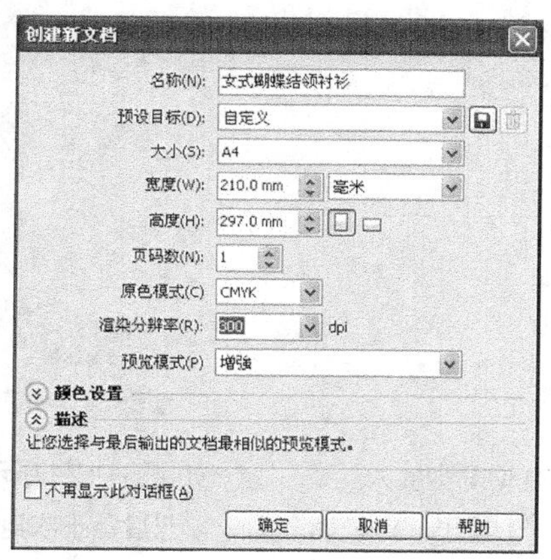

图6-111

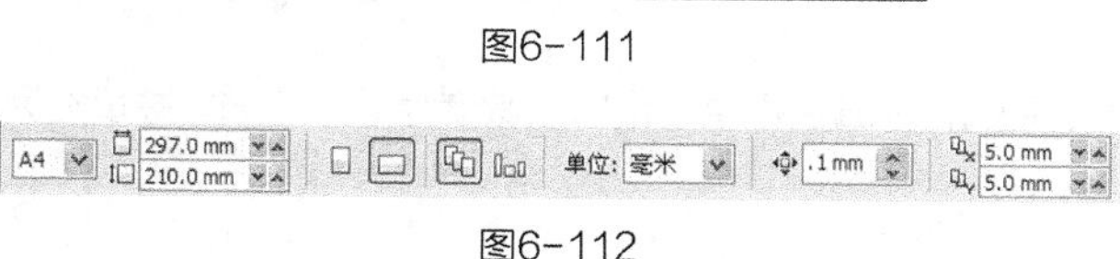

图6-112

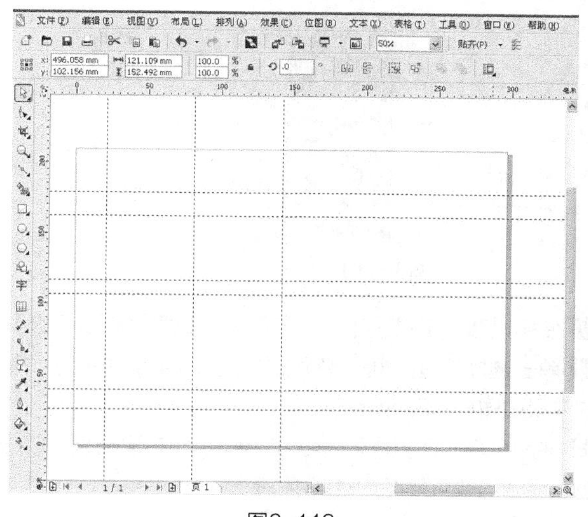

图6-113

03 使用贝塞尔工具和形状工具绘制如图6-114所示的衬衫右前片造型（注意腰部曲线的处理），单击选择工具，在属性栏中设置轮廓宽度为 .35 mm 。

04 执行菜单栏中的【文件】/【导入】命令，导入如图6-115所示的印花面料素材。

05 执行菜单栏中的【排列】/【顺序】/【到页面后面】命令，把印花面料置于衣身后面，得到的效果如图6-116所示。

06 执行菜单栏中的【效果】/【图框精确剪裁】/【置于图文框内部】命令，把印花面料放置在衬衫右前片中，得到的效果如图6-117所示。

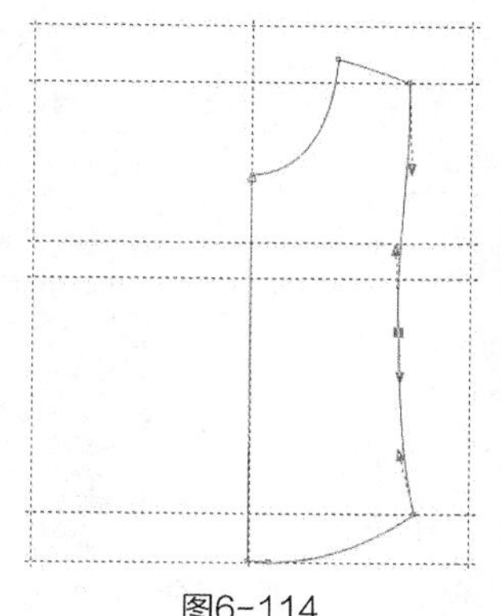

图6-114

图6-115

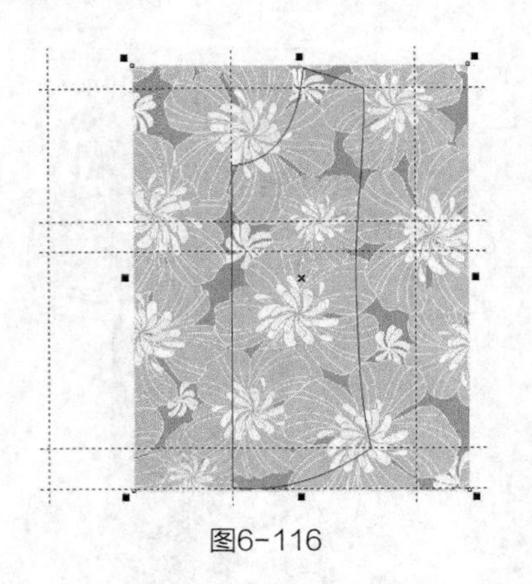
图6-116

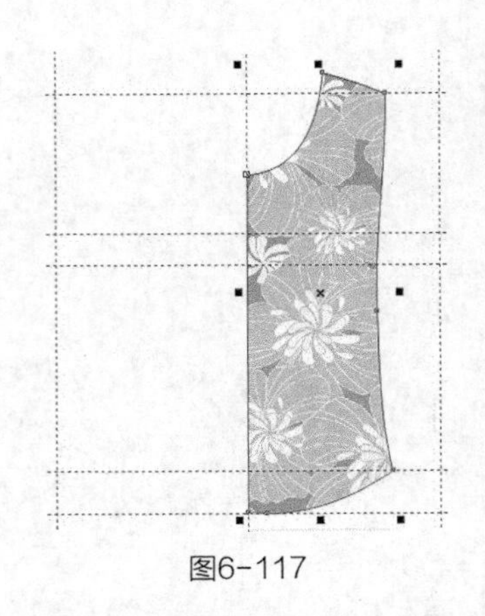
图6-117

07 使用贝塞尔工具和形状工具绘制如图6-118所示的右袖造型，单击选择工具，在属性栏中设置轮廓宽度为 .35 mm 。

08 重复步骤 **04** ~步骤 **06** 的操作，给袖子填充印花面料，得到的效果如图6-119所示。

09 使用贝塞尔工具和形状工具绘制袖口，单击选择工具，在属性栏中设置轮廓宽度为 .35 mm ，并填充为白色，得到的效果如图6-120所示。

图6-118

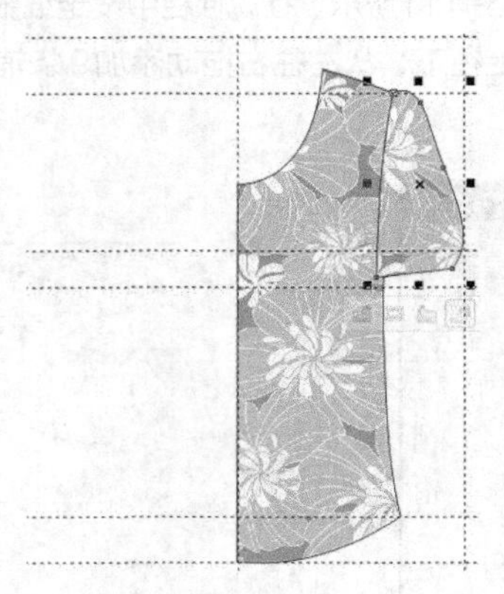
图6-119

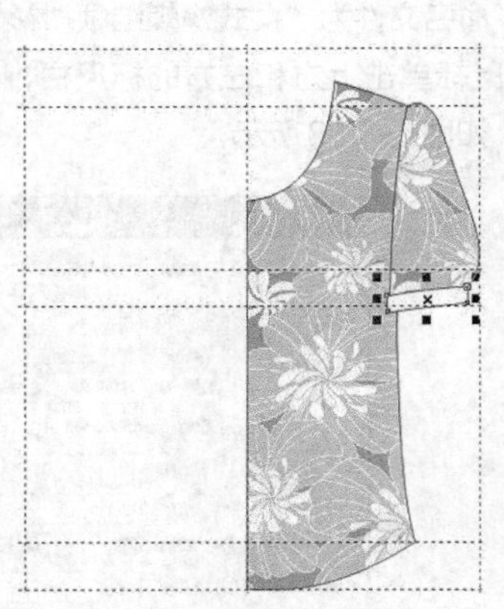
图6-120

10 使用贝塞尔工具和形状工具绘制肩部和袖口的4条褶裥线，设置轮廓宽度为 .35 mm ，如图6-121所示。

11 单击选择工具框选整个右袖，执行菜单栏中的【排列】/【顺序】/【置于此对象后】命令，把其置于衣身后面，得到的效果如图6-122所示。

12 使用贝塞尔工具和形状工具绘制右边翻领，单击选择工具，在属性栏中设置轮廓宽度为 .35 mm ，并填充为白色，得到的效果如图6-123所示。

图6-121

图6-122

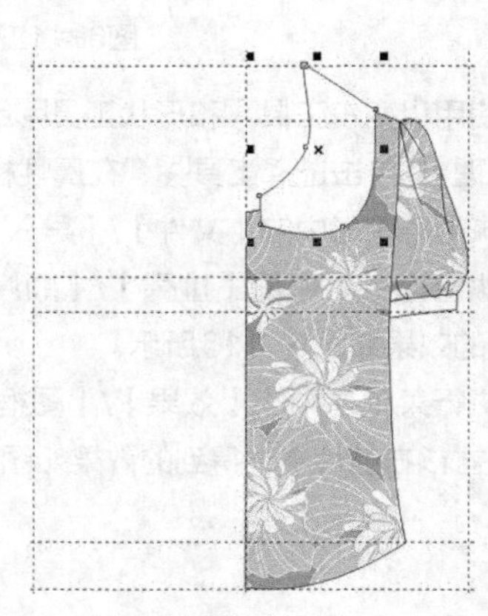
图6-123

13 执行菜单栏中的【编辑】/【全选】/【辅助线】命令，选择所有的辅助线，按【Delete】键删除，得到的效果如图6-124所示。

14 使用贝塞尔工具和形状工具在如图6-125所示的位置绘制衣褶，单击选择工具，在属性栏中设置轮廓宽度为 .35 mm 。

15 选择贝塞尔工具和形状工具，在如图6-126所示的袖口及衣服下摆处绘制两条缉明线，使缉明线处于选择状态，按【F12】键，弹出“轮廓笔”对话框，选项及参数设置如图6-127所示。

图6-124

图6-125

图6-126

16 单击【确定】按钮，得到的效果如图6-128所示。

17 使用选择工具框选绘制好的右边衣形，按【+】键复制，单击属性栏中的水平镜像按钮，并把图形向左平移到一定的位置，得到的效果如图6-129所示。

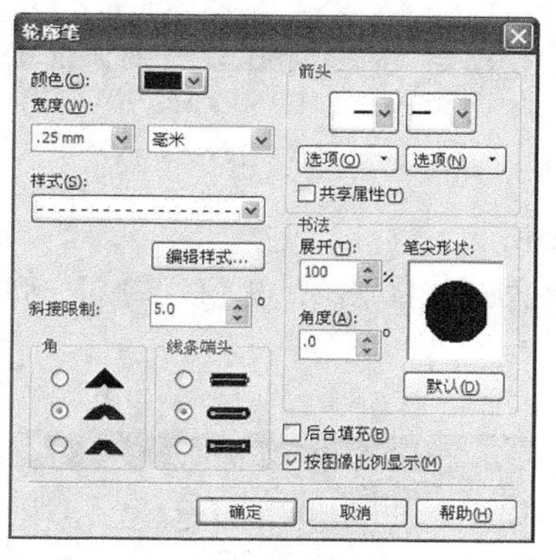

图6-127

图6-128

图6-129

18 使用贝塞尔工具和形状工具绘制衬衫后片，在属性栏中设置轮廓宽度为 .35 mm ，得到的效果如图6-130所示。

19 重复步骤**04**～步骤**06**的操作，给衬衫后片填充印花面料，得到的效果如图6-131所示。

20 执行菜单栏中的【排列】/【顺序】/【到页面后面】命令，得到的效果如图6-132所示。

图6-130

图6-131

图6-132

21 使用贝塞尔工具和形状工具绘制后领口，在属性栏中设置轮廓宽度为.35 mm，并填充为白色，得到的效果如图6-133所示。

22 执行菜单栏中的【排列】/【顺序】/【到页面后面】命令，得到的效果如图6-134所示。

23 使用贝塞尔工具和形状工具绘制左右翻领上的褶裥线，设置轮廓宽度为.35 mm，并填充为白色，得到的效果如图6-135所示。

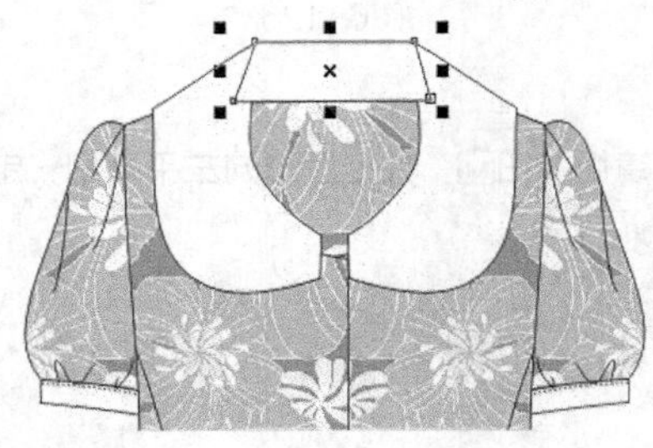

图6-133

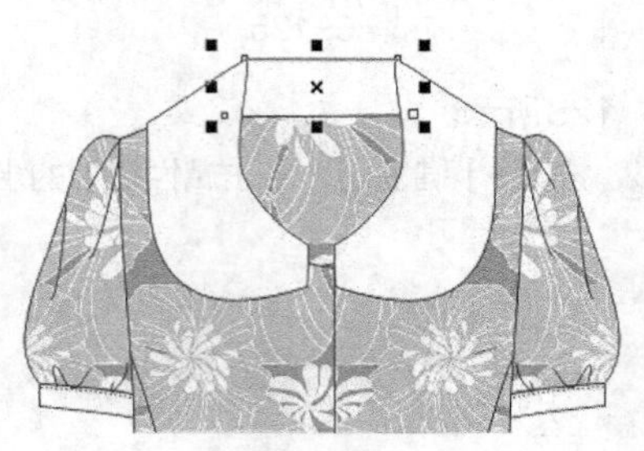

图6-134

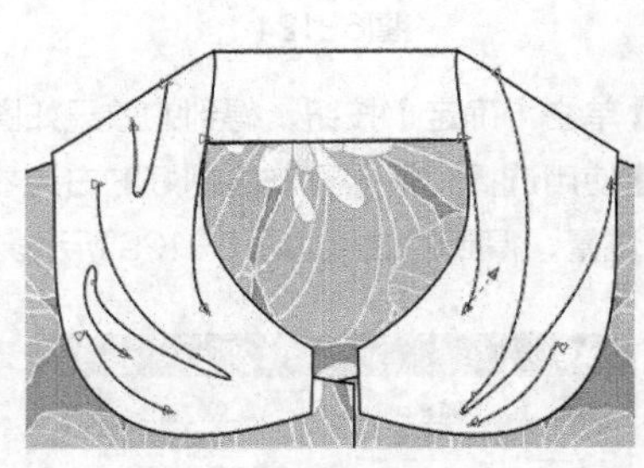

图6-135

24 使用手绘工具绘制门襟线，在属性栏中设置轮廓宽度为.35 mm，如图6-136所示。

25 选择手绘工具，在如图6-137所示后领口及门襟处绘制3条缉明线，使缉明线处于选择状态，按【F12】键，弹出“轮廓笔”对话框，选项及参数设置如图6-138所示。

图6-136

图6-137

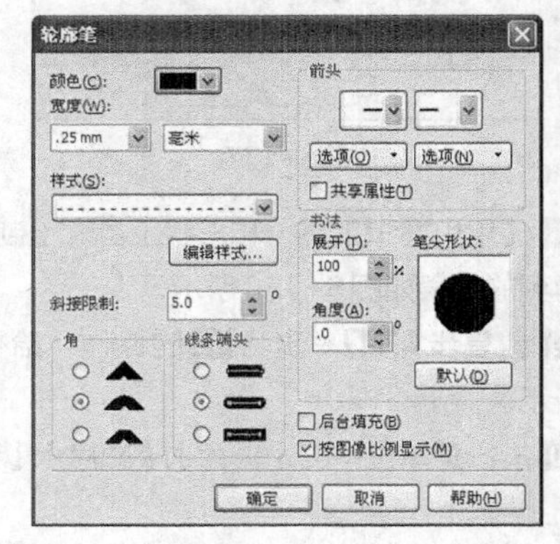

图6-138

26 单击【确定】按钮，得到的效果如图6-139所示。

27 使用贝塞尔工具和形状工具绘制蝴蝶结造型，如图6-140所示。

28 单击选择工具，给蝴蝶结填充白色，设置轮廓宽度为.35 mm，得到的效果如图6-141所示。

图6-139

图6-140

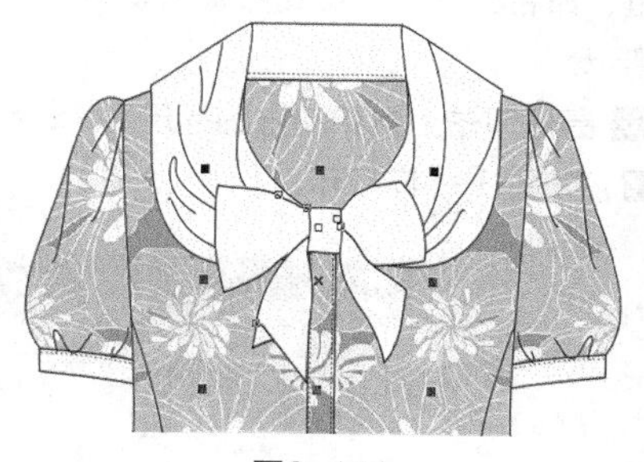
图6-141

29 使用贝塞尔工具和形状工具绘制蝴蝶结上的褶裥线造型，设置轮廓宽度为 .35 mm，得到的效果如图6-142所示。

30 使用选择工具框选所有图形，按【Ctrl+G】组合键群组图形。这样就完成了女式蝴蝶结领衬衫的绘制，整体效果如图6-143所示。

图6-142

图6-143

6.4 女式荷叶边装饰领衬衫

女式荷叶边装饰衬衫的整体设计效果如图6-144所示。

设计重点

造型设计、荷叶边装饰领的表现、泡泡袖的表现。

图6-144

操作步骤

01 打开CorelDRAW软件，执行菜单栏中的【文件】/【新建】命令，或使用【Ctrl+N】组合键，弹出“创建新文档”对话框，命名文件为“女式荷叶边装饰领衬衫”，如图6-145所示。在属性栏中设定纸张大小为A4，横向摆放，如图6-146所示。

02 鼠标单击上方和左方的标尺栏，分别从上往下、从左往右拖动添加8条辅助线，确定衣长、袖长、肩线、袖窿深等位置，如图6-147所示。

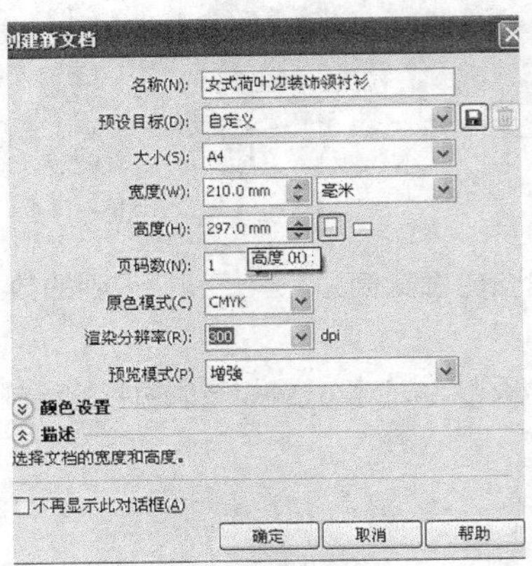

图6-145

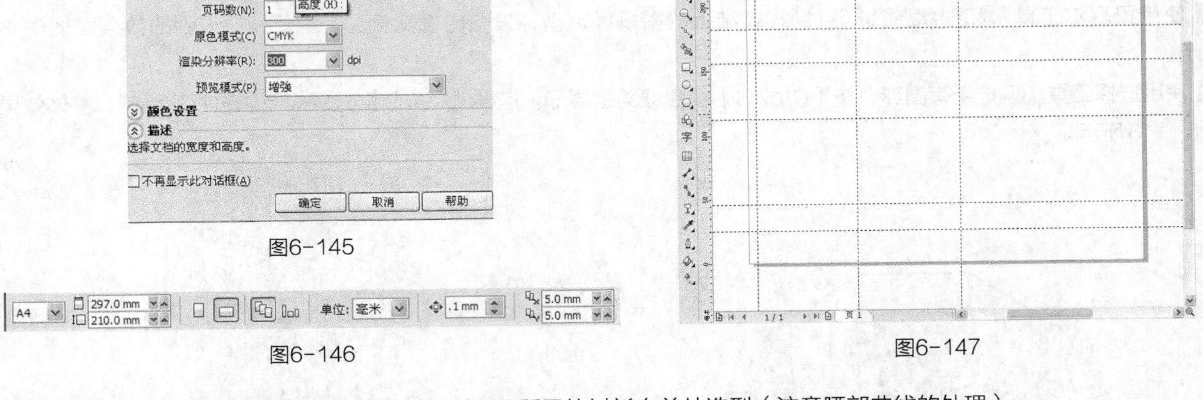

图6-146

图6-147

03 使用贝塞尔工具和形状工具绘制如图6-148所示的衬衫右前片造型（注意腰部曲线的处理）。

04 单击选择工具，在属性栏中设置轮廓宽度为.35 mm，给图形填充浅紫色，CMYK值为11，15，9，0，得到的效果如图6-149所示。

05 使用贝塞尔工具和形状工具绘制如图6-150所示的右袖造型。

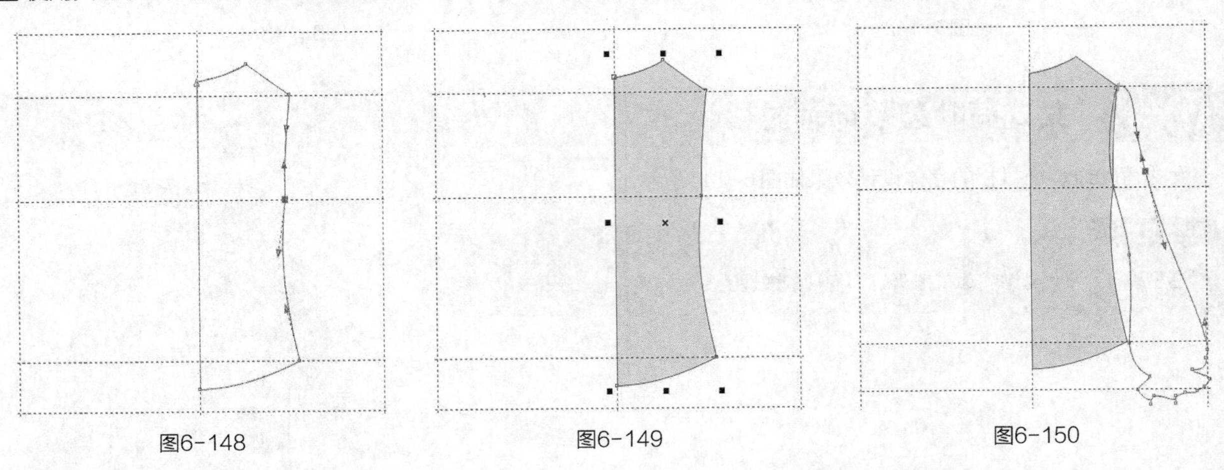

图6-148　　图6-149　　图6-150

06 单击选择工具，在属性栏中设置轮廓宽度为.35 mm，给袖子填充浅紫色，CMYK值为11，15，9，0，得到的效果如图6-151所示。

07 执行菜单栏中的【排列】/【顺序】/【置于此对象后】命令，把袖子置于衣身后面，得到的效果如图6-152所示。

08 使用贝塞尔工具和形状工具绘制肩部、袖身及袖口的15条褶裥线，设置轮廓宽度为.35 mm，如图6-153所示。

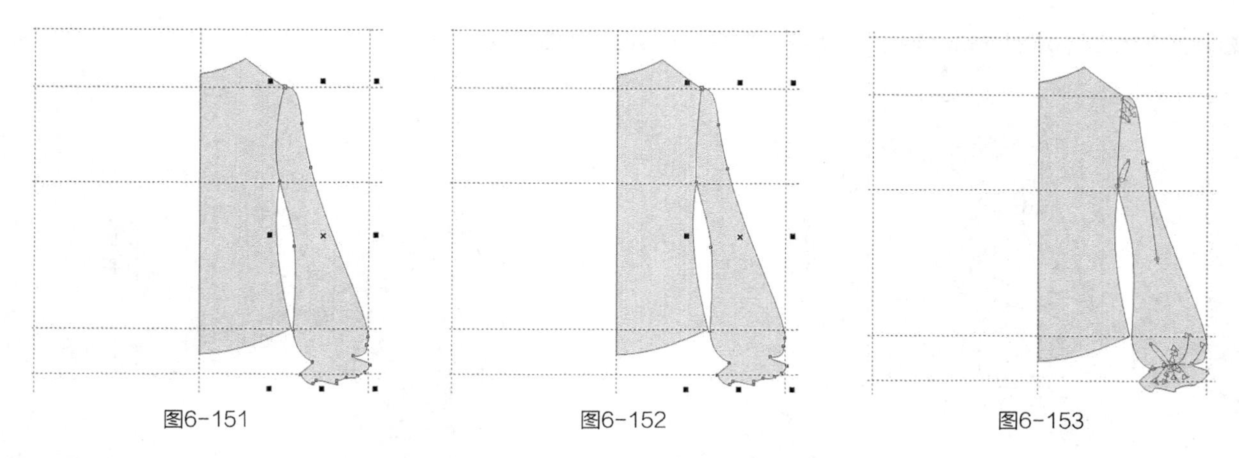

图6-151　　图6-152　　图6-153

09 使用贝塞尔工具和形状工具绘制腰省线，设置轮廓宽度为 .35 mm ，如图6-154所示。

10 选择贝塞尔工具和形状工具，在如图6-155所示的袖窿及衣服下摆处绘制两条缉明线，使缉明线处于选择状态，按【F12】键，弹出“轮廓笔”对话框，选项及参数设置如图6-156所示。

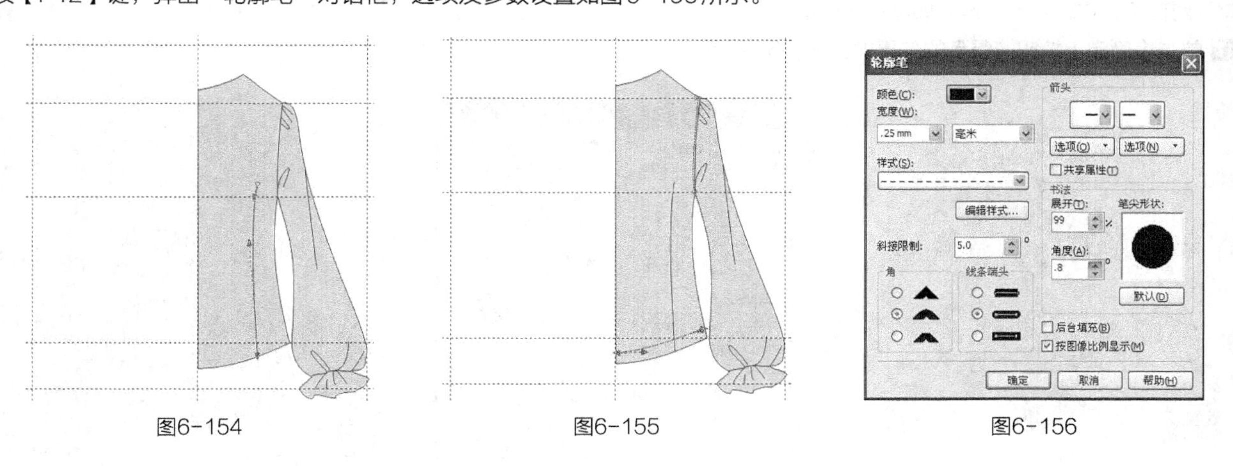

图6-154　　图6-155　　图6-156

11 单击【确定】按钮，得到的效果如图6-157所示。

12 使用选择工具框选绘制好的右边衣形，按【+】键复制，单击属性栏中的水平镜像按钮，并把图形向左平移到一定的位置，得到的效果如图6-158所示。

13 使用手绘工具绘制门襟线，在属性栏中设置轮廓宽度为 .35 mm ，如图6-159所示。

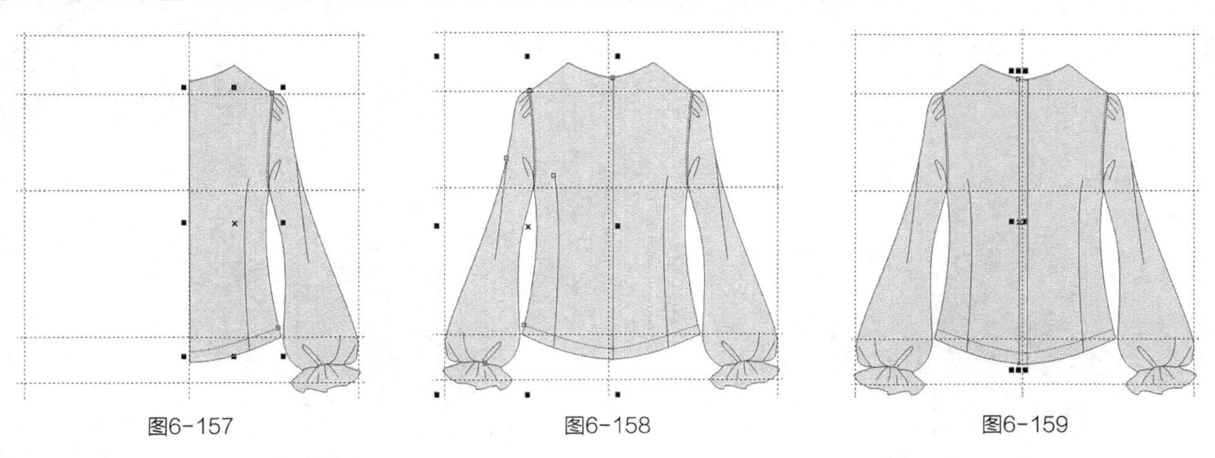

图6-157　　图6-158　　图6-159

14 执行菜单栏中的【编辑】/【全选】/【辅助线】命令，选择所有的辅助线，按【Delete】键删除，得到的效果如图6-160所示。

15 使用形状工具调整左前片下摆的缉明线，得到的效果如图6-161所示。

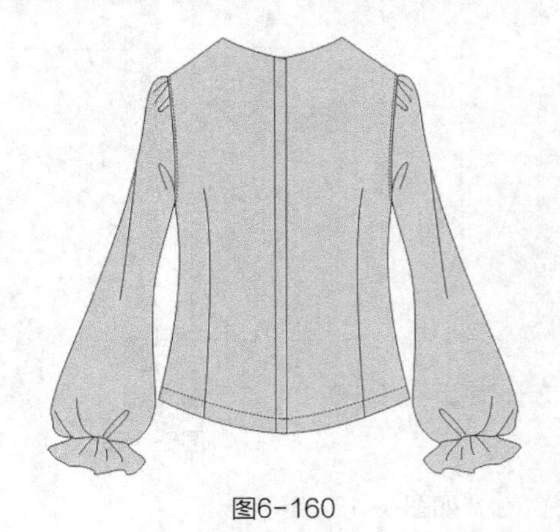

图6-160

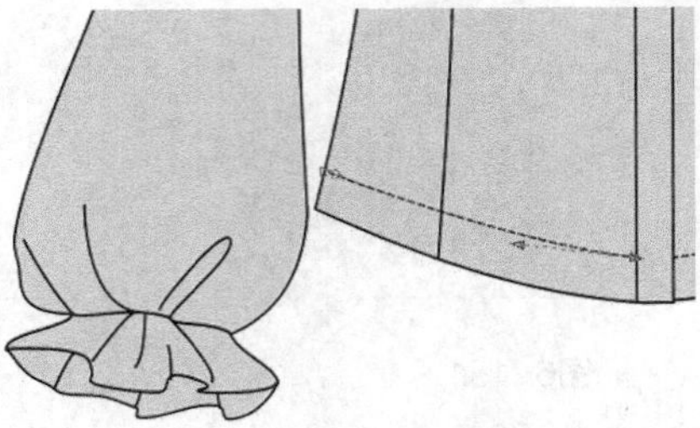

图6-161

16 选择手绘工具，在如图6-162所示的门襟处绘制两条缉明线，使缉明线处于选择状态，按【F12】键，弹出“轮廓笔”对话框，选项及参数设置如图6-163所示。

17 单击【确定】按钮，得到的效果如图6-164所示。

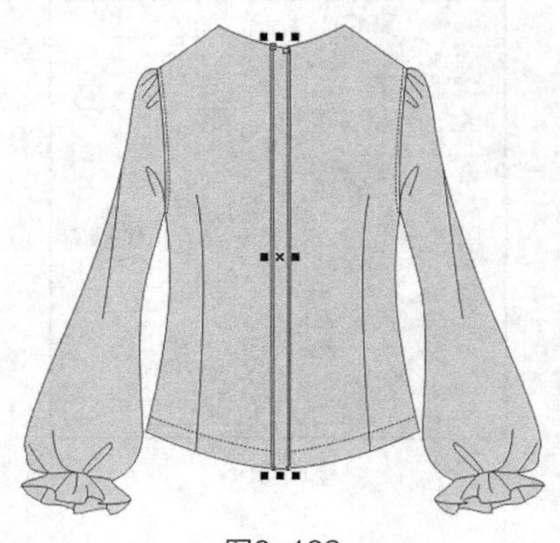

图6-162

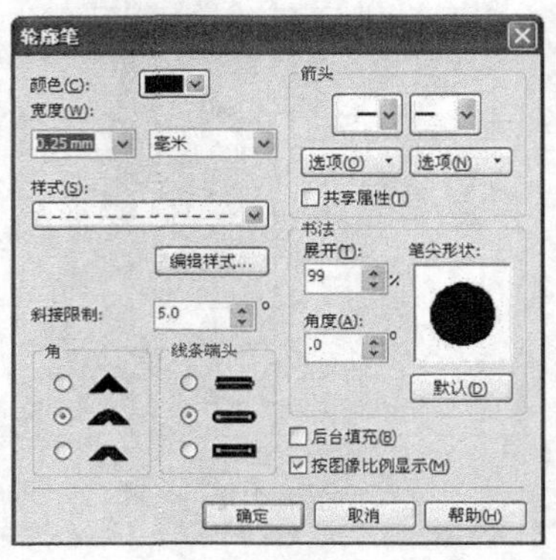

图6-163

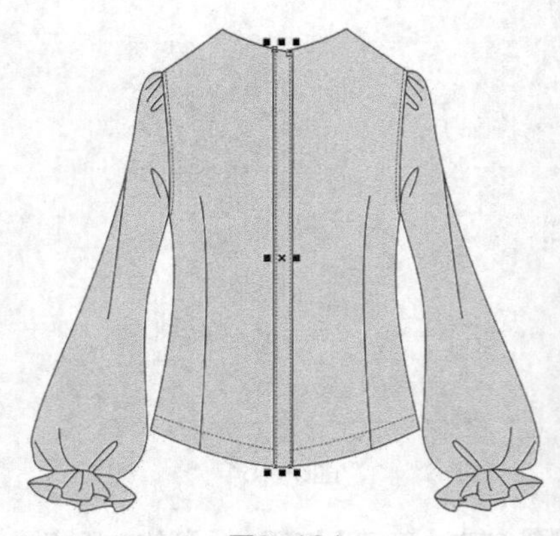

图6-164

18 使用贝塞尔工具和形状工具绘制如图6-165所示的荷叶边装饰领。

19 单击选择工具，在属性栏中设置轮廓宽度为 .35 mm，给领子填充浅紫色，CMYK值为11，15，9，0，得到的效果如图6-166所示。

20 使用贝塞尔工具和形状工具绘制如图6-167所示的荷叶边装饰领后片。

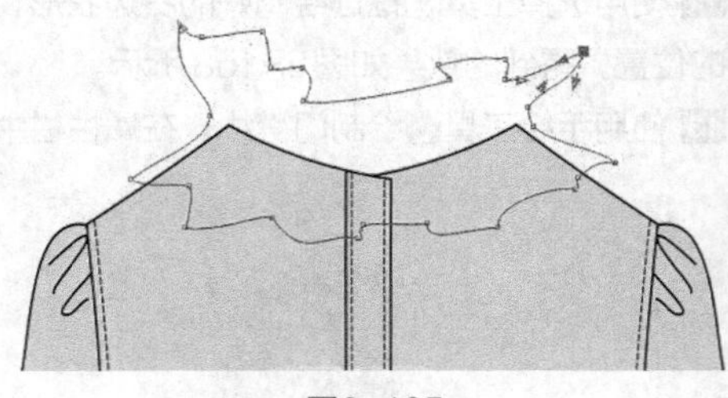

图6-165

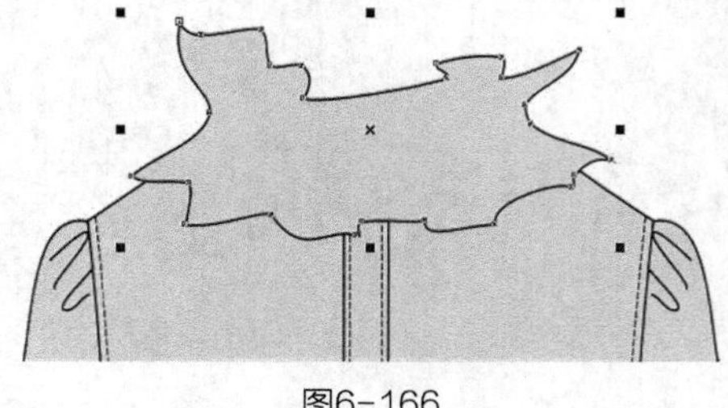

图6-166

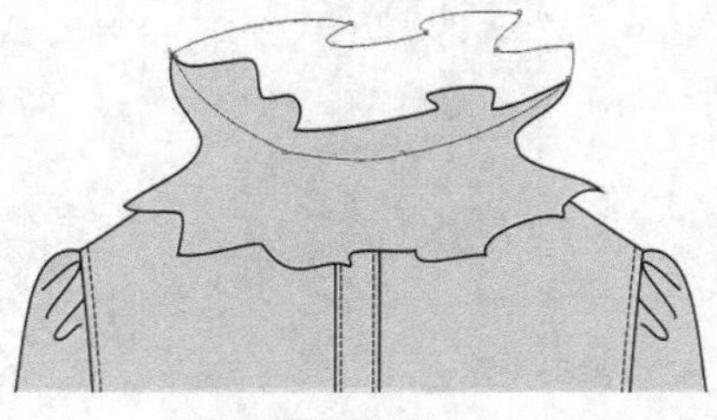

图6-167

21 单击选择工具，在属性栏中设置轮廓宽度为 .35 mm，给图形填充浅紫色，CMYK值为11，15，9，0，得到的效果如图6-168所示。

22 执行菜单栏中的【排列】/【顺序】/【到页面后面】命令，得到的效果如图6-169所示。

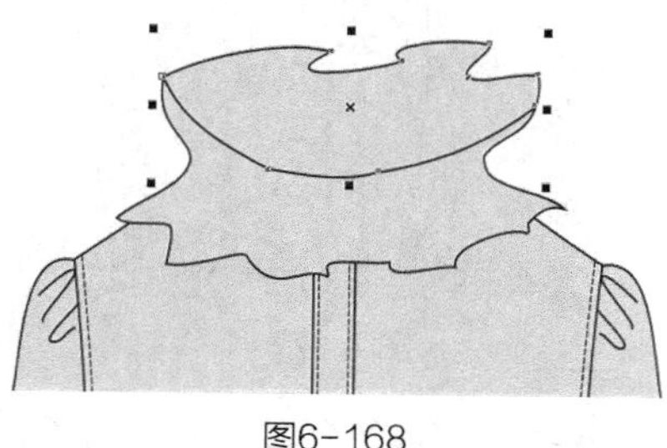

图6-168

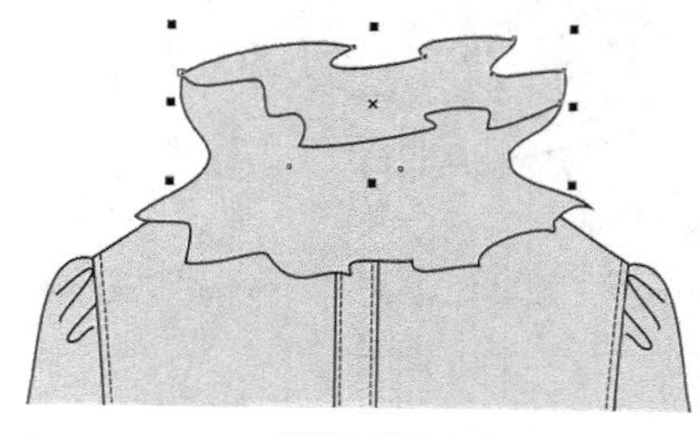

图6-169

23 使用贝塞尔工具和形状工具绘制荷叶边装饰领上的褶裥线，设置轮廓宽度为.35 mm，如图6-170所示。

24 使用贝塞尔工具和形状工具在领子上绘制如图6-171所示的4个图形，单击选择工具，在属性栏中设置轮廓宽度为.35 mm，给图形填充浅紫色，CMYK值为11，15，9，0，得到的效果如图6-172所示。

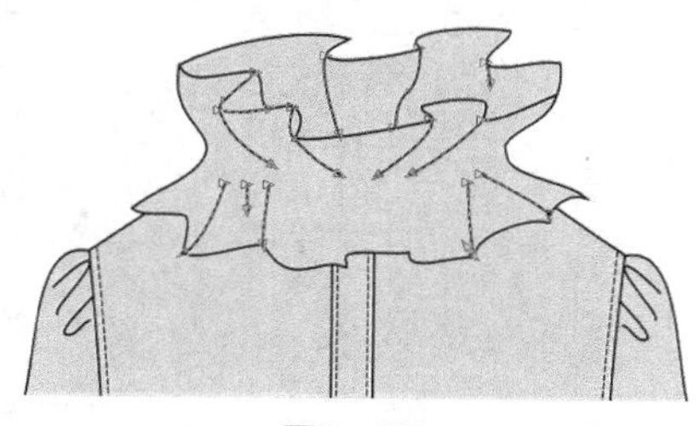

图6-170

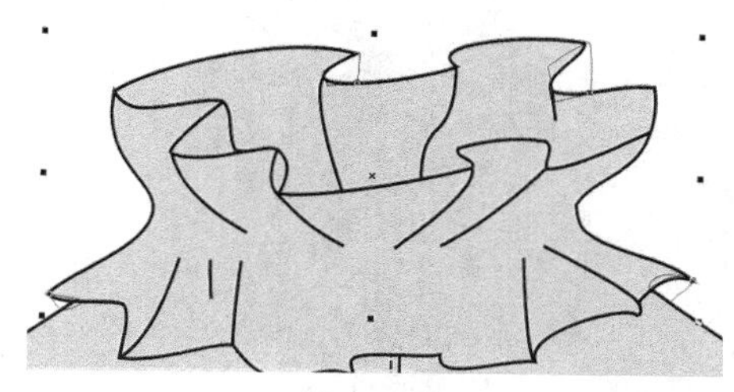

图6-171

25 执行菜单栏中的【排列】/【顺序】/【到页面后面】命令，得到的效果如图6-173所示。

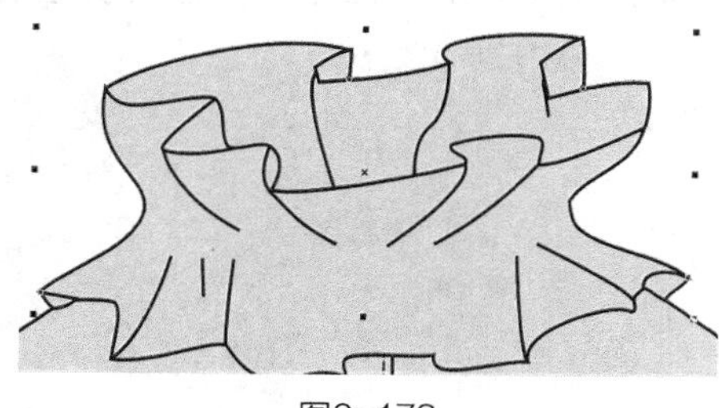

图6-172

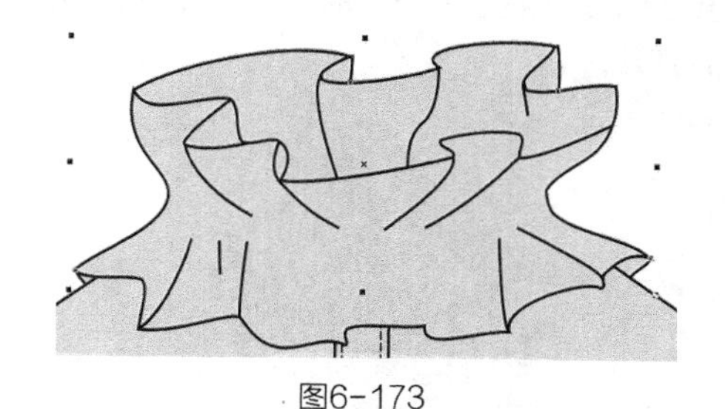

图6-173

26 使用贝塞尔工具和形状工具绘制衣身上的6条褶裥线，设置轮廓宽度为.35 mm，如图6-174所示。

27 使用贝塞尔工具和形状工具绘制如图6-175所示的领部装饰带。

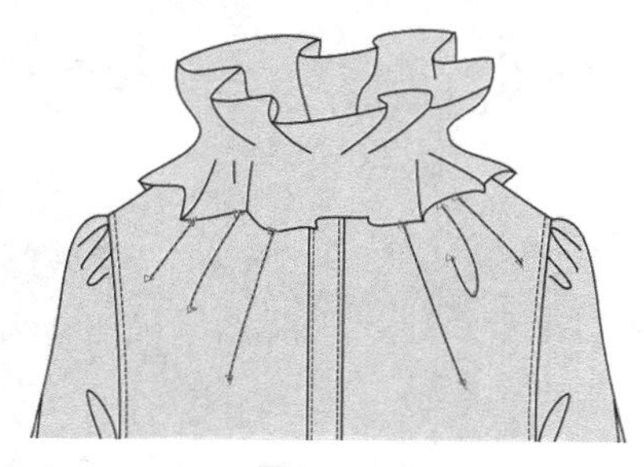

图6-174

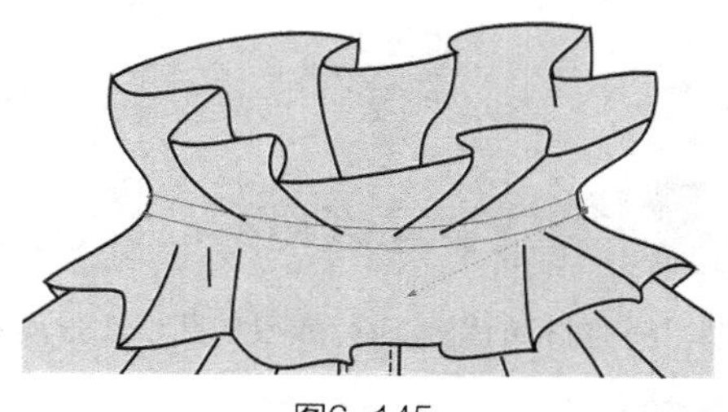

图6-145

28 单击选择工具，在属性栏中设置轮廓宽度为.35 mm，给装饰带填充浅紫色，CMYK值为11，15，9，0，得到的效果如图6-176所示。

29 使用贝塞尔工具和形状工具绘制如图6-177所示的领部装饰蝴蝶结。

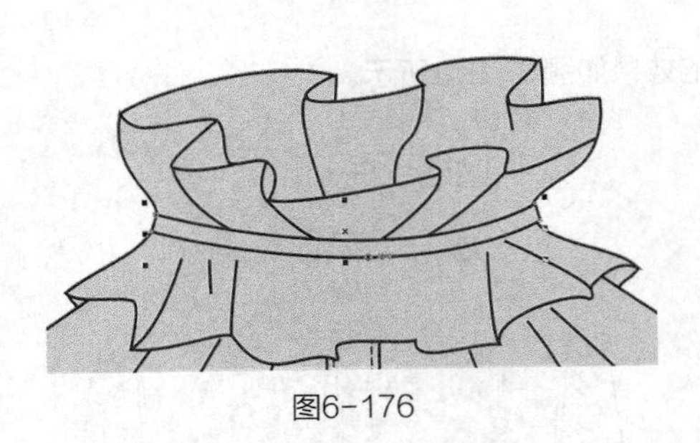
图6-176

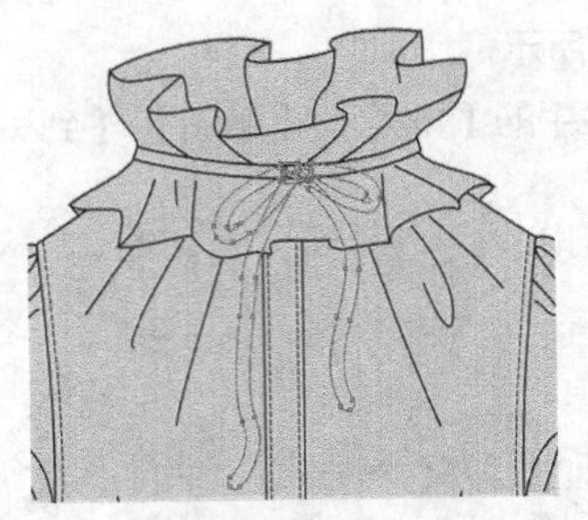
图6-177

30 单击选择工具，在属性栏中设置轮廓宽度为 .35 mm，给蝴蝶结填充浅紫色，CMYK值为11，15，9，0，得到的效果如图6-178所示。

31 选择椭圆形工具，按住【Ctrl】键在门襟上绘制一个圆形，在属性栏中设置轮廓宽度为 .2 mm，如图6-179所示。

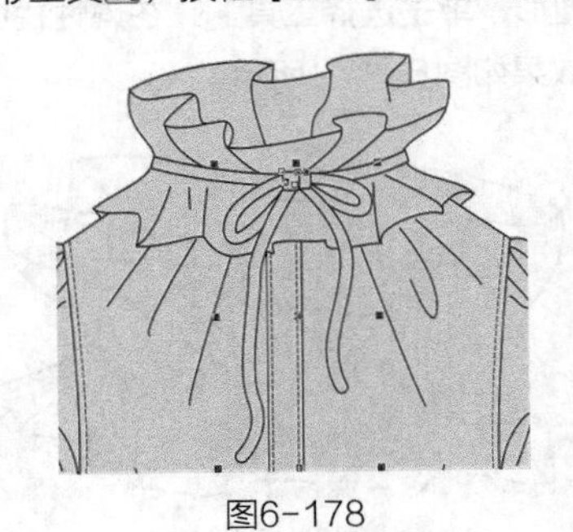
图6-178

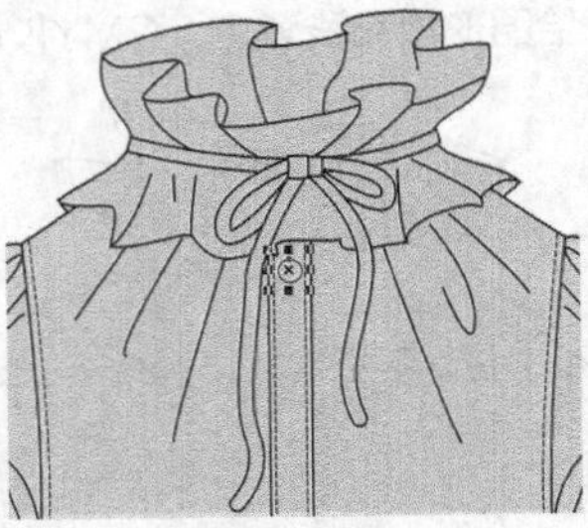

图6-179

32 使用选择工具选择纽扣，按【+】键复制5个纽扣，并把复制的纽扣分别摆放在如图6-180所示的门襟位置。

33 使用选择工具框选所有图形，按【Ctrl+G】组合键群组图形。这样就完成了荷叶边装饰领衬衫的绘制，整体效果如图6-181所示。

图6-180

图6-181

6.5 女式罗马领衬衫

女式罗马领衬衫的整体设计效果如图6-182所示。

设计重点

造型设计、罗马领的表现、袖型设计。

操作步骤

01 打开CorelDRAW软件，执行菜单栏中的【文件】/【新建】命令，或使用【Ctrl+N】组合键，弹出“创建新文档”对话框，命名文件为“女式罗马领衬衫”，如图6-183所示。在属性栏中设定纸张大小为A4，横向摆放，如图6-184所示。

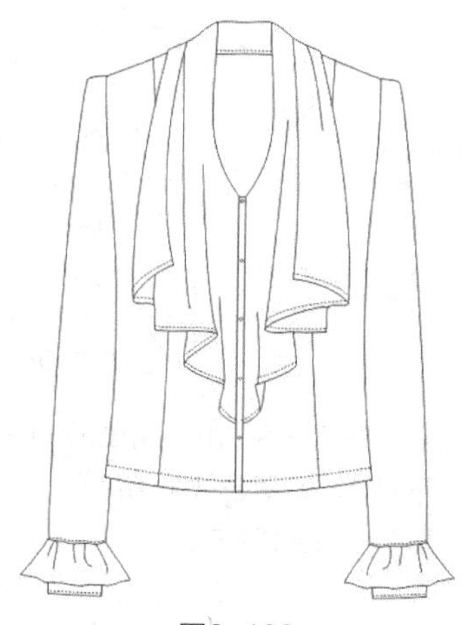

图6-182

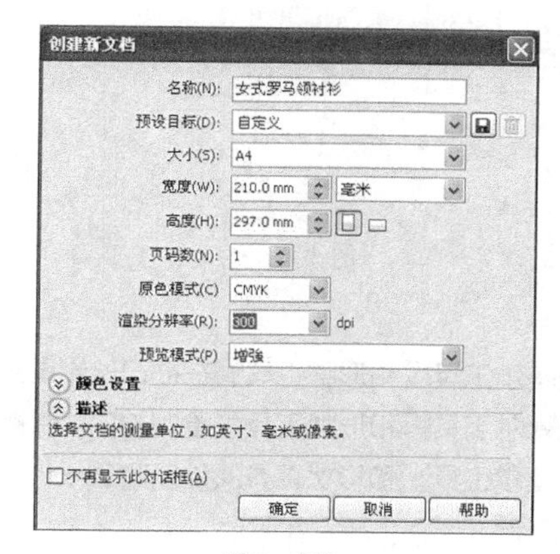

图6-183

02 鼠标单击上方和左方的标尺栏，分别从上往下、从左往右拖动添加10条辅助线，确定衣长、袖长、肩线、袖窿深等位置，如图6-185所示。

图6-184

03 使用贝塞尔工具和形状工具绘制如图6-186所示的衬衫右前片造型（注意腰部曲线的处理）。

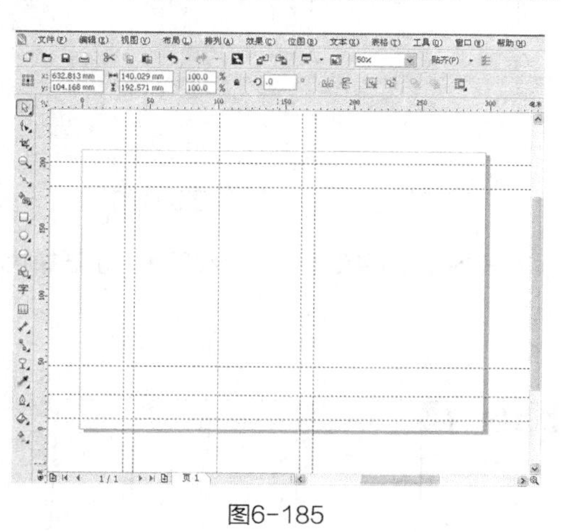

图6-185

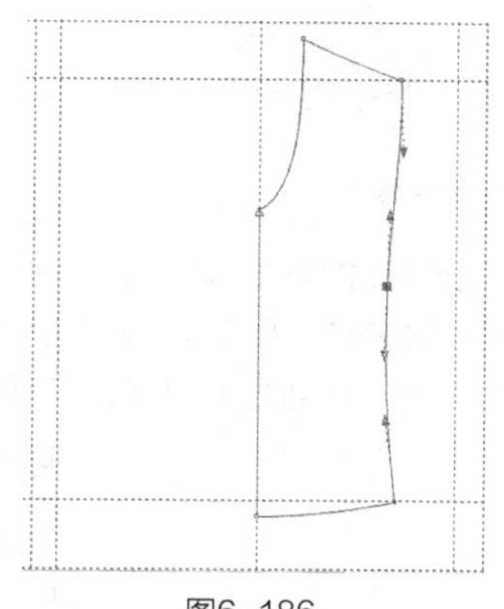

图6-186

04 单击选择工具，在属性栏中设置轮廓宽度为 .35 mm，并填充为白色，得到的效果如图6-187所示。

05 使用贝塞尔工具和形状工具绘制如图6-188所示的右袖造型。

06 单击选择工具，在属性栏中设置轮廓宽度为 .35 mm，给袖子填充白色，得到的效果如图6-189所示。

07 执行菜单栏中的【排列】/【顺序】/【置于此对象后】命令，把袖子置于衣身后面，得到的效果如图6-190所示。

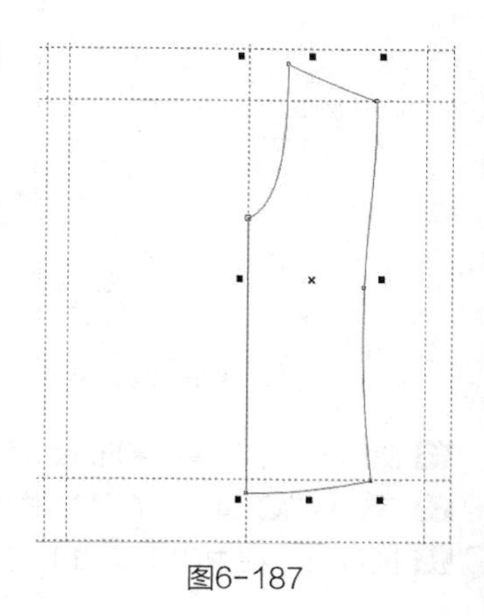

图6-187

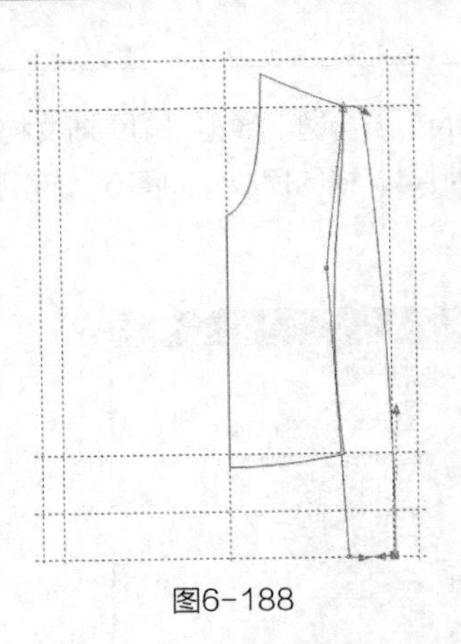
图6-188

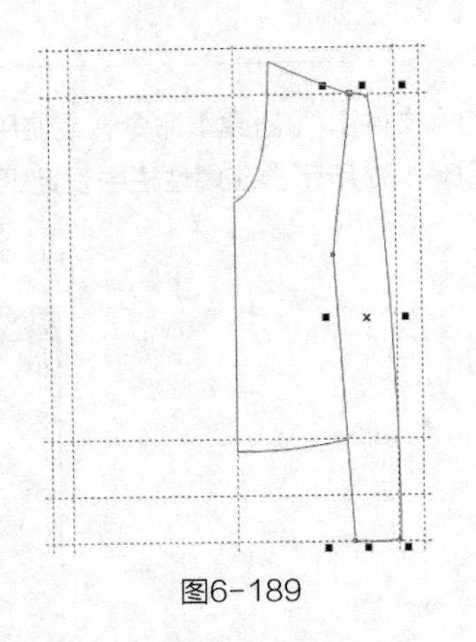
图6-189

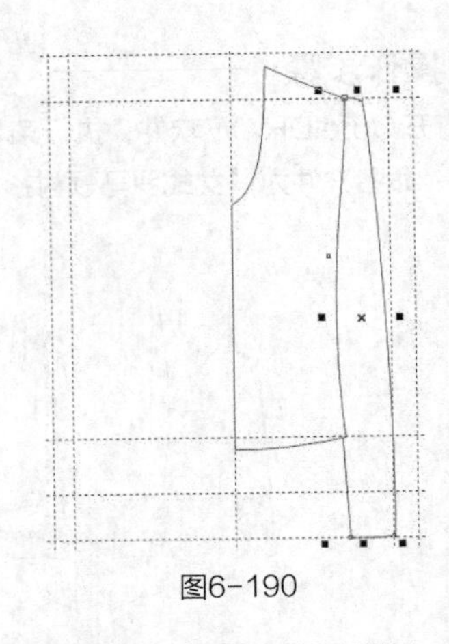
图6-190

08 使用贝塞尔工具和形状工具在袖口绘制图形，设置轮廓宽度为 .35 mm，并填充为白色，如图6-191所示。

09 使用贝塞尔工具和形状工具绘制袖口4条褶裥线，设置轮廓宽度为 .35 mm，如图6-192所示。

10 使用贝塞尔工具和形状工具绘制腰省线，设置轮廓宽度为 .35 mm，如图6-193所示。

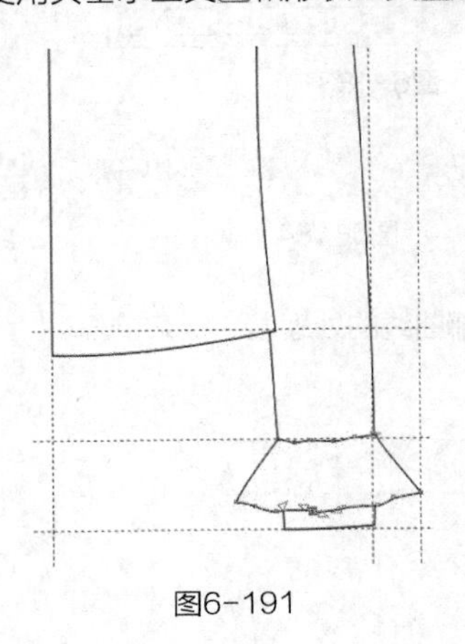
图6-191

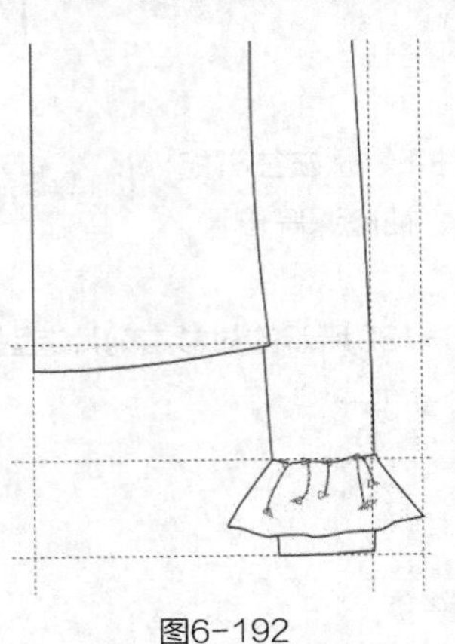
图6-192

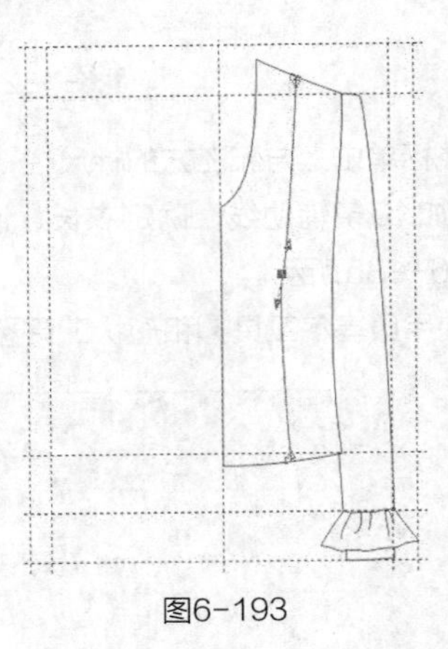
图6-193

11 选择贝塞尔工具和形状工具，在如图6-194所示袖口及衣服下摆处绘制3条缉明线，使缉明线处于选择状态，按【F12】键，弹出"轮廓笔"对话框，选项及参数设置如图6-195所示。

12 单击【确定】按钮，得到的效果如图6-196所示。

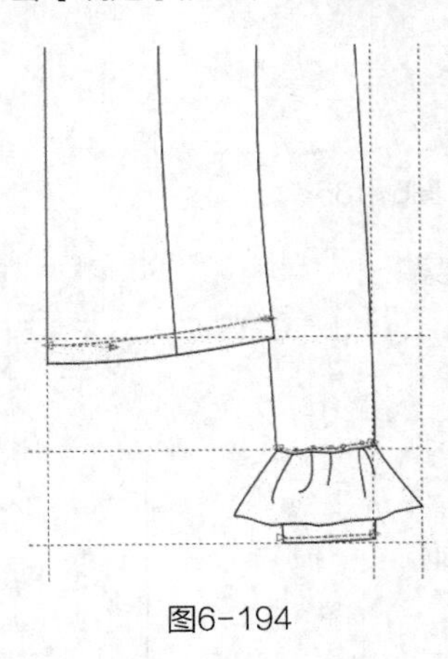
图6-194

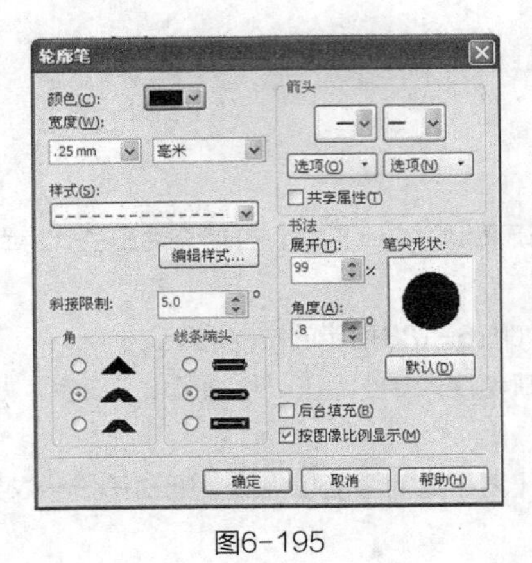

图6-195

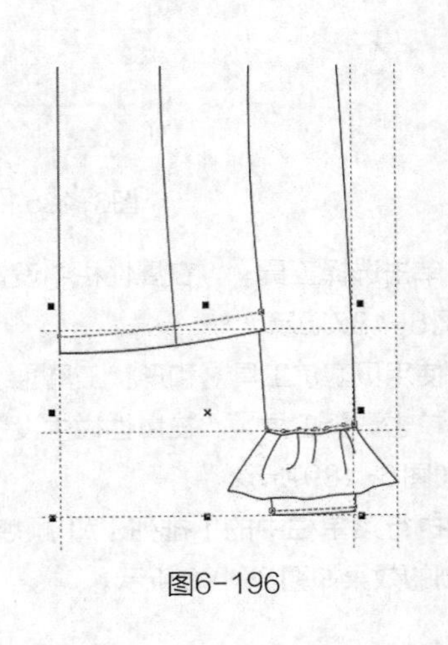
图6-196

13 使用贝塞尔工具和形状工具绘制右边罗马领造型，如图6-197所示。

14 单击选择工具，在属性栏中设置轮廓宽度为 .35 mm，给领子填充白色，得到的效果如图6-198所示。

15 执行菜单栏中的【编辑】/【全选】/【辅助线】命令，选择所有的辅助线，按【Delete】键删除，得到的效果如图

6-199所示。

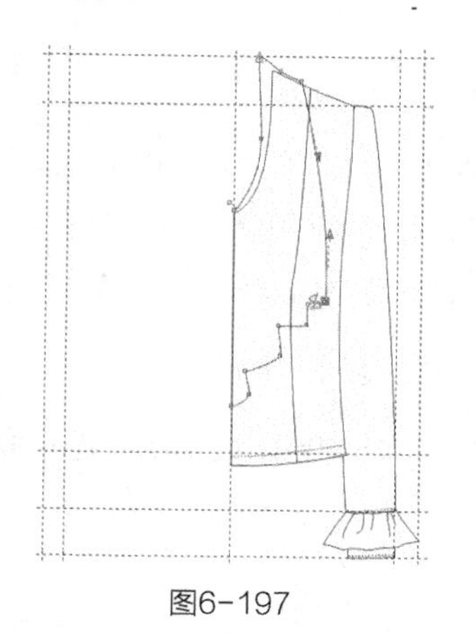

图6-197

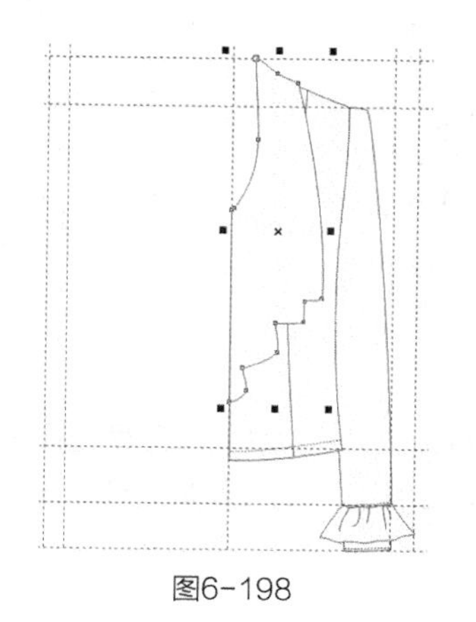

图6-198

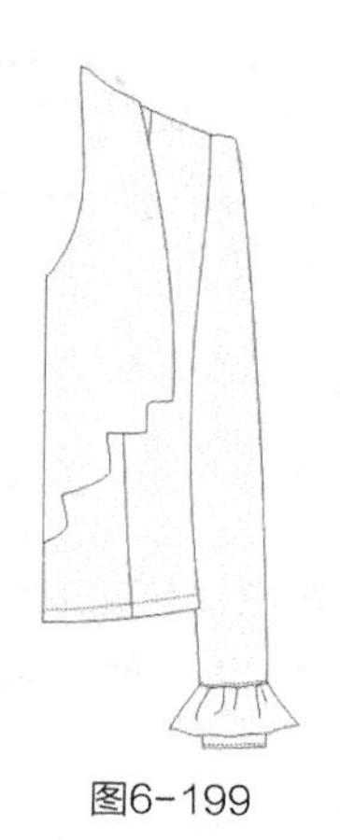

图6-199

16 使用选择工具框选绘制好的右边衣形，按【+】键复制，单击属性栏中的水平镜像按钮，并把图形向左平移到一定的位置，得到的效果如图6-200所示。

17 使用矩形工具绘制门襟，在属性栏中设置轮廓宽度为.35 mm，并填充为白色，如图6-201所示。

18 使用贝塞尔工具和形状工具绘制领子上的褶裥线，设置轮廓宽度为.35 mm，如图6-202所示。

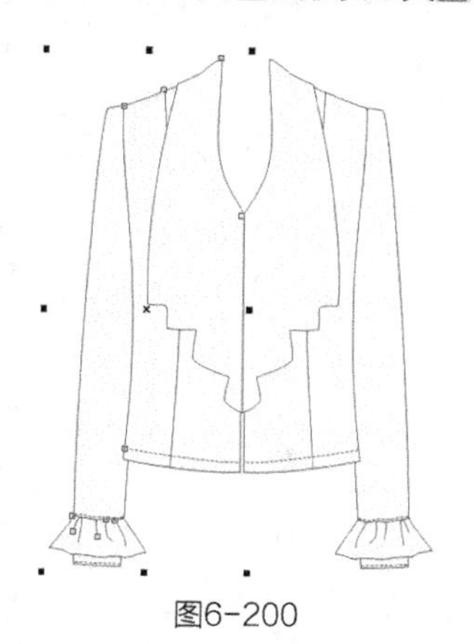

图6-200

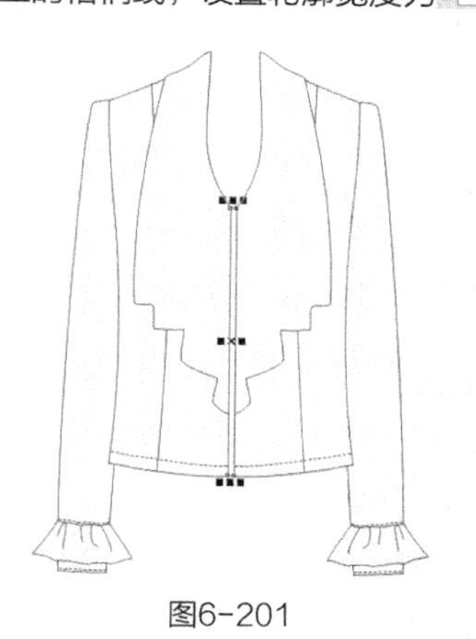

图6-201

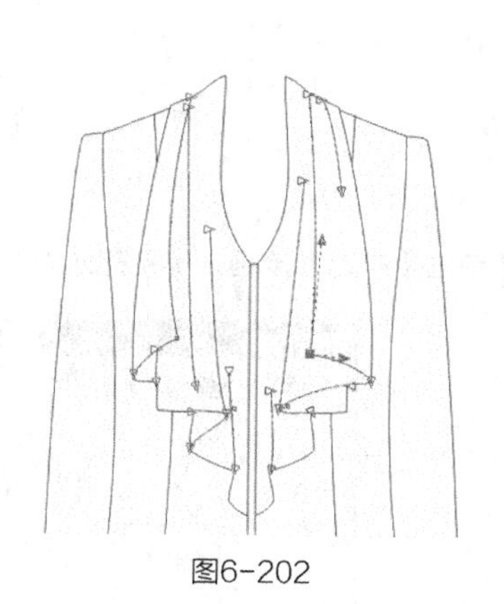

图6-202

19 使用贝塞尔工具和形状工具绘制如图6-203所示的后领口。

20 单击选择工具，在属性栏中设置轮廓宽度为.35 mm，给图形填充白色，得到的效果如图6-204所示。

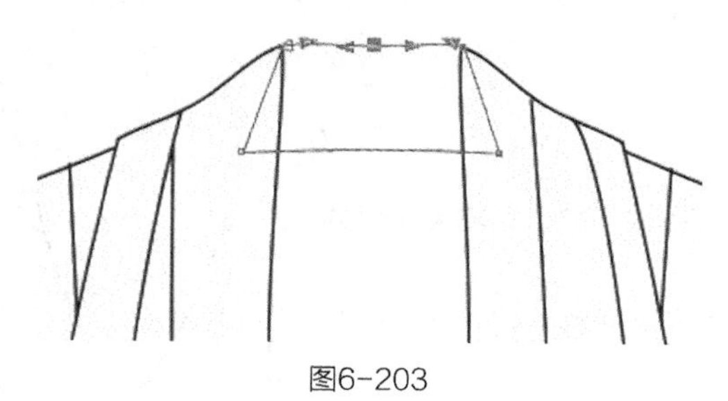

图6-203

图6-204

21 执行菜单栏中的【排列】/【顺序】/【到页面后面】命令，得到的效果如图6-205所示。

22 使用贝塞尔工具绘制衬衫后片，在属性栏中设置轮廓宽度为.35 mm，给图形填充白色，得到的效果如图6-206所示。

23 执行菜单栏中【排列】/【顺序】/【到页面后面】命令，得到的效果如图6-207所示。

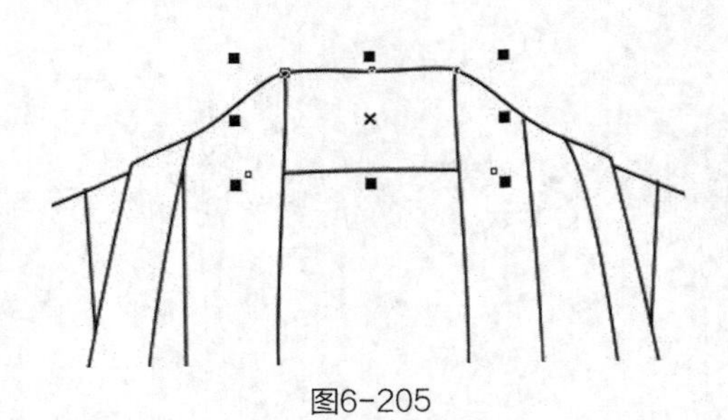
图6-205

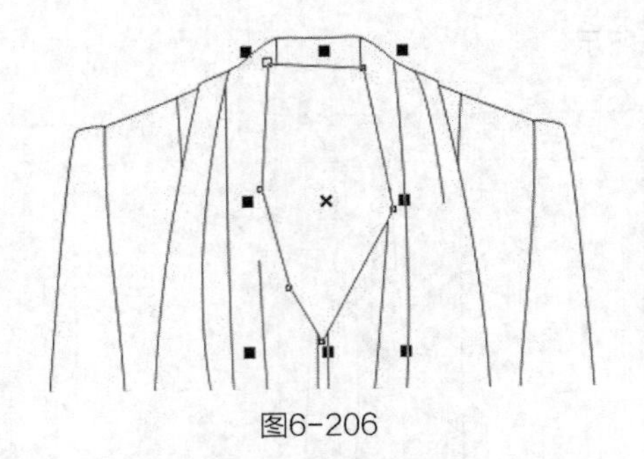
图6-206

24 选择贝塞尔工具和形状工具，在如图6-208所示后领口及罗马领下摆处绘制12条缉明线，使缉明线处于选择状态，按【F12】键，弹出“轮廓笔”对话框，选项及参数设置如图6-209所示。

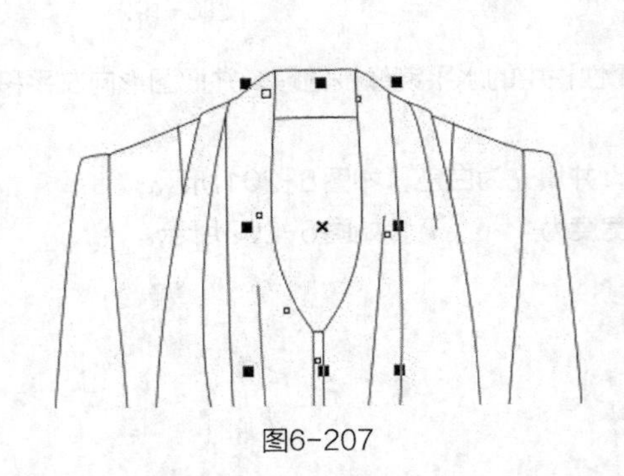
图6-207

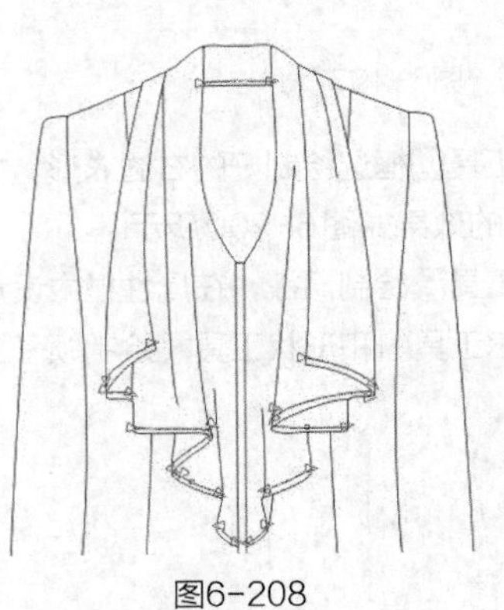
图6-208

25 单击【确定】按钮，得到的效果如图6-210所示。

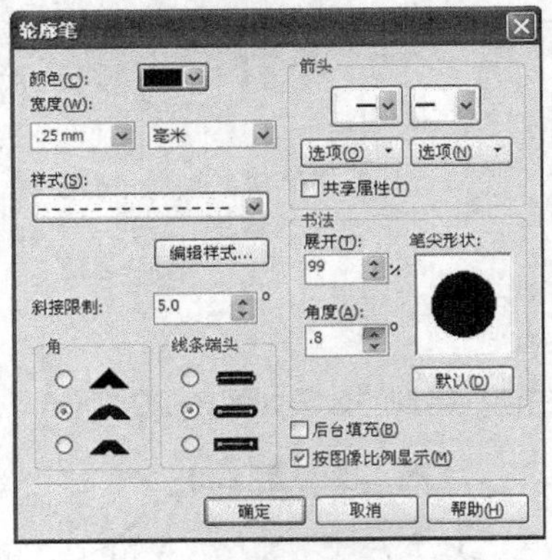

图6-209

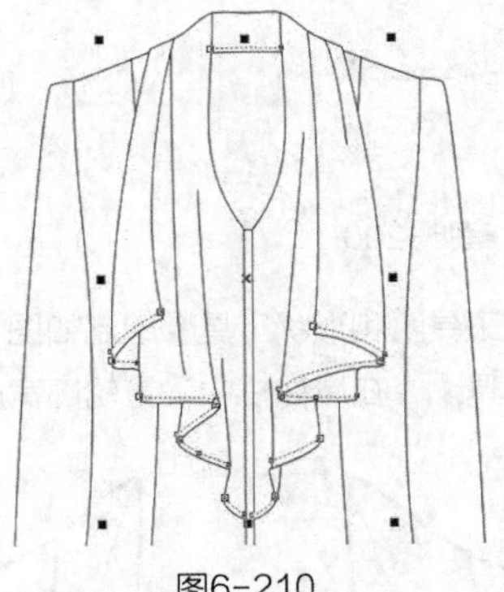
图6-210

26 选择椭圆形工具，按住【Ctrl】键在门襟上绘制一个圆形，在属性栏中设置轮廓宽度为 .2 mm，如图6-211所示。

27 使用选择工具选择纽扣，按【+】键复制4个纽扣，并把复制的纽扣分别摆放在如图6-212所示的门襟位置。

28 使用选择工具框选所有图形，按【Ctrl+G】组合键群组图形。这样就完成了女式罗马领衬衫的绘制，整体效果如图6-213所示。

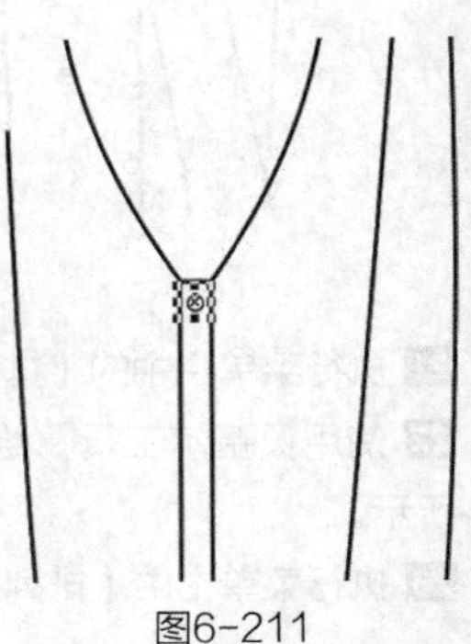
图6-211

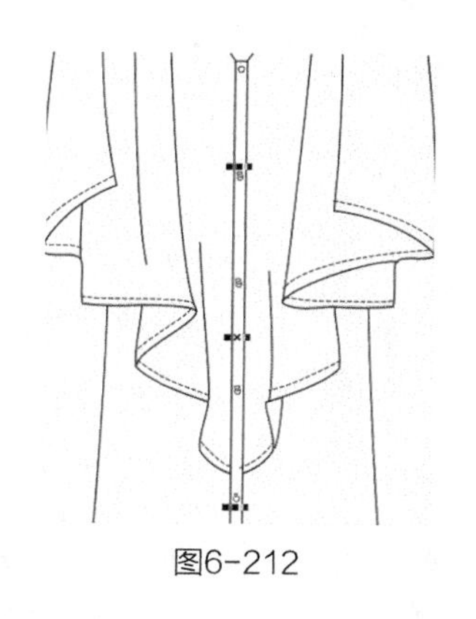

图6-212

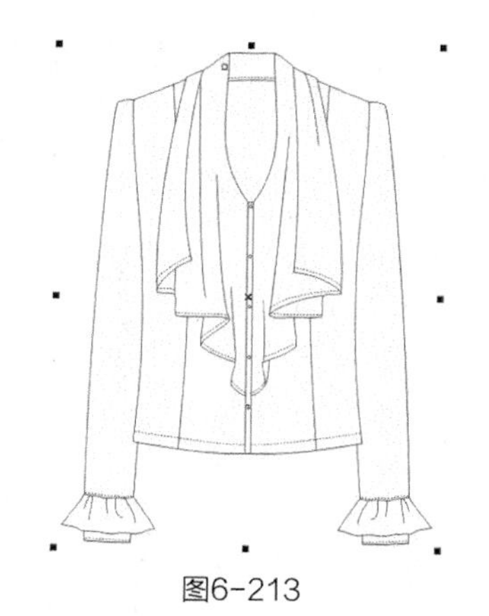

图6-213

6.6 女式翻领衬衫

女式翻领衬衫的整体设计效果如图6-214所示。

设计重点

造型设计、格子图案的表现、袖口松紧抽褶工艺的表现、荷叶边的表现。

图6-214

操作步骤

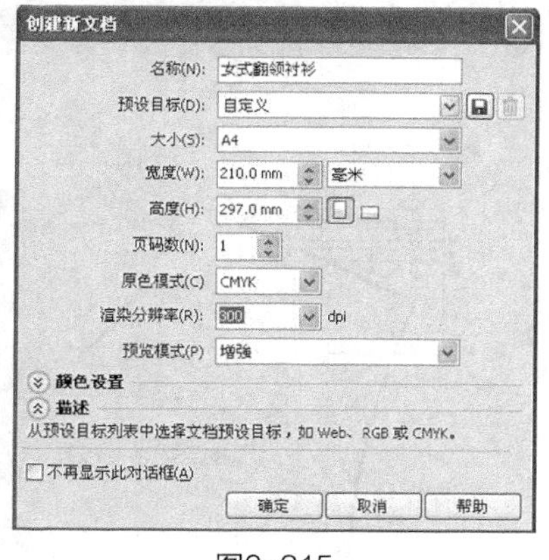

图6-215

01 打开CorelDRAW软件，执行菜单栏中的【文件】/【新建】命令，或使用【Ctrl+N】组合键，弹出“创建新文档”对话框，命名文件为“女式翻领衬衫”，如图6-215所示。在属性栏中设定纸张大小为A4，横向摆放，如图6-216所示。

图6-216

02 鼠标单击上方和左方的标尺栏，分别从上往下、从左往右拖动添加8条辅助线，确定裤长、腰线、臀围线、裤腿肥度等位置，如图6-217所示。

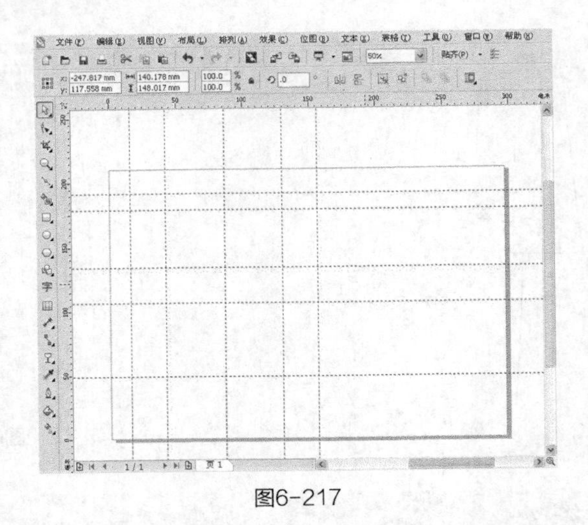

图6-217

03 使用贝塞尔工具和形状工具在辅助线的基础上绘制如图6-218所示的衣身造型。

04 单击选择工具，在属性栏中设置轮廓宽度为.35 mm，并填充为白色，得到的效果如图6-219所示。

05 使用矩形工具，按住【Ctrl】键在衣身上绘制一个正方形，如图6-220所示。

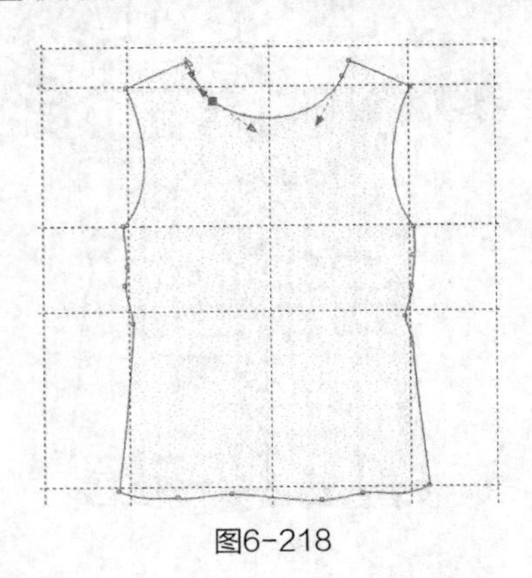

图6-218

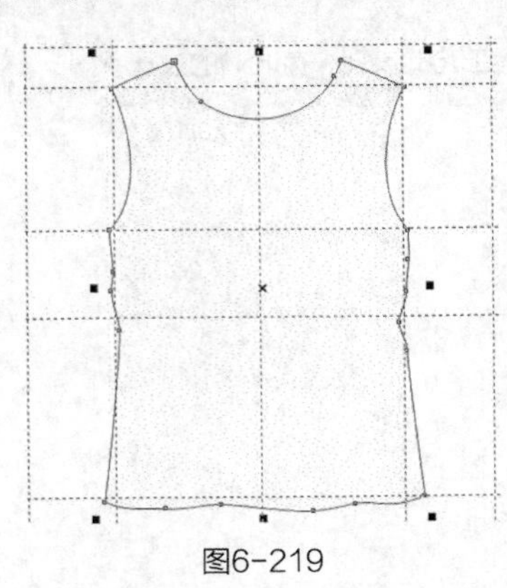

图6-219

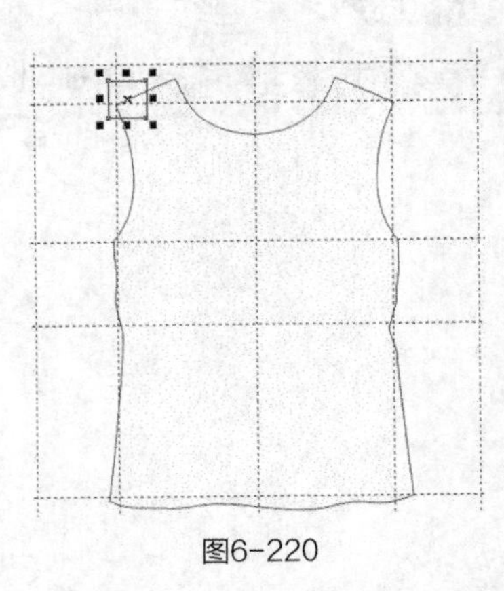

图6-220

06 单击选择工具，按【+】键复制图形。使用选择工具拖动鼠标，把复制的正方形变成如图6-221所示的长方形。

07 按【+】键复制图形，把复制的图形向下水平移动到如图6-222所示的位置。

08 按【Ctrl+D】组合键重复上一步操作，得到的效果如图6-223所示。

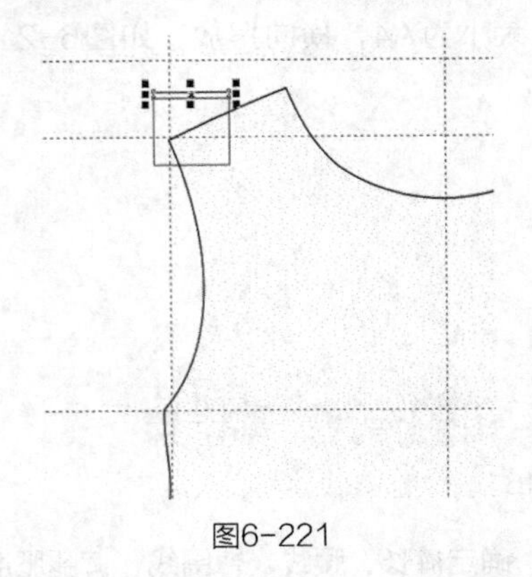

图6-221

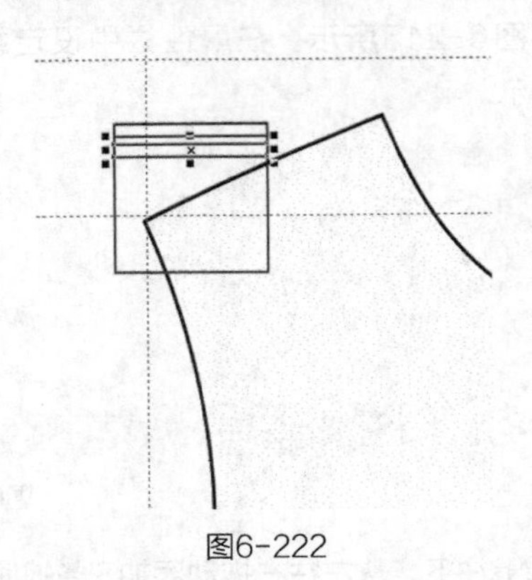

图6-222

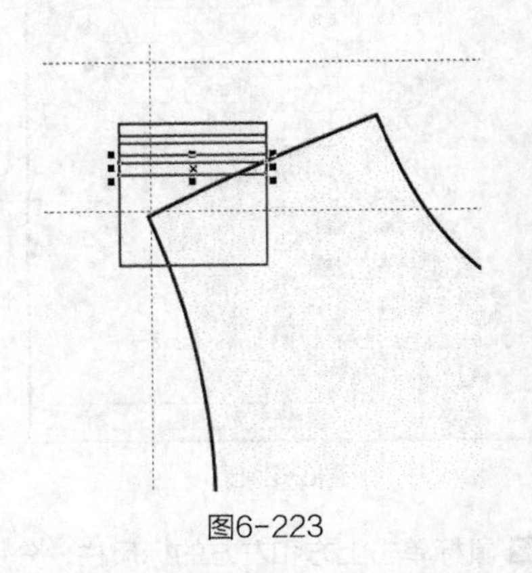

图6-223

09 使用选择工具挑选3个长方形，单击工具箱中的均匀填充工具 均匀填充 给长方形填充紫色，CMYK值为42，100，12，0，无轮廓，得到的效果如图6-224所示。

10 按【+】键复制图形，把复制的图形向下平移到如图6-225所示的位置。

11 使用选择工具挑选6个长方形，按【+】键复制，在属性栏中设置旋转角度为90°，得到的效果如图6-226所示。

12 使用均匀填充工具给复制的图形填充玫红色，CMYK值为0，92，36，0，把它们移动到如图6-227所示的位置。

13 使用选择工具挑选正方形，按【Delete】键删除。使用选择工具框选所有的长方形，单击工具箱中的透明度工具，在属性栏中设置参数如图6-228所示，得到的效果如图6-229所示。

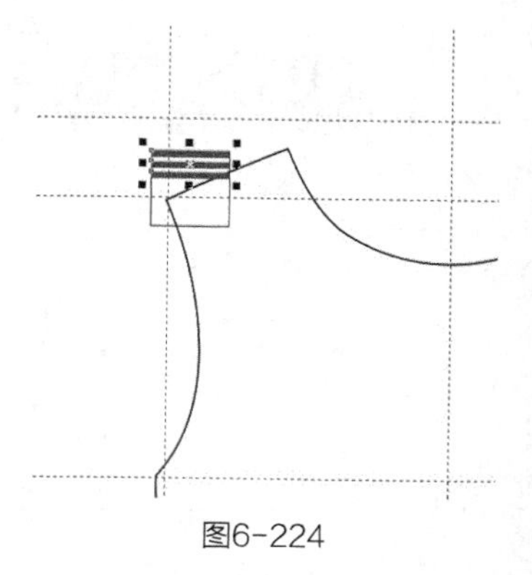

图6-224

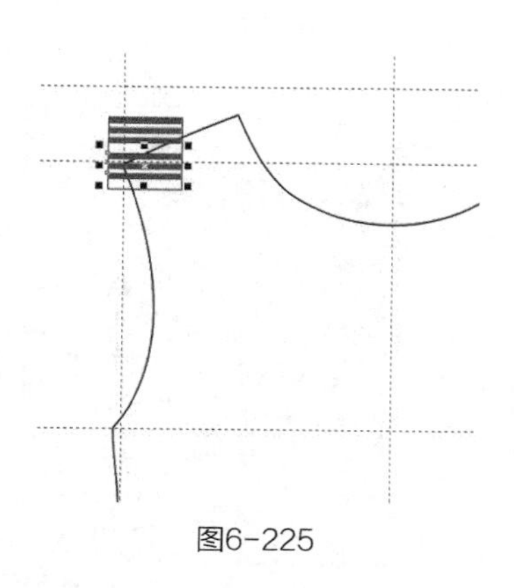

图6-225

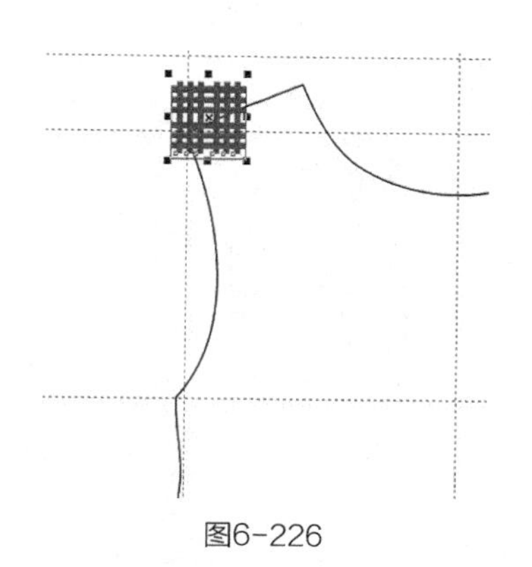

图6-226

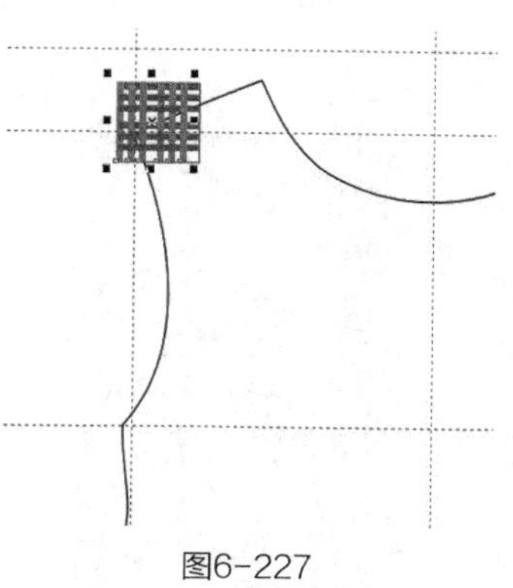

图6-227

14 使用选择工具框选图形，按【Ctrl+G】组合键群组图形，再按【+】键复制图形，把复制的图形向左平移到如图6-230所示的位置。

图6-228

15 反复按【Ctrl+D】组合键重复上一步操作，复制图形，直至把衣身横向造型填满，得到的效果如图6-231所示。

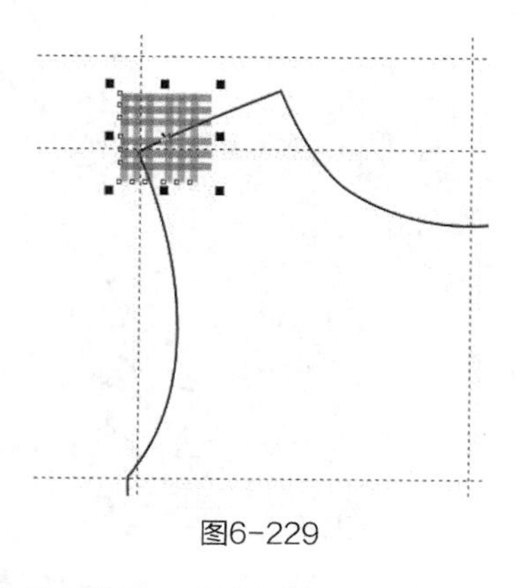

图6-229

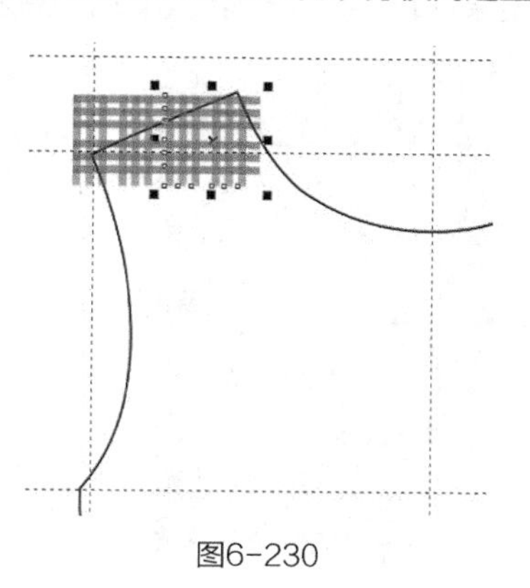

图6-230

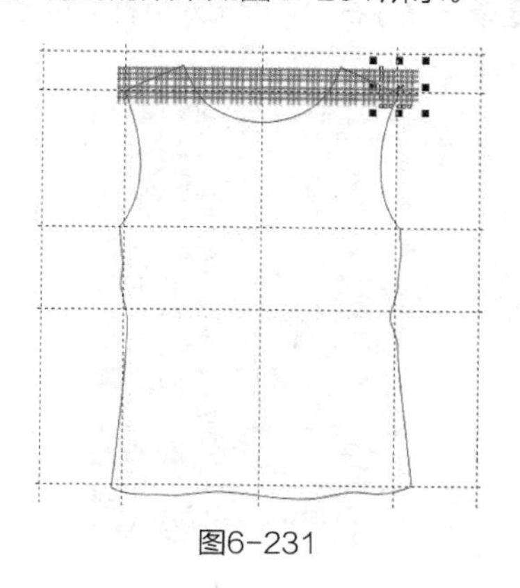

图6-231

16 使用选择工具框选图形，按【+】键复制，把复制的图案向下水平移动到如图6-232所示的位置。

17 反复按【Ctrl+D】组合键重复上一步操作，复制图形，直至把衣身纵向造型填满，得到的效果如图6-233所示。

18 使用选择工具挑选所有条格图案，执行菜单栏中的【效果】/【图框精确剪裁】/【置于图文框内部】命令，把图案放置在衣身造型中，得到的效果如图6-234所示。

19 使用贝塞尔工具和形状工具绘制如图6-235所示的分割线，在属性栏中设置轮廓宽度为.35 mm。

20 使用贝塞尔工具和形状工具绘制如图6-236所示的左袖，在属性栏中设置轮廓宽度为.35 mm。

21 使用属性滴管工具选择衣身属性，鼠标转换成应用对象属性，然后单击左袖，把格子图案复制到衣袖中，得到的效果如图6-237所示。

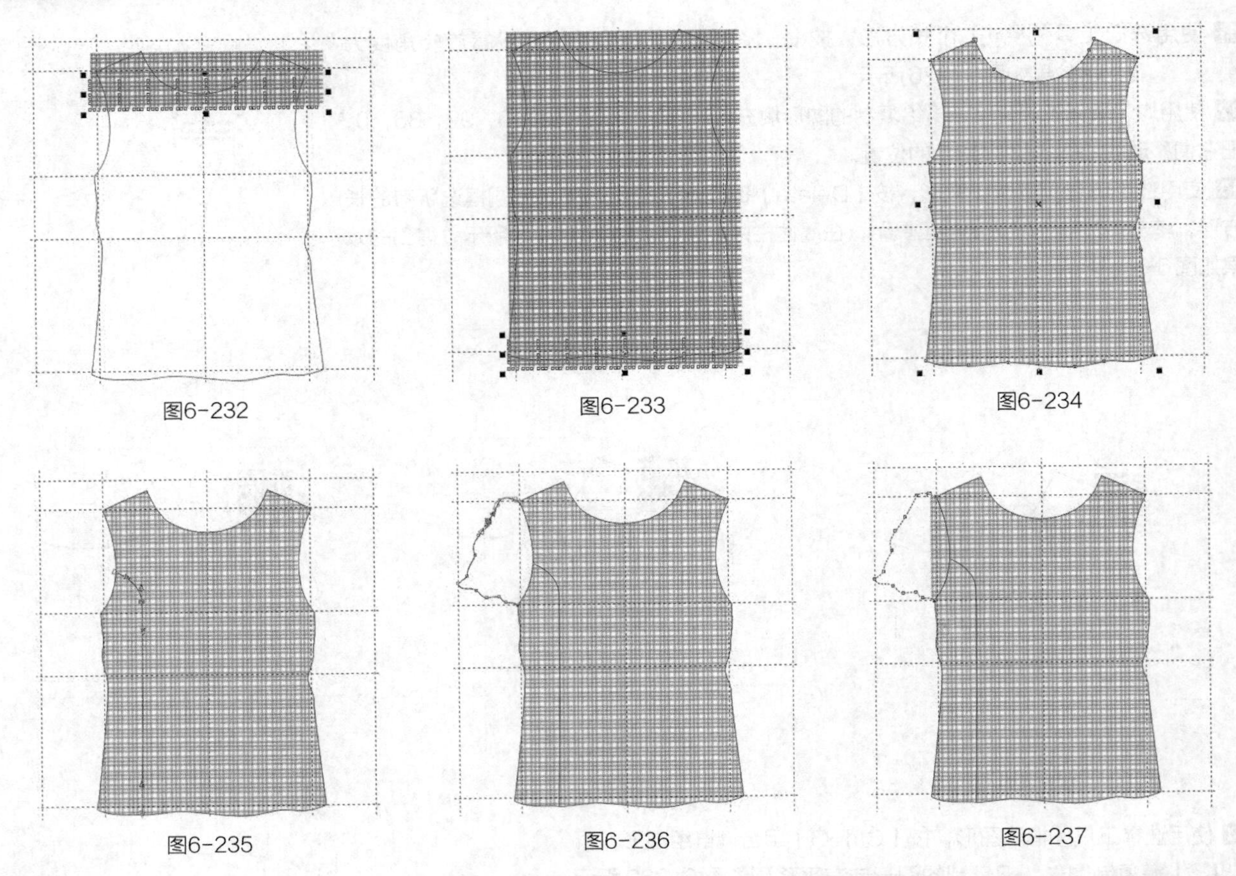

图6-232　图6-233　图6-234

图6-235　图6-236　图6-237

22 单击鼠标右键，选择【编辑PowerClip】，得到的效果如图6-238所示。使用选择工具框选图形，把图案移动到如图6-239所示的位置。

23 单击鼠标右键，弹出对话框，执行【结束编辑】命令，得到的效果如图6-240所示。

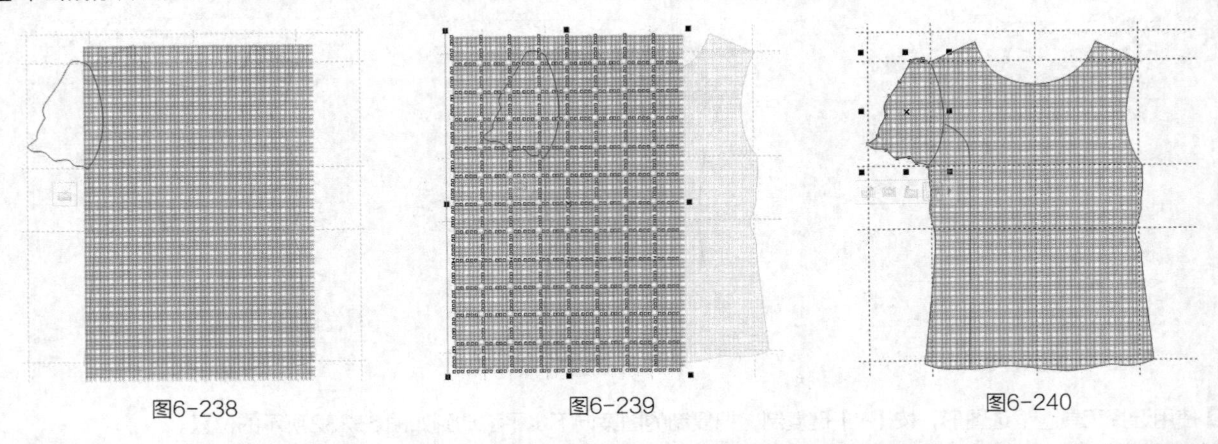

图6-238　图6-239　图6-240

24 使用贝塞尔工具和形状工具在左袖上绘制4条分割线，在属性栏中设置轮廓宽度为 .35 mm ，得到的效果如图6-241所示。

25 使用贝塞尔工具和形状工具在左袖上绘制褶裥线，在属性栏中设置轮廓宽度为 .35 mm ，得到的效果如图6-242所示。

26 使用贝塞尔工具和形状工具绘制左边翻领造型，如图6-243所示。

27 重复步骤**21**的操作，给翻领填充格子图案，得到的效果如图6-244所示。

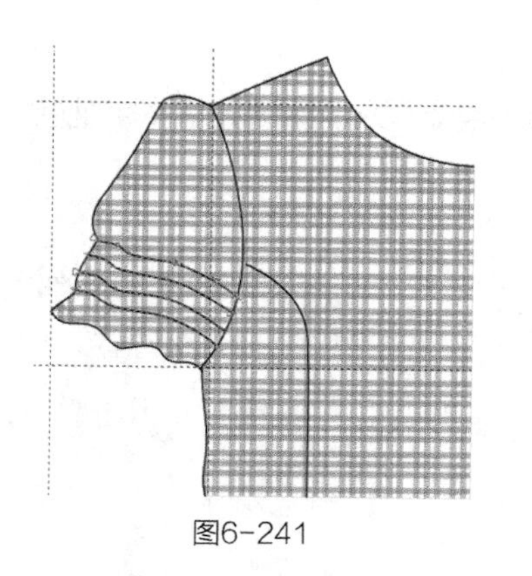

图6-241

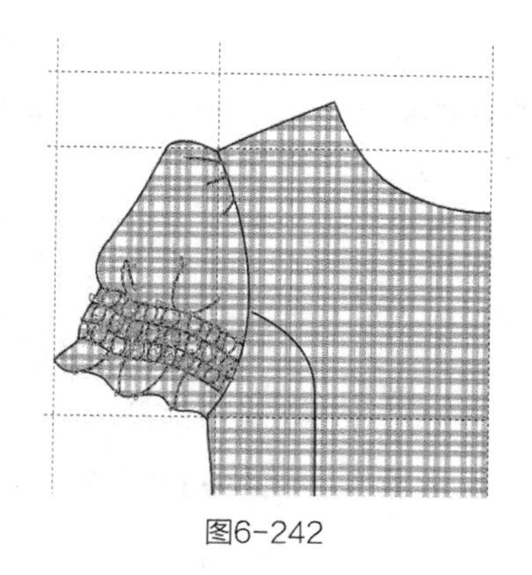

图6-242

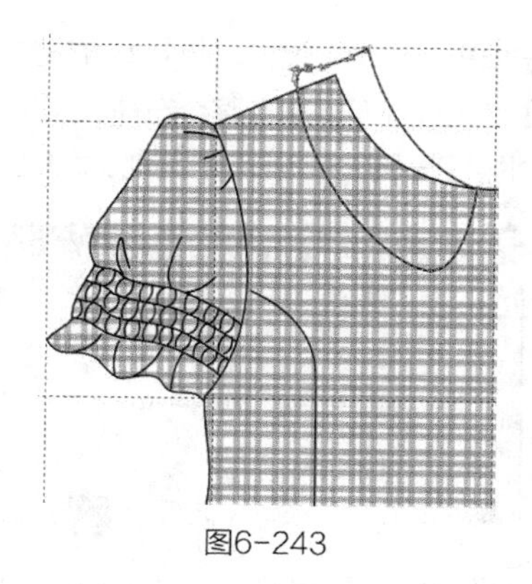

图6-243

28 单击鼠标右键，选择【编辑PowerClip】，得到的效果如图6-245所示。使用选择工具框选图形，在属性栏中设置旋转角度为45°，把图案移动到如图6-246所示的位置。

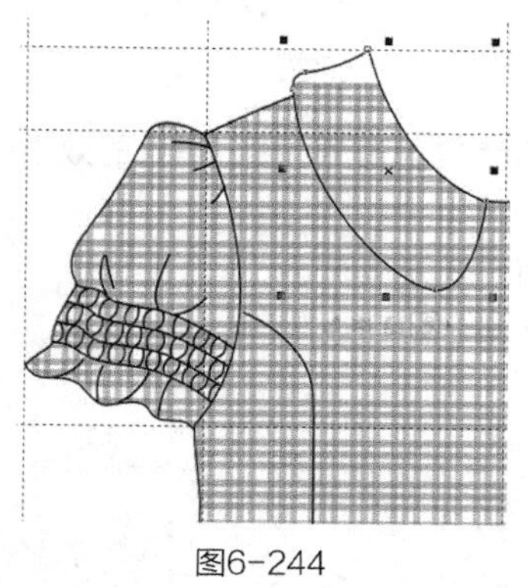

图6-244

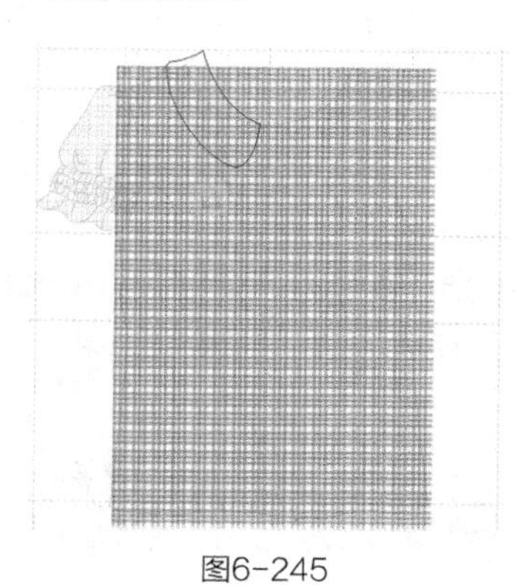

图6-245

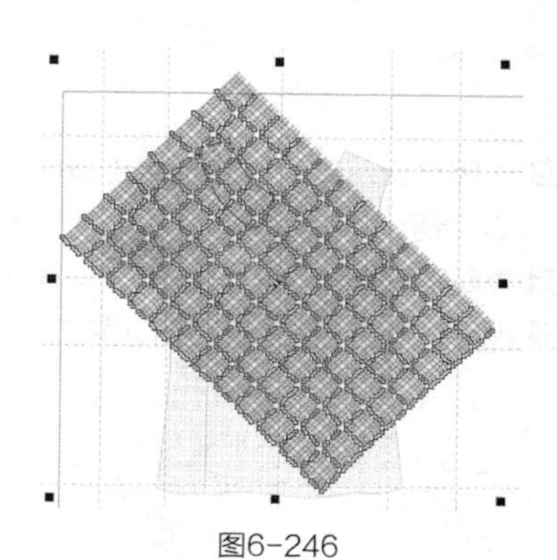

图6-246

29 单击鼠标右键，弹出对话框，执行【结束编辑】命令，得到的效果如图6-247所示。

30 使用贝塞尔工具和形状工具在衣身上绘制门襟，在属性栏中设置轮廓宽度为.35 mm，得到的效果如图6-248所示。

31 重复步骤**27**~步骤**29**的操作，给门襟填充斜纹格子图案，得到的效果如图6-249所示。

32 选择贝塞尔工具和形状工具，在如图6-250所示的分割线、袖口、翻领、门襟和下摆处绘制缉明线，使缉明线处于选择状态，按【F12】键，弹出"轮廓笔"对话框，选项及参数设置如图6-251所示。

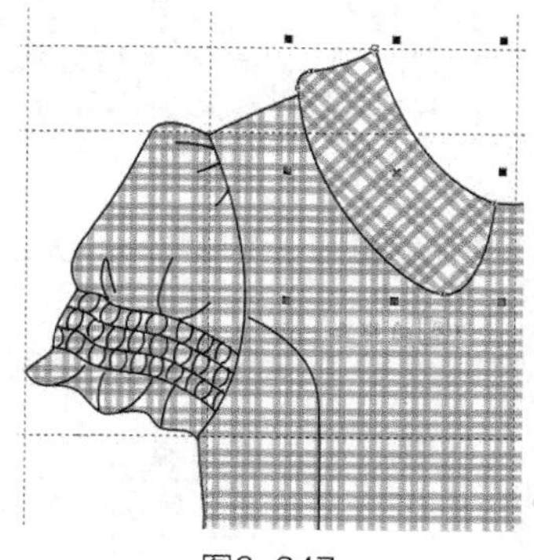

图6-247

图6-248

图6-249

图6-250

33 单击【确定】按钮，得到的效果如图6-252所示。

34 使用选择工具框选整个右袖、翻领、分割线和缉明线，按【+】键复制，单击属性栏中的水平镜像按钮，并把图形向右平移到一定的位置，得到的效果如图6-253所示。

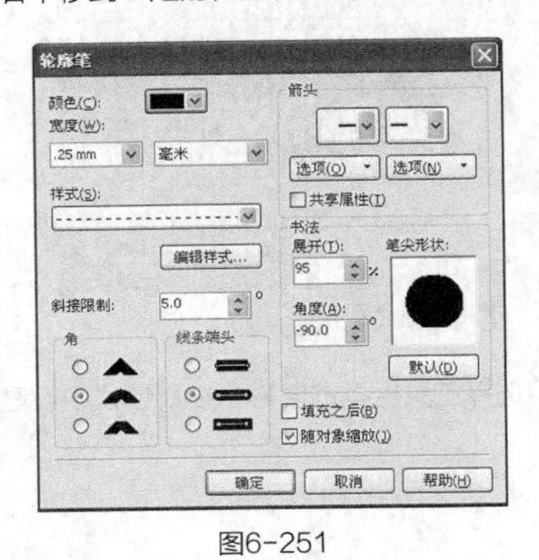

图6-251

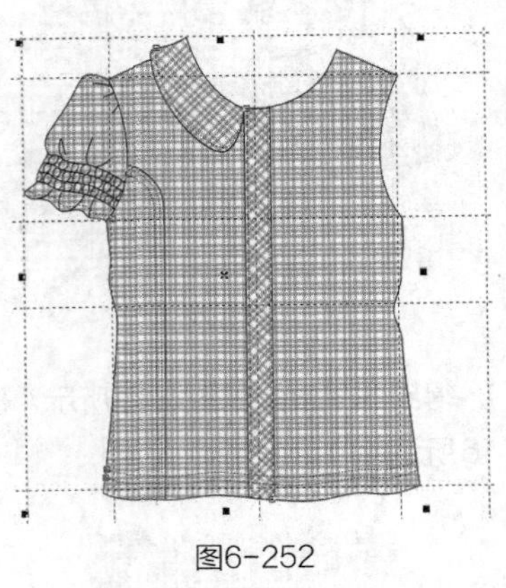

图6-252

图6-253

35 使用贝塞尔工具和形状工具绘制后领口和后片造型，在属性栏中设置轮廓宽度为 .35 mm，得到的效果如图6-254所示。

36 重复步骤**27**~步骤**29**的操作，给后领口和后片填充斜纹格子图案，得到的效果如图6-255所示。

37 执行菜单栏中的【排列】/【顺序】/【到页面后面】命令，得到的效果如图6-256所示。

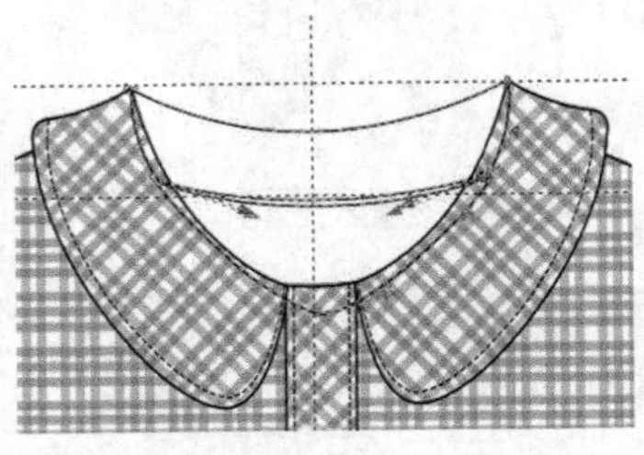

图6-254

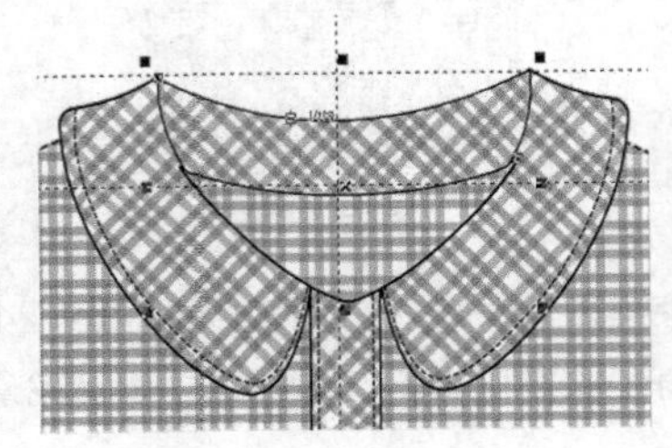

图6-255

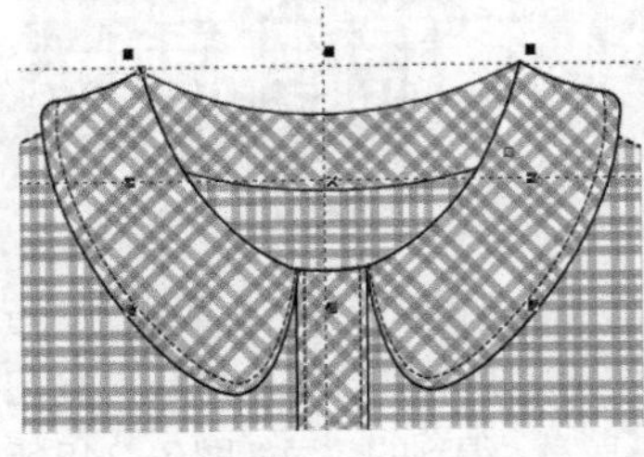

图6-256

38 使用贝塞尔工具和形状工具绘制门襟上的荷叶边造型，在属性栏中设置轮廓宽度为 .35 mm，得到的效果如图6-257所示。

39 重复步骤**27**~步骤**29**的操作，给荷叶边填充斜纹格子图案，得到的效果如图6-258所示。

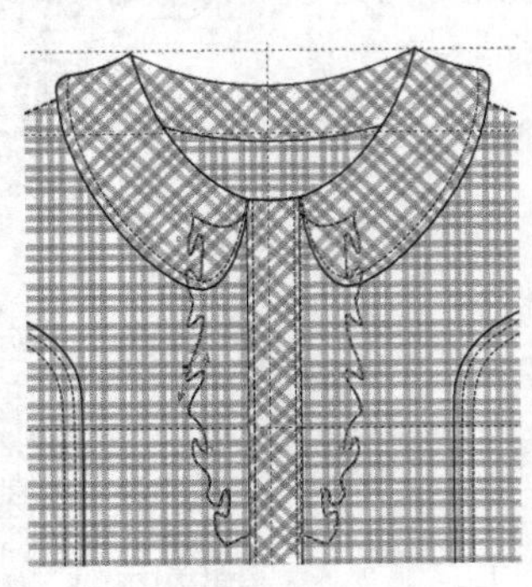

图6-257

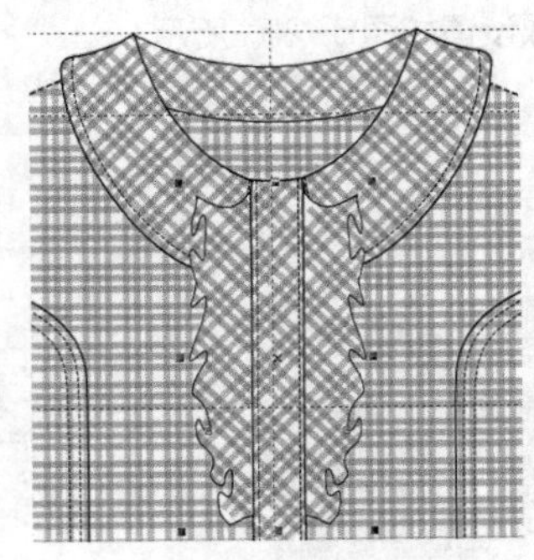

图6-258

40 执行菜单栏中的【排列】/【顺序】/【置于此对象后】命令，把荷叶边摆放在翻领后面，得到的效果如图6-259所示。

41 使用贝塞尔工具和形状工具绘制荷叶边上的褶裥线，在属性栏中设置轮廓宽度为 .35 mm，得到的效果如图6-260所示。

42 使用椭圆形工具，按住【Ctrl】键在门襟上绘制一个圆形，在属性栏中设置轮廓宽度为 .35 mm，并填充为白色，得到的效果如图6-261所示。

图6-259

图6-260

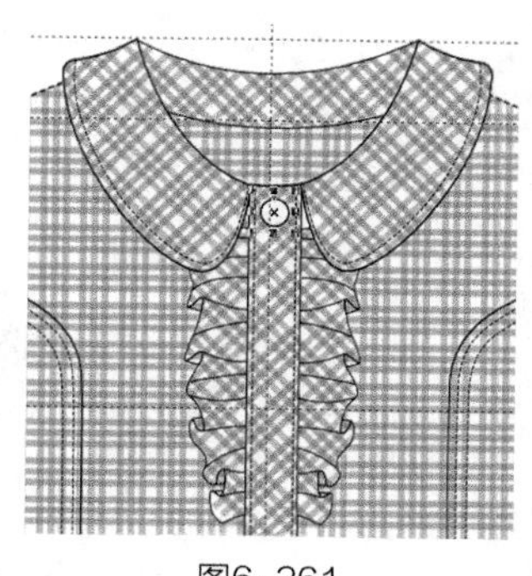
图6-261

43 按【+】键复制圆形，把复制的圆形向下水平移动到如图6-262所示的位置。

44 按4次【Ctrl+D】组合键重复上一步操作，复制圆形，得到的效果如图6-263所示。

45 执行菜单栏中的【编辑】/【全选】/【辅助线】命令，选择所有的辅助线，按【Delete】键删除，完成女式翻领衬衫的绘制，整体的效果如图6-264所示。

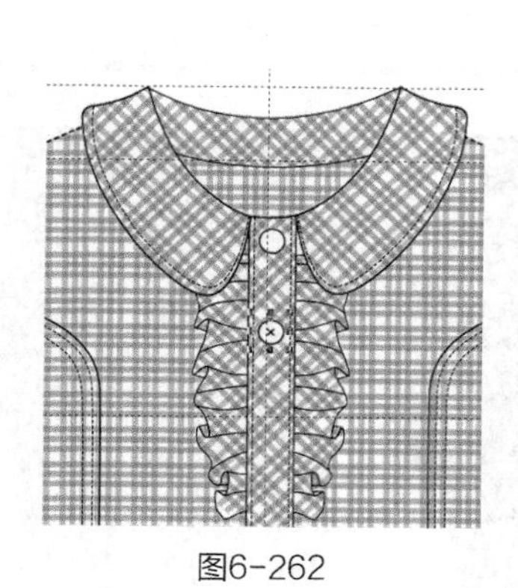
图6-262

图6-263

图6-264

第 07 章

裤子款式设计

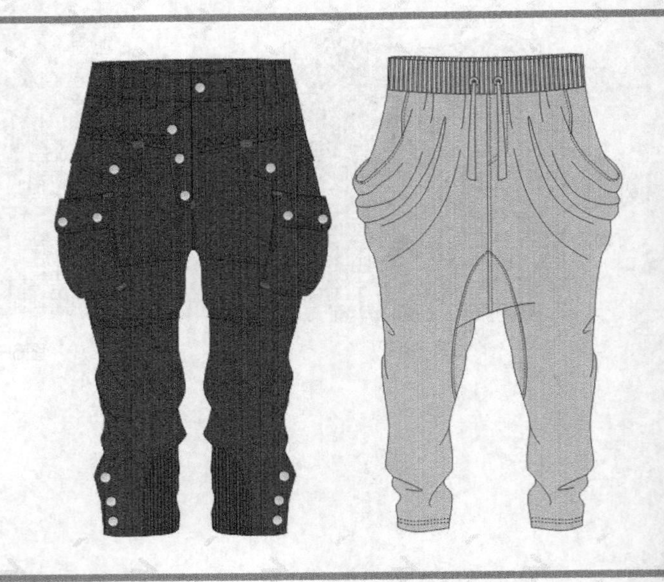

本章重点

- 贝塞尔工具、形状工具的使用——绘制裤子基本造型
- 智能填充工具——色块填充
- 牛仔洗水、猫须效果的表现；打枣工艺的表现
- 金属腰带、工字扣、鸡眼扣辅料的表现

裤子泛指（人）穿在腰部以下的服装，本来是专指男性的下衣而言。裤子的名称很多，从形状上可以分为筒裤、喇叭裤、锥子裤、宽松裤4种。裤子的种类有牛仔裤、西裤、打底裤、裙裤、直筒裤、灯笼裤、阔腿裤、喇叭裤、铅笔裤、工装裤、哈伦裤等等。裤子以时装的姿态出现，距今已有30多年的历史。由于裤子的轻快与活动性，诱惑力极强，现在已成为我们生活中不可缺少的服饰之一。下面分别介绍6种典型裤子的款式设计。

7.1 牛仔裤

7.1.1 女式牛仔裤

女式牛仔裤的整体设计效果如图7-1所示。

设计重点

造型设计，牛仔洗水、猫须效果的表现，打枣工艺的表现。

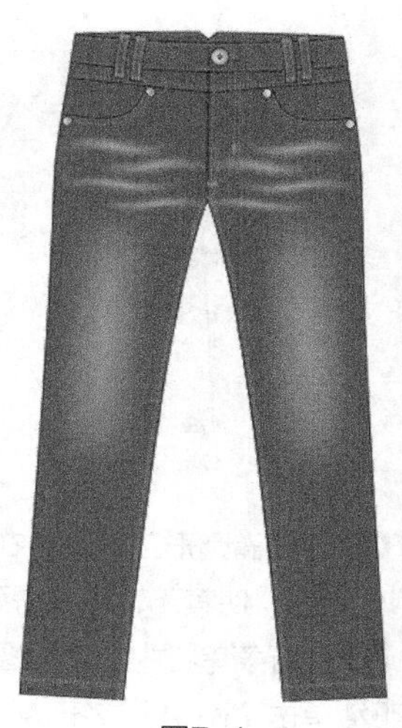

图7-1

操作步骤

01 打开CorelDRAW软件，执行菜单栏中的【文件】/【新建】命令，或使用【Ctrl+N】组合键，弹出“创建新文档”对话框，命名文件为“女式牛仔裤”，如图7-2所示。在属性栏中设定纸张大小为A4，横向摆放，如图7-3所示。

02 鼠标单击上方和左方的标尺栏，分别从上往下、从左往右拖动添加8条辅助线，确定裤长、腰线、臀围线、裤腿肥度等位置，如图7-4所示。

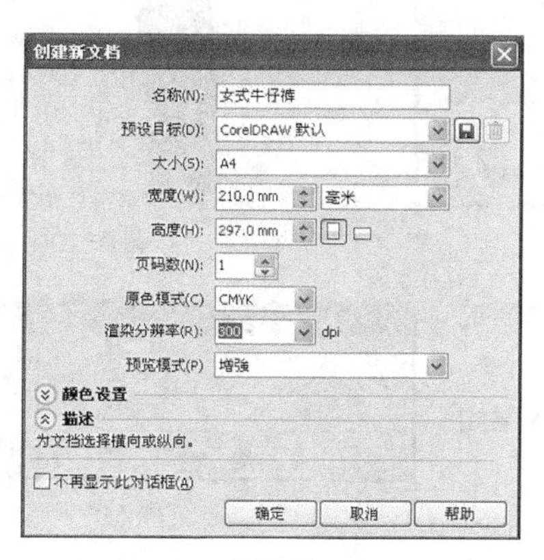

图7-2

图7-3

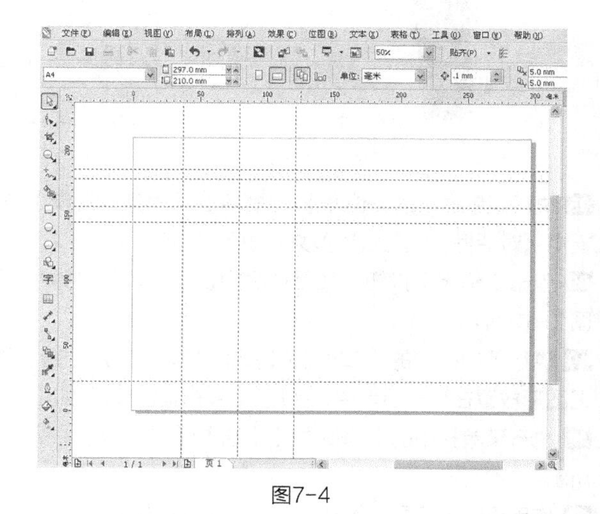

图7-4

03 使用贝塞尔工具和形状工具在辅助线的基础上绘制如图7-5所示的裤子造型。

专家提示

使用贝塞尔工具和形状工具绘制裤子造型时要注意腰臀部分曲线的处理，以及裤长与裤肥的比例（一般5：3效果最佳）；裆深决定了裤子的类型是属于高腰还是低腰裤。

04 单击选择工具，在属性栏中设置轮廓宽度为 .35mm，选择工具箱中的均匀填充工具 均匀填充，给图形填充牛仔蓝色，在弹出的“均匀填充”对话框中将填色的数值设置CMYK值为60，40，0，40，如图7-6所示。单击【确定】按钮，得到的效果如图7-7所示。

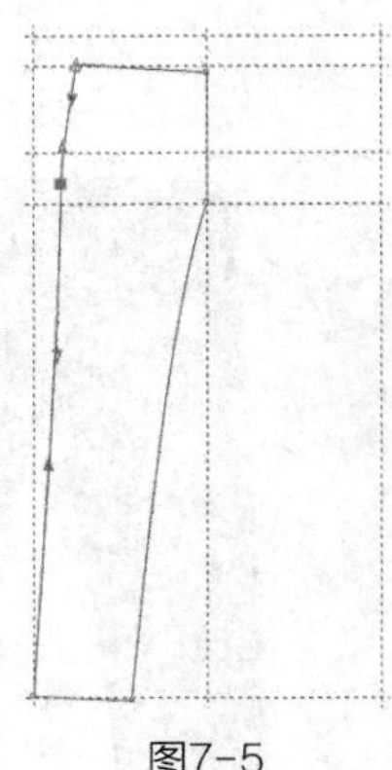
图7-5

图7-6

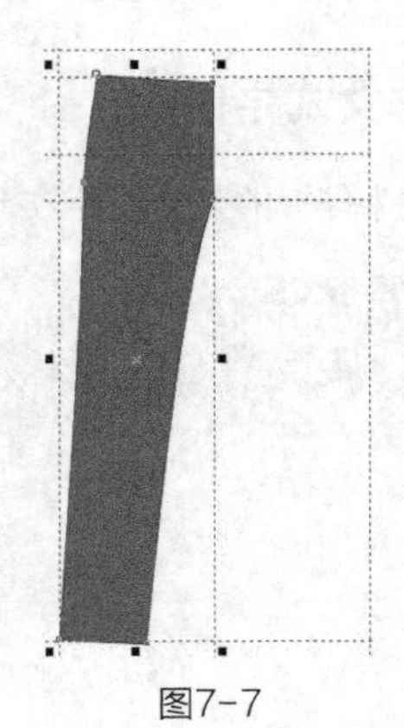
图7-7

05 选择椭圆形工具，在裤身上绘制一个椭圆形，给椭圆填充淡蓝色，CMYK值为14，8，1，0，鼠标右键单击调色板中的☒，使其无轮廓，得到的效果如图7-8所示。

06 执行菜单栏中的【位图】/【转换为位图】命令，弹出“转换为位图”对话框，设置各项参数如图7-9所示。

07 单击【确定】按钮，得到的效果如图7-10所示。

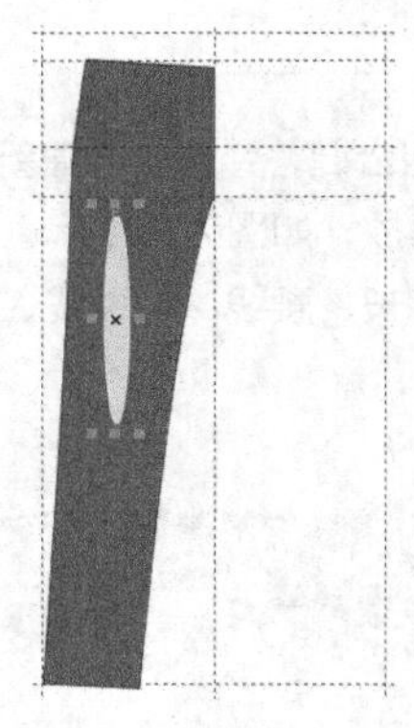
图7-8

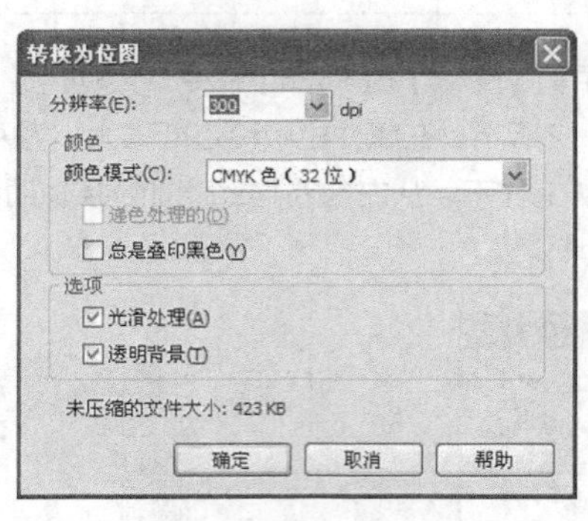

图7-9

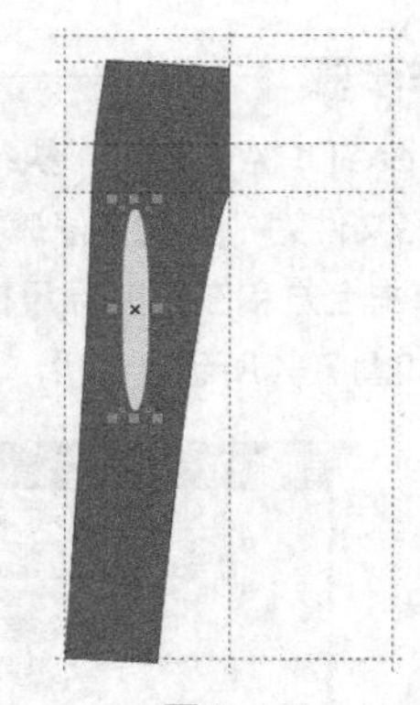
图7-10

08 执行菜单栏中的【位图】/【模糊】/【高斯式模糊】命令，弹出“高斯式模糊”对话框，设置各项参数如图7-11所示。

09 单击【确定】按钮，在属性栏中设置旋转角度为 355.5°，得到的效果如图7-12所示。

10 执行菜单栏中的【效果】/【图框精确剪裁】/【置于图文框内部】命令，把图形放置在裤子造型中，完成的牛仔裤洗水效果如图7-13所示。

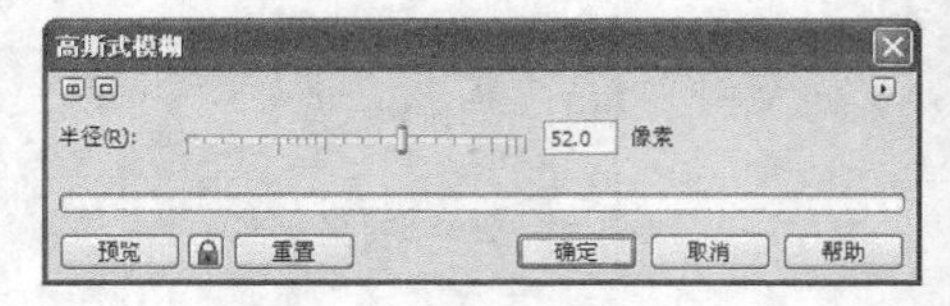

图7-11

11 执行菜单栏中的【编辑】/【全选】/【辅助线】命令，选择所有的辅助线，按【Delete】键删除，得到的效果如图7-14所示。

12 使用贝塞尔工具绘制如图7-15所示的分割线，单击选择工具，在属性栏中设置轮廓宽度为 .35mm。

13 使用贝塞尔工具和形状工具绘制如图7-16所示的口袋线，单击选择工具，在属性栏中设置轮廓宽度为 .35mm。

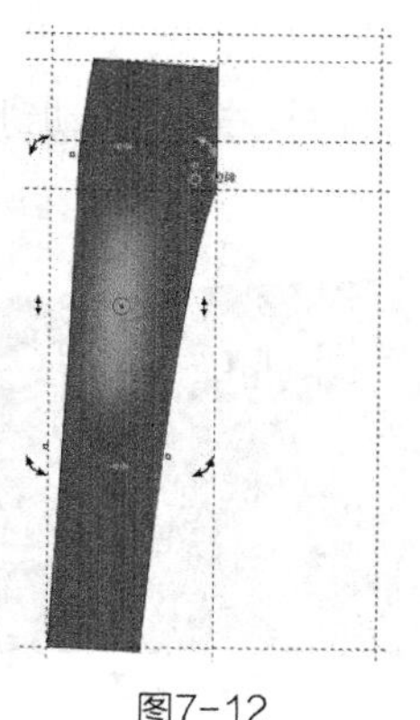
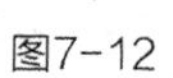
图7-12

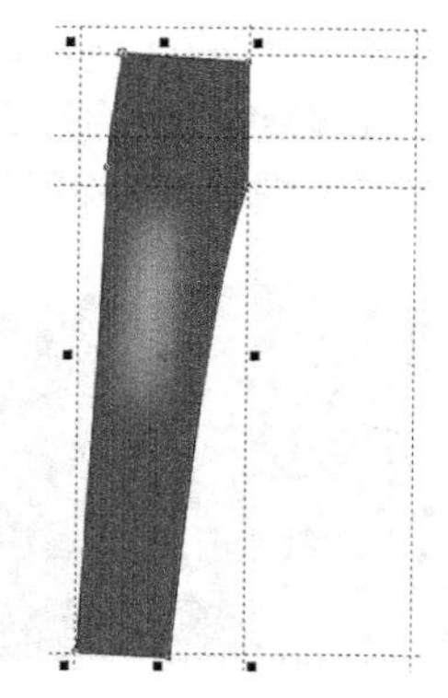
图7-13

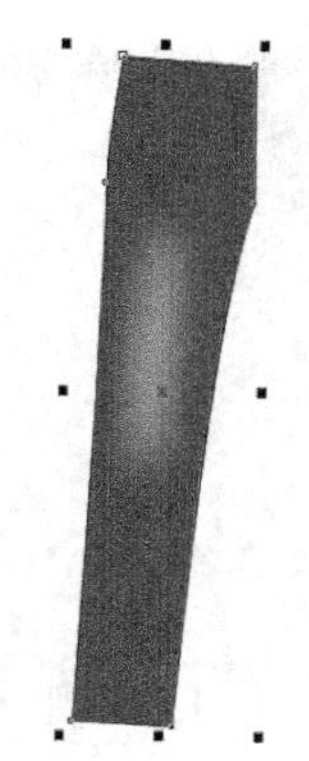
图7-14

14 选择贝塞尔工具和形状工具，在如图7-17所示的分割线、口袋、裤脚口、裤中线处绘制8条缉明线，使缉明线处于选择状态，按【F12】键，弹出“轮廓笔”对话框，选项及参数设置如图7-18所示。轮廓填充为桔色，CMYK值为0，60，100，0。

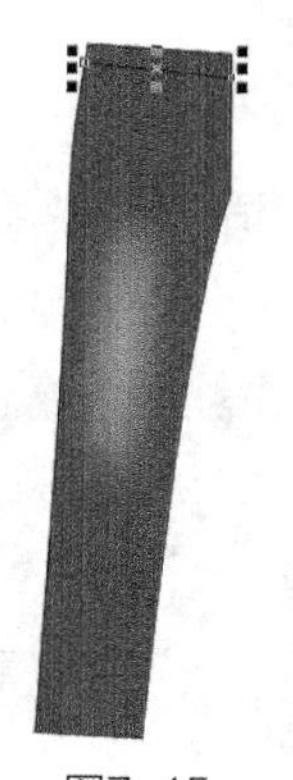
图7-15

图7-16

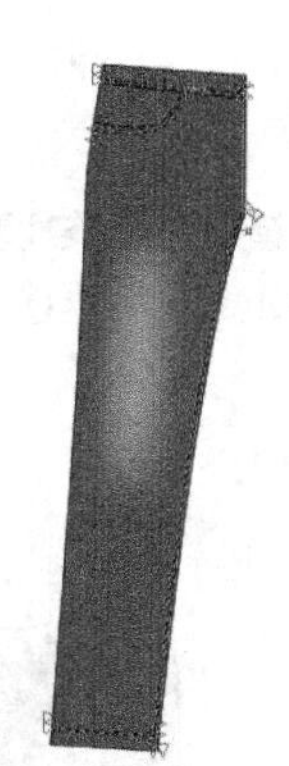
图7-17

15 单击【确定】按钮，得到的效果如图7-19所示。

16 使用椭圆形工具，按住【Ctrl】键在口袋处绘制一个圆形，在属性栏中设置轮廓宽度为 .2 mm，得到的效果如图7-20所示。

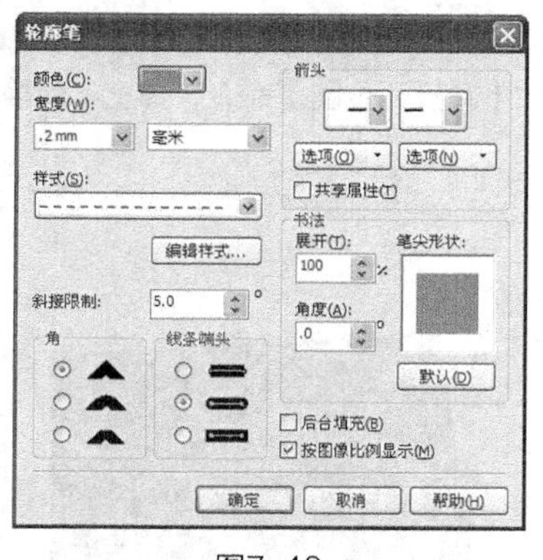

图7-18

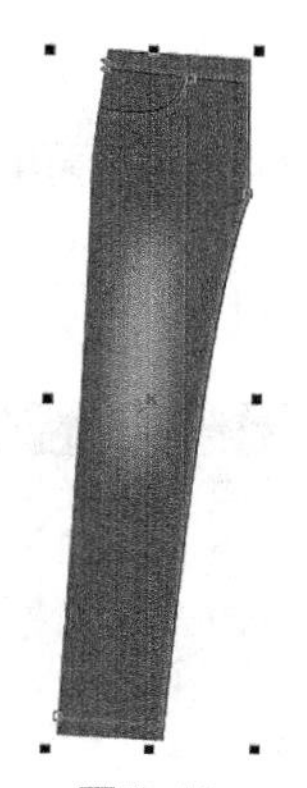
图7-19

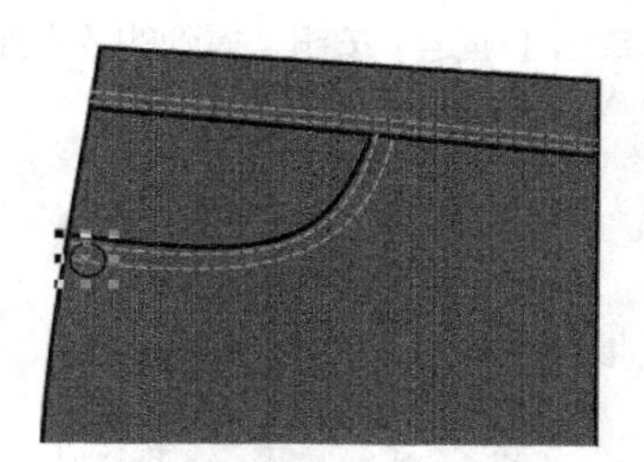
图7-20

17 单击工具箱中的渐变填充工具 渐变填充，在弹出的“渐变填充”对话框中选择“类型”为“线性”渐变，设置各项参数如图7-21所示，其中主要控制点的位置和颜色参数分别如下。

位置：0　　颜色：40%黑色

位置：100　　颜色：白色

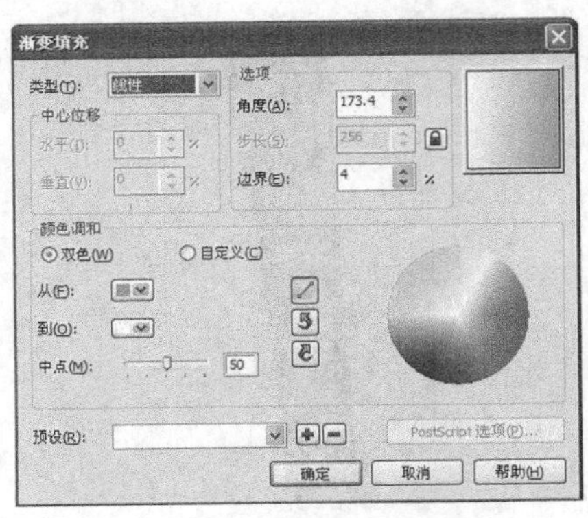
图7-21

完成的渐变效果如图7-22所示。

18 按【+】键复制一个绘制好的撞钉，把复制的图形向右上方移动到一定的位置，得到的效果如图7-23所示。

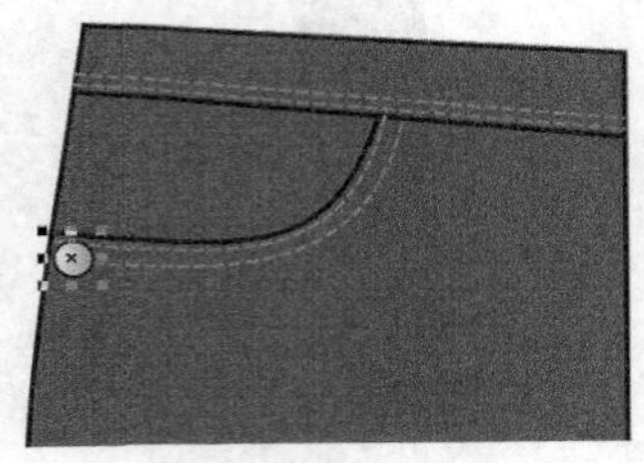
图7-22

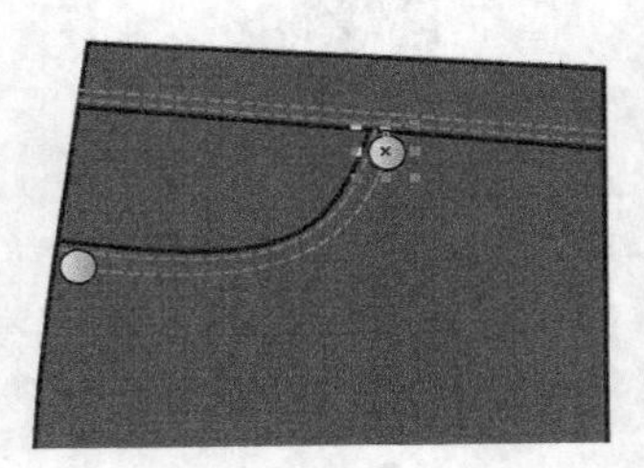
图7-23

19 选择工具箱中的艺术笔工具，在牛仔裤上绘制猫须效果，在属性栏中设置艺术笔各项参数如图7-24所示，得到的效果如图7-25所示。

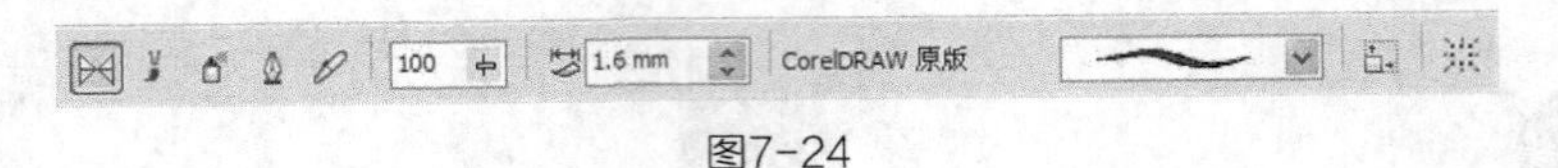
图7-24

20 选择工具箱中的均匀填充工具，给图形填充淡蓝色，在弹出的“均匀填充”对话框中将填色的数值设置CMYK值为14，8，1，0，如图7-26所示。单击【确定】按钮，得到的效果如图7-27所示。

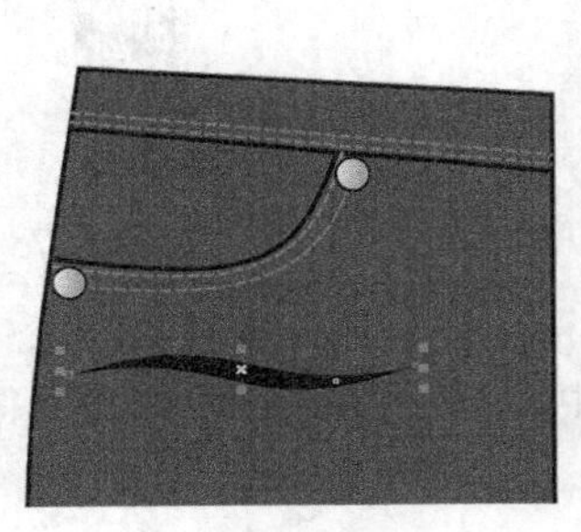
图7-25

图7-26

21 执行菜单栏中的【排列】/【拆分艺术笔群组】命令，再执行菜单栏中的【位图】/【转换为位图】命令，弹出“转换为位图”对话框，设置各项参数如图7-28所示。

22 单击【确定】按钮，得到的效果如图7-29所示。

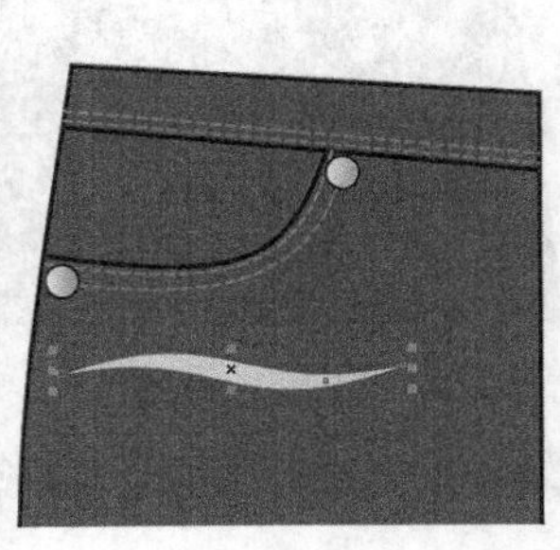
图7-27

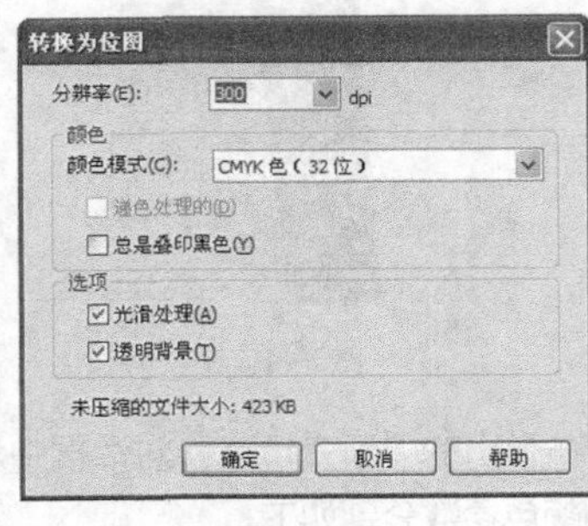
图7-28

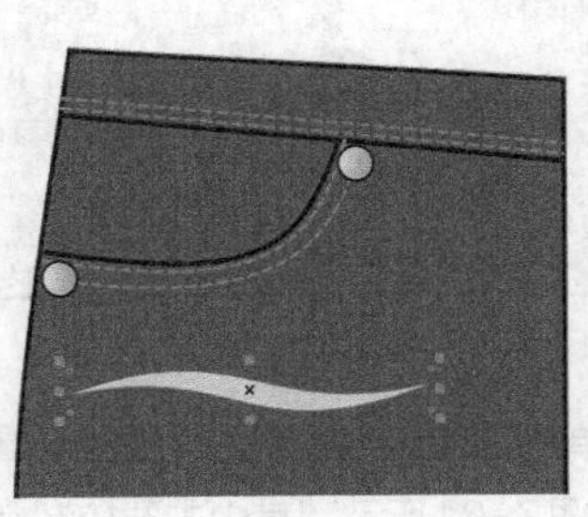
图7-29

23 执行菜单栏中的【位图】/【模糊】/【高斯式模糊】命令，弹出“高斯式模糊”对话框，设置各项参数如图7-30所示。

24 单击【确定】按钮，得到的效果如图7-31所示。

25 按【+】键复制图形，单击属性栏中的“垂直镜像”按钮，并把复制的图形往下移动到如图7-32所示的位置。

26 重复上一步的操作，复制另外两组猫须效果，得到的效果如图7-33所示。

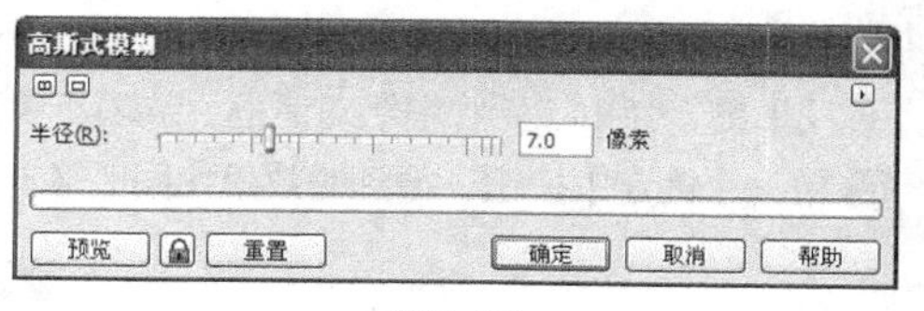

图7-30

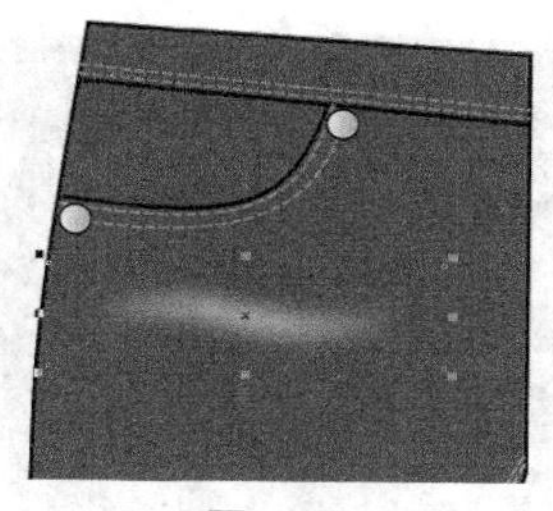

图7-31

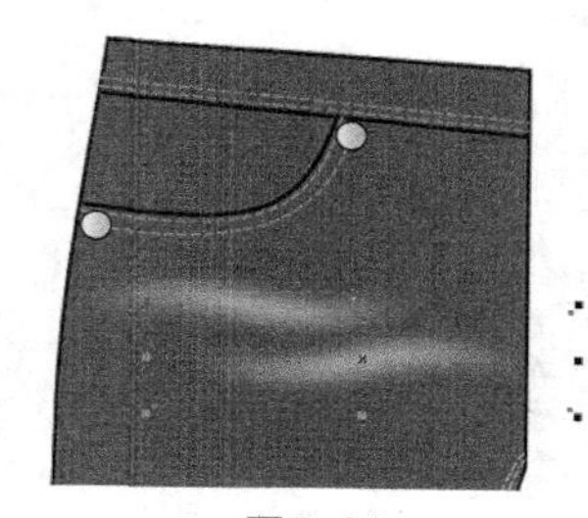

图7-32

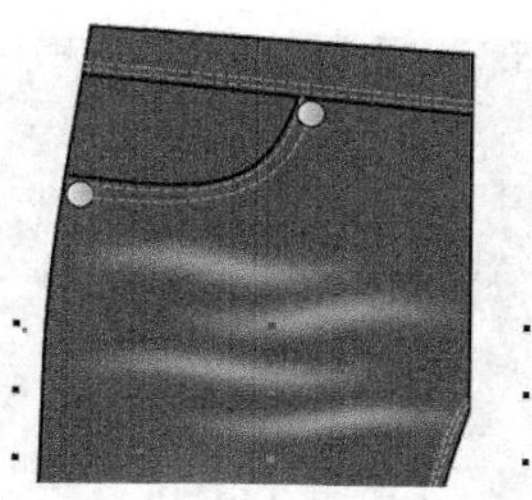

图7-33

27 使用选择工具框选绘制好的左边裤形，按【+】键复制，单击属性栏中的水平镜像按钮，并把图形向右平移到一定的位置，得到的效果如图7-34所示。

28 使用贝塞尔工具和形状工具绘制如图7-35所示的腰头部分。单击选择工具，在属性栏中设置轮廓宽度为 .35 mm，并填充为牛仔蓝色，CMYK值为60，40，0，40，得到的效果如图7-36所示。

29 使用贝塞尔工具绘制前中分割线，单击选择工具，在属性栏中设置轮廓宽度为 .35 mm，得到的效果如图7-37所示。

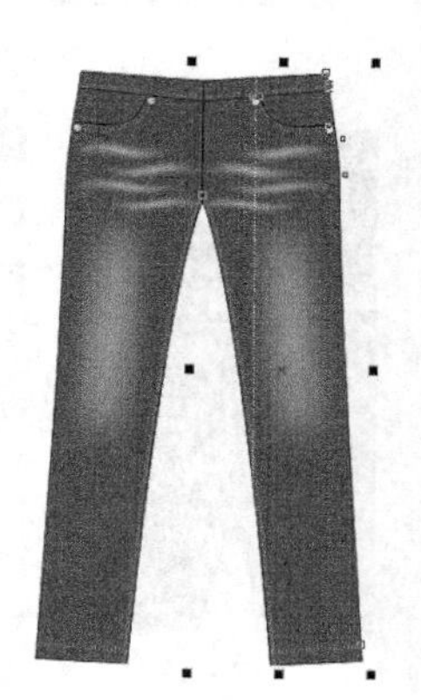

图7-34

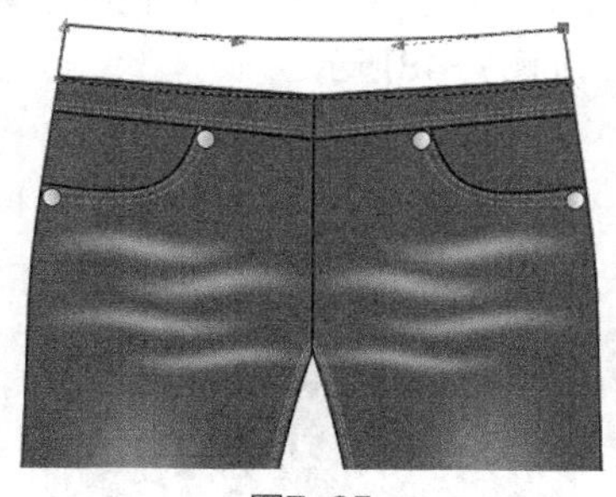

图7-35

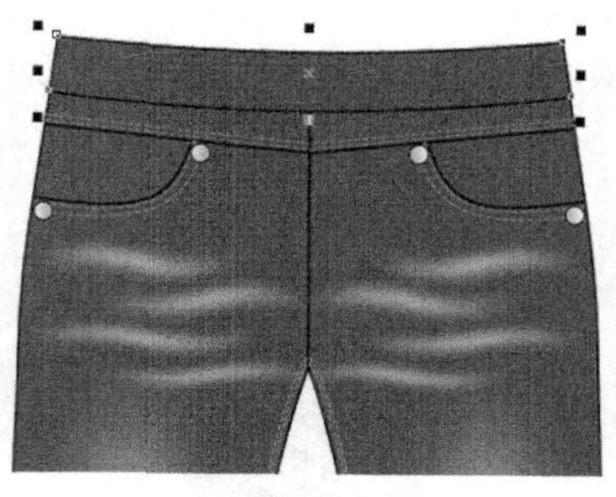

图7-36

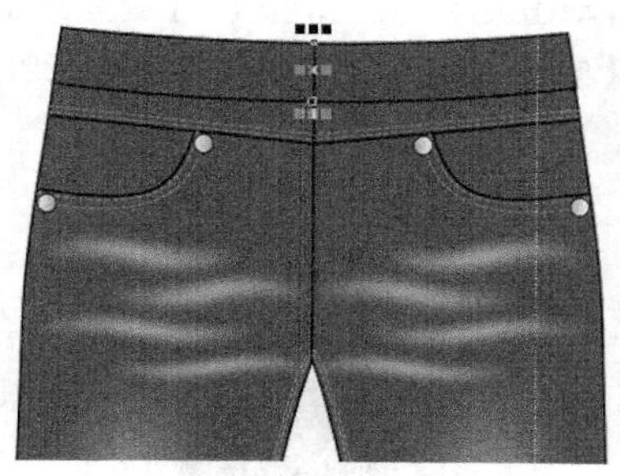

图7-37

30 使用贝塞尔工具和形状工具绘制如图7-38所示的后腰头部分。单击选择工具，在属性栏中设置轮廓宽度为 .35 mm，并填充为牛仔蓝色，CMYK值为60，40，0，40，得到的效果如图7-39所示。

31 执行菜单栏中的【排列】/【顺序】/【到页面后面】命令，得到的效果如图7-40所示。

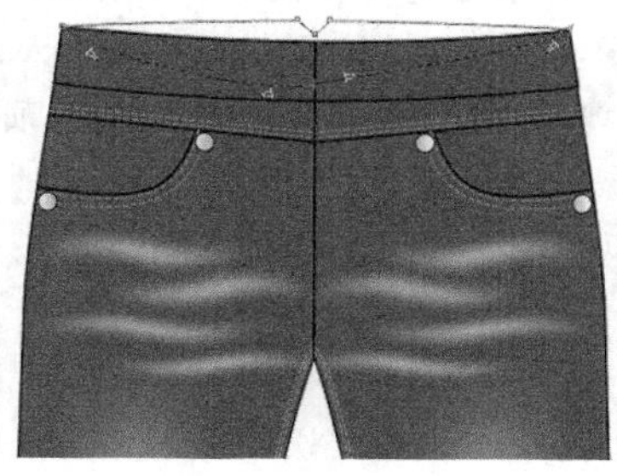

图7-38

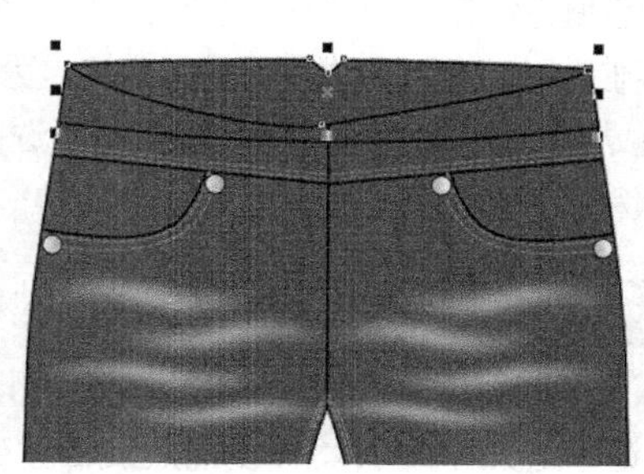

图7-39

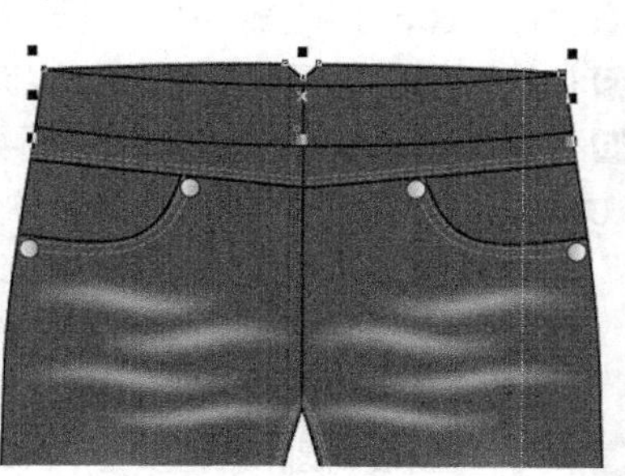

图7-40

32 选择贝塞尔工具和形状工具，在如图7-41所示的前后腰头及门襟处绘制7条缉明线，使缉明线处于选择状态，按【F12】键，弹出“轮廓笔”对话框，选项及参数设置如图7-42所示。轮廓填充为桔色，CMYK值为0，60，100，0。

33 单击【确定】按钮，得到的效果如图7-43所示。

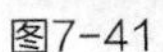

图7-41

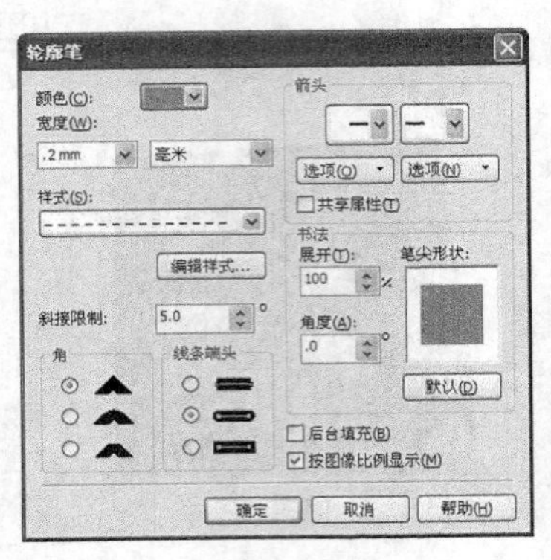

图7-42

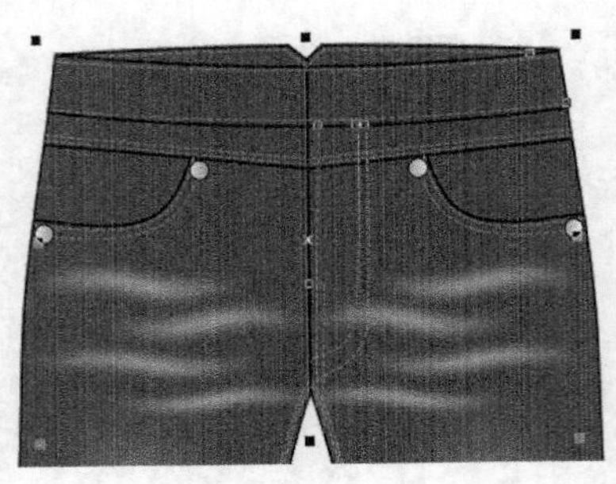

图7-43

34 使用贝塞尔工具在门襟上绘制一条线段，鼠标右键单击调色板中的桔色，给线段填充轮廓色，CMYK值为0，60，100，0，在属性栏中设置轮廓宽度为 .2 mm，如图7-44所示。

35 选择变形工具，在属性栏中设置拉链变形的各项数值如图7-45所示。完成的打枣工艺效果如图7-46所示。

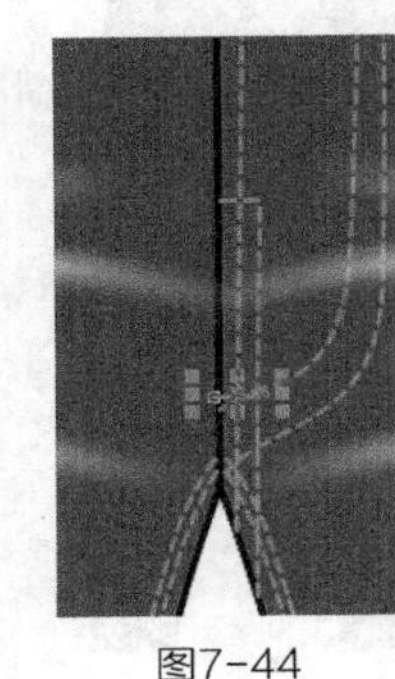

图7-44

图7-45

36 单击选择工具，按【+】键复制图形，在属性栏中设置旋转角度为 90.0°，把复制的图形摆放在如图7-47所示的位置。

37 使用贝塞尔工具和形状工具绘制扣眼，在属性栏中设置轮廓宽度为 .2 mm，如图7-48所示。

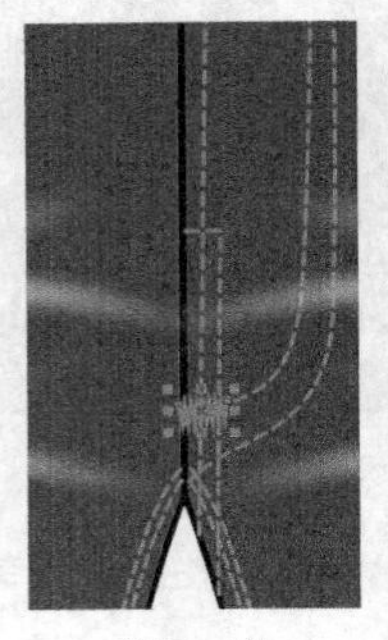

图7-46

图7-47

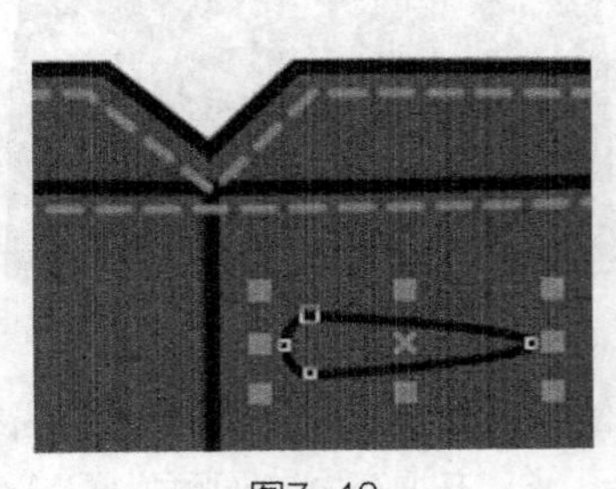

图7-48

38 鼠标右键单击调色板中的桔色，给扣眼填充轮廓色，CMYK值为0，60，100，0，得到的效果如图7-49所示。

39 使用椭圆形工具，按住【Ctrl】键绘制工字扣，在属性栏中设置轮廓宽度为 .2 mm，得到的效果如图7-50所示。

40 单击工具箱中的渐变填充工具 渐变填充，在弹出的“渐变填充”对话框中选择“类型”为“辐射”渐变，设置各项参数如图7-51所示，其中主要控制点的位置和颜色参数分别如下。

位置：0　　　　颜色：50%黑色

位置：100　　　颜色：白色

完成的渐变效果如图7-52所示。

41 按【+】键复制圆形，再按住【Shift】键等比例缩小图形，得到的效果如图7-53所示。

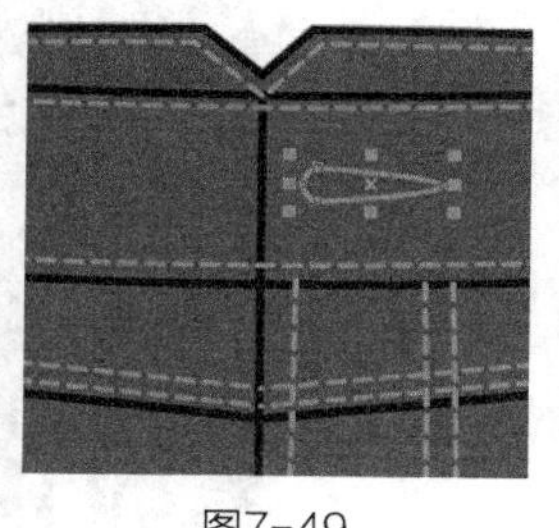

图7-49

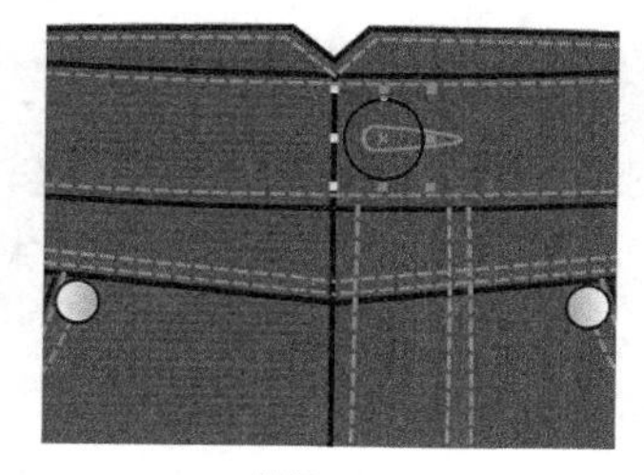

图7-50

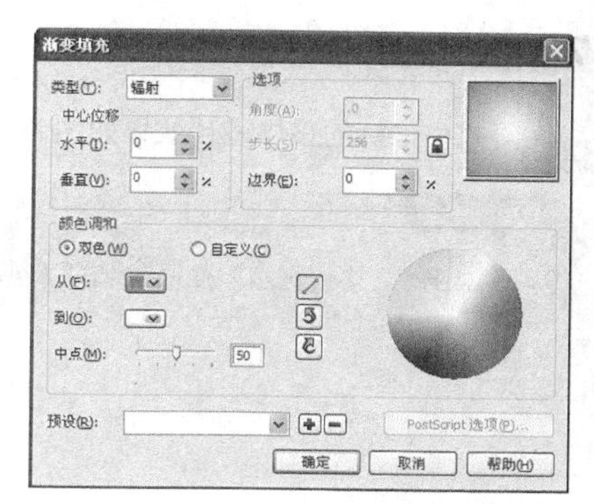

图7-51

42 使用贝塞尔工具和形状工具在腰部绘制裤袢，单击选择工具，在属性栏中设置轮廓宽度为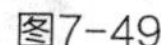，并填充为牛仔蓝色，CMYK值为60，40，0，40，如图7-54所示。

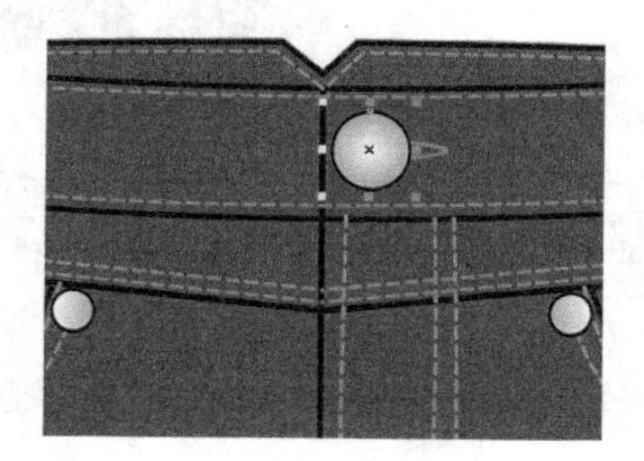

图7-52

图7-53

图7-54

43 使用贝塞尔工具和形状工具在裤袢上绘制两条缉明线，单击选择工具，在属性栏中设置轮廓样式与宽度如图7-55所示，鼠标右键单击调色板中的桔色，给缉明线填充轮廓色，CMYK值为0，60，100，0，得到的效果如图7-56所示。

图7-55

44 重复步骤**34**～步骤**36**的操作，绘制裤袢上的打枣工艺，得到的效果如图7-57所示。

图7-56

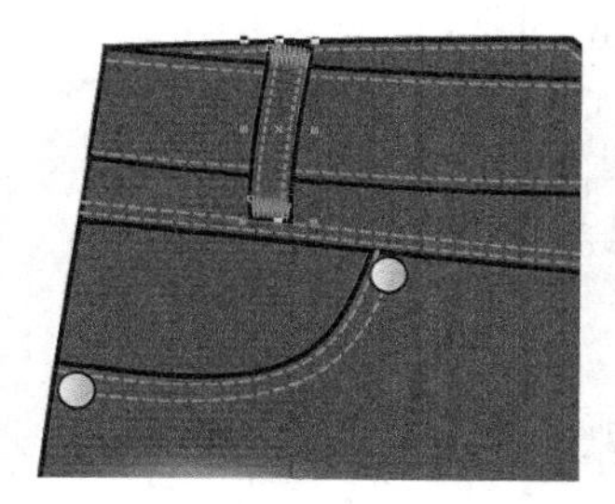

图7-57

图7-58

45 使用选择工具框选整个裤袢造型，按【Ctrl+G】组合键群组图形。按【+】键复制3个裤袢，单击属性栏中的水平镜像按钮，并把复制的裤袢摆放在如图7-58所示的位置。

46 使用选择工具框选所有图形，按【Ctrl+G】组合键群组图形。这样就完成了女式牛仔裤的绘制，整体效果如图7-59所示。

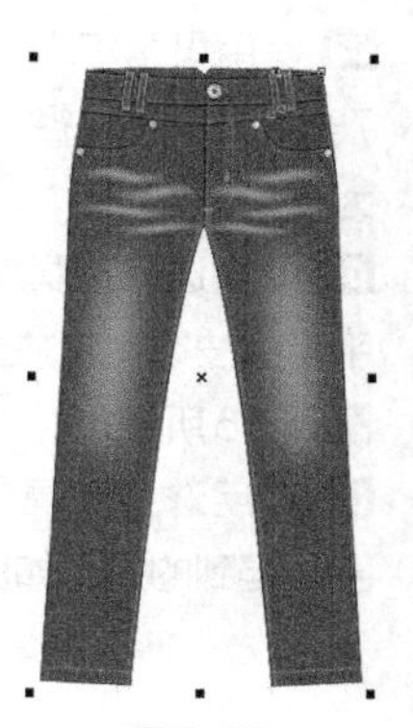

图7-59

7.1.2 男式牛仔裤

男式牛仔裤的整体设计效果如图 7-60 所示。

设计重点

造型设计，牛仔洗水、猫须效果的表现，工字扣的表现。

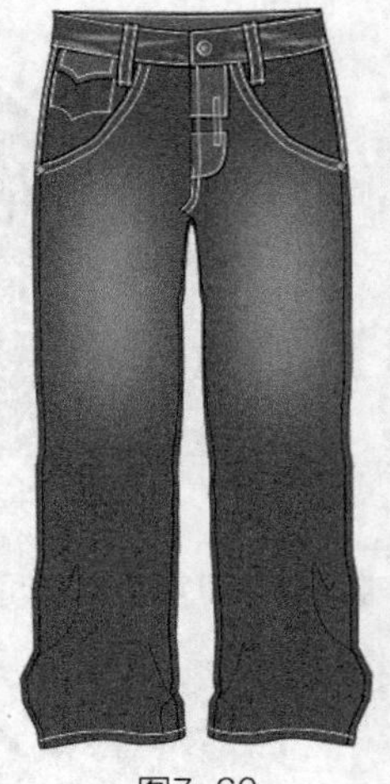

图7-60

操作步骤

01 打开CorelDRAW软件，执行菜单栏中的【文件】/【新建】命令，或使用【Ctrl+N】组合键，弹出“创建新文档”对话框，命名文件为“男式牛仔裤”，如图 7-61 所示。在属性栏中设定纸张大小为 A4，横向摆放，如图 7-62 所示。

02 鼠标单击上方和左方的标尺栏，分别从上往下、从左往右拖动添加 7 条辅助线，确定裤长、腰线、臀围线、裤腿肥度等位置，如图 7-63 所示。

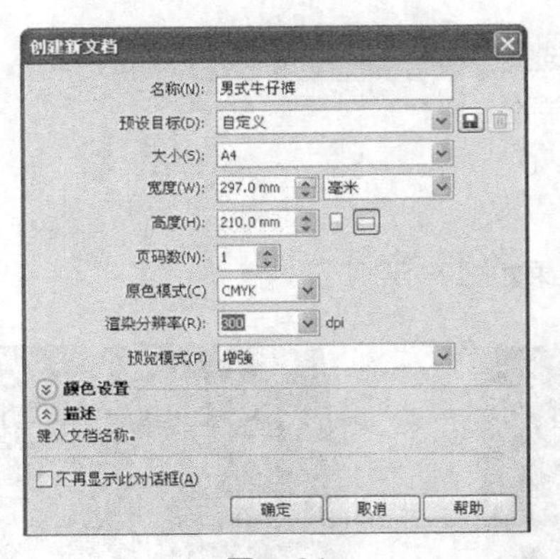

图7-61

图7-62

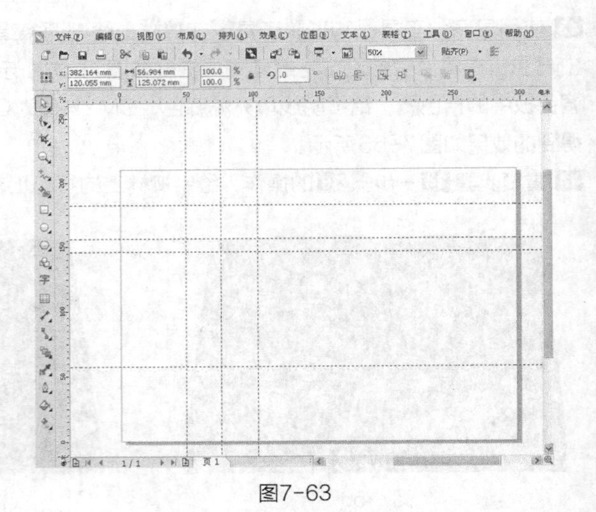

图7-63

03 使用贝塞尔工具和形状工具在辅助线的基础上绘制如图 7-64 所示的路径，单击选择工具，在属性栏中设置轮廓宽度为 .35 mm 。

04 单击选择工具，按【+】键复制路径，单击属性栏中的水平镜像按钮，并把图形向右平移到一定的位置，得到的效果如图 7-65 所示。

05 使用选择工具框选两条路径，单击属性栏中的合并按钮，得到的效果如图 7-66 所示。

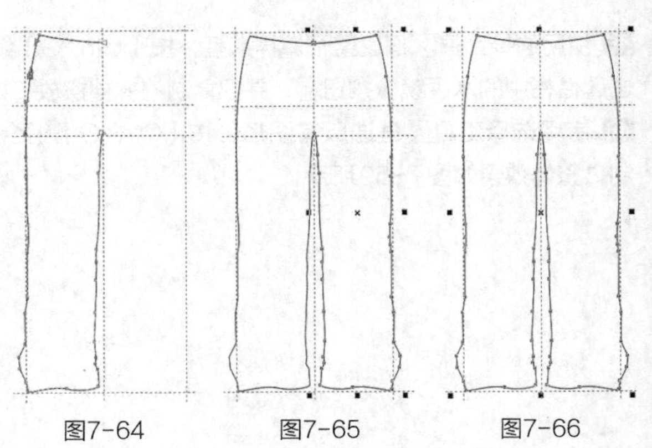

图7-64 图7-65 图7-66

06 使用形状工具，挑选如图7-67所示的两个节点。单击属性栏中的“连接两个节点”按钮，得到的效果如图7-68所示。

07 重复步骤**06**的操作，连接下方两个节点，得到的效果如图7-69所示。

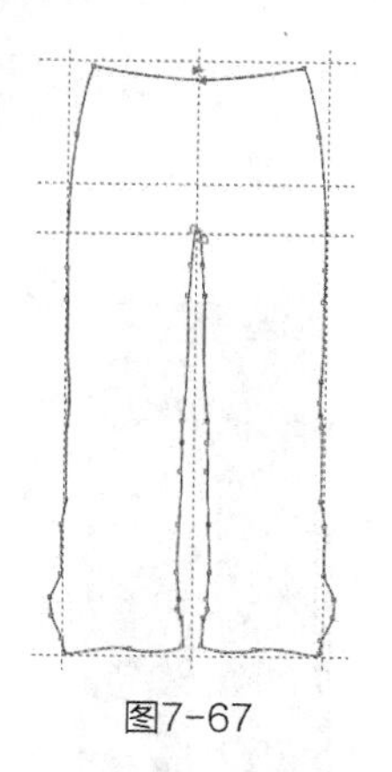

图7-67

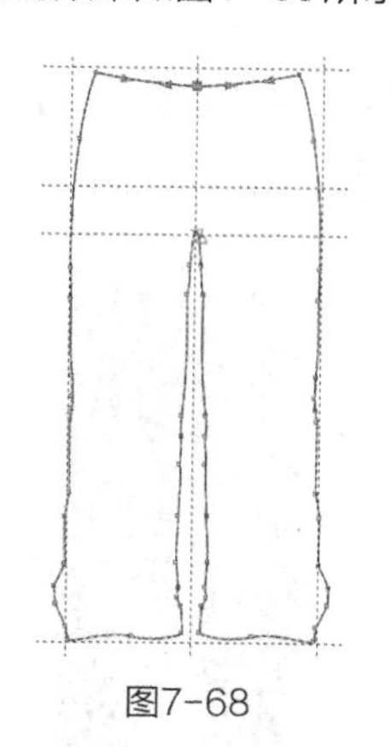

图7-68

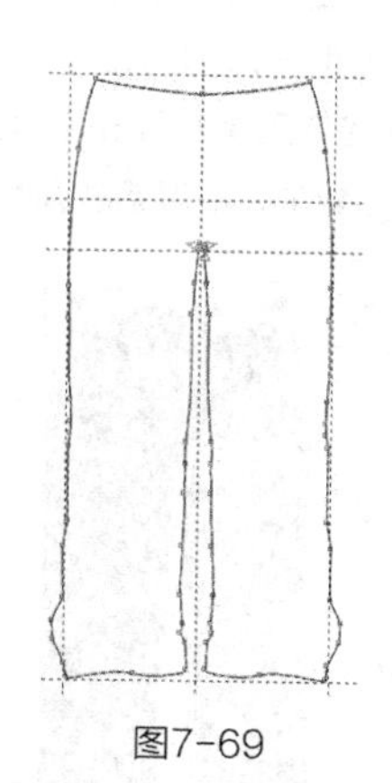

图7-69

08 选择工具箱中的均匀填充工具，给图形填充藏青色，在弹出的“均匀填充”对话框中将填色的数值设置CMYK值为82，67，65，35，如图7-70所示。单击【确定】按钮，得到的效果如图7-71所示。

09 选择椭圆形工具，在裤身上绘制一个椭圆形，给椭圆填充为白色，鼠标右键单击调色板中的☒，使其无轮廓，得到的效果如图7-72所示。

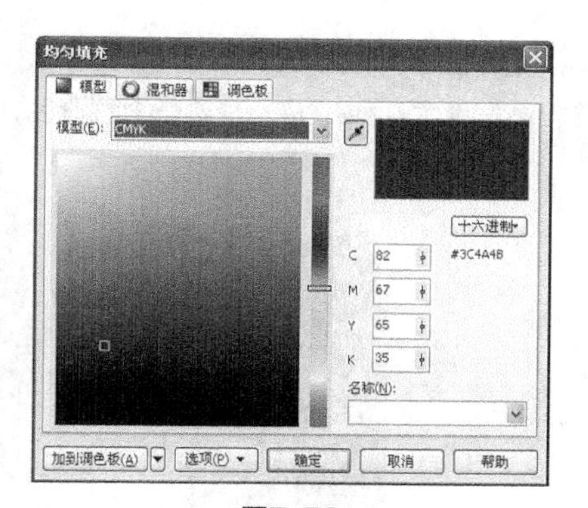

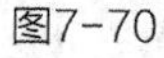

图7-70

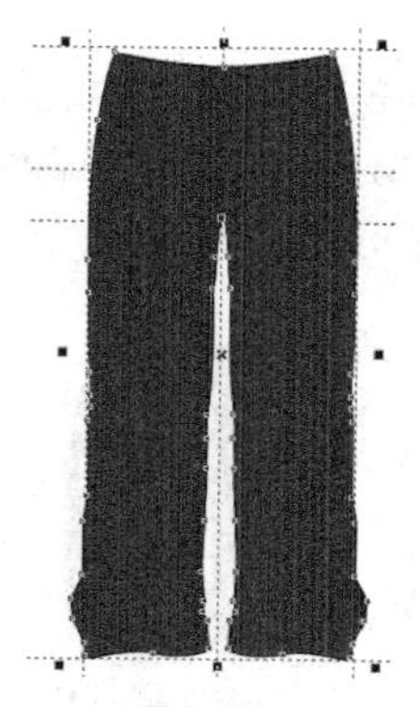

图7-71

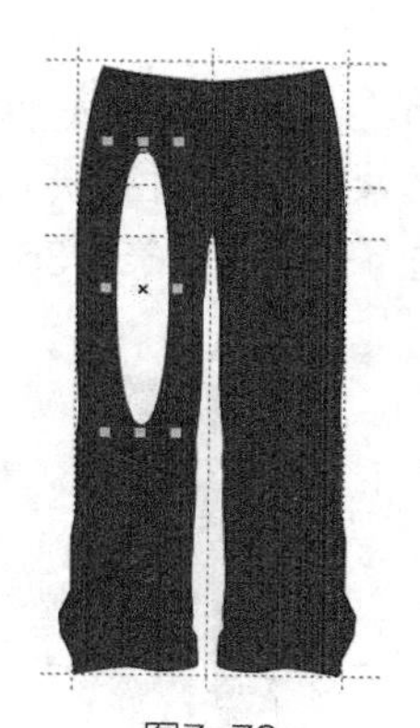

图7-72

10 执行菜单栏中的【位图】/【转换为位图】命令，弹出“转换为位图”对话框，设置各项参数如图7-73所示。

11 单击【确定】按钮，得到的效果如图7-74所示。

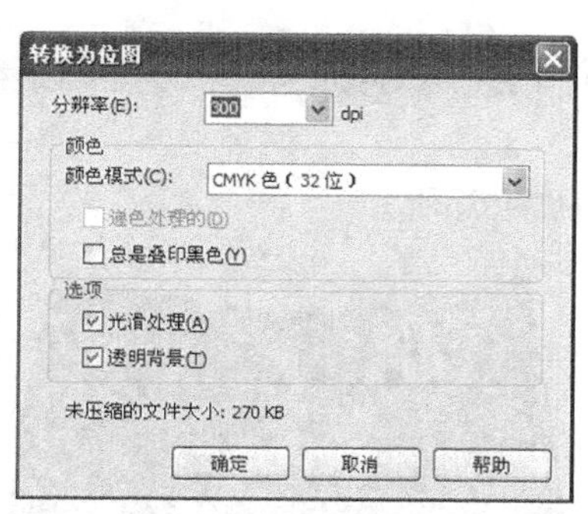

图7-73

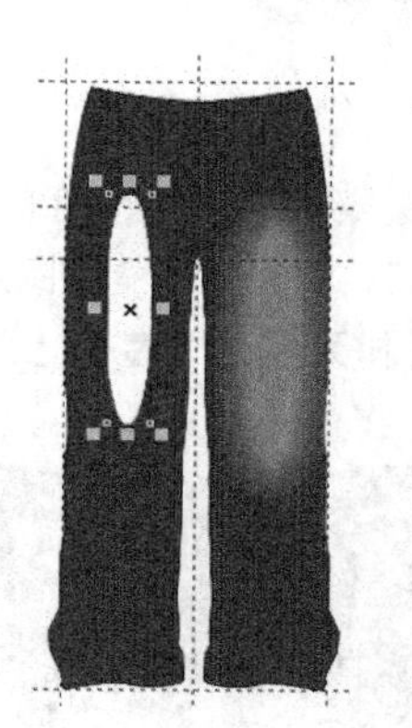

图7-74

12 执行菜单栏中的【位图】/【模糊】/【高斯式模糊】命令，弹出“高斯式模糊”对话框，设置各项参数如图7-75所示。

13 按【+】键复制图形，使用选择工具把复制的图形移动到如图7-76所示的位置。

14 使用选择工具框选两个图形，执行菜单栏中的【效果】/【图框精确剪裁】/【置于图文框内部】命令，把图形放置在裤子造型中，完成的牛仔裤洗水效果如图7-77所示。

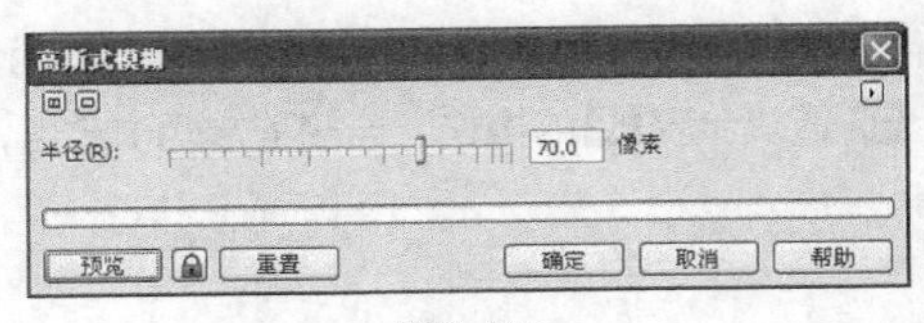

图7-75

15 使用贝塞尔工具和形状工具在裤缝两侧绘制4条分割线，单击选择工具，在属性栏中设置轮廓宽度为.35 mm，如图7-78所示。

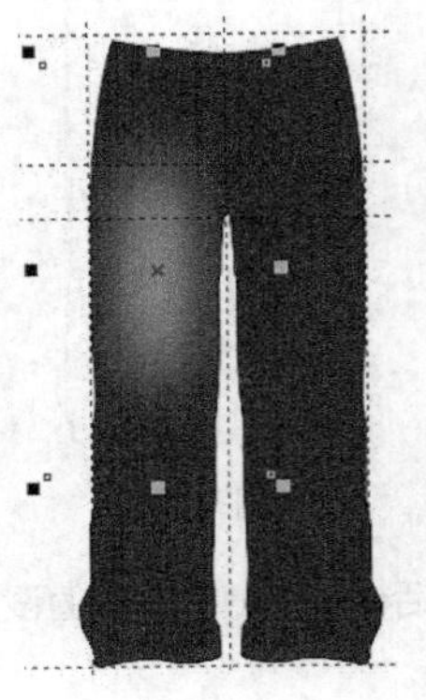
图7-76

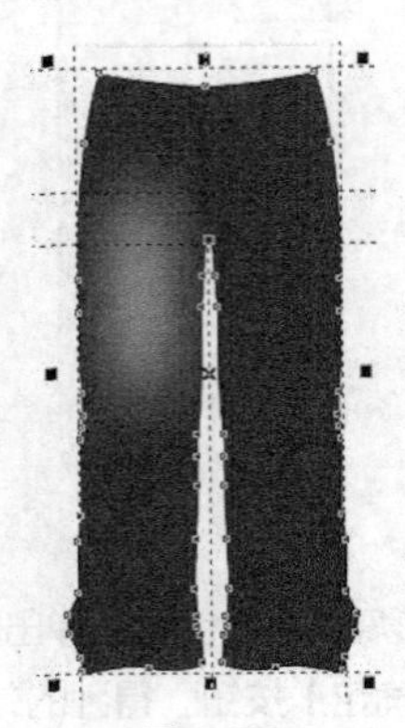
图7-77

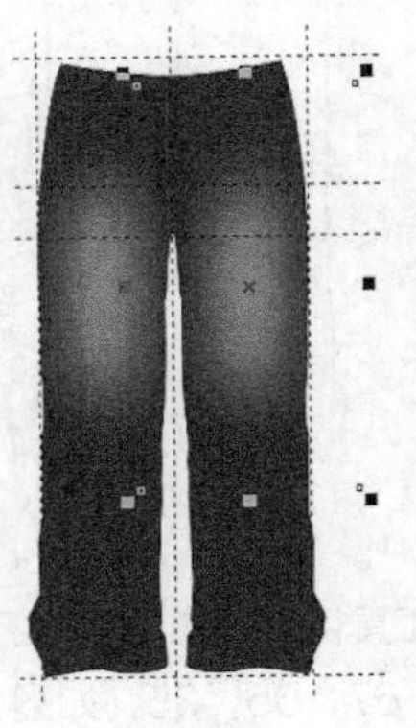
图7-78

16 使用贝塞尔工具和形状工具在裤脚口绘制褶裥线，单击选择工具，在属性栏中设置轮廓宽度为.25 mm，如图7-79所示。

17 使用贝塞尔工具和形状工具绘制如图7-80所示的裤中线，单击选择工具，在属性栏中设置轮廓宽度为.35 mm。

18 使用贝塞尔工具和形状工具绘制腰头，单击选择工具，在属性栏中设置轮廓宽度为.35 mm，并填充为藏青色，CMYK值为82，67，65，35，得到的效果如图7-81所示。

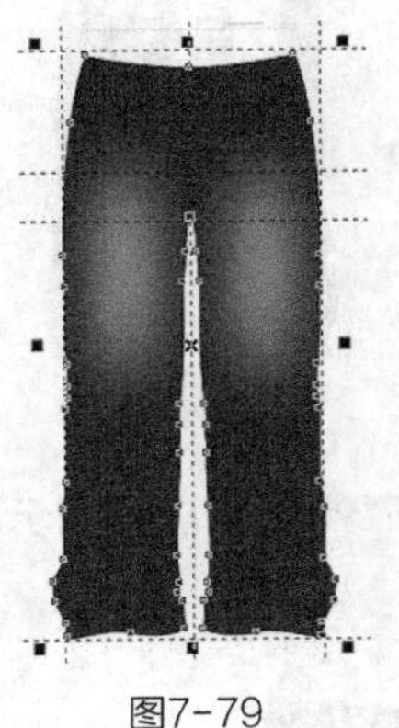
图7-79

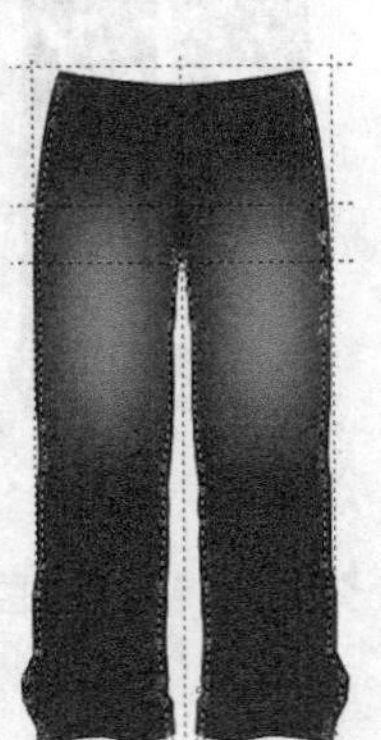
图7-80

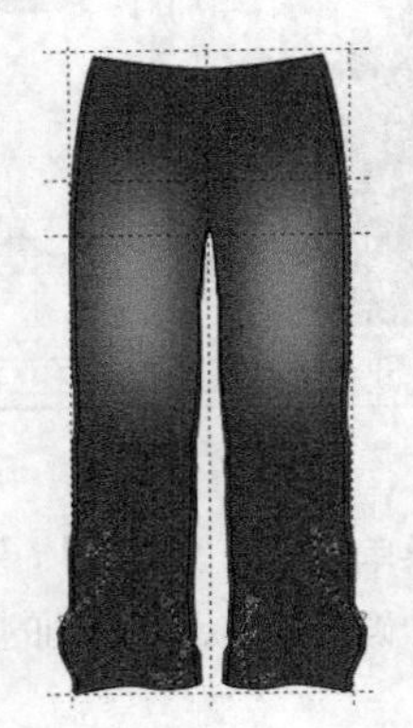
图7-81

19 使用贝塞尔工具和形状工具绘制后片，单击选择工具，在属性栏中设置轮廓宽度为.35 mm，并填充为军绿色，CMYK值为66，59，81，16，得到的效果如图7-82所示。

20 执行菜单栏中【排列】/【顺序】/【到页面后面】命令，得到的效果如图7-83所示。

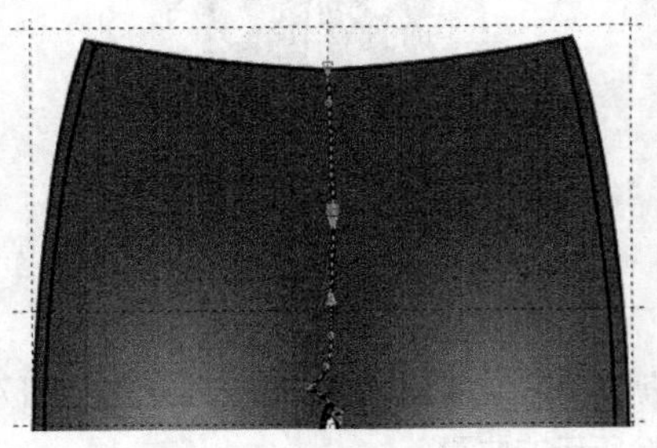
图7-82

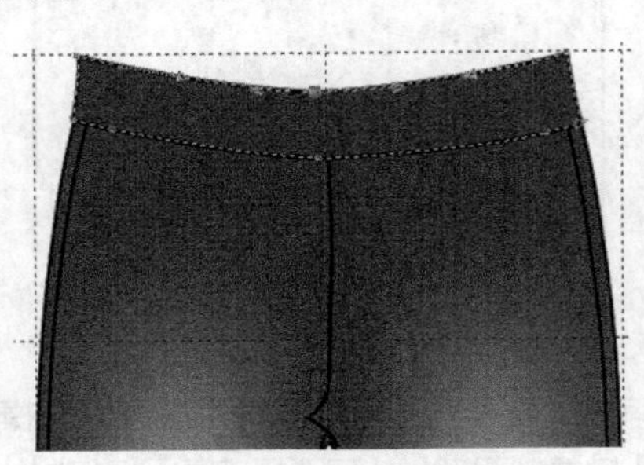
图7-83

21 使用贝塞尔工具和形状工具绘制门襟上的镶拼部分，单击选择工具，在属性栏中设置轮廓宽度为.35 mm，并填充为军绿色，CMYK值为66，59，81，16，得到的效果如图7-84所示。

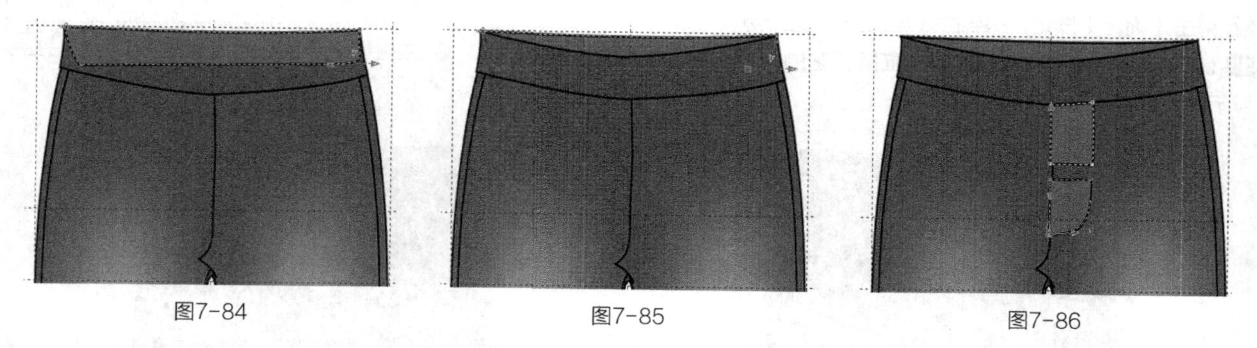

图7-84　　图7-85　　图7-86

22 使用贝塞尔工具和形状工具绘制如图7-87所示的分割线，单击选择工具，在属性栏中设置轮廓宽度为.35 mm。

23 使用贝塞尔工具和形状工具绘制如图7-88所示的口袋分割线，单击选择工具，在属性栏中设置轮廓宽度为.35 mm。

24 使用贝塞尔工具和形状工具绘制裤子左侧的口袋盖，单击选择工具，在属性栏中设置轮廓宽度为.35 mm，并填充为军绿色，CMYK值为66，59，81，16，得到的效果如图7-89所示。

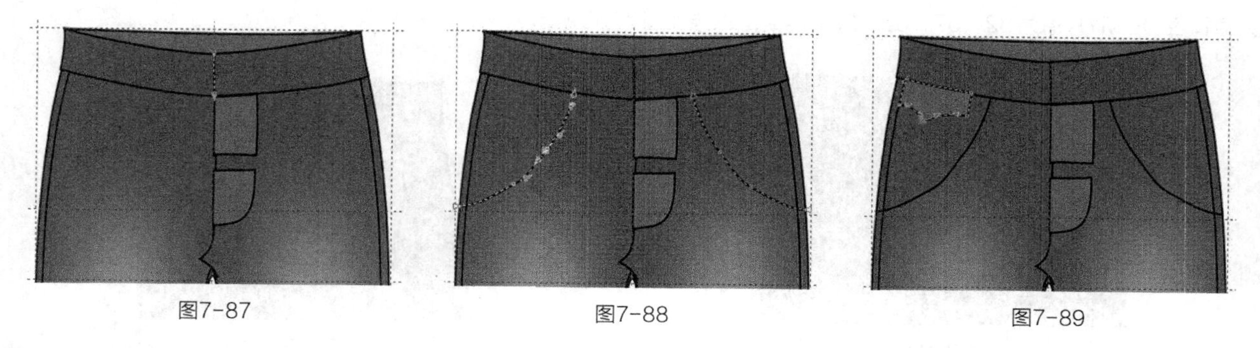

图7-87　　图7-88　　图7-89

25 选择工具箱中的艺术笔工具，在牛仔裤腰头上绘制猫须效果，在属性栏中设置艺术笔各项参数如图7-90所示。给图形填充白色，得到的效果如图7-91所示。

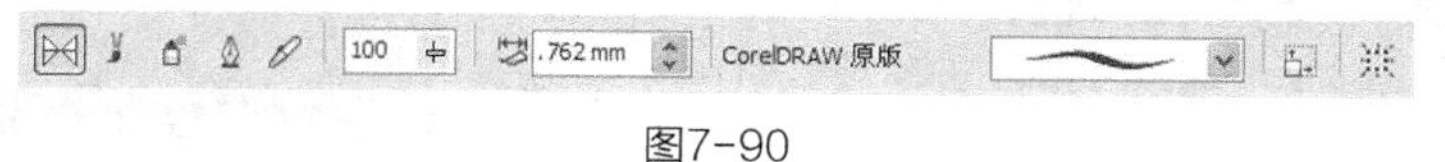

图7-90

26 执行菜单栏中的【排列】/【拆分艺术笔群组】命令，再执行菜单栏中的【位图】/【转换为位图】命令，弹出“转换为位图”对话框，设置各项参数如图7-92所示。

27 单击【确定】按钮，得到的效果如图7-93所示。

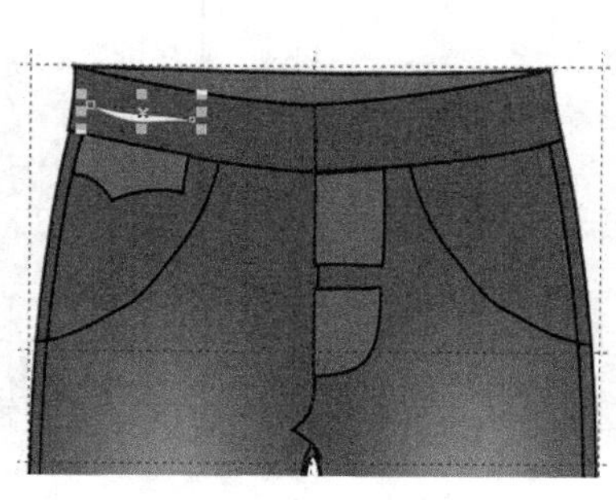

图7-91

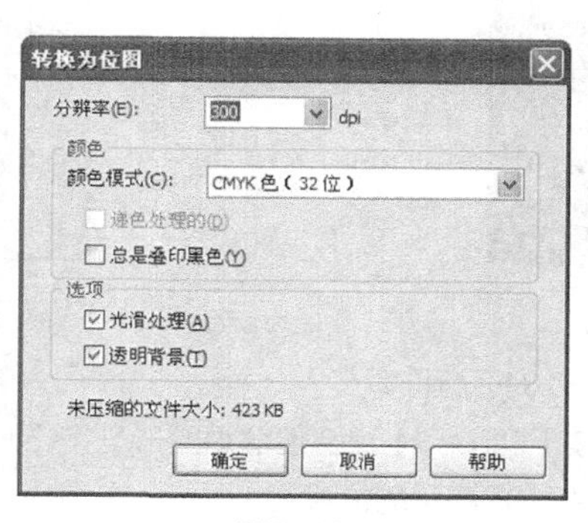

图7-92

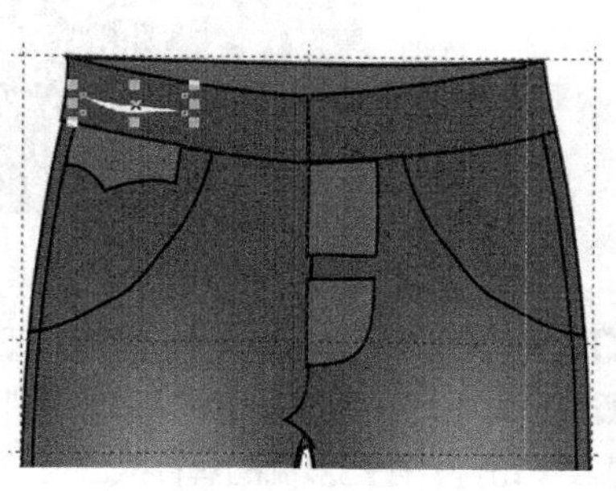

图7-93

28 执行菜单栏中的【位图】/【模糊】/【高斯式模糊】命令，弹出“高斯式模糊”对话框，设置各项参数如图7-94所示。

29 单击【确定】按钮，得到的效果如图7-95所示。

30 使用选择工具拖动鼠标调整猫须工艺的大小，得到的效果如图7-96所示。

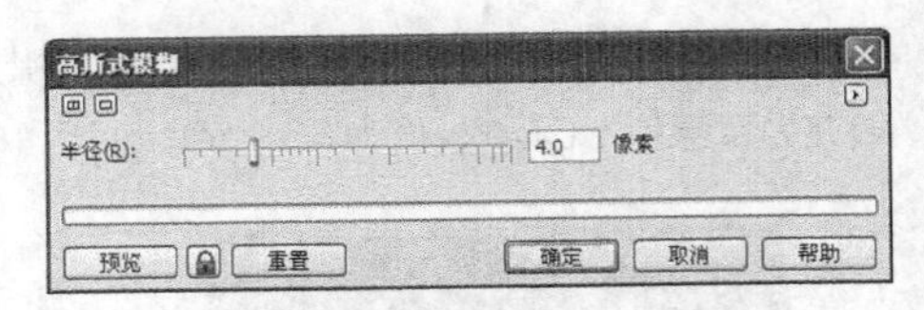

图7-94

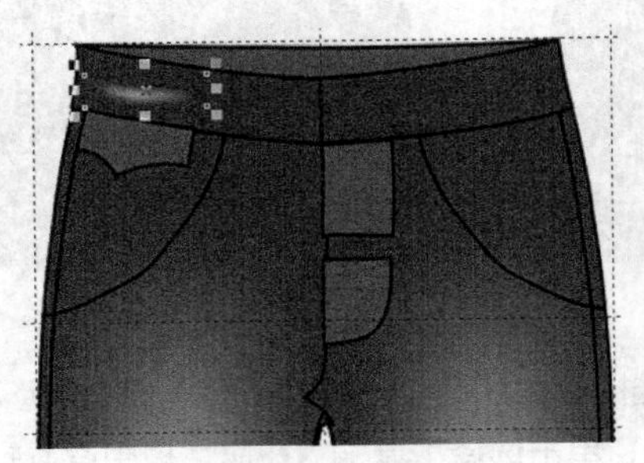

图7-95

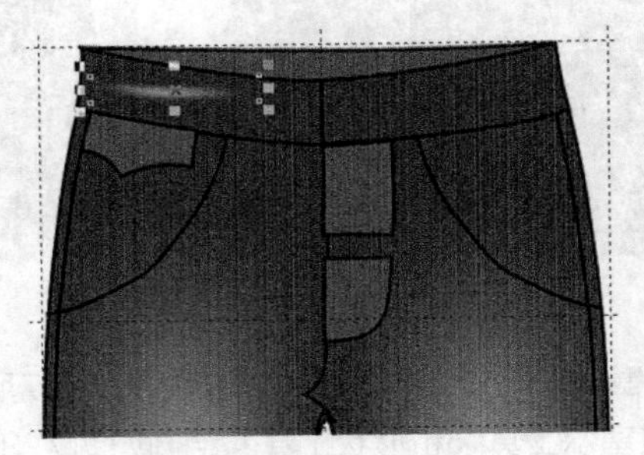

图7-96

31 重复步骤**25**~步骤**30**的操作，在牛仔裤腰头上绘制猫须工艺表现，得到的效果如图7-97所示。

32 使用贝塞尔工具和形状工具在腰头上绘制裤袢，单击选择工具，在属性栏中设置轮廓宽度为.35mm，并填充为藏青色，CMYK值为82，67，65，35，得到的效果如图7-98所示。

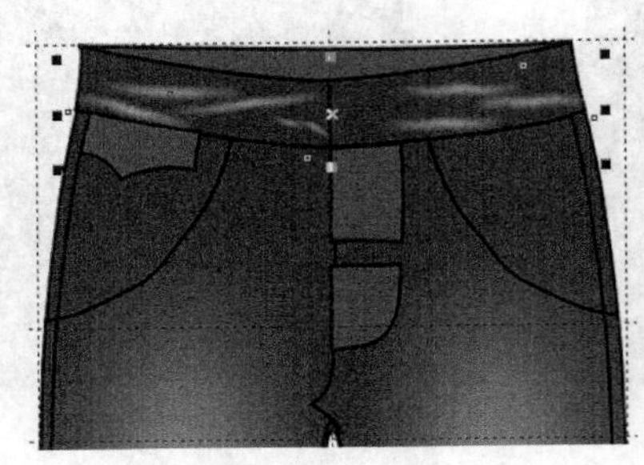

图7-97

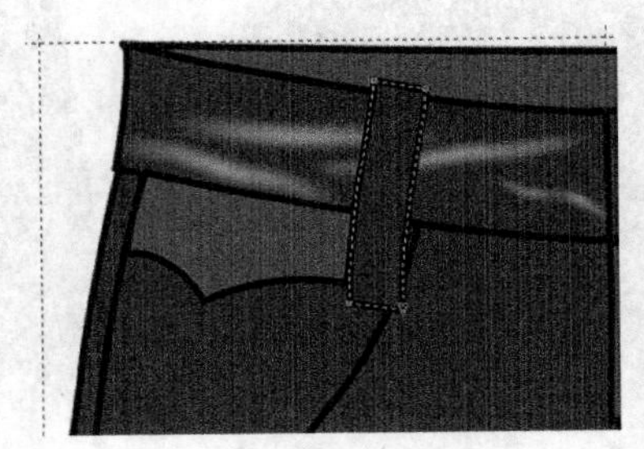

图7-98

33 使用贝塞尔工具和形状工具在如图7-99所示的裤袢上绘制4条缉明线，使缉明线处于选择状态，按【F12】键，弹出“轮廓笔”对话框，选项及参数设置如图7-100所示。

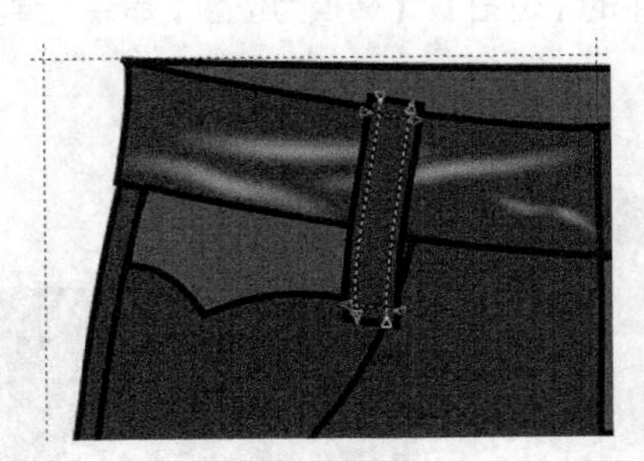

图7-99

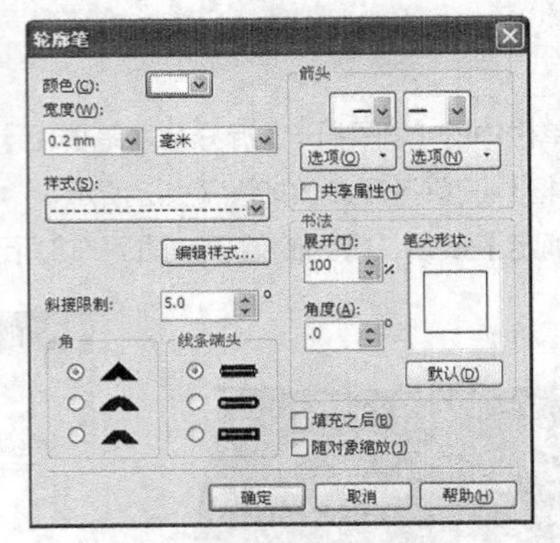

图7-100

34 单击【确定】按钮，得到的效果如图7-101所示。

35 使用选择工具框选整个裤袢造型，按【Ctrl+G】组合键群组图形。按【+】键复制裤袢，单击属性栏中的“水平镜像”按钮，并把复制的裤袢摆放在如图7-102所示的位置。

36 选择贝塞尔工具和形状工具，在如图7-103所示的腰头、门襟、口袋、裤中线、侧缝、裤脚口等处绘制缉明线，使缉明线处于选择状态，按【F12】键，弹出“轮廓笔”对话框，选项及参数设置如图7-104所示。

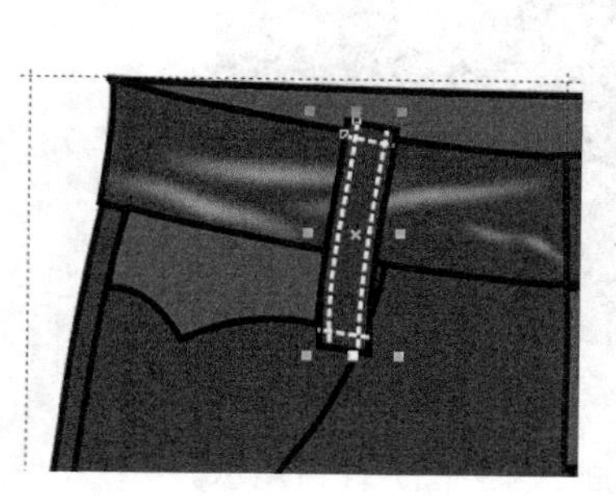

图7-101

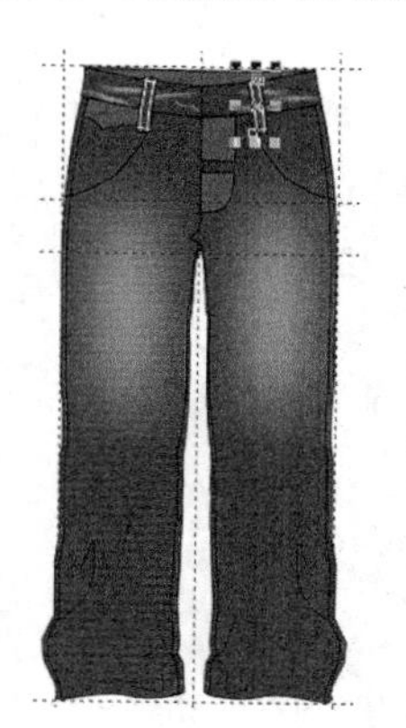

图7-102

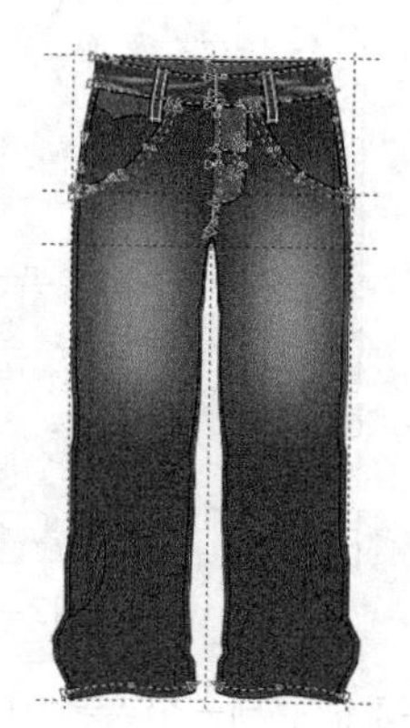

图7-103

37 单击【确定】按钮，得到的效果如图7-105所示。

38 重复上两步的操作绘制左侧袋盖上的缉明线，得到的效果如图7-106所示。

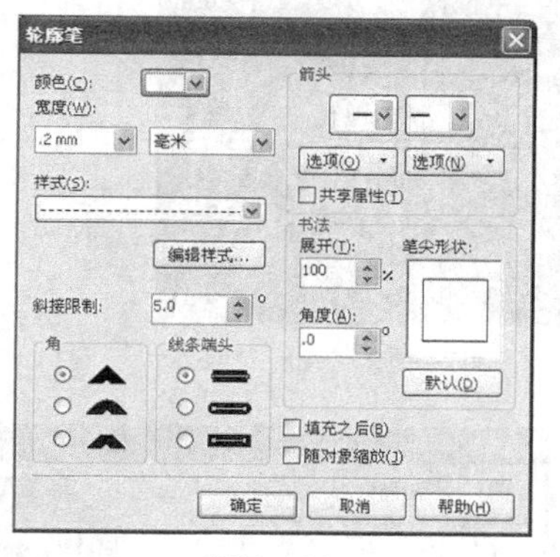

图7-104

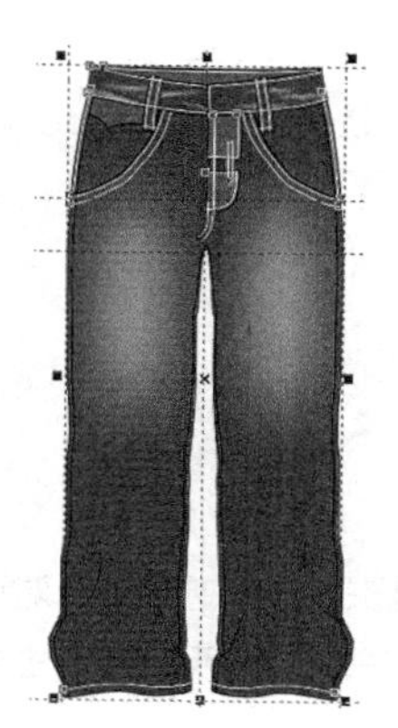

图7-105

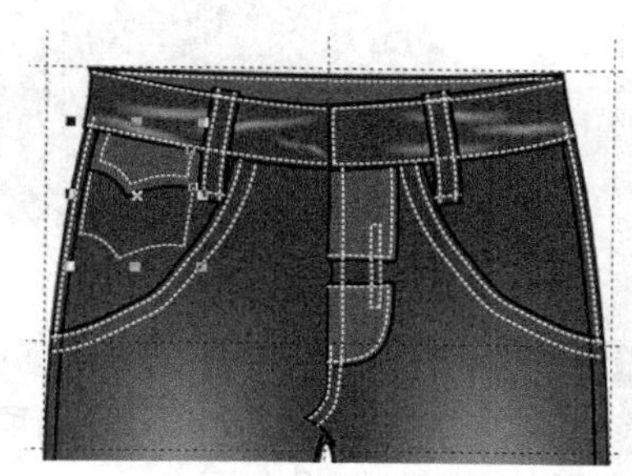

图7-106

39 使用选择工具挑选两个裤袢，执行菜单栏中的【排列】/【顺序】/【到页面前面】，得到的效果如图7-107所示。

40 使用椭圆形工具，按住【Ctrl】键在口袋处绘制一个圆形，在属性栏中设置轮廓宽度为 .2 mm，得到的效果如图7-108所示。

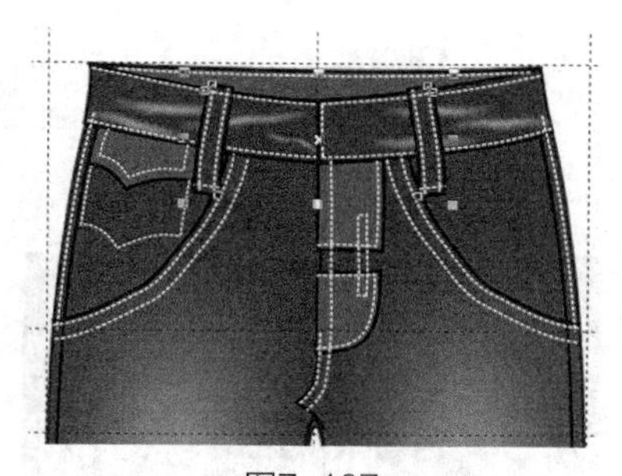

图7-107

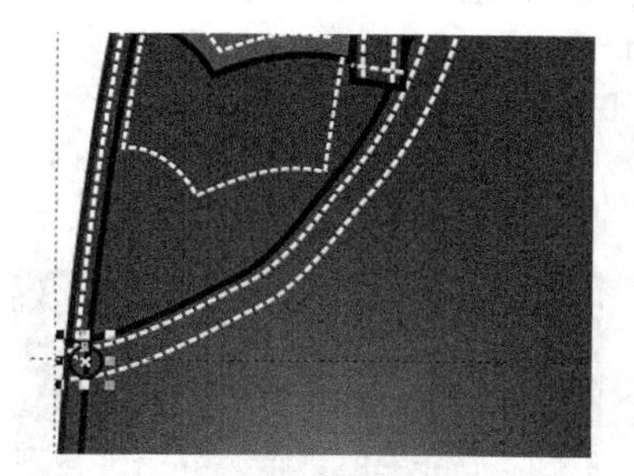

图7-108

41 单击工具箱中的渐变填充工具 渐变填充，在弹出的“渐变填充”对话框中选择“类型”为“辐射”渐变，设置各项参数如图7-109所示，其中主要控制点的位置和颜色参数分别如下。

位置：0　　　　　　　颜色：60%黑色

位置：100　　　　　　颜色：10%黑色

完成的渐变效果如图7-110所示。

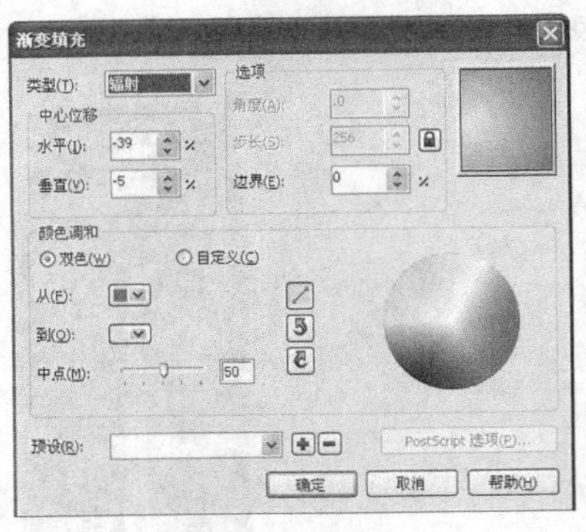

图7-109

图7-110

42 按【+】键复制一个绘制好的撞钉，把复制的图形向右移动到一定的位置，得到的效果如图7-111所示。

43 使用椭圆形工具，按住【Ctrl】键在腰头上绘制工字扣，在属性栏中设置轮廓宽度为 .2 mm，得到的效果如图7-112所示。

图7-111

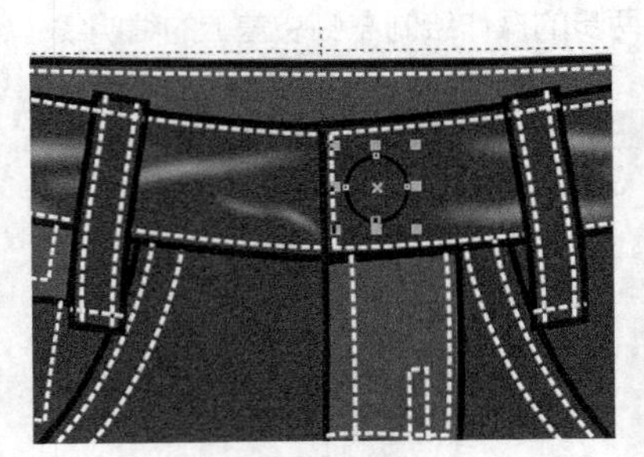

图7-112

44 单击工具箱中的渐变填充工具 渐变填充，在弹出的“渐变填充”对话框中选择“类型”为“辐射”渐变，设置各项参数如图7-113所示，其中主要控制点的位置和颜色参数分别如下。

位置：0　　　　颜色：60%黑色

位置：100　　　颜色：10%黑色

完成的渐变效果如图7-114所示。

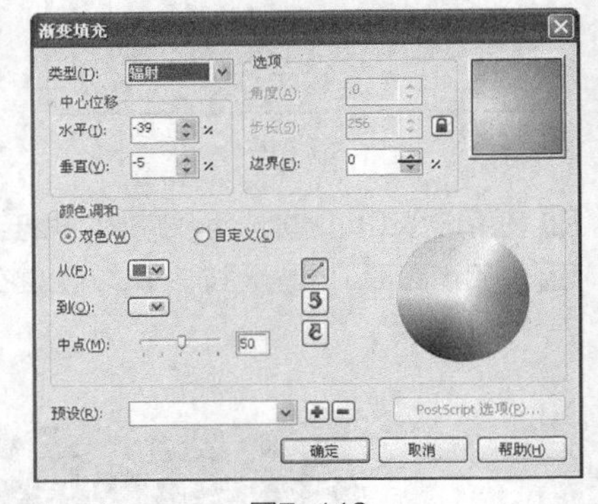

图7-113

45 按【+】键复制圆形，再按住【Shift】键等比例缩小图形，得到的工字扣效果如图7-115所示。

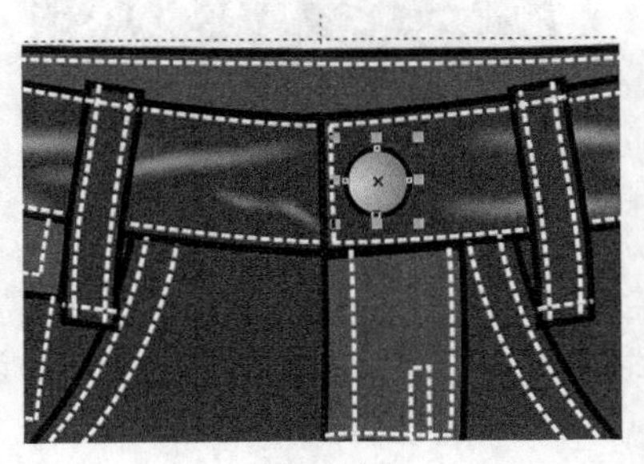

图7-114

图7-115

46 执行菜单栏中的【编辑】/【全选】/【辅助线】命令，选择所有的辅助线，按【Delete】键删除，得到的效果如图7-116所示。

47 使用选择工具框选所有图形，按【Ctrl+G】组合键群组图形。这样就完成了男式牛仔裤的绘制，效果如图7-117所示。

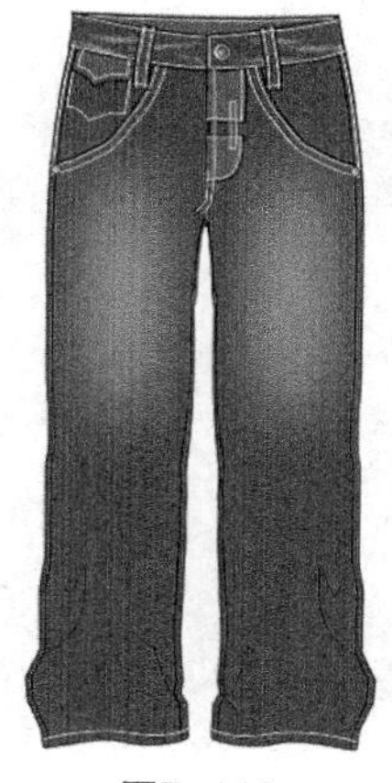
图7-116

图7-117

7.2 运动裤

7.2.1 女式运动长裤

女式运动长裤的整体设计效果如图7-118所示。

设计重点

造型设计，罗纹腰头、裤脚口的表现，抽绳、鸡眼扣的表现。

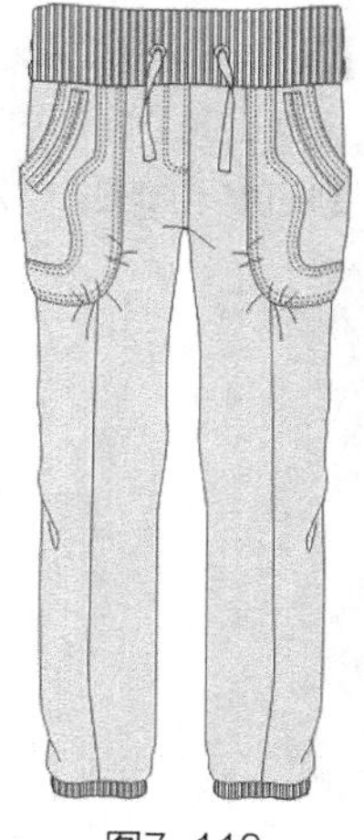
图7-118

操作步骤

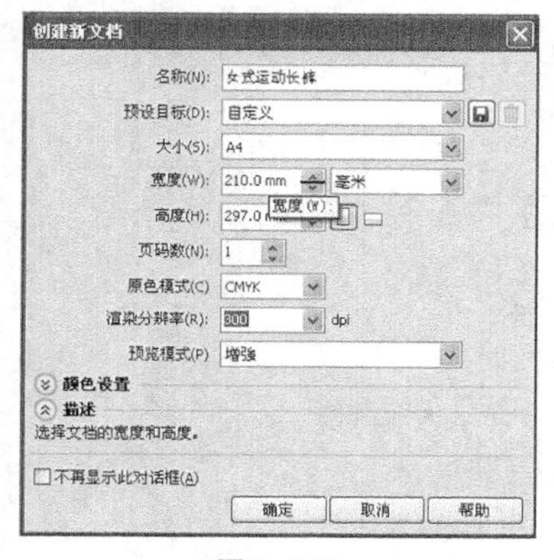

图7-119

01 打开CorelDRAW软件，执行菜单栏中的【文件】/【新建】命令，或使用【Ctrl+N】组合键，弹出“创建新文档”对话框，命名文件为“女式运动长裤”，如图7-119所示。在属性栏中设定纸张大小为A4，横向摆放，如图7-120所示。

图7-120

02 鼠标单击上方和左方的标尺栏，分别从上往下、从左往右拖动添加8条辅助线，确定裤长、裆深、脚口宽等位置，如图7-121所示。

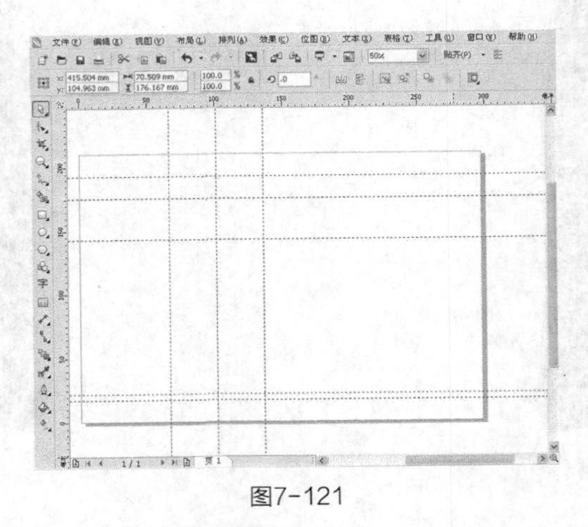

图7-121

03 使用贝塞尔工具和形状工具绘制如图7-122所示的裤子造型。

专家提示

使用贝塞尔工具和形状工具绘制裤子造型时要注意腰臀部分曲线的处理，运动裤比较宽松，以直身为主要造型。

04 单击选择工具，在属性栏中设置轮廓宽度为 .35 mm，选择工具箱中的均匀填充工具 均匀填充，给图形填充灰色，在弹出的“均匀填充”对话框中将填色的数值设置CMYK值为5，0，5，10，如图7-123所示。单击【确定】按钮，得到的效果如图7-124所示。

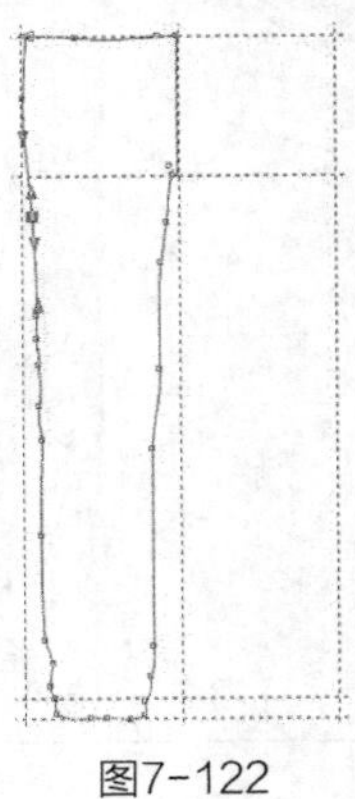

图7-122

图7-123

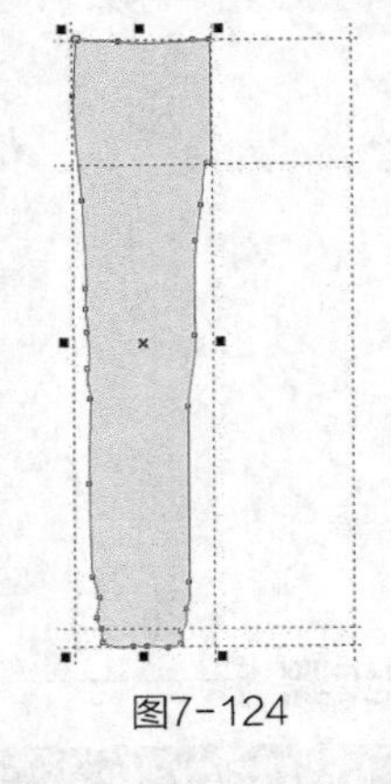

图7-124

05 使用贝塞尔工具和形状工具绘制如图7-125所示的口袋。单击选择工具，在属性栏中设置轮廓宽度为 .35 mm，并填充为灰色，CMYK值为5，0，5，10，得到的效果如图7-126所示。

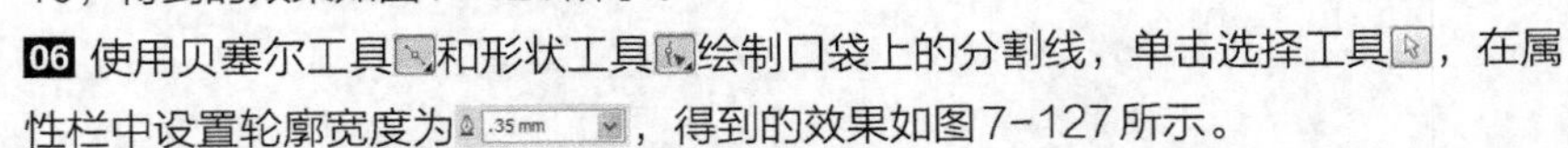

06 使用贝塞尔工具和形状工具绘制口袋上的分割线，单击选择工具，在属性栏中设置轮廓宽度为 .35 mm，得到的效果如图7-127所示。

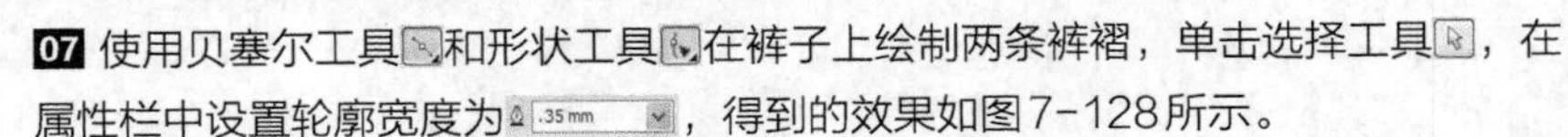

07 使用贝塞尔工具和形状工具在裤子上绘制两条裤褶，单击选择工具，在属性栏中设置轮廓宽度为 .35 mm，得到的效果如图7-128所示。

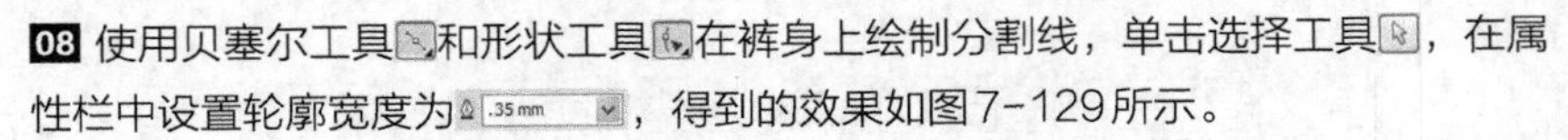

08 使用贝塞尔工具和形状工具在裤身上绘制分割线，单击选择工具，在属性栏中设置轮廓宽度为 .35 mm，得到的效果如图7-129所示。

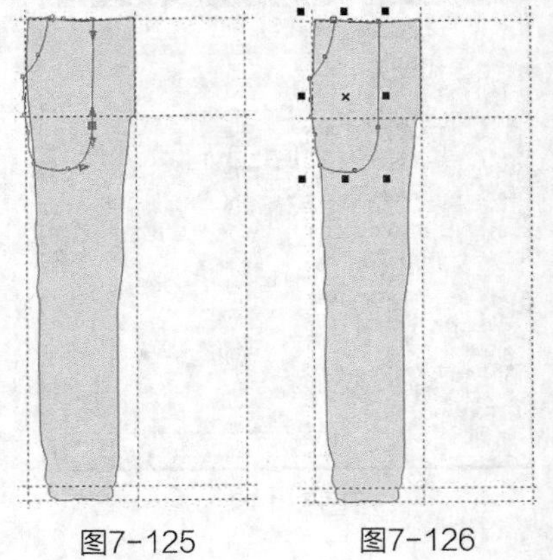

图7-125　图7-126

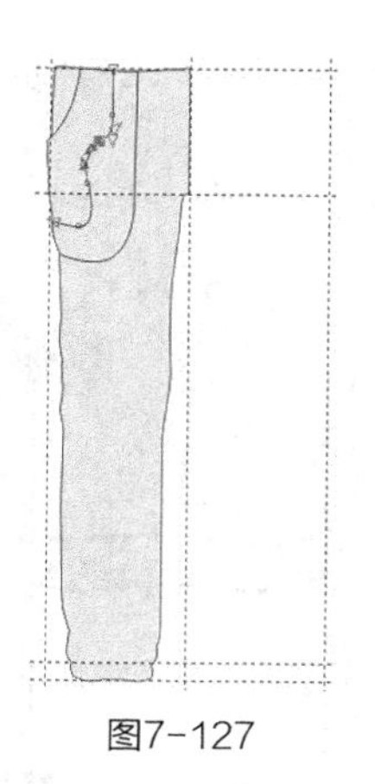
图7-127

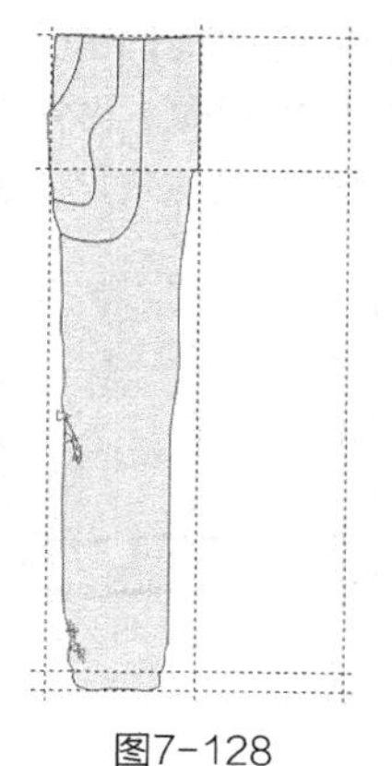
图7-128

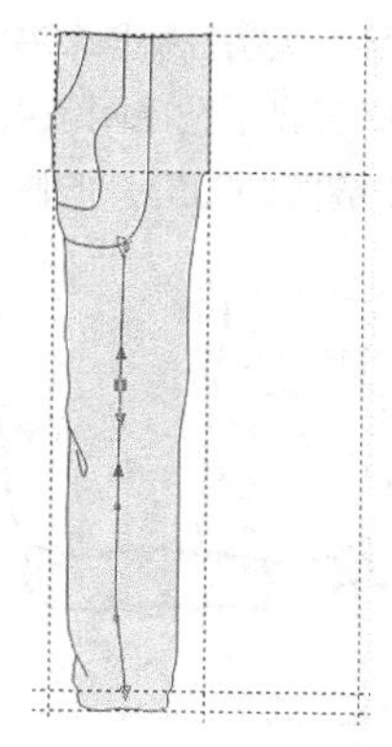
图7-129

09 使用贝塞尔工具和形状工具绘制如图7-130所示的裤脚口。

10 使用贝塞尔工具和形状工具绘制口袋上的斜插袋。单击选择工具，在属性栏中设置轮廓宽度为 .35 mm ，得到的效果如图7-131所示。

11 使用贝塞尔工具和形状工具在绘制口袋上的褶裥线，单击选择工具，在属性栏中设置轮廓宽度为 .35 mm ，得到的效果如图7-132所示。

12 选择贝塞尔工具和形状工具，在如图7-133所示口袋处绘制8条缉明线，使缉明线处于选择状态，按【F12】键，弹出“轮廓笔”对话框，选项及参数设置如图7-134所示。

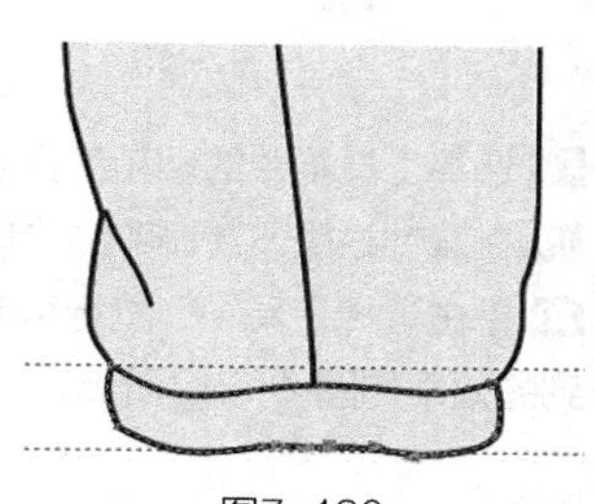
图7-130

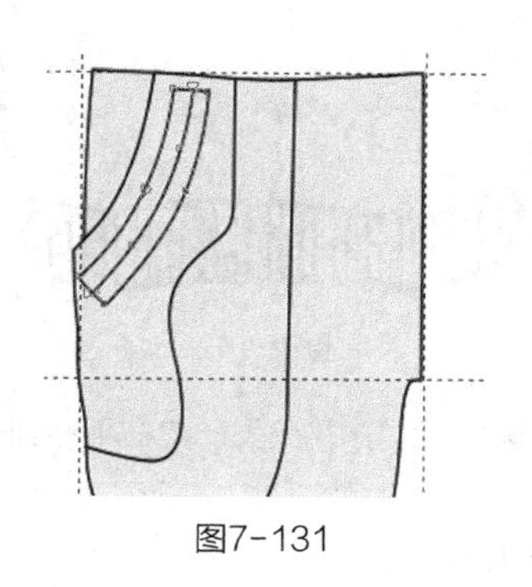
图7-131

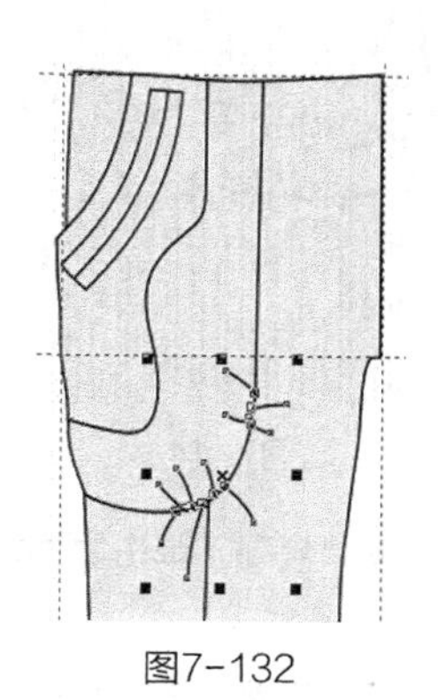
图7-132

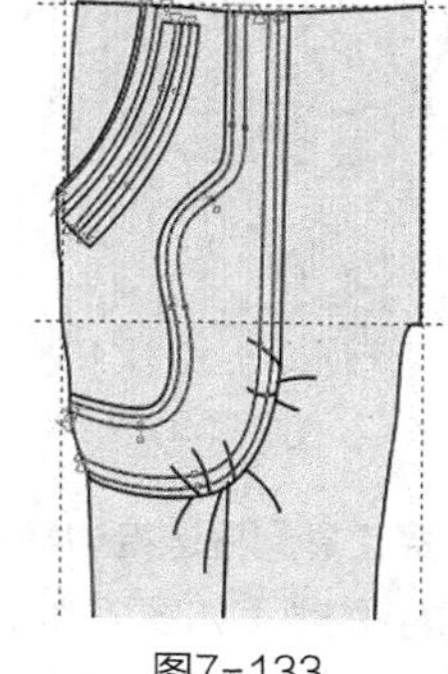
图7-133

13 单击【确定】按钮，得到的效果如图7-135所示。

14 执行菜单栏中的【编辑】/【全选】/【辅助线】命令，选择所有的辅助线，按【Delete】键删除，得到的效果如图7-136所示。

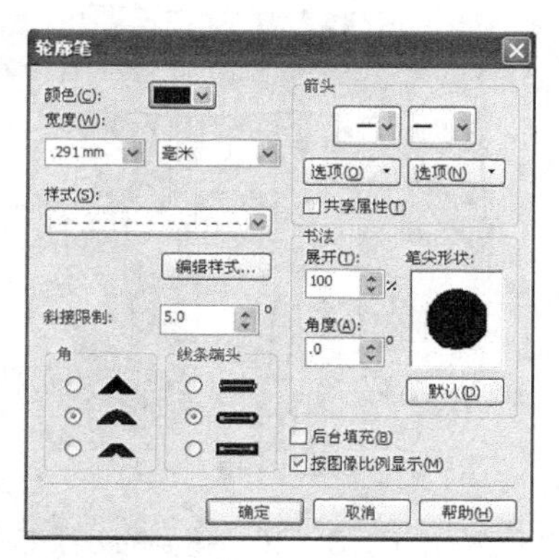

图7-134

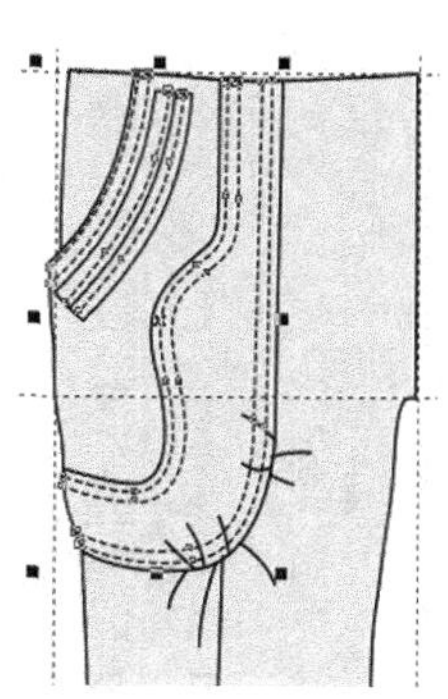
图7-135

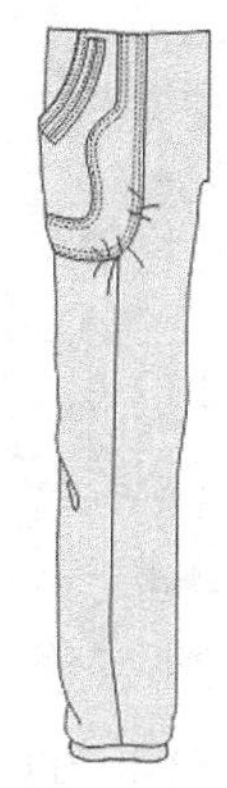
图7-136

15 使用手绘工具在裤脚口绘制两条直线，在属性栏中设置轮廓宽度为，得到的效果如图7-137所示。

16 使用选择工具选择两条直线，单击属性栏中的合并按钮，得到的效果如图7-138所示。

17 按【+】键复制图形，按住【Ctrl】键，把复制的图形往右移动到如图7-139所示的位置。

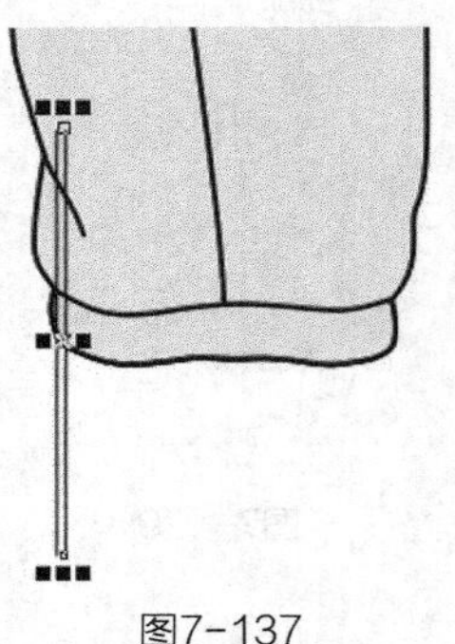

图7-137

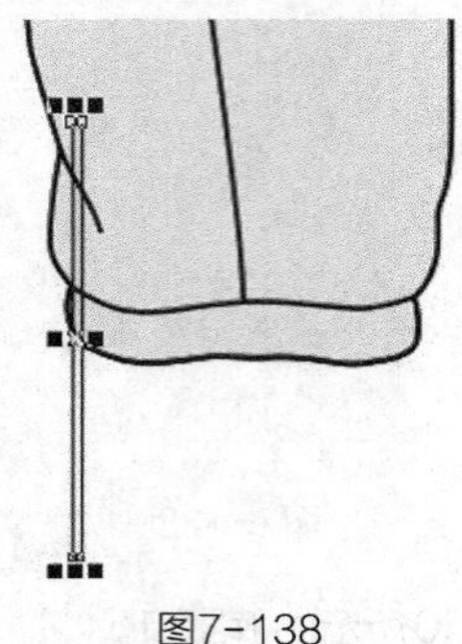

图7-138

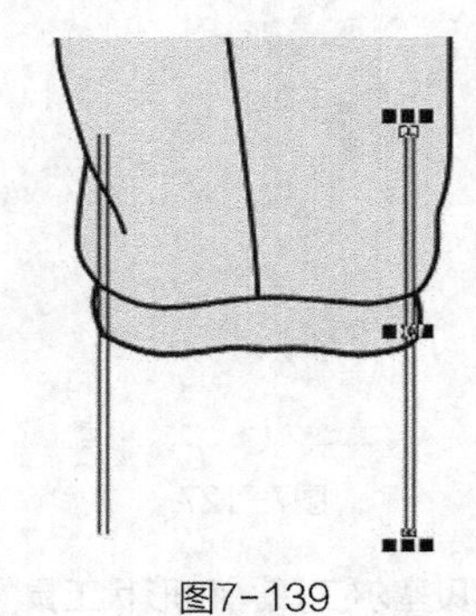

图7-139

18 选择工具箱中的调和工具，单击左边的直线往右拖动鼠标至右边的图形，执行调和效果，如图7-140所示。

19 在属性栏中设置调和的步数为，得到的效果如图7-141所示。

20 单击选择工具，执行菜单栏中的【效果】/【图框精确剪裁】/【置于图文框内部】命令，把图形放置在裤脚口内，得到的效果如图7-142所示。

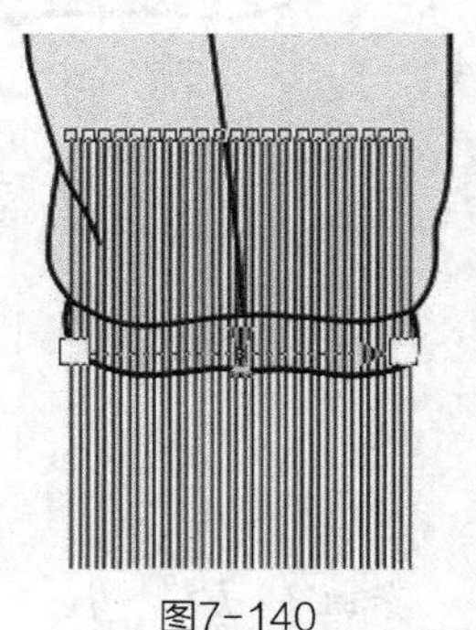

图7-140

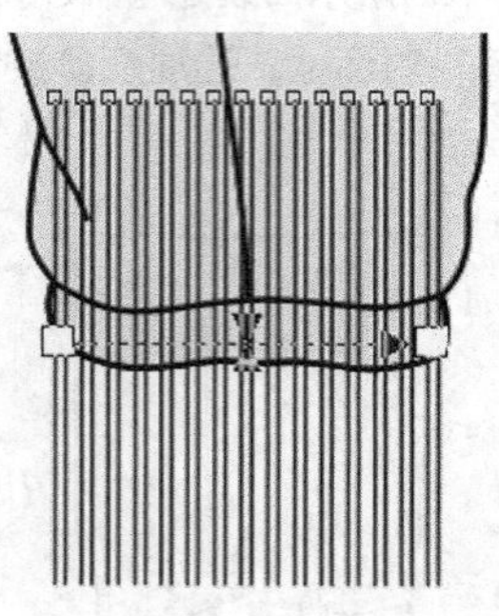

图7-141

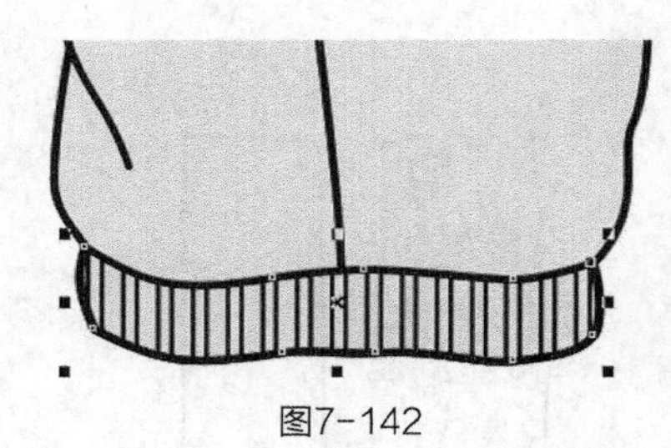

图7-142

21 使用选择工具框选绘制好的左边裤形，按【+】键复制，单击属性栏中的水平镜像按钮，并把图形向右平移到一定的位置，得到的效果如图7-143所示。

22 执行菜单栏中的【排列】/【顺序】/【到页面后面】命令，得到的效果如图7-144所示。

23 使用贝塞尔工具和形状工具绘制如图7-145所示的裤腰部分。

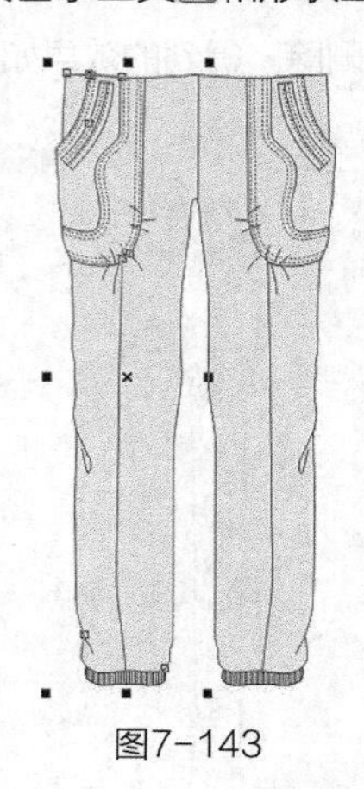

图7-143

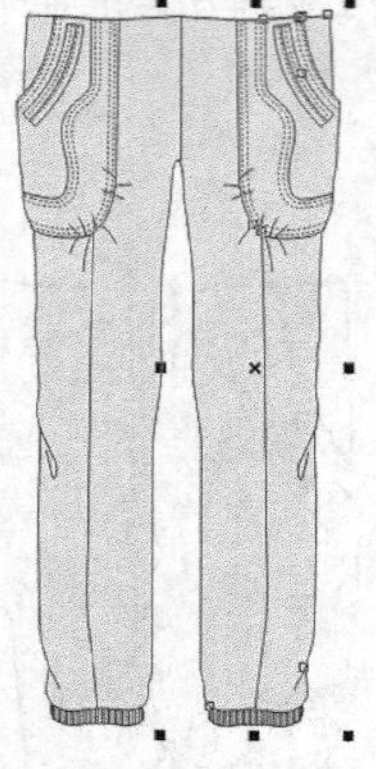

图7-144

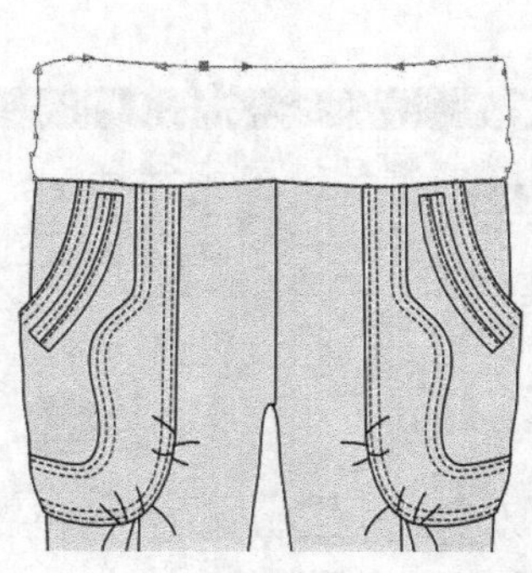

图7-145

24 单击选择工具，在属性栏中设置轮廓宽度为，并填充为灰色，CMYK值为5，0，5，10，得到的效果如图

7-146所示。

25 重复步骤**15**～步骤**20**的操作，完成的腰头罗纹效果如图7-147所示。

26 使用贝塞尔工具和形状工具绘制裤裆处的褶裥线，单击选择工具，在属性栏中设置轮廓宽度为 .35 mm，得到的效果如图7-148所示。

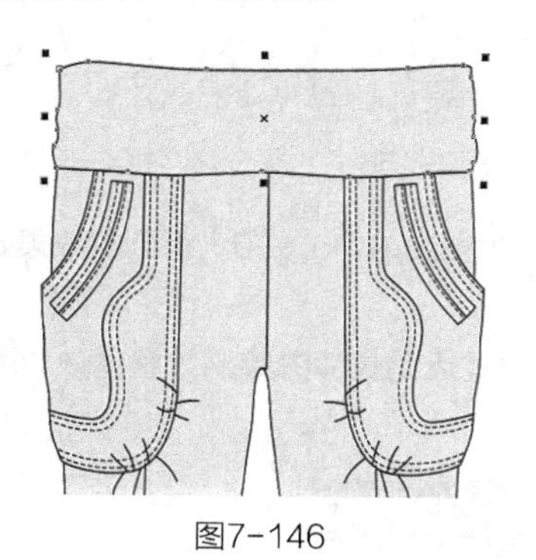

图7-146

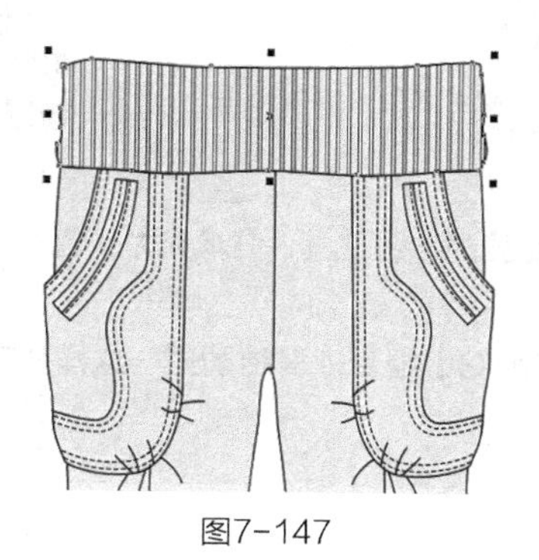

图7-147

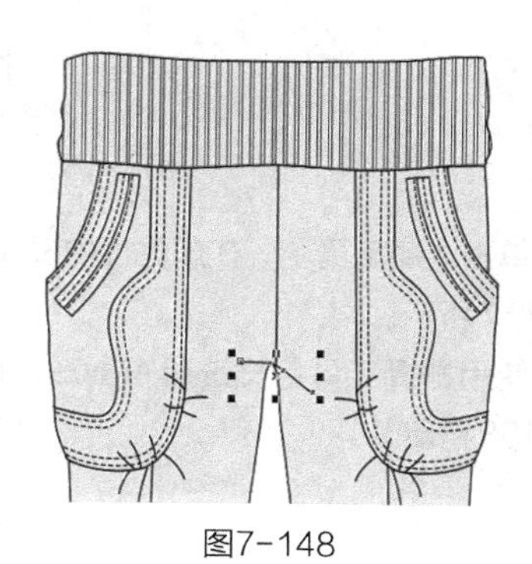

图7-148

27 选择贝塞尔工具和形状工具，在如图7-149所示的门襟处绘制3条缉明线，使缉明线处于选择状态，按【F12】键，弹出“轮廓笔”对话框，选项及参数设置如图7-150所示。

28 单击【确定】按钮，得到的效果如图7-151所示。

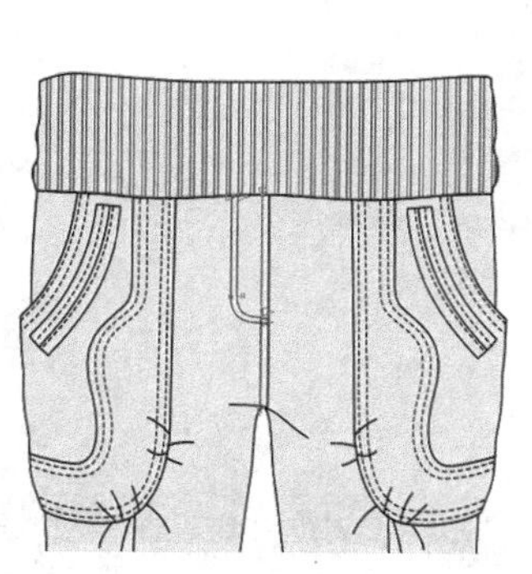

图7-149

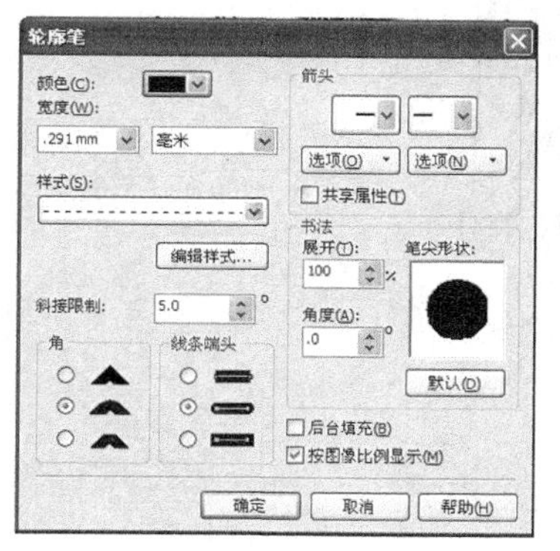

图7-150

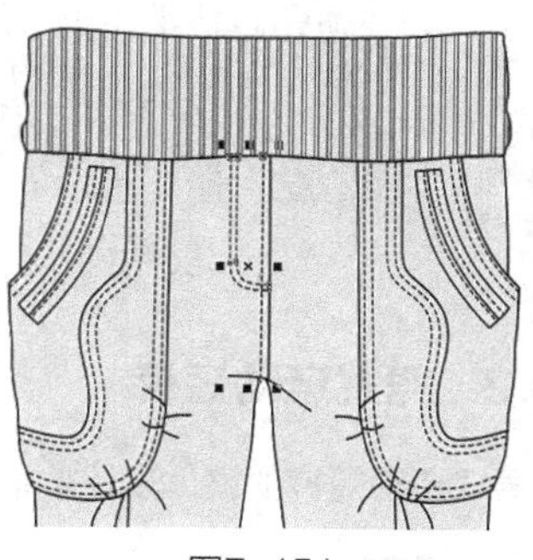

图7-151

29 选择椭圆形工具，按住【Ctrl】键在腰头部分绘制一个圆形，在属性栏中设置轮廓宽度为 .2 mm，并填充为灰色，CMYK值为5，0，5，10，如图7-152所示。

30 按【+】键复制圆形，再按住【Shift】键等比例缩小图形，得到的效果如图7-153所示。

31 使用选择工具框选两个圆形，单击属性栏中的合并按钮，得到的效果如图7-154所示。

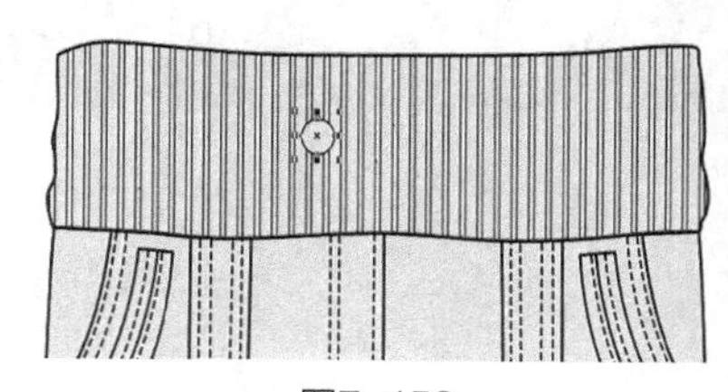

图7-152

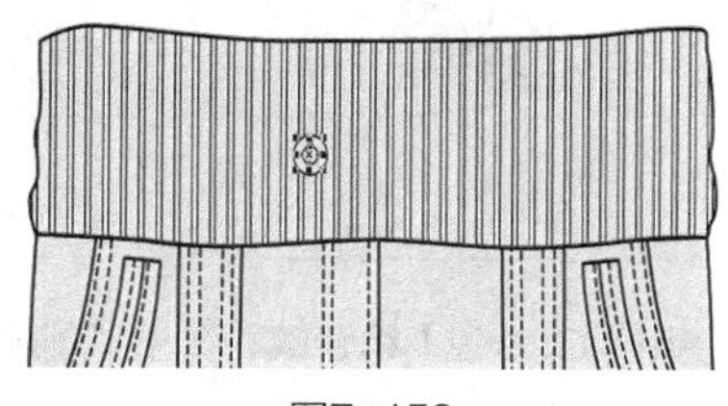

图7-153

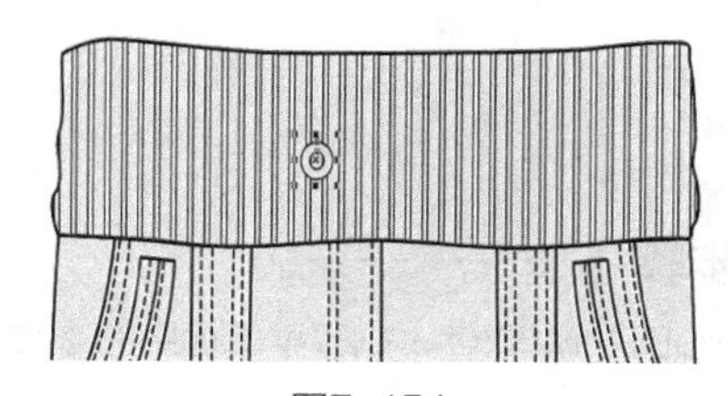

图7-154

32 使用选择工具选择图形，按【+】键复制，并把图形向右平移到一定的位置，得到的效果如图7-155所示。

33 使用贝塞尔工具和形状工具绘制如图7-156所示的腰头的抽绳。

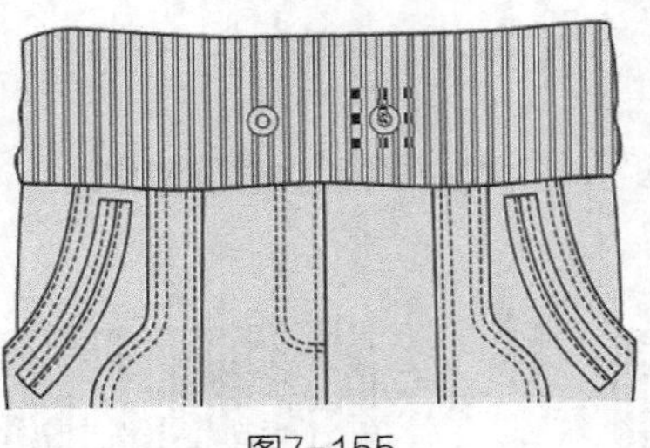
图7-155

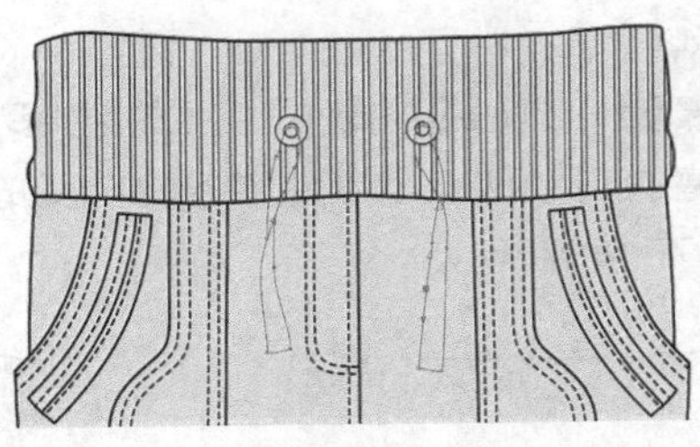
图7-156

34 单击选择工具，在属性栏中设置轮廓宽度为.35 mm，并填充为灰色，CMYK值为5，0，5，10，得到的效果如图7-157所示。

35 使用选择工具框选所有图形，按【Ctrl+G】组合键群组图形。这样就完成了女式运动长裤的绘制，整体效果如图7-158所示。

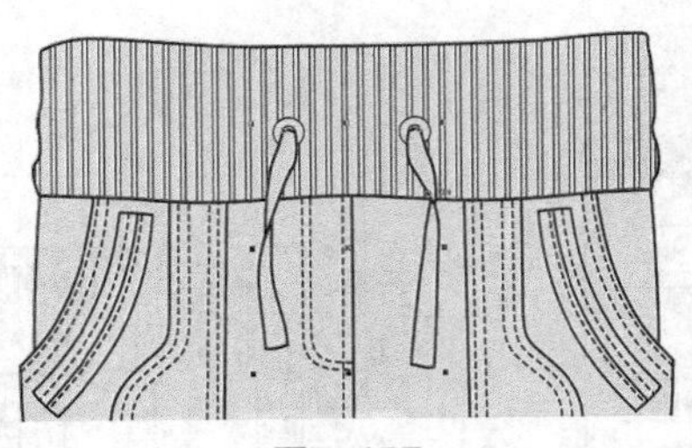
图7-157

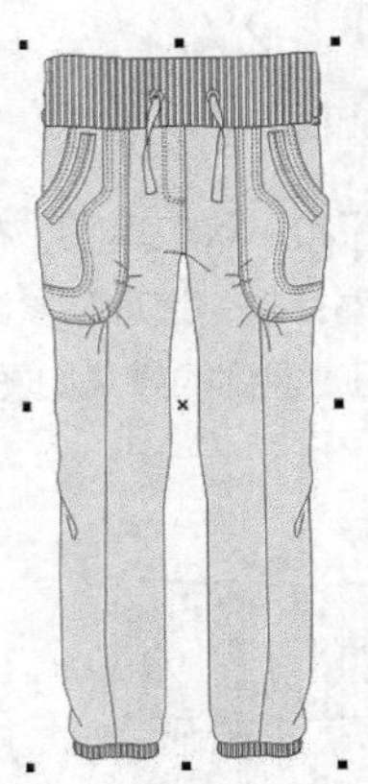
图7-158

7.2.2 男式运动短裤

男式运动短裤的整体设计效果如图7-159所示。

设计重点

造型设计、松紧带腰头表现、色彩填充、织带表现。

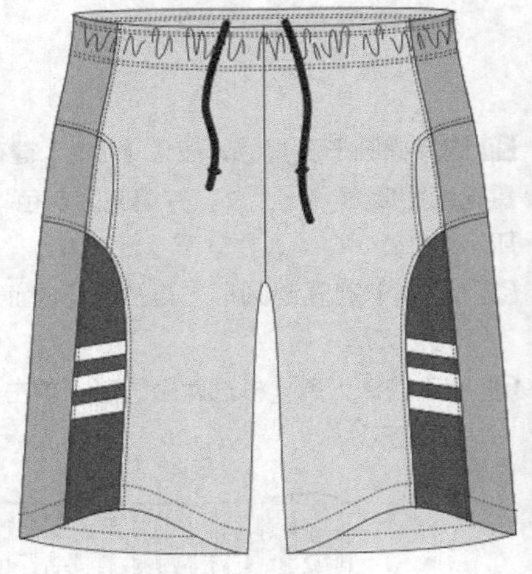
图7-159

操作步骤

01 打开CorelDRAW软件，执行菜单栏中的【文件】/【新建】命令，或使用【Ctrl+N】组合键，弹出“创建新文档”对话框，命名文件为“男式运动短裤”，如图7-160所示。在属性栏中设定纸张大小为A4，横向摆放，如图7-161所示。

02 鼠标单击上方和左方的标尺栏，分别从上往下、从左往右拖动添加7条辅助线，确定裤长、裆深、分割线等位置，如图7-162所示。

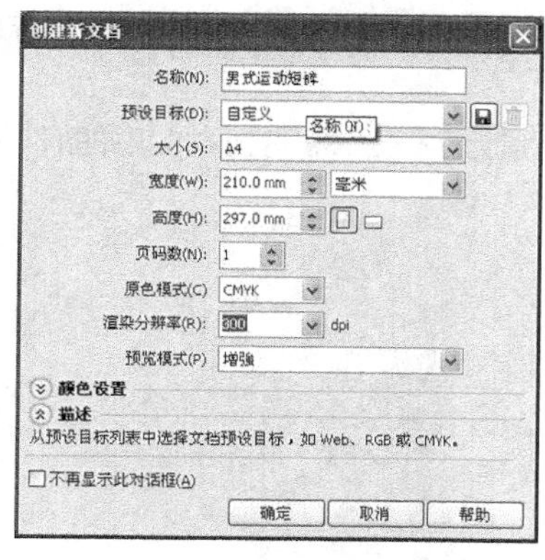

图7-160

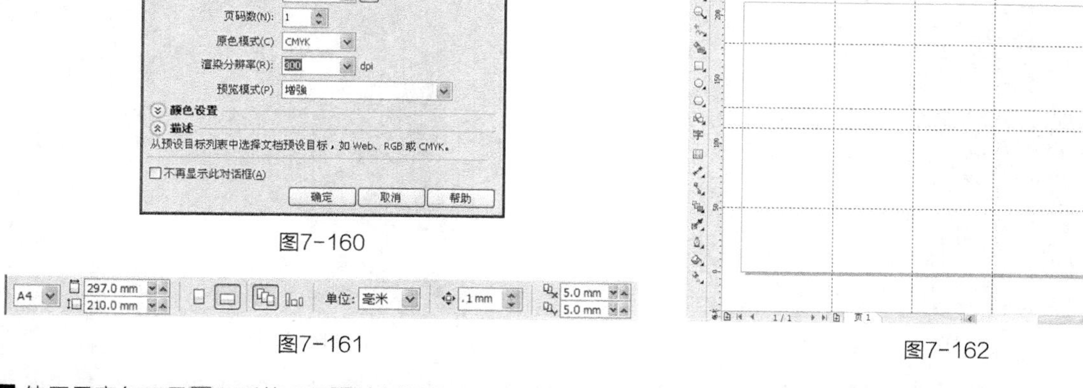

图7-161

图7-162

03 使用贝塞尔工具和形状工具绘制如图7-163所示的裤子造型，在属性栏中设置轮廓宽度为.35 mm，并填充为浅绿色，CMYK值为18，0，35，0。

04 使用贝塞尔工具和形状工具绘制如图7-164所示的裤子后片，在属性栏中设置轮廓宽度为.35 mm，并填充为浅绿色，CMYK值为18，0，35，0。

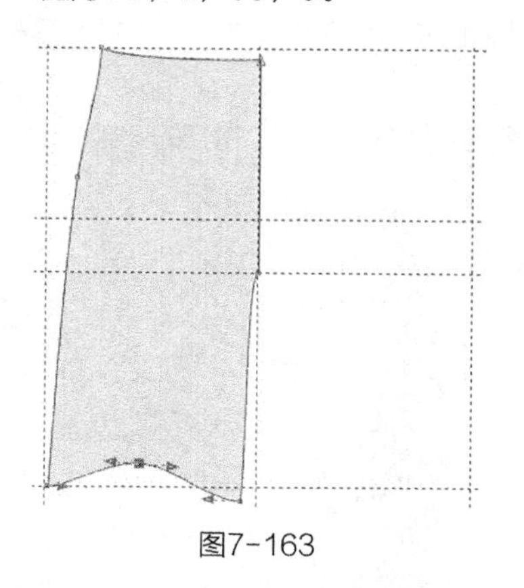

图7-163

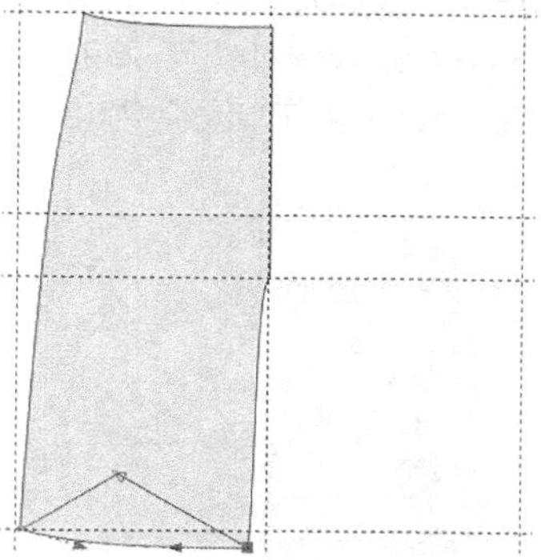

图7-164

05 执行菜单栏中的【排列】/【顺序】/【到页面后面】命令，得到的效果如图7-165所示。

06 使用贝塞尔工具和形状工具在裤身上绘制一条分割线，在属性栏中设置轮廓宽度为.35 mm，得到的效果如图7-166所示。

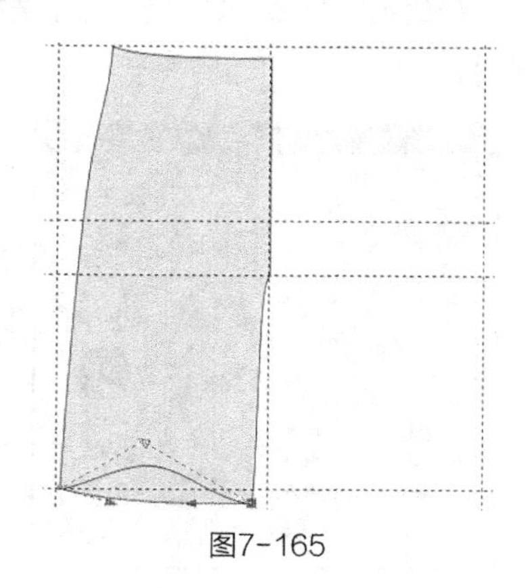

图7-165

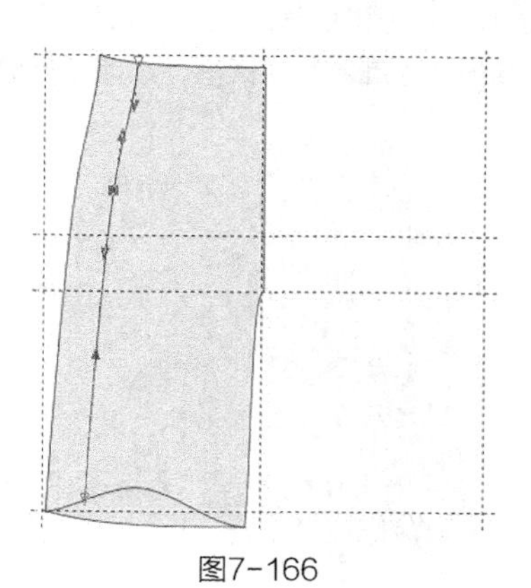

图7-166

07 选择工具箱中的智能填充工具，在属性栏中设置填充色为草绿色，CMYK值为39，0，98，0，鼠标单击分割线左侧的裤身部分，得到的效果如图7-167所示。

08 使用贝塞尔工具和形状工具绘制分割线，在属性栏中设置轮廓宽度为 .35 mm ，得到的效果如图7-168所示。

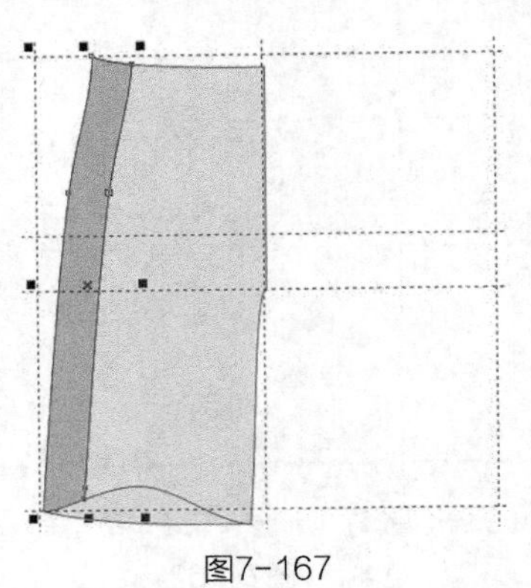

图7-167

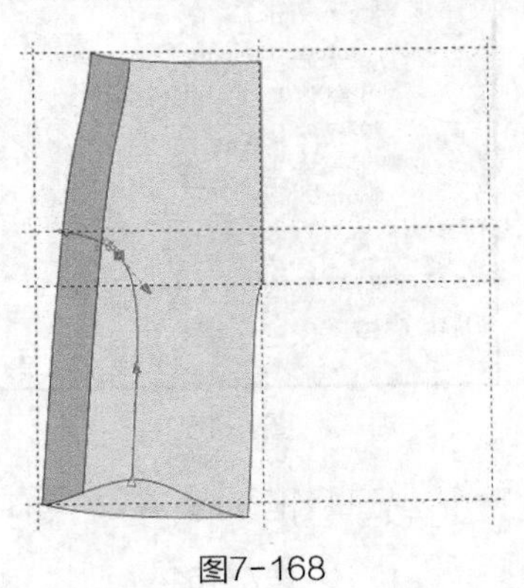

图7-168

专家提示

智能填充工具可以在保留原图形的基础上复制并填色，尤其是在一些交叉的区域可以做到单独填色。但要注意的是在绘制分割线时可以适当地把线条延伸超过裤身一点，这样方便填色。

09 选择工具箱中的智能填充工具，在属性栏中设置填充色为深绿色，CMYK值为93，47，91，11，鼠标单击分割线左侧的裤身部分，得到的效果如图7-169所示。

10 使用贝塞尔工具和形状工具绘制第3条分割线，在属性栏中设置轮廓宽度为 .35 mm ，得到的效果如图7-170所示。

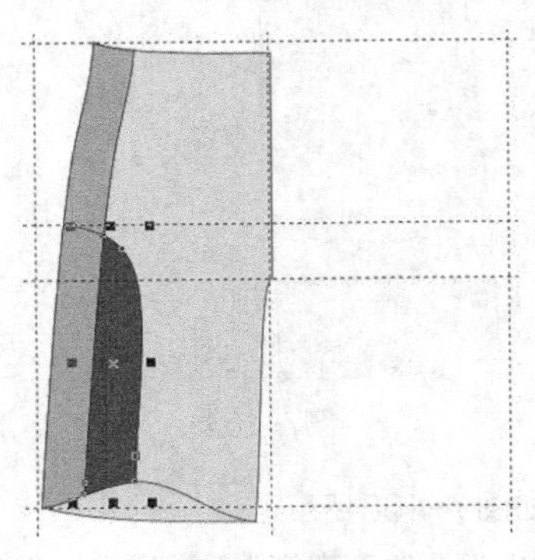

图7-169

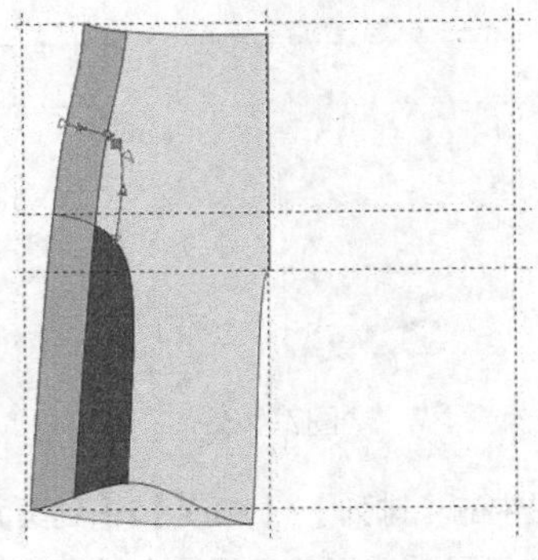

图7-170

11 选择贝塞尔工具和形状工具，在如图7-171所示的分割线、裤脚口处绘制缉明线，使缉明线处于选择状态，按【F12】键，弹出“轮廓笔”对话框，选项及参数设置如图7-172所示。

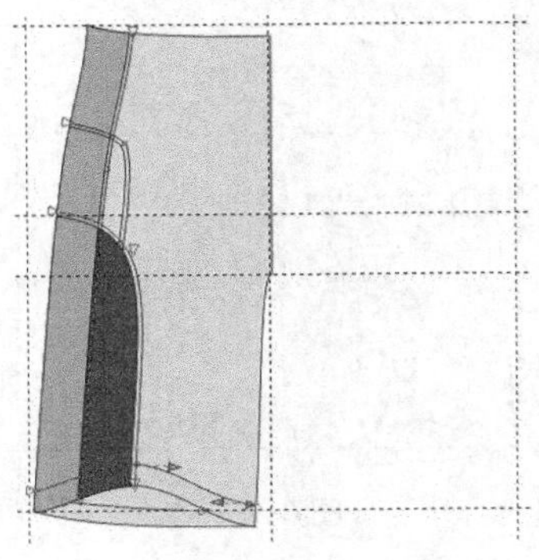

图7-171

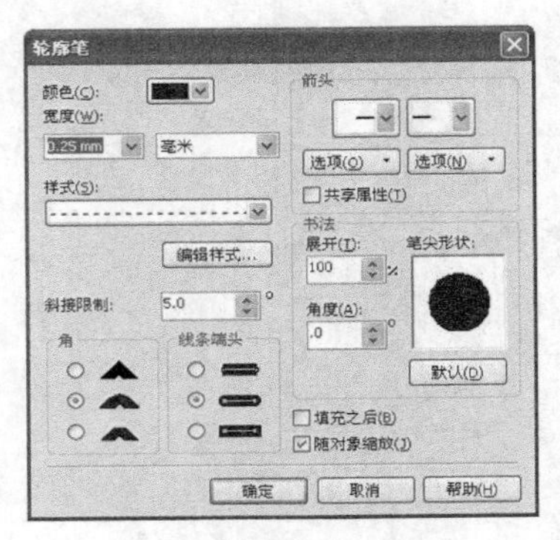

图7-172

12 单击【确定】按钮，得到的效果如图7-173所示。

13 使用贝塞尔工具在裤子上绘制3条路径，在属性栏中设置轮廓宽度为3.5 mm，得到的效果如图7-174所示。

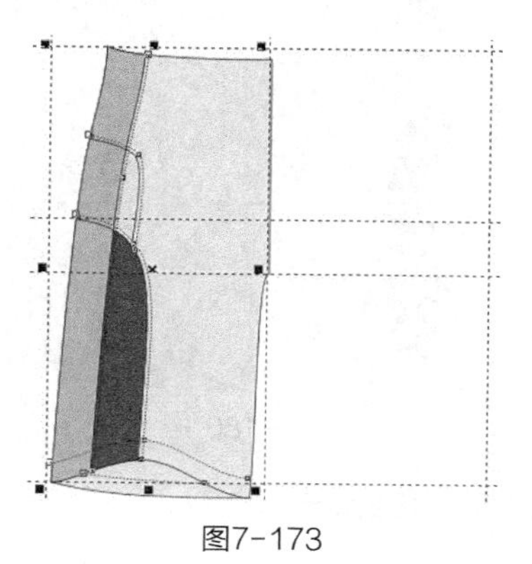

图7-173

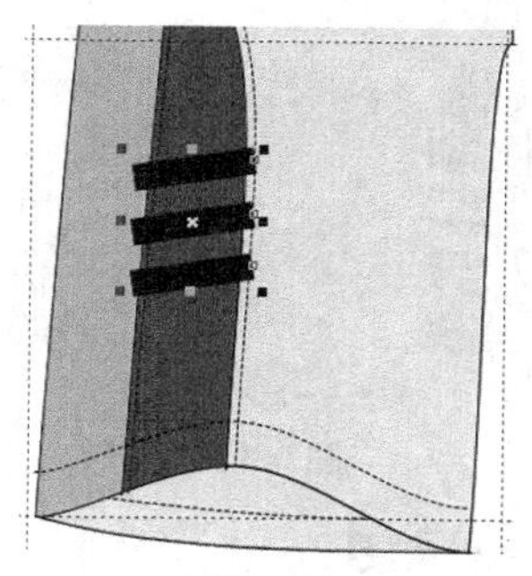

图7-174

14 单击选择工具，执行菜单栏中的【排列】/【将轮廓转换为对象】命令，得到的效果如图7-175所示。

15 单击选择工具，给图形填充白色，设置轮廓宽度为.2 mm，得到的效果如图7-176所示。

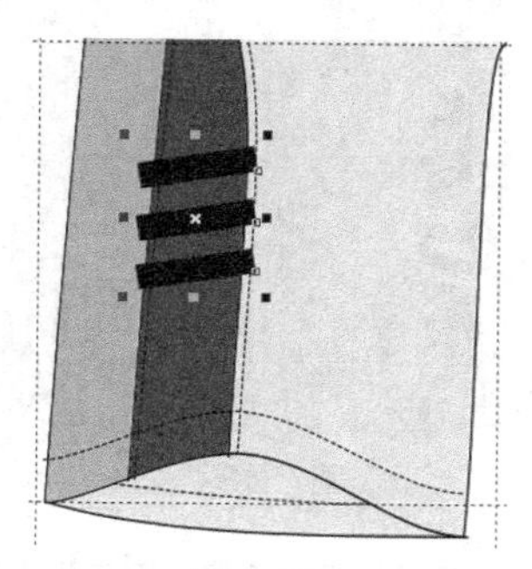

图7-175

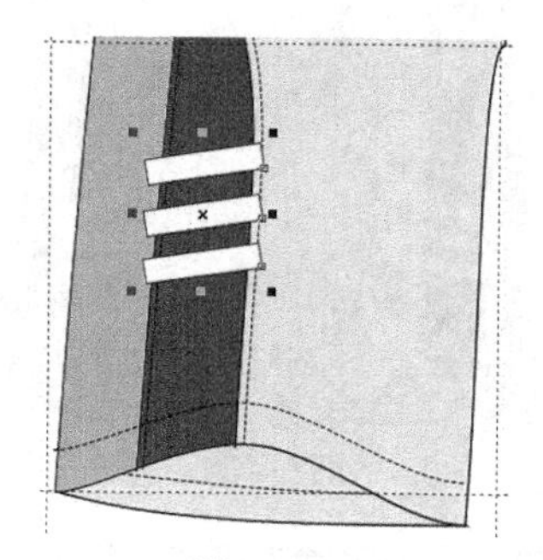

图7-176

16 执行菜单栏中的【效果】/【图框精确剪裁】/【置于图文框内部】命令，把图形放置在填充为深绿色的图形中，得到的效果如图7-177所示。

17 执行菜单栏中的【编辑】/【全选】/【辅助线】命令，选择所有辅助线，按【Delete】键删除，得到的效果如图7-178所示。

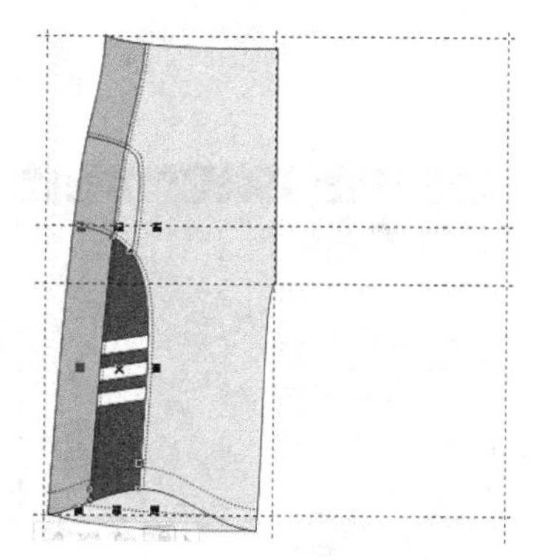

图7-177

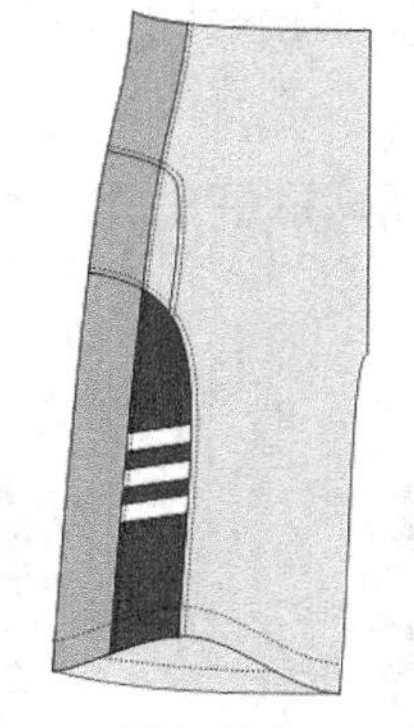

图7-178

18 使用选择工具框选绘制好的左边裤形，按【+】键复制，单击属性栏中的水平镜像按钮，并把图形向右平移到一定的位置，得到的效果如图7-179所示。

19 使用贝塞尔工具和形状工具绘制如图7-180所示的裤子后片造型，在属性栏中设置轮廓宽度为.35 mm，并填充为浅绿色，CMYK值为18，0，35，0。

20 执行菜单栏中的【排列】/【顺序】/【到页面后面】命令，得到的效果如图7-181所示。

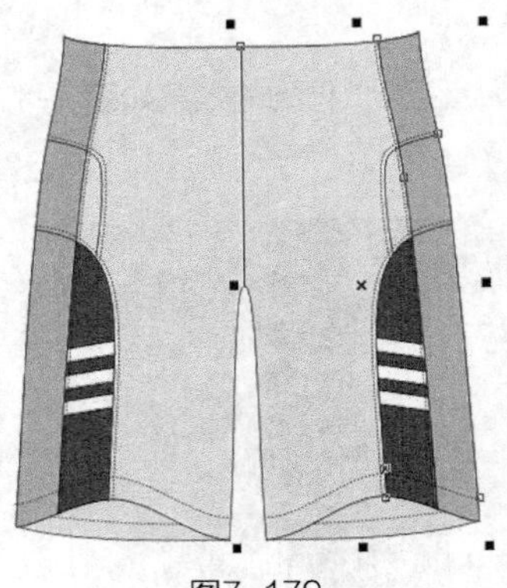

图7-179

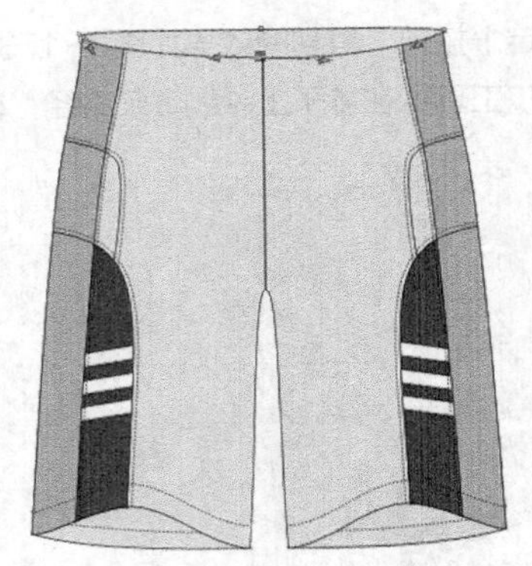

图7-180

21 重复步骤 **11** ~步骤 **12** 的操作，绘制前后腰头的缉明线，得到的效果如图7-182所示。

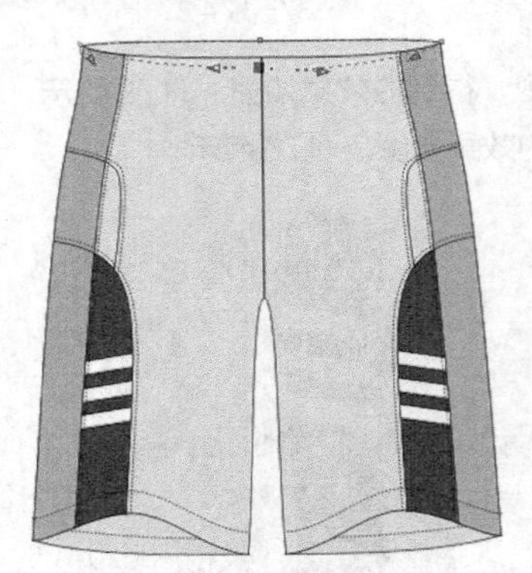

图7-181

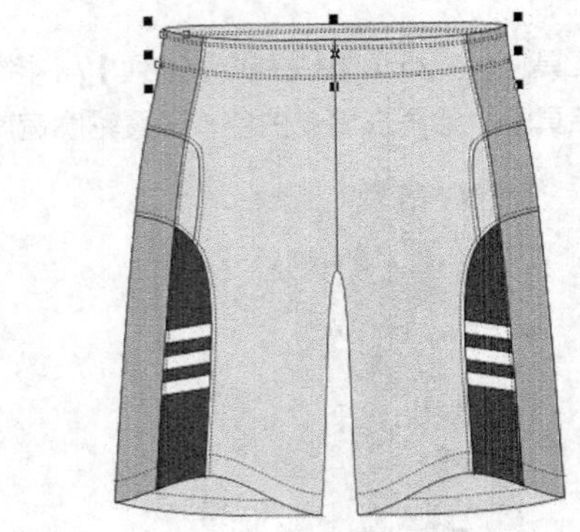

图7-182

22 使用贝塞尔工具和形状工具在腰头带绘制褶裥线表现松紧，在属性栏中设置轮廓宽度为 .2 mm ，得到的效果如图7-183所示。

23 使用贝塞尔工具和形状工具在腰头绘制两条曲线，如图7-184所示。

24 按【F12】键弹出“轮廓笔”对话框，设置各项参数如图7-185所示。

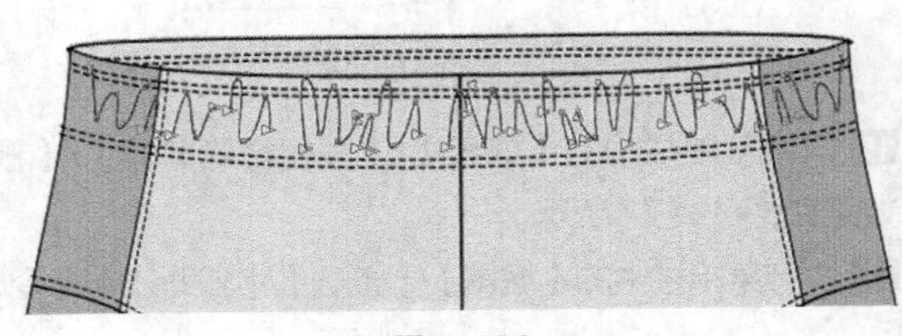

图7-183

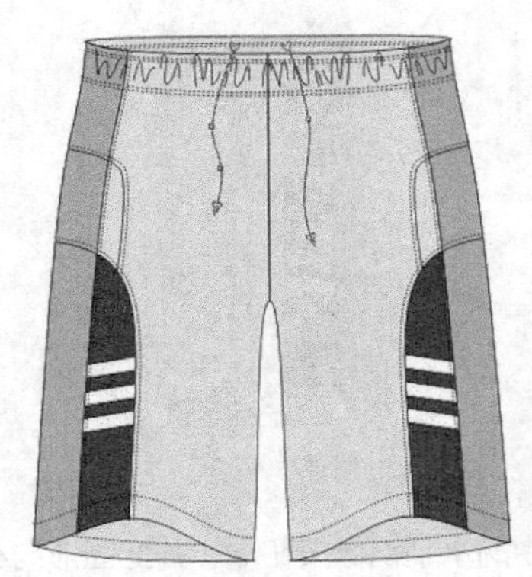

图7-184

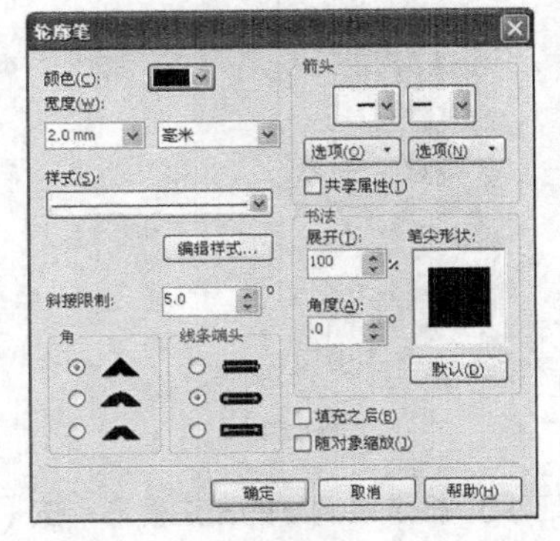

图7-185

25 单击【确定】按钮，得到的效果如图7-186所示。

26 执行菜单栏中的【排列】/【将轮廓转换为对象】命令，得到的效果如图7-187所示。

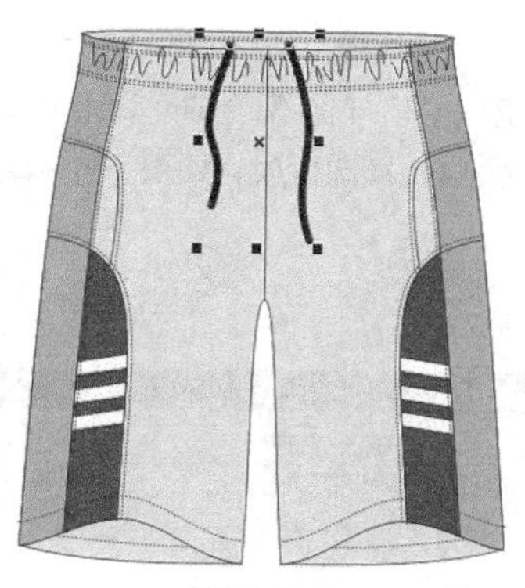

图7-186

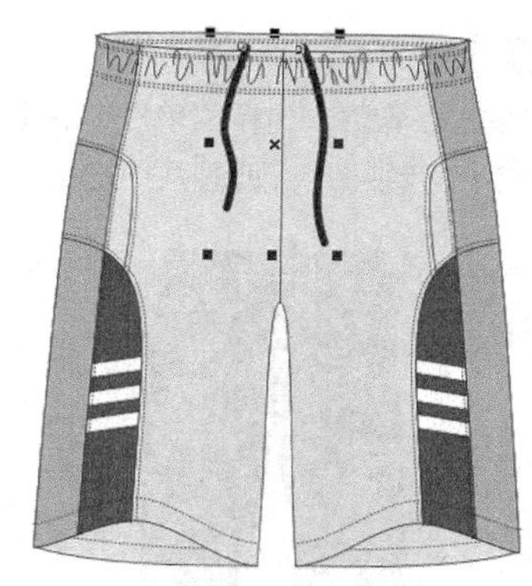

图7-187

27 使用椭圆形工具，在抽绳上分别绘制两个椭圆形，如图7-188所示。

28 使用选择工具挑选一条抽绳和一个椭圆形，单击属性栏中的合并按钮，得到的效果如图7-189所示。

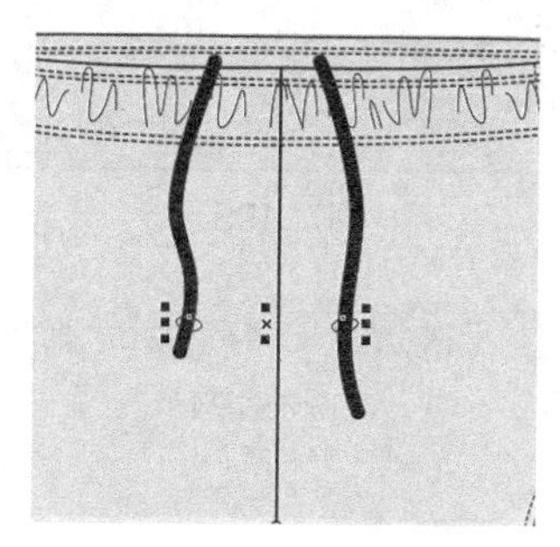

图7-188

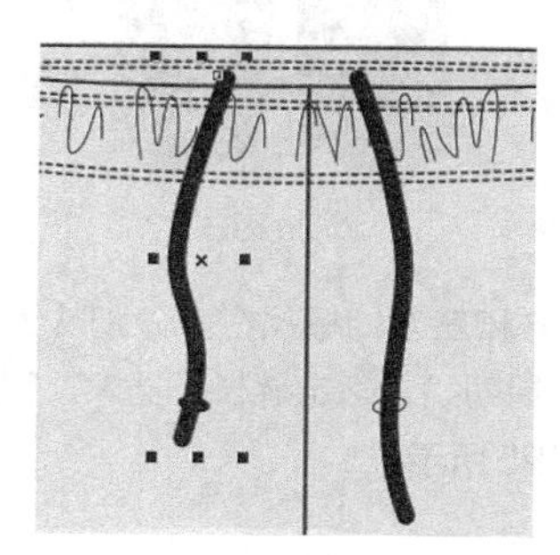

图7-189

29 重复上一步操作，完成另一条抽绳的合并，得到的效果如图7-190所示。

30 使用选择工具框选所有图形，按【Ctrl+G】组合键群组图形。这样就完成了男式运动短裤的绘制，整体效果如图7-191所示。

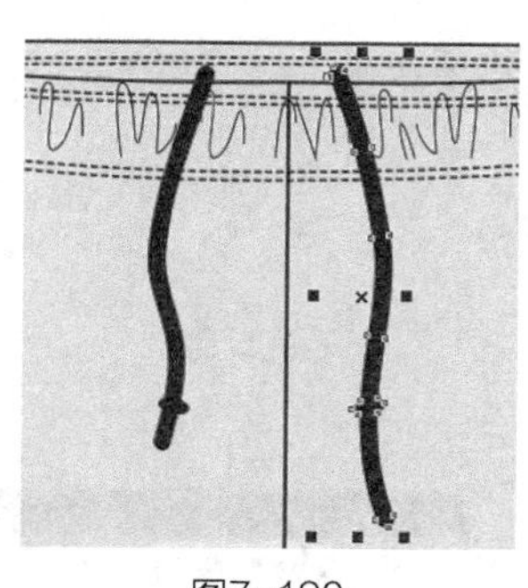

图7-190

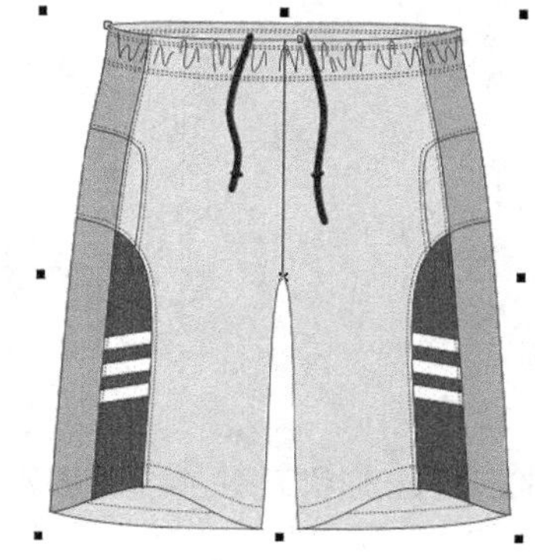

图7-191

7.3 西装裤

西装裤的整体设计效果如图7-192所示。

设计重点

造型设计，腰带、皮带扣的表现。

操作步骤

01 打开CorelDRAW软件，执行菜单栏中的【文件】/【新建】命令，或使用【Ctrl+N】组合键，弹出“创建新文档”对话框，命名文件为“西装裤”，如图7-193所示。在属性栏中设定纸张大小为A4，横向摆放，如图7-194所示。

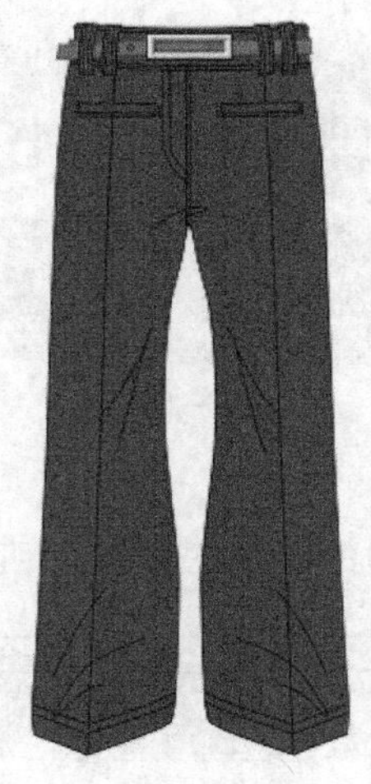

图7-192

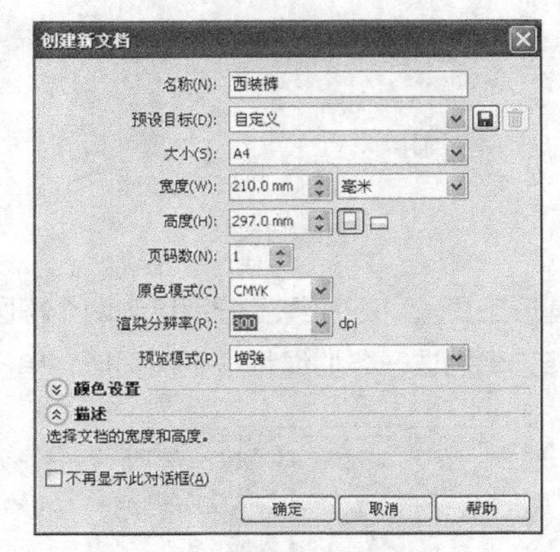

图7-193

02 鼠标单击上方和左方的标尺栏，分别从上往下、从左往右拖动添加8条辅助线，确定裤长、裆深、腰头、裤脚口等位置，如图7-195所示。

图7-194

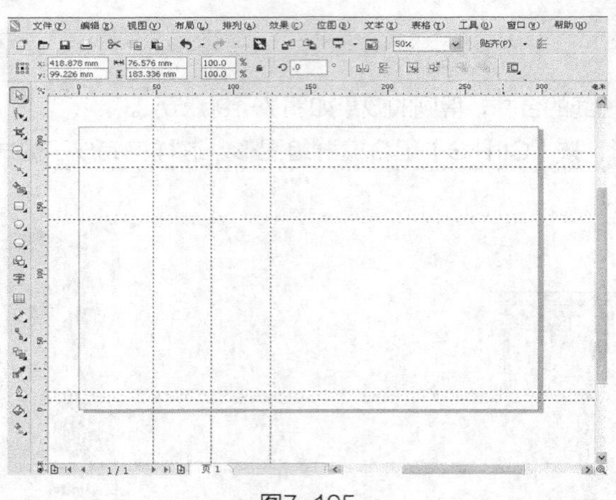

图7-195

03 使用贝塞尔工具和形状工具绘制如图7-196所示的裤子造型。

04 单击选择工具，在属性栏中设置轮廓宽度为.35mm，选择工具箱中的均匀填充工具，给图形填充紫灰色，在弹出的“均匀填充”对话框中将填色的数值设置CMYK值为70，75，70，0，如图7-197所示。单击【确定】按钮，得到的效果如图7-198所示。

05 使用贝塞尔工具和形状工具在裤子上绘制分割线，单击选择工具，在属性栏中设置轮廓宽度为.35mm，得到的效果如图7-199所示。

06 使用贝塞尔工具和形状工具在裤子上绘制4条裤褶，单

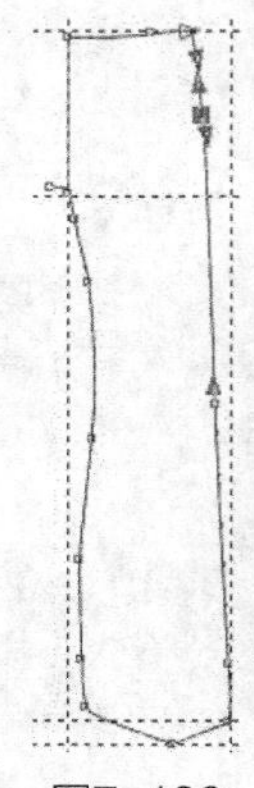

图7-196

图7-197

击选择工具，在属性栏中设置轮廓宽度为 .25 mm ，得到的效果如图7-200所示。

07 执行菜单栏中的【编辑】/【全选】/【辅助线】命令，选择所有的辅助线，按【Delete】键删除，得到的效果如图7-201所示。

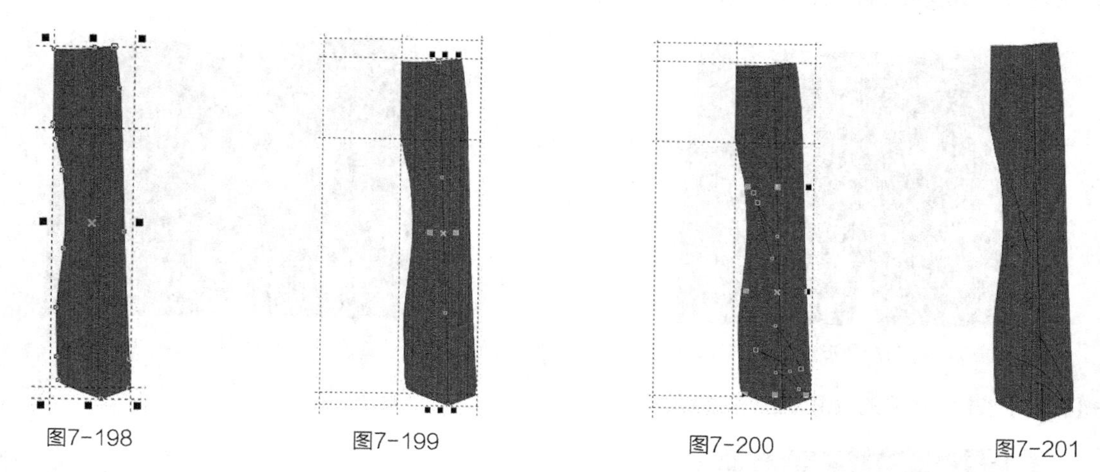

图7-198　图7-199　图7-200　图7-201

08 使用贝塞尔工具绘制如图7-202所示的口袋。单击选择工具，在属性栏中设置轮廓宽度为 .35 mm ，并填充为紫灰色，CMYK值为70，75，70，0，得到的效果如图7-203所示。

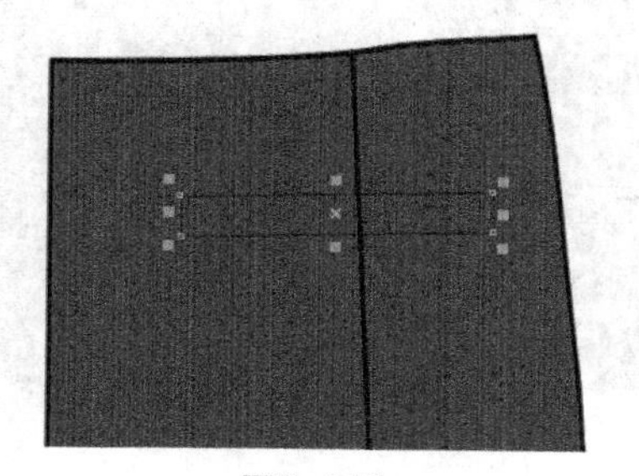

图7-202

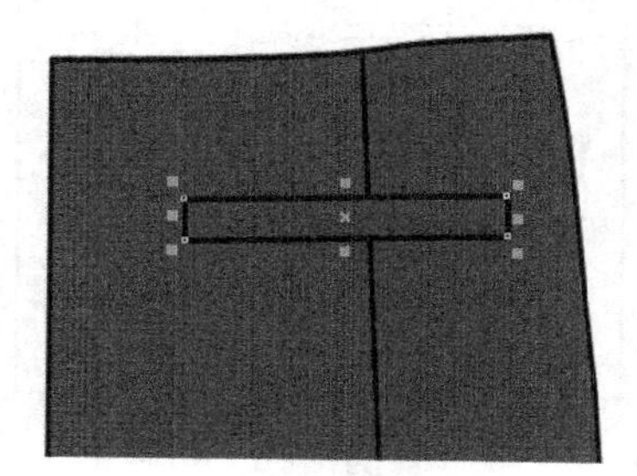

图7-203

09 选择贝塞尔工具和形状工具，在如图7-204所示口袋、裤脚口处绘制3条缉明线，使缉明线处于选择状态，按【F12】键，弹出“轮廓笔”对话框，选项及参数设置如图7-205所示。

10 单击【确定】按钮，得到的效果如图7-206所示。

11 使用选择工具框选绘制好的右边裤形，按【+】键复制，单击属性栏中的水平镜像按钮，并把图形向左平移到一定的位置，得到的效果如图7-207所示。

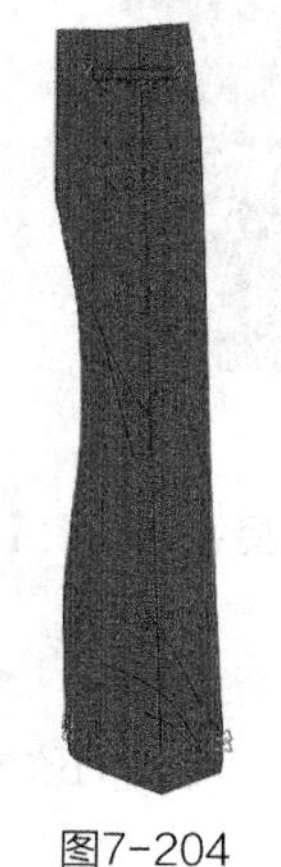

图7-204

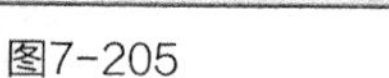

图7-205

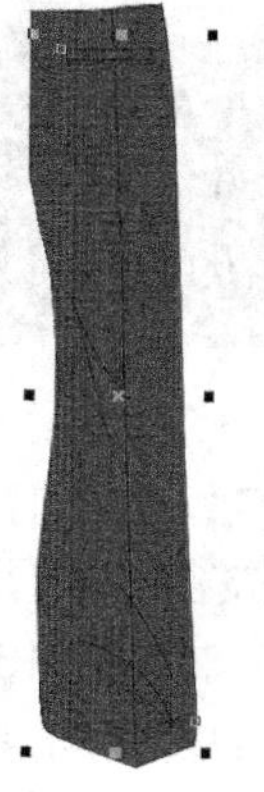

图7-206

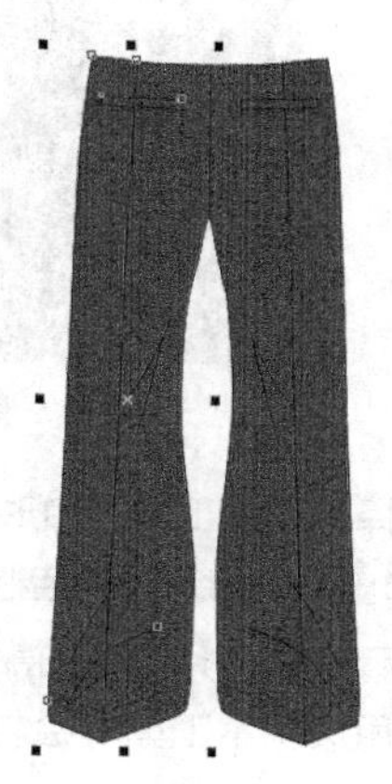

图7-207

12 使用贝塞尔工具和形状工具绘制裤裆处的褶裥线，单击选择工具，在属性栏中设置轮廓宽度为 .35 mm ，得到的效果如图7-208所示。

13 选择贝塞尔工具和形状工具，在如图7-209所示的门襟处绘制3条缉明线，使缉明线处于选择状态，按【F12】键，弹出“轮廓笔”对话框，选项及参数设置如图7-210所示。

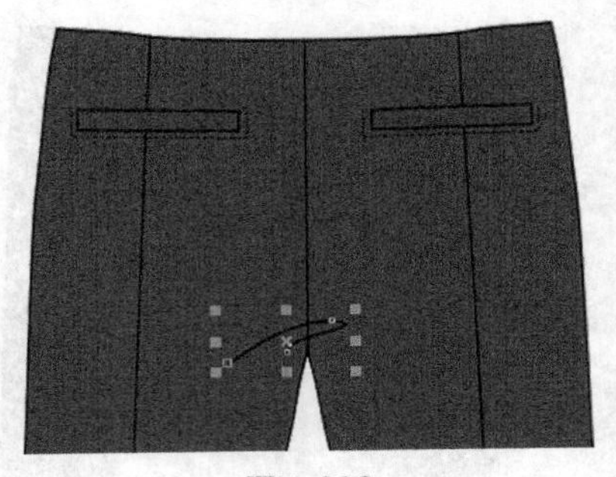
图7-208

图7-209

14 单击【确定】按钮，得到的效果如图7-211所示。

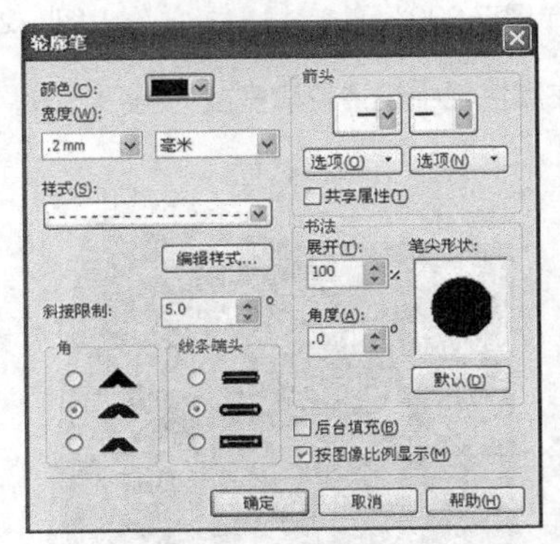

图7-210

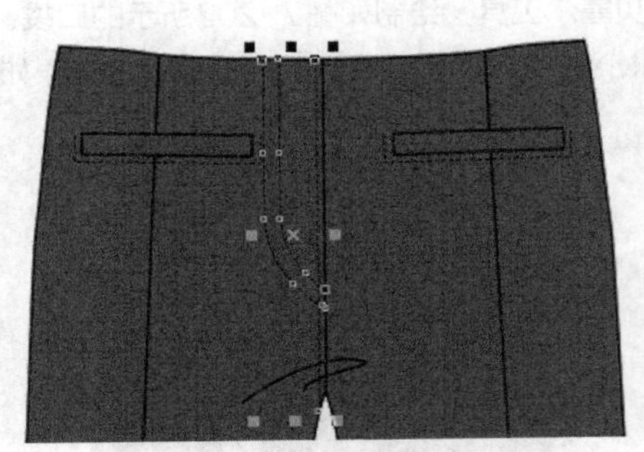
图7-211

15 使用贝塞尔工具和形状工具绘制如图7-212所示的裤腰部分。

16 单击选择工具，在属性栏中设置轮廓宽度为.35 mm，并填充为紫灰色，CMYK值为70，75，70，0，得到的效果如图7-213所示。

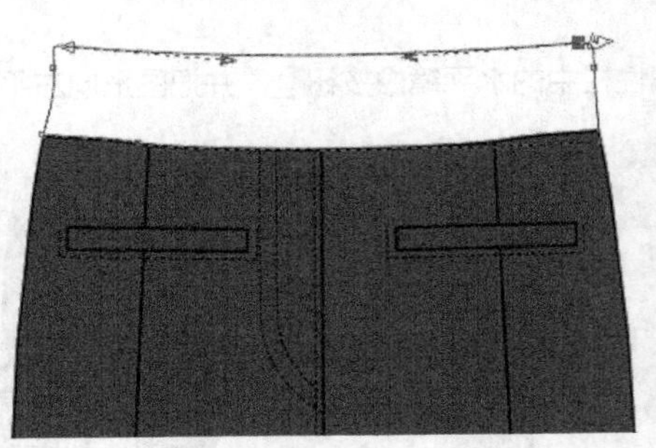
图7-212

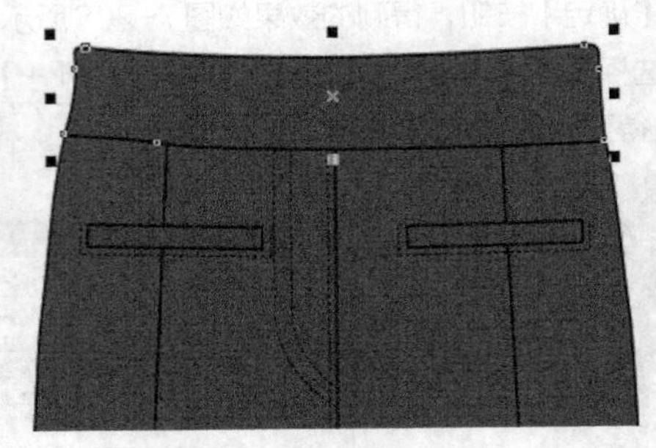
图7-213

17 选择贝塞尔工具和形状工具，在如图7-214所示的腰头处绘制两条缉明线，使缉明线处于选择状态，按【F12】键，弹出“轮廓笔”对话框，选项及参数设置如图7-215所示。

18 单击【确定】按钮，得到的效果如图7-216所示。

19 使用贝塞尔工具绘制裤腰上的分割线，单击选择工具，在属性栏中设置轮廓宽度为.35 mm，得到的效果如图7-217所示。

20 使用贝塞尔工具和形状工具绘制如图7-218所示的腰带。

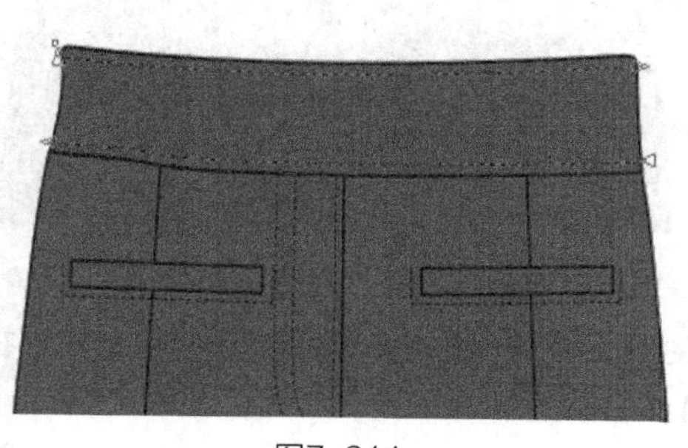

图7-214

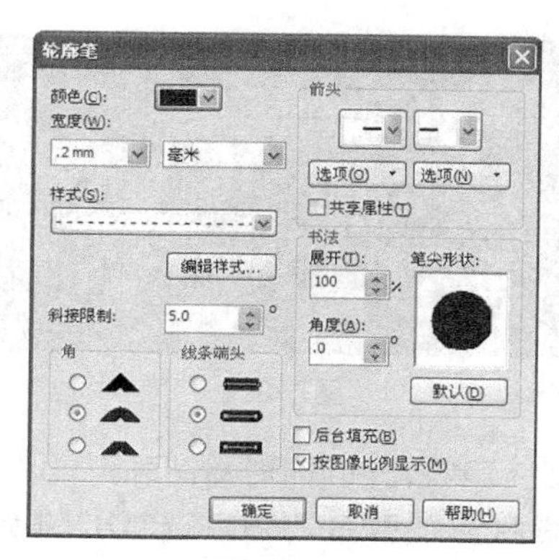

图7-215

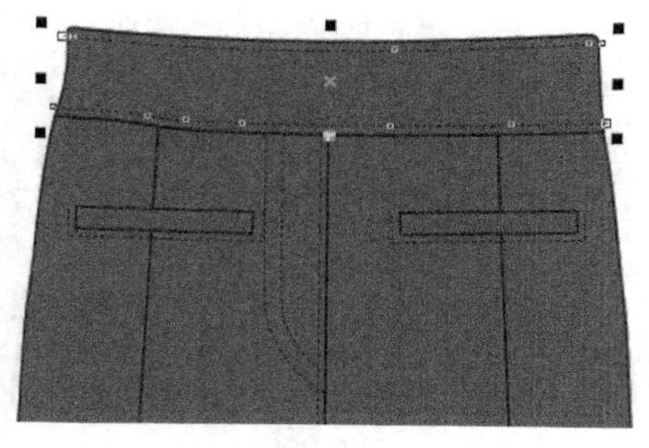

图7-216

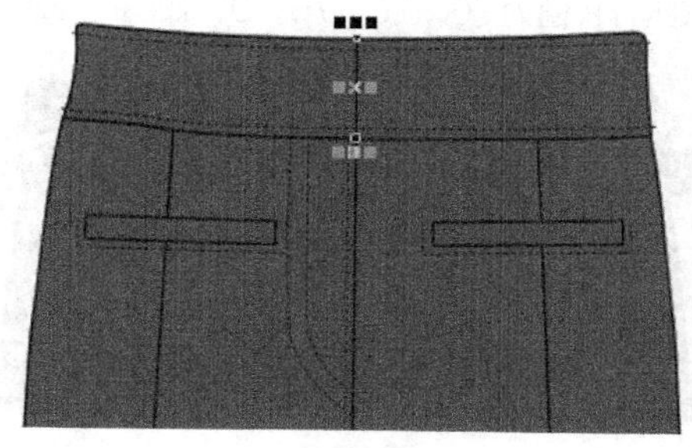

图7-217

21 单击选择工具，在属性栏中设置轮廓宽度为.35 mm，并填充为紫红色，CMYK值为30，60，40，10，得到的效果如图7-219所示。

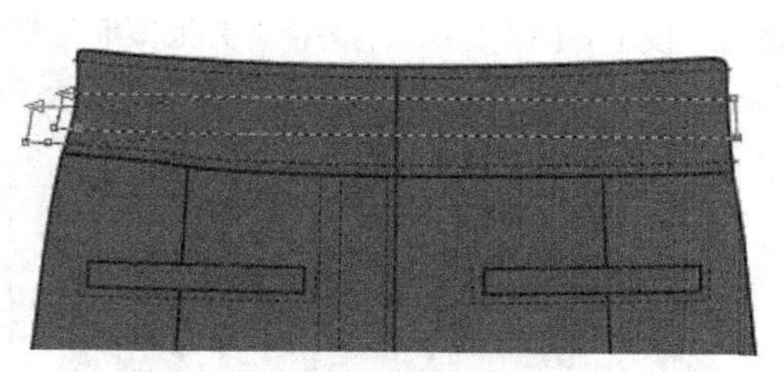

图7-218

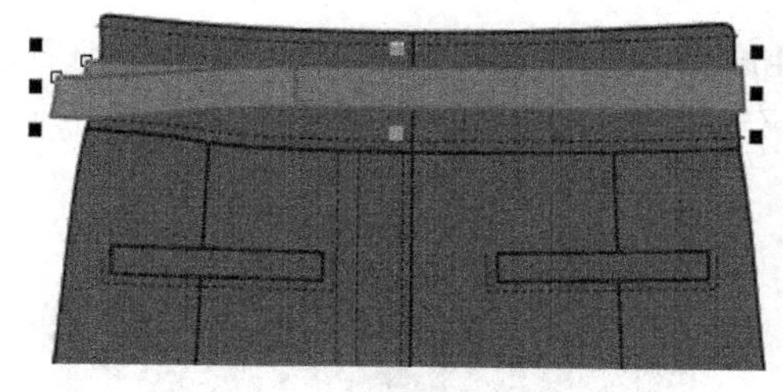

图7-219

22 使用椭圆形工具，按住【Ctrl】键在腰带上绘制两个圆形，在属性栏中设置轮廓宽度为.2 mm，得到的效果如图7-220所示。

23 使用矩形工具绘制腰带上的金属扣，单击选择工具，在属性栏中设置轮廓宽度为.35 mm，并填充为淡绿色，CMYK值为25，10，20，0，得到的效果如图7-221所示。

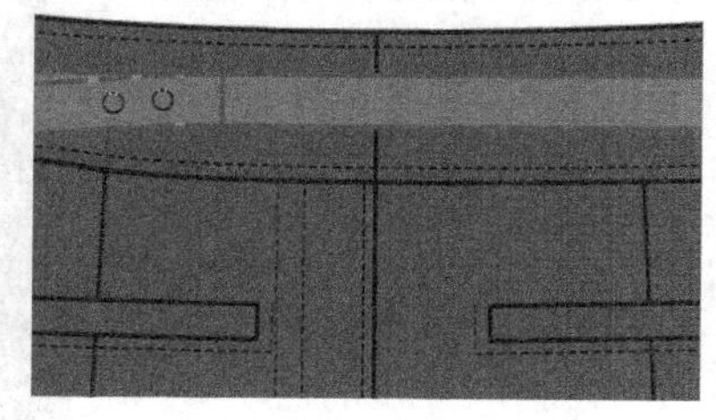

图7-220

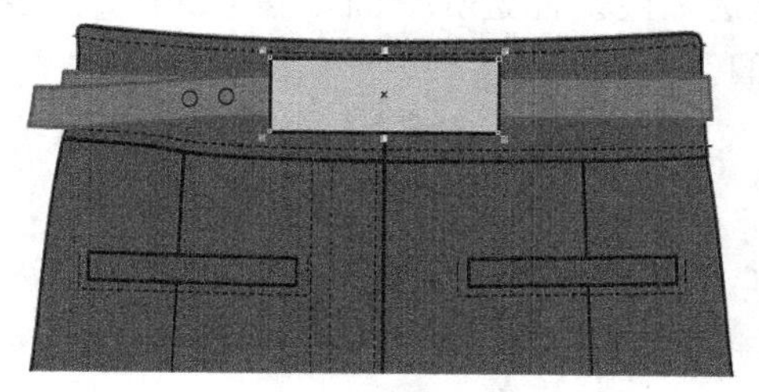

图7-221

24 单击【+】键复制矩形，再按住【Shift】键等比例缩小图形，得到的效果如图7-222所示。

25 使用选择工具框选两个矩形，单击属性栏中的合并按钮，得到的效果如图7-223所示。

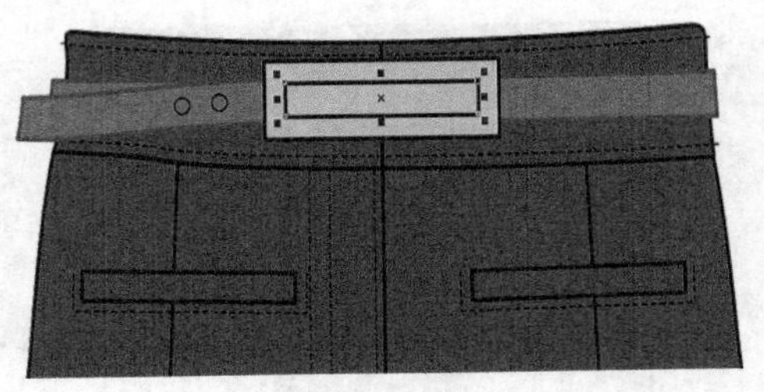

图7-222

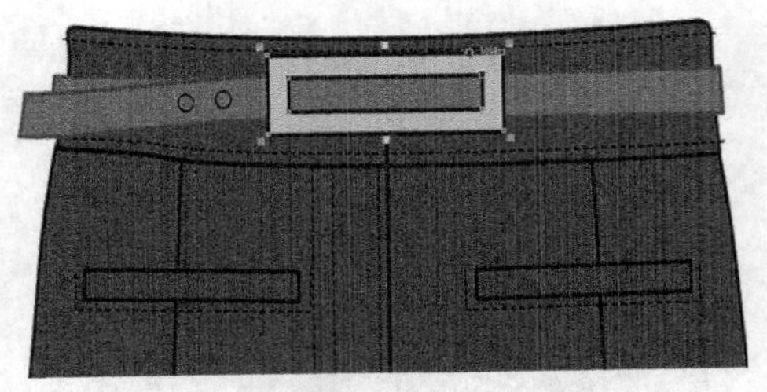

图7-223

26 使用贝塞尔工具在金属扣中绘制两条线段，单击选择工具，在属性栏中设置轮廓宽度为.6mm，鼠标右键单击调色板中的白色，表现金属扣的高光部分，得到的效果如图7-224所示。

27 使用贝塞尔工具和形状工具在腰部绘制裤袢，单击选择工具，在属性栏中设置轮廓宽度为.35mm，并填充为紫灰色，CMYK值为70，75，70，0，如图7-225所示。

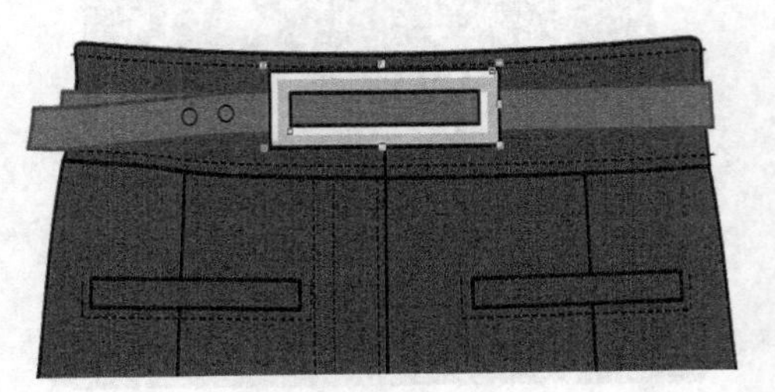

图7-224

图7-225

28 使用贝塞尔工具和形状工具在裤袢上绘制两条缉明线，单击选择工具，在属性栏中设置轮廓样式与宽度如图7-226所示，得到的效果如图7-227所示。

图7-226

29 使用选择工具框选整个裤袢造型，按【Ctrl+G】组合键群组图形。按【+】键复制3个裤袢，并把复制的裤袢摆放在如图7-228所示的位置。

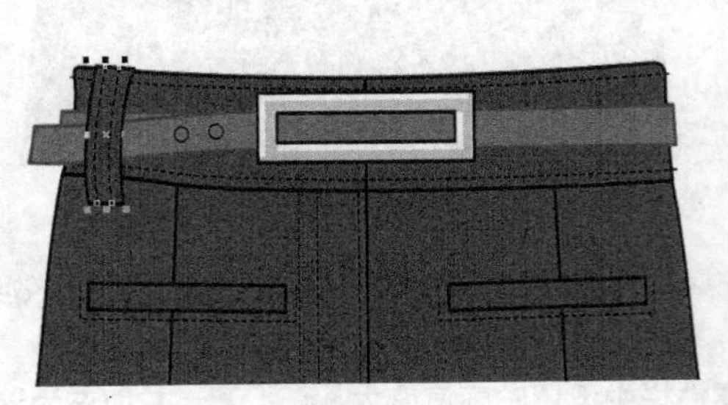

图7-227

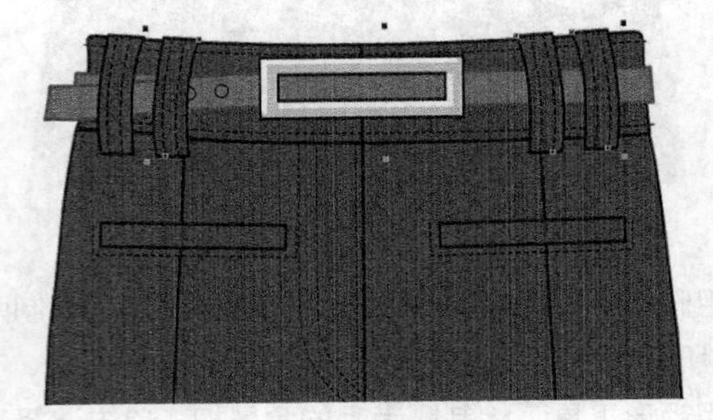

图7-228

30 使用选择工具框选所有图形，按【Ctrl+G】组合键群组图形。这样就完成了西装裤的绘制，整体效果如图7-229所示。

图7-229

7.4 休闲裤

休闲裤的整体设计效果如图7-230所示。

设计重点

造型设计、多口袋设计、拉链头设计。

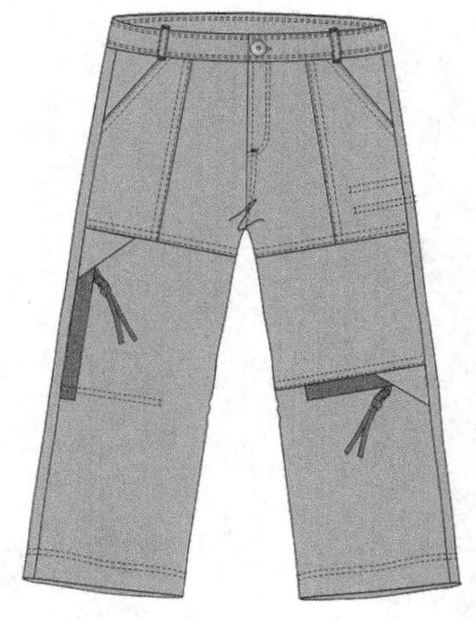

图7-230

操作步骤

01 打开CorelDRAW软件，执行菜单栏中的【文件】/【新建】命令，或使用【Ctrl+N】组合键，弹出“创建新文档”对话框，命名文件为“休闲裤”，如图7-231所示。在属性栏中设定纸张大小为A4，横向摆放，如图7-232所示。

02 鼠标单击上方和左方的标尺栏，分别从上往下、从左往右拖动添加9条辅助线，确定裤长、裆深、腰头、裤脚口等位置，如图7-233所示。

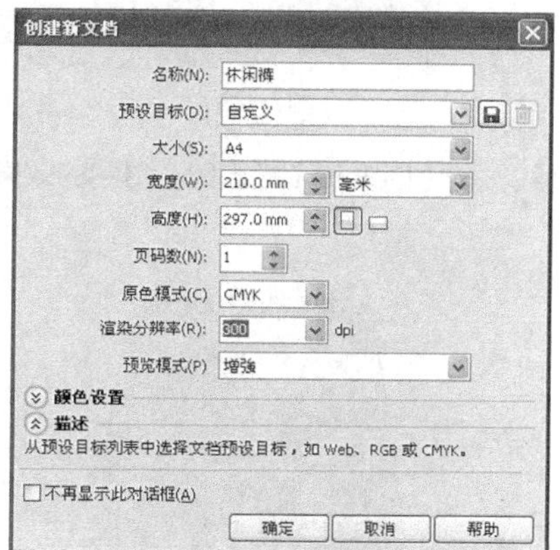

图7-231

图7-232

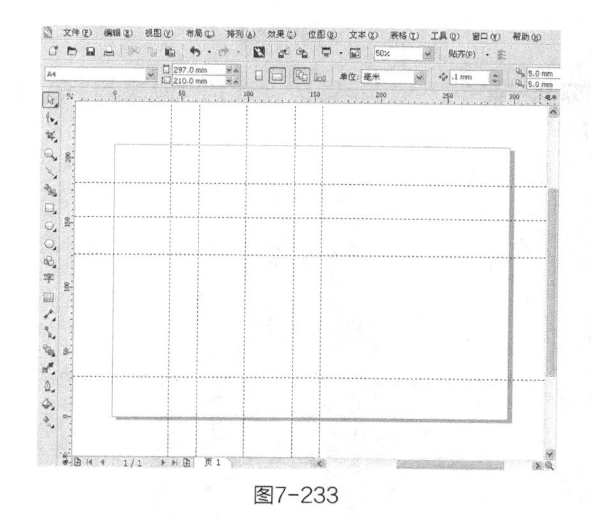

图7-233

03 使用贝塞尔工具和形状工具绘制如图7-234所示的裤子外轮廓造型。

04 单击选择工具，在属性栏中设置轮廓宽度为 .35 mm，选择工具箱中的均匀填充工具 均匀填充，给图形填充灰绿色，在弹出的“均匀填充”对话框中将填色的数值设置CMYK值为28，21，36，0，如图7-235所示。单击【确定】按钮，得到的效果如图7-236所示。

05 使用贝塞尔工具和形状工具绘制如图7-237所示的后腰头，单击选择工具，在属性栏中设置轮廓宽度为 .35 mm。

06 使用手绘工具绘制前中分割线，单击选择工具，在属性栏中设置轮廓宽度为 .35 mm，如图7-238所示。

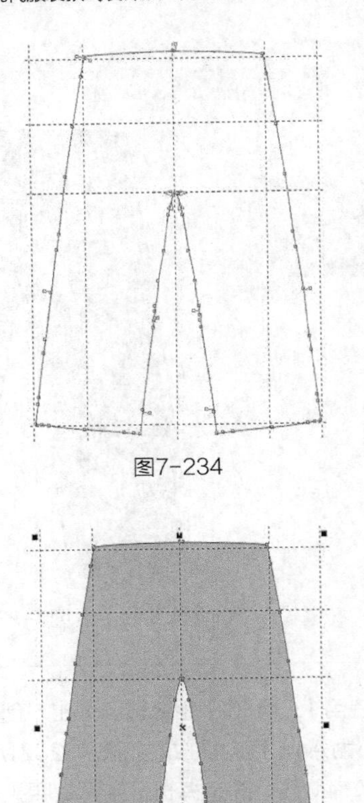

图7-234

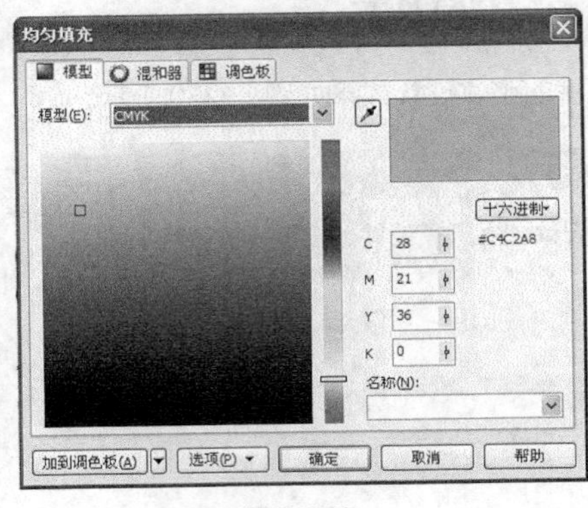

图7-235

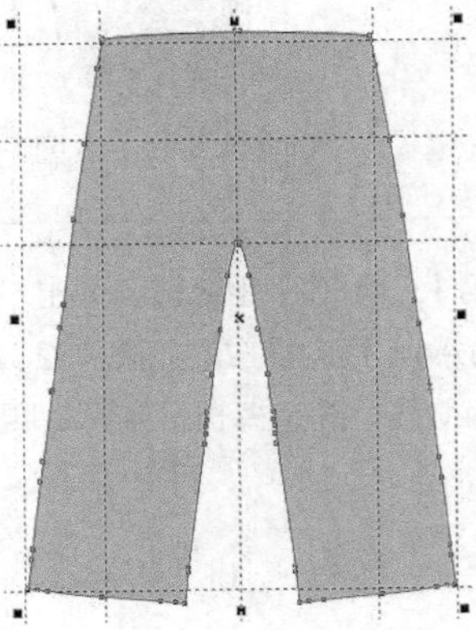

图7-236

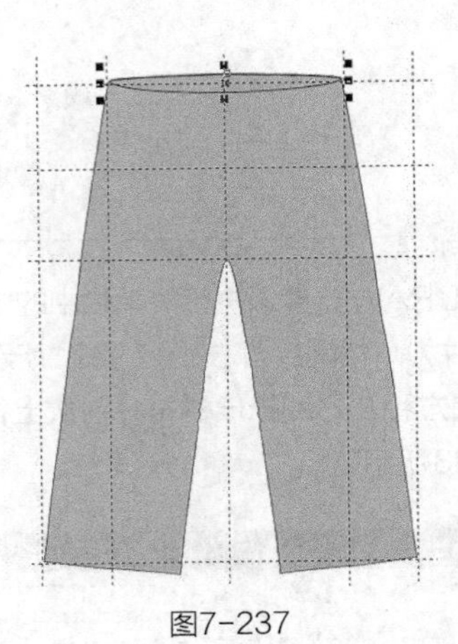

图7-237

07 执行菜单栏中的【编辑】/【全选】/【辅助线】命令，选择所有的辅助线，按【Delete】键删除，得到的效果如图7-239所示。

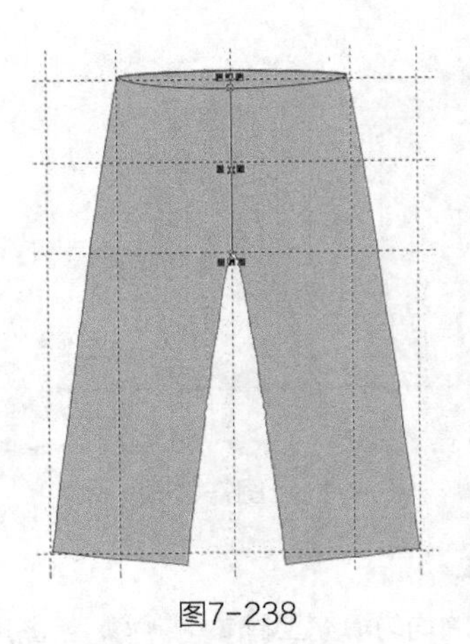

图7-238

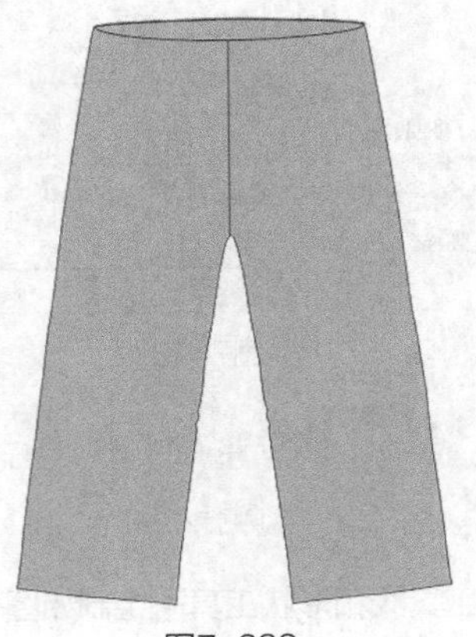

图7-239

08 使用贝塞尔工具和形状工具绘制如图7-240所示的左裤脚口。单击选择工具，在属性栏中设置轮廓宽度为 .35 mm，并填充为灰绿色，CMYK值为28，21，36，0，得到的效果如图7-241所示。

09 使用选择工具框选绘制好的左裤脚口，按【+】键复制，单击属性栏中的水平镜像按钮，把复制的图形向右平移到一定的位置，得到的效果如图7-242所示。

10 使用贝塞尔工具和形状工具绘制分割线，单击选择工具，在属性栏中设置轮廓宽度为 .35 mm，如图7-243所示。

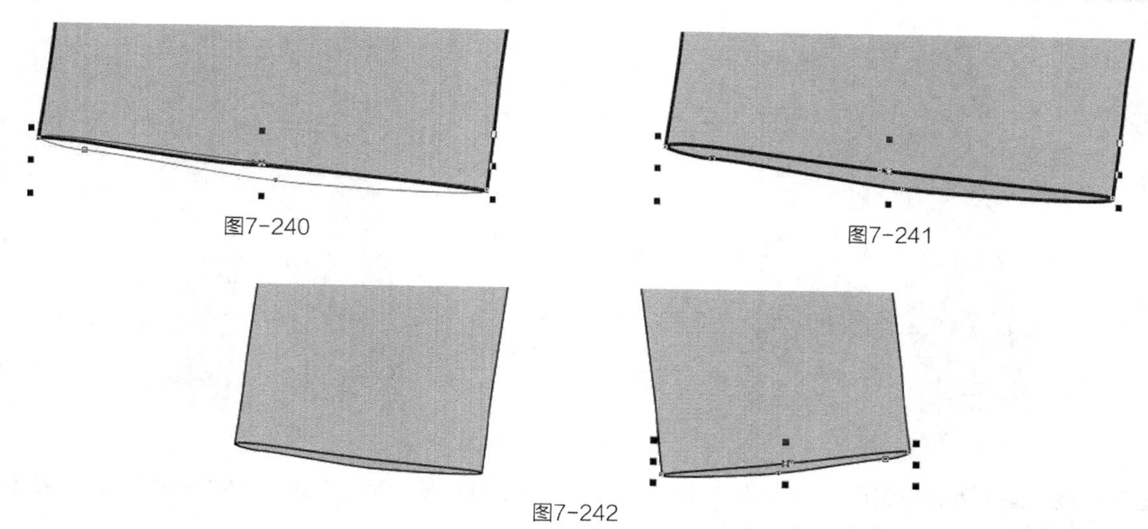

图7-240

图7-241

图7-242

11 使用手绘工具绘制口袋线，单击选择工具，在属性栏中设置轮廓宽度为 .35 mm，如图7-244所示。

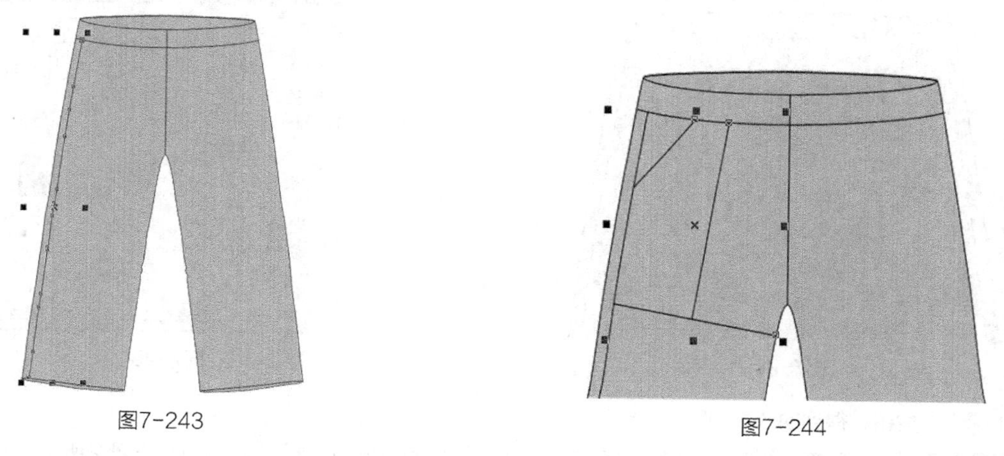

图7-243

图7-244

12 选择贝塞尔工具和形状工具，在如图7-245所示的口袋、分割线及裤脚口处绘制8条缉明线，使缉明线处于选择状态，按【F12】键，弹出“轮廓笔”对话框，选项及参数设置如图7-246所示。

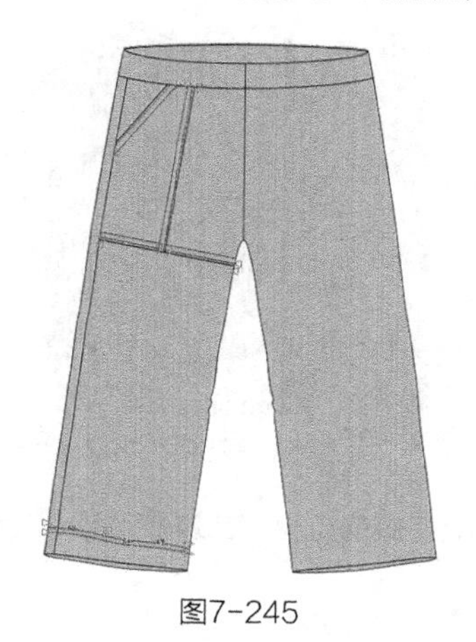

图7-245

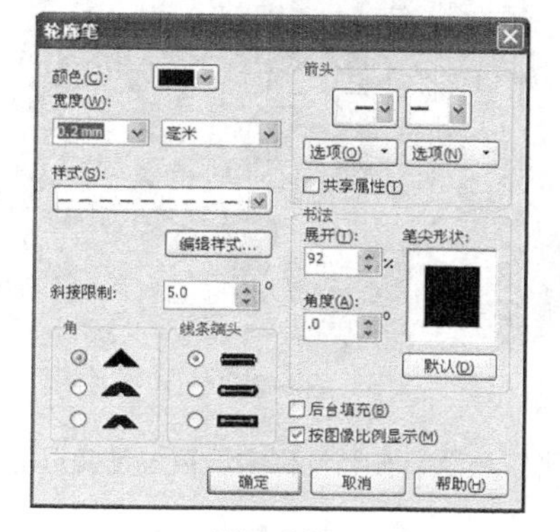

图7-246

13 单击【确定】按钮，得到的效果如图7-247所示。

14 使用选择工具框选绘制好的左边口袋、分割线以及缉明线，按【+】键复制，单击属性栏中的水平镜像按钮，并把图形向右平移到一定的位置，得到的效果如图7-248所示。

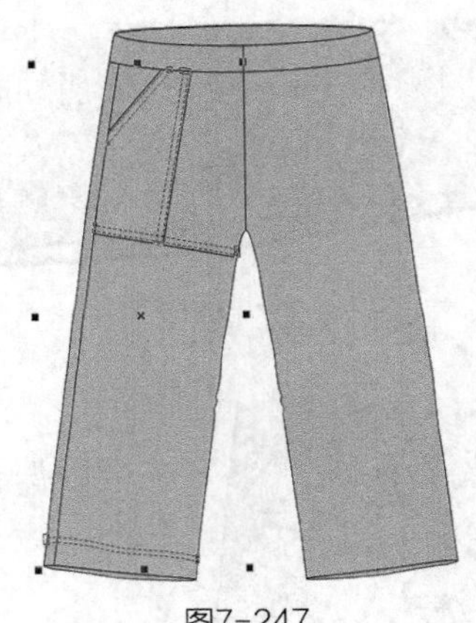
图7-247

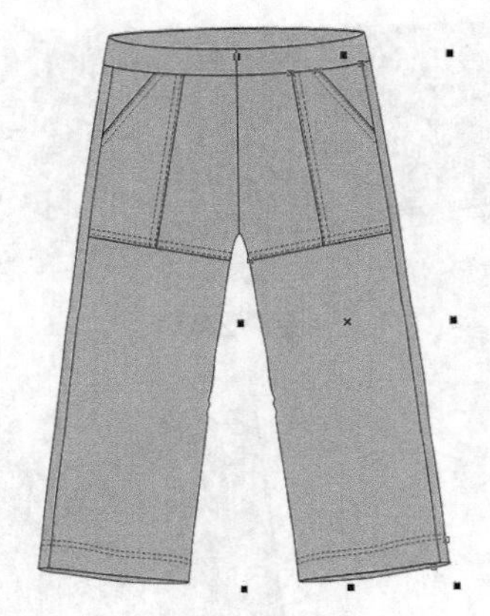
图7-248

15 选择贝塞尔工具和形状工具，在如图7-249所示的门襟处绘制4条缉明线，使缉明线处于选择状态，按【F12】键，弹出“轮廓笔”对话框，选项及参数设置如图7-250所示。

图7-249

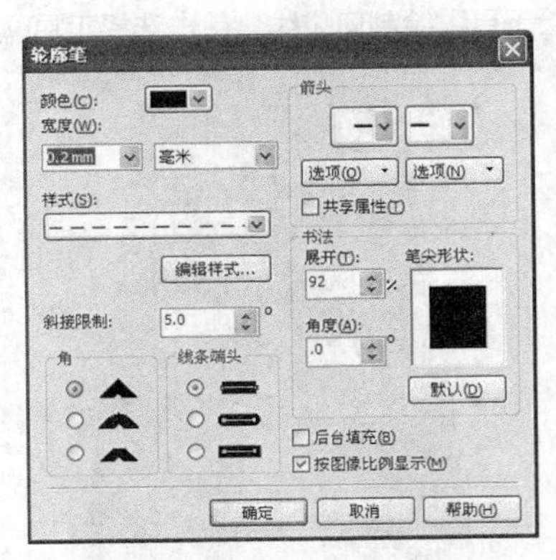

图7-250

16 单击【确定】按钮，得到的效果如图7-251所示。

17 使用贝塞尔工具在门襟上绘制一条线段，在属性栏中设置轮廓宽度为.2 mm，如图7-252所示。

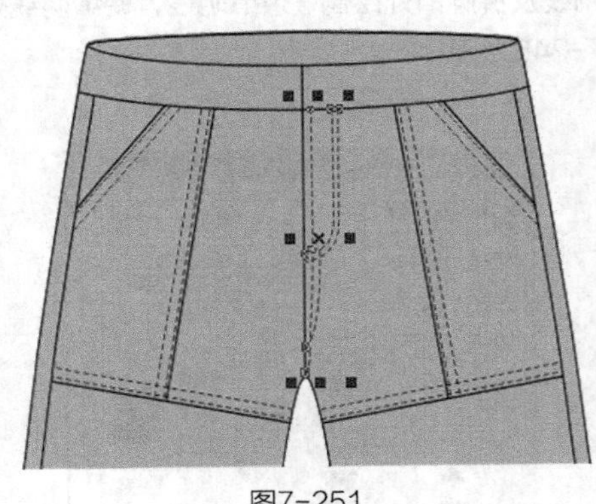
图7-251

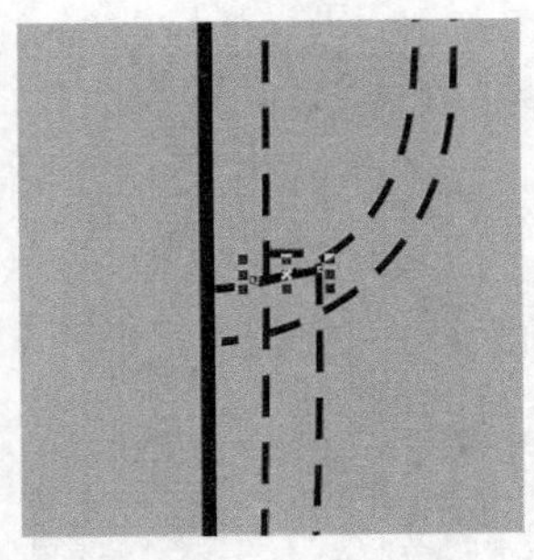
图7-252

18 选择变形工具，在属性栏中设置拉链变形的各项数值如图7-253所示，完成的打枣工艺效果如图7-254所示。

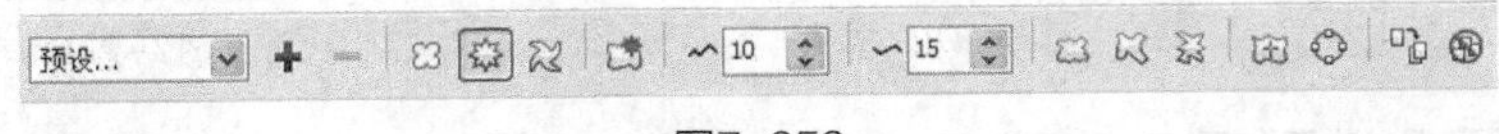

图7-253

19 使用贝塞尔工具和形状工具绘制裤裆处的褶裥线，单击选择工具，在属性栏中设置轮廓宽度为.35 mm，得到的效果如图7-255所示。

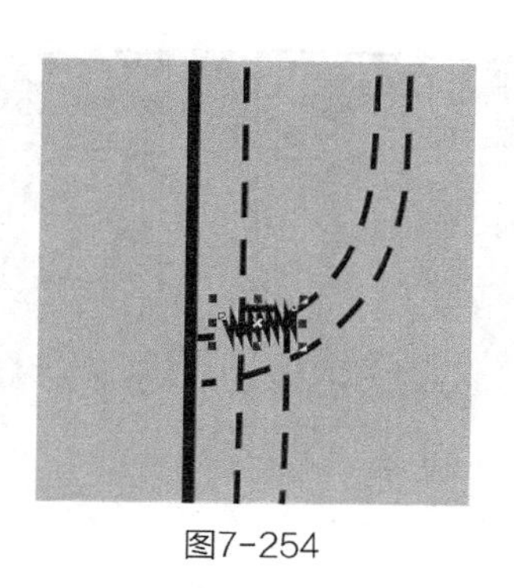

图7-254

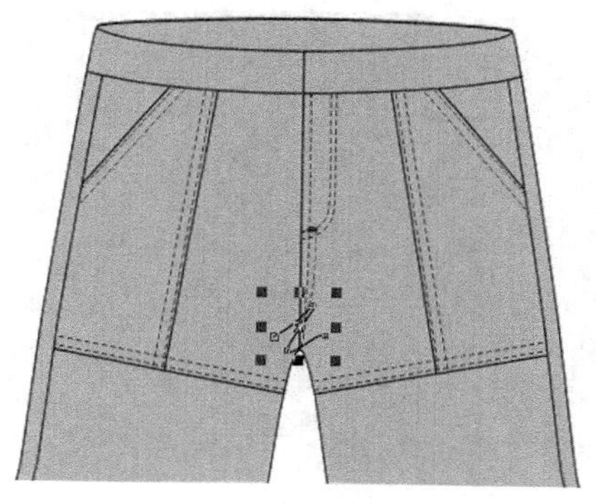

图7-255

20 使用贝塞尔工具和形状工具绘制扣眼，在属性栏中设置轮廓宽度为 .2 mm ，如图7-256所示。

21 使用椭圆形工具，按住【Ctrl】键绘制工字扣，在属性栏中设置轮廓宽度为 .2 mm ，得到的效果如图7-257所示。

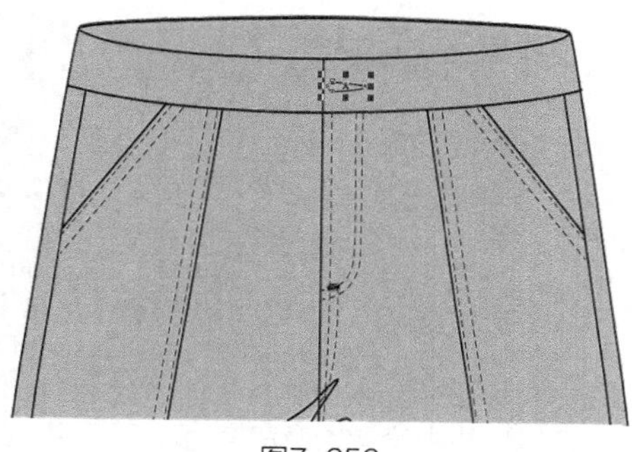

图7-256

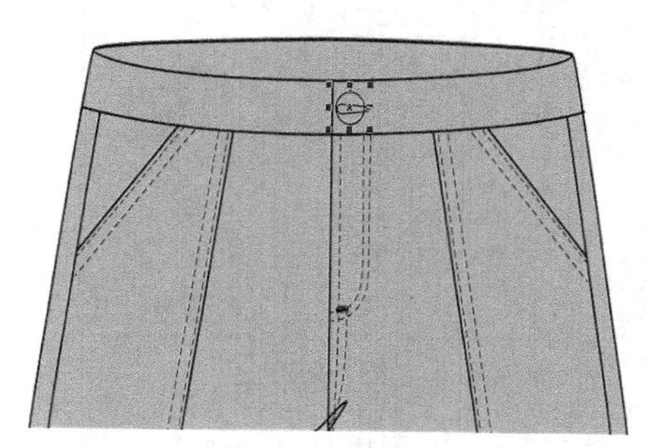

图7-257

22 单击工具箱中的渐变填充工具 渐变填充，在弹出的“渐变填充”对话框中选择“类型”为“辐射”渐变，设置各项参数如图7-258所示，其中主要控制点的位置和颜色参数分别如下。

位置：0　　　　颜色：50%黑色

位置：100　　　颜色：白色

完成的渐变效果如图7-259所示。

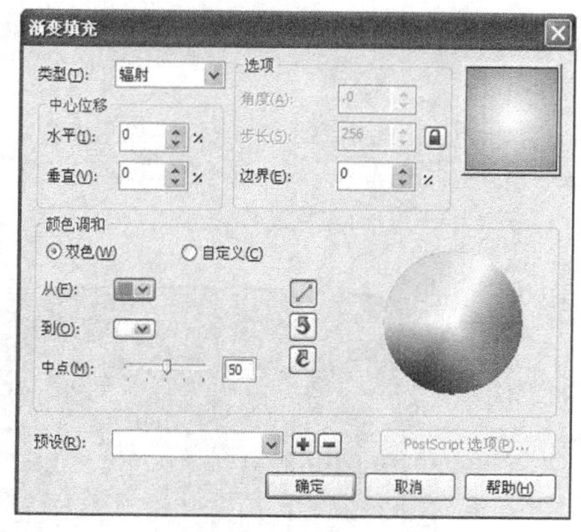

图7-258

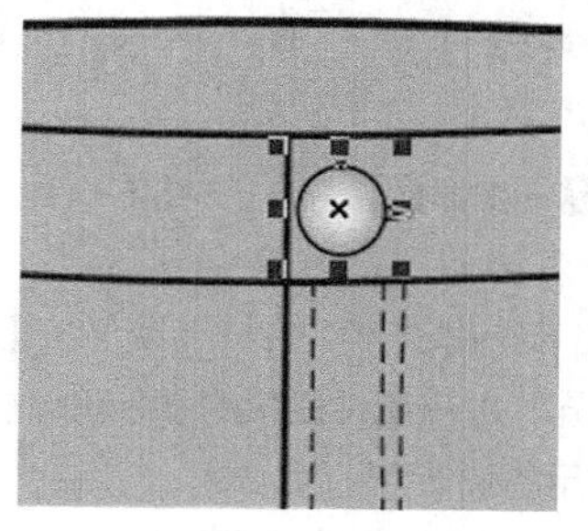

图7-259

23 按【+】键复制圆形，再按住【Shift】键等比例缩小图形，得到的效果如图7-260所示。

24 选择贝塞尔工具和形状工具，在如图7-261所示的前后腰头处绘制6条缉明线，使缉明线处于选择状态，按【F12】键，弹出“轮廓笔”对话框，选项及参数设置如图7-262所示。

25 单击【确定】按钮，得到的效果如图7-263所示。

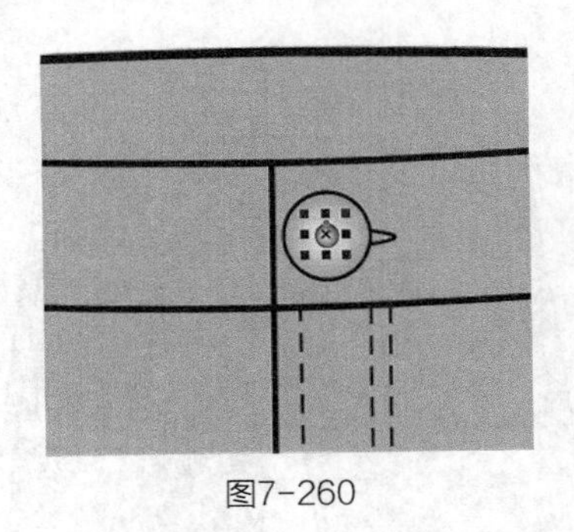

图7-260

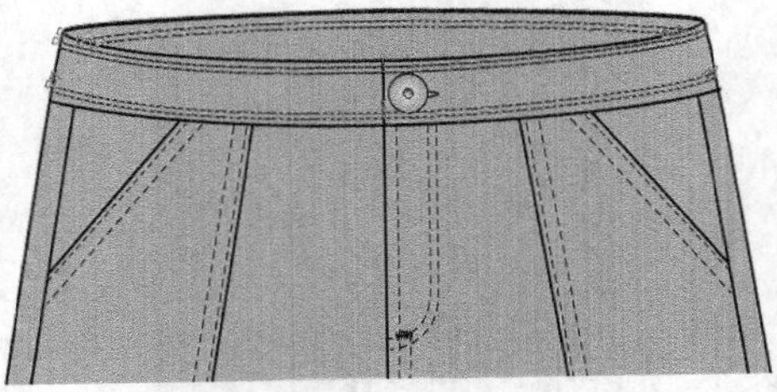

图7-261

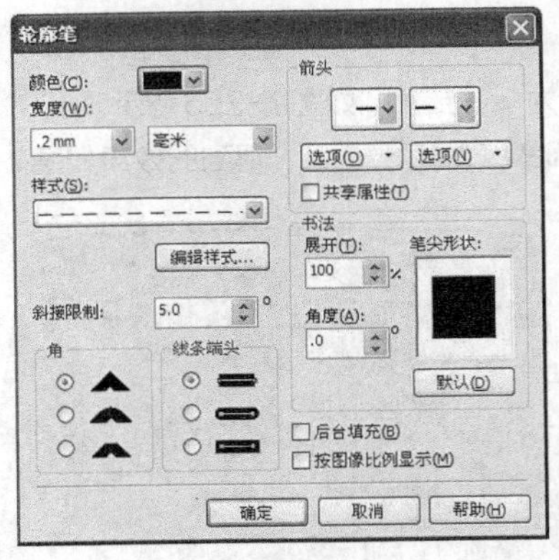

图7-262

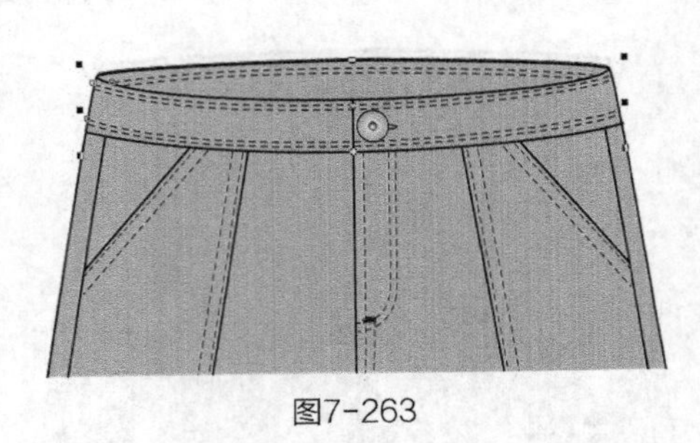

图7-263

26 使用贝塞尔工具和形状工具在腰部绘制裤袢，单击选择工具，在属性栏中设置轮廓宽度为.35 mm，并填充为灰绿色，CMYK值为28，21，36，0，如图7-264所示。

27 使用贝塞尔工具和形状工具在裤袢上绘制两条缉明线，单击选择工具，在属性栏中设置轮廓样式与宽度如图7-265所示，得到的效果如图7-266所示。

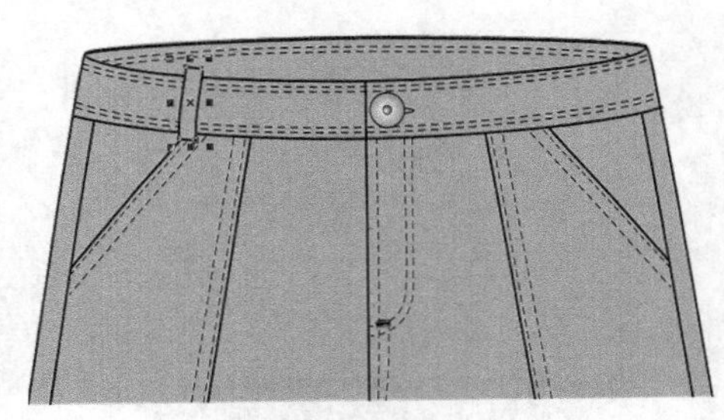

图7-264

图7-265

28 重复步骤**17**～步骤**18**的操作，绘制裤袢上的打枣工艺，得到的效果如图7-267所示。

29 使用选择工具框选整个裤袢造型，按【Ctrl+G】组合键群组图形。按【+】键复制裤袢，单击属性栏中的水平镜像按钮，并把复制的裤袢摆放在如图7-268所示的位置。

30 使用贝塞尔工具在左边裤腿处绘制插袋，在属性栏中设置轮廓宽度为.35 mm，并填充为橄榄绿色，CMYK值为58，50，77，6，如图7-269所示。

图7-266

31 使用贝塞尔工具在插袋上绘制一个三角形，在属性栏中设置轮廓宽度为.35 mm，并填充为灰绿色，CMYK值为28，21，36，0，如图7-270所示。

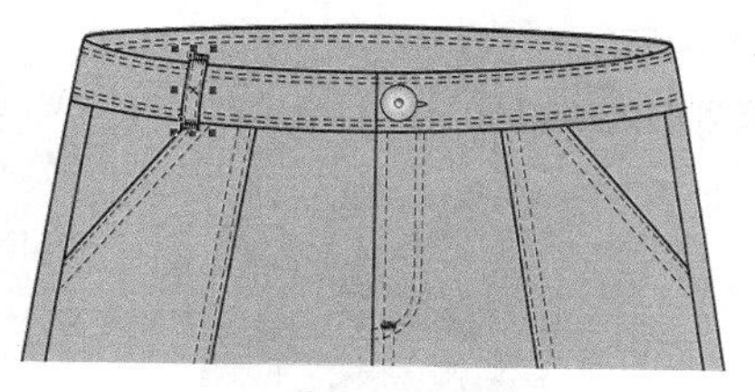
图7-267

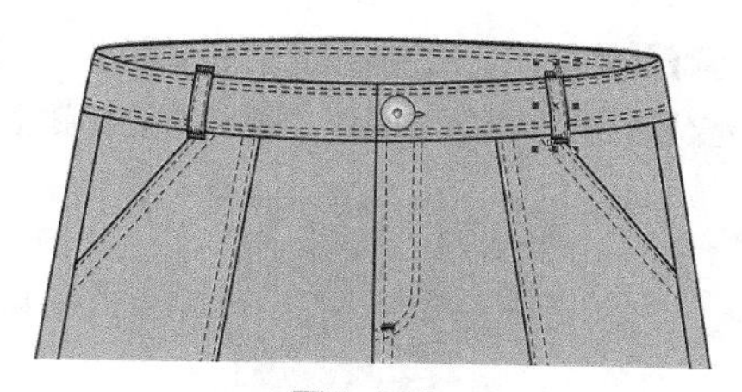
图7-268

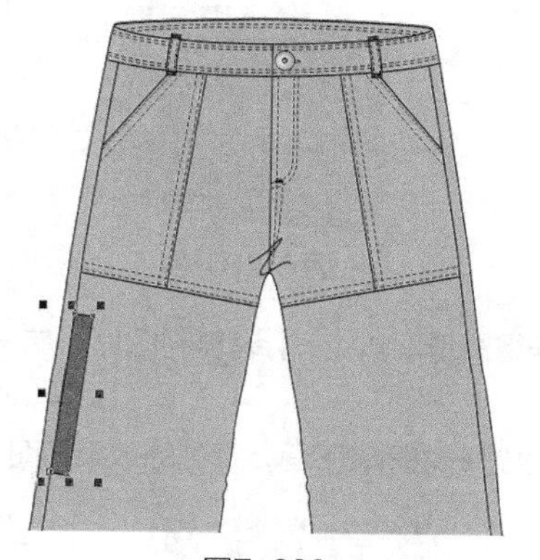
图7-269

图7-270

32 使用贝塞尔工具和形状工具在插袋上绘制拉链头造型，如图7-271所示。

33 单击选择工具，在属性栏中设置轮廓宽度为 .2 mm ，并填充为橄榄绿色，CMYK值为58，50，77，6，得到的效果如图7-272所示。

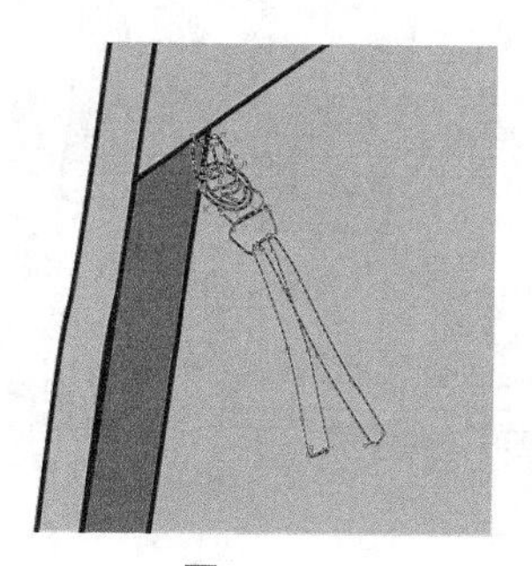
图7-271

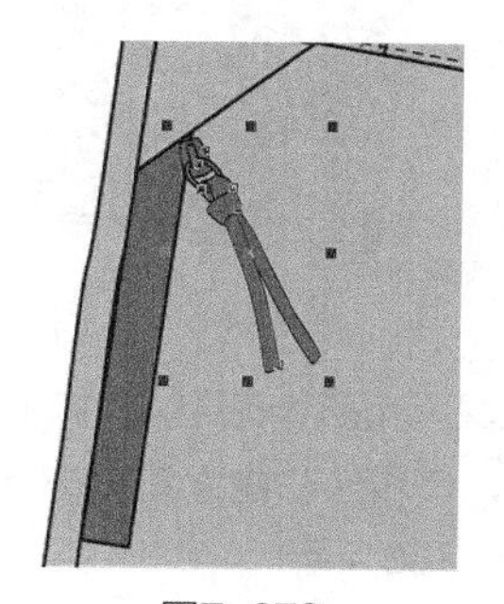
图7-272

34 执行菜单栏中的【排列】/【顺序】/【置于此对象后】命令，把拉链头摆放到插袋下面，得到的效果如图7-273所示。

35 使用手绘工具绘制分割线，单击选择工具，在属性栏中设置轮廓宽度为 .35 mm ，如图7-274所示。

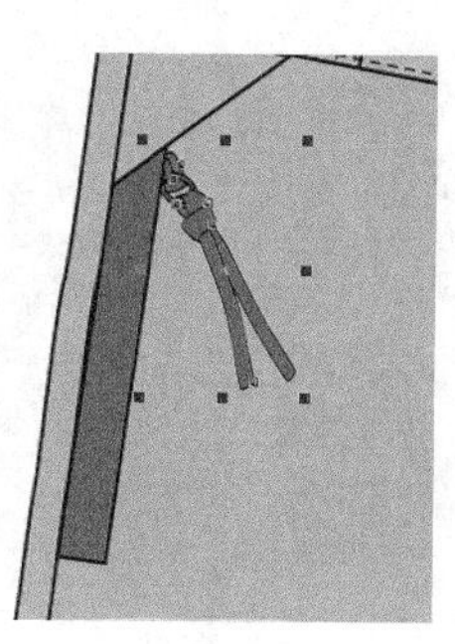
图7-273

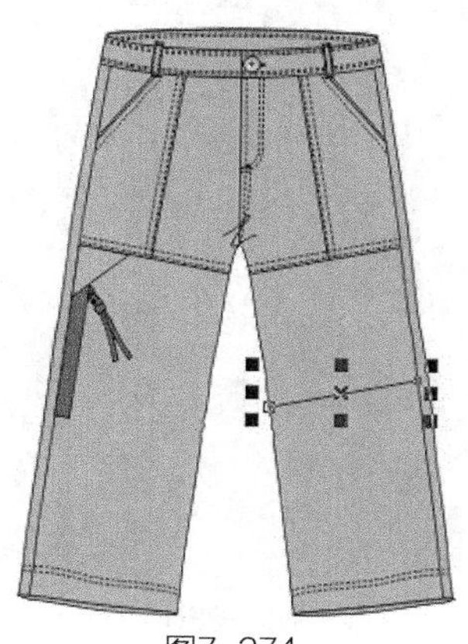
图7-274

36 重复步骤**27**的操作，绘制分割线上的缉明线，得到的效果如图7-275所示。

37 重复步骤**30**～步骤**31**的操作，绘制右边裤腿上的插袋和三角形，得到的效果如图7-276所示。

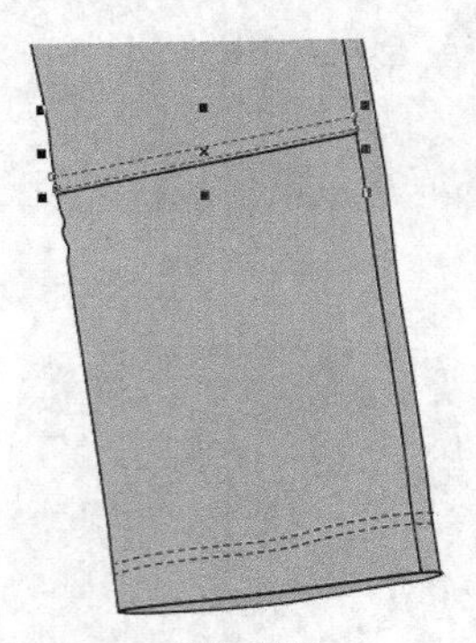

图7-275

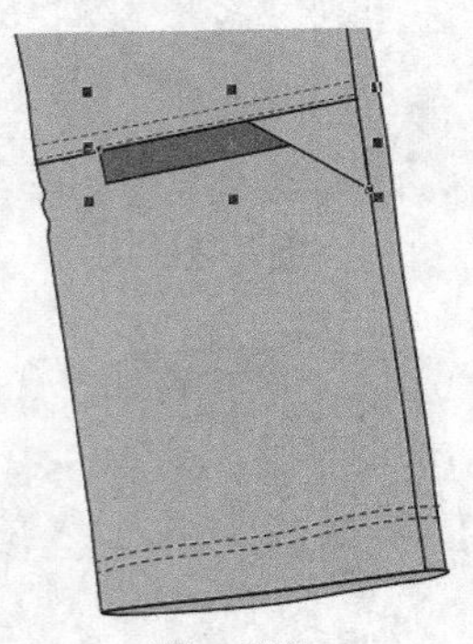

图7-276

38 使用选择工具框选左边的整个拉链头造型，按【Ctrl+G】组合键群组图形。按【+】键复制图形，单击属性栏中的水平镜像按钮，并把复制的拉链头摆放在如图7-277所示的位置。

39 执行菜单栏中的【排列】/【顺序】/【置于此对象后】命令，把拉链头摆放到右边插袋下面，得到的效果如图7-278所示。

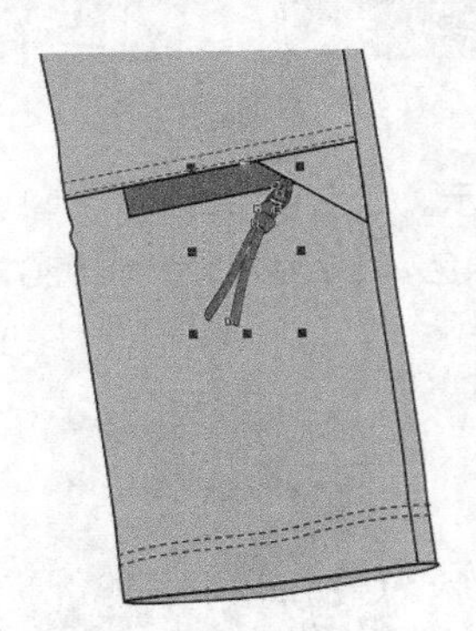

图7-277

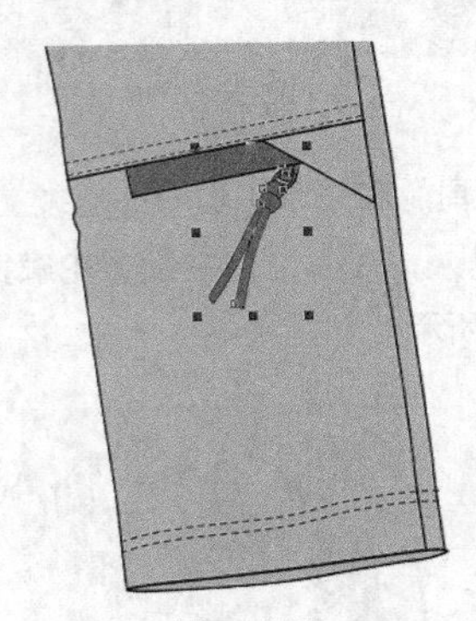

图7-278

40 使用贝塞尔工具和形状工具在裤子口袋上绘制3条装饰缉明线，单击选择工具，在属性栏中设置轮廓样式与宽度如图7-279所示，得到的效果如图7-280所示。

图7-279

41 使用选择工具框选所有图形，按【Ctrl+G】组合键群组图形。这样就完成了休闲裤的绘制，整体效果如图7-281所示。

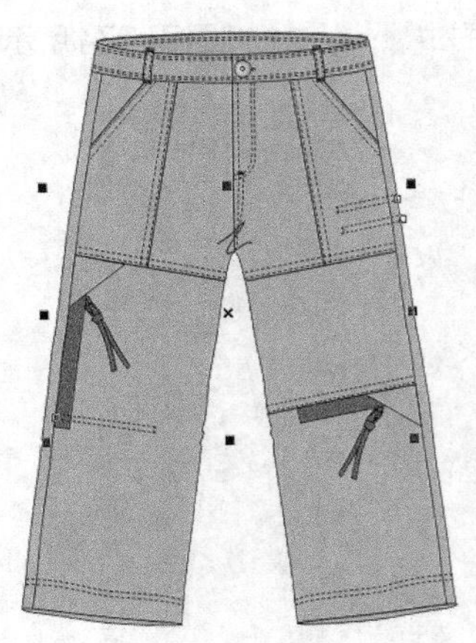

图7-280

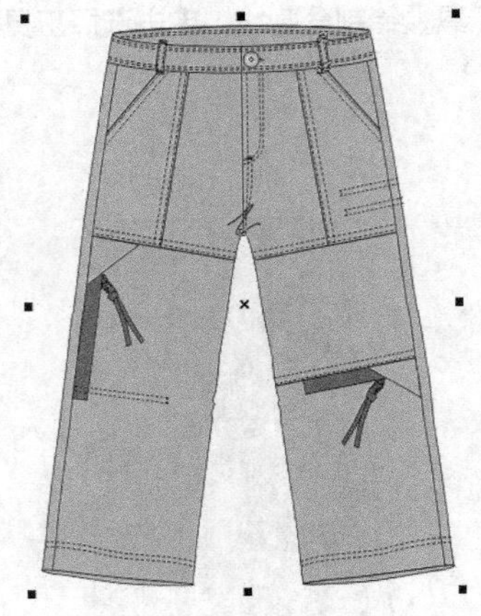

图7-281

7.5 靴裤

靴裤的整体设计效果如图7-282所示。

设计重点

造型设计、罗纹脚口的表现、立体口袋的表现。

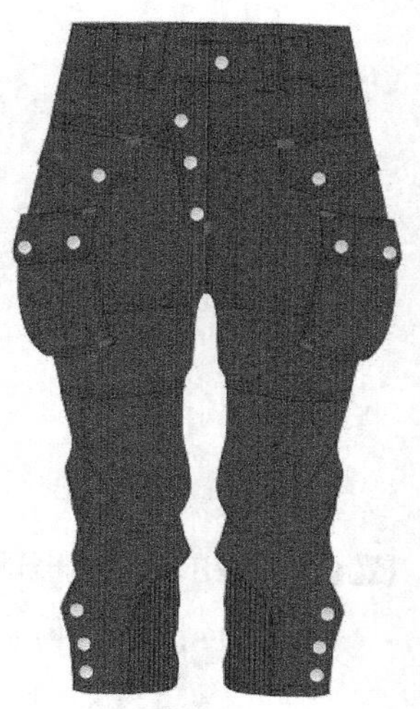

图7-282

操作步骤

01 打开CorelDRAW软件，执行菜单栏中的【文件】/【新建】命令，或使用【Ctrl+N】组合键，弹出“创建新文档”对话框，命名文件为“靴裤”，如图7-283所示。在属性栏中设定纸张大小为A4，横向摆放，如图7-284所示。

02 鼠标单击上方和左方的标尺栏，分别从上往下、从左往右拖动添加10条辅助线，确定裤长、腰线、臀围线、分割线、口袋等位置，如图7-285所示。

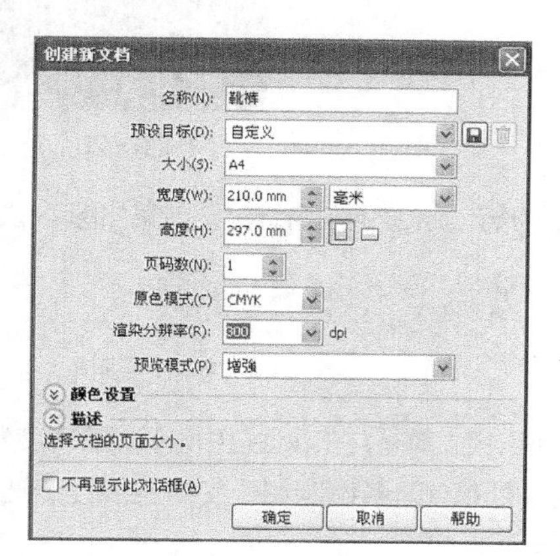

图7-283

图7-284

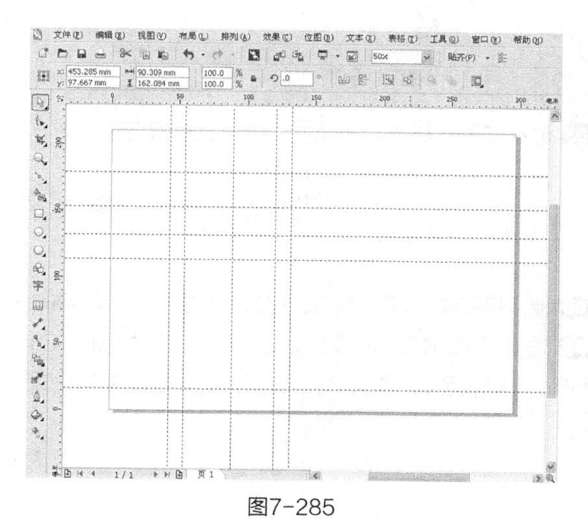

图7-285

03 使用贝塞尔工具和形状工具绘制如图7-286所示的裤子造型（注意腰臀部分曲线的处理及裤长的比例）。

04 单击选择工具，在属性栏中设置轮廓宽度为.35 mm，选择工具箱中的均匀填充工具 均匀填充，给图形填充枣红色，在弹出的“均匀填充”对话框中将填色的数值设置CMYK值为63，90，89，21，如图7-287所示。单击【确定】按钮，得到的效果如图7-288所示。

05 使用贝塞尔工具绘制如图7-289所示的分割线，单击选择工具，在属性栏中设置轮廓宽度为.35 mm。

06 执行菜单栏中的【编辑】/【全选】/【辅助线】命令，选择所有的辅助线，按【Delete】键删除，得到的效果如图7-290所示。

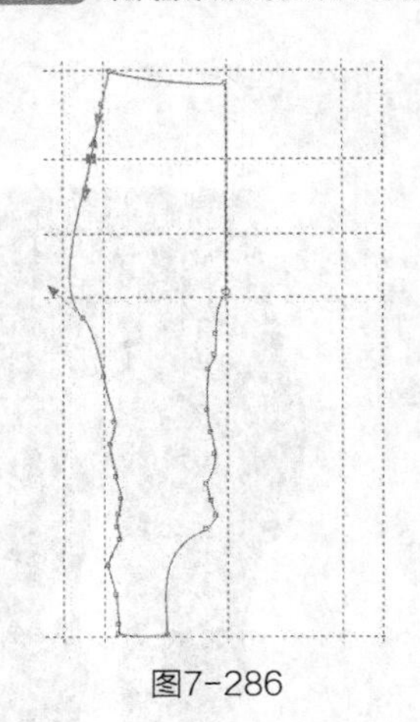
图7-286

图7-287

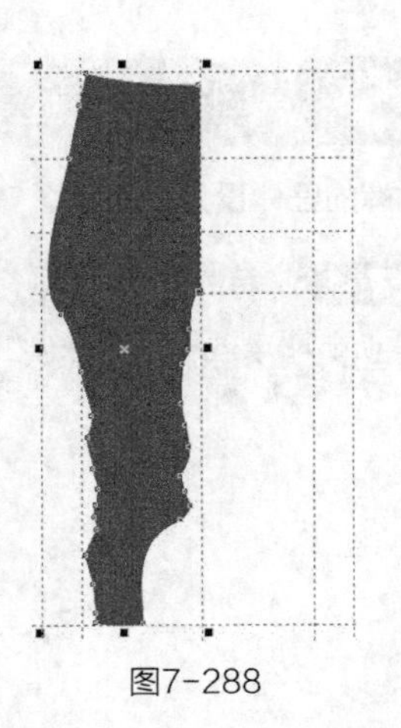
图7-288

07 使用贝塞尔工具在分割线上绘制一条线段，单击选择工具，在属性栏中设置轮廓宽度为.25 mm，如图7-291所示。

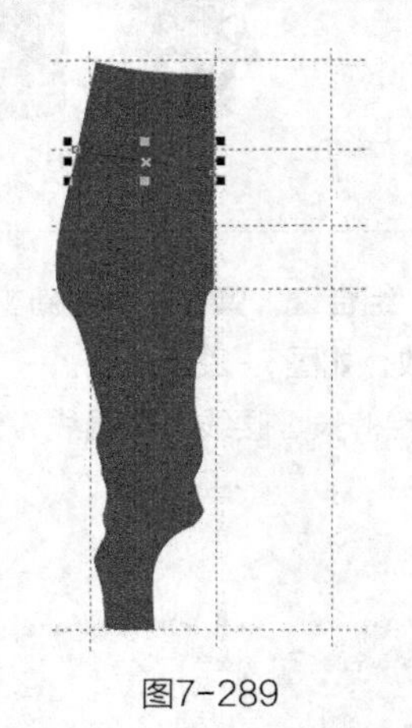
图7-289

图7-290

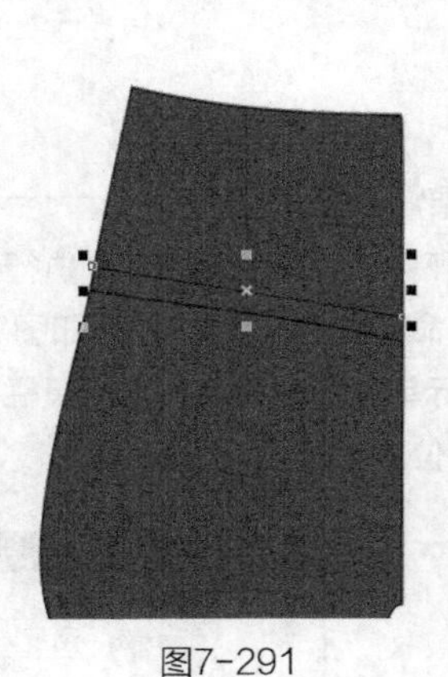
图7-291

08 选择变形工具，在属性栏中设置拉链变形的各项数值如图7-292所示，完成的三角针工艺效果如图7-293所示。

图7-292

09 使用贝塞尔工具在裤腿上绘制如图7-294所示的两条分割线，单击选择工具，在属性栏中设置轮廓宽度为.35 mm。

10 选择贝塞尔工具和形状工具，在如图7-295所示3条分割线处绘制6条缉明线，使缉明线处于选择状态，按【F12】键，弹出“轮廓笔”对话框，选项及参数设置如图7-296所示。

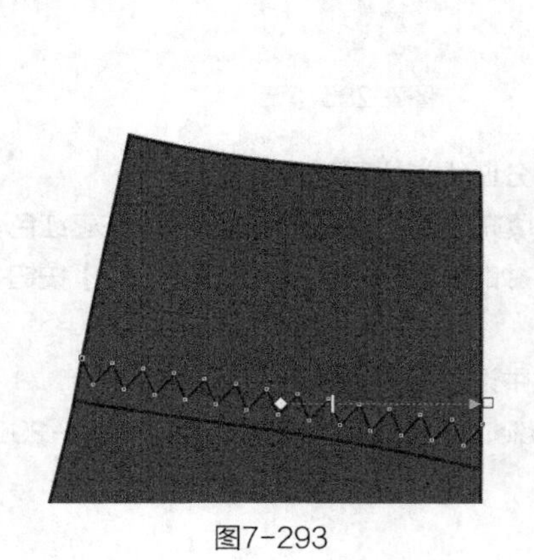
图7-293

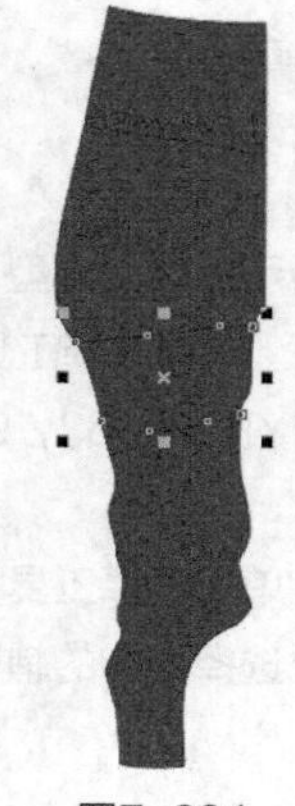
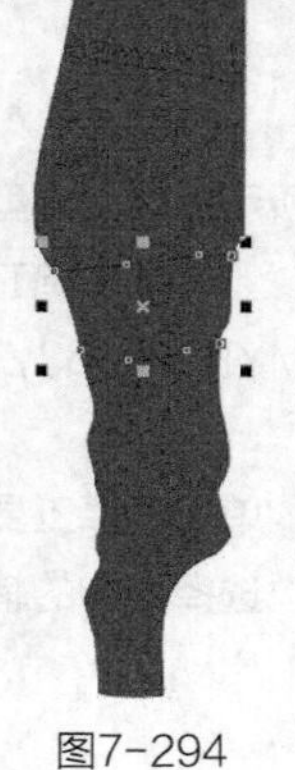
图7-294

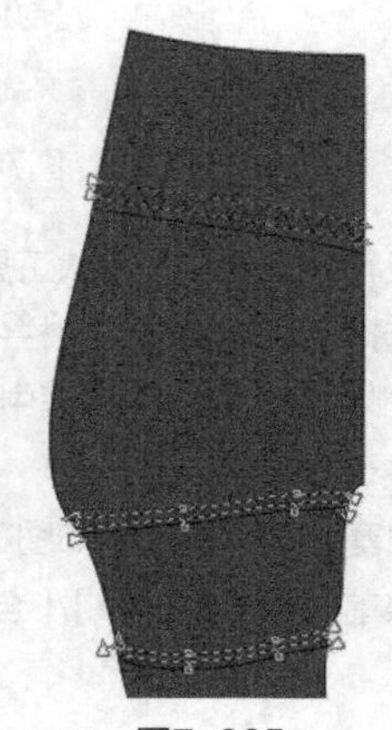
图7-295

11 单击【确定】按钮，得到的效果如图7-297所示。

12 使用贝塞尔工具和形状工具在如图7-298所示的膝关节处绘制5条衣褶，单击选择工具，在属性栏中设置轮廓宽度为 .35 mm 。

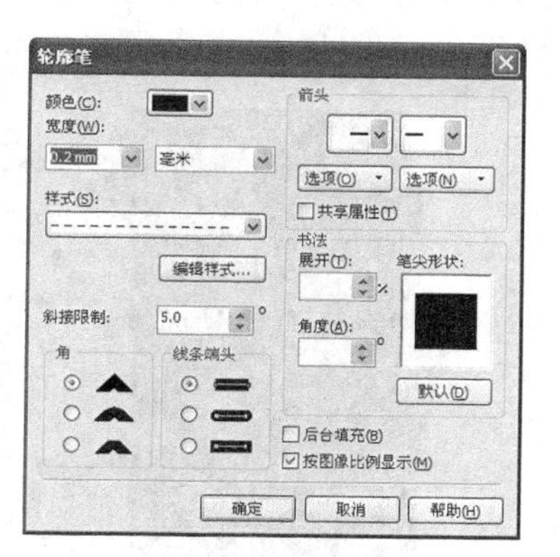

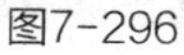
图7-296

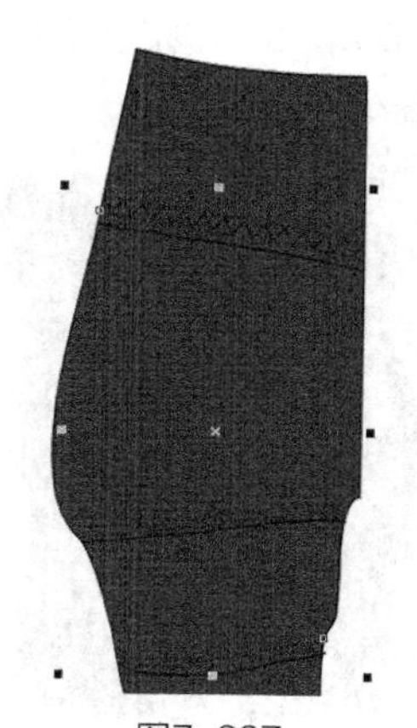
图7-297

图7-298

13 使用贝塞尔工具和形状工具在裤脚口绘制图形，给图形填充枣红色，CMYK值为63，90，89，21，单击选择工具，在属性栏中设置轮廓宽度为 .35 mm ，得到的效果如图7-299所示。

14 使用手绘工具在裤脚口绘制两条直线，在属性栏中设置轮廓宽度为 .4 mm ，得到的效果如图7-300所示。

15 使用选择工具选择两条直线，单击属性栏中的合并按钮，得到的效果如图7-301所示。

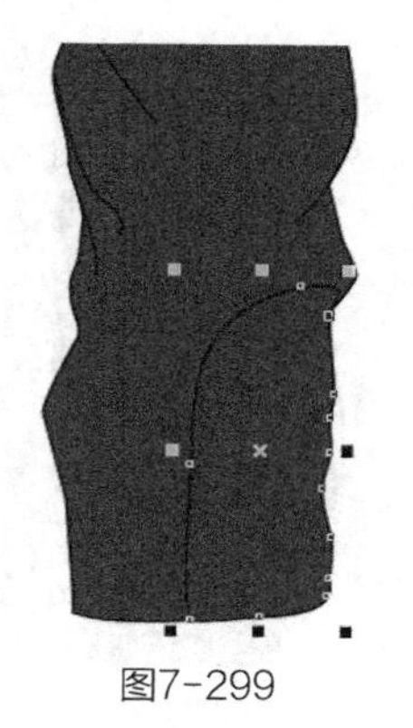
图7-299

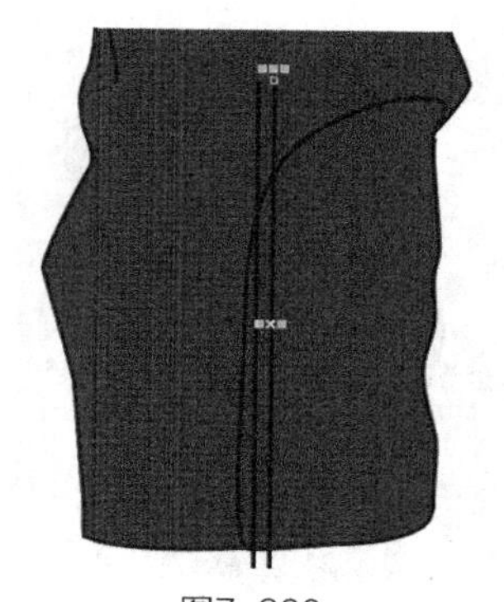
图7-300

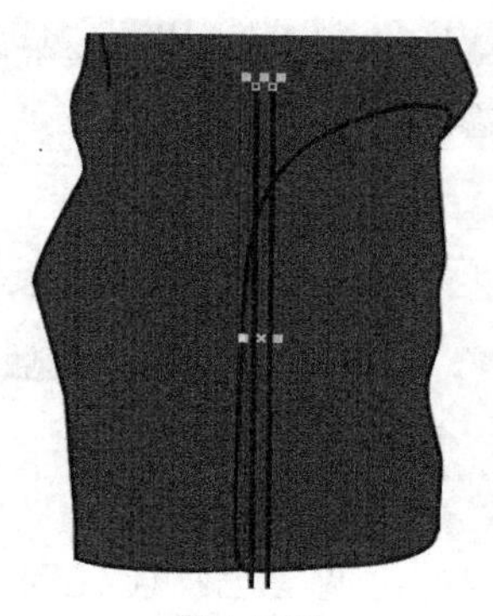
图7-301

16 按【+】键复制图形，按住【Ctrl】键，把复制的图形往右移动到如图7-302所示的位置。

17 选择工具箱中的调和工具，单击左边的直线往右拖动鼠标至右边的图形，执行调和效果，如图7-303所示。

18 在属性栏中设置调和的步数为 4 ，得到的效果如图7-304所示。

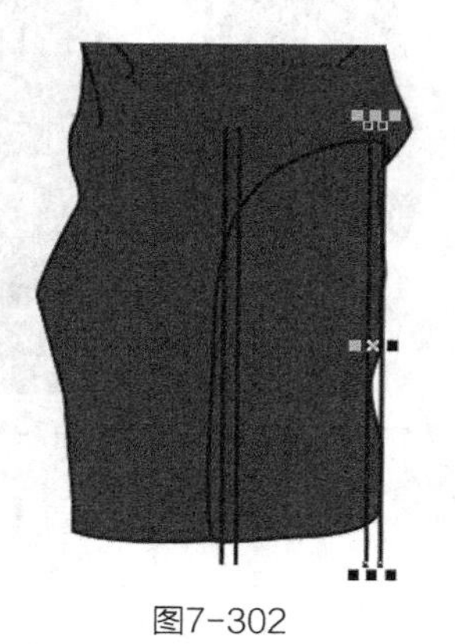
图7-302

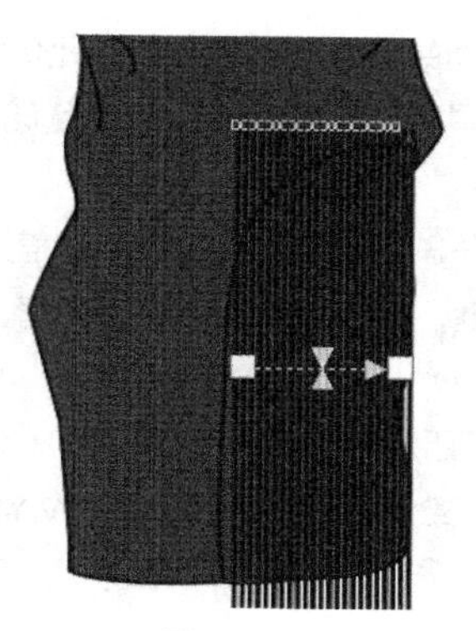
图7-303

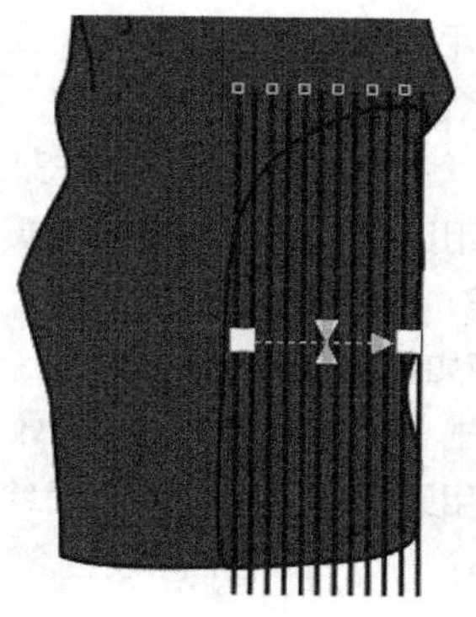
图7-304

19 单击选择工具，执行菜单栏中的【效果】/【图框精确剪裁】/【置于图文框内部】命令，把图形放置在裤脚口内，得到的效果如图7-305所示。

20 执行菜单栏中的【排列】/【顺序】/【到页面后面】命令，得到的效果如图7-306所示。

21 选择贝塞尔工具和形状工具，在如图7-307所示的裤脚口处绘制5条缉明线，使缉明线处于选择状态，按【F12】键，弹出“轮廓笔”对话框，选项及参数设置如图7-308所示。

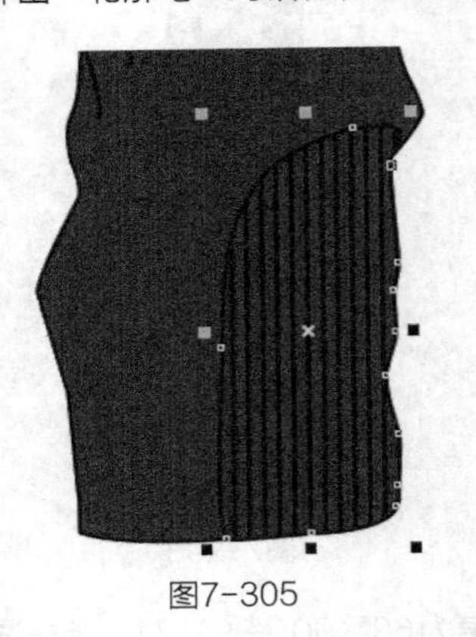

图7-305

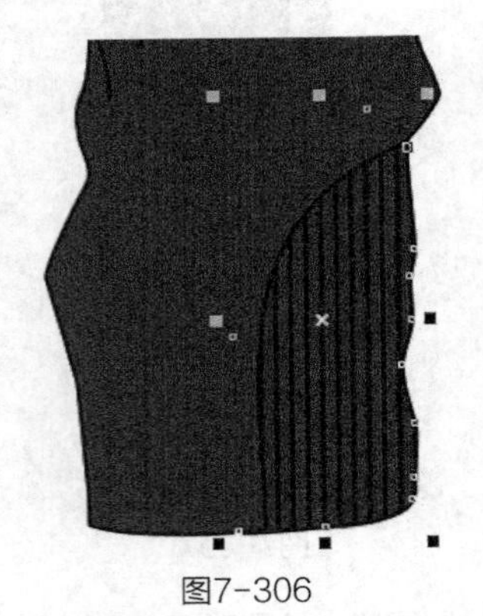

图7-306

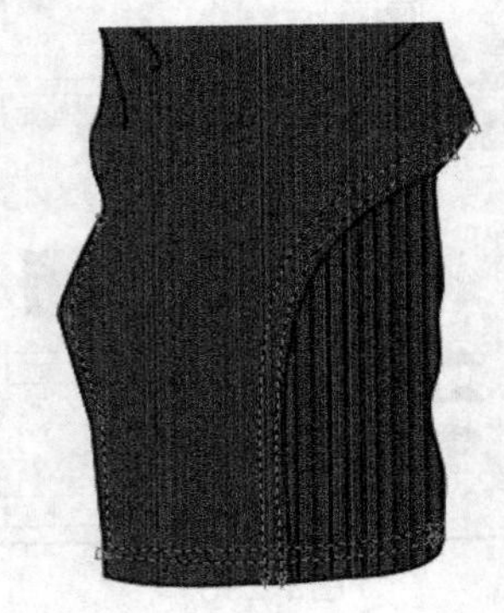

图7-307

22 单击【确定】按钮，得到的效果如图7-309所示。

23 使用贝塞尔工具和形状工具在裤腿上绘制袋盖，并填充为枣红色，CMYK值为63，90，89，21，单击选择工具，在属性栏中设置轮廓宽度为 .35 mm ，得到的效果如图7-310所示。

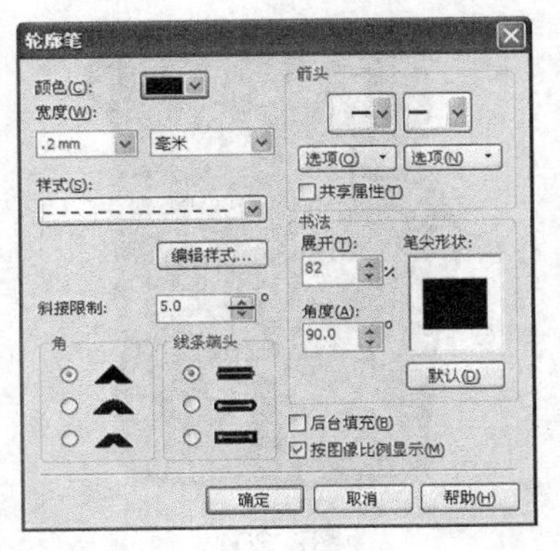

图7-308

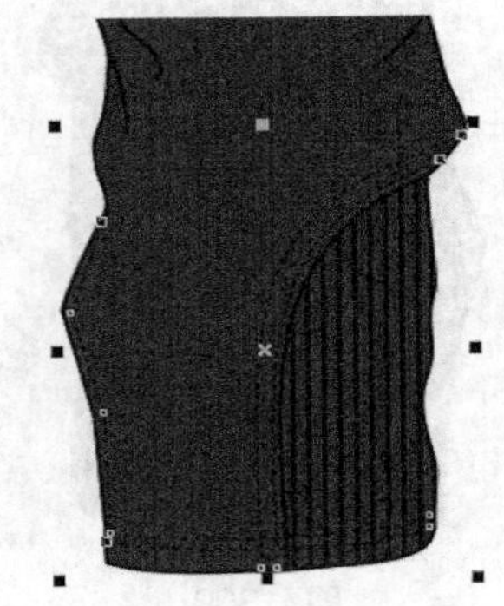

图7-309

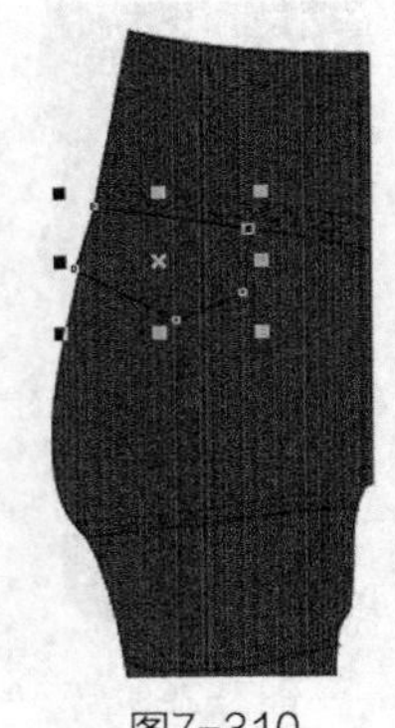

图7-310

24 使用贝塞尔工具和形状工具在裤腿上绘制立体袋，并填充为枣红色，CMYK值为63，90，89，21，单击选择工具，在属性栏中设置轮廓宽度为 .35 mm ，得到的效果如图7-311所示。

25 使用贝塞尔工具和形状工具，在立体袋上绘制袋盖，并填充为枣红色，CMYK值为63，90，89，21，单击选择工具，在属性栏中设置轮廓宽度为 .35 mm ，得到的效果如图7-312所示。

26 使用贝塞尔工具和形状工具，在如图7-313所示的立体袋和袋盖上绘制6条缉明线，使缉明线处于选择状态，按【F12】键，弹出“轮廓笔”对话框，选项及参数设置如图7-314所示。

27 单击【确定】按钮，得到的效果如图7-215所示。

28 使用贝塞尔工具在袋盖上绘制一条线段，给线段填充轮廓色，CMYK值为40，74，80，2，在属性栏中设置轮廓宽度为 .2 mm ，如图7-316所示。

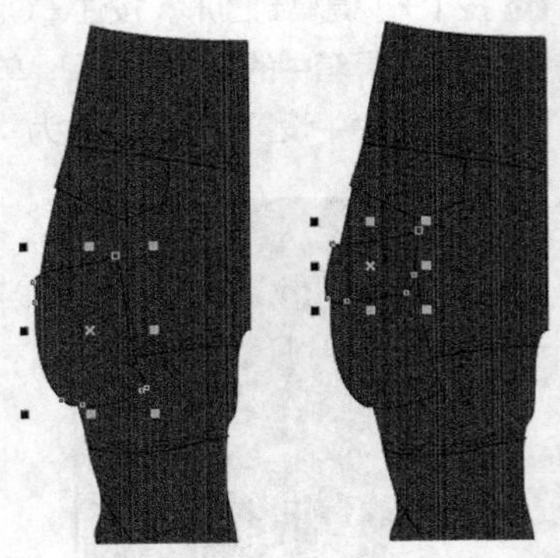

图7-311　　图7-312

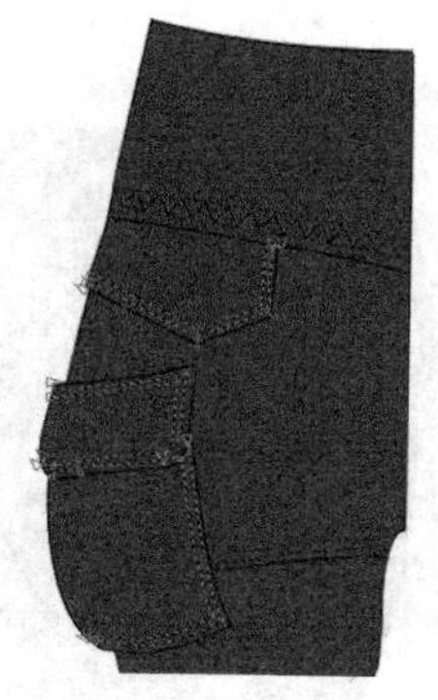

图7-313

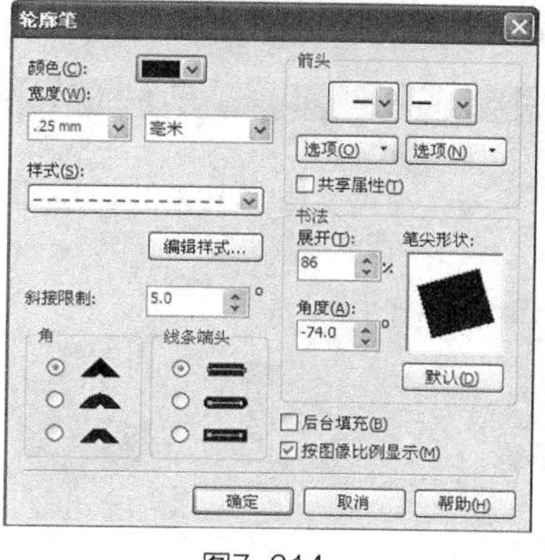

图7-314

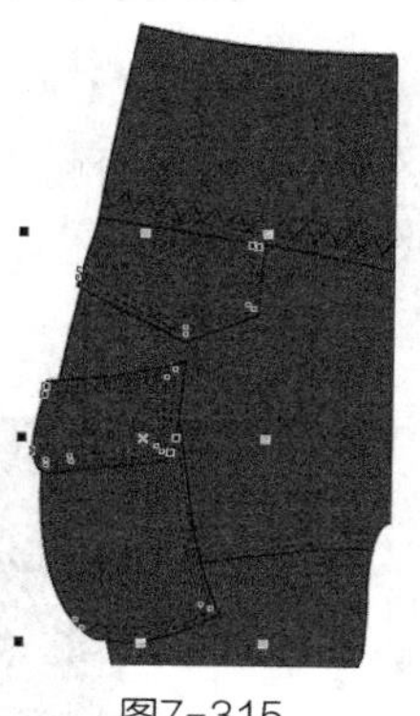

图7-315

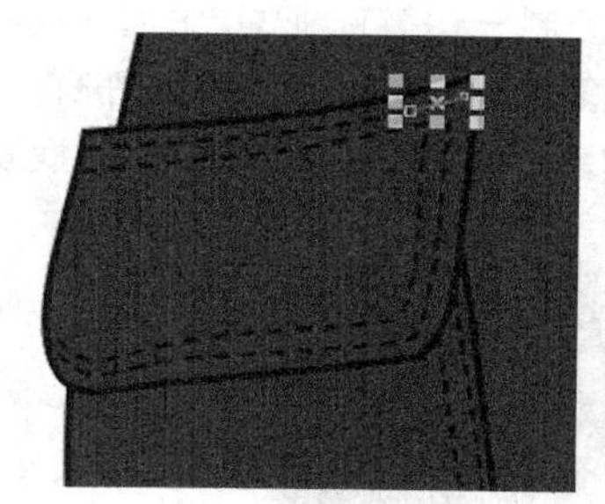

图7-316

29 选择变形工具，在属性栏中设置拉链变形的各项数值如图7-317所示，完成的打枣工艺效果如图7-318所示。

图7-317

30 重复步骤**28**～步骤**29**的操作，分别绘制立体袋和袋盖处的打枣工艺，得到的效果如图7-319所示。

31 使用椭圆形工具，按住【Ctrl】键在口袋盖处绘制一个圆形，在属性栏中设置轮廓宽度为.2 mm，得到的效果如图7-320所示。

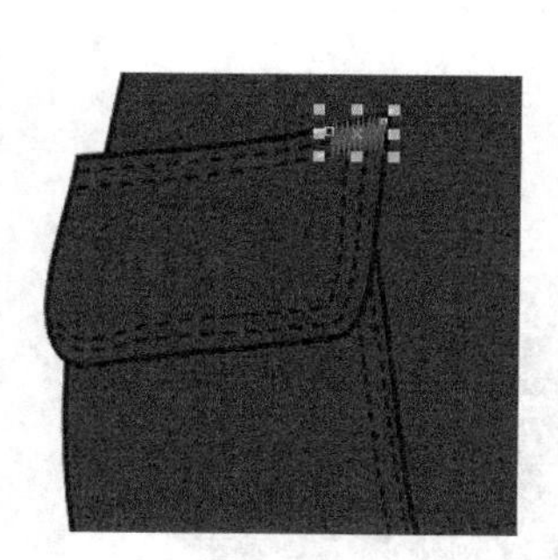

图7-318

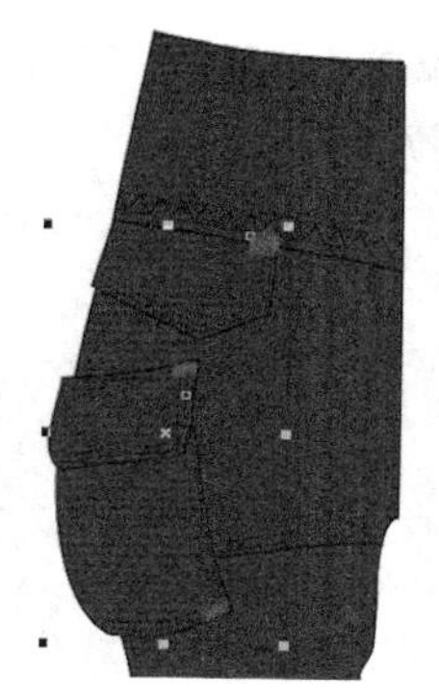

图7-319

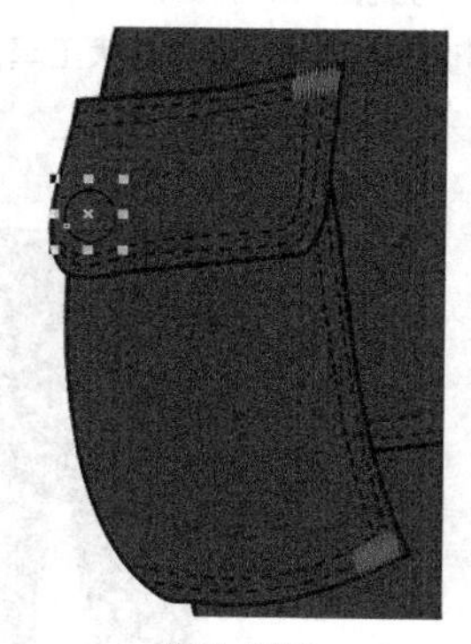

图7-320

32 单击工具箱中的渐变填充工具渐变填充，在弹出的“渐变填充”对话框中选择“类型”为“线性”渐变，设置各项参数如图7-321所示，其中主要控制点的位置和颜色参数分别如下。

位置：0　　　　颜色：30%黑色

位置：100　　　颜色：白色

完成的渐变效果如图7-322所示。

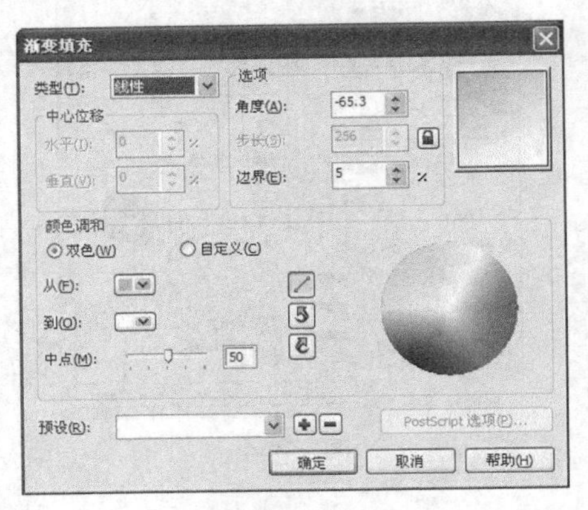

图7-321

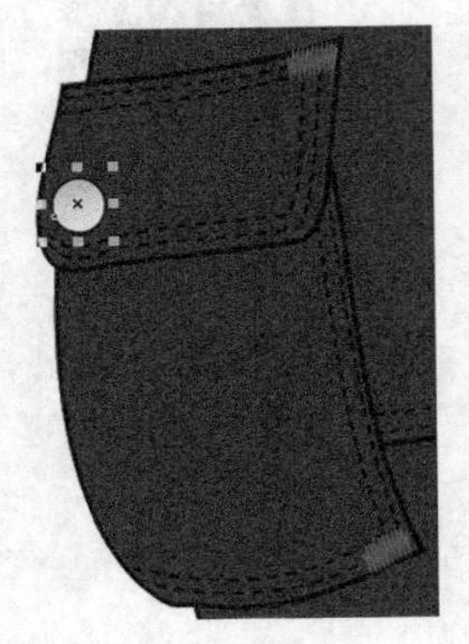
图7-322

33 按【+】键复制一个撞钉，把复制的图形向右移动到一定的位置，得到的效果如图7-323所示。

34 按【+】键复制一个撞钉，把复制的图形向上移动到一定的位置，得到的效果如图7-324所示。

35 按【+】键复制3个撞钉，把复制的图形摆放在如图7-325所示的裤脚口位置。

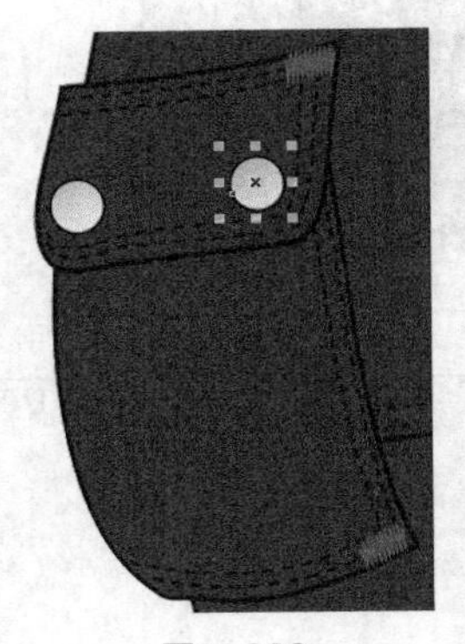
图7-323

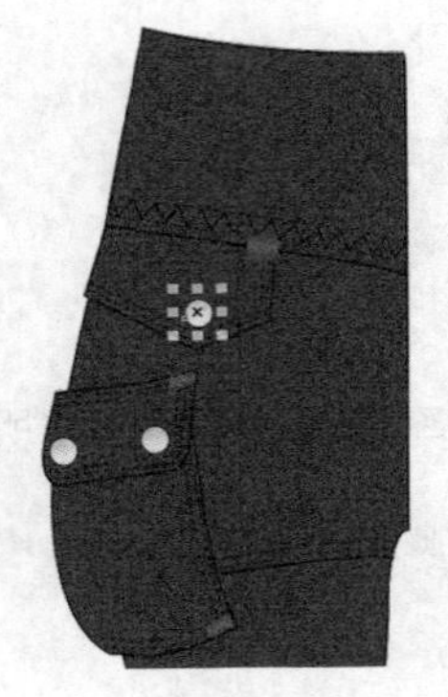
图7-324

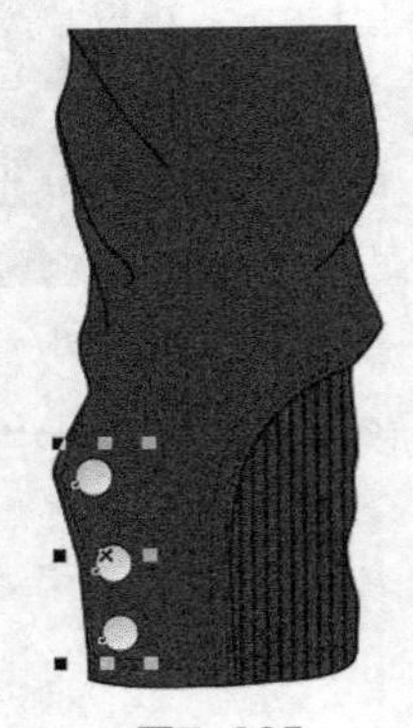
图7-325

36 使用选择工具框选绘制好的左边裤形，按【+】键复制，单击属性栏中的水平镜像按钮，并把图形向右平移到一定的位置，得到的效果如图7-326所示。

37 使用贝塞尔工具和形状工具绘制搭门，并填充为枣红色，CMYK值为63，90，89，21，单击选择工具，在属性栏中设置轮廓宽度为.35 mm，得到的效果如图7-327所示。

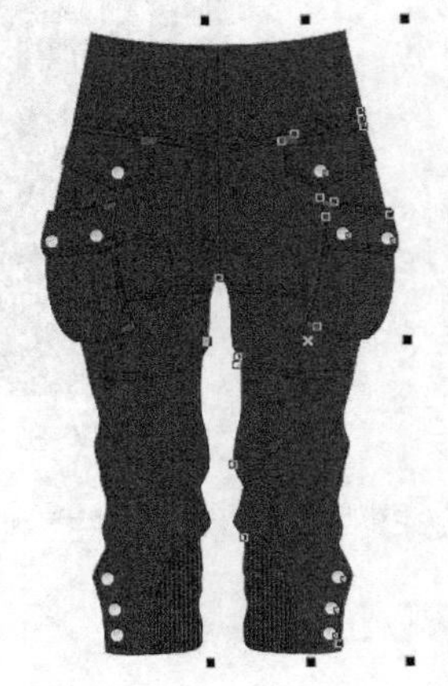
图7-326

图7-327

38 使用贝塞尔工具和形状工具绘制后腰头部分，并填充为枣红色，CMYK值为63，90，89，21，单击选择工具，在属性栏中设置轮廓宽度为 .35 mm，得到的效果如图7-328所示。

39 执行菜单栏中的【排列】/【顺序】/【到页面后面】命令，得到的效果如图7-329所示。

图7-328

图7-329

40 选择贝塞尔工具和形状工具，在如图7-330所示的搭门和前中线处绘制4条缉明线，使缉明线处于选择状态，按【F12】键，弹出“轮廓笔”对话框，选项及参数设置如图7-331所示。

图7-330

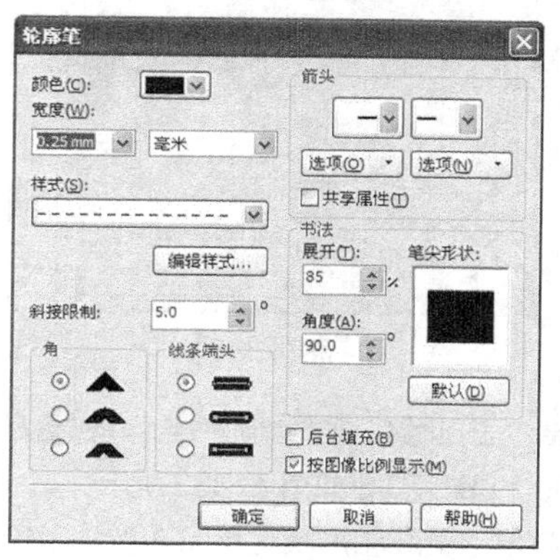

图7-331

41 单击【确定】按钮，得到的效果如图7-332所示。

42 重复步骤**28**~步骤**29**的操作绘制搭门处的打枣工艺，得到的效果如图7-333所示。

图7-332

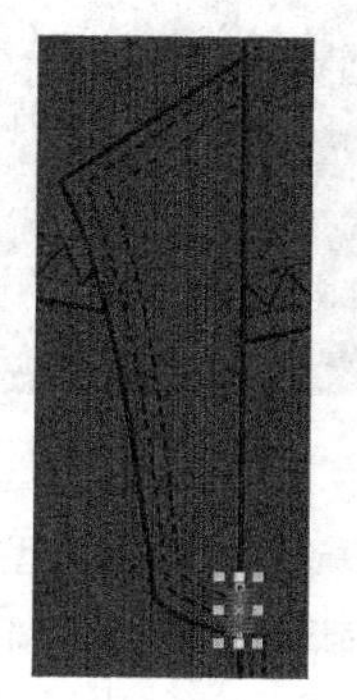
图7-333

43 使用贝塞尔工具和形状工具绘制腰头的分割线，单击选择工具，在属性栏中设置轮廓宽度为 .35 mm，得到的效果如图7-334所示。

44 选择贝塞尔工具和形状工具，在如图7-335所示的前后腰头处绘制三条缉明线，使缉明线处于选择状态，按

【F12】键，弹出“轮廓笔”对话框，选项及参数设置如图7-336所示。

图7-334

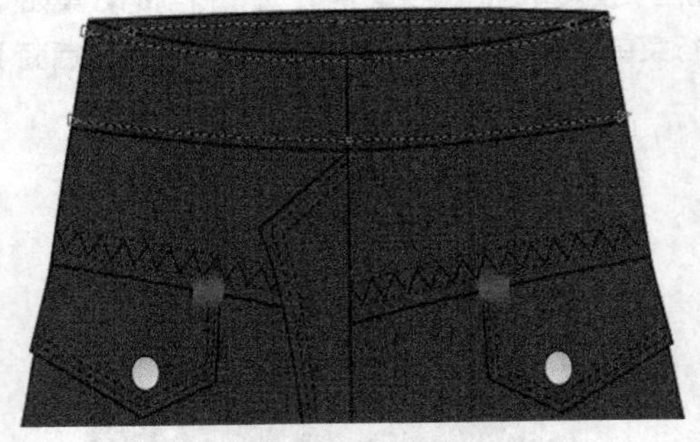

图7-335

45 单击【确定】按钮，得到的效果如图7-337所示。

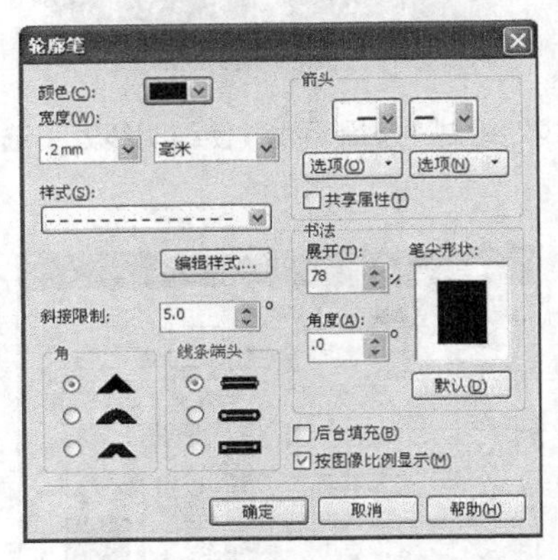

图7-336

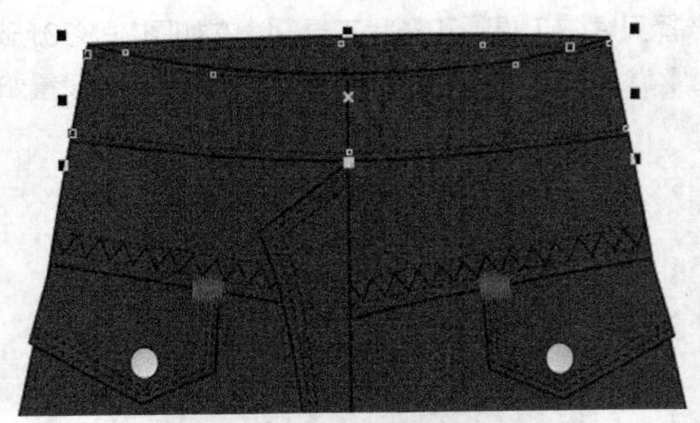

图7-337

46 使用贝塞尔工具在腰部绘制裤袢，单击选择工具，在属性栏中设置轮廓宽度为.35 mm，并填充为枣红色，CMYK值为63，90，89，21，如图7-338所示。

47 使用贝塞尔工具和形状工具在裤袢上绘制两条缉明线，单击选择工具，在属性栏中设置轮廓样式与宽度如图7-339所示，得到的效果如图7-340所示。

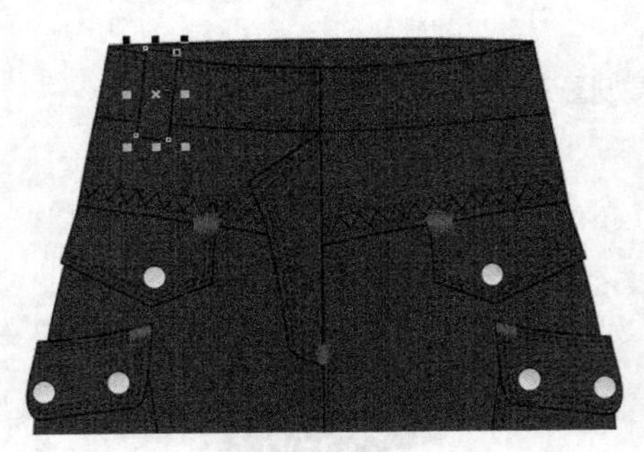

图7-338

图7-339

48 使用选择工具框选整个裤袢造型，按【Ctrl+G】组合键群组图形。按【+】键复制3个裤袢，单击属性栏中的水平镜像按钮，并把复制的裤袢摆放在如图7-341所示的位置。

49 使用选择工具选择一个绘制好的撞钉，按【+】键复制4个撞钉，把复制的图形摆放在搭门及腰头位置，得到的效果如图7-342所示。

50 使用选择工具框选所有图形，按【Ctrl+G】组合键群组图形。这样就完成了靴裤的绘制，整体效果如图7-343所示。

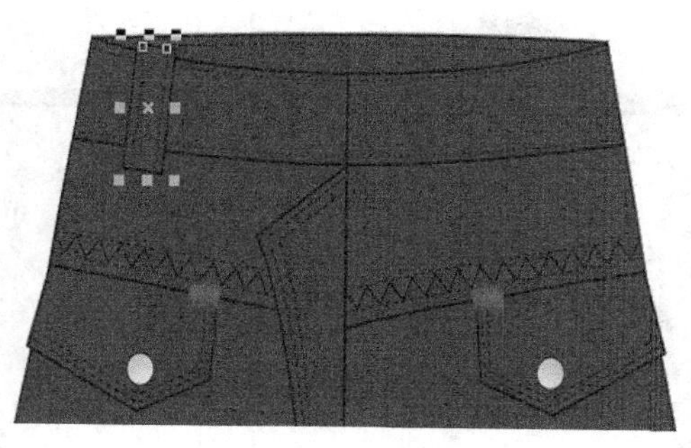

图7-340

图7-341

图7-342

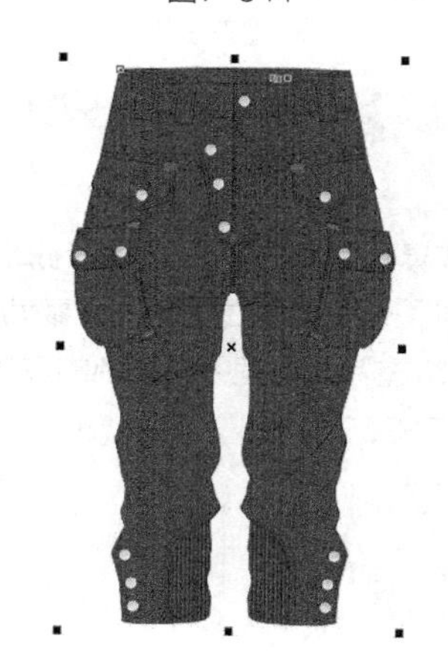

图7-343

7.6 哈伦裤

哈伦裤的整体设计效果如图7-344所示。

设计重点

造型设计，罗纹腰头、抽绳、鸡眼扣的表现。

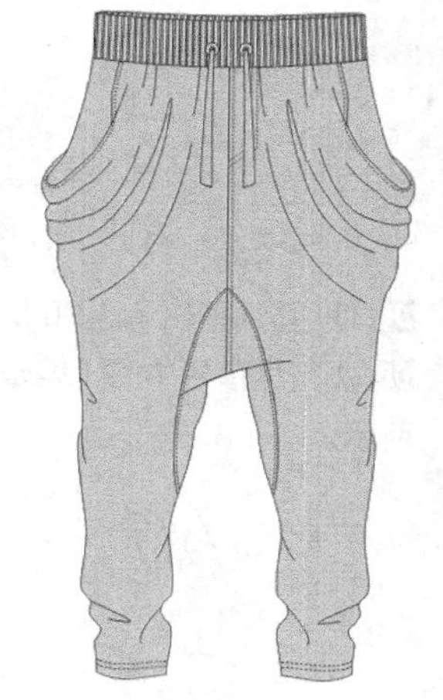

图7-344

操作步骤

01 打开CorelDRAW软件，执行菜单栏中的【文件】/【新建】命令，或使用【Ctrl+N】组合键，弹出“创建新文档”对话框，命名文件为“哈伦裤”，如图7-345所示。在属性栏中设定纸张大小为A4，横向摆放，如图7-346所示。

02 鼠标单击上方和左方的标尺栏，分别从上往下、从左往右拖动添加8条辅助线，确定裤长、裆深、脚口宽等位置，如图7-347所示。

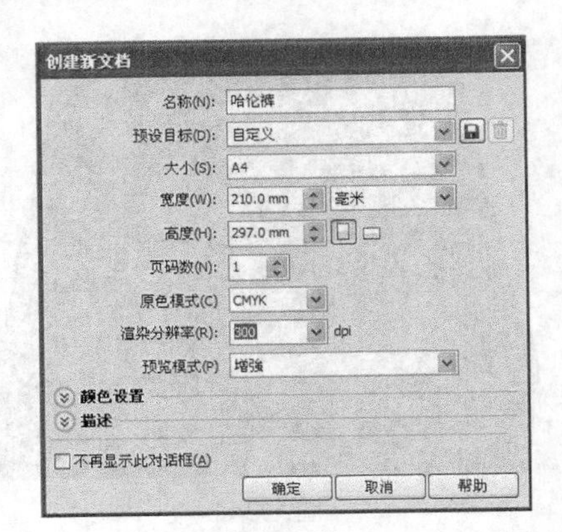

图7-345

图7-346

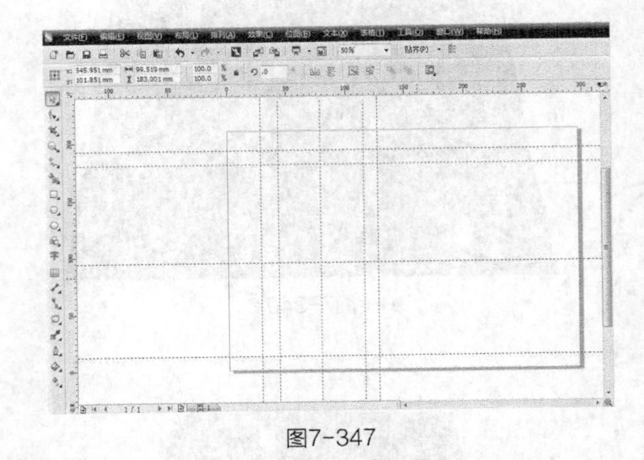

图7-347

03 使用贝塞尔工具和形状工具，绘制如图7-348所示的裤子造型（注意臀部堆积效果的处理及裤长的比例）。

04 单击选择工具，在属性栏中设置轮廓宽度为 .35 mm，选择工具箱中的均匀填充工具 均匀填充，给图形填充卡其色，在弹出的“均匀填充”对话框中将填色的数值设置CMYK值为11，20，28，0，如图7-349所示。单击【确定】按钮，得到的效果如图7-350所示。

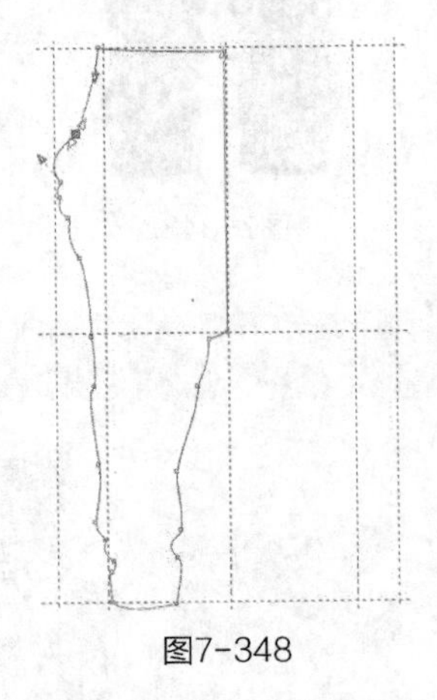

图7-348

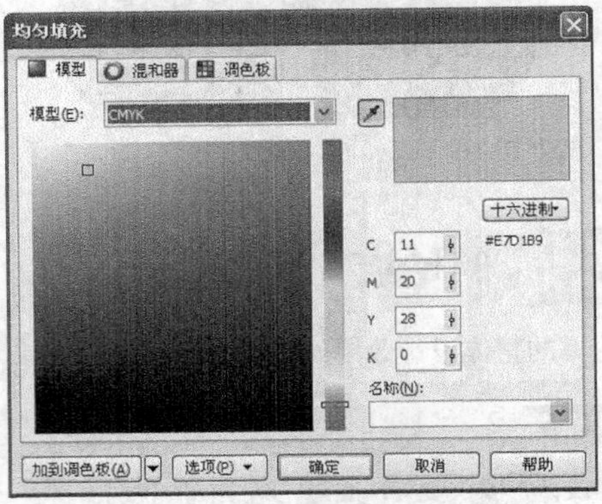

均匀填充
模型 混和器 调色板
模型(E): CMYK
十六进制
C 11
M 20
Y 28
K 0
#E7D1B9
名称(N):
加到调色板(A) 选项(P) 确定 取消 帮助

图7-349

05 使用贝塞尔工具和形状工具绘制如图7-351所示的口袋线，单击选择工具，在属性栏中设置轮廓宽度为 .35 mm。

06 执行菜单栏中的【编辑】/【全选】/【辅助线】命令，选择所有的辅助线，按【Delete】键删除，得到的效果如图7-352所示。

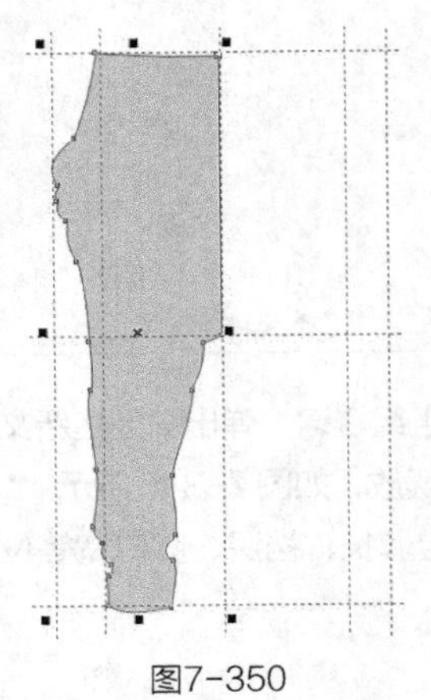

图7-350

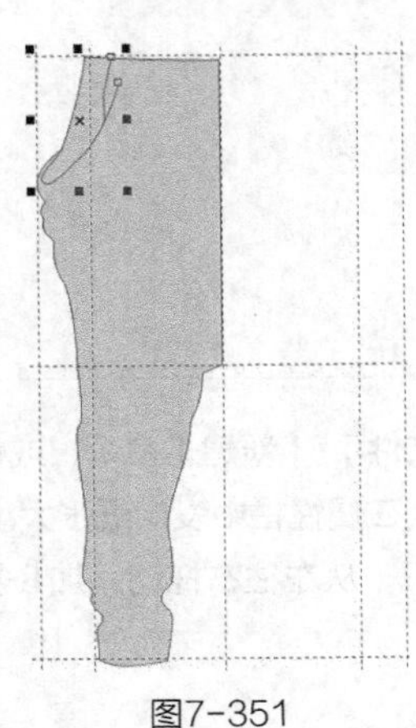

图7-351

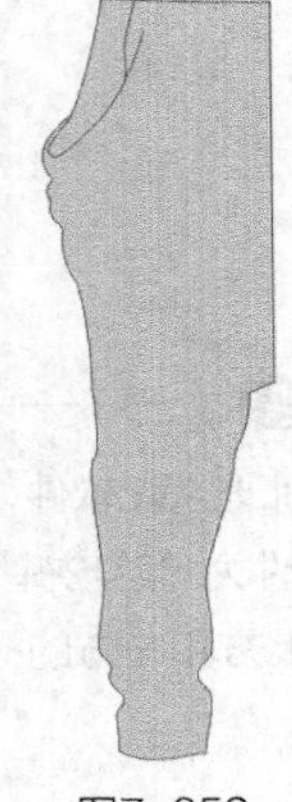

图7-352

07 使用贝塞尔工具和形状工具绘制腰臀部位的褶裥线，单击选择工具，在属性栏中设置轮廓宽度为.35 mm，如图7-353所示。

08 使用贝塞尔工具和形状工具，在如图7-354所示的膝关节和裤脚口处绘制5条裤褶，单击选择工具，在属性栏中设置轮廓宽度为.35 mm。

09 使用贝塞尔工具和形状工具绘制如图7-355所示的分割线，单击选择工具，在属性栏中设置轮廓宽度为.35 mm。

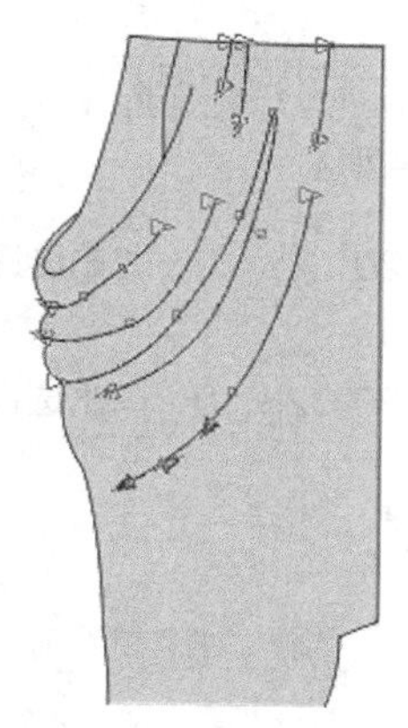
图7-353

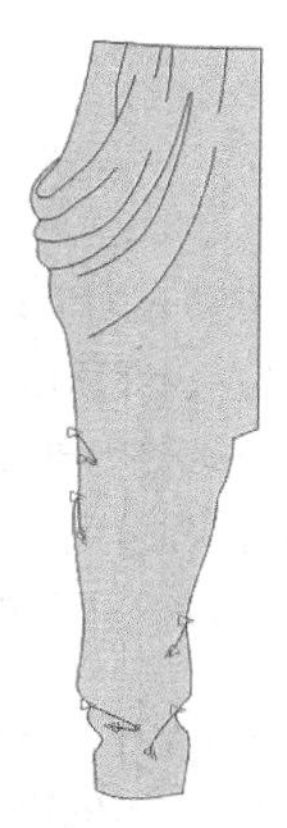
图7-354

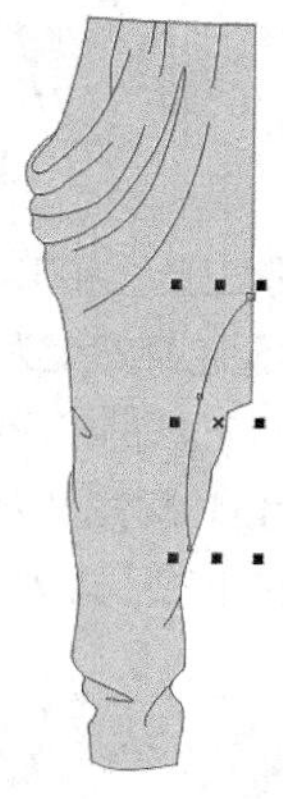
图7-355

10 选择贝塞尔工具和形状工具，在如图7-356所示的口袋、分割线和裤脚口处绘制5条缉明线，使缉明线处于选择状态，按【F12】键，弹出“轮廓笔”对话框，选项及参数设置如图7-357所示。

11 单击【确定】按钮，得到的效果如图7-358所示。

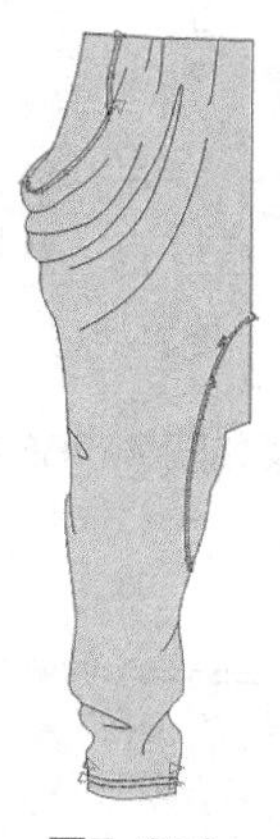
图7-356

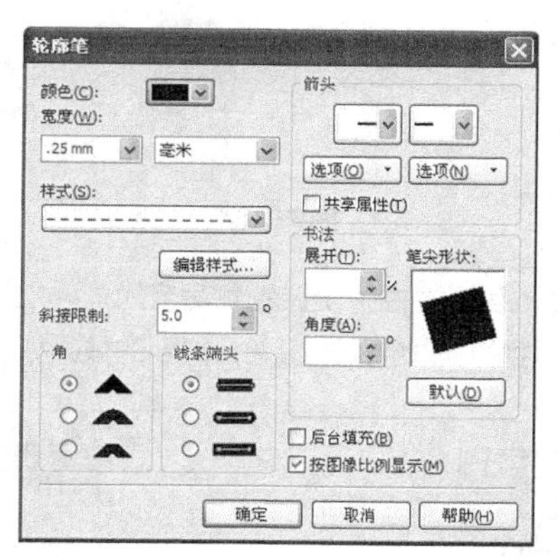

图7-357

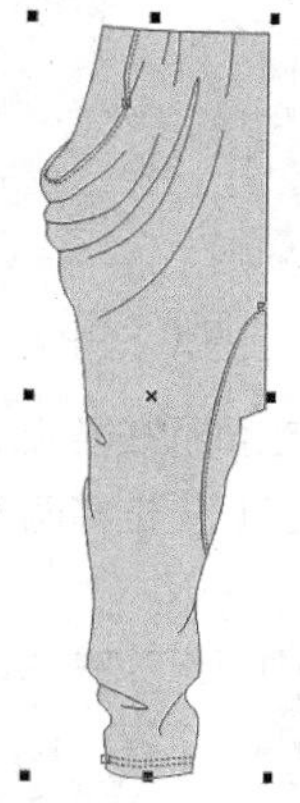
图7-358

12 使用选择工具框选绘制好的左边裤形，按【+】键复制，单击属性栏中的水平镜像按钮，并把图形向右平移到一定的位置，得到的效果如图7-359所示。

13 使用贝塞尔工具和形状工具在如图7-360所示的裤裆处绘制一条裤褶线，单击选择工具，在属性栏中设置轮廓宽度为.35 mm。

14 使用形状工具单击右边裤型，选择如图7-361所示的节点。

15 使用形状工具调整右边裤型，把节点往上移动，使其与裤褶线相贴合，得到的效果如图7-362所示。

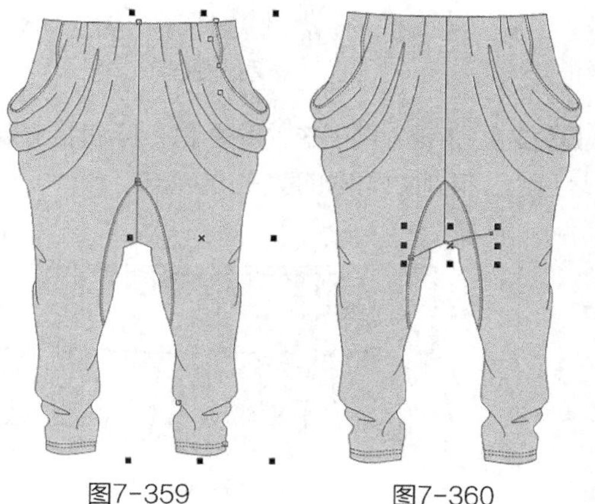
图7-359　　图7-360

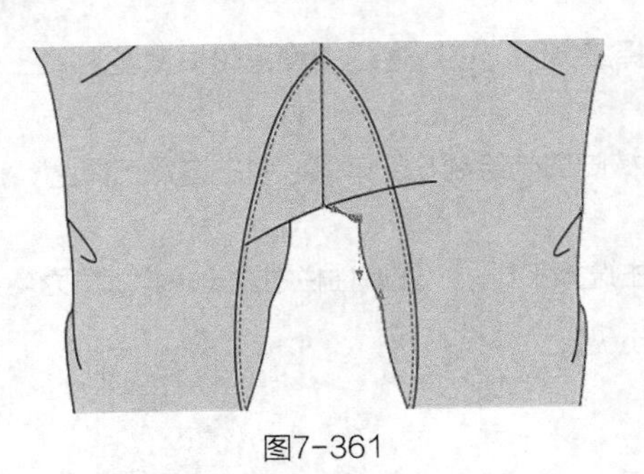
图7-361

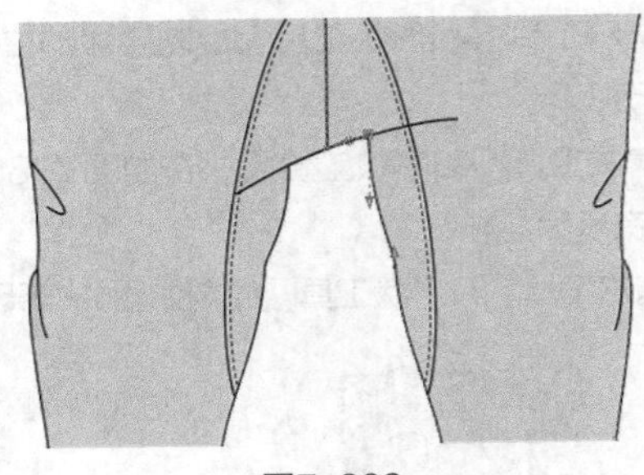
图7-362

16 使用贝塞尔工具和形状工具绘制前腰头部分，并填充为卡其色，CMYK值为11，20，28，0，单击选择工具，在属性栏中设置轮廓宽度为 .35 mm，得到的效果如图7-363所示。

17 使用贝塞尔工具和形状工具绘制后腰头部分，并填充为卡其色，CMYK值为11，20，28，0，单击选择工具，在属性栏中设置轮廓宽度为 .35 mm，得到的效果如图7-364所示。

18 执行菜单栏中的【排列】/【顺序】/【到页面后面】命令，得到的效果如图7-365所示。

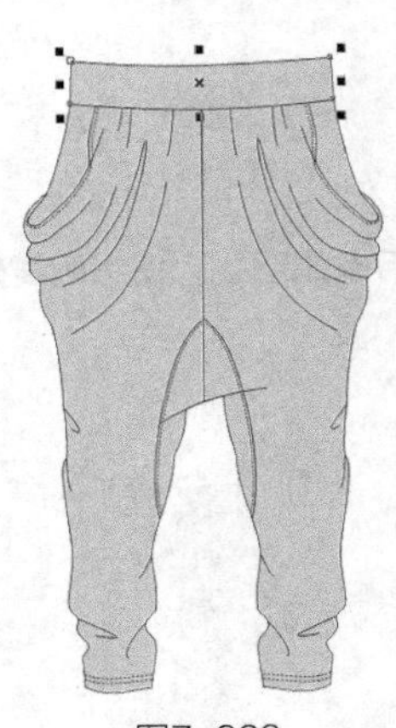
图7-363

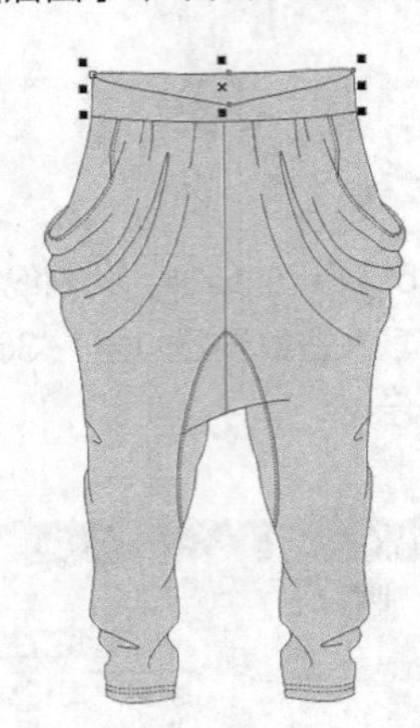
图7-364

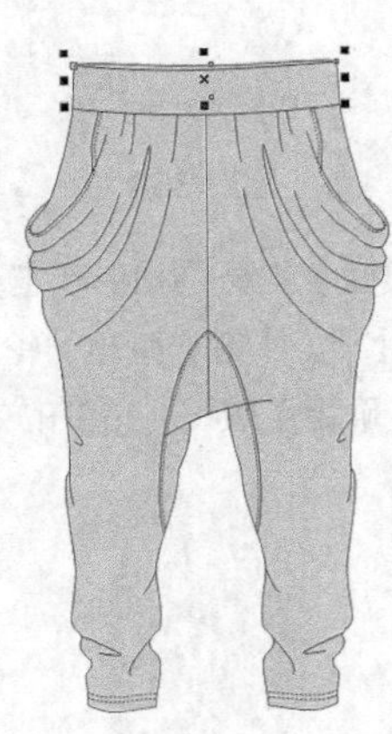
图7-365

19 使用手绘工具在腰头上绘制两条直线，在属性栏中设置轮廓宽度为 .2 mm，得到的效果如图7-366所示。

20 使用选择工具选择两条直线，单击属性栏中的合并按钮，得到的效果如图7-367所示。

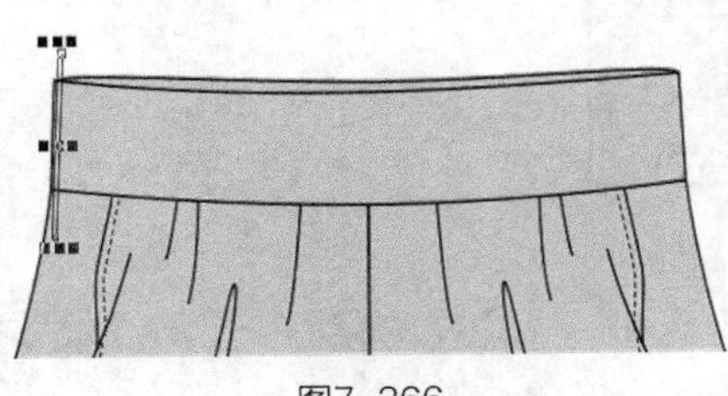
图7-366

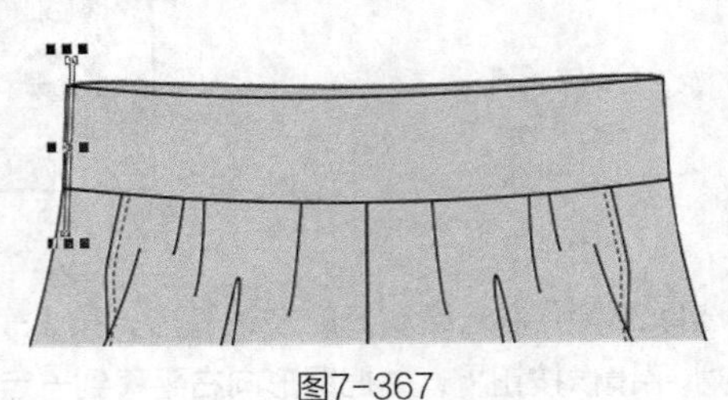
图7-367

21 按【+】键复制图形，按住【Ctrl】键把复制的图形往右移动到如图7-368所示的位置。在属性栏中设置旋转角度为 6.0°，得到的效果如图7-369所示。

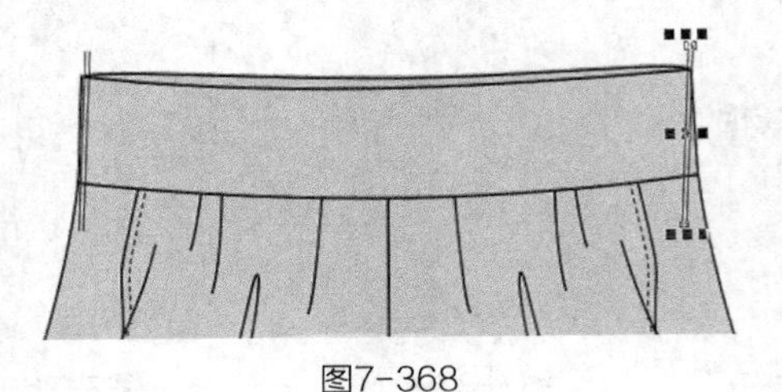
图7-368

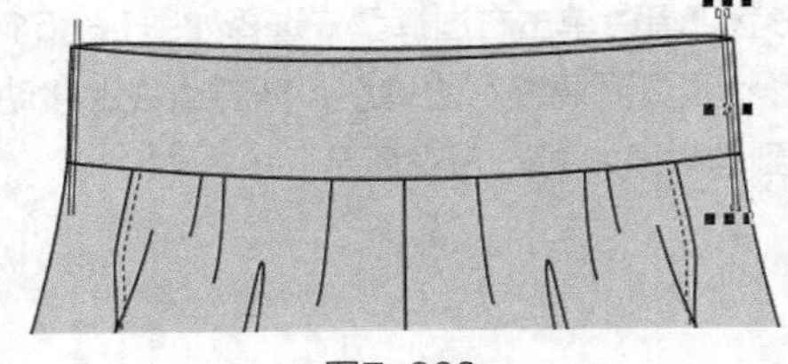
图7-369

22 选择工具箱中的调和工具，单击左边的直线往右拖动鼠标至右边的图形，执行调和效果，如图7-370所示。

23 在属性栏中设置调和的步数为40，得到的效果如图7-371所示。

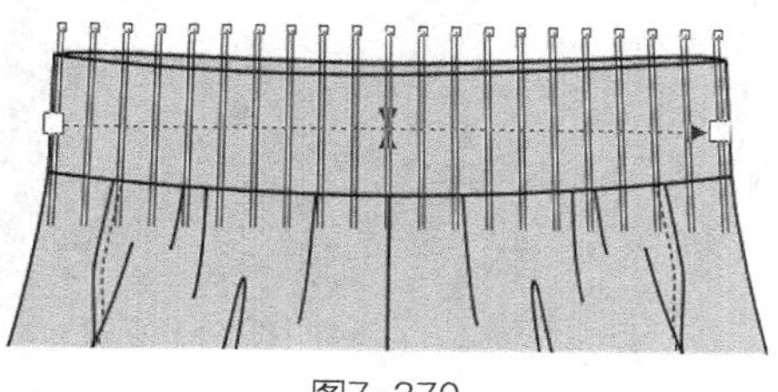
图7-370

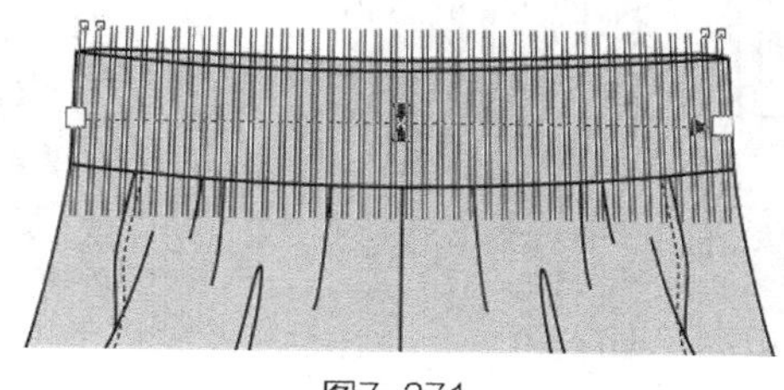
图7-371

24 单击选择工具，执行菜单栏中的【效果】/【图框精确剪裁】/【放置在容器中】命令，把图形放置在前腰头内，得到的效果如图7-372所示。

25 重复步骤**19**~步骤**24**的操作，绘制后腰头罗纹，得到的效果如图7-373所示。

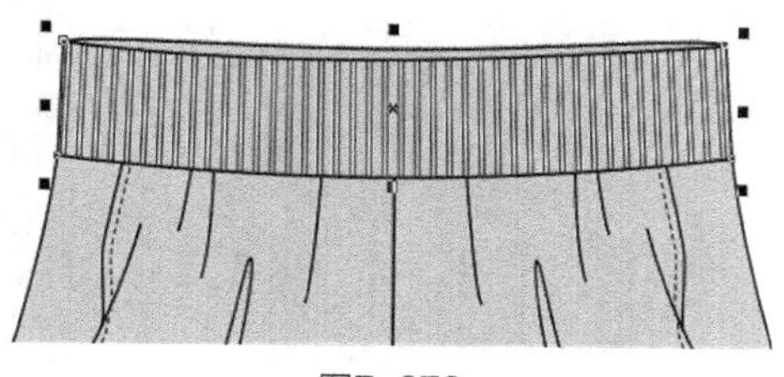
图7-372

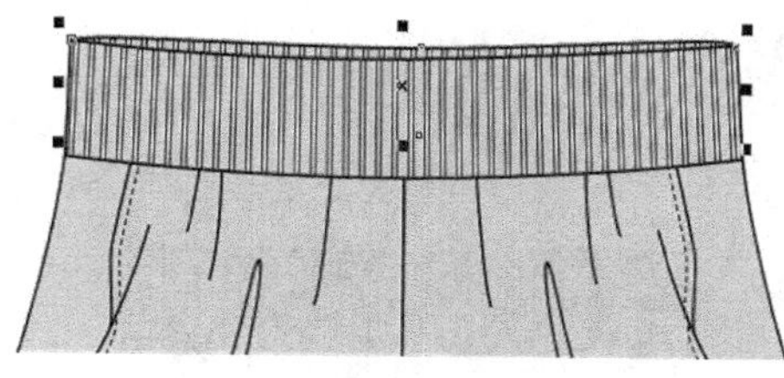
图7-373

26 选择贝塞尔工具和形状工具，在如图7-374所示的前中线和门襟处绘制3条缉明线，使缉明线处于选择状态，按【F12】键，弹出“轮廓笔”对话框，选项及参数设置如图7-375所示。

27 单击【确定】按钮，得到的效果如图7-376所示。

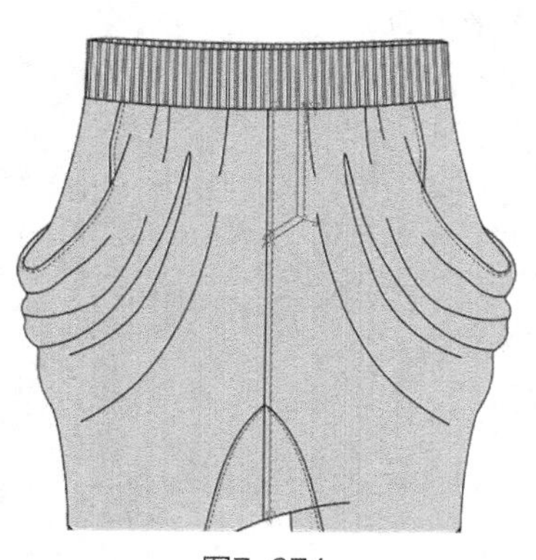
图7-374

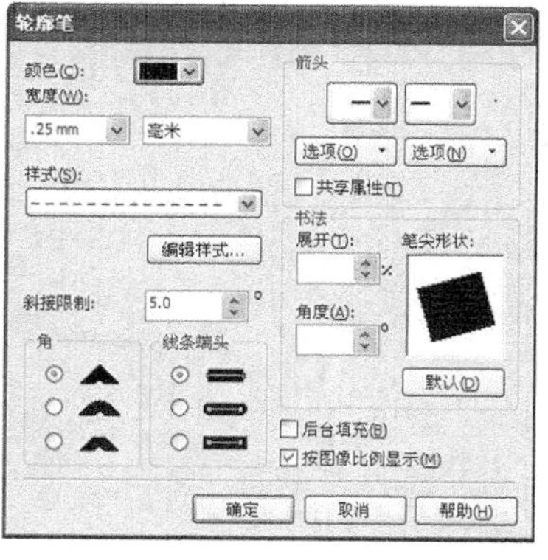

图7-375

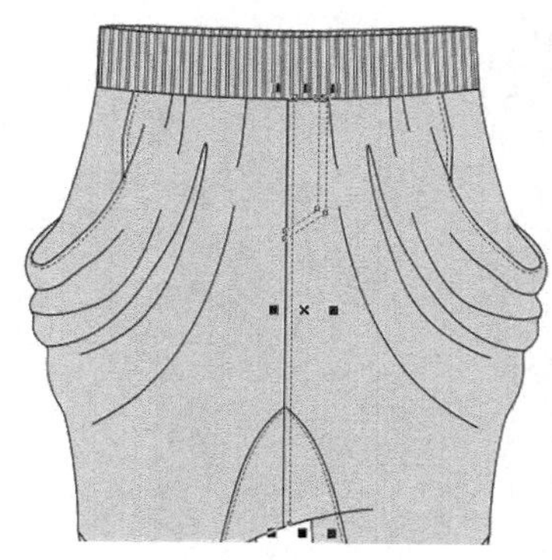
图7-376

28 选择椭圆形工具，按住【Ctrl】键在腰头上绘制一个圆形，在属性栏中设置轮廓宽度为.2mm，并填充为卡其色，CMYK值为11，20，28，0，如图7-377所示。

29 按【+】键复制一个圆形，再按住【Shift】键等比例缩小图形，使用选择工具框选两个圆形，单击属性栏中的合并按钮，得到的效果如图7-378所示。

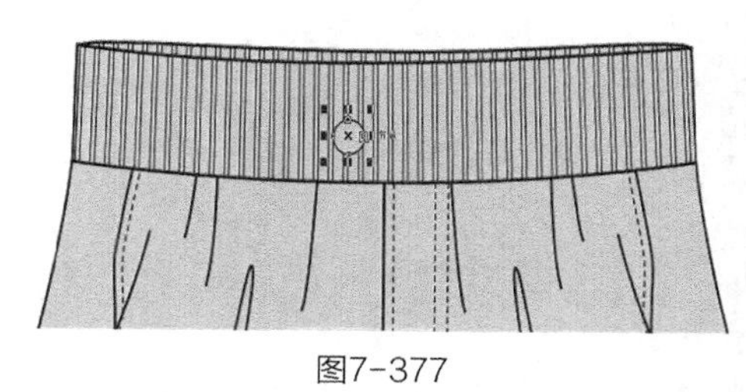
图7-377

30 使用贝塞尔工具和形状工具绘制如图7-379所示的腰头的抽绳。

31 单击选择工具，在属性栏中设置轮廓宽度为.35mm，并填充为卡其色，CMYK值为11，20，28，0，得到的效果如图7-380所示。

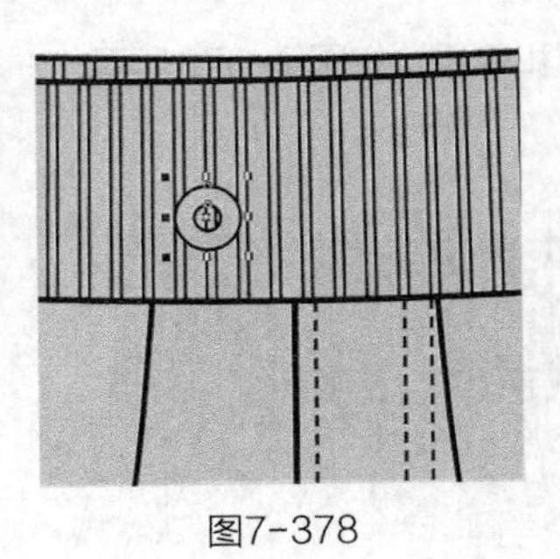
图7-378

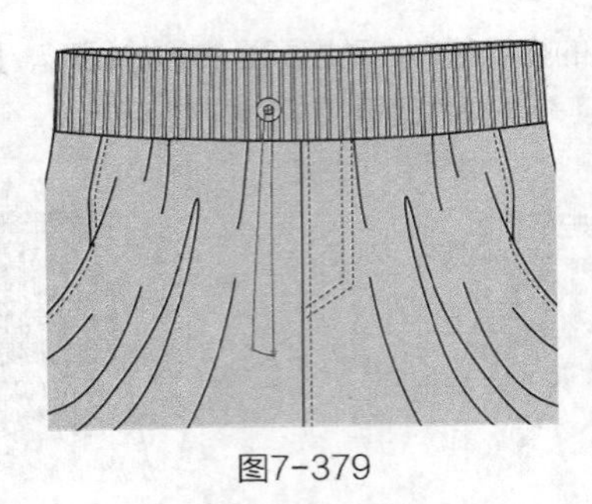
图7-379

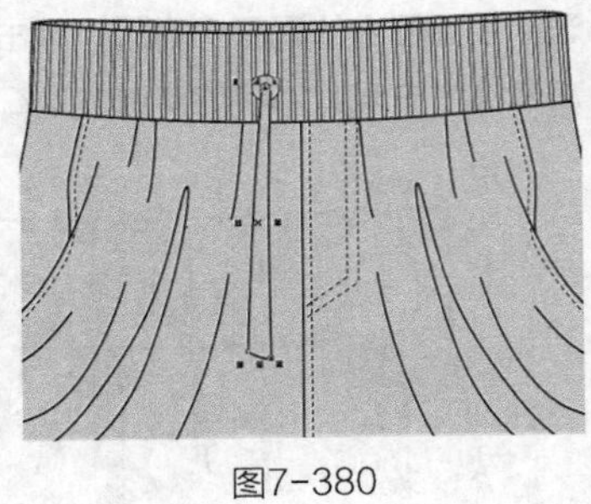
图7-380

32 使用选择工具框选绘制好的四合扣和抽绳，按【+】键复制，单击属性栏中的水平镜像按钮，并把图形向右平移到一定的位置，得到的效果如图7-381所示。

33 使用选择工具框选所有图形，按【Ctrl+G】组合键群组图形。这样就完成了哈伦裤的绘制，整体效果如图7-382所示。

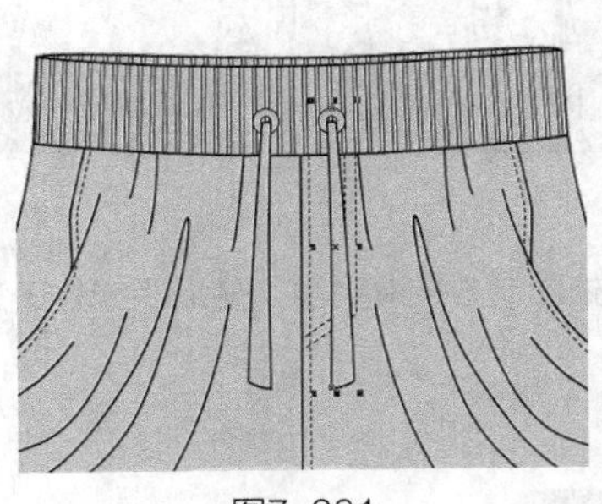
图7-381

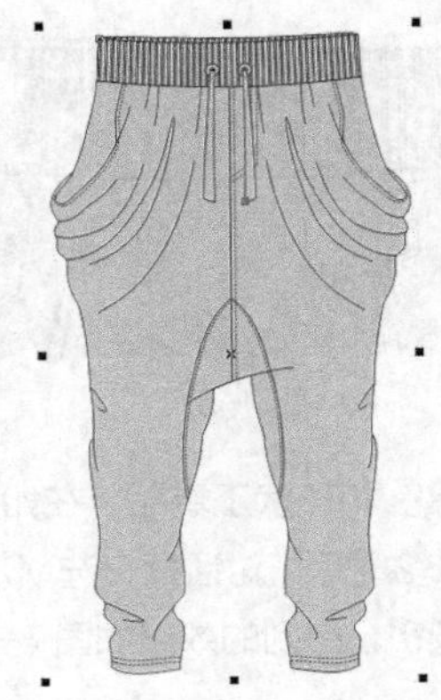
图7-382

第08章

针织毛衫款式设计

本章重点

- 贝塞尔工具、形状工具的使用——绘制毛衫基本造型
- 调和工具——毛衫罗纹领口、袖口的表现
- 针织雪花图案及扭花图案的表现
- 毛衫款式细节变化设计、色彩填充

毛衫是用毛纱或毛型化纤纱编织成的针织上衣，是所有的服饰中季节跨度最大的单品，具有穿着舒适、便利的特点。毛衫因其材料的特殊性，在款式设计上通常采用流畅的线条和简约的造型强调其自然舒适性，结构分割线较少，具有整体性。色彩、图案是毛衫设计中的重要表现手段。毛衫一般都是以领型来命名的，例如，圆领毛衫、V领毛衫、高领毛衫等，下面分别介绍各种毛衫的款式设计。

8.1 男式圆领毛衫

男式圆领毛衫的整体设计效果如图8-1所示。

图8-1

设计重点

造型设计，罗纹领口、袖口的表现，色彩填充，雪花针织图案的表现。

操作步骤

01 打开CorelDRAW软件，执行菜单栏中的【文件】/【新建】命令，或使用【Ctrl+N】组合键，弹出“创建新文档”对话框，命名文件为“男式圆领毛衫”，如图8-2所示。在属性栏中设定纸张大小为A4，横向摆放，如图8-3所示。

02 鼠标单击上方和左方的标尺栏，分别从上往下、从左往右拖动添加9条辅助线，确定衣长、袖窿深、领口、肩宽、袖长等位置，如图8-4所示。

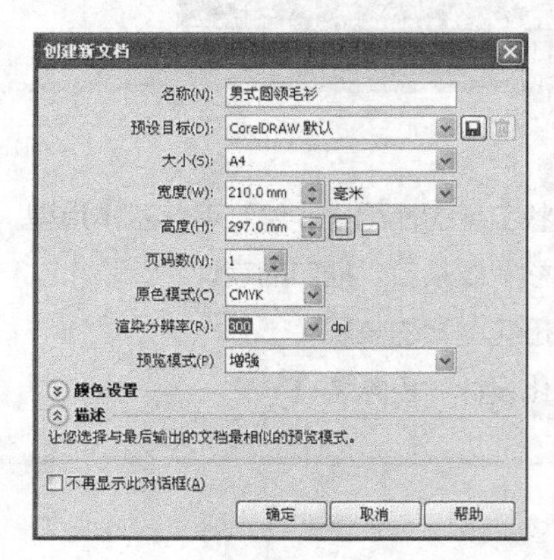

图8-2

图8-3

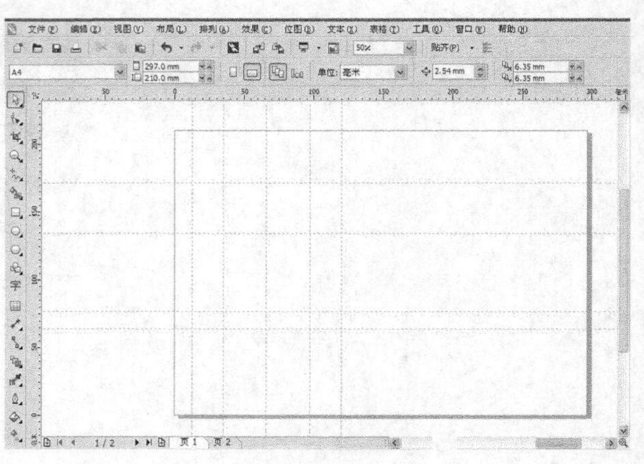

图8-4

03 使用贝塞尔工具和形状工具绘制如图8-5所示的衣身后片，单击选择工具，在属性栏中设置轮廓宽度为.35 mm，并填充为灰蓝色，CMYK值为99，87，70，57。

专家提示

男装强调肩部造型，在绘制衣身时，要注意衣长和肩宽的比例。

04 使用贝塞尔工具和形状工具绘制如图8-6所示的衣身前片，单击选择工具，在属性栏中设置轮廓宽度为.35 mm，并填充为灰蓝色，CMYK值为99，87，70，57。

05 使用贝塞尔工具和形状工具绘制如图8-7所示的后领口，单击选择工具，在属性栏中设置轮廓宽度为.35 mm，并填充为暗红色，CMYK值为40，100，100，7。

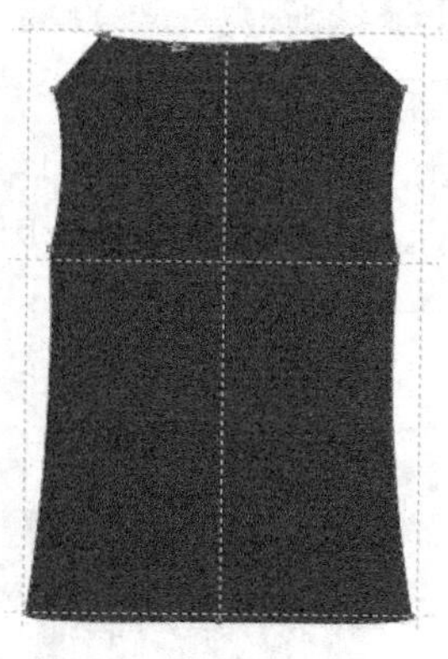
图8-5

图8-6

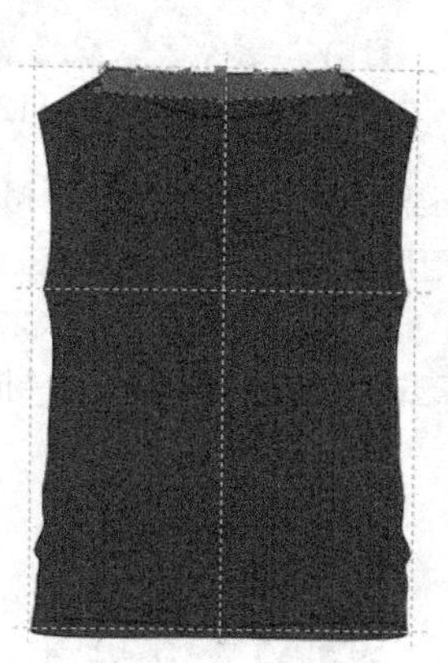
图8-7

06 使用手绘工具在后领口上绘制两条直线，在属性栏中设置轮廓宽度为.1 mm，如图8-8所示。

07 使用选择工具选择两条直线，单击属性栏中的合并按钮，得到的效果如图8-9所示。

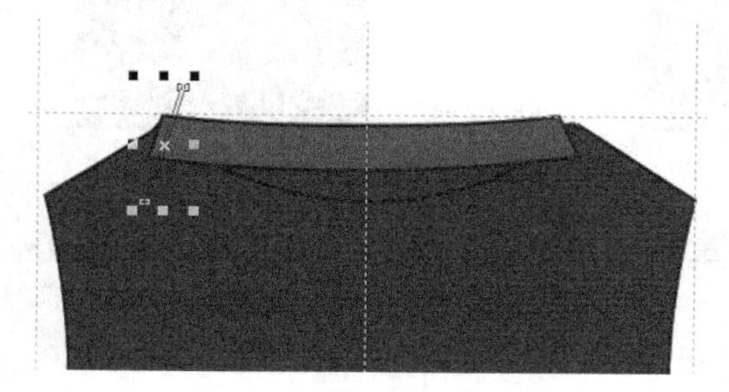
图8-8

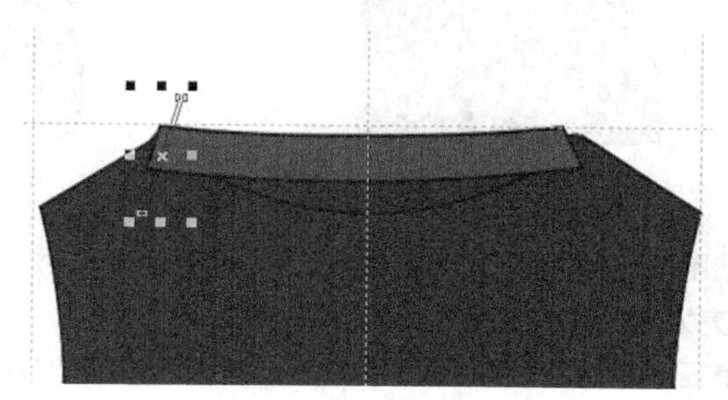
图8-9

08 按【+】键复制图形，按住【Ctrl】键把复制的图形往右平移到一定的位置，在属性栏中设置旋转角度为30.2°，得到的效果如图8-10所示。

09 选择工具箱中的调和工具，单击左边的直线，往右拖动鼠标至右边的图形，执行调和效果，如图8-11所示。

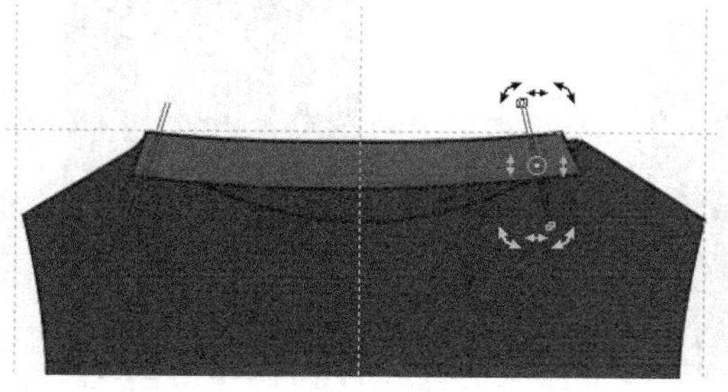
图8-10

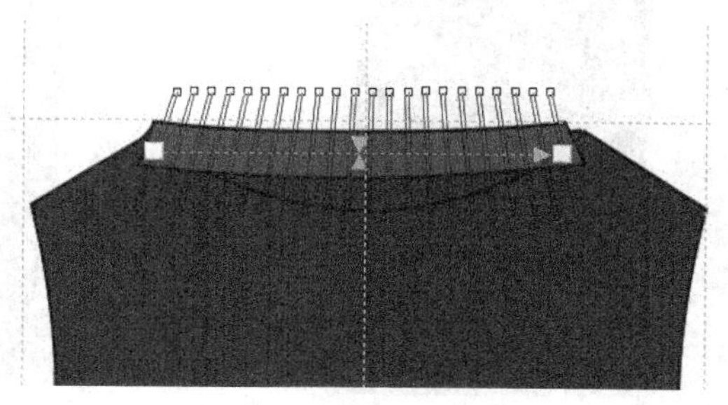
图8-11

10 在属性栏中设置调和的步数为 22，得到的效果如图8-12所示。

11 单击选择工具，执行菜单栏中的【效果】/【图框精确剪裁】/【置于图文框内部】命令，把图形放置在后领口中，这样就完成了后领口罗纹的制作，效果如图8-13所示。

图8-12

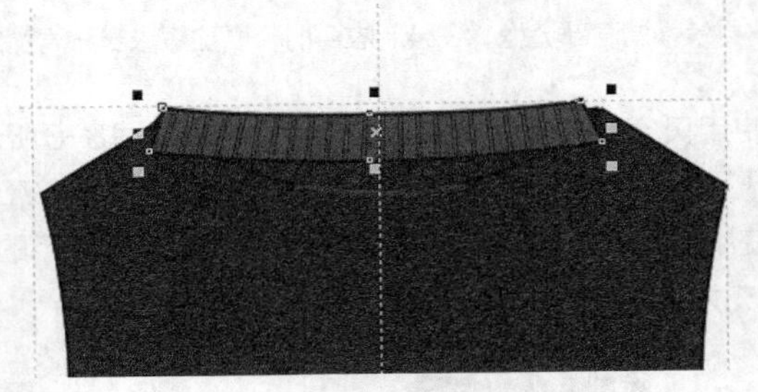

图8-13

12 执行菜单栏中的【排列】/【顺序】/【置于此对象后】命令，把它放置到衣身前片后面，得到的效果如图8-14所示。

13 使用贝塞尔工具和形状工具，绘制如图8-15所示的前领口，单击选择工具，在属性栏中设置轮廓宽度为 .35 mm，并填充为暗红色，CMYK值为40，100，100，7。

14 重复步骤**05**～步骤**10**，绘制前领口的罗纹，得到的效果如图8-16所示。

图8-14

图8-15

图8-16

15 使用贝塞尔工具和形状工具，绘制如图8-17所示的图形，单击选择工具，在属性栏中设置轮廓宽度为 .35 mm，并填充为暗红色，CMYK值为40，100，100，7。

16 重复步骤**05**～步骤**10**，绘制下摆的罗纹，得到的效果如图8-18所示。

17 使用贝塞尔工具和形状工具，绘制如图8-19所示的图形，单击选择工具，在属性栏中设置轮廓宽度为 .35 mm，并填充为暗红色，CMYK值为40，100，100，7。

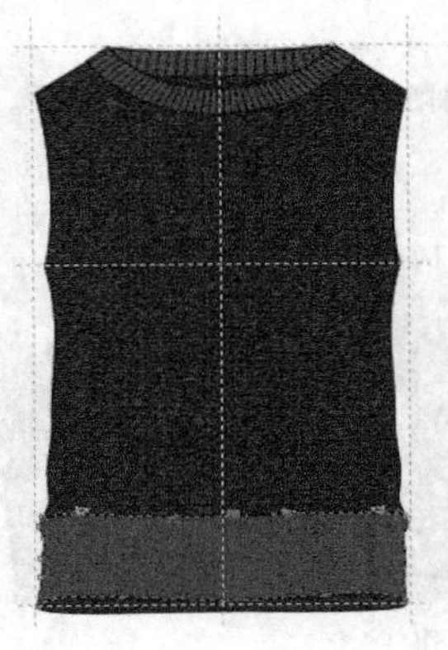

图8-17

图8-18

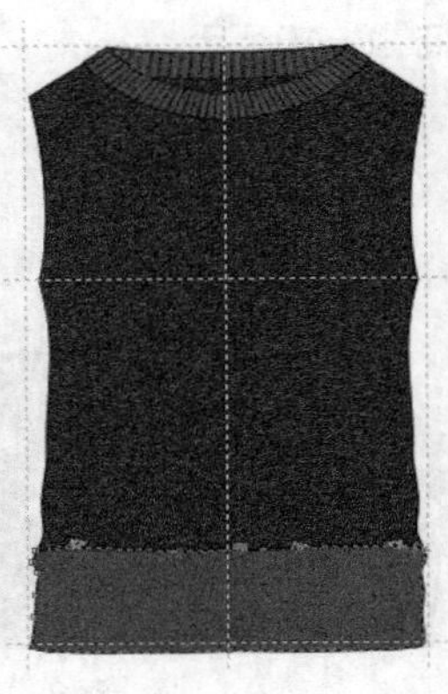

图8-19

18 重复步骤**05**～步骤**10**，绘制下摆的罗纹，得到的效果如图8-20所示。

19 执行菜单栏中的【排列】/【顺序】/【置于此对象后】命令，把它放置到衣身前片后面，得到的效果如图8-21所示。

20 使用贝塞尔工具和形状工具绘制如图8-22所示的左袖，单击选择工具，在属性栏中设置轮廓宽度为.35 mm，并填充为灰蓝色，CMYK值为99，87，70，57。

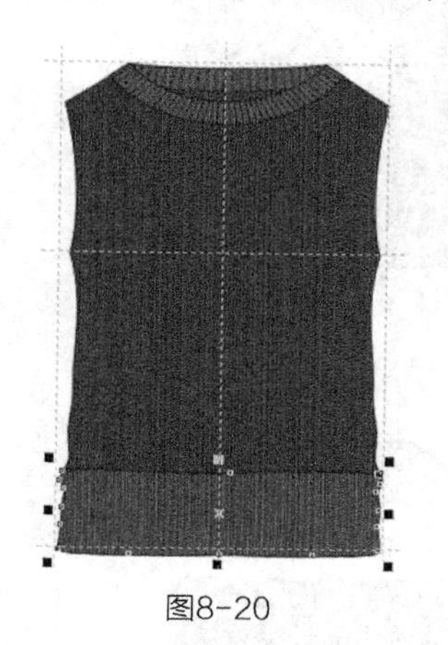

图8-20

图8-21

图8-22

专家提示

绘制袖子时，要注意袖长与衣长的比例。韩版男装毛衫，版型修身，袖长要超过衣身长。

21 执行菜单栏中的【编辑】/【全选】/【辅助线】命令，选择所有的辅助线，按【Delete】键删除，得到的效果如图8-23所示。

22 执行菜单栏中的【排列】/【顺序】/【置于此对象后】命令，把它放置到衣身前片后面，得到的效果如图8-24所示。

图8-23

图8-24

23 使用贝塞尔工具和形状工具，绘制如图8-25所示的袖口，单击选择工具，在属性栏中设置轮廓宽度为.35 mm，并填充为暗红色，CMYK值为40，100，100，7。

24 重复步骤**05**～步骤**06**，绘制袖口的罗纹，得到的效果如图8-26所示。

25 使用矩形工具在衣身上绘制一个矩形，并填充为白色，效果如图8-27所示。

26 执行菜单栏中的【效果】/【图框精确剪裁】/【置于文本框内部】命令，把矩形放置在衣身中，得到的效果如图8-28所示。

27 使用贝塞尔工具绘制如图8-29所示的图形。

28 按【+】键复制图形，单击属性栏中的水平镜像按钮，并把图形向右平移到一定的位置，得到的效果如图8-30所示。

29 使用选择工具框选图形，按【+】键复制图形，单击属性栏中的垂直镜像按钮，并把图形向下平移到一定的位置，得到的效果如图8-31所示。

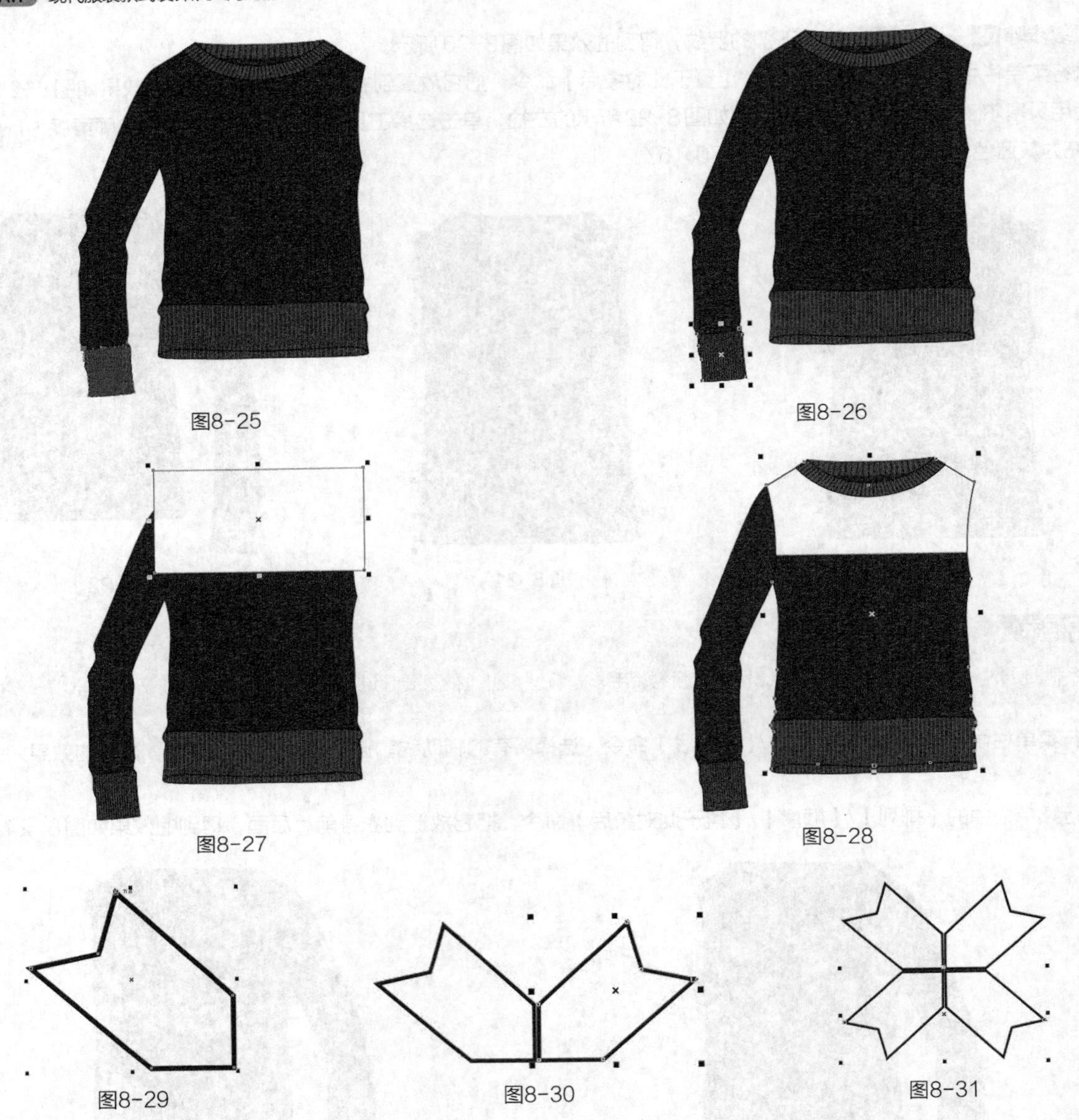
图8-25 图8-26 图8-27 图8-28 图8-29 图8-30 图8-31

30 选择多边形工具，在属性栏中设置变数为4，绘制一个菱形，如图8-32所示。

31 按住鼠标左键，分别从左侧标尺栏和上方标尺栏往右边和下边拖动，添加两条辅助线，辅助线要对齐图案的中心位置，如图8-33所示。

32 选择绘制好的菱形，单击鼠标左键，并把菱形的中心点向下平移到如图8-34所示中心的位置。

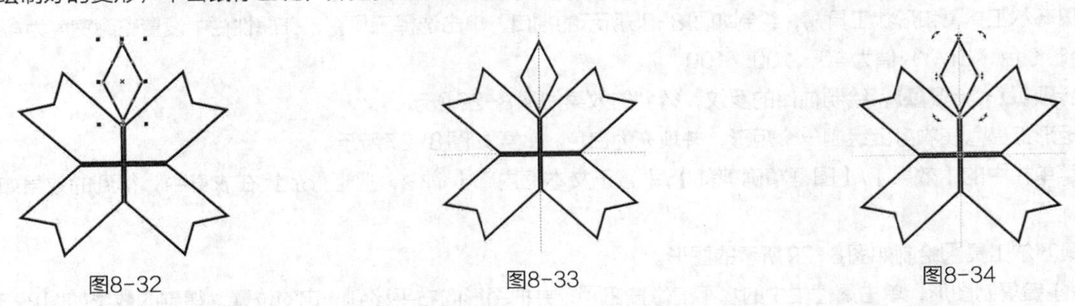
图8-32 图8-33 图8-34

33 按【+】键复制图案，在属性栏中设置旋转角度为90.0°，单击【Enter】键，得到的效果如图8-35所示。

34 重复按两次【Ctrl+D】组合键，得到的效果如图8-36所示。

35 使用选择工具框选图形，单击属性栏中的合并按钮，得到的效果如图8-37所示。

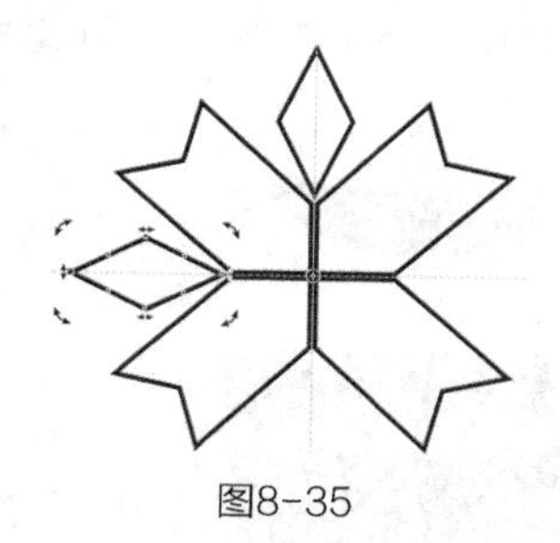
图8-35

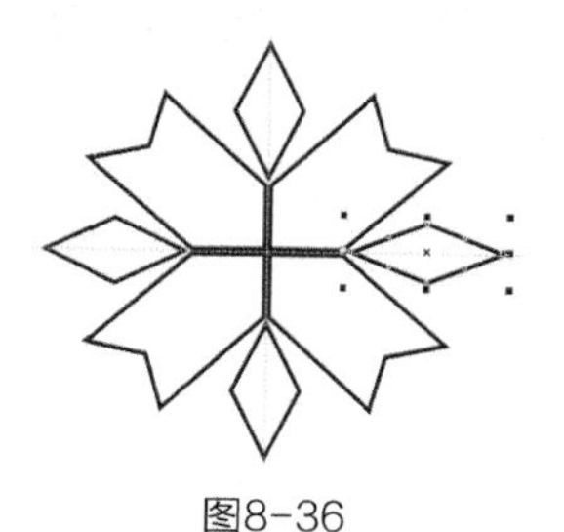
图8-36

图8-37

36 使用选择工具，把绘制好的图案摆放在如图8-38所示的胸前位置，填充为灰色，CMYK值为59，51，49，0。

37 鼠标右键单击调色板中的☒，使图形无轮廓，得到的效果如图8-39所示。

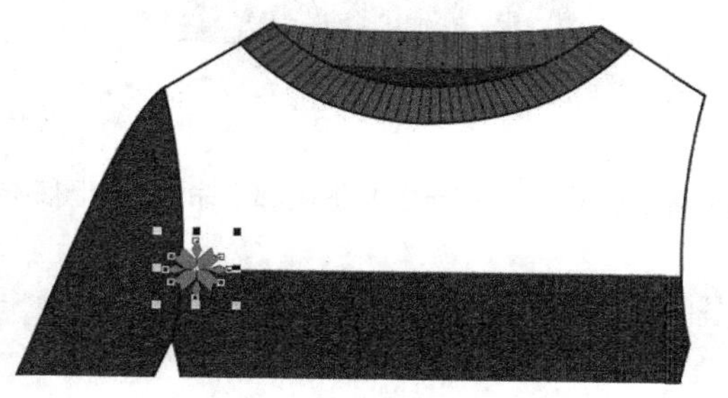
图8-38

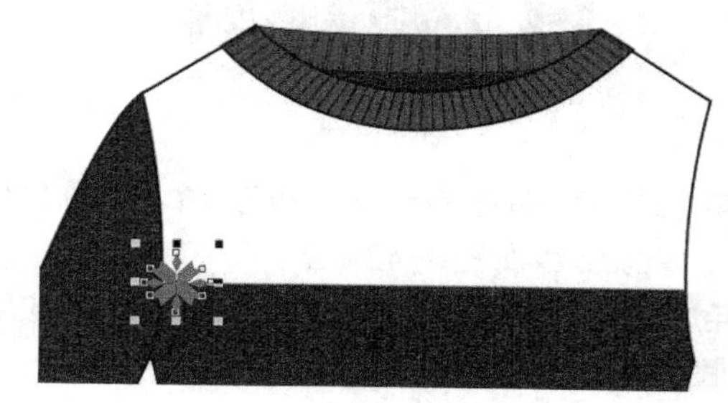
图8-39

38 按【+】键复制图案，按住【Ctrl】键把复制的图案往右平移到一定的位置，如图8-40所示。

39 选择工具箱中的调和工具，单击左边的图案，往右拖动鼠标至右边的图案，执行调和效果，如图8-41所示。

图8-40

图8-41

40 在属性栏中设置调和的步数为6，得到的效果如图8-42所示。

41 单击选择工具，按【+】键复制图案，并把复制的图案往下移动到一定的位置，如图8-43所示。

图8-42

图8-43

42 重复上一步操作，复制第三组图案，得到的效果如图8-44所示。

43 使用均匀填充工具■ 均匀填充分别给第二组图案和第三组图案填充暗红色（CMYK值为40，100，100，7）和白色，得到的效果如图8-45所示。

图8-44

图8-45

44 使用选择工具框选三组图案，执行菜单栏中的【效果】/【图框精确剪裁】/【置于图文框内部】命令，把图案放置在衣身中，得到的效果如图8-46所示。

45 使用属性滴管工具选择衣身属性，鼠标转换成应用对象属性，然后单击左袖部分，把图案复制到衣袖中，得到的效果如图8-47所示。

图8-46

图8-47

46 使用选择工具选择左袖，单击鼠标右键，弹出对话框，如图8-48所示。单击【编辑PowerClip】，得到的效果如图8-49所示。

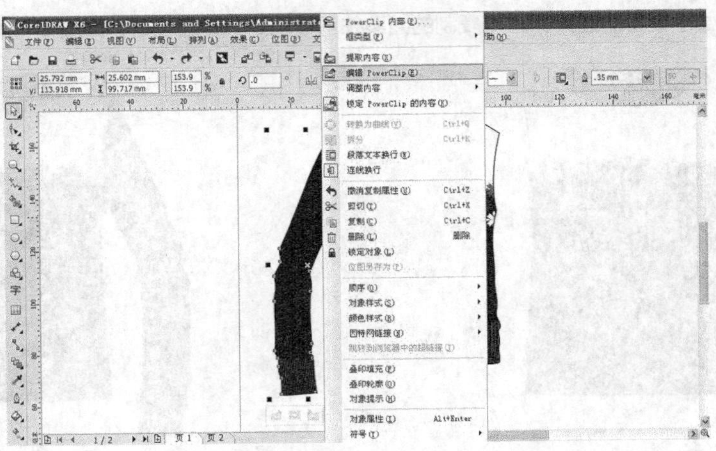

图8-48

47 使用选择工具框选图形，把图形向左移动并且在属性栏中设置旋转角度为 330.0 °，得到的效果如图8-50所示。

图8-49

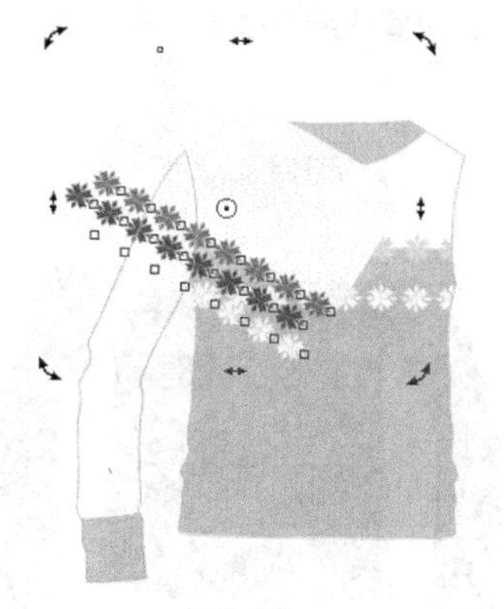

图8-50

专家提示

旋转袖子图案时，要注意此处衣袖图案要与衣身图案对齐，保持一致。

48 执行菜单栏中的【效果】/【图框精确剪裁】/【结束编辑】命令，得到的效果如图8-51所示。

49 使用贝塞尔工具和形状工具，在如图8-52所示的左袖肘关节处绘制3条衣褶，单击选择工具，在属性栏中设置轮廓宽度为 .35 mm 。

图8-51

图8-52

50 使用选择工具框选整个左袖，按【+】键复制，单击属性栏中的水平镜像按钮，并把图形向右平移到一定的位置，得到的效果如图8-53所示。

51 执行菜单栏中的【排列】/【顺序】/【置于此对象后】命令，把它放置到衣身后面，得到的效果如图8-54所示。

图8-53

图8-54

52 使用贝塞尔工具和形状工具，在如图8-55所示的腋下绘制两条衣褶，在属性栏中设置轮廓宽度为 .35 mm 。

53 使用选择工具框选所有图形，按【Ctrl+G】组合键群组图形。这样就完成了男式圆领毛衫的绘制，整体效果如图8-56所示。

图8-55

图8-56

8.2 男式V领毛衫

男式V领毛衫的整体设计效果如图8-57所示。

图8-57

设计重点

造型设计，V领罗纹领口、袖口表现，菱形针织图案表现。

操作步骤

01 打开CorelDRAW软件，执行菜单栏中的【文件】/【新建】命令，或使用【Ctrl+N】组合键，弹出“创建新文档”对话框，命名文件为“男式V领毛衫”，如图8-58所示。在属性栏中设定纸张大小为A4，横向摆放，如图8-59所示。

02 鼠标单击上方和左方的标尺栏，分别从上往下、从左往右拖动添加9条辅助线，确定衣长、袖窿深、领口、肩宽、袖长等位置，如图8-60所示。

03 使用贝塞尔工具和形状工具绘制如图8-61所示的衣身后片，单击选择工具，在属性栏中设置轮廓宽度为 .35 mm ，并填充为浅紫色，CMYK值为40，40，0，20。在绘制衣身时，要注意衣长和肩宽的比例。

04 使用贝塞尔工具和形状工具绘制如图8-62所示的衣身前片，单击选择工具，在属性栏中设置轮廓宽度为 .35 mm ，并填充为浅紫色，CMYK值为40，40，0，20。

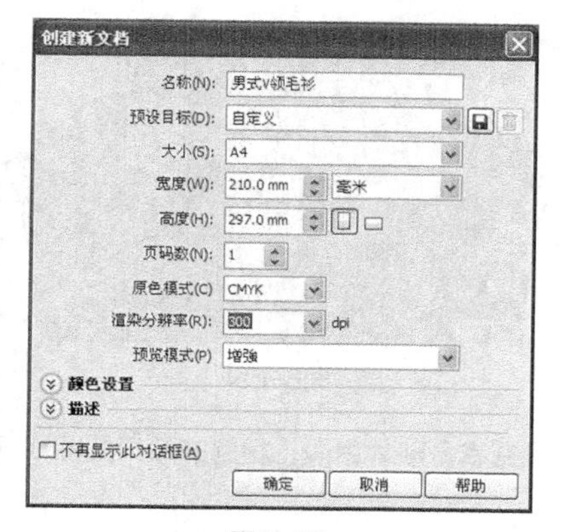

图8-58

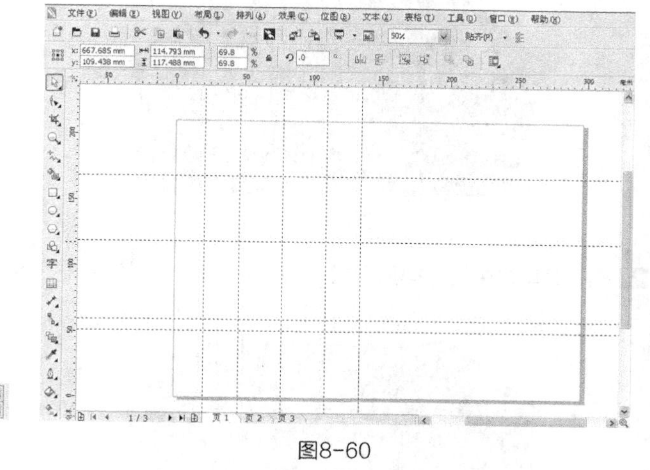

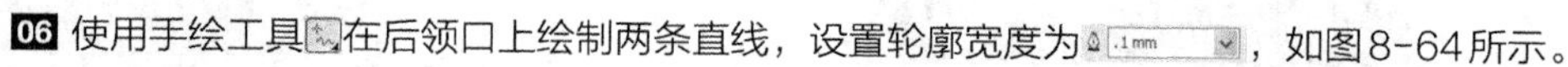

图8-59

图8-60

05 使用贝塞尔工具和形状工具绘制如图8-63所示的后领口，单击选择工具，在属性栏中设置轮廓宽度为，并填充为浅紫色，CMYK值为40，40，0，20。

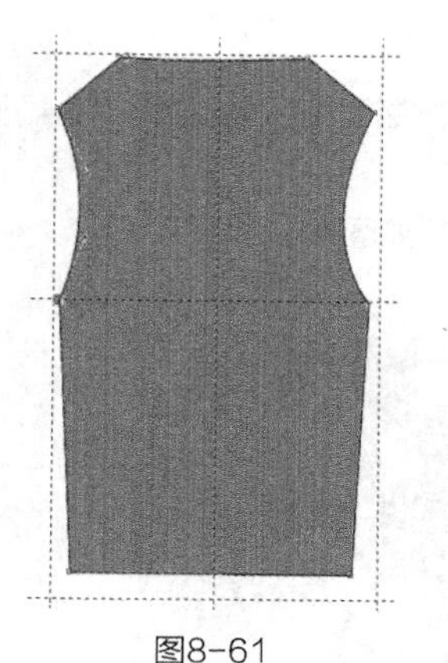

图8-61

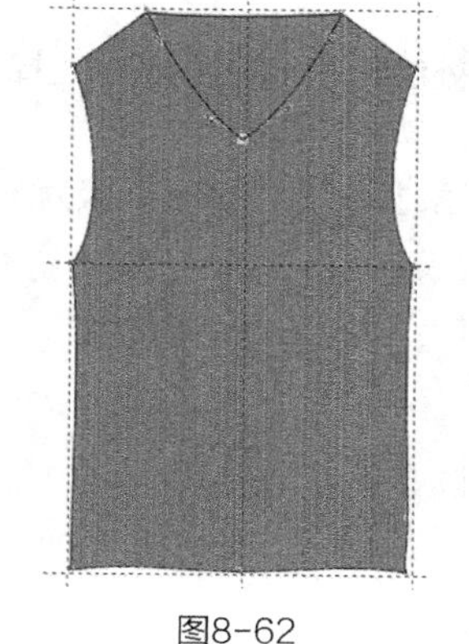

图8-62

图8-63

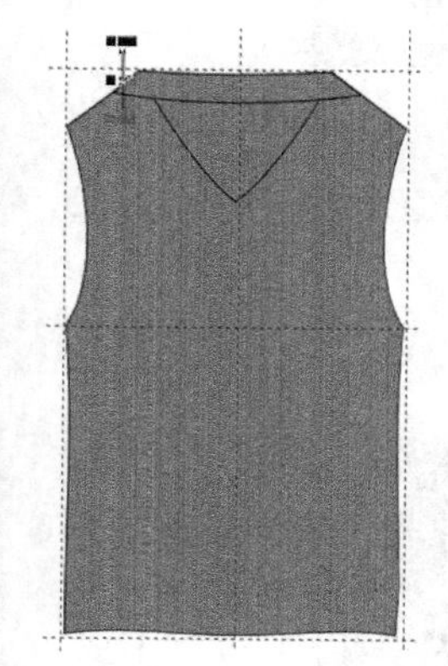

06 使用手绘工具在后领口上绘制两条直线，设置轮廓宽度为，如图8-64所示。

07 使用选择工具选择两条直线，单击属性栏中的合并按钮，得到的效果如图8-65所示。

08 按【+】键复制图形，按住【Ctrl】键把复制的图形往右平移到一定的位置，得到的效果如图8-66所示。

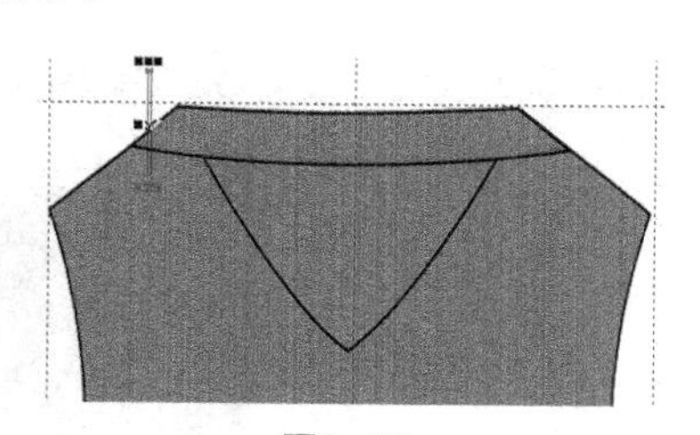

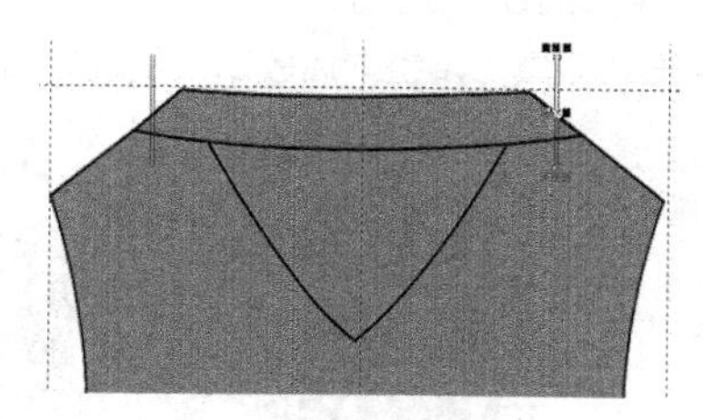

图8-64

图8-65

图8-66

09 选择工具箱中的调和工具，单击左边的直线，往右拖动鼠标至右边的图形，执行调和效果，如图8-67所示。

10 在属性栏中设置调和的步数为，得到的效果如图8-68所示。

11 单击选择工具，执行菜单栏中的【效果】/【图框精确剪裁】/【置于图文框内部】命令，把图形放置在后领口中，这样就完成了后领口罗纹的制作，效果如图8-69所示。

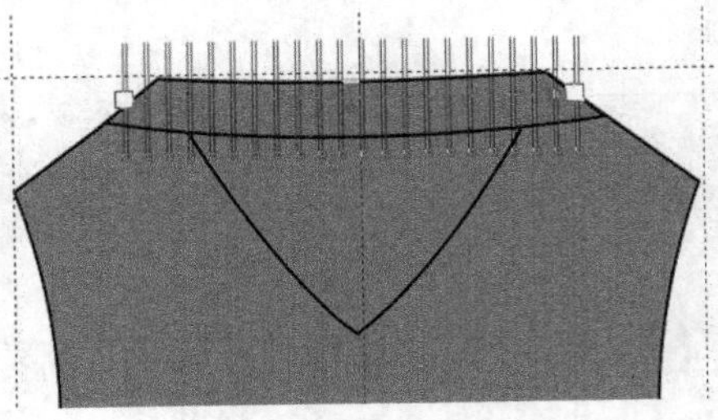

图8-67

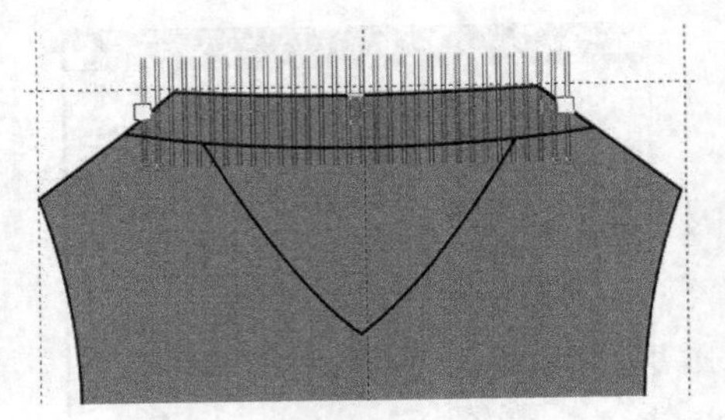
图8-68

12 执行菜单栏中的【排列】/【顺序】/【置于此对象后】命令，把它放置到衣身前片后面，得到的效果如图8-70所示。

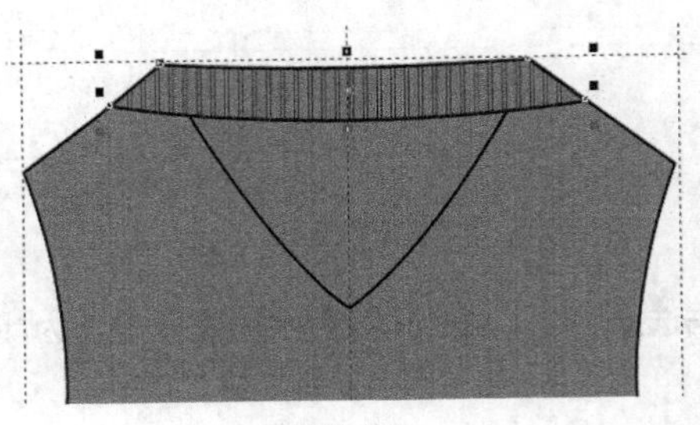
图8-69

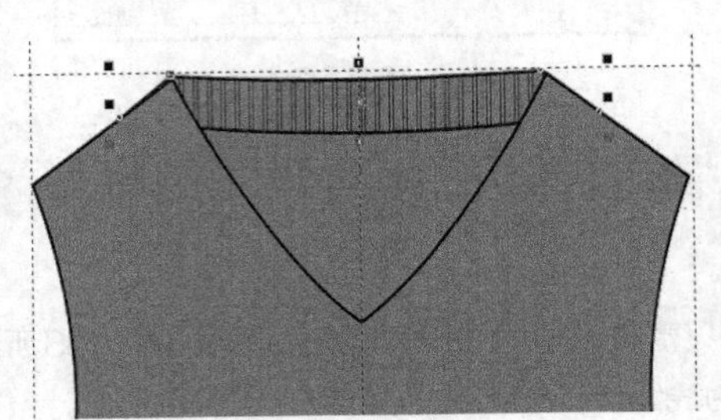
图8-70

13 使用贝塞尔工具和形状工具，在V领口处绘制一条路径，单击选择工具，在属性栏中设置轮廓宽度为 5.0 mm，如图8-71所示。

14 执行菜单栏中的【排列】/【将轮廓转换为对象】命令，把路径转换为图形得到的效果如图8-72所示。

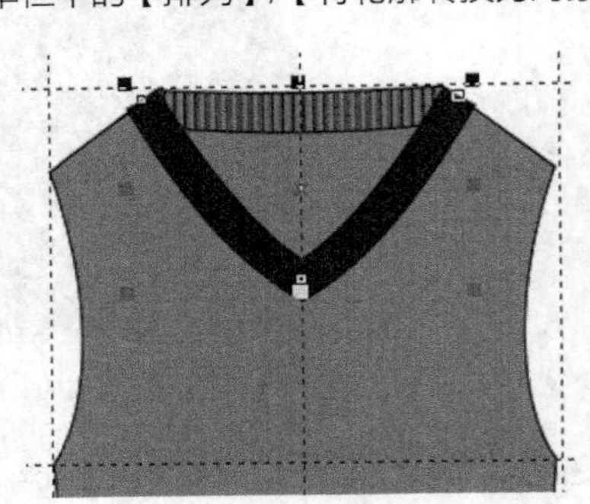
图8-71

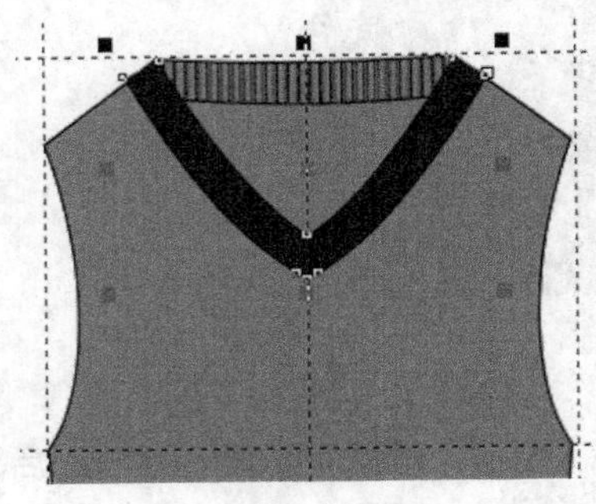
图8-72

15 使用选择工具选择图形，在属性栏中设置轮廓宽度为 .35 mm，并填充为浅紫色，CMYK值为40，40，0，20，得到的效果如图8-73所示。

16 使用形状工具调整前后领口，使前领口和后领口及肩部造型相贴合，得到效果如图8-74所示。

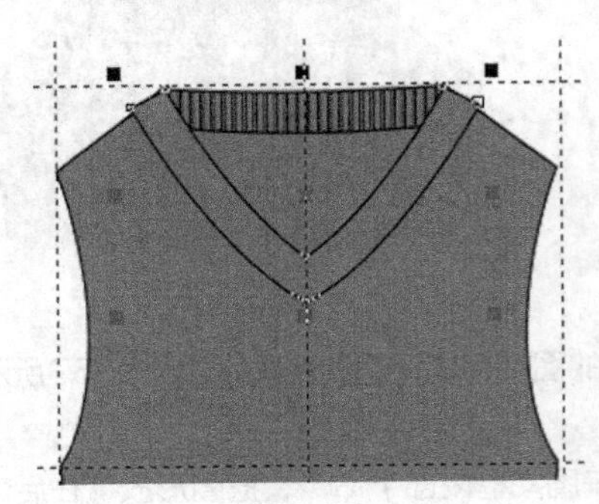
图8-73

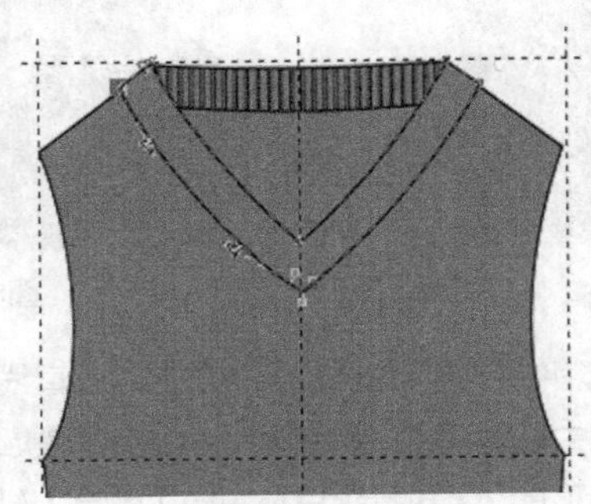
图8-74

17 使用手绘工具在前领口上绘制两条直线，在属性栏中设置轮廓宽度为 .1 mm，如图8-75所示。

18 使用选择工具选择两条直线，单击属性栏中的合并按钮，得到的效果如图8-76所示。

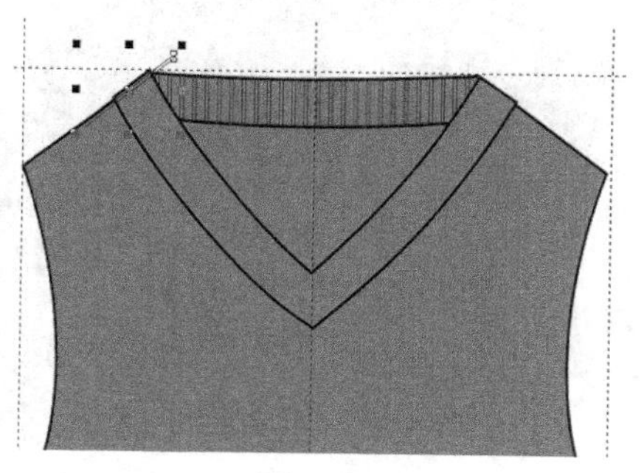

图8-75

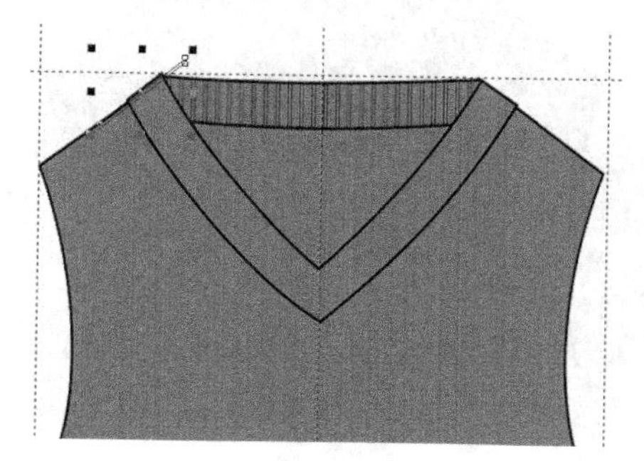

图8-76

19 按【+】键复制图形，按住【Ctrl】键把复制的图形往右移动到一定的位置，在属性栏中设置旋转角度为50.6°，得到的效果如图8-77所示。

20 选择工具箱中的调和工具，单击左边的直线，往右拖动鼠标至右边的图形，执行调和效果，如图8-78所示。

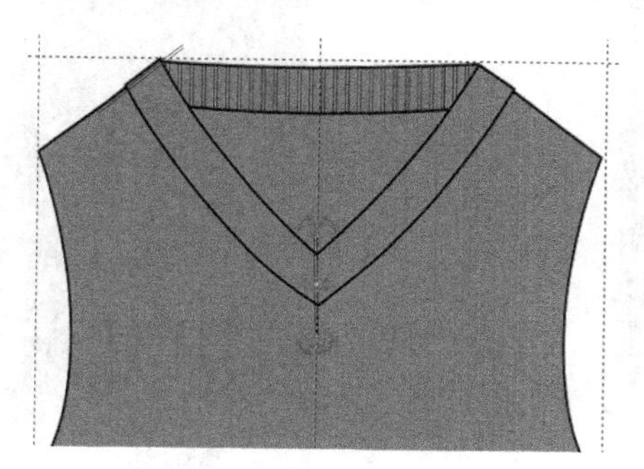

图8-77

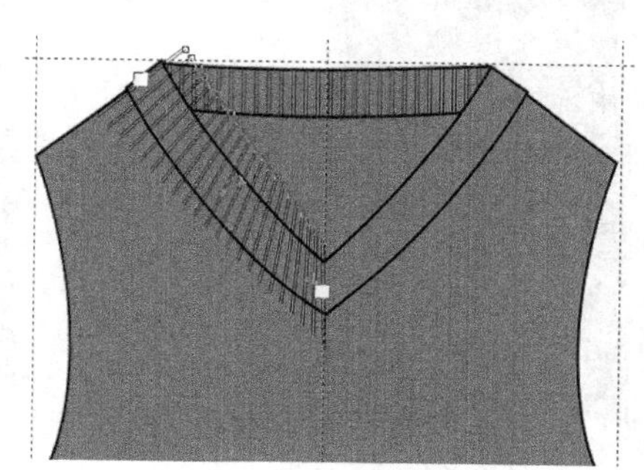

图8-78

21 在属性栏中设置调和的步数为22，得到的效果如图8-79所示。

22 按【Ctrl+G】组合键群组图形，得到的效果如图8-80所示。

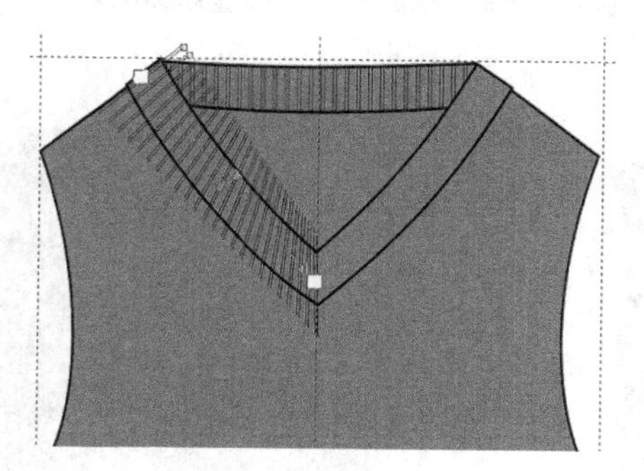

图8-79

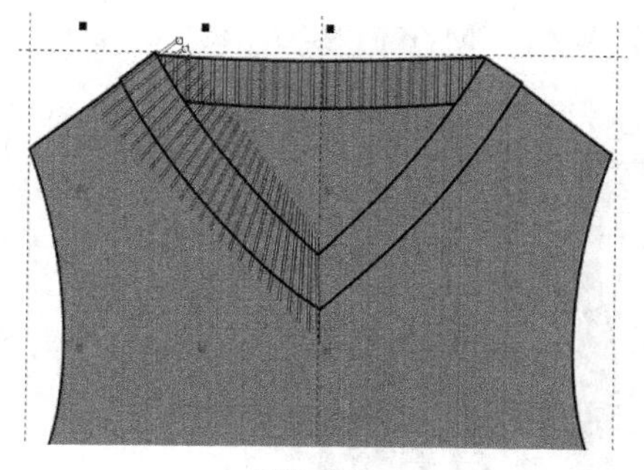

图8-80

23 单击选择工具选择图形，按【+】键复制，单击属性栏中的水平镜像按钮，并把图形向右平移到一定的位置，得到的效果如图8-81所示。

24 使用选择工具框选所有调和图形，执行菜单栏中的【效果】/【图框精确剪裁】/【置于图文框内部】命令，把图形放置在前领口中，得到的效果如图8-82所示。

25 使用贝塞尔工具和形状工具，在衣身下摆处绘制如图8-83所示的图形，单击选择工具，在属性栏中设置轮廓宽度为.35 mm，并填充为浅紫色，CMYK值为40，40，0，20。

26 重复步骤**05**~步骤**10**，绘制下摆的罗纹，得到的效果如图8-84所示。

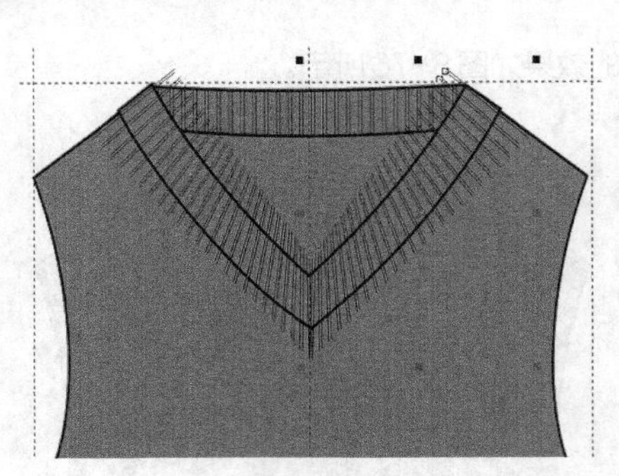
图8-81

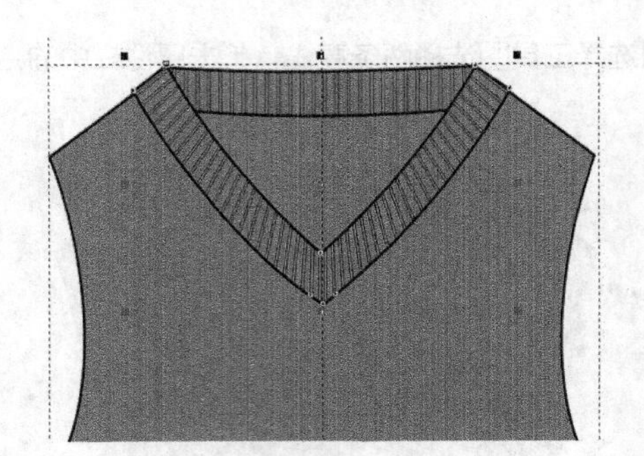
图8-82

27 使用贝塞尔工具和形状工具，在衣身下摆处绘制如图8-85所示的图形，单击选择工具，在属性栏中设置轮廓宽度为 .35 mm ，并填充为浅紫色，CMYK值为40，40，0，20。

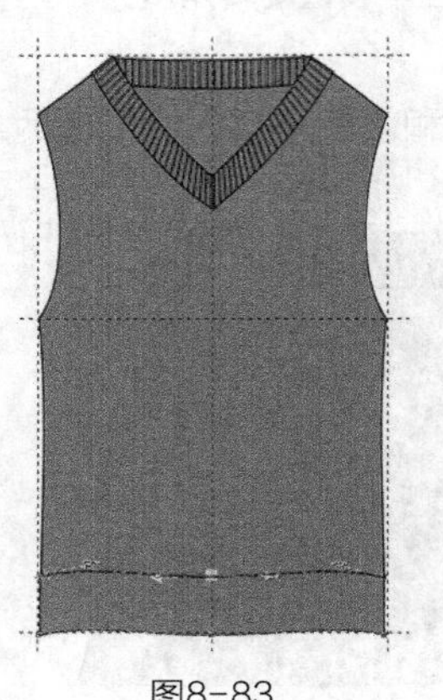
图8-83

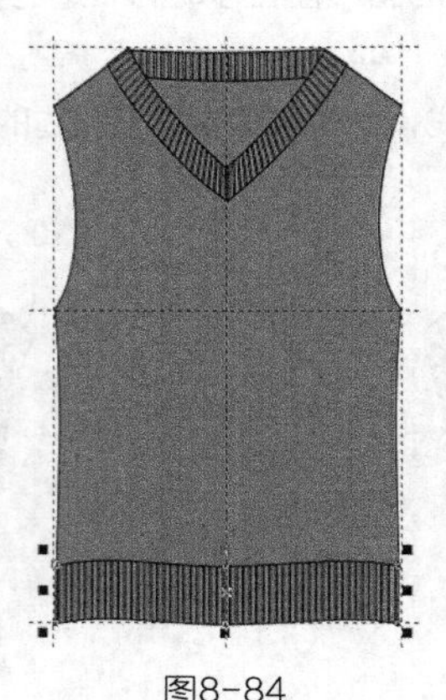
图8-84

图8-85

28 重复步骤 **05** ~步骤 **10**，绘制下摆的罗纹，得到的效果如图8-86所示。

29 执行菜单栏中的【排列】/【顺序】/【置于此对象后】命令，把它放置到衣身前片后面，得到的效果如图8-87所示。

30 使用贝塞尔工具和形状工具绘制如图8-88所示的左袖，单击选择工具，在属性栏中设置轮廓宽度为 .35 mm ，并填充为浅紫色，CMYK值为40，40，0，20。

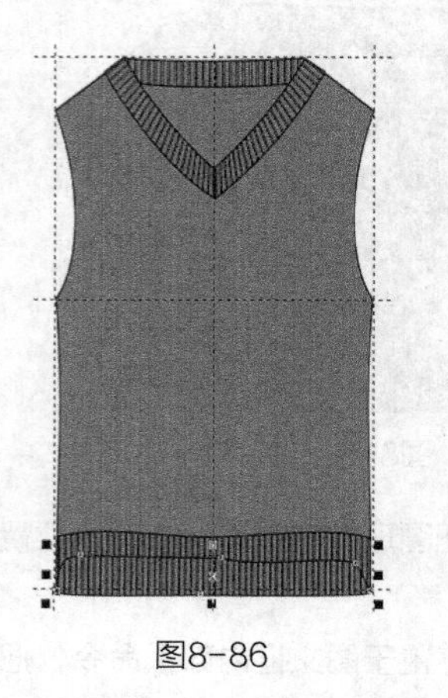
图8-86

图8-87

图8-88

31 执行菜单栏中的【排列】/【顺序】/【置于此对象后】命令，把它放置到衣身前片后面，得到的效果如图8-89所示。

32 使用贝塞尔工具和形状工具绘制如图8-90所示的左袖袖口，单击选择工具，在属性栏中设置轮廓宽度为 .35 mm ，并填充为浅紫色，CMYK值为40，40，0，20。

33 执行菜单栏中的【编辑】/【全选】/【辅助线】命令，选择所有的辅助线，按【Delete】键删除，得到的效果如图8-91所示。

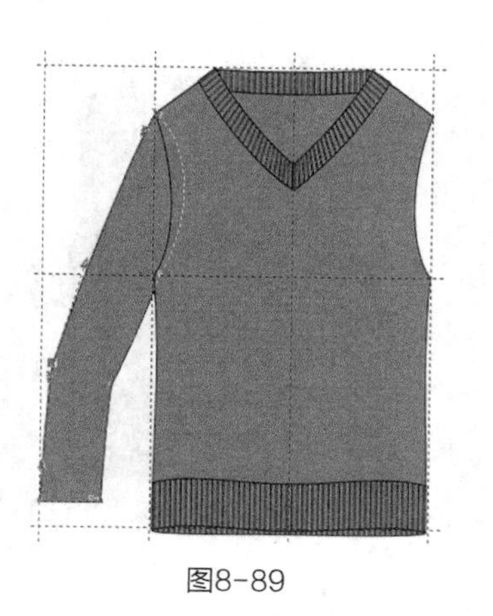
图8-89

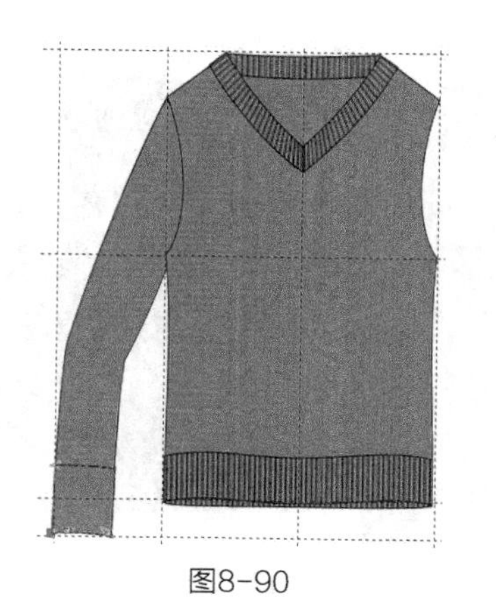
图8-90

图8-91

34 重复步骤**05**～步骤**10**，绘制袖口的罗纹，得到的效果如图8-92所示。

35 使用贝塞尔工具和形状工具，在左袖袖口绘制如图8-93所示的图形，单击选择工具，在属性栏中设置轮廓宽度为.35 mm，并填充为浅紫色，CMYK值为40，40，0，20。

36 执行菜单栏中的【排列】/【顺序】/【置于此对象后】命令，把它放置到左袖口后面，得到的效果如图8-94所示。

37 选择多边形工具，在属性栏中设置变数为4，绘制一个菱形，如图8-95所示。

38 使用均匀填充工具均匀填充给菱形填充红色，CMYK值为18，100，100，0，得到的效果如图8-96所示。

图8-92

图8-93

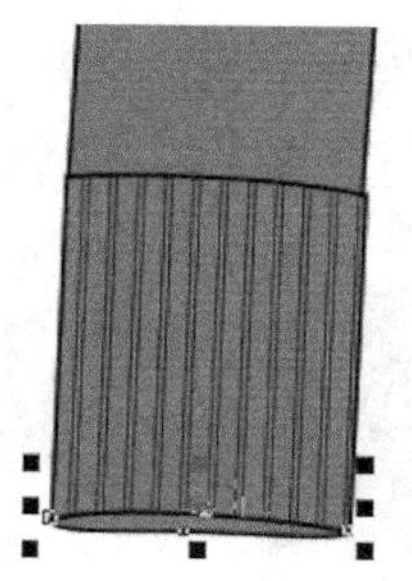
图8-94

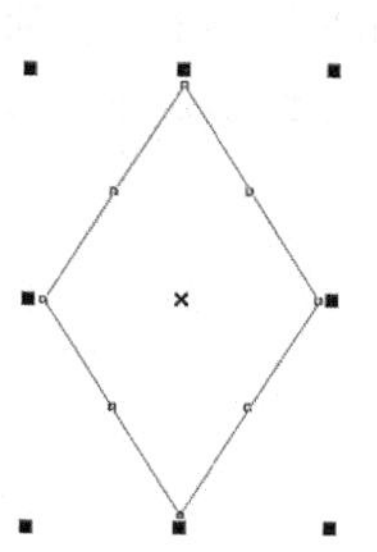
图8-95

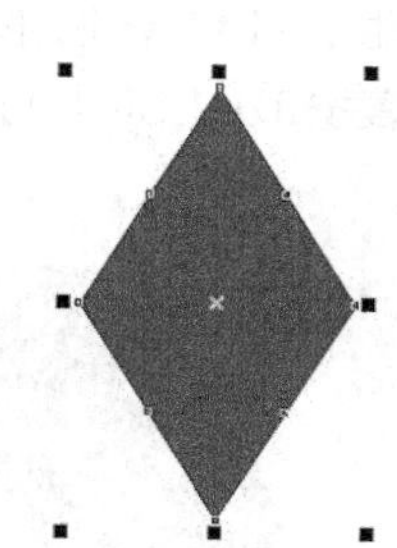
图8-96

39 按【+】键复制菱形，把复制的图形向下平移到一定的位置，并填充为米白色，CMYK值为0，0，20，0，得到的效果如图8-97所示。

40 使用选择工具选择两个菱形，按【Ctrl+G】组合键群组图形。把群组后的图形摆放在衣身上，如图8-98所示。

41 鼠标右键单击调色板中的☒，使图形无轮廓，得到的效果如图8-99所示。

42 按【+】键复制菱形，把复制的图形向下平移到如图8-100所示的位置。

43 选择工具箱中的调和工具，单击上方的菱形，往下拖动鼠标至下方的图形，执行调和效果，如图8-101所示。

44 在属性栏中设置调和的步数为3，得到的效果如图8-102所示。

45 按【Ctrl+G】组合键群组图形。单击【+】键复制图形，把复制的图形向右移动到如图8-103所示的位置。

46 使用选择工具框选两组菱形图案，按【Ctrl+G】组合键群组图形。把图形摆放在如图8-104所示的位置。

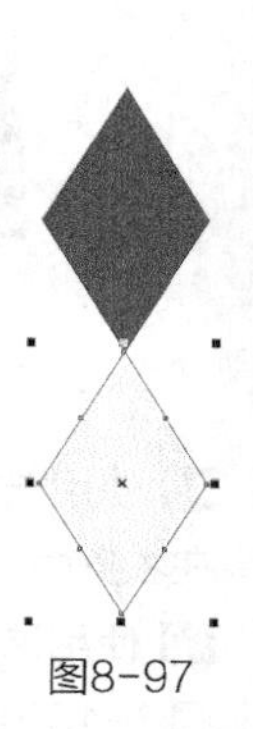
图8-97

图8-98　图8-99　图8-100

图8-101　图8-102　图8-103

47 单击【+】键复制图形，把复制的图形向右平移到如图8-105所示的位置。

48 重复按3次【Ctrl+D】组合键，得到的效果如图8-106所示。

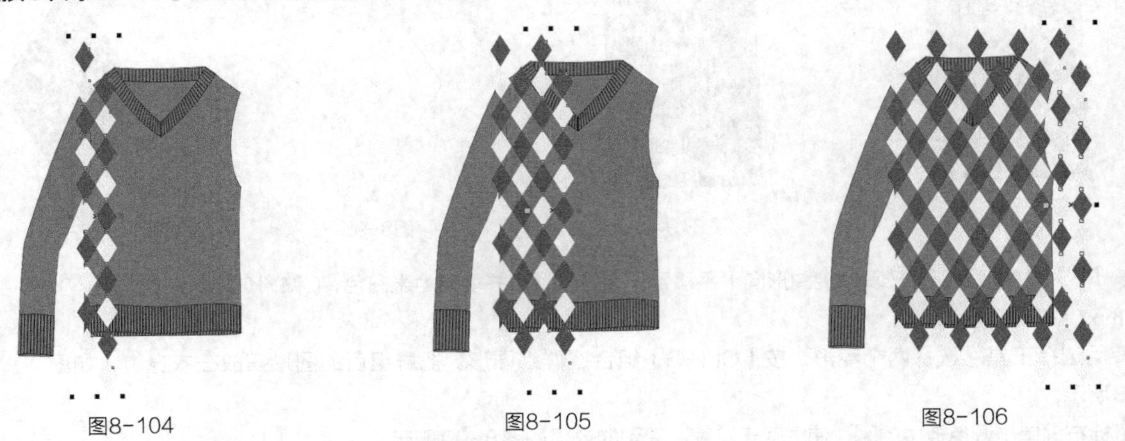

图8-104　图8-105　图8-106

49 使用选择工具框选所有菱形图案，执行菜单栏中的【效果】/【图框精确剪裁】/【放置在容器中】命令，把图案放置在衣身中，得到的效果如图8-107所示。

50 使用选择工具选择衣身，单击鼠标右键，弹出对话框，如图8-108所示。单击【编辑PowerClip】，得到的效果如图8-109所示。

51 使用手绘工具绘制一条直线，如图8-110所示。

52 单击选择工具，把直线移动到如图8-111所示的位置。

53 单击【+】键复制直线，把复制的图形向右上方平移到如图8-112所示的位置。

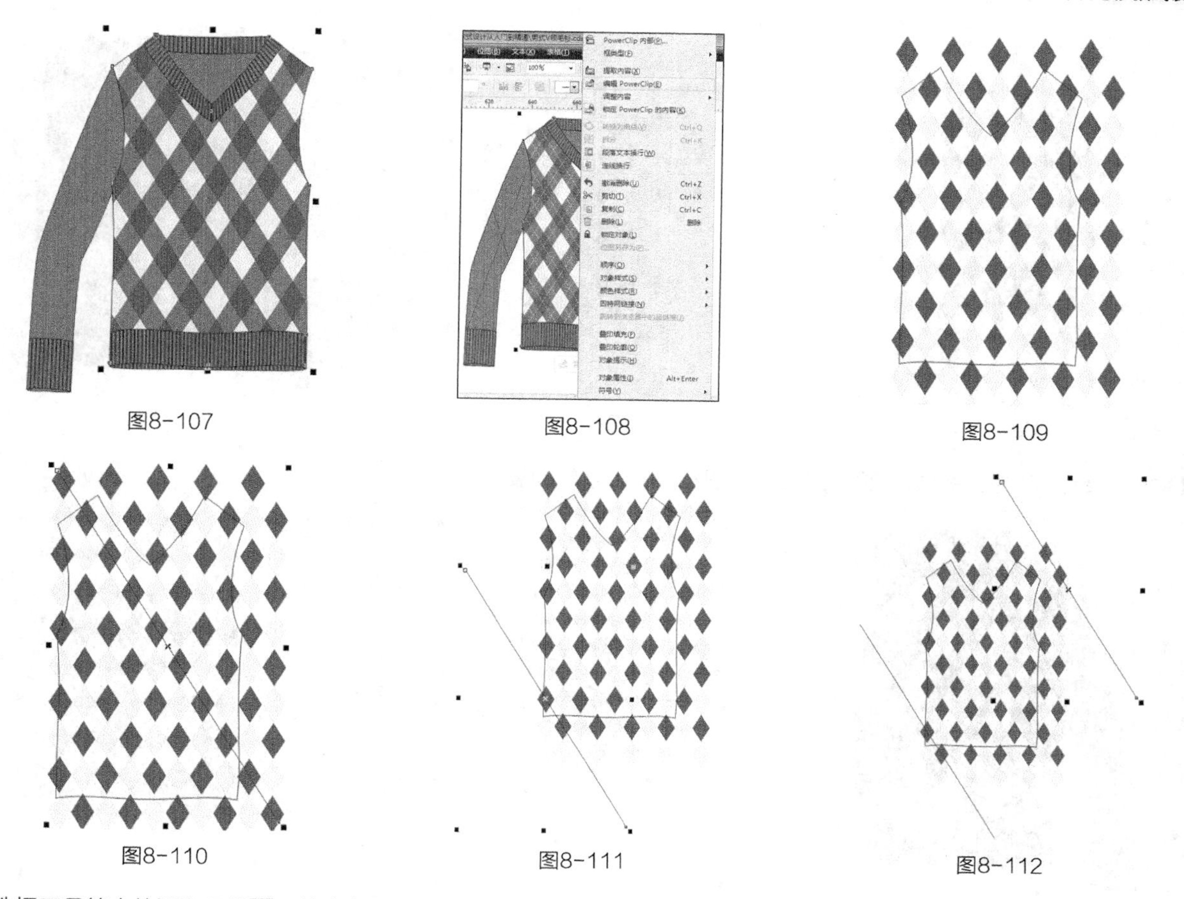

图8-107　图8-108　图8-109

图8-110　图8-111　图8-112

54 选择工具箱中的调和工具，单击左下方的直线，往上拖动鼠标至右上方的图形，执行调和效果，如图8-113所示。

55 在属性栏中设置调和的步数为15，得到的效果如图8-114所示。

56 按【Ctrl+G】组合键群组图形。按【F12】键，弹出“轮廓笔”对话框，选项及参数设置如图8-115所示。

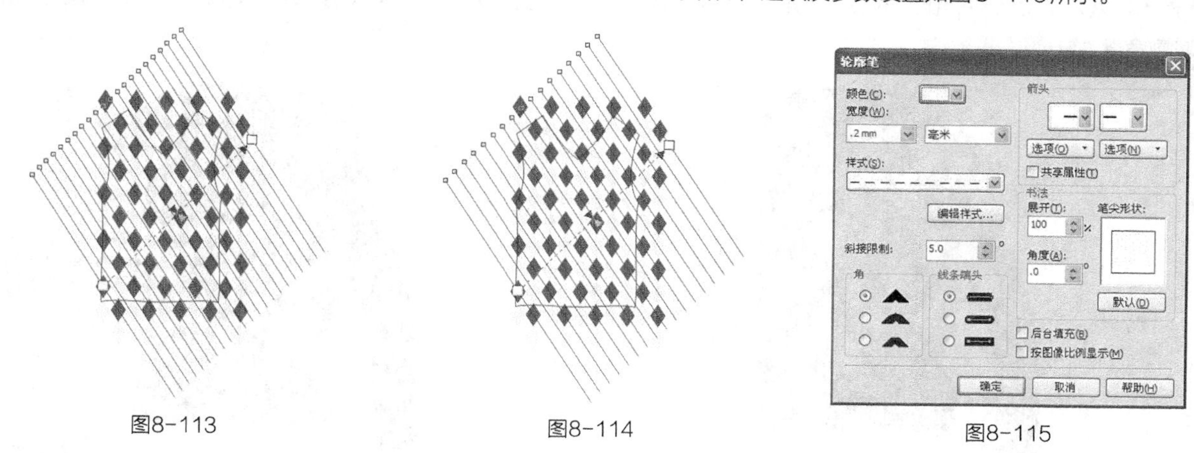

图8-113　图8-114　图8-115

57 单击【确定】按钮，得到的效果如图8-116所示。

58 按【+】键复制图形，单击属性栏中的水平镜像按钮，得到的效果如图8-117所示。

59 单击鼠标右键，弹出对话框，单击【结束编辑】，得到的效果如图8-118所示。

60 使用属性滴管工具选择衣身属性，鼠标转换成应用对象属性，然后单击左袖部分，把图案复制到衣袖中，得到的效果如图8-119所示。

61 使用选择工具选择左袖，单击鼠标右键，弹出对话框，单击【编辑PowerClip】，得到的效果如图8-120所示。

图8-116

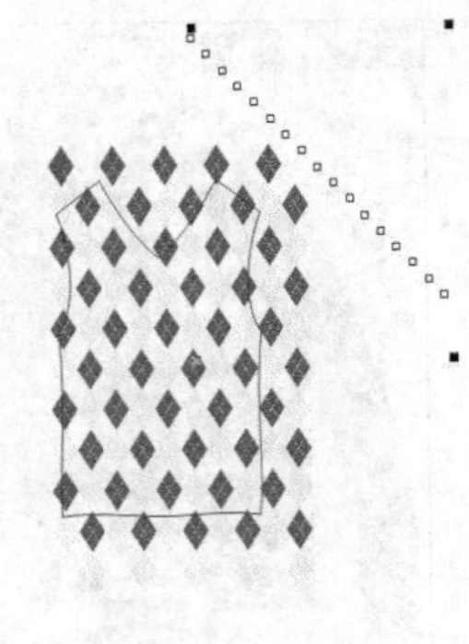

图8-117

图8-118

62 使用选择工具框选图形，把图案移动到如图8-121所示的位置。

图8-119

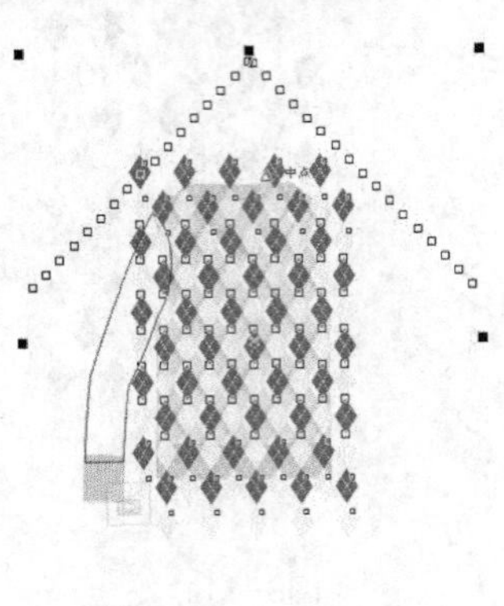

图8-120

图8-121

63 单击鼠标右键，弹出对话框，单击【结束编辑】，得到的效果如图8-122所示。

64 使用贝塞尔工具和形状工具，在如图8-123所示的左袖肘关节处绘制一条衣褶，单击选择工具，在属性栏中设置轮廓宽度为 .35 mm 。

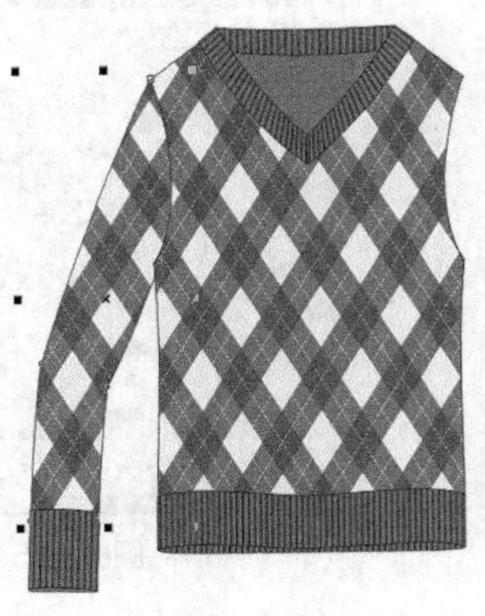

图8-122

图8-123

65 使用选择工具框选整个左袖，按【+】键复制，单击属性栏中的水平镜像按钮，并把图形向右平移到一定的位置，得到的效果如图8-124所示。

66 执行菜单栏中的【排列】/【顺序】/【置于此对象后】命令，把它放置到衣身后面，得到的效果如图8-125所示。

67 使用贝塞尔工具和形状工具，在如图8-126所示的腋下绘制两条衣褶，在属性栏中设置轮廓宽度为 .35 mm 。

68 使用选择工具框选所有图形，按【Ctrl+G】组合键群组图形。这样就完成了男式V领毛衫的绘制，整体效果如图

8-127所示。

图8-124

图8-125

图8-126

图8-127

专家提示

选择属性滴管工具，可以复制PowerClip、阴影效果、变形等内容，但必须在属性栏中勾选。

8.3 男式针织开衫

男式针织开衫的整体设计效果如图8-128所示。

图8-128

设计重点

造型设计，罗纹领口、袖口的表现，色彩填充，条纹图案的表现。

操作步骤

01 打开CorelDRAW软件，执行菜单栏中的【文件】/【新建】命令，或使用【Ctrl+N】组合键，弹出“创建新文档”对话框，命名文件为“男式针织开衫”，如图8-129所示。在属性栏中设定纸张大小为A4，横向摆放，如图8-130所示。

02 鼠标单击上方和左方的标尺栏，分别从上往下、从左往右拖动添加5条辅助线，确定衣长、袖窿深、领口、肩宽、袖长等位置，如图8-131所示。

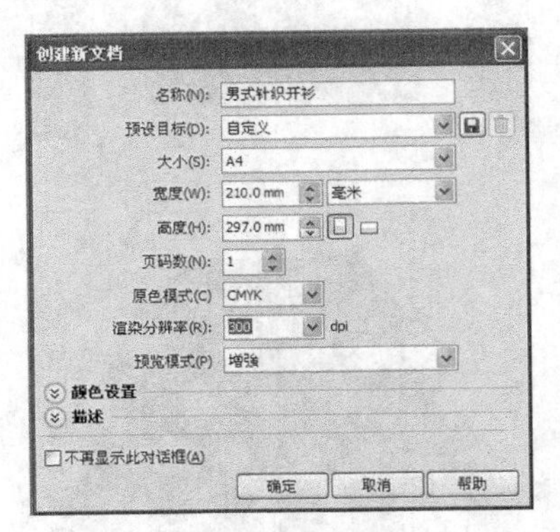

图8-129

A4 297.0 mm 210.0 mm 单位: 毫米 .1 mm 5.0 mm 5.0 mm

图8-130

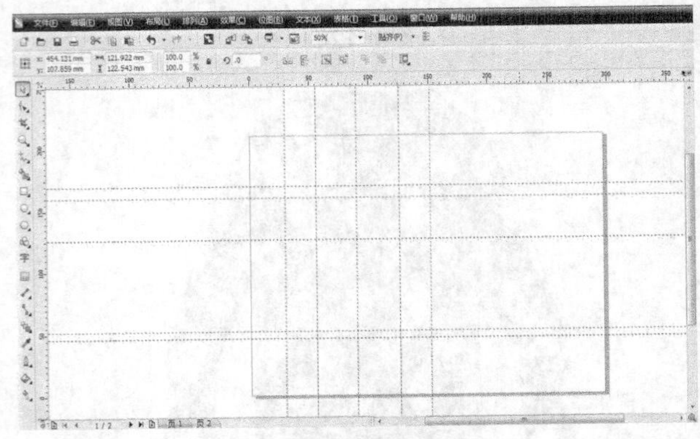

图8-131

03 使用贝塞尔工具和形状工具绘制如图8-132所示的衣身后片，单击选择工具，在属性栏中设置轮廓宽度为.35 mm，并填充为深蓝色，CMYK值为100，97，62，50。在绘制衣身时，要注意衣长和肩宽的比例。

04 使用贝塞尔工具和形状工具绘制如图8-133所示的衣身左前片，单击选择工具，在属性栏中设置轮廓宽度为.35 mm，并填充为深蓝色，CMYK值为100，97，62，50。

05 单击选择工具，按【+】键复制图形。单击属性栏中的水平镜像按钮，并把图形向右平移到一定的位置，得到的效果如图8-134所示。

06 使用贝塞尔工具和形状工具绘制如图8-135所示的图形，单击选择工具，在属性栏中设置轮廓宽度为.35 mm，并填充为浅蓝色，CMYK值为69，45，17，0。

图8-132

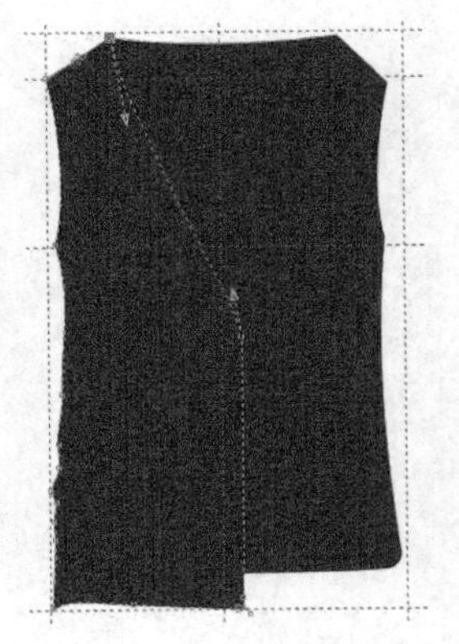

图8-133

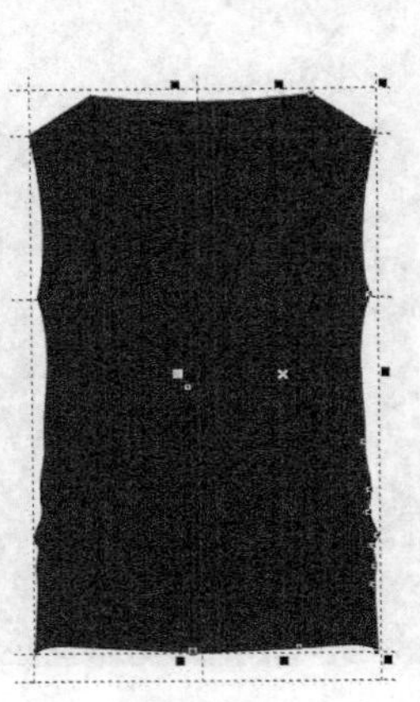

图8-134

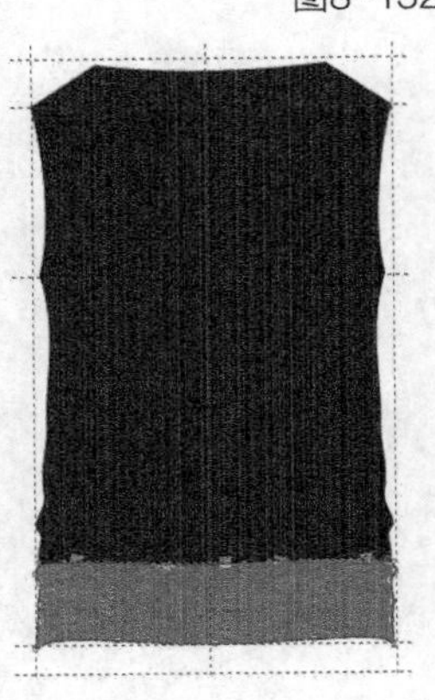

图8-135

07 使用手绘工具在下摆处绘制两条直线，设置轮廓宽度为 .1 mm，如图8-136所示。

08 使用选择工具选择两条直线，单击属性栏中的合并按钮，得到的效果如图8-137所示。

09 按【+】键复制图形，按住【Ctrl】键把复制的图形往右平移到一定的位置，得到的效果如图8-138所示。

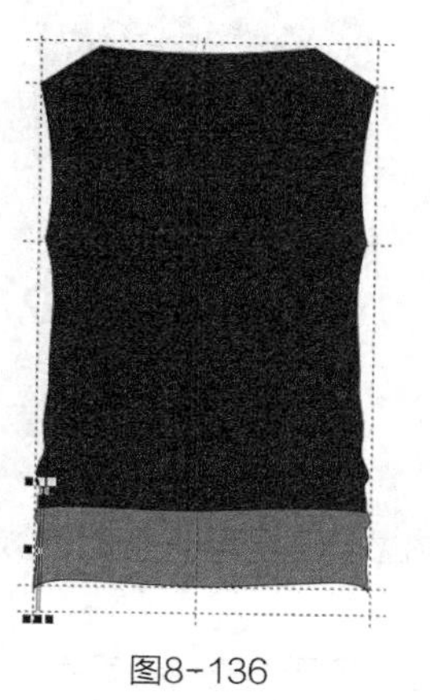
图8-136

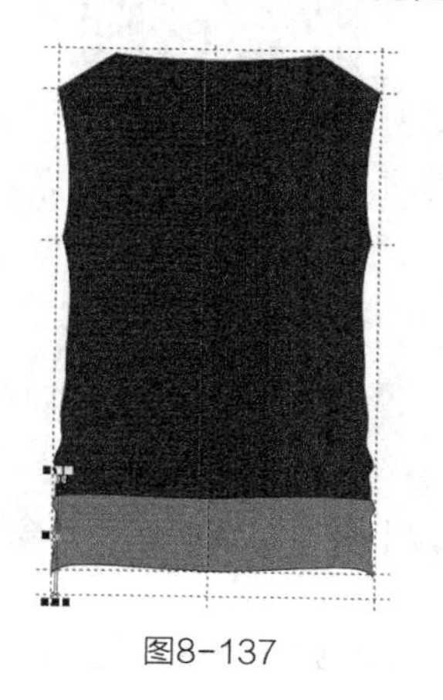
图8-137

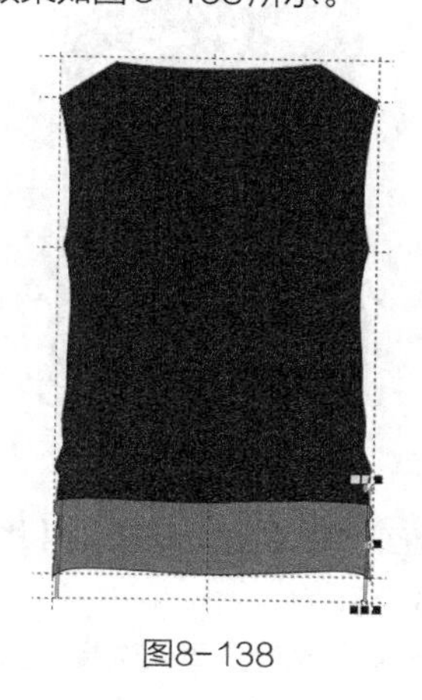
图8-138

10 选择工具箱中的调和工具，单击左边的直线，往右拖动鼠标至右边的图形，执行调和效果，如图8-139所示。

11 在属性栏中设置调和的步数为 30，得到的效果如图8-140所示。

12 单击选择工具，执行菜单栏中的【效果】/【图框精确剪裁】/【置于图文框内部】命令，把图形放置在下摆图形中，这样就完成了下摆罗纹的制作，效果如图8-141所示。

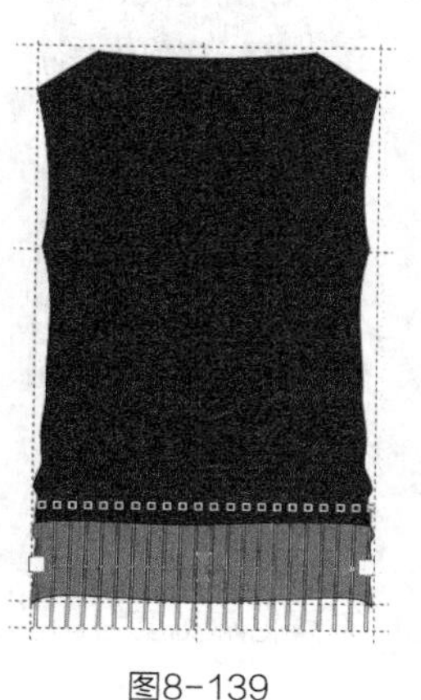
图8-139

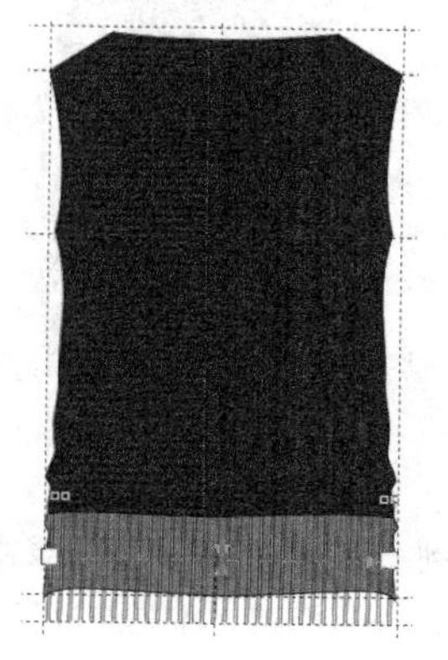
图8-140

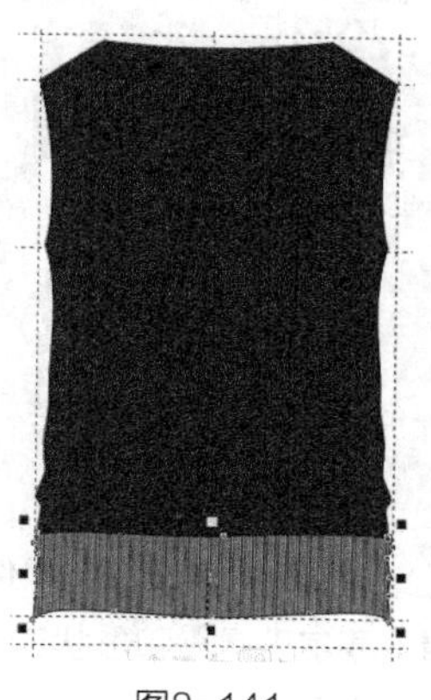
图8-141

13 使用贝塞尔工具和形状工具，在衣身下摆处绘制如图8-142所示的图形，单击选择工具，在属性栏中设置轮廓宽度为 .35 mm，并填充为浅蓝色，CMYK值为69，45，17，0。

14 重复步骤 **06** ~步骤 **11**，绘制下摆的罗纹，得到的效果如图8-143所示。

15 执行菜单栏中的【排列】/【顺序】/【到页面后面】命令，把它放置到衣身前片后面，得到的效果如图8-144所示。

16 使用矩形工具绘制两个长方形，如图8-145所示。

17 使用均匀填充工具 均匀填充 分别给两个矩形填充为灰色（CMYK值为40，32，30，0）和浅蓝色（CMYK值为69，45，17，0），得到的效果如图8-146所示。

18 鼠标右键单击调色板中的☒，使图形无轮廓，得到的效果如图8-147所示。

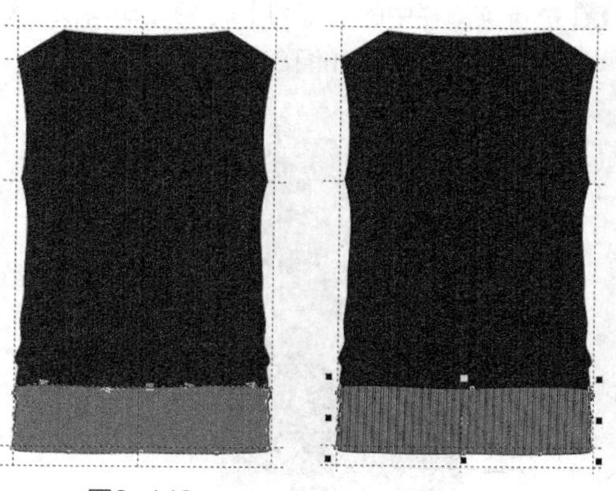
图8-142　图8-143

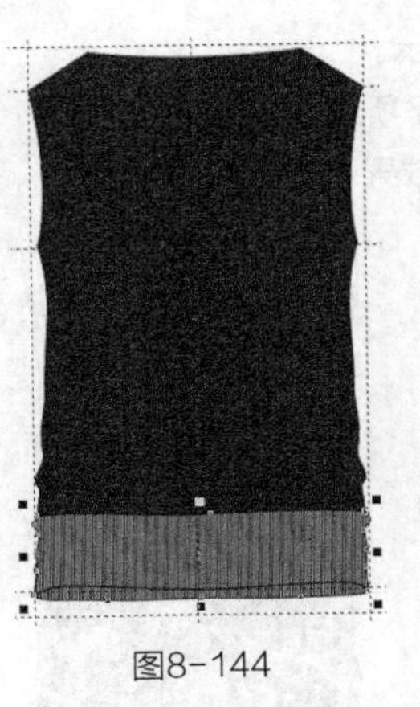
图8-144

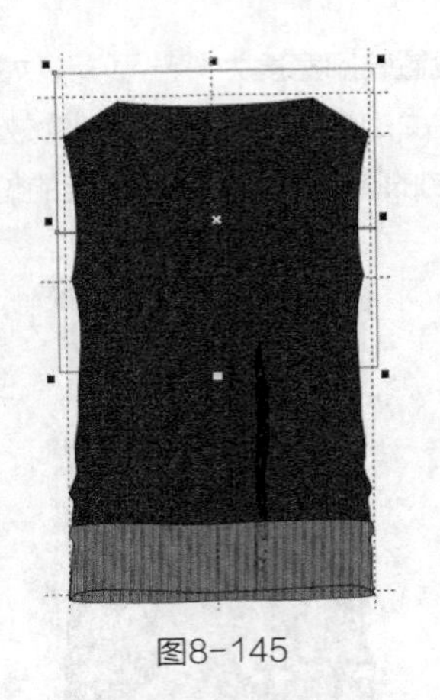
图8-145

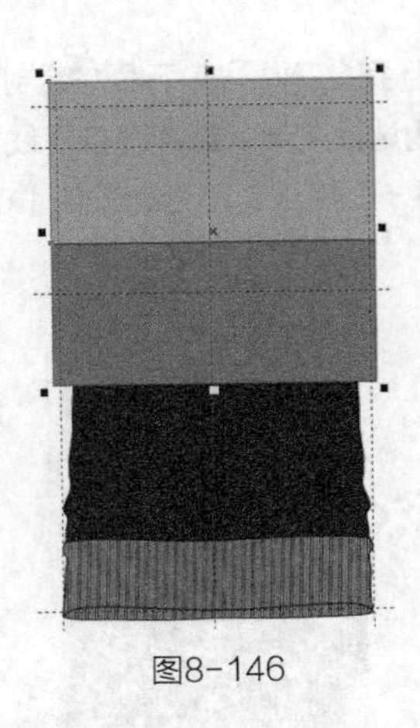
图8-146

19 执行菜单栏中的【效果】/【图框精确剪裁】/【置于图文框内部】命令，把图形放置在衣身左前片中，得到的效果如图8-148所示。

20 使用属性滴管工具选择衣身属性，鼠标转换成应用对象属性，然后单击后片部分，把图案复制到后片中，得到的效果如图8-149所示。

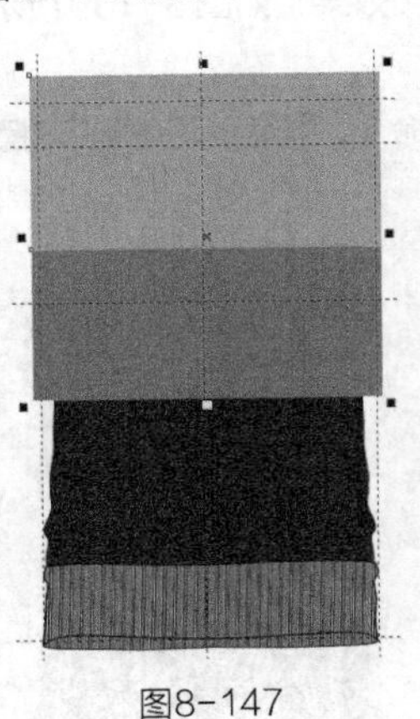
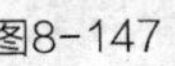
图8-147

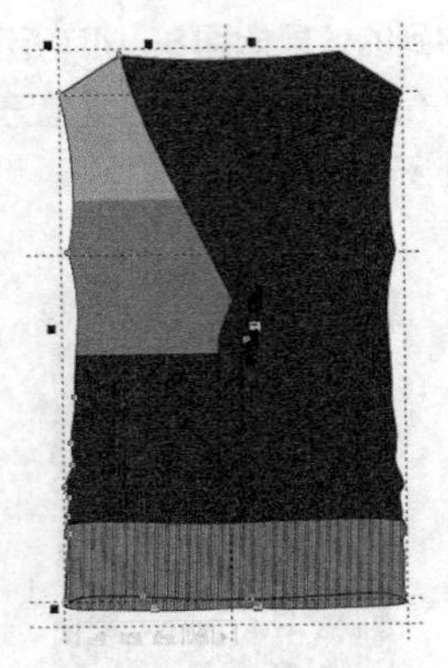
图8-148

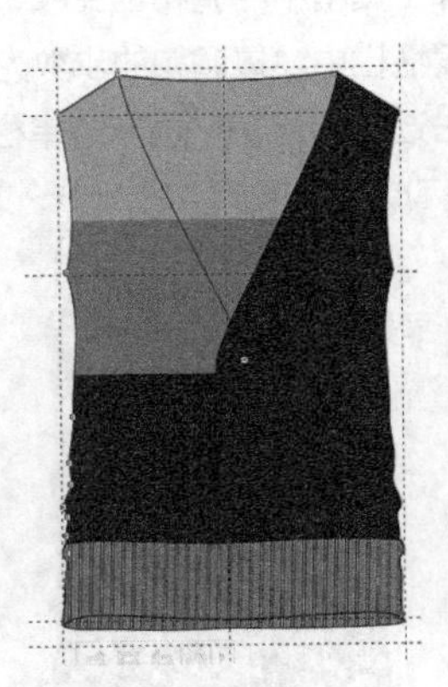
图8-149

21 重复步骤**19**～步骤**20**的操作，把图案复制到右前片中，得到的效果如图8-150所示。

22 使用贝塞尔工具和形状工具在后领口绘制一条路径，单击选择工具，在属性栏中设置轮廓宽度为3.5 mm，如图8-151所示。

23 执行菜单栏中的【排列】/【将轮廓转换为对象】命令，把路径转换为图形，并填充为浅蓝色，CMYK值为69，45，17，0，得到的效果如图8-152所示。

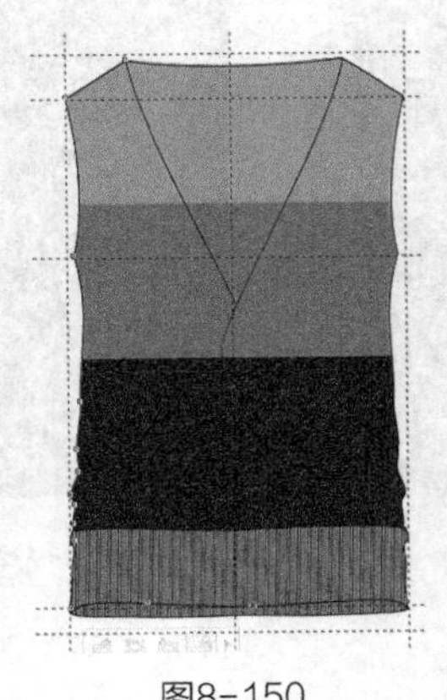
图8-150

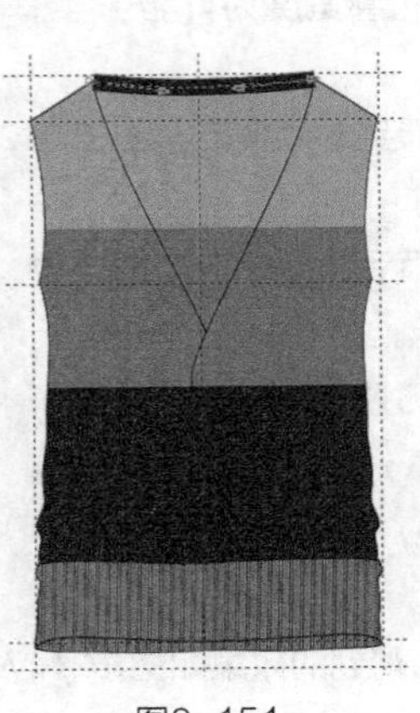
图8-151

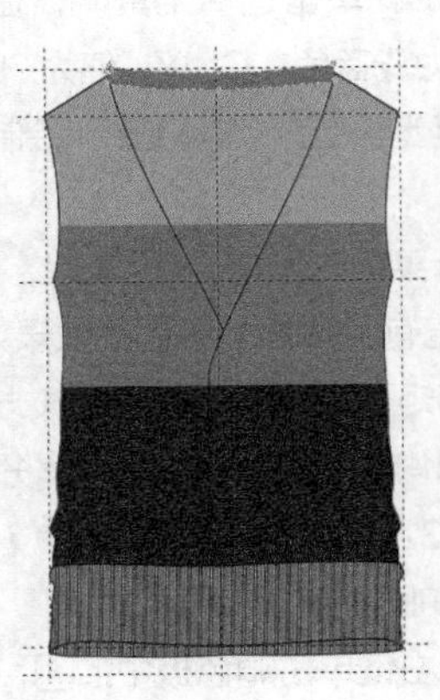
图8-152

24 使用选择工具选择图形，在属性栏中设置轮廓宽度为 .35 mm ，得到的效果如图8-153所示。

25 重复步骤 **22** ~步骤 **24** 的操作，分别绘制左右前领口和门襟，得到的效果如图8-154所示。

26 使用形状工具调整前后领口，使其和肩部造型相贴合，得到效果如图8-155所示。

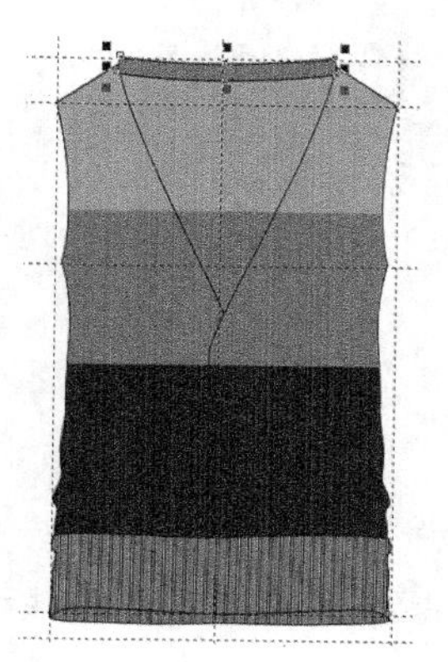

图8-153

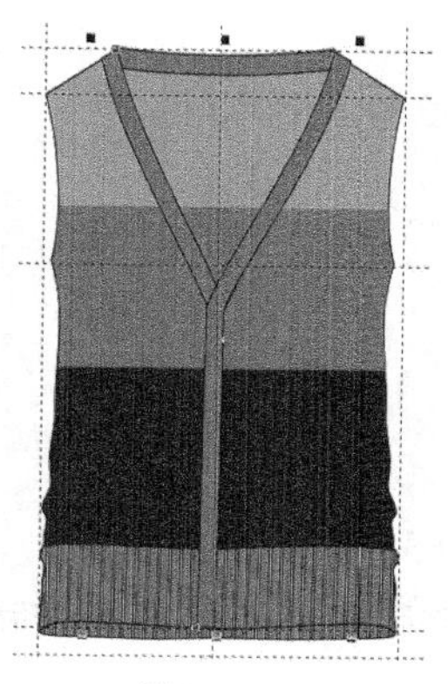

图8-154

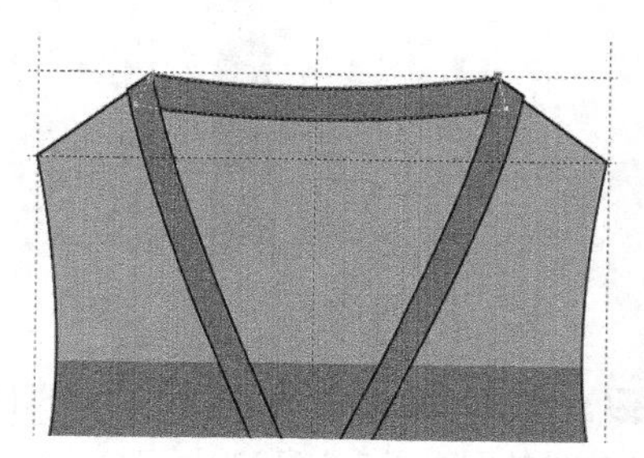

图8-155

27 使用贝塞尔工具和形状工具绘制如图8-156所示的左袖，单击选择工具，在属性栏中设置轮廓宽度为 .35 mm ，并填充为深蓝色，CMYK值为100，97，62，50。

28 执行菜单栏中的【排列】/【顺序】/【置于此对象后】命令，把它放置到衣身前片后面，得到的效果如图8-157所示。

29 使用贝塞尔工具和形状工具绘制如图8-158所示的袖口，单击选择工具，在属性栏中设置轮廓宽度为 .35 mm ，并填充为浅蓝色，CMYK值为69，45，17，0。

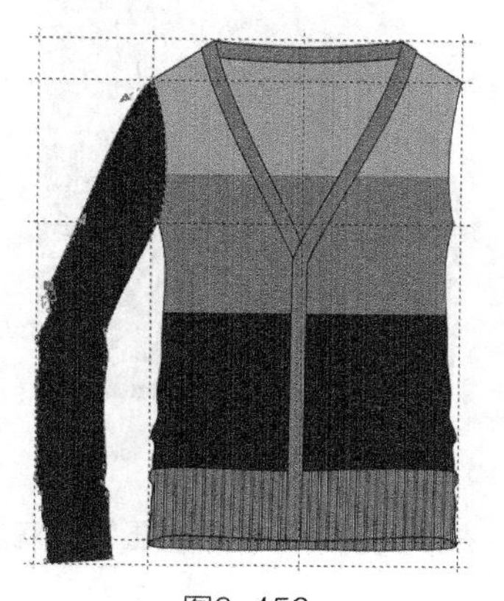

图8-156

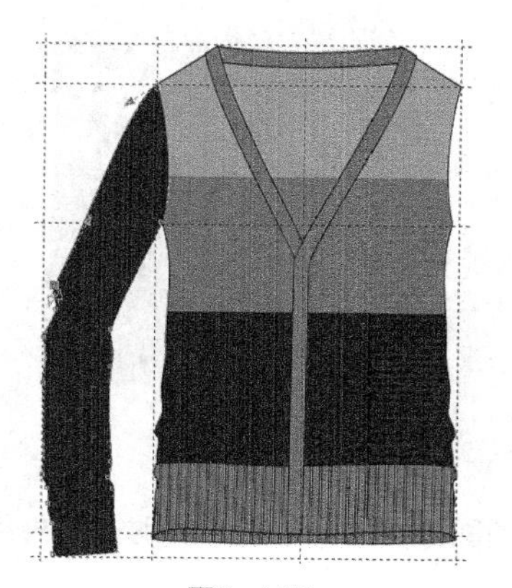

图8-157

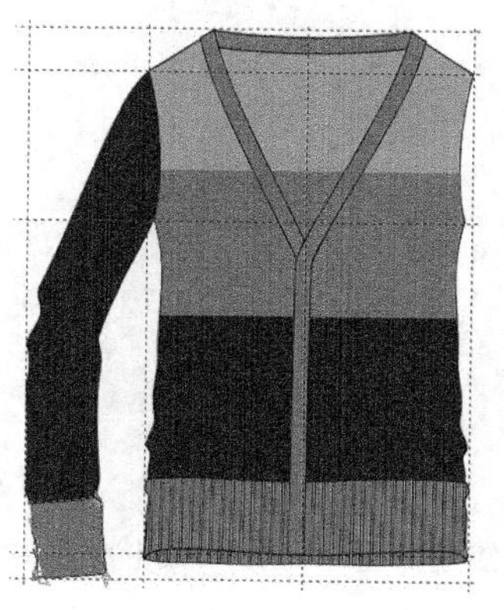

图8-158

30 重复步骤 **07** ~步骤 **12** ，绘制袖口的罗纹，得到的效果如图8-159所示。

31 使用属性滴管工具选择衣身属性，鼠标转换成应用对象属性，然后单击左袖部分，把图案复制到左袖中，得到的效果如图8-160所示。

32 使用选择工具选择左袖，单击鼠标右键，弹出对话框，如图8-161所示。单击【编辑PowerClip】，得到的效果如图8-162所示。

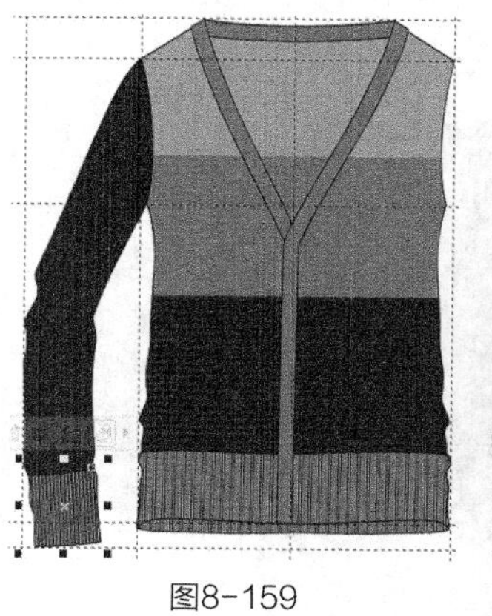

图8-159

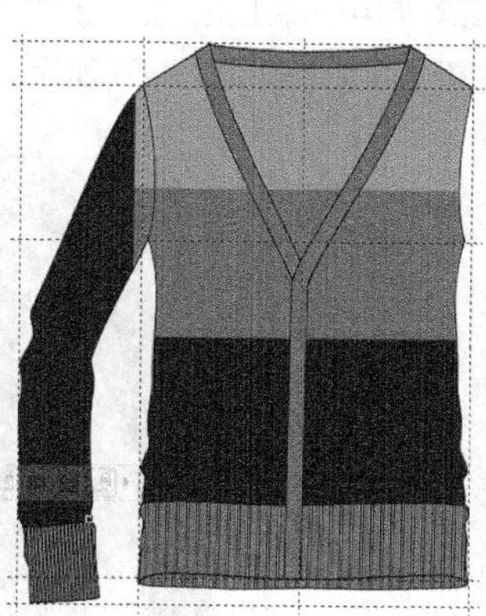

图8-160

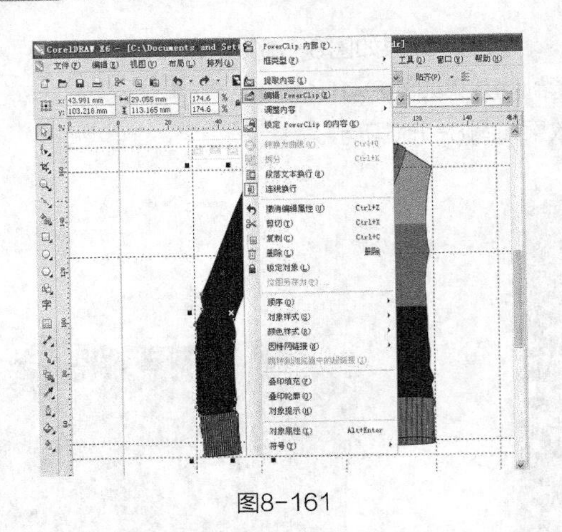

图8-161

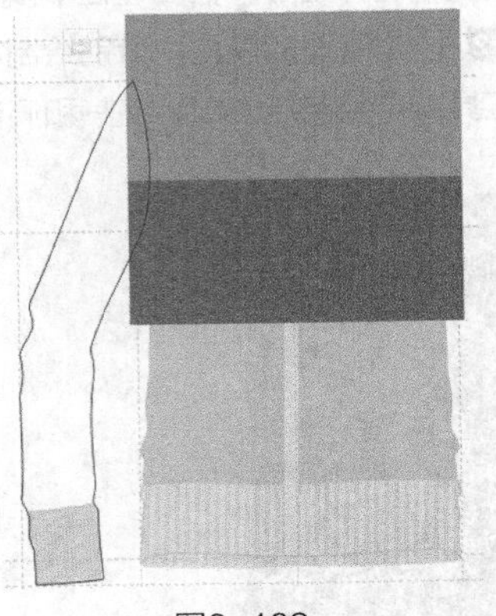

图8-162

33 使用选择工具框选图形，把图形向左移动并且在属性栏中设置旋转角度为330.0°，得到的效果如图8-163所示。（此处衣袖的图案要与衣身的图案对齐。）

34 单击鼠标右键，弹出对话框，单击【结束编辑】，得到的效果如图8-164所示。

35 执行菜单栏中的【编辑】/【全选】/【辅助线】命令，选择所有的辅助线，按【Delete】键删除，得到的效果如图8-165所示。

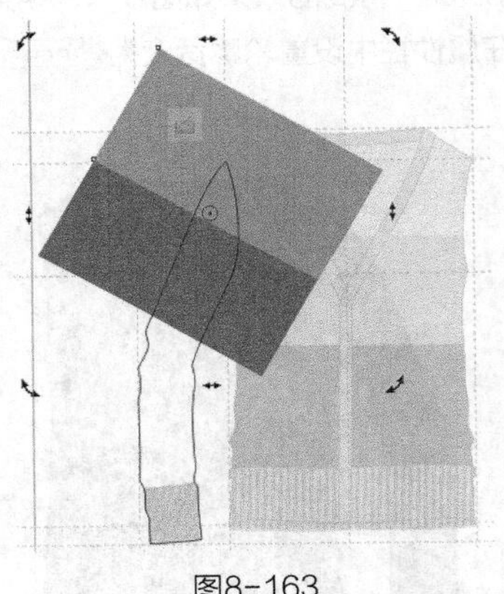

图8-163

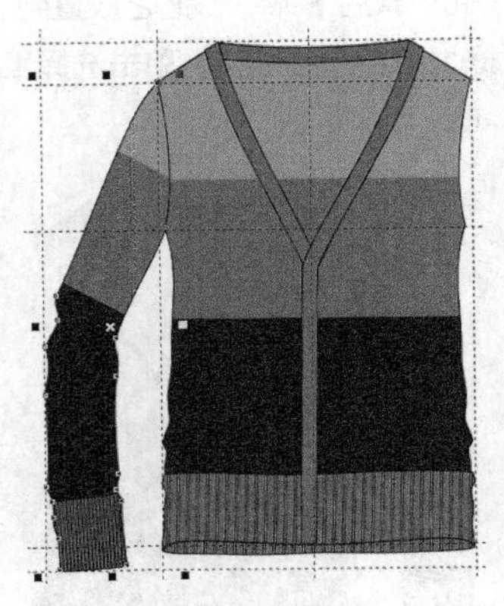

图8-164

图8-165

36 使用贝塞尔工具和形状工具，在如图8-166所示的左袖肘关节处绘制3条衣褶，在属性栏中设置轮廓宽度为.35 mm。

37 使用选择工具框选整个左袖，按【+】键复制，单击属性栏中的水平镜像按钮，并把图形向右平移到一定的位置，得到的效果如图8-167所示。

图8-166

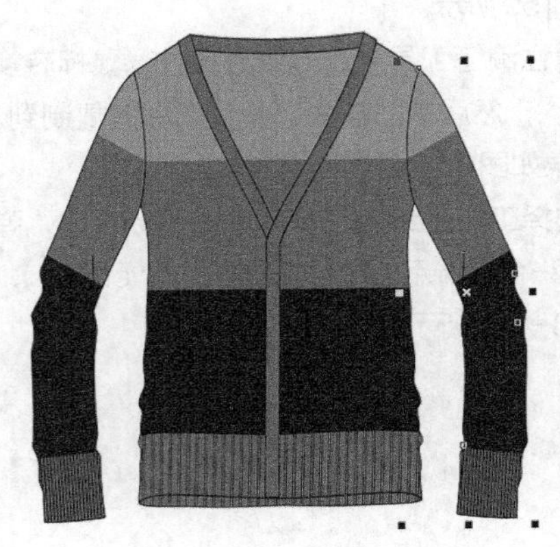

图8-167

38 执行菜单栏中的【排列】/【顺序】/【置于此对象后】命令，把它放置到衣身后面，得到的效果如图8-168所示。

39 使用贝塞尔工具和形状工具，在如图8-169所示的腋下绘制两条衣褶，在属性栏中设置轮廓宽度为 .35 mm。

图8-168

图8-169

40 选择椭圆形工具，按住【Ctrl】键在门襟上绘制一个圆形，如图8-170所示。

41 单击【+】键复制圆形，再按住【Shift】键等比例缩小图形，得到的效果如8-171所示。

42 使用选择工具框选两个图形，单击属性栏中的合并按钮，得到纽扣的效果如图8-172所示。

43 按【+】键复制3粒纽扣，把复制的纽扣分别摆放在如图8-173所示的位置。

44 使用选择工具框选所有图形，按【Ctrl+G】组合键群组图形。这样就完成了男式针织开衫的绘制，整体效果如图8-174所示。

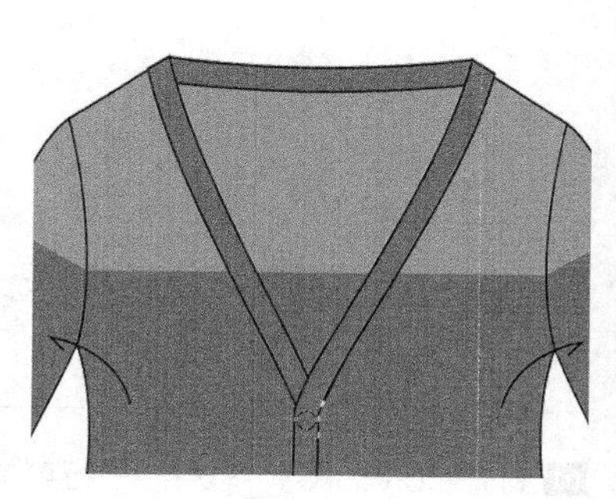
图8-170

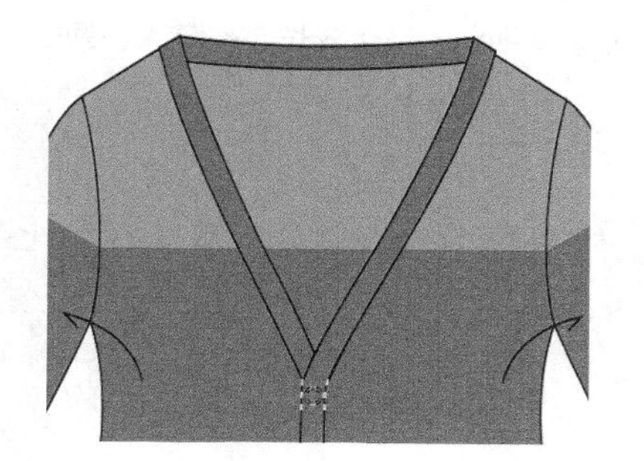
图8-171

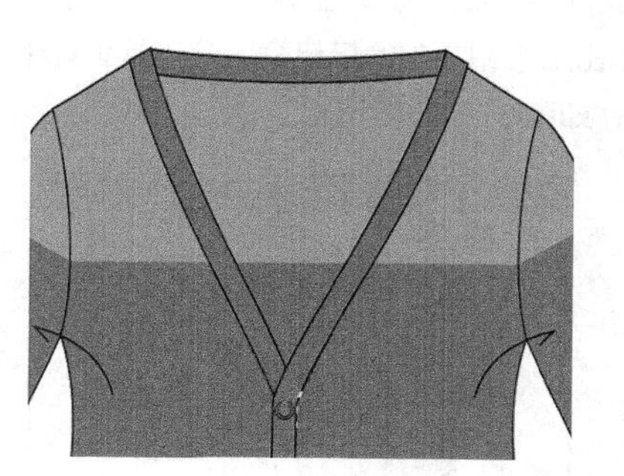
图8-172

图8-173

图8-174

8.4 女式高领插肩袖毛衫

女式高领插肩袖毛衫的整体设计效果如图8-175所示。

图8-175

设计重点

造型设计，色织条罗纹领口、袖口的表现，色彩填充，针织扭花图案的表现。

操作步骤

01 打开CorelDRAW软件，执行菜单栏中的【文件】/【新建】命令，或使用【Ctrl+N】组合键，弹出“创建新文档”对话框，命名文件为“女式高领插肩袖毛衫”，如图8-176所示。在属性栏中设定纸张大小为A4，横向摆放，如图8-177所示。

02 鼠标单击上方和左方的标尺栏，分别从上往下、从左往右拖动添加10条辅助线，确定衣长、袖窿深、领口、肩宽、袖长等位置，如图8-178所示。

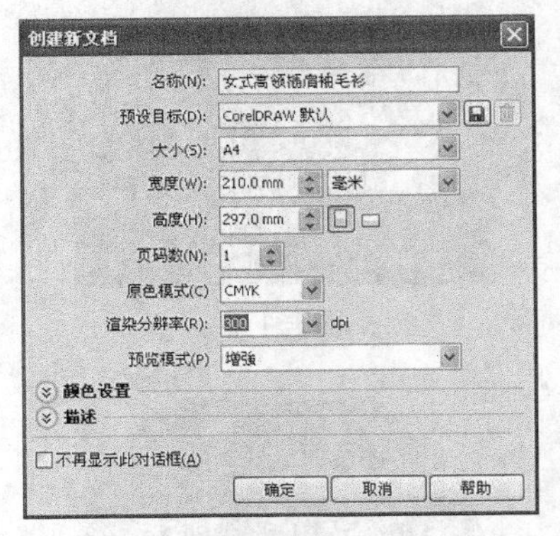

图8-176

图8-177

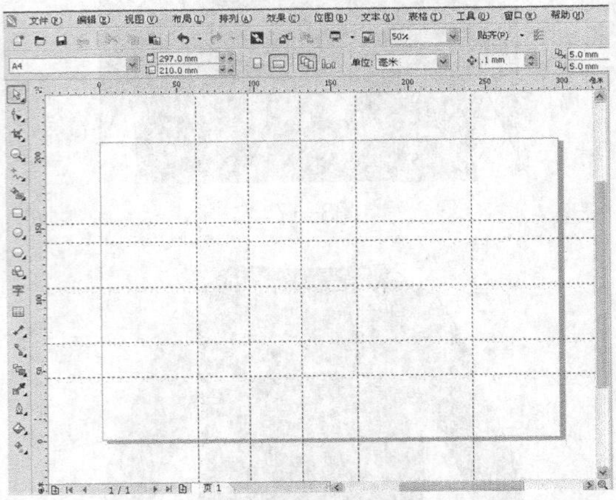

图8-178

03 使用贝塞尔工具和形状工具绘制如图8-179所示的衣身，单击选择工具，在属性栏中设置轮廓宽度为 .35 mm，并填充为红色，CMYK值为33，100，100，3。在绘制衣身时，要注意衣长和肩宽的比例。

04 使用贝塞尔工具和形状工具绘制右边插肩袖，单击选择工具，在属性栏中设置轮廓宽度为 .35 mm，并填充为红色，CMYK值为33，100，100，3，如图8-180所示。

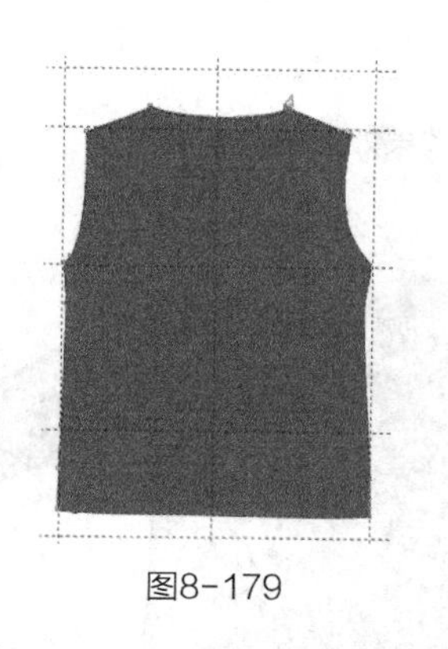

图8-179

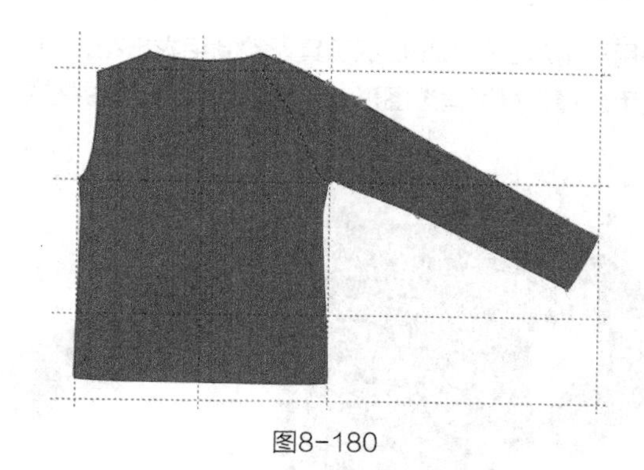

图8-180

专家提示

使用贝塞尔工具和形状工具绘制衣身前片造型时要注意服装长度与肩宽的比例。绘制插肩袖时，要注意肩部造型的圆顺处理。

05 使用贝塞尔工具和形状工具绘制左边袖子，单击选择工具，在属性栏中设置轮廓宽度为 .35 mm，并填充为红色，CMYK值为33，100，100，3，如图8-181所示。

06 使用贝塞尔工具和形状工具，在左袖的基础上再绘制一个闭合路径，单击选择工具，在属性栏中设置轮廓宽度为 .35 mm，并填充为红色，CMYK值为33，100，100，3，如图8-182所示。

图8-181

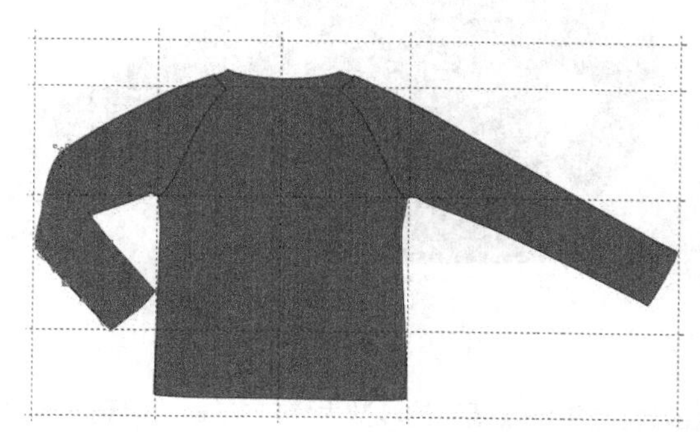

图8-182

专家提示

绘制翻折的袖子造型时，为了便于毛衣纹样的填充，要把袖子分为两个单独的闭合路径来表现。

07 使用贝塞尔工具和形状工具绘制衣领，单击选择工具，在属性栏中设置轮廓宽度为 .35 mm，并填充为白色，如图8-183所示。

08 执行菜单栏中的【编辑】/【全选】/【辅助线】命令，选择所有的辅助线，按【Delete】键删除，得到的效果如图8-184所示。

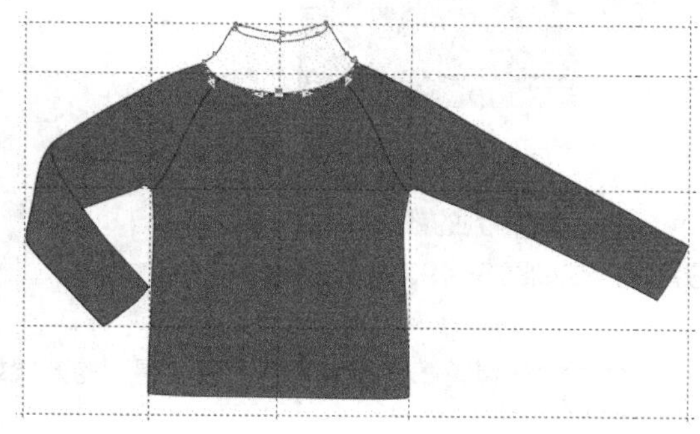

图8-183

图8-184

09 使用贝塞尔工具和形状工具绘制毛衣扭花，如图8-185所示。

10 使用选择工具框选图形，单击属性栏中的合并按钮结合图形，得到的效果如图8-186所示。

图8-185　　图8-186

11 按【+】键复制图形，并把复制的图形向下平移到一定的位置，如图8-187所示。

12 单击工具箱中的调和工具，点击上方的图形，往下拖动鼠标至下方图形，执行调和效果，如图8-188所示。

图8-187　　图8-188

13 在属性栏中设置调和的步数为 15 ，得到的效果如图8-189所示。

14 单击工具箱中的选择工具，执行菜单栏中的【效果】/【图框精确剪裁】/【置于图文框内部】命令，把图形放置在衣身中，得到的效果如图8-190所示。

图8-189　　图8-190

15 单击鼠标右键，弹出对话框，如图8-191所示。单击【编辑PowerClip】，得到的效果如图8-192所示。

16 选择图形，按两次【+】键复制毛衣的扭花纹，把复制的图形分别摆放在如图8-193所示的位置。

17 使用手绘工具绘制两条直线，如图8-194所示。

18 使用选择工具框选两条直线，单击属性栏中的合并按钮，在属性栏中设置轮廓宽度为 .2 mm ，得到的效果如图8-195所示。

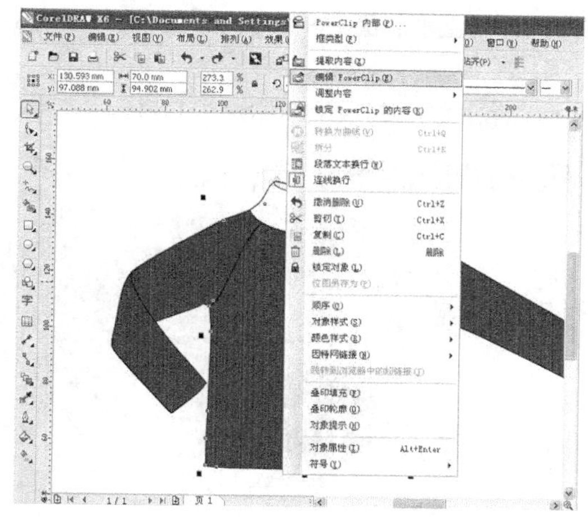
图8-191

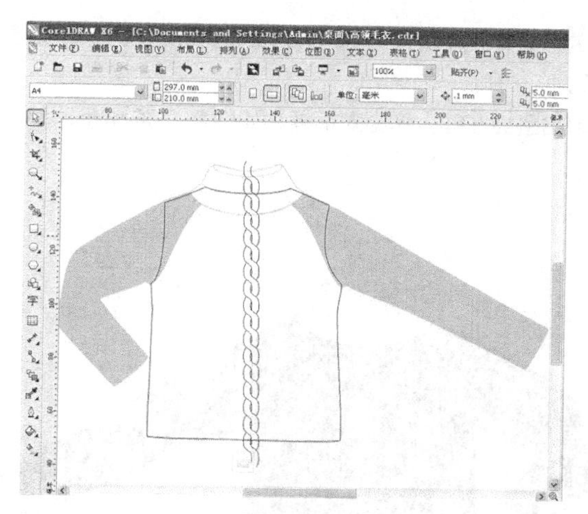
图8-192

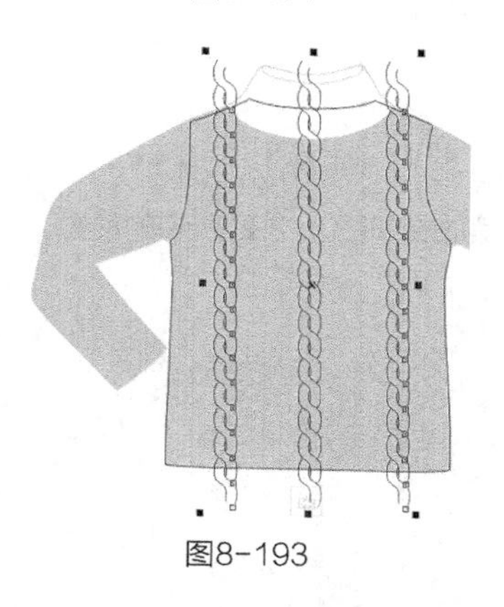
图8-193

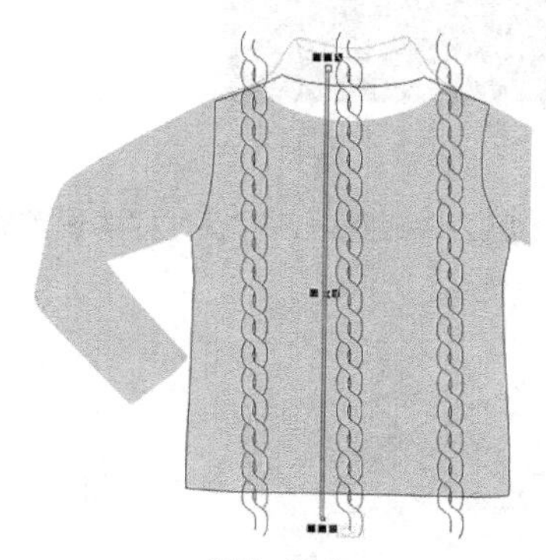
图8-194

19 按【+】键复制13组图形，并把复制的图形向左右平移到如图8-196所示的位置。

20 单击鼠标右键，弹出对话框，单击【结束编辑】，得到的效果如图8-197所示。

21 重复步骤 **09** ~步骤 **13** 的操作，绘制右边袖子上的花纹，得到的效果如图8-198所示。

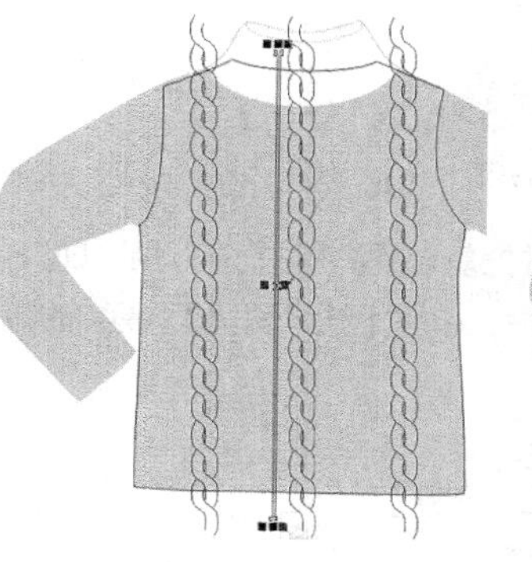
图8-195

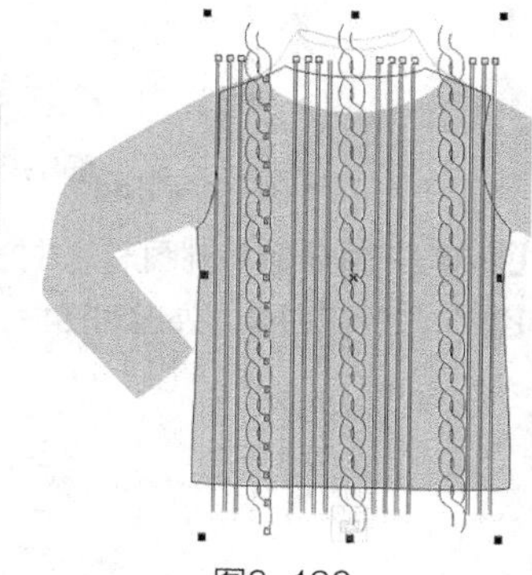
图8-196

图8-197

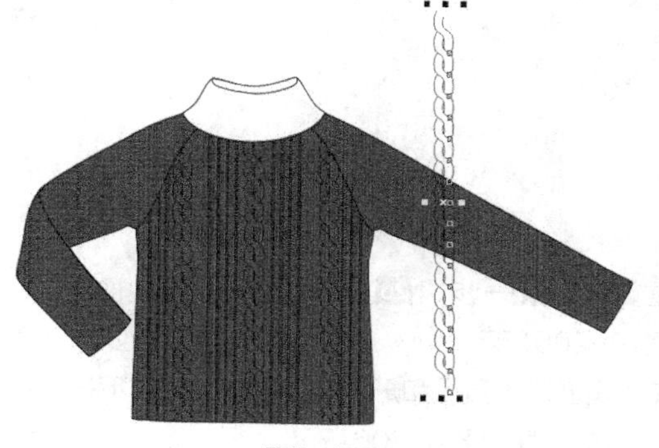
图8-198

22 执行菜单栏中的【效果】/【图框精确剪裁】/【放置在容器中】命令，把图形放置在右袖中，得到的效果如图8-199所示。

23 单击鼠标右键，弹出对话框，如图8-200所示。单击【编辑PowerClip】，得到的效果如图8-201所示。

图8-199

图8-200

24 使用选择工具选择图形，在属性栏中设置旋转角度为60.0°，把图形摆放在如图8-202所示的位置。

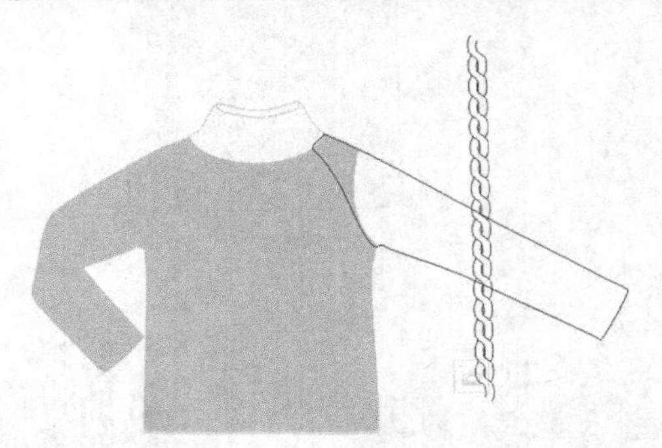

图8-201

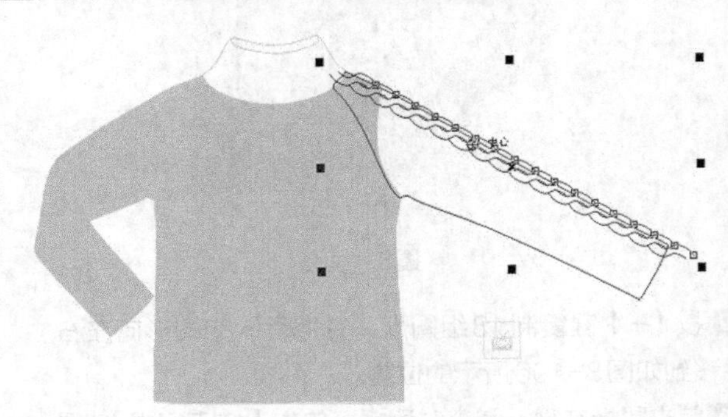

图8-202

25 单击【+】键复制图形，并把复制的图形向下移动到如图8-203所示的位置。

26 单击鼠标右键，弹出对话框，单击【结束编辑】，得到的效果如图8-204所示。

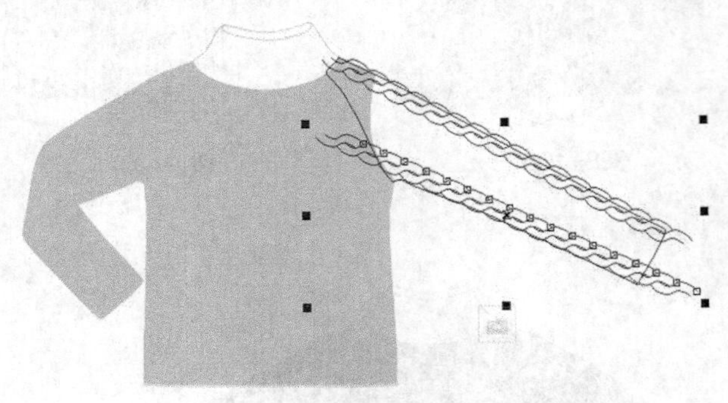

图8-203

图8-204

27 重复步骤**21**~步骤**26**的操作，填充左边袖子上的花纹，要注意的是袖子的上下两部分需要分别填充纹样，得到的效果如图8-205所示。

28 使用贝塞尔工具和形状工具绘制毛衣下摆，单击选择工具，在属性栏中设置轮廓宽度为.35 mm，并填充为白色，得到的效果如图8-206所示。

图8-205

图8-206

29 使用矩形工具绘制两个矩形，在属性栏中设置无轮廓，并填充为红色，CMYK值为33，100，100，3，如图8-207所示。

30 使用手绘工具绘制两条直线，在属性栏中设置轮廓宽度为.2mm，得到的效果如图8-208所示。

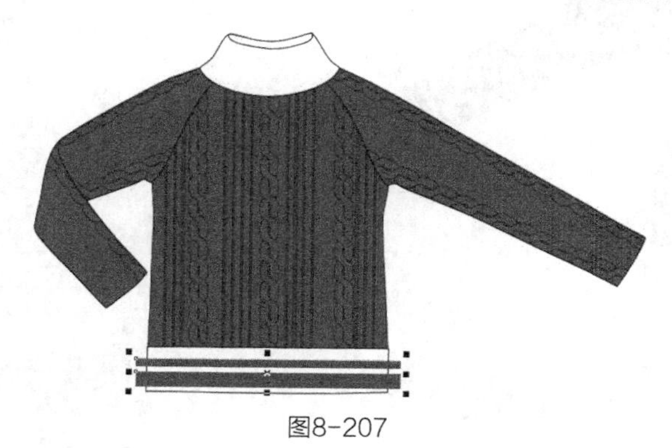
图8-207

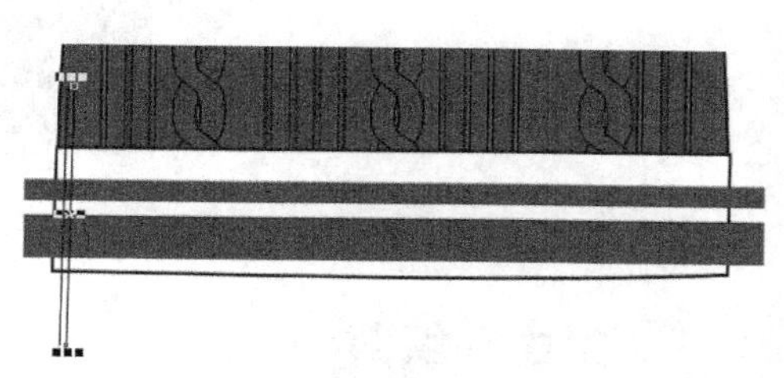
图8-208

31 使用选择工具框选两条直线，按【Ctrl+G】组合键群组图形。按【+】键复制图形，并把复制的直线向右平移到一定的位置，如图8-209所示。

32 单击工具箱中的调和工具，点击左边的图形，往右拖动鼠标至右边图形，执行调和效果，如图8-210所示。

图8-209

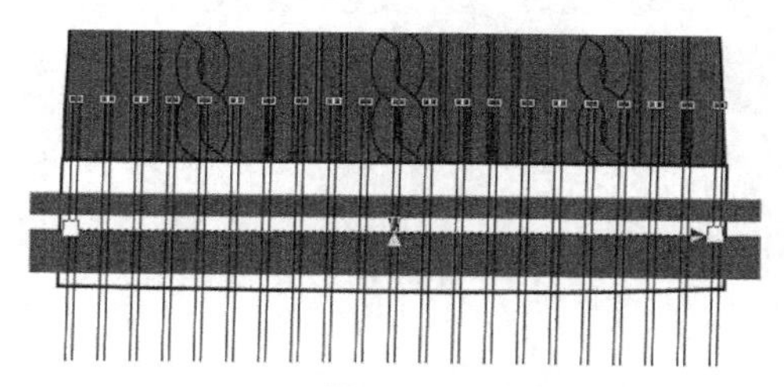
图8-210

33 在属性栏中设置调和的步数为30，得到的效果如图8-211所示。

34 使用选择工具框选矩形和直线组，执行菜单栏中的【效果】/【图框精确剪裁】/【置于图文框内部】命令，把图形放置在衣摆中，得到的效果如图8-212所示，这样就完成了下摆横机图案的制作。

35 重复步骤 **29** ~步骤 **34** 的操作，分别绘制领口及袖口部分的横机图案，得到的效果如图8-213所示。

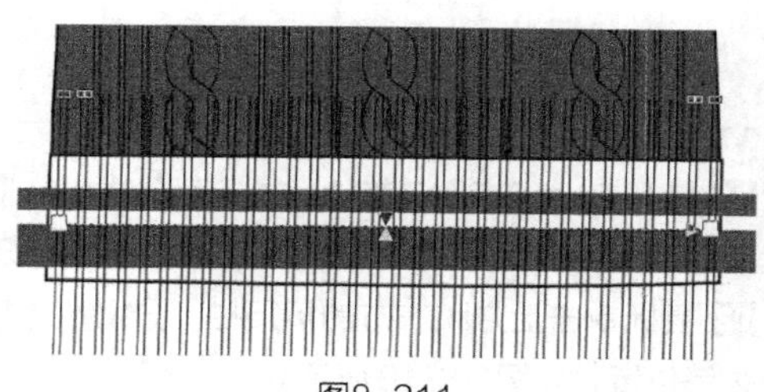
图8-211

36 使用选择工具框选图形，按【Ctrl+G】组合键群组图形。这样就完成了女式高领插肩袖毛衫的绘制，整体效果如图8-214所示。

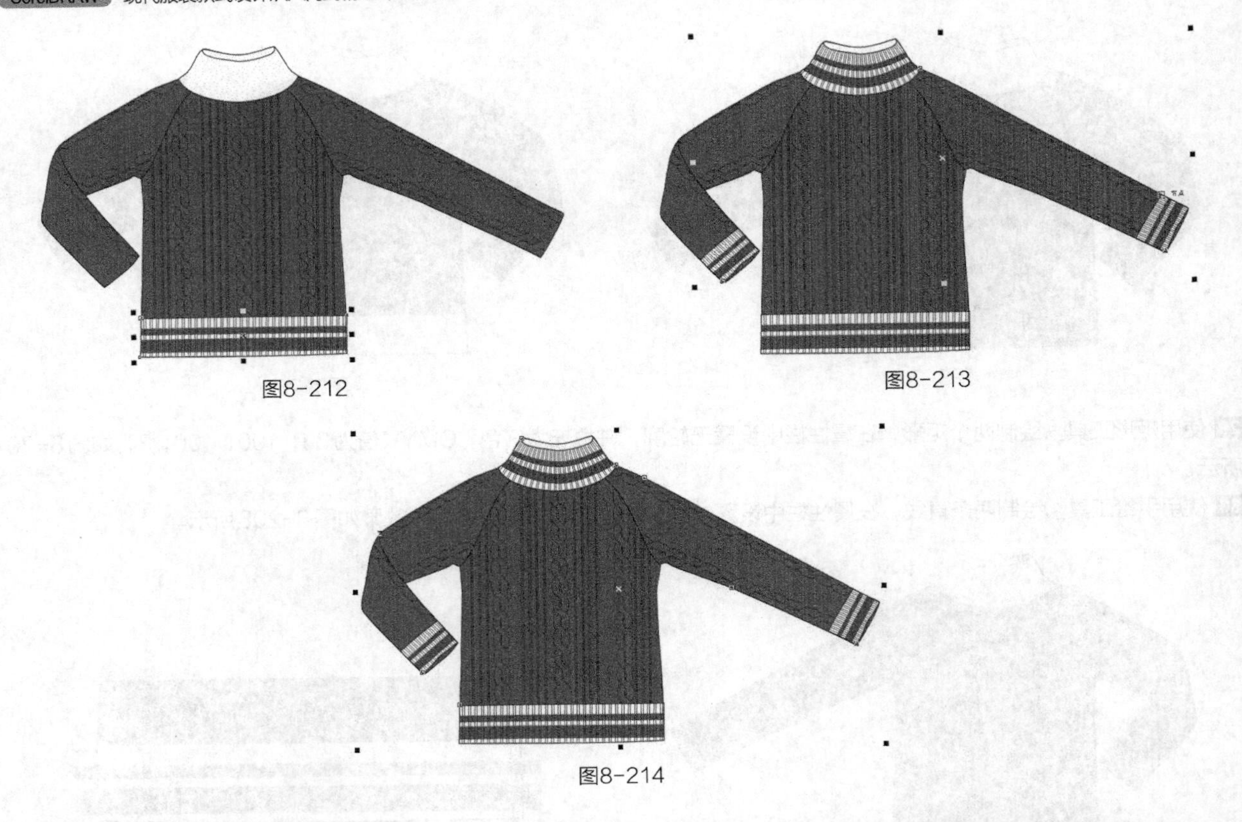

图8-212　　图8-213

图8-214

8.5 女式针织背心

女式针织背心的整体设计效果如图8-215所示。

图8-215

设计重点

造型设计，罗纹领口、袖口的表现，色彩填充，雪花、条纹针织图案的表现。

操作步骤

01 打开CorelDRAW软件，执行菜单栏中的【文件】/【新建】命令，或使用【Ctrl+N】组合键，弹出“创建新文档”对话框，命名文件为“女式针织背心”，如图8-216所示。在属性栏中设定纸张大小为A4，横向摆放，如图8-217所示。

02 鼠标单击上方和左方的标尺栏，分别从上往下、从左往右拖动添加8条辅助线，确定衣长、袖窿深、领口、肩宽、口袋等位置，如图8-218所示。

03 使用贝塞尔工具和形状工具绘制如图8-219所示的背心前片，在属性栏中设置轮廓宽度为.35 mm，并填充为粉红色，CMYK值为0，77，37，0。

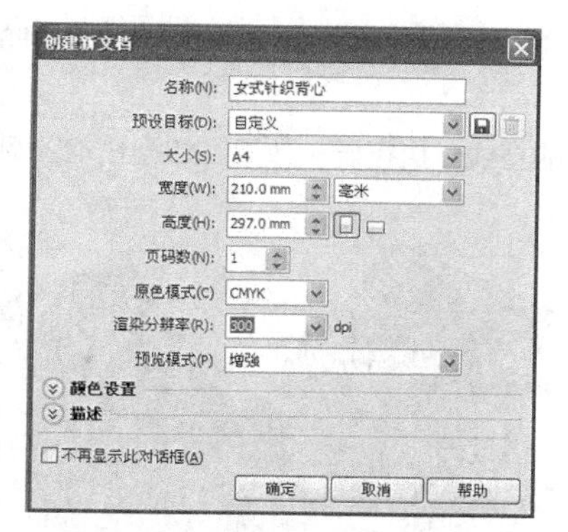

图8-216

图8-217

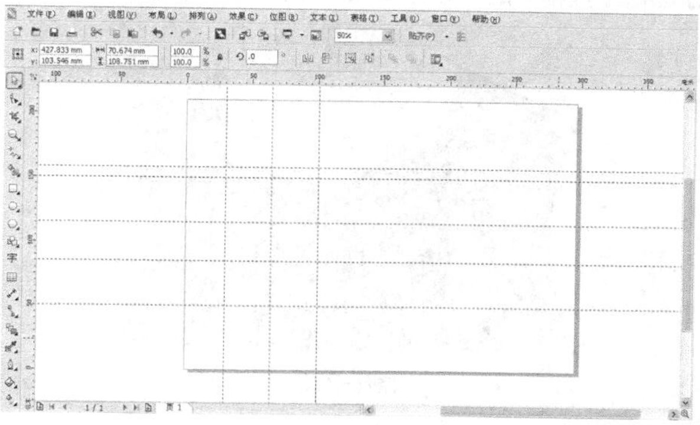

图8-218

04 使用贝塞尔工具和形状工具在领口处绘制一条路径，单击选择工具，在属性栏中设置轮廓宽度为 .35 mm ，如图3-220所示。

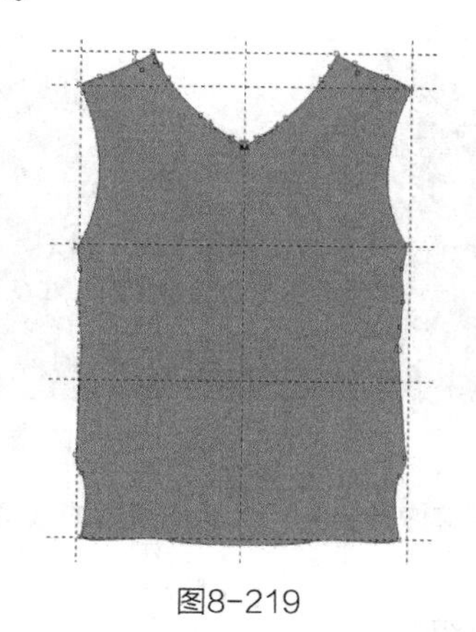

图8-219

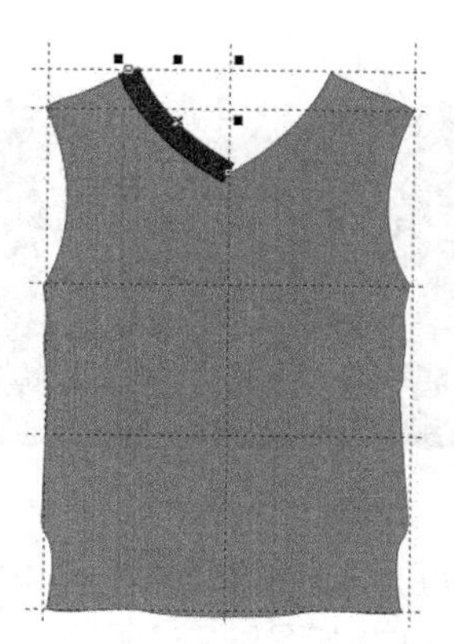

图8-220

专家提示

使用贝塞尔工具和形状工具绘制衣身前片造型时要注意下摆罗纹收口，曲线自然往内弧，另外要注意领口左右对称。

05 执行菜单栏中的【排列】/【将轮廓转换为对象】命令，把路径转换为图形，并填充为中粉色，CMYK值为0，77，37，0，设置轮廓宽度为 .35 mm ，得到的效果如图8-221所示。

06 使用形状工具调整V领造型，使其和肩部造型及辅助线相贴合，如图8-222所示。

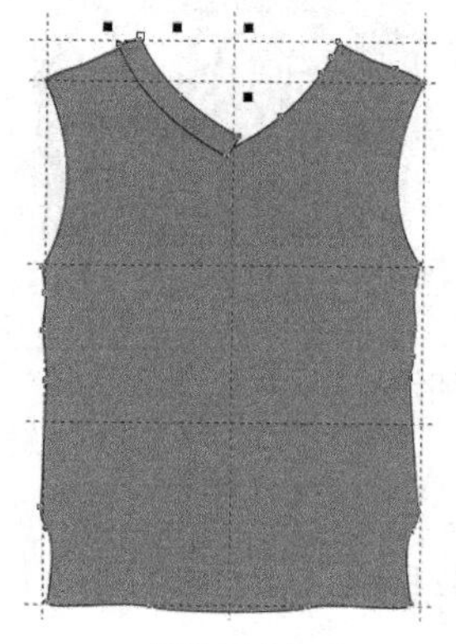

图8-221

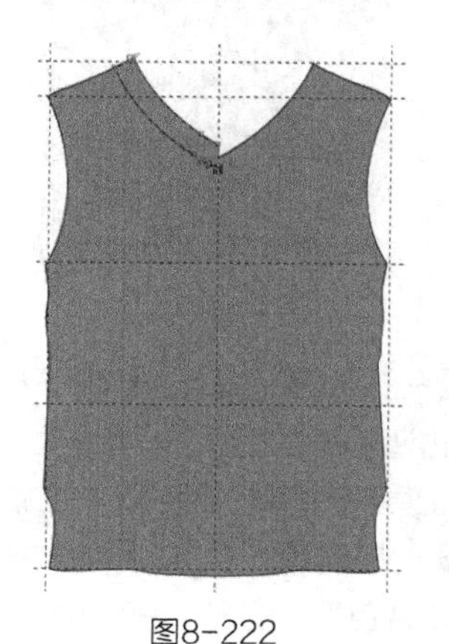

图8-222

07 使用手绘工具在V领上绘制两条直线，单击选择工具，在属性栏中设置轮廓宽度为 .5 mm，得到的效果如图8-223所示。

08 选择工具箱中的调和工具，单击上方的直线，往下拖动鼠标至下边的直线，执行调和效果，如图8-224所示。

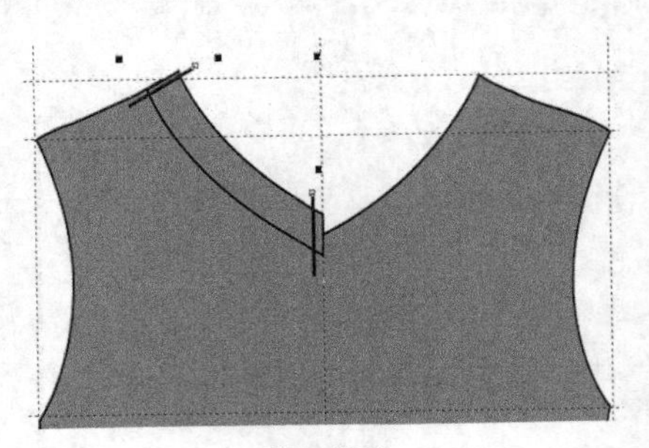
图8-223

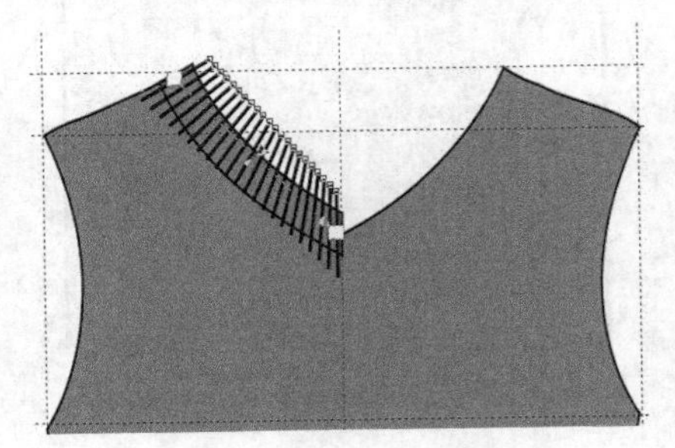
图8-224

09 在属性栏中设置调和的步数为 18，得到的效果如图8-225所示。

10 单击选择工具，执行菜单栏中的【效果】/【图框精确剪裁】/【置于图文框内部】命令，把图形放置在V领中，得到的效果如图8-226所示。

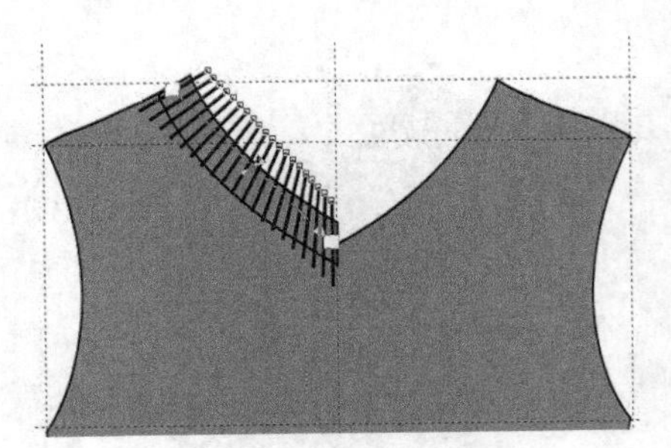
图8-225

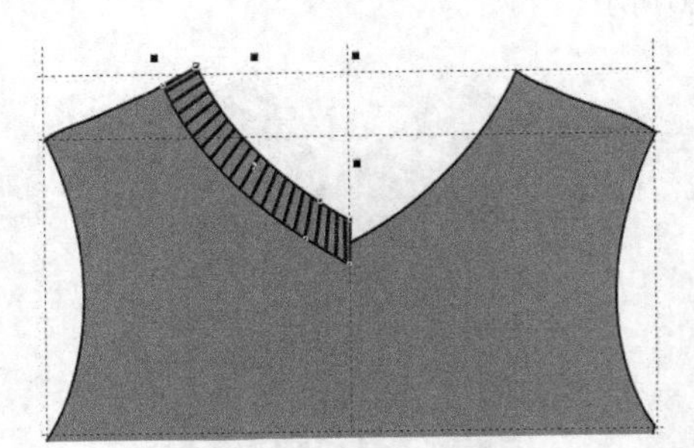
图8-226

11 单击选择工具，按小键盘上的【+】键复制图形，单击属性栏中的水平镜像按钮，然后把复制的领子向右平移到一定的位置，得到的效果如图8-227所示。

12 使用贝塞尔工具和形状工具，在衣身下摆处绘制如图8-228所示的图形。

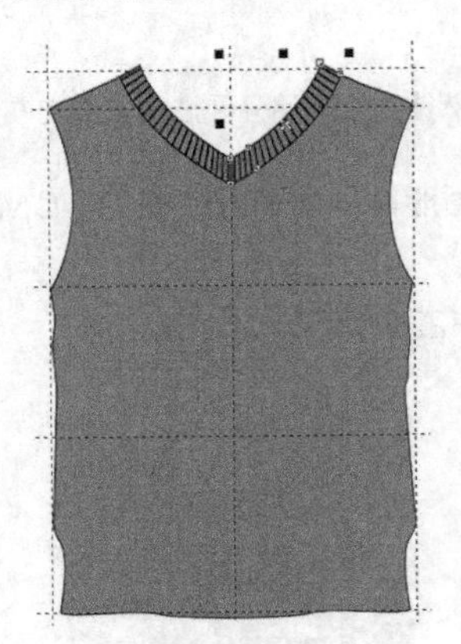
图8-227

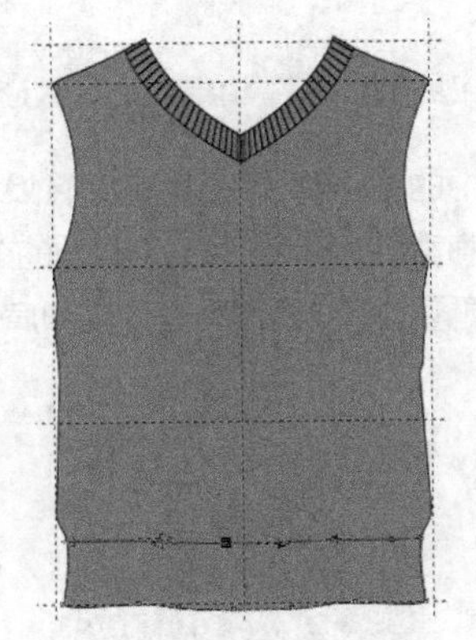
图8-228

13 重复步骤 07 ~步骤 10 的操作，绘制下摆的罗纹，得到的效果如图8-229所示。

14 鼠标右键单击调色板中的☒，去除边框，得到的效果如图8-230所示。

15 使用贝塞尔工具和形状工具，在左袖口处绘制如图8-231所示的图形。

16 重复步骤 07 ~步骤 10 的操作，绘制左袖口的罗纹，得到的效果如图8-232所示。

17 鼠标右键单击调色板中的☒，去除边框，得到的效果如图8-233所示。

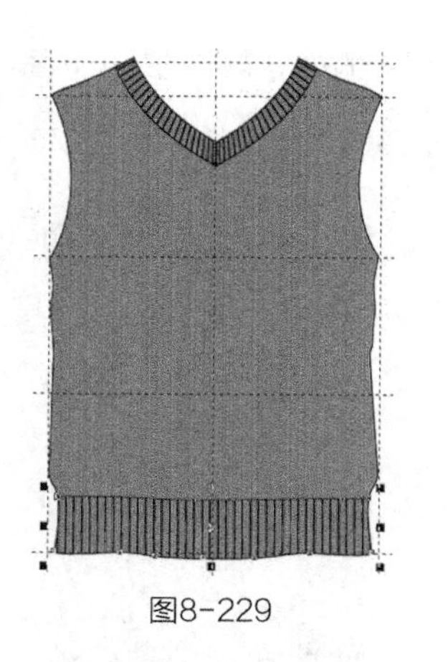
图8-229

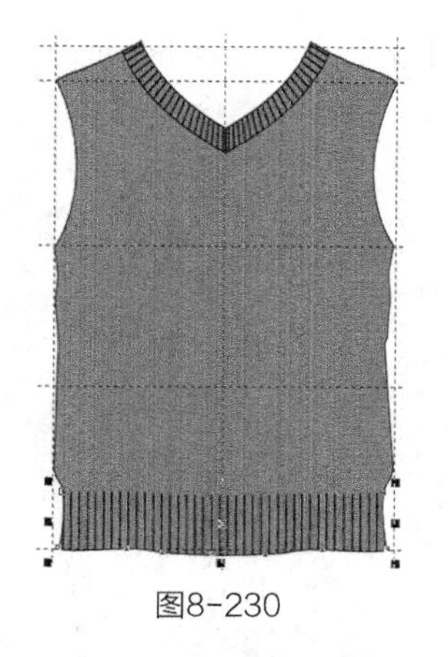
图8-230

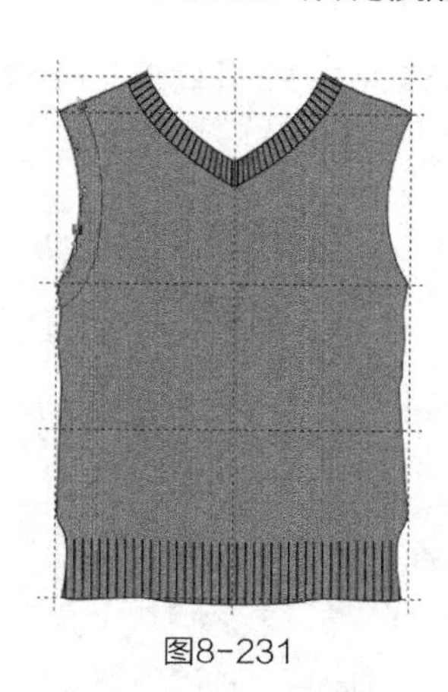
图8-231

18 单击选择工具，按小键盘上的【+】键复制图形，单击属性栏中的水平镜像按钮，然后把复制的图形向右平移到一定的位置，得到的效果如图8-234所示。

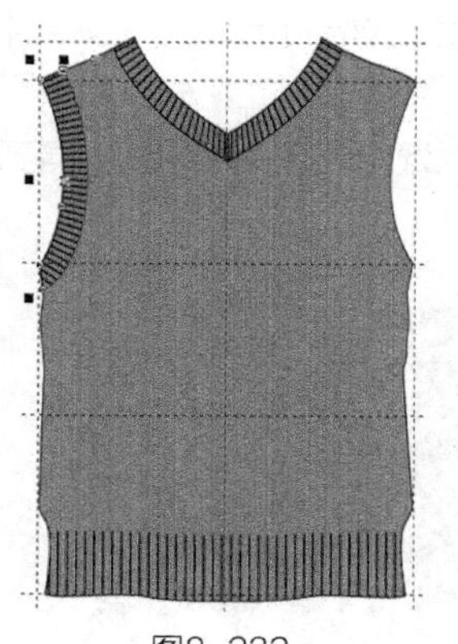
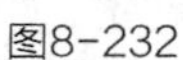
图8-232

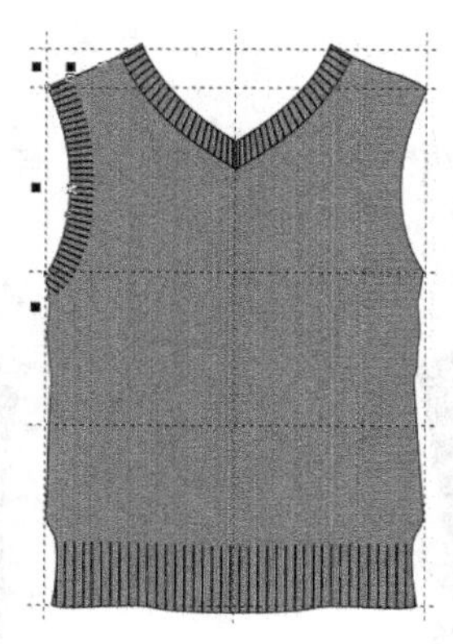
图8-233

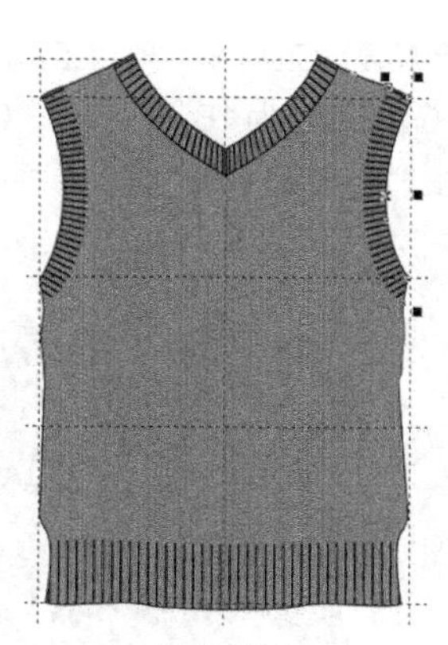
图8-234

19 使用贝塞尔工具和形状工具，在左、右袖口处绘制如图8-235所示的图形。

20 重复步骤**07**～步骤**10**的操作，绘制袖口的罗纹，得到的效果如图8-236所示。

21 重复步骤**04**～步骤**10**的操作，绘制后领口的罗纹，得到的效果如图8-237所示。

图8-235

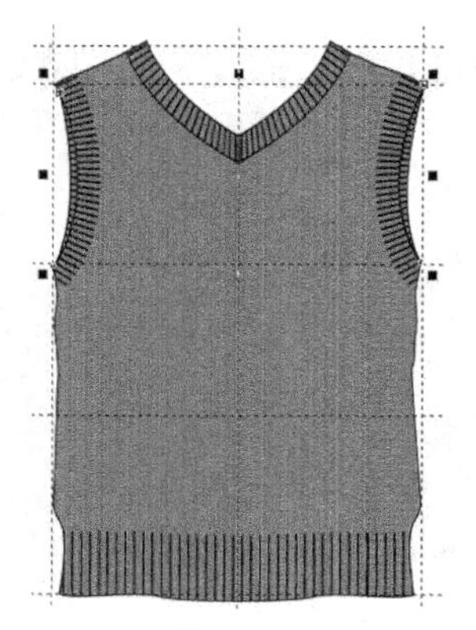
图8-236

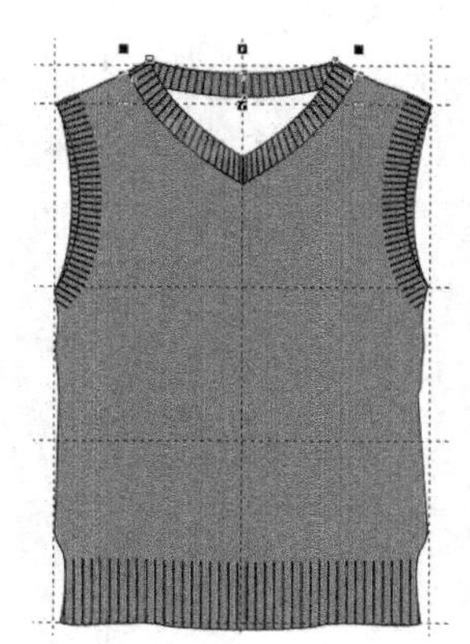
图8-237

22 使用贝塞尔工具和形状工具绘制如图8-238所示的后片，在属性栏中设置轮廓宽度为.35 mm，并填充为粉红色，CMYK值为0，77，37，0。

23 单击选择工具，执行菜单栏中的【排列】/【顺序】/【到页面后面】命令，把它放置到前片后面，得到的效果如图8-239所示。

24 执行菜单栏中的【编辑】/【全选】/【辅助线】命令，选择所有的辅助线，按【Delete】键删除，得到的效果如图8-240所示。

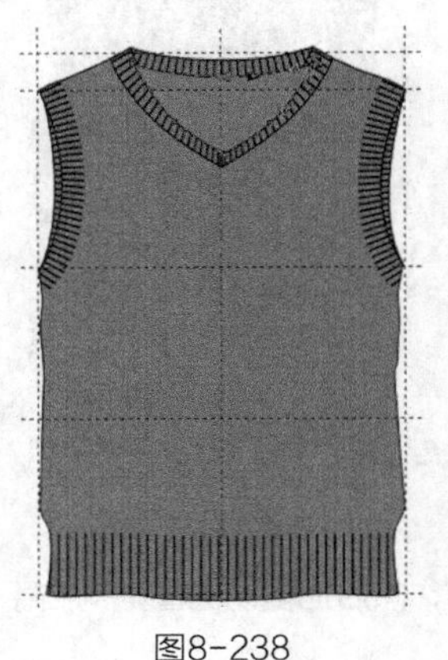
图8-238

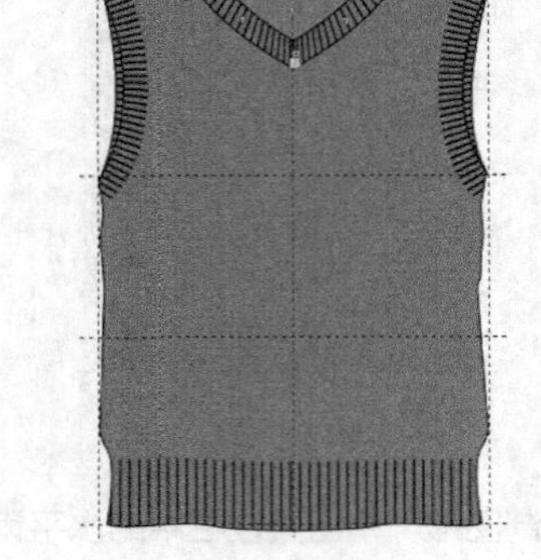
图8-239

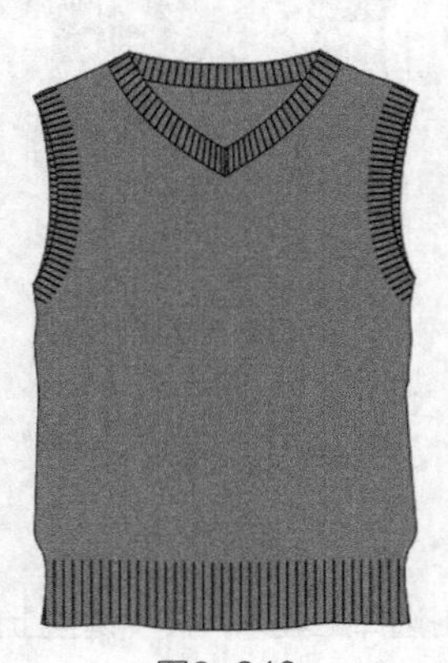
图8-240

25 使用贝塞尔工具和形状工具绘制如图8-241所示的后领口织带，在属性栏中设置轮廓宽度为 .35 mm，并填充为黄色，CMYK值为18，7，62，0。

26 单击选择工具，执行菜单栏中的【排列】/【顺序】/【置于此对象后】命令，把它放置到衣身前片后面，得到的效果如图8-242所示。

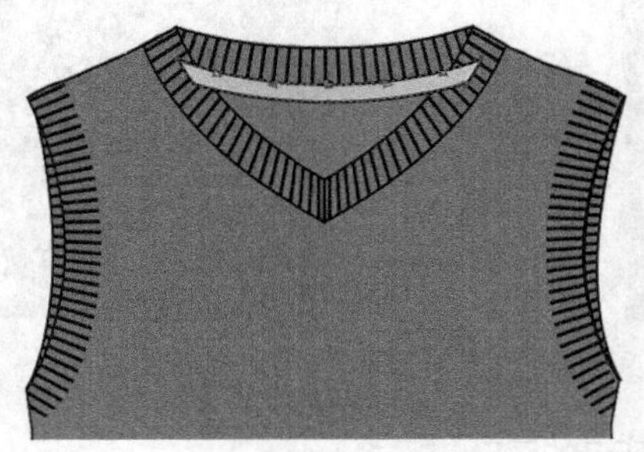
图8-241

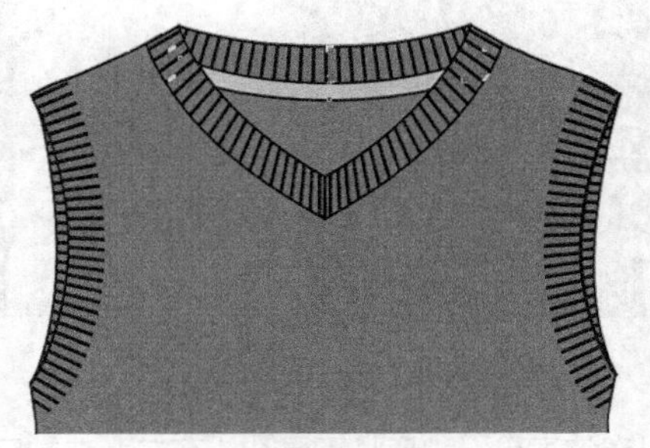
图8-242

27 使用贝塞尔工具和形状工具绘制如图8-243所示的针织纹样，在属性栏中设置无轮廓，并填充为黄色，CMYK值为18，7，62，0。

28 使用选择工具框选图形，按【Ctrl+G】组合键群组图形。把图形摆放在衣身上如图8-244所示的位置。

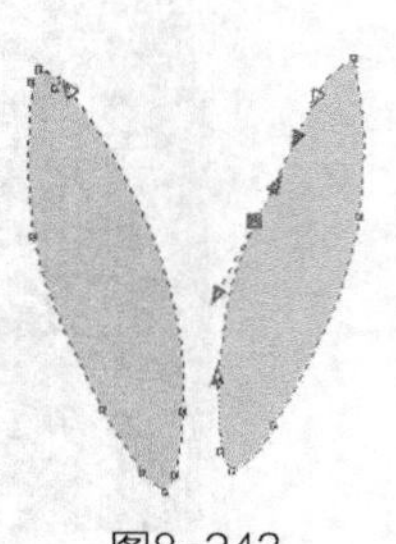
图8-243

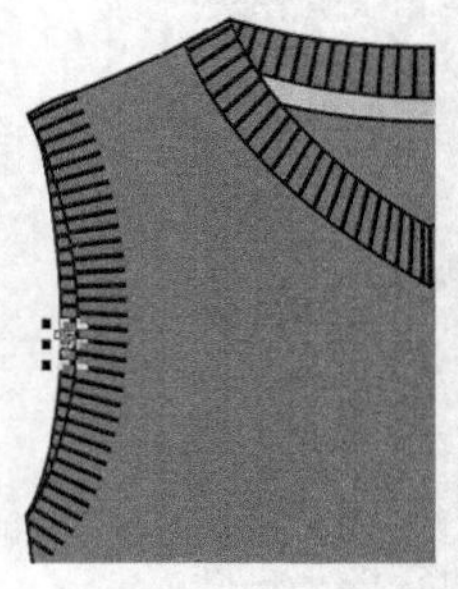
图8-244

29 按【+】键复制图形，并把复制的图形向右平移到一定的位置，如图8-245所示。

30 选择工具箱中的调和工具，单击左边的直线，往右拖动鼠标至右边的图形，执行调和效果，如图8-246所示。

31 在属性栏中设置调和的步数为 35，得到的效果如图8-247所示。

32 单击选择工具，按【Ctrl+G】组合键群组图形。单击选择工具，执行菜单栏中的【效果】/【图框精确剪裁】/【置于图文框内部】命令，把图形放置在衣身中，得到的效果如图8-248所示。

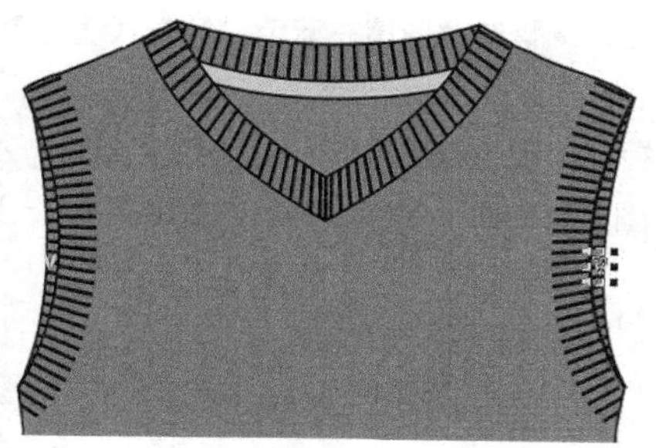
图8-245

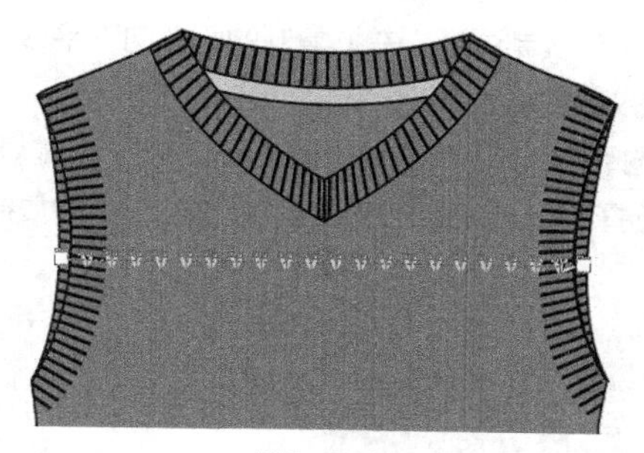
图8-246

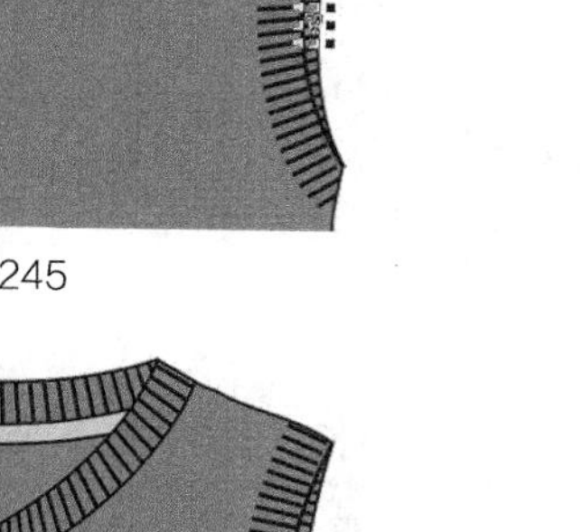
图8-247

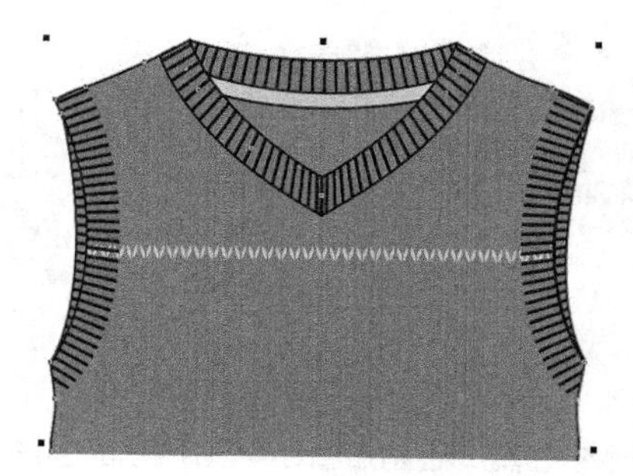
图8-248

33 鼠标右键单击，弹出对话框，单击【编辑PowerClip】，得到的效果如图8-249所示。

34 按3次【+】键复制图形，并把复制的图形分别向下平移到如图8-250所示的位置。

图8-249

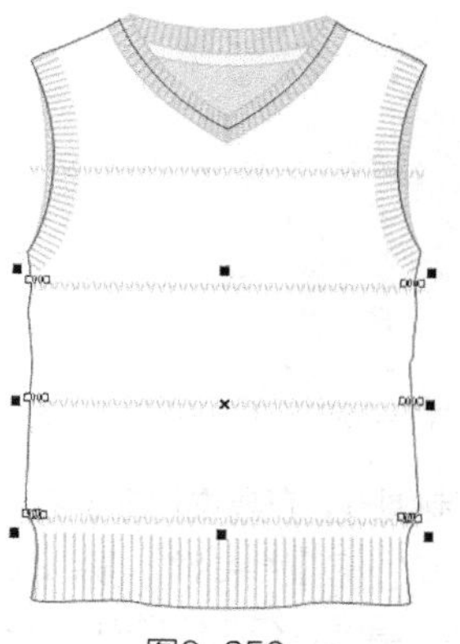
图8-250

35 使用选择工具挑选最上方一组图形，按【+】键复制图形。使用均匀填充工具给图形填充卡其色，CMYK值为15，20，25，0，得到的效果如图8-251所示。

36 按【+】键复制图形，并把复制的图形向下平移到如图8-252所示的位置。

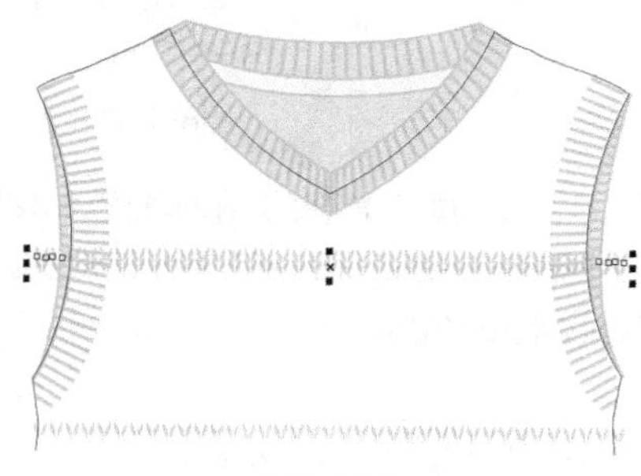
图8-251

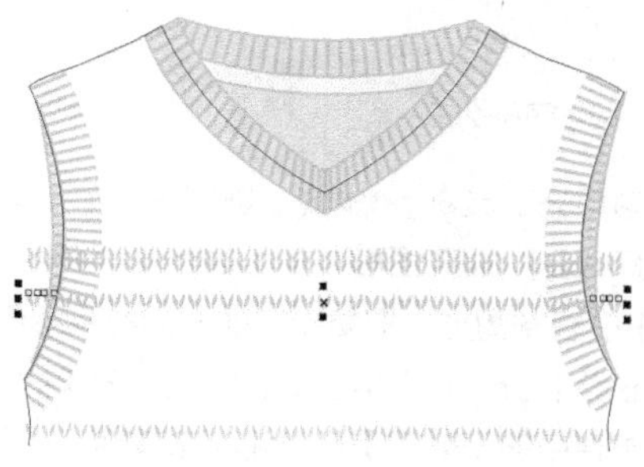
图8-252

37 按【+】键复制图形，并把复制的图形向下平移。使用均匀填充工具 均匀填充 给图形填充蓝色，CMYK值为60，27，0，0，得到的效果如图8-253所示。

38 使用选择工具挑选卡其色组图形，按【+】键复制8组，并把复制的图形分别向下平移，得到的效果如图8-254所示。

39 使用选择工具挑选蓝色组图形，按【+】键复制3组，并把复制的图形分别向下平移，得到的效果如图8-255所示。

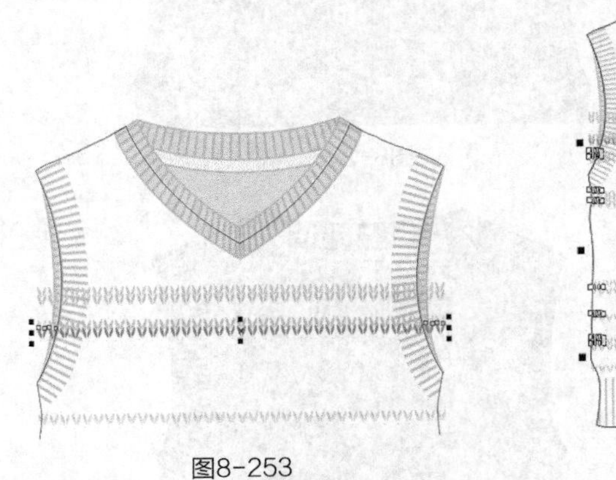
图8-253

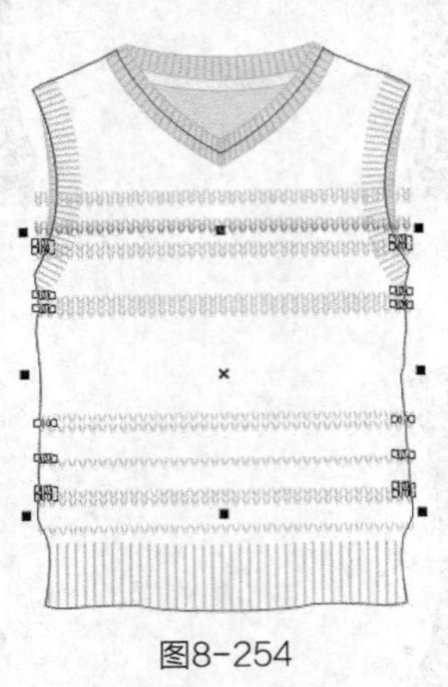
图8-254

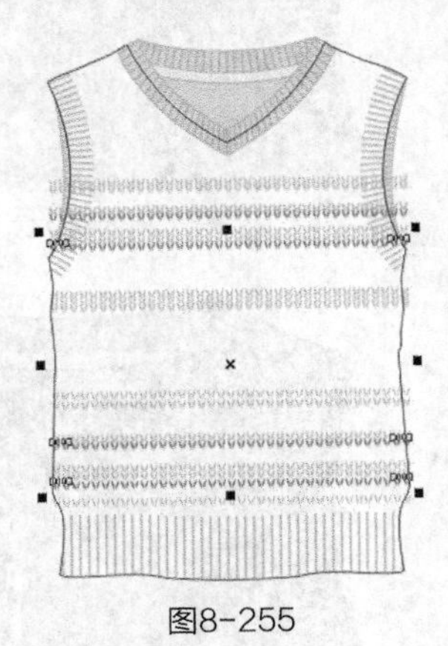
图8-255

40 使用贝塞尔工具绘制如图8-256所示的图形，在属性栏中设置无轮廓，并填充为黄色，CMYK值为18，7，62，0。

41 单击选择工具，按小键盘上的【+】键复制图形，单击属性栏中的水平镜像按钮，然后把复制的图形向右平移到一定的位置，得到的效果如图8-257所示。

42 使用选择工具框选图形，按【Ctrl+G】组合键群组图形，再单击选择工具，把旋转中心点移动到如图8-258所示的位置。

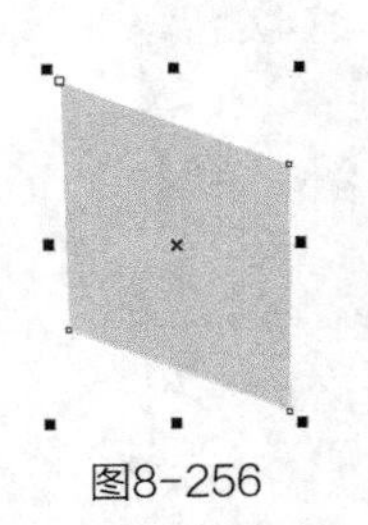
图8-256

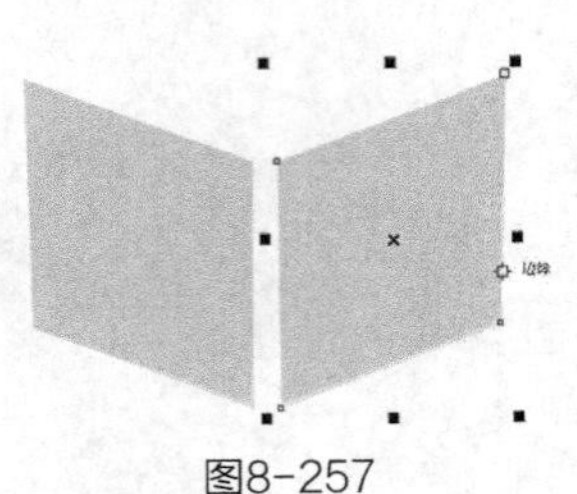
图8-257

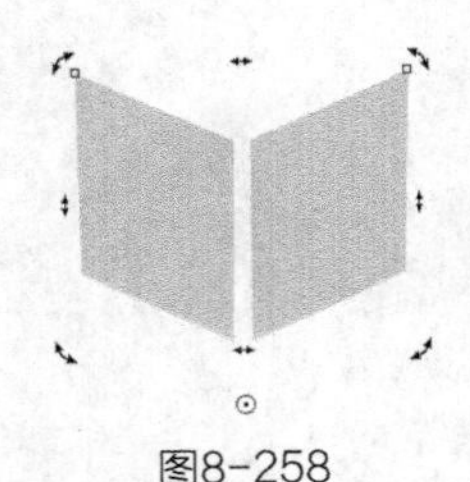
图8-258

43 按【+】键复制图形，在属性栏中设置旋转角度为 90 °，按【Enter】键，得到的效果如图8-259所示。

44 重复按两次【Ctrl+D】组合键，得到的效果如图8-260所示。

45 单击基本形状工具，在属性栏中选择完美形状，在如图8-261所示的位置绘制一个十字形。

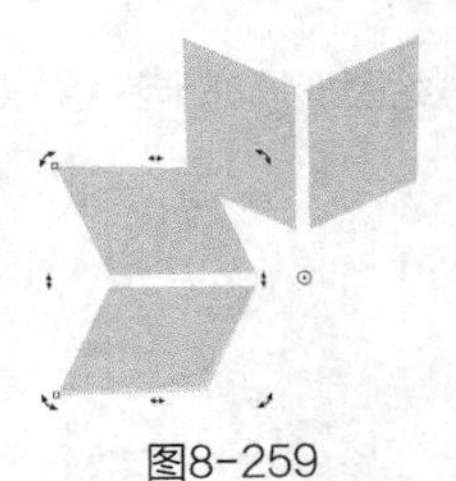
图8-259

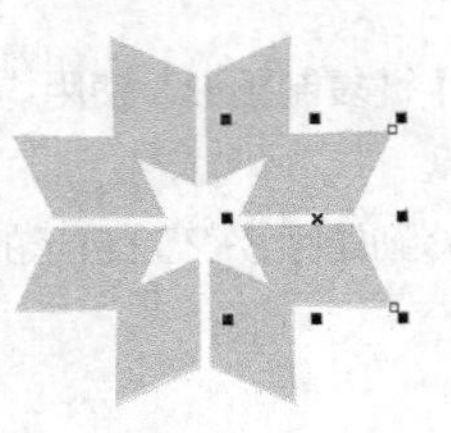
图8-260

图8-261

46 使用均匀填充工具 均匀填充 给图形填充蓝色，CMYK值为60，27，0，0，无轮廓，得到的效果如图8-262所示。

47 使用选择工具框选图形，按【Ctrl+G】组合键群组图形。把群组后的图形摆放到如图8-263所示的位置。

48 按【+】键复制图形，把复制的图形向右平移到一定的位置，得到的效果如图8-264所示。

49 重复按5次【Ctrl+D】组合键，得到的效果如图8-265所示。

50 执行菜单栏中的【效果】/【图框精确剪裁】/【结束编辑】命令，得到的效果如图8-266所示。

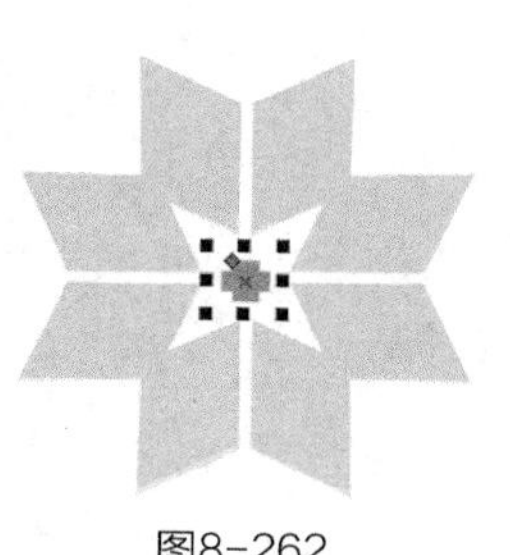

图8-262

图8-263

图8-264

51 使用贝塞尔工具和形状工具，在辅衣身上绘制两条褶裥线，在属性栏中设置轮廓宽度为 .35 mm，得到的效果如图8-267所示，这样就完成了女式针织背心的绘制。

图8-265

图8-266

图8-267

第09章

卫衣款式设计

本章重点

- 贝塞尔工具、形状工具的使用——绘制卫衣基本造型
- 图样填充工具——花型、图案填充
- 金属拉链及拉链头的表现
- 波点图案的表现

卫衣，就是厚的针织运动服装、长袖运动休闲衫，料子一般比普通的长袖要厚，袖口紧缩有弹性，衣服下边和袖口的料子是一样的。很少有服装品类能兼顾时尚性与功能性，卫衣是一个例外。由于融合舒适与时尚，卫衣成为各年龄段运动者的首选装备。下面介绍几款经典的卫衣设计案例。

9.1 女式连帽卫衣

女式连帽卫衣的整体设计效果如图9-1所示。

设计重点

帽子造型设计，罗纹、印花图案的表现。

图9-1

操作步骤

01 打开CorelDRAW软件，执行菜单栏中的【文件】/【新建】命令，或使用【Ctrl+N】组合键，弹出“创建新文档”对话框，命名文件为“女式连帽卫衣”，如图9-2所示。在属性栏中设定纸张大小为A4，横向摆放，如图9-3所示。

02 鼠标单击上方和左方的标尺栏，分别从上往下、从左往右拖动添加11条辅助线，确定衣长、帽高、领口、肩宽、袖长、袖肥等位置，如图9-4所示。

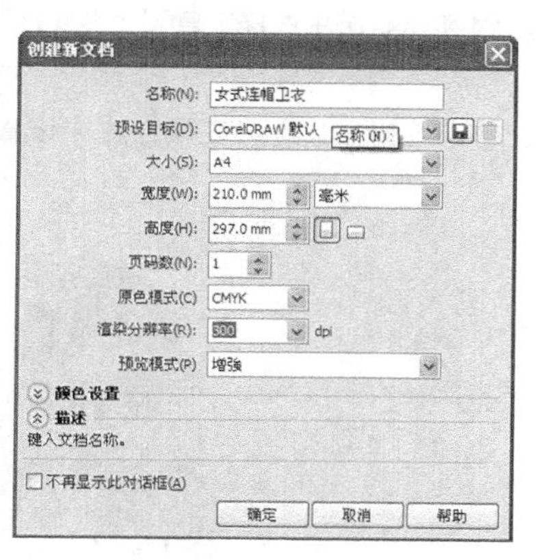

图9-2

图9-3

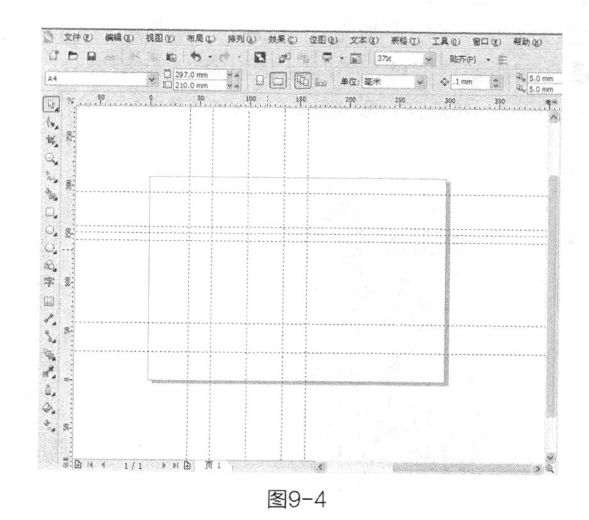

图9-4

03 使用贝塞尔工具和形状工具在辅助线的基础上绘制如图9-5所示的衣身，单击选择工具，在属性栏中设置轮廓宽度为 .35 mm ，并填充为粉红色，CMYK值为6，41，24，0。

04 使用贝塞尔工具和形状工具绘制如图9-6所示的帽子的造型，单击选择工具，在属性栏中设置轮廓宽度为 .35 mm ，并填充为粉红色，CMYK值为6，41，24，0。

05 使用贝塞尔工具和形状工具绘制帽子的翻折部分，单击选择工具，在属性栏中设置轮廓宽度为 .35 mm ，并填充为粉红色，CMYK值为6，41，24，0，如图9-7所示。

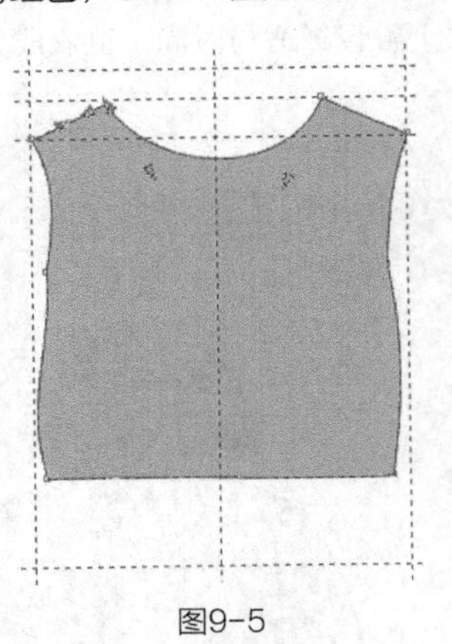
图9-5

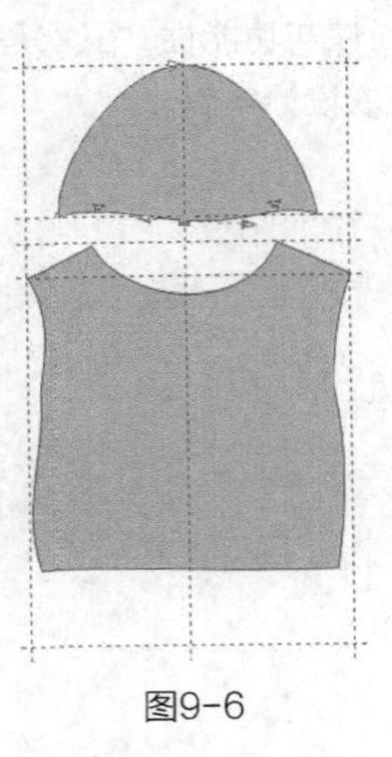
图9-6

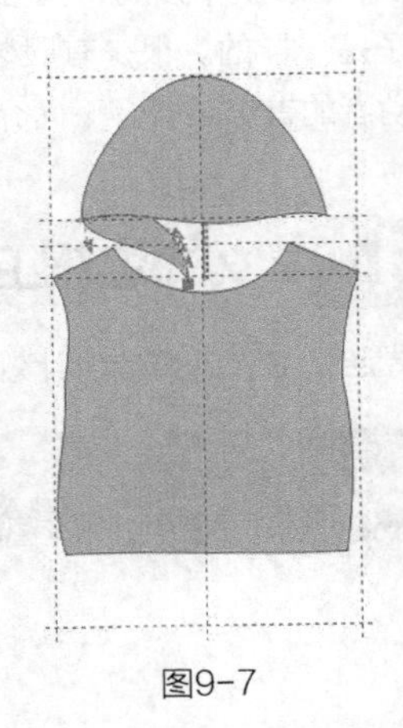
图9-7

06 单击选择工具，按【+】键复制图形，单击属性栏中的水平镜像按钮，并把图形向右平移到一定的位置，得到的效果如图9-8所示。

> **专家提示**
>
> 绘制帽子时要注意帽宽与肩宽的比例。另外此款为短款卫衣，绘制衣身造型时要注意衣长与袖长的比例。

07 执行菜单栏中的【排列】/【顺序】/【到页面后面】的命令，得到的效果如图9-9所示。

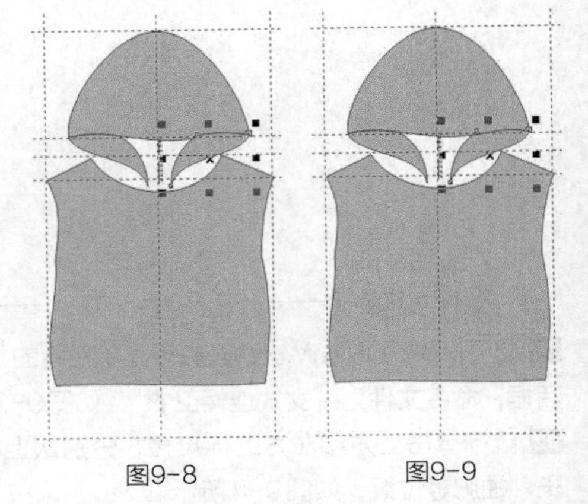
图9-8　　图9-9

08 使用贝塞尔工具和形状工具绘制领口贴边，单击选择工具，在属性栏中设置轮廓宽度为.35 mm，并填充为粉紫色，CMYK值为5，22，4，0，如图9-10所示。

09 使用贝塞尔工具和形状工具绘制帽子与衣身衔接的部分，如图9-11所示。单击选择工具，在属性栏中设置轮廓宽度为.35 mm，并填充为粉红色，CMYK值为6，41，24，0。

10 使用贝塞尔工具和形状工具绘制帽里部分，如图9-12所示。单击选择工具，在属性栏中设置轮廓宽度为.35 mm，并填充为深灰色，CMYK值为51，49，44，0。

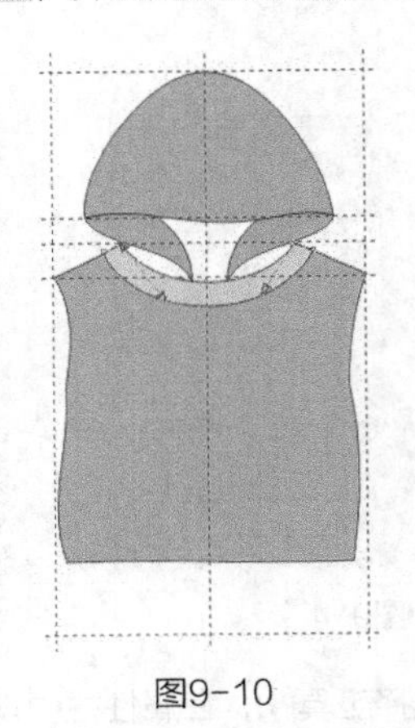
图9-10

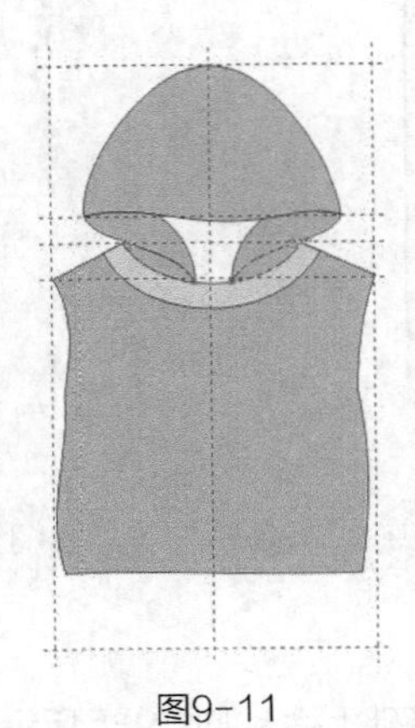
图9-11

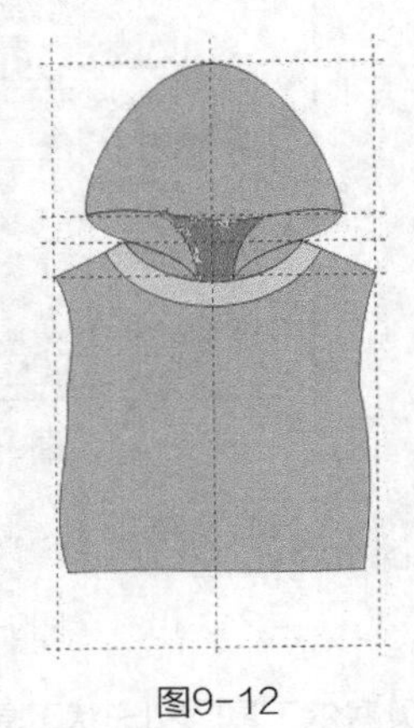
图9-12

11 使用贝塞尔工具和形状工具绘制帽子的贴布，单击选择工具，在属性栏中设置轮廓宽度为.35 mm，并填充为粉紫色，CMYK值为5，22，4，0，如图9-13所示。

12 使用手绘工具在帽子上绘制两条分割线，在属性栏中设置轮廓宽度为.35 mm，如图9-14所示。

13 使用贝塞尔工具和形状工具绘制左袖，单击选择工具，在属性栏中设置轮廓宽度为.35 mm，并填充为粉红色，CMYK值为6，41，24，0，如图9-15所示。

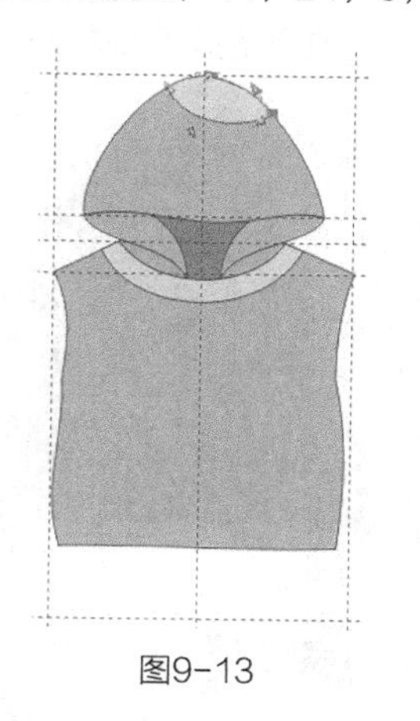
图9-13

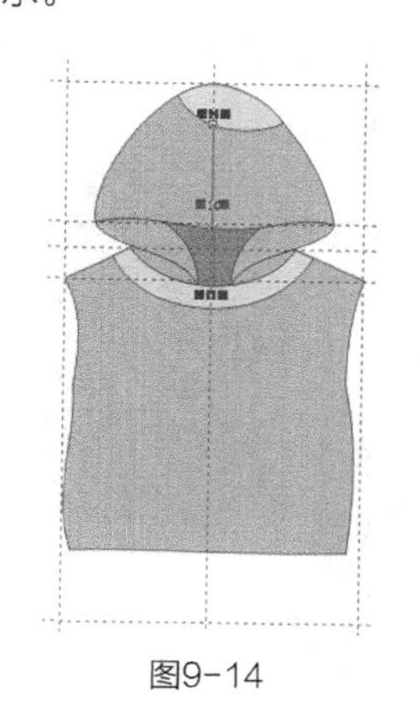
图9-14

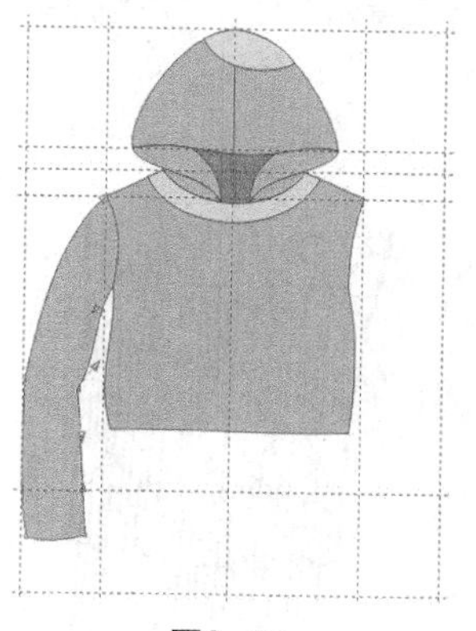
图9-15

14 使用贝塞尔工具和形状工具绘制袖口部分，单击选择工具，在属性栏中设置轮廓宽度为 .35 mm，并填充为粉紫色，CMYK值为5，22，4，0，如图9-16所示。

15 执行菜单栏中的【编辑】/【全选】/【辅助线】命令，选择所有的辅助线，按【Delete】键删除，得到的效果如图9-17所示。

16 使用手绘工具在袖口上绘制两条直线，设置轮廓宽度为 .2 mm，如图9-18所示。

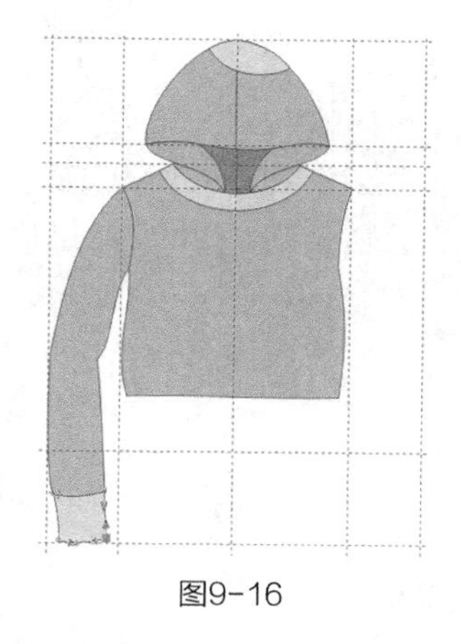
图9-16

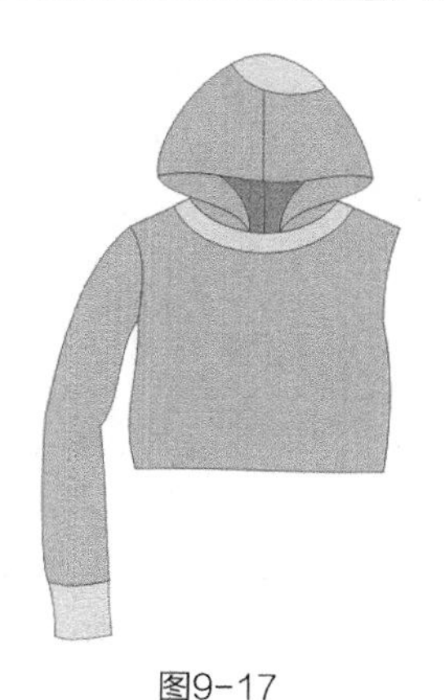
图9-17

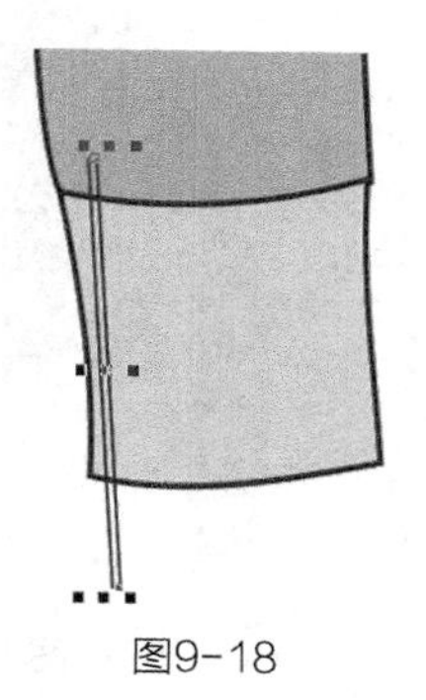
图9-18

17 使用选择工具选择两条直线，单击属性栏中的合并按钮，得到的效果如图9-19所示。

18 按【+】键复制图形，按住【Ctrl】键把复制的图形往右平移到一定的位置，得到的效果如图9-20所示。

19 选择工具箱中的调和工具，单击左边的直线，往右拖动鼠标至右边的图形，执行调和效果，如图9-21所示。

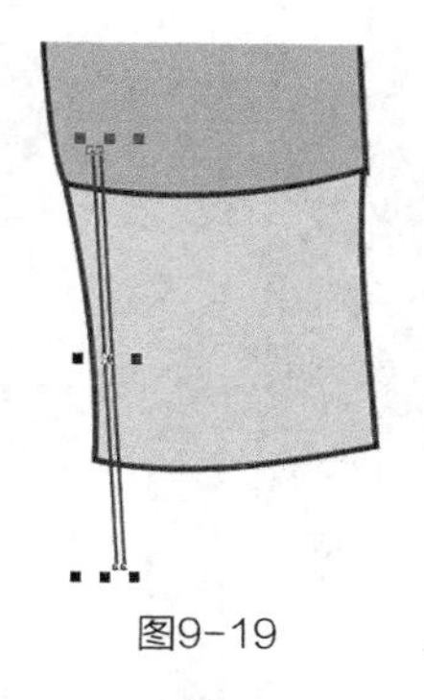
图9-19

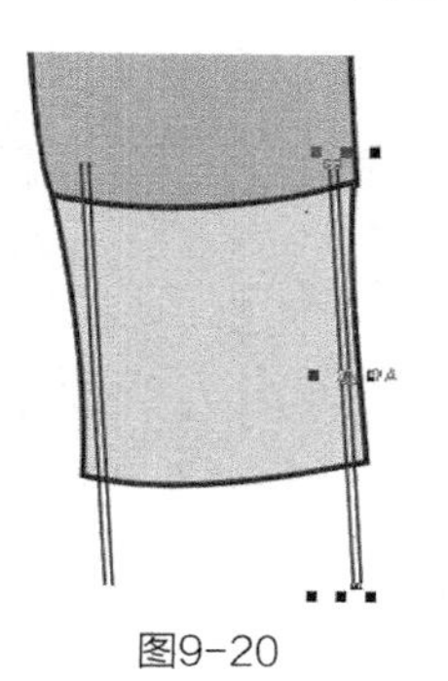
图9-20

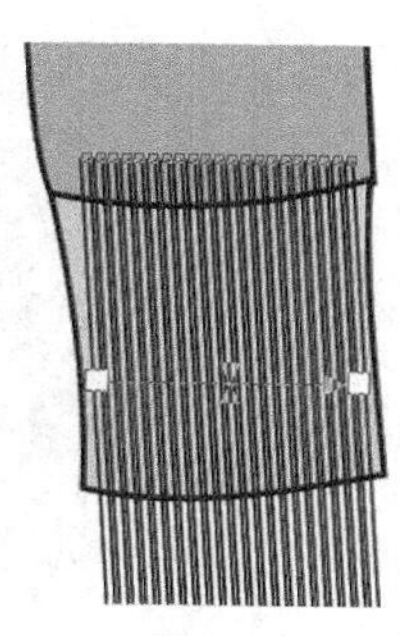
图9-21

20 在属性栏中设置调和的步数为 12，得到的效果如图9-22所示。

21 单击选择工具，执行菜单栏中的【效果】/【图框精确剪裁】/【置于图文框内部】命令，把图形放置在袖口中，这样就完成了袖口罗纹的制作，效果如图9-23所示。

22 使用贝塞尔工具在左袖肘关节处绘制一条衣褶，在属性栏中设置轮廓宽度为 .35 mm，得到的效果如图9-24所示。

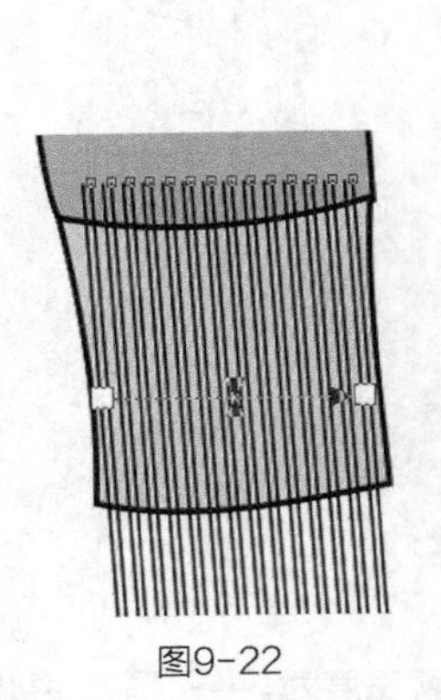
图9-22

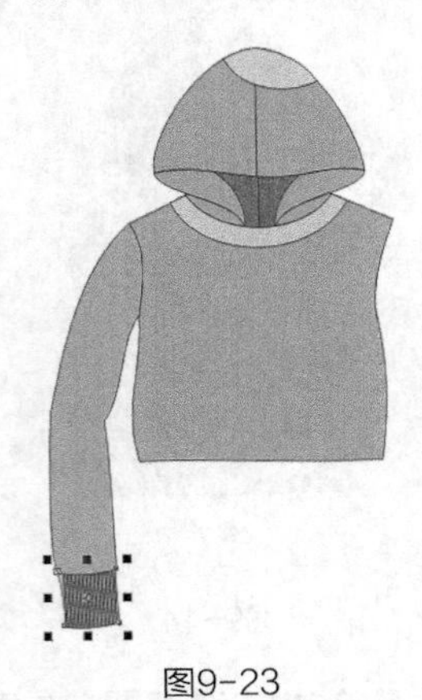
图9-23

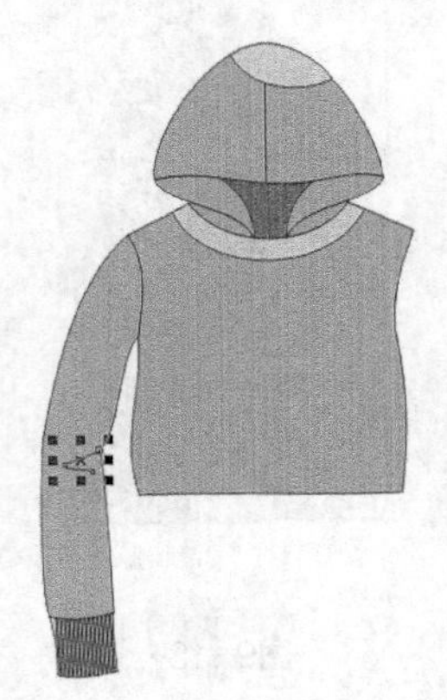
图9-24

23 使用选择工具框选整个左袖，按【+】键复制，单击属性栏中的水平镜像按钮，并把图形向右平移到一定的位置，得到的效果如图9-25所示。

24 使用贝塞尔工具和形状工具在衣身上绘制贴袋，单击选择工具，在属性栏中设置轮廓宽度为 .35 mm，并填充为粉紫色，CMYK值为5，22，4，0，如图9-26所示。

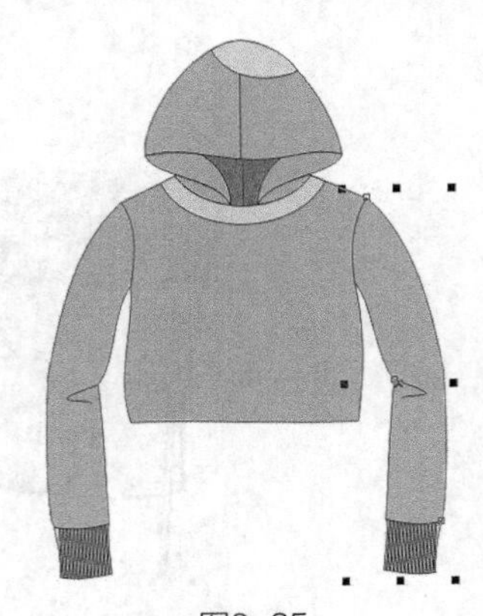
图9-25

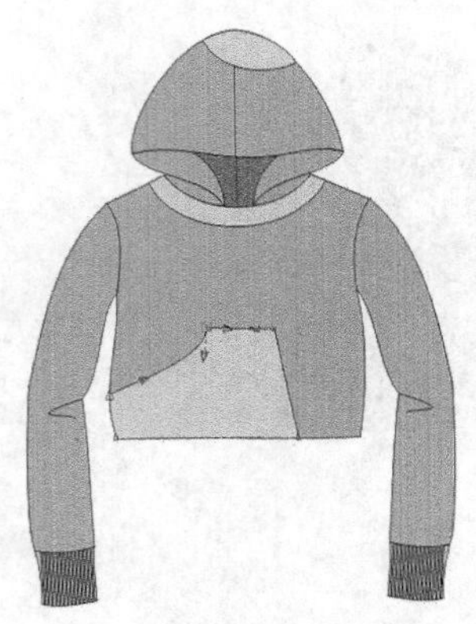
图9-26

25 执行菜单栏中的【文件】/【导入】命令，导入如图9-27所示的印花图案。

26 执行菜单栏中的【效果】/【图框精确剪裁】/【放置在容器中】命令，把印花图案放置在贴袋中，得到的效果如图9-28所示。

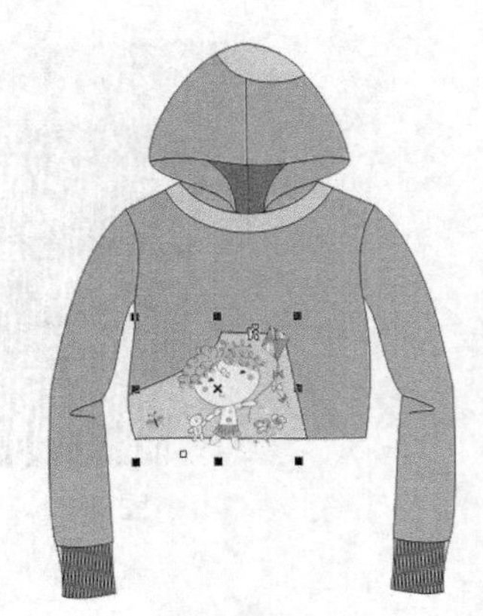
图9-27

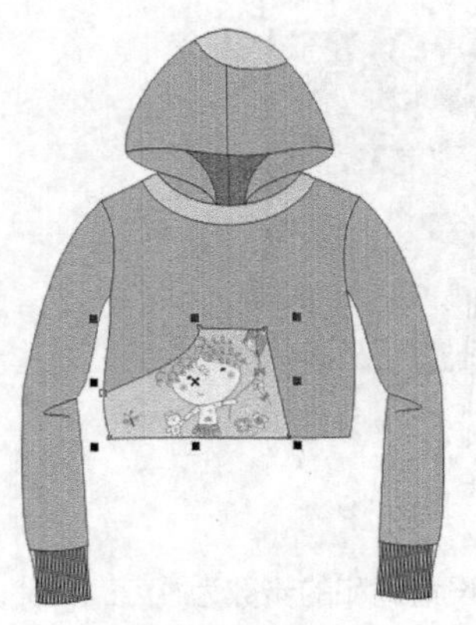
图9-28

27 使用贝塞尔工具绘制一条路径，在属性栏中设置轮廓宽度为 .35 mm，如图9-29所示。

28 使用贝塞尔工具和形状工具绘制衣身下摆，单击选择工具，在属性栏中设置轮廓宽度为 .35 mm，并填充为粉紫色，CMYK值为5，22，4，0，如图9-30所示。

图9-29

图9-30

29 重复步骤 **16** ~步骤 **21** 的操作，绘制下摆的罗纹，得到的效果如图9-31所示。

30 使用贝塞尔工具和形状工具绘制后片，如图9-32所示。单击选择工具，在属性栏中设置轮廓宽度为 .35 mm，并填充为深灰色，CMYK值为51，49，44，0。

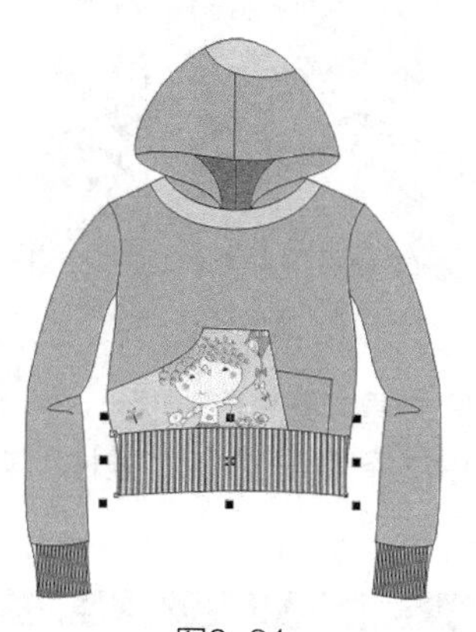

图9-31

图9-32

31 执行菜单栏中的【排列】/【顺序】/【到页面后面】命令，得到的效果如图9-33所示。

32 选择贝塞尔工具和形状工具，在如图9-34所示的帽子、领口及贴袋处绘制11条缉明线，使缉明线处于选择状态，按【F12】键，弹出“轮廓笔”对话框，选项及参数设置如图9-35所示。

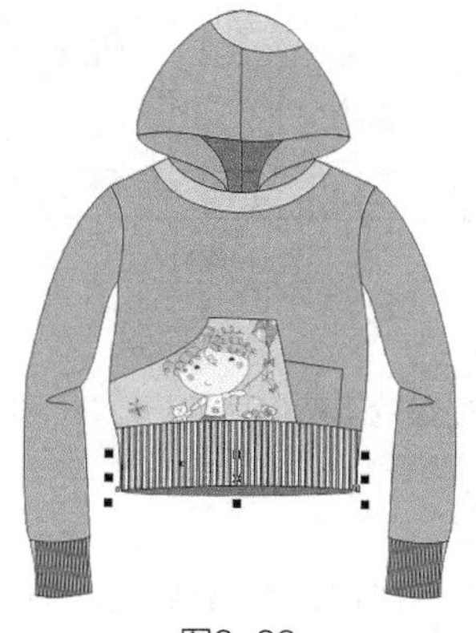

图9-33

图9-34

33 单击【确定】按钮，得到的效果如图9-36所示。

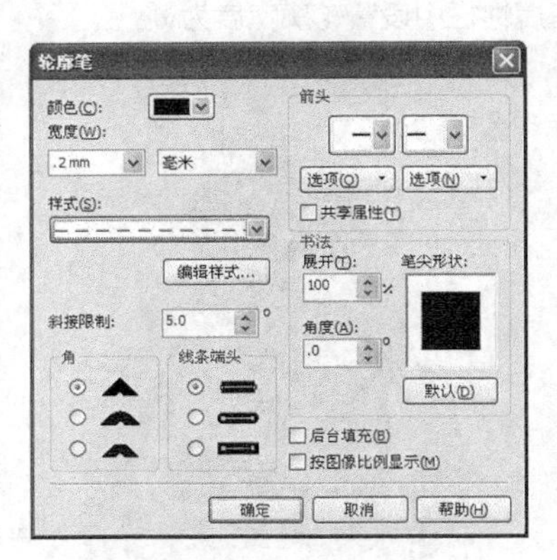

图9-35

图9-36

34 选择椭圆形工具，按住【Ctrl】键在领口绘制一个圆形，在属性栏中设置轮廓宽度为 .2mm ，如图9-37所示。

35 单击【+】键复制圆形，再按住【Shift】键等比例缩小图形，得到的效果如图9-38所示。

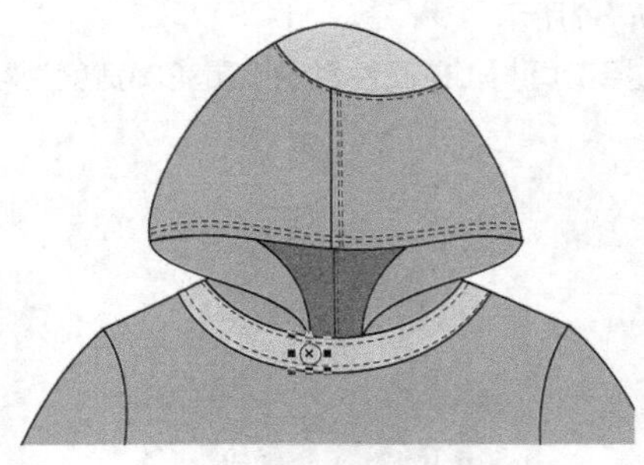

图9-37

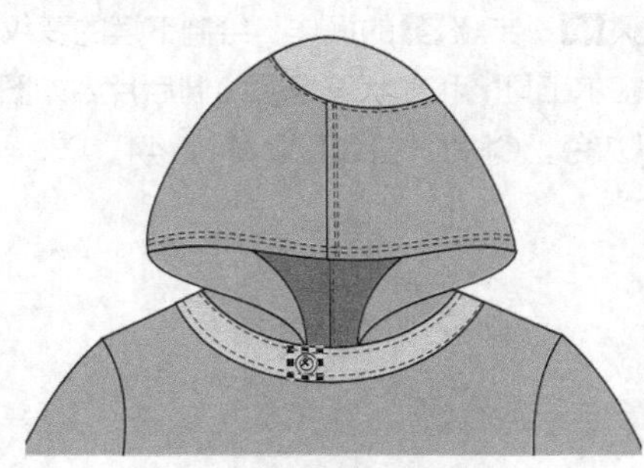

图9-38

36 使用选择工具框选两个图形，单击属性栏中的合并按钮，得到金属扣的效果如图9-39所示。

37 单击工具箱中的渐变填充工具 渐变填充 ，在弹出的“渐变填充”对话框中选择“类型”为“线性”渐变，如图9-40所示。完成的渐变效果如图9-41所示。

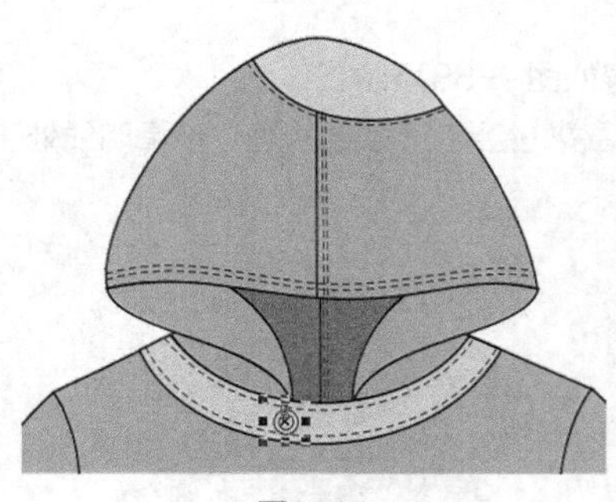

图9-39

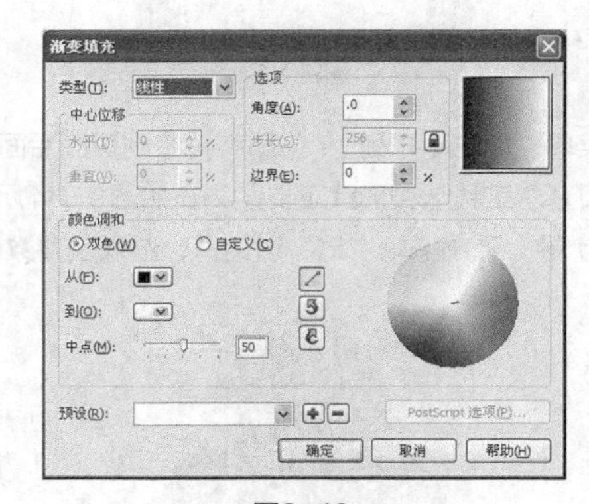

图9-40

38 按【+】键复制图形，把复制的图形摆放在如图9-42所示的位置。

39 使用贝塞尔工具和形状工具绘制抽绳，单击选择工具，在属性栏中设置轮廓宽度为 1.5mm ，如图9-43所示。

40 按【F12】键，弹出“轮廓笔”对话框，选项及参数设置如图9-44所示。

41 单击【确定】按钮，得到的效果如图9-45所示。

42 执行菜单栏中的【排列】/【将轮廓转换为对象】命令，把路径转换为图形，并填充为粉紫色，CMYK值为5，22，4，0，得到的效果如图9-46所示。

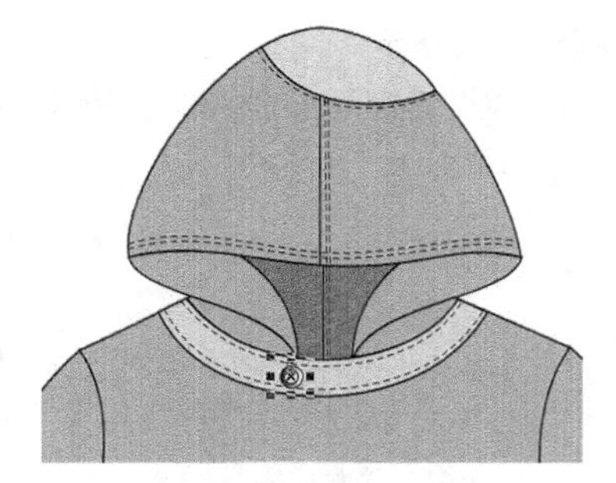

图9-41

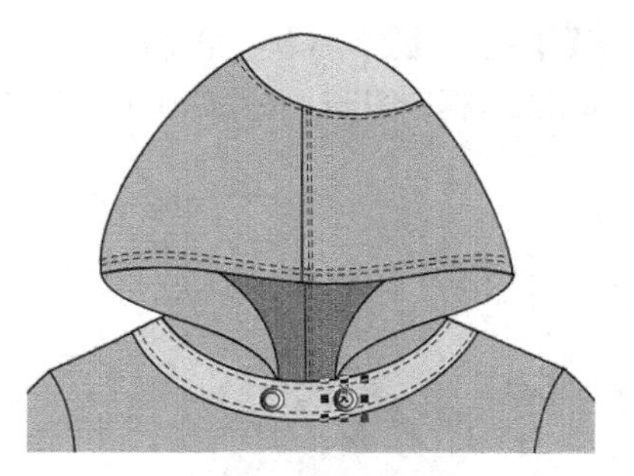

图9-42

图9-43

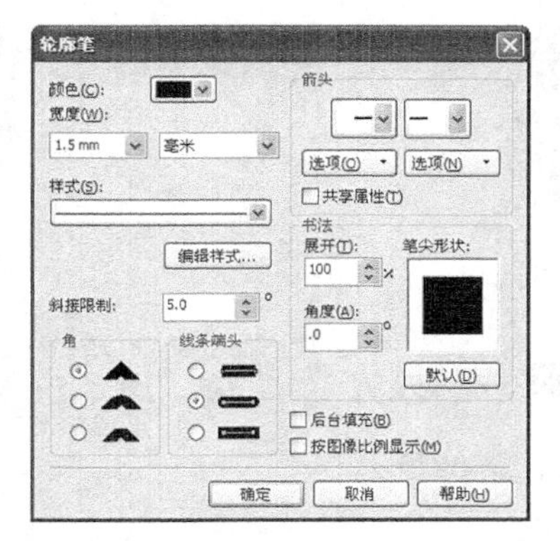

图9-44

图9-45

43 单击选择工具选择图形，在属性栏中设置轮廓宽度为.35 mm，得到的效果如图9-47所示。

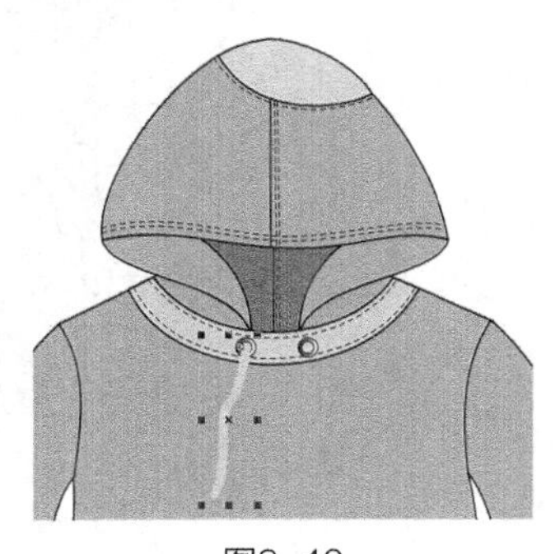

图9-46

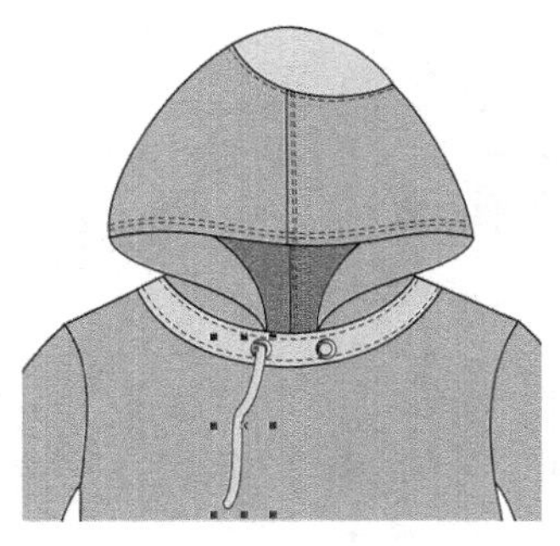

图9-47

44 使用矩形工具绘制一个矩形，在属性栏中设置轮廓宽度为.35 mm，并填充为粉紫色，CMYK值为5，22，4，0，得到的效果如图9-48所示。

45 在属性栏中设置旋转角度为340.0°，并把矩形移动到如图9-49所示的位置。

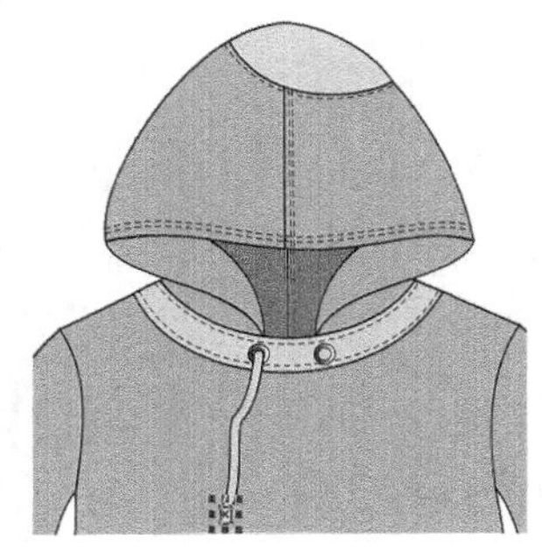

图9-48

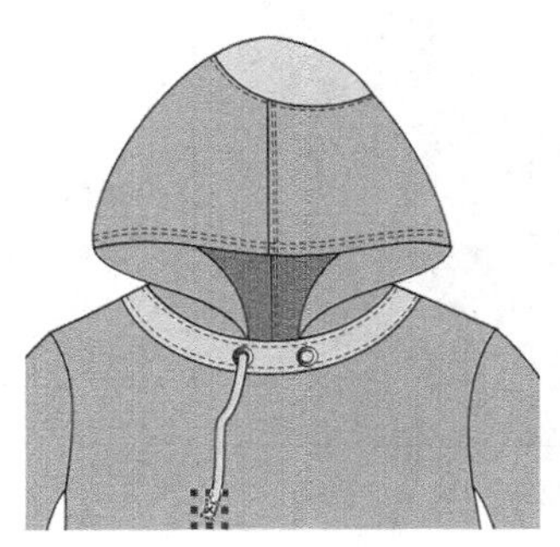

图9-49

46 重复步骤 **39** ~步骤 **45** 的操作，绘制右边的抽绳和绳滴，得到的效果如图 9-50 所示。

47 使用选择工具框选图形，按【Ctrl+G】组合键群组图形。这样就完成了女式连帽卫衣的绘制，整体效果如图 9-51 所示。

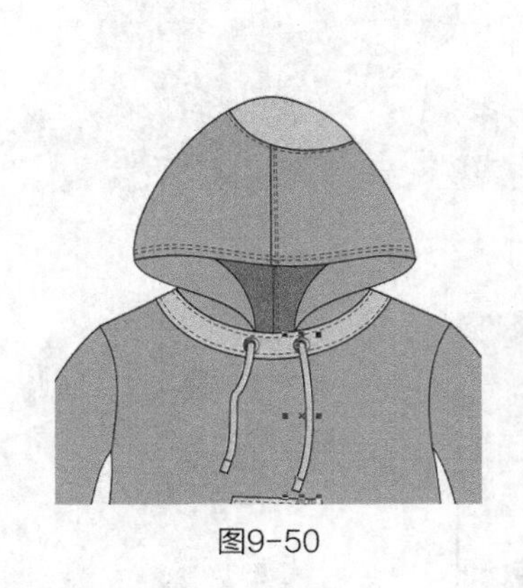

图9-50

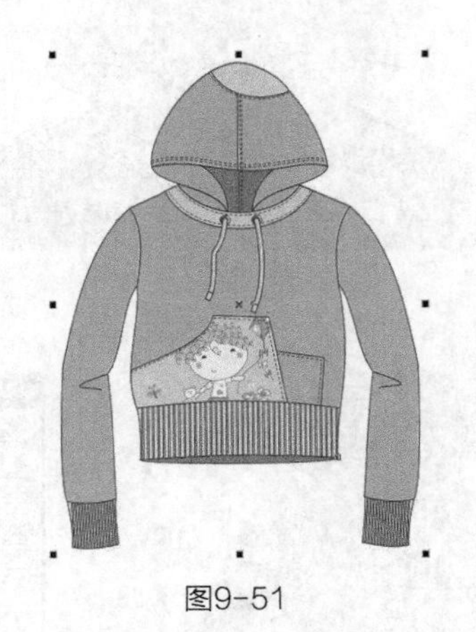

图9-51

9.2 女式拉链开衫卫衣

女式拉链开衫卫衣的整体设计效果如图 9-52 所示。

设计重点

造型设计、罗纹领口的表现、图案填充、金属拉链绘制。

图9-52

操作步骤

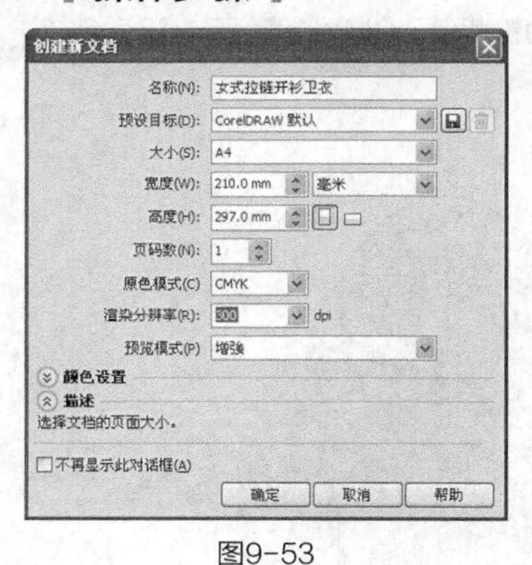

图9-53

01 打开CorelDRAW软件，执行菜单栏中的【文件】/【新建】命令，或使用【Ctrl+N】组合键，弹出“创建新文档”对话框，命名文件为“女式拉链开衫卫衣”，如图 9-53 所示。在属性栏中设定纸张大小为 A4，横向摆放，如图 9-54 所示。

图9-54

02 鼠标单击上方和左方的标尺栏，分别从上往下、从左往右拖动添加 10 条辅助线，确定衣长、袖窿深、领口、肩宽、袖长、袖肥等位置，如图9-55所示。

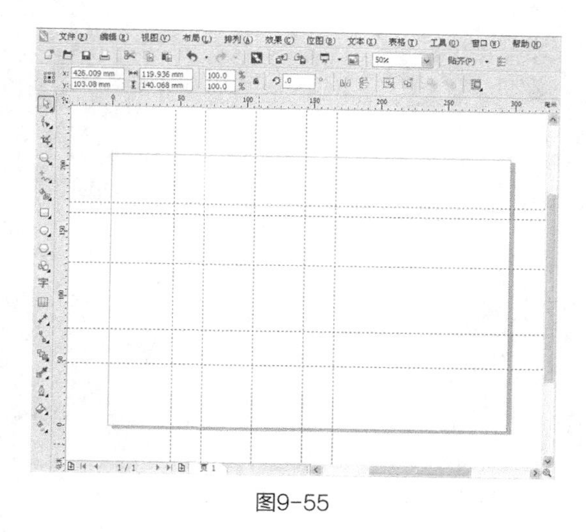

图9-55

03 使用贝塞尔工具和形状工具在辅助线的基础上绘制如图9-56所示的衣身前片，单击选择工具，在属性栏中设置轮廓宽度为.35 mm，并填充为浅橘色，CMYK值为6，22，41，0。

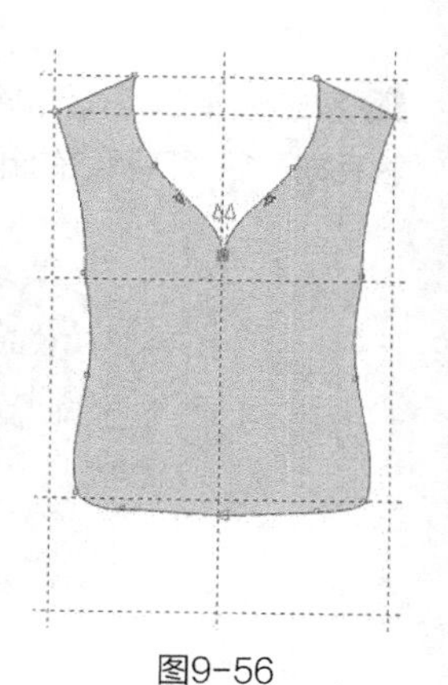

图9-56

专家提示

绘制衣身造型时，要注意衣长和肩宽的比例，领口左右对称。

04 使用贝塞尔工具和形状工具绘制如图9-57所示的衣身后片，单击选择工具，在属性栏中设置轮廓宽度为.35 mm，并填充为深色，CMYK值为15，36，63，0。

05 执行菜单栏中的【排列】/【顺序】/【到页面后面】命令，得到的效果如图9-58所示。

06 使用贝塞尔工具和形状工具绘制如图9-59所示的后领口，单击选择工具，在属性栏中设置轮廓宽度为.35 mm，并填充为浅橘色，CMYK值为6，22，41，0。

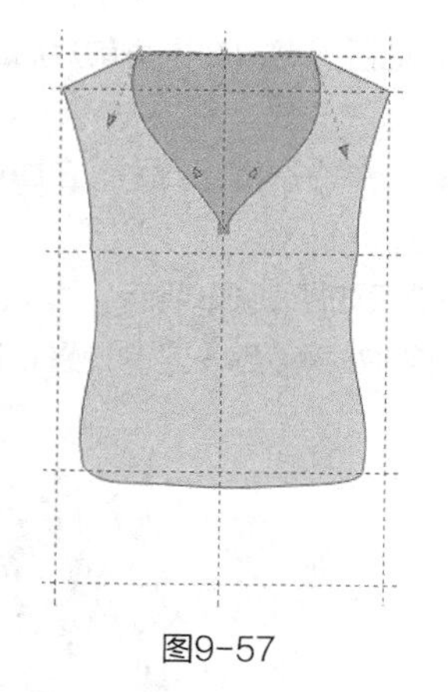

图9-57

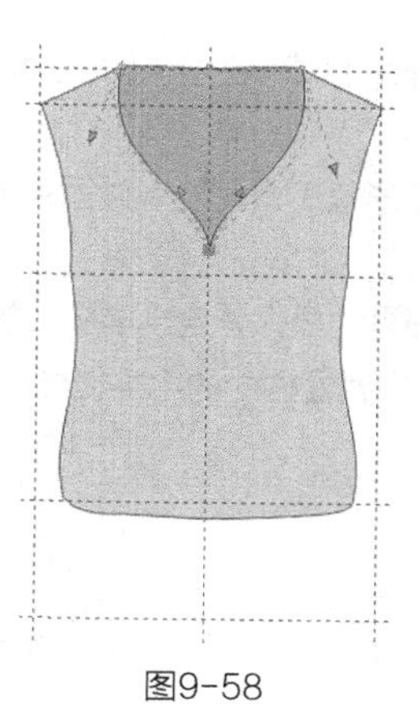

图9-58

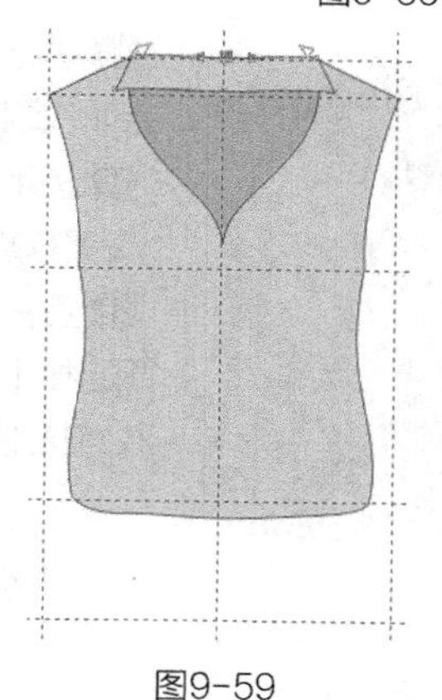

图9-59

07 使用手绘工具在袖口上绘制两条直线，设置轮廓宽度为.2 mm，如图9-60所示。

08 使用选择工具选择两条直线，单击属性栏中的合并按钮，得到的效果如图9-61所示。

09 按【+】键复制图形，按住【Ctrl】键把复制的图形往右平移到一定的位置，在属性栏中设置旋转角度为15.0°，得到的效果如图9-62所示。

10 选择工具箱中的调和工具，单击左边的直线，往右拖动鼠标至右边的图形，执行调和效果，如图9-63所示。

11 在属性栏中设置调和的步数为31，得到的效果如图9-64所示。

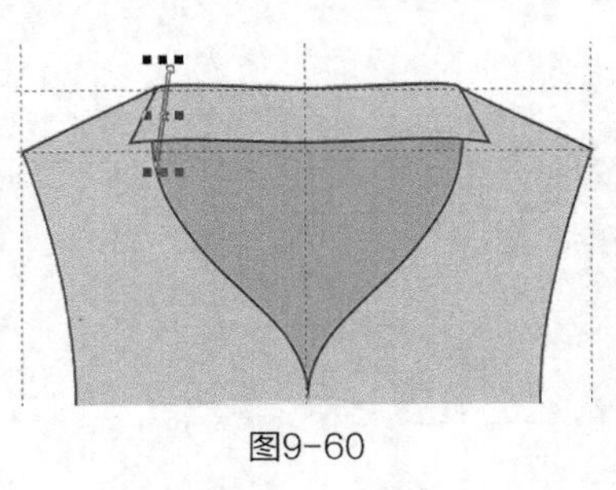
图9-60

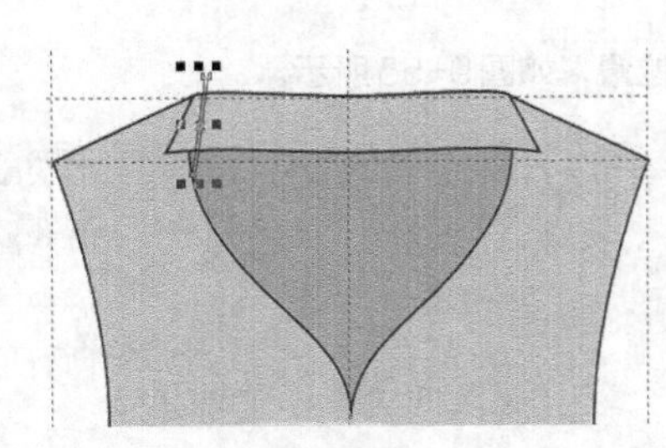
图9-61

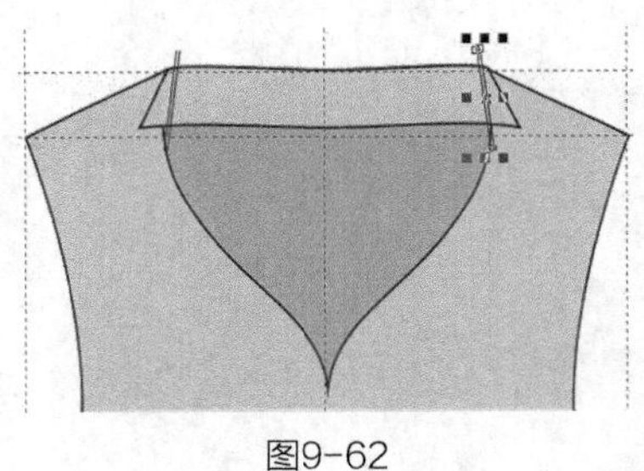
图9-62

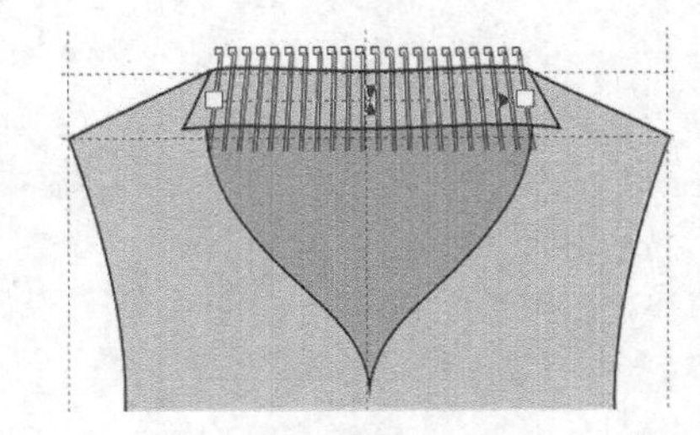
图9-63

12 单击选择工具，执行菜单栏中的【效果】/【图框精确剪裁】/【置于图文框内部】命令，把图形放置在领口中，这样就完成了后领口罗纹的制作，效果如图9-65所示。

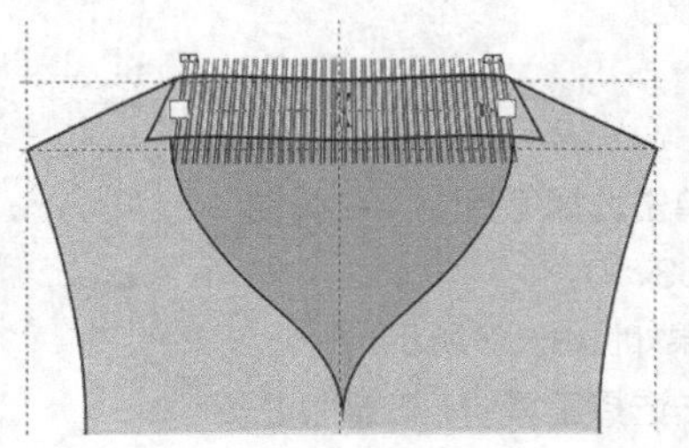
图9-64

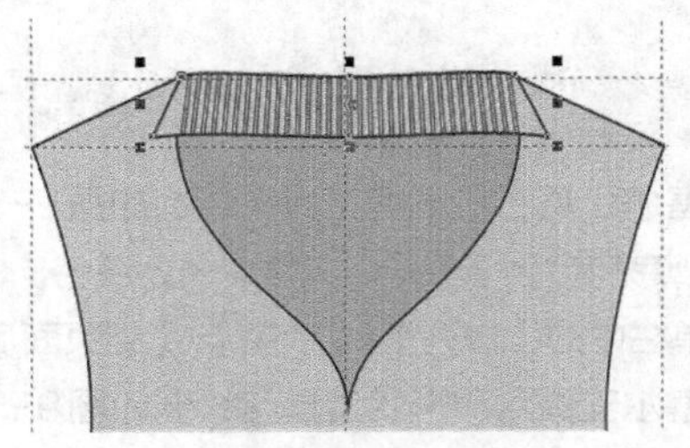
图9-65

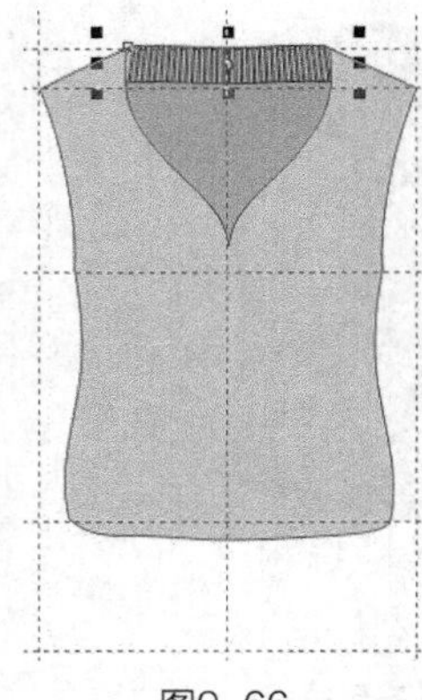
图9-66

13 执行菜单栏中的【排列】/【顺序】/【置于此对象后】命令，把图形摆放在衣身前片后面，得到的效果如图9-66所示。

14 使用贝塞尔工具和形状工具绘制如图9-67所示的前领口，单击选择工具，在属性栏中设置轮廓宽度为 .35 mm，并填充为浅橘色，CMYK值为6，22，41，0。

15 重复步骤 **07** ~步骤 **13** 的操作，绘制前领口的罗纹，得到的效果如图9-68所示。

16 按【+】键复制，单击属性栏中的水平镜像按钮，并把图形向右平移到一定的位置，得到的效果如图9-69所示。

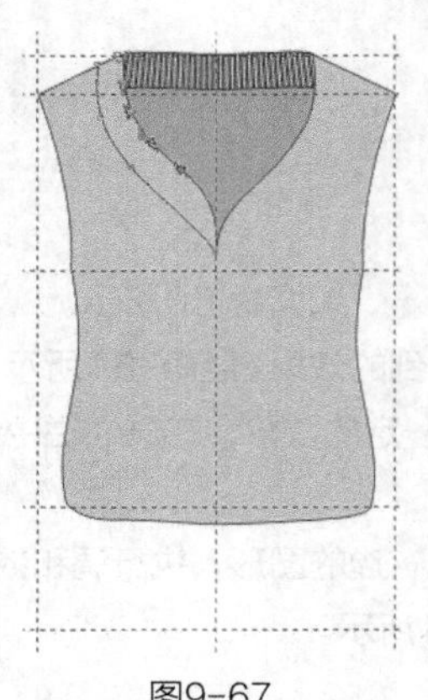
图9-67

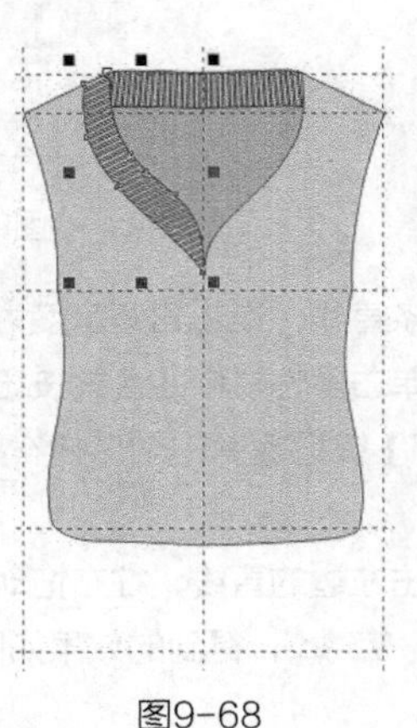
图9-68

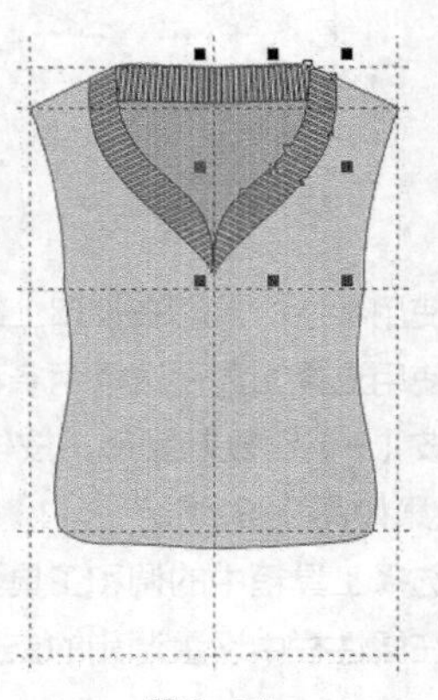
图9-69

17 使用贝塞尔工具和形状工具绘制图形，单击选择工具，在属性栏中设置轮廓宽度为 .35 mm ，如图9-70所示。

18 单击工具箱中的图样填充工具 图样填充 ，弹出“图样填充”对话框，选项及参数设置如图9-71所示。

19 单击【确定】按钮，得到的效果如图9-72所示。

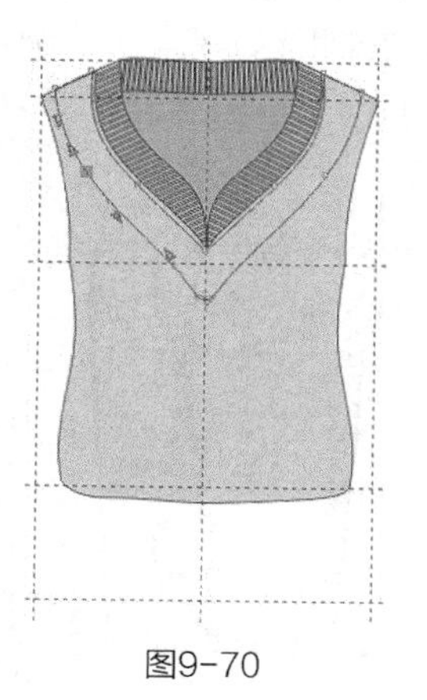

图9-70

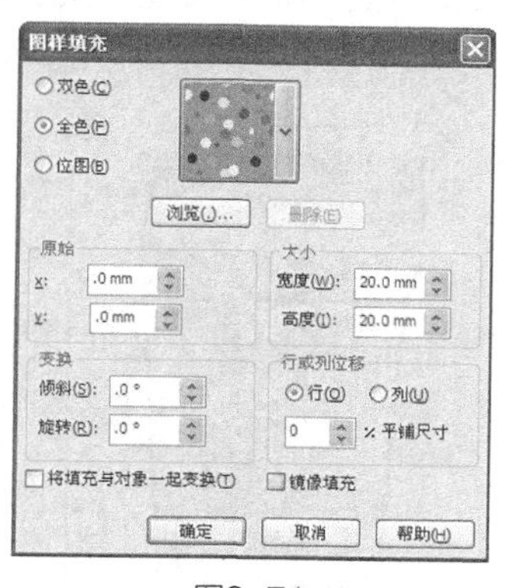

图9-71

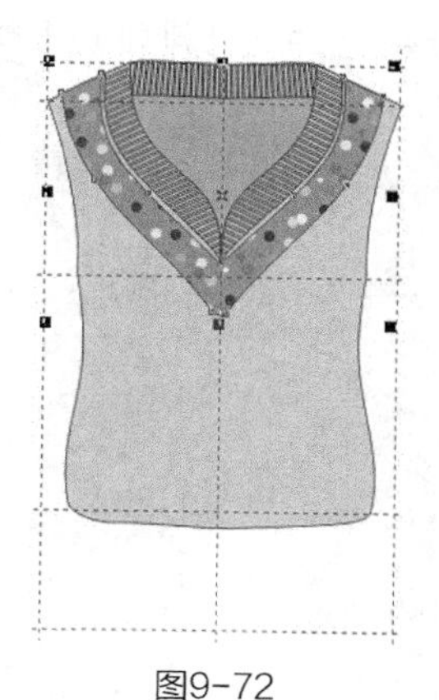

图9-72

20 使用贝塞尔工具和形状工具绘制如图9-73所示的左袖，单击选择工具，在属性栏中设置轮廓宽度为 .35 mm ，并填充为浅橘色，CMYK值为6，22，41，0。

21 执行菜单栏中的【排列】/【顺序】/【到页面后面】命令，得到的效果如图9-74所示。

图9-73

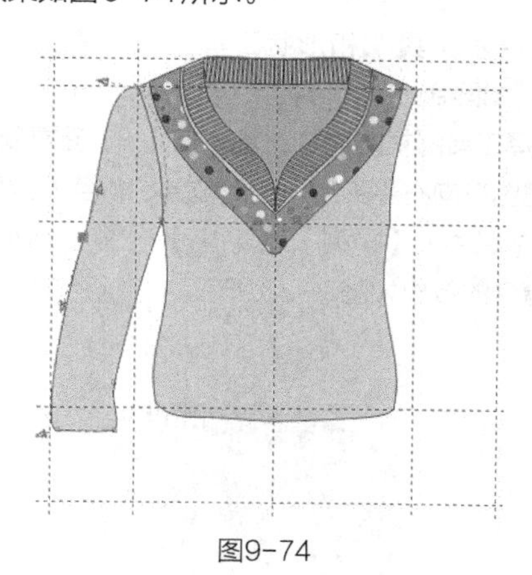

图9-74

22 使用贝塞尔工具和形状工具绘制如图9-75所示的袖口，单击选择工具，在属性栏中设置轮廓宽度为 .35 mm ，并填充为浅橘色，CMYK值为6，22，41，0。

23 执行菜单栏中的【排列】/【顺序】/【到页面后面】命令，得到的效果如图9-76所示。

图9-75

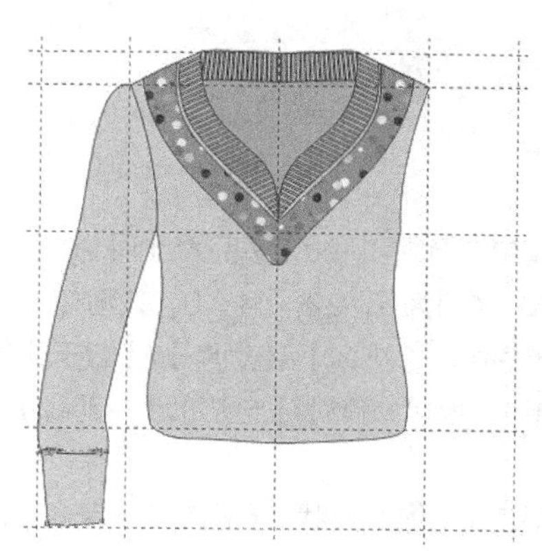

图9-76

24 使用贝塞尔工具和形状工具绘制袖口褶裥线，在属性栏中设置轮廓宽度为 .35 mm ，如图9-77所示。

25 使用贝塞尔工具和形状工具绘制如图9-78所示的袖口镂空造型，单击选择工具，在属性栏中设置轮廓宽度为 .35 mm ，并填充为深色，CMYK值为15，36，63，0。

26 执行菜单栏中的【排列】/【顺序】/【置于此对象后】命令，把图形摆放到左袖下面，得到的效果如图9-79所示。

图9-77

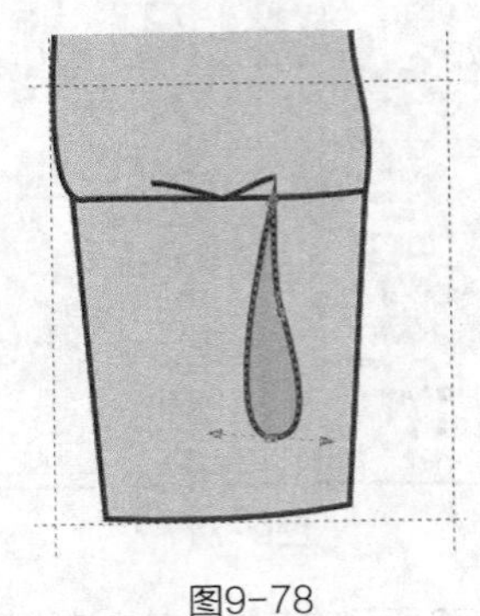

图9-78

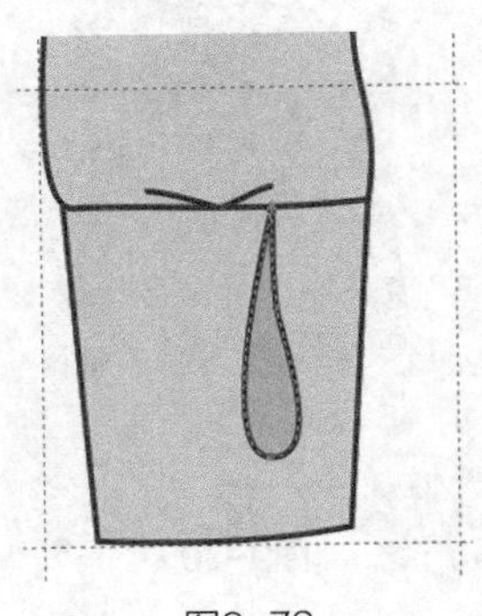

图9-79

27 使用贝塞尔工具和形状工具绘制两条肩部的抽褶线，在属性栏中设置轮廓宽度为 .35 mm ，如图9-80所示。

28 使用贝塞尔工具和形状工具绘制衣褶，在属性栏中设置轮廓宽度为 .35 mm ，如图9-81所示。

29 使用选择工具框选整个左袖，按【+】键复制，单击属性栏中的水平镜像按钮，并把图形向右平移到一定的位置，得到的效果如图9-82所示。

30 执行菜单栏中的【排列】/【顺序】/【置于此对象后】命令，把袖子摆放到衣身下面，得到的效果如图9-83所示。

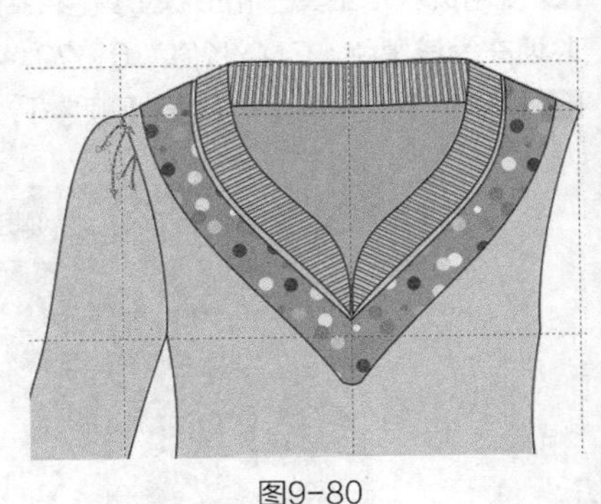

图9-80

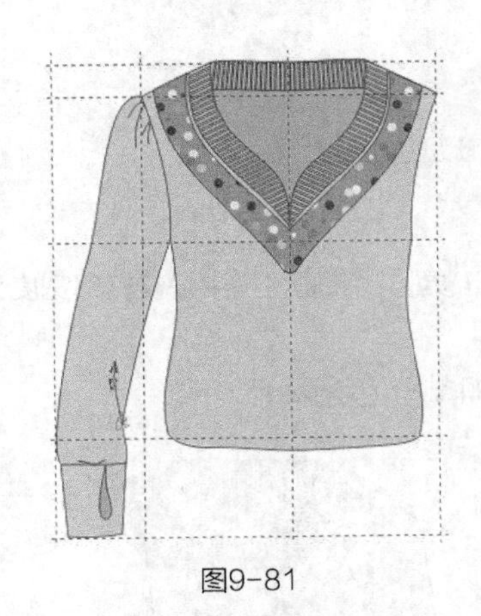

图9-81

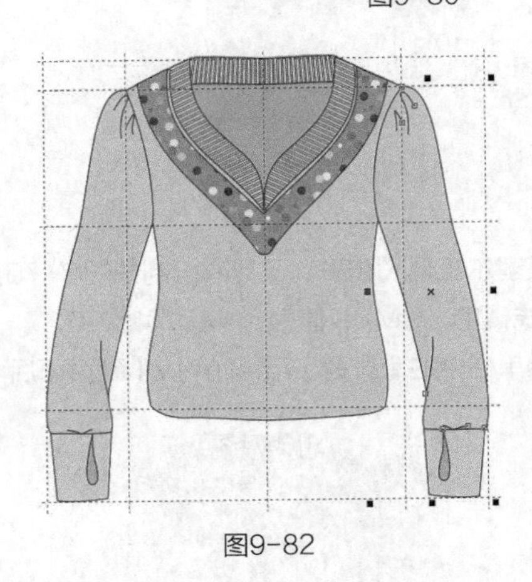

图9-82

31 使用贝塞尔工具和形状工具绘制衣服的下摆，单击选择工具，在属性栏中设置轮廓宽度为 .35 mm ，并填充为浅橘色，CMYK值为6，22，41，0，如图9-84所示。

32 执行菜单栏中的【排列】/【顺序】/【置于此对象后】命令，把图形摆放到衣身下面，得到的效果如图9-85所示。

33 执行菜单栏中的【编辑】/【全选】/【辅助线】命令，选择所有的辅助线，按【Delete】键删除，得到的效果如图9-86所示。

34 使用贝塞尔工具和形状工具绘制4条衣褶线，在属性栏中设置轮廓宽度为 .35 mm ，如图9-87所示。

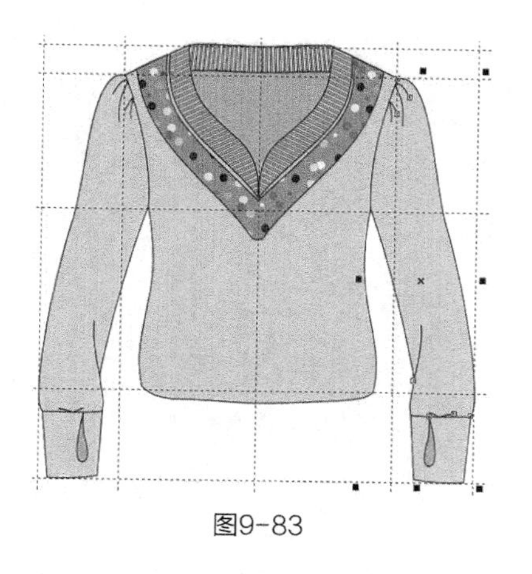

图9-83

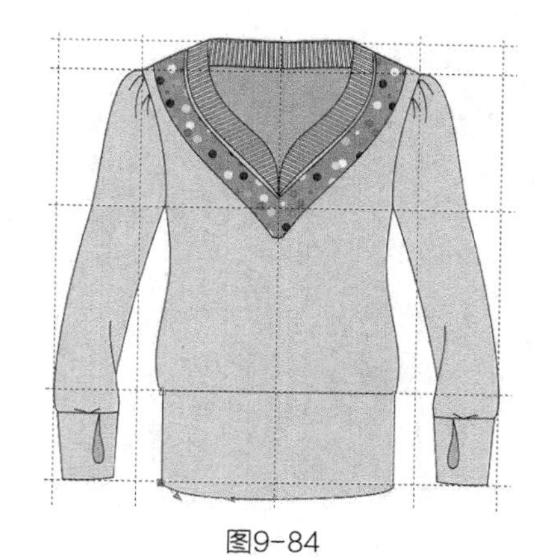

图9-84

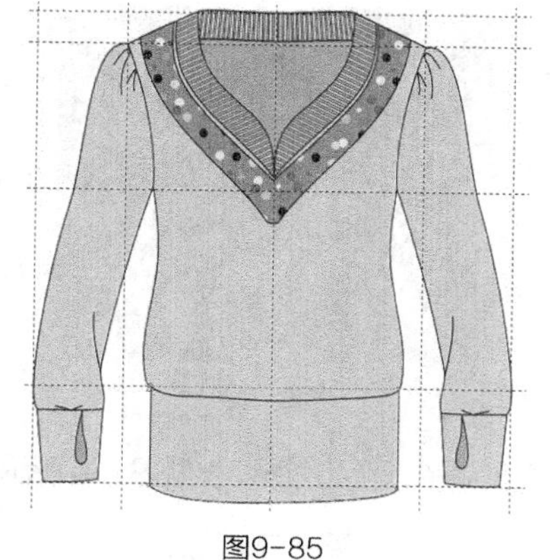

图9-85

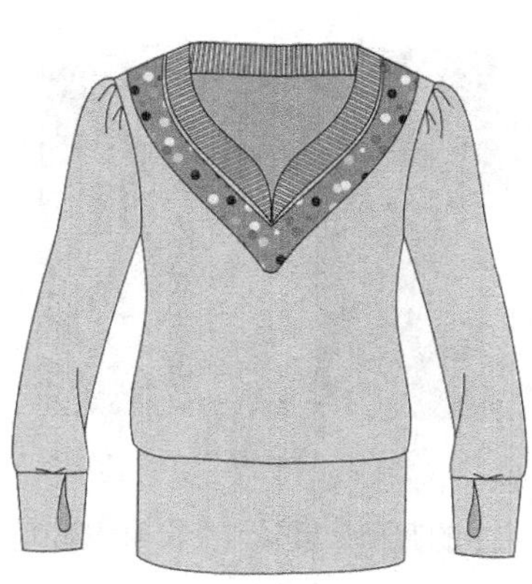

图9-86

35 使用贝塞尔工具和形状工具绘制胸前的碎褶，在属性栏中设置轮廓宽度为 .35 mm，如图9-88所示。

图9-87

图9-88

36 执行菜单栏中的【排列】/【顺序】/【置于此对象后】命令，把衣褶摆放到胸前装饰下面，得到的效果如图9-89所示。

37 使用矩形工具在衣身上绘制一个矩形，在属性栏中设置轮廓宽度为 .35 mm，并填充为浅橘色，CMYK值为6，22，41，0，如图9-90所示。

38 使用贝塞尔工具和形状工具在矩形上绘制拉链齿造型，如图9-91所示。

39 按【+】键复制图形，单击属性栏中的水平镜像按钮，然后把复制的图形往下平移到一定的位置，再按【Ctrl+G】组合键群组图形，如图9-92所示。

40 按【+】键复制图形，并把复制的图形向下平移到一定的位置，如图9-93所示。

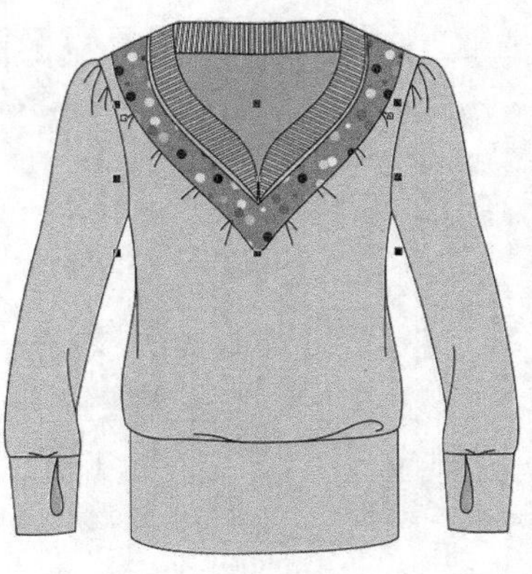
图9-89

图9-90

图9-91

图9-92

41 单击工具箱中的调和工具，点击上边的图形，往下拖动鼠标至下方图形，执行调和效果，如图9-94所示。

图9-93

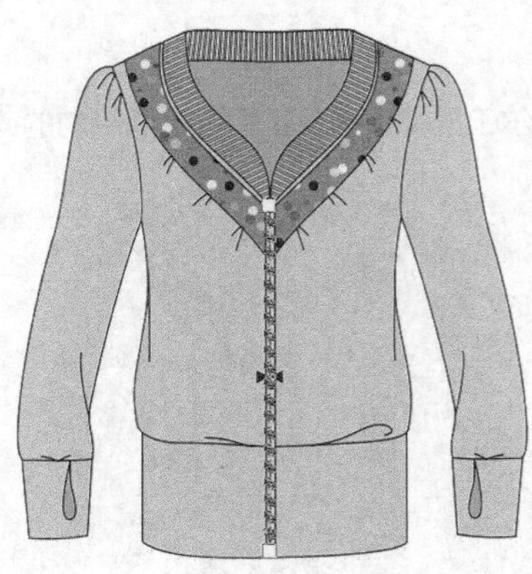
图9-94

42 在属性栏中设置调和的步数为44，得到的效果如图9-95所示。

43 按【Ctrl+G】组合键群组图形，单击工具箱中的渐变填充工具渐变填充，在弹出的“渐变填充”对话框中选择“线性”、“自定义”渐变，如图9-96所示。其中主要控制点的位置和颜色参数分别如下。

位置：0　　颜色：CMYK值（6，22，41，0）

位置：100　　颜色：CMYK值（0，0，0，0）

角度设置为0度，完成的渐变效果如图9-97所示。

图9-95

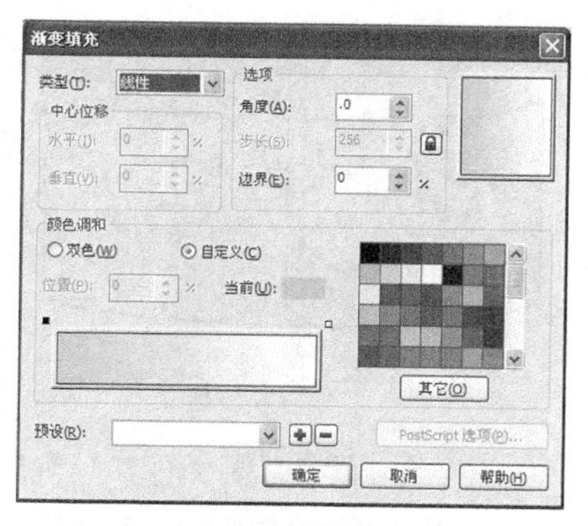

图9-96

图9-97

44 使用贝塞尔工具和形状工具绘制拉链头造型，如图9-98所示。

45 重复步骤**43**的操作，给拉链头填充渐变色，得到的效果如图9-99所示。

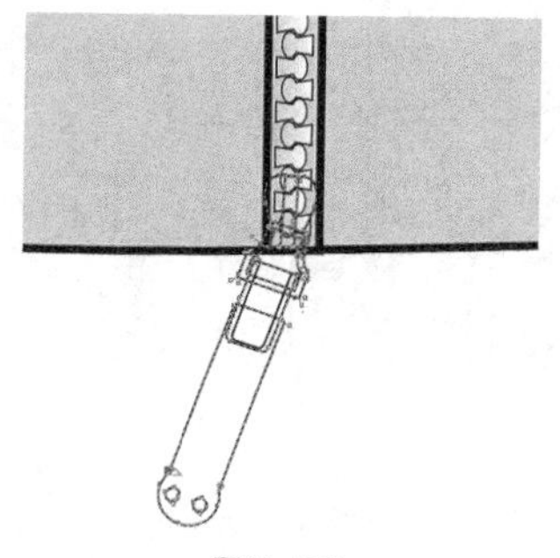

图9-98

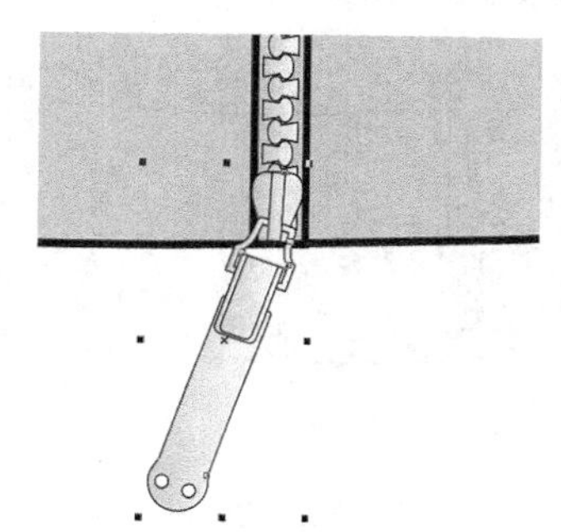

图9-99

46 按【+】键复制图形，单击属性栏中的水平镜像按钮，然后把复制的图形往上平移到领口的位置，得到的效果如图9-100所示。

47 使用贝塞尔工具和形状工具，在衣服的下摆处绘制口袋，单击选择工具，在属性栏中设置轮廓宽度为 .35 mm ，并填充为浅橘色，CMYK值为6，22，41，0，如图9-101所示。

48 重复步骤**07**~步骤**13**的操作，绘制口袋的罗纹，得到的效果如图9-102所示。

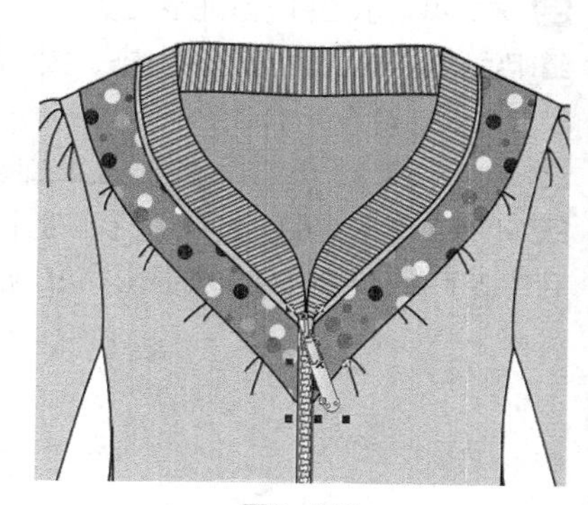

图9-100

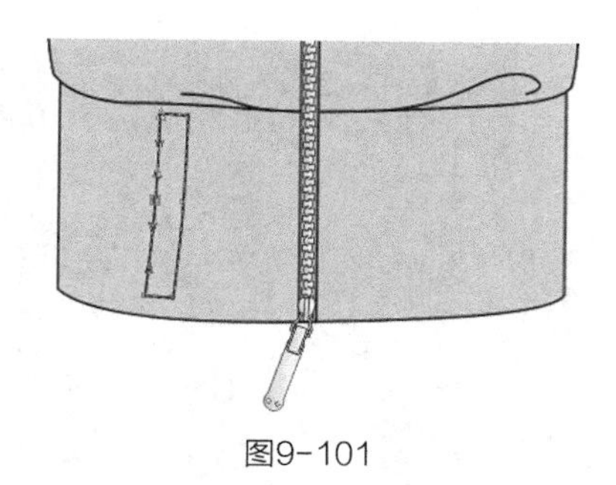

图9-101

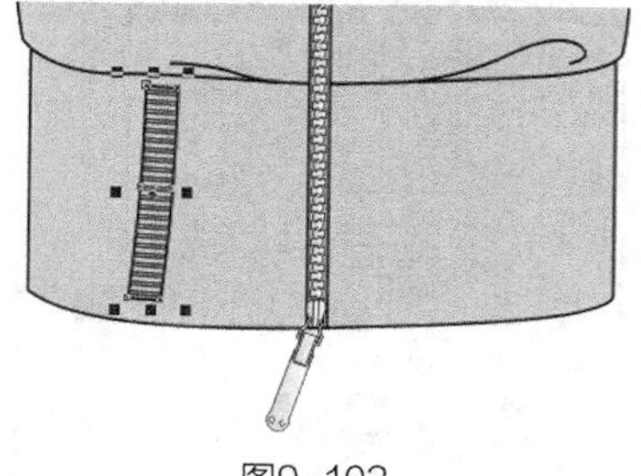

图9-102

49 使用贝塞尔工具在口袋边绘制一条路径，在属性栏中设置轮廓宽度为 .35 mm ，如图9-103所示。

50 使用矩形工具在口袋边绘制一个矩形，在属性栏中设置轮廓宽度为 .35 mm ，旋转角度为 356.0 ，并填充为浅橘色，

CMYK值为6，22，41，0，如图9-104所示。

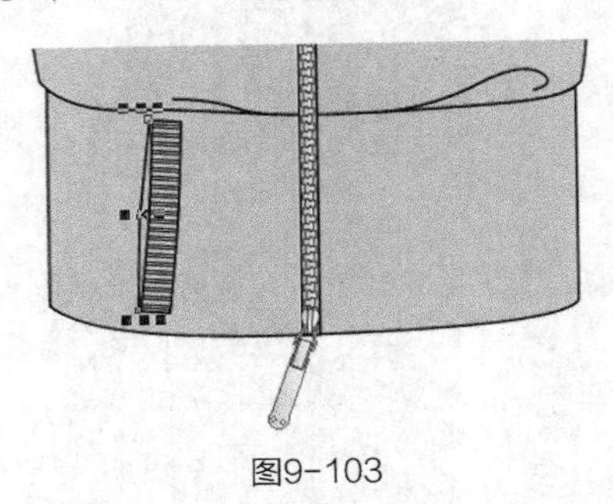
图9-103

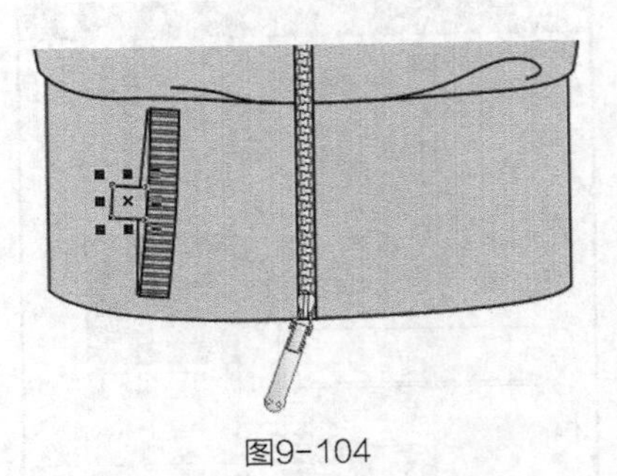
图9-104

51 使用椭圆形工具，按住【Ctrl】键在矩形上绘制一个圆形，在属性栏中设置轮廓宽度为 .35 mm，并填充为白色，得到的效果如图9-105所示。

52 使用选择工具框选整个口袋造型，按【+】键复制，单击属性栏中的水平镜像按钮，并把图形向右平移到一定的位置，得到的效果如图9-106所示。

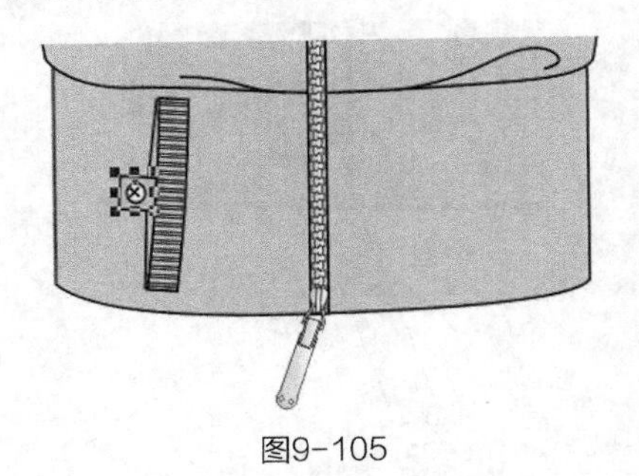
图9-105

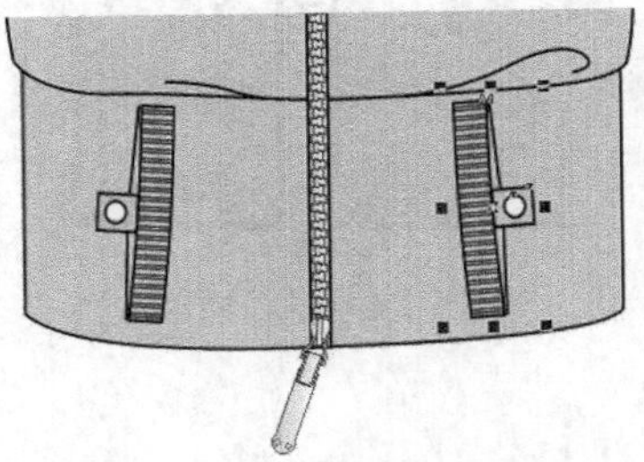

图9-106

53 选择贝塞尔工具和形状工具，在如图9-107所示门襟及袖口处绘制4条缉明线，使缉明线处于选择状态，按【F12】键，弹出“轮廓笔”对话框，选项及参数设置如图9-108所示。

54 单击【确定】按钮，得到的效果如图9-109所示。

55 执行菜单栏中的【排列】/【顺序】/【置于此对象后】命令，把缉明线摆放到拉链下面，得到的效果如图9-110所示。

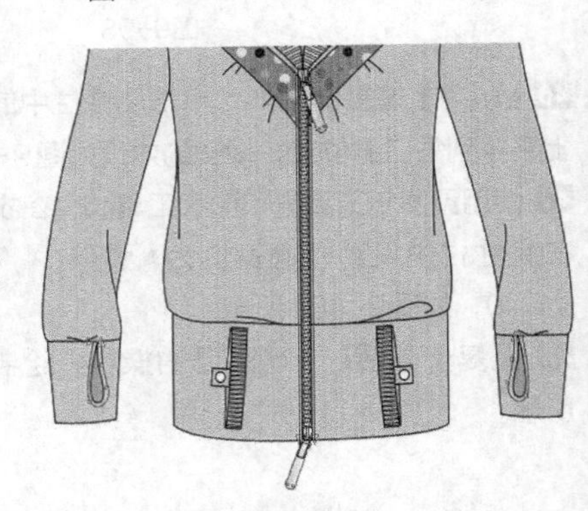
图9-107

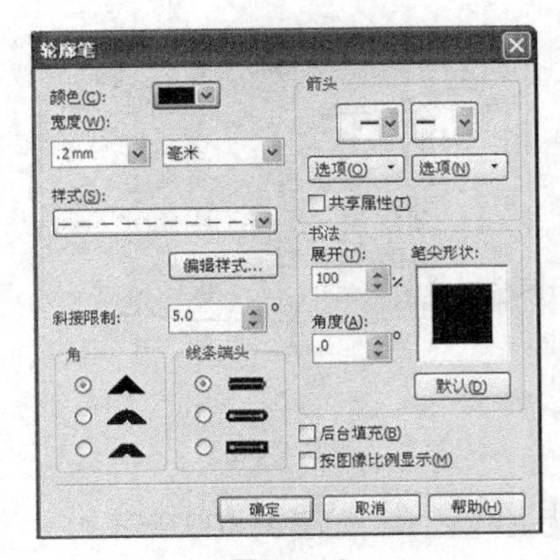

图9-108

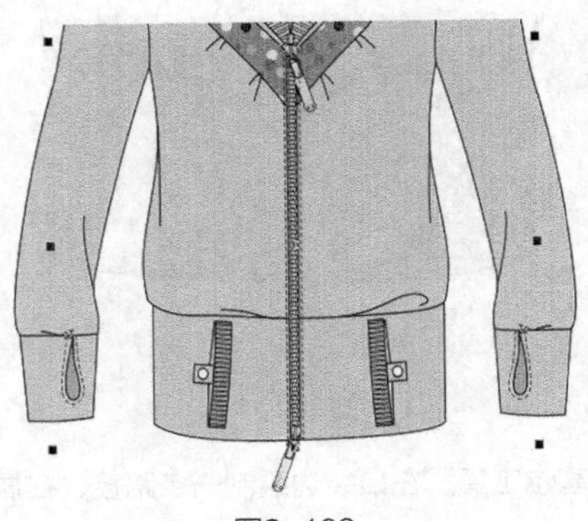
图9-109

56 使用选择工具框选所有图形，按【Ctrl+G】组合键群组图形。这样就完成了女式拉链开衫卫衣的绘制，整体效果如图9-111所示。

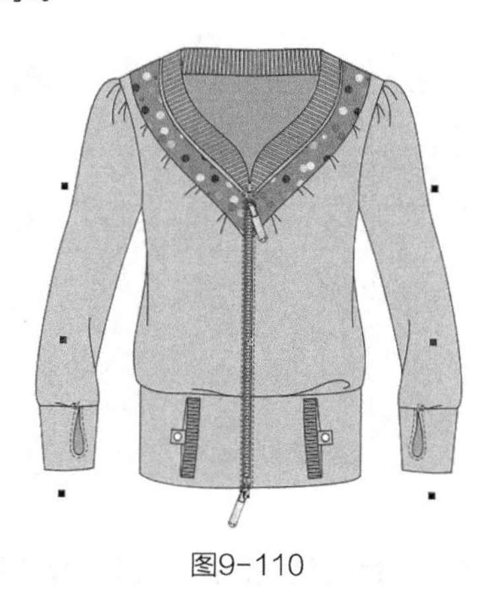
图9-110

图9-111

9.3 男式连帽卫衣

男式连帽卫衣的整体设计效果如图9-112所示。

设计重点

连帽衫造型设计、罗纹袖口的表现、图案填充、拉链绘制、抽绳装饰、口袋设计。

图9-112

操作步骤

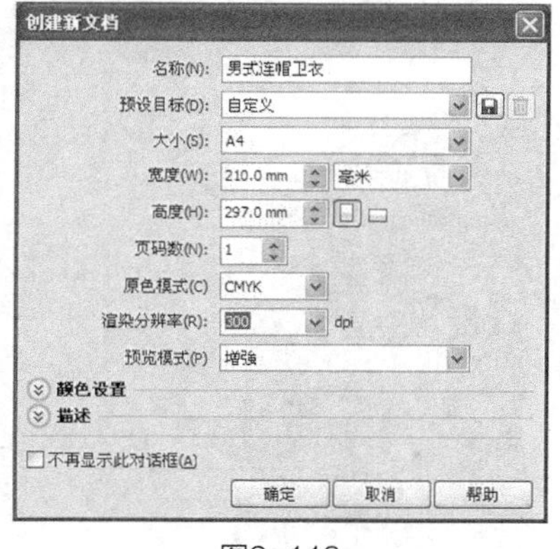

图9-113

01 打开CorelDRAW软件，执行菜单栏中的【文件】/【新建】命令，或使用【Ctrl+N】组合键，弹出“创建新文档”对话框，命名文件为“男式连帽卫衣”，如图9-113所示。在属性栏中设定纸张大小为A4，横向摆放，如图9-114所示。

图9-114

02 鼠标单击上方和左方的标尺栏，分别从上往下、从左往右拖动添加8条辅助线，确定衣长、帽高、领口、肩宽、袖长、袖窿深、袖肥等位置，如图9-115所示。

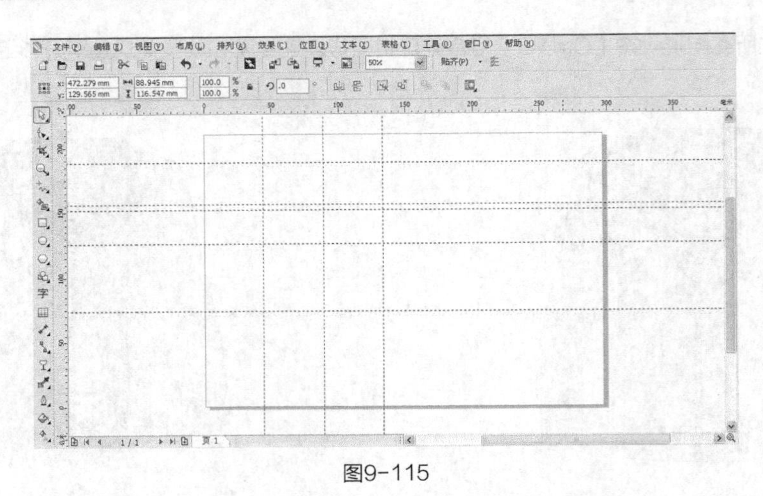

图9-115

03 使用贝塞尔工具和形状工具绘制如图9-116所示的衣身造型，单击选择工具，在属性栏中设置轮廓宽度为 .35 mm，并填充为灰绿色，CMYK值为40，15，30，10。

04 使用贝塞尔工具和形状工具绘制如图9-117所示的左边插肩袖造型，单击选择工具，在属性栏中设置轮廓宽度为 .35 mm，并填充为灰绿色，CMYK值为40，15，30，10。

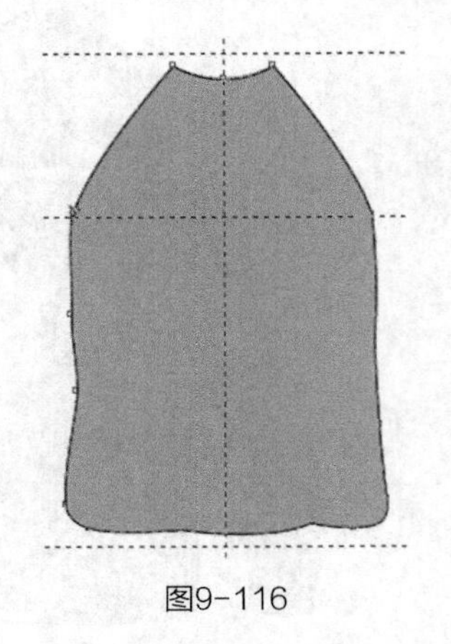

图9-116

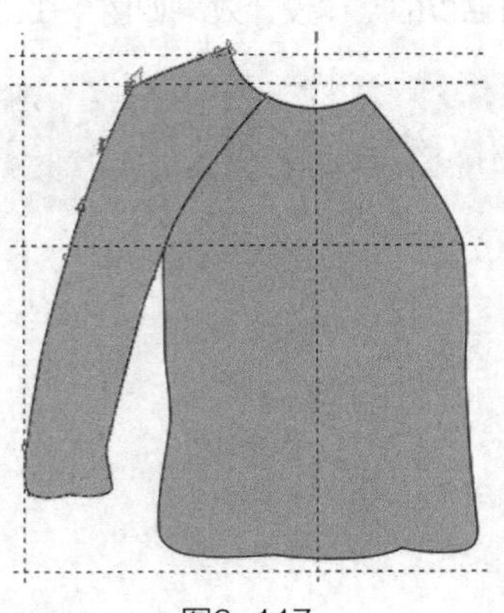

图9-117

05 使用贝塞尔工具和形状工具绘制左边袖口，单击选择工具，在属性栏中设置轮廓宽度为 .35 mm，并填充为灰绿色，CMYK值为40，15，30，10，得到的效果如图9-118所示。

06 执行菜单栏中的【排列】/【顺序】/【向后一层】命令，把它放置到插肩袖后面，得到的效果如图9-119所示。

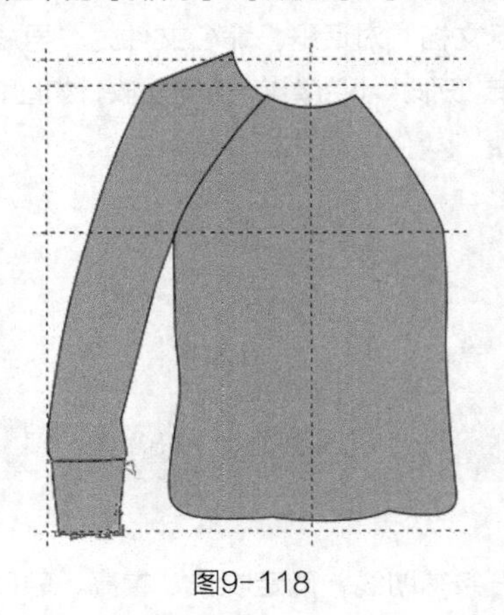

图9-118

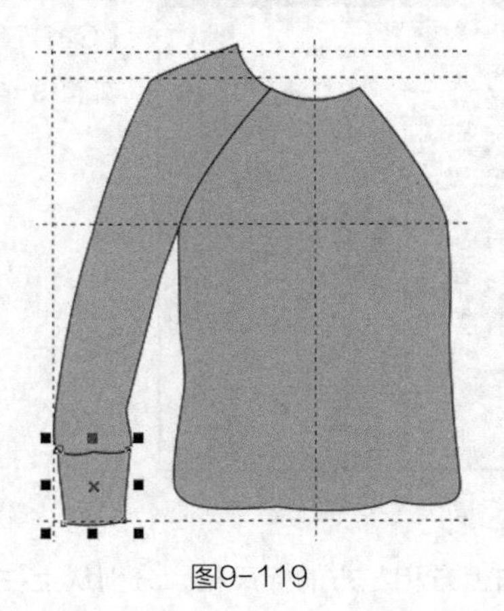

图9-119

07 使用贝塞尔工具和形状工具在袖身上绘制两条褶裥线，单击选择工具，在属性栏中设置轮廓宽度为 .35 mm，得到的效果如图9-120所示。

08 使用手绘工具在袖口绘制一条直线，在属性栏中设置轮廓宽度为 .5 mm，得到的效果如图9-121所示。

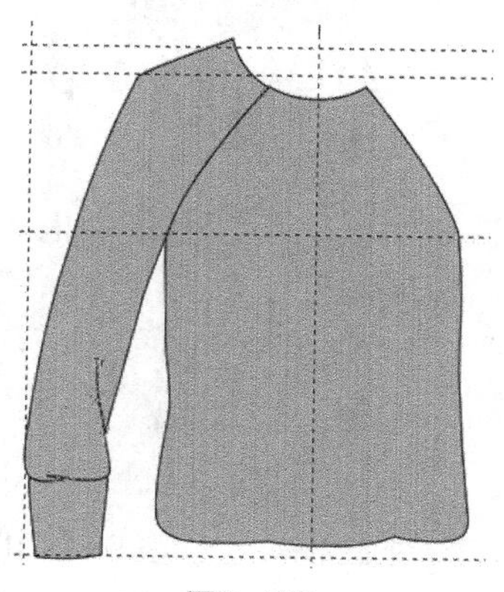

图9-120

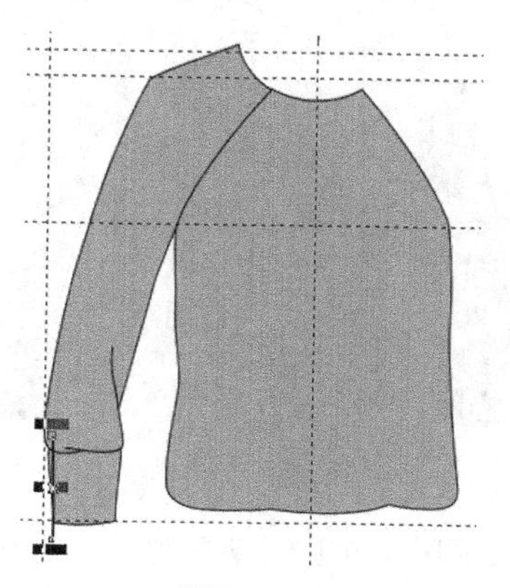

图9-121

09 按【+】键复制直线，按住【Ctrl】键把复制的图形往右平移到一定的位置，如图9-122所示。

10 选择工具箱中的调和工具，单击左边的直线，往右拖动鼠标至右边的图形，执行调和效果，如图9-123所示。

11 在属性栏中设置调和的步数为 12，得到的效果如图9-124所示。

12 单击选择工具，使用工具箱中的均匀填充工具 均匀填充 给线条组填充深灰绿色，CMYK值为53，31，42，33，得到的效果如图9-125所示。

13 执行菜单栏中的【效果】/【图框精确剪裁】/【置于图文框内部】命令，把图形放置在袖口中，得到的效果如图9-126所示。

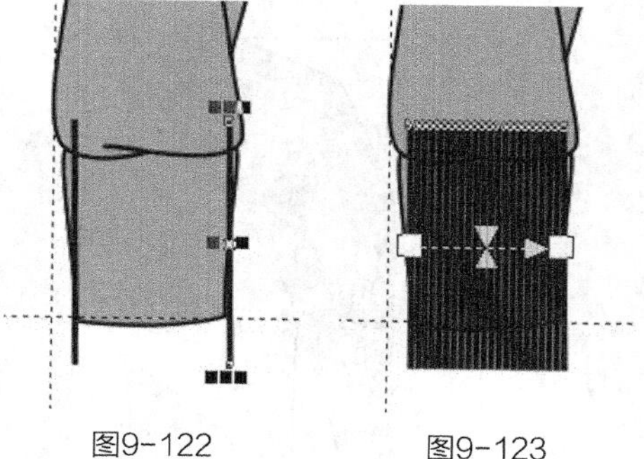

图9-122　图9-123

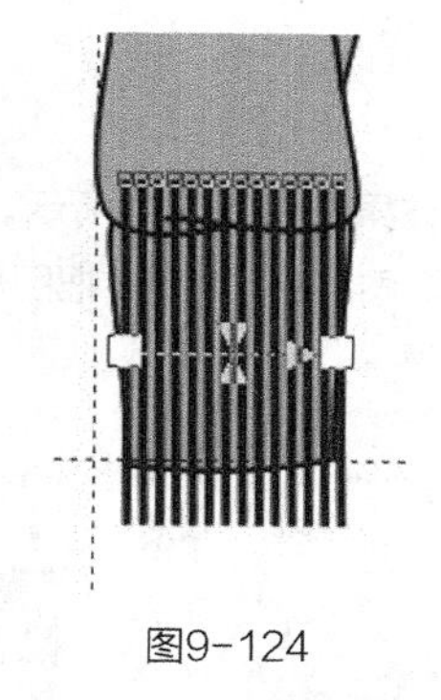

图9-124

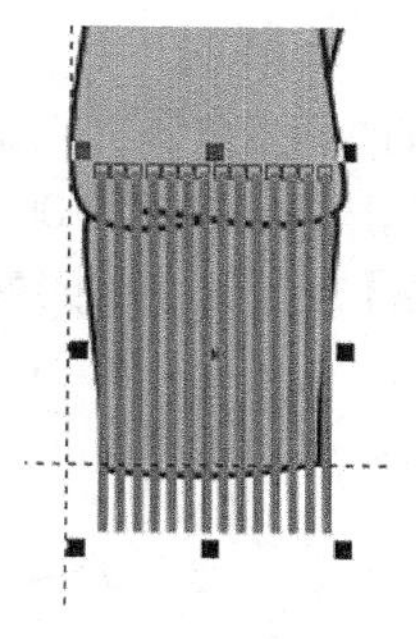

图9-125

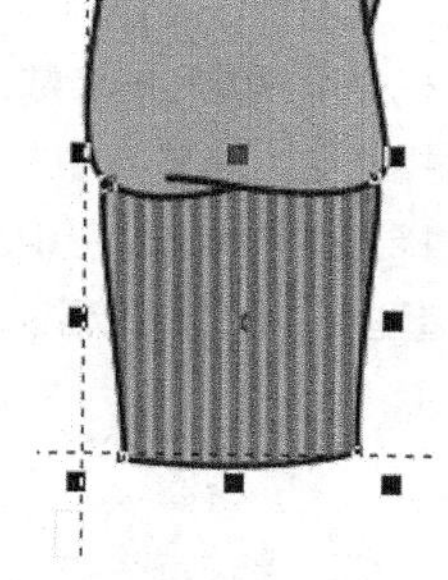

图9-126

14 使用选择工具框选整个左袖，按【+】键复制图形，单击属性栏中的水平镜像按钮，并把图形向右平移到一定的位置，得到的效果如图9-127所示。

15 使用贝塞尔工具和形状工具在胸前绘制图形，单击选择工具，在属性栏中设置轮廓宽度为 .35 mm，并填充为灰色，CMYK值为0，0，0，10，得到的效果如图9-128所示。

16 使用椭圆形工具，按住【Ctrl】键在领口处绘制一个圆形，并填充为黄色，CMYK值为0，0，100，0，无轮廓，得到的效果如图9-129所示。

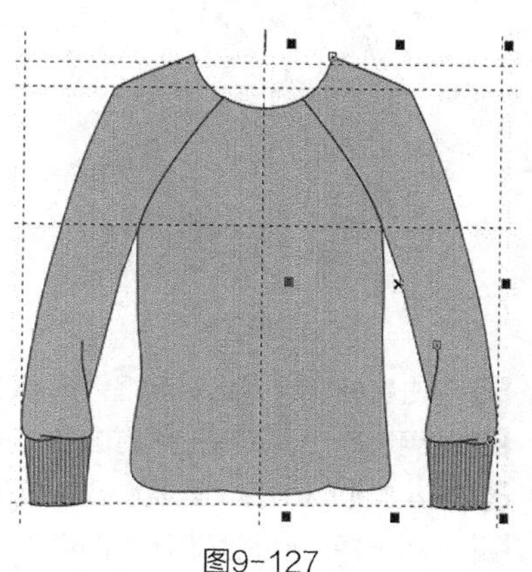

图9-127

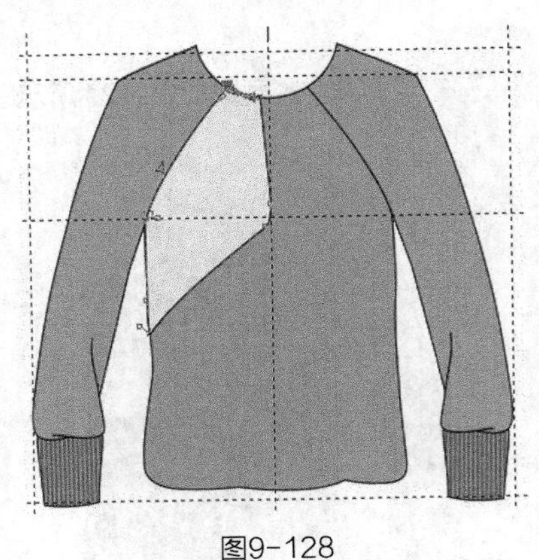
图9-128

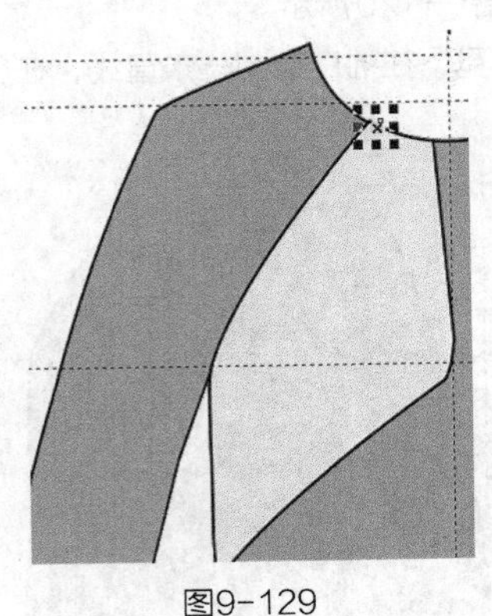
图9-129

17 单击选择工具，按【+】键复制圆形，再按住【Shift】键等比例缩小圆形，把圆形摆放在如图9-130所示的位置。

18 选择工具箱中的调和工具，单击上方的圆形，往下拖动鼠标至下方的圆形，执行调和效果，如图9-131所示。

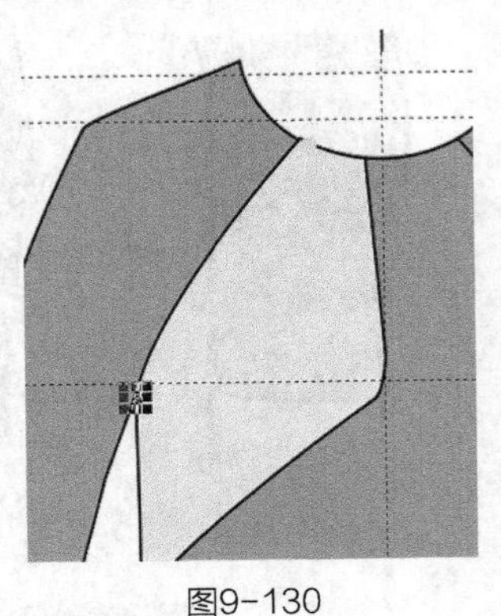
图9-130

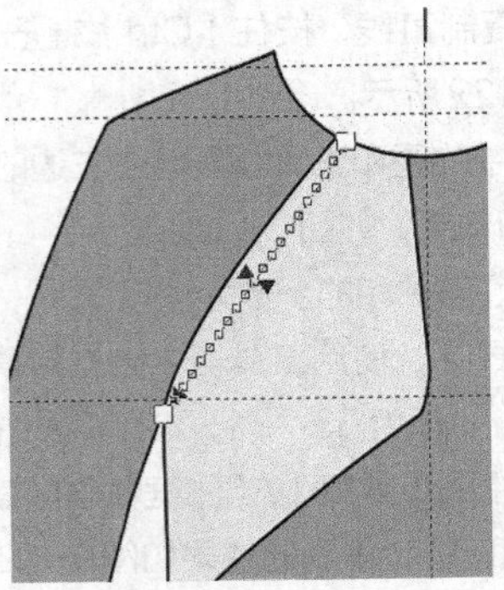

图9-131

19 在属性栏中设置调和的步数为13，得到的效果如图9-132所示。

20 使用选择工具挑选下方的小圆形，填充为蓝色，CMYK值为100，0，0，0，得到的效果如图9-133所示。

21 使用选择工具挑选圆形组图，执行菜单栏中的【效果】/【图框精确剪裁】/【置于图文框内部】命令，把图形放置在衣身镶拼造型中，得到的效果如图9-134所示。

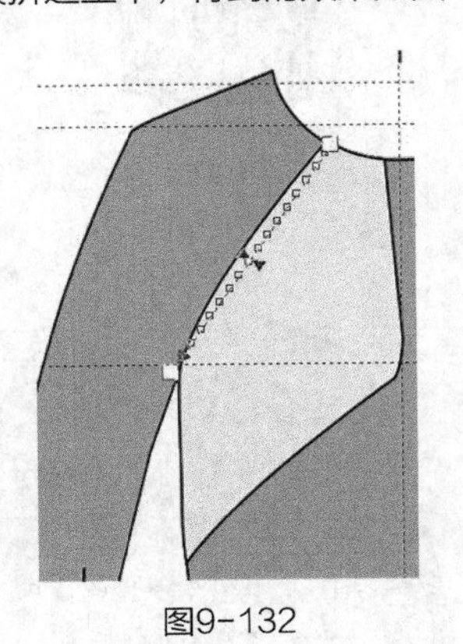
图9-132

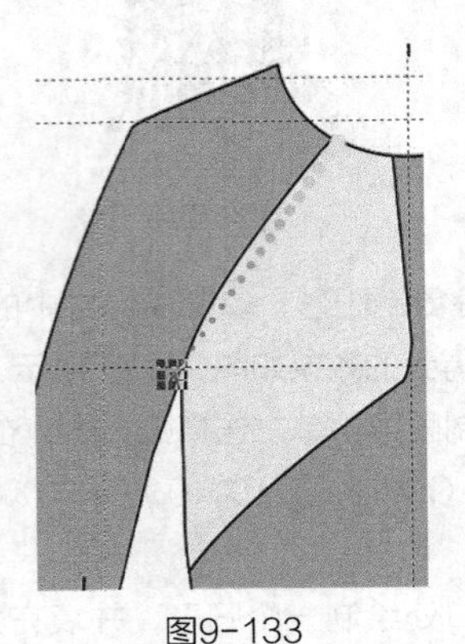
图9-133

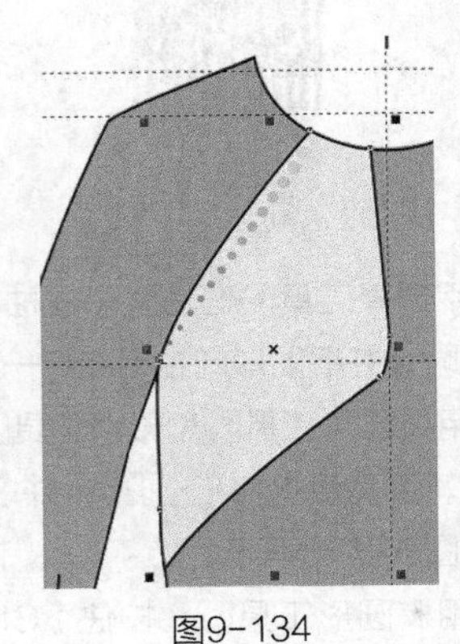
图9-134

22 单击鼠标右键弹出对话框，选择【编辑PowerClip】，得到的效果如图9-135所示。

23 使用选择工具框选所有圆形，按【+】键复制图形，把复制的图形向下移动到如图9-136所示的位置。

24 按8次【Ctrl+D】键复制8组圆形，得到的效果如图9-137所示。

25 使用选择工具框选所有图形，按住【Shift】键等比例放大图形，得到的效果如图9-138所示。

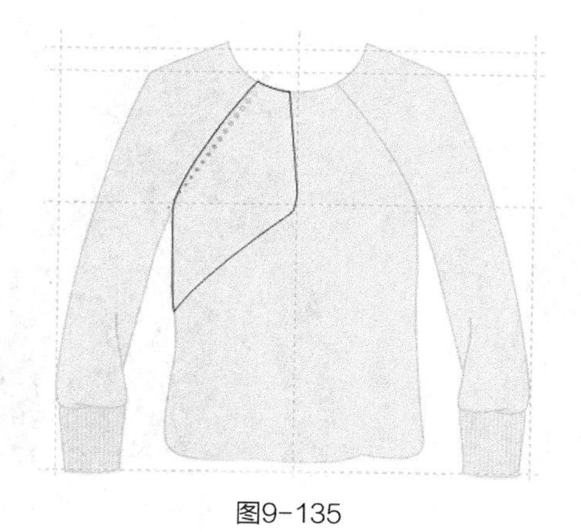

图9-135

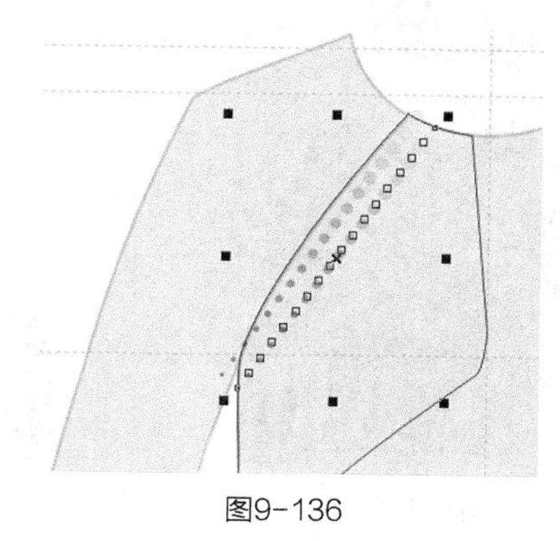

图9-136

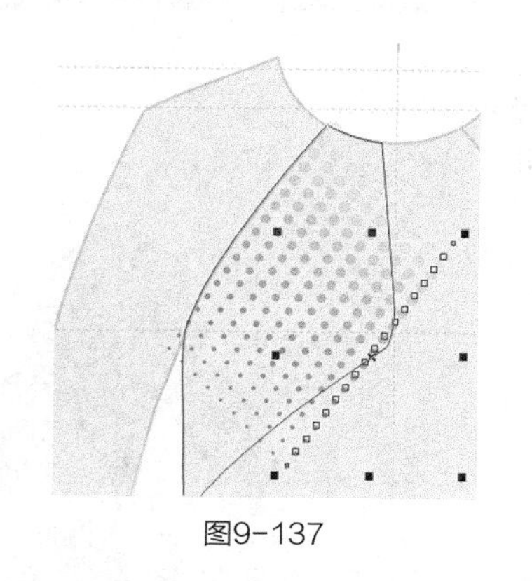

图9-137

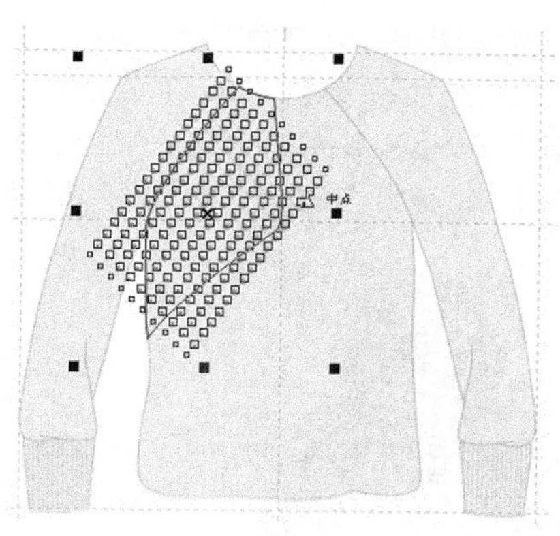

图9-138

26 按【Ctrl+G】组合键群组图形。单击鼠标右键，选择【结束编辑】，得到的效果如图9-139所示。

27 按【+】键复制图形，单击属性栏中的水平镜像按钮，并把图形向右平移到一定的位置，得到的效果如图9-140所示。

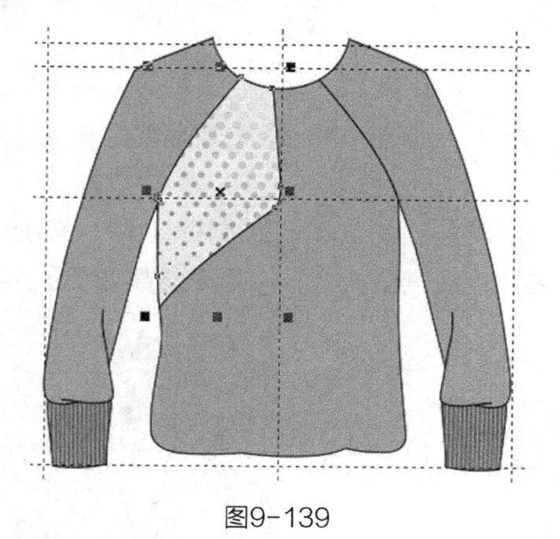

图9-139

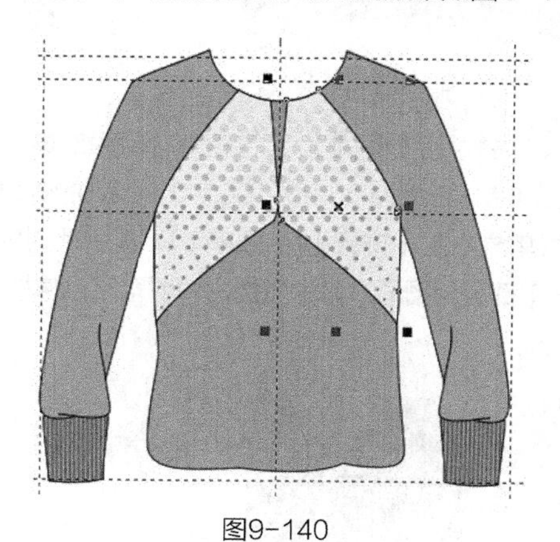

图9-140

28 使用贝塞尔工具和形状工具绘制如图9-141所示的帽子的造型，单击选择工具，在属性栏中设置轮廓宽度为 .35 mm ，并填充为灰绿色，CMYK值为40，15，30，10。

29 使用贝塞尔工具和形状工具绘制如图9-142所示的帽檐贴边，单击选择工具，在属性栏中设置轮廓宽度为 .35 mm ，并填充为灰绿色，CMYK值为40，15，30，10。

30 使用贝塞尔工具和形状工具绘制帽里部分，如图9-143所示。单击选择工具，在属性栏中设置轮廓宽度为 .35 mm ，并填充为深灰绿色，CMYK值为53，31，42，33。

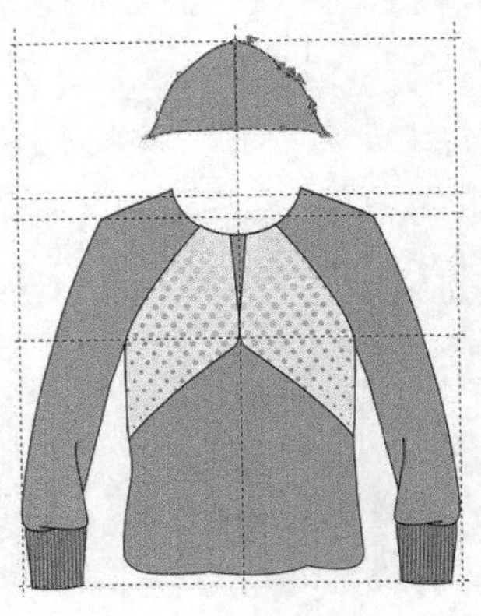
图9-141

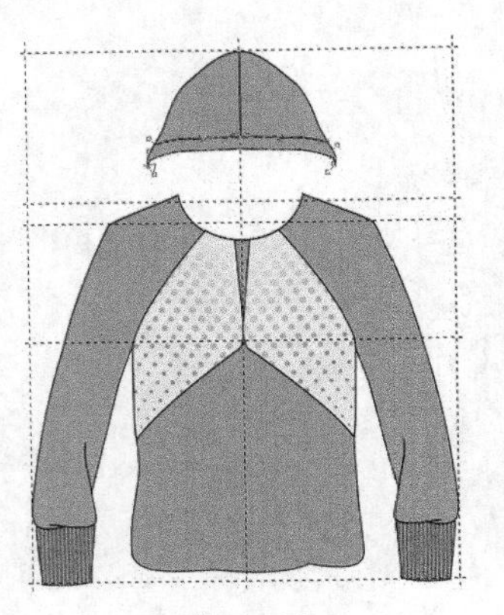
图9-142

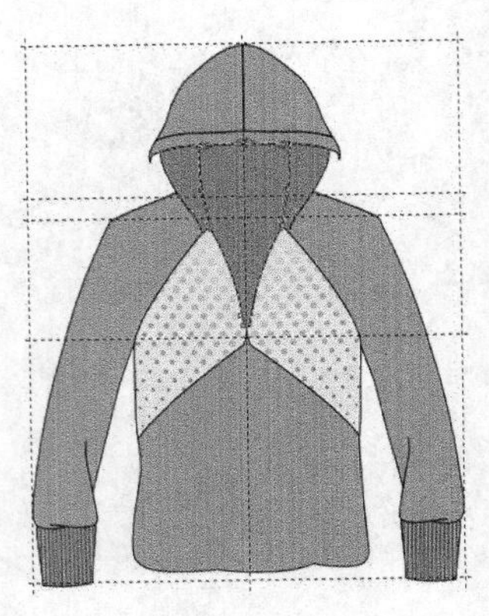
图9-143

31 使用贝塞尔工具和形状工具绘制帽里翻折部分，如图9-144所示。单击选择工具，在属性栏中设置轮廓宽度为 .35 mm，并填充为深灰绿色，CMYK值为53，31，42，33。

32 使用贝塞尔工具和形状工具在衣身上绘制一条曲线，如图9-145所示。

33 按【F12】键，弹出“轮廓笔”对话框，设置各项参数如图9-146所示。

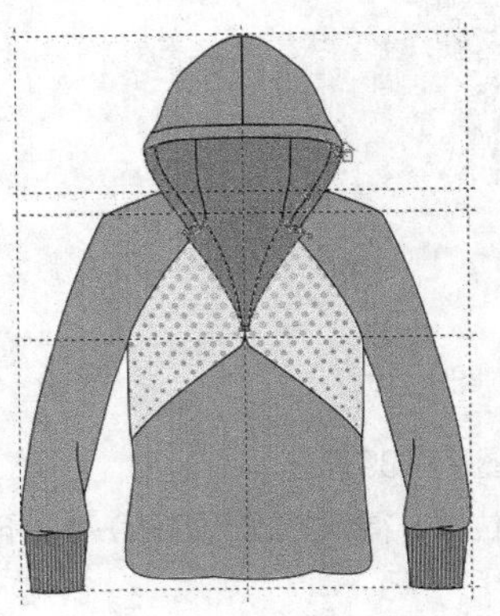
图9-144

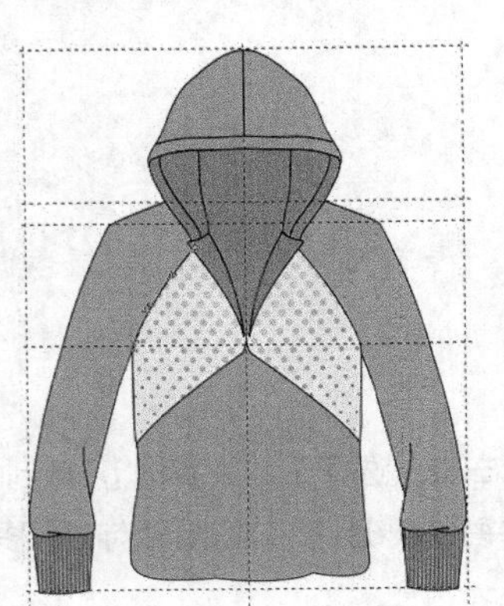
图9-145

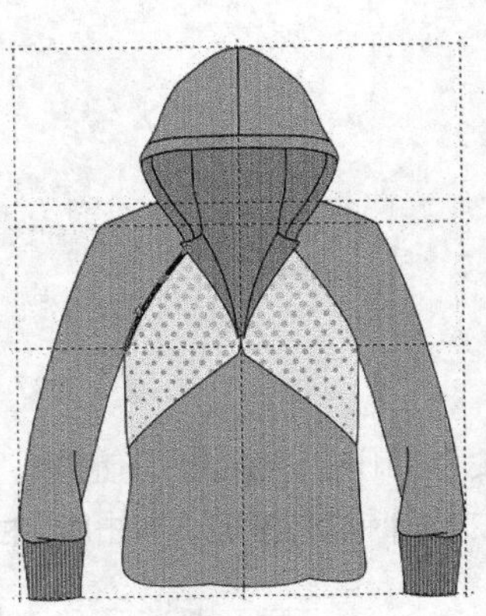
图9-146

34 执行菜单栏中的【排列】/【将轮廓转换为对象】命令，单击选择工具，在属性栏中设置轮廓宽度为 .2 mm，并填充为黄色，CMYK值为0，0，100，0，得到的效果如图9-147所示。

35 执行菜单栏中的【排列】/【顺序】/【置于此对象后】命令，把图形置于帽子下方，得到的效果如图9-148所示。

36 按【+】键复制图形，单击属性栏中的水平镜像按钮，并把图形向右平移到一定的位置，得到的效果如图9-149所示。

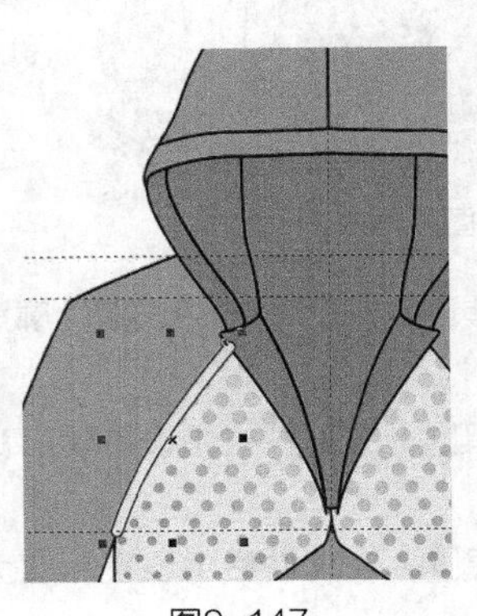
图9-147

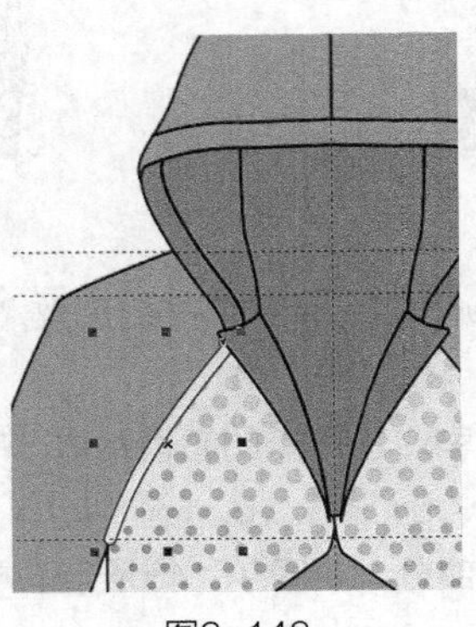
图9-148

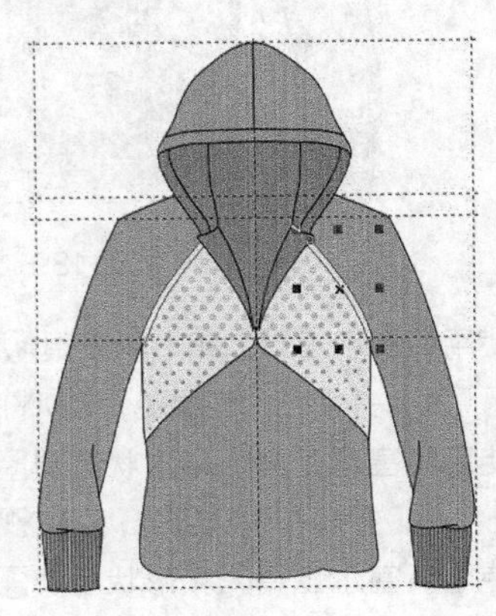
图9-149

37 使用贝塞尔工具和形状工具绘制帽里的分割线和褶裥线，在属性栏中设置轮廓宽度为 .35 mm，得到的效果如图

9-150所示。

38 使用贝塞尔工具和形状工具绘制帽里的织带，在属性栏中设置轮廓宽度为 .35 mm，并填充为黄色，CMYK值为0，0，100，0，得到的效果如图9-151所示。

39 使用贝塞尔工具和形状工具绘制帽子上的抽绳，在属性栏中设置轮廓宽度为 .35 mm，并填充为灰绿色，CMYK值为40，15，30，10，得到的效果如图9-152所示。

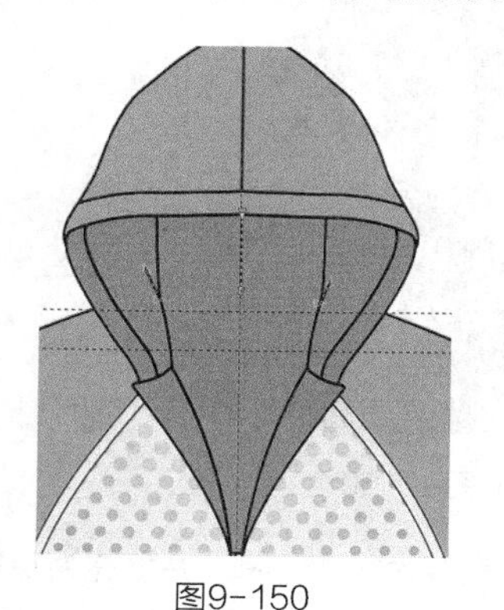

图9-150

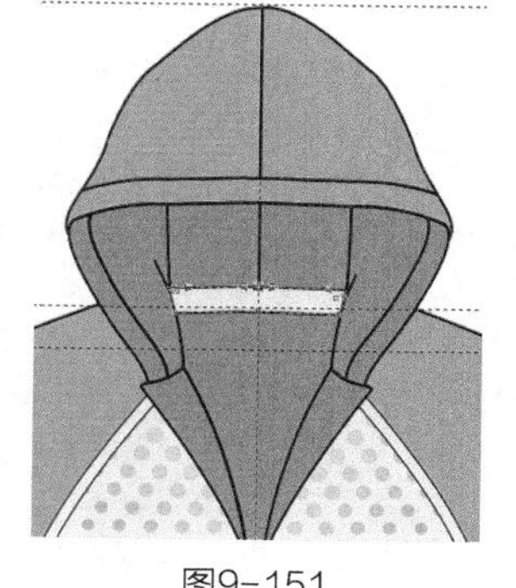

图9-151

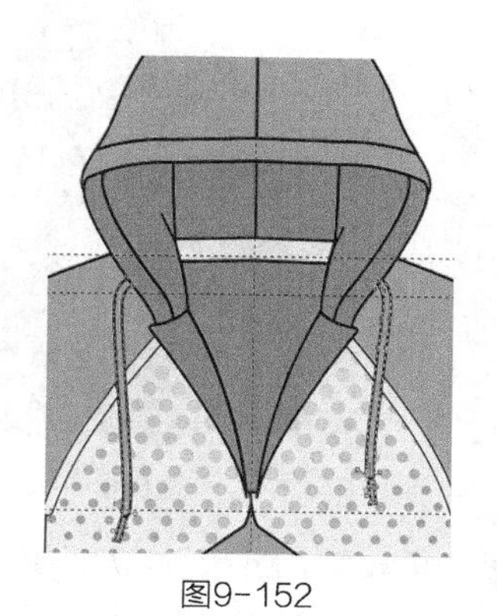

图9-152

40 使用贝塞尔工具和形状工具绘制衣服下摆，在属性栏中设置轮廓宽度为 .35 mm，并填充为灰绿色，CMYK值为40，15，30，10，得到的效果如图9-153所示。

41 执行菜单栏中的【排列】/【顺序】/【到页面后面】命令，得到的效果如图9-154所示。

42 使用贝塞尔工具在下摆绘制两条分割线，在属性栏中设置轮廓宽度为 .35 mm，得到的效果如图9-155所示。

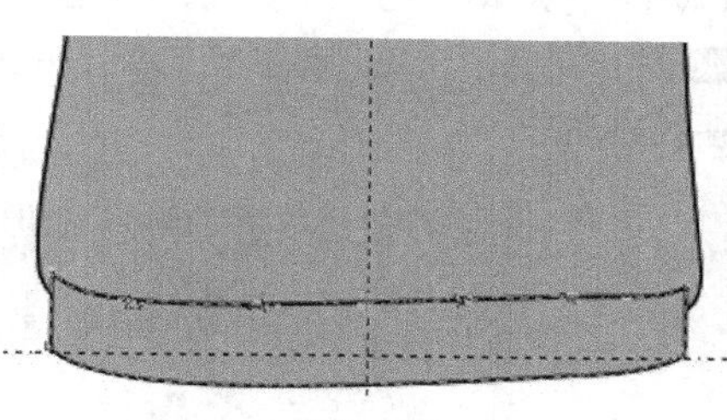

图9-153

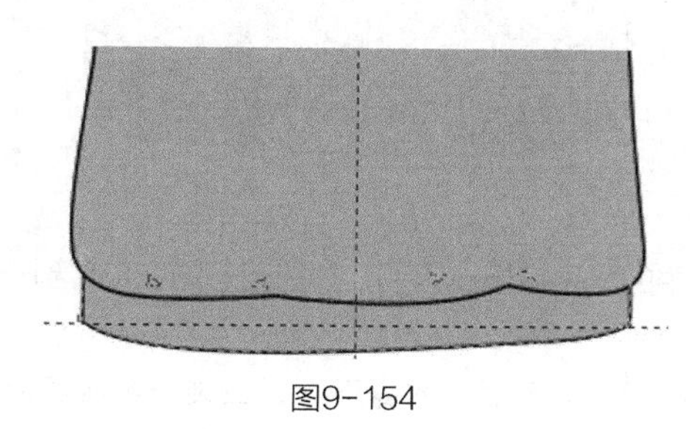

图9-154

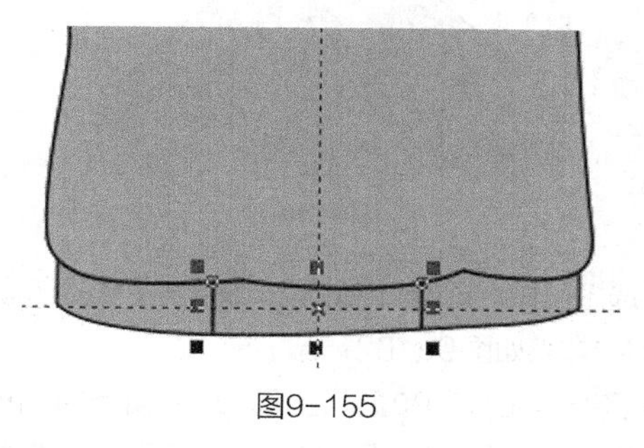

图9-155

43 重复步骤**08**～步骤**13**的操作，绘制下摆的罗纹，得到的效果如图9-156所示。

44 使用贝塞尔工具和形状工具在衣身下摆处绘制3条褶裥线，单击选择工具，在属性栏中设置轮廓宽度为 .35 mm，得到的效果如图9-157所示。

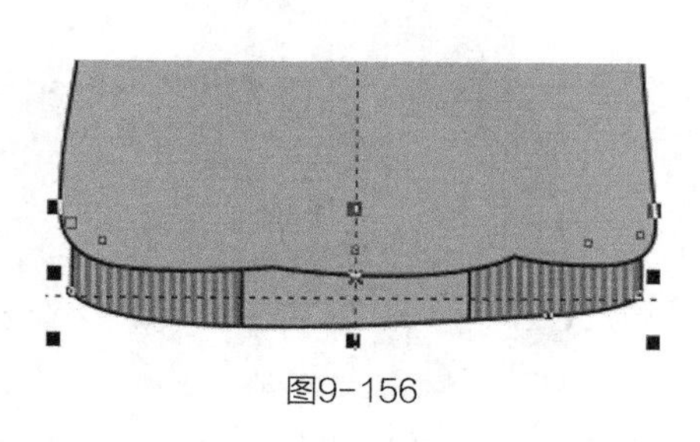

图9-156

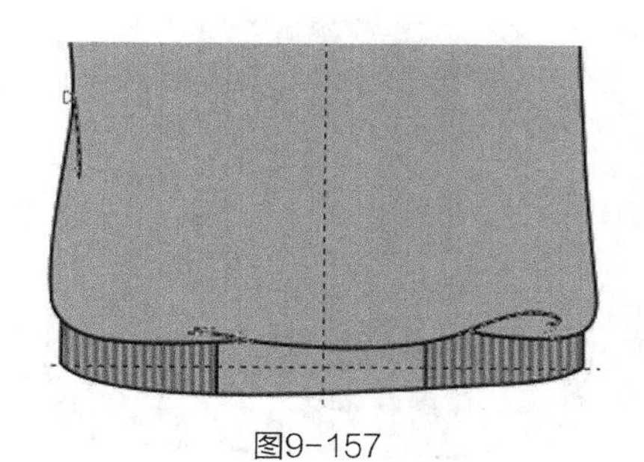

图9-157

45 执行菜单栏中的【编辑】/【全选】/【辅助线】命令，选择所有的辅助线，按【Delete】键删除，得到的效果如图9-15所示。

46 使用矩形工具在衣身上绘制拉链门襟，在属性栏中设置轮廓宽度为 .35 mm，并填充为灰绿色，CMYK值为40，15，30，10，得到的效果如图9-159所示。

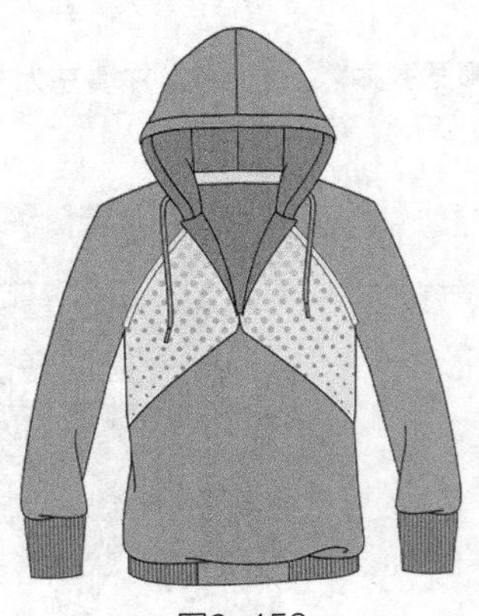

图9-158

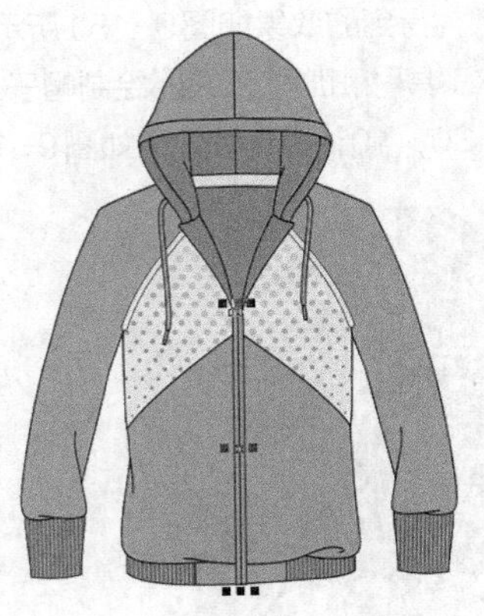

图9-159

47 使用贝塞尔工具和形状工具在门襟上绘制拉链头造型，在属性栏中设置轮廓宽度为 .35 mm，并填充为灰绿色，CMYK值为40，15，30，10，得到的效果如图9-160所示。

48 使用贝塞尔工具和形状工具在衣身上绘制口袋造型，在属性栏中设置轮廓宽度为 .35 mm，得到的效果如图9-161所示。

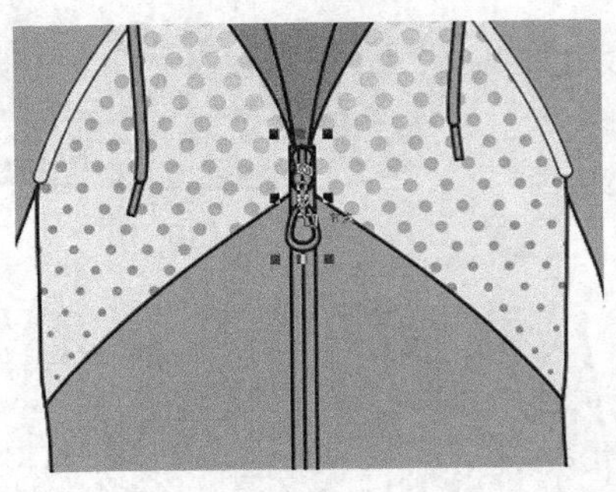

图9-160

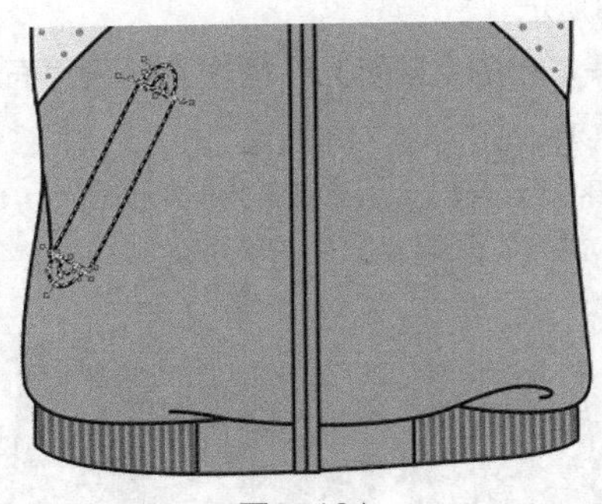

图9-161

49 使用选择工具框选口袋造型，按【+】键复制图形，单击属性栏中的水平镜像按钮，并把图形向右平移到一定的位置，得到的效果如图9-162所示。

50 使用贝塞尔工具和形状工具，在如图9-163所示的帽檐、帽里、分割线、衣身下摆、口袋处绘制缉明线，按【F12】键，弹出“轮廓笔”对话框，选项及参数设置如图9-164所示。

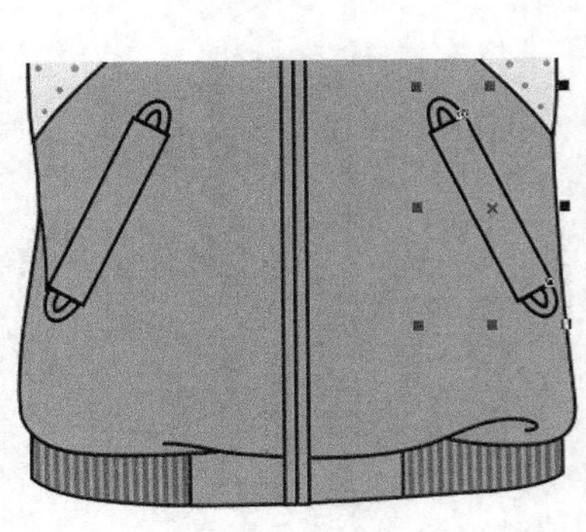

图9-162

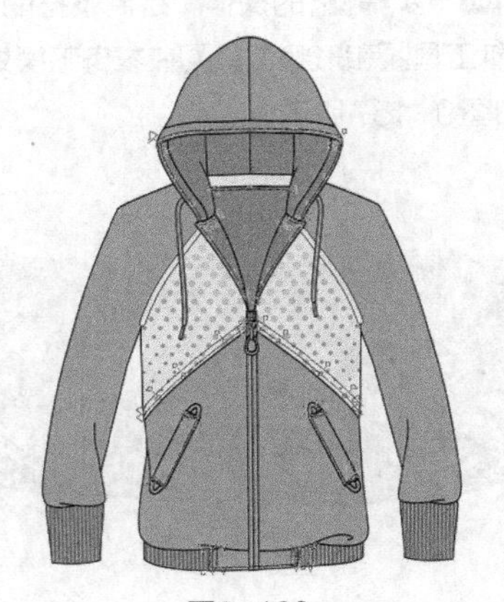

图9-163

51 单击【确定】按钮，得到的效果如图9-165所示。

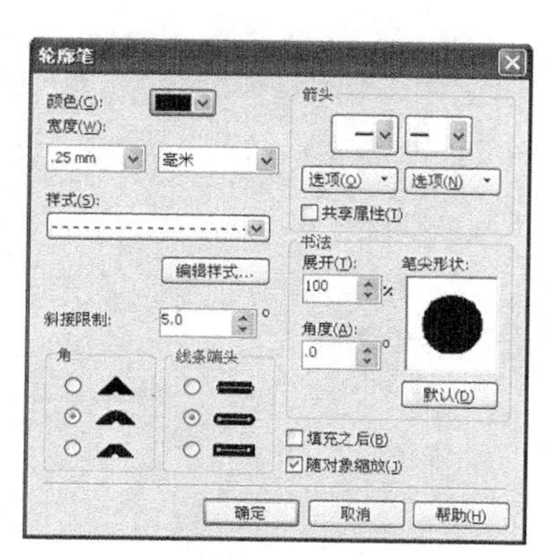

图9-164

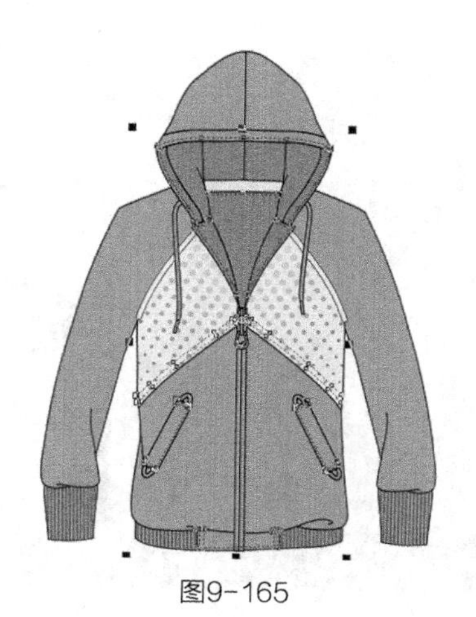

图9-165

52 使用选择工具框选所有图形，按【Ctrl+G】组合键群组图形。这样就完成了男式连帽卫衣的绘制，效果如图9-166所示。

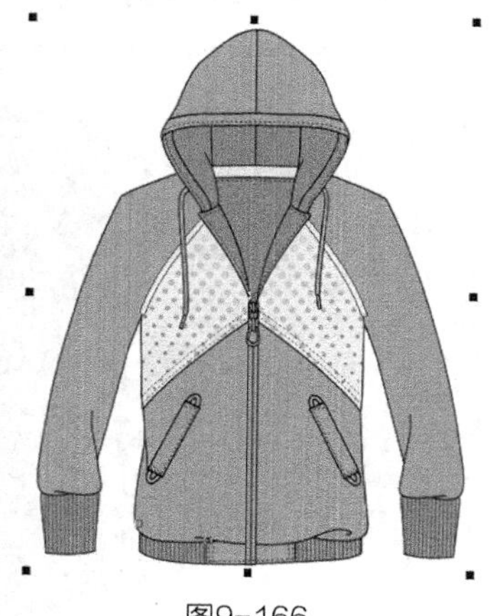

图9-166

第10章

西服、大衣、夹克、羽绒服款式设计

本章重点

- 贝塞尔工具、形状工具的使用——西服、大衣、夹克、羽绒服造型表现
- 纽扣设计、工艺细节表现
- 千鸟格图案表现
- 羽绒服绗缝工艺表现、弹簧扣设计

10.1 西服

西服又称“西装”、“洋装”，是一种“舶来文化品”。人们多把有翻领和驳头，有三个衣兜，衣长在臀围线以下的上衣称作“西服”。 按穿着者的性别和年龄，西装可分为男西装、女西装和儿童西装三类。按穿着场合，西装可以分为礼服和便服两种。西服也分正装和休闲类，大多数的西服比较偏向于正装，有垫肩，版型好。而休闲西服设计风格比较随意，如后面双开叉等，样式比较洋气，装饰多。下面分别介绍男、女西服的款式设计。

10.1.1 男西服

男西服的整体设计效果如图10-1所示。

设计重点

造型设计、打枣工艺表现、四孔扣设计。

图10-1

操作步骤

01 打开CorelDRAW软件，执行菜单栏中的【文件】/【新建】命令，或使用【Ctrl+N】组合键，弹出“创建新文档”对话框，命名文件为“男西服”，如图10-2所示。在属性栏中设定纸张大小为A4，横向摆放，如图10-3所示。

02 鼠标单击上方和左方的标尺栏，分别从上往下、从左往右拖动添加9条辅助线，确定衣长、袖长、领高、翻驳领长、袖肥等位置，如图10-4所示。

图10-2

图10-3

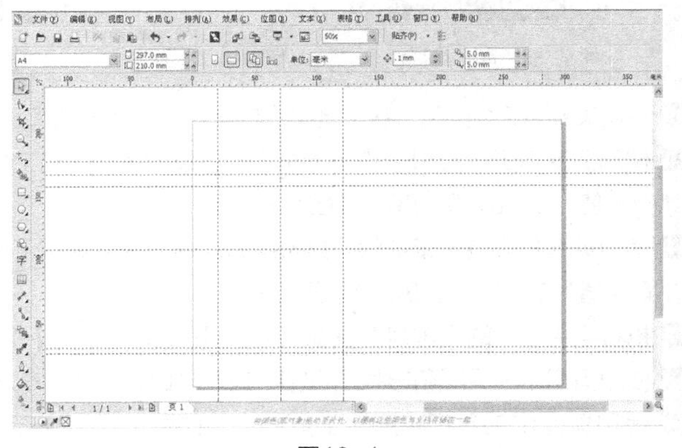

图10-4

03 使用贝塞尔工具和形状工具绘制如图10-5所示的衣身后片，在属性栏中设置轮廓宽度为 .35 mm ，并填充为浅灰色，CMYK值为0，0，0，60。

04 使用贝塞尔工具和形状工具绘制如图10-6所示的后领口，单击选择工具，在属性栏中设置轮廓宽度为.35 mm，并填充为深灰色，CMYK值为0，0，0，80。

05 使用贝塞尔工具和形状工具绘制如图10-7所示的左前片，单击选择工具，在属性栏中设置轮廓宽度为.35 mm，并填充为深灰色，CMYK值为0，0，0，80。

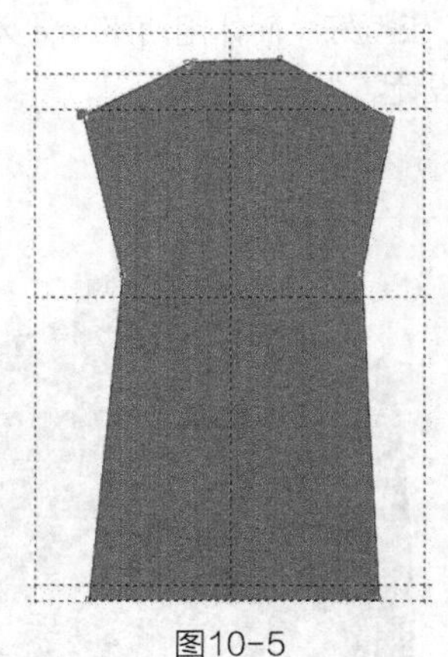

图10-5

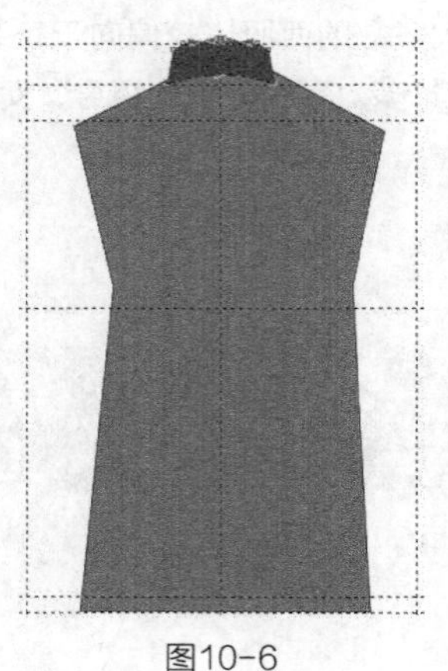

图10-6

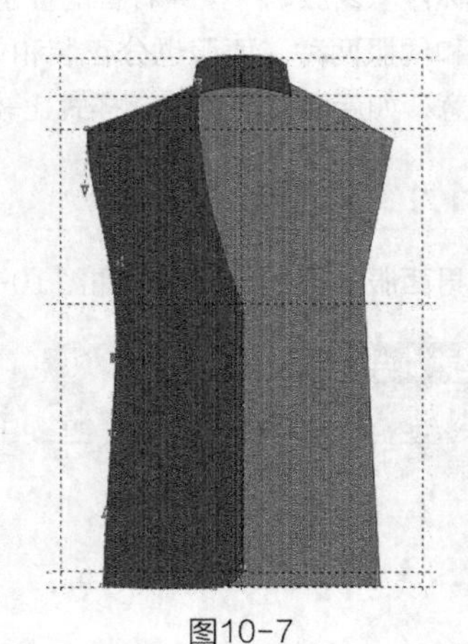

图10-7

06 使用贝塞尔工具和形状工具绘制如图10-8所示的左前片镶拼部分，单击选择工具，在属性栏中设置轮廓宽度为.35 mm，并填充为浅灰色，CMYK值为0，0，0，60。

07 使用贝塞尔工具绘制肩部的分割线，在属性栏中设置轮廓宽度为.35 mm，如图10-9所示。

08 使用贝塞尔工具和形状工具绘制如图10-10所示的分割线，在属性栏中设置轮廓宽度为.35 mm。

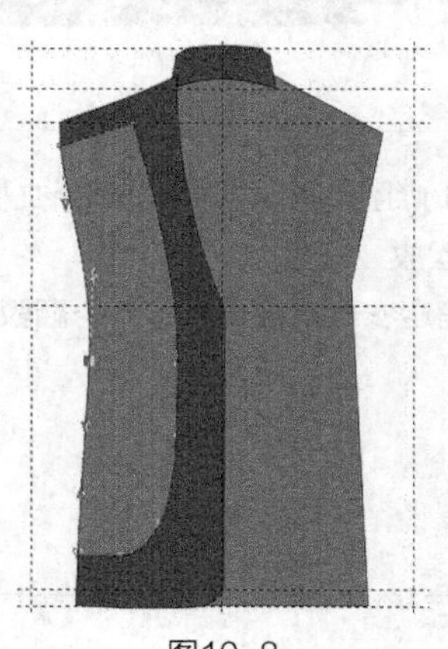

图10-8

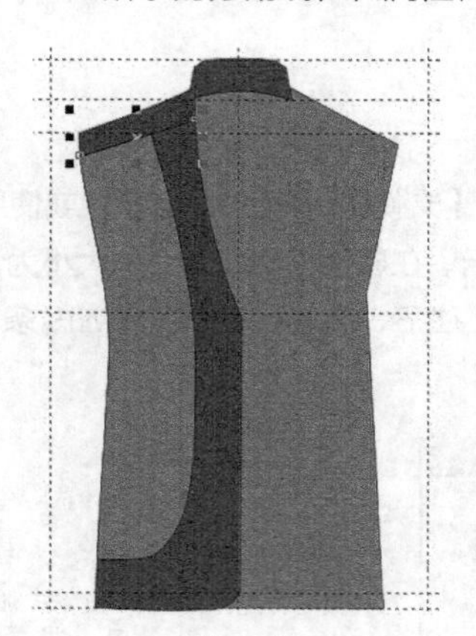

图10-9

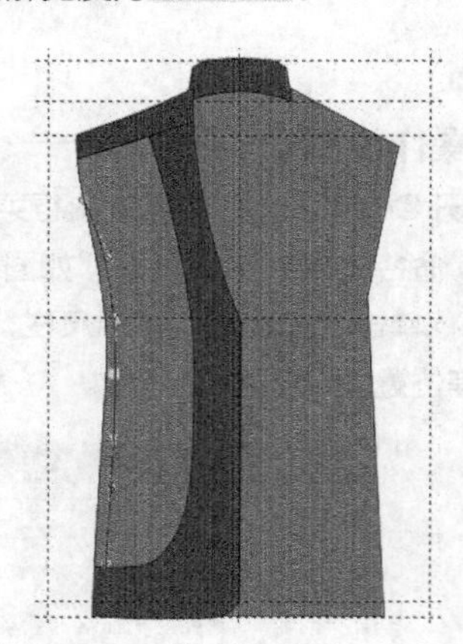

图10-10

09 使用贝塞尔工具和形状工具绘制腰省线，单击选择工具，在属性栏中设置轮廓宽度为.35 mm，如图10-11所示。

10 使用贝塞尔工具和形状工具绘制口袋，单击选择工具，在属性栏中设置轮廓宽度为.35 mm，并填充为深灰色，CMYK值为0，0，0，80，如图10-12所示。

11 使用贝塞尔工具和形状工具绘制左袖，单击选择工具，在属性栏中设置轮廓宽度为.35 mm，并填充为深灰色，CMYK值为0，0，0，80，如图10-13所示。

12 执行菜单栏中的【排列】/【顺序】/【置于此对象后】命令，把它放置到衣身后面，得到的效果如图10-14所示。

13 使用贝塞尔工具和形状工具绘制左袖口分割线，在属性栏中设置轮廓宽度为.35 mm，如图10-15所示。

14 使用贝塞尔工具和形状工具，在如图10-16所示的左袖肘关节处绘制一条衣褶，在属性栏中设置轮廓宽度为.35 mm。

15 使用贝塞尔工具和形状工具绘制翻驳领，单击选择工具，在属性栏中设置轮廓宽度为.35 mm，并填充为深灰色，CMYK值为0，0，0，80，如图10-17所示。

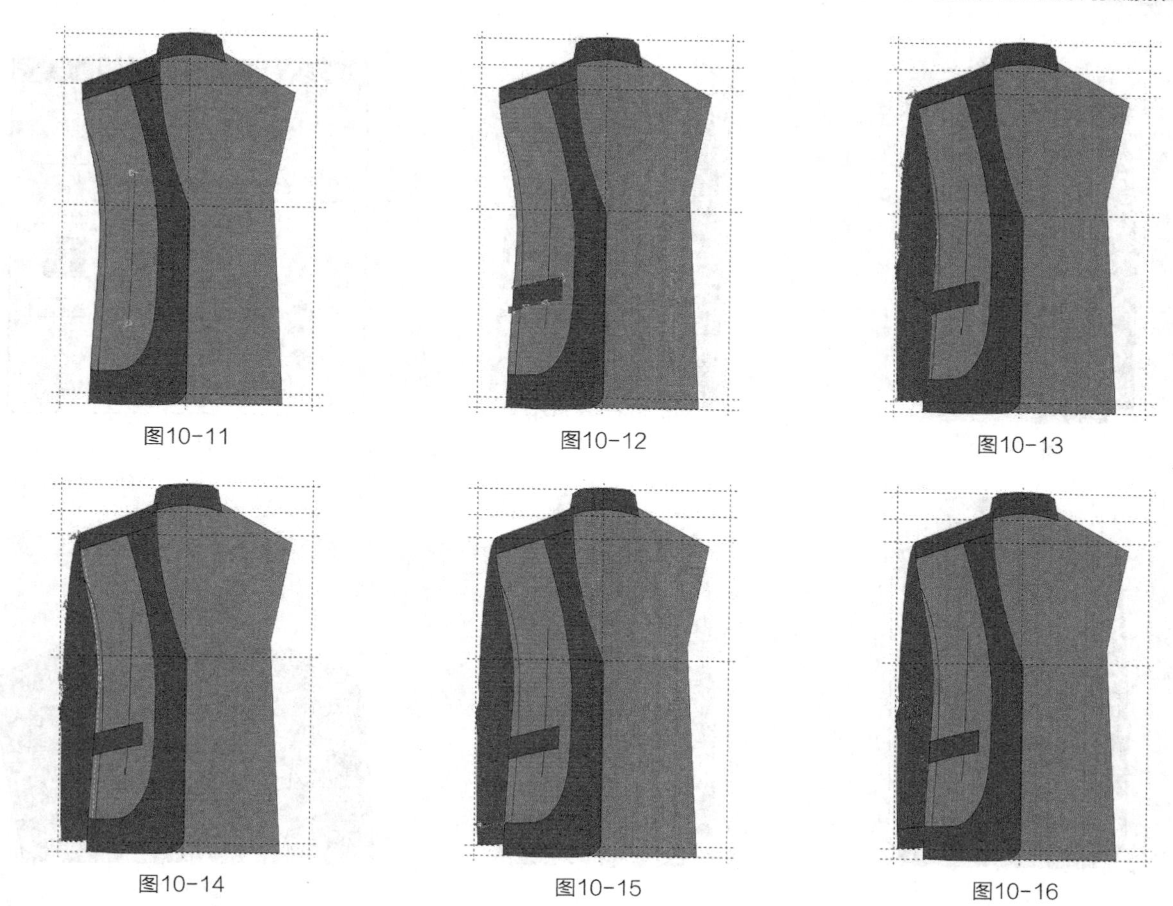

图10-11　图10-12　图10-13

图10-14　图10-15　图10-16

16 使用贝塞尔工具绘制翻驳领的分割线，在属性栏中设置轮廓宽度为.35 mm，如图10-18所示。

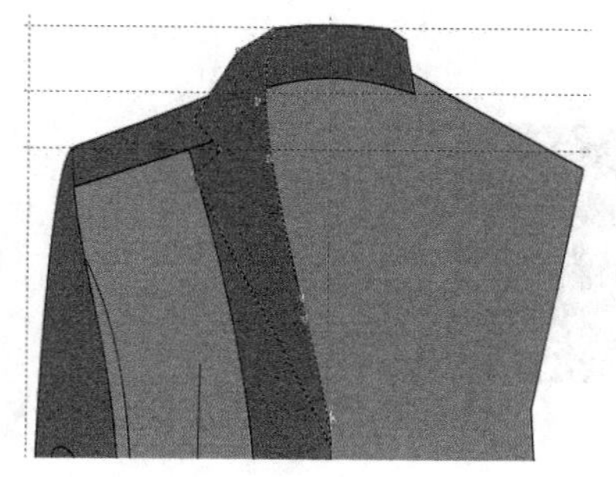

图10-17

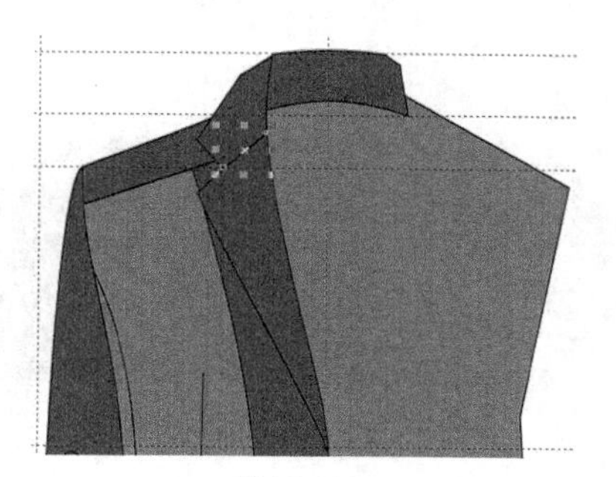

图10-18

17 执行菜单栏中的【编辑】/【全选】/【辅助线】命令，选择所有的辅助线，按【Delete】键删除，得到的效果如图10-19所示。

18 选择贝塞尔工具和形状工具，在如图10-20所示的翻驳领、门襟、衣身、衣服下摆、口袋、袖口处绘制9条缉明线，使缉明线处于选择状态，按【F12】键，弹出“轮廓笔”对话框，选项及参数设置如图10-21所示。

19 单击【确定】按钮，得到的效果如图10-22所示。

20 使用选择工具选择衣身上的缉明线，执行菜单栏中的【排列】/【顺序】/【置于此对象后】命令，把缉明线放置到翻驳领后面，得到的效果如图10-23所示。

21 使用贝塞尔工具在腰省线上绘制一条线段，在属性栏中设置轮廓宽度为.35 mm，如图10-24所示。

22 选择变形工具，在属性栏中设置拉链变形的各项数值如图10-25所示，完成的打枣工艺效果如图10-26所示。

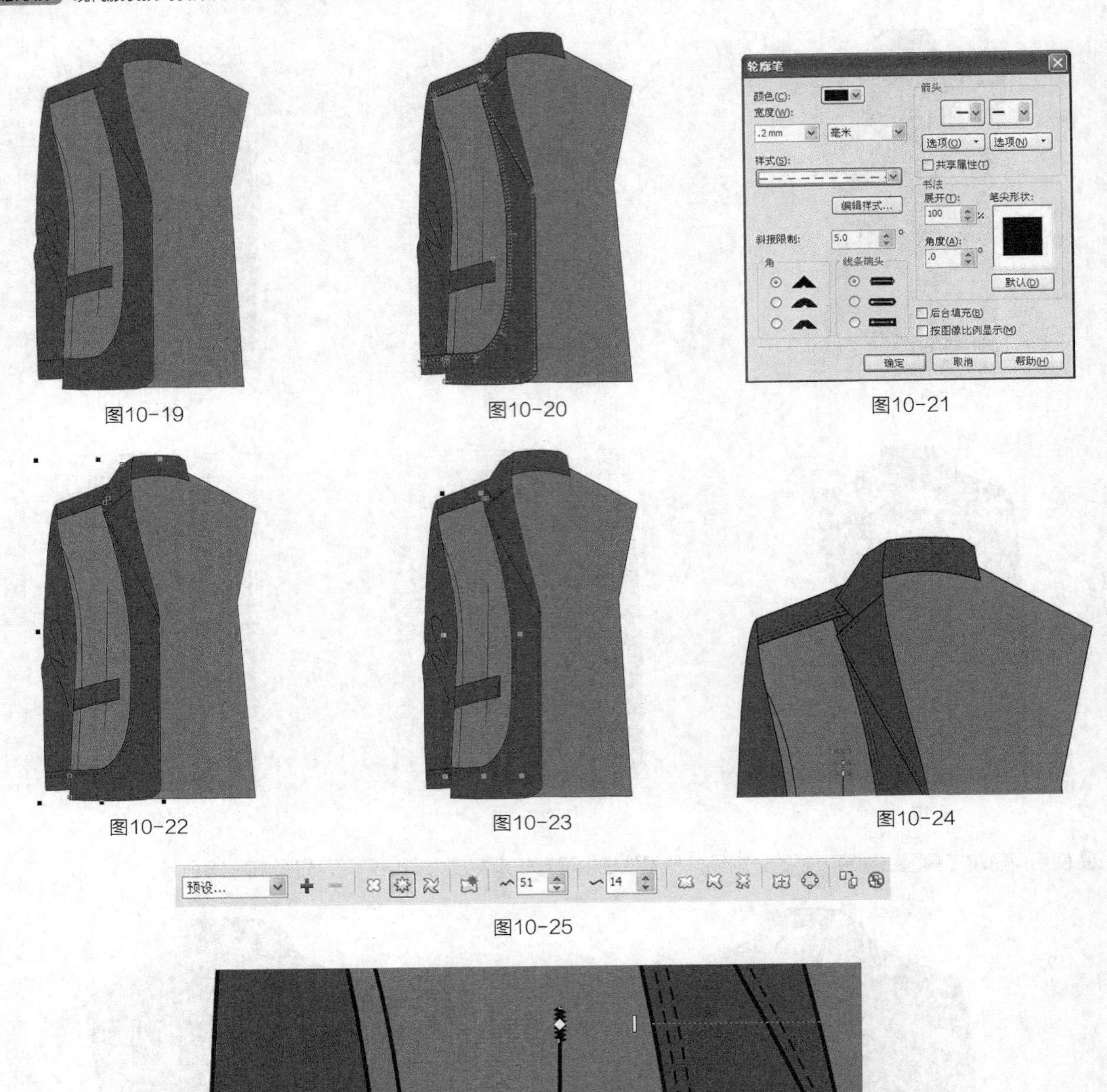

图10-19

图10-20

图10-21

图10-22

图10-23

图10-24

图10-25

图10-26

23 单击选择工具，按【+】键复制图形，把复制的图形摆放在如图10-27所示的位置。

24 使用选择工具框选绘制好的左边衣形，按【+】键复制，单击属性栏中的水平镜像按钮，并把图形向右平移到一定的位置，得到的效果如图10-28所示。

25 使用手绘工具绘制后中分割线，在属性栏中设置轮廓宽度为.35 mm，如图10-29所示。

26 使用贝塞尔工具和形状工具绘制翻领上的花眼，单击选择工具在属性栏中设置轮廓宽度为.35 mm，如图10-30所示。

27 使用贝塞尔工具和形状工具在如图10-31所示的衣身上绘制扣眼，单击选择工具，在属性栏中设置轮廓宽度为.35 mm。

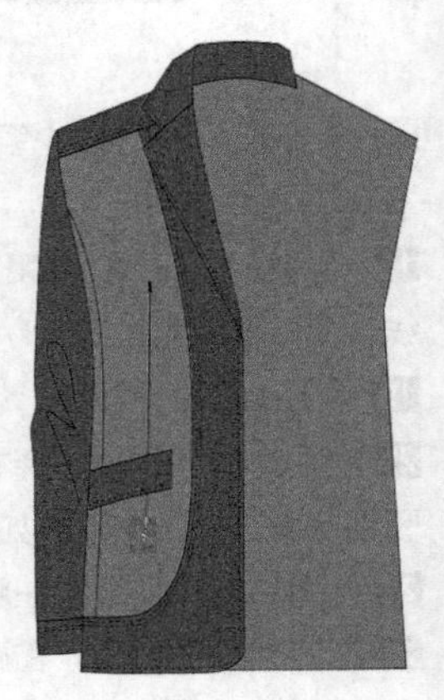

图10-27

图10-28

图10-29

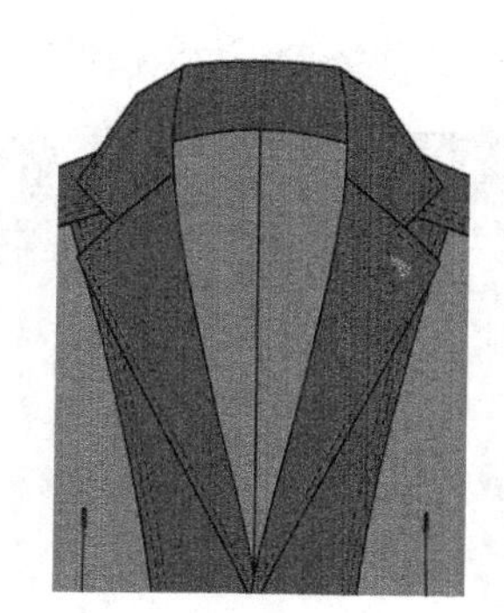
图10-30

28 选择椭圆形工具，按住【Ctrl】键在门襟上绘制一个圆形，在属性栏中设置轮廓宽度为 .2 mm，并填充为浅灰色，CMYK值为0，0，0，60，如图10-32所示。

29 按【+】键复制4个小圆形，再按住【Shift】键等比例缩小图形，把复制的小圆形摆放在如图10-33所示的位置。

图10-31

图10-32

图10-33

30 使用选择工具框选所有圆形，单击属性栏中的合并按钮，得到的效果如图10-34所示。

31 使用选择工具选择扣子和扣眼，按【+】键复制图形，把复制的图形摆放在如图10-35所示的位置。

32 使用选择工具框选所有图形，按【Ctrl+G】组合键群组图形。这样就完成了男西服的绘制，整体效果如图10-36所示。

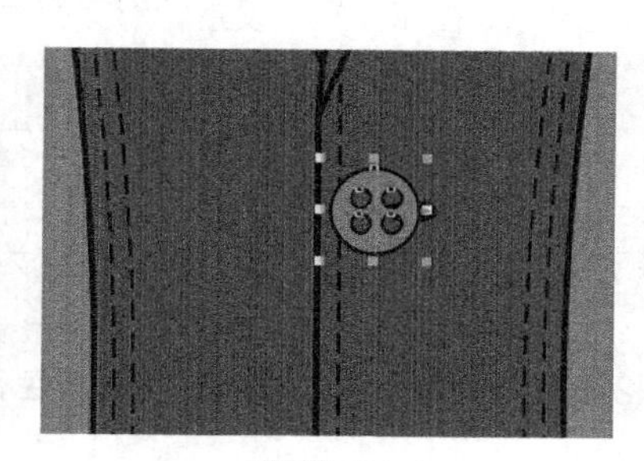
图10-34

图10-35

图10-36

10.1.2 女西服

女西服的整体设计效果如图10-37所示。

设计重点

造型设计，印花图案、捆条工艺的表现。

图10-37

操作步骤

01 打开CorelDRAW软件，执行菜单栏中的【文件】/【新建】命令，或使用【Ctrl+N】组合键，弹出“创建新文档”对话框，命名文件为“女西服”，如图10-38所示。在属性栏中设定纸张大小为A4，横向摆放，如图10-39所示。

02 鼠标单击上方和左方的标尺栏，分别从上往下、从左往右拖动添加9条辅助线，确定衣长、袖长、领高、翻驳领长、袖肥等位置，如图10-40所示。

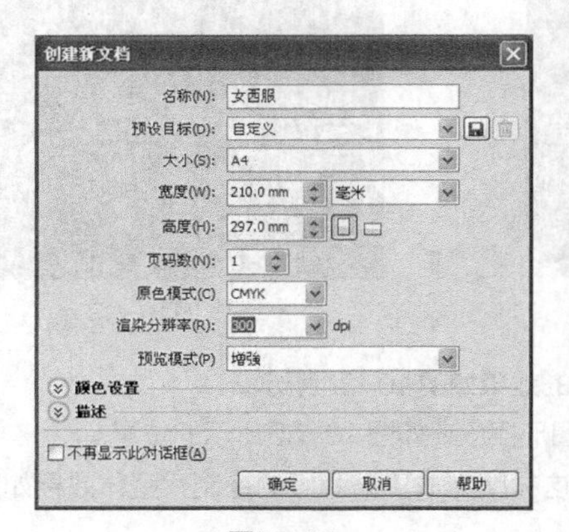

图10-38

图10-39

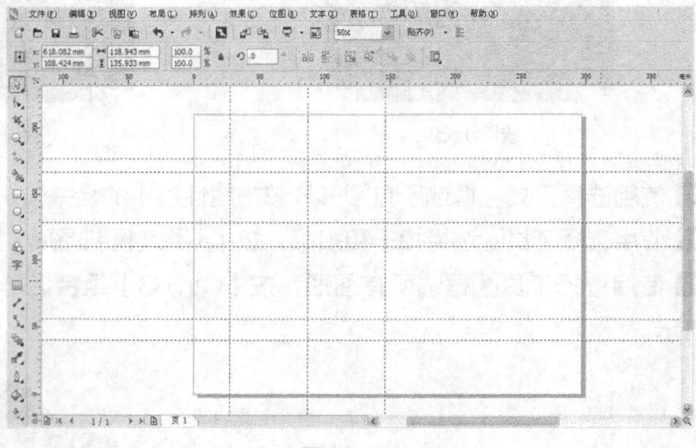

图10-40

03 使用贝塞尔工具和形状工具绘制如图10-41所示的衣身后片，单击选择工具，在属性栏中设置轮廓宽度为 .35 mm，并填充为橄榄绿色，CMYK值为33，28，66，0。

04 使用贝塞尔工具和形状工具绘制如图10-42所示的后领口，单击选择工具，在属性栏中设置轮廓宽度为 .35 mm，并填充为深绿色，CMYK值为72，62，85，29。

05 使用贝塞尔工具和形状工具绘制如图10-43所示的右前片，单击选择工具，在属性栏中设置轮廓宽度为 .35 mm，并填充为深绿色，CMYK值为72，62，85，29。

06 使用贝塞尔工具和形状工具绘制右袖，单击选择工具，在属性栏中设置轮廓宽度为 .35 mm，并填充为深绿色，CMYK值为72，62，85，29，如图10-44所示。

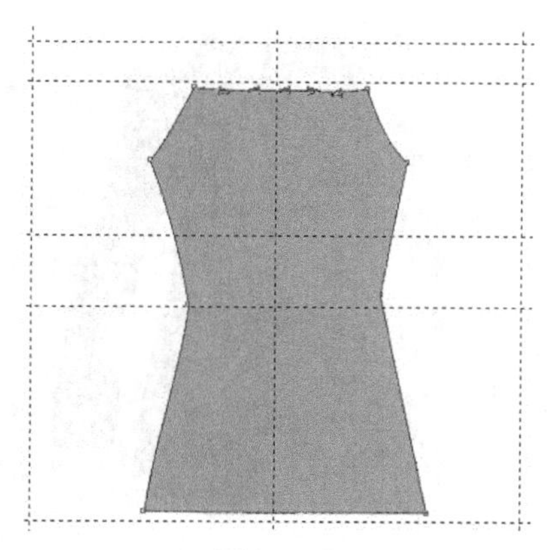

图10-41

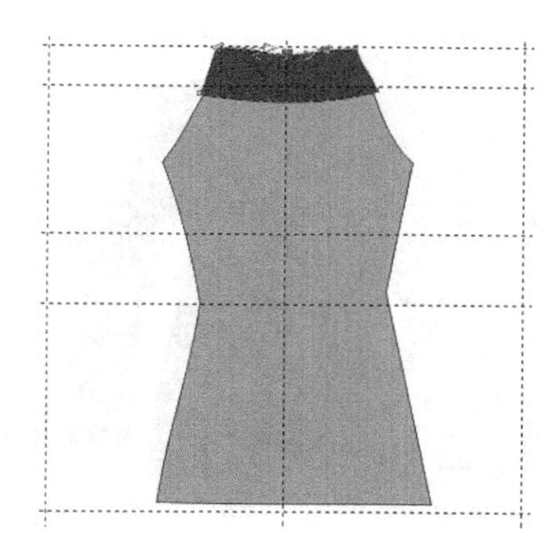

图10-42

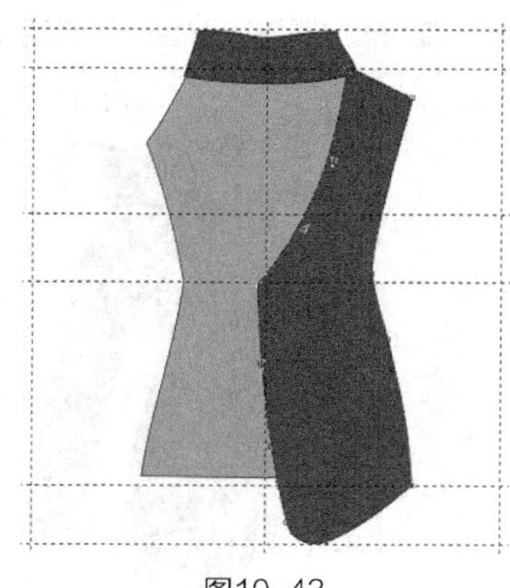

图10-43

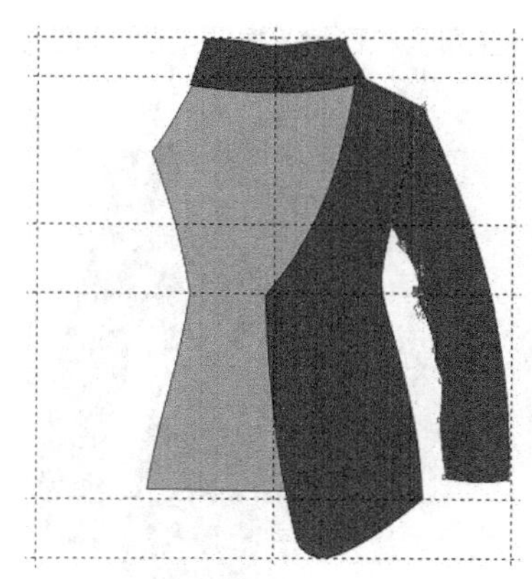

图10-44

07 使用贝塞尔工具和形状工具绘制右肩造型，单击选择工具，在属性栏中设置轮廓宽度为.35 mm，并填充为深绿色，CMYK值为72，62，85，29，如图10-45所示。

08 使用贝塞尔工具和形状工具绘制肩部分割线，单击选择工具，在属性栏中设置轮廓宽度为.35 mm，如图10-46所示。

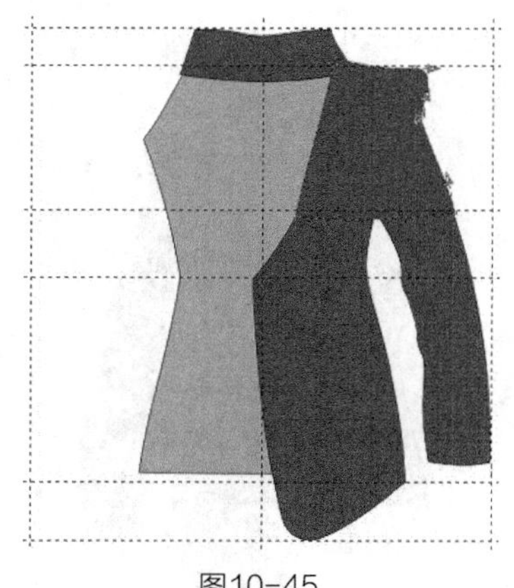

图10-45

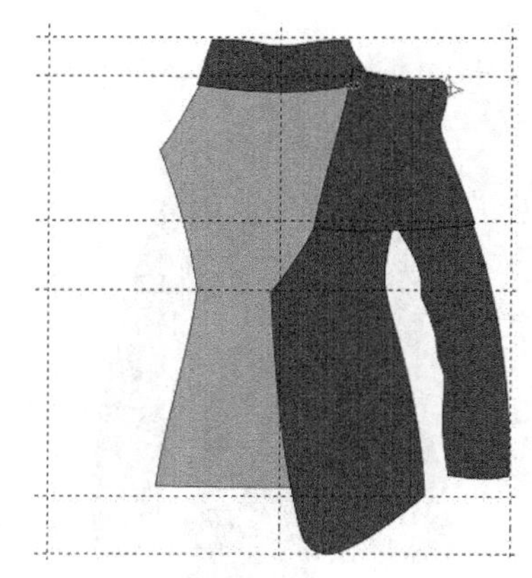

图10-46

09 使用贝塞尔工具和形状工具在如图10-47所示的右袖肘关节处绘制3条衣褶，设置轮廓宽度为.35 mm。

10 使用贝塞尔工具和形状工具绘制翻驳领，在属性栏中设置轮廓宽度为.35 mm，并填充为深绿色，CMYK值为72，62，85，29，如图10-48所示。

11 使用贝塞尔工具绘制翻驳领的分割线，在属性栏中设置轮廓宽度为.35 mm，如图10-49所示。

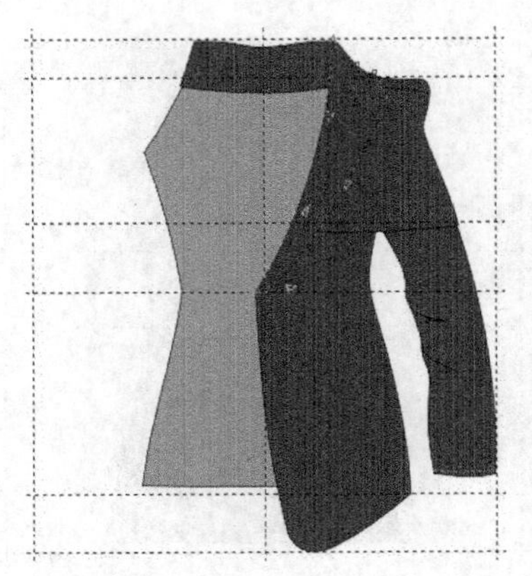

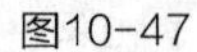

图10-47　　图10-48

12 使用贝塞尔工具和形状工具绘制后领口分割线，在属性栏中设置轮廓宽度为 .35 mm，如图 10-50 所示。

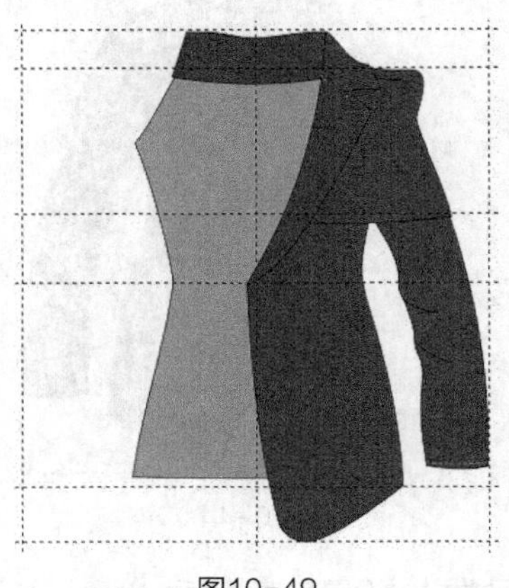

图10-49

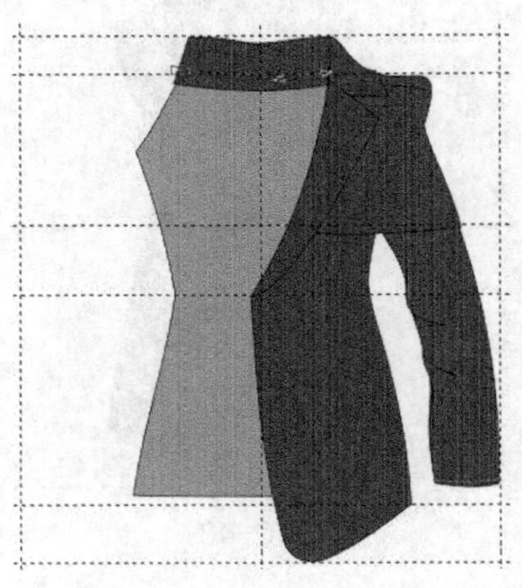

图10-50

13 执行菜单栏中的【编辑】/【全选】/【辅助线】命令，选择所有的辅助线，按【Delete】键删除，得到的效果如图 10-51 所示。

14 使用贝塞尔工具和形状工具绘制如图 10-52 所示的腰省分割线，单击选择工具，在属性栏中设置轮廓宽度为 1.5 mm。

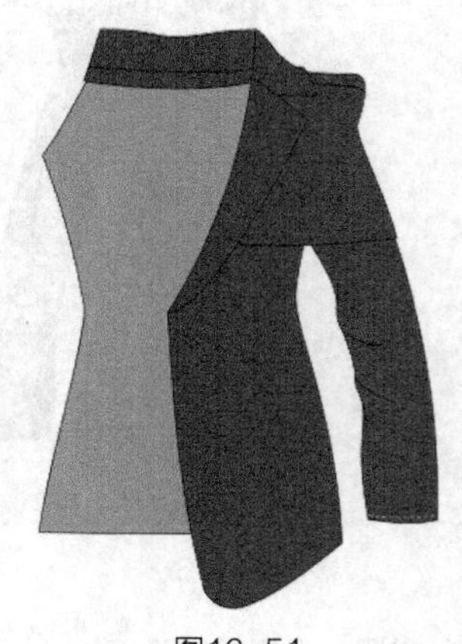

图10-51

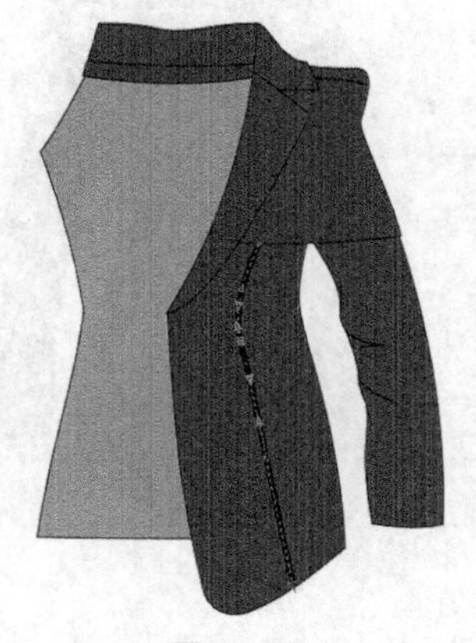

图10-52

15 执行菜单栏中的【排列】/【将轮廓转换为对象】命令，把路径转换为图形，并填充为深绿色，CMYK值为 72，62，85，29，得到的效果如图 10-53 所示。

16 使用选择工具选择图形，在属性栏中设置轮廓宽度为 .5 mm，得到的效果如图 10-54 所示。

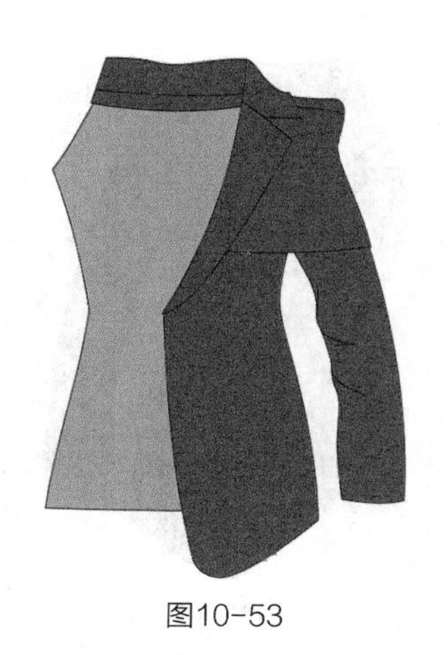
图10-53

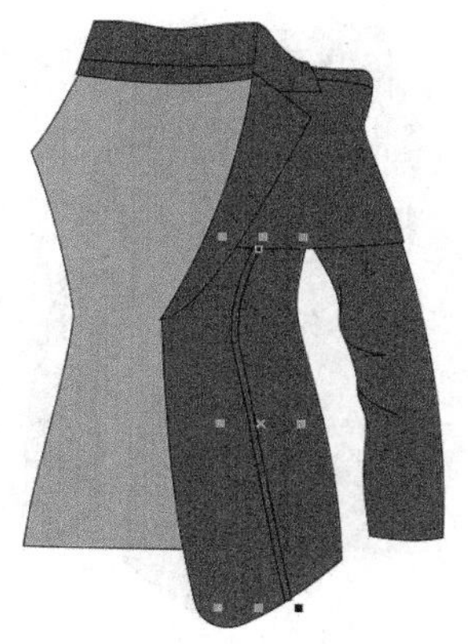
图10-54

17 使用形状工具调整图形边缘，使其和衣服下摆造型相贴合，得到效果如图10-55所示。

18 执行菜单栏中的【排列】/【顺序】/【置于此对象后】命令，把图形放置到肩部造型后面，得到的效果如图10-56所示。

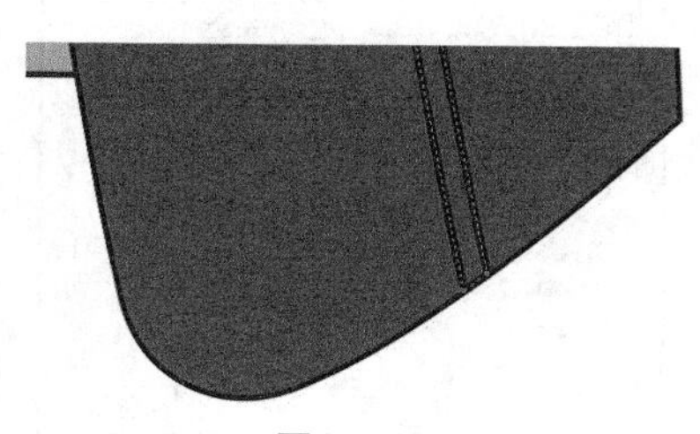
图10-55

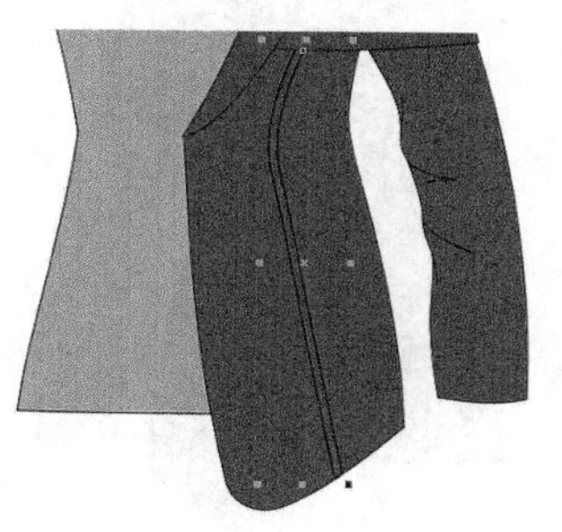
图10-56

19 使用贝塞尔工具和形状工具绘制口袋，单击选择工具，在属性栏中设置轮廓宽度为 .35 mm，并填充为深绿色，CMYK值为72，62，85，29，如图10-57所示。

20 使用贝塞尔工具和形状工具在袖子上绘制3条线段，如图10-58所示。

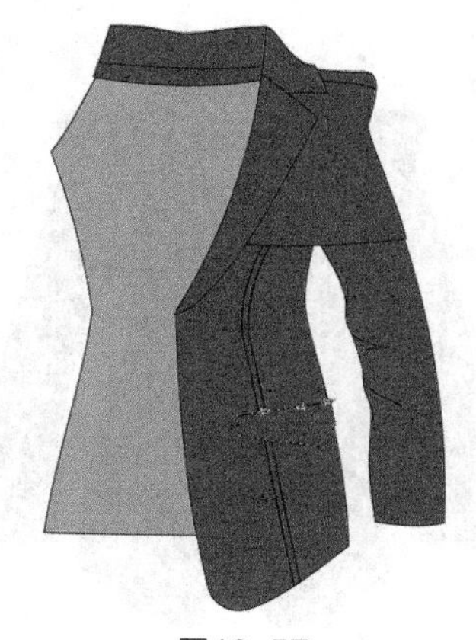
图10-57

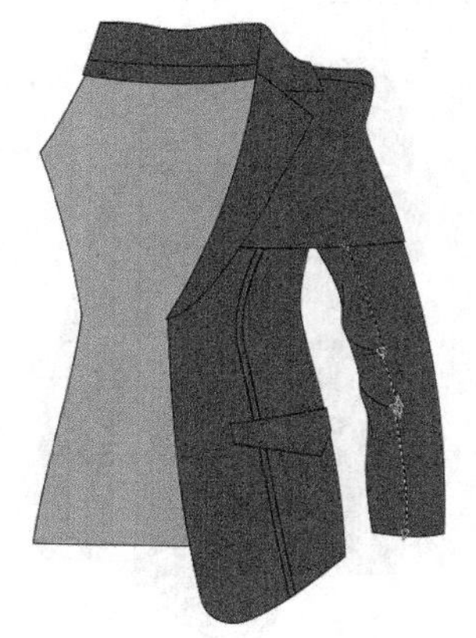
图10-58

21 使用选择工具框选3条线段，单击属性栏中的合并按钮，然后在属性栏中设置轮廓宽度为 1.5 mm，得到的效果如图10-59所示。

22 重复步骤**13**~步骤**16**的操作，完成袖子的捆条工艺表现，如图10-60所示。

23 选择贝塞尔工具和形状工具，在如图10-61所示的翻驳领、门襟、肩部、衣服下摆、口袋、袖口处绘制8条缉明线，使缉明线处于选择状态，按【F12】键，弹出“轮廓笔”对话框，选项及参数设置如图10-62所示轮廓填充为橄榄绿色，CMYK值为33，28，66，0。

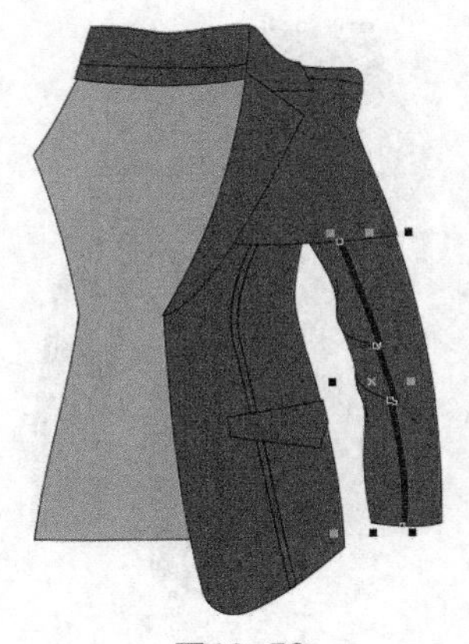
图10-59

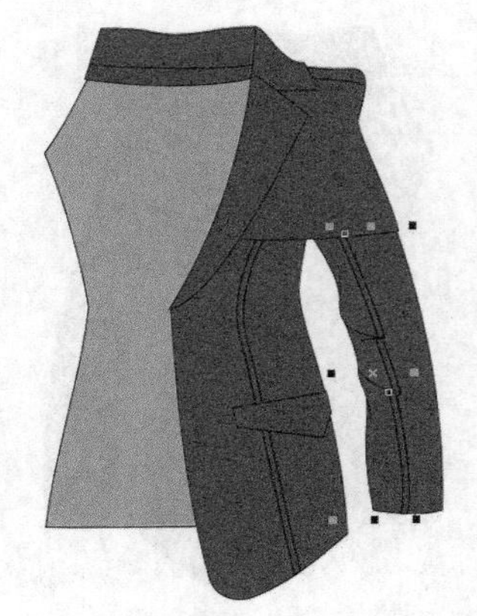
图10-60

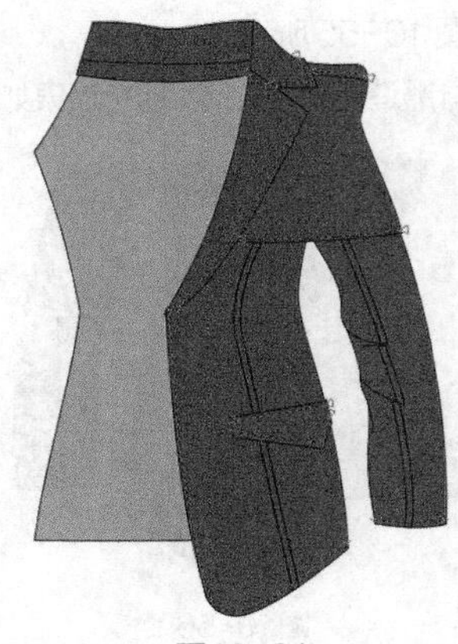
图10-61

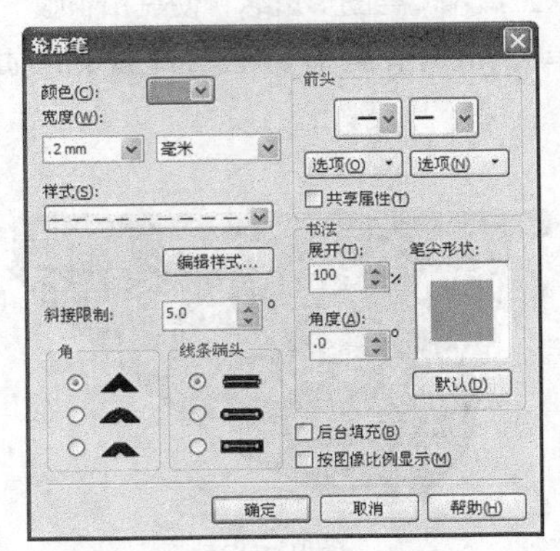

图10-62

24 单击【确定】按钮，得到的效果如图 10-63 所示。

25 使用选择工具框选绘制好的右边衣形，按【+】键复制，单击属性栏中的水平镜像按钮，并把图形向左平移到一定的位置，得到的效果如图 10-64 所示。

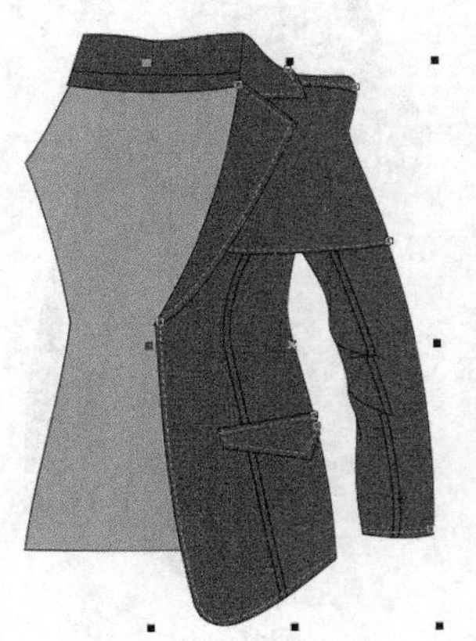
图10-63

图10-64

26 使用手绘工具绘制后中分割线，在属性栏中设置轮廓宽度为 .35 mm，如图 10-65 所示。

27 执行菜单栏中的【排列】/【顺序】/【置于此对象后】命令，把分割线放置到翻驳领后面，得到的效果如图 10-66 所示。

28 使用贝塞尔工具和形状工具在衣身上绘制扣眼，单击选择工具，在属性栏中设置轮廓宽度为 .35 mm，如图 10-67 所示。

图10-65

图10-66

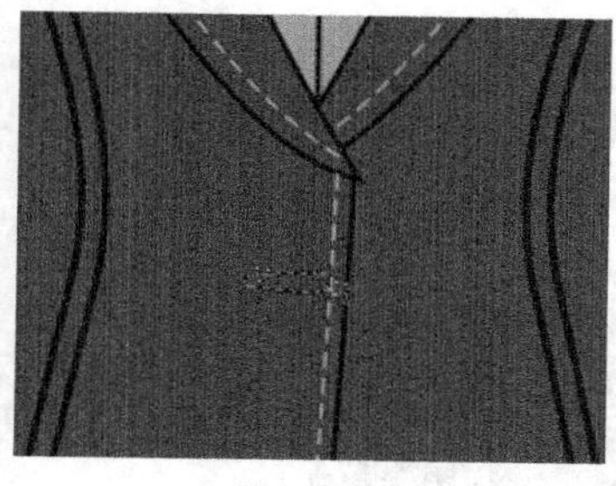
图10-67

29 选择变形工具，在属性栏中设置拉链变形的各项数值如图10-68所示，得到的效果如图10-69所示。

图10-68

30 选择椭圆形工具，按住【Ctrl】键在门襟上绘制一个圆形，在属性栏中设置轮廓宽度为 .35 mm ，并填充为深绿色，CMYK值为72，62，85，29，如图10-70所示。

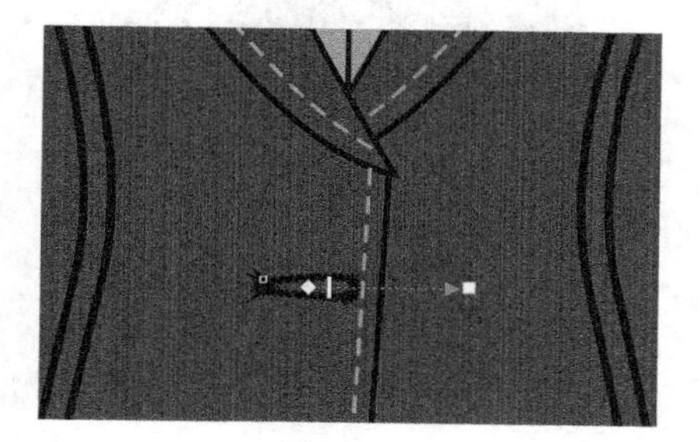
图10-69

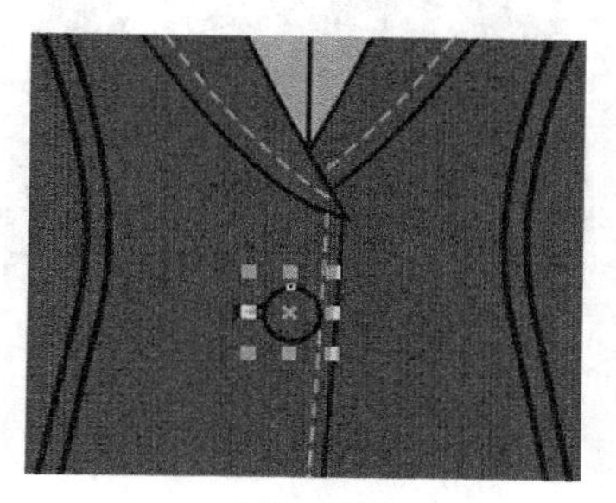
图10-70

31 按【+】键复制圆形，再按住【Shift】键等比例缩小图形，把复制的小圆形摆放在如图10-71所示的位置，在属性栏中设置轮廓宽度为 .2 mm 。

32 使用选择工具框选纽扣和扣眼，按【Ctrl+G】组合键群组图形。按【+】键复制两个图形，分别摆放在如图10-72所示的左右口袋处。

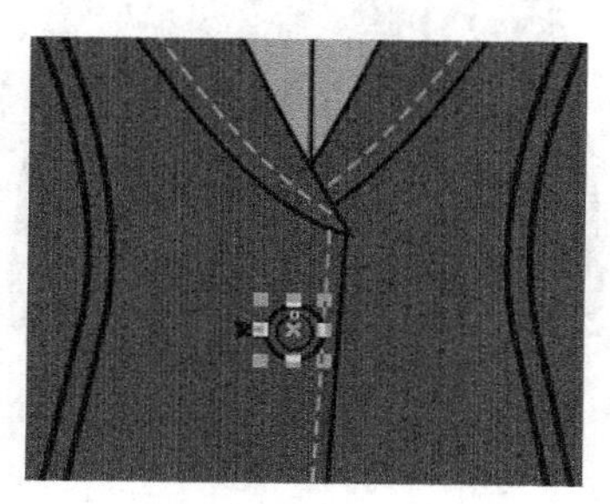
图10-71

图10-72

33 在属性栏中设置左右口袋纽扣的旋转角度分别为 249.5 °和 294.3 °，得到的效果如图10-73所示。

34 使用矩形工具在衣服的下摆处绘制一个矩形，在属性栏中设置轮廓宽度为 .35 mm ，并填充为深绿色，CMYK值为

72，62，85，29，如图10-74所示。

图10-73

图10-74

35 执行菜单栏中的【排列】/【顺序】/【置于此对象后】命令，把矩形放置到右前片后面，得到的效果如图10-75所示。

36 重复步骤 21 ~步骤 22 的操作，绘制后领口和下摆处的缉明线，得到的效果如图10-76所示。

图10-75

图10-76

37 执行菜单栏中的【文件】/【导入】命令，导入如图10-77所示的印花图案。

38 使用选择工具把图案摆放在如图10-78所示的位置。

图10-77

图10-78

39 执行菜单栏中的【效果】/【图框精确剪裁】/【置于图文框内部】命令，把印花图案放置在右肩造型中，得到的效果如图10-79所示。

40 使用选择工具框选所有图形，按【Ctrl+G】组合键群组图形。这样就完成了女西服的绘制，整体效果如图10-80所示。

图10-79

图10-80

10.2 大衣

大衣是指衣长过臀的外穿服装。广义上也包括风衣、雨衣。按衣身长度分为长、中、短3种。按用途分为礼仪活动穿着的礼服大衣；以御风寒的连帽风雪大衣；两面均可穿用，兼具御寒、防雨作用的两用大衣。下面介绍经典的男女大衣款式设计。

10.2.1 男式双排扣大衣

男式双排扣大衣的整体设计效果如图10-81所示。

设计重点

造型设计、纽扣设计。

图10-81

操作步骤

01 打开CorelDRAW软件，执行菜单栏中的【文件】/【新建】命令，或使用【Ctrl+N】组合键，弹出“创建新文档”对话框，命名文件为“男式双排扣大衣”，如图10-82所示。在属性栏中设定纸张大小为A4，横向摆放，如图10-83所示。

02 鼠标单击上方和左方的标尺栏，分别从上往下、从左往右拖动添加9条辅助线，确定衣长、袖长、袖窿深、翻驳领长、袖肥等位置，如图10-84所示。

03 使用贝塞尔工具绘制如图10-85所示的衣身后片，单击选择工具，在属性栏中设置轮廓宽度为 .35 mm，并填充为褐色，CMYK值为56，72，93，24。

04 使用贝塞尔工具和形状工具绘制如图10-86所示的后领口，单击选择工具，在属性栏中设置轮廓宽度为 .35 mm，并填充为赭石色，CMYK值为47，70，91，9。

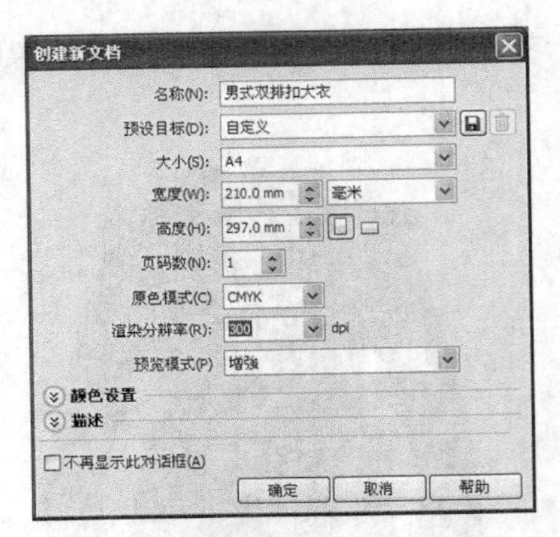

图10-82

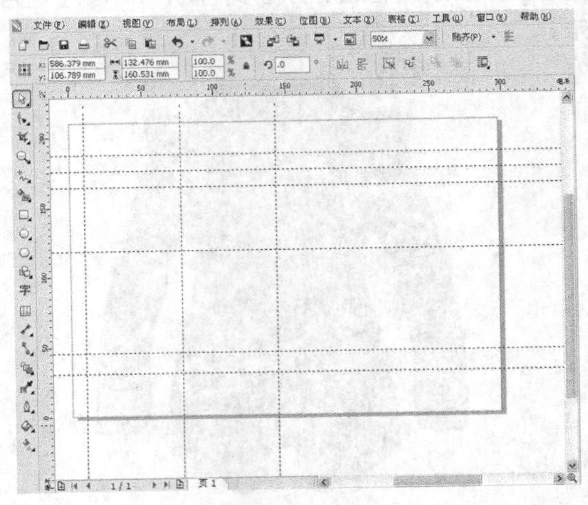

图10-83

图10-84

图10-85

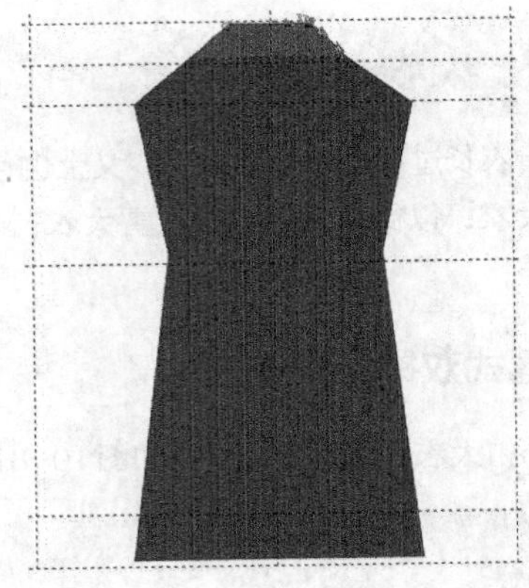

图10-86

05 使用贝塞尔工具和形状工具绘制如图10-87所示的左前片，单击选择工具，在属性栏中设置轮廓宽度为 .35 mm，并填充为赭石色，CMYK值为47，70，91，9。

06 使用贝塞尔工具绘制肩部的分割线，在属性栏中设置轮廓宽度为 .35 mm，如图10-88所示。

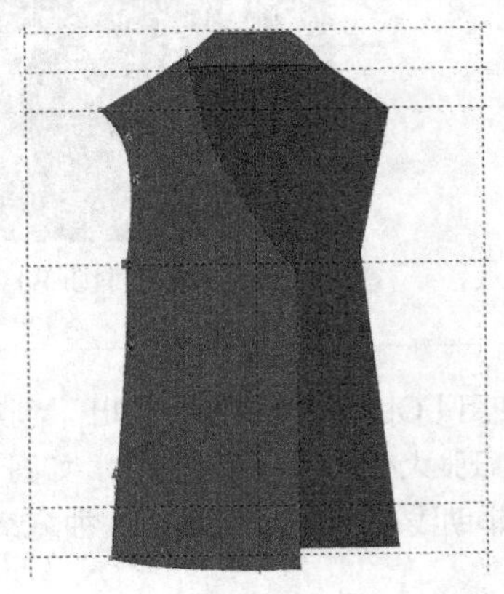

图10-87

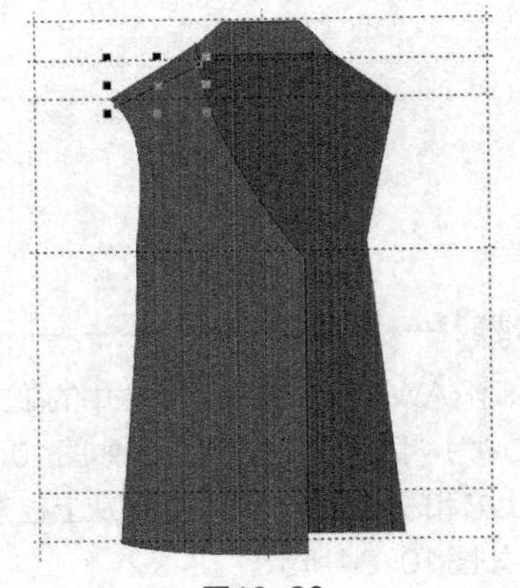

图10-88

07 使用贝塞尔工具和形状工具绘制左袖，单击选择工具，在属性栏中设置轮廓宽度为 .35 mm，并填充为赭石色，CMYK值为47，70，91，9，如图10-89所示。

08 执行菜单栏中的【排列】/【顺序】/【置于此对象后】命令，把它放置到衣身后面，得到的效果如图10-90所示。

图10-89

图10-90

09 使用贝塞尔工具和形状工具在如图10-91所示的左袖上绘制4条衣褶，设置轮廓宽度为 .35 mm 。

10 使用贝塞尔工具绘制胸前的口袋，单击选择工具，在属性栏中设置轮廓宽度为 .35 mm ，并填充为赭石色，CMYK值为47，70，91，9，如图10-92所示。

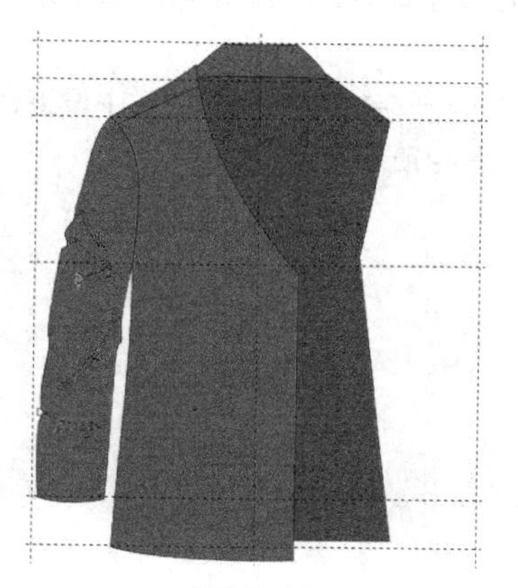
图10-91

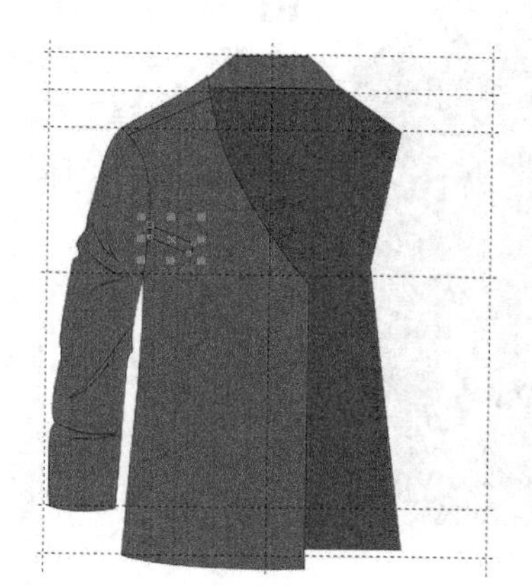
图10-92

11 使用贝塞尔工具和形状工具绘制口袋，单击选择工具，在属性栏中设置轮廓宽度为 .35 mm ，并填充为赭石色，CMYK值为47，70，91，9，如图10-93所示。

12 使用贝塞尔工具和形状工具绘制翻驳领，单击选择工具，在属性栏中设置轮廓宽度为 .35 mm ，并填充为赭石色，CMYK值为47，70，91，9，如图10-94所示。

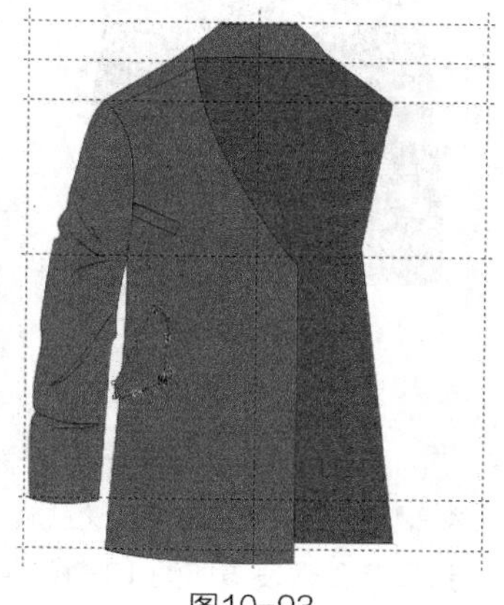
图10-93

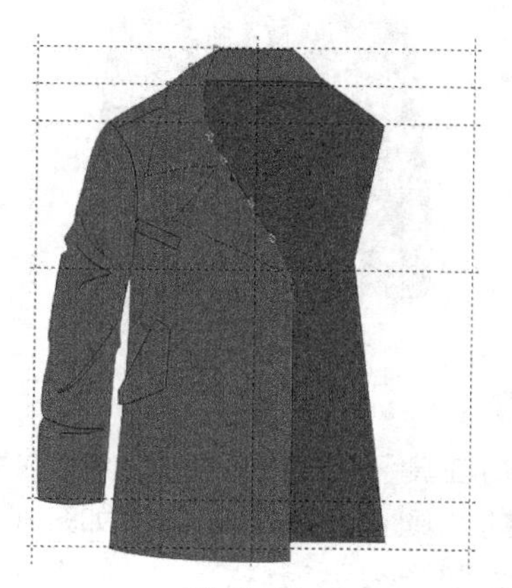
图10-94

13 使用贝塞尔工具和形状工具绘制如图10-95所示的分割线，在属性栏中设置轮廓宽度为 .35 mm 。

14 单击选择工具，执行菜单栏中的【排列】/【顺序】/【置于此对象后】命令，把分割线放置到翻驳领后面，得到的效果如图10-96所示。

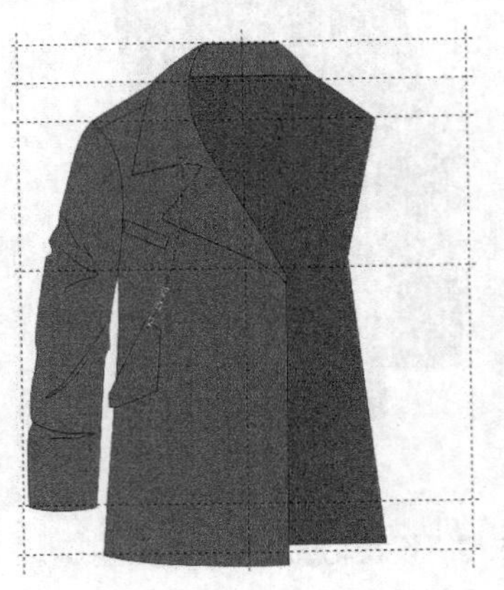
图10-95

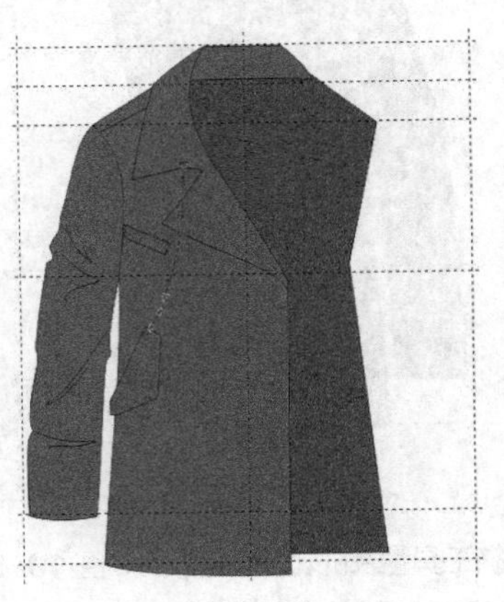
图10-96

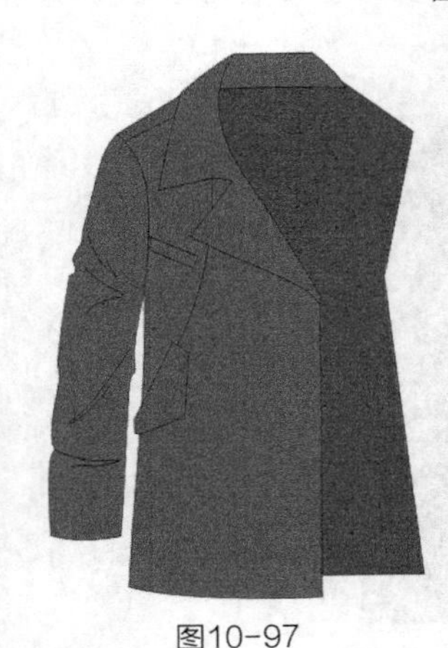
图10-97

15 执行菜单栏中的【编辑】/【全选】/【辅助线】命令，选择所有的辅助线，按【Delete】键删除，得到的效果如图10-97所示。

16 使用选择工具挑选分割线，按【+】键复制一条线段，在属性栏中设置各项参数如图10-98所示，并把复制的缉明线摆放在如图10-99所示的位置。

图10-98

17 执行菜单栏中的【排列】/【顺序】/【置于此对象后】命令，把缉明线放置到翻驳领后面，得到的效果如图10-100所示。

图10-99

图10-100

18 使用贝塞尔工具绘制翻驳领的分割线，在属性栏中设置轮廓宽度为.35 mm，如图10-101所示。

19 选择贝塞尔工具和形状工具，在如图10-102所示的翻驳领、门襟、衣身、肩部、衣服下摆、口袋、袖口处绘制7条缉明线，使缉明线处于选择状态，按【F12】键，弹出“轮廓笔”对话框，选项及参数设置如图10-103所示。

20 单击【确定】按钮，得到的效果如图10-104所示。

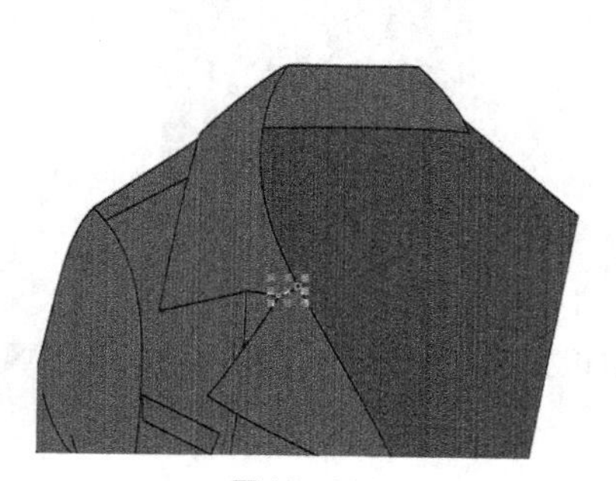
图10-101

图10-102

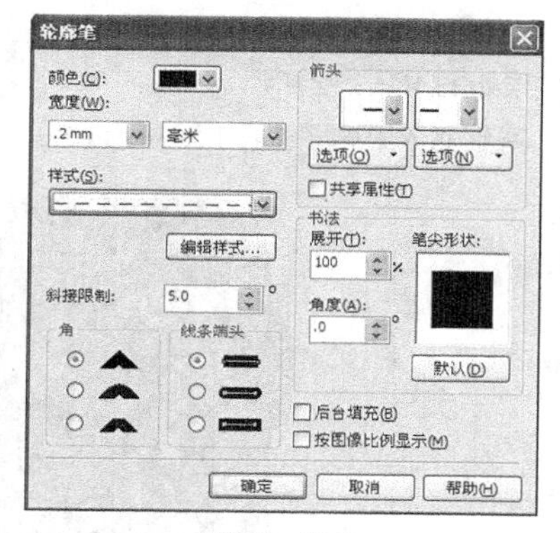

图10-103

图10-104

21 使用贝塞尔工具和形状工具在袖口处绘制图形，单击选择工具，在属性栏中设置轮廓宽度为.35 mm，并填充为赭石色，CMYK值为47，70，91，9，如图10-105所示。

22 使用矩形工具绘制一个矩形，在属性栏中设置轮廓宽度为.35 mm，并填充为赭石色，CMYK值为47，70，91，9，如图10-106所示。

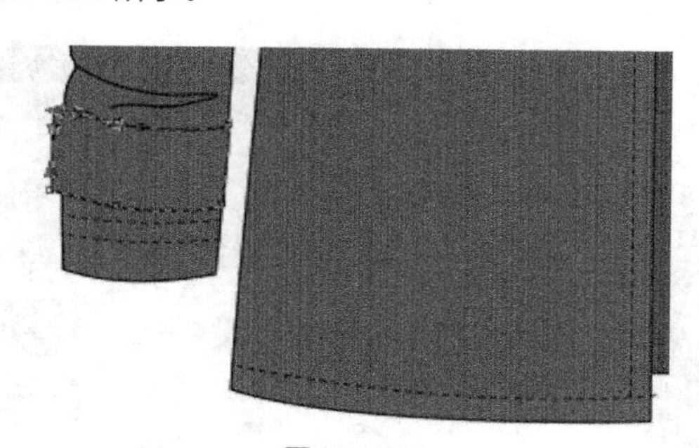
图10-105

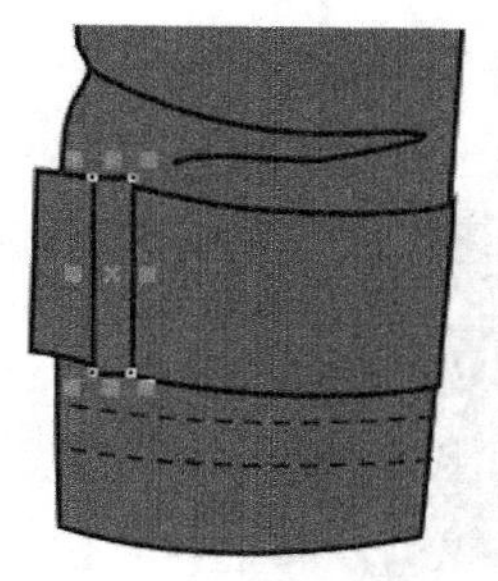
图10-106

23 选择手绘工具在矩形上绘制两条直线，在属性栏中设置各项参数如图10-107所示，得到的效果如图10-108所示。

图10-107

24 单击选择工具框选图形，在属性栏中设置旋转角度为352.2°，得到的效果如图10-109所示。

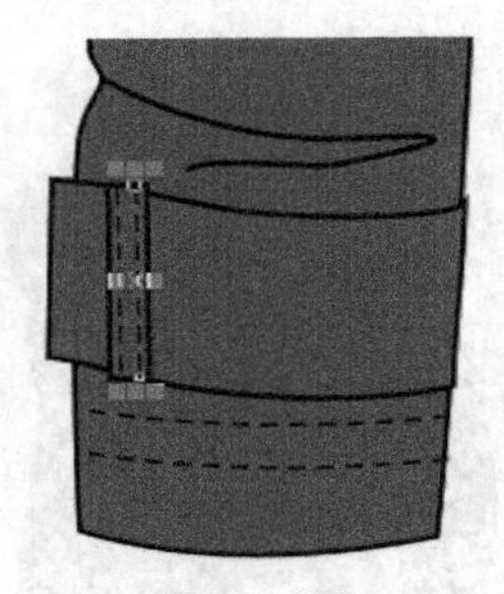

图10-108

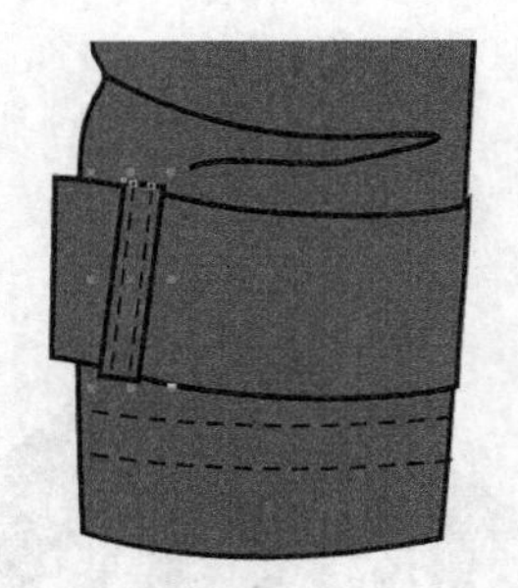

图10-109

25 使用矩形工具绘制一个矩形，在属性栏中对矩形进行各项参数设置，如图10-110所示。给矩形填充赭石色，CMYK值为47，70，91，9，得到的效果如图10-111所示。

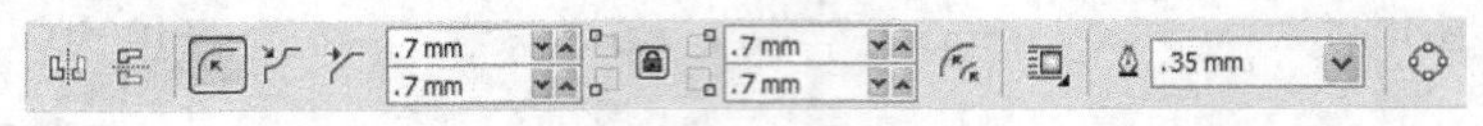

图10-110

26 单击【+】键复制图形，再按住【Shift】键等比例缩小图形，得到的效果如图10-112所示。

27 使用选择工具框选两个矩形，单击属性栏中的合并按钮结合图形，得到的效果如图10-113所示。

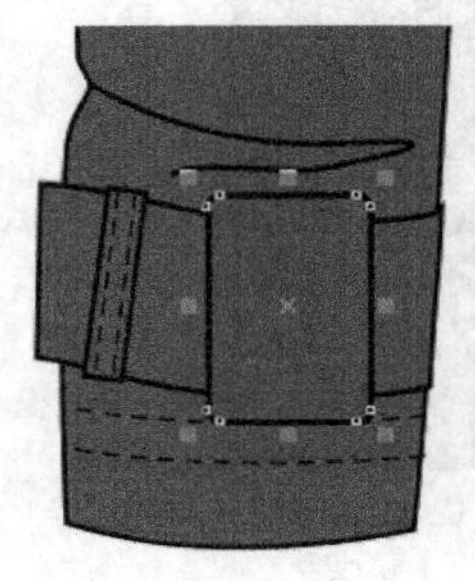

图10-111

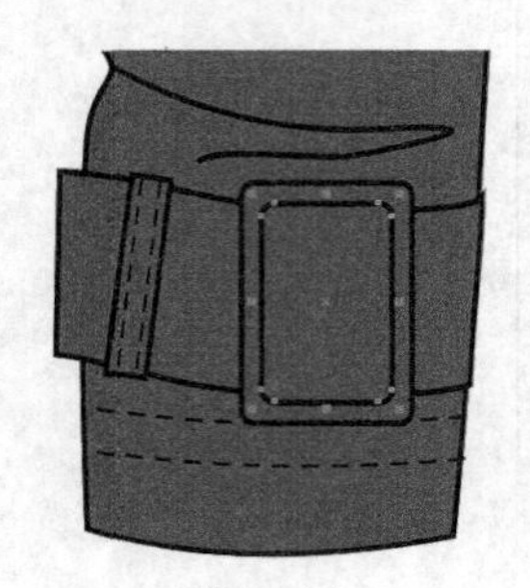

图10-112

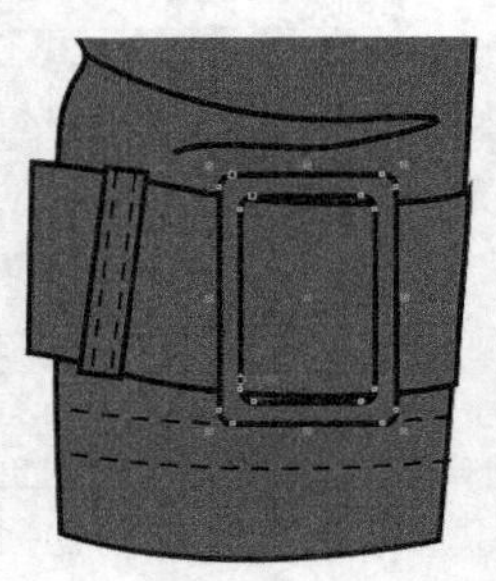

图10-113

28 单击选择工具，在属性栏中设置旋转角度为357.5°，得到的效果如图10-114所示。

29 选择贝塞尔工具和形状工具，在如图10-115所示的袖带上绘制两条缉明线，使缉明线处于选择状态，按【F12】键，弹出“轮廓笔”对话框，选项及参数设置如图10-116所示。

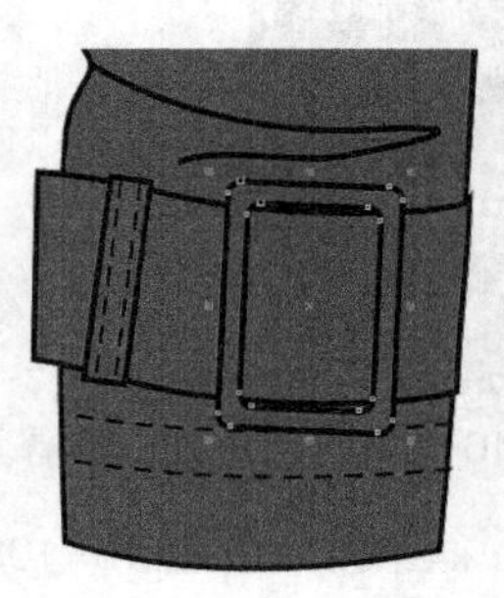

图10-114

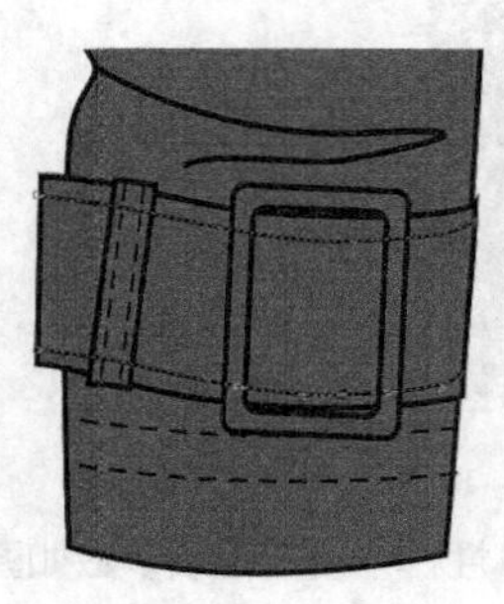

图10-115

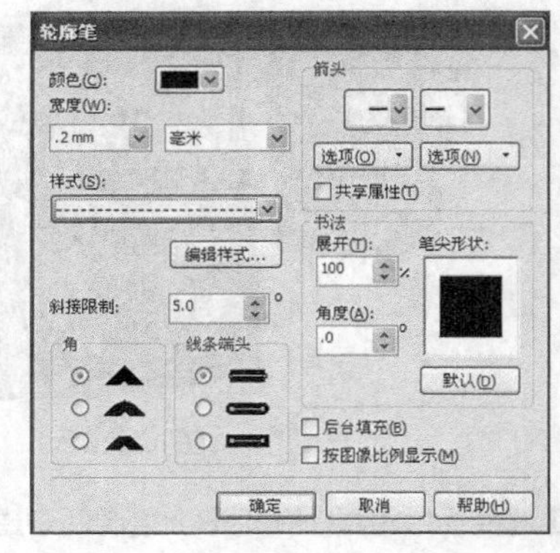

图10-116

30 单击【确定】按钮，得到的效果如图10-117所示。

31 执行菜单栏中的【排列】/【顺序】/【置于此对象后】命令，把缉明线放置到袖扣袢后面，得到的效果如图10-118所示。

32 使用选择工具框选绘制好的左边衣形，按【+】键复制，单击属性栏中的水平镜像按钮，并把图形向右平移到一定的位置，得到的效果如图10-119所示。

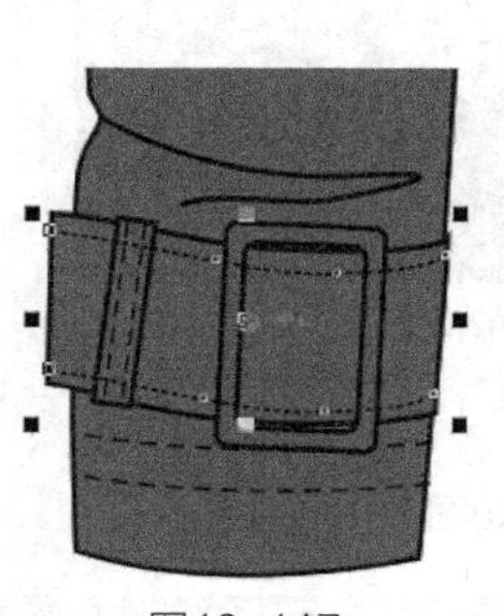

图10-117

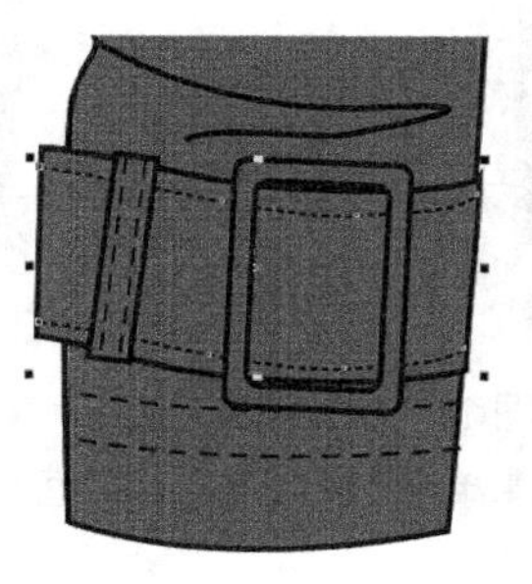

图10-118

图10-119

33 使用贝塞尔工具和形状工具绘制后片的分割线，在属性栏中设置轮廓宽度为 .35 mm，如图10-120所示。

34 选择贝塞尔工具和形状工具，在如图10-121所示位置绘制4条缉明线，使缉明线处于选择状态，按【F12】键，弹出“轮廓笔”对话框，选项及参数设置如图10-122所示。

图10-120

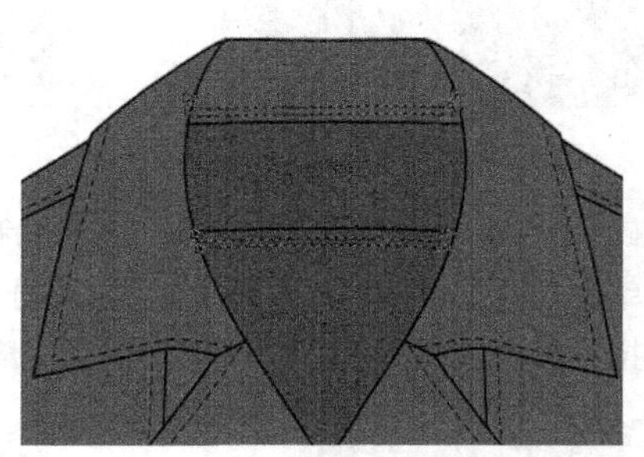

图10-121

35 单击【确定】按钮，得到的效果如图10-123所示。

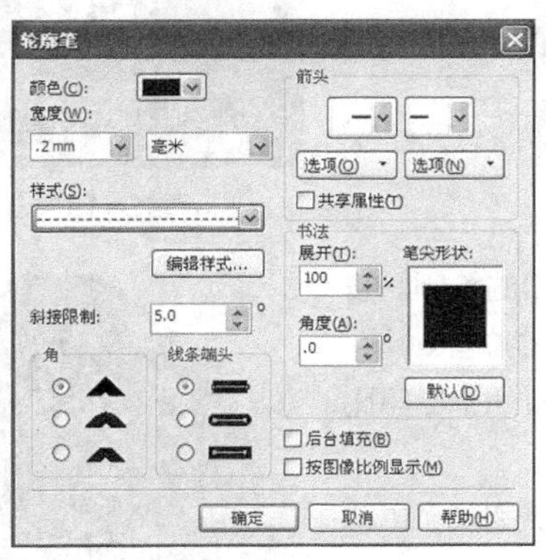

图10-122

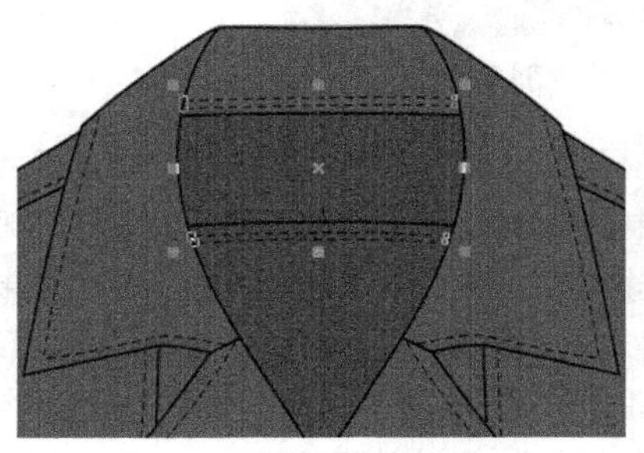

图10-123

36 选择椭圆形工具，按住【Ctrl】键在门襟上绘制一个圆形，在属性栏中设置轮廓宽度为 .35 mm，并填充为白色，如图10-124所示。

37 按【+】键复制4个圆形，再按住【Shift】键等比例缩小图形，把复制的小圆形摆放在如图10-125所示的位置。

38 使用选择工具框选所有圆形，单击属性栏中的合并按钮，得到的效果如图10-126所示。

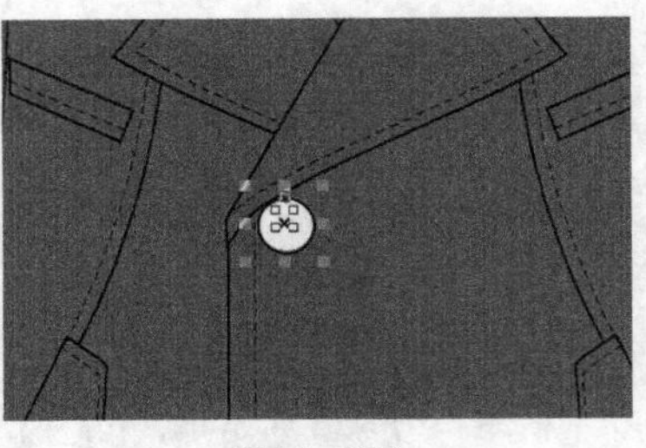
图10-124

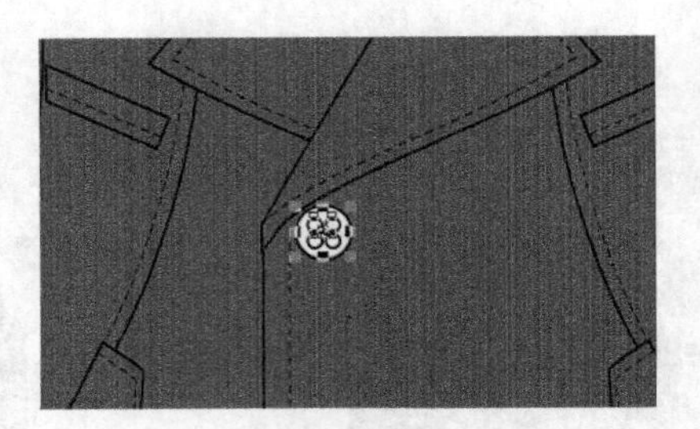
图10-125

39 使用手绘工具在扣子上绘制两条线段，如图10-127所示。

40 使用选择工具选择两条线段，按【F12】键弹出“轮廓笔”对话框，设置各项参数如图10-128所示。

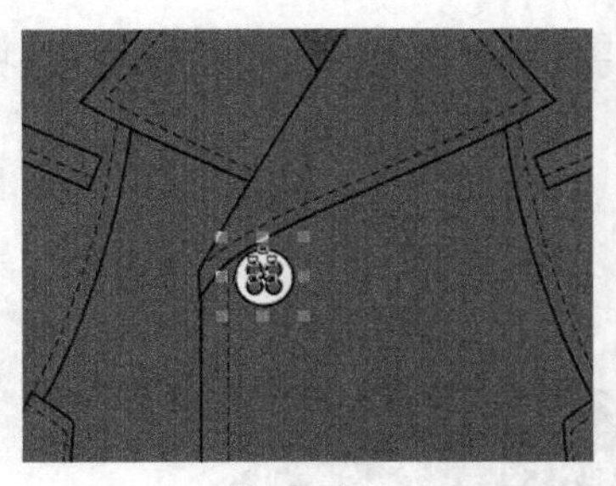
图10-126

图10-127

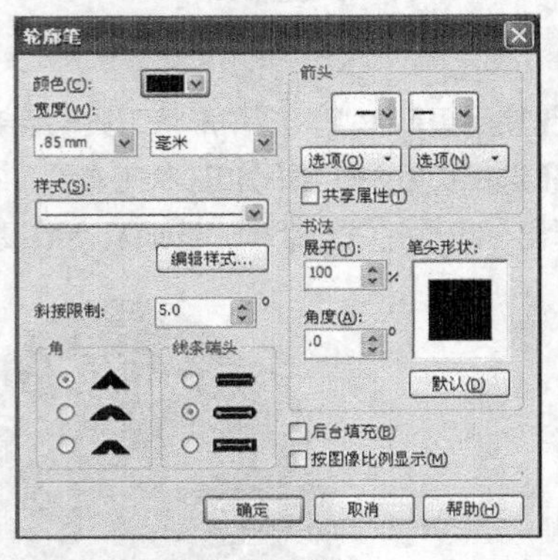

图10-128

41 单击【确定】按钮，得到的效果如图10-129所示。

42 执行菜单栏中的【排列】/【将轮廓转换为对象】命令，把路径转换为图形并填充为白色。得到的效果如图10-130所示。

43 使用选择工具选择图形，在属性栏中设置轮廓宽度为 .2 mm，得到的效果如图10-131所示。

图10-129

图10-130

图10-131

44 使用选择工具框选图形，按【Ctrl+G】组合键群组图形，完成纽扣的绘制。按【+】键复制5个纽扣，把复制的纽扣分别摆放在如图10-132所示的门襟的位置。

45 使用选择工具选择单个纽扣，按【+】键复制两个图形，再按住【Shift】键等比例缩小图形，把缩小的纽扣摆放在如图10-133所示的口袋上。

46 使用选择工具框选所有图形，按【Ctrl+G】组合键群组图形。这样就完成了男式双排扣大衣的绘制，整体效果如图10-134所示。

图10-132

图10-133

图10-134

10.2.2 女式大衣

女式大衣的整体设计效果如图10-135所示。

设计重点

造型设计，千鸟格图案、钻石纽扣的表现。

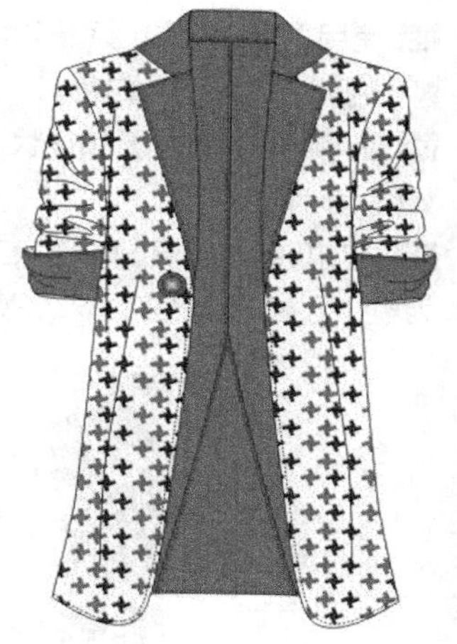

图10-135

操作步骤

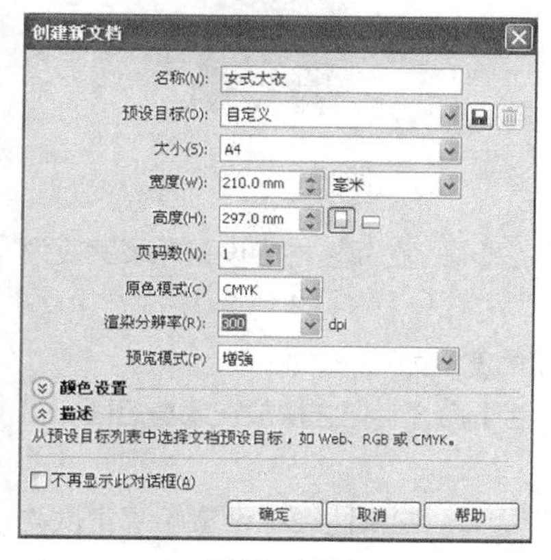

图10-136

01 打开CorelDRAW软件，执行菜单栏中的【文件】/【新建】命令，或使用【Ctrl+N】组合键，弹出“创建新文档”对话框，命名文件为“女式大衣”，如图10-136所示。在属性栏中设定纸张大小为A4，横向摆放，如图10-137所示。

图10-137

02 鼠标单击上方和左方的标尺栏，分别从上往下、从左往右拖动添加10条辅助线，确定衣长、袖长、翻驳领线、袖肥、下摆等位置，如图10-138所示。

03 使用贝塞尔工具和形状工具绘制如图10-139所示的衣身后片，在属性栏中设置轮廓宽度为.35 mm，并填充为玫红色，CMYK值为2，100，5，0。

04 使用贝塞尔工具和形状工具绘制如图10-140所示的后领口，单击选择工具，在属性栏中设置轮廓宽度为.35 mm，并填充为玫红色，CMYK值为2，100，5，0。

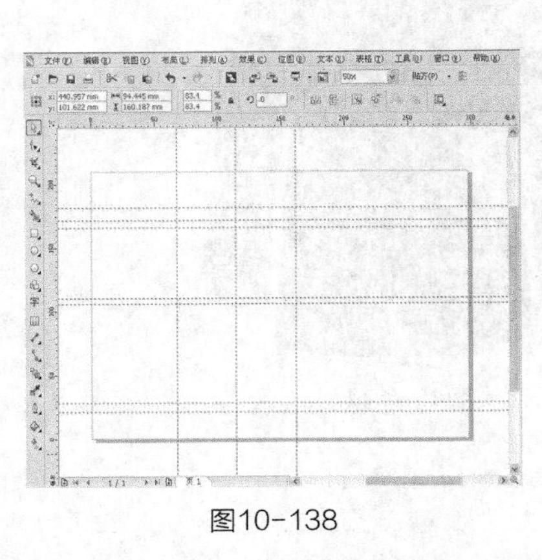

图10-138

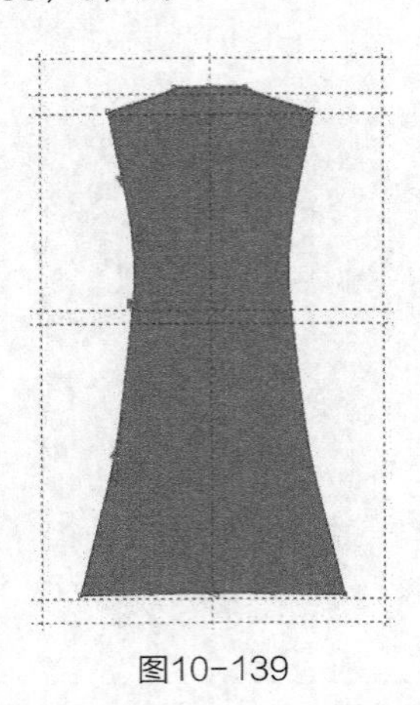

图10-139

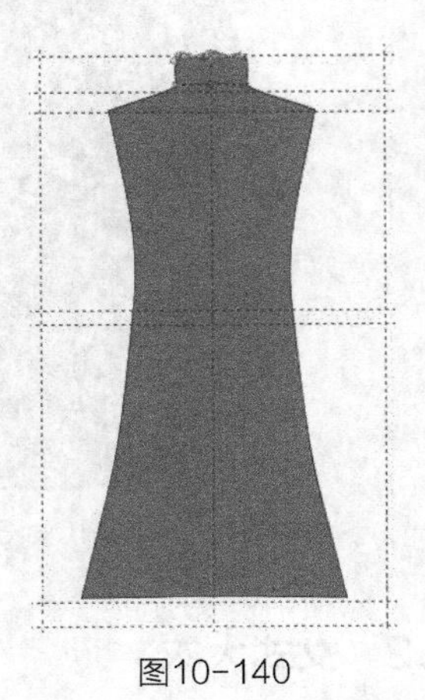

图10-140

05 使用贝塞尔工具和形状工具绘制如图10-141所示的左前片，单击选择工具，在属性栏中设置轮廓宽度为.35 mm，并填充为白色。

06 使用贝塞尔工具和形状工具绘制左袖，单击选择工具，在属性栏中设置轮廓宽度为.35 mm，并填充为白色，如图10-142所示。

07 使用贝塞尔工具和形状工具绘制如图10-143所示的袖口翻折部分，单击选择工具，在属性栏中设置轮廓宽度为.35 mm，并填充为玫红色，CMYK值为2，100，5，0。

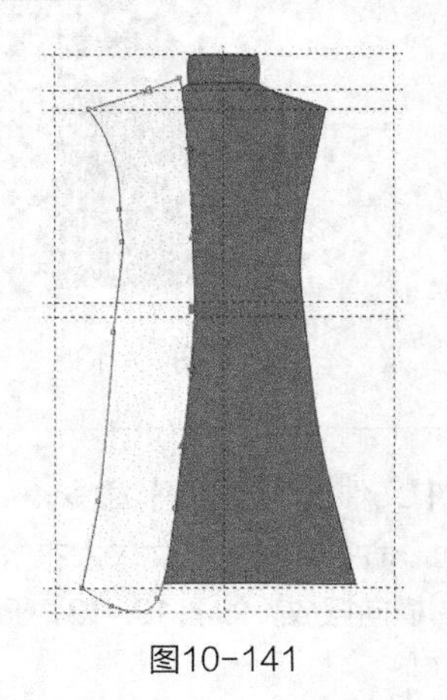

图10-141

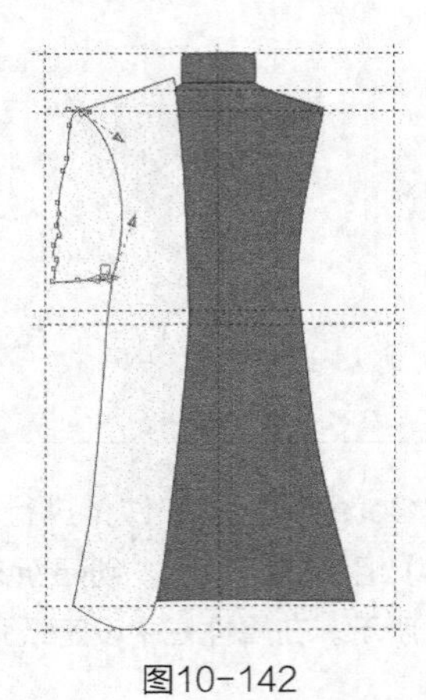

图10-142

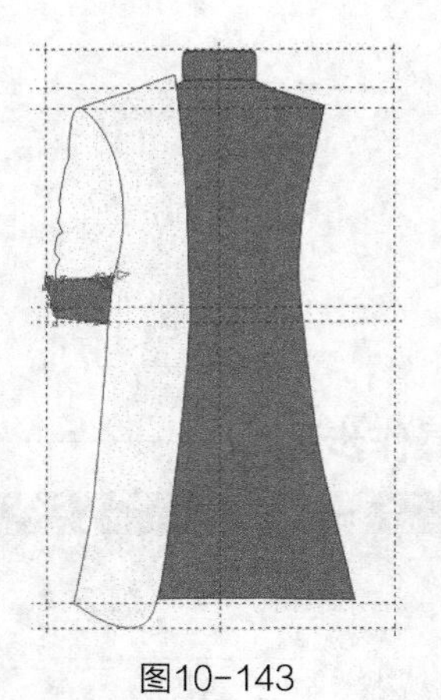

图10-143

08 使用贝塞尔工具和形状工具在袖口绘制如图10-144所示的造型，单击选择工具，在属性栏中设置轮廓宽度为.35 mm，并填充为白色。

09 使用贝塞尔工具和形状工具在如图10-145所示的左袖上绘制褶裥线，设置轮廓宽度为.35 mm。

10 单击选择工具框选整个左袖，执行菜单栏中的【排列】/【顺序】/【置于此对象后】命令，把它摆放在衣身后面，得到的效果如图10-146所示。

11 使用贝塞尔工具和形状工具绘制如图10-147所示的翻驳领，单击选择工具，在属性栏中设置轮廓宽度为.35 mm，并填充为玫红色，CMYK值为2，100，5，0。

专家提示

此处翻领和驳领可以分成两个闭合路径来绘制，便于填色。

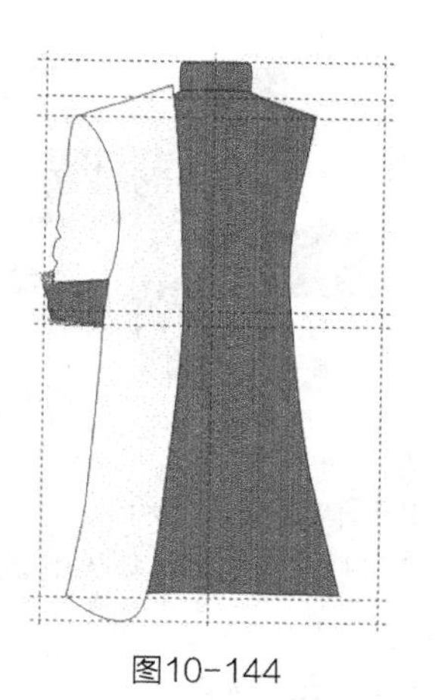

图10-144

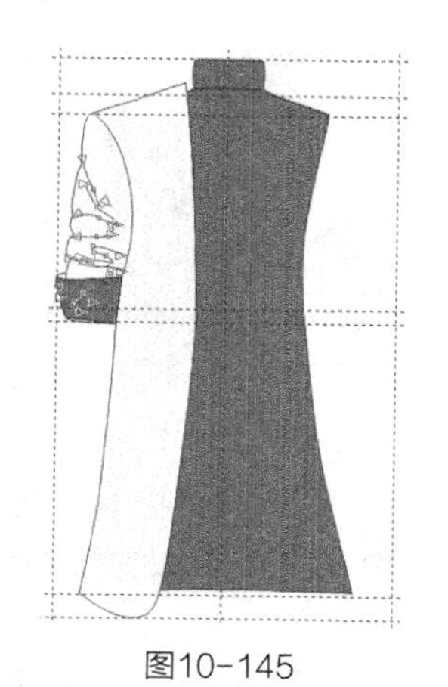

图10-145

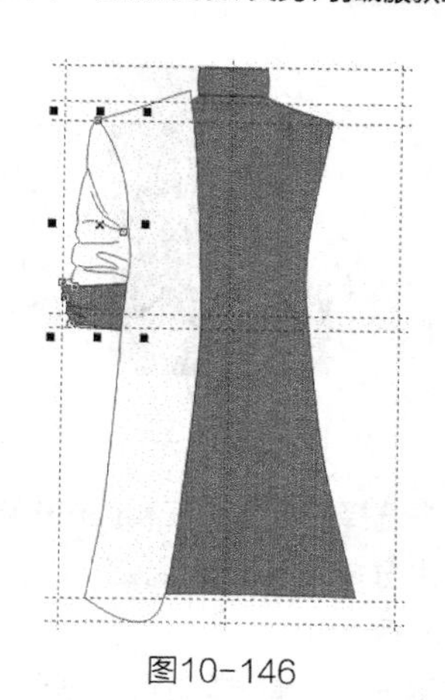

图10-146

12 选择贝塞尔工具和形状工具，在如图10-148所示翻驳领、袖口处绘制缉明线，使缉明线处于选择状态，按【F12】键，弹出“轮廓笔”对话框，选项及参数设置如图10-149所示。

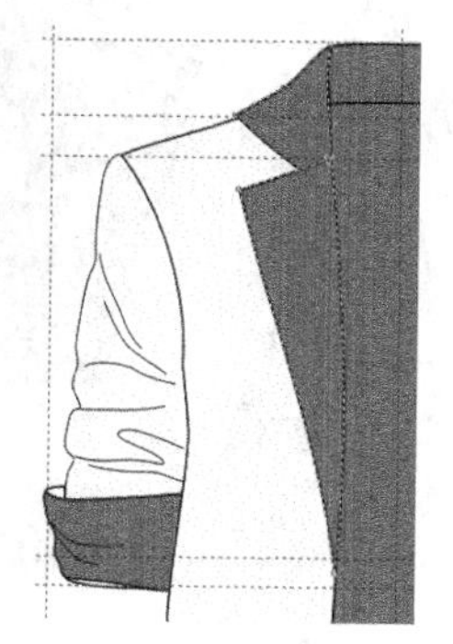

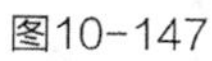

图10-147

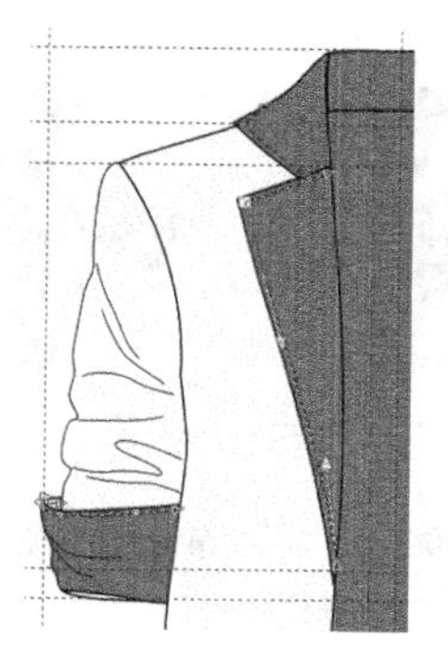

图10-148

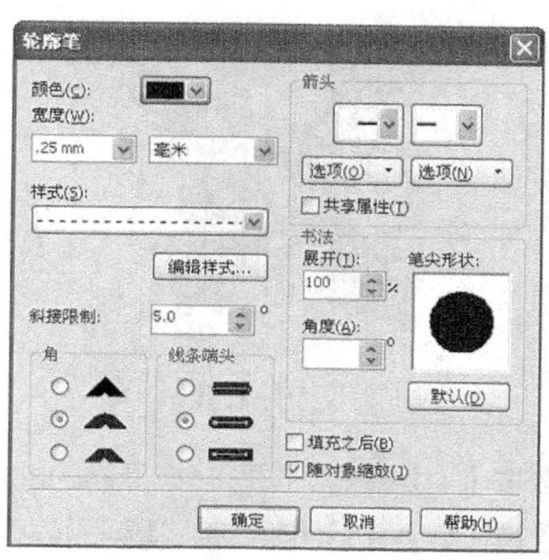

图10-149

13 单击【确定】按钮，得到的效果如图10-150所示。

14 选择工具箱中的矩形工具绘制一个矩形，鼠标右键单击调色板中的☒，去除边框，并填充为玫红色，CMYK值为2，100，5，0，得到的效果如图10-151所示。

15 单击鼠标左键并把矩形的中心点向下移动到如图10-152所示的右下角位置。

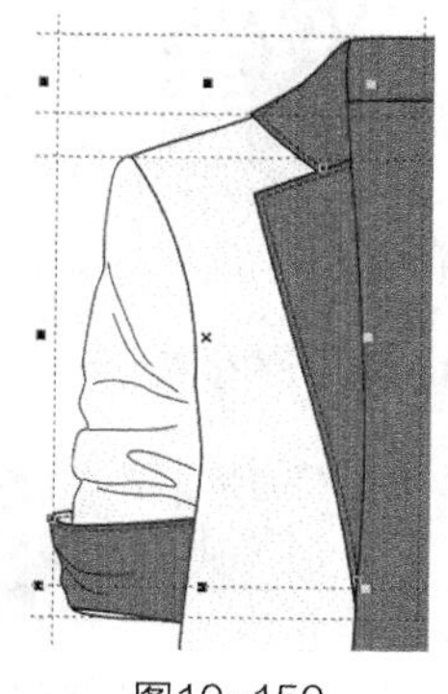

图10-150

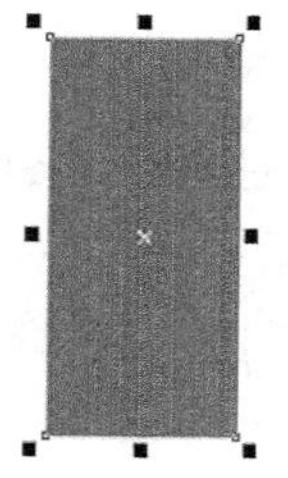

图10-151

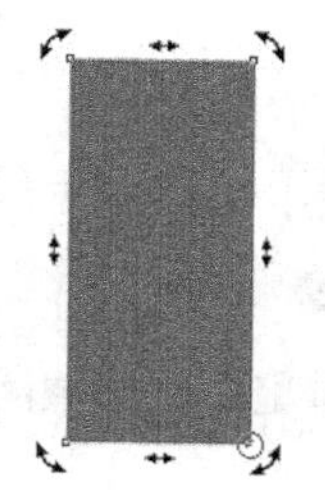

图10-152

16 按【+】键复制矩形，在属性栏中设置旋转角度为 60 °，按下【Enter】键，得到的效果如图10-153所示。

17 重复按两次【Ctrl+D】组合键，得到的效果如图10-154所示。

18 使用选择工具框选4个矩形，单击属性栏中的“合并”按钮，得到的效果如图10-155所示。

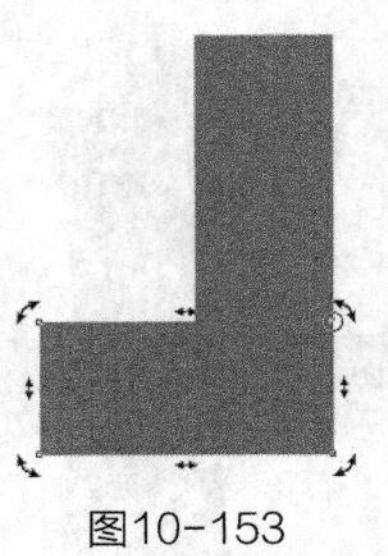

图10-153

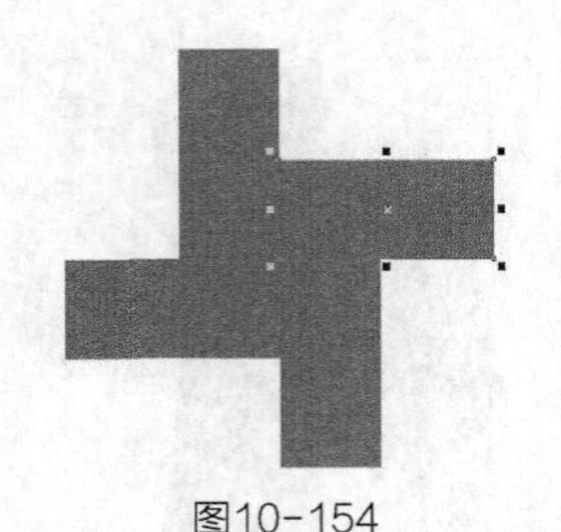

图10-154

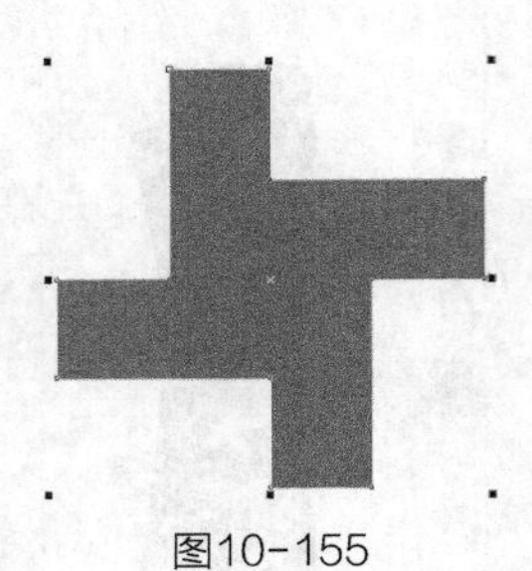

图10-155

19 单击选择工具，在属性栏中设置旋转角度为20.7°，按下【Enter】键，得到的效果如图10-156所示。

20 单击选择工具选择图形，按【+】键复制，把复制的图形填充为黑色，并向右平移到一定的位置，得到的效果如图10-157所示。

21 使用选择工具框选两个图形，按【Ctrl+G】键群组图形。把图形摆放在如图10-158所示的位置。

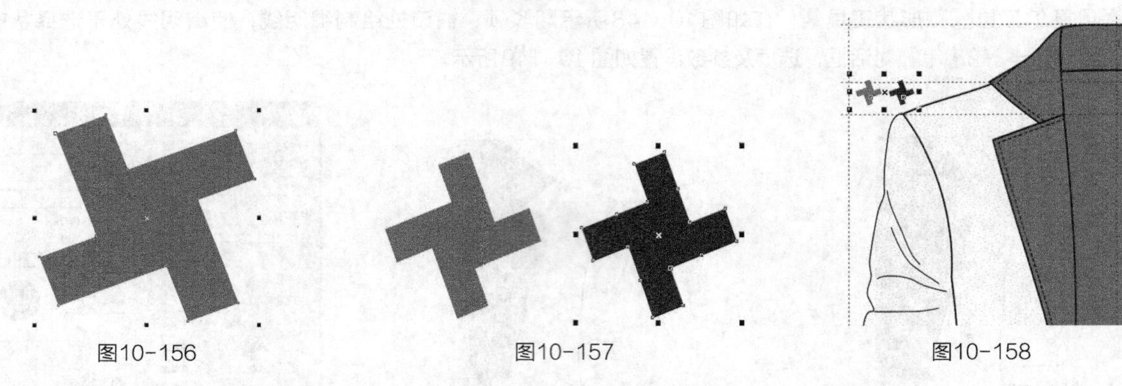

图10-156　　图10-157　　图10-158

22 按【+】键复制图形，把复制的图形向右水平移动，得到的效果如图10-159所示。

23 按【Ctrl+D】组合键，得到的效果如图10-160所示。

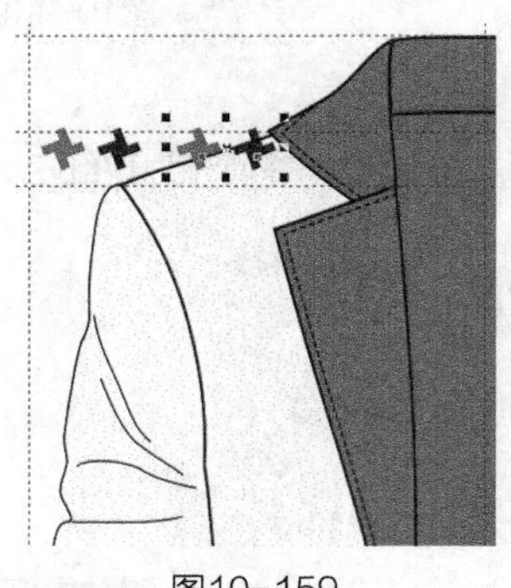

图10-159

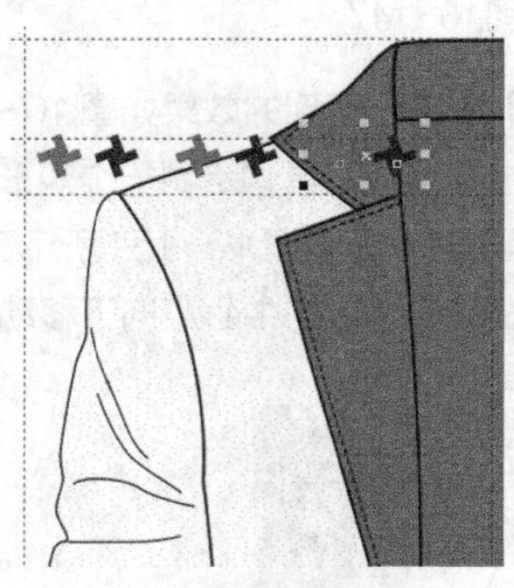

图10-160

24 使用选择工具框选一组图形，按【+】键复制，并把复制的图形向下移动到如图10-161所示的位置。

专家提示

移动图形时要注意图案的色彩搭配，要错落有致。

25 使用选择工具框选整组图形，按【Ctrl+G】键群组图形。单击【+】键复制图形，把复制的图形向下水平移动，得到的效果如图10-162所示。

26 重复按【Ctrl+D】组合键，直到图案把衣身填满，得到的效果如图10-163所示。

27 使用选择工具，按住【Shift】键，挑选所有的图案，执行菜单栏中的【效果】/【图框精确剪裁】/【置于图文框内部】命令，把图形放置在衣身造型中，得到的效果如图10-164所示。

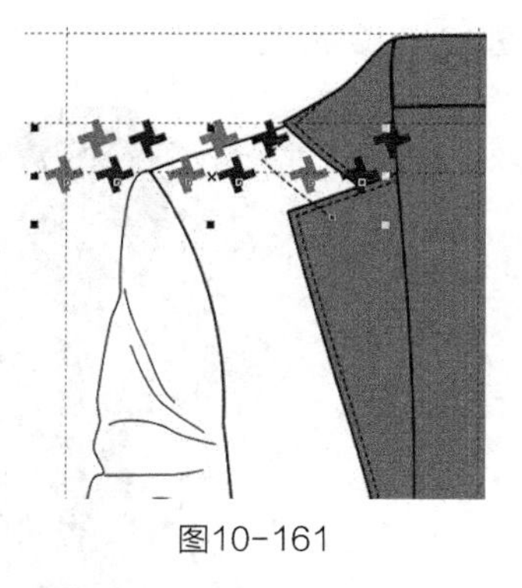
图10-161

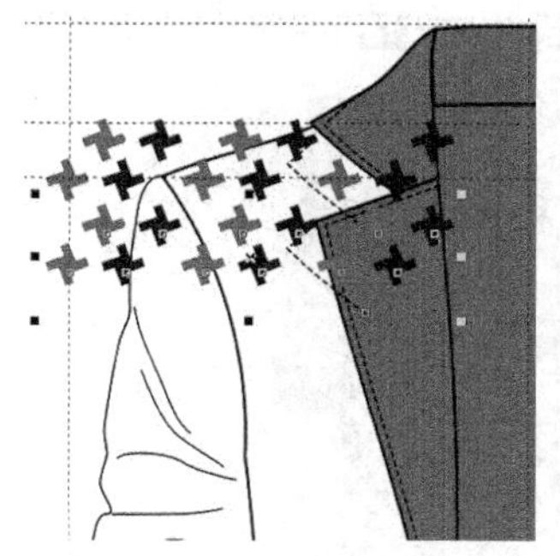
图10-162

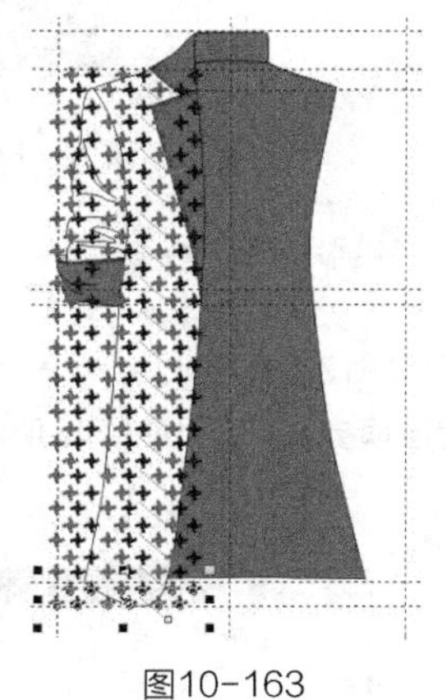
图10-163

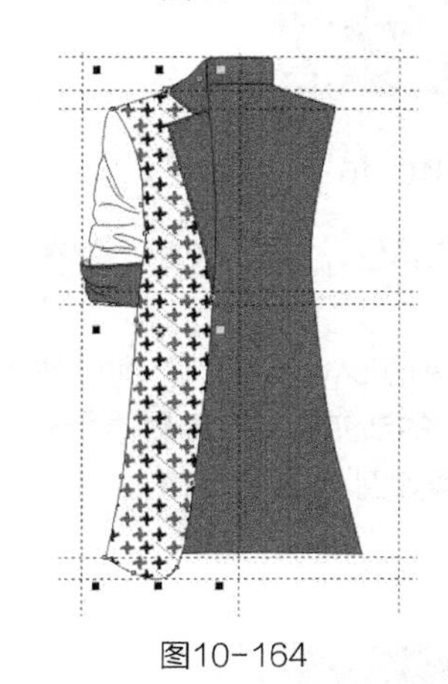
图10-164

28 使用属性滴管工具选择衣身属性，鼠标转换成应用对象属性，然后单击左袖前面部分，把千鸟格图案复制到衣袖中，得到的效果如图10-165所示。

29 使用贝塞尔工具和形状工具绘制衣身上的褶裥线。单击选择工具，在属性栏中设置轮廓宽度为 .25 mm，得到的效果如图10-166所示。

30 执行菜单栏中的【编辑】/【全选】/【辅助线】命令，选择所有的辅助线，按【Delete】键删除，得到的效果如图10-167所示。

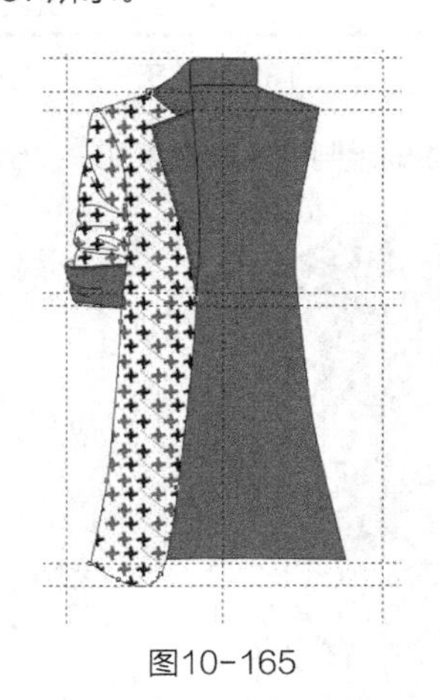
图10-165

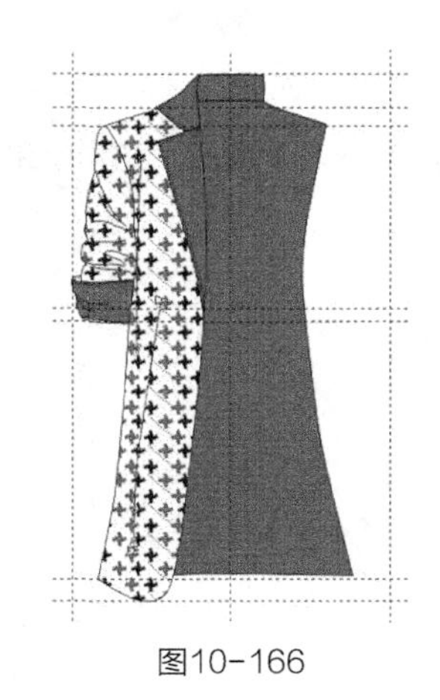
图10-166

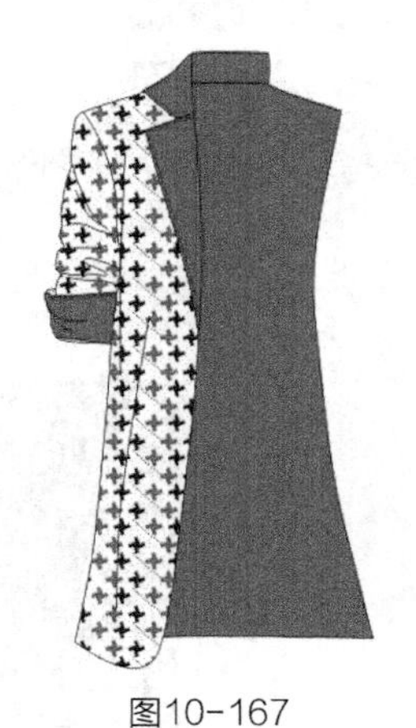
图10-167

31 使用选择工具框选整个左袖，按【+】键复制图形，单击属性栏中的水平镜像按钮，把复制的图形向右平移到一定的位置，得到的效果如图10-168所示。

32 使用贝塞尔工具和形状工具，在衣身后片绘制分割线，单击选择工具，在属性栏中设置轮廓宽度为 .35 mm，得到的效果如图10-169所示。

33 重复步骤**12**~步骤**13**的操作，绘制衣身后片的缉明线，得到的效果如图10-170所示。

图10-168

图10-169

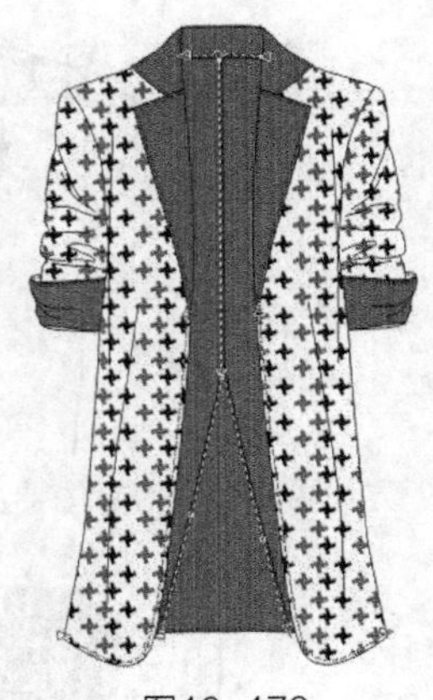

图10-170

34 选择椭圆形工具，按住【Ctrl】键在门襟上绘制一个圆形，并填充为玫红色，CMYK值为0，0，0，20，如图10-171所示。

35 按【+】键复制圆形，再按住【Shift】键等比例缩小圆形，得到的效果如图10-172所示。

36 单击工具箱中的渐变填充工具 渐变填充，弹出“渐变填充”对话框，设置各项参数如图10-173所示。单击【确定】按钮，得到的效果如图10-174所示。

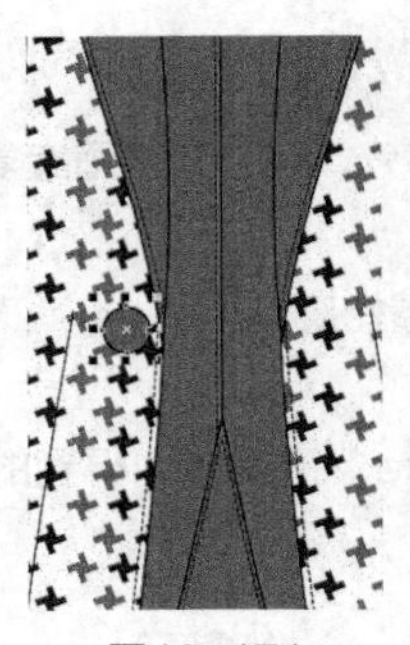

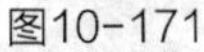

图10-171

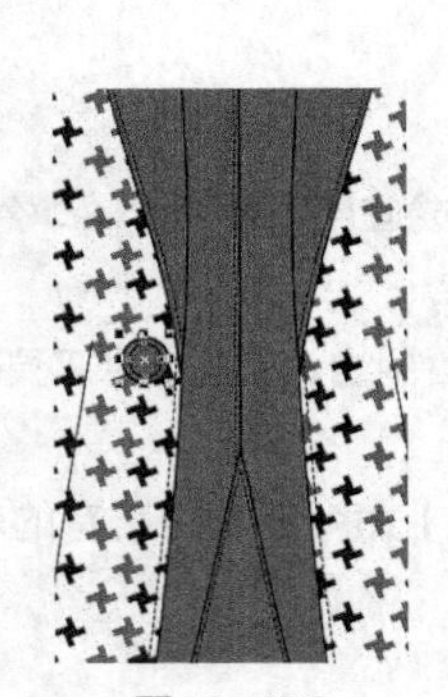

图10-172

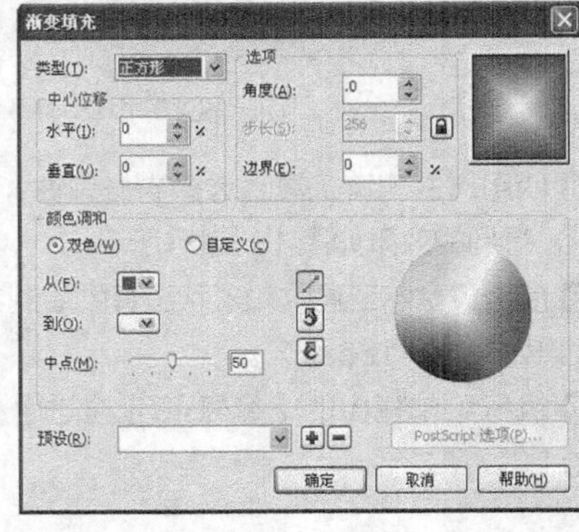

图10-173

37 使用选择工具框选所有图形，按【Ctrl+G】组合键群组图形。这样就完成了女式大衣的绘制，效果如图10-175所示。

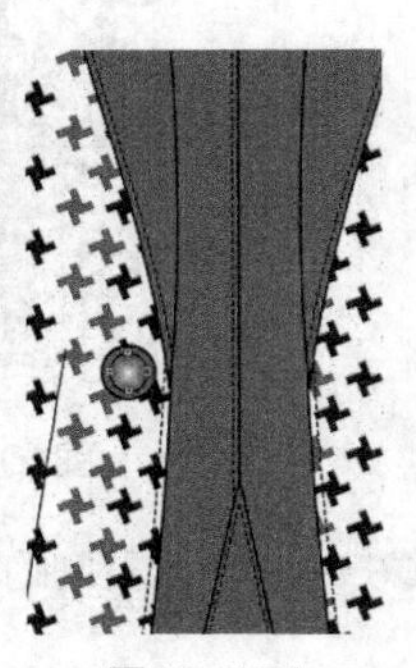

图10-174

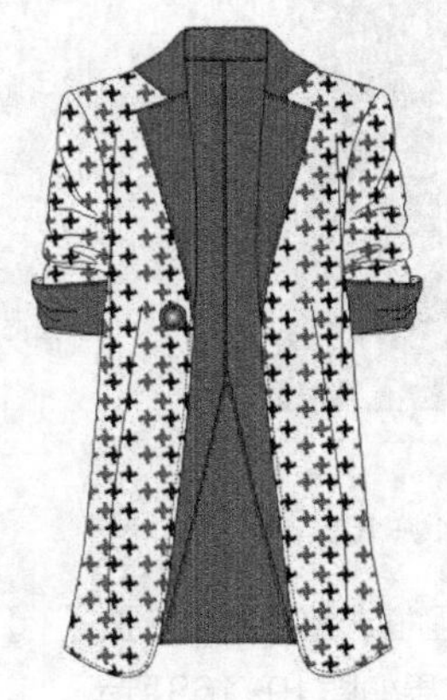

图10-175

10.3 夹克

夹克是英文“Jacket”的音译，指衣长较短、胸围宽松、紧袖口克夫、紧下摆克夫式样的上衣。它是男女都能穿的短上衣的总称。夹克衫是现代生活中最常见的一种服装，由于它造型轻便、活泼、富有朝气，所以为广大男女青少年所喜爱。夹克衫从其使用功能上来分，大致可归纳为3类：作为工作服的夹克衫；作为便装的夹克衫；作为礼服的夹克衫。下面分别介绍男、女夹克衫的款式设计。

10.3.1 耸肩女装夹克

耸肩女装夹克的整体设计效果如图10-176所示。

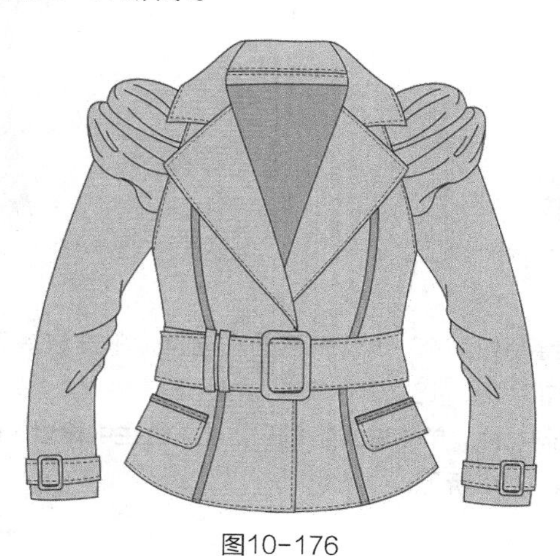

图10-176

设计重点

造型设计，腰带设计。

操作步骤

01 打开CorelDRAW软件，执行菜单栏中的【文件】/【新建】命令，或使用【Ctrl+N】组合键，弹出“创建新文档”对话框，命名文件为“耸肩女装夹克”，如图10-177所示。在属性栏中设定纸张大小为A4，横向摆放，如图10-178所示。

02 鼠标单击上方和左方的标尺栏，分别从上往下、从左往右拖动添加11条辅助线，确定衣长、袖长、袖肥、翻驳领、肩线、腰线、下摆等位置，如图10-179所示。

图10-177

图10-178

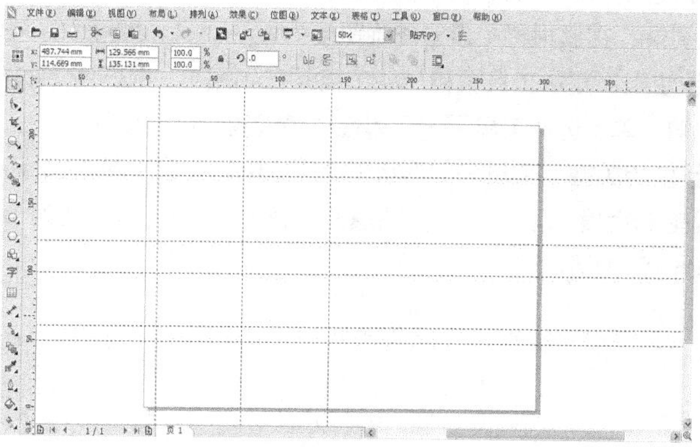

图10-179

03 使用贝塞尔工具绘制衣身后片，单击选择工具，在属性栏中设置轮廓宽度为 .35 mm，并填充为灰色，CMYK值为31，30，40，0，如图10-180所示。

04 使用贝塞尔工具和形状工具绘制后领口，单击选择工具，在属性栏中设置轮廓宽度为 .35 mm，并填充为浅灰色，CMYK值为18，18，33，0，如图10-181所示。

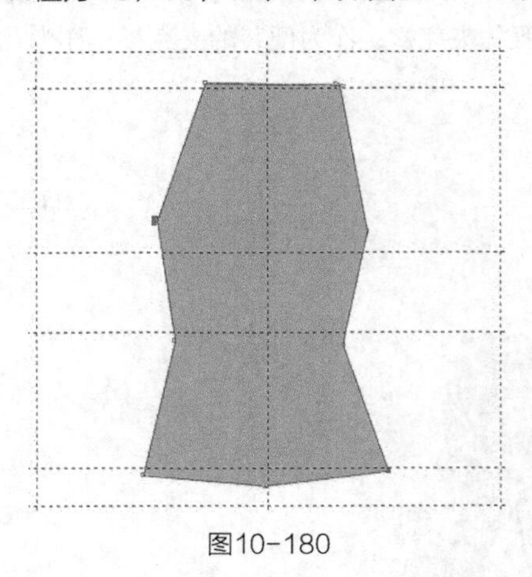
图10-180

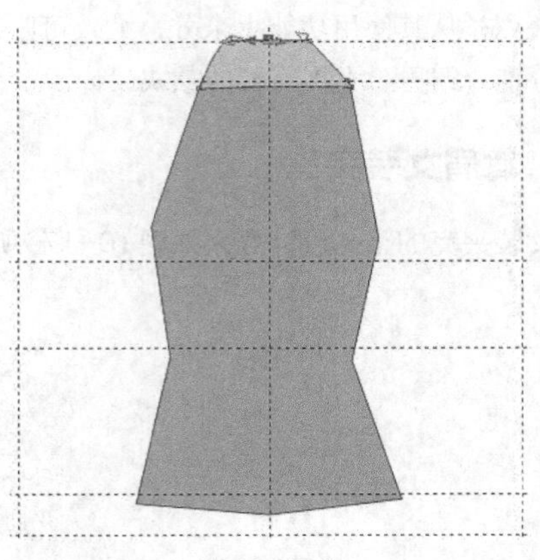
图10-181

05 使用贝塞尔工具和形状工具绘制如图10-182所示的右前片，单击选择工具，在属性栏中设置轮廓宽度为 .35 mm，并填充为浅灰色，CMYK值为18，18，33，0。

06 使用贝塞尔工具和形状工具绘制右袖，单击选择工具，在属性栏中设置轮廓宽度为 .35 mm，并填充为浅灰色，CMYK值为18，18，33，0，如图10-183所示。

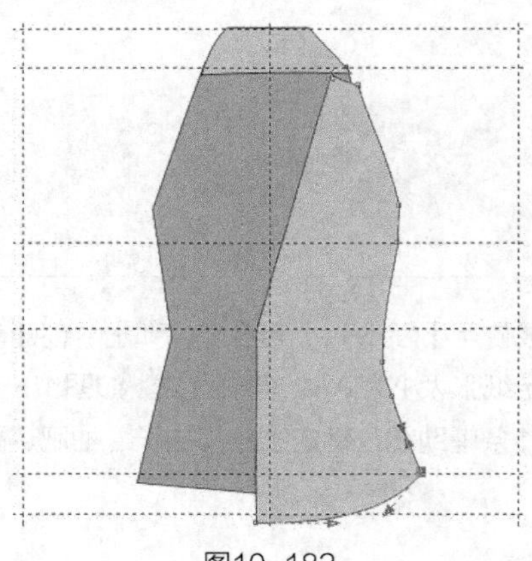
图10-182

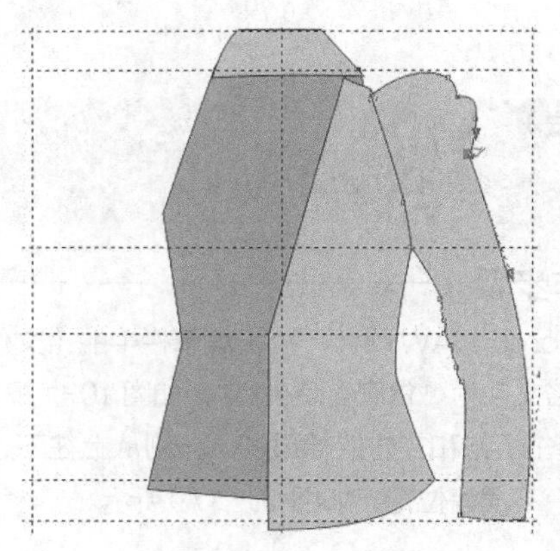
图10-183

07 使用贝塞尔工具和形状工具绘制肩部的褶裥线来表现耸肩造型，单击选择工具，在属性栏中设置轮廓宽度为 .35 mm，如图10-184所示。

08 使用贝塞尔工具和形状工具在如图10-185所示的右袖肘关节处绘制4条衣褶，单击选择工具，在属性栏中设置轮廓宽度为 .35 mm。

09 使用贝塞尔工具和形状工具绘制翻驳领，单击选择工具，在属性栏中设置轮廓宽度为 .35 mm，并填充为浅灰色，CMYK值为18，18，33，0，如图10-186所示。

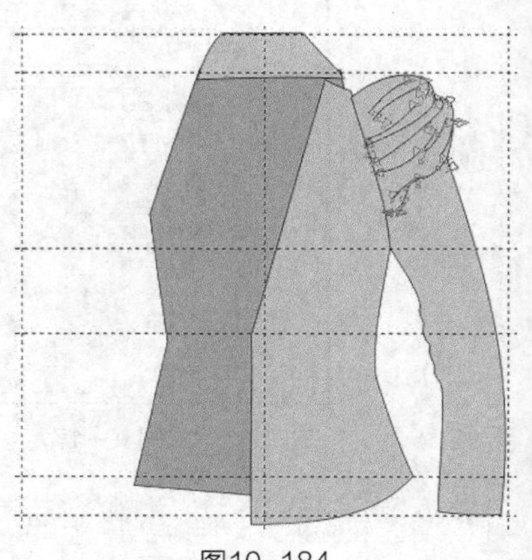
图10-184

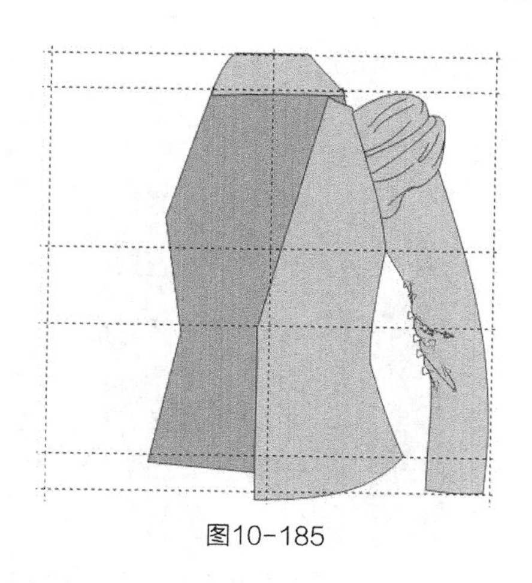
图10-185

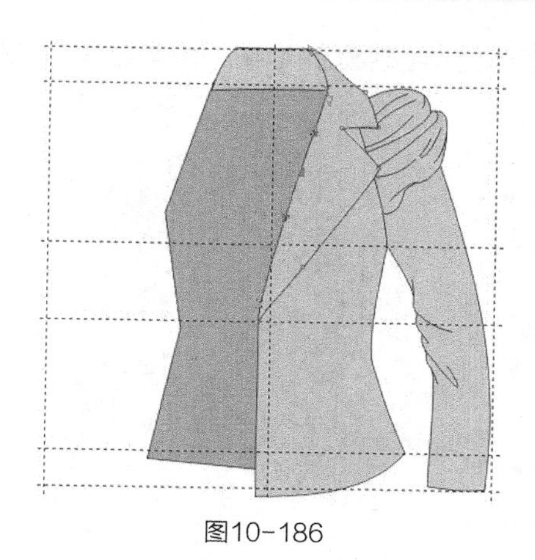
图10-186

10 使用贝塞尔工具绘制如图10-187所示的翻驳领分割线，单击选择工具，在属性栏中设置轮廓宽度为 .35 mm 。

11 使用贝塞尔工具和形状工具绘制如图10-188所示的后领口分割线，单击选择工具，在属性栏中设置轮廓宽度为 .35 mm 。

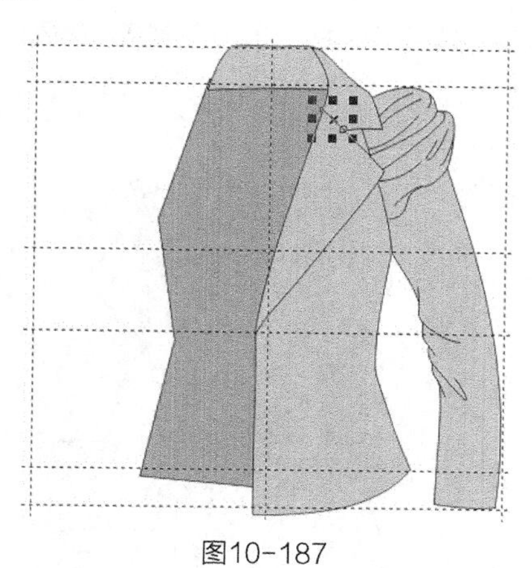
图10-187

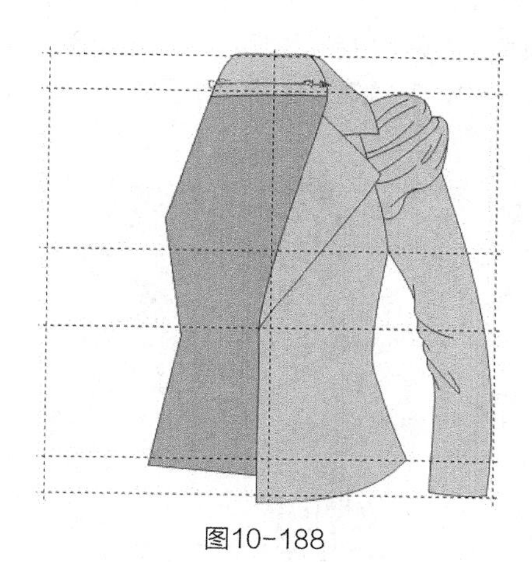
图10-188

12 使用贝塞尔工具和形状工具绘制如图10-189所示的腰省分割线，单击选择工具，在属性栏中设置轮廓宽度为 2.0 mm 。

13 执行菜单栏中的【排列】/【将轮廓转换为对象】命令，把路径转换为图形并填充为灰色，CMYK值为31，30，40，0，得到的效果如图10-190所示。

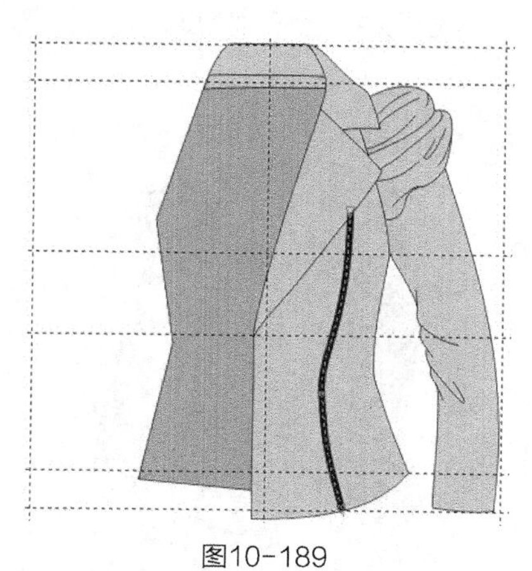
图10-189

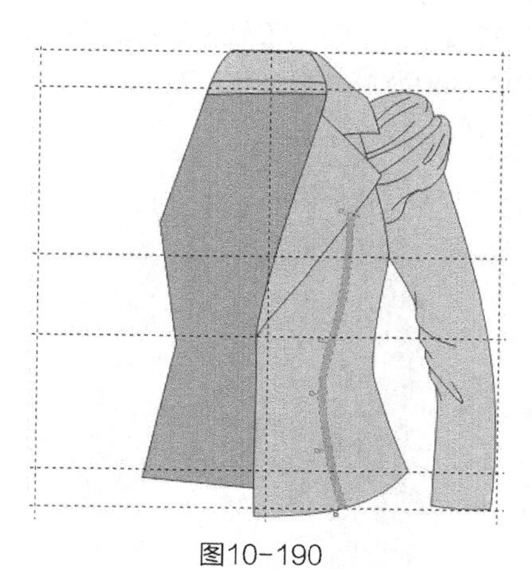
图10-190

14 使用选择工具选择图形，在属性栏中设置轮廓宽度为 .35 mm ，得到的效果如图10-191所示。

15 使用形状工具调整图形边缘，使其和翻驳领造型相贴合，得到效果如图10-192所示。

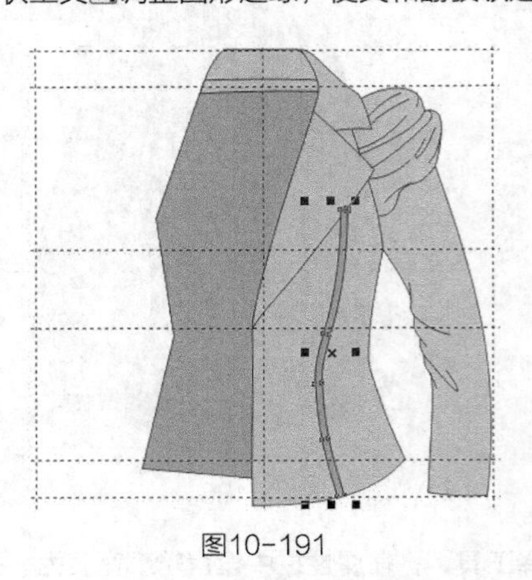
图10-191

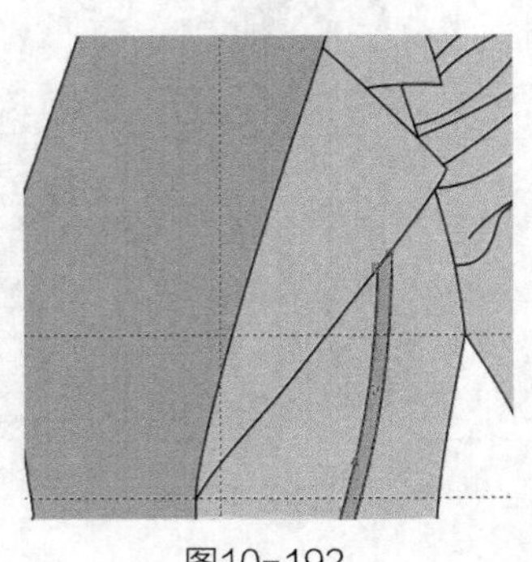
图10-192

16 使用贝塞尔工具和形状工具绘制口袋，单击选择工具，在属性栏中设置轮廓宽度为 .35 mm，并填充为浅灰色，CMYK值为18，18，33，0，如图10-193所示。

17 使用贝塞尔工具绘制口袋贴边，单击选择工具，在属性栏中设置轮廓宽度为 .35 mm，并填充为灰色，CMYK值为31，30，40，0，如图10-194所示。

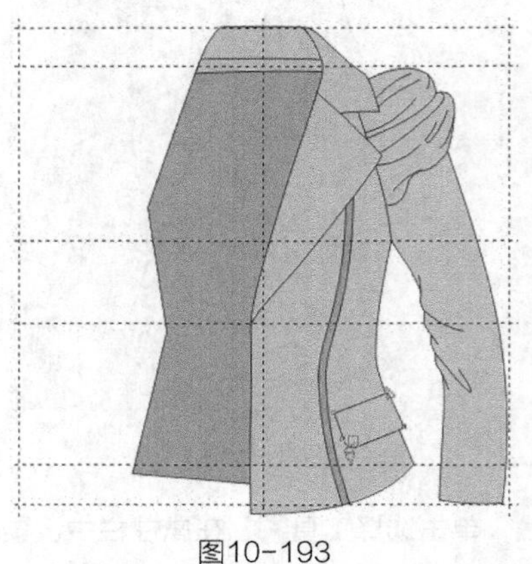
图10-193

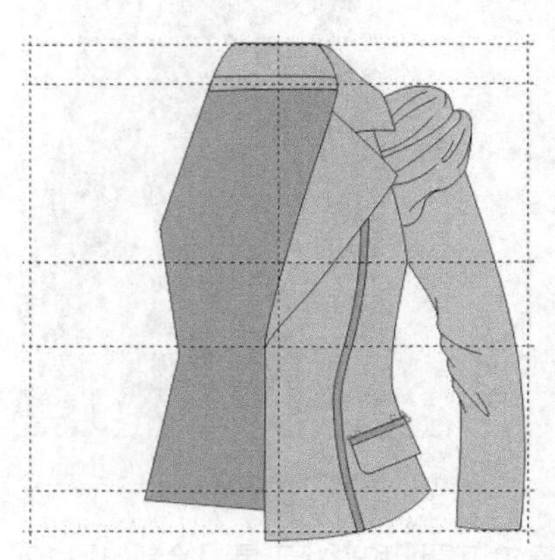
图10-194

18 执行菜单栏中的【编辑】/【全选】/【辅助线】命令，选择所有的辅助线，按【Delete】键删除，得到的效果如图10-195所示。

19 使用贝塞尔工具和形状工具在袖口绘制图形，单击选择工具，在属性栏中设置轮廓宽度为 .35 mm，并填充为浅灰色，CMYK值为18，18，33，0，如图10-196所示。

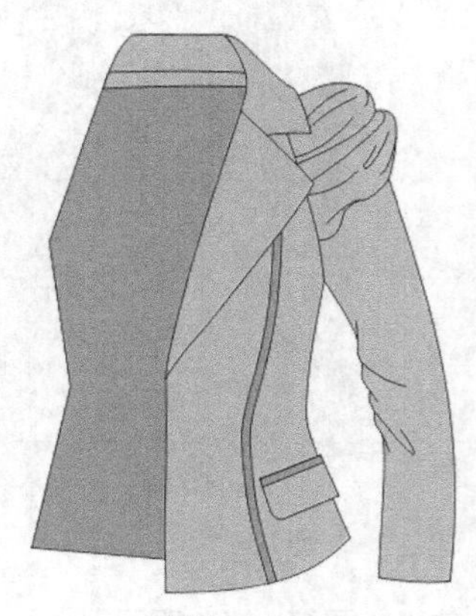
图10-195

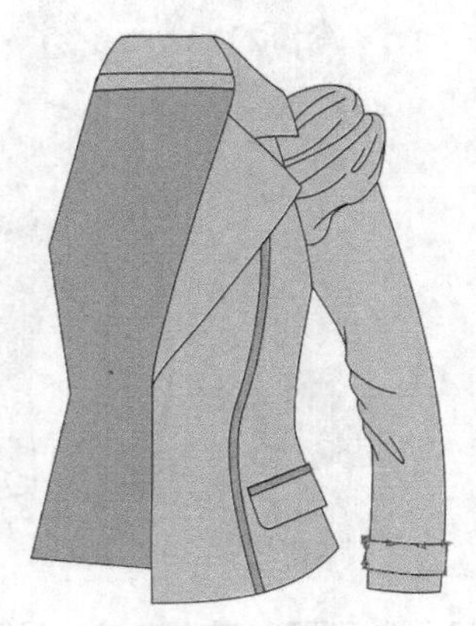
图10-196

20 使用贝塞尔工具和形状工具在袖窿处绘制一条缉明线，单击选择工具，在属性栏中设置轮廓样式与宽度如图10-197所示，得到的效果如图10-198所示。

图10-197

21 执行菜单栏中的【排列】/【顺序】/【置于此对象后】命令，把缉明线放置到翻驳领后面，得到的效果如图10-199所示。

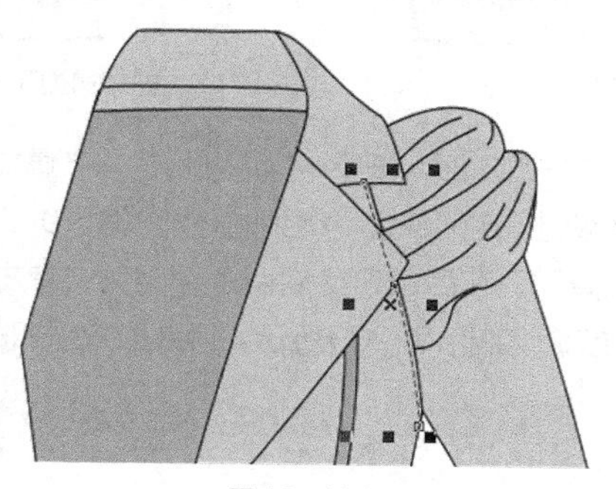
图10-198

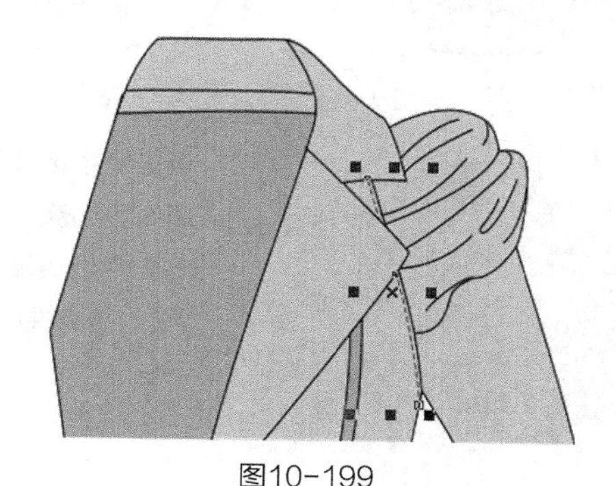
图10-199

22 选择贝塞尔工具和形状工具，在如图10-200所示的翻驳领、门襟、衣服下摆、口袋、袖口处绘制7条缉明线，使缉明线处于选择状态，按【F12】键，弹出“轮廓笔”对话框，选项及参数设置如图10-201所示。

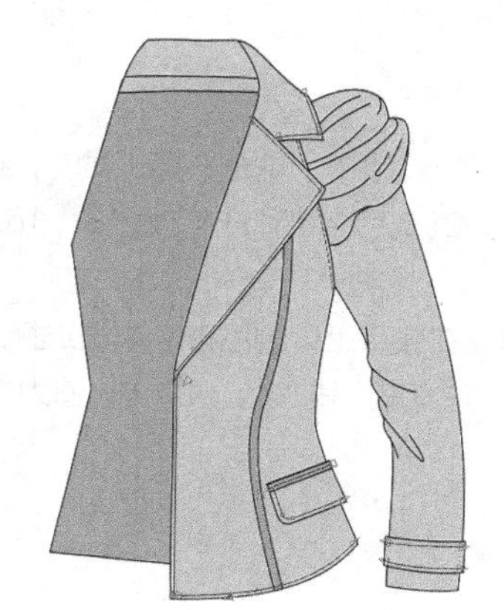
图10-200

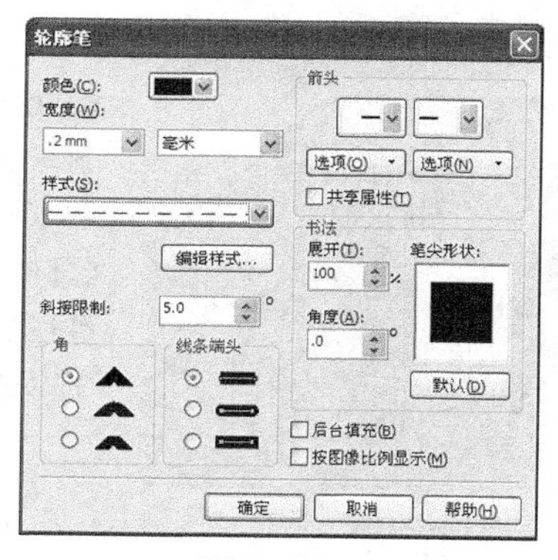

图10-201

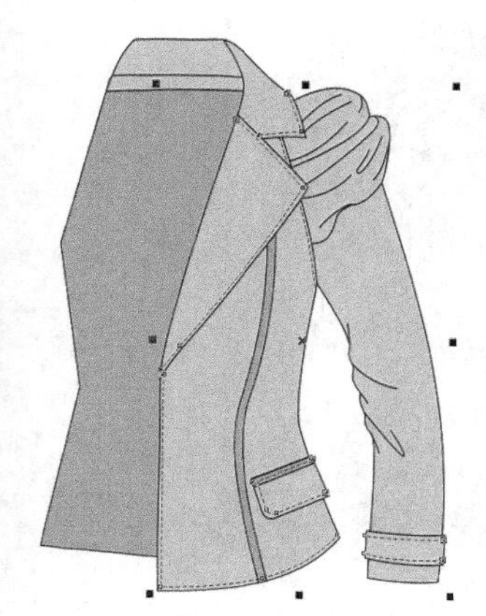
图10-202

23 单击【确定】按钮，得到的效果如图10-202所示。

24 选择矩形工具在袖带上绘制一个矩形，在属性栏中对矩形进行各项参数设置，如图10-203所示。给矩形填充为浅灰色，CMYK值为18，18，33，0，得到的效果如图10-204所示。

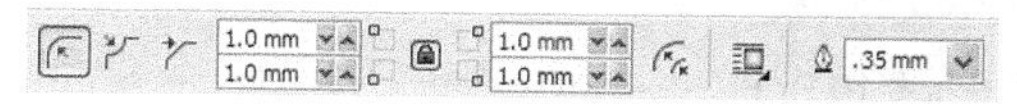

图10-203

25 单击选择工具，按【+】键复制图形，再按住【Shift】键等比例缩小图形，得到的效果如图10-205所示。

26 使用选择工具框选两个矩形，单击属性栏中的合并按钮结合图形，得到的效果如图10-206所示。

27 单击选择工具，在属性栏中设置旋转角度为358.1°，得到的效果如图10-207所示。

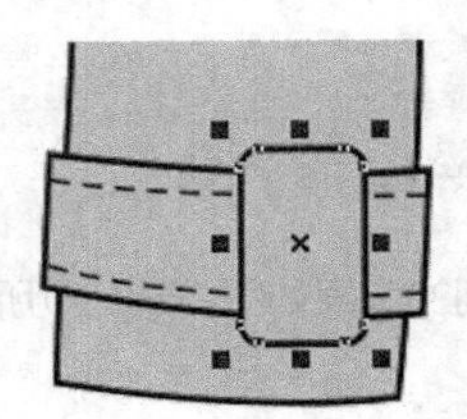
图10-204

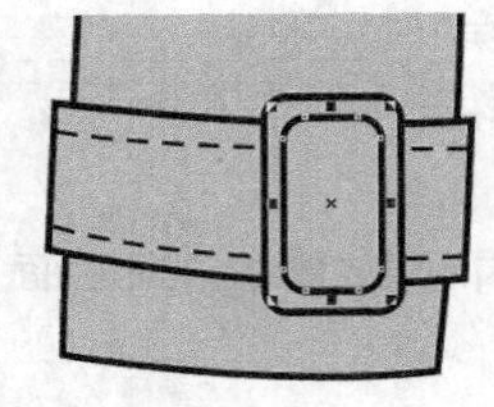
图10-205

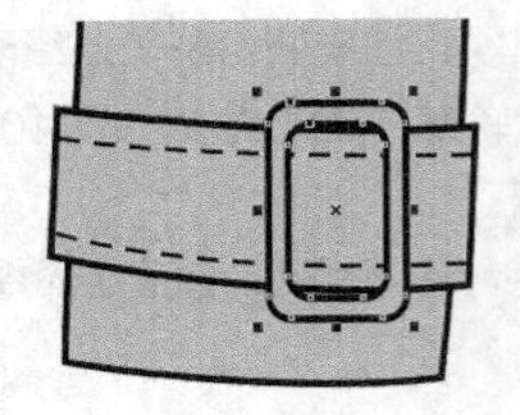
图10-206

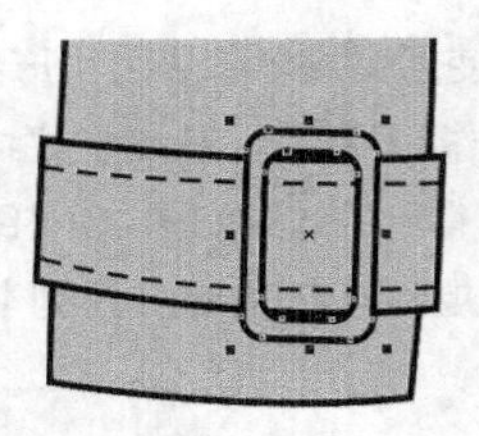
图10-207

28 使用选择工具框选绘制好的右边衣形，按【+】键复制，单击属性栏中的水平镜像按钮，并把图形向左平移到一定的位置，得到的效果如图10-208所示。

29 使用贝塞尔工具和形状工具，在后领口绘制两条缉明线，单击选择工具，在属性栏中设置轮廓样式与宽度如图10-209所示。得到的效果如图10-210所示。

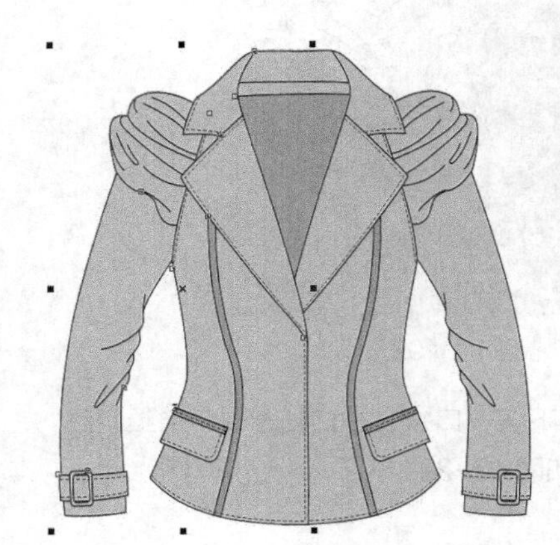
图10-208

图10-209

30 使用贝塞尔工具和形状工具绘制腰带，单击选择工具，在属性栏中设置轮廓宽度为 .35 mm，并填充为浅灰色，CMYK值为18，18，33，0，如图10-211所示。

31 使用贝塞尔工具和形状工具在腰带上绘制图形，单击选择工具，在属性栏中设置轮廓宽度为 .35 mm，并填充为浅灰色，CMYK值为18，18，33，0，如图10-212所示。

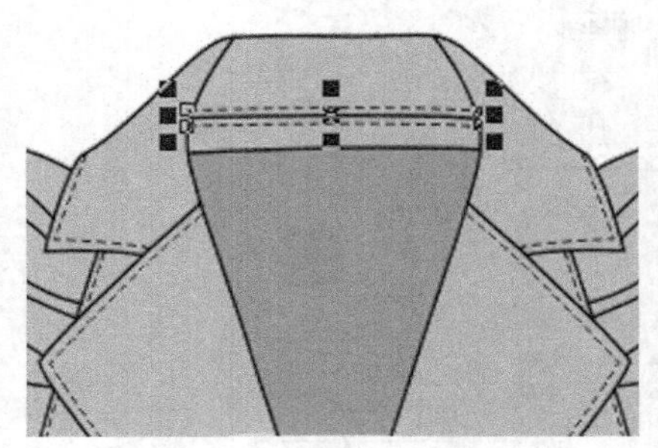
图10-210

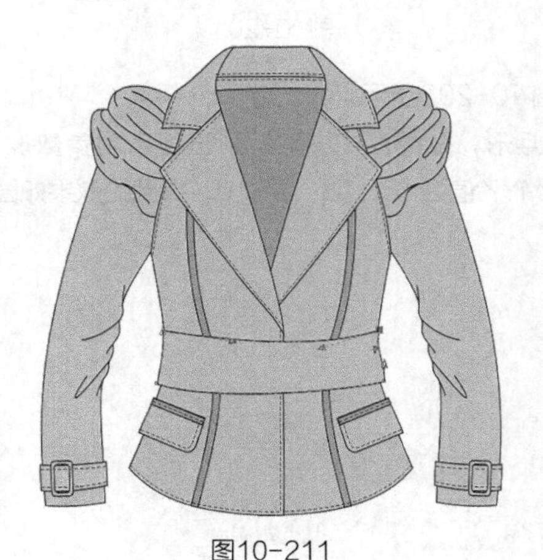
图10-211

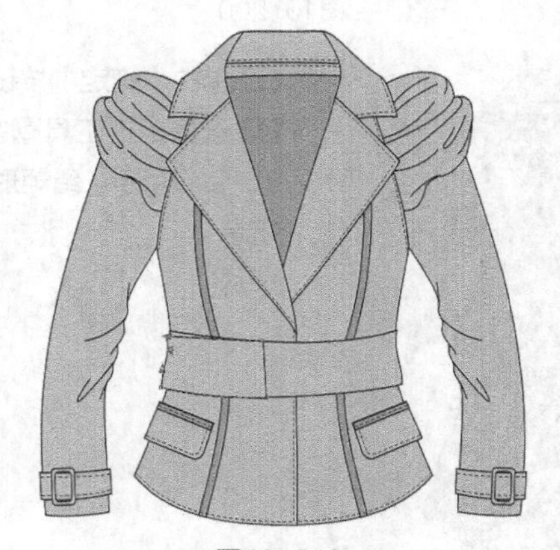
图10-212

32 使用贝塞尔工具和形状工具，在腰带上绘制两条缉明线，单击选择工具，在属性栏中设置轮廓样式与宽度如图10-213所示，得到的效果如图10-214所示。

图10-213

33 重复步骤22～步骤24的操作，绘制腰带金属扣，得到的效果如图10-215所示。

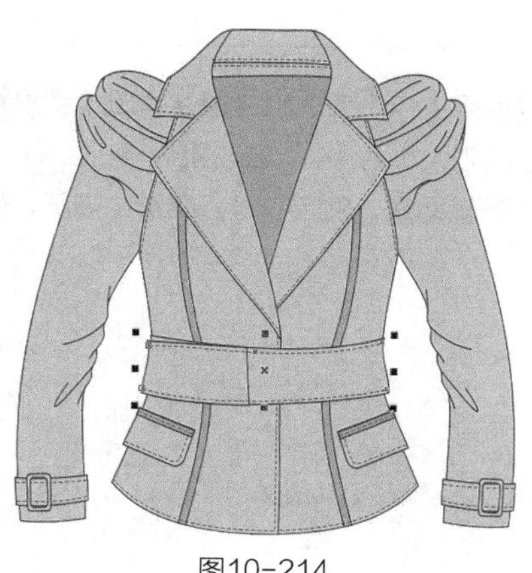
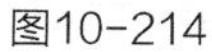

图10-214

图10-215

34 使用贝塞尔工具和形状工具，在腰带上绘制两个腰带袢，单击选择工具，在属性栏中设置轮廓宽度为 .35 mm ，并填充为浅灰色，CMYK值为18，18，33，0，如图10-216所示。

35 使用选择工具框选所有图形，按【Ctrl+G】组合键群组图形。这样就完成了女装耸肩夹克的绘制，整体效果如图10-217所示。

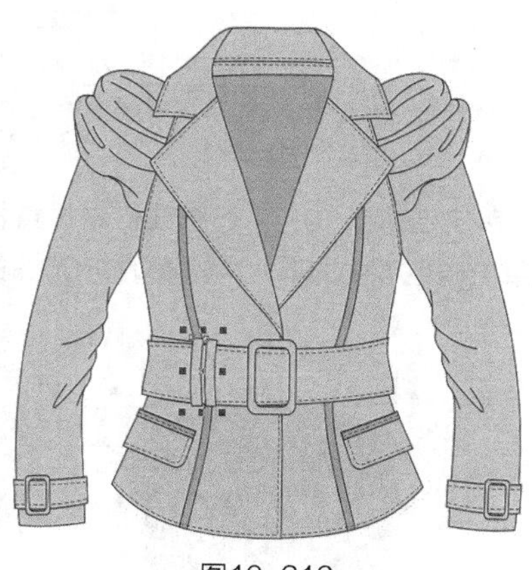

图10-216

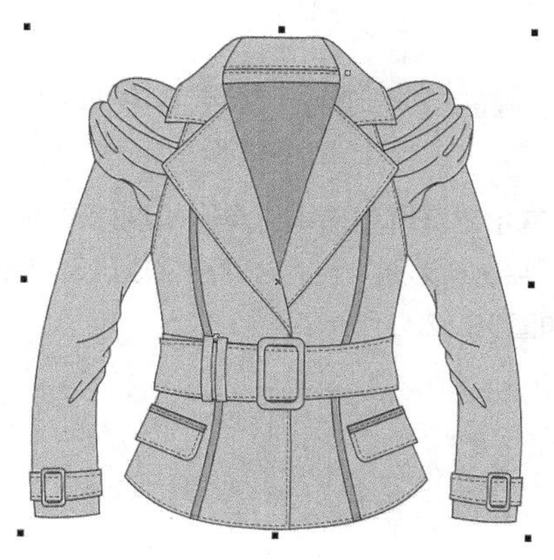

图10-217

10.3.2　男装机车夹克

男装机车夹克的整体设计效果如图10-218所示。

设计重点

造型设计，拉链设计，罗纹表现，口袋设计。

图10-218

操作步骤

01 打开CorelDRAW软件，执行菜单栏中的【文件】/【新建】命令，或使用【Ctrl+N】组合键，弹出“创建新文档”对话框，命名文件为“男装机车夹克”，如图10-219所示。在属性栏中设定纸张大小为A4，横向摆放，如图10-220所示。

02 鼠标单击上方和左方的标尺栏，分别从上往下、从左往右拖动添加11条辅助线，确定衣长、袖长、袖肥、翻领线、肩线、下摆等位置，如图10-221所示。

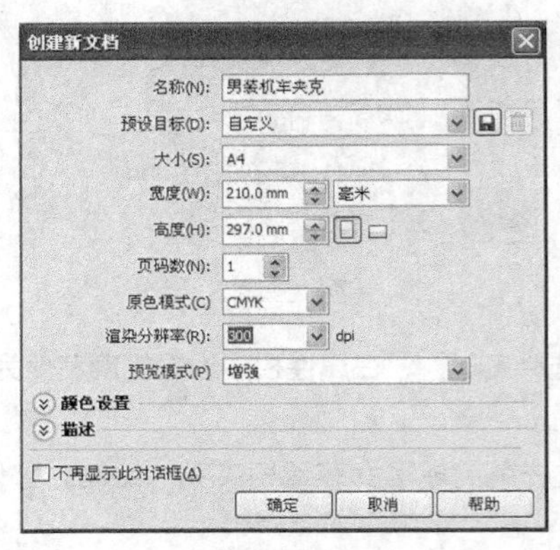

图10-219

图10-220

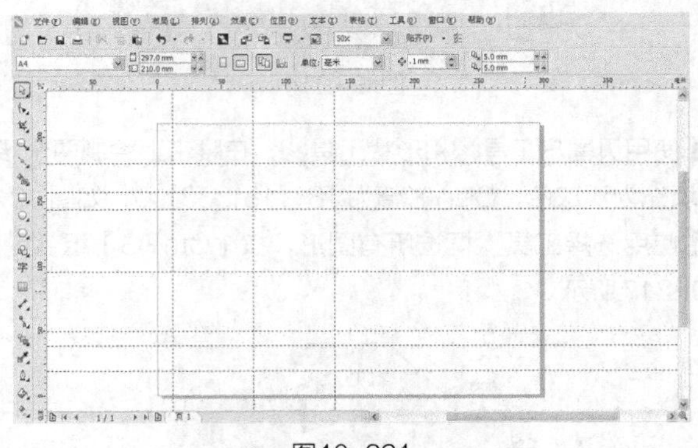

图10-221

03 使用贝塞尔工具和形状工具绘制如图10-222所示的衣身后片。单击选择工具，在属性栏中设置轮廓宽度为 .35 mm，并填充为烟灰色，CMYK值为73，65，67，24，鼠标右键单击调色板中的■，给轮廓填充60%的黑色，得到的效果如图10-223所示。

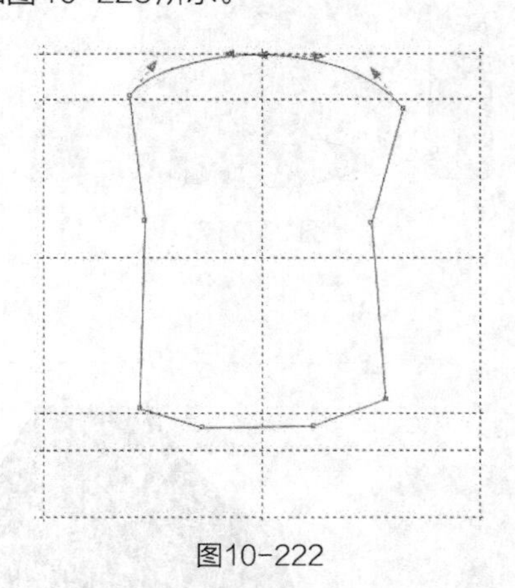

图10-222

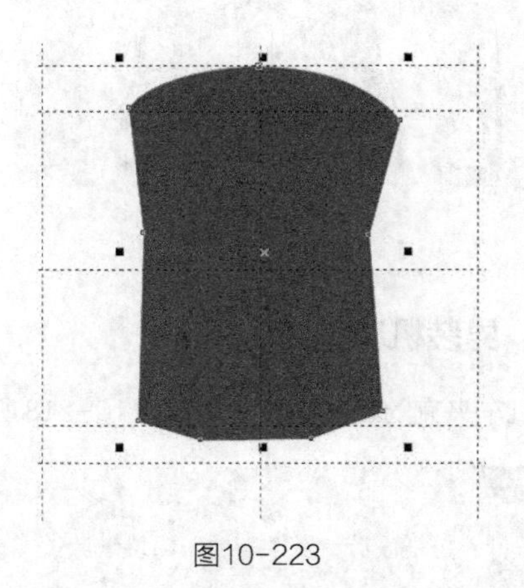

图10-223

04 使用贝塞尔工具和形状工具绘制后领口。单击选择工具，在属性栏中设置轮廓宽度为 .35 mm，并填充为烟灰色，CMYK值为73，65，67，24，鼠标右键单击调色板中的■，给轮廓填充60%的黑色，得到的效果如图10-224所示。

05 使用贝塞尔工具和形状工具绘制如图10-225所示的左前片。单击选择工具，在属性栏中设置轮廓宽度为 .35 mm，并填充为黑色，CMYK值为90，86，91，78，鼠标右键单击调色板中的■，给轮廓填充60%的黑色，得到的效果如图10-226所示。

06 使用贝塞尔工具和形状工具绘制如图10-227所示的左袖。单击选择工具，在属性栏中设置轮廓宽度为 .35 mm，并填充为黑色，CMYK值为90，86，91，78，鼠标右键单击调色板中的■，给轮廓填充60%的黑色，得到的效果如图10-228所示。

07 执行菜单栏中的【排列】/【顺序】/【置于此对象后】命令，把它放置到衣身前片后面，得到的效果如图10-229所示。

图10-224

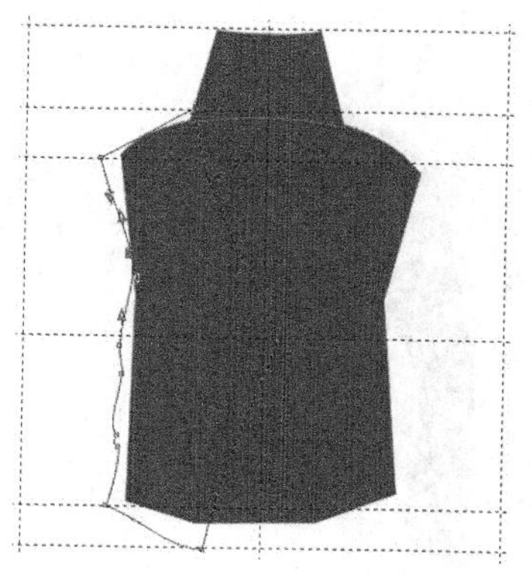
图10-225

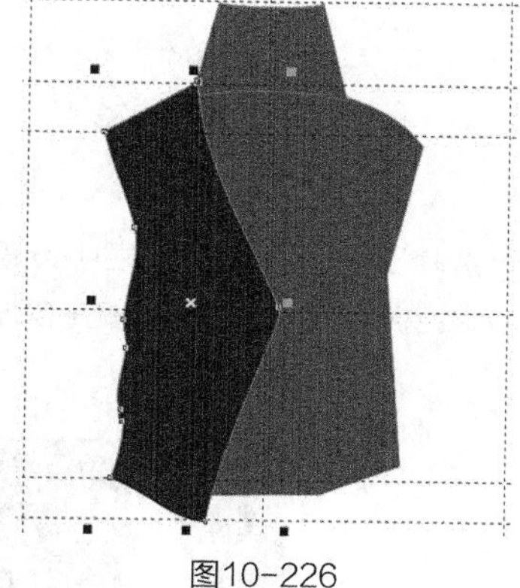
图10-226

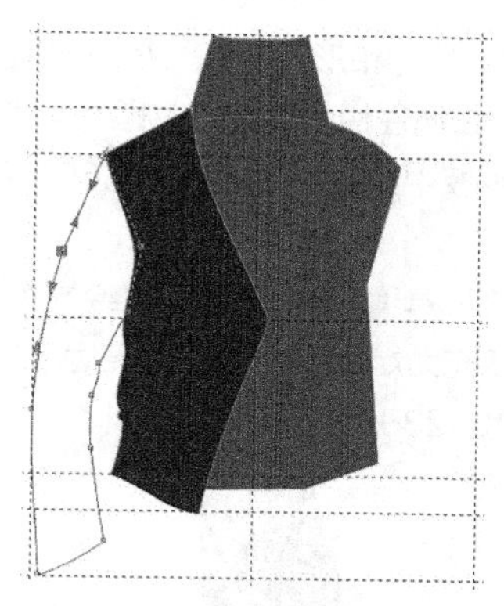
图10-227

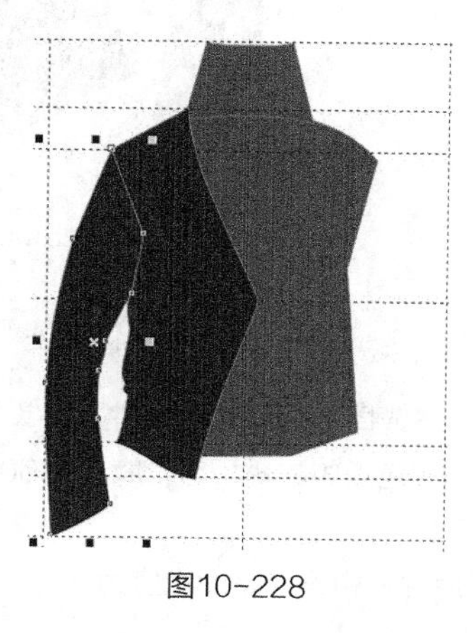
图10-228

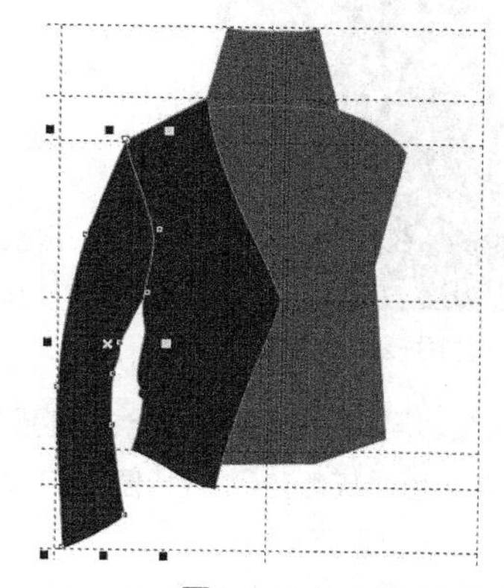
图10-229

08 使用贝塞尔工具和形状工具绘制如图10-230所示的肩部造型。单击选择工具，在属性栏中设置轮廓宽度为.35 mm，并填充为烟灰色，CMYK值为73，65，67，24，鼠标右键单击调色板中的，给轮廓填充60%的黑色，得到的效果如图10-231所示。

09 使用贝塞尔工具和形状工具绘制3条肩部分割线，单击选择工具，在属性栏中设置轮廓宽度为.35 mm，鼠标右键单击调色板中的，给轮廓填充60%的黑色，得到的效果如图10-232所示。

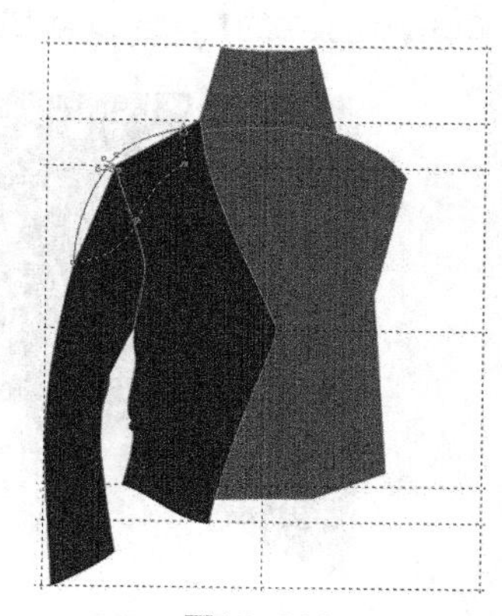
图10-230

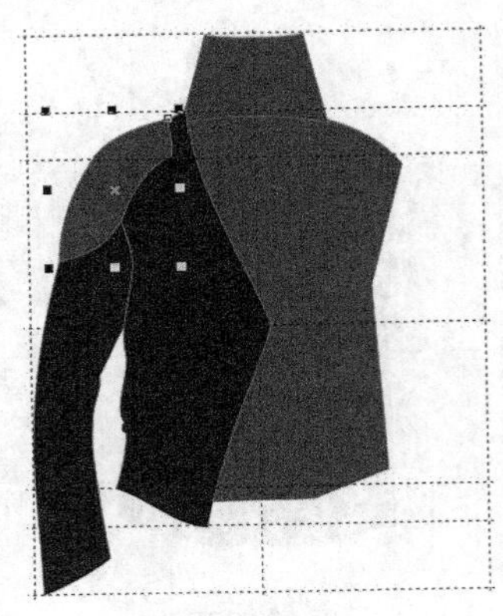
图10-231

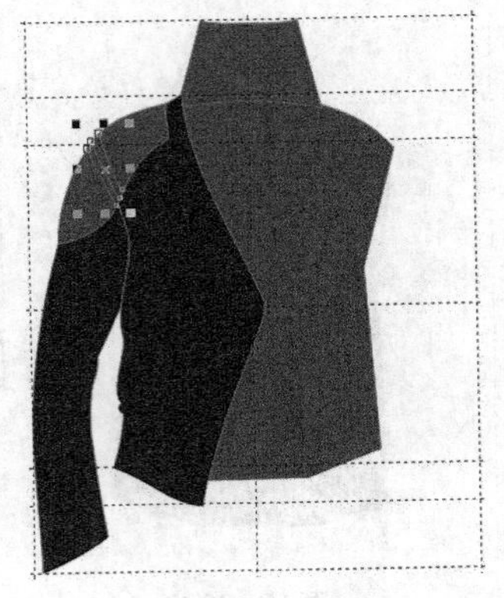
图10-232

10 使用贝塞尔工具和形状工具在肩部造型上绘制4条缉明线，单击选择工具，在属性栏中设置轮廓样式与宽度如图10-233所示，鼠标右键单击调色板中的■，给轮廓填充60%的黑色，得到的效果如图10-234所示。

图10-233

11 使用贝塞尔工具和形状工具绘制如图10-235所示的袖口。单击选择工具，在属性栏中设置轮廓宽度为 .35 mm ，并填充为烟灰色，CMYK值为73，65，67，24，鼠标右键单击调色板中的■，给轮廓填充60%的黑色，得到的效果如图10-236所示。

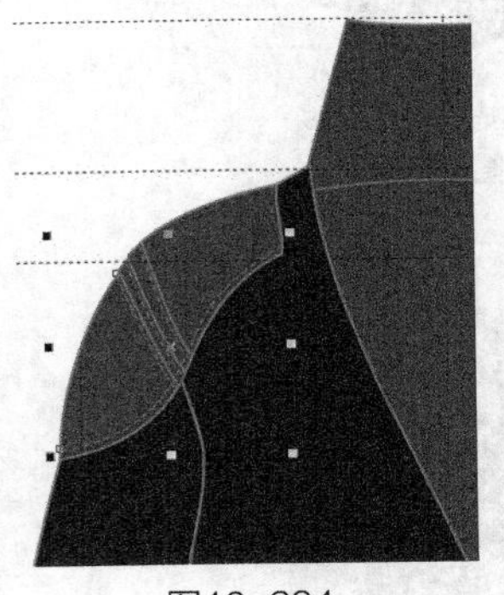
图10-234

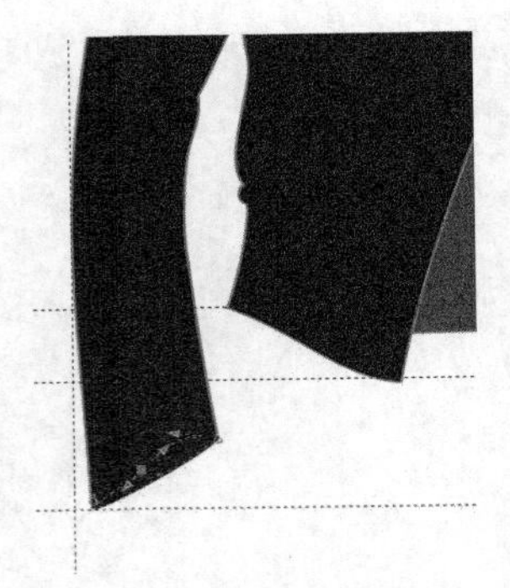
图10-235

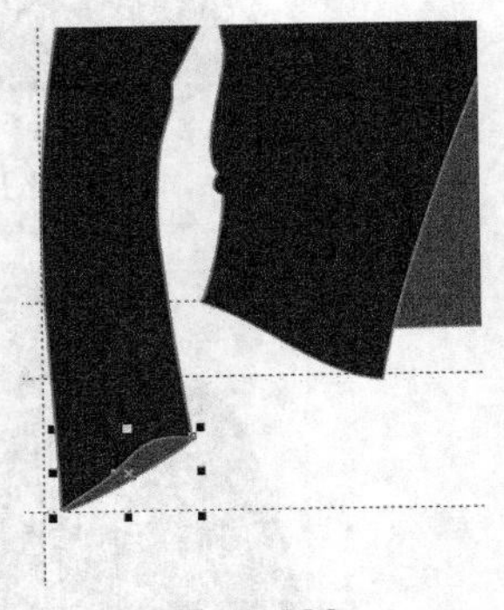
图10-236

12 使用贝塞尔工具和形状工具绘制如图10-237所示的袖口拼条。单击选择工具，在属性栏中设置轮廓宽度为 .35 mm ，并填充为烟灰色，CMYK值为73，65，67，24，鼠标右键单击调色板中的■，给轮廓填充60%的黑色，得到的效果如图10-238所示。

13 使用贝塞尔工具和形状工具绘制袖子分割线，单击选择工具，在属性栏中设置轮廓宽度为 .35 mm ，鼠标右键单击调色板中的■，给轮廓填充60%的黑色，得到的效果如图10-239所示。

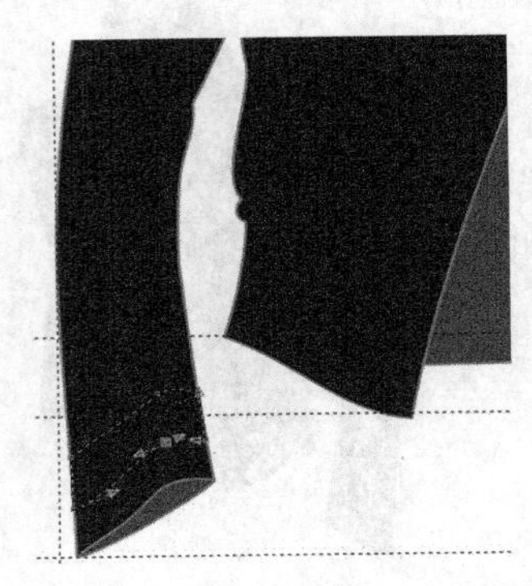
图10-237

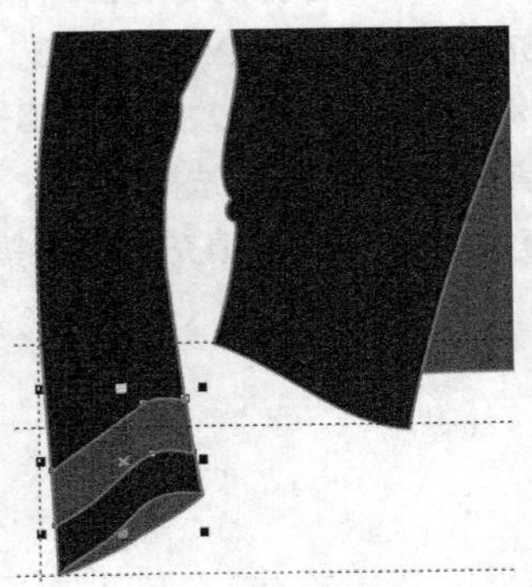
图10-238

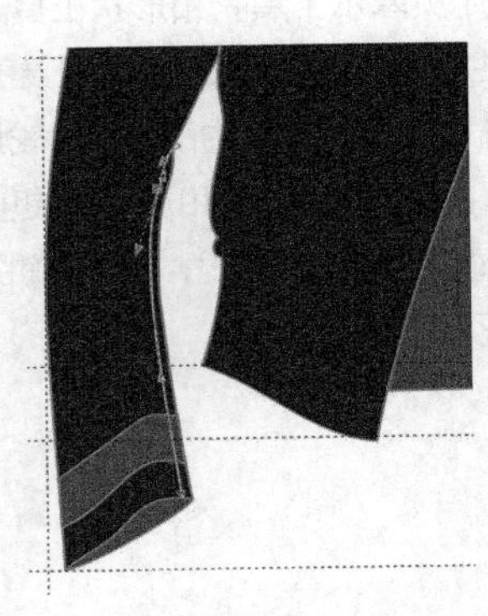
图10-239

14 使用贝塞尔工具和形状工具在衣身上绘制两条衣褶，单击选择工具，在属性栏中设置轮廓宽度为.35 mm，鼠标右键单击调色板中的■，给轮廓填充60%的黑色，得到的效果如图10-240所示。

15 使用贝塞尔工具和形状工具绘制如图10-241所示的翻领。单击选择工具，在属性栏中设置轮廓宽度为.35 mm，并填充为黑色，CMYK值为90，86，91，78，鼠标右键单击调色板中的■，给轮廓填充60%的黑色，得到的效果如图10-242所示。

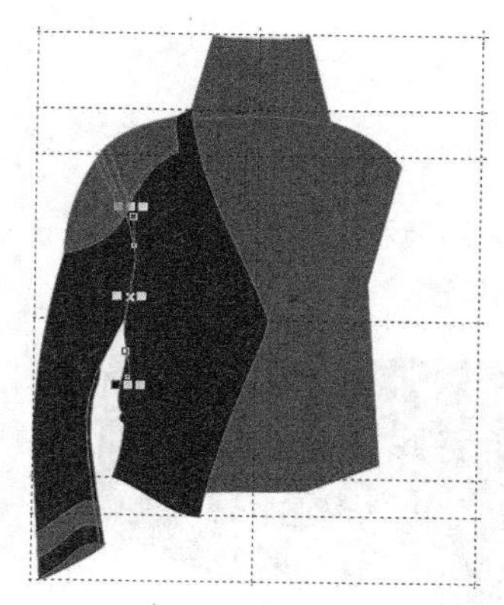
图10-240

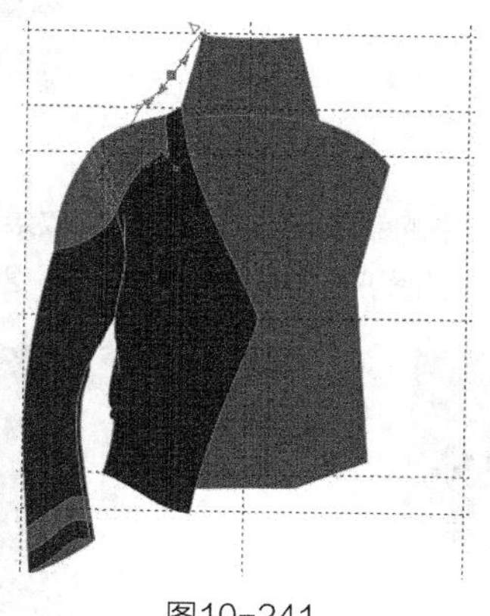
图10-241

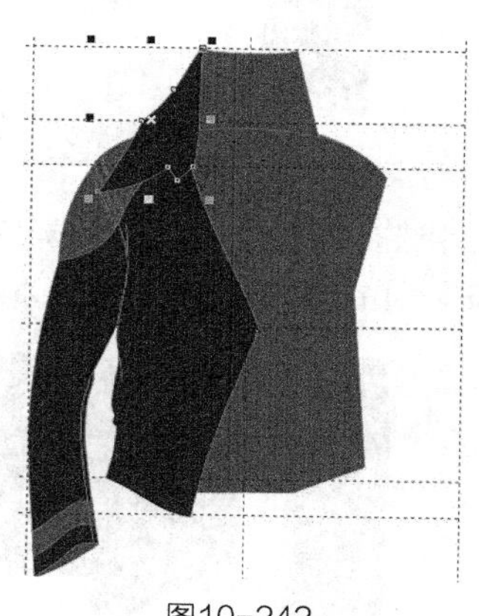
图10-242

16 使用贝塞尔工具和形状工具绘制如图10-243所示的衣身翻折部分。单击选择工具，在属性栏中设置轮廓宽度为.35 mm，并填充为黑色，CMYK值为90，86，91，78，鼠标右键单击调色板中的■，给轮廓填充60%的黑色，得到的效果如图10-244所示。

17 执行菜单栏中的【编辑】/【全选】/【辅助线】命令，选择所有的辅助线，按【Delete】键删除，得到的效果如图10-245所示。

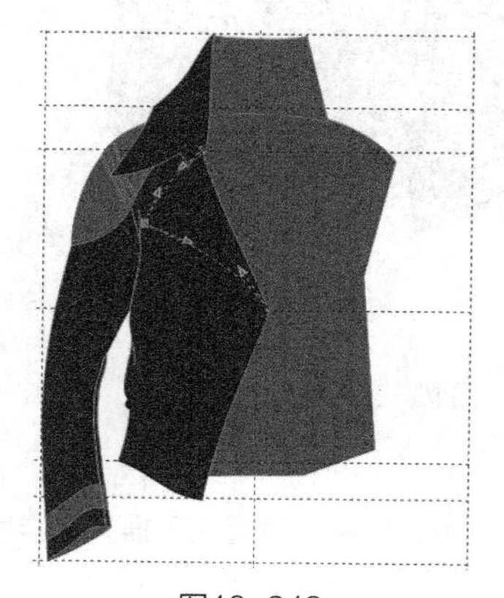
图10-243

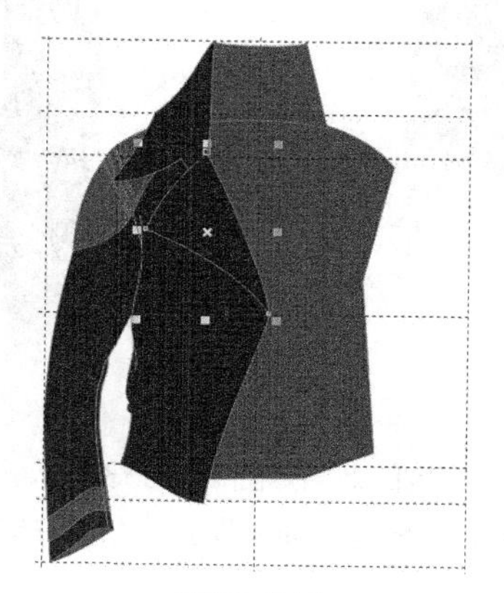
图10-244

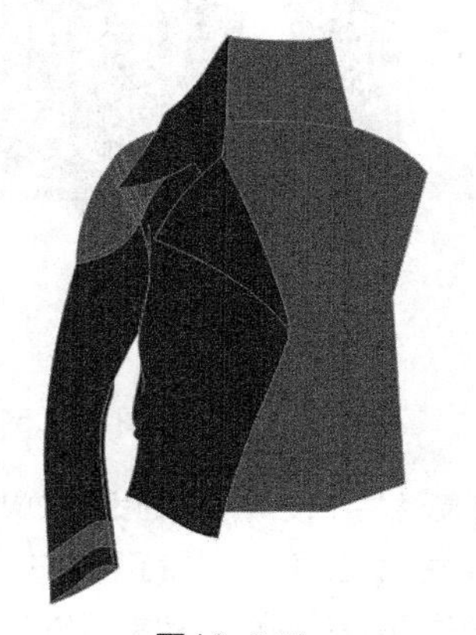
图10-245

18 使用贝塞尔工具和形状工具绘制翻领分割线，单击选择工具，在属性栏中设置轮廓宽度为.35 mm，鼠标右键单击调色板中的■，给轮廓填充60%的黑色，得到的效果如图10-246所示。

19 使用贝塞尔工具和形状工具绘制如图10-247所示的下摆罗纹。单击选择工具，在属性栏中设置轮廓宽度为.35 mm，并填充为烟灰色，CMYK值为73，65，67，24，鼠标右键单击调色板中的■，给轮廓填充60%的黑色，得到的效果如图10-248所示。

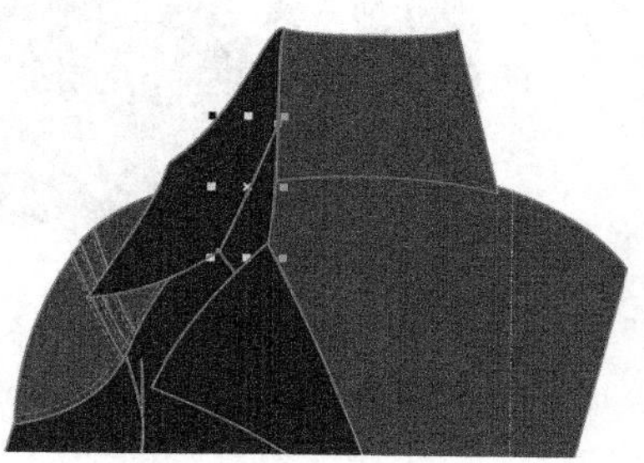
图10-246

20 使用手绘工具在下摆绘制两条直线，在属性栏中设置轮廓宽度为.2 mm，鼠标右键单击调色板中的■，给直线填充60%的黑色，得到的效果如图10-249所示。

图10-247

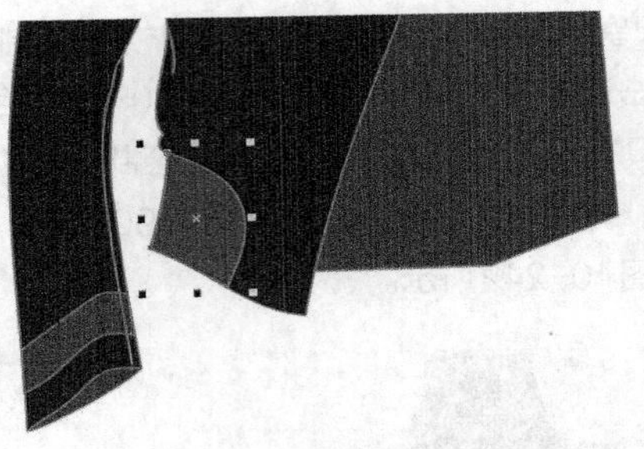

图10-248

21 使用选择工具选择两条直线，单击属性栏中的合并按钮，得到的效果如图 10-250 所示。

22 按【 + 】键复制图形，按住【 Ctrl 】键把复制的图形往右移动到如图 10-251 所示的位置。

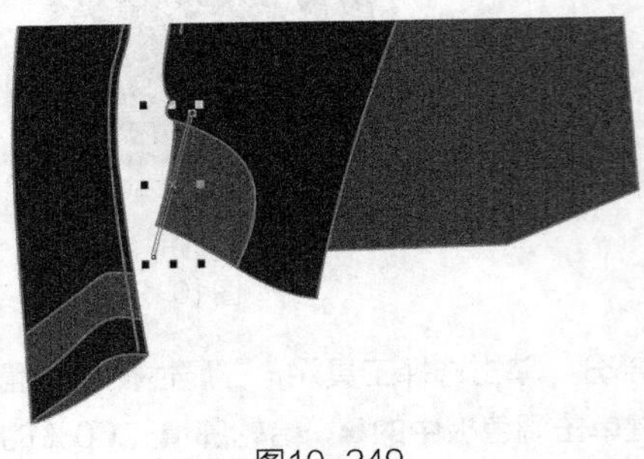

图10-249

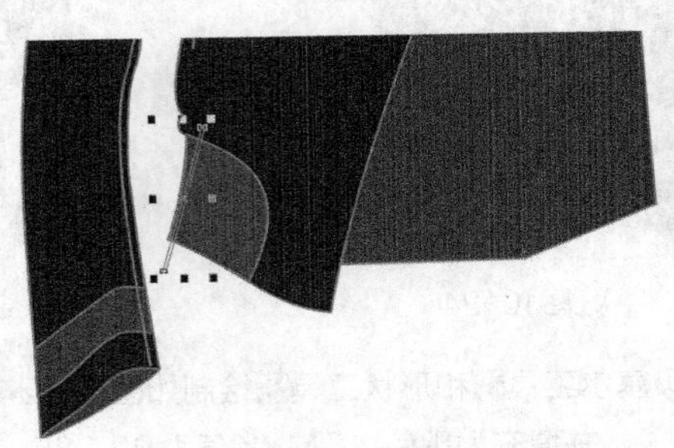

图10-250

23 选择工具箱中的调和工具，单击左边的直线，往右拖动鼠标至右边的图形，执行调和效果，如图 10-252 所示。

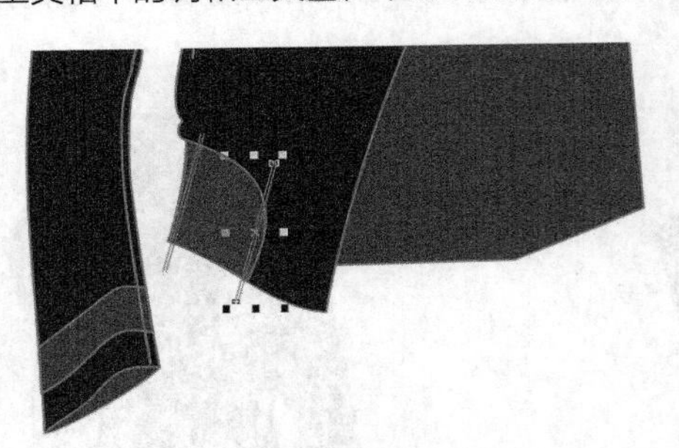

图10-251

图10-252

24 在属性栏中设置调和的步数为 10，得到的效果如图 10-253 所示。

25 单击选择工具，执行菜单栏中的【 效果 】/【 图框精确剪裁 】/【 放置在容器中 】命令，把图形放置在下摆，这样就完成了下摆罗纹的制作，效果如图 10-254 所示。

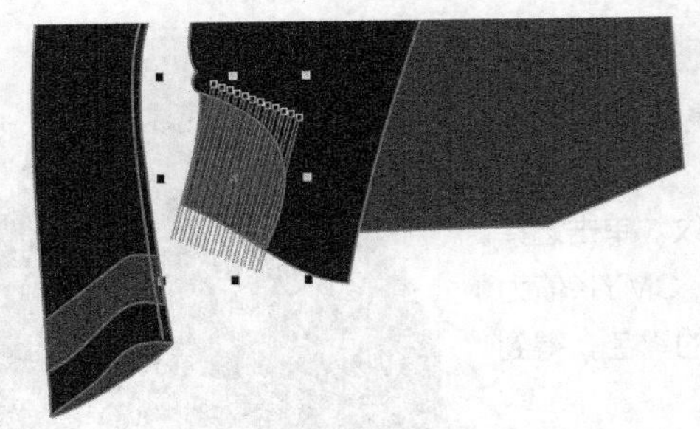

图10-253

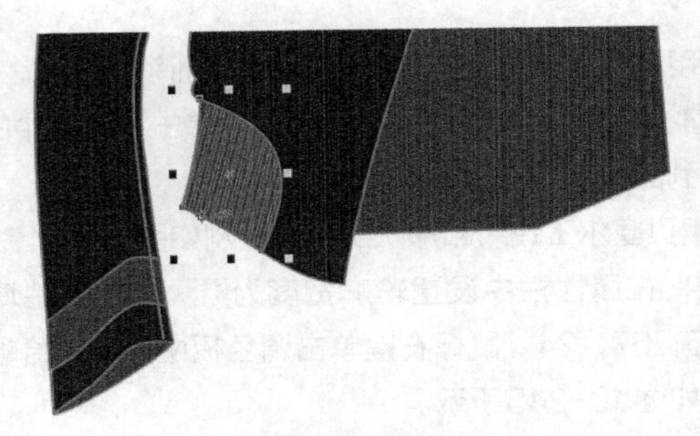

图10-254

26 选择贝塞尔工具和形状工具，在如图 10-255 所示的翻领、门襟、衣服下摆处绘制 4 条缉明线，使缉明线处于选择状态，按【 F12 】键，弹出“轮廓笔”对话框，选项及参数设置如图 10-256 所示（ 轮廓填充为 60% 的黑色 ）。

27 单击【确定】按钮，得到的效果如图10-257所示。

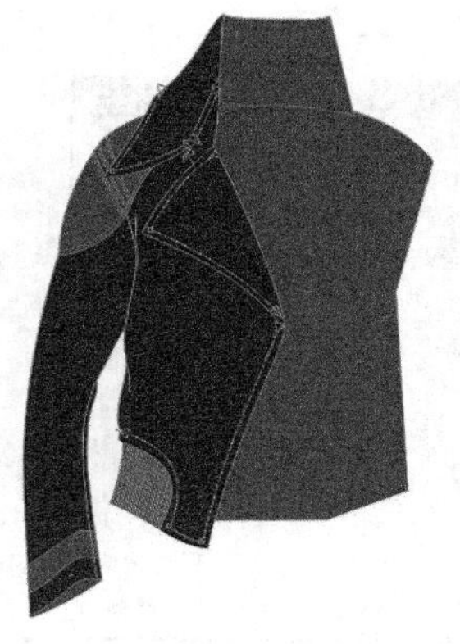

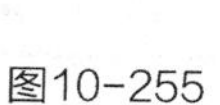
图10-255

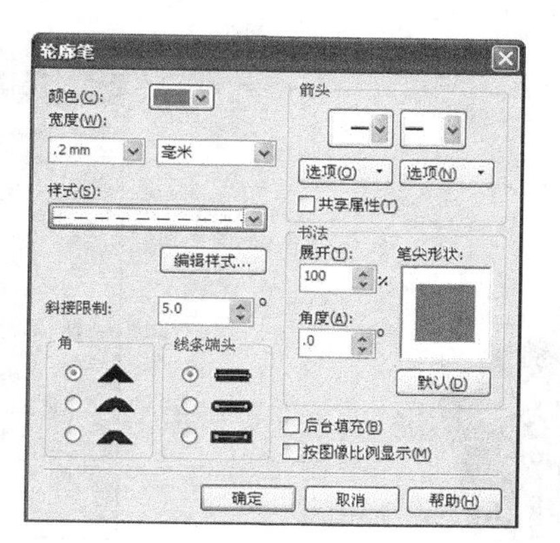

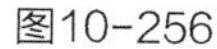
图10-256

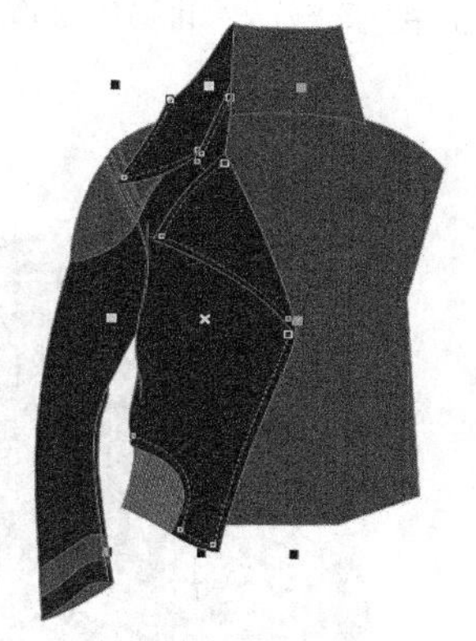
图10-257

28 使用贝塞尔工具绘制如图10-258所示的口袋。单击选择工具，在属性栏中设置轮廓宽度为 .35 mm，并填充为烟灰色，CMYK值为73，65，67，24，鼠标右键单击调色板中的■，给轮廓填充60%的黑色，得到的效果如图10-259所示。

29 执行菜单栏中的【文件】/【导入】命令，导入如图10-260所示的拉链头。

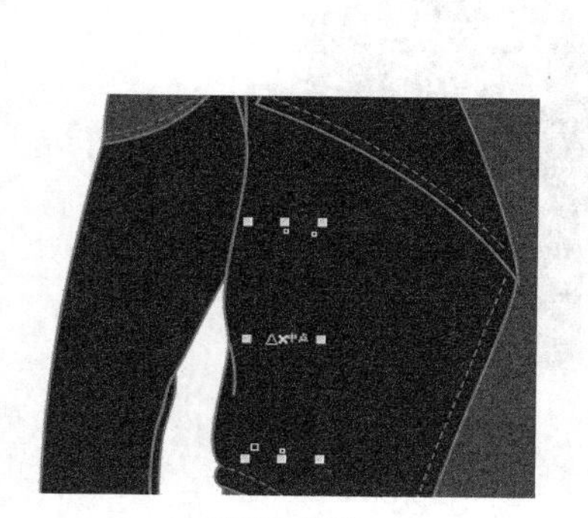
图10-258

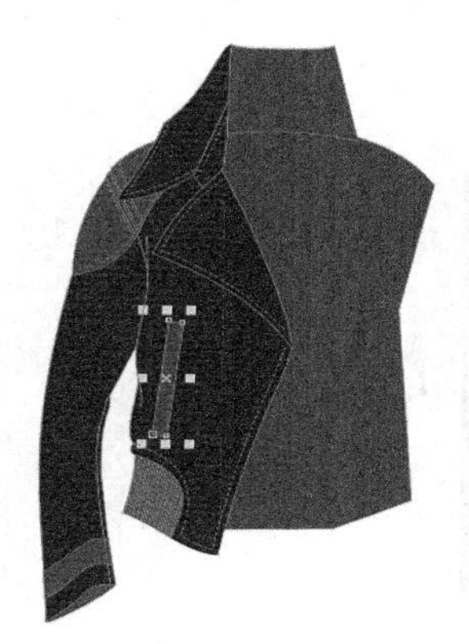
图10-259

图10-260

30 使用选择工具把拉链头摆放在如图10-261所示的位置。

31 执行菜单栏中的【排列】/【顺序】/【置于此对象后】命令，把拉链头放置到口袋后面，得到的效果如图10-262所示。

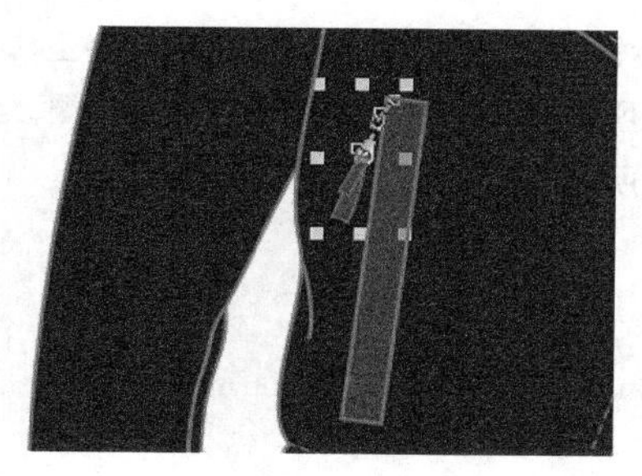
图10-261

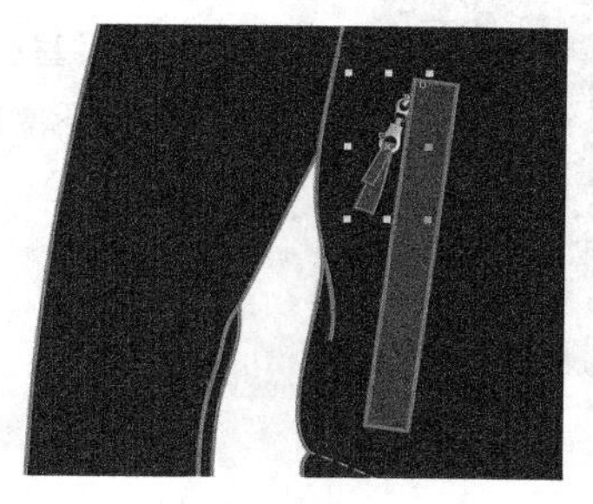
图10-262

32 使用椭圆形工具，按住【Ctrl】键绘制一个圆形，在属性栏中设置轮廓宽度为 .2 mm，鼠标右键单击调色板中的■，给轮廓填充60%的黑色，得到的效果如图10-263所示。

33 单击工具箱中的渐变填充工具 渐变填充，在弹出的“渐变填充”对话框中选择“类型”为“辐射”渐变，设置各项参数如图10-264所示，其中主要控制点的位置和颜色参数分别如下。

位置：0　　　　　　颜色：60%黑色

位置：100　　　　　颜色：白色

完成的渐变效果如图10-265所示。

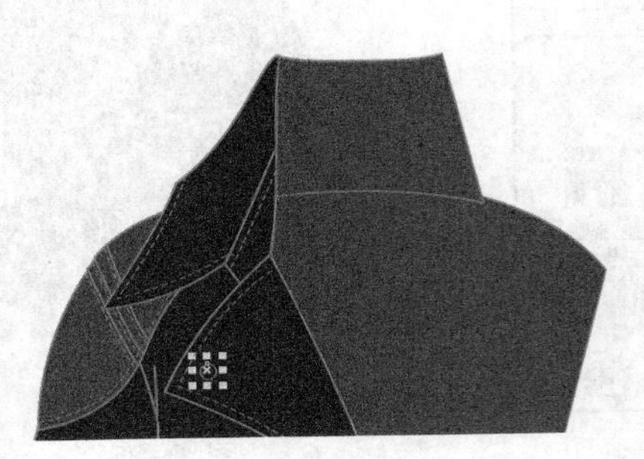

图10-263

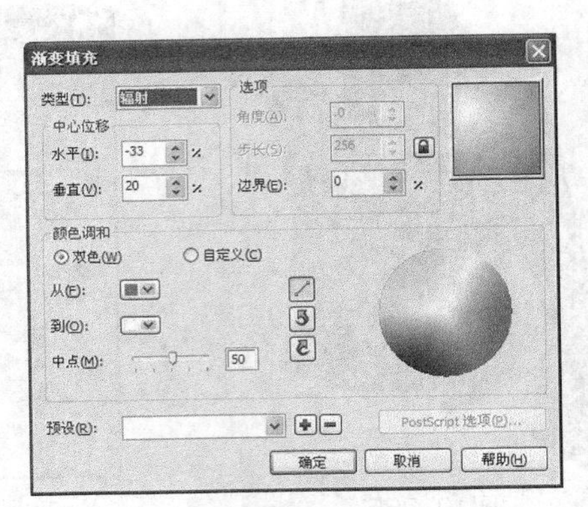

图10-264

34 使用选择工具框选绘制好的左边衣形，按【+】键复制，单击属性栏中的水平镜像按钮，并把图形向右平移到一定的位置，得到的效果如图10-266所示。

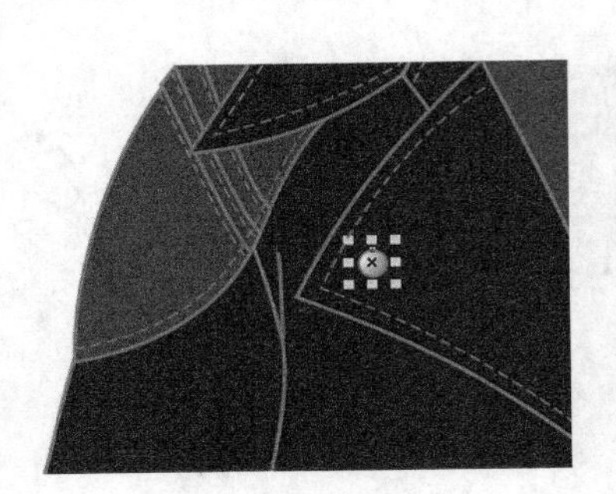

图10-265

图10-266

图10-267

35 使用贝塞尔工具和形状工具绘制后领口的两条分割线，单击选择工具，在属性栏中设置轮廓宽度为 .35 mm，鼠标右键单击调色板中的■，给轮廓填充60%的黑色，得到的效果如图10-267所示。

36 使用贝塞尔工具和形状工具在后领口绘制两条缉明线，单击选择工具，在属性栏中设置轮廓样式与宽度如图10-268所示。鼠标右键单击调色板中的■，给轮廓填充60%的黑色，得到的效果如图10-269所示。

图10-268

37 使用贝塞尔工具和形状工具绘制如图10-270所示的后片下摆罗纹。单击选择工具，在属性栏中设置轮廓宽度为 .35 mm，并填充为烟灰色，CMYK值为73，65，67，24，鼠标右键单击调色板中的■，给轮廓填充60%的黑色，得到的效果如图10-271所示。

38 执行菜单栏中的【排列】/【顺序】/【置于此对象后】命令，把图形放置到衣身左前片后面，得到的效果如图10-272所示。

39 重复步骤**18**～步骤**23**的操作，绘制后片的罗纹，得到的效果如图10-273所示。

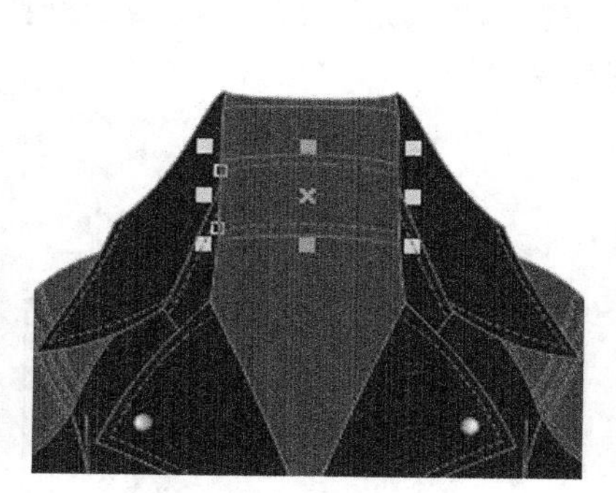
图10-269

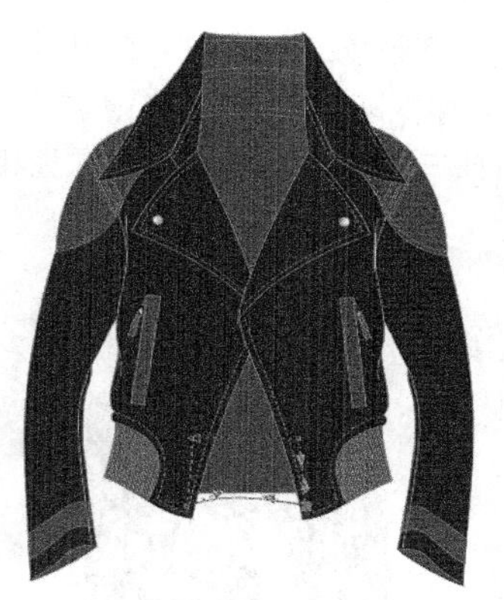
图10-270

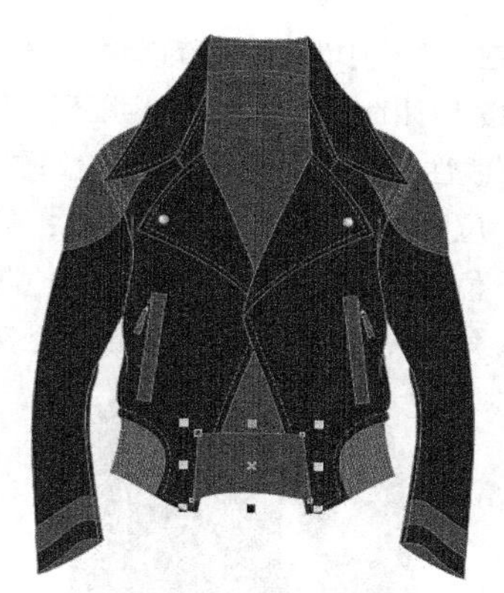
图10-271

40 使用贝塞尔工具绘制衣身上的分割线，单击选择工具，在属性栏中设置轮廓宽度为 .35 mm ，鼠标右键单击调色板中的■，给轮廓填充60%的黑色，得到的效果如图10-274所示。

图10-272

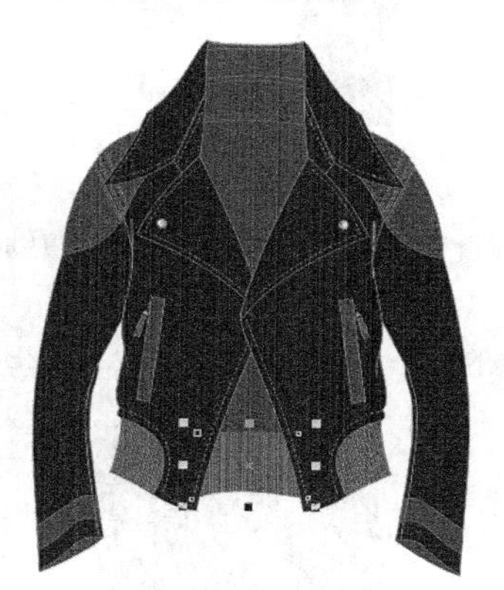
图10-273

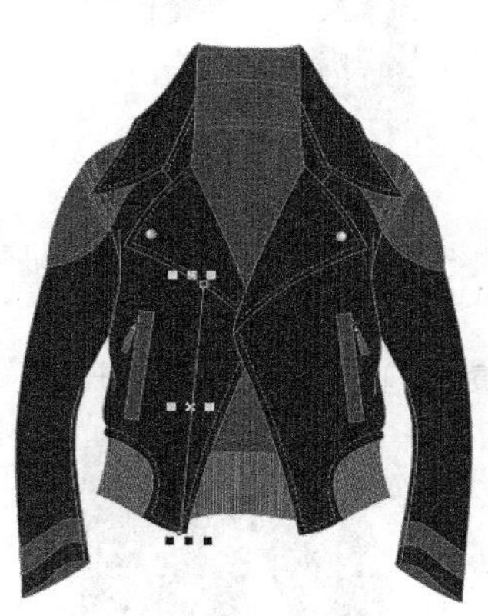
图10-274

41 使用贝塞尔工具绘制衣身上的缉明线，单击选择工具，在属性栏中设置轮廓样式与宽度如图10-275所示。鼠标右键单击调色板中的■，给轮廓填充60%的黑色，得到的效果如图10-276所示。

图10-275

42 使用贝塞尔工具和形状工具在分割线上绘制拉链齿造型，鼠标右键单击调色板中的■，给轮廓填充60%的黑色，如图10-277所示。

43 按【+】键复制图形，然后把复制的图形往下平移到一定的位置，如图10-278所示。

图10-276

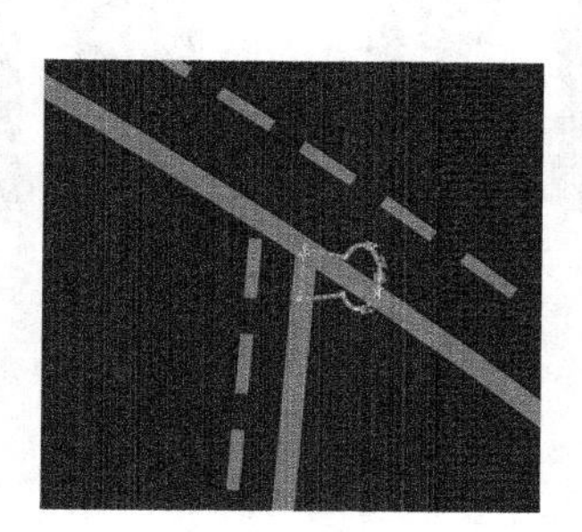
图10-277

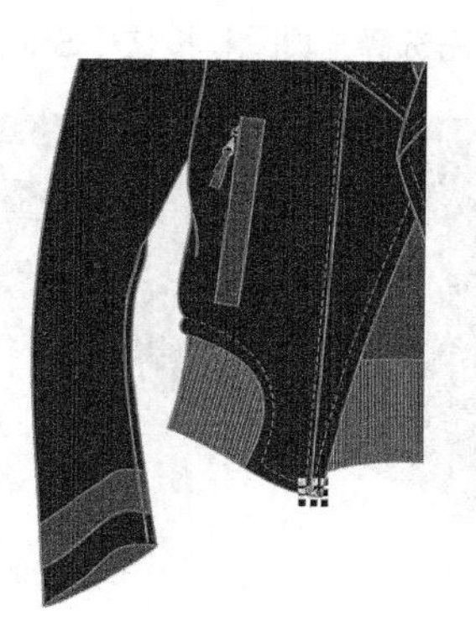
图10-278

44 单击工具箱中的调和工具，点击上边的图形，往下拖动鼠标至下方图形，执行调和效果，如图10-279所示。

45 在属性栏中设置调和的步数为 33 ，得到的效果如图10-280所示。

46 按【Ctrl+G】组合键群组图形，单击工具箱中的渐变填充工具 渐变填充 ，在弹出的“渐变填充”对话框中选择“类型”为“线性”渐变，主要参数设置如图10-281所示。其中主要控制点的位置和颜色参数分别如下。

位置：0　　　　颜色：40%黑色

位置：100　　　颜色：白色

角度设置为0度，完成的渐变效果如图10-282所示。

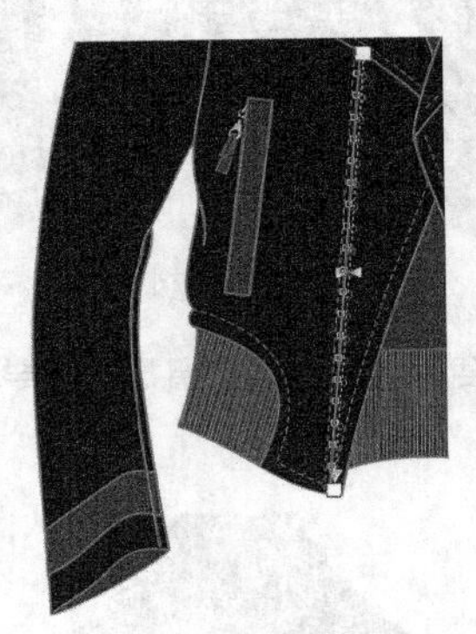

图10-279

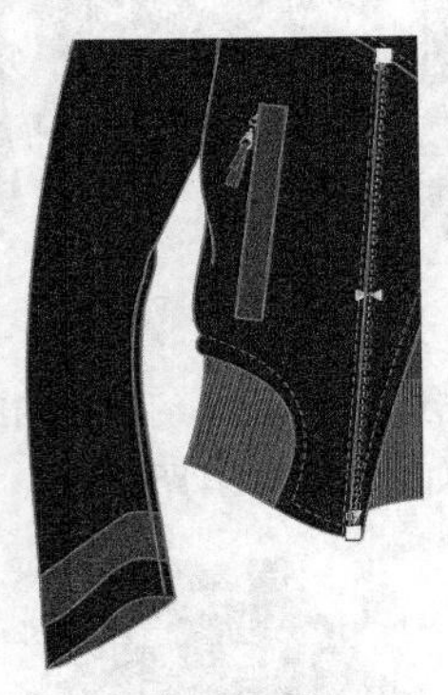

图10-280

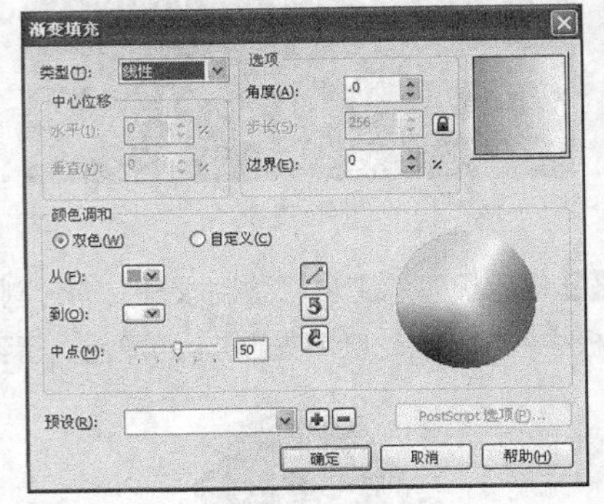

图10-281

47 执行菜单栏中的【排列】/【顺序】/【置于此对象后】命令，把拉链放置到衣身翻折部分后面，得到的效果如图10-283所示。

48 重复步骤 **40** ~步骤 **45** 的操作，绘制右边的拉链，得到的效果如图10-284所示。

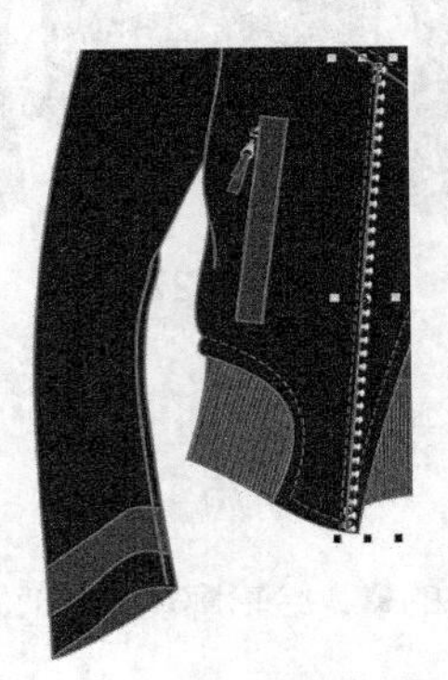

图10-282

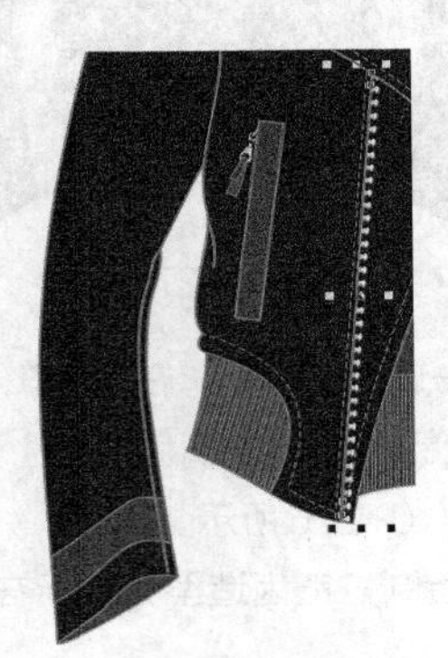

图10-283

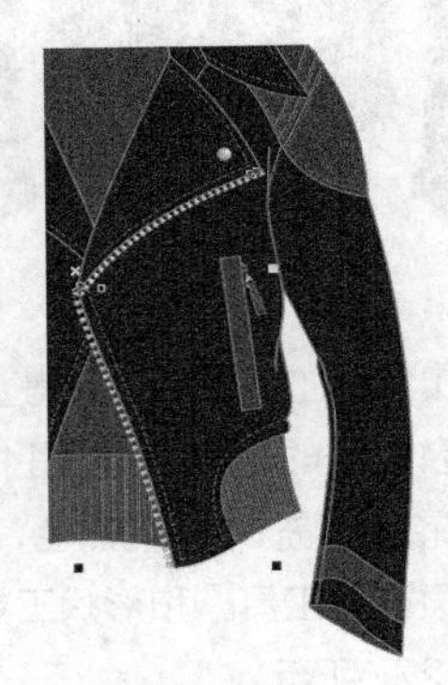

图10-284

49 使用选择工具选择右边口袋拉链头，按【+】键复制，并把复制的拉链头摆放在如图10-285所示的位置。

50 单击选择工具，按住【Shift】键等比例放大拉链头，得到的效果如图10-286所示。

图10-285

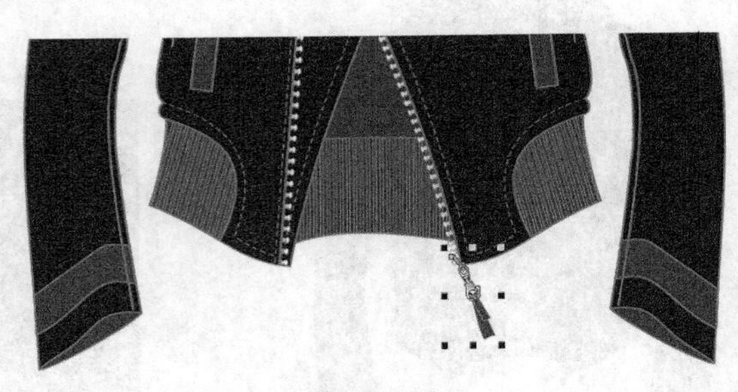

图10-286

51 使用选择工具框选所有图形，按【Ctrl+G】组合键群组图形。这样就完成了机车夹克的绘制，整体效果如图10-287所示。

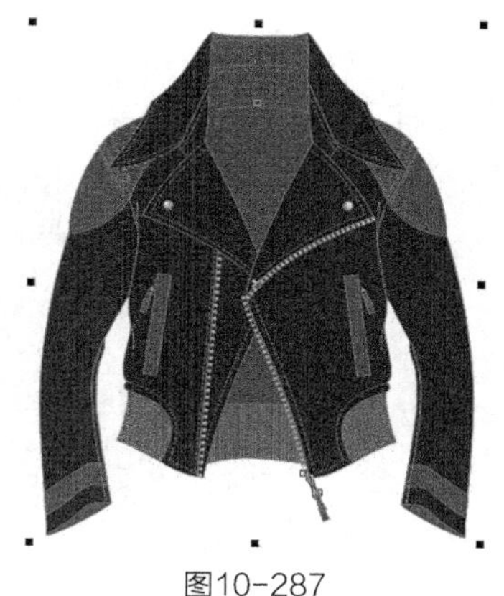

图10-287

10.4 羽绒服

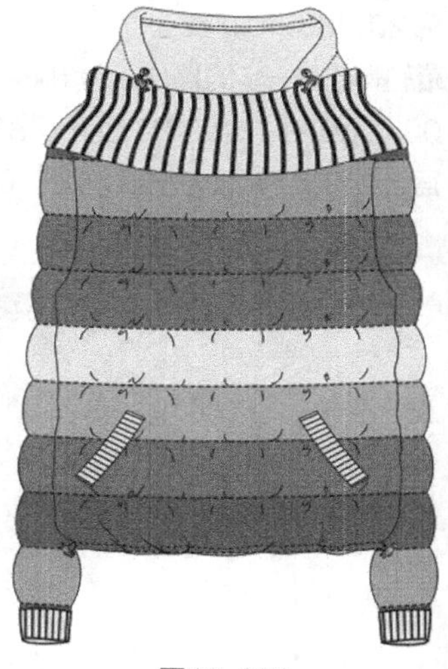

图10-288

羽绒服是指内充羽绒填料的上衣，外形庞大圆润。填充的羽绒一般鸭绒量占一半以上，同时可以混杂一些细小的羽毛。将鸭绒清洗干净，经高温消毒，之后填充在衣服中就是羽绒服了。羽绒服保暖性较好，多为寒冷地区的人们穿着。由于其制作材料的特殊性，羽绒服的设计重点在于色彩与绗缝工艺的表现。

女式羽绒服的整体设计效果如图10-288所示。

设计重点

造型设计，彩色条纹图案、绗缝工艺的表现，弹簧扣的设计。

操作步骤

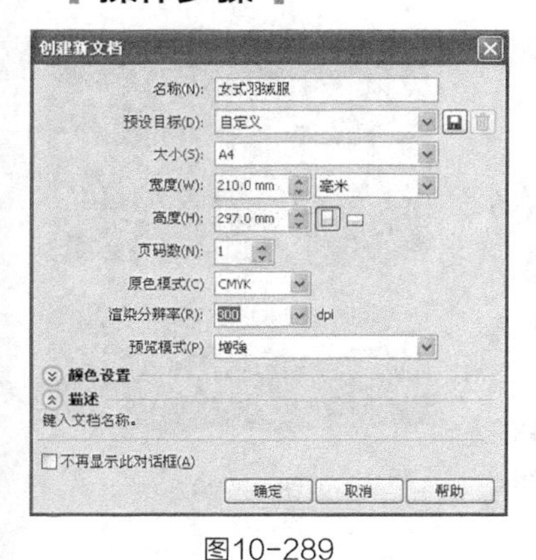

图10-289

01 打开CorelDRAW软件，执行菜单栏中的【文件】/【新建】命令，或使用【Ctrl+N】组合键，弹出“创建新文档”对话框，命名文件为“女式羽绒服”，如图10-289所示。在属性栏中设定纸张大小为A4，横向摆放，如图10-290所示。

图10-290

02 鼠标单击上方和左方的标尺栏，分别从上往下、从左往右拖动添加11条辅助线，确定衣长、袖长、肩线、袖肥、袖窿深等位置，如图10-291所示。

03 使用贝塞尔工具和形状工具绘制如图10-292所示的衣身造型，在属性栏中设置轮廓宽度为.35 mm。

04 使用贝塞尔工具和形状工具在衣身造型上绘制一条曲线，如图10-293所示。

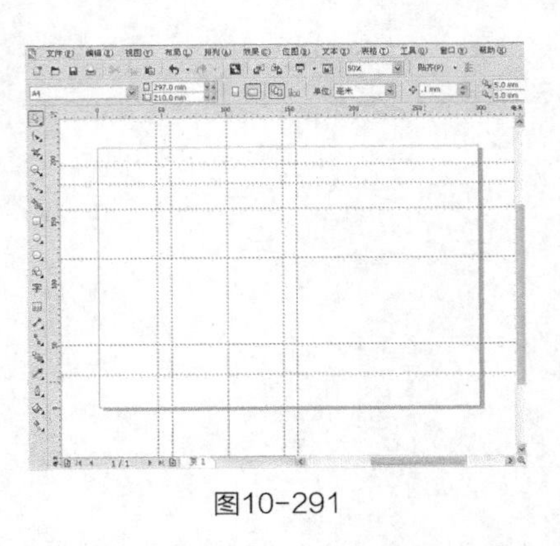
图10-291

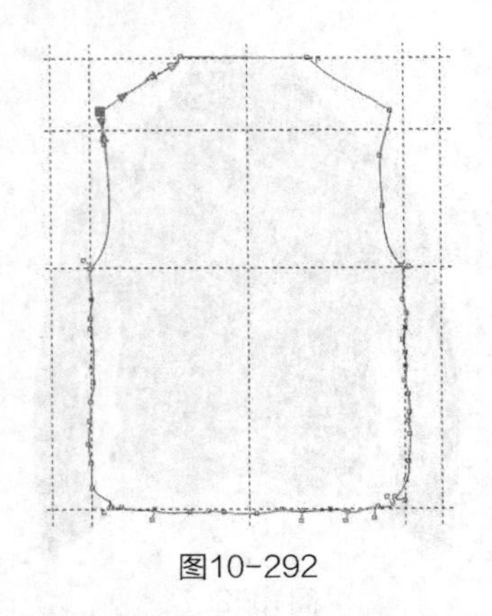
图10-292

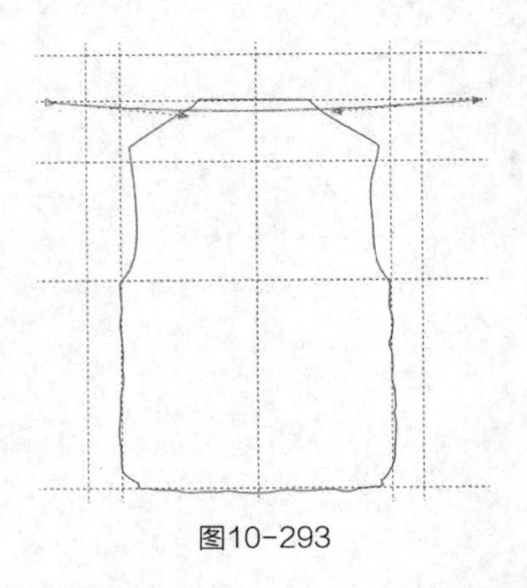
图10-293

05 单击选择工具，在属性栏中设置轮廓宽度为 15.0 mm ，并给路径填充为蓝色，CMYK值为100，20，0，0，得到的效果如图10-294所示。

06 按小键盘上的【+】键复制图形，然后把复制的袖子向下平移到如图10-295所示的位置，并填充为紫色，CMYK值为20，80，0，20。

07 重复上一步的操作，复制路径，并分别填充为粉色（CMYK值为0，51，18，0）、玫红色（CMYK值为0，91，53，0）、大红色（CMYK值为0，86，100，0）、黄色（CMYK值为0，0，100，0）、绿色（CMYK值为40，0，100，0）、蓝色（CMYK值为100，20，0，0）及紫色（CMYK值为20，80，0，20），得到的效果如图10-296所示。

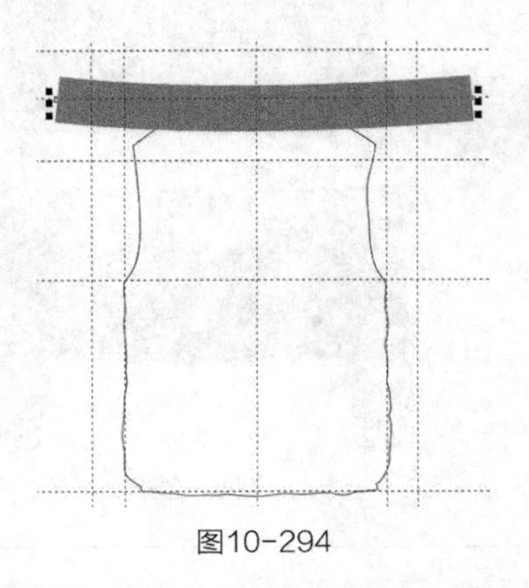
图10-294

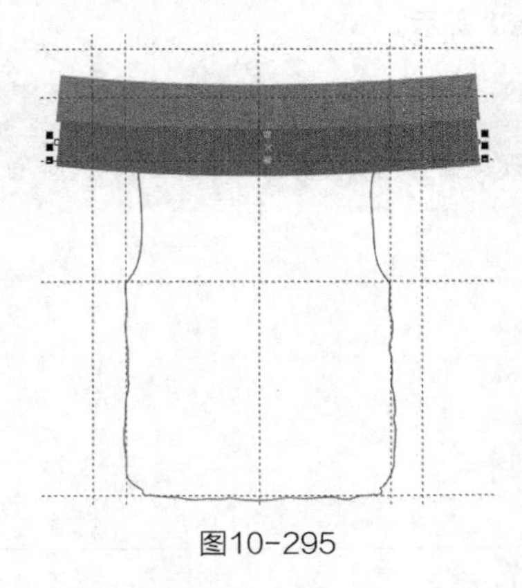
图10-295

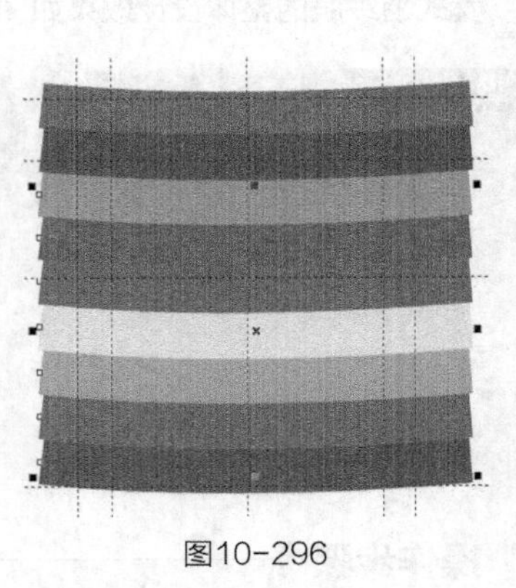
图10-296

08 使用贝塞尔工具和形状工具在彩条图案上分别绘制8条路径，表现绗缝线迹，如图10-297所示。

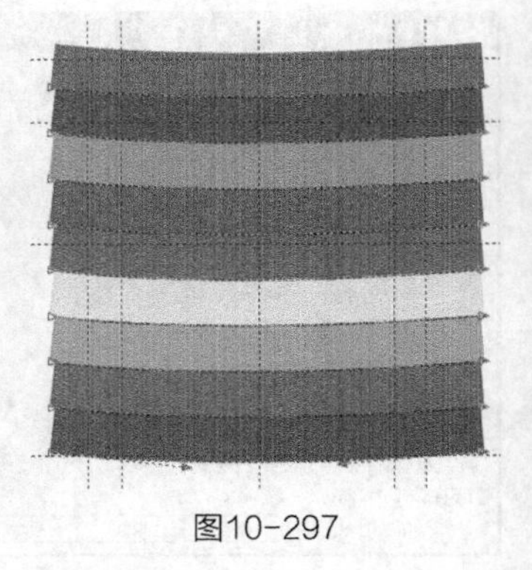
图10-297

专家提示

为了更好地表现羽绒服的绗缝工艺设计，绗缝线迹要绘制在彩条与彩条衔接的位置。

09 按【F12】键弹出“轮廓笔”对话框，设置各项参数如图10-298所示。单击【确定】按钮，得到的效果如图10-299所示。

10 使用选择工具，按住【Shift】键挑选所有彩条图案和绗缝线迹，执行菜单栏中的【效果】/【图框精确剪裁】/【置于图文框内部】命令，把图形放置在衣身造型中，得到的效果如图10-300所示。

专家提示

为了更好地表现羽绒服的蓬松效果，袖子要设计成一节一节的泡泡袖。

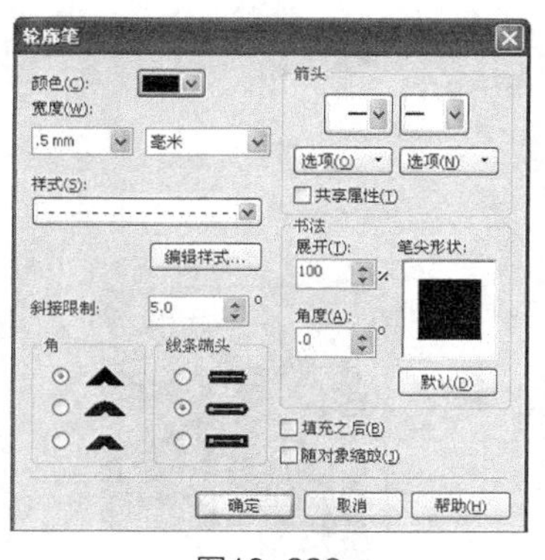

图10-298

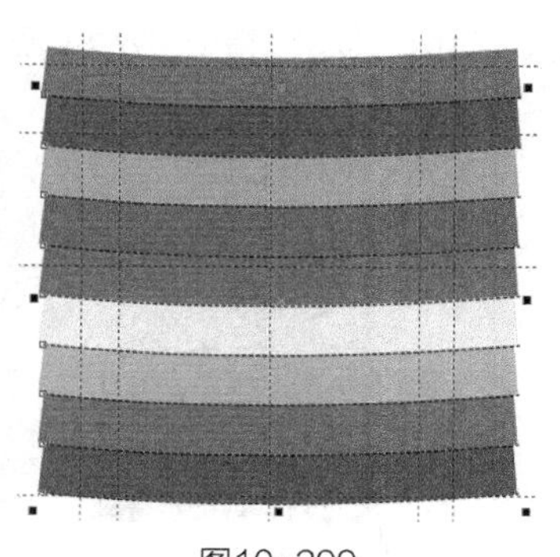

图10-299

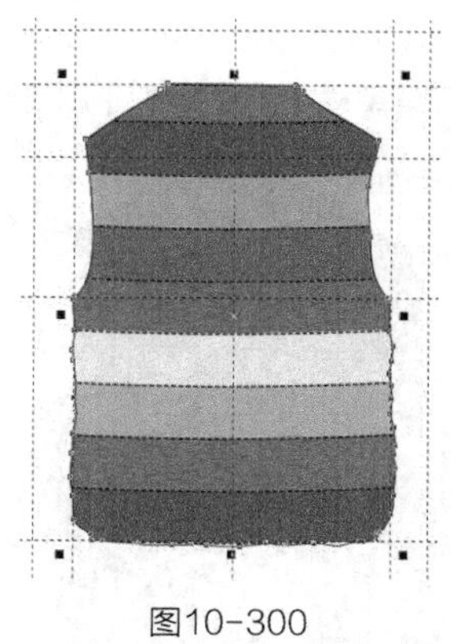

图10-300

11 使用贝塞尔工具和形状工具绘制如图10-301所示的左袖造型，在属性栏中设置轮廓宽度为.35 mm。

12 使用属性滴管工具选择衣身属性，鼠标转换成应用对象属性，然后单击左袖前面部分，把条纹图案复制到衣袖中，得到的效果如图10-302所示。

13 使用选择工具挑选左袖，单击鼠标右键弹出对话框，选择【编辑PowerClip】，得到的效果如图10-303所示。

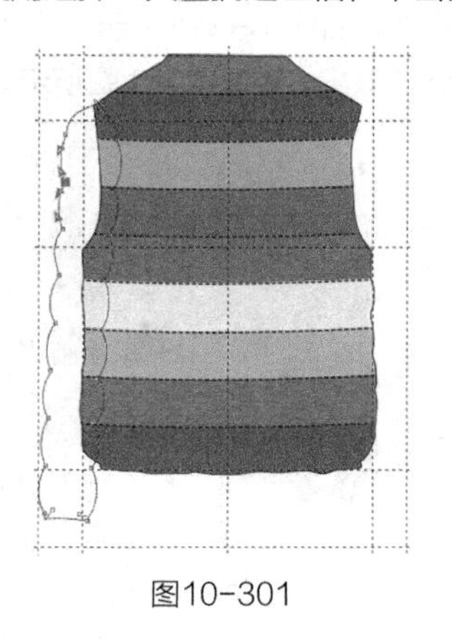

图10-301

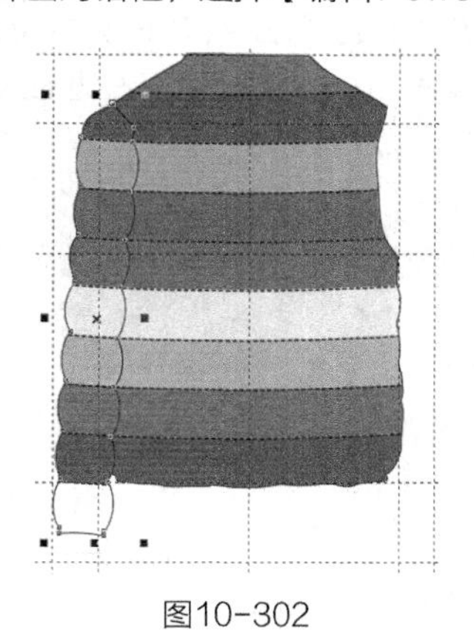

图10-302

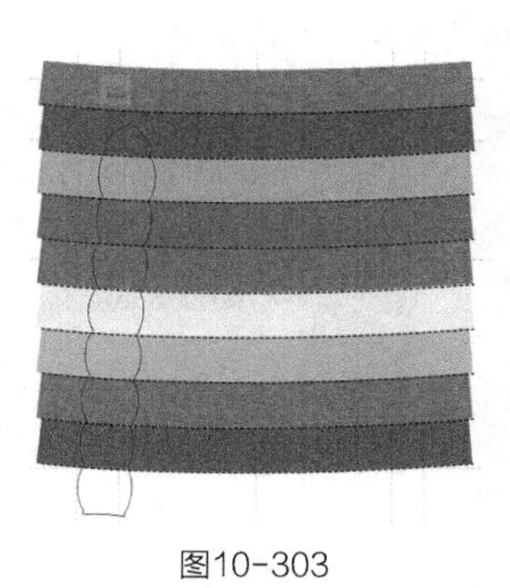

图10-303

14 使用选择工具选择图形，复制条纹图案，移动到如图10-304所示的位置。单击鼠标右键，弹出对话框，执行【结束编辑】命令，得到的效果如图10-305所示。

15 执行菜单栏中的【排列】/【顺序】/【到页面后面】命令，得到的效果如图10-306所示。

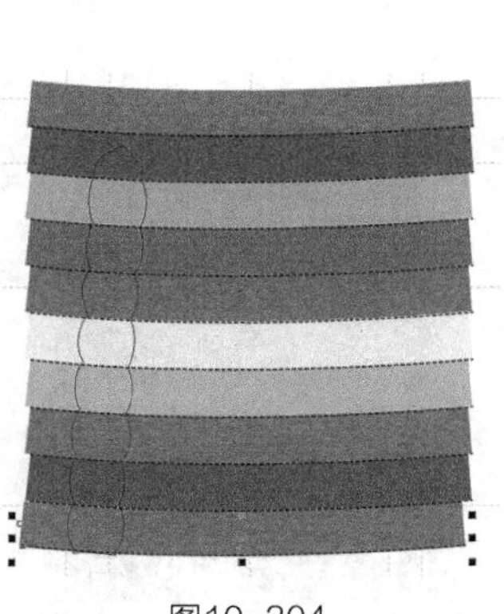

图10-304

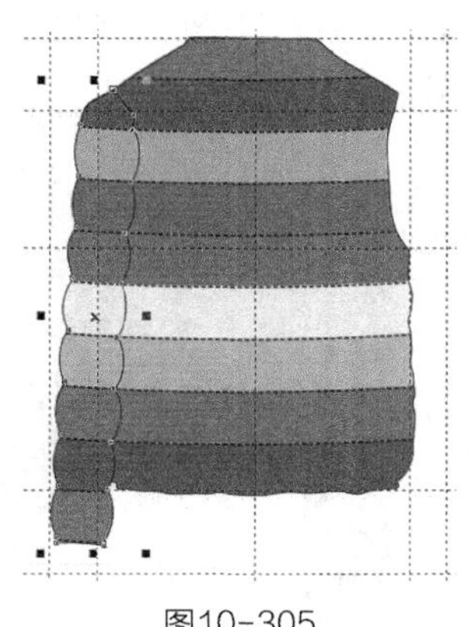

图10-305

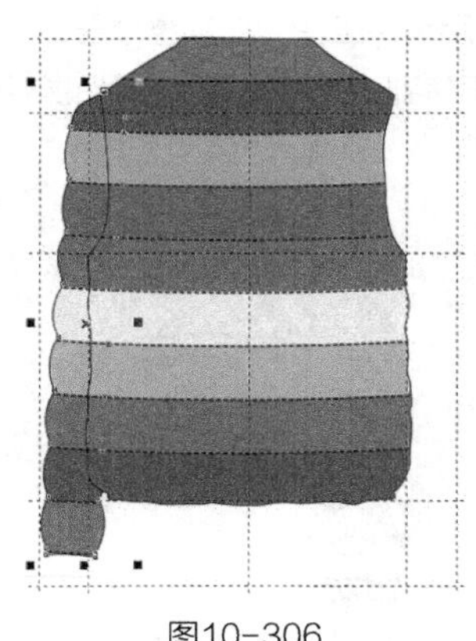

图10-306

16 使用贝塞尔工具和形状工具绘制如图10-307所示的左袖袖口，在属性栏中设置轮廓宽度为.35 mm，并填充为黄色，CMYK值为89，42，47，0。

17 使用贝塞尔工具和形状工具绘制如图10-308所示的左袖口后片，在属性栏中设置轮廓宽度为.35 mm，并填充为黄色，CMYK值为89，42，47，0。

18 执行菜单栏中的【排列】/【顺序】/【到页面后面】命令，得到的效果如图10-309所示。

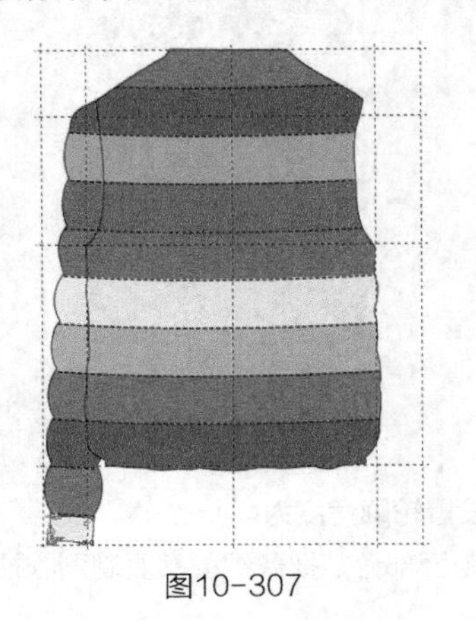

图10-307

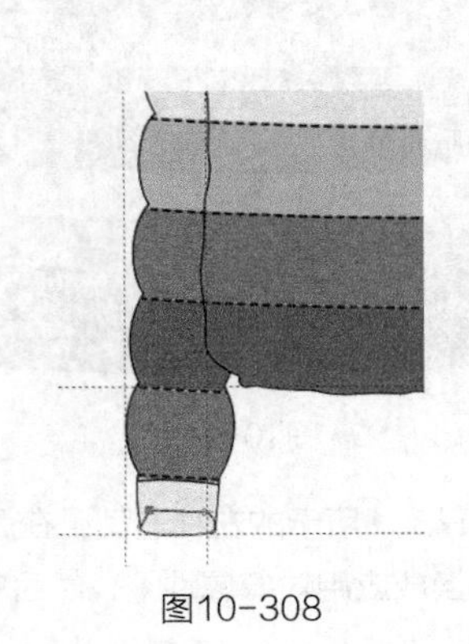

图10-308

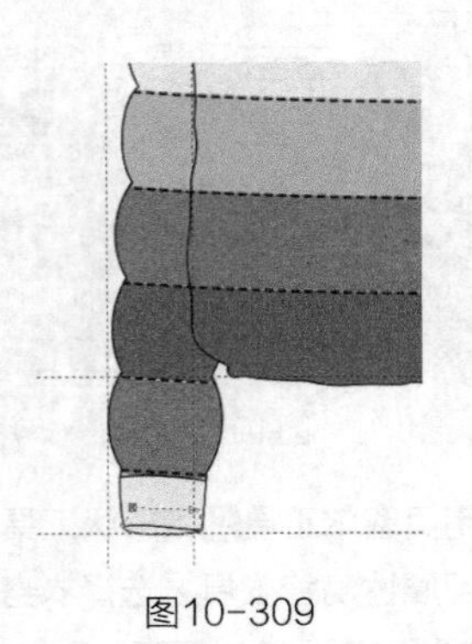

图10-309

19 使用手绘工具在袖口上绘制一条直线，设置轮廓宽度为.75 mm，如图10-310所示。

20 按小键盘上的【+】键复制图形，然后把复制的袖子向右平移到一定的位置，得到的效果如图10-311所示。

21 选择工具箱中的调和工具，单击左边的直线，往右拖动鼠标至右边的直线，执行调和效果，如图10-312所示。

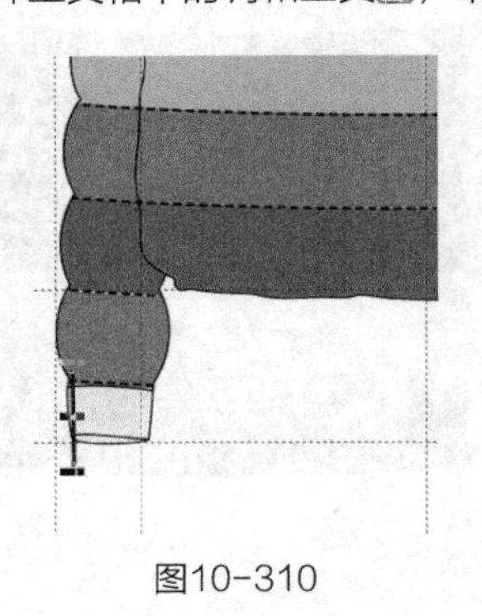

图10-310

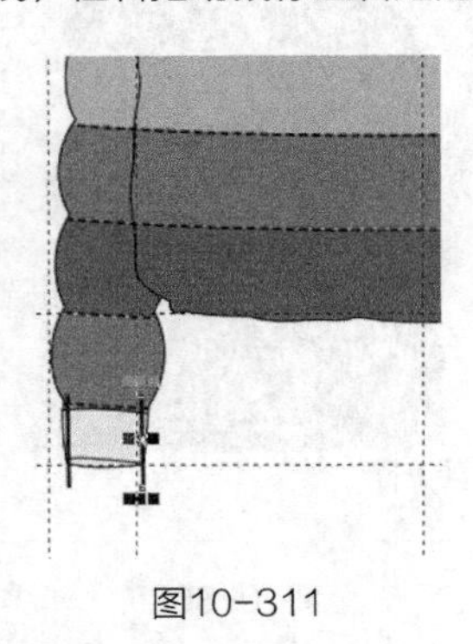

图10-311

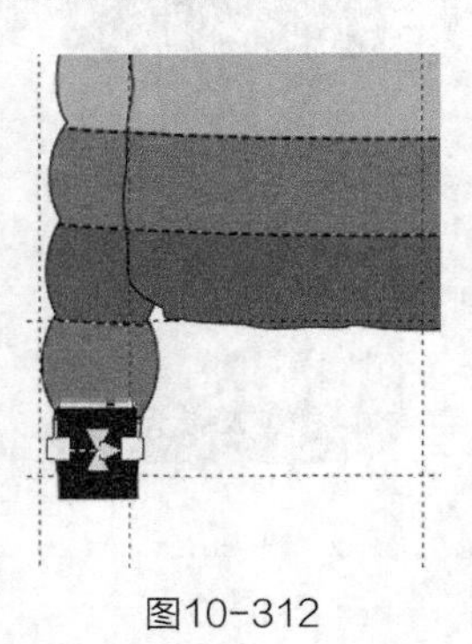

图10-312

22 在属性栏中设置调和步数为9，得到的效果如图10-313所示。

23 单击选择工具，执行菜单栏中的【效果】/【图框精确剪裁】/【置于图文框内部】命令，鼠标单击袖口前片，得到的效果如图10-314所示。

24 使用选择工具框选整个左袖，按小键盘上的【+】键复制图形，单击属性栏中的水平镜像按钮，然后把复制的袖子向右平移到一定的位置，得到的效果如图10-315所示。

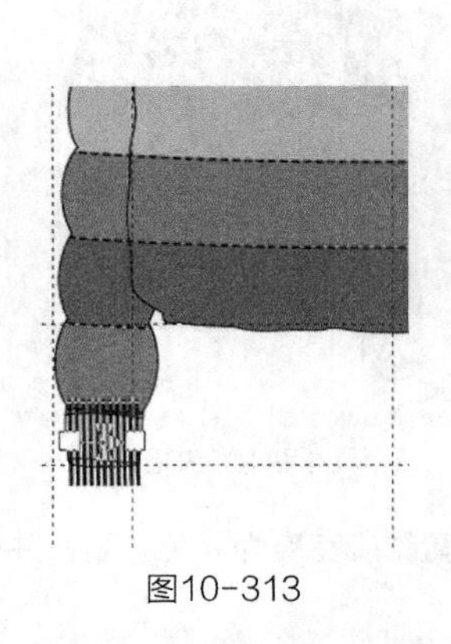

图10-313

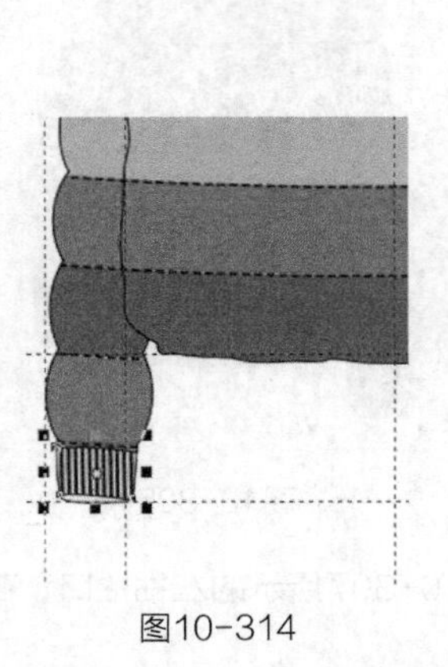

图10-314

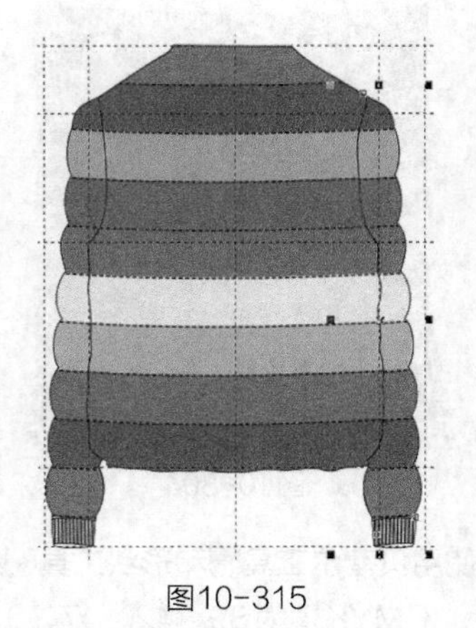

图10-315

25 使用贝塞尔工具和形状工具绘制如图10-316所示的领子造型，在属性栏中设置轮廓宽度为.35 mm，并填充为黄色，CMYK值为89，42，47，0。

26 使用贝塞尔工具和形状工具，在领子上绘制两条路径，单击选择工具，在属性栏中设置轮廓宽度为 .75 mm ，得到的效果如图10-317所示。

27 重复步骤**20**～步骤**22**的操作，表现领子上的罗纹，得到的效果如图10-318所示。

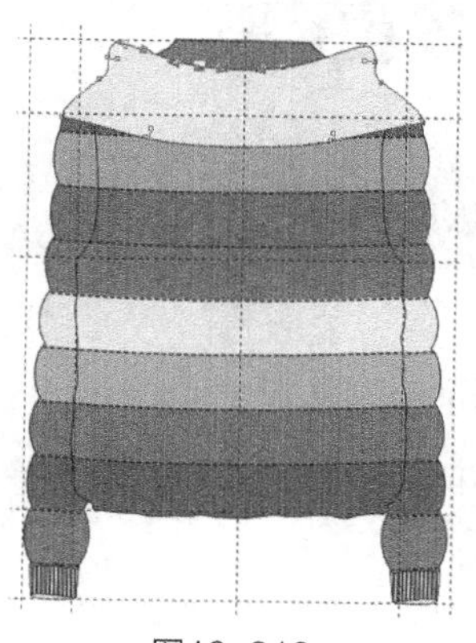

图10-316

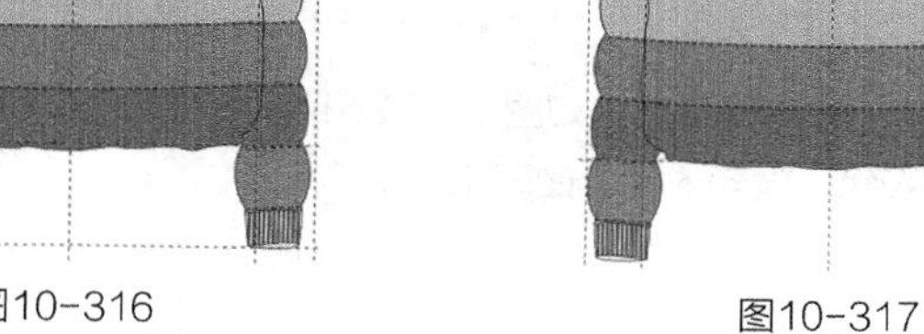

图10-317

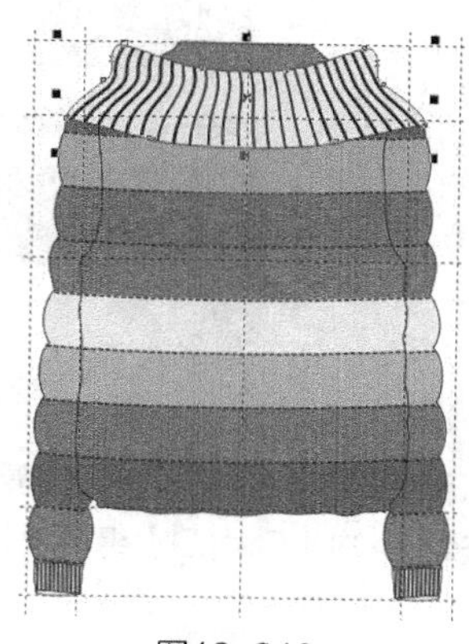

图10-318

28 使用贝塞尔工具和形状工具绘制如图10-319所示的帽子造型，在属性栏中设置轮廓宽度为 .35 mm ，并填充为黄色，CMYK值为89，42，47，0。

29 使用贝塞尔工具和形状工具绘制如图10-320所示的帽里造型，在属性栏中设置轮廓宽度为 .35 mm ，并填充为黄色，CMYK值为89，42，47，0。

30 使用选择工具挑选帽子和帽里部分，执行菜单栏中的【排列】/【顺序】/【置于此对象后】命令，把图形摆放在领子造型后面，得到的效果如图10-321所示。

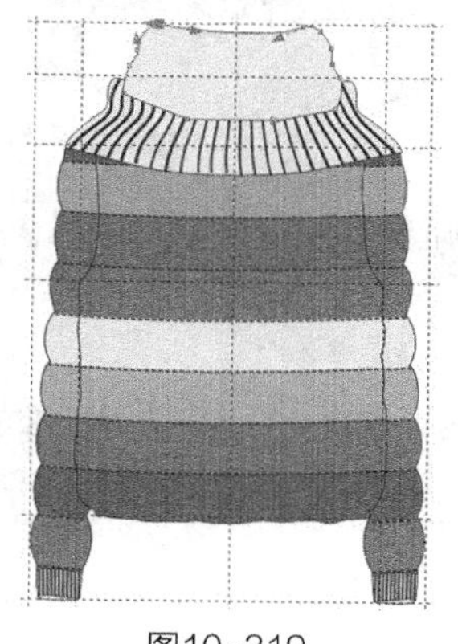

图10-319

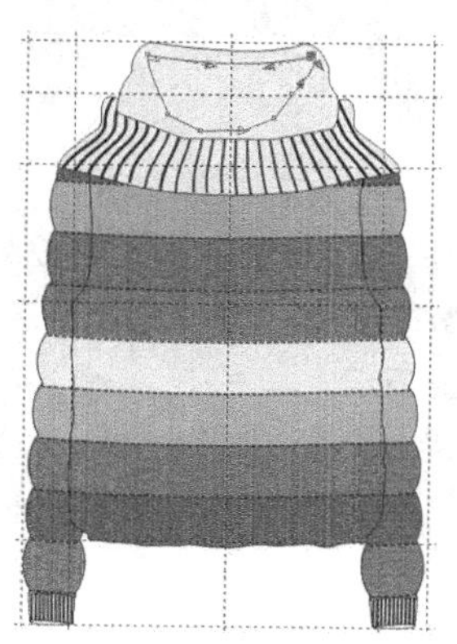

图10-320

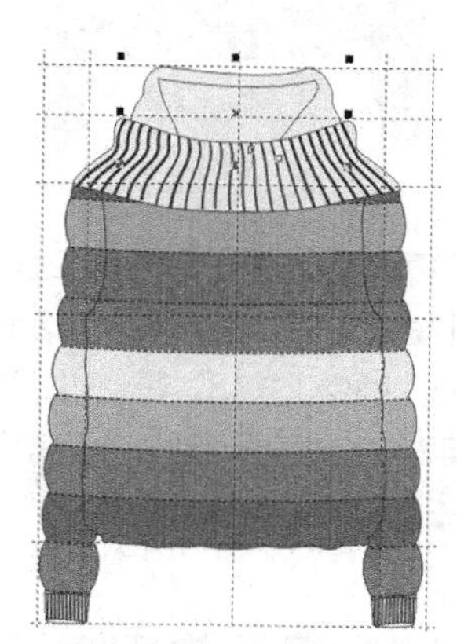

图10-321

31 使用贝塞尔工具和形状工具绘制羽绒服下摆的褶裥线，得到的效果如图10-322所示。

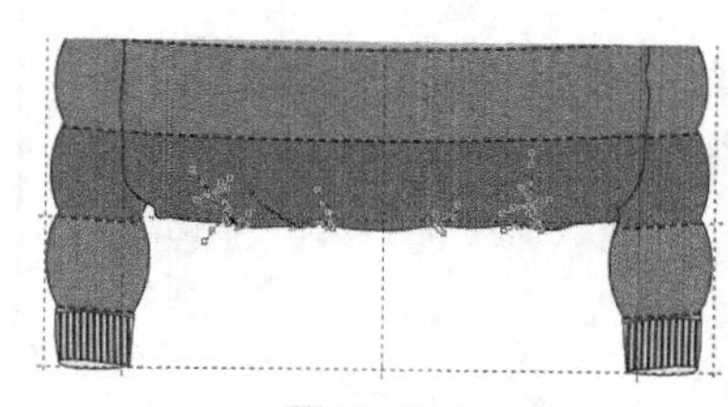

图10-322

32 使用贝塞尔工具和形状工具绘制帽子上的褶裥线，得到的效果如图10-323所示。

33 执行菜单栏中的【编辑】/【全选】/【辅助线】命令，选择所有的辅助线，按【Delete】键删除，得到的效果如图10-324所示。

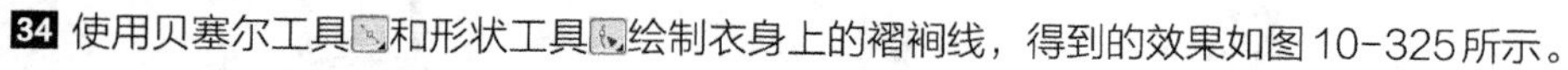

34 使用贝塞尔工具和形状工具绘制衣身上的褶裥线，得到的效果如图10-325所示。

专家提示

衣身上褶裥线的位置以绗缝线迹为标准。

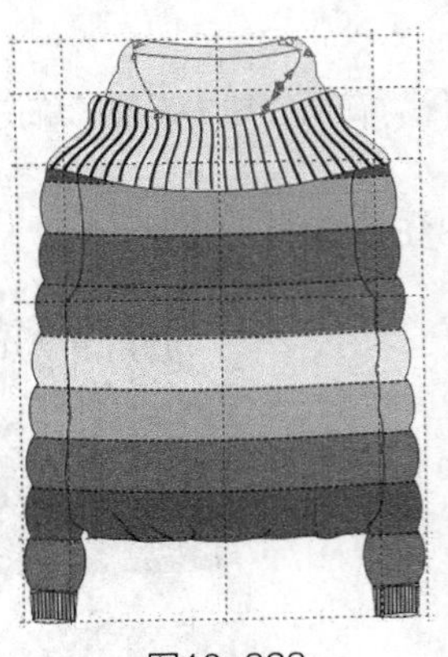
图10-323

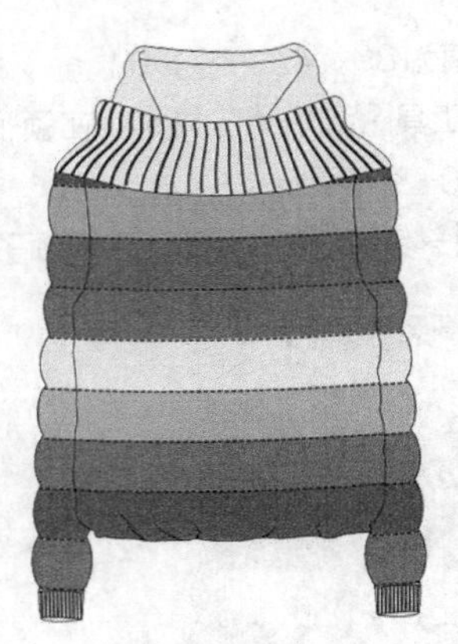
图10-324

35 单击选择工具，按【+】键复制褶裥线，把复制的褶裥线向下平移到如图10-326所示的位置。

36 重复按4次【Ctrl+D】组合键，重复操作复制4组褶裥线，得到的效果如图10-327所示。

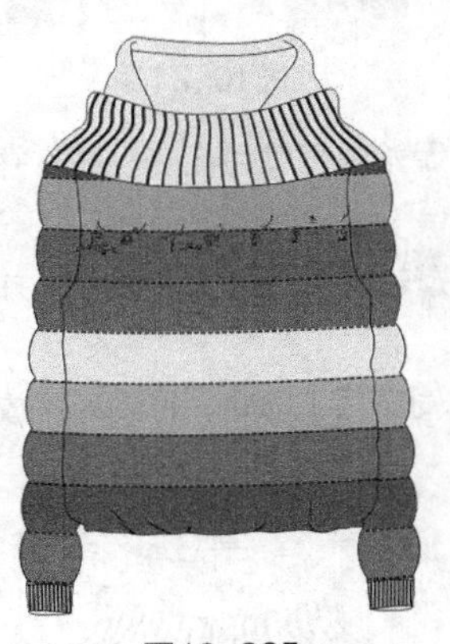
图10-325

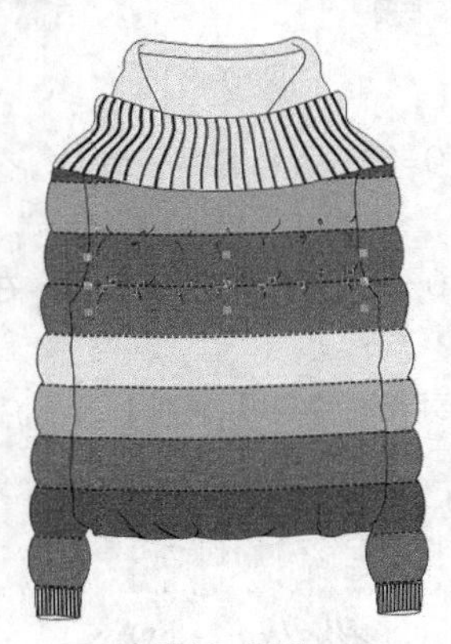
图10-326

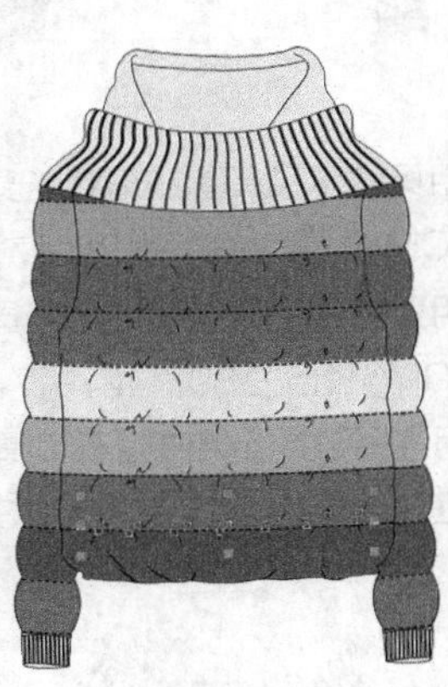
图10-327

37 使用贝塞尔工具和形状工具，在如图10-329所示的帽子和下摆处绘制4条缉明线，使缉明线处于选择状态，按【F12】键，弹出“轮廓笔”对话框，选项及参数设置如图10-328所示。

38 单击【确定】按钮，得到的效果如图10-329所示。

39 使用矩形工具绘制3个圆角矩形，在属性栏中设置圆角度为，轮廓宽度为，得到的效果如图10-330所示。

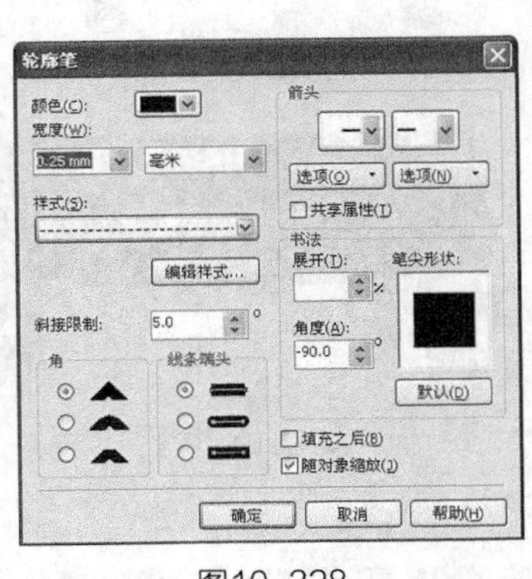

图10-328

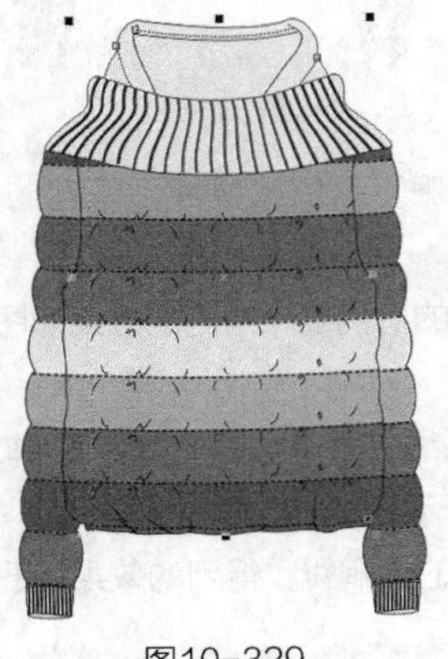
图10-329

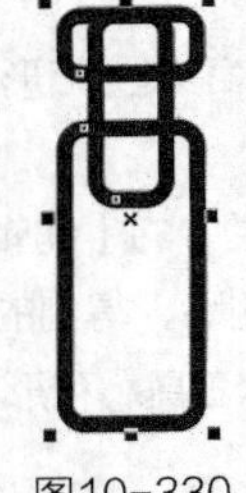
图10-330

40 使用选择工具挑选3个矩形。单击渐变填充工具，弹出“渐变填充”对话框，设置各项参数如图10-331所示，单击【确定】按钮，得到的效果如图10-332所示。

41 使用选择工具挑选3个矩形，按【Ctrl+G】组合键群组图形。把绘制好的弹簧扣摆放在衣服下摆处，在属性栏中设置旋转角度为44.9°，得到的效果如图10-333所示。

42 使用贝塞尔工具和形状工具绘制一条曲线，在属性栏中设置轮廓宽度为.5 mm，得到的效果如图10-334所示。

43 单击选择工具，执行菜单栏中的【排列】/【顺序】/【置于此对象后】命令，把曲线摆放在弹簧扣后面，得到的效果如图10-335所示。

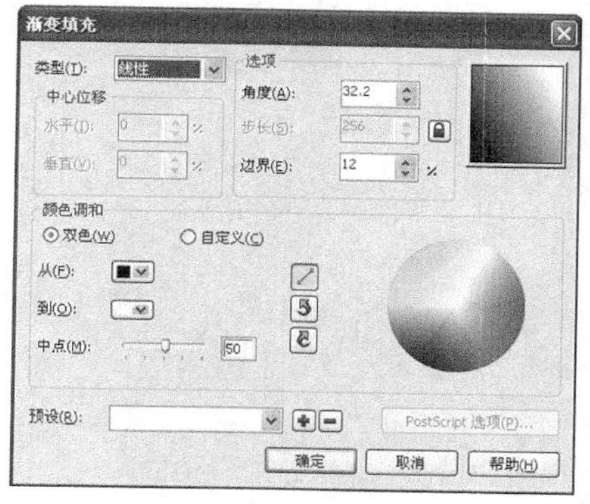

图10-331

图10-332

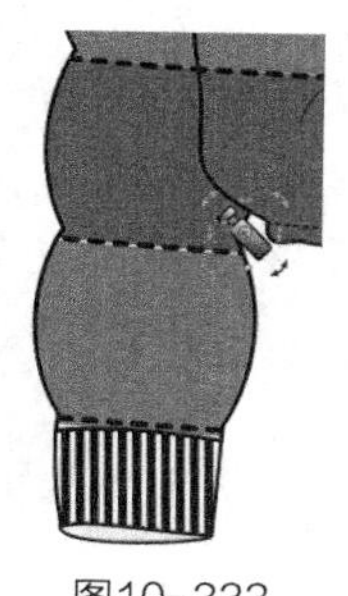

图10-333

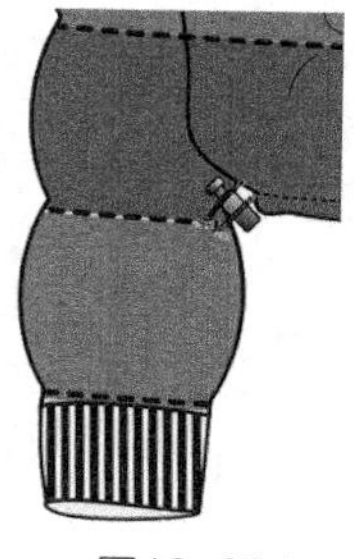

图10-334

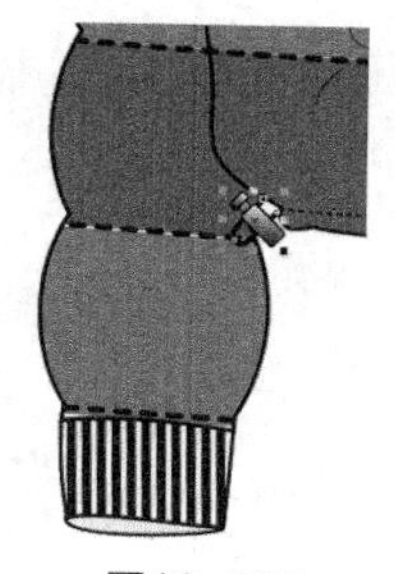

图10-335

44 使用选择工具框选曲线和弹簧扣，按【Ctrl+G】组合键群组图形。按【+】键复制图形，把复制的图形向右平移到如图10-336所示的位置。

45 重复上一步的操作，绘制两组弹簧扣，把它们摆放在帽子上，得到的效果如图10-337所示。

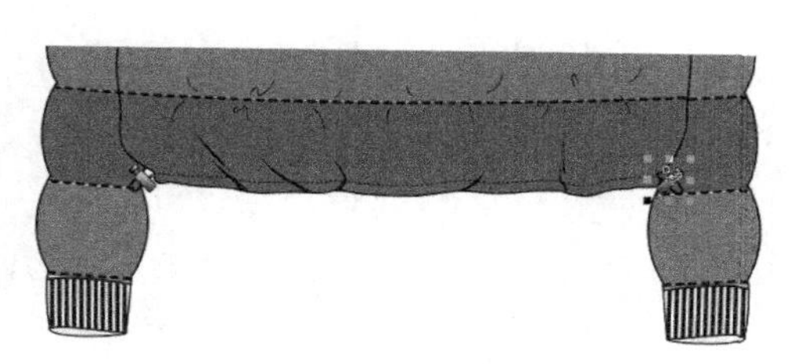

图10-336

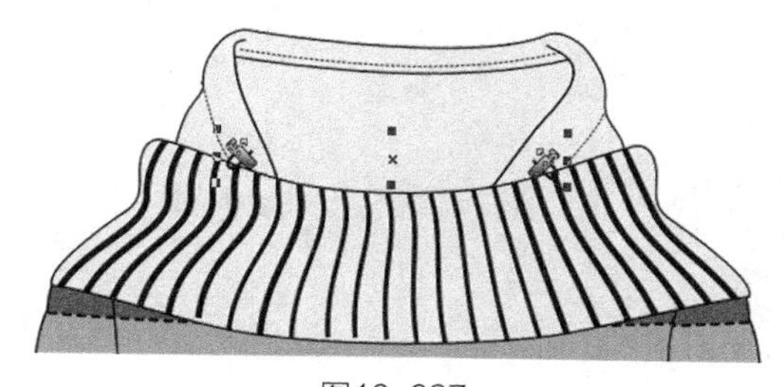

图10-337

46 使用选择工具框选所有图形，按【Ctrl+G】组合键群组图形。这样就完成了女式羽绒服的绘制，效果如图10-338所示。

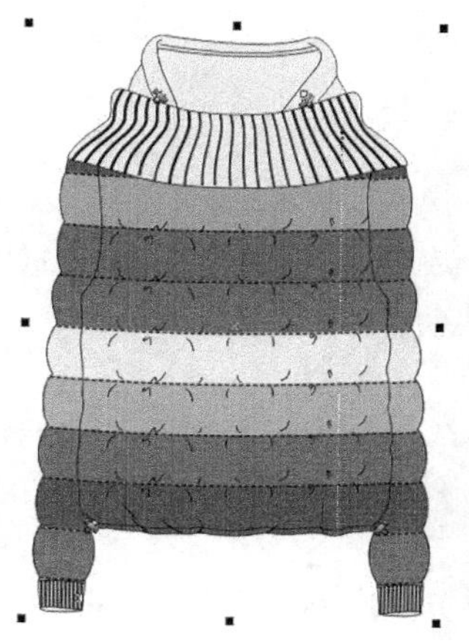

图10-338